디딤돌수학 개념기본 공통수학 2

펴낸날 [초판 1쇄] 2023년 11월 6일
펴낸이 이기열
펴낸곳 (주)디딤돌 교육
주소 (03972) 서울특별시 마포구 월드컵북로 122 청원선와이즈타워
대표전화 02-3142-9000
구입문의 02-322-8451
내용문의 02-336-7918
팩시밀리 02-335-6038
홈페이지 www.didimdol.co.kr
등록번호 제10-718호
구입한 후에는 철회되지 않으며 잘못 인쇄된 책은 바꾸어 드립니다.
이 책에 실린 모든 삽화 및 편집 형태에 대한 저작권은
(주)디딤돌 교육에 있으므로 무단으로 복사 복제할 수 없습니다.
Copyright ⓒ Didimdol Co. [2404160]

3 머리로 발견하는 개념

디딤돌수학 개념기본은 개념을 발견하는 즐거움이 있습니다.
생각을 자극하는 질문들과 추론을 통해 개념을 발견하고
연결하여 통합적 사고를 할 수 있게 합니다.

우와!
문제 속에 개념이?!!!

내가 발견한 개념

문제를 풀다보면 실전 개념이
저절로 발견됩니다.

문제 속 실전 개념

실전 개념들을 간결하고
시각적으로 제시하며
문제에 응용할 수 있게 합니다.

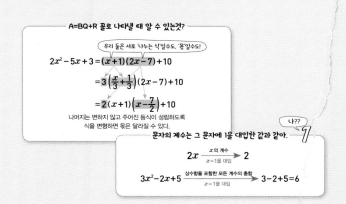

개념의 연결

나열된 개념들을 서로 연결하여
통합적 사고를 할 수 있게 합니다.

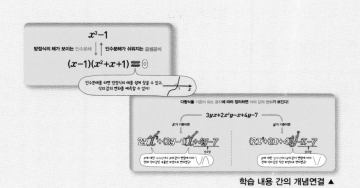

학습 내용 간의 개념연결 ▲

			학습 내용	공부한 날

3
원을 식으로!
원의 방정식

01	원의 방정식	88p	1. 중심의 좌표와 반지름의 길이가 주어진 원의 방정식 2. 중심의 좌표와 원 위의 한 점이 주어진 원의 방정식 3. 지름의 양 끝 점이 주어진 원의 방정식	월 일
02	x축에 접하는 원의 방정식	90p	1. x축에 접하는 원의 방정식　　2. x축에 접하는 원의 방정식의 이용	월 일
03	y축에 접하는 원의 방정식	92p	1. y축에 접하는 원의 방정식　　2. y축에 접하는 원의 방정식의 이용	월 일
04	x축과 y축에 동시에 접하는 원의 방정식	94p	1. x축과 y축에 동시에 접하는 원의 방정식 2. x축과 y축에 동시에 접하는 원의 방정식의 이용	월 일
TEST 개념 확인		96p		월 일
05	이차방정식 $x^2+y^2+Ax+By+C=0$이 나타내는 도형	98p	1. 이차방정식 $x^2+y^2+Ax+By+C=0$이 나타내는 도형 2. 이차방정식 $x^2+y^2+Ax+By+C=0$이 나타내는 도형의 이해 3. 이차방정식 $x^2+y^2+Ax+By+C=0$이 나타내는 도형의 이용	월 일
06	두 원의 교점을 지나는 직선의 방정식	100p	1. 두 원의 교점을 지나는 직선의 방정식 2. 두 원의 교점을 지나는 직선의 방정식의 이용　3. 공통현의 길이	월 일
07	두 원의 교점을 지나는 원의 방정식	102p	1. 두 원의 교점을 지나는 원의 방정식　　2. 두 원의 교점을 지나는 원의 방정식의 이용	월 일
TEST 개념 확인		105p		월 일
08	원과 직선의 위치 관계	106p	1. 이차방정식의 판별식을 이용하여 구하는 원과 직선의 위치 관계 2. 원의 중심과 직선 사이의 거리를 이용하여 구하는 원과 직선의 위치 관계 3. 원과 직선의 위치 관계를 이용하여 구하는 미지수의 값 또는 그 범위	월 일
09	원과 직선의 위치 관계의 응용	110p	1. 현의 길이　2. 점과 접점 사이의 거리　3. 원 위의 점과 직선 사이의 거리의 최대, 최소	월 일
TEST 개념 확인		113p		월 일
10	기울기가 주어진 원의 접선의 방정식	114p	1. 기울기가 주어진 원의 접선의 방정식 2. 기울기가 주어진 원의 접선의 방정식을 이용하여 구하는 미지수의 값 3. 평행이동한 원의 접선의 방정식	월 일
11	원 위의 점에서의 접선의 방정식	116p	1. 원 위의 점에서의 접선의 방정식　　2. 평행이동한 원의 접선의 방정식	월 일
12	원 밖의 한 점에서 그은 접선의 방정식	118p	1. 원 밖의 한 점에서 그은 접선의 방정식　　2. 평행이동한 원의 접선의 방정식	월 일
13	자취의 방정식 ; 원	120p	1. 자취의 방정식	월 일
TEST 개념 확인		122p		월 일
TEST 개념 발전		124p		월 일

4
움직임을 식으로!
도형의 이동

01	점의 평행이동	128p	1. 평행이동한 점의 좌표 2. 점의 평행이동을 이용하여 구하는 미지수의 값	월 일
02	도형의 평행이동	130p	1. 평행이동한 도형의 방정식 2. 평행이동한 원의 방정식을 이용하여 구하는 미지수의 값 3. 평행이동한 직선의 방정식을 이용하여 구하는 미지수의 값 4. 평행이동한 포물선의 방정식을 이용하여 구하는 미지수의 값	월 일
03	점의 대칭이동	134p	1. 대칭이동한 점의 좌표　　2. 두 번 대칭이동한 점의 좌표	월 일
04	도형의 대칭이동	138p	1. 대칭이동한 도형의 방정식　　2. 두 번 대칭이동한 도형의 방정식	월 일
05	도형의 평행이동과 대칭이동	142p	1. 점의 평행이동과 대칭이동　　2. 도형의 평행이동과 대칭이동	월 일
TEST 개념 확인		144p		월 일
06	점에 대한 대칭이동	146p	1. 주어진 점에 대하여 대칭이동한 점의 좌표 2. 주어진 점에 대하여 대칭이동한 도형의 방정식	월 일
07	직선에 대한 대칭이동	148p	1. 주어진 직선에 대하여 대칭이동한 점의 좌표 2. 대칭인 두 점을 이용하여 구하는 직선의 방정식 3. 주어진 직선에 대하여 대칭이동한 도형의 방정식	월 일
08	대칭이동을 이용한 '선분의 길이의 합'의 최솟값	150p	1. 대칭이동을 이용하여 구하는 선분의 길이의 합의 최솟값	월 일
TEST 개념 확인		152p		월 일
TEST 개념 발전		154p		월 일

Ⅱ. 집합과 명제

5
기준이 명확한!
집합의 뜻과 표현

01	집합과 원소	166p	1. 집합과 원소의 뜻　　2. 집합과 원소 사이의 관계	월 일
02	집합의 표현	170p	1. 집합의 표현　　2. 조건을 이용하여 구하는 집합	월 일
03	집합의 원소의 개수	174p	1. 집합의 분류　　2. 유한집합의 원소의 개수	월 일
TEST 개념 확인		178p		월 일
04	부분집합	180p	1. 기호 ⊂, ⊄의 사용　　2. 부분집합 3. 집합 사이의 포함 관계를 이용하여 구하는 미지수의 값	월 일
05	서로 같은 집합과 진부분집합	186p	1~2. 서로 같은 집합과 그 미지수의 값　3. 진부분집합	월 일
06	부분집합의 개수	188p	1. 부분집합의 개수　　2. 진부분집합의 개수	월 일
07	특정한 원소를 갖거나 갖지 않는 부분집합의 개수	190p	1~2. 특정한 원소를 갖는, 갖지 않는 부분집합의 개수 3. 특정한 원소의 포함 여부 조건에 따른 부분집합의 개수 4. $A⊂X⊂B$를 만족시키는 집합 X의 개수	월 일
TEST 개념 확인		194p		월 일
TEST 개념 발전		196p		월 일

		학습 내용	공부한 날

6 기준이 명확한! 집합의 연산

01	합집합과 교집합	200p	1~2. 합집합과 교집합과 그 미지수의 값 3. 벤다이어그램을 이용하여 구하는 집합 4. 서로소 5. 서로소인 부분집합의 개수 6. 배수의 집합의 연산	월 일
02	집합의 연산 법칙	206p	1. 집합의 연산 법칙	월 일
03	여집합과 차집합	208p	1. 여집합 2. 차집합 3. 차집합을 이용하여 구하는 미지수의 값 4. 벤다이어그램이 나타내는 집합	월 일
TEST 개념 확인		212p		월 일
04	집합의 연산의 성질	214p	1. 집합의 연산의 성질	월 일
05	집합의 연산을 이용한 여러 가지 표현	216p	1. 집합의 연산을 이용한 여러 가지 표현 2. 조건을 만족시키는 부분집합의 개수	
06	드모르간의 법칙	218p	1~2. 드모르간의 법칙과 연산	월 일
07	유한집합의 원소의 개수	220p	1. 유한집합의 원소의 개수	월 일
08	유한집합의 원소의 개수의 최댓값, 최솟값	224p	1. 유한집합의 원소의 개수의 최댓값, 최솟값	월 일
09	유한집합의 원소의 개수의 활용	226p	1. 유한집합의 원소의 개수를 이용한 실생활 문제	월 일
TEST 개념 확인		228p		월 일
TEST 개념 발전		230p		월 일

7 참 또는 거짓! 명제

01	명제	234p	1. 명제의 구분 2. 명제의 참, 거짓의 판별	월 일
02	조건과 진리집합	236p	1. 조건의 이해 2. 조건의 진리집합	월 일
03	명제와 조건의 부정	238p	1~2. 명제와 조건의 부정과 그 관계 3. 조건의 부정의 진리집합	월 일
04	조건 'p 또는 q'와 'p 그리고 q'	240p	1~2. 조건 'p 또는 q'와 'p 그리고 q'의 진리집합과 부정	월 일
TEST 개념 확인		242p		월 일
05	명제 $p \longrightarrow q$의 참, 거짓	244p	1~2. 명제의 가정과 결론과 참, 거짓의 판별	월 일
06	명제와 진리집합 사이의 관계	246p	1. 명제와 진리집합 사이의 관계 2. 벤다이어그램을 이용한 명제와 진리집합 사이의 관계 3. 명제가 참이 되도록 하는 미지수의 값의 범위	월 일
07	'모든'이나 '어떤'이 있는 명제	250p	1. '모든'이나 '어떤'이 있는 명제의 참, 거짓의 판별 2. '모든'이나 '어떤'이 있는 명제의 부정의 참, 거짓의 판별	월 일
TEST 개념 확인		252p		월 일
TEST 개념 발전		254p		월 일

8 참 또는 거짓! 명제의 역과 대우

01	명제의 역과 대우	258p	1~2. 명제의 역과 대우와 참, 거짓의 판별	월 일
02	삼단논법	260p	1~2. 삼단논법과 명제의 참, 거짓의 판별	월 일
03	충분조건과 필요조건	262p	1~2. 충분조건과 필요조건, 필요충분조건과 그 진리집합 3. 충분조건 또는 필요조건이 되도록 하는 미지수의 값 또는 그 범위	월 일
TEST 개념 확인		266p		월 일
04	명제의 증명	268p	1. 대우를 이용한 증명 2. 귀류법을 이용한 증명	월 일
05	절대부등식	272p	1. 절대부등식의 이해 2. 두 수 또는 두 식의 대소 비교 3. 절대부등식의 증명	월 일
06	여러 가지 절대부등식	276p	1~5. 산술평균과 기하평균의 관계 6. 코시–슈바르츠 부등식을 이용한 식의 최댓값 또는 최솟값	월 일
07	절대부등식의 활용	280p	1. 산술평균과 기하평균의 관계의 활용 2. 코시 – 슈바르츠 부등식의 활용	월 일
TEST 개념 확인		282p		월 일
TEST 개념 발전		284p		월 일

Ⅲ. 함수

9 두 집합 사이의 관계! 함수

01	대응과 함수	294p	1. 대응의 이해 2. 함수의 이해 3. 함수의 정의역, 공역, 치역	월 일
02	함숫값	298p	1. 구간에 따라 함수식이 다른 함수의 함숫값 2. 치환을 이용하여 구하는 함수식과 함숫값	월 일
03	서로 같은 함수	300p	1~2. 서로 같은 함수의 판별과 그 미지수의 값	월 일
04	함수의 그래프	302p	1. 함수의 그래프 2. 함수의 그래프의 판별	월 일
TEST 개념 확인		304p		월 일
05	일대일함수와 일대일대응	306p	1. 일대일함수와 일대일대응의 구분 2. 일대일대응이 되기 위한 조건	월 일
06	항등함수와 상수함수	310p	1~3. 항등함수와 상수함수의 판별과 정의역의 개수, 함숫값 4. 여러 가지 함수의 구분	월 일
07	함수의 개수	314p	1. 여러 가지 함수의 개수	월 일
TEST 개념 확인		316p		월 일
TEST 개념 발전		318p		월 일

10 두 집합 사이의 관계! 합성함수와 역함수

01	합성함수	322p	1~2. 합성함수의 함숫값 3~4. 합성함수의 함수식과 함숫값	월 일
02	합성함수의 성질	326p	1~2. 합성함수의 성질을 이용하여 구하는 함숫값과 그 미지수의 값 3. f^n 꼴의 합성함수의 함숫값 또는 함수식	월 일
03	합성함수의 그래프	330p	1. 합성함수의 그래프	
TEST 개념 확인		333p		월 일
04	역함수	334p	1~2. 역함수의 함숫값과 그 미지수의 값	월 일
05	역함수를 포함한 합성함수의 함숫값	338p	1~2. 역함수를 포함한 합성함수의 함숫값과 그 미지수의 값	월 일

2 손으로 익히는 개념

디딤돌수학 개념기본은 문제를 푸는 즐거움이 있습니다.
학생들에게 가장 필요한 개념을 충분한 문항과 촘촘한 단계별 구성으로
자연스럽게 이해하고 적용할 수 있게 합니다.

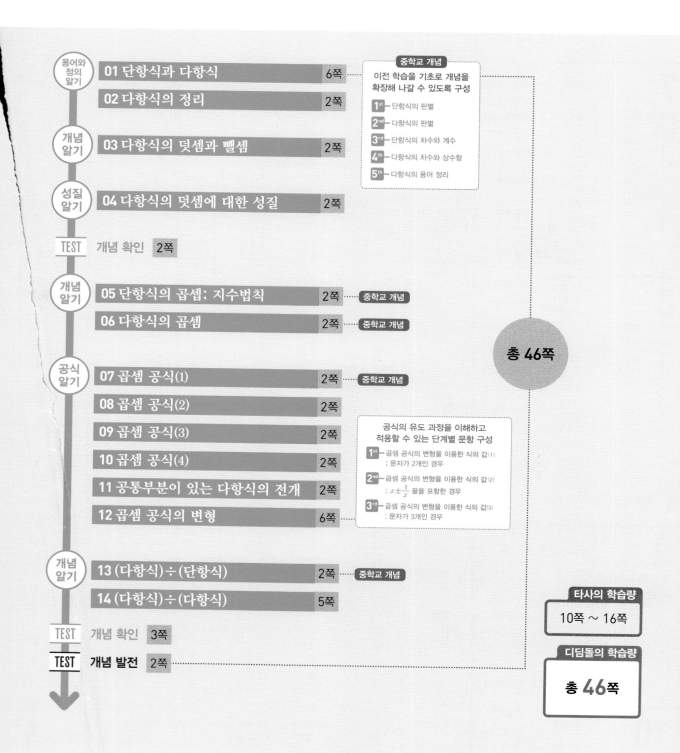

용어와 정의 알기

| 01 단항식과 다항식 | 6쪽 |
| 02 다항식의 정리 | 2쪽 |

개념 알기

| 03 다항식의 덧셈과 뺄셈 | 2쪽 |

성질 알기

| 04 다항식의 덧셈에 대한 성질 | 2쪽 |

TEST 개념 확인 2쪽

개념 알기

| 05 단항식의 곱셈; 지수법칙 | 2쪽 | ·····중학교 개념 |
| 06 다항식의 곱셈 | 2쪽 | ·····중학교 개념 |

공식 알기

07 곱셈 공식(1)	2쪽	·····중학교 개념
08 곱셈 공식(2)	2쪽
09 곱셈 공식(3)	2쪽
10 곱셈 공식(4)	2쪽
11 공통부분이 있는 다항식의 전개	2쪽
12 곱셈 공식의 변형	6쪽

개념 알기

| 13 (다항식)÷(단항식) | 2쪽 | ·····중학교 개념 |
| 14 (다항식)÷(다항식) | 5쪽 |

TEST 개념 확인 3쪽
TEST 개념 발전 2쪽

중학교 개념

이전 학습을 기초로 개념을
확장해 나갈 수 있도록 구성

1st – 단항식의 판별
2nd – 다항식의 판별
3rd – 단항식의 차수와 계수
4th – 다항식의 차수와 상수항
5th – 다항식의 용어 정리

공식의 유도 과정을 이해하고
적용할 수 있는 단계별 문항 구성

1st 곱셈 공식의 변형을 이용한 식의 값(1)
 ; 문자가 2개인 경우
2nd 곱셈 공식의 변형을 이용한 식의 값(2)
 ; $x \pm \frac{1}{x}$ 꼴을 포함한 경우
3rd 곱셈 공식의 변형을 이용한 식의 값(3)
 ; 문자가 3개인 경우

총 46쪽

타사의 학습량
10쪽 ~ 16쪽

디딤돌의 학습량
총 46쪽

공통수학 2 학습 계획표

I. 도형의 방정식

1 '점'을 '수'로 표현한!
평면좌표

			학습 내용	공부한 날
01	수직선 위의 두 점 사이의 거리	14p	1. 수직선 위의 두 점 사이의 거리	월 일
02	좌표평면 위의 두 점 사이의 거리	16p	1. 좌표평면 위의 두 점 사이의 거리	월 일
03	같은 거리에 있는 점의 좌표	18p	1. 두 점으로부터 같은 거리에 있는 x축 위의 점의 좌표 2. 두 점으로부터 같은 거리에 있는 y축 위의 점의 좌표 3. 두 점으로부터 같은 거리에 있는 직선 위의 점의 좌표	월 일
04	두 선분의 '길이의 합'의 최솟값	20p	1. 두 점이 직선에 대하여 서로 반대쪽에 위치하는 경우 2. 두 점이 직선에 대하여 서로 같은 쪽에 위치하는 경우 3. 두 선분의 길이의 합의 최솟값	월 일
05	두 선분의 '길이의 제곱의 합'의 최솟값	22p	1. 두 선분의 길이의 제곱의 합의 최솟값	월 일
06	좌표평면에서 확인하는 도형의 성질	24p	1. 삼각형의 모양의 판별　　2. 도형의 성질의 확인	월 일
TEST	개념 확인	26p		월 일
07	선분의 내분점	28p	1. 선분의 내분점	월 일
08	수직선 위의 선분의 내분점	30p	1. 수직선 위의 선분의 내분점 2. 수직선 위의 내분점을 이용하여 구하는 미지수의 값	월 일
09	좌표평면 위의 선분의 내분점	32p	1. 좌표평면 위의 선분의 내분점 2. 좌표평면 위의 선분의 내분점을 이용하여 구하는 미지수의 값	월 일
10	좌표평면에서 삼각형의 무게중심	34p	1. 삼각형의 무게중심의 좌표 2. 삼각형의 무게중심을 이용하여 구하는 미지수의 값 3. 삼각형의 무게중심의 활용	월 일
11	좌표평면에서 사각형의 성질의 활용	36p	1. 평행사변형의 성질을 이용하여 구하는 좌표 2. 마름모의 성질을 이용하여 구하는 좌표	월 일
12	좌표평면에서 각의 이등분선의 성질의 활용	38p	1. 각의 이등분선의 성질을 이용하여 구하는 좌표	월 일
TEST	개념 확인	39p		월 일
TEST	개념 발전	41p		월 일

2 직선을 식으로!
직선의 방정식

			학습 내용	공부한 날
01	직선의 방정식	46p	1. 직선의 x절편, y절편　　2. 직선의 기울기 3. 좌표축에 평행한 직선의 방정식	월 일
02	기울기와 한 점이 주어진 직선의 방정식	48p	1. 기울기와 y절편이 주어진 직선의 방정식 2. 기울기와 한 점이 주어진 직선의 방정식	월 일
03	서로 다른 두 점을 지나는 직선의 방정식	50p	1. 서로 다른 두 점을 지나는 직선의 방정식 2. x절편, y절편이 주어진 직선의 방정식	월 일
04	세 점이 한 직선 위에 있을 조건	52p	1. 세 점이 한 직선 위에 있을 조건을 이용하여 구하는 미지수의 값	월 일
05	도형의 넓이를 이등분하는 직선의 방정식	54p	1. 삼각형의 넓이를 이등분하는 직선의 방정식 2. 직사각형의 넓이를 이등분하는 직선의 방정식 3. 직선과 좌표축으로 둘러싸인 도형의 넓이를 이등분하는 직선의 방정식	월 일
06	일차방정식 $ax+by+c=0$이 나타내는 도형	56p	1. 일차방정식이 나타내는 도형　　2. 계수의 부호와 직선의 개형	월 일
TEST	개념 확인	58p		월 일
07	두 직선이 평행할 조건	60p	1. 두 직선이 평행할 조건　　2. 직선 l에 평행한 직선의 방정식	월 일
08	두 직선이 수직일 조건	62p	1. 두 직선이 수직일 조건　　2. 직선 l에 수직인 직선의 방정식	월 일
09	두 직선의 위치 관계	64p	1. 두 직선의 위치 관계 2. 두 직선의 위치 관계를 이용하여 구하는 미지수의 값	월 일
10	세 직선의 위치 관계	66p	1. 세 직선의 위치 관계 2. 세 직선이 삼각형을 이루지 않을 조건을 이용하여 구하는 미지수의 값	월 일
11	선분의 수직이등분선의 방정식	68p	1. 점에서 직선에 내린 수선의 발 2. 선분의 수직이등분선의 방정식 3. 선분의 수직이등분선의 방정식을 이용하여 구하는 미지수의 값	월 일
12	두 직선의 교점을 지나는 직선	70p	1. 한 정점을 지나는 직선을 이용하여 구하는 교점의 좌표 2. 두 직선의 교점을 지나는 직선의 방정식	월 일
TEST	개념 확인	72p		월 일
13	점과 직선 사이의 거리	74p	1. 점과 직선 사이의 거리 2. 점과 직선 사이의 거리를 이용하여 구하는 미지수의 값	월 일
14	평행한 두 직선 사이의 거리	76p	1. 평행한 두 직선 사이의 거리 2. 평행한 두 직선 사이의 거리를 이용하여 구하는 미지수의 값	월 일
15	세 꼭짓점의 좌표가 주어진 삼각형의 넓이	78p	1. 삼각형의 넓이 2. 삼각형의 넓이를 이용하여 구하는 점의 좌표	월 일
16	자취의 방정식 ; 직선	80p	1. 두 점으로부터 같은 거리에 있는 점의 자취의 방정식 2. 두 직선으로부터 같은 거리에 있는 점의 자취의 방정식	월 일
TEST	개념 확인	82p		공월 일
TEST	개념 발전	84p		월 일

		학습 내용		공부한 날	
06	역함수가 존재하기 위한 조건	340p	1. 역함수가 존재할 조건을 이용하여 구하는 미지수의 값	월	일
07	역함수의 성질	342p	1. 역함수의 성질을 이용하여 구하는 함숫값	월	일
08	역함수 구하기	344p	1~2. 역함수와 그 미지수의 값　　　3. 조건을 이용하여 구하는 역함수	월	일
09	역함수의 그래프	346p	1~3. 역함수의 그래프와 함숫값과 그 미지수의 값 4. 함수의 그래프와 그 역함수의 그래프의 교점의 좌표	월	일
TEST 개념 확인		350p		월	일
TEST 개념 발전		352p		월	일

11 함수의 확장! 유리식과 유리함수

		학습 내용		공부한 날	
01	유리식의 뜻과 성질	356p	1~3. 유리식의 구분과 통분, 약분	월	일
02	유리식의 사칙연산	358p	1. 유리식의 덧셈과 뺄셈　　　2. 유리식의 곱셈과 나눗셈 3. 항등식의 성질을 이용한 유리식의 계산	월	일
03	유리식의 계산: 특수한 형태(1)	362p	1. (분자의 차수)≥(분모의 차수)인 경우　　　2. 분모가 두 인수의 곱인 경우 3. 분모 또는 분자가 유리식인 경우	월	일
04	유리식의 계산: 특수한 형태(2)	364p	1. 비례식이 주어진 경우 유리식의 값　　　2. 곱셈 공식의 변형을 이용한 유리식의 값	월	일
TEST 개념 확인		366p		월	일
05	유리함수	368p	1. 유리함수의 이해　　　2. 유리함수의 정의역	월	일
06	유리함수 $y=\dfrac{k}{x}\,(k\neq0)$의 그래프	370p	1. 유리함수 $y=\dfrac{k}{x}$ 의 그래프　　　2. 유리함수 $y=\dfrac{k}{x}$ 의 그래프의 성질	월	일
07	유리함수 $y=\dfrac{k}{x-p}+q(k\neq0)$의 그래프	372p	1. 유리함수 $y=\dfrac{k}{x}$ 의 그래프의 평행이동 2~3. 유리함수 $y=\dfrac{k}{x-p}+q$ 의 그래프의 이해와 성질	월	일
08	유리함수 $y=\dfrac{k}{x-p}+q(k\neq0)$의 그래프의 대칭성	376p	1. 유리함수 $y=\dfrac{k}{x-p}+q$ 의 그래프의 대칭 2. 유리함수 $y=\dfrac{k}{x-p}+q$ 의 그래프의 대칭성을 이용하여 구하는 직선의 방정식	월	일
09	유리함수 $y=\dfrac{ax+b}{cx+d}$ 의 그래프	378p	1. 유리함수 $y=\dfrac{ax+b}{cx+d}$ 의 그래프 2. 유리함수의 그래프의 평행이동을 이용하여 구하는 미지수의 값	월	일
10	유리함수의 미정계수	380p	1. 유리함수의 그래프를 이용하여 구하는 미정계수 2. 유리함수의 성질을 이용하여 구하는 미정계수	월	일
TEST 개념 확인		382p		월	일
11	유리함수의 최대, 최소	384p	1. 유리함수의 최댓값 또는 최솟값	월	일
12	유리함수의 그래프와 직선의 위치 관계	386p	1. 유리함수의 그래프와 직선이 만나지 않도록 하는 미지수의 값의 범위 2. 정의역이 주어진 유리함수의 그래프와 직선이 만나도록 하는 　미지수의 값의 범위	월	일
13	유리함수의 역함수	388p	1~2. 유리함수의 역함수와 그 미지수의 값	월	일
14	유리함수의 합성	390p	1~2. 유리함수의 합성함수를 이용하여 구하는 함숫값과 역함수	월	일
TEST 개념 확인		392p		월	일
TEST 개념 발전		394p		월	일

12 함수의 확장! 무리식과 무리함수

		학습 내용		공부한 날	
01	무리식	398p	1. 무리식의 판별　　　2. 무리식의 값이 실수가 될 조건	월	일
02	제곱근의 계산	400p	1. 제곱근의 성질을 이용　　　2. 음수의 제곱근의 성질을 이용	월	일
03	분모의 유리화를 이용한 무리식의 계산	402p	1. 분모의 유리화　　　2. 분모의 유리화를 이용한 무리식의 계산	월	일
TEST 개념 확인		404p		월	일
04	무리함수	406p	1. 무리함수의 판별　　　2. 무리함수의 정의역	월	일
05	무리함수 $y=\pm\sqrt{ax}\,(a\neq0)$의 그래프	408p	1~3. 무리함수 $y=\pm\sqrt{ax}$ 의 그래프와 정의역, 치역과 그 성질	월	일
06	무리함수 $y=\sqrt{a(x-p)}+q\,(a\neq0)$의 그래프	410p	1~2. 무리함수 $y=\sqrt{a(x-p)}+q$ 의 그래프의 평행이동과 그 미지수의 값 3~4. 무리함수 $y=\sqrt{a(x-p)}+q$ 의 그래프와 정의역, 치역과 그 성질	월	일
07	무리함수 $y=\sqrt{ax+b}+c\,(a\neq0)$의 그래프	414p	1. 무리함수 $y=\sqrt{ax+b}+c$ 의 식의 변형 2~3. 무리함수 $y=\sqrt{ax+b}+c$ 의 그래프와 정의역, 치역과 그 성질	월	일
08	무리함수의 미정계수	416p	1. 무리함수의 미정계수	월	일
TEST 개념 확인		417p		월	일
09	무리함수의 최대, 최소	420p	1. 무리함수의 최댓값과 최솟값	월	일
10	무리함수의 그래프와 직선의 위치 관계	422p	1. 무리함수의 그래프와 직선의 위치 관계	월	일
11	무리함수의 역함수	424p	1~2. 무리함수의 역함수와 그 미지수의 값 3. 무리함수의 그래프와 그 역함수의 그래프의 교점의 좌표	월	일
12	무리함수의 합성	426p	1. 무리함수의 합성	월	일
TEST 개념 확인		428p		월	일
TEST 개념 발전		430p		월	일

1 눈으로 이해되는 개념

디딤돌수학 개념기본은 보는 즐거움이 있습니다.
핵심 개념과 문제 속 개념, 수학적 개념이
이미지로 쉽게 이해되고, 오래 기억됩니다.

● **핵심 개념의 이미지화**

핵심 개념이 이미지로 빠르고
쉽게 이해됩니다.

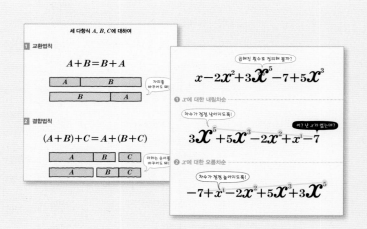

● **문제 속 개념의 이미지화**

문제 속에 숨어있던 개념들을
이미지로 드러내 보여줍니다.

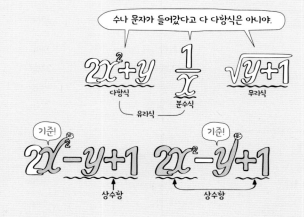

● **수학 개념의 이미지화**

개념의 수학적 의미가 간단한
이미지로 쉽게 이해됩니다.

수 학 은 개 념 이 다 !

개념기본

공통수학 2

👁 눈으로

✋ 손으로 개념이 발견되는 디딤돌 개념기본

🧠 머리로

디딤돌수학

디딤돌

이미지로 이해하고 문제를 풀다 보면
개념이 저절로 발견되는 디딤돌수학 개념기본

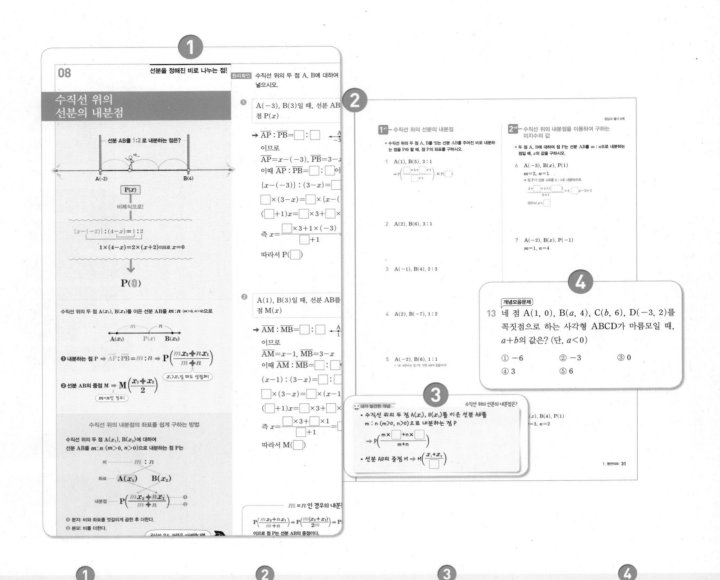

① 이미지로 개념 이해

핵심이 되는 개념을 이미지로
먼저 이해한 후 개념과 정의를
읽어보면 딱딱한 설명도 이해가 쏙!
원리확인 문제로 개념을
바로 적용하면서 개념을 확인!

② 단계별·충분한 문항

문제를 풀기만 하면
저절로 실력이 높아지도록
구성된 단계별 문항!
개념이 자신의 것이 되도록
구성된 충분한 문항!

③ 내가 발견한 개념

문제 속에 숨겨져 있는
실전 개념들을 발견해 보자!
숨겨진 보물을 찾듯이
놓치기 쉬운 실전 개념들을
발견하면 흥미와 재미는 덤!
실력은 쑥!

④ 개념모음문제

문제를 통해 이해한 개념들은
개념모음문제로 한 번에 정리!
개념의 활용과 응용력을 높이자!

발견된 개념들을 연결하여
통합적 사고를 할 수 있는 디딤돌수학 개념기본

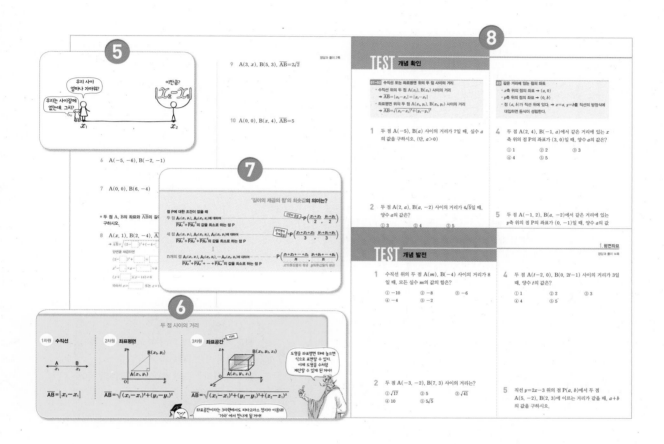

5 그림으로 보는 개념

문제 속에 숨어있던 개념을
적절한 이미지를 통해 눈으로 확인!
개념이 쉽게 확인되고 오래 기억되며
개념의 의미는 더 또렷이 저장!

6 개념 간의 연계

개념의 단원 안에서의 연계와
다른 단원과의 연계,
초·중·고 간의 연계를 통해
통합적 사고를 얻게 되면
흥미와 동기부여는 저절로 쭈욱~!

7 실전 개념

문제를 풀면서 알게되는
원리나 응용 개념들을 간결하고
시각적인 이미지로 확인!
문제와 개념을 다양한 각도로
연결 해주어 문제 해결 능력이 향상!

8 개념을 확인하는 TEST

소 주제별로 개념의 이해를
확인하는 '개념 확인'

중단원별로 개념과 실력을
확인하는 '개념 발전'

Ⅰ 도형의 방정식

1 평면좌표
'점'을 '수'로 표현한!

01 수직선 위의 두 점 사이의 거리*	14p
02 좌표평면 위의 두 점 사이의 거리	16p
03 같은 거리에 있는 점의 좌표	18p
04 두 선분의 '길이의 합'의 최솟값	20p
05 두 선분의 '길이의 제곱의 합'의 최솟값	22p
06 좌표평면에서 확인하는 도형의 성질	24p
TEST 개념 확인	26p
07 선분의 내분점	28p
08 수직선 위의 선분의 내분점	30p
09 좌표평면 위의 선분의 내분점	32p
10 좌표평면에서 삼각형의 무게중심	34p
11 좌표평면에서 사각형의 성질의 활용	36p
12 좌표평면에서 각의 이등분선의 성질의 활용	38p
TEST 개념 확인	39p
TEST 개념 발전	41p

2 직선의 방정식
직선을 식으로!

01 직선의 방정식*	46p
02 기울기와 한 점이 주어진 직선의 방정식	48p
03 서로 다른 두 점을 지나는 직선의 방정식	50p
04 세 점이 한 직선 위에 있을 조건	52p
05 도형의 넓이를 이등분하는 직선의 방정식	54p
06 일차방정식 $ax+by+c=0$이 나타내는 도형	56p
TEST 개념 확인	58p
07 두 직선이 평행할 조건	60p
08 두 직선이 수직일 조건	62p
09 두 직선의 위치 관계	64p
10 세 직선의 위치 관계	66p
11 선분의 수직이등분선의 방정식	68p
12 두 직선의 교점을 지나는 직선	70p
TEST 개념 확인	72p
13 점과 직선 사이의 거리	74p
14 평행한 두 직선 사이의 거리	76p
15 세 꼭짓점의 좌표가 주어진 삼각형의 넓이	78p
16 자취의 방정식; 직선	80p
TEST 개념 확인	82p
TEST 개념 발전	84p

3 원의 방정식
원을 식으로!

01 원의 방정식	88p
02 x축에 접하는 원의 방정식	90p
03 y축에 접하는 원의 방정식	92p
04 x축과 y축에 동시에 접하는 원의 방정식	94p
TEST 개념 확인	96p
05 이차방정식 $x^2+y^2+Ax+By+C=0$이 나타내는 도형	98p
06 두 원의 교점을 지나는 직선의 방정식	100p
07 두 원의 교점을 지나는 원의 방정식	102p
TEST 개념 확인	105p
08 원과 직선의 위치 관계	106p
09 원과 직선의 위치 관계의 응용	110p

TEST 개념 확인		113p
10	기울기가 주어진 원의 접선의 방정식	114p
11	원 위의 점에서의 접선의 방정식	116p
12	원 밖의 한 점에서 그은 접선의 방정식	118p
13	자취의 방정식; 원	120p
TEST 개념 확인		122p
TEST 개념 발전		124p

4

움직임을 식으로!
도형의 이동

01	점의 평행이동	128p
02	도형의 평행이동	130p
03	점의 대칭이동	134p
04	도형의 대칭이동	138p
05	도형의 평행이동과 대칭이동	142p
TEST 개념 확인		144p
06	점에 대한 대칭이동	146p
07	직선에 대한 대칭이동	148p
08	대칭이동을 이용한 '선분의 길이의 합'의 최솟값	150p
TEST 개념 확인		152p
TEST 개념 발전		154p
문제를 보다!		156p

Ⅱ 집합과 명제

5

기준이 명확한!
집합의 뜻과 표현

01	집합과 원소	166p
02	집합의 표현	170p
03	집합의 원소의 개수	174p
TEST 개념 확인		178p
04	부분집합	180p
05	서로 같은 집합과 진부분집합	186p
06	부분집합의 개수	188p
07	특정한 원소를 갖거나 갖지 않는 부분집합의 개수	190p
TEST 개념 확인		194p
TEST 개념 발전		196p

6

기준이 명확한!
집합의 연산

01	합집합과 교집합	200p
02	집합의 연산법칙	206p
03	여집합과 차집합	208p
TEST 개념 확인		212p
04	집합의 연산의 성질	214p
05	집합의 연산을 이용한 여러 가지 표현	216p
06	드모르간의 법칙	218p
07	유한집합의 원소의 개수	220p
08	유한집합의 원소의 개수의 최댓값, 최솟값	224p
09	유한집합의 원소의 개수의 활용	226p
TEST 개념 확인		228p
TEST 개념 발전		230p

※ '*'는 중학교 연계 내용입니다.

7 참 또는 거짓!
명제

01 명제	234p
02 조건과 진리집합	236p
03 명제와 조건의 부정	238p
04 조건 'p 또는 q'와 'p 그리고 q'	240p
TEST 개념 확인	242p
05 명제 $p \longrightarrow q$의 참, 거짓	244p
06 명제와 진리집합 사이의 관계	246p
07 '모든'이나 '어떤'이 있는 명제	250p
TEST 개념 확인	252p
TEST 개념 발전	254p

8 참 또는 거짓!
명제의 역과 대우

01 명제의 역과 대우	258p
02 삼단논법	260p
03 충분조건과 필요조건	262p
TEST 개념 확인	266p
04 명제의 증명	268p
05 절대부등식	272p
06 여러 가지 절대부등식	276p
07 절대부등식의 활용	280p
TEST 개념 확인	282p
TEST 개념 발전	284p
문제를 보다!	286p

Ⅲ 함수

9 두 집합 사이의 관계!
함수

01 대응과 함수	294p
02 함숫값	298p
03 서로 같은 함수	300p
04 함수의 그래프	302p
TEST 개념 확인	304p
05 일대일함수와 일대일대응	306p
06 항등함수와 상수함수	310p
07 함수의 개수	314p
TEST 개념 확인	316p
TEST 개념 발전	318p

10 두 집합 사이의 관계!
합성함수와 역함수

01 합성함수	322p
02 합성함수의 성질	326p
03 합성함수의 그래프	330p
TEST 개념 확인	333p
04 역함수	334p
05 역함수를 포함한 합성함수의 함숫값	338p
06 역함수가 존재하기 위한 조건	340p
07 역함수의 성질	342p
08 역함수 구하기	344p
09 역함수의 그래프	346p
TEST 개념 확인	350p
TEST 개념 발전	352p

11

함수의 확장!
유리식과 유리함수

01 유리식의 뜻과 성질 　356p
02 유리식의 사칙연산 　358p
03 유리식의 계산: 특수한 형태(1) 　362p
04 유리식의 계산: 특수한 형태(2) 　364p
TEST 개념 확인 　366p
05 유리함수 　368p
06 유리함수 $y=\dfrac{k}{x}\,(k\neq0)$의 그래프 　370p
07 유리함수 $y=\dfrac{k}{x-p}+q\,(k\neq0)$의 그래프 　372p
08 유리함수 $y=\dfrac{k}{x-p}+q\,(k\neq0)$의 그래프의 대칭성 　376p
09 유리함수 $y=\dfrac{ax+b}{cx+d}$의 그래프 　378p
10 유리함수의 미정계수 　380p
TEST 개념 확인 　382p
11 유리함수의 최대, 최소 　384p
12 유리함수의 그래프와 직선의 위치 관계 　386p
13 유리함수의 역함수 　388p
14 유리함수의 합성 　390p
TEST 개념 확인 　392p
TEST 개념 발전 　394p

12

함수의 확장!
무리식과 무리함수

01 무리식 　398p
02 제곱근의 계산 　400p
03 분모의 유리화를 이용한 무리식의 계산 　402p
TEST 개념 확인 　404p
04 무리함수 　406p
05 무리함수 $y=\pm\sqrt{ax}\,(a\neq0)$의 그래프 　408p
06 무리함수 $y=\sqrt{a(x-p)}+q\,(a\neq0)$의 그래프 　410p
07 무리함수 $y=\sqrt{ax+b}+c\,(a\neq0)$의 그래프 　414p
08 무리함수의 미정계수 　416p
TEST 개념 확인 　417p
09 무리함수의 최대, 최소 　420p
10 무리함수의 그래프와 직선의 위치 관계 　422p
11 무리함수의 역함수 　424p
12 무리함수의 합성 　426p
TEST 개념 확인 　428p
TEST 개념 발전 　430p

문제를 보다! 　432p

변화를 나타내는 도형의 이해!

도형의 방정식

1 '점'을 '수'로 표현한!
1 평면좌표

2 직선을 식으로!
2 직선의 방정식

3 원을 식으로!
3 원의 방정식

4 움직임을 식으로!
4 도형의 이동

점은

좌표평면을 이용하면

수로 바꿀 수 있다.

즉 점들이 모여서 이루는 도형은

수를 통해 식으로 나타내어진다.

이제 변화의 형태인 도형을 식으로 바꿔

변화를 다뤄보자!

2

O 1

$(1, 2)$

y

x

1

'점'을 '수'로 표현한!
평면좌표

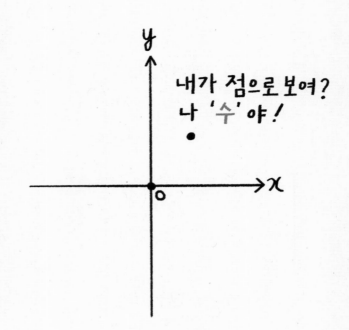

내가 점으로 보여?
나 '수'야!

재지 않고 계산하는!

좌표평면 위의 두 점 $A(x_1, y_1)$, $B(x_2, y_2)$ 사이의 거리 $\overline{AB}$

피타고라스 정리를 이용하여 거리의 제곱을 구해봐!

$\overline{AB}^2$

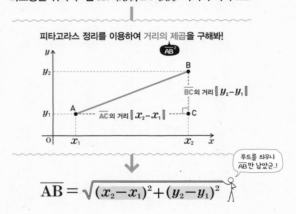

$\overline{BC}$의 거리 $\|y_2 - y_1\|$

$\overline{AC}$의 거리 $\|x_2 - x_1\|$

루트를 씌우니
$\overline{AB}$만 남았군..!

$$\overline{AB} = \sqrt{(x_2 - x_1)^2 + (y_2 - y_1)^2}$$

┌ 두 점 사이의 거리

01 수직선 위의 두 점 사이의 거리

02 좌표평면 위의 두 점 사이의 거리

03 같은 거리에 있는 점의 좌표

수직선 위의 두 점 사이의 거리를 구하고, 피타고라스 정리를 이용하여 좌표평면 위의 두 점 사이의 거리를 구해 볼 거야. 같은 거리에 있는 점의 좌표를 구할 때는 구하는 점이 x축 위의 점이면 점의 좌표를 $(a, 0)$, y축 위의 점이면 $(0, a)$, 직선 $y = f(x)$ 위의 점이면 $(a, f(a))$로 놓고 공식을 이용하면 돼.

두 점 사이의 거리를 이용하는!

두 점 $\boxed{A}$, $\boxed{B}$ 와 직선 l 위의 임의의 점 $\boxed{P}$ 에 대하여 $\overline{AP} + \overline{BP}$의 최솟값은?

두 점 A, B가 직선 l에 대하여
서로 반대 쪽에 위치할 때

두 점 A, B가 직선 l에 대하여
서로 같은 쪽에 위치할 때

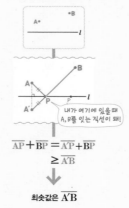

내가 여기에 있을때
A, B를 잇는 직선이 돼!

$$\overline{AP} + \overline{BP} \geq \overline{AB}$$

최솟값은 $\overline{AB}$

내가 여기에 있을때
A, B를 잇는 직선이 돼!

$$\overline{AP} + \overline{BP} = \overline{A'P} + \overline{BP}$$
$$\geq \overline{A'B}$$

최솟값은 $\overline{A'B}$

┌ 두 점 사이의 거리의 활용

04 두 선분의 '길이의 합'의 최솟값

05 두 선분의 '길이의 제곱의 합'의 최솟값

06 좌표평면에서 확인하는 도형의 성질

두 점 A, B가 직선 l에 대하여 서로 반대 쪽에 있고 점 P가 직선 l 위의 점일 때, $\overline{AP} + \overline{PB}$의 최솟값은 $\overline{AB}$의 길이와 같아. 이를 이용해서 두 점 A, B가 직선 l에 대하여 서로 같은 쪽에 있을 때는 점 A와 직선 l에 대하여 대칭인 점을 찾아서 $\overline{AP} + \overline{PB}$의 최솟값을 구하면 돼. 선분의 길이의 제곱의 합의 최솟값은 이차함수의 최대, 최소를 이용하면 쉽게 구할 수 있고, 거리 공식을 이용해서 여러 가지 도형의 성질도 확인할 수 있어.

선분을 정해진 비로 나누는 점!

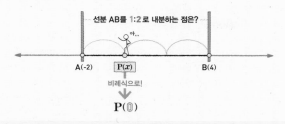

07 선분의 내분점

08 수직선 위의 선분의 내분점

09 좌표평면 위의 선분의 내분점

선분 AB 위의 점 P에 대하여 $\overline{AP} : \overline{PB} = m : n$일 때, 점 P는 선분 AB를 $m : n$으로 내분한다 하고 점 P를 선분 AB의 내분점이라 해.

이 단원에서는 수직선과 좌표평면에서 각각 선분의 내분점을 구하는 연습을 할 거야.

계산으로 찾는 좌표값!

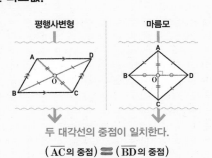

10 좌표평면에서 삼각형의 무게중심

11 좌표평면에서 사각형의 성질의 활용

12 좌표평면에서 각의 이등분선의 성질의 활용

좌표평면에서 내분점의 좌표를 구하는 공식을 이용하여 삼각형의 무게중심의 좌표를 구해 볼 거야.

또 평행사변형의 성질과 마름모의 성질, 각의 이등분선의 성질 등 중학교에서 학습한 내용을 이용하여 좌표평면에서 조건을 만족시키는 점의 좌표를 구하는 다양한 연습을 할 거야. 사각형의 성질들과 각의 이등분선의 성질을 다시 되새겨 보자!

재지 않고 계산하는!

수직선 위의
두 점 사이의 거리

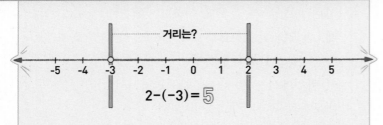

거리는?

$$2-(-3)=5$$

수직선 위의 두 점 $A(x_1)$, $B(x_2)$ 사이의 거리 $\overline{AB}$

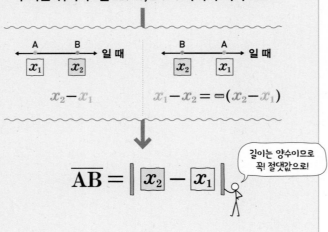

A B 일 때
x_1 x_2

B A 일 때
x_2 x_1

x_2-x_1 $x_1-x_2=-(x_2-x_1)$

$$\overline{AB}= \left| \; x_2 - x_1 \; \right|$$

길이는 양수이므로
꼭! 절댓값으로!

참고 수직선 위의 원점 $O(0)$과 $A(x)$ 사이의 거리 $\overline{OA}$는 $\overline{OA}=|x|$

1st — 수직선 위의 두 점 사이의 거리

● 다음 수직선에 대하여 □ 안에 알맞은 수를 써넣으시오.

1 A(2) B(5)

→ $\overline{AB}=|5-2|=$ □

2 A(−3) B(2)

→ $\overline{AB}=|2-(\boxed{})|=$ □

3 A(−11) B(0)

→ $\overline{AB}=$ □

4 A(−4) B(−1)

→ $\overline{AB}=$ □

5 B(4) A(6)

→ $\overline{AB}=$ □

6 B(−4) A(3)

→ $\overline{AB}=$ □

7 B(0) A(4)

→ $\overline{AB}=$ □

우리 사이 얼마나 가까워?

우리는 사이랄께 없는데. 그치?

이만큼?

$|x_2-x_1|$

x_1 x_2

● 다음 두 점 A, B 사이의 거리를 구하시오.

8 A(3), B(7)

9 A(2), B(−5)

10 A(−3), B(6)

11 A(−5), B(−4)

12 A(0), B(6)

13 A(−3), B(0)

● 두 점 A, B와 그 두 점 사이의 거리가 다음과 같을 때, x의 값을 구하시오.

14 A(1), B(x), 거리: 3

→ $\overline{AB} = |x - \boxed{}| = \boxed{}$ 에서

$x - 1 = \pm \boxed{}$ 이므로 $x - 1 = \boxed{}$ 또는 $x - 1 = \boxed{}$

따라서 $x = \boxed{}$ 또는 $x = \boxed{}$

15 A(2), B(x), 거리: 4

16 A(−3), B(x), 거리: 2

17 A(x), B(6), 거리: 5

18 A(x), B($3x+4$), 거리: 4

개념모음문제
19 수직선 위의 세 점 A(−1), B(5), C(x)에 대하여 $\overline{AB} + \overline{BC} = 9$를 만족시키는 모든 x의 값의 합은?

① 6   ② 7   ③ 8

④ 9   ⑤ 10

😊 **내가 발견한 개념**   수직선 위의 두 점 사이의 거리는?

• 수직선 위의 두 점 A(x_1), B(x_2) 사이의 거리 $\overline{AB}$는

① $x_1 \leq x_2$일 때, $\overline{AB} = x_2 - \boxed{}$

② $x_1 > x_2$일 때, $\overline{AB} = x_1 - \boxed{}$ → $\overline{AB} = |x_2 - \boxed{}|$

• 원점 O(0)과 A(x) 사이의 거리 → $\overline{OA} = |\boxed{}|$

재지 않고 계산하는!

좌표평면 위의 두 점 사이의 거리

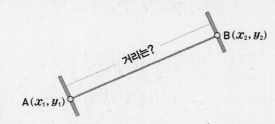

좌표평면 위의 두 점 $A(x_1, y_1), B(x_2, y_2)$ 사이의 거리 $\overline{AB}$

피타고라스 정리를 이용하여
거리의 제곱을 구해 봐!
$\overline{AB}^2$

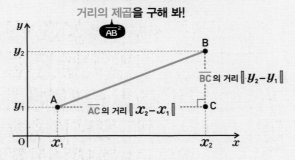

$\overline{BC}$ 의 거리 $\|y_2 - y_1\|$

$\overline{AC}$ 의 거리 $\|x_2 - x_1\|$

거리를 직접 재지 않고 계산으로 구할 수 있어!

$$\overline{AB}^2 = \overline{AC}^2 + \overline{BC}^2$$
$$= |x_2 - x_1|^2 + |y_2 - y_1|^2$$
$$= (x_2 - x_1)^2 + (y_2 - y_1)^2$$

루트를 씌우니 $\overline{AB}$ 만 남았군..!

$$\overline{AB} = \sqrt{(x_2 - x_1)^2 + (y_2 - y_1)^2}$$

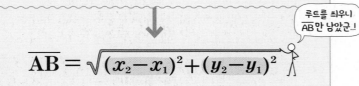

참고 좌표평면 위의 두 점 $O(0, 0)$, $A(x, y)$ 사이의 거리는 $\overline{OA} = \sqrt{x^2 + y^2}$

피타고라스 정리

배운 거 기억나?

빗변의 길이 c

b

$$a^2 + b^2 = c^2$$

직각

직각삼각형에서 직각을 낀 두변의 길이의 제곱의 합은 빗변의 길이의 제곱과 같다.

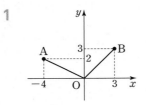

1st — 좌표평면 위의 두 점 사이의 거리

● 다음 좌표평면을 보고 □ 안에 알맞은 수를 써넣으시오.

1

(1) $\overline{OA} = \sqrt{(-4)^2 + 2^2} = $ □

(2) $\overline{OB} = \sqrt{3^2 + 3^2} = $ □

(3) $\overline{AB} = \sqrt{\{3 - (-4)\}^2 + (3-2)^2} = $ □

2

(1) $\overline{OA} = \sqrt{1^2 + (-1)^2} = $ □

(2) $\overline{OB} = \sqrt{4^2 + 3^2} = $ □

(3) $\overline{AB} = \sqrt{(4-1)^2 + \{3-(-1)\}^2} = $ □

😊 **내가 발견한 개념**

좌표평면 위의 두 점 사이의 거리는?

● 좌표평면 위의 두 점 $A(x_1, y_1)$, $B(x_2, y_2)$ 사이의 거리

→ $\overline{AB} = \sqrt{(x_2 - \boxed{})^2 + (y_2 - \boxed{})^2}$

● 좌표평면 위의 두 점 $O(0, 0)$, $A(x, y)$ 사이의 거리

→ $\overline{OA} = \sqrt{x^2 + \boxed{}^2}$

● 다음 두 점 A, B 사이의 거리를 구하시오.

3 $A(1, 4)$, $B(3, 1)$

4 $A(-1, 3)$, $B(5, -5)$

5 $A(3, -2)$, $B(-2, -1)$

6 $A(-5, -6)$, $B(-2, -1)$

7 $A(0, 0)$, $B(6, -4)$

● 두 점 A, B의 좌표와 $\overline{AB}$의 길이가 다음과 같을 때, x의 값을 구하시오.

8 $A(x, 1)$, $B(2, -4)$, $\overline{AB}=13$

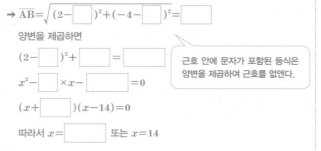

→ $\overline{AB}=\sqrt{(2-\boxed{})^2+(-4-\boxed{})^2}=\boxed{}$

양변을 제곱하면

$(2-\boxed{})^2+\boxed{}=\boxed{}$

$x^2-\boxed{}\times x-\boxed{}=0$

$(x+\boxed{})(x-14)=0$

따라서 $x=\boxed{}$ 또는 $x=14$

> 근호 안에 문자가 포함된 등식은 양변을 제곱하여 근호를 없앤다.

9 $A(3, x)$, $B(5, 3)$, $\overline{AB}=2\sqrt{2}$

10 $A(0, 0)$, $B(x, 4)$, $\overline{AB}=5$

11 $A(-2, 3)$, $B(-1, x)$, $\overline{AB}=\sqrt{2}$

개념모음문제

12 좌표평면 위의 세 점 $A(1, 4)$, $B(a, 7)$, $C(-1, 6)$에 대하여 $\overline{AB}=\overline{BC}$일 때, a의 값은?

① -1 ② 0 ③ 1

④ 2 ⑤ 3

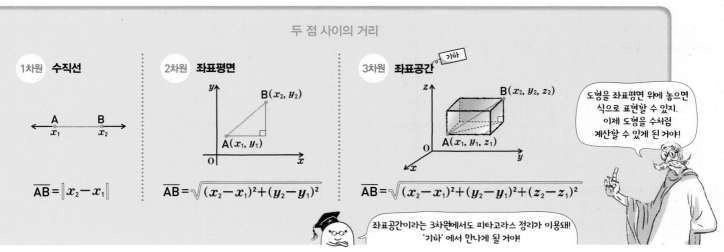

두 점 사이의 거리

1차원 수직선

$\overline{AB}=|x_2-x_1|$

2차원 좌표평면

$\overline{AB}=\sqrt{(x_2-x_1)^2+(y_2-y_1)^2}$

3차원 좌표공간 기하

$\overline{AB}=\sqrt{(x_2-x_1)^2+(y_2-y_1)^2+(z_2-z_1)^2}$

도형을 좌표평면 위에 놓으면 식으로 표현할 수 있지. 이제 도형을 수처럼 계산할 수 있게 된 거야!

좌표공간이라는 3차원에서도 피타고라스 정리가 이용돼! '기하' 에서 만나게 될 거야.

03

두 점 사이의 거리를 이용하는!

같은 거리에 있는 점의 좌표

두 점 $\boxed{A(0,3)}$, $\boxed{B(1,2)}$ 에서

같은 거리에 있는 x축 위의 $\boxed{\text{점 P}}$의 좌표는?

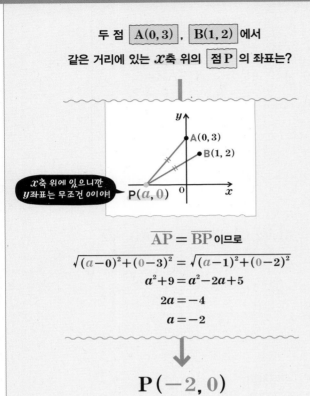

*x*축 위에 있으니깐 *y*좌표는 무조건 0이야

$P(a, 0)$

$\overline{AP} = \overline{BP}$ 이므로

$$\sqrt{(a-0)^2+(0-3)^2} = \sqrt{(a-1)^2+(0-2)^2}$$
$$a^2+9 = a^2-2a+5$$
$$2a = -4$$
$$a = -2$$

$$\mathbf{P(-2, 0)}$$

- 같은 거리에 있는 점의 좌표를 구하는 순서는 다음과 같다.
  - (i) 구하는 점의 좌표를 문자를 사용하여 나타낸다.
    - ① x축 위의 점일 때 ➜ $(a, 0)$
    - ② y축 위의 점일 때 ➜ $(0, a)$
    - ③ 직선 $y=f(x)$ 위의 점일 때 ➜ $(a, f(a))$
  - (ii) 두 점 사이의 거리를 구하는 공식을 이용하여 방정식을 세운다.
  - (iii) 방정식을 푼다.

1st 두 점으로부터 같은 거리에 있는 x축 위의 점의 좌표

● 다음 두 점 A, B에서 같은 거리에 있는 x축 위의 점 P의 좌표를 구하시오.

> x축 위의 점의 y좌표는 0이므로 $(a, 0)$으로 놓는다.

1 A$(1, 2)$, B$(5, 6)$

➜ 점 P가 x축 위의 점이므로 P$(a, \boxed{})$이라 하자.

$\overline{AP}=\boxed{}$에서 $\overline{AP}^2=\boxed{}$이므로

$(a-1)^2+(\boxed{}-2)^2=(a-5)^2+(\boxed{}-6)^2$

$a^2-2a+5=\boxed{}$

$a=\boxed{}$

따라서 점 P의 좌표는 $(\boxed{}, 0)$이다.

2 A$(4, 2)$, B$(1, -5)$

3 A$(3, 1)$, B$(-1, 1)$

4 A$(-1, -3)$, B$(2, -3)$

5 A$(0, 2)$, B$(4, -2)$

6 A$(1, -4)$, B$(0, -6)$

2nd — 두 점으로부터 같은 거리에 있는 y축 위의 점의 좌표

● 다음 두 점 A, B에서 같은 거리에 있는 y축 위의 점 P의 좌표를 구하시오.

> y축 위의 점의 x좌표는 0이므로 $(0, a)$로 놓는다.

7 A$(1, 6)$, B$(-2, 7)$

→ 점 P가 y축 위의 점이므로 P($\boxed{}$, a)라 하자.

$\overline{AP} = \boxed{}$ 에서 $\overline{AP}^2 = \boxed{}$ 이므로

$(\boxed{}-1)^2 + (a-6)^2 = \{\boxed{}-(-2)\}^2 + (a-7)^2$

$a^2 - 12a + 37 = \boxed{}$

$a = \boxed{}$

따라서 점 P의 좌표는 $(0, \boxed{})$이다.

8 A$(2, -5)$, B$(6, -1)$

9 A$(-2, 4)$, B$(6, -4)$

10 A$(-3, -7)$, B$(-5, 3)$

11 A$(3, 0)$, B$(1, 8)$

12 A$(3, 1)$, B$(-5, 3)$

3rd — 두 점으로부터 같은 거리에 있는 직선 위의 점의 좌표

● 다음 두 점 A, B에서 같은 거리에 있는 **직선 l 위의 점 P의 좌표**를 구하시오.

> 직선 $y = f(x)$ 위의 점은 $(a, f(a))$로 놓는다.

13 A$(2, -1)$, B$(7, 4)$, $l : y = x$

→ 점 P가 직선 $y = x$ 위의 점이므로 P(a, $\boxed{}$)라 하자.

$\overline{AP} = \boxed{}$ 에서 $\overline{AP}^2 = \boxed{}$ 이므로

$(a-2)^2 + \{\boxed{}-(-1)\}^2 = (a-7)^2 + (\boxed{}-4)^2$

$2a^2 - 2a + 5 = \boxed{}$

$a = \boxed{}$

따라서 점 P의 좌표는 ($\boxed{}$, $\boxed{}$)이다.

14 A$(-2, 1)$, B$(-8, 5)$, $l : y = 2x$

15 A$(-1, -3)$, B$(5, 1)$, $l : y = -x$

16 A$(0, 5)$, B$(3, -2)$, $l : y = x + 2$

17 A$(-3, 2)$, B$(1, 4)$, $l : y = -x - 3$

😊 **내가 발견한 개념**   좌표평면 위의 점의 좌표를 문자를 사용하여 나타내 봐!

• x축 위의 점의 y좌표는 항상 $\boxed{}$ → (a, $\boxed{}$)

• y축 위의 점의 x좌표는 항상 $\boxed{}$ → ($\boxed{}$, a)

• 직선 $y = mx + n$ 위의 점의 x좌표가 a이면 y좌표는 $\boxed{}$ → (a, $\boxed{}$)

두 점 사이의 거리를 이용하는!

두 선분의 '길이의 합'의 최솟값

두 점 Ⓐ, Ⓑ와 직선 l 위의 임의의 점 Ⓟ에 대하여

$\overline{AP}+\overline{BP}$의 최솟값은?

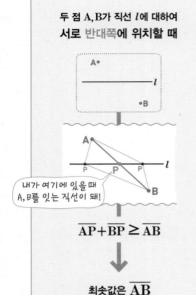

두 점 A, B가 직선 l에 대하여 서로 반대쪽에 위치할 때

내가 여기에 있을 때 A, B를 잇는 직선이 돼!

$\overline{AP}+\overline{BP} \geq \overline{AB}$

최솟값은 $\overline{AB}$

두 점 A, B가 직선 l에 대하여 서로 같은 쪽에 위치할 때

반대쪽으로 가면?

점 A와 직선 l에 대하여 대칭인 점을 A′이라 하면

내가 여기에 있을 때 A′, B를 잇는 직선이 돼!

$\overline{AP}=\overline{A'P}$

$\overline{AP}+\overline{BP}=\overline{A'P}+\overline{BP}$

$\geq \overline{A'B}$

최솟값은 $\overline{A'B}$

참고 두 점 A, B가 직선 l에 대하여 서로 같은 쪽에 위치할 때, 점 B와 직선 l에 대하여 대칭인 점을 이용해서 같은 방법으로 구해도 $\overline{AP}+\overline{BP}$의 최솟값은 같다.

1st 두 점이 직선에 대하여 서로 반대쪽에 위치하는 경우

● 다음 두 점 A, B와 직선 l 위의 임의의 점 P에 대하여 다음 물음에 답하시오.

1 $A(-1, -3), B(2, 3), l: x$축

(1) 두 점 A, B 사이의 최단 거리를 나타내는 선분과 $\overline{AP}+\overline{BP}$의 값이 최소가 되게 하는 점 P를 좌표평면 위에 각각 나타내시오.

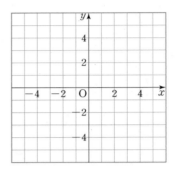

(2) $\overline{AP}+\overline{BP}$의 최솟값을 구하시오.

→ $\overline{AP}+\overline{BP} \geq$ ☐

$= \sqrt{\{2-(-1)\}^2+\{3-(-3)\}^2} =$ ☐

2 $A(-3, 6), B(2, -2), l: y$축

(1) 두 점 A, B 사이의 최단 거리를 나타내는 선분과 $\overline{AP}+\overline{BP}$의 값이 최소가 되게 하는 점 P를 좌표평면에 각각 나타내시오.

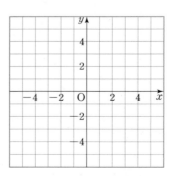

(2) $\overline{AP}+\overline{BP}$의 최솟값을 구하시오.

2nd — 두 점이 직선에 대하여 서로 같은 쪽에 위치하는 경우

● 다음 두 점 A, B와 직선 l 위의 임의의 점 P에 대하여 다음 물음에 답하시오.

3 A$(-3, 4)$, B$(1, 1)$, l: x축

> x축에 대하여 대칭인 두 점은 y좌표의 부호만 반대이다.

(1) 점 B와 x축에 대하여 대칭인 점 B′ 및 $\overline{AP} + \overline{BP}$의 값이 최소가 되게 하는 점 P를 좌표평면 위에 나타내시오.

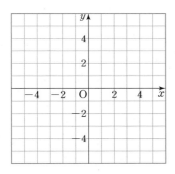

(2) $\overline{AP} + \overline{BP}$의 최솟값을 구하시오.

→ B′$(1, \boxed{})$, $\overline{BP} = \overline{B'P}$이므로

$\overline{AP} + \overline{BP} = \overline{AP} + \overline{B'P}$

$\geq \overline{AB'}$

$= \sqrt{\{1 - (\boxed{})\}^2 + (-1 - \boxed{})^2} = \boxed{}$

따라서 $\overline{AP} + \overline{BP}$의 최솟값은 $\boxed{}$ 이다.

4 A$(1, 3)$, B$(3, -2)$, l: y축

> y축에 대하여 대칭인 두 점은 x좌표의 부호만 반대이다.

(1) 점 A와 y축에 대하여 대칭인 점 A′ 및 $\overline{AP} + \overline{BP}$의 값이 최소가 되게 하는 점 P를 좌표평면에 나타내시오.

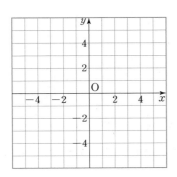

(2) $\overline{AP} + \overline{BP}$의 최솟값을 구하시오.

3rd — 두 선분의 길이의 합의 최솟값

● 다음 두 점 A, B와 직선 l 위의 임의의 점 P에 대하여 $\overline{AP} + \overline{BP}$의 최솟값을 구하시오.

5 A$(-2, 1)$, B$(4, -3)$, l: x축

6 A$(-1, 5)$, B$(5, 2)$, l: x축

7 A$(-1, -3)$, B$(2, -1)$, l: x축

8 A$(-3, 5)$, B$(4, 1)$, l: y축

9 A$(-5, -2)$, B$(-2, 4)$, l: y축

10 A$(2, -2)$, B$(3, 4)$, l: y축

두 선분의 '길이의 제곱의 합'의 최솟값

두 점 $\boxed{A(3,1)}$, $\boxed{B(1,1)}$ 과 x축 위의 $\boxed{점\,P}$ 에 대하여
$\overline{AP}^2+\overline{BP}^2$ 의 최솟값과 그때의 점 P는?

$$\overline{AP}^2+\overline{BP}^2=\left\{\sqrt{(a-3)^2+(0-1)^2}\,\right\}^2+\left\{\sqrt{(a-1)^2+(0-1)^2}\,\right\}^2$$
$$=(a^2-6a+9+1)+(a^2-2a+1+1)$$
$$=2a^2-8a+12$$
$$=2(a^2-4a+4)-8+12$$
$$=2(a-2)^2+4$$

따라서 $\overline{AP}^2+\overline{BP}^2$ 은 $a=2$일 때
최솟값 4를 갖는다.

⬇

최솟값은 4, $P(2,0)$

배운 거 기억나?

이차함수를 이용한 이차식의 최대·최소

$a(x-p)^2+q$의 값

$a>0$

$y=a(x-p)^2+q$
최솟값 → q

$a<0$

최댓값 → q
$y=a(x-p)^2+q$

$x=p$일 때, 최솟값 q를 갖는다. $x=p$일 때, 최댓값 q를 갖는다.

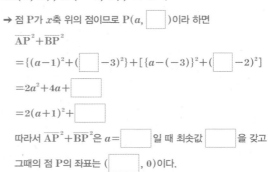

1st — 두 선분의 길이의 제곱의 합의 최솟값

● 다음 두 점 A, B와 직선 l 위의 임의의 점 P에 대하여
$\overline{AP}^2+\overline{BP}^2$의 최솟값과 그때의 점 P의 좌표를 차례대로 구하시오.

1 A$(1, 3)$, B$(-3, 2)$, l : x축

→ 점 P가 x축 위의 점이므로 P$(a, \boxed{})$이라 하면
$$\overline{AP}^2+\overline{BP}^2$$
$$=\{(a-1)^2+(\boxed{}-3)^2\}+[\{a-(-3)\}^2+(\boxed{}-2)^2]$$
$$=2a^2+4a+\boxed{}$$
$$=2(a+1)^2+\boxed{}$$
따라서 $\overline{AP}^2+\overline{BP}^2$은 $a=\boxed{}$일 때 최솟값 $\boxed{}$을 갖고
그때의 점 P의 좌표는 $(\boxed{}, 0)$이다.

2 A$(5, -2)$, B$(-1, 4)$, l : x축

3 A$(-2, 4)$, B$(0, -3)$, l : x축

4 A$(1, -2)$, B$(-4, 4)$, l : y축

5 A$(6, 1)$, B$(2, 3)$, l : y축

6 $A(2, 0)$, $B(4, -1)$, $l: y$축

7 $A(4, 1)$, $B(2, 5)$, $l: y=x$

→ 점 P가 직선 $y=x$ 위의 점이므로 $P(a, \boxed{})$라 하면

$\overline{AP}^2 + \overline{BP}^2$

$= \{(a-4)^2 + (\boxed{} -1)^2\} + \{(a-2)^2 + (\boxed{} -5)^2\}$

$= 4a^2 - 24a + \boxed{}$

$= 4(a-3)^2 + \boxed{}$

따라서 $\overline{AP}^2 + \overline{BP}^2$은 $a = \boxed{}$일 때 최솟값 $\boxed{}$을 갖고

그때의 점 P의 좌표는 $(\boxed{}, \boxed{})$이다.

8 $A(1, 4)$, $B(-2, 3)$, $l: y=x+1$

9 $A(-3, -5)$, $B(6, 2)$, $l: y=-x+2$

● 다음 두 점 A, B와 임의의 점 P에 대하여 $\overline{AP}^2 + \overline{BP}^2$의 최솟값과 그때의 점 P의 좌표를 구하시오.

10 $A(1, 4)$, $B(5, 2)$

> $P(a, b)$로 놓고 $\overline{AP}^2 + \overline{BP}^2$을 완전제곱식을 포함한 식 $(a-k)^2 + (b-l)^2 + c$ 꼴로 만든다. 이때 $(a-k)^2 \geq 0$, $(b-l)^2 \geq 0$이므로 $a=k$, $b=l$일 때 최솟값 c를 갖는다.

→ 점 P의 좌표를 (a, b)라 하면

$\overline{AP}^2 + \overline{BP}^2$

$= \{(a-1)^2 + (b-4)^2\} + \{(a-5)^2 + (b-2)^2\}$

$= 2a^2 - 12a + 2b^2 - 12b + 46$

$= 2(a - \boxed{})^2 + 2(b - \boxed{})^2 + 10$

따라서 $\overline{AP}^2 + \overline{BP}^2$은 $a = \boxed{}$, $b = \boxed{}$일 때 최솟값 $\boxed{}$을 갖고

그때의 점 P의 좌표는 $(\boxed{}, \boxed{})$이다.

11 $A(-2, 5)$, $B(6, 1)$

12 $A(2, 3)$, $B(-4, -5)$

13 $A(-7, -2)$, $B(-3, 4)$

'길이의 제곱의 합'의 최솟값의 의미는?

점 P에 대한 조건이 없을 때

두 점 $A_1(x_1, y_1)$, $A_2(x_2, y_2)$에 대하여
$\overline{PA_1}^2 + \overline{PA_2}^2$의 값을 최소로 하는 점 P

선분의 중점 → $P\left(\dfrac{x_1+x_2}{2}, \dfrac{y_1+y_2}{2}\right)$

세 점 $A_1(x_1, y_1)$, $A_2(x_2, y_2)$, $A_3(x_3, y_3)$에 대하여
$\overline{PA_1}^2 + \overline{PA_2}^2 + \overline{PA_3}^2$의 값을 최소로 하는 점 P

삼각형의 무게중심 → $P\left(\dfrac{x_1+x_2+x_3}{3}, \dfrac{y_1+y_2+y_3}{3}\right)$

$\vdots$

n개의 점 $A_1(x_1, y_1)$, $A_2(x_2, y_2)$, $\cdots A_n(x_n, y_n)$에 대하여
$\overline{PA_1}^2 + \overline{PA_2}^2 + \cdots + \overline{PA_n}^2$의 값을 최소로 하는 점 P

$P\left(\underbrace{\dfrac{x_1+x_2+\cdots+x_n}{n}}_{x \text{좌푯값들의 평균}}, \underbrace{\dfrac{y_1+y_2+\cdots+y_n}{n}}_{y \text{좌푯값들의 평균}}\right)$

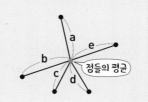

'길이의 제곱의 합의 최솟값'은 좌푯값들의 평균이야! 이 값은 점들이 흩어진 정도를 계산할 때 유용하게 쓰여! '확률과 통계'에서 배우게 될 거야!

06

두 점 사이의 거리를 이용하는!

좌표평면에서 확인하는 도형의 성질

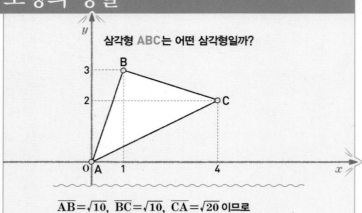

삼각형 ABC는 어떤 삼각형일까?

$\overline{AB}=\sqrt{10}$, $\overline{BC}=\sqrt{10}$, $\overline{CA}=\sqrt{20}$ 이므로

$\overline{AB}^2+\overline{BC}^2=\overline{CA}^2$, $\overline{AB}=\overline{BC}$

따라서 △ABC는 ∠B=90°인 직각이등변삼각형이다.

∠B=90°인
직각이등변삼각형

참고 세 점 A, B, C를 꼭짓점으로 하는 삼각형 ABC에서
① $\overline{AB}=\overline{BC}=\overline{CA}$ ➔ 정삼각형
② $\overline{AB}^2+\overline{BC}^2=\overline{CA}^2$ ➔ ∠B=90°인 직각삼각형
③ $\overline{AB}=\overline{AC}$ ➔ 이등변삼각형

1st ─ 삼각형의 모양의 판별

● 좌표평면 위의 세 점 A, B, C가 다음과 같을 때, 물음에 답하시오.

1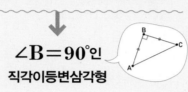

A(0, −1), B(5, 4), C(6, 2)

(1) $\overline{AB}$, $\overline{BC}$, $\overline{CA}$의 길이를 구하시오.

→ $\overline{AB}=\sqrt{(5-0)^2+\{4-(-1)\}^2}=\boxed{}$

$\overline{BC}=\sqrt{(6-5)^2+(2-4)^2}=\boxed{}$

$\overline{CA}=\sqrt{(0-6)^2+(-1-2)^2}=\boxed{}$

(2) 삼각형 ABC는 어떤 삼각형인지 말하시오.

→ $\overline{AB}=\boxed{}$, $\overline{BC}=\boxed{}$, $\overline{CA}=\boxed{}$ 이므로

$\overline{BC}^2+\overline{CA}^2=\overline{AB}^2$

따라서 △ABC는 $\boxed{}=90°$인 $\boxed{}$이다.

2

A(1, 3), B(2, 4), C(6, −2)

(1) $\overline{AB}$, $\overline{BC}$, $\overline{CA}$의 길이를 구하시오.

(2) 삼각형 ABC는 어떤 삼각형인지 말하시오.

3

A(4, −1), B(3, 2), C(0, 3)

(1) $\overline{AB}$, $\overline{BC}$, $\overline{CA}$의 길이를 구하시오.

(2) 삼각형 ABC는 어떤 삼각형인지 말하시오.

4

A(−2, −2), B(3, 1), C(2, −3)

(1) $\overline{AB}$, $\overline{BC}$, $\overline{CA}$의 길이를 구하시오.

(2) 삼각형 ABC는 어떤 삼각형인지 말하시오.

개념모음문제

5 세 점 A(a, $2\sqrt{3}$), B(2, 1), C(−2, −1)을 꼭짓점으로 하는 삼각형 ABC가 정삼각형일 때, a의 값은?

① $-2\sqrt{3}$ ② $-\sqrt{3}$ ③ 0
④ $\sqrt{3}$ ⑤ $2\sqrt{3}$

2nd 도형의 성질의 확인

이와 같은 삼각형의 성질을 파푸스의 정리 또는 중선 정리라 한다.

6 다음은 삼각형 ABC에서 변 BC의 중점을 M이라 할 때, $\overline{AB}^2+\overline{AC}^2=2(\overline{AM}^2+\overline{BM}^2)$이 성립함을 설명하는 과정이다. 물음에 답하시오.

(1) 다음 □ 안에 알맞은 것을 써넣으시오.

다음 그림과 같이 직선 BC를 x축, 점 M을 지나고 직선 BC에 수직인 직선을 y축으로 놓으면 점 M은 원점이 된다.

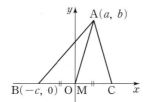

$c>0$일 때, 점 A의 좌표를 (a, b), 점 B의 좌표를 $(-c, 0)$이라 하면 점 C의 좌표는 $(\boxed{}, 0)$이므로

$\overline{AB}^2+\overline{AC}^2$
$=\{(a+c)^2+b^2\}+\{(a-\boxed{})^2+b^2\}$
$=2(a^2+b^2+c^2)$

한편 $\overline{AM}^2=a^2+b^2$, $\overline{BM}^2=c^2$이므로

$2(\overline{AM}^2+\overline{BM}^2)=2(a^2+b^2+\boxed{})$

따라서 $\overline{AB}^2+\overline{AC}^2=2(\overline{AM}^2+\overline{BM}^2)$이 성립한다.

(2) $\overline{AB}=7$, $\overline{BC}=10$, $\overline{CA}=5$인 삼각형 ABC에서 변 BC의 중점을 M이라 할 때, 위의 등식을 이용하여 $\overline{AM}$의 길이를 구하시오.

7 다음은 직사각형 ABCD와 그 내부의 임의의 점 P에 대하여 $\overline{PA}^2+\overline{PC}^2=\overline{PB}^2+\overline{PD}^2$이 성립함을 설명하는 과정이다. 물음에 답하시오.

(1) 다음 □ 안에 알맞은 것을 써넣으시오.

다음 그림과 같이 직선 BC를 x축, 직선 AB를 $\boxed{}$축으로 놓으면 점 B는 원점이 된다.

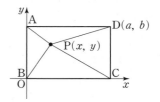

직사각형 ABCD에서 점 D의 좌표를 (a, b)라 하면

$A(0, \boxed{})$, $B(0, 0)$, $C(\boxed{}, 0)$

점 P의 좌표를 (x, y)라 하면

$\overline{PA}^2+\overline{PC}^2$
$=x^2+(y-b)^2+(\boxed{}-a)^2+\boxed{}^2$
$\overline{PB}^2+\overline{PD}^2$
$=x^2+y^2+(x-\boxed{})^2+(y-\boxed{})^2$

따라서 $\overline{PA}^2+\overline{PC}^2=\overline{PB}^2+\overline{PD}^2$이 성립한다.

(2) 직사각형 ABCD와 그 내부의 임의의 점 P에 대하여 $\overline{AP}=3$, $\overline{CP}=6$, $\overline{DP}=5$일 때, 위의 등식을 이용하여 $\overline{PB}$의 길이를 구하시오.

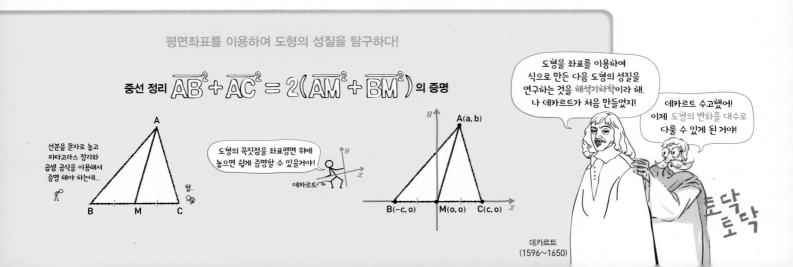

평면좌표를 이용하여 도형의 성질을 탐구하다!

중선 정리 $\overline{AB}^2+\overline{AC}^2=2(\overline{AM}^2+\overline{BM}^2)$ 의 증명

선분을 문자로 놓고 피타고라스 정리와 곱셈 공식을 이용해서 증명 해야 하는데…

도형의 꼭짓점을 좌표평면 위에 놓으면 쉽게 증명할 수 있을거야!

데카르트

도형을 좌표를 이용하여 식으로 만든 다음 도형의 성질을 연구하는 것을 해석기하학이라 해. 나 데카르트가 처음 만들었지!

데카르트 수고했어! 이제 도형의 변화를 대수로 다룰 수 있게 된 거야!

데카르트
(1596~1650)

01~02 수직선 또는 좌표평면 위의 두 점 사이의 거리
- 수직선 위의 두 점 $A(x_1)$, $B(x_2)$ 사이의 거리
  → $\overline{AB} = |x_2 - x_1| = |x_1 - x_2|$
- 좌표평면 위의 두 점 $A(x_1, y_1)$, $B(x_2, y_2)$ 사이의 거리
  → $\overline{AB} = \sqrt{(x_2 - x_1)^2 + (y_2 - y_1)^2}$

03 같은 거리에 있는 점의 좌표
- x축 위의 점의 좌표 → $(a, 0)$
- y축 위의 점의 좌표 → $(0, b)$
- 점 (a, b)가 직선 위에 있다. → $x = a$, $y = b$를 직선의 방정식에 대입하면 등식이 성립한다.

1 두 점 $A(-5)$, $B(a)$ 사이의 거리가 7일 때, 실수 a의 값을 구하시오. (단, $a > 0$)

2 두 점 $A(2, a)$, $B(a, -2)$ 사이의 거리가 $4\sqrt{5}$일 때, 양수 a의 값은?

① 3   ② 4   ③ 5
④ 6   ⑤ 7

3 두 점 $A(a, 2)$, $B(4, a)$에 대하여 선분 AB의 길이의 최솟값은?

① 1   ② $\sqrt{2}$ ③ $\sqrt{3}$
④ 2   ⑤ $\sqrt{5}$

4 두 점 $A(2, 4)$, $B(-1, a)$에서 같은 거리에 있는 x축 위의 점 P의 좌표가 $(3, 0)$일 때, 양수 a의 값은?

① 1   ② 2   ③ 3
④ 4   ⑤ 5

5 두 점 $A(-1, 2)$, $B(a, -2)$에서 같은 거리에 있는 y축 위의 점 P의 좌표가 $(0, -1)$일 때, 양수 a의 값은?

① 1   ② 2   ③ 3
④ 4   ⑤ 5

6 두 점 $A(3, 5)$, $B(0, 2)$에서 같은 거리에 있는 x축 위의 점을 P, y축 위의 점을 Q라 할 때, 선분 PQ의 길이는?

① $4\sqrt{3}$ ② 7   ③ $5\sqrt{2}$
④ $2\sqrt{13}$ ⑤ $3\sqrt{6}$

04~05 두 선분의 길이(또는 길이의 제곱)의 합의 최솟값

• 선분의 길이의 합의 최솟값은
→ 일직선 위에 놓일 때가 최소
→ 먼저 대칭인 점을 찾기

7 두 점 A(-2, 1), B(6, 7)과 x축 위의 점 P에 대하여 $\overline{AP}+\overline{BP}$의 최솟값을 구하시오.

8 두 점 A(5, 2), B(2, 6)과 y축 위의 점 P에 대하여 $\overline{AP}^2+\overline{BP}^2$의 최솟값은?

① 34   ② 35   ③ 36
④ 37   ⑤ 38

9 두 점 A(-1, 7), B(3, -5)와 직선 $y=x+4$ 위의 점 P에 대하여 $\overline{AP}^2+\overline{BP}^2$의 값이 최소일 때, 점 P의 좌표는?

① (-2, 2)   ② (-1, 3)   ③ (0, 4)
④ (1, 5)   ⑤ (2, 7)

06 좌표평면에서 확인하는 도형의 성질

• 삼각형 ABC의 세 변의 길이를 각각 a, b, c라 할 때
① $a=b=c$ → 정삼각형
② $a^2+b^2=c^2$ → 빗변의 길이가 c인 직각삼각형
③ $a=b$ 또는 $b=c$ 또는 $c=a$ → 이등변삼각형

10 세 점 A(2, 2), B($a+1$, 0), C(a, a)를 꼭짓점으로 하는 삼각형 ABC가 ∠C$=90°$인 직각삼각형일 때, 실수 a의 값은?

① 1   ② 2   ③ 3
④ 4   ⑤ 5

11 세 점 A(-1, 2), B(1, -2), C(a, b)를 꼭짓점으로 하는 삼각형 ABC가 정삼각형일 때, 점 C의 좌표는? (단, 점 C는 제1사분면 위의 점이다.)

① (1, $2\sqrt{3}$)   ② (2, $2\sqrt{2}$)   ③ ($\sqrt{3}$, $2\sqrt{3}$)
④ ($2\sqrt{3}$, 1)   ⑤ ($2\sqrt{3}$, $\sqrt{3}$)

12 오른쪽 그림과 같은 삼각형 ABC에서 점 M이 변 BC의 중점이고 $\overline{AB}=5$, $\overline{AC}=\overline{AM}=3$ 일 때, $\overline{BM}$의 길이를 구하시오.

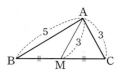

07

선분을 정해진 비로 나누는 점!

선분의 내분점

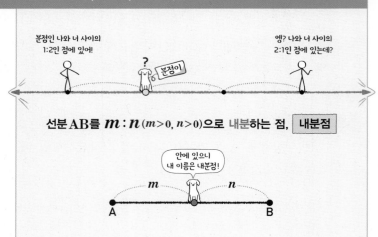

선분 AB를 $m:n\ (m>0,\ n>0)$으로 내분하는 점, 내분점

• **내분과 내분점**

선분 AB 위에 있는 점 P에 대하여

$$\overline{AP}:\overline{BP}=m:n\ (m>0,\ n>0)$$

일 때, 점 P는 선분 AB를 $m:n$으로 내분한다 하고, 점 P를 선분 AB의 내분점이라 한다.

> 참고 선분 AB의 중점을 M이라 하면 점 M은 선분 AB를 1 : 1로 내분하는 점이다.

외분과 외분점

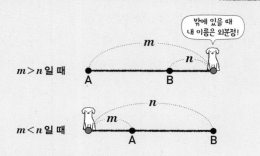

선분 AB를 $m:n\ (m>0,\ n>0)$으로 외분하는 점, 외분점

$m>n$일 때

$m<n$일 때

선분 AB의 연장선 위에 있는 점 Q에 대하여

$$\overline{AQ}:\overline{BQ}=m:n\ (m>0,\ n>0,\ m\neq n)$$

일 때, 점 Q는 선분 AB를 $m:n$으로 외분한다 하고,
점 Q를 선분 AB의 외분점이라 한다.

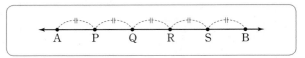

1st — 선분의 내분점

● 수직선 위의 점 A, P, Q, R, S, B가 다음 그림과 같을 때, □ 안에 알맞은 것을 써넣으시오.

1 점 P는 선분 AB를 1 : □로 내분한다.

2 점 Q는 선분 AR를 □ : 1로 내분한다.

3 점 R는 선분 AB를 3 : □로 내분한다.

4 선분 AB를 4 : 1로 내분하는 점은 점 □이다.

5 선분 PB의 중점은 점 □이다.

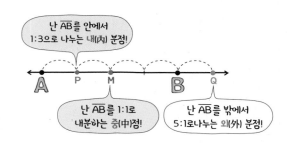

● 수직선 위의 점 P, Q, A, R, B, S, T가 다음 그림과 같을 때, □ 안에 알맞은 것을 써넣으시오.

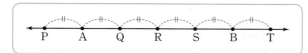

6 점 Q는 선분 AB를 1 : □ 으로 내분한다.

7 점 A는 선분 PB를 □ : 4로 내분한다.

8 점 S는 선분 AB를 □ : 1로 내분한다.

9 선분 AT를 2 : 3으로 내분하는 점은 점 □ 이다.

10 선분 AB의 중점은 점 □ 이다.

선분의 중점은?

• 선분 AB의 중점은 선분 AB를 1 : □ 로 내분하는 점이다.

→ 선분 AB의 □ 은 선분 AB의 한가운데 점이다.

● 그림과 같이 주어진 수직선 위의 두 점 A, B에 대하여 다음을 구하시오.

11

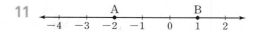

(1) 선분 AB를 2 : 1로 내분하는 점 P_1의 좌표

(2) 선분 AB를 1 : 2로 내분하는 점 P_2의 좌표

12

(1) 선분 AB를 3 : 4로 내분하는 점 P_1의 좌표

(2) 선분 AB를 4 : 3으로 내분하는 점 P_2의 좌표

13

(1) 선분 AB를 2 : 3으로 내분하는 점 P_1의 좌표

(2) 선분 AB를 3 : 2로 내분하는 점 P_2의 좌표

(3) 선분 AB의 중점 M의 좌표

14

(1) 선분 AB를 1 : 3으로 내분하는 점 P_1의 좌표

(2) 선분 AB를 3 : 1로 내분하는 점 P_2의 좌표

(3) 선분 AB의 중점 M의 좌표

선분을 정해진 비로 나누는 점!

수직선 위의 선분의 내분점

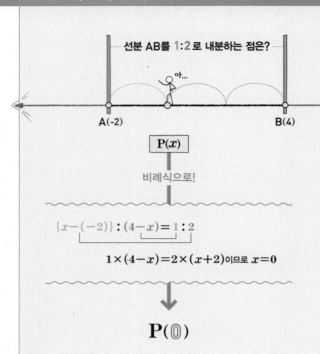

선분 AB를 1:2로 내분하는 점은?

A(-2)   B(4)

P(x)

비례식으로!

$\{x-(-2)\} : (4-x) = 1 : 2$

$1 \times (4-x) = 2 \times (x+2)$이므로 $x=0$

P(⓪)

수직선 위의 두 점 A(x_1), B(x_2)를 이은 선분 AB를 $m:n$ $(m>0, n>0)$으로

$$\overset{m}{\underset{A(x_1)}{\bullet}} \quad \overset{}{\underset{P(x)}{\bullet}} \quad \overset{n}{\underset{B(x_2)}{\bullet}}$$

❶ 내분하는 점 P ➡ $\overline{AP} : \overline{PB} = m:n$ ➡ $P\left(\dfrac{mx_2 + nx_1}{m+n}\right)$

$x_1 > x_2$일 때도 성립해!

❷ 선분 AB의 중점 M ➡ $M\left(\dfrac{x_1 + x_2}{2}\right)$

$m=n$인 경우!

수직선 위의 내분점의 좌표를 쉽게 구하는 방법

수직선 위의 두 점 A(x_1), B(x_2)에 대하여
선분 AB를 $m:n$ $(m>0, n>0)$으로 내분하는 점 P는

비 ——— $m : n$

좌표 —— **A(x_1)   B(x_2)**

내분점 —— $P\left(\dfrac{mx_2 + nx_1}{m+n}\right)$ —— ❶
                                                          —— ❷

❶ 분자: 비와 좌표를 엇갈리게 곱한 후 더한다.
❷ 분모: 비를 더한다.

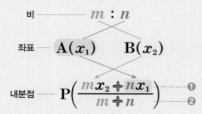
공식의 유도 과정을 이해했다면
자연스럽게 떠오를 거야!

---

❶ A(-3), B(3)일 때, 선분 AB를 2 : 1로 내분하는 점 P(x)

➡ $\overline{AP} : \overline{PB} = \boxed{} : \boxed{}$

$\overset{A}{\underset{-3}{\bullet}} \quad \overset{P}{\underset{x}{\bullet}} \quad \overset{B}{\underset{3}{\bullet}}$

이므로
$\overline{AP} = x-(-3)$, $\overline{PB} = 3-x$
이때 $\overline{AP} : \overline{PB} = \boxed{} : \boxed{}$이므로
$\{x-(-3)\} : (3-x) = \boxed{} : \boxed{}$
$\boxed{} \times (3-x) = \boxed{} \times \{x-(-3)\}$
$(\boxed{}+1)x = \boxed{} \times 3 + \boxed{} \times (-3)$

즉 $x = \dfrac{\boxed{} \times 3 + 1 \times (-3)}{\boxed{} + 1} = \boxed{}$

따라서 P($\boxed{}$)

❷ A(1), B(3)일 때, 선분 AB를 1 : 1로 내분하는 점 M(x)

➡ $\overline{AM} : \overline{MB} = \boxed{} : \boxed{}$

$\overset{A}{\underset{1}{\bullet}} \quad \overset{M}{\underset{x}{\bullet}} \quad \overset{B}{\underset{3}{\bullet}}$

이므로
$\overline{AM} = x-1$, $\overline{MB} = 3-x$
이때 $\overline{AM} : \overline{MB} = \boxed{} : \boxed{}$이므로
$(x-1) : (3-x) = \boxed{} : \boxed{}$
$\boxed{} \times (3-x) = \boxed{} \times (x-1)$
$(\boxed{}+1)x = \boxed{} \times 3 + \boxed{} \times 1$

즉 $x = \dfrac{\boxed{} \times 3 + \boxed{} \times 1}{\boxed{} + 1} = \boxed{}$

따라서 M($\boxed{}$)

$m=n$인 경우의 내분점은?

$P\left(\dfrac{mx_2 + nx_1}{m+n}\right) \Rightarrow P\left(\dfrac{m(x_2+x_1)}{2m}\right) \Rightarrow P\left(\dfrac{x_2+x_1}{2}\right)$

이므로 점 P는 선분 AB의 중점이다.

1st ─ 수직선 위의 선분의 내분점

● 수직선 위의 두 점 A, B를 잇는 선분 AB를 주어진 비로 내분하는 점을 P라 할 때, 점 P의 좌표를 구하시오.

1 A(1), B(5), $3:1$

$\rightarrow P\left(\dfrac{\boxed{}\times 5+\boxed{}\times 1}{\boxed{}+1}\right)$, 즉 $P(\boxed{})$

2 A(2), B(6), $3:1$

3 A(-1), B(4), $2:3$

4 A(2), B(-7), $1:2$

5 A(-2), B(6), $1:1$

1 : 1로 내분하는 점 P는 선분 AB의 중점이야!

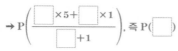

내가 발견한 개념 수직선 위의 선분의 내분점은?

● 수직선 위의 두 점 A(x_1), B(x_2)를 이은 선분 AB를
 m : n (m>0, n>0)으로 내분하는 점 P

$\rightarrow P\left(\dfrac{m\times\boxed{}+n\times\boxed{}}{m+n}\right)$

● 선분 AB의 중점 M $\rightarrow M\left(\dfrac{x_1+x_2}{\boxed{}}\right)$

2nd ─ 수직선 위의 내분점을 이용하여 구하는 미지수의 값

● 두 점 A, B에 대하여 점 P는 선분 AB를 $m:n$으로 내분하는 점일 때, x의 값을 구하시오.

6 A(-3), B(x), P(1)
 $m=2$, $n=1$

→ 점 P가 선분 AB를 2 : 1로 내분하므로

$\dfrac{2\times\boxed{}+1\times(\boxed{})}{2+1}=1$, $\boxed{}x-3=3$

따라서 $x=\boxed{}$

7 A(-2), B(x), P(-1)
 $m=1$, $n=4$

8 A(-1), B(x), P(2)
 $m=2$, $n=3$

9 A(x), B(5), P(3)
 $m=3$, $n=1$

10 A(x), B(2), P(-1)
 $m=4$, $n=3$

11 A(x), B(4), P(1)
 $m=3$, $n=2$

선분을 정해진 비로 나누는 점!

좌표평면 위의 선분의 내분점

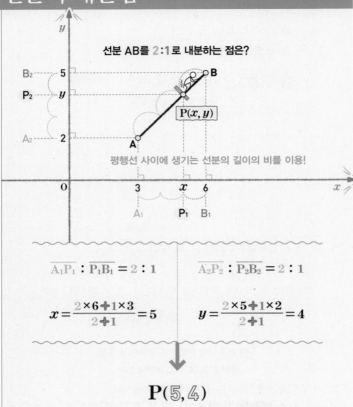

선분 AB를 **2:1**로 내분하는 점은?

평행선 사이에 생기는 선분의 길이의 비를 이용!

$$\overline{A_1P_1} : \overline{P_1B_1} = 2 : 1 \qquad \overline{A_2P_2} : \overline{P_2B_2} = 2 : 1$$

$$x = \frac{2 \times 6 + 1 \times 3}{2 + 1} = 5 \qquad y = \frac{2 \times 5 + 1 \times 2}{2 + 1} = 4$$

$$P(5, 4)$$

좌표평면 위의 두 점 $A(x_1, y_1)$, $B(x_2, y_2)$를 이은 선분 AB를 $m : n$ $(m>0, n>0)$으로

❶ 내분하는 점 P ➡ $P\left(\dfrac{mx_2 + nx_1}{m+n}, \ \dfrac{my_2 + ny_1}{m+n} \right)$

❷ 선분 AB의 중점 M ➡ $M\left(\dfrac{x_1 + x_2}{2}, \ \dfrac{y_1 + y_2}{2} \right)$

좌표평면 위의 내분점의 좌표를 쉽게 구하는 방법

좌표평면 위의 두 점 $A(x_1, y_1)$, $B(x_2, y_2)$에 대하여
선분 AB를 $m:n$ $(m>0, n>0)$으로 내분하는 점 P는

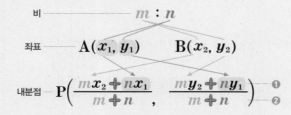

비 ———— $m : n$

좌표 ———— $A(x_1, y_1) \qquad B(x_2, y_2)$

내분점 ———— $P\left(\dfrac{mx_2 + nx_1}{m+n}, \ \dfrac{my_2 + ny_1}{m+n} \right)$ ❶ ❷

❶ x좌표(y좌표)의 분자: 비와 x좌표(y좌표)를 엇갈리게 곱한 후 더한다.
❷ x좌표(y좌표)의 분모: 비를 더한다.

원리확인 좌표평면 위의 두 점 A, B에 대하여 □ 안에 알맞은 수를 써넣으시오.

❶ A(1, 1), B(4, 3)일 때, 선분 AB를 2 : 1로 내분하는 점 P(x, y)

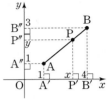

➡ $\overline{AP} : \overline{PB} = \boxed{\ } : \boxed{\ }$이므로

$\overline{A'P'} : \overline{P'B'} = \boxed{\ } : \boxed{\ }$

즉 점 P′은 $\overline{A'B'}$을 2 : 1로 내분하는 점이다.

점 P의 x좌표는 $\dfrac{2 \times \boxed{\ } + \boxed{\ } \times 1}{2 + \boxed{\ }} = \boxed{\ }$

점 P의 y좌표는 $\dfrac{2 \times 3 + \boxed{\ } \times 1}{2 + \boxed{\ }} = \boxed{\ }$ ← x좌표를 구한 것과 같은 방법으로 계산해!

따라서 P$\left(\boxed{\ }, \ \boxed{\ } \right)$

❷ A(1, 1), B(7, 5)일 때, 선분 AB를 1 : 1로 내분하는 점 M(x, y)

➡ $\overline{AM} : \overline{MB} = \boxed{\ } : \boxed{\ }$이므로

$\overline{A'M'} : \overline{M'B'} = \boxed{\ } : \boxed{\ }$

즉 점 M′은 $\overline{A'B'}$을 1 : 1로 내분하는 점이다.

점 M의 x좌표는 $\dfrac{1 \times 7 + \boxed{\ } \times 1}{1 + \boxed{\ }} = \boxed{\ }$

점 M의 y좌표는 $y = \dfrac{1 \times 5 + \boxed{\ } \times 1}{1 + \boxed{\ }} = \boxed{\ }$ ← x좌표를 구한것과 같은 방법으로 계산해!

따라서 M$\left(\boxed{\ }, \ \boxed{\ } \right)$

배운 거 기억나?

평행선 사이에 생기는 선분의 길이의 비

세 개 이상의 평행선이 다른 두 직선과 만날 때

$l /\!/ m /\!/ n$일 때

$a:b = c:d$
또는
$a:c = b:d$

1st ─ 좌표평면 위의 선분의 내분점

● 좌표평면 위의 두 점 A, B를 잇는 선분 AB를 주어진 비로 내분하는 점을 P라 할 때, 점 P의 좌표를 구하시오.

1 A$(3, -5)$, B$(-3, 1)$, $1:2$

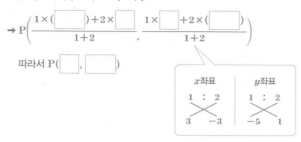

$$\rightarrow P\left(\dfrac{1\times(\boxed{})+2\times\boxed{}}{1+2}, \dfrac{1\times\boxed{}+2\times(\boxed{})}{1+2}\right)$$

따라서 P$(\boxed{}, \boxed{})$

2 A$(1, -2)$, B$(8, 5)$, $2:5$

3 A$(6, 0)$, B$(-2, -2)$, $1:3$

4 A$(-4, 6)$, B$(1, -5)$, $2:3$

5 A$(-2, 1)$, B$(8, -5)$, $1:1$

2nd ─ 좌표평면 위의 선분의 내분점을 이용하여 구하는 미지수의 값

● 다음 조건을 만족시키는 a, b의 값을 구하시오.

6 두 점 A$(-3, a)$, B$(b, 6)$에 대하여 선분 AB를 $2:3$으로 내분하는 점의 좌표가 $(-1, 6)$이다.

$$\rightarrow 점 \left(\dfrac{2\times b+3\times(\boxed{})}{2+3}, \dfrac{2\times\boxed{}+3\times\boxed{}}{2+3}\right)가$$

점 $(-1, 6)$과 일치하므로

$$\dfrac{2b-\boxed{}}{5}=-1, \dfrac{\boxed{}}{5}=6$$

따라서 $a=\boxed{}$, $b=\boxed{}$

7 두 점 A$(a, 5)$, B$(-2, b)$에 대하여 선분 AB를 $3:1$로 내분하는 점의 좌표가 $\left(\dfrac{5}{2}, \dfrac{13}{2}\right)$이다.

8 두 점 A$(5, a)$, B$(2, 4)$에 대하여 선분 AB를 $2:1$로 내분하는 점의 좌표가 $(b, 3)$이다.

9 두 점 A$(-3, 5)$, B(a, b)에 대하여 선분 AB의 중점의 좌표가 $(2, 3)$이다.

☺ 내가 발견한 개념   좌표평면 위의 선분의 내분점은?

좌표평면 위의 두 점 A(x_1, y_1), B(x_2, y_2)에 대하여
• 선분 AB를 $m:n$ $(m>0, n>0)$으로 내분하는 점 P

$$\rightarrow P\left(\dfrac{m\times\boxed{}+n\times\boxed{}}{m+n}, \dfrac{m\times\boxed{}+n\times\boxed{}}{m+n}\right)$$

• 선분 AB의 중점 M

$$\rightarrow M\left(\dfrac{x_1+x_2}{2}, \boxed{}\right)$$

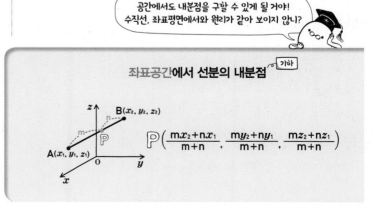

공간에서도 내분점을 구할 수 있게 될 거야!
수직선, 좌표평면에서와 원리가 같아 보이지 않니?

좌표공간에서 선분의 내분점 기하

$$P\left(\dfrac{mx_2+nx_1}{m+n}, \dfrac{my_2+ny_1}{m+n}, \dfrac{mz_2+nz_1}{m+n}\right)$$

중선을 정해진 비로 나누는 점!

좌표평면에서 삼각형의 무게중심

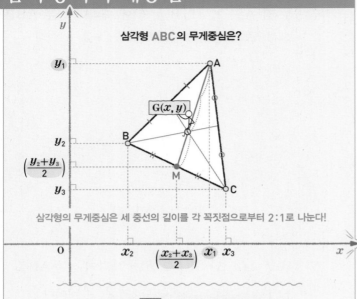

삼각형 ABC의 무게중심은?

삼각형의 무게중심은 세 중선의 길이를 각 꼭짓점으로부터 2:1로 나눈다!

점 G는 $\overline{AM}$을 2:1로 내분하므로

$$x=\frac{2\left(\frac{x_2+x_3}{2}\right)+x_1}{2+1}=\frac{x_1+x_2+x_3}{3}$$

$$y=\frac{2\left(\frac{y_2+y_3}{2}\right)+y_1}{2+1}=\frac{y_1+y_2+y_3}{3}$$

삼각형 ABC의 무게중심 $\mathbf{G}$는

$$\mathbf{G}\left(\frac{x_1+x_2+x_3}{3},\ \frac{y_1+y_2+y_3}{3}\right)$$

원리확인 오른쪽 그림과 같이 좌표평면 위의 세 점 A, B, C를 꼭짓점으로 하는 삼각형 ABC의 무게중심을 G라 하자. 다음 □ 안에 알맞은 수를 써넣으시오.

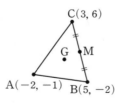

C(3, 6)
G M
A(−2, −1) B(5, −2)

선분 BC의 중점 M의 좌표는 (□, □)이고

무게중심 G의 좌표를 (x, y)라 하면 점 G는 선분 AM을 2 : 1로 내분하는 점이므로

$$x=\frac{2\times\boxed{}+1\times(-2)}{2+1}=\boxed{},$$

$$y=\frac{2\times\boxed{}+1\times(\boxed{})}{2+1}=\boxed{}$$

따라서 무게중심 G의 좌표는 (□, □)

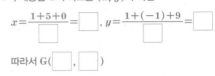

1st ― 삼각형의 무게중심의 좌표

● 좌표평면 위의 다음 세 점 A, B, C를 꼭짓점으로 하는 삼각형 ABC의 무게중심을 G라 할 때, 점 G의 좌표를 구하시오.

1 A(1, 1), B(5, −1), C(0, 9)

→ 무게중심 G의 좌표를 (x, y)라 하면

$$x=\frac{1+5+0}{\boxed{}}=\boxed{},\quad y=\frac{1+(-1)+9}{\boxed{}}=\boxed{}$$

따라서 G(□, □)

2 A(3, 5), B(6, 3), C(0, 1)

3 A(5, −2), B(6, −3), C(1, −4)

4 A(3, 4), B(−10, 3), C(−4, −10)

5 A(−7, −5), B(−1, 3), C(−7, 9)

:) **내가 발견한 개념** 　　　　삼각형의 무게중심의 좌표는?

• 좌표평면 위의 세 점 A(x_1, y_1), B(x_2, y_2), C(x_3, y_3)을 꼭짓점으로 하는 삼각형 ABC의 무게중심 G

→ G$\left(\dfrac{x_1+x_2+x_3}{3},\ \boxed{}\right)$

2nd 삼각형의 무게중심을 이용하여 구하는 미지수의 값

● 좌표평면 위의 다음 세 점 A, B, C를 꼭짓점으로 하는 삼각형 ABC의 무게중심이 G일 때, a, b의 값을 구하시오.

6 $A(-1, 2)$, $B(10, -1)$, $C(a, b)$, $G(2, 5)$

→ 삼각형 ABC의 무게중심의 좌표는

$\left(\dfrac{-1+10+a}{\Box}, \dfrac{2+(-1)+b}{\Box} \right)$, 즉 $\left(\dfrac{a+9}{\Box}, \dfrac{b+1}{\Box} \right)$

따라서 $\dfrac{a+9}{\Box} = \Box$, $\dfrac{b+1}{\Box} = \Box$ 이므로

$a = \Box$, $b = \Box$

7 $A(5, 4)$, $B(12, a)$, $C(b, -5)$, $G(5, -3)$

8 $A(-4, a)$, $B(b, -2)$, $C(3, 4)$, $G(1, 1)$

9 $A(-4, -1)$, $B(a, b)$, $C(1, -4)$, $G(0, -3)$

무게중심을 구하려면 중선을...

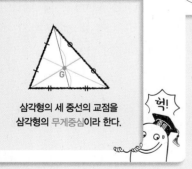

삼각형의 세 중선의 교점을 삼각형의 무게중심이라 한다.

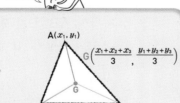

대수 몰라? 그냥 계산해!

$A(x_1, y_1)$

$G\left(\dfrac{x_1+x_2+x_3}{3}, \dfrac{y_1+y_2+y_3}{3} \right)$

$B(x_2, y_2)$ $C(x_3, y_3)$

세 꼭짓점의 좌푯값들의 평균이다.

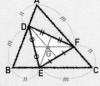

삼각형의 세 변을 $m : n$으로 각각 내분하는 점들의 삼각형의 무게중심은

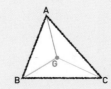

원래의 삼각형의 무게중심과 같다.

3rd 삼각형의 무게중심의 활용

● 좌표평면 위의 세 점 $A(-3, 4)$, $B(2, -2)$, $C(7, 1)$을 꼭짓점으로 하는 삼각형 ABC에서 세 선분 AB, BC, CA를 각각 2 : 1로 내분하는 점을 순서대로 D, E, F라 할 때, 다음을 구하시오.

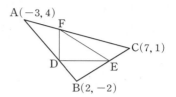

10 점 D의 좌표

11 점 E의 좌표

12 점 F의 좌표

13 삼각형 DEF의 무게중심의 좌표

14 삼각형 ABC의 무게중심의 좌표

😊 내가 발견한 개념   두 삼각형 ABC, DEF의 무게중심은?

● 13번, 14번의 결과의 비교 ;
삼각형 ABC의 무게중심과 삼각형의 세 변을 일정한 비로 내분하는 점을 연결한 삼각형 DEF의 무게중심은 (같다, 같지 않다).

계산으로 찾는 좌푯값!

좌표평면에서 사각형의 성질의 활용

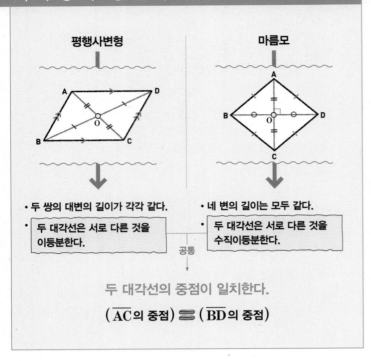

평행사변형

• 두 쌍의 대변의 길이가 각각 같다.
• 두 대각선은 서로 다른 것을 이등분한다.

마름모

• 네 변의 길이는 모두 같다.
• 두 대각선은 서로 다른 것을 수직이등분한다.

공통

두 대각선의 중점이 일치한다.

$$(\overline{AC}\text{의 중점}) = (\overline{BD}\text{의 중점})$$

1st ─ 평행사변형의 성질을 이용하여 구하는 좌표

● 평행사변형 ABCD의 네 꼭짓점 A, B, C, D가 다음과 같을 때, a, b의 값을 구하시오.

1 $A(5, b), B(a, 0), C(1, 8), D(2, 4)$

→ 대각선 AC의 중점과 대각선 BD의 중점이 일치하므로

점 $\left(\dfrac{5+\boxed{}}{2}, \dfrac{b+8}{2}\right)$과 점 $\left(\dfrac{a+2}{2}, \dfrac{\boxed{}+4}{2}\right)$가 서로 같다.

따라서 $a+2=\boxed{}$, $b+8=\boxed{}$이므로

$a=\boxed{}$, $b=\boxed{}$

2 $A(a, b), B(3, 2), C(-2, 1), D(6, -3)$

3 $A(7, -1), B(a, b), C(2, 6), D(3, 5)$

4 $A(2, 3), B(-5, 4), C(-4, 5), D(a, b)$

5 $A(a, 4), B(-2, -1), C(4, -2), D(6, b)$

6 $A(-5, 7), B(2, -1), C(a, a+1), D(3, b)$

[개념모음문제]

7 세 점 $A(-3, 2), B(3, -2), C(6, 4)$에 대하여 사각형 ABCD가 평행사변형이 되도록 하는 꼭짓점 D의 좌표가 (a, b)일 때, $a+b$의 값은?

① 6 　　　 ② 7 　　　 ③ 8
④ 9 　　　 ⑤ 10

2nd — 마름모의 성질을 이용하여 구하는 좌표

● 마름모 ABCD의 네 꼭짓점 A, B, C, D가 다음과 같을 때, a, b의 값을 구하시오.

8 A$(a, 1)$, B$(1, -3)$, C$(5, 2)$, D$(b, 6)$

(단, $a>0$)

→ 대각선 AC의 중점과 대각선 BD의 중점이 일치하므로

점 $\left(\dfrac{a+5}{2}, \dfrac{1+2}{2}\right)$와 점 $\left(\dfrac{1+b}{2}, \dfrac{-3+6}{2}\right)$이 서로 같다.

$a+5=1+b$에서 $b=\boxed{}$ ...... ㉠

마름모의 정의에 의하여 $\overline{AB}=\overline{BC}$에서 $\overline{AB}^2=\overline{BC}^2$이므로

$(1-a)^2+(-3-1)^2=\boxed{}$

$a^2-2a-\boxed{}=0$

$(a+4)(a-\boxed{})=0$

따라서 $a=\boxed{}$ 또는 $a=\boxed{}$

이때 $a>0$이므로 $a=\boxed{}$

㉠에서 $b=\boxed{}$

9 A$(6, 2)$, B$(2, a)$, C$(-2, b)$, D$(2, 5)$

(단, $a>0$)

10 A$(2, 2)$, B$(4, a)$, C$(5, b)$, D$(3, 4)$ (단, $a>1$)

11 A$(a, -1)$, B$(b, -3)$, C$(5, 1)$, D$(1, 3)$

(단, $a>1$)

12 A$(a, 6)$, B$(-8, -2)$, C$(0, 2)$, D$(b, 10)$

(단, $a<-6$)

개념모음문제

13 네 점 A$(1, 0)$, B$(a, 4)$, C$(b, 6)$, D$(-3, 2)$를 꼭짓점으로 하는 사각형 ABCD가 마름모일 때, $a+b$의 값은? (단, $a<0$)

① -6　　② -3　　③ 0

④ 3　　⑤ 6

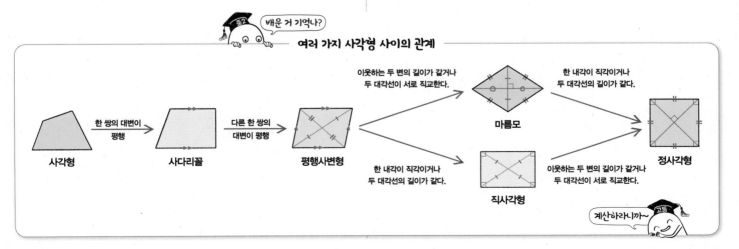
배운 거 기억나? **여러 가지 사각형 사이의 관계**

사각형 → (한 쌍의 대변이 평행) → 사다리꼴 → (다른 한 쌍의 대변이 평행) → 평행사변형

평행사변형 → (이웃하는 두 변의 길이가 같거나 두 대각선이 서로 직교한다.) → 마름모

평행사변형 → (한 내각이 직각이거나 두 대각선의 길이가 같다.) → 직사각형

마름모 → (한 내각이 직각이거나 두 대각선의 길이가 같다.) → 정사각형

직사각형 → (이웃하는 두 변의 길이가 같거나 두 대각선이 서로 직교한다.) → 정사각형

계산하라니까~

계산으로 찾는 좌푯값!

좌표평면에서 각의 이등분선의 성질의 활용

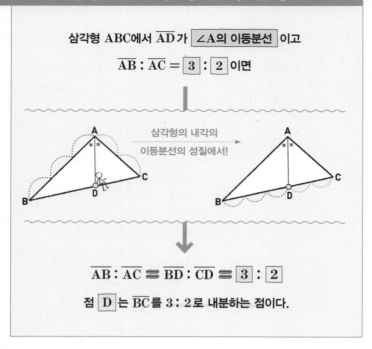

삼각형 ABC에서 $\overline{AD}$ 가 ∠A의 이등분선 이고

$\overline{AB} : \overline{AC} = \boxed{3} : \boxed{2}$ 이면

삼각형의 내각의
이등분선의 성질에서!

$\overline{AB} : \overline{AC} = \overline{BD} : \overline{CD} = \boxed{3} : \boxed{2}$

점 $\boxed{D}$ 는 $\overline{BC}$ 를 3 : 2로 내분하는 점이다.

1st 각의 이등분선의 성질을 이용하여 구하는 좌표

● 다음 세 점 A, B, C를 꼭짓점으로 하는 삼각형 ABC에 대하여
∠A의 이등분선이 $\overline{BC}$ 와 만나는 점을 D라 할 때, 점 D의 좌표
를 구하시오.

1 A(3, 2), B(−1, 0), C(5, 1)

→ $\overline{AD}$ 가 ∠A의 이등분선이므로

$\overline{AB} : \overline{AC} = \overline{BD} : \boxed{}$

$\overline{AB} = \sqrt{(-1-3)^2 + (0-2)^2} = 2\sqrt{5}$, $\overline{AC} = \boxed{}$ 이므로

$\overline{BD} : \overline{CD} = 2\sqrt{5} : \boxed{} = 2 : \boxed{}$

따라서 점 D는 선분 BC를 2 : $\boxed{}$ 로 내분하는 점이므로

$D\left(\dfrac{2 \times 5 + \boxed{} \times (-1)}{2 + \boxed{}}, \dfrac{2 \times 1 + \boxed{} \times 0}{2 + \boxed{}}\right)$, 즉 $D\left(\boxed{}, \dfrac{2}{3}\right)$

2 A(−2, 1), B(−4, −1), C(1, −2)

3 A(2, 4), B(−1, 0), C(10, −2)

4 A(1, 2), B(−3, −2), C(3, 0)

5 A(−1, −2), B(−2, 0), C(−7, −5)

개념모음문제

6 세 점 A(−1, −5), B(4, 7), C(−5, −2)를 꼭짓
점으로 하는 삼각형 ABC에 대하여 ∠A의 이등분
선이 BC와 만나는 점을 D(a, b)라 할 때, a+b의
값은?

① −2　　　　② $-\dfrac{3}{2}$　　　　③ −1

④ $-\dfrac{1}{4}$　　　　⑤ $\dfrac{1}{2}$

배운 거 기억나?

삼각형의 내각의 이등분선의 성질

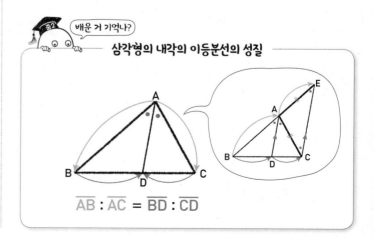

$\overline{AB} : \overline{AC} = \overline{BD} : \overline{CD}$

07~08 수직선 위의 선분의 내분점

• 수직선 위의 두 점 $A(x_1)$, $B(x_2)$에 대하여
  ① 선분 AB를 $m : n$ $(m>0, n>0)$으로
  내분하는 점 P의 좌표는 $\left(\dfrac{mx_2+nx_1}{m+n}\right)$
  ② 선분 AB의 중점 M의 좌표는 $\left(\dfrac{x_1+x_2}{2}\right)$

09 좌표평면 위의 선분의 내분점

• 좌표평면 위의 두 점 $A(x_1, y_1)$, $B(x_2, y_2)$에 대하여
  ① 선분 AB를 $m : n$ $(m>0, n>0)$으로
  내분하는 점 P의 좌표는 $\left(\dfrac{mx_2+nx_1}{m+n}, \dfrac{my_2+ny_1}{m+n}\right)$
  ② 선분 AB의 중점 M의 좌표는 $\left(\dfrac{x_1+x_2}{2}, \dfrac{y_1+y_2}{2}\right)$

1 다음 그림과 같이 수직선 위에 같은 간격으로 5개의 점 A, C, D, E, B가 이 순서로 놓여 있다. 선분 AB 의 중점과 선분 CB를 2 : 1로 내분하는 점을 차례대 로 구하시오.

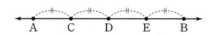

4 두 점 $A(1, 2)$, $B(a, b)$에 대하여 선분 AB를 3 : 1 로 내분하는 점의 좌표가 $(7, 5)$일 때, 선분 AB의 길 이를 구하시오.

2 수직선 위의 두 점 $A(x)$, $B(7)$에 대하여 선분 AB 를 2 : 3으로 내분하는 점이 $C(-2)$일 때, x의 값은?

① -10 ② -9 ③ -8
④ -7 ⑤ -6

5 두 점 $A(4, 6)$, $B(-2, -4)$를 이은 선분 AB 위에 $2\overline{AP}=3\overline{BP}$가 되도록 점 P를 정할 때, 점 P의 좌표는?

① $\left(-\dfrac{2}{5}, 0\right)$ ② $\left(\dfrac{2}{5}, 0\right)$ ③ $\left(\dfrac{4}{5}, \dfrac{3}{5}\right)$
④ $\left(1, \dfrac{1}{5}\right)$ ⑤ $\left(1, \dfrac{3}{5}\right)$

3 두 점 $A(-8)$, $B(4)$에 대하여 선분 AB를 1 : 5로 내분하는 점을 P, 선분 AB의 중점을 M이라 할 때, 선분 PM의 길이는?

① 0 ② 1 ③ 2
④ 3 ⑤ 4

6 두 점 $A(1, -2)$, $B(6, a)$에 대하여 선분 AB를 2 : 3으로 내분하는 점이 x축 위에 있을 때, a의 값은?

① -1 ② 0 ③ 1
④ 2 ⑤ 3

• 세 점 $A(x_1, y_1)$, $B(x_2, y_2)$, $C(x_3, y_3)$을 꼭짓점으로 하는 삼각형 ABC의 무게중심을 G라 하면

→ $G\left(\dfrac{x_1+x_2+x_3}{3}, \dfrac{y_1+y_2+y_3}{3}\right)$

7 세 점 $A(-1, 2)$, $B(a, 3)$, $C(5, 1)$을 꼭짓점으로 하는 삼각형 ABC의 무게중심의 좌표가 $(4, b)$일 때, ab의 값은?

① 8   ② 10   ③ 12
④ 14   ⑤ 16

8 삼각형 ABC에서 $A(4, -3)$이고 변 BC의 중점의 좌표가 $(2, 1)$일 때, 삼각형 ABC의 무게중심의 좌표는?

① $\left(\dfrac{4}{3}, -1\right)$ ② $\left(2, -\dfrac{1}{3}\right)$ ③ $\left(\dfrac{8}{3}, -\dfrac{1}{3}\right)$
④ $\left(3, \dfrac{1}{3}\right)$ ⑤ $\left(3, \dfrac{3}{5}\right)$

9 세 점 $A(1, -1)$, $B(9, 3)$, $C(-1, 7)$을 꼭짓점으로 하는 삼각형 ABC의 각 변의 중점을 각각 D, E, F라 하자. 삼각형 DEF의 무게중심의 좌표가 (a, b)일 때, $a+b$의 값을 구하시오.

• 평행사변형의 성질의 활용
두 대각선은 서로 다른 것을 이등분한다.
→ 두 대각선의 중점이 일치한다.
• 마름모의 성질의 활용
① 네 변의 길이가 모두 같다.
② 두 대각선은 서로 다른 것을 수직이등분한다.
→ 두 대각선의 중점이 일치한다.
• 삼각형 ABC에서 점 D가 $\overline{BC}$ 위의 점이고 $\overline{AD}$가 $\angle A$의 이등분선이면 $\overline{AB} : \overline{AC} = \overline{BD} : \overline{DC}$

10 평행사변형 ABCD에서 $A(1, 2)$, $B(9, 4)$이고 변 BC의 중점의 좌표가 $(9, 10)$일 때, 꼭짓점 D의 좌표는?

① $(-5, -7)$ ② $(-2, 7)$ ③ $(-1, 7)$
④ $(1, 14)$ ⑤ $(5, 14)$

11 마름모 ABCD에서 $A(-3, 2)$, $B(x, -2)$, $C(6, 3)$일 때, 꼭짓점 D의 좌표는?

① $(-1, 5)$ ② $(0, 5)$ ③ $(1, 5)$
④ $(1, 7)$ ⑤ $(2, 7)$

12 세 점 $A(2, 6)$, $B(-3, -6)$, $C(6, 3)$을 꼭짓점으로 하는 삼각형 ABC에서 $\angle A$의 이등분선이 변 BC와 만나는 점을 D라 하고 $\overline{AD} = l$이라 할 때, $2l$의 값을 구하시오.

TEST 개념 발전

1 수직선 위의 두 점 $A(m)$, $B(-4)$ 사이의 거리가 8일 때, 모든 실수 m의 값의 합은?

① -10 ② -8 ③ -6
④ -4 ⑤ -2

2 두 점 $A(-3, -2)$, $B(7, 3)$ 사이의 거리는?

① $\sqrt{17}$ ② 5 ③ $\sqrt{41}$
④ 10 ⑤ $5\sqrt{5}$

3 두 점 $A(-2, 2)$, $B(1, 1)$에서 같은 거리에 있는 y축 위의 점 C에 대하여 선분 AC의 길이는?

① 1 ② $\sqrt{2}$ ③ $\sqrt{3}$
④ 2 ⑤ $\sqrt{5}$

4 두 점 $A(t-2, 0)$, $B(0, 2t-1)$ 사이의 거리가 3일 때, 양수 t의 값은?

① 1 ② 2 ③ 3
④ 4 ⑤ 5

5 직선 $y=2x-3$ 위의 점 $P(a, b)$에서 두 점 $A(5, -2)$, $B(2, 3)$에 이르는 거리가 같을 때, $a+b$의 값을 구하시오.

6 두 점 $A(0, 3)$, $B(3, 1)$과 직선 $y=x$ 위의 점 P에 대하여 $\overline{AP}+\overline{BP}$의 최솟값을 구하시오.

2

직선을 식으로!
직선의 방정식

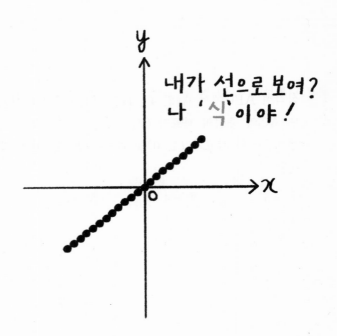

내가 선으로 보여?
나 '식'이야!

좌표평면 위의 직선을 식으로!

기울기가 m 이고 한 점 $A(x_1, y_1)$ 을 지나는 직선 l 의 방정식

직선 l 위의 점 $A(x_1, y_1)$과 다른 임의의 한 점을 $P(x, y)$라 하면

기울기는 $m = \dfrac{y-y_1}{x-x_1}$ 로 점 P의 위치에 관계없이 항상 일정하다.

이때 양변에 $x-x_1$을 곱하면 $y-y_1 = m(x-x_1)$ ······ ㉠

이고, 점 $A(x_1, y_1)$을 ㉠에 대입하면 성립한다.

따라서 ㉠은 직선 l의 방정식이다.

$$y - y_1 = \boxed{m}(x - x_1)$$

좌표평면에서!

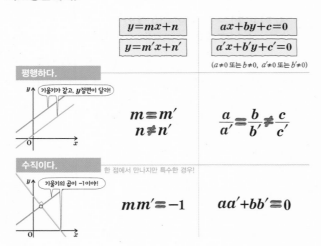

| $y = mx + n$ | $ax + by + c = 0$ |
| $y = m'x + n'$ | $a'x + b'y + c' = 0$ |

($a \neq 0$ 또는 $b \neq 0$, $a' \neq 0$ 또는 $b' \neq 0$)

평행하다.

기울기가 같고, y절편이 달라!

$$\begin{aligned} m &= m' \\ n &\neq n' \end{aligned} \qquad \dfrac{a}{a'} = \dfrac{b}{b'} \neq \dfrac{c}{c'}$$

수직이다. 한 점에서 만나지만 특수한 경우!

기울기의 곱이 -1이야!

$$mm' = -1 \qquad aa' + bb' = 0$$

직선의 방정식

01 직선의 방정식
02 기울기와 한 점이 주어진 직선의 방정식
03 서로 다른 두 점을 지나는 직선의 방정식
04 세 점이 한 직선 위에 있을 조건
05 도형의 넓이를 이등분하는 직선의 방정식
06 일차방정식 $ax+by+c=0$이 나타내는 도형

이 단원에서는 중학교에서 일차함수의 그래프로 다루었던 직선을 좌표평면 위의 도형으로 보고 그것을 방정식으로 표현하는 연습을 해 볼 거야. 다양하게 주어지는 조건을 활용하여 직선의 방정식을 구해 보자. 또 일차방정식 $ax+by+c=0$이 나타내는 도형이 직선임을 이해하고 계수의 부호에 따라 직선의 개형을 파악해 보자.

직선의 위치 관계

07 두 직선이 평행할 조건
08 두 직선이 수직일 조건
09 두 직선의 위치 관계
10 세 직선의 위치 관계

두 직선의 평행 조건과 수직 조건을 이해하고, 주어진 직선에 평행한 직선 또는 수직인 직선의 방정식을 구해 보자. 또 두 직선의 위치 관계와 세 직선의 위치 관계도 알아보자.

좌표평면에서!

1 점 A에서 직선 l에 내린 수선의 발을 **H** 라 하면

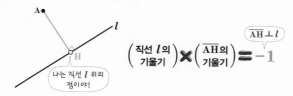

나는 직선 l 위의 점이야!

$$\left(\begin{matrix}직선\ l의 \\ 기울기\end{matrix}\right) \times \left(\begin{matrix}\overline{AH}의 \\ 기울기\end{matrix}\right) = -1 \quad \overline{AH} \perp l$$

2 선분 AB의 수직이등분선을 **l** 이라 하면

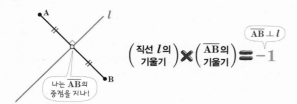

나는 $\overline{AB}$의 중점을 지나!

$$\left(\begin{matrix}직선\ l의 \\ 기울기\end{matrix}\right) \times \left(\begin{matrix}\overline{AB}의 \\ 기울기\end{matrix}\right) = -1 \quad \overline{AB} \perp l$$

두 직선의 교점을 지나는 직선

11 선분의 수직이등분선의 방정식
12 두 직선의 교점을 지나는 직선

점 A에서 직선 l에 내린 수선의 발을 점 H라 할 때, $\overline{AH} \perp l$이고 점 H는 직선 l 위의 점임을 이용하면 점 H의 좌표를 구할 수 있어. 그리고 선분 AB의 수직이등분선을 l이라 할 때, $\overline{AB} \perp l$이고 직선 l은 선분 AB의 중점을 지남을 이용하면 직선 l의 방정식도 구할 수 있지.
또 두 직선의 교점을 지나는 직선의 방정식도 구할 수 있게 될 거야!

좌표평면에서!

점 $\boxed{P(2,\ 3)}$과 직선 $\boxed{l:x-2y-1=0}$ 사이의 거리 $\boxed{d}$는?

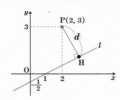

(직선 l의 기울기)$\times$($\overline{PH}$의 기울기)$=-1$이므로
($\overline{PH}$의 기울기)$=-2$
직선 PH는 점 P(2, 3)을 지나고, 기울기가 -2인 직선이므로
$y-3=-2(x-2)$에서
$\quad y=-2x+7 \quad \cdots\cdots \ \text{㉠}$
이때 점 H는 직선 $l:x-2y-1=0 \ \text{㉡}$과
직선 PH의 교점이므로 ㉠, ㉡을 연립하여 풀면
$x=3,\ y=1,\ \text{즉 H}(3,\ 1)$
$d=\overline{PH}=\sqrt{(3-2)^2+(1-3)^2}=\sqrt{5}$

$$\boxed{d} = \overline{PH} = \sqrt{5}$$

점 $P(x_1,\ y_1)$과 직선 $l:ax+by+c=0$ 사이의 거리 d

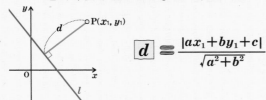

$$\boxed{d} = \frac{|ax_1+by_1+c|}{\sqrt{a^2+b^2}}$$

점과 직선 사이의 거리

13 점과 직선 사이의 거리
14 평행한 두 직선 사이의 거리
15 세 꼭짓점의 좌표가 주어진 삼각형의 넓이
16 자취의 방정식: 직선

좌표평면 위의 한 점과 그 점을 지나지 않는 직선 사이의 거리는 좌표평면 위의 한 점에서 직선에 내린 수선의 발까지의 거리, 즉 점과 직선 사이의 최단 거리를 의미해. 점과 직선 사이의 거리를 구할 때는 직선의 방정식을 일반형 $ax+by+c=0$의 꼴로 나타내어 공식을 적용해야 한다는 걸 잊지 마!
또 평행한 두 직선 사이의 거리도 마찬가지로 공식을 적용하면 돼. 한 직선 위의 임의의 점에서 다른 직선에 내린 수선의 길이는 항상 일정하거든. 점과 직선 사이의 거리 공식을 잘 익히면 도형에서 활용된 문제도 어렵지 않을 거야.

01

직선을 좌표평면 위로!

직선의 방정식

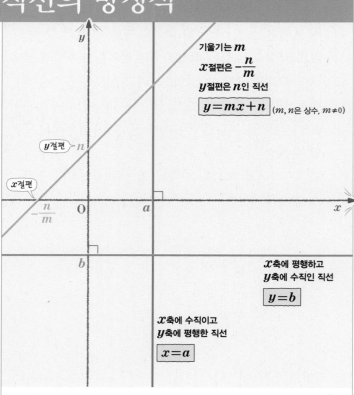

기울기는 m
x절편은 $-\dfrac{n}{m}$
y절편은 n인 직선

$$y=mx+n$$ $(m, n$은 상수, $m \ne 0)$

x축에 평행하고
y축에 수직인 직선

$$y=b$$

x축에 수직이고
y축에 평행한 직선

$$x=a$$

• **좌표축에 평행한 직선의 방정식**

점 (a, b)를 지나고

① $\begin{cases} y축에 평행한 직선 \to x=a \\ x축에 평행한 직선 \to y=b \end{cases}$

② $\begin{cases} y축에 수직인 직선 \to y=b \\ x축에 수직인 직선 \to x=a \end{cases}$

참고 y축의 방정식은 $x=0$, x축의 방정식은 $y=0$이다.

• **직선의 방정식의 표준형**

기울기가 m이고 y절편이 n인 직선의 방정식은

$$y=mx+n$$

특히 기울기가 m인 직선이 x축의 양의 부분과

이루는 각의 크기가 θ일 때 $m=\tan\theta$

참고 기울기와 y절편을 쉽게 알 수 있는 $y=mx+n$ 꼴의 방정식을
직선의 방정식의 표준형이라 한다.

기울기? 변화의 정도!

$$(직선의 기울기) = \frac{(y의\ 값의\ 변화량)}{(x의\ 값의\ 변화량)} = \tan\theta$$

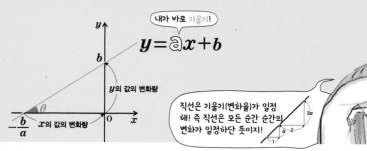

내가 바로 기울기!

$$y = ⓐx + b$$

직선은 기울기(변화율)가 일정
해! 즉 직선은 모든 순간 순간의
변화가 일정하단 뜻이지!

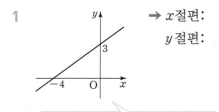

1st — 직선의 x절편, y절편

● 다음 직선 또는 직선의 방정식의 x절편, y절편을 각각 구하시오.

1

→ x절편:
 y절편:

• x절편 → 직선이 x축과 만나는 점의 x좌표
• y절편 → 직선이 y축과 만나는 점의 y좌표

2

→ x절편:
 y절편:

3

→ x절편:
 y절편:

4 $y = -x + 4$ → x절편:
 y절편:

5 $y = 3x - 2$ → x절편:
 y절편:

6 $y = \dfrac{3}{5}x + 6$ → x절편:
 y절편:

2ⁿᵈ 직선의 기울기

● 다음 직선 또는 직선의 방정식의 기울기를 구하시오.

7 $y = 3x + 1$

8 $y = -\dfrac{1}{4}x$

9 두 점 $(2, 3)$, $(4, 6)$을 지나는 직선

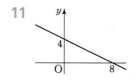

두 점 (x_1, y_1), (x_2, y_2)를 지나는 직선의 기울기
→ $\dfrac{y_2 - y_1}{x_2 - x_1}$ (단, $x_1 \neq x_2$)

10 두 점 $(-3, 1)$, $(1, -7)$을 지나는 직선

11
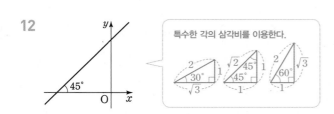

12
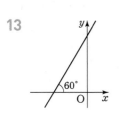

특수한 각의 삼각비를 이용한다.

13

3ʳᵈ 좌표축에 평행한 직선의 방정식

● 다음 직선의 방정식을 구하시오.

14
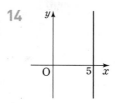

15
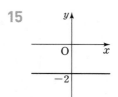

16
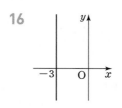

17
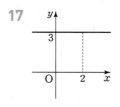

18 점 $(-2, 0)$을 지나고 y축에 평행한 직선

19 점 $(6, -4)$를 지나고 x축에 평행한 직선

02

기울기와 한 점이 주어진 직선의 방정식

(x_1, y_1) 。

기울기가 $\boxed{m}$ 이고 한 점 $\boxed{A(x_1, y_1)}$ 을 지나는 직선 l의 방정식

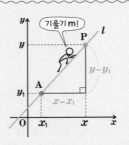

직선 l 위의 점 $A(x_1, y_1)$과 다른 임의의 한 점을 $P(x, y)$라 하면

$x \neq x_1$이면 기울기는 $\boxed{m = \dfrac{y - y_1}{x - x_1}}$ 로

점 P의 위치에 관계없이 항상 일정하다.
이때 양변에 $x - x_1$을 곱하면
$$y - y_1 = m(x - x_1) \quad \cdots\cdots \bigcirc$$
이고, 점 $A(x_1, y_1)$을 $\bigcirc$에 대입하면 성립한다.
또 $x = x_1$일 때도 $\bigcirc$이 성립한다.
따라서 $\bigcirc$은 직선 l의 방정식이다.

$$\boxed{y - y_1 \equiv \boxed{m}(x - x_1)}$$

원리확인 다음은 점 $A(2, 2)$를 지나고 기울기가 2인 직선 l의 방정식을 구하는 과정이다. □ 안에 알맞은 것을 써넣으시오.

→ 직선 l 위의 한 점을 $P(x, y)$라 하면

$($직선 AP의 기울기$) = \dfrac{y - \square}{x - \square}$

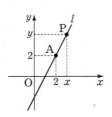

$= 2$

위 식의 양변에 $x - \square$를 곱하면

$y - \square = 2(x - \square)$

따라서 직선 l의 방정식은 $y = \boxed{}$이다.

1st — 기울기와 y절편이 주어진 직선의 방정식

● 다음 직선의 방정식을 구하시오.

1 기울기가 2이고 y절편이 1인 직선

→ $y = \boxed{}\,x + \boxed{}$

2 기울기가 -3이고 y절편이 5인 직선

3 기울기가 $\dfrac{1}{2}$이고 y절편이 -2인 직선

4 직선 $y = -x + 2$와 기울기가 같고, y절편이 4인 직선

5 x축의 양의 방향과 이루는 각의 크기가 $45°$이고 y절편이 3인 직선

6 x축의 양의 방향과 이루는 각의 크기가 $30°$이고 y절편이 -5인 직선

 **기울기와 한 점이 주어진 직선의 방정식**

● **다음 직선의 방정식을 구하시오.**

7 기울기가 2이고 점 (1, 3)을 지나는 직선

→ $y-3=\boxed{}(x-\boxed{})$이므로

$y=\boxed{}x+\boxed{}$

8 기울기가 −4이고 점 (3, −2)를 지나는 직선

9 기울기가 −5이고 원점을 지나는 직선

10 기울기가 −2이고 점 (−2, 1)을 지나는 직선

11 기울기가 3이고 점 (−3, −4)를 지나는 직선

12 기울기가 4이고 점 ($\sqrt{2}$, $\sqrt{2}$)를 지나는 직선

13 점 (2, 3)을 지나고 x축에 평행한 직선

→ $y-\boxed{}=0\times(x-\boxed{})$이므로

$y=\boxed{}$

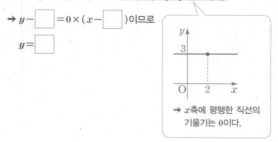

→ x축에 평행한 직선의 기울기는 0이다.

14 점 (3, −2)를 지나고 x축에 평행한 직선

15 점 (−3, −3)을 지나고 y축에 수직인 직선

x축에 평행하다는 뜻이야!

16 점 (5, 6)을 지나고 y축에 수직인 직선

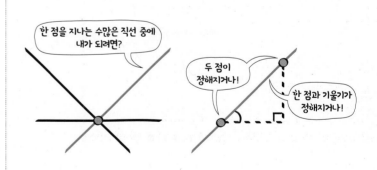

한 점을 지나는 수많은 직선 중에 내가 되려면?

두 점이 정해지거나!

한 점과 기울기가 정해지거나!

:) **내가 발견한 개념**   **직선의 방정식을 구해 봐!**

점 (x_1, y_1)을 지나고

● 기울기가 m (m≠0)인 직선의 방정식

→ $y-\boxed{}=\boxed{}(x-\boxed{})$

● x축에 평행한 직선의 방정식 → $y=\boxed{}$

좌표평면 위의 직선을 식으로!

서로 다른 두 점을 지나는 직선의 방정식

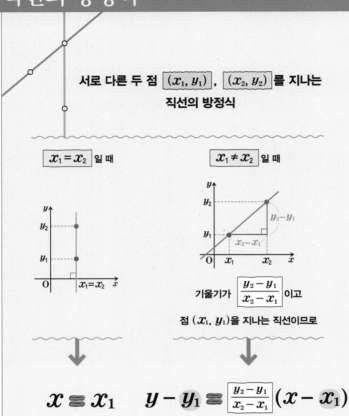

서로 다른 두 점 (x_1, y_1), (x_2, y_2) 를 지나는 직선의 방정식

$x_1 = x_2$ 일 때

$x_1 \neq x_2$ 일 때

기울기가 $\dfrac{y_2 - y_1}{x_2 - x_1}$ 이고

점 (x_1, y_1)을 지나는 직선이므로

$$x = x_1 \qquad y - y_1 = \dfrac{y_2 - y_1}{x_2 - x_1}(x - x_1)$$

$(0, b)$

$(a, 0)$

x절편이 a 이고, y절편이 b 인 직선의 방정식

$(a \neq 0, b \neq 0)$

기울기가 $\dfrac{b-0}{0-a}$ 이고

점 $(0, b)$를 지나는 직선이므로

$$y - b = \dfrac{b-0}{0-a}(x - 0)$$

이 식을 정리하면 $\dfrac{b}{a}x + y = b$

양변을 b로 나누면

$$\dfrac{x}{a} + \dfrac{y}{b} = 1$$

1st ─ 서로 다른 두 점을 지나는 직선의 방정식

● 다음 두 점 A, B를 지나는 직선의 방정식을 구하시오.

1 $A(3, 4)$, $B(6, 1)$

$\rightarrow y - 4 = \dfrac{\boxed{} - 4}{6 - \boxed{}}(x - \boxed{})$이므로

$y = -x + \boxed{}$

2 $A(-1, 6)$, $B(3, -2)$

3 $A(1, 2)$, $B(3, 8)$

4 $A(-5, 0)$, $B(-3, 1)$

5 $A(-7, -3)$, $B(0, 4)$

6 $A(-2, 3)$, $B(3, -4)$

7 A$(2, 3)$, B$(2, 7)$

→ 두 점의 ☐ 좌표가 같으므로 ☐ 축에 평행한 직선이다.

따라서 $x=$ ☐

8 A$(-4, 2)$, B$(-4, 8)$

9 A$(0, -1)$, B$(0, 5)$

10 A$(5, -3)$, B$(5, 4)$

☺ **내가 발견한 개념**   직선의 방정식을 구해 봐!

• 서로 다른 두 점 A(x_1, y_1), B(x_2, y_2) $(x_1 \neq x_2)$를 지나는 직선의 방정식

$$\rightarrow y - \boxed{} = \frac{\boxed{} - y_1}{x_2 - \boxed{}}(x - x_1)$$

개념모음문제

11 두 점 $(2, 0)$, $(4, 1)$을 지나는 직선이 점 $(-3, a)$를 지날 때, a의 값은?

① -3 ② $-\dfrac{5}{2}$ ③ -2

④ $-\dfrac{3}{2}$ ⑤ -1

2nd — x절편, y절편이 주어진 직선의 방정식

• 다음 직선의 방정식을 구하시오.

12 x절편이 4이고 y절편이 3인 직선

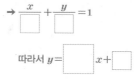

$$\rightarrow \frac{x}{\boxed{}} + \frac{y}{\boxed{}} = 1$$

따라서 $y = \boxed{} \, x + \boxed{}$

13 x절편이 -2이고 y절편이 5인 직선

14 x절편이 1이고 y절편이 -2인 직선

15 x절편이 -4이고 y절편이 -1인 직선

16 두 점 $(2, 0)$, $(0, 6)$을 지나는 직선

17 두 점 $(-3, 0)$, $(0, 3)$을 지나는 직선

☺ **내가 발견한 개념**   직선의 방정식을 구해 봐!

• x절편이 a이고 y절편이 b인 직선의 방정식 $(a \neq 0, b \neq 0)$

$$\rightarrow y - 0 = \frac{\boxed{} - 0}{0 - \boxed{}}(x - a) \text{에서} \frac{x}{\boxed{}} + \frac{y}{\boxed{}} = 1$$

기울기로 알 수 있는!

세 점이 한 직선 위에 있을 조건

세 점 $\boxed{A}$, $\boxed{B}$, $\boxed{C}$가 한 직선 위에 있다면

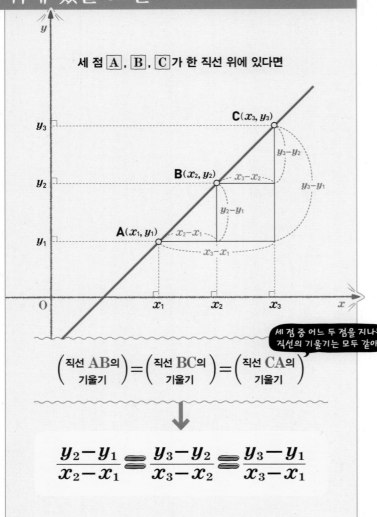

$$\frac{y_2-y_1}{x_2-x_1}=\frac{y_3-y_2}{x_3-x_2}=\frac{y_3-y_1}{x_3-x_1}$$

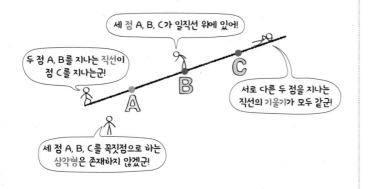

세 점 A, B, C가 일직선 위에 있어!

두 점 A, B를 지나는 직선이 점 C를 지나는군!

서로 다른 두 점을 지나는 직선의 기울기가 모두 같군!

세 점 A, B, C를 꼭짓점으로 하는 삼각형은 존재하지 않겠군!

1ˢᵗ — 세 점이 한 직선 위에 있을 조건을 이용하여 구하는 미지수의 값

1 다음은 주어진 세 점이 한 직선 위에 있도록 하는 실수 a의 값을 두 가지 방법으로 구하는 과정이다. □ 안에 알맞은 수를 써넣으시오.

$$A(1, 3), B(a, 5), C(4, 6)$$

(1) (직선 AC의 기울기)$=\dfrac{6-\boxed{}}{\boxed{}-1}=\boxed{}$,

(직선 AB의 기울기)$=\dfrac{\boxed{}-3}{a-1}=\dfrac{\boxed{}}{a-1}$이고

(직선 AB의 기울기)$=$(직선 AC의 기울기)

이므로

$$\dfrac{\boxed{}}{a-1}=\boxed{}, \boxed{}=a-1$$

따라서 $a=\boxed{}$

(2) 직선 AC의 방정식은

$$y-3=\dfrac{\boxed{}-3}{4-\boxed{}}(x-\boxed{})$$이므로

$$y=x+\boxed{}$$

이때 점 $B(a, 5)$는 직선 $y=x+\boxed{}$ 위에 있으므로

$y=x+\boxed{}$에 $x=a$, $y=5$를 대입하면

$$\boxed{}=a+\boxed{}$$

따라서 $a=\boxed{}$

😊 **내가 발견한 개념** 　　　　　세 점이 한 직선 위에 있을 조건은?

세 점 A, B, C가 한 직선 위에 있으려면
- (직선 AB의 기울기)=(직선 AC의 기울기)
  =(직선 $\boxed{}$의 기울기)
- 두 점 A, B를 지나는 직선 위에 점 $\boxed{}$가 있다.

● 다음 세 점 A, B, C가 한 직선 위에 있도록 하는 실수 a의 값을 구하시오.

2   A$(-1, -1)$, B$(1, 4)$, C$(3, 2a-1)$

→ 세 점 A, B, C가 한 직선 위에 있으려면

직선 AB와 직선 BC의 기울기가 같아야 하므로

$$\frac{\boxed{}-(-1)}{1-(\boxed{})}=\frac{2a-1-\boxed{}}{\boxed{}-1}, \ \boxed{}a-5=\boxed{}$$

따라서 $a=\boxed{}$

3   A$(-3, 0)$, B$(a+5, 2)$, C$(0, -3)$

4   A$(1, 3a)$, B$(3, 4)$, C$(5, 8)$

5   A$(-a, 1)$, B$(2, a)$, C$(3, -3)$

6   A$(-4, -3)$, B$(-1, 2a)$, C$(a-3, 4)$

7   A$(-8, -a)$, B$(-5, 1)$, C$(1, 2)$

→ 두 점 B$(-5, 1)$, C$(1, 2)$를 지나는 직선의 방정식은

$$y-1=\frac{2-\boxed{}}{\boxed{}-(-5)}(x+\boxed{})$$이므로

$$y=\boxed{}x+\boxed{}$$

이때 점 A$(-8, -a)$는 이 직선 위에 있으므로

$$-a=\boxed{}\times(-8)+\boxed{}$$

따라서 $a=\boxed{}$

8   A$(1, 3)$, B$(3a, 1)$, C$(6, -2)$

9   A$(5, 2a+1)$, B$(-1, 3)$, C$(-4, 2)$

10 A$(-5, -2)$, B$(-a, 1)$, C$(-3, a)$

11 A$(2, 2a)$, B$(3, 4)$, C$(a+3, 6)$

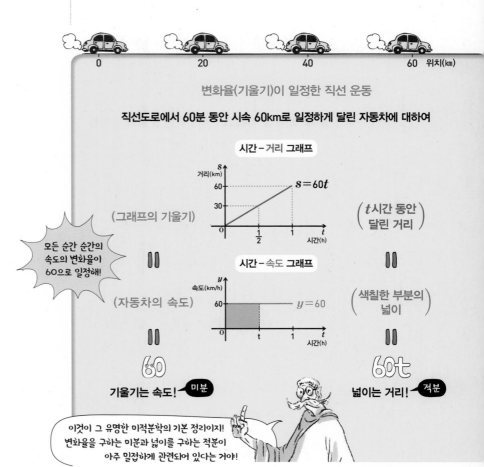

05

좌표평면에서 넓이를 이등분할 때 반드시 지나는 점!

도형의 넓이를 이등분하는 직선의 방정식

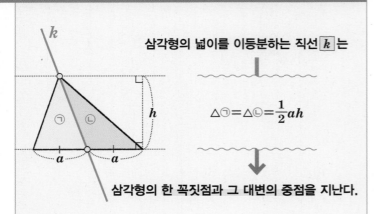

삼각형의 넓이를 이등분하는 직선 $\boxed{k}$ 는

$\triangle \text{㉠} = \triangle \text{㉡} = \dfrac{1}{2}ah$

삼각형의 한 꼭짓점과 그 대변의 중점을 지난다.

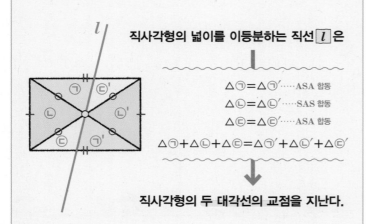

직사각형의 넓이를 이등분하는 직선 $\boxed{l}$ 은

$\triangle \text{㉠} = \triangle \text{㉠}' \cdots\cdots$ ASA 합동
$\triangle \text{㉡} = \triangle \text{㉡}' \cdots\cdots$ SAS 합동
$\triangle \text{㉢} = \triangle \text{㉢}' \cdots\cdots$ ASA 합동
$\triangle \text{㉠} + \triangle \text{㉡} + \triangle \text{㉢} = \triangle \text{㉠}' + \triangle \text{㉡}' + \triangle \text{㉢}'$

직사각형의 두 대각선의 교점을 지난다.

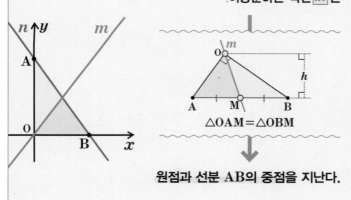

직선 $\boxed{n}$ 과 x축 및 y축으로 둘러싸인 도형의 넓이를 이등분하는 직선 $\boxed{m}$ 은

$\triangle OAM = \triangle OBM$

원점과 선분 AB의 중점을 지난다.

참고 직선 $y = ax + b$의 그래프와 x축 및 y축으로 둘러싸인 도형의 넓이는

$\dfrac{1}{2} \times |x$절편$| \times |y$절편$|$

1st ─ 삼각형의 넓이를 이등분하는 직선의 방정식

● 다음 세 점 A, B, C를 꼭짓점으로 하는 삼각형 ABC에 대하여 점 A를 지나고 삼각형 ABC의 넓이를 이등분하는 직선 l의 방정식을 구하시오.

1 A$(-1, 4)$, B$(-2, -1)$, C$(4, -3)$

→ 점 A를 지나고 삼각형 ABC의 넓이를 이등분하는 직선은 선분 BC의 중점을 지난다.

선분 BC의 중점의 좌표는

$\left(\dfrac{-2 + \boxed{}}{2},\ \dfrac{-1 + (\boxed{})}{2} \right)$, 즉 $(1,\ \boxed{})$

이때 직선 l은 두 점 $(-1, 4)$, $(1,\ \boxed{})$를 지나므로

$y - 4 = \dfrac{\boxed{} - 4}{1 - (\boxed{})}\{x - (\boxed{})\}$

따라서 $y = \boxed{}\,x + \boxed{}$

2 A$(5, 0)$, B$(-2, 3)$, C$(-4, -1)$

3 A$(3, 7)$, B$(-3, 2)$, C$(1, -2)$

4

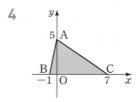

5

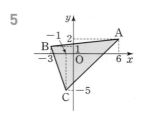

2nd — 직사각형의 넓이를 이등분하는 직선의 방정식

● 다음 네 점 A, B, C, D를 꼭짓점으로 하는 직사각형 ABCD의 넓이를 직선 l이 이등분할 때, 상수 m의 값을 구하시오.

6 A$(5, 1)$, B$(-1, 1)$, C$(-1, -3)$, D$(5, -3)$

$l : y = mx$

→ 직사각형 ABCD의 넓이를 이등분하는 직선은 대각선 BD의 중점을 지난다.

선분 BD의 중점의 좌표는

$\left(\dfrac{\boxed{} + 5}{2}, \dfrac{1 + (\boxed{})}{2} \right)$, 즉 $(2, \boxed{})$

직선 $y = mx$가 점 $(\boxed{}, -1)$을 지나므로

$-1 = \boxed{} m$

따라서 $m = \boxed{}$

7 A$(3, -2)$, B$(3, -4)$, C$(7, -4)$, D$(7, -2)$

$l : y = mx$

8 A$(0, 0)$, B$(-3, 0)$, C$(-3, -4)$, D$(0, -4)$

$l : y = mx$

9

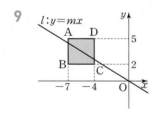

10

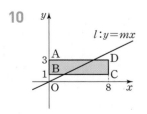

3rd — 직선과 좌표축으로 둘러싸인 도형의 넓이를 이등분하는 직선의 방정식

● 다음 직선 l과 x축 및 y축으로 둘러싸인 도형을 직선 $y = ax$가 이등분할 때, 상수 a의 값을 구하시오.

11 $l : y = \dfrac{1}{4}x + 2$

→ x절편은 $\boxed{}$, y절편은 2

두 점 $(\boxed{}, 0)$, $(0, 2)$를 이은 선분의 중점의 좌표는

$\left(\dfrac{\boxed{}}{2}, \dfrac{2}{2} \right)$, 즉 $(\boxed{}, 1)$

직선 $y = ax$는 점 $(\boxed{}, 1)$을 지나므로

$1 = \boxed{} a$

따라서 $a = \boxed{}$

12 $l : y = -3x + 5$

13 $l : y = 2x + 4$

14 $l : y = -\dfrac{2}{3}x - 8$

15 $l : y = \dfrac{3}{2}x - 1$

06

좌표평면 위의 모든 직선!

일차방정식 $ax+by+c=0$이 나타내는 도형

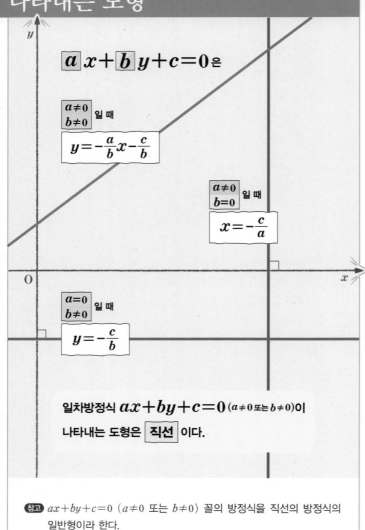

$\boxed{a}\,x+\boxed{b}\,y+c=0$은

$\boxed{\begin{array}{l}a\neq 0\\b\neq 0\end{array}}$ 일 때

$$y=-\frac{a}{b}x-\frac{c}{b}$$

$\boxed{\begin{array}{l}a\neq 0\\b=0\end{array}}$ 일 때

$$x=-\frac{c}{a}$$

$\boxed{\begin{array}{l}a=0\\b\neq 0\end{array}}$ 일 때

$$y=-\frac{c}{b}$$

일차방정식 $ax+by+c=0$ $(a\neq 0$ 또는 $b\neq 0)$이
나타내는 도형은 $\boxed{\text{직선}}$ 이다.

(참고) $ax+by+c=0$ $(a\neq 0$ 또는 $b\neq 0)$ 꼴의 방정식을 직선의 방정식의
일반형이라 한다.

1st — 일차방정식이 나타내는 도형

● 다음 일차방정식이 나타내는 도형을 주어진 좌표평면 위에 그리
시오.

1 $x-2y+4=0$

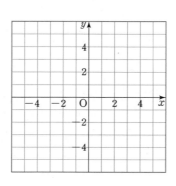

2 $4x+y-8=0$

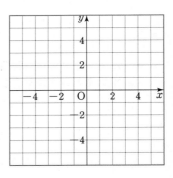

3 $6x-12=0$

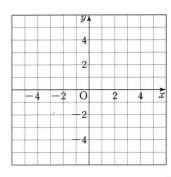

나, 축과 평행한 직선

4 $3y-9=0$

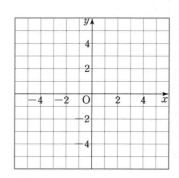

2nd — 계수의 부호와 직선의 개형

● 세 수 a, b, c가 다음 조건을 만족시킬 때, 직선 $ax+by+c=0$ 의 개형을 아래 보기에서 고르시오.

보기

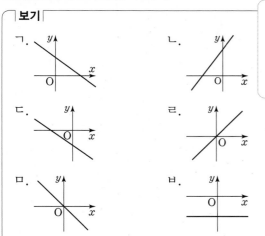

ㄱ. ㄴ. ㄷ. ㄹ. ㅁ. ㅂ.

> 직선의 방정식
> $ax+by+c=0$ $(b\neq0)$
> 을 $y=-\dfrac{a}{b}x-\dfrac{c}{b}$의 꼴로
> 변형한 후 기울기 $-\dfrac{a}{b}$와
> y절편 $-\dfrac{c}{b}$의 부호를 정한다.

5 $a>0$, $b>0$, $c>0$

➡ $ax+by+c=0$에서 $by=\boxed{}$

$y=-\dfrac{a}{b}x-\boxed{}$이므로

$(기울기)=-\dfrac{a}{b}\bigcirc 0$, $(y절편)=-\dfrac{c}{b}\bigcirc 0$

따라서 직선의 개형은 $\boxed{}$이다.

6 $a>0$, $b<0$, $c>0$

7 $a<0$, $b<0$, $c<0$

8 $a=0$, $b<0$, $c<0$

● 세 수 a, b, c가 다음 조건을 만족시킬 때, 직선 $ax+by+c=0$ 의 개형을 그리시오.

9 $ab>0$, $bc<0$

➡ $ax+by+c=0$에서 $y=-\dfrac{a}{b}x-\dfrac{c}{b}$

$ab>0$이므로 a, b의 부호가 (같다, 다르다).

즉 $(기울기)=-\dfrac{a}{b}\bigcirc 0$

$bc<0$이므로 b, c의 부호가 (같다, 다르다).

즉 $(y절편)=-\dfrac{c}{b}\bigcirc 0$

따라서 직선의 개형은 오른쪽 그림과 같다.

10 $ab<0$, $ac<0$

11 $ab>0$, $bc>0$

12 $ab=0$, $bc<0$

13 $ab<0$, $ac=0$

😊 **내가 발견한 개념**   계수의 부호를 따져 봐!

직선 $y=-\dfrac{a}{b}x-\dfrac{c}{b}$에서

• $\dfrac{a}{b}>0$이면 a, b의 부호가 서로 (같다, 다르다).

  즉 $a>0$, $b\bigcirc 0$ 또는 $a\bigcirc 0$, $b<0$

• $\dfrac{a}{b}<0$이면 a, b의 부호가 서로 (같다, 다르다).

  즉 $a>0$, $b\bigcirc 0$ 또는 $a\bigcirc 0$, $b>0$

TEST 개념 확인

01~02 기울기와 한 점이 주어진 직선의 방정식

- 기울기가 m이고 한 점 (x_1, y_1)을 지나는 직선의 방정식
  → $y-y_1=m(x-x_1)$

1 점 $(3,\ -2)$를 지나고 기울기가 $\frac{1}{2}$인 직선의 방정식을 $y=ax+b$라 할 때, 상수 a, b에 대하여 $a+b$의 값은?

① -7 ② -5 ③ -3
④ -1 ⑤ 1

2 점 $(1,\ 0)$을 지나고 x축의 양의 방향과 이루는 각의 크기가 $60°$인 직선의 방정식을 구하시오.

03 서로 다른 두 점을 지나는 직선의 방정식

- 두 점 (x_1, y_1), (x_2, y_2)를 지나는 직선의 방정식
  ① $x_1 \neq x_2$일 때 → $y-y_1=\frac{y_2-y_1}{x_2-x_1}(x-x_1)$
  ② $x_1=x_2$일 때 → $x=x_1$
- x절편이 a이고 y절편이 b인 직선의 방정식
  → $\frac{x}{a}+\frac{y}{b}=1$ (단, $a\neq 0$, $b\neq 0$)

3 두 점 $(-1,\ 1)$, $(-3,\ -5)$를 지나는 직선의 x절편은?

① -2 ② $-\frac{5}{3}$ ③ $-\frac{4}{3}$
④ -1 ⑤ $-\frac{2}{3}$

4 x절편이 -2이고 y절편이 -3인 직선이 점 $(a,\ 2)$를 지날 때, a의 값은?

① $\frac{10}{3}$ ② 3 ③ 0
④ -3 ⑤ $-\frac{10}{3}$

5 직선 $\frac{x}{4}+\frac{y}{5}=1$과 x축 및 y축으로 둘러싸인 도형의 넓이는?

① 3 ② 5 ③ 9
④ 10 ⑤ 12

04 세 점이 한 직선 위에 있을 조건

- 세 점 $\mathrm{A}(x_1, y_1)$, $\mathrm{B}(x_2, y_2)$, $\mathrm{C}(x_3, y_3)$이 한 직선 위에 있다.
  → (직선 AB의 기울기)=(직선 BC의 기울기)=(직선 CA의 기울기)
  → $\frac{y_2-y_1}{x_2-x_1}=\frac{y_3-y_2}{x_3-x_2}=\frac{y_1-y_3}{x_1-x_3}$

6 세 점 $\mathrm{A}(-a,\ 2)$, $\mathrm{B}(2,\ -3)$, $\mathrm{C}(1,\ 2a+1)$이 한 직선 위에 있도록 하는 a의 값을 구하시오.

7 세 점 A$(-1, -4)$, B$(3, a)$, C$(-2, 1)$이 삼각형을 이루지 않도록 하는 a의 값은?

① -30 ② -28 ③ -26

④ -24 ⑤ -22

10 오른쪽 그림과 같이 직선 $y=-\dfrac{1}{3}x+9$와 x축 및 y축으로 둘러싸인 도형의 넓이를 이등분하고 원점을 지나는 직선의 방정식을 $y=mx$라 할 때, 상수 m의 값을 구하시오.

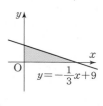

---

05 도형의 넓이를 이등분하는 직선의 방정식

• 삼각형 ABC의 꼭짓점 A를 지나면서 삼각형 ABC의 넓이를 이등분하는 직선

→ 대변 BC의 중점을 지난다.

• 직사각형의 넓이를 이등분하는 직선

→ 직사각형의 두 대각선의 교점을 지난다.

---

06 일차방정식 $ax+by+c=0$이 나타내는 도형

• 직선의 방정식 $ax+by+c=0$ $(b\neq 0)$을 $y=-\dfrac{a}{b}x-\dfrac{c}{b}$의 꼴로 변형한 후 기울기 $-\dfrac{a}{b}$와 y절편 $-\dfrac{c}{b}$의 부호를 정한다.

---

8 세 점 A$(-1, 1)$, B$(2, 3)$, C$(-4, 7)$을 꼭짓점으로 하는 삼각형 ABC에 대하여 점 A를 지나고 삼각형 ABC의 넓이를 이등분하는 직선의 방정식은?

① $x=-1$ ② $x=2$ ③ $x=4$

④ $x=6$ ⑤ $x=10$

11 $ab>0$, $bc<0$일 때, 다음 중 직선 $ax+by+c=0$의 개형은?

① 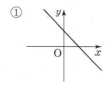   ②

③   ④

⑤

---

9 오른쪽 그림과 같은 직사각형 ABCD의 넓이를 이등분하고 원점을 지나는 직선이 점 $(-3, a)$를 지날 때, a의 값은?

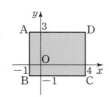

① -8 ② -6 ③ -4

④ -2 ⑤ 0

12 직선 $ax+by+c=0$이 오른쪽 그림과 같을 때, 직선 $bx+ay-c=0$이 지나지 않는 사분면을 구하시오.

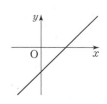

두 직선이 평행할 조건

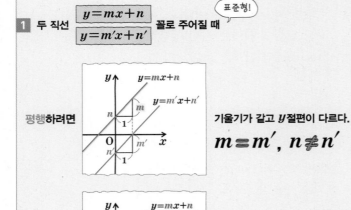

1 두 직선 $y=mx+n$, $y=m'x+n'$ 꼴로 주어질 때 (표준형!)

평행하려면 | 기울기가 같고 y절편이 다르다.
$$m=m',\ n\neq n'$$

일치하려면 | 기울기, y절편이 각각 같다.
$$m=m',\ n=n'$$

2 두 직선 $ax+by+c=0$, $a'x+b'y+c'=0$ 꼴로 주어질 때 (일반형!)
($a\neq0$ 또는 $b\neq0$, $a'\neq0$ 또는 $b'\neq0$)

$ax+by+c=0$은 $y=-\dfrac{a}{b}x-\dfrac{c}{b}$ 와 같다.

$a'x+b'y+c'=0$은 $y=-\dfrac{a'}{b'}x-\dfrac{c'}{b'}$ 과 같다.

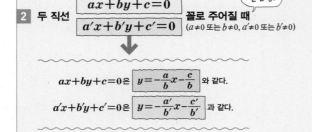

평행하려면 | 기울기가 같고 y절편이 다르다.
$$\frac{a}{a'}=\frac{b}{b'}\neq\frac{c}{c'}$$

$-\dfrac{a}{b}=-\dfrac{a'}{b'}$

$-\dfrac{c}{b}\neq-\dfrac{c'}{b'}$ 이므로

일치하려면 | 기울기, y절편이 각각 같다.
$$\frac{a}{a'}=\frac{b}{b'}=\frac{c}{c'}$$

$-\dfrac{a}{b}=-\dfrac{a'}{b'}$

$-\dfrac{c}{b}=-\dfrac{c'}{b'}$ 이므로

1st — 두 직선이 평행할 조건

● 다음 두 직선 l, m이 평행할 때, 상수 k의 값을 구하시오.

1 $l : y=3x+1,\ m : y=kx+3$

→ 기울기가 같으므로 $k=$ ☐

2 $l : y=-\dfrac{1}{2}x+4,\ m : y=kx+2$

3 $l : y=x+5,\ m : y=-kx-1$

4 $l : y=2x+3,\ m : y=(k-2)x+1$

5 $l : y=(k-1)x+2,\ m : y=(2k+4)x-3$

6 $l : y=(k^2-3k+1)x-1,\ m : y=(3k-4)x+k$

7 $l : x-2y+1=0$, $m : kx+4y+3=0$

→ $\dfrac{k}{1}=\dfrac{\boxed{}}{-2}\neq\dfrac{3}{\boxed{}}$ 이므로 $k=\boxed{}$

8 $l : 3x-y+1=0$, $m : x-2ky+4=0$

9 $l : kx-2y-3=0$, $m : x-(k+1)y+5=0$

10 $l : (k+1)x+y+3=0$, $m : kx-2y+2=0$

11 $l : (k+2)x+y-3=0$, $m : 3x+(2k-1)y-k=0$

내가 발견한 개념   두 직선이 평행하거나 일치할 조건은?

직선의 방정식	평행 조건		일치 조건	
$y=mx+n$ $y=m'x+n'$	$m \bigcirc m'$, $n \bigcirc n'$		$m \bigcirc m'$, $n \bigcirc n'$	
$ax+by+c=0$ $a'x+b'y+c'=0$	$\dfrac{a}{a'} \bigcirc \dfrac{b}{b'} \bigcirc \dfrac{c}{c'}$		$\dfrac{a}{a'} \bigcirc \dfrac{b}{b'} \bigcirc \dfrac{c}{c'}$	

2nd — 직선 l에 평행한 직선의 방정식

● 직선 l에 평행하고 점 P를 지나는 직선의 방정식을 구하시오.

12 $l : y=2x+5$, P$(2, 1)$

→ 기울기가 $\boxed{}$ 이고 점 P$(2, 1)$을 지나므로

$y-1=\boxed{}(x-2)$

따라서 $y=\boxed{}x-\boxed{}$

13 $l : y=-\dfrac{5}{2}x+1$, P$(4, -3)$

14 $l : y=3x+1$, P$(2, 4)$

15 $l : 2x+3y+2=0$, P$(3, 1)$

16 $l : x-4y-2=0$, P$(-4, -5)$

개념모음문제

17 점 $(-2, 5)$를 지나고 직선 $4x+y-2=0$과 평행한 직선이 점 $(k, 6)$을 지날 때, k의 값은?

① $-\dfrac{9}{4}$ ② -2 ③ $-\dfrac{7}{4}$

④ $-\dfrac{3}{2}$ ⑤ -1

08

좌표평면에서!

두 직선이 수직일 조건

1 두 직선 $\boxed{y=mx+n}$ 꼴로 주어질 때 표준형!
$\boxed{y=m'x+n'}$

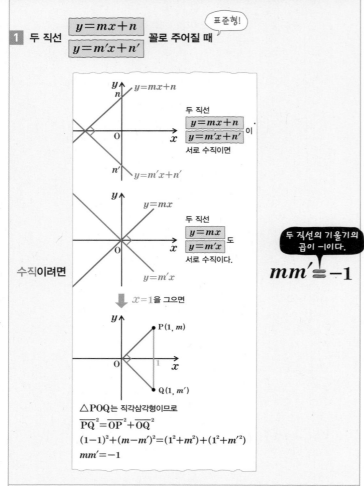

두 직선 $\boxed{y=mx+n}$ 이
$\boxed{y=m'x+n'}$
서로 수직이면

두 직선 $\boxed{y=mx}$ 도
$\boxed{y=m'x}$
서로 수직이다.

수직이려면

두 직선의 기울기의 곱이 -1이다.

$$mm' = -1$$

$x=1$을 그으면

$\triangle POQ$는 직각삼각형이므로
$$\overline{PQ}^2 = \overline{OP}^2 + \overline{OQ}^2$$
$$(1-1)^2 + (m-m')^2 = (1^2+m^2)+(1^2+m'^2)$$
$$mm' = -1$$

2 두 직선 $\boxed{ax+by+c=0}$ 꼴로 주어질 때 일반형!
$\boxed{a'x+b'y+c'=0}$ ($a\neq0$ 또는 $b\neq0$, $a'\neq0$ 또는 $b'\neq0$)

$ax+by+c=0$은 $\boxed{y=-\dfrac{a}{b}x-\dfrac{c}{b}}$ 와 같다.

$a'x+b'y+c'=0$은 $\boxed{y=-\dfrac{a'}{b'}x-\dfrac{c'}{b'}}$ 과 같다.

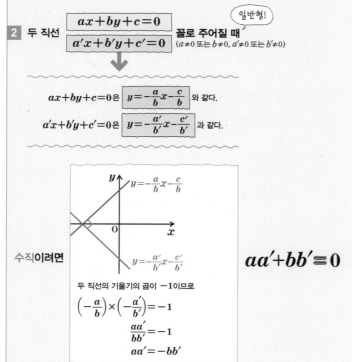

수직이려면

두 직선의 기울기의 곱이 -1이므로
$$\left(-\frac{a}{b}\right)\times\left(-\frac{a'}{b'}\right)=-1$$
$$\frac{aa'}{bb'}=-1$$
$$aa'=-bb'$$

$$aa'+bb' = 0$$

1st — 두 직선이 수직일 조건

● 다음 두 직선 l, m이 수직일 때, 상수 k의 값을 구하시오.

1 $l : y=x+1$, $m : y=kx+2$

→ $1\times k=\boxed{}$ 이므로

$k=\boxed{}$

2 $l : y=-x-\dfrac{1}{2}$, $m : y=(k+3)x+6$

3 $l : y=-kx-1$, $m : y=4x+2$

4 $l : y=\dfrac{1}{3}x-3$, $m : y=(5-2k)x$

5 $l : y=kx-4$, $m : y=(k+2)x+5$

6 $l : y=3kx-2$, $m : y=-kx-7$

7 $l:2x+y+3=0,\ m:kx-2y+1=0$

$\rightarrow \boxed{}\times k+1\times(\boxed{})=0$이므로

$k=\boxed{}$

8 $l:3x+y+4=0,\ m:x-2ky-5=0$

9 $l:(k-2)x-2y+6=0,\ m:4x+6y+3=0$

10 $l:2x+(3k+1)y-4=0,\ m:x-y+7=0$

11 $l:x+(4+3k)y-3=0,\ m:kx-y-1=0$

12 $l:kx+y+5=0,\ m:kx-3y+8=0$

2nd — 직선 l에 수직인 직선의 방정식

● 직선 l에 수직이고 점 P를 지나는 직선의 방정식을 구하시오.

13 $l:y=4x-1,\ \mathrm{P}(2,\ 5)$

→ 직선 l과 수직이므로 기울기는 $\boxed{}$

따라서 구하는 직선의 방정식은

$y-5=\boxed{}(x-\boxed{})$이므로

$y=\boxed{}x+\boxed{}$

14 $l:y=\dfrac{1}{3}x+2,\ \mathrm{P}(-1,\ 6)$

15 $l:y=-4x+5,\ \mathrm{P}(4,\ -3)$

16 $l:x-4y+3=0,\ \mathrm{P}(2,\ 1)$

17 $l:3x+2y+4=0,\ \mathrm{P}(-3,\ -5)$

개념모음문제

18 점 $(1,\ -2)$를 지나고 직선 $x+2y-3=0$과 수직인 직선이 점 $(2,\ k)$를 지날 때, k의 값은?

① 0   ② 2   ③ 3

④ 5   ⑤ 6

😊 **내가 발견한 개념**   두 직선이 수직일 조건은?

직선의 방정식	수직 조건
$y=mx+n$ $y=m'x+n'$	$mm'=\boxed{}$
$ax+by+c=0$ $a'x+b'y+c'=0$	$aa'+bb'=\boxed{}$

좌표평면에서!

두 직선의 위치 관계

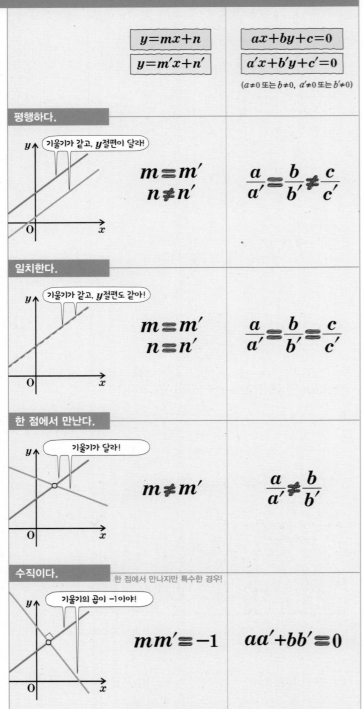

	$y=mx+n$ $y=m'x+n'$	$ax+by+c=0$ $a'x+b'y+c'=0$ $(a\neq0$ 또는 $b\neq0,\ a'\neq0$ 또는 $b'\neq0)$
평행하다.	기울기가 같고, y절편이 달라! $m=m'$ $n\neq n'$	$\dfrac{a}{a'}=\dfrac{b}{b'}\neq\dfrac{c}{c'}$
일치한다.	기울기가 같고, y절편도 같아! $m=m'$ $n=n'$	$\dfrac{a}{a'}=\dfrac{b}{b'}=\dfrac{c}{c'}$
한 점에서 만난다.	기울기가 달라! $m\neq m'$	$\dfrac{a}{a'}\neq\dfrac{b}{b'}$
수직이다. 한 점에서 만나지만 특수한 경우!	기울기의 곱이 -1이야! $mm'=-1$	$aa'+bb'=0$

1st ─ 두 직선의 위치 관계

● 다음 두 직선의 위치 관계를 말하시오.

1 $y=x-2,\ y=x+3$

→ 기울기가 (같고, 다르고), y절편이 (같다, 다르다).

두 직선은 [　　] 하다.

2 $y=3x+1,\ y=-\dfrac{1}{3}x-5$

→ 기울기의 곱이 [　　] 이므로 두 직선은 [　　] 이다.

3 $y=2x+3,\ y=-3x-2$

4 $y=5x+3,\ y=5x$

5 $y=\dfrac{4}{3}x-2,\ y=-\dfrac{3}{4}x+6$

6 $y=-x+4,\ y=-x-\dfrac{3}{2}$

7 $3x+2y+2=0,\ 2x-y+3=0$

→ $\dfrac{[\ \ ]}{3}\neq\dfrac{-1}{[\ \ ]}$ 이므로 두 직선은 한 [　　] 에서 만난다.

8 $3x+4y+1=0,\ 3x+4y+5=0$

$\rightarrow \dfrac{\boxed{}}{3}=\dfrac{\boxed{}}{4}\neq\dfrac{5}{\boxed{}}$ 이므로 두 직선은 $\boxed{}$ 하다.

9 $2x+y+5=0,\ 2x-y-1=0$

10 $7x+y+4=0,\ x-7y+6=0$

11 $x-6y+5=0,\ x-6y+2=0$

12 $4x+y+3=0,\ 4x-y-8=0$

2nd — 두 직선의 위치 관계를 이용하여 구하는 미지수의 값

● 두 직선 l, m의 위치 관계가 다음과 같을 때, 상수 k의 값을 구하시오.

13 $l : 4x+(k+3)y-1=0,$
    $m : (k+1)x+2y+1=0$

(1) 평행하다.

(2) 일치한다.

(3) 수직이다.

14 $l : 2x+(k-2)y+4=0,$
    $m : (k-1)x+3y+6=0$

(1) 평행하다.

(2) 일치한다.

(3) 수직이다.

배운 거 기억나?
두 그래프의 위치 관계와 연립방정식의 해의 개수

두 직선의 위치 관계	두 직선의 교점의 개수	연립방정식의 해의 개수	$\begin{cases}ax+by+c=0\\a'x+b'y+c'=0\end{cases}$	기울기와 y절편
✕ 한 점에서 만난다.	한 개	한 쌍	$\dfrac{a}{a'}\neq\dfrac{b}{b'}$	기울기가 다르다.
⫽ 평행하다. (만나지 않는다.)	없다.	해가 없다.	$\dfrac{a}{a'}=\dfrac{b}{b'}\neq\dfrac{c}{c'}$	기울기는 같고 y절편은 다르다.
／ 일치한다.	무수히 많다.	해가 무수히 많다.	$\dfrac{a}{a'}=\dfrac{b}{b'}=\dfrac{c}{c'}$	기울기가 같고 y절편도 같다.

개념모음문제

15 직선 $x-ay+1=0$이 직선 $bx-2y+3=0$과 수직이고, 직선 $x+(2b+3)y-5=0$과 평행할 때, 상수 a, b에 대하여 $a+b$의 값은?

① -7 ② -5 ③ -3

④ -1 ⑤ 0

10

세 직선의 위치 관계

좌표평면에서!

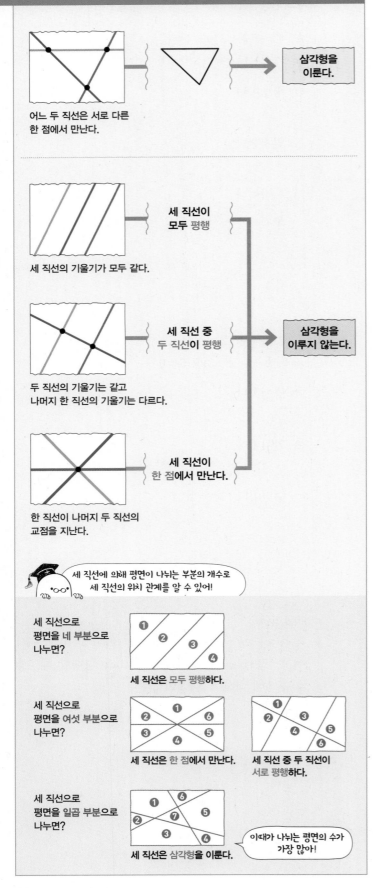

어느 두 직선은 서로 다른
한 점에서 만난다.

삼각형을
이룬다.

세 직선이
모두 평행

세 직선의 기울기가 모두 같다.

두 직선의 기울기는 같고
나머지 한 직선의 기울기는 다르다.

세 직선 중
두 직선이 평행

삼각형을
이루지 않는다.

한 직선이 나머지 두 직선의
교점을 지난다.

세 직선이
한 점에서 만난다.

세 직선에 의해 평면이 나뉘는 부분의 개수로
세 직선의 위치 관계를 알 수 있어!

세 직선으로
평면을 네 부분으로
나누면?

세 직선은 모두 평행하다.

세 직선으로
평면을 여섯 부분으로
나누면?

세 직선은 한 점에서 만난다.

세 직선 중 두 직선이
서로 평행하다.

세 직선으로
평면을 일곱 부분으로
나누면?

세 직선은 삼각형을 이룬다.

이때가 나뉘는 평면의 수가
가장 많아!

1st ─ 세 직선의 위치 관계

● 다음 세 직선에 대하여 물음에 답하시오.

1 $y=2x+4,\ y=-3x-1,\ y=kx+2$

(1) 세 직선이 한 점에서 만나도록 하는 상수 k의 값을 구하시오.

→ 두 직선 $y=2x+4,\ y=-3x-1$의 교점의 좌표는

$(-1,\ \boxed{})$

이 점을 직선 $y=kx+2$가 지나므로

$\boxed{}=-k+2$

따라서 $k=\boxed{}$

(2) 세 직선 중 두 직선이 평행하도록 하는 상수 k의 값을 모두 구하시오.

→ (i) 두 직선 $y=2x+4,\ y=kx+2$가 평행한 경우

$k=\boxed{}$

(ii) 두 직선 $y=-3x-1,\ y=kx+2$가 평행한 경우

$k=\boxed{}$

2 $y=-x+5,\ y=3x-3,\ y=-kx+1$

(1) 세 직선이 한 점에서 만나도록 하는 상수 k의 값을 구하시오.

(2) 세 직선 중 두 직선이 평행하도록 하는 상수 k의 값을 모두 구하시오.

2nd 세 직선이 삼각형을 이루지 않을 조건을 이용하여 구하는 미지수의 값

● 다음 세 직선이 **삼각형을 이루지 않을 때**, 물음에 답하시오.

> 적어도 두 직선이 평행하거나 세 직선이 한 점에서 만나야 한다.

3 $y=5x$, $y=2x-3$, $y=kx+1$

(1) 두 직선 $y=5x$와 $y=kx+1$이 평행할 때, k의 값을 구하시오.

→ 두 직선의 기울기가 같으므로 $k=$ ☐

(2) 두 직선 $y=2x-3$과 $y=kx+1$이 평행할 때, k의 값을 구하시오.

→ 두 직선의 기울기가 같으므로 $k=$ ☐

(3) 세 직선이 한 점에서 만날 때, k의 값을 구하시오.

→ 두 직선 $y=5x$, $y=2x-3$의 교점의 좌표는

$(-1,$ ☐ $)$

이 점을 직선 $y=kx+1$이 지나므로

☐ $=-k+1$

따라서 $k=$ ☐

(4) k의 값을 모두 구하시오.

4 $y=\dfrac{1}{2}x-2$, $y=(k+1)x-2$, $y=-3x+5$

(1) 두 직선 $y=\dfrac{1}{2}x-2$와 $y=(k+1)x-2$가 평행할 때, k의 값을 구하시오.

(2) 두 직선 $y=-3x+5$와 $y=(k+1)x-2$가 평행할 때, k의 값을 구하시오.

(3) 세 직선이 한 점에서 만날 때, k의 값을 구하시오.

(4) k의 값을 모두 구하시오.

5 $3x+y+2=0$, $x-ky+1=0$, $x+3y+2=0$

(1) 두 직선 $3x+y+2=0$과 $x-ky+1=0$이 평행할 때, k의 값을 구하시오.

(2) 두 직선 $x-ky+1=0$과 $x+3y+2=0$이 평행할 때, k의 값을 구하시오.

(3) 세 직선이 한 점에서 만날 때, k의 값을 구하시오.

(4) k의 값을 모두 구하시오.

6 $2x-y-4=0$, $3x-2y-9=0$, $(k+3)x+y+5=0$

(1) 두 직선 $2x-y-4=0$과 $(k+3)x+y+5=0$이 평행할 때, k의 값을 구하시오.

(2) 두 직선 $3x-2y-9=0$과 $(k+3)x+y+5=0$이 평행할 때, k의 값을 구하시오.

(3) 세 직선이 한 점에서 만날 때, k의 값을 구하시오.

(4) k의 값을 모두 구하시오.

11

선분의 수직이등분선의 방정식

1 점 A에서 직선 l에 내린 수선의 발을 **H** 라 하면

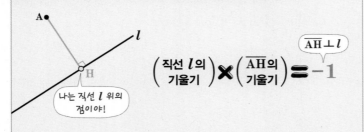

$\left(\begin{array}{c}\text{직선 } l\text{의}\\\text{기울기}\end{array}\right) \times \left(\begin{array}{c}\overline{\text{AH}}\text{의}\\\text{기울기}\end{array}\right) = -1$

$\overline{\text{AH}} \perp l$

나는 직선 l 위의 점이야!

2 선분 AB의 수직이등분선을 **l** 이라 하면

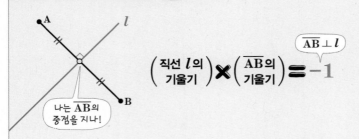

$\left(\begin{array}{c}\text{직선 } l\text{의}\\\text{기울기}\end{array}\right) \times \left(\begin{array}{c}\overline{\text{AB}}\text{의}\\\text{기울기}\end{array}\right) = -1$

$\overline{\text{AB}} \perp l$

나는 $\overline{\text{AB}}$의 중점을 지나!

(참고) 두 점 $A(x_1, y_1)$, $B(x_2, y_2)$의 중점을 M이라 하면 $M\left(\dfrac{x_1+x_2}{2}, \dfrac{y_1+y_2}{2}\right)$

원리확인 다음 □ 안에 알맞은 수를 써넣으시오.

①

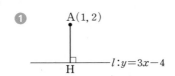

A(1, 2)

H

$l : y = 3x - 4$

$\overline{\text{AH}} \perp l$이므로

(직선 AH의 기울기) × (직선 l의 기울기) = ☐

(직선 AH의 기울기) × ☐ = ☐

따라서 (직선 AH의 기울기) = ☐

②

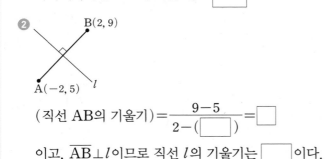

B(2, 9)

A(-2, 5)

l

(직선 AB의 기울기) $= \dfrac{9-5}{2-(\boxed{})} = \boxed{}$

이고, $\overline{\text{AB}} \perp l$이므로 직선 l의 기울기는 ☐ 이다.

1st ─ 점에서 직선에 내린 수선의 발

● 다음 점 A에서 직선 l에 내린 수선의 발 H의 좌표를 구하시오.

1 $A(1, -3)$, $l : y = -\dfrac{1}{2}x$

→ $\overline{\text{AH}} \perp l$이므로 직선 AH의 기울기는 ☐

직선 AH의 방정식은 $y + 3 = \boxed{}(x-1)$이므로

$y = \boxed{} x - \boxed{}$

이때 점 H는 두 직선 $y = -\dfrac{1}{2}x$, $y = \boxed{} x - \boxed{}$ 의

교점이므로 두 식을 연립하여 풀면

$x = \boxed{}$, $y = \boxed{}$

따라서 $H(\boxed{}, \boxed{})$

2 $A(2, -4)$, $l : y = x + 6$

3 $A(-6, 4)$, $l : y = -3x + 1$

4 $A(-2, -2)$, $l : 2x - y + 7 = 0$

5 $A(3, -8)$, $l : 3x - 4y - 1 = 0$

😊 내가 발견한 개념   직선 AB에 수직인 직선의 기울기는?

• $\overline{\text{AB}} \perp l$이고, 직선 AB의 기울기가 m이면 직선 l의 기울기는 ☐ 이다.

2nd— 선분의 수직이등분선의 방정식

● 다음 두 점 A, B에 대하여 선분 AB의 수직이등분선의 방정식을 구하시오.

6 A(4, −3), B(6, 5)

→ 선분 AB의 중점은

$\left(\dfrac{4+6}{2}, \dfrac{-3+5}{2}\right)$, 즉 $\left(5, \boxed{}\right)$

두 점 A, B를 지나는 직선의 기울기는

$\dfrac{\boxed{}-(-3)}{6-\boxed{}} = \boxed{}$

따라서 선분 AB의 수직이등분선은 기울기가 $\boxed{}$이고 점 (5, 1)을 지나므로 그 방정식은

$y - \boxed{} = \boxed{}(x-5)$

따라서 $y = \boxed{} x + \boxed{}$

7 A(−4, −1), B(2, 5)

8 A(4, −9), B(−1, 6)

9 A(−6, 3), B(4, −7)

10 A(−1, 3), B(7, −1)

3rd— 선분의 수직이등분선의 방정식을 이용하여 구하는 미지수의 값

● 다음 두 점 A, B에 대하여 선분 AB의 수직이등분선의 방정식을 l이라 할 때, a, b의 값을 구하시오.

11 A(1, a), B(−3, b), $l : y = -x$

→ 선분 AB의 중점은

$\left(\dfrac{1+\left(\boxed{}\right)}{2}, \dfrac{a+b}{2}\right)$, 즉 $\left(\boxed{}, \dfrac{a+b}{2}\right)$

이 점은 직선 l 위에 있으므로

$\dfrac{a+b}{2} = \boxed{}$ 에서 $a+b = \boxed{}$ ······ ㉠

두 점 A, B를 지나는 직선의 기울기는 $\boxed{}$ 이므로

$\dfrac{b-a}{-3-\boxed{}} = \boxed{}$ 에서 $a-b = \boxed{}$ ······ ㉡

㉠, ㉡을 연립하여 풀면 $a = \boxed{}$, $b = \boxed{}$

12 A(a, −4), B(b, 1), $l : 2x-y+1=0$

13 A(−3, a), B(−5, b), $l : y=3x+8$

14 A(a, 1), B(b, 9), $l : 4x-2y-14=0$

개념모음문제
15 두 점 A(−4, −3), B(5, 6)에 대하여 선분 AB의 수직이등분선이 점 (1, a)를 지날 때, a의 값은?

① −7   ② −3   ③ 1

④ 2   ⑤ 4

12

두 직선의 교점을 지나는 직선

❶ 정점을 지나는 직선

직선 $(x+y-2) + k(2x-y-1) = 0$ 이

실수 k에 값에 관계없이 항상 지나는 점의 좌표 는?

k에 관한 항등식

직선 $(x+y-2)+k(2x-y-1)=0$ 에서
항등식의 성질에 의하여
$x+y-2=0$ ······ ㉠ 을 만족시켜야 한다.
$2x-y-1=0$ ······ ㉡
두 직선 ㉠, ㉡의 교점을 구하면 $x=1$, $y=1$

즉 점 $(1, 1)$을 직선 $(x+y-2)+k(2x-y-1)=0$에 대입하면
$0+k\times0=0$ 꼴이 되므로
주어진 직선은 k에 값에 관계없이 항상 점 $(1, 1)$을 지난다.

$(1, 1)$

❷ 두 직선의 교점을 지나는 직선

두 직선 $x+y-2=0$, $2x-y-1=0$ 의 교점을 지나는

항등식으로 표현해봐! → **직선의 방정식** 은?

직선 $x+y-2=0$과 직선 $2x-y-1=0$을
k에 대한 항등식 $(0+0\times k=0$꼴$)$으로 표현하면
$(x+y-2)+k(2x-y-1)=0$
즉 두 직선 $x+y-2=0$, $2x-y-1=0$의 교점을 지나는 직선은
실수 k의 값에 관계없이
$(x+y-2)+k(2x-y-1)=0$ 꼴로 나타낼 수 있다.

$(x+y-2)+k(2x-y-1)=0$

- **정점을 지나는 직선**
  두 직선 $ax+by+c=0$, $a'x+b'y+c'=0$이 한 점에서 만날 때, 방정식 $(ax+by+c)+k(a'x+b'y+c')=0$의 그래프는 실수 k의 값에 관계없이 항상 두 직선 $ax+by+c=0$, $a'x+b'y+c'=0$의 교점을 지난다.

- **두 직선의 교점을 지나는 직선의 방정식**
  두 직선 $ax+by+c=0$, $a'x+b'y+c'=0$의 교점을 지나는 직선 중 $a'x+b'y+c'=0$을 제외한 직선의 방정식은
  $(ax+by+c)+k(a'x+b'y+c')=0$ (k는 실수)
  꼴로 나타낼 수 있다.

1st — 한 정점을 지나는 직선을 이용하여 구하는 교점의 좌표

● 다음 직선이 실수 k의 값에 관계없이 항상 지나는 점의 좌표를 구하시오.

1 $x+y-2+k(2x-y+3)=0$

> k에 대한 항등식을 의미한다.
> $a+bk=0$이 k에 대한 항등식
> → $a=0, b=0$

→ $x+y-2=0, 2x-y+3=0$

두 식을 연립하여 풀면 $x=\boxed{}$, $y=\boxed{}$

따라서 주어진 직선은 실수 k의 값에 관계없이 항상 점 $\left(\boxed{}, \boxed{}\right)$
을 지난다.

2 $k(3x-y+5)+x-2y=0$

3 $x+3y+3+k(x-y+7)=0$

4 $k(x+y+3)+2x-5y-8=0$

5 $kx+x+y-1+3k=0$
k에 대하여 정리해 봐!

6 $(2-k)x+4ky-k-6=0$

7 $(2k-4)x+(1-k)y+k+7=0$

2nd — 두 직선의 교점을 지나는 직선의 방정식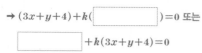

● 다음 두 직선의 교점을 지나는 직선의 방정식을 실수 k를 사용하여 나타내시오.

8 $3x+y+4=0$, $x-2y-9=0$

→ $(3x+y+4)+k(\boxed{})=0$ 또는

$\boxed{}+k(3x+y+4)=0$

9 $x-2y+5=0$, $3x-y-1=0$

10 $x+y=0$, $2x-3y+7=0$

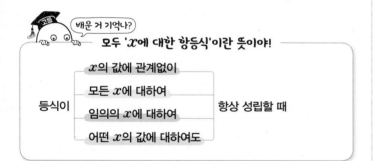

배운 거 기억나?

모두 'x에 대한 항등식'이란 뜻이야!

등식이 | x의 값에 관계없이 | 항상 성립할 때
| 모든 x에 대하여 |
| 임의의 x에 대하여 |
| 어떤 x의 값에 대하여도 |

● 다음 두 직선의 교점과 점 P를 지나는 직선의 방정식을 구하시오.

11 $x-y+4=0$, $2x+y-1=0$, $P(2, 5)$

→ 두 직선의 교점을 지나는 직선의 방정식은

$(x-y+4)+k(2x+y-1)=0$ (k는 실수) …… ㉠

이 직선이 점 $P(2, 5)$를 지나므로

$(2-5+4)+k(4+5-1)=0$, $1+8k=0$

즉 $k=\boxed{}$

$k=\boxed{}$ 을 ㉠에 대입하면

$(x-y+4)-\boxed{}(2x+y-1)=0$

따라서 $2x-\boxed{}+11=0$

12 $3x+y+7=0$, $x+4y+2=0$, $P(-1, 2)$

13 $x+5y=0$, $x+y+3=0$, $P(3, -1)$

14 $4x-y-3=0$, $2x+3y-8=0$, $P(0, 2)$

15 $-x+2y+9=0$, $2x-y=0$, $P(-4, 1)$

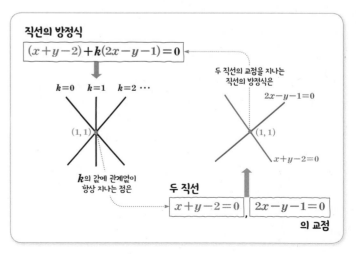

직선의 방정식

$\boxed{(x+y-2)+k(2x-y-1)=0}$

$k=0$ $k=1$ $k=2$ …

$(1,1)$

k의 값에 관계없이 항상 지나는 점은

두 직선의 교점을 지나는 직선의 방정식은

$2x-y-1=0$

$(1,1)$

$x+y-2=0$

두 직선 $\boxed{x+y-2=0}$, $\boxed{2x-y-1=0}$ 의 교점

07 두 직선이 평행할 조건

직선의 방정식	평행 조건	일치 조건
$y=mx+n$ $y=m'x+n'$	$m=m'$ $n\neq n'$	$m=m'$ $n=n'$
$ax+by+c=0$ $a'x+b'y+c'=0$	$\dfrac{a}{a'}=\dfrac{b}{b'}\neq\dfrac{c}{c'}$	$\dfrac{a}{a'}=\dfrac{b}{b'}=\dfrac{c}{c'}$

1 점 $(1, 2)$를 지나는 직선 $y=ax+b$가 직선 $y=3x-5$와 평행할 때, 상수 a, b에 대하여 ab의 값은?

① -9 ② -5 ③ -3

④ -1 ⑤ 1

2 두 직선 $x-2y-4=0$, $(2k-1)x+3y+1=0$이 서로 평행하도록 하는 상수 k의 값은?

① $\dfrac{11}{4}$ ② $\dfrac{7}{4}$ ③ $\dfrac{3}{4}$

④ $-\dfrac{1}{4}$ ⑤ $-\dfrac{3}{4}$

08 두 직선이 수직일 조건

직선의 방정식	수직 조건
$y=mx+n$ $y=m'x+n'$	$mm'=-1$
$ax+by+c=0$ $d'x+b'y+c'=0$	$aa'+bb'=0$

3 두 직선 $kx+2y-5=0$, $(1-k)x+3y+1=0$이 수직이 되도록 하는 모든 상수 k의 값의 합은?

① 1 ② 2 ③ 3

④ 4 ⑤ 5

4 두 점 $A(-2, -3)$, $B(6, -4)$를 지나는 직선에 수직이고 x절편이 1인 직선의 방정식은?

① $y=x+8$ ② $y=4x-8$ ③ $y=8x-8$

④ $y=-4x-8$ ⑤ $y=-8x+8$

09 두 직선의 위치 관계

한 점에서 만난다.	평행하다.	일치한다.	수직이다.

5 두 직선에 대하여 다음을 구하시오.

$$l : (2-k)x+y+7=0$$
$$m : -3x-(2k+1)y+4=0$$

(1) 두 직선이 평행할 경우 상수 k의 값

(2) 두 직선이 수직일 경우 상수 k의 값

6 직선 $ax+y+4=0$이 직선 $3x+by+8=0$과 평행하고, 직선 $(b-2)x+3y+1=0$과 수직일 때, 상수 a, b에 대하여 $a+b$의 값은?

① 10 ② 8 ③ 6

④ 4 ⑤ 2

10 세 직선의 위치 관계

- 세 직선이 삼각형을 이루지 않는 경우
  ① 세 직선이 모두 평행한 경우
  ② 세 직선 중 두 직선이 평행한 경우
  ③ 세 직선이 한 점에서 만나는 경우

7 세 직선 $y=x-8$, $y=-2x+1$, $y=kx-6$이 삼각형을 이루지 않도록 하는 상수 k의 값을 모두 구하시오.

8 다음 중 세 직선 $x-2y-2=0$, $3x-y+4=0$, $kx+y+8=0$이 삼각형을 이루도록 하는 상수 k의 값을 모두 고르면? (정답 2개)

① -5 ② -3 ③ $-\dfrac{1}{2}$

④ $\dfrac{3}{2}$ ⑤ 3

11 선분의 수직이등분선의 방정식

- 점 A에서 직선 l에 내린 수선의 발 H
  → $\overline{AH} \perp l$이고 점 H는 직선 l 위의 점이다.
- 선분 AB의 수직이등분선 l
  → $\overline{AB} \perp l$이고 직선 l은 AB의 중점을 지난다.

9 점 A$(2, 0)$에서 직선 $y=-3x-4$에 내린 수선의 발을 H라 할 때, 점 H의 좌표를 구하시오.

10 두 점 A$(-2, 3)$, B$(2, 5)$에 대하여 선분 AB의 수직이등분선이 점 $(0, a)$를 지날 때, a의 값은?

① -2 ② 0 ③ 2

④ 4 ⑤ 6

12 두 직선의 교점을 지나는 직선

- 정점을 지나는 직선의 방정식
  → 방정식 $(ax+by+c)+k(a'x+b'y+c')=0$의 그래프는 실수 k의 값에 관계없이 항상 두 직선 $ax+by+c=0$, $a'x+b'y+c'=0$의 교점을 지난다.
- 두 직선의 교점을 지나는 직선의 방정식
  → 두 직선 $ax+by+c=0$, $a'x+b'y+c'=0$의 교점을 지나는 직선의 방정식은
  $(ax+by+c)+k(a'x+b'y+c')=0$ (k는 실수)
  의 꼴로 나타낼 수 있다.

11 직선 $(k+1)x-2ky+3=0$이 임의의 실수 k의 값에 관계없이 항상 일정한 점 (a, b)를 지날 때, $a+b$의 값은?

① $-\dfrac{11}{2}$ ② -5 ③ $-\dfrac{9}{2}$

④ $-\dfrac{7}{2}$ ⑤ -3

12 두 직선 $x-y+6=0$, $x+3y+2=0$의 교점을 지나고 직선 $2x+4y-1=0$과 평행한 직선의 y절편을 구하시오.

점과 직선 사이의 거리

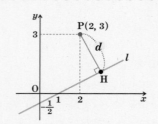

○ P(2, 3)

점 P(2, 3) 과 직선 $l : x-2y-1=0$ 사이의 거리 d 는?

(직선 l의 기울기)×($\overline{PH}$의 기울기)=−1이므로

$y=\frac{1}{2}x-\frac{1}{2}$이므로 $\frac{1}{2}$

($\overline{PH}$의 기울기)=−2

직선 PH는 점 P(2, 3)을 지나고, 기울기가 −2인 직선이므로

$y-3=-2(x-2)$에서

$y=-2x+7$ ·······㉠

이때 점 H는 직선 $l : x-2y-1=0$ ·······㉡ 과

직선 PH의 교점이므로 ㉠, ㉡을 연립하여 풀면

$x=3$, $y=1$, 즉 H(3, 1)

$d=\overline{PH}=\sqrt{(3-2)^2+(1-3)^2}=\sqrt{5}$

P(2, 3)
d
H(3, 1)

↓

$\boxed{d} \equiv \overline{PH} \equiv \sqrt{5}$

점 $P(x_1, y_1)$과 직선 $l : ax+by+c=0$ 사이의 거리 d

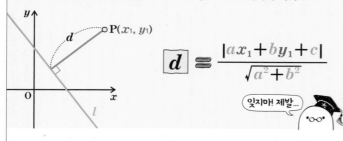

$$\boxed{d} \equiv \frac{|ax_1+by_1+c|}{\sqrt{a^2+b^2}}$$

잊지마! 제발...

참고 ① 점 P와 직선 l 사이의 거리는 직선 위의 점 중에서 점 P와의 거리가 최소인 경우를 말하는 것으로 일반적으로 수직 거리가 된다.

② 원점 (0, 0)과 직선 $ax+by+c=0$ 사이의 거리 d는

$d=\dfrac{|c|}{\sqrt{a^2+b^2}}$

1st — 점과 직선 사이의 거리

● 다음 점 P와 직선 l 사이의 거리를 구하시오.

1 $P(2, 3)$, $l : 2x-y+4=0$

$\rightarrow \dfrac{|2\times\boxed{}-1\times\boxed{}+4|}{\sqrt{\boxed{}^2+(-1)^2}}=\boxed{}$

2 $P(4, -5)$, $l : x+y-1=0$

3 $P(-3, -1)$, $l : 5x-12y=0$

(점 P와 직선 l 사이의 거리)=$\overline{PH}$

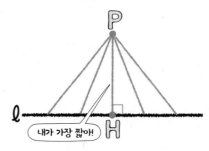

내가 가장 짧아!

4 $P(0, 0)$, $l : 3x+4y-5=0$

$\rightarrow \dfrac{|\boxed{}|}{\sqrt{3^2+\boxed{}^2}}=\boxed{}$

5 $P(0, 0)$, $l : 2x-3y+13=0$

6 P$(1, 2)$, $l : y=x-3$

→ $y=x-3$에서 $x-y-\boxed{}=0$

$$\dfrac{|1\times\boxed{}-1\times\boxed{}-3|}{\sqrt{1^2+(\boxed{})^2}}=\boxed{}$$

7 P$(3, 0)$, $l : y=-4x-5$

8 P$(-4, 3)$, $l : y=\dfrac{2}{3}x+\dfrac{4}{3}$

9 P$(0, 0)$, $l : y=-x+4$

10 P$(-2, -3)$, $l : y=-5x$

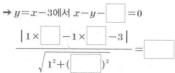

내가 발견한 개념   정과 직선 사이의 거리는?

• 점 (x_1, y_1)과 직선 $ax+by+c=0$ 사이의 거리

→ $\dfrac{|a\boxed{}+b\boxed{}+c|}{\sqrt{a^2+b^2}}$

• 점 $(0, 0)$과 직선 $ax+by+c=0$ 사이의 거리

→ $\dfrac{|\boxed{}|}{\sqrt{a^2+b^2}}$

2ⁿᵈ ― 점과 직선 사이의 거리를 이용하여 구하는 미지수의 값

● 다음 점 P와 직선 l 사이의 거리가 d일 때, 상수 k의 값을 구하시오.

11 P$(1, 1)$, $l : x-y+k=0$ $[\,d=\sqrt{2}\,]$

→ $\dfrac{|1-1+k|}{\sqrt{\boxed{}^2+(-1)^2}}=\sqrt{2}$이므로 $|k|=\boxed{}$

따라서 $k=\boxed{}$ 또는 $k=\boxed{}$

12 P$(-2, 3)$, $l : 3x+4y+k=0$ $[\,d=1\,]$

13 P$(-1, -4)$, $l : x+2y+k=0$ $[\,d=2\sqrt{5}\,]$

14 P$(k, 0)$, $l : 2x-3y+1=0$ $[\,d=\sqrt{13}\,]$

15 P$(3, k)$, $l : 7x+y+6=0$ $[\,d=3\sqrt{2}\,]$

평행한 두 직선 사이의 거리

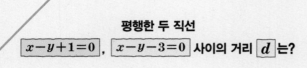

평행한 두 직선
$\boxed{x-y+1=0}$, $\boxed{x-y-3=0}$ 사이의 거리 $\boxed{d}$ 는?

직선 $x-y+1=0$ 위의 한 점 $(0, 1)$과
직선 $x-y-3=0$ 사이의 거리 d 와 같다.

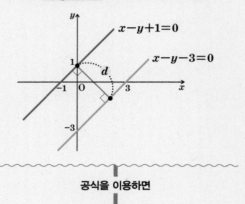

공식을 이용하면

$$\boxed{d} = \frac{|0-1-3|}{\sqrt{1^2+(-1)^2}} = \frac{4}{\sqrt{2}} = 2\sqrt{2}$$

- **좌표평면에서 평행한 두 직선 사이의 거리**
  좌표평면에서 평행한 두 직선 $l: ax+by+c=0$과 $l': ax+by+c'=0$
  사이의 거리는 직선 위의 한 점을 이용하여 구한다.
  → 직선 l 위의 한 점과 직선 l' 사이의 거리를 구한다.

평행한 두 직선 $\begin{matrix} ax+by+c=0 \\ ax+by+c'=0 \end{matrix}$ **사이의 거리** d

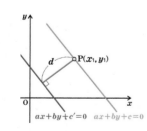

$$\boxed{d} = \frac{|ax_1+by_1+c'|}{\sqrt{a^2+b^2}} \cdots\cdots ㉠$$

점 $P(x_1, y_1)$은
직선 $ax+by+c=0$ 위의 점이므로
$ax_1+by_1+c=0$에서
$ax_1+by_1=-c \cdots\cdots ㉡$
㉡을 ㉠에 대입하면

$$d = \frac{|c'-c|}{\sqrt{a^2+b^2}}$$

● 다음 평행한 두 직선 사이의 거리를 구하시오.

1 $x+y-3=0$, $x+y+2=0$

→ 직선 $x+y-3=0$ 위의 한 점 $(0, \boxed{})$과 직선
$x+y+2=0$ 사이의 거리는

$$\frac{|\boxed{}+2|}{\sqrt{1^2+1^2}} = \boxed{}$$

따라서 두 직선 사이의 거리는 $\boxed{}$ 이다.

2 $2x+3y+5=0$, $2x+3y+1=0$

3 $3x+4y-1=0$, $3x+4y+9=0$

4 $2x-y+5=0$, $2x-y-8=0$

5 $x-2y-3=0$, $x-2y+7=0$

6 $y=-3x+4$, $y=-3x-1$

→ 직선 $y=-3x+4$ 위의 한 점 $(0,\ \boxed{})$와 직선

$y=-3x-1$, 즉 $3x+y+1=0$ 사이의 거리는

$$\frac{|\boxed{}+1|}{\sqrt{\boxed{}^2+1^2}}=\boxed{}$$

따라서 두 직선 사이의 거리는 $\boxed{}$ 이다.

7 $y=x+1$, $y=x-5$

8 $y=2x$, $y=2x-5$

(평행인 두 직선 ℓ, ℓ' 사이의 거리) $=\overline{PH}$

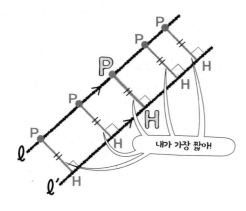

내가 가장 짧아!

9 $y=\dfrac{3}{4}x+2$, $y=\dfrac{3}{4}x-5$

10 $y=-7x-2$, $y=-7x-7$

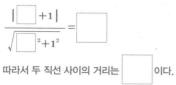

2nd 평행한 두 직선 사이의 거리를 이용하여 구하는 미지수의 값

● 다음 두 직선이 평행하고 두 직선 사이의 거리가 d일 때, 상수 k 의 값을 구하시오.

11 $2x+y-4=0$, $2x+y+k=0$ $\qquad[d=\sqrt{5}]$

→ 직선 $2x+y-4=0$ 위의 한 점 $(0,\ \boxed{})$와 직선

$2x+y+k=0$ 사이의 거리가 $\sqrt{5}$이므로

$$\frac{|\boxed{}+k|}{\sqrt{2^2+1^2}}=\boxed{},\ |\boxed{}+k|=5$$

$\boxed{}+k=\pm5$

따라서 $k=\boxed{}$ 또는 $k=\boxed{}$

12 $x-y+1=0$, $x-y+k=0$ $\qquad[d=2\sqrt{2}]$

13 $3x+2y+1=0$, $3x+2y-k=0$ $\qquad[d=\sqrt{13}]$

14 $3x-4y=0$, $3x-4y+k=0$ $\qquad[d=2]$

15 $4x+y+2=0$, $4x+y-k=0$ $\qquad[d=\sqrt{17}]$

세 꼭짓점의 좌표가 주어진 삼각형의 넓이

세 점 $A(-1, 0)$, $B(3, 2)$, $C(2, -1)$ 을
꼭짓점으로 하는 삼각형 ABC의 넓이는?

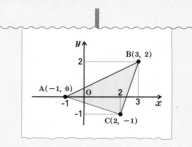

(i) **밑변의 길이**를 구한다.

$$\overline{AC}=\sqrt{\{2-(-1)\}^2+(-1-0)^2}=\sqrt{9+1}=\sqrt{10}$$

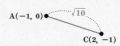

(ii) **직선의 방정식**을 구한다.

두 점 $A(-1, 0)$, $C(2, -1)$을 지나는 직선의 방정식은

$$y-0=\frac{-1-0}{2-(-1)}\{x-(-1)\}$$

$$y=-\frac{1}{3}(x+1)$$

따라서 $x+3y+1=0$

(iii) **높이**를 구한다.

점 B와 직선 AC 사이의 거리가 높이이므로
점 $B(3, 2)$와 직선 $x+3y+1=0$ 사이의 거리는

$$\frac{|1\times3+3\times2+1|}{\sqrt{1^2+3^2}}=\frac{10}{\sqrt{10}}=\sqrt{10}$$

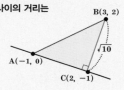

$$\triangle ABC=\frac{1}{2}\times\underbrace{\sqrt{10}}_{\text{밑변의 길이}}\times\overbrace{\sqrt{10}}^{\text{높이}}=5$$

참고 $\overline{AB}$를 밑변으로 하면 점 C와 직선 AB 사이의 거리는 높이이고, $\overline{BC}$를 밑변으로 하면 점 A와 직선 BC 사이의 거리가 높이이다.

1st — 삼각형의 넓이

● 다음 세 점 A, B, C를 꼭짓점으로 하는 삼각형 ABC의 넓이를 구하려 한다. 물음에 답하시오.

1 $A(-3, -1)$, $B(0, 4)$, $C(2, 1)$

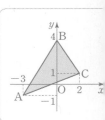

(1) $\overline{AC}$의 길이

$$\rightarrow \overline{AC}=\sqrt{\{2-(\quad)\}^2+\{(1-\quad)\}^2}$$

$$=\boxed{}$$

(2) 직선 AC의 방정식

$$\rightarrow y-1=\frac{1-(\quad)}{2-(\quad)}(x-\boxed{})$$

즉 $2x-\boxed{}+1=0$

(3) 점 B와 직선 AC 사이의 거리

→ (2)에 의하여 점 $B(0, 4)$와 직선 $2x-\boxed{}+1=0$ 사이의
거리는

$$\frac{|-20+\boxed{}|}{\sqrt{4+\boxed{}}}=\boxed{}=\boxed{}\sqrt{29}$$

(4) 삼각형 ABC의 넓이

$$\rightarrow \frac{1}{2}\times\underbrace{\boxed{}}_{\text{밑변의 길이}}\times\overbrace{\boxed{}}^{\text{높이}}\sqrt{29}=\boxed{}$$

2 $A(1, 0)$, $B(5, -3)$, $C(-2, 4)$

(1) $\overline{AC}$의 길이

(2) 직선 AC의 방정식

(3) 점 B와 직선 AC 사이의 거리

(4) 삼각형 ABC의 넓이

● 다음 세 점 A, B, C를 꼭짓점으로 하는 삼각형 ABC의 넓이를 구하시오.

3 A$(1, -1)$, B$(2, 3)$, C$(-3, 0)$

4 A$(-4, 5)$, B$(-1, 2)$, C$(3, -4)$

5 A$(-5, 3)$, B$(-1, 0)$, C$(1, 1)$

6 A$(-2, 1)$, B$(3, 2)$, C$(0, 4)$

7 A$(7, 6)$, B$(5, 2)$, C$(1, 3)$

8 A$(-4, 2)$, B$(-1, -4)$, C$(2, 3)$

2nd ─ 삼각형의 넓이를 이용하여 구하는 점의 좌표

● 다음 세 점 A, B, C를 꼭짓점으로 하는 삼각형 ABC의 넓이가 S일 때, a의 값을 구하시오.

9 A$(1, 3)$, B$(0, -3)$, C$(a, 0)$ [$S=12$]

→ $\overline{AB}=\sqrt{(0-1)^2+(-3-3)^2}=\sqrt{\boxed{}}$

직선 AB의 방정식은

$y+3=\dfrac{-3-3}{0-1}(x-0)$이므로

$\boxed{}\,x-y-3=0$

또 점 C$(a, 0)$과 직선 AB 사이의 거리는

$$\frac{|\boxed{}a-3|}{\sqrt{\boxed{}^2+(\boxed{})^2}}=\frac{|\boxed{}a-3|}{\sqrt{\boxed{}}}$$

이때 삼각형 ABC의 넓이는 12이므로

$\dfrac{1}{2}\times\sqrt{\boxed{}}\times\dfrac{|\boxed{}a-3|}{\sqrt{\boxed{}}}=12$, $|\boxed{}a-3|=24$

$\boxed{}\,a-3=\pm24$

따라서 $a=\boxed{}$ 또는 $a=\boxed{}$

10 A$(-2, a)$, B$(1, 4)$, C$(3, 8)$ [$S=15$]

11 A$(1, 1)$, B$(3, 6)$, C$(a, 5)$ [$S=9$]

12 A$(-5, -1)$, B$(-3, a)$, C$(1, -1)$ [$S=3$]

자취의 방정식; 직선

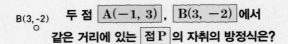

A(-1, 3)

B(3, -2)

두 점 $\boxed{A(-1,\ 3)}$, $\boxed{B(3,\ -2)}$ 에서 같은 거리에 있는 $\boxed{점\ P}$ 의 자취의 방정식은?

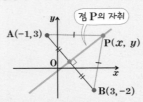

A(-1, 3)   점 P의 자취   P(x, y)   O   x   B(3, -2)

점 P의 좌표를 $(x,\ y)$라 하면 $\overline{PA}=\overline{PB}$

$$\sqrt{(x+1)^2+(y-3)^2}=\sqrt{(x-3)^2+(y+2)^2}$$
$$x^2+2x+1+y^2-6y+9=x^2-6x+9+y^2+4y+4$$

⬇

$$8x-10y-3=0$$

두 직선

$\boxed{l:2x-y+2=0}$, $\boxed{m:x+2y-3=0}$ 에서 같은 거리에 있는 $\boxed{점\ P}$ 의 자취의 방정식은?

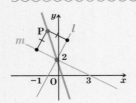   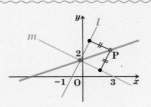

점 P의 좌표를 $(x,\ y)$라 하면
점 P에서 두 직선 $\boxed{l}$, $\boxed{m}$ 까지의 거리가 같으므로

$$\frac{|2x-y+2|}{\sqrt{2^2+(-1)^2}}=\frac{|x+2y-3|}{\sqrt{1+2^2}}$$
$$|2x-y+2|=|x+2y-3|$$
$$2x-y+2=\pm(x+2y-3)$$
$$2x-y+2=x+2y-3\ \ 또는\ \ 2x-y+2=-x-2y+3$$

⬇

$$x-3y+5=0\ \ 또는\ \ 3x+y-1=0$$

- **점의 자취**: 어떤 조건을 만족시키는 점들이 이루는 도형
- **점의 자취의 방정식 구하기**
 (i) 조건을 만족시키는 점의 좌표를 $(x,\ y)$라 한다.
 (ii) 주어진 조건을 이용하여 $x,\ y$ 사이의 관계식을 세운다.

1st — 두 점으로부터 같은 거리에 있는 점의 자취의 방정식

● 두 점 A, B로부터 같은 거리에 있는 점 P의 자취의 방정식을 구하시오.

1   A$(1,\ 3)$, B$(4,\ -1)$

→ 점 P의 좌표를 $(x,\ y)$라 하면 $\overline{PA}=\overline{PB}$이므로

$$\sqrt{(x-1)^2+\left(y-\boxed{\ }\right)^2}=\sqrt{\left(x-\boxed{\ }\right)^2+(y+1)^2}$$

양변을 제곱하면

$$(x-1)^2+\left(y-\boxed{\ }\right)^2=\left(x-\boxed{\ }\right)^2+(y+1)^2$$
$$x^2-2x+1+y^2-\boxed{\ }\,y+\boxed{\ }$$
$$=x^2-\boxed{\ }\,x+\boxed{\ }+y^2+2y+1$$

따라서 $\boxed{\ }\,x-\boxed{\ }\,y-\boxed{\ }=0$

2   A$(-5,\ 1)$, B$(-2,\ 4)$

3   A$(-2,\ -2)$, B$(1,\ 7)$

4   A$(-3,\ 1)$, B$(2,\ -2)$

5   A$(5,\ 0)$, B$(3,\ 2)$

2nd — 두 직선으로부터 같은 거리에 있는 점의 자취의 방정식

● 두 직선 l, m으로부터 같은 거리에 있는 점 P의 자취의 방정식을 구하시오.

6 $l: x+2y-1=0$, $m: 2x-y+2=0$

→ 점 P의 좌표를 (x, y)라 하면 점 P에서 두 직선 l, m까지의 거리가 같으므로

$$\frac{|x+\boxed{}y-1|}{\sqrt{1^2+\boxed{}^2}}=\frac{|2x-y+\boxed{}|}{\sqrt{\boxed{}^2+(-1)^2}}$$

$$|x+\boxed{}y-1|=|2x-y+\boxed{}|$$

$$x+\boxed{}y-1=\pm(2x-y+\boxed{})$$

따라서 $x-3y+\boxed{}=0$ 또는 $\boxed{}x+y+\boxed{}=0$

7 $l: 3x-y+5=0$, $m: x+3y+1=0$

8 $l: x-y+6=0$, $m: x+y-2=0$

9 $l: 2x+y-3=0$, $m: x-2y+1=0$

10 $l: x+3y-4=0$, $m: 3x-y+2=0$

11 $l: x+5y-2=0$, $m: 5x+y+3=0$

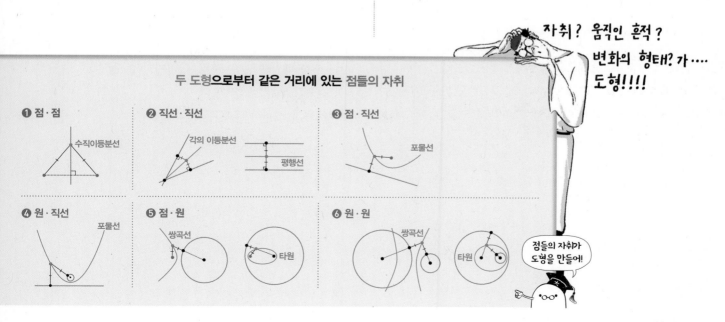

두 도형으로부터 같은 거리에 있는 점들의 자취

❶ 점·점 — 수직이등분선
❷ 직선·직선 — 각의 이등분선 / 평행선
❸ 점·직선 — 포물선
❹ 원·직선 — 포물선
❺ 점·원 — 쌍곡선 / 타원
❻ 원·원 — 쌍곡선 / 타원

자취? 움직인 흔적? 변화의 형태? 가…. 도형!!!!

점들의 자취가 도형을 만들어!

13 점과 직선 사이의 거리

- 점 $P(x_1, y_1)$과 직선 $ax+by+c=0$ 사이의 거리 d

$\Rightarrow d = \dfrac{|ax_1+by_1+c|}{\sqrt{a^2+b^2}}$

- 원점 $(0, 0)$과 직선 $ax+by+c=0$ 사이의 거리 d

$\Rightarrow d = \dfrac{|c|}{\sqrt{a^2+b^2}}$

1 두 점 $(-2, 1)$, $(-3, 4)$를 지나는 직선과 점 $(1, 2)$ 사이의 거리는?

① $\sqrt{2}$ ② $\sqrt{5}$ ③ $\sqrt{10}$

④ $3\sqrt{2}$ ⑤ $2\sqrt{5}$

2 점 $(2, 4)$와 직선 $x+y-k=0$ 사이의 거리가 $4\sqrt{2}$일 때, 상수 k의 값은? (단, $k<0$)

① -14 ② -9 ③ -7

④ -4 ⑤ -2

3 다음 중 직선 $2x-y+3=0$과 평행하고 원점으로부터의 거리가 $\sqrt{2}$인 직선의 방정식을 모두 구하면?

① $2x-y+\sqrt{5}=0$ ② $2x-y+\sqrt{10}=0$

③ $2x-y-\sqrt{7}=0$ ④ $2x-y-\sqrt{5}=0$

⑤ $2x-y-\sqrt{10}=0$

4 점 $(a, 3)$에서 두 직선 $4x+3y-3=0$, $3x-4y+4=0$에 이르는 거리가 같도록 하는 모든 a의 값의 곱은?

① 14   ② 7   ③ 4

④ -1 ⑤ -4

14 평행한 두 직선 사이의 거리

- 좌표평면에서 평행한 두 직선 $l: ax+by+c=0$과 $l': ax+by+c'=0$ 사이의 거리 구하기

(i) 직선 l 위의 한 점을 잡는다.

(ii) 이 점과 직선 l' 사이의 거리를 구한다.

$\Rightarrow$ 점과 직선 사이의 거리 공식 이용

5 평행한 두 직선 $x+y+1=0$, $x+y+7=0$ 사이의 거리는?

① $7\sqrt{2}$ ② $5\sqrt{2}$ ③ $3\sqrt{2}$

④ $2\sqrt{2}$ ⑤ $\sqrt{2}$

6 두 직선 $4x+(k+1)y-1=0$, $2x-5y+6=0$이 평행할 때, 다음을 구하시오. (단, k는 상수)

(1) k의 값

(2) 두 직선 사이의 거리

7 평행한 두 직선 $y=4x+2$, $y=4x+k$ 사이의 거리가 $\sqrt{17}$일 때, 양수 k의 값은?

① 21   ② 19   ③ 17

④ 15   ⑤ 13

15 **세 꼭짓점의 좌표가 주어진 삼각형의 넓이**

• 세 점 A, B, C를 꼭짓점으로 하는 삼각형 ABC의 넓이 구하기

(ⅰ) 밑변 BC의 길이를 구한다.

(ⅱ) 직선 BC의 방정식을 구한다.

(ⅲ) 점 A와 직선 BC 사이의 거리를 구한다.

(ⅳ) 삼각형 ABC의 넓이를 구한다.

8 세 점 $A(-2, -1)$, $B(0, 3)$, $C(2, 4)$를 꼭짓점으로 하는 삼각형 ABC의 넓이는?

① 1   ② 2   ③ 3

④ 4   ⑤ 5

9 세 점 $A(-4, 0)$, $B(0, 0)$, $C(2, a)$를 꼭짓점으로 하는 삼각형 ABC의 넓이가 20일 때, 양수 a의 값은?

① 8   ② 10   ③ 12

④ 14   ⑤ 16

10 오른쪽 그림과 같은 세 직선 $y=2x$, $y=\dfrac{1}{2}x$, $y=-x+3$으로 둘러싸인 삼각형 ABC의 넓이를 구하시오.

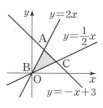

16 **자취의 방정식; 직선**

• 점의 자취의 방정식 구하기

(ⅰ) 조건을 만족시키는 점의 좌표를 (x, y)라 한다.

(ⅱ) 주어진 조건을 이용하여 x, y 사이의 관계식을 세운다.

11 다음 중 두 점 $A(1, 3)$, $B(3, 5)$로부터 같은 거리에 있는 점 P가 <u>아닌</u> 것은?

① $(-3, 9)$ ② $(-2, 4)$ ③ $(1, 5)$

④ $(6, 0)$ ⑤ $(7, -1)$

12 두 직선 $2x-3y+1=0$, $3x+2y+5=0$으로부터 같은 거리에 있는 점 P가 나타내는 도형의 방정식을 구하시오.

TEST 개념 발전

1 두 점 $(-1, 5)$, $(3, 7)$을 잇는 선분의 중점을 지나고 기울기가 3인 직선의 방정식은?

① $y=-3x+3$ 　　② $y=-x+3$

③ $y=3x+1$ 　　④ $y=3x+3$

⑤ $y=3x+6$

2 두 점 $(1, -2)$, $(4, 4)$를 지나는 직선의 방정식을 $y=ax+b$라 할 때, 상수 a, b에 대하여 ab의 값은?

① -11 　　② -9 　　③ -8

④ -6 　　⑤ -3

3 서로 다른 세 점 $A(1, -1)$, $B(3, a)$, $C(a, 3)$이 한 직선 위에 있도록 하는 a의 값은?

① -6 　　② -3 　　③ -1

④ 1 　　⑤ 6

4 $ab<0$, $bc=0$일 때, 다음 중 직선 $ax+by+c=0$의 개형은?

5 직선 $x+ay=0$이 직선 $2x+by-3=0$과 수직이고, 직선 $x+(b-3)y+1=0$과 평행할 때, 상수 a, b에 대하여 $a+b$의 값을 모두 구하시오.

6 점 $A(0, a)$에서 직선 $2x-3y+4=0$에 내린 수선의 발을 $H(1, 2)$라 할 때, a의 값은?

① 4 　　② $\dfrac{7}{2}$ 　　③ 3

④ $\dfrac{5}{2}$ 　　⑤ 2

7 두 점 $A(-1, 4)$, $B(3, -6)$에 대하여 선분 AB의 수직이등분선이 점 $(a, 2)$를 지날 때, a의 값을 구하시오.

8 다음 직선 중 원점으로부터의 거리가 최대인 것은?

① $x+3y-1=0$
② $3x-y+2=0$
③ $x-3y-5=0$
④ $x-3y+3=0$
⑤ $3x+y+1=0$

9 두 직선 $x+(3k+1)y+3=0$, $2x-4y+1=0$이 평행할 때, 두 직선 사이의 거리는? (단, k는 상수)

① $\dfrac{\sqrt{5}}{10}$
② $\dfrac{\sqrt{5}}{5}$
③ $\dfrac{3\sqrt{5}}{10}$
④ $\dfrac{2\sqrt{5}}{5}$
⑤ $\dfrac{\sqrt{5}}{2}$

10 두 직선 $2x+y+6=0$, $2x+y+1=0$ 사이의 거리를 구하시오.

11 원점 O, 점 $A(3,-4)$, 직선 $4x+3y+12=0$ 위의 한 점 P를 세 꼭짓점으로 하는 삼각형 OAP의 넓이는?

① 3
② $\dfrac{24}{5}$
③ 5
④ $\dfrac{27}{5}$
⑤ 6

12 오른쪽 그림과 같은 두 직사각형의 넓이를 동시에 이등분하는 직선의 방정식을 구하시오.

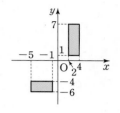

13 세 직선 $y=x+4$, $y=-3x$, $y=kx-2$가 삼각형을 이루지 않도록 하는 상수 k의 값을 모두 구하시오.

14 두 직선 $x+2y-1=0$, $3x-4y+2=0$의 교점과 점 $(2,-1)$을 지나는 직선이 점 $(a,5)$를 지날 때, a의 값은?

① -6
② -4
③ 0
④ 2
⑤ 6

3

원을 식으로!
원의 방정식

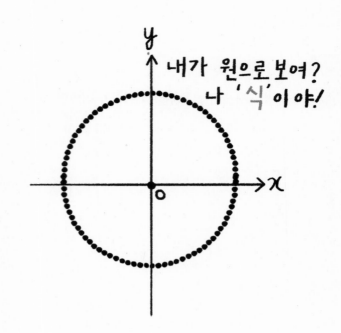

좌표평면 위의 원을 식으로!

한 점 $C(a, b)$ 를 중심으로 하고,
반지름의 길이가 r 인 원의 방정식

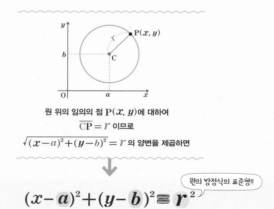

원 위의 임의의 점 $P(x, y)$ 에 대하여
$\overline{CP} = r$ 이므로
$\sqrt{(x-a)^2 + (y-b)^2} = r$ 의 양변을 제곱하면

$$\downarrow \quad \boxed{\text{원의 방정식의 표준형!!}}$$

$$(x-a)^2 + (y-b)^2 = r^2$$

좌표평면 위의 원!

x, y 에 대한 이차방정식

$$\boxed{x^2 + y^2 + Ax + By + C = 0}$$
$(A, B, C$ 는 실수)

x, y 에 대한 완전제곱식의 합의 꼴로 변형하면

$$\left(x^2 + Ax + \frac{A^2}{4}\right) - \frac{A^2}{4} + \left(y^2 + By + \frac{B^2}{4}\right) - \frac{B^2}{4} + C = 0$$

$$\left(x + \frac{A}{2}\right)^2 + \left(y + \frac{B}{2}\right)^2 = \left(\frac{\sqrt{A^2 + B^2 - 4C}}{2}\right)^2$$

$$\downarrow$$

중심의 좌표가 $\left(-\dfrac{A}{2}, -\dfrac{B}{2}\right)$ 이고 반지름의 길이가 $\dfrac{\sqrt{A^2 + B^2 - 4C}}{2}$ 인

$\boxed{\text{원}}$ 을 나타낸다.

(단, $A^2 + B^2 - 4C > 0$)

원의 방정식

01 원의 방정식
02 x축에 접하는 원의 방정식
03 y축에 접하는 원의 방정식
04 x축과 y축에 동시에 접하는 원의 방정식

좌표평면 위에 있는 한 점으로부터 거리가 일정한 점들이 이루는 도형을 원이라 해. 이때 한 점은 원의 중심이고, 일정한 거리는 원의 반지름의 길이야. 이 단원에서는 원의 방정식을 이해하고, 주어진 조건을 이용하여 원의 방정식을 구하는 연습을 할 거야.

원의 방정식의 일반형

05 이차방정식 $x^2 + y^2 + Ax + By + C = 0$이 나타내는 도형
06 두 원의 교점을 지나는 직선의 방정식
07 두 원의 교점을 지나는 원의 방정식

x, y 에 대한 이차방정식 $x^2 + y^2 + Ax + By + C = 0$ 꼴로 나타낸 식을 원의 방정식의 일반형이라 해. x, y 에 대한 이차방정식이 원의 방정식이 되려면 x^2, y^2 의 계수가 같고 xy항이 없어야 하지. 원의 방정식의 일반형에서 표준형으로 변형하여 원의 중심의 좌표와 반지름의 길이를 구하는 연습을 할 거야. 또 서로 다른 두 점에서 만나는 두 원의 교점을 지나는 직선의 방정식과 원의 방정식도 배워 보자.

원과 직선의 위치 관계

08 원과 직선의 위치 관계
09 원과 직선의 위치 관계의 응용

좌표평면에서!

원 $x^2+y^2=r^2$ 과 직선 $y=mx+n$ 의
위치 관계를 알 수 있는 방법은?

원과 직선의 위치 관계는 원의 방정식과 직선의 방정식을 연립하여 얻은 이차방정식의 판별식의 부호로 알 수 있어. 또 이를 활용하여 원과 직선이 만날 때 생기는 현과 접선의 길이도 구해 보고 원 위의 점과 직선 사이의 거리의 최댓값과 최솟값도 구해 보자.

1 이차방정식의 판별식 이용

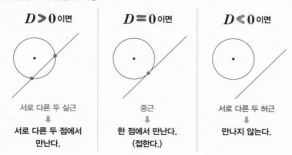

$D>0$이면 → 서로 다른 두 실근 → 서로 다른 두 점에서 만난다.

$D=0$이면 → 중근 → 한 점에서 만난다. (접한다.)

$D<0$이면 → 서로 다른 두 허근 → 만나지 않는다.

2 원의 중심과 직선 사이의 거리 이용

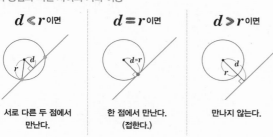

$d<r$이면 → 서로 다른 두 점에서 만난다.

$d=r$이면 → 한 점에서 만난다. (접한다.)

$d>r$이면 → 만나지 않는다.

원의 접선의 방정식

10 기울기가 주어진 원의 접선의 방정식
11 원 위의 점에서의 접선의 방정식
12 원 밖의 한 점에서 그은 접선의 방정식
13 자취의 방정식; 원

다양한 경우의 원의 접선의 방정식을 구해 볼 거야. 이때 원 밖의 한 점에서 원에 그은 접선은 두 개임에 주의해야 해! 또 원 밖의 한 점과 원 위의 임의의 점을 이은 선분의 중점의 자취의 방정식을 구해 볼 거야. 원 위의 임의의 점을 (a, b)라 놓고, 선분의 중점의 좌표에 대하여 a, b에 대한 식을 원의 방정식에 대입하면 돼!

좌표평면에서!

원과 직선이 한 점에서 만나!

원 $x^2+y^2=r^2$ $(r>0)$에 접하고
기울기가 m 인 직선의 방정식

기울기가 m인 접선의 방정식 $y=mx+n$ 을
$x^2+y^2=r^2$에 대입!

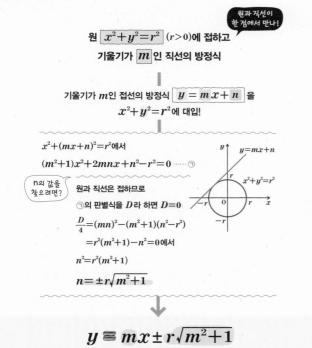

$x^2+(mx+n)^2=r^2$에서

$(m^2+1)x^2+2mnx+n^2-r^2=0$ ······ ㉠

n의 값을 찾으려면?

원과 직선은 접하므로
㉠의 판별식을 D라 하면 $D=0$

$\dfrac{D}{4}=(mn)^2-(m^2+1)(n^2-r^2)$

$=r^2(m^2+1)-n^2=0$에서

$n^2=r^2(m^2+1)$

$n=\pm r\sqrt{m^2+1}$

$$y=mx\pm r\sqrt{m^2+1}$$

01

좌표평면 위의 원을 식으로!

원의 방정식

한 점 $\boxed{C(a, b)}$ 를 중심으로 하고,
반지름의 길이가 $\boxed{r}$ 인 원의 방정식

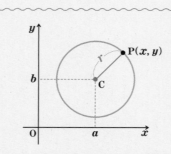

원 위의 임의의 점 $P(x, y)$에 대하여

$\overline{CP} = r$ 이므로

$\sqrt{(x-a)^2 + (y-b)^2} = r$ 의 양변을 제곱하면

⬇

원의 방정식의 표준형!!

$$(x-a)^2 + (y-b)^2 = r^2$$

참고 중심이 원점이고 반지름의 길이가 r인 원의 방정식

→ $x^2 + y^2 = r^2$

원리확인 다음은 한 점 $C(1, 2)$를 중심으로 하고, 반지름의 길이가 3인 원의 방정식을 구하는 과정이다. □ 안에 알맞은 수를 써넣으시오.

→ 원 위의 임의의 점 $P(x, y)$에 대하여

$\overline{CP} = \boxed{}$ 이므로

$\sqrt{(x-\boxed{})^2 + (y-\boxed{})^2} = \boxed{}$

양변을 제곱하면

$(x-\boxed{})^2 + (y-\boxed{})^2 = \boxed{}$

1st 중심의 좌표와 반지름의 길이가 주어진 원의 방정식

● 다음 원의 방정식을 구하시오.

1 중심이 $(2, 5)$이고 반지름의 길이가 1인 원

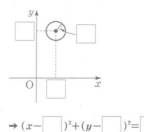

→ $(x-\boxed{})^2 + (y-\boxed{})^2 = \boxed{}$

2 중심이 $(-3, 4)$이고 반지름의 길이가 3인 원

3 중심이 $(-7, -2)$이고 반지름의 길이가 5인 원

4 중심이 $(1, -6)$이고 반지름의 길이가 $\sqrt{2}$ 인 원

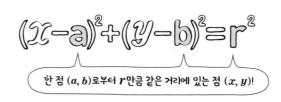

한 점 (a, b)로부터 r만큼 같은 거리에 있는 점 (x, y)!

5 중심이 $(0, 0)$이고 반지름의 길이가 $2\sqrt{3}$인 원

😊 내가 발견한 개념   원의 방정식은?

• 중심의 좌표가 (a, b)이고 반지름의 길이가 r인 원의 방정식

→ $(x-\boxed{})^2 + (y-\boxed{})^2 = \boxed{}$

• 중심의 좌표가 $(0, 0)$이고 반지름의 길이가 r인 원의 방정식

→ $\boxed{} + \boxed{} = \boxed{}$

2nd 중심의 좌표와 원 위의 한 점이 주어진 원의 방정식

● 다음 원의 방정식을 구하시오.

6 중심이 $(1, 2)$이고 점 $(4, 6)$을 지나는 원

→ 두 점 $(1, 2)$, $(4, 6)$ 사이의 거리는

$$\sqrt{(4-\boxed{})^2 + (6-\boxed{})^2}$$

$$= \sqrt{\boxed{}^2 + 4^2} = \boxed{} \leftarrow \text{반지름의 길이}$$

따라서 원의 방정식은

$$(x - \boxed{})^2 + (y - \boxed{})^2 = \boxed{}$$

7 중심이 $(-4, 9)$이고 점 $(0, 7)$을 지나는 원

8 중심이 $(-5, -2)$이고 점 $(-3, -1)$을 지나는 원

9 중심이 $(7, -6)$이고 점 $(7, 0)$을 지나는 원

10 중심이 $(3, -3)$이고 원점을 지나는 원

[개념모음문제]

11 점 $(2, -1)$을 중심으로 하고 점 $(-4, 1)$을 지나는 원이 점 $(4, a)$를 지날 때, 양수 a의 값은?

① 1   ② 2   ③ 3
④ 4   ⑤ 5

3rd 지름의 양 끝 점이 주어진 원의 방정식

● 다음 두 점을 지름의 양 끝 점으로 하는 원의 방정식을 구하시오.

12 $(2, -1)$, $(8, 3)$

→ 원의 중심은 두 점 $(2, -1)$, $(8, 3)$을 잇는
선분의 중점이므로

원의 중심의 좌표는 $(\boxed{}, \boxed{})$,

원의 반지름의 길이는

$$\frac{\sqrt{6^2 + \boxed{}^2}}{2} = \boxed{}$$

따라서 원의 방정식은

$$(x - \boxed{})^2 + (y - \boxed{})^2 = \boxed{}$$

13 $(0, 0)$, $(-12, -6)$

14 $(3, 0)$, $(-3, -4)$

15 $(0, 5)$, $(6, 7)$

☺ **내가 발견한 개념**   두 점을 지름의 양 끝 점으로 하는 원의 성질은?

두 점 A, B를 지름의 양 끝 점으로 하는 원에 대하여

• 원의 중심 → $\overline{AB}$의 $\boxed{}$

• 원의 반지름의 길이 → $\boxed{}\overline{AB}$

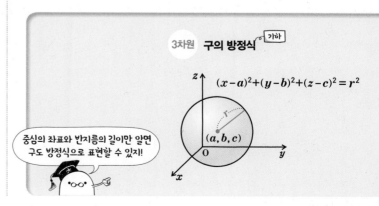

3차원 **구의 방정식** [가하]

$$(x-a)^2 + (y-b)^2 + (z-c)^2 = r^2$$

(a, b, c)

중심의 좌표와 반지름의 길이만 알면
구도 방정식으로 표현할 수 있지!

02

좌표평면 위의 원을 식으로!

x축에 접하는 원의 방정식

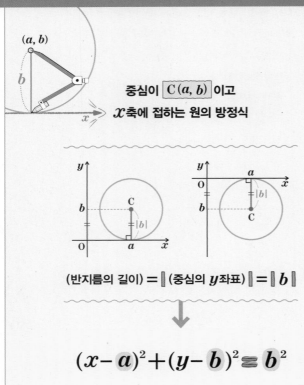

중심이 $C(a, b)$ 이고
x축에 접하는 원의 방정식

(반지름의 길이) $= \|$ (중심의 y좌표) $\| = \| b \|$

$\downarrow$

$$(x-a)^2+(y-b)^2=b^2$$

원리확인 다음은 x축에 접하는 원의 방정식을 구하는 과정이다. ☐ 안에 알맞은 수를 써넣으시오.

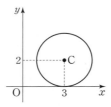

→ 중심의 좌표가 (☐, ☐)이고 반지름의 길이가 ☐
인 원이므로 원의 방정식은
$(x-☐)^2+(y-☐)^2=☐$

1st — x축에 접하는 원의 방정식

● 다음 점을 중심으로 하고 x축에 접하는 원의 방정식을 구하시오.

1 $(5, 2)$

→ (원의 반지름의 길이)
$= |$ (중심의 ☐ 좌표) $| = ☐$
따라서 구하는 원의 방정식은
$(x-☐)^2+(y-☐)^2=☐$

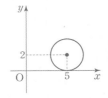

2 $(-1, 7)$

3 $(-3, -4)$

4 $(6, -5)$

5 $(0, -8)$

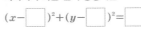

우리가 같으면 x축에 접하는 원!

6 $(-10, 3)$

😊 **내가 발견한 개념**   x축에 접하는 원의 성질은?

x축에 접하는 원에 대하여
• (반지름의 길이)=|(중심의 ☐ 좌표)|

2nd — x축에 접하는 원의 방정식의 이용

● 점 P에서 x축에 접하고, 점 Q를 지나는 원의 중심 C의 좌표를 구하시오.

7 $P(2, 0)$, $Q(0, 1)$

→ 점 $P(2, 0)$에서 x축에 접하므로 중심의 x좌표는 $\boxed{}$ 이다.

또 중심의 y좌표를 r라 하면 반지름의 길이는 $|r|$이므로 원의 방정식은

$(x-\boxed{})^2+(y-r)^2=r^2$

이 원이 점 $Q(0, 1)$을 지나므로

$(-2)^2+(1-r)^2=r^2$에서 $-2r+\boxed{}=0$이므로

$r=\boxed{}$

따라서 원의 중심 C의 좌표는 $(\boxed{}, \boxed{})$

8 $P(-4, 0)$, $Q(0, 2)$

9 $P(-3, 0)$, $Q(0, -9)$

10 $P(1, 0)$, $Q(0, -5)$

● 중심이 직선 l 위에 있고, 점 A를 지나며 x축에 접하는 원의 방정식을 구하시오.

11 $l : y=-2x$, $A(3, 4)$

→ 원의 중심이 직선 $y=-2x$ 위에 있으므로 원의 중심의 좌표를 $(a, -2a)$라 하면 원이 x축에 접하므로 원의 방정식은

$(x-a)^2+(y+2a)^2=\left|\boxed{}\right|^2$

이 원이 점 $A(3, 4)$를 지나므로

$(3-a)^2+(4+2a)^2=|-2a|^2$에서

$a^2+10a+25=0$, $(a+\boxed{})^2=0$이므로

$a=\boxed{}$

따라서 원의 방정식은

$(x+\boxed{})^2+(y-\boxed{})^2=\boxed{}$

12 $l : y=x+1$, $A(-1, -1)$

원의 중심의 좌표를 한 문자로 나타내 봐!

13 $l : y=x-1$, $A(1, 3)$

14 $l : y=x+2$, $A(-1, 2)$

평면좌표를 이용하여 원의 성질을 탐구하다!

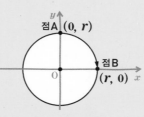

한 점에서 같은 거리에 있는 점들의 모임

$x^2+y^2=r^2$

3. 원의 방정식 **91**

03 좌표평면 위의 원을 식으로!

y축에 접하는 원의 방정식

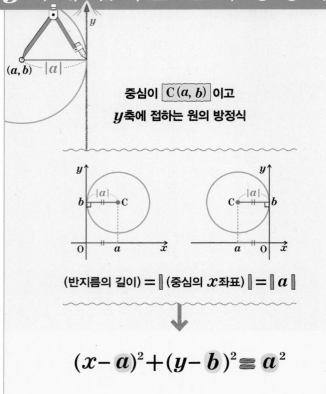

중심이 $\boxed{C(a, b)}$ 이고
y축에 접하는 원의 방정식

(반지름의 길이) $=\big\|$ (중심의 x좌표) $\big\| = \big\| a \big\|$

$\Downarrow$

$$(x-a)^2 + (y-b)^2 = a^2$$

원리확인 다음은 y축에 접하는 원의 방정식을 구하는 과정이다.
$\square$ 안에 알맞은 수를 써넣으시오.

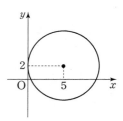

→ 중심의 좌표가 ($\square$, $\square$)이고 반지름의 길이가 $\square$
인 원이므로 원의 방정식은
$(x-\square)^2 + (y-\square)^2 = \square$

● 다음 점을 중심으로 하고 y축에 접하는 원의 방정식을 구하시오.

1 $(3, 2)$

→ (원의 반지름의 길이)

$= |$ (중심의 $\square$ 좌표) $| = \square$

따라서 구하는 원의 방정식은

$(x-\square)^2 + (y-\square)^2 = \square$

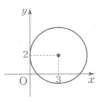

2 $(-5, 8)$

3 $(-6, -4)$

4 $(7, -2)$

5 $(-9, 0)$

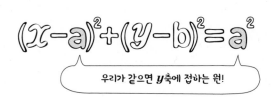

우리가 같으면 y축에 접하는 원!

6 $(-4, 4)$

😊 **내가 발견한 개념** y축에 접하는 원의 성질은?

y축에 접하는 원에 대하여
• (반지름의 길이)$=|$(중심의 $\square$ 좌표)$|$

2nd — y축에 접하는 원의 방정식의 이용

● 점 P에서 y축에 접하고, 점 Q를 지나는 원의 중심 C의 좌표를 구하시오.

7 $P(0, 2)$, $Q(3, 5)$

→ 점 $P(0, 2)$에서 y축에 접하므로 중심의 y좌표는 $\boxed{}$ 이다.

또 중심의 x좌표를 r라 하면 반지름의 길이는 $|r|$이므로 원의 방정식은

$(x-r)^2+(y-\boxed{})^2=r^2$

이 원이 점 $Q(3, 5)$를 지나므로

$(3-r)^2+(5-2)^2=r^2$에서 $-6r+\boxed{}=0$이므로

$r=\boxed{}$

따라서 원의 중심 C의 좌표는

$(\boxed{}, \boxed{})$

8 $P(0, -4)$, $Q(2, -2)$

9 $P(0, -3)$, $Q(-4, -11)$

10 $P(0, 5)$, $Q(-7, 12)$

● 중심이 직선 l 위에 있고, 점 A를 지나며 y축에 접하는 원의 방정식을 구하시오.

11 $l : y=x+1$, $A(2, 2)$

→ 원의 중심이 직선 $y=x+1$ 위에 있으므로 원의 중심의 좌표를 $(a, a+1)$이라 하면 원이 y축에 접하므로 원의 방정식은

$(x-a)^2+(y-a-1)^2=|\boxed{}|^2$

이 원이 점 $A(2, 2)$를 지나므로

$(2-a)^2+(1-a)^2=|a|^2$에서

$a^2-6a+5=0$, $(a-1)(a-\boxed{})=0$

$a=\boxed{}$ 또는 $a=\boxed{}$

따라서 원의 방정식은

$(x-\boxed{})^2+(y-\boxed{})^2=\boxed{}$ 또는

$(x-\boxed{})^2+(y-\boxed{})^2=\boxed{}$

12 $l : y=-2x$, $A(-2, 6)$

원의 중심의 좌표를 한 문자로 나타내 봐!

13 $l : y=x+2$, $A(-1, -6)$

14 $l : y=2x+1$, $A(1, 2)$

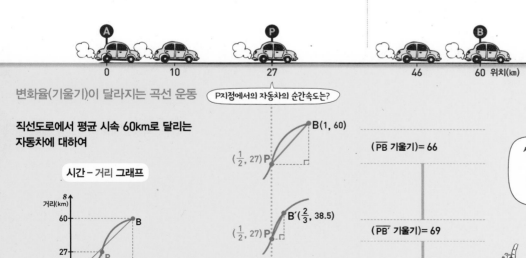

변화율(기울기)이 달라지는 곡선 운동

P지점에서의 자동차의 순간속도는?

직선도로에서 평균 시속 60km로 달리는 자동차에 대하여

시간 – 거리 그래프

$B(1, 60)$

$(\frac{1}{2}, 27)P$

$(\overline{PB} \text{ 기울기}) = 66$

$B'(\frac{2}{3}, 38.5)$

$(\frac{1}{2}, 27)P$

$(\overline{PB'} \text{ 기울기}) = 69$

$B''(\frac{3}{5}, 33.95)$

$(\frac{1}{2}, 27)P$

$(\overline{PB''} \text{ 기울기}) = 69.5$

$(\overline{AB}\text{의 기울기}) = (\text{평균속도}) = 60(\text{km/h})$

시간을 짧게 할수록 P 지점에서의 순간속도에 더 가까워진다.

시간을 0으로 만들지는 못해~ 한없이 짧은 찰나의 순간의 속도가 순간속도이지! 즉 이것이 미분이라네!

04

x축과 y축에 동시에 접하는 원의 방정식

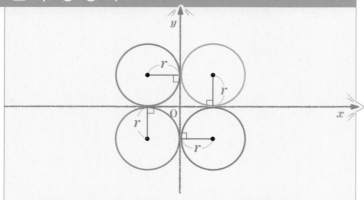

$$(\text{반지름의 길이 } r) = \|(\text{중심의 } x\text{좌표})\| = \|(\text{중심의 } y\text{좌표})\|$$

중심의 위치와 좌표		원의 방정식
제1사분면	(r, r)	$(x-r)^2+(y-r)^2=r^2$
제2사분면	$(-r, r)$	$(x+r)^2+(y-r)^2=r^2$
제3사분면	$(-r, -r)$	$(x+r)^2+(y+r)^2=r^2$
제4사분면	$(r, -r)$	$(x-r)^2+(y+r)^2=r^2$

원리확인 다음은 x축과 y축에 동시에 접하는 원의 방정식을 구하는 과정이다. □ 안에 알맞은 수를 써넣으시오.

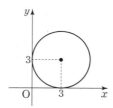

→ 중심의 좌표가 (□, □)이고 반지름의 길이가 □
인 원이므로 원의 방정식은
$$(x-\boxed{})^2+(y-\boxed{})^2=\boxed{}$$

1st $-$ x축과 y축에 동시에 접하는 원의 방정식

● 다음 점을 중심으로 하고 x축, y축에 동시에 접하는 원의 방정식을 구하시오.

1 $(2, 2)$

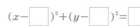

→ (원의 반지름의 길이)
   $= |(\text{중심의 } x\text{좌표})|$
   $= |(\text{중심의 } \boxed{}\text{좌표})| = \boxed{}$
   따라서 구하는 원의 방정식은
   $(x-\boxed{})^2+(y-\boxed{})^2=\boxed{}$

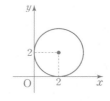

2 $(-1, 1)$

3 $(-4, -4)$

4 $(6, -6)$

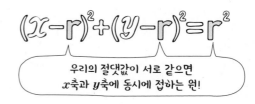

우리의 절댓값이 서로 같으면
x축과 y축에 동시에 접하는 원!

😊 **내가 발견한 개념** x축과 y축에 동시에 접하는 원의 성질은?

중심의 좌표가 (a, b)이고 반지름의 길이가 r인 x축과 y축에 동시에 접하는 원에 대하여

• $(\text{반지름의 길이})=|(\text{중심의 } x\text{좌표})|=|(\text{중심의 } \boxed{}\text{좌표})|$

• $r=|a|=\boxed{}$

● 원의 중심이 다음 사분면에 있고 x축, y축에 동시에 접하면서 반지름의 길이가 5인 원의 방정식을 구하시오.

5 제1사분면

→ 원의 중심의 좌표가 ($\square$, $\square$)이므로

구하는 원의 방정식은

$(x-\square)^2+(y-\square)^2=\square$

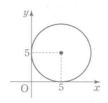

6 제2사분면

7 제3사분면

8 제4사분면

● 다음 주어진 조건의 원의 방정식을 구하시오.

9 원의 중심이 제2사분면에 있고 x축, y축에 동시에 접하면서 반지름의 길이가 4인 원

10 원의 중심이 제4사분면에 있고 x축, y축에 동시에 접하면서 반지름의 길이가 $\sqrt{3}$인 원

2nd — x축과 y축에 동시에 접하는 원의 방정식의 이용

● 점 A를 지나며 x축, y축에 동시에 접하는 두 원의 중심 사이의 거리를 구하시오.

11 A$(1, 2)$

→ 점 A$(1, 2)$를 지나고 x축, y축에 동시에 접하려면 오른쪽 그림과 같이 원의 중심이 제$\square$사분면에 있어야 한다.

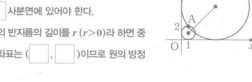

이 원의 반지름의 길이를 $r\,(r>0)$라 하면 중심의 좌표는 ($\square$, $\square$)이므로 원의 방정식은

$(x-\square)^2+(y-\square)^2=\square$

이 원이 점 A$(1, 2)$를 지나므로

$(1-\square)^2+(2-\square)^2=\square$ 에서

$r^2-6r+\square=0,\ (r-1)(r-\square)=0$이므로

$r=1$ 또는 $r=\square$

따라서 두 원의 중심의 좌표가 각각 $(1, 1)$, ($\square$, $\square$)

이므로 두 원의 중심 사이의 거리는

$\sqrt{\square^2+\square^2}=\square$

12 A$(-2, 1)$

13 A$(-2, -4)$

14 A$(4, -2)$

01 원의 방정식

- 중심이 점 (a, b)이고 반지름의 길이가 r인 원의 방정식
  $\rightarrow (x-a)^2+(y-b)^2=r^2$
- 중심이 원점이고 반지름의 길이가 r인 원의 방정식
  $\rightarrow x^2+y^2=r^2$

1 점 $(1, -1)$을 중심으로 하고 점 $(3, 1)$을 지나는 원의 방정식은?

① $(x-1)^2+(y+1)^2=8$
② $(x+1)^2+(y-1)^2=8$
③ $(x+1)^2+(y-1)^2=12$
④ $(x-1)^2+(y+1)^2=16$
⑤ $(x+1)^2+(y-1)^2=16$

2 중심이 x축 위에 있고 두 점 $(0, -3)$, $(1, 4)$를 지나는 원의 반지름의 길이는?

① 3   ② 4   ③ 5
④ 6   ⑤ 7

3 두 점 A$(-1, 4)$, B$(7, -2)$를 지름의 양 끝 점으로 하는 원의 중심의 좌표가 (a, b)이고 반지름의 길이가 r일 때, 상수 a, b, r에 대하여 $a+b+r$의 값은?

① 1   ② 3   ③ 5
④ 7   ⑤ 9

02 x축에 접하는 원의 방정식

- 중심의 좌표가 (a, b)이고 x축에 접하는 원
  ① (반지름의 길이)$=|$(중심의 y좌표)$|=|b|$
  ② 원의 방정식 $\rightarrow (x-a)^2+(y-b)^2=b^2$

4 원 $(x-1)^2+(y+3)^2=7$과 중심이 같고 x축에 접하는 원의 반지름의 길이는?

① 1   ② 2   ③ 3
④ 4   ⑤ 5

5 점 $(1, 0)$에서 x축에 접하고, 점 $(0, 3)$을 지나는 원의 중심의 좌표가 (a, b)일 때, $b-a$의 값은?

① $-\dfrac{2}{3}$ ② $-\dfrac{1}{3}$ ③ $\dfrac{1}{6}$
④ $\dfrac{1}{3}$ ⑤ $\dfrac{2}{3}$

6 두 점 $(2, 4)$, $(0, 2)$를 지나고 x축에 접하는 두 원의 반지름의 길이의 합을 구하시오.

03 y축에 접하는 원의 방정식

• 중심의 좌표가 (a, b)이고 y축에 접하는 원
① (반지름의 길이)=|(중심의 x좌표)|=|a|
② 원의 방정식 ➜ $(x-a)^2+(y-b)^2=a^2$

7 원 $(x+3)^2+(y-2)^2=13-k$가 y축에 접할 때, 상수 k의 값은?

① -12　　　　② -3　　　　③ 4
④ 9　　　　　⑤ 12

8 원 $(x+2)^2+\left(y+\dfrac{k}{2}\right)^2=\dfrac{k^2}{4}-5$의 중심이 제3사분면 위에 있고 y축에 접할 때, 상수 k의 값은?

① 2　　　　　② 4　　　　　③ 6
④ 8　　　　　⑤ 10

9 점 $(0, 4)$에서 y축에 접하는 원 $(x-a)^2+(y-b)^2=c$의 넓이가 9π일 때, 상수 a, b, c에 대하여 $a+b-c$의 값은?
(단, 원의 중심은 제1사분면 위에 있다.)

① -2　　　　② -1　　　　③ 0
④ 1　　　　　⑤ 2

04 x축과 y축에 동시에 접하는 원의 방정식

• x축과 y축에 동시에 접하고 반지름의 길이가 r인 원의 방정식
① 중심이 제1사분면 위의 점 ➜ $(x-r)^2+(y-r)^2=r^2$
② 중심이 제2사분면 위의 점 ➜ $(x+r)^2+(y-r)^2=r^2$
③ 중심이 제3사분면 위의 점 ➜ $(x+r)^2+(y+r)^2=r^2$
④ 중심이 제4사분면 위의 점 ➜ $(x-r)^2+(y+r)^2=r^2$

10 원 $(x-1)^2+(y+a)^2=b$가 x축과 y축에 동시에 접할 때, 상수 a, b에 대하여 ab의 값은? (단, $a>0$)

① 1　　　　　② 4　　　　　③ 9
④ 16　　　　⑤ 25

11 중심이 직선 $x-y-2=0$ 위에 있고 제4사분면에서 x축과 y축에 동시에 접하는 원의 반지름의 길이는?

① 1　　　　　② 2　　　　　③ 3
④ 4　　　　　⑤ 5

12 중심의 좌표가 $(4, 4)$이고 x축과 y축에 동시에 접하는 원이 점 $(8, a)$를 지날 때, 상수 a의 값을 구하시오.

05

이차방정식 $x^2+y^2+Ax+By+C=0$이 나타내는 도형

x, y에 대한 이차방정식

$$x^2+y^2+Ax+By+C=0$$

$(A, B, C$는 실수$)$

x, y에 대한 완전제곱식의 합의 꼴로 변형하면

$$\left(x^2+Ax+\frac{A^2}{4}\right)-\frac{A^2}{4}+\left(y^2+By+\frac{B^2}{4}\right)-\frac{B^2}{4}+C=0$$

$$\left(x+\frac{A}{2}\right)^2+\left(y+\frac{B}{2}\right)^2=\left(\frac{\sqrt{A^2+B^2-4C}}{2}\right)^2$$

중심의 좌표가 $\left(-\dfrac{A}{2},\ -\dfrac{B}{2}\right)$이고

반지름의 길이가 $\dfrac{\sqrt{A^2+B^2-4C}}{2}$ 인

원 을 나타낸다.

$($단, $A^2+B^2-4C>0)$

$\left(-\dfrac{A}{2},\ -\dfrac{B}{2}\right)$

$\dfrac{\sqrt{A^2+B^2-4C}}{2}$

$A^2+B^2-4C>0$인 이유는?

$$\left(x+\frac{A}{2}\right)^2+\left(y+\frac{B}{2}\right)^2=\frac{A^2+B^2-4C}{4}$$ 에서

$A^2+B^2-4C>0$ ➡ 중심의 좌표가 $\left(-\dfrac{A}{2},-\dfrac{B}{2}\right)$이고

반지름의 길이가 $\dfrac{\sqrt{A^2+B^2-4C}}{2}$인 원이다.

$A^2+B^2-4C=0$ ➡ 점 $\left(-\dfrac{A}{2},-\dfrac{B}{2}\right)$이다.

$A^2+B^2-4C<0$ ➡ 만족시키는 실수 x, y는 존재하지 않는다.

1ˢᵗ 이차방정식 $x^2+y^2+Ax+By+C=0$이 나타내는 도형

● 다음 이차방정식이 나타내는 원의 중심의 좌표와 반지름의 길이를 차례대로 구하시오.

1 $x^2+y^2-2x-4y+4=0$

→ $x^2+y^2-2x-4y+4=0$에서

$(x^2-2x+1)+(y^2-4y+4)=\boxed{}$이므로

$(x-\boxed{})^2+(y-\boxed{})^2=\boxed{}$

따라서 원의 중심의 좌표는 $(\boxed{},\boxed{})$, 반지름의 길이는 $\boxed{}$이다.

2 $x^2+y^2+6y-1=0$

3 $x^2+y^2-6x+4y=0$

4 $x^2+y^2+8x+8y+16=0$

5 $x^2+y^2+4x-6y+4=0$

6 $x^2+y^2-10x-10y+1=0$

2nd — 이차방정식 $x^2+y^2+Ax+By+C=0$이 나타내는 도형의 이해

● 다음 이차방정식이 나타내는 도형이 원이 되도록 하는 실수 k의 값의 범위를 구하시오.

7 $x^2+y^2+4x+k=0$

→ $x^2+y^2+4x+k=0$에서

$(x+\boxed{})^2+y^2=-k+\boxed{}$

이 방정식이 나타내는 도형이 원이 되려면 ← (반지름의 길이)>0이어야 해!

$-k+\boxed{}>0$

따라서 $k<\boxed{}$

8 $x^2+y^2-10x+8y+k=0$

9 $x^2+y^2+12x-12y-k=0$

10 $x^2+y^2-6x-2y+k-3=0$

개념모음문제
11 방정식 $x^2+y^2-4x+2y+k=0$이 반지름의 길이가 5인 원을 나타낼 때, 실수 k의 값은?

① -20 ② -10 ③ -5

④ 0 ⑤ 10

3rd — 이차방정식 $x^2+y^2+Ax+By+C=0$이 나타내는 도형의 이용

● 다음 세 점을 지나는 원의 방정식을 구하시오.

12 $(0, 0)$, $(0, 2)$, $(-2, 4)$

→ 원의 방정식을 $x^2+y^2+Ax+By+C=0$이라 하고 주어진 세 점 $(0, 0)$, $(0, 2)$, $(-2, 4)$의 좌표를 각각 대입하면

$C=\boxed{}$

$4+2B+C=0$에서 $B=\boxed{}$

$4+16-2A+4B+C=0$이므로 $A=\boxed{}$

따라서 구하는 원의 방정식은

$x^2+y^2+\boxed{}x-\boxed{}y=0$

> • 중심 또는 반지름의 길이가 주어졌을 때
> → $(x-a)^2+(y-b)^2=r^2$을 이용한다.
> • 지나는 세 점이 주어졌을 때
> → $x^2+y^2+Ax+By+C=0$을 이용한다.

13 $(0, 0)$, $(1, 0)$, $(-5, -2)$

14 $(1, 0)$, $(0, -1)$, $(0, 2)$

직선을 식으로!

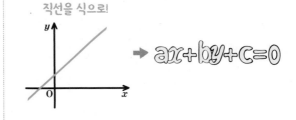

→ $ax+by+c=0$

원을 식으로!

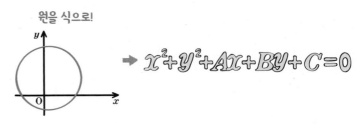

→ $x^2+y^2+Ax+By+C=0$

06

두 원의 교점을 지나는 직선의 방정식

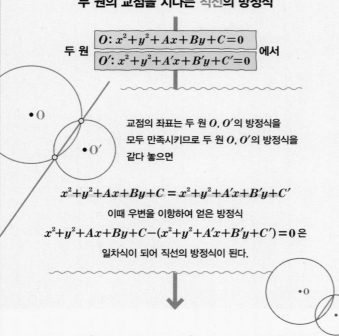

두 원이 두 점에서 만날 때
두 원의 교점을 지나는 직선의 방정식

두 원 $\begin{array}{l} O: x^2+y^2+Ax+By+C=0 \\ O': x^2+y^2+A'x+B'y+C'=0 \end{array}$ 에서

교점의 좌표는 두 원 O, O'의 방정식을
모두 만족시키므로 두 원 O, O'의 방정식을
같다 놓으면

$$x^2+y^2+Ax+By+C = x^2+y^2+A'x+B'y+C'$$

이때 우변을 이항하여 얻은 방정식
$x^2+y^2+Ax+By+C-(x^2+y^2+A'x+B'y+C')=0$은
일차식이 되어 직선의 방정식이 된다.

$$(A-A')\boldsymbol{x}+(B-B')\boldsymbol{y}+C-C'=0$$ 공통현의 방정식!

원리확인 다음은 두 원 $x^2+y^2=16$, $(x-2)^2+(y+2)^2=25$의 교점을 지나는 직선의 방정식을 구하는 과정이다. □ 안에 알맞은 수를 써넣으시오.

→ $x^2+y^2=16$에서
$x^2+y^2-\boxed{}=0$ ...... ㉠
$(x-2)^2+(y+2)^2=25$에서
$x^2+y^2-\boxed{}x+\boxed{}y-\boxed{}=0$ ...... ㉡
이때 주어진 두 원의 교점의 좌표는 방정식 ㉠, ㉡을 모두 만족시킨다.
따라서 ㉠=㉡에서 우변을 이항하여 정리한 방정식
$\boxed{}x-4y+\boxed{}=0$은 두 원의 교점을 지나는 직선의 방정식이다.

1st ― 두 원의 교점을 지나는 직선의 방정식

● 다음 두 원의 교점을 지나는 직선의 방정식을 구하시오.

1 $x^2+y^2-2x-8=0$, $x^2+y^2-4y+5=0$

→ 구하는 직선의 방정식은

$x^2+y^2-\boxed{}x-\boxed{}-(x^2+y^2-\boxed{}y+\boxed{})=0$

이므로

$2x-\boxed{}y+\boxed{}=0$

2 $x^2+y^2-1=0$, $x^2+y^2+2x=0$

3 $x^2+y^2+6y-3=0$, $x^2+y^2+2x-2y=0$

4 $x^2+y^2+10x-7y+5=0$, $x^2+y^2-4x-4y+1=0$

:) **내가 발견한 개념**   두 원의 교점을 지나는 직선의 방정식은?

• 두 원 A, B의 교점을 지나는 직선의 방정식

→ (원 A의 방정식)−(원 □의 방정식)=□

공통현과 중심선

두 원 O, O'이 두 점 A, B에서 만날 때
두 원의 교점을 연결한 $\overline{AB}$를 **공통현**이라 하고, $\overline{AB}$는
두 원 O, O'의 중심을 연결한 **중심선** $\overline{OO'}$에 의하여 수직이등분된다.

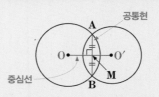

→ $\overline{AB}\perp\overline{OO'}$, $\overline{AM}=\overline{BM}$

2nd — 두 원의 교점을 지나는 직선의 방정식의 이용

● 다음 두 원의 교점을 지나는 직선이 점 P를 지날 때, 상수 k의 값을 구하시오.

5 $x^2+y^2-9=0$
$x^2+y^2+kx-4y-1=0$, P$(2, -1)$

→ 두 원의 교점을 지나는 직선의 방정식은

$x^2+y^2-9-(x^2+y^2+kx-4y-1)=0$이므로

$kx-4y+\boxed{}=0$

이 직선이 점 P$(2, -1)$을 지나므로

$2k+4+\boxed{}=0$

따라서 $k=\boxed{}$

6 $x^2+y^2+5x+3y=0$
$x^2+y^2+(k+4)x+2y+11=0$, P$(5, 9)$

7 $x^2+y^2+7x+2y+(k+1)=0$
$x^2+y^2+kx+6y+2=0$, P$(-1, -1)$

[개념모음문제]

8 두 원 $x^2+y^2-8x-4=0$, $x^2+y^2+2x-4y-1=0$의 교점을 지나는 직선과 직선 $y=kx+2$가 서로 수직일 때, 상수 k의 값은?

① $-\dfrac{5}{2}$ ② $-\dfrac{2}{5}$ ③ $\dfrac{2}{5}$

④ $\dfrac{4}{5}$ ⑤ $\dfrac{5}{2}$

3rd — 공통현의 길이

● 다음 두 원의 공통현의 길이를 구하시오.

9 $x^2+y^2+2x-6=0$, $x^2+y^2-4x-6y=0$

→ 두 원의 공통현의 방정식은

$x^2+y^2+2x-6-(x^2+y^2-4x-6y)=0$

즉 $x+\boxed{}-\boxed{}=0$ ...... ㉠

$x^2+y^2+2x-6=0$에서 $(x+\boxed{})^2+y^2=\boxed{}$이므로

원의 중심은 C$(\boxed{}, 0)$이다.

오른쪽 그림과 같이 공통현과 원의 교점을 각각 A, B, 현 AB의 중점을 M이라 하면 $\overline{CM}$은 점 C에서 직선 ㉠에 이르는 거리이므로

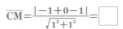

$\overline{CM}=\dfrac{|-1+0-1|}{\sqrt{1^2+1^2}}=\boxed{}$

또 $\overline{CM}$은 $\overline{AB}$를 수직이등분하므로 △ACM은 직각삼각형이고

$\overline{CA}=\boxed{}$, $\overline{CM}=\boxed{}$이므로

$\overline{AM}=\sqrt{(\boxed{})^2-(\boxed{})^2}=\boxed{}$

따라서 $\overline{AB}=2\overline{AM}=\boxed{}$

10 $x^2+y^2-2x+2y-2=0$, $x^2+y^2-6x-2y-6=0$

11 $x^2+y^2+2x+2y-4=0$, $x^2+y^2+5x-2y+5=0$

 내가 발견한 개념   공통현의 길이는?

● 원 O의 중심에서 공통현에 이르는 거리가 d, 원 O의 반지름의 길이가 r일 때, 공통현의 길이

→ $l=\boxed{}\sqrt{r^2-\boxed{}^2}$

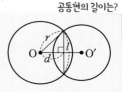

07

두 원의 교점을 지나는 원의 방정식

좌표평면에서!

두 원이 두 점에서 만날 때
두 원의 교점을 지나는 **원의 방정식**

무수히 많은 원을 만족시켜야해!

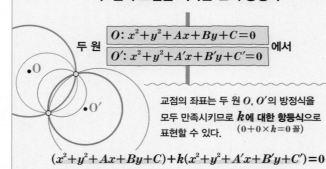

두 원 $O: x^2+y^2+Ax+By+C=0$
$O': x^2+y^2+A'x+B'y+C'=0$ 에서

교점의 좌표는 두 원 O, O'의 방정식을 모두 만족시키므로 k에 대한 항등식으로 표현할 수 있다. $(0+0\times k=0$ 꼴)

$$(x^2+y^2+Ax+By+C)+k(x^2+y^2+A'x+B'y+C')=0$$

$k=-1$일 때는 직선의 방정식이 돼!!

이때 $k\neq-1$일 때, x^2의 계수와 y^2의 계수가 서로 같고 xy항이 없는 x, y에 대한 이차방정식이므로 두 원 O, O'의 교점을 지나는 원의 방정식이다.

$$x^2+y^2+Ax+By+C+k(x^2+y^2+A'x+B'y+C')=0$$
(단, $k\neq-1$인 실수)

원리확인 다음은 두 원
$$x^2+y^2+2x+4y-11=0 \quad \cdots\cdots \text{㉠}$$
$$x^2+y^2-6x-12y+13=0 \quad \cdots\cdots \text{㉡}$$
의 교점을 지나는 도형의 방정식을 구하는 과정이다.
□ 안에 알맞은 것을 써넣으시오.

→ 두 원의 교점은 방정식 ㉠, ㉡을 모두 만족시키므로 방정식
$$x^2+y^2+2x+4y-11$$
$$+k(x^2+y^2-\boxed{}x-\boxed{}y+13)=0 \quad \cdots\cdots \text{㉢}$$
도 만족시킨다.

(ⅰ) $k=-1$일 때
방정식 ㉢은 $x+\boxed{}y-\boxed{}=0$이므로 두 원의 교점을 지나는 $\boxed{}$의 방정식이다.

(ⅱ) $k\neq-1$일 때
방정식 ㉢은 x^2의 계수와 y^2의 계수가 $\boxed{}$로 서로 같고, xy항이 없는 x, y에 대한 이차방정식이다.
따라서 방정식 ㉢은 두 원의 교점을 지나는 $\boxed{}$의 방정식이다.

1st — 두 원의 교점을 지나는 원의 방정식

● 다음 두 원의 교점과 점 P를 지나는 원의 방정식을 구하시오.

1 $x^2+y^2-2x=0$
$(x-6)^2+(y-2)^2=38$
$P(0, 1)$

→ 두 원의 교점을 지나는 원의 방정식은
$$x^2+y^2-2x+k\{(x-6)^2+(y-2)^2-38\}=0 \quad \cdots\cdots \text{㉠}$$
이 원이 점 $P(0, 1)$을 지나므로
$$1^2+k\{(-6)^2+(-1)^2-38\}=0 \text{에서}$$
$$k=\boxed{} \quad \cdots\cdots \text{㉡}$$
㉡을 ㉠에 대입하면
$$x^2+y^2-2x+\boxed{}\{(x-6)^2+(y-2)^2-36\}=0$$
따라서 $x^2+y^2-7x-2y+\boxed{}=0$

2 $x^2+y^2=16$
$(x-3)^2+(y-4)^2=7$
$P(3, 5)$

3 $x^2+y^2+4x-4=0$
$x^2+y^2+x-6y+2=0$
$P(-2, 4)$

4 $x^2+y^2-8x-2y+14=0$
$x^2+y^2-2x-4y+2=0$
$P(0, 0)$

5 $x^2+y^2-4x+2y+2=0$
$x^2+y^2-2y-5=0$
$P(2, 0)$

6 $(x-2)^2+(y-4)^2=14$

$(x-1)^2+(y-1)^2=4$

$P(0, 0)$

9 $x^2+y^2-2x+y-3=0$

$x^2+y^2+ax+2y-1=0$

$P(0, 0)$, $Q(-3, -1)$

😊 **내가 발견한 개념**   두 원의 교점을 지나는 원의 방정식은?

• 두 원 A, B의 교점을 지나는 원의 방정식

→ (원 A의 방정식)+k(원 ⬚의 방정식)=⬚

(단, k≠⬚인 실수)

---

10 $x^2+y^2+ay-12=0$

$x^2+y^2+6x-4y-12=0$

$P(2, 0)$, $Q(-2, -4)$

● 두 원의 교점을 지나고 두 점 P, Q를 지나는 원의 방정식을 구하시오.

7 $x^2+y^2+ax+1=0$

$x^2+y^2=9$

$P(0, 2)$, $Q(2, -2)$

→ 두 원의 교점을 지나는 원의 방정식은

$x^2+y^2+ax+1+k(x^2+y^2-9)=0$ ······ ㉠

이 원이 점 $P(0, 2)$를 지나므로

$5+k\times(-5)=0$에서 $k=$⬚   ······ ㉡

또 점 $Q(2, -2)$도 지나므로

$9+2a-k=0$ ······ ㉢

㉡을 ㉢에 대입하면 $a=$⬚   ······ ㉣

㉡, ㉣을 ㉠에 대입하면 구하는 원의 방정식은

x^2+y^2-2x-⬚$=0$

11 $x^2+y^2=1$

$x^2+y^2+ax+ay-5=0$

$P(0, -1)$, $Q(2, 3)$

12 $x^2+y^2+ax+2ay+1=0$

$x^2+y^2+6y=0$

$P(-2, -1)$, $Q(4, -1)$

8 $x^2+y^2+ax-5=0$

$x^2+y^2-6x+10y-7=0$

$P(0, 1)$, $Q(1, 1)$

두 직선의 교점을 지나는 방정식	$(ax+by+c)+k(a'x+b'y+c')=0$ (k는 실수)	무수히 많은 **직선의 방정식**
두 원의 교점을 지나는 방정식	$x^2+y^2+Ax+By+C+k(x^2+y^2+A'x+B'y+C')=0$ (k는 실수)	$k=-1$ 오직 한 개의 **직선의 방정식** $k\neq-1$ 무수히 많은 **원의 방정식**

2nd 두 원의 교점을 지나는 원의 방정식의 이용

● 두 원의 교점과 점 A를 지나는 원의 넓이를 구하시오.

13 $x^2+y^2=4$

$x^2+y^2-8x-16y+12=0$

A$(-2, 4)$

→ 두 원의 교점을 지나는 원의 방정식은

$x^2+y^2-4+k(x^2+y^2-8x-16y+12)=0$　　……㉠

원 ㉠이 점 A$(-2, 4)$를 지나므로

$4+16-4+k\times(4+16+16-64+12)=0$에서

$k=\boxed{}$　　……㉡

㉡을 ㉠에 대입하면

$x^2+y^2-4+\boxed{}(x^2+y^2-8x-16y+12)=0$에서

$(x-2)^2+(y-4)^2=\boxed{}$

따라서 원의 반지름의 길이는 $\boxed{}$이므로 넓이는

$\pi\times\boxed{}^2=\boxed{}$

14 $x^2+y^2-1=0$

$x^2+y^2-2x+2y-2=0$

A$(-2, 2)$

15 $x^2+y^2=8$

$(x+2)^2+(y-1)^2=9$

A$(-8, 4)$

16 $x^2+y^2-2x-4=0$

$x^2+y^2-4x-2y+4=0$

A$(3, 0)$

17 $(x-2)^2+y^2=4$

$(x-1)^2+(y+1)^2=1$

A$\left(\dfrac{1}{2}, \dfrac{1}{2}\right)$

두 원에 대한 반지름의 길이와 중심 사이의 거리로 두 원의 위치 관계를 알 수 있겠군!

두 원의 위치 관계 : 두 원 O, O'의 반지름의 길이를 각각 $r, r'(r<r')$, 두 원의 중심 사이의 거리를 d라 할 때

두 원이 만나는 경우

❶ 두 점에서 만난다.

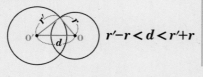
$r'-r<d<r'+r$

❷ 서로 바깥의 한 점에서 만난다.(외접한다.)

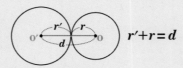
$r'+r=d$

❸ 작은 원이 큰 원 안의 한 점에서 만난다.(내접한다.)

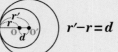
$r'-r=d$

두 원이 만나지 않는 경우

❶ 두 원이 완전히 떨어져 있다.

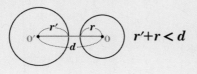
$r'+r<d$

❷ 작은 원이 큰 원 안에 있으면서 만나지 않는다.

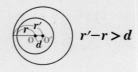
$r'-r>d$

❸ 두 원의 중심이 같다.

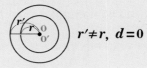
$r'\neq r, d=0$

05 이차방정식 $x^2+y^2+Ax+By+C=0$이 나타내는 도형

• x, y에 대한 이차방정식

$x^2+y^2+Ax+By+C=0$ (단, $A^2+B^2-4C>0$)

은 중심의 좌표가 $\left(-\dfrac{A}{2}, -\dfrac{B}{2}\right)$이고 반지름의 길이가

$\dfrac{\sqrt{A^2+B^2-4C}}{2}$인 원을 나타낸다.

1 방정식 $x^2+y^2-6x-8y+9=0$이 나타내는 도형은 중심의 좌표가 (a, b)이고 반지름의 길이가 r인 원이다. $a+b+r$의 값은?

① 8   ② 9   ③ 10

④ 11   ⑤ 12

2 방정식 $x^2+y^2+4x-6y+k=0$이 나타내는 도형이 원이 되도록 하는 자연수 k의 개수를 구하시오.

3 세 점 $(0. 0)$, $(2, 2)$, $(-4, 2)$를 지나는 원이 점 $(k, 4)$를 지날 때, 양수 k의 값은?

① 1   ② 2   ③ 3

④ 4   ⑤ 5

06~07 두 원의 교점을 지나는 직선 또는 원의 방정식

• 서로 다른 두 점에서 만나는 두 원

$O: x^2+y^2+Ax+By+C=0,$

$O': x^2+y^2+A'x+B'y+C'=0$

의 교점을 지나는

① 직선의 방정식

➡ $x^2+y^2+Ax+By+C-(x^2+y^2+A'x+B'y+C')=0$

② 원의 방정식

➡ $x^2+y^2+Ax+By+C+k(x^2+y^2+A'x+B'y+C')=0$

(단, $k\neq-1$인 실수)

4 두 원 $(x-1)^2+y^2=9$, $x^2+(y+a)^2=4$의 교점을 지나는 직선이 점 $(0, 2)$를 지날 때, 상수 a의 값은?

① -2 ② -1 ③ 0

④ 1   ⑤ 2

5 두 원 $x^2+y^2-2x=4$, $x^2+y^2-4x-2y+4=0$의 교점과 점 $(0, 1)$을 지나는 원의 방정식이 $x^2+y^2+Ax+By+C=0$일 때, 상수 A, B, C에 대하여 $A+B+C$의 값은?

① -5 ② -4 ③ -3

④ -2 ⑤ -1

6 두 원 $x^2+y^2-4=0$, $x^2+y^2+2ax-ay+1=0$의 교점을 지나는 원이 두 점 $(2, 1)$, $(-1, -1)$을 지날 때, 상수 a의 값을 구하시오.

08

원과 직선의 위치 관계

좌표평면에서!

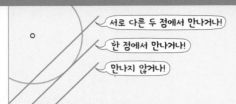

서로 다른 두 점에서 만나거나!

한 점에서 만나거나!

만나지 않거나!

원 $x^2+y^2=r^2$ $(r>0)$과 직선 $y=mx+n$ 의
위치 관계를 알 수 있는 방법은?

1 이차방정식의 판별식 이용

원 $x^2+y^2=r^2$과 직선 $y=mx+n$ 이 만나서 생기는 교점의 개수는
두 방정식을 연립하여 얻는 이차방정식의 실근의 개수와 같다.

$y=mx+n$을 $x^2+y^2=r^2$에 대입하면
$x^2+(mx+n)^2=r^2$에서
$(m^2+1)x^2+2mnx+n^2-r^2=0$ ······㉠

㉠의 판별식을 D라 할 때

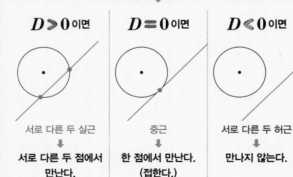

$D>0$이면	$D=0$이면	$D<0$이면
서로 다른 두 실근	중근	서로 다른 두 허근
↓	↓	↓
서로 다른 두 점에서 만난다.	한 점에서 만난다. (접한다.)	만나지 않는다.

2 원의 중심과 직선 사이의 거리 이용

반지름의 길이가 r인 원의 중심과
직선 사이의 거리를 d라 할 때

$d<r$이면	$d=r$이면	$d>r$이면
서로 다른 두 점에서 만난다.	한 점에서 만난다. (접한다.)	만나지 않는다.

**1st ─ 이차방정식의 판별식을 이용하여 구하는
원과 직선의 위치 관계**

● 이차방정식의 판별식을 이용하여 다음 원과 직선의 위치 관계를
조사하시오.

1 $x^2+y^2=4$, $y=x+1$

→ $y=x+1$을 $x^2+y^2=4$에 대입하여 정리하면

$2x^2+\boxed{}x-\boxed{}=0$

이 이차방정식의 판별식을 D라 하면 $D \bigcirc 0$

따라서 원과 직선은 □□□□□.

2 $x^2+y^2+6x=0$, $y=-x+8$

3 $(x-1)^2+(y-1)^2=8$, $y=-x+6$

4 $x^2+y^2-4x+4y+2=0$, $2x+3y-10=0$

5 $x^2+y^2+8x-y=0$, $2x-y+2=0$

😊 내가 발견한 개념　　　　　　　이차방정식의 판별식의 부호는?

● 원의 방정식과 직선의 방정식을 연립하여 얻은 이차방정식
의 판별식을 D라 하면

D>0 •　　　　　　　• 서로 다른 두 점에서 만난다.

D=0 •　　　　　　　• 한 점에서 만난다.

D<0 •　　　　　　　• 만나지 않는다.

2nd 원의 중심과 직선 사이의 거리를 이용하여
구하는 원과 직선의 위치 관계

● 원의 중심과 직선 사이의 거리를 이용하여 다음 원과 직선의 위치 관계를 조사하시오.

6 $x^2+y^2=9$, $y=-x+2$

→ 원의 중심 (☐ , ☐)과 직선 $y=-x+2$, 즉 $x+y-2=0$

사이의 거리는

$\dfrac{|-2|}{\sqrt{1^2+1^2}}=$ ☐

이때 원의 반지름의 길이가 3이므로

☐ ◯ 3

따라서 원과 직선은 [   ].

7 $x^2+y^2=1$, $y=\dfrac{1}{2}x-3$

8 $x^2+y^2-5=0$, $y=-2x+5$

9 $x^2+y^2+10x+1=0$, $4x+3y-5=0$

원의 방정식을 $(x-a)^2+(y-b)^2=r^2$ 꼴로 변형해 봐!

10 $x^2+y^2-6x+6y+3=0$, $x-y-2=0$

☺ **내가 발견한 개념**　　　　원의 중심과 직선 사이의 거리는?

• 반지름의 길이가 r인 원에서 원의 중심과 직선 사이의 거리를 d라 하면

$d>r$ •　　　• 서로 다른 두 점에서 만난다.

$d=r$ •　　　• 한 점에서 만난다.

$d<r$ •　　　• 만나지 않는다.

3rd 원과 직선의 위치 관계를 이용하여 구하는
미지수의 값 또는 그 범위

11 원 $x^2+y^2=8$과 직선 $x-y+k=0$의 위치 관계가 다음과 같도록 하는 실수 k의 값 또는 k의 값의 범위를 구하시오.

(1) 서로 다른 두 점에서 만난다.

(2) 한 점에서 만난다. (접한다.)

(3) 만나지 않는다.

12 원 $x^2+y^2=5$와 직선 $2x+y+k=0$의 위치 관계가 다음과 같도록 하는 실수 k의 값 또는 k의 값의 범위를 구하시오.

(1) 서로 다른 두 점에서 만난다.

(2) 한 점에서 만난다. (접한다.)

(3) 만나지 않는다.

13 원 $(x+2)^2+(y-1)^2=4$와 직선 $x-3y+k=0$의 위치 관계가 다음과 같도록 하는 실수 k의 값 또는 k의 값의 범위를 구하시오.

(1) 서로 다른 두 점에서 만난다.

(2) 한 점에서 만난다. (접한다.)

(3) 만나지 않는다.

14 원 $x^2+y^2+6x-8y=0$과 직선 $x+y+k=0$의 위치 관계가 다음과 같도록 하는 실수 k의 값 또는 k의 값의 범위를 구하시오.
원의 방정식을 $(x-a)^2+(y-b)^2=r^2$ 꼴로 변형해 봐!

(1) 서로 다른 두 점에서 만난다.

(2) 한 점에서 만난다. (접한다.)

(3) 만나지 않는다.

● 원 C와 직선 l이 서로 다른 두 점에서 만나도록 하는 실수 k의 값의 범위를 구하시오.

15 $C: (x+3)^2+(y+2)^2=25, \ l: 2x+y+k=0$

→ 원의 중심 (☐ , ☐)와 직선 l 사이의 거리는

$$\frac{|(-3)\times2+(-2)\times1+k|}{\sqrt{2^2+1^2}}=\frac{|k-8|}{\boxed{}}$$

이때 원의 반지름의 길이가 5이므로

$$\frac{|k-8|}{\boxed{}} \bigcirc 5$$

따라서 $\boxed{} < k < \boxed{}$

16 $C: x^2+y^2=10, \ l: 4x+3y+k=0$

17 $C: (x-1)^2+(y-3)^2=4, \ l: x-y+k=0$

18 $C: x^2+y^2-8x+13=0, \ l: x+y+k=0$
원의 방정식을 $(x-a)^2+(y-b)^2=r^2$ 꼴로 변형해 봐!

19 $C: x^2+y^2+2y=0, \ l: 5x-12y+k=0$

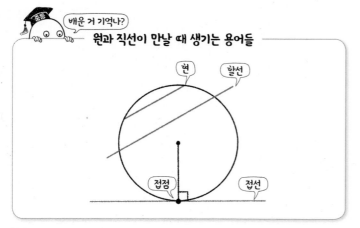

배운 거 기억나?
원과 직선이 만날 때 생기는 용어들

현　할선

접점　접선

● 원 C와 직선 l이 서로 접하도록 하는 실수 k의 값을 구하시오.

20 $C: (x-1)^2+(y+4)^2=8,\ l: x-y+k=0$

→ 원의 중심 ($\boxed{}$, $\boxed{}$)와 직선 l 사이의 거리는

$$\frac{|1\times1+(-4)\times(-1)+k|}{\sqrt{1^2+(-1)^2}}=\frac{|k+5|}{\boxed{}}$$

이때 원의 반지름의 길이가 $2\sqrt{2}$이므로

$$\frac{|k+5|}{\boxed{}}\ \bigcirc\ 2\sqrt{2}$$

따라서 $k=-9$ 또는 $k=\boxed{}$

21 $C: x^2+y^2=1,\ l: x+2y+k=0$

22 $C: (x+2)^2+(y-2)^2=2,\ l: 3x+y+k=0$

23 $C: x^2+y^2+2x-3=0,\ l: 2x-y+k=0$
원의 방정식을 $(x-a)^2+(y-b)^2=r^2$ 꼴로 변형해 봐!

24 $C: x^2+y^2-6y+3=0,\ l: 2x+2y+k=0$

● 원 C와 직선 l이 서로 만나지 않도록 하는 실수 k의 값의 범위를 구하시오.

25 $C: (x-4)^2+(y-4)^2=7,\ l: 2x+3y+k=0$

→ 원의 중심 ($\boxed{}$, $\boxed{}$)와 직선 l 사이의 거리는

$$\frac{|4\times2+4\times3+k|}{\sqrt{2^2+3^2}}=\frac{|k+20|}{\boxed{}}$$

이때 원의 반지름의 길이가 $\sqrt{7}$ 이므로

$$\frac{|k+20|}{\boxed{}}\ \bigcirc\ \sqrt{7}$$

따라서 $k<\boxed{}$ 또는 $k>\boxed{}$

26 $C: x^2+y^2=4,\ l: x+y+k=0$

27 $C: (x-8)^2+(y+7)^2=1,\ l: 6x+8y+k=0$

28 $C: x^2+y^2+12x-108=0,\ l: 3x-4y+k=0$
원의 방정식을 $(x-a)^2+(y-b)^2=r^2$ 꼴로 변형해 봐!

29 $C: x^2+y^2-18y+63=0,\ l: 5x+5y+k=0$

원과 직선의 위치 관계의 응용

1 현의 길이

원과 직선이 만나는 두 점 사이의 거리는?

반지름의 길이가 r인 원 O의 중심에서 d만큼 떨어진 현의 길이를 l이라 하면

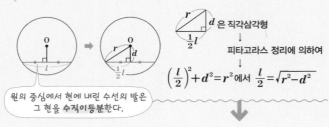

$\dfrac{r}{\frac{1}{2}l}$ d 은 직각삼각형

↓

피타고라스 정리에 의하여

$\left(\dfrac{l}{2}\right)^2+d^2=r^2$에서 $\dfrac{l}{2}=\sqrt{r^2-d^2}$

> 원의 중심에서 현에 내린 수선의 발은 그 현을 수직이등분한다.

$$l = 2\sqrt{r^2-d^2}$$

2 점과 접점 사이의 거리

원 밖의 한 점에서 그은 접선에 대하여 점과 접점 사이의 거리는?

원 밖의 한 점 P에서 원 O에 그은 접선의 접점을 Q라 할 때 $\overline{PQ}$의 길이는

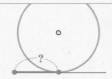

> 원의 접선은 그 접점을 지나는 원의 반지름과 수직이다.

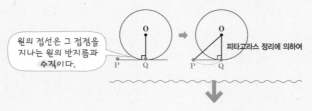

피타고라스 정리에 의하여

$$\overline{PQ} = \sqrt{\overline{OP}^2 - \overline{OQ}^2}$$

3 원 위의 점과 직선 사이의 거리의 최대, 최소

원 위의 점에서 직선에 그은 수선 중 가장 긴 것과 가장 짧은 것은?

원 O의 중심과 직선 사이의 거리를 d, 원의 반지름의 길이를 r라 할 때 원 위의 점과 직선 사이의 거리의 최댓값을 M, 최솟값을 m이라 하면

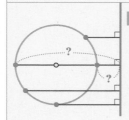

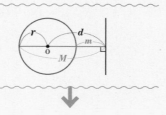

$$M = d+r, \quad m = d-r$$

1st — 현의 길이

● 다음 원과 직선이 만나는 두 점을 각각 A, B라 할 때, 선분 AB의 길이를 구하시오.

1 $x^2+y^2=25$, $y=2x-5$

→ 오른쪽 그림과 같이 원의 중심

$O(0, 0)$에서 직선 $y=2x-5$,

즉 $2x-y-5=0$에 내린 수선의 발을 H라 하면

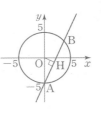

$\overline{OH}=\dfrac{|\boxed{}|}{\sqrt{\boxed{}^2+(-1)^2}}=\boxed{}$

직각삼각형 OAH에서 $\overline{OA}=\boxed{}$ 이므로

$\overline{AH}=\sqrt{\overline{OA}^2-\overline{OH}^2}=\boxed{}$

따라서 $\overline{AB}=2\overline{AH}=\boxed{}$

2 $x^2+y^2=4$, $y=-x+1$

3 $(x+2)^2+y^2=8$, $y=x+3$

4 $(x-3)^2+(y-4)^2=16$, $x+3y-5=0$

5 $x^2+y^2+2x+6y-6=0$, $3x-4y=4$

:) **내가 발견한 개념**   현의 길이는?

반지름의 길이가 r인 원의 중심에서 d만큼 떨어진 현의 길이를 l이라 하면

• $\left(\dfrac{l}{2}\right)^2=r^2-\boxed{}^2$ • $l=\boxed{}\sqrt{r^2-\boxed{}^2}$

● 다음 원 C와 직선 l이 만나서 생기는 현의 길이가 [ ] 안의 수일 때, 양수 k의 값을 구하시오.

6 $C: x^2+y^2=1$, $l: y=x+k$ $\qquad$ $[\sqrt{2}]$

→ 오른쪽 그림과 같이 주어진 원과 직선의 두 교점을 각각 A, B라 하고, 원의 중심 O(0, 0)에서 직선 l에 내린 수선의 발을 H라 하면

$\overline{\mathrm{OA}}=1$

$\overline{\mathrm{AH}}=\dfrac{1}{2}\overline{\mathrm{AB}}=\dfrac{1}{2}\times\sqrt{2}=\dfrac{\sqrt{2}}{2}$

직각삼각형 OAH에서

$\overline{\mathrm{OH}}=\sqrt{\overline{\mathrm{OA}}^2-\overline{\mathrm{AH}}^2}=\boxed{}$

즉 원의 중심 O(0, 0)과 직선 $l: x-y+k=0$ 사이의 거리는

$\dfrac{|k|}{\sqrt{1^2+(-1)^2}}=\boxed{}$

따라서 $k>0$이므로 $k=\boxed{}$

7 $C: x^2+y^2=4$, $l: 3x+4y=k$ $\qquad$ $[2\sqrt{3}]$

8 $C: x^2+(y-3)^2=9$, $l: x-y+k=0$ $\qquad$ $[4\sqrt{2}]$

9 $C: (x-1)^2+(y+1)^2=27$, $l: y=x+k$ $\qquad$ $[6]$

10 $C: x^2+y^2-4x+2y+1=0$, $l: y=-x+k$ $\qquad$ $[2]$

2nd — 점과 접점 사이의 거리

● 다음 점 P에서 원 C에 그은 접선의 접점을 Q라 할 때, $\overline{\mathrm{PQ}}$의 길이를 구하시오.

11 P(4, 4), $C: (x-3)^2+(y+1)^2=9$

→ 오른쪽 그림과 같이 원의 중심을 C라 하면

C(3, -1)이므로

$\overline{\mathrm{CP}}=\sqrt{(4-3)^2+\{4-(-1)\}^2}=\boxed{}$

$\overline{\mathrm{CQ}}=\boxed{}$

삼각형 CPQ는 $\overline{\mathrm{CP}}$가 빗변인 직각삼각형이므로

$\overline{\mathrm{PQ}}=\sqrt{\overline{\mathrm{CP}}^2-\overline{\mathrm{CQ}}^2}=\boxed{}$

12 P(3, 0), $C: (x+2)^2+(y-2)^2=16$

13 P(-8, -6), $C: (x-3)^2+(y+1)^2=9$

14 P(0, 10), $C: x^2+y^2-8x-4y-5=0$

15 P(2, 2), $C: x^2+y^2+4x-2y=0$

😊 **내가 발견한 개념** $\qquad$ 접선의 길이는?

원 C 밖의 한 점 P에서 원에 그은 접선의 접점을 Q라 하면

• $\overline{\mathrm{PQ}}=\sqrt{\boxed{}^2-\overline{\mathrm{CQ}}^2}$

• 점 P$(a, 0)$에서 다음 원에 그은 접선의 접점을 Q라 하자. $\overline{PQ}$의 길이가 [　] 안의 수일 때, a의 값을 구하시오.

16 $(x-1)^2+(y+3)^2=9$　　　　[4]

→ 오른쪽 그림과 같이 원

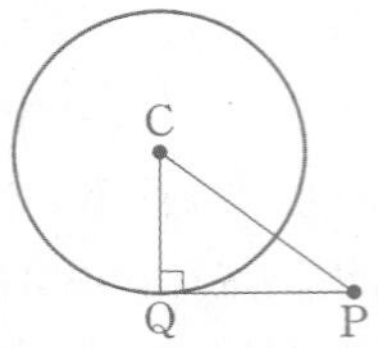

$(x-1)^2+(y+3)^2=9$의 중심을 C라 하면

C$(1, -3)$이므로

$\overline{CP}=\sqrt{(a-1)^2+\{0-(-3)\}^2}$

또 $\overline{CQ}=\boxed{}$, $\overline{PQ}=4$이므로

직각삼각형 CQP에서

$\overline{CP}^2=\overline{CQ}^2+\overline{PQ}^2$

$(a-1)^2+9=\boxed{}^2+4^2$

$a^2-2a-\boxed{}=0, (a+3)(a-\boxed{})=0$

따라서 $a=-3$ 또는 $a=\boxed{}$

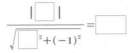

17 $(x-4)^2+(y-5)^2=5$　　　　[6]

18 $x^2+y^2-6x=0$　　　　[8]

19 $x^2+y^2+2x-8y=0$　　　　[7]

20 $x^2+y^2-6x-4y+9=0$　　　　[4]

3rd ― 원 위의 점과 직선 사이의 거리의 최대, 최소

• 다음 원 위의 점에서 직선에 이르는 거리의 최댓값과 최솟값을 구하시오.

21 $x^2+y^2=2, x-y+4=0$

→ 원의 중심 $(0, 0)$과 직선 $x-y+4=0$ 사이의 거리는

$$\frac{|\boxed{}|}{\sqrt{\boxed{}^2+(-1)^2}}=\boxed{}$$

이때 원의 반지름의 길이가 $\sqrt{2}$이므로

최댓값은 $2\sqrt{2}+\boxed{}=\boxed{}$

최솟값은 $2\sqrt{2}-\boxed{}=\boxed{}$

22 $(x+3)^2+(y-3)^2=20, 2x+y+18=0$

23 $x^2+y^2+4x+10y+20=0, 3x+4y-9=0$

24 $x^2+y^2-6x+4y=0, 2x-3y+14=0$

25 $x^2+y^2=4, x+y+5=0$

😊 **내가 발견한 개념**　　　원 위의 점과 직선 사이의 거리의 최댓값, 최솟값은?

원의 중심과 직선 사이의 거리를 d, 원의 반지름의 길이를 r라 할 때, 원 위의 점과 직선 사이의 거리의 최댓값을 M, 최솟값을 m이라 하면

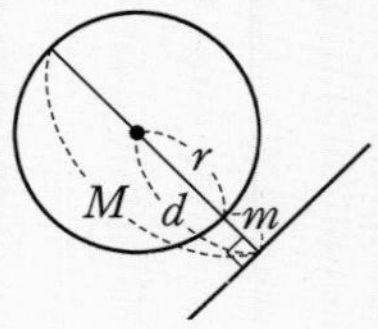

• M=d $\bigcirc$ r, m=d $\bigcirc$ r

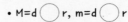

08 원과 직선의 위치 관계

- 이차방정식의 판별식 이용: 원의 방정식과 직선의 방정식을 연립하여 얻은 이차방정식의 판별식을 D라 하면

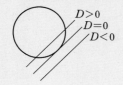

- 원의 중심과 직선 사이의 거리 이용: 반지름의 길이가 r인 원의 중심과 직선 사이의 거리를 d라 하면

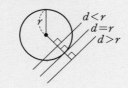

1 직선 $3x-4y+12=0$과 원 $x^2+y^2=9$의 교점의 개수를 구하시오.

2 직선 $x-2y+k=0$이 원 $x^2+y^2-4x+2y=0$에 접하도록 하는 양수 k의 값은?

① 1　　　　② 3　　　　③ 5

④ 7　　　　⑤ 9

3 원 $(x+1)^2+(y-2)^2=10$과 직선 $y=2x+k$가 만나지 않도록 하는 실수 k의 값의 범위가 $k<\alpha$ 또는 $k>\beta$일 때, $\alpha\beta$의 값은?

① -40　　　② -34　　　③ -28

④ -22　　　⑤ -16

09 원과 직선의 위치 관계의 응용

- 현의 길이: 반지름의 길이가 r인 원의 중심에서 d만큼 떨어진 현의 길이를 l이라 하면 $l=2\sqrt{r^2-d^2}$
- 접선의 길이: 원 밖의 한 점 P에서 중심이 C인 원에 그은 접선의 접점을 Q라 하면 $\overline{PQ}=\sqrt{\overline{CP}^2-\overline{CQ}^2}$
- 원 위의 점과 직선 사이의 거리의 최대, 최소: 원의 중심과 직선 사이의 거리를 d, 원의 반지름의 길이를 r라 하면 구하는 최댓값은 $M=d+r$, 최솟값은 $m=d-r$

4 원 $x^2+y^2=9$와 직선 $x-2y+k=0$이 만나서 생기는 현의 길이가 4일 때, 양수 k의 값은?

① 2　　　　② $\sqrt{5}$　　　　③ $\sqrt{10}$

④ $3\sqrt{2}$　　　⑤ 5

5 점 $P(3, -1)$에서 원 $x^2+y^2-6y=0$에 그은 접선의 접점을 Q라 할 때, 선분 PQ의 길이는?

① 2　　　　② $2\sqrt{2}$　　　　③ $2\sqrt{3}$

④ 4　　　　⑤ $2\sqrt{5}$

6 원 $x^2+(y-2)^2=16$ 위의 점 P와 직선 $3x-4y+k=0$ 사이의 거리의 최솟값이 1일 때, 양수 k의 값을 구하시오.

10

좌표평면에서!

기울기가 주어진 원의 접선의 방정식

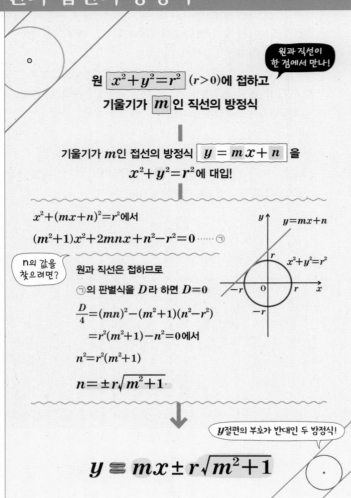

원과 직선이 한 점에서 만나!

원 $\boxed{x^2+y^2=r^2}$ $(r>0)$에 접하고

기울기가 $\boxed{m}$인 직선의 방정식

기울기가 m인 접선의 방정식 $\boxed{y=mx+n}$ 을
$x^2+y^2=r^2$에 대입!

$x^2+(mx+n)^2=r^2$에서

$(m^2+1)x^2+2mnx+n^2-r^2=0$ ······ ㉠

n의 값을 찾으려면?

원과 직선은 접하므로

㉠의 판별식을 D라 하면 $D=0$

$\dfrac{D}{4}=(mn)^2-(m^2+1)(n^2-r^2)$

$=r^2(m^2+1)-n^2=0$에서

$n^2=r^2(m^2+1)$

$n=\pm r\sqrt{m^2+1}$

y절편의 부호가 반대인 두 방정식!

$$y=mx\pm r\sqrt{m^2+1}$$

원리확인 다음은 원 $x^2+y^2=1$에 접하고 기울기가 3인 직선의 방정식을 구하는 과정이다. □ 안에 알맞은 것을 써넣으시오.

→ 원 $x^2+y^2=1$에 접하고 기울기가 3인 직선의 방정식을 $y=3x+n$이라 하자.

$y=3x+n$을 $x^2+y^2=1$에 대입하면

$x^2+(3x+n)^2=1$, $10x^2+6nx+(\boxed{})=0$

이 이차방정식의 판별식을 D라 하면

$\dfrac{D}{4}=(3n)^2-10(\boxed{})=0$에서

$n^2=\boxed{}$이므로 $n=\pm\boxed{}$

따라서 직선의 방정식은

$y=3x\pm\boxed{}$

1st ― 기울기가 주어진 원의 접선의 방정식

● 다음 직선의 방정식을 구하시오.

1 원 $x^2+y^2=4$에 접하고 기울기가 2인 직선

→ $y=\boxed{}x\pm2\sqrt{\boxed{}^2+1}=\boxed{}$

2 원 $x^2+y^2=25$에 접하고 기울기가 -2인 직선

3 원 $x^2+y^2=9$에 접하고 기울기가 4인 직선

4 원 $x^2+y^2=5$에 접하고 기울기가 -1인 직선

5 원 $x^2+y^2=10$에 접하고 기울기가 $\dfrac{1}{2}$인 직선

6 원 $x^2+y^2=16$에 접하고 기울기가 -3인 직선

☺ **내가 발견한 개념**   기울기가 m인 접선의 방정식은?

• 원 $x^2+y^2=r^2$ $(r>0)$에 접하고 기울기가 m인 직선의 방정식

→ $y=\boxed{}$

2ⁿᵈ 기울기가 주어진 원의 접선의 방정식을 이용하여 구하는 미지수의 값

● 다음 직선이 주어진 원에 접할 때, 실수 m의 값을 구하시오.

7 $y=mx+4$, $x^2+y^2=4$

→ 기울기가 m이고 반지름의 길이가 ☐ 이므로

$y=mx\pm2\sqrt{m^2+1}$

이 식이 $y=mx+4$와 일치해야 하므로

$2\sqrt{m^2+1}=4$ 또는 $-2\sqrt{m^2+1}=4$이어야 한다.

이때 $\sqrt{m^2+1}>0$이므로

$2\sqrt{m^2+1}=$ ☐ 이고 $\sqrt{m^2+1}=$ ☐

양변을 제곱하여 정리하면

$m^2=$ ☐

따라서 $m=$ ☐

8 $y=mx+8$, $x^2+y^2=1$

9 $y=mx-4$, $x^2+y^2=8$

10 $y=mx-10$, $x^2+y^2=5$

[개념모음문제]

11 다음 중 원 $x^2+y^2=9$에 접하고 직선 $2x+y-9=0$에 평행한 직선의 방정식은?

① $y=-2x-15$ ② $y=-2x-3\sqrt{5}$

③ $y=-2x+\sqrt{15}$ ④ $y=2x-\sqrt{15}$

⑤ $y=2x+3\sqrt{5}$

3ʳᵈ 평행이동한 원의 접선의 방정식

12 다음은 원 $(x-1)^2+(y-2)^2=4$에 접하고 기울기가 1인 접선의 방정식을 구하는 과정이다. ☐ 안에 알맞은 수를 써넣으시오.

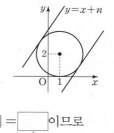

구하는 접선의 방정식을 $y=x+n$이라 하면 원의 중심 $(1, 2)$와 직선 $y=x+n$, 즉 $x-y+n=0$ 사이의 거리가 원의 반지름의 길이와 같으므로

$\dfrac{|1-2+n|}{\sqrt{1^2+(\boxed{})^2}}=$ ☐ 에서 $|n-1|=$ ☐ 이므로

└ 원의 중심과 직선 사이의 거리가 원의 반지름의 길이와 같음을 이용하면 돼!

$n=$ ☐ $-$ ☐ 또는 $n=$ ☐ $+$ ☐

따라서 구하는 접선의 방정식은

$y=x+$ ☐ $-$ ☐ 또는 $y=x+$ ☐ $+$ ☐

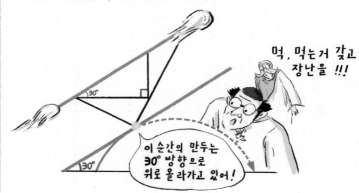

순간적 움직임을 표현하는 접선

● 다음 직선의 방정식을 구하시오.

13 원 $(x+1)^2+(y-4)^2=9$에 접하고 기울기가 2인 직선

14 원 $(x+3)^2+(y+5)^2=1$에 접하고 기울기가 -1인 직선

원 위의 점에서의 접선의 방정식

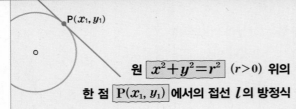

원 $x^2+y^2=r^2$ $(r>0)$ 위의

한 점 $P(x_1, y_1)$ 에서의 접선 l의 방정식

$x_1 \neq 0$, $y_1 \neq 0$일 때, $(\overline{OP}$의 기울기$)=\dfrac{y_1}{x_1}$

$l \perp \overline{OP}$이므로

$(접선 \ l의 \ 기울기)=-\dfrac{x_1}{y_1}$

> 원점과 다른 한 점으로 기울기를 구할 수 있어!

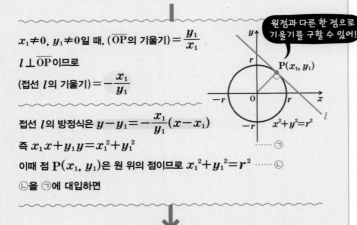

접선 l의 방정식은 $y-y_1=-\dfrac{x_1}{y_1}(x-x_1)$

즉 $x_1x+y_1y=x_1^2+y_1^2$ ...... ㉠

이때 점 $P(x_1, y_1)$은 원 위의 점이므로 $x_1^2+y_1^2=r^2$ ...... ㉡

㉡을 ㉠에 대입하면

$$x_1x+y_1y=r^2$$

$x_1=0$ 또는 $y_1=0$일 때에도
$x_1x+y_1y=r^2$이 성립할까?

접점의 좌표가 $(0, \pm r)$ 또는 $(\pm r, 0)$이므로
접선의 방정식은 $y=\pm r$ 또는 $x=\pm r$
따라서 이 경우에도 성립한다.

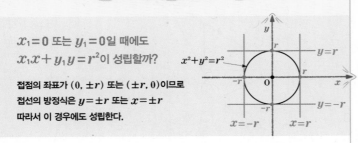

원리확인 다음은 원 $x^2+y^2=10$ 위의 점 $P(1, 3)$에서의 접선의 방정식을 구하는 과정이다. □ 안에 알맞은 수를 써넣으시오.

→ 원점 O에 대하여 직선 OP의 기울기가 3이므로 직선 OP와 수직인 접선의 기울기는 □ 이다.

기울기가 □ 이고 점 $P(1, 3)$을 지나는 직선의 방정식은

$y-3=$ □ $(x-1)$

따라서 구하는 접선의 방정식은

$x+3y=$ □

1st — 원 위의 점에서의 접선의 방정식

● 다음 접선의 방정식을 구하시오.

1 원 $x^2+y^2=20$ 위의 점 $(4, 2)$에서의 접선

→ □ $x+$ □ $y=$ □

따라서 □ $x+y=$ □

2 원 $x^2+y^2=25$ 위의 점 $(-3, 4)$에서의 접선

3 원 $x^2+y^2=9$ 위의 점 $(1, -2\sqrt{2})$에서의 접선

4 원 $x^2+y^2=5$ 위의 점 $(-2, -1)$에서의 접선

5 원 $x^2+y^2=8$ 위의 점 $(2, 2)$에서의 접선

6 원 $x^2+y^2=13$ 위의 점 $(-3, -2)$에서의 접선

😊 **내가 발견한 개념**　　　　원 위의 점에서의 접선의 방정식은?

• 원 $x^2+y^2=r^2$ $(r>0)$ 위의 점 $P(x_1, y_1)$에서의 접선의 방정식

　→ □ $x+$ □ $y=r^2$

2nd 평행이동한 원의 접선의 방정식

7 다음은 원 $(x-2)^2+(y-3)^2=5$ 위의 점 P(3, 5)에서의 접선의 방정식을 구하는 과정이다. ☐ 안에 알맞은 것을 써넣으시오.

원의 중심을 C라 하면 원의 중심 C(2, 3)과 점 P(3, 5)를 지나는 직선의 기울기가 ☐이므로 점 P를 지나는 접선의 기울기는 ☐이다.

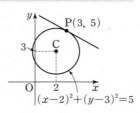

따라서 구하는 접선의 방정식은

$y-5=$ ☐ $(x-3)$

따라서 $y=$ ☐

● 다음 원 위의 점 P에서의 접선의 방정식을 구하시오.

8 $(x-1)^2+(y-3)^2=10$, P(4, 4)

→ 원의 중심을 C라 하면 C(1, ☐)

구하는 접선과 직선 PC는 수직이고 직선 PC의 기울기는 ☐이므로 접선의 기울기는 ☐이다.

따라서 구하는 접선의 방정식은

$y-4=$ ☐ $(x-4)$

따라서 $y=$ ☐

9 $(x+1)^2+(y+2)^2=25$, P(3, 1)

10 $x^2+(y-5)^2=18$, P(3, 8)

11 $(x-4)^2+y^2=13$, P(2, -3)

12 $(x+3)^2+(y-3)^2=5$, P(-1, 2)

13 $(x-6)^2+(y+8)^2=17$, P(2, -9)

개념모음문제

14 원 $x^2+y^2+4x-2y-93=0$ 위의 점 P(5, 8)에서 그은 접선의 방정식이 $ax-y+b=0$일 때, 상수 a, b에 대하여 $a+b$의 값은?

① 8 ② 12 ③ 16

④ 20 ⑤ 24

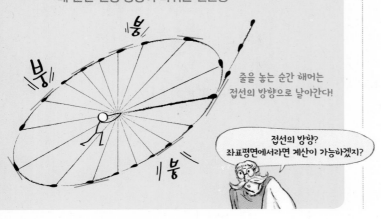

매 순간 진행 방향이 바뀌는 원운동

붕 붕 붕 붕

줄을 놓는 순간 해머는 접선의 방향으로 날아간다!

접선의 방향? 좌표평면에서라면 계산이 가능하겠지?

12

원 밖의 한 점에서 그은 접선의 방정식

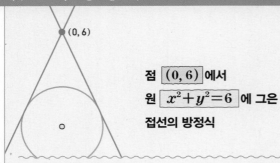

점 $(0, 6)$ 에서
원 $x^2+y^2=6$ 에 그은
접선의 방정식

---

❶ 원 위의 점에서의 접선의 방정식 공식 이용

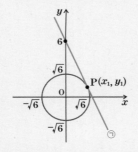

접점의 좌표를 $P(x_1, y_1)$이라 하면
접선의 방정식은
$$x_1x+y_1y=6 \qquad \cdots\cdots ㉠$$

직선 ㉠이 점 $(0, 6)$을 지나므로
$x_1 \times 0+y_1 \times 6=6$에서
$y_1=1$이므로 점 $P(x_1, 1)$ ······ ㉡
점 ㉡이 원 $x^2+y^2=6$ 위의 점이므로
$x_1^2+1^2=6$에서 $x_1=\pm\sqrt{5}$

> 원 밖의 한 점에서 원에 그을 수 있는 접선은 2개야!

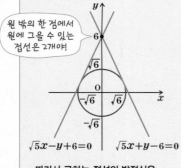

$\sqrt{5}x-y+6=0 \qquad \sqrt{5}x+y-6=0$

따라서 구하는 접선의 방정식은
$\sqrt{5}x+y=6$ 또는 $-\sqrt{5}x+y=6$

❷ 원의 중심과 접선 사이의 거리 이용

접선의 기울기를 m이라 하면
이 접선은 점 $(0, 6)$을 지나므로
접선의 방정식은 y절편
$y=mx+6$에서
$mx-y+6=0$

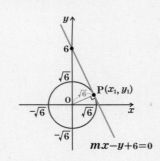

$mx-y+6=0$

원의 중심 $(0, 0)$과
직선 $mx-y+6=0$ 사이의 거리가
원의 반지름의 길이와 같으므로
$$\frac{|6|}{\sqrt{m^2+(-1)^2}}=\sqrt{6}에서$$
$\sqrt{m^2+1}=\sqrt{6}$, $m^2=5$이므로
$m=\pm\sqrt{5}$
따라서 구하는 접선의 방정식은
$y=\sqrt{5}x+6$ 또는 $y=-\sqrt{5}x+6$

⬇

$$\sqrt{5}x-y+6=0 \text{ 또는 } \sqrt{5}x+y-6=0$$

— 원 밖의 한 점에서 그은 접선의 방정식

● 원 위의 점에서의 접선의 방정식을 이용하여 원 밖의 한 점 P에서 원 C에 그은 접선의 방정식을 구하시오.

1 $P(0, 4)$, $C: x^2+y^2=4$

→ 접점의 좌표를 (x_1, y_1)로 놓으면 접선의 방정식은
$x_1x+y_1y=4$
이 직선이 점 $P(0, 4)$를 지나므로
$x_1\times 0+y_1\times\boxed{}=4$에서 $y_1=\boxed{}$
또 점 (x_1, y_1)은 원 위의 점이므로
$x_1^2+y_1^2=4 \qquad \cdots\cdots ㉠$
$y_1=1$을 ㉠에 대입하면
$x_1^2+1^2=4$에서
$x_1=\boxed{}$ 또는 $x_1=\sqrt{3}$
따라서 구하는 접선의 방정식은
$\sqrt{3}x-y+\boxed{}=0$ 또는 $\sqrt{3}x+y-\boxed{}=0$

2 $P(-2, 0)$, $C: x^2+y^2=1$

3 $P(3, 1)$, $C: x^2+y^2=2$

4 $P(5, 5)$, $C: x^2+y^2=10$

5 $P(2, -4)$, $C: x^2+y^2=4$

● 원의 중심과 접선 사이의 거리를 이용하여 점 P에서 원 C에 그은 접선의 방정식을 구하시오.

6 $P(0, 2)$, $C: x^2+y^2=1$

→ 원 C의 중심은 $(0, 0)$, 반지름의 길이는 ☐ 이다.

접선의 기울기를 m으로 놓으면 접선의 방정식은

$y=mx+2$, 즉 $mx-y+2=0$

원의 중심 $(0, 0)$과 접선 사이의 거리는 반지름의 길이

1과 같으므로

$$\frac{|m\times 0+(-1)\times 0+2|}{\sqrt{m^2+(-1)^2}}=\boxed{}, \sqrt{m^2+1}=2$$

양변을 제곱하면

$m^2+1=4$, $m^2=\boxed{}$ 이므로 $m=\pm\boxed{}$

따라서 구하는 접선의 방정식은

$\boxed{}x-y+2=0$ 또는 $\boxed{}x+y-2=0$

7 $P(3, -1)$, $C: x^2+y^2=5$

기울기가 m이고 점 (x_1, y_1)을 지나는 직선의 방정식은 $y-y_1=m(x-x_1)$이야!

8 $P(2, 1)$, $C: x^2+y^2=1$

9 $P(8, -4)$, $C: x^2+y^2=8$

10 $P(-2, 4)$, $C: x^2+y^2=16$

2ⁿᵈ — 평행이동한 원의 접선의 방정식

11 다음은 점 $(0, 0)$에서 원 $(x+2)^2+(y-1)^2=1$에 그은 접선의 기울기를 구하는 과정이다. ☐ 안에 알맞은 것을 써넣으시오. (단, $m\neq 0$)

접선의 기울기를 m으로 놓으면 접선의 방정식은

$y=mx$, 즉 $mx-y=0$

원의 중심 $(-2, 1)$과 접선 $mx-y=0$ 사이의 거리는

원의 반지름의 길이 ☐ 과 같으므로

$$\frac{|m\times(-2)+(-1)\times 1|}{\sqrt{m^2+(-1)^2}}=\boxed{}$$

$\sqrt{m^2+1}=|-2m-1|$

양변을 제곱하여 정리하면

$3m^2+4m=0$, $m(\boxed{})=0$

따라서 $m\neq 0$이므로 $m=\boxed{}$

원의 접선의 방정식을 구할 수 있는 경우는?

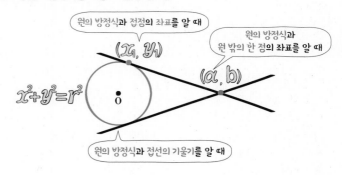

● 다음 점 P에서 원 C에 그은 접선의 기울기를 구하시오.

12 $P(4, 5)$, $C: (x-2)^2+(y+1)^2=20$

13 $P(-1, 9)$, $C: (x+1)^2+(y+1)^2=10$

좌표평면에서 점들의 자취!

자취의 방정식; 원

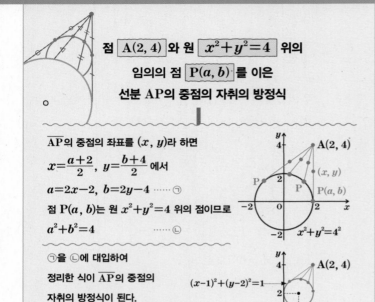

점 $\boxed{A(2, 4)}$ 와 원 $\boxed{x^2+y^2=4}$ 위의

임의의 점 $\boxed{P(a, b)}$ 를 이은

선분 AP의 중점의 자취의 방정식

$\overline{AP}$의 중점의 좌표를 (x, y)라 하면

$x=\dfrac{a+2}{2}$, $y=\dfrac{b+4}{2}$ 에서

$a=2x-2$, $b=2y-4$ ······ ㉠

점 $P(a, b)$는 원 $x^2+y^2=4$ 위의 점이므로

$a^2+b^2=4$ ······ ㉡

㉠을 ㉡에 대입하여

정리한 식이 $\overline{AP}$의 중점의

자취의 방정식이 된다.

즉 $(2x-2)^2+(2y-4)^2=4$ 이므로

$$(x-1)^2+(y-2)^2=1$$

• **자취의 방정식을 구하는 방법**

(ⅰ) 구하는 점의 좌표를 (x, y)로 놓는다.

(ⅱ) 주어진 조건을 만족시키는 x, y 사이의 관계식을 구한다.

1st ─ 자취의 방정식

1 다음은 점 $A(4, 6)$과 원 $x^2+y^2=16$ 위의 임의의 점 P를 이은 선분 AP의 중점의 자취의 방정식을 구하는 과정이다. □ 안에 알맞은 수를 써넣으시오.

원 위의 점 P의 좌표를 (a, b), 선분 AP의 중점의 좌표를 (x, y)라 하면 $x=\dfrac{4+a}{2}$, $y=\dfrac{6+b}{2}$

즉 $a=2x-\boxed{}$, $b=2y-\boxed{}$ ······ ㉠

점 P가 원 $x^2+y^2=16$ 위의 점이므로

$a^2+b^2=16$ ······ ㉡

㉠을 ㉡에 대입하면

$(2x-\boxed{})^2+(2y-\boxed{})^2=16$

따라서 $(x-\boxed{})^2+(y-\boxed{})^2=4$

● 다음 점 A와 원 C 위의 임의의 점 P를 이은 선분 AP의 중점의 자취의 방정식을 구하시오.

2 $A(0, 4)$, $C: x^2+y^2=8$

3 $A(-1, 5)$, $C: x^2+y^2=12$

4 $A(2, -8)$, $C: x^2+y^2=4$

5 $A(3, -2)$, $C: (x-1)^2+(y-2)^2=12$

6 $A(-2, -1)$, $C: (x+3)^2+(y-5)^2=2$

---

7 $A(0, 0)$, $C: (x+6)^2+(y+7)^2=1$

8 $A(-8, 0)$, $C: x^2+y^2-12x-6y+9=0$

9 $A(5, -8)$, $C: x^2+y^2+4x-10y+4=0$

10 $A(0, 7)$, $C: x^2+y^2+6x+8y-8=0$

11 다음은 두 점 $A(1, 0)$, $B(-2, 0)$에 대하여 $\overline{PA} : \overline{PB}=1 : 2$를 만족시키는 점 P의 자취의 방정식을 구하는 과정이다. □ 안에 알맞은 수를 써넣으시오.

점 P의 좌표를 (x, y)라 하면
$\overline{PA}=\sqrt{(x-1)^2+y^2}$, $\overline{PB}=\sqrt{(x+2)^2+y^2}$
$\overline{PA} : \overline{PB}=1 : 2$에서 □$\overline{PA}=\overline{PB}$이므로
□$\overline{PA}^2=\overline{PB}^2$
□$\{(x-1)^2+y^2\}=(x+2)^2+y^2$
따라서 x^2+y^2-□$x=0$

● 다음 두 점 A, B에 대하여 주어진 조건을 만족시키는 점 P의 자취의 방정식을 구하시오.

12 $A(0, 4)$, $B(0, -3)$, $\overline{PA} : \overline{PB}=4 : 3$

13 $A(-4, 0)$, $B(1, 0)$, $\overline{PA} : \overline{PB}=3 : 2$

14 $A(-2, -2)$, $B(1, 1)$, $\overline{PA} : \overline{PB}=2 : 1$

15 $A(4, -1)$, $B(-2, 5)$, $\overline{PA} : \overline{PB}=1 : 2$

16 $A(1, 3)$, $B(-3, 3)$, $\overline{PA} : \overline{PB}=1 : 3$

개념모음문제
17 두 점 $A(3, -2)$, $B(6, 1)$에 대하여 점 P는 $2\overline{AP}=\overline{BP}$를 만족시킨다. 점 P가 나타내는 도형의 넓이는?

① 2π ② 4π ③ 6π
④ 8π ⑤ 10π

10 기울기가 주어진 원의 접선의 방정식
- 원 $x^2+y^2=r^2$ $(r>0)$에 접하고 기울기가 m인 직선의 방정식
  → $y=mx\pm r\sqrt{m^2+1}$

11 원 위의 점에서의 접선의 방정식
- 원 $x^2+y^2=r^2$ $(r>0)$ 위의 점 $\mathrm{P}(x_1,\,y_1)$에서의 접선의 방정식
  → $x_1x+y_1y=r^2$

1 직선 $y=2x+3$에 평행하고 원 $x^2+y^2=5$에 접하는 두 직선이 y축과 만나는 점을 각각 P, Q라 할 때, 선분 PQ의 길이는?

① 6   ② 7   ③ 8
④ 9   ⑤ 10

4 원 $x^2+y^2=8$ 위의 점 $(-2,\,-2)$에서의 접선과 x축, y축으로 둘러싸인 부분의 넓이는?

① 4   ② 8   ③ 12
④ 16   ⑤ 20

2 원 $x^2+y^2-6x+2y+8=0$에 접하고 x축의 양의 방향과 이루는 각의 크기가 $45°$인 접선의 방정식이 $y=ax+b$ 또는 $y=cx+d$일 때, 상수 $a,\ b,\ c,\ d$에 대하여 $a+b+c+d$의 값은?

① -6 ② -4 ③ -2
④ 2   ⑤ 4

5 원 $x^2+y^2=10$ 위의 점 $(a,\,b)$에서의 접선의 기울기가 3일 때, ab의 값은?

① -6 ② -3 ③ -1
④ 1   ⑤ 3

3 원 $(x+2)^2+(y-4)^2=9$에 접하고 기울기가 2인 두 직선의 y절편의 곱은?

① 15   ② 17   ③ 19
④ 21   ⑤ 23

6 원 $x^2+y^2+2x-4y-5=0$ 위의 점 $(-4,\,3)$에서의 접선의 방정식이 $y=ax+b$일 때, 상수 $a,\ b$에 대하여 $a+b$의 값을 구하시오.

12 원 밖의 한 점에서 그은 접선의 방정식
- 원 위의 점 (x_1, y_1)에서의 접선의 방정식 $x_1 x + y_1 y = r^2$을 이용
- 원의 성질을 이용
→ (원의 중심에서 접선까지의 거리)=(반지름의 길이)

13 자취의 방정식; 원
- 자취의 방정식을 구하는 방법
  (ⅰ) 구하는 점의 좌표를 (x, y)로 놓는다.
  (ⅱ) 주어진 조건을 만족시키는 x, y 사이의 관계식을 구한다.

7 점 $(-6, 0)$에서 원 $x^2 + y^2 = 9$에 그은 접선의 방정식이 $y = mx + n$일 때, 상수 m, n에 대하여 mn의 값은?

① $\sqrt{2}$ ② $\sqrt{3}$ ③ 2
④ $2\sqrt{2}$ ⑤ $2\sqrt{3}$

10 점 A$(2, -1)$과 원 $(x+2)^2 + (y-1)^2 = 4$ 위의 임의의 점 P에 대하여 선분 AP의 중점의 자취의 길이는?

① π ② 2π ③ 3π
④ 4π ⑤ 5π

8 점 $(2, 6)$에서 원 $x^2 + y^2 = r^2$에 그은 두 접선이 서로 수직일 때, 양수 r의 값은?

① $\sqrt{3}$ ② 3   ③ $\sqrt{10}$
④ 4   ⑤ $2\sqrt{5}$

11 두 점 A$(1, 0)$, B$(4, 3)$에 대하여 $2\overline{PA} = \overline{PB}$인 점 P가 나타내는 도형의 넓이를 구하시오.

9 점 $(3, 2)$에서 원 $(x-4)^2 + (y+1)^2 = 4$에 그은 두 접선의 기울기의 합은?

① -2 ② -1 ③ 1
④ 2   ⑤ 3

12 원점 O와 점 A$(10, 0)$에 대하여 점 P는 $\overline{OP} : \overline{AP} = 3 : 2$를 만족시킨다. 점 P의 자취의 방정식이 $(x-a)^2 + y^2 = b$일 때, 상수 a, b에 대하여 $\dfrac{b}{a}$의 값은?

① 2   ② 4   ③ 6
④ 8   ⑤ 10

TEST 개념 발전

1 원 $(x+1)^2+(y-2)^2=9$와 중심이 같고 점 $(2, -1)$을 지나는 원의 넓이는?

① 6π ② 9π ③ 12π
④ 15π ⑤ 18π

2 방정식 $x^2+y^2-4x+ay-3=0$이 나타내는 도형이 반지름의 길이가 4인 원일 때, 양수 a의 값은?

① 2 ② 3 ③ 4
④ 5 ⑤ 6

3 세 직선 $x-y=4$, $2x-y=6$, $3x-y=10$으로 둘러싸인 삼각형의 외접원의 둘레의 길이는?

① 2π ② 4π ③ 6π
④ 8π ⑤ 10π

4 원 $x^2+y^2-2kx-2ky+3k-2=0$이 x축에 접하도록 하는 모든 실수 k의 값의 합을 구하시오.

5 중심이 직선 $y=2x-3$ 위에 있고 x축과 y축에 동시에 접하는 원의 반지름의 길이는?

(단, 원의 중심의 좌표는 제1사분면에 있다.)

① 1 ② 2 ③ 3
④ 4 ⑤ 5

6 원 $x^2+y^2+x+ay-10=0$이 원 $x^2+(y-2)^2=4$의 둘레의 길이를 이등분할 때, 상수 a의 값은?

① -2 ② -1 ③ 0
④ 1 ⑤ 2

7 원 $(x+1)^2+(y-1)^2=4$ 위를 움직이는 점 P와 원 $x^2+y^2-4x+6y-3=0$ 위를 움직이는 점 Q에 대하여 선분 PQ의 길이의 최댓값은?

① 11 ② 12 ③ 13
④ 14 ⑤ 15

8 두 원 $x^2+y^2=4$, $(x+2)^2+(y-1)^2=4$가 만나는 두 점을 A, B라 할 때, 선분 AB의 중점의 좌표는 (a, b)이다. 상수 a, b에 대하여 $a+b$의 값은?

① -1 ② $-\dfrac{1}{2}$ ③ 0
④ $\dfrac{1}{2}$ ⑤ 1

9 직선 $x+2y+a=0$이 원 $(x-4)^2+(y-1)^2=20$에 접할 때, 양수 a의 값은?

① 1   ② 2   ③ 3

④ 4   ⑤ 5

10 원 $x^2+y^2=25$와 직선 $x+y=k$가 만나도록 하는 정수 k의 개수는?

① 11   ② 13   ③ 15

④ 17   ⑤ 19

11 점 $P(5, 6)$에서 원 $x^2+(y-2)^2=r^2$에 그은 접선의 길이가 $4\sqrt{2}$일 때, 원 $x^2+(y-2)^2=r^2$의 넓이는?

(단, r은 양수이다.)

① 5π ② 6π ③ 7π

④ 8π ⑤ 9π

12 원 $(x+2)^2+(y-1)^2=10$ 위의 점 $(1, 2)$에서 접선이 x축 및 y축과 만나는 점을 각각 A, B라 할 때, 삼각형 OAB의 넓이는? (단, O는 원점이다.)

① $\dfrac{5}{2}$ ② $\dfrac{10}{3}$ ③ $\dfrac{25}{6}$

④ 5   ⑤ $\dfrac{35}{6}$

13 원 $(x-2)^2+y^2=10$에 접하고 직선 $y=3x-5$와 평행한 두 직선이 x축과 만나는 점을 각각 A, B라 할 때, 선분 AB의 길이는?

① 4   ② $\dfrac{13}{2}$ ③ $\dfrac{20}{3}$

④ 7   ⑤ $\dfrac{29}{4}$

14 점 $A(4, 2)$와 원 $(x-1)^2+(y-2)^2=3$ 위의 임의의 점 P에 대하여 선분 AP의 중점이 나타내는 도형의 길이는 $k\pi$이다. 상수 k의 값을 구하시오.

15 원 $x^2+y^2+4y-1=0$이 직선 $y=mx$에 의하여 잘린 선분의 길이의 최솟값은? (단, m은 상수이다.)

① 2   ② $\dfrac{5}{2}$ ③ 3

④ $\dfrac{7}{2}$ ⑤ 4

4

움직임을 식으로!
도형의 이동

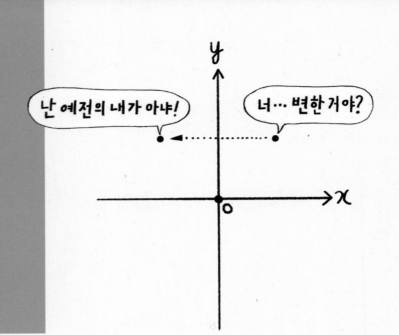

움직임의 표현!

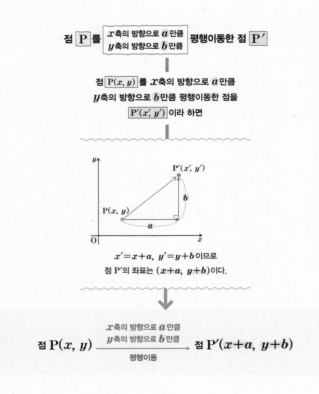

점 P 를 $\begin{array}{l} x축의\ 방향으로\ a만큼 \\ y축의\ 방향으로\ b만큼 \end{array}$ 평행이동한 점 P'

↓

점 $P(x, y)$ 를 x 축의 방향으로 a 만큼
y 축의 방향으로 b 만큼 평행이동한 점을
$P'(x', y')$ 이라 하면

$x'=x+a$, $y'=y+b$ 이므로
점 P' 의 좌표는 $(x+a, y+b)$ 이다.

↓

점 $P(x, y)$ $\xrightarrow[\text{평행이동}]{\begin{array}{l} x축의\ 방향으로\ a만큼 \\ y축의\ 방향으로\ b만큼 \end{array}}$ 점 $P'(x+a, y+b)$

평행이동

01 점의 평행이동
02 도형의 평행이동

좌표평면에서 점의 평행이동의 뜻을 이해하고, 평행이동한 점의 좌표를 구하는 연습을 할 거야.
점 $P(x, y)$ 를 x 축의 방향으로 a 만큼, y 축의 방향으로 b 만큼 평행이동하면 점 $P'(x+a, y+b)$ 로 나타낼 수 있어.
또 좌표평면에서 도형의 평행이동의 뜻을 이해하고, 평행이동한 도형의 방정식을 구해 볼 거야.
방정식 $f(x, y)=0$ 이 나타내는 도형을 x 축의 방향으로 a 만큼, y 축의 방향으로 b 만큼 평행이동한 도형의 방정식은 $f(x-a, y-b)=0$ 이야.
이때 평행이동을 해도 도형의 모양과 크기는 변하지 않음을 꼭 기억해야 해!

움직임의 표현!

점 (x, y) 를 대칭이동한 점은?

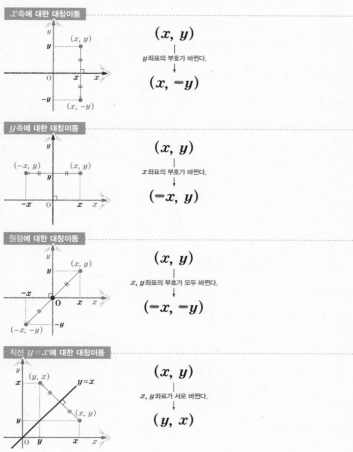

x축에 대한 대칭이동

$$(x, y)$$

y좌표의 부호가 바뀐다.

$$(x, -y)$$

y축에 대한 대칭이동

$$(x, y)$$

x좌표의 부호가 바뀐다.

$$(-x, y)$$

원점에 대한 대칭이동

$$(x, y)$$

x, y좌표의 부호가 모두 바뀐다.

$$(-x, -y)$$

직선 $y=x$에 대한 대칭이동

$$(x, y)$$

x, y좌표가 서로 바뀐다.

$$(y, x)$$

대칭이동

03 점의 대칭이동
04 도형의 대칭이동
05 도형의 평행이동과 대칭이동

좌표평면에서 x축, y축, 원점 및 직선 $y=x$에 대한 점의 대칭이동과 도형의 대칭이동의 뜻을 이해하고, 대칭이동한 점의 좌표, 도형의 방정식을 구해 볼 거야. 대칭이동한 점 또는 대칭이동한 도형의 방정식에 대한 특징을 잘 익혀 두고 각 경우의 규칙을 이해하면 어렵지 않을 거야. 또 원점에 대한 대칭이동과 직선 $y=x$에 대한 대칭이동을 혼동하지 않도록 주의해야 해!

움직임의 표현!

점 P 를 점 A 에 대하여 대칭이동한 점 P′

점 $P(x, y)$를 점 $A(a, b)$에 대하여 대칭이동한 점을 $P'(x', y')$이라 하면

점 A는 $\overline{PP'}$의 중점이므로 $a=\dfrac{x+x'}{2}$, $b=\dfrac{y+y'}{2}$

즉 $x'=2a-x$, $y'=2b-y$이므로

점 P'의 좌표는 $(2a-x, 2b-y)$이다.

$$\text{점 } P(x, y) \xrightarrow[\text{대칭이동}]{\text{점 } A(a, b)\text{에 대하여}} \text{점 } P'(2a-x, 2b-y)$$

~에 대한 대칭이동

06 점에 대한 대칭이동
07 직선에 대한 대칭이동
08 대칭이동을 이용한 '선분의 길이의 합'의 최솟값

이 단원에서는 점 $P(x, y)$를 점 $A(a, b)$에 대하여 대칭이동한 점 $P'(x', y')$을 구하는 연습을 해 볼 거야. 이때 점 A는 선분 PP'의 중점임을 이용하여 구하면 돼.

마찬가지로 점 $P(x, y)$를 직선 $y=ax+b$에 대하여 대칭이동한 점 $P'(x', y')$도 구해 볼 거야. 이때 선분 PP'의 중점은 직선 $y=ax+b$ 위의 점이고, 직선 PP'과 직선 $y=ax+b$는 수직으로 만나니까 두 직선의 기울기의 곱이 -1임을 이용하면 돼!

01

점의 평행이동

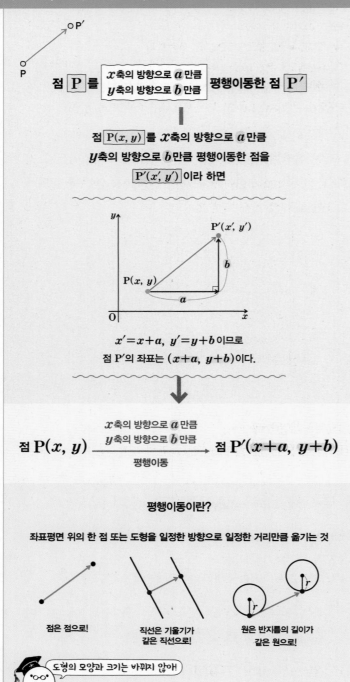

점 $\boxed{P}$ 를 $\begin{aligned} &x\text{축의 방향으로 } a \text{ 만큼} \\ &y\text{축의 방향으로 } b \text{ 만큼} \end{aligned}$ 평행이동한 점 $\boxed{P'}$

점 $\boxed{P(x, y)}$ 를 x축의 방향으로 a만큼
y축의 방향으로 b만큼 평행이동한 점을
$\boxed{P'(x', y')}$ 이라 하면

$x' = x + a$, $y' = y + b$ 이므로
점 P'의 좌표는 $(x+a, y+b)$ 이다.

점 P(x, y) $\xrightarrow[\text{평행이동}]{\substack{x\text{축의 방향으로 } a \text{ 만큼} \\ y\text{축의 방향으로 } b \text{ 만큼}}}$ 점 P$'(x+a, y+b)$

평행이동이란?

좌표평면 위의 한 점 또는 도형을 일정한 방향으로 일정한 거리만큼 옮기는 것

점은 점으로! | 직선은 기울기가 같은 직선으로! | 원은 반지름의 길이가 같은 원으로!

도형의 모양과 크기는 바뀌지 않아!

원리확인 다음 □ 안에 알맞은 수를 써넣으시오.

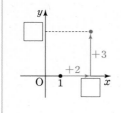

→ 점 $(1, 0)$을 x축의 방향으로 2만큼, y축의 방향으로 3만큼 평행이동한 점의 좌표는 $(\boxed{}, \boxed{})$

1st ― 평행이동한 점의 좌표

● 다음 점의 좌표를 구하시오.

1 점 $(2, 3)$을 x축의 방향으로 4만큼, y축의 방향으로 3만큼 평행이동한 점

→ $(2+\boxed{}, 3+\boxed{})$이므로 $(\boxed{}, \boxed{})$

2 점 $(-3, 1)$을 x축의 방향으로 5만큼, y축의 방향으로 -2만큼 평행이동한 점

3 점 $(5, -2)$를 x축의 방향으로 -3만큼, y축의 방향으로 2만큼 평행이동한 점

4 점 $(-6, -1)$을 x축의 방향으로 2만큼, y축의 방향으로 5만큼 평행이동한 점

5 점 $(0, 8)$을 x축의 방향으로 7만큼, y축의 방향으로 -5만큼 평행이동한 점

● 주어진 평행이동에 의하여 다음 점이 이동한 점의 좌표를 구하시오.

6

(1) $(3, -2)$

→ (☐ -3, ☐ $+4$)이므로 (☐ , ☐)

(2) $(5, 1)$

(3) $(-4, 6)$

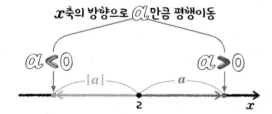

(4) $(3, -7)$

(5) $(-8, 0)$

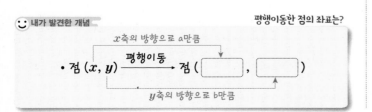

2nd — 점의 평행이동을 이용하여 구하는 미지수의 값

● 주어진 평행이동에 의하여 다음과 같이 점이 이동할 때, a, b의 값을 구하시오.

7 $(x, y) \longrightarrow (x+a, y+b)$

(1) $(1, 2) \longrightarrow (4, 3)$

→ $(1, 2) \longrightarrow (1+a, 2+b)$이므로

$1+a =$ ☐ , $2+b =$ ☐

따라서 $a =$ ☐ , $b =$ ☐

(2) $(3, -2) \longrightarrow (6, 1)$

(3) $(-7, 4) \longrightarrow (-5, -1)$

(4) $(-2, -6) \longrightarrow (-4, 2)$

(5) $(-1, -8) \longrightarrow (-7, -9)$

개념모음문제

8 점 A를 x축의 방향으로 -5만큼, y축의 방향으로 3만큼 평행이동하였더니 점 $(3, -6)$과 일치하였다. 점 A의 좌표는?

① $(-2, -9)$ ② $(-2, -3)$

③ $(2, 3)$ ④ $(8, -9)$

⑤ $(8, 9)$

02

움직임의 표현!

도형의 평행이동

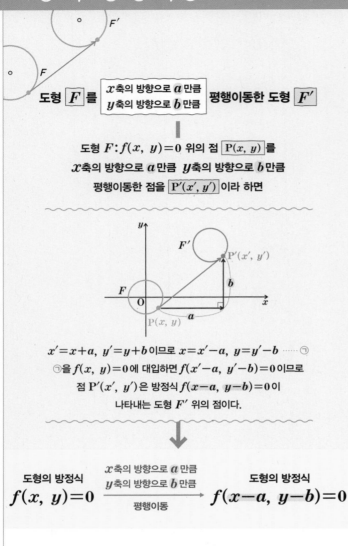

도형 F 를
x축의 방향으로 a 만큼
y축의 방향으로 b 만큼
평행이동한 도형 F'

도형 $F: f(x, y)=0$ 위의 점 $P(x, y)$ 를
x축의 방향으로 a만큼 y축의 방향으로 b만큼
평행이동한 점을 $P'(x', y')$ 이라 하면

$x'=x+a$, $y'=y+b$이므로 $x=x'-a$, $y=y'-b$ ……㉠
㉠을 $f(x, y)=0$에 대입하면 $f(x'-a, y'-b)=0$이므로
점 $P'(x', y')$은 방정식 $f(x-a, y-b)=0$이
나타내는 도형 F' 위의 점이다.

도형의 방정식
$f(x, y)=0$
x축의 방향으로 a 만큼
y축의 방향으로 b 만큼
평행이동
도형의 방정식
$f(x-a, y-b)=0$

• x, y에 대한 식을 $f(x, y)$로 나타내면 일반적으로 모든 좌표평면 위
의 도형의 방정식은 $f(x, y)=0$ 꼴로 나타낼 수 있다.

원리확인 다음은 직선 $x+y+2=0$을 x축의 방향으로 3만큼, y축의
방향으로 2만큼 평행이동한 도형의 방정식을 구하는 과정
이다. □ 안에 알맞은 수를 써넣으시오.

→ 직선 $x+y+2=0$ 위의 한 점 $P(x, y)$를 x축의 방향
으로 3만큼, y축의 방향으로 2만큼 평행이동한 점을
$P'(x', y')$이라 하면
$x'=x+\boxed{}$, $y'=y+\boxed{}$이므로
$x=x'-\boxed{}$, $y=y'-\boxed{}$ ……㉠
㉠을 $x+y+2=0$에 대입하면
$(x'-\boxed{})+(y'-\boxed{})+2=0$
따라서 구하는 도형의 방정식은 $x+y-\boxed{}=0$

1st 평행이동한 도형의 방정식

● 다음 도형의 방정식을 구하시오.

1 직선 $x+3y+5=0$을 x축의 방향으로 4만큼, y축
의 방향으로 -2만큼 평행이동한 도형

→ $x+3y+5=0$에 x 대신 $\boxed{}$, y 대신 $\boxed{}$를 대입하면

$\boxed{}+3(\boxed{})+5=0$

따라서 $x+3y+\boxed{}=0$

직선을 평행이동해도 직선의
기울기는 변하지 않는다.

2 직선 $4x+2y-1=0$을 x축의 방향으로 -3만큼, y
축의 방향으로 -4만큼 평행이동한 도형

3 포물선 $y=x^2+4x$를 x축의 방향으로 -5만큼, y축
의 방향으로 2만큼 평행이동한 도형

4 원 $(x+1)^2+(y+1)^2=4$를 x축의 방향으로 3만큼,
y축의 방향으로 5만큼 평행이동한 도형

5 원 $(x+5)^2+(y-3)^2=25$를 x축의 방향으로 -2
만큼, y축의 방향으로 6만큼 평행이동한 도형

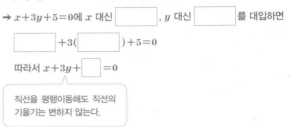

😊 **내가 발견한 개념** 평행이동한 도형의 방정식은?

x축의 방향으로 a만큼

• $f(x, y)=0$ $\xrightarrow{\text{평행이동}}$ f($\boxed{}$, $\boxed{}$)=0

y축의 방향으로 b만큼

● 주어진 평행이동에 의하여 다음 도형이 이동한 도형의 방정식을
구하시오.

6 $(x, y) \longrightarrow (x-5, y+3)$

(1) $x+2y-7=0$

→ 평행이동 $(x, y) \longrightarrow (x-5, y+3)$은 점 (x, y)를 x축의 방향으로

□ 만큼, y축의 방향으로 □ 만큼 평행이동한 것이다.

즉 $x+2y-7=0$에 x 대신 □ ,

y 대신 □ 을 대입하면

□ $+2($ □ $)-7=0$

따라서 $x+2y-$ □ $=0$

(2) $y=8x+4$

(3) $y=x^2+16$

(4) $y=(x-2)^2-5$

(5) $(x+2)^2+(y-5)^2=1$

● 도형 $f(x, y)=0$을 주어진 도형으로 옮기는 평행이동에 의하여
다음 도형이 이동한 도형의 방정식을 구하시오.

7 $f(x+2, y-4)=0$

(1) $y=3x+5$

→ 도형 $f(x, y)=0$을 $f(x+2, y-4)=0$으로 옮기는 평행이동은

도형을 x축의 방향으로 □ 만큼, y축의 방향으로 □ 만큼

평행이동한 것이다.

즉 $y=3x+5$에 x 대신 □ , y 대신 □ 를 대입하면

□ $=3($ □ $)+5$

따라서 $y=3x+$ □

(2) $2x+y+1=0$

(3) $y=-(x+1)^2+4$

(4) $y=x^2-2x+6$

(5) $(x-3)^2+(y+1)^2=10$

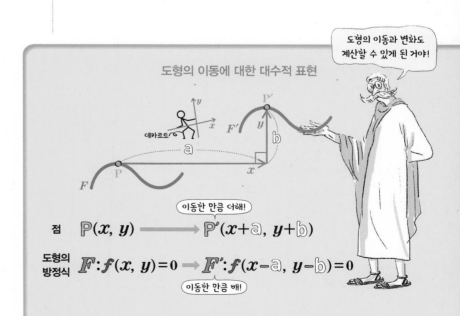

2nd — 평행이동한 원의 방정식을 이용하여 구하는 미지수의 값

● 원 $x^2+y^2=9$를 x축의 방향으로 a만큼, y축의 방향으로 b만큼 평행이동한 원의 방정식이 다음과 같을 때, a, b의 값을 구하시오.

8 $(x-7)^2+y^2=9$

→ 원 $x^2+y^2=9$를 x축의 방향으로 a만큼, y축의 방향으로 b만큼 평행

이동한 원의 방정식은

$(x-\boxed{})^2+(y-\boxed{})^2=9$

> 원을 평행이동해도 원의 반지름의 길이는 변하지 않는다.

이 식이 $(x-7)^2+y^2=9$와 같으므로

$a=\boxed{}$, $b=\boxed{}$

9 $x^2+(y+6)^2=9$

10 $(x-1)^2+(y+3)^2=9$

11 $(x+2)^2+(y+9)^2=9$

● 두 원 C, C'이 다음과 같을 때, 원 C를 x축의 방향으로 a만큼, y축의 방향으로 b만큼 평행이동하면 원 C'과 일치한다. a, b의 값을 구하시오.

12 $C: (x-2)^2+(y+1)^2=4$

　　$C': (x-5)^2+(y+3)^2=4$

→ 원 C의 중심의 좌표는 $(2, -1)$

원 C'의 중심의 좌표는 $(\boxed{}, \boxed{})$

따라서 $2+a=\boxed{}$, $-1+b=\boxed{}$ 이므로

$a=\boxed{}$, $b=\boxed{}$

13 $C: (x-3)^2+(y-2)^2=9$

　　$C': (x+6)^2+(y+1)^2=9$

14 $C: (x+7)^2+(y+4)^2=16$

　　$C': (x+5)^2+(y-2)^2=16$

15 $C: (x+2)^2+(y-6)^2=25$

　　$C': (x-4)^2+(y+9)^2=25$

개념모음문제

16 원 $(x-1)^2+(y+3)^2=1$을 x축의 방향으로 a만큼, y축의 방향으로 b만큼 평행이동하였더니 원 $x^2+y^2+4x-6y+12=0$과 일치하였다. $a+b$의 값은?

①　-6　　　②　-3　　　③　0

④　3　　　　⑤　6

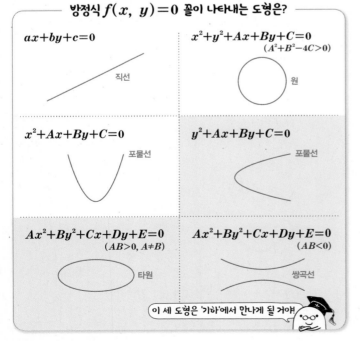

방정식 $f(x, y)=0$ 꼴이 나타내는 도형은?

$ax+by+c=0$ 직선	$x^2+y^2+Ax+By+C=0$ $(A^2+B^2-4C>0)$ 원
$x^2+Ax+By+C=0$ 포물선	$y^2+Ax+By+C=0$ 포물선
$Ax^2+By^2+Cx+Dy+E=0$ $(AB>0, A\neq B)$ 타원	$Ax^2+By^2+Cx+Dy+E=0$ $(AB<0)$ 쌍곡선

이 세 도형은 '기하'에서 만나게 될 거야!

3ʳᵈ ─ 평행이동한 직선의 방정식을 이용하여 구하는 미지수의 값

● 주어진 직선이 다음 조건을 만족시킬 때, a의 값을 구하시오.

17 점 $(-1, 2)$를 지나고 직선 $2x-y-4=0$을 x축의 방향으로 a만큼 평행이동한 직선이다.

→ x 대신 $\boxed{}$ 를 $2x-y-4=0$에 대입하면

$2(\boxed{})-y-4=0$

이 직선이 점 $(-1, 2)$를 지나므로

$2(\boxed{}-a)-\boxed{}-4=0$

따라서 $a=\boxed{}$

18 직선 $x-3y-6=0$을 y축의 방향으로 a만큼 평행이동하면 점 $(3, -5)$를 지난다.

19 직선 $5x-y+2=0$을 x축의 방향으로 1만큼 평행이동하면 점 $(a, 7)$을 지난다.

20 직선 $3x-4y+9=0$을 y축의 방향으로 -3만큼 평행이동한 점 $(-3, a)$를 지난다.

개념모음문제
21 직선 $4x+y+3=0$을 x축의 방향으로 2만큼, y축의 방향으로 a만큼 평행이동하였더니 직선 $4x+y-6=0$과 일치하였다. 이 평행이동에 의하여 점 $(-6, 5)$가 이동하는 점의 좌표는?
(단, a는 상수)

① $(-8, 4)$ ② $(-4, 6)$ ③ $(-2, 1)$
④ $(3, 6)$ ⑤ $(5, -6)$

4ᵗʰ ─ 평행이동한 포물선의 방정식을 이용하여 구하는 미지수의 값

● 주어진 포물선이 다음 조건을 만족시킬 때, a의 값을 구하시오.

22 점 $(2, 3)$을 지나고 포물선 $y=(x+4)^2-1$을 x축의 방향으로 a만큼 평행이동한 포물선이다.

→ x 대신 $\boxed{}$ 를 $y=(x+4)^2-1$에 대입하면

$y=(x-\boxed{}+4)^2-1$

이 포물선이 점 $(2, 3)$을 지나므로

$\boxed{}=(\boxed{}-a+4)^2-1$, $(\boxed{}-a)^2=\boxed{}$

$\boxed{}-a=\pm2$

따라서 $a=\boxed{}$ 또는 $a=8$

23 점 $(4, 4)$를 지나고 포물선 $y=3(x-2)^2+1$을 x축의 방향으로 a만큼 평행이동한 포물선이다.

24 점 $(-1, 4)$를 지나고 포물선 $y=-x^2-4x+3$을 y축의 방향으로 a만큼 평행이동한 포물선이다.

25 점 $(-2, a)$를 지나고 포물선 $y=3x^2+6x-8$을 y축의 방향으로 3만큼 평행이동한 포물선이다.

개념모음문제
26 이차함수 $y=(x+1)^2+5$의 그래프를 x축의 방향으로 2만큼, y축의 방향으로 a만큼 평행이동하였더니 $y=(x-b)^2+8$의 그래프와 일치하였다. 상수 a, b에 대하여 $a+b$의 값은?

① -4 ② -2 ③ 2
④ 4 ⑤ 6

움직임의 표현!

점의 대칭이동

점 (x, y) 를 대칭이동한 점은?

x축에 대한 대칭이동

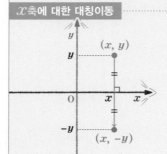

(x, y)

y좌표의 부호가 바뀐다.

↓

$(x, -y)$

y축에 대한 대칭이동

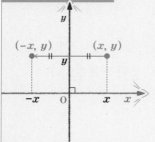

(x, y)

x좌표의 부호가 바뀐다.

↓

$(-x, y)$

원점에 대한 대칭이동

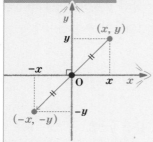

(x, y)

x, y좌표의 부호가 모두 바뀐다.

↓

$(-x, -y)$

직선 $y=x$에 대한 대칭이동

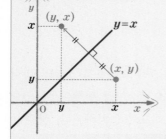

(x, y)

x, y좌표가 서로 바뀐다.

↓

(y, x)

대칭이동이란?

도형을 주어진 점 또는 직선에 대하여 대칭인 도형으로 옮기는 것.

점대칭이동

선대칭이동

원리확인 점 A를 다음에 대하여 대칭이동한 점의 좌표를 구하려 한다. □ 안에 알맞은 수를 써넣으시오.

$$A(-3, 1)$$

❶

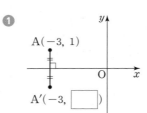

x축에 대하여 대칭이동한 점 A′

➡ A′$(-3, \boxed{})$

❷

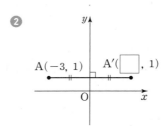

y축에 대하여 대칭이동한 점 A′

➡ A′$(\boxed{}, 1)$

❸

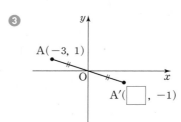

원점에 대하여 대칭이동한 점 A′

➡ A′$(\boxed{}, \boxed{})$

❹

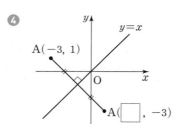

직선 $y=x$에 대하여 대칭이동한 점 A′

➡ A′$(\boxed{}, \boxed{})$

1st — 대칭이동한 점의 좌표

● 다음 주어진 조건에 따른 점의 좌표를 구하시오.

1 x축에 대하여 대칭이동

(1) $(3, 4)$ → $(3, \boxed{})$

> y좌표의 부호만 바뀐다.

(2) $(-5, 1)$

(3) $(-3, -2)$

(4) $(-9, -4)$

(5) $(2, 7)$

2 y축에 대하여 대칭이동

(1) $(6, 1)$ → $(\boxed{}, 1)$

> x좌표의 부호만 바뀐다.

(2) $(-5, 5)$

(3) $(-2, -4)$

(4) $(9, -3)$

(5) $(8, 0)$

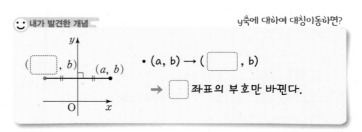

:) 내가 발견한 개념 x축에 대하여 대칭이동하면?

• (a, b) → $(a, \boxed{})$

→ $\boxed{}$좌표의 부호만 바뀐다.

:) 내가 발견한 개념 y축에 대하여 대칭이동하면?

• (a, b) → $(\boxed{}, b)$

→ $\boxed{}$좌표의 부호만 바뀐다.

3 원점에 대하여 대칭이동

(1) $(3, 9)$ → $(-3, \boxed{})$

> x좌표, y좌표의 부호가
> 모두 바뀐다.

(2) $(-6, 11)$

(3) $(10, -1)$

(4) $(-4, -5)$

(5) $(0, 7)$

4 직선 $y=x$에 대하여 대칭이동

(1) $(5, 2)$ → $(2, \boxed{})$

> x좌표와 y좌표가 서로
> 바뀐다.

(2) $(1, -7)$

(3) $(-4, 6)$

(4) $(-9, -10)$

(5) $(-12, 0)$

☺ 내가 발견한 개념   원점에 대하여 대칭이동하면?

• $(a, b) \rightarrow (-a, \boxed{})$

→ $\boxed{}$, y좌표의 부호가

모두 바뀐다.

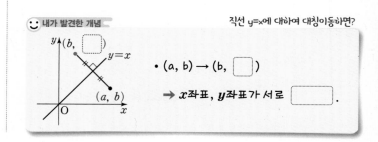

☺ 내가 발견한 개념   직선 y=x에 대하여 대칭이동하면?

• $(a, b) \rightarrow (b, \boxed{})$

→ x좌표, y좌표가 서로 $\boxed{}$.

2nd ─ 두 번 대칭이동한 점의 좌표

● 다음 주어진 조건에 따른 점의 좌표를 구하시오.

5 x축에 대하여 대칭이동한 후, 원점에 대하여 대칭이동

(1) $(6, 3)$

→ 점 $(6, 3)$을 x축에 대하여 대칭이동한 점의 좌표는

$(6, \boxed{})$

점 $(6, \boxed{})$을 원점에 대하여 대칭이동한 점의 좌표는

$(-6, \boxed{})$

(2) $(-2, 5)$

(3) $(-1, -4)$

6 y축에 대하여 대칭이동한 후, 직선 $y=x$에 대하여 대칭이동

(1) $(2, 3)$

→ 점 $(2, 3)$을 y축에 대하여 대칭이동한 점의 좌표는

$(\boxed{}, 3)$

점 $(\boxed{}, 3)$을 직선 $y=x$에 대하여 대칭이동한 점의 좌표는

$(3, \boxed{})$

(2) $(-3, 4)$

(3) $(-6, -7)$

7 원점에 대하여 대칭이동한 후, x축에 대하여 대칭이동

(1) $(6, 1)$

→ 점 $(6, 1)$을 원점에 대하여 대칭이동한 점의 좌표는

$(-6, \boxed{})$

점 $(-6, \boxed{})$을 x축에 대하여 대칭이동한 점의 좌표는

$(-6, \boxed{})$

(2) $(-8, 2)$

(3) $(-7, -5)$

8 직선 $y=x$에 대하여 대칭이동한 후, 원점에 대하여 대칭이동

(1) $(4, 3)$

→ 점 $(4, 3)$을 직선 $y=x$에 대하여 대칭이동한 점의 좌표는

$(\boxed{}, 4)$

점 $(\boxed{}, 4)$를 원점에 대하여 대칭이동한 점의 좌표는

$(\boxed{}, -4)$

(2) $(-6, 6)$

(3) $(-4, -5)$

움직임의 표현!

도형의 대칭이동

도형 $f(x, y)=0$ 을 대칭이동한 도형의 방정식은?

x축에 대한 대칭이동

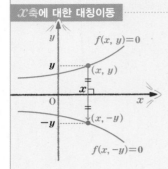

$$f(x, y)=0$$

y 대신 $-y$를 대입

$$\downarrow$$

$$f(x, -y)=0$$

y축에 대한 대칭이동

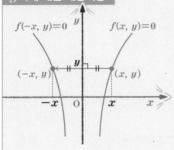

$$f(x, y)=0$$

x 대신 $-x$를 대입

$$\downarrow$$

$$f(-x, y)=0$$

원점에 대한 대칭이동

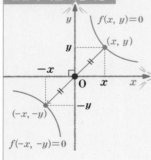

$$f(x, y)=0$$

x 대신 $-x$,
y 대신 $-y$를 대입

$$\downarrow$$

$$f(-x, -y)=0$$

직선 $y=x$에 대한 대칭이동

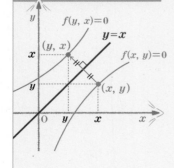

$$f(x, y)=0$$

x 대신 y,
y 대신 x를 대입

$$\downarrow$$

$$f(y, x)=0$$

1st **대칭이동한 도형의 방정식**

● 다음 주어진 대칭축에 대하여 대칭이동한 도형의 방정식을 구하시오.

1　$3x-y+4=0$

(1) x축

➜ $3x-y+4=0$에 y 대신 $\boxed{}$ 를 대입하면

$3x-(\boxed{})+4=0$

따라서 $3x+\boxed{}+4=0$

(2) y축

➜ $3x-y+4=0$에 x 대신 $\boxed{}$ 를 대입하면

$3(\boxed{})-y+4=0$

따라서 $\boxed{}+y-4=0$

(3) 원점

➜ $3x-y+4=0$에 x 대신 $\boxed{}$, y 대신 $\boxed{}$ 를 대입하면

$3(\boxed{})-(\boxed{})+4=0$

따라서 $3x-\boxed{}-4=0$

(4) 직선 $y=x$

➜ $3x-y+4=0$에 x 대신 $\boxed{}$, y 대신 $\boxed{}$ 를 대입하면

$3\boxed{}-\boxed{}+4=0$

따라서 $x-\boxed{}-4=0$

점의 대칭이동 VS 도형의 대칭이동

대칭이동	점 (x, y)	도형의 방정식 $f(x, y)=0$
x축	점 $(x, -y)$	도형의 방정식 $f(x, -y)=0$
y축	점 $(-x, y)$	도형의 방정식 $f(-x, y)=0$
원점	점 $(-x, -y)$	도형의 방정식 $f(-x, -y)=0$
직선 $y=x$	점 (y, x)	도형의 방정식 $f(y, x)=0$

● 다음 주어진 조건에 따른 도형의 방정식을 구하시오.

2 x축에 대하여 대칭이동

(1) $y=4x-3$

(2) $2x+y-5=0$

(3) $y=x^2+4x-3$

→ $y=x^2+4x-3$에 y 대신 $\boxed{}$ 를 대입하면

$\boxed{}=x^2+4x-3$

따라서 $y=-x^2-4x+\boxed{}$

(4) $y=x^2-6x+5$

(5) $x^2+y^2=4$

→ $x^2+y^2=4$에 y 대신 $\boxed{}$ 를 대입하면

$x^2+(\boxed{})^2=4$

따라서 $x^2+\boxed{}^2=4$

(6) $(x+2)^2+(y-1)^2=8$

3 y축에 대하여 대칭이동

(1) $y=-x+5$

(2) $4x+5y-1=0$

(3) $y=x^2+5$

(4) $y=2x^2-x+3$

(5) $(x+3)^2+(y-2)^2=4$

(6) $x^2+y^2-4y-5=0$

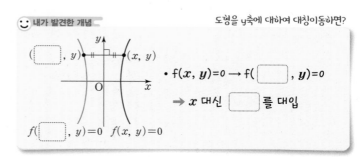

😊 **내가 발견한 개념** 도형을 x축에 대하여 대칭이동하면?

$f(x, y)=0$

• $f(x, y)=0 \rightarrow f(x, \boxed{})=0$

→ y 대신 $\boxed{}$ 를 대입

(x, y)

$(x, \boxed{})$

$f(x, \boxed{})=0$

😊 **내가 발견한 개념** 도형을 y축에 대하여 대칭이동하면?

• $f(x, y)=0 \rightarrow f(\boxed{}, y)=0$

→ x 대신 $\boxed{}$ 를 대입

$(\boxed{}, y)$ (x, y)

$f(\boxed{}, y)=0$ $f(x, y)=0$

4 원점에 대하여 대칭이동

(1) $y=-2x+4$

(2) $4x-3y+1=0$

(3) $y=x^2+6x+10$

(4) $y=-x^2+2x-3$

(5) $(x-4)^2+(y+3)^2=25$

(6) $x^2+y^2-4x-16y+32=0$

5 직선 $y=x$에 대하여 대칭이동

(1) $y=5x+3$

(2) $2x-5y+2=0$

(3) $9x+y-6=0$

(4) $(x-5)^2+(y+8)^2=10$

(5) $(x+2)^2+(y-7)^2=1$

(6) $x^2+y^2+8x-12y+3=0$

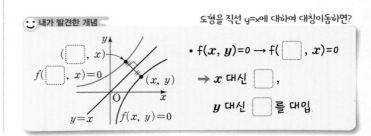

:) 내가 발견한 개념   도형을 원점에 대하여 대칭이동하면?

$f(x, y)=0$
y
(x, y)
O
x
$(\boxed{}, -y)$
$f(\boxed{}, -y)=0$

• $f(x, y)=0$
$\to f(\boxed{}, -y)=0$

➡ x 대신 $\boxed{}$,

y 대신 $\boxed{}$ 를 대입

:) 내가 발견한 개념   도형을 직선 $y=x$에 대하여 대칭이동하면?

y
$(\boxed{}, x)$
$f(\boxed{}, x)=0$
(x, y)
O
x
$y=x$ $f(x, y)=0$

• $f(x, y)=0 \to f(\boxed{}, x)=0$
➡ x 대신 $\boxed{}$,

y 대신 $\boxed{}$ 를 대입

2nd — 두 번 대칭이동한 도형의 방정식

● 다음 주어진 조건에 따른 도형의 방정식을 구하시오.

6 x축에 대하여 대칭이동한 후, 원점에 대하여 대칭이동

(1) $x-y-6=0$

→ 직선 $x-y-6=0$을 x축에 대하여 대칭이동하면

$x+\boxed{}-6=0$

이 직선을 원점에 대하여 대칭이동하면

$-x+(\boxed{})-6=0$

따라서 $x+\boxed{}+6=0$

(2) $(x+3)^2+(y-4)^2=10$

7 y축에 대하여 대칭이동한 후, 직선 $y=x$에 대하여 대칭이동

(1) $-2x+y+5=0$

→ 직선 $-2x+y+5=0$을 y축에 대하여 대칭이동하면

$\boxed{}+y+5=0$

이 직선을 직선 $y=x$에 대하여 대칭이동하면

$2y+\boxed{}+5=0$

따라서 $x+\boxed{}+5=0$

(2) $x^2+y^2-6x-6y+12=0$

8 직선 $y=x$에 대하여 대칭이동한 후, x축에 대하여 대칭이동

(1) $3x-y+6=0$

→ 직선 $3x-y+6=0$을 직선 $y=x$에 대하여 대칭이동하면

$\boxed{}-3y-6=0$

이 직선을 x축에 대하여 대칭이동하면

$x-3(\boxed{})-6=0$

따라서 $x+\boxed{}-6=0$

(2) $(x+5)^2+(y-7)^2=9$

☺ 내가 발견한 개념   도형을 대칭이동해 봐!

• $f(x,\ y)=0\ \xrightarrow[\text{대칭}]{x축}\ f(x,\ \boxed{})=0\ \xrightarrow[\text{대칭}]{y축}\ f(\boxed{},\ -y)=0$

$\xrightarrow[\text{대칭}]{직선\ y=x}\ f(-y,\ \boxed{})=0\ \xrightarrow[\text{대칭}]{원점}\ f(y,\ \boxed{})=0$

개념모음문제

9 원 $x^2+y^2-4x+6y+9=0$을 x축에 대하여 대칭이동한 후 직선 $y=x$에 대하여 대칭이동한 원의 중심이 직선 $y=ax-4$ 위에 있을 때, 상수 a의 값은?

① -6 ② -2 ③ 2

④ 6 ⑤ 10

도형의 평행이동과 대칭이동

움직임의 표현!

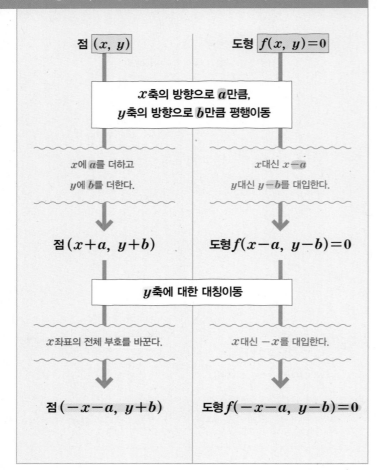

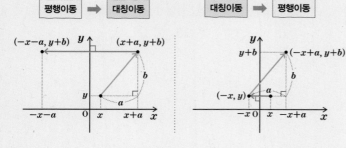

**평행이동과 대칭이동을 연속으로 할 때
이동 순서가 바뀌면 결과가 다르다!**

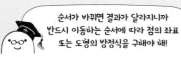

순서가 바뀌면 결과가 달라지니까
반드시 이동하는 순서에 따라 점의 좌표
또는 도형의 방정식을 구해야 해!

1st ─ 점의 평행이동과 대칭이동

● 주어진 점을 다음 순서대로 이동한 점의 좌표를 구하시오.

1 (2, 3)

(i) x축의 방향으로 3만큼, y축의 방향으로 4만큼 평행이동

(ii) y축에 대하여 대칭이동

→ 점 (2, 3)을 x축의 방향으로 3만큼, y축의 방향으로 4만큼 평행이동한 점의 좌표는 (☐, ☐)

이 점을 y축에 대하여 대칭이동한 점의 좌표는 (☐, ☐)

2 (1, −2)

(i) x축의 방향으로 2만큼, y축의 방향으로 3만큼 평행이동

(ii) x축에 대하여 대칭이동

3 (−2, 4)

(i) 직선 $y=x$에 대하여 대칭이동

(ii) x축의 방향으로 3만큼, y축의 방향으로 −2만큼 평행이동

4 (−3, −2)

(i) 원점에 대하여 대칭이동

(ii) x축의 방향으로 −1만큼, y축의 방향으로 2만큼 평행이동

2ⁿᵈ — 도형의 평행이동과 대칭이동

● 주어진 도형을 다음 순서대로 이동한 도형의 방정식을 구하시오.

5 $y=x+3$

(i) x축의 방향으로 2만큼, y축의 방향으로 3만큼 평행이동

(ii) 직선 $y=x$에 대하여 대칭이동

→ 직선 $y=x+3$을 x축의 방향으로 2만큼, y축의 방향으로 3만큼 평행이동한 도형의 방정식은

$(y-\boxed{})=(x-\boxed{})+3$, 즉 $y=x+\boxed{}$

이 직선을 직선 $y=x$에 대하여 대칭이동한 도형의 방정식은

$x=\boxed{}+\boxed{}$, 즉 $y=x-\boxed{}$

6 $3x+4y+1=0$

(i) x축의 방향으로 -1만큼, y축의 방향으로 2만큼 평행이동

(ii) y축에 대하여 대칭이동

7 $2x-3y+3=0$

(i) x축에 대하여 대칭이동

(ii) x축의 방향으로 2만큼, y축의 방향으로 -3만큼 평행이동

8 $(x-2)^2+(y+1)^2=9$

(i) x축의 방향으로 -3만큼, y축의 방향으로 3만큼 평행이동

(ii) x축에 대하여 대칭이동

9 $x^2+y^2+4y+3=0$

(i) 직선 $y=x$에 대하여 대칭이동

(ii) x축의 방향으로 1만큼, y축의 방향으로 3만큼 평행이동

10 $y=x^2+2x-3$

(i) x축의 방향으로 -1만큼, y축의 방향으로 2만큼 평행이동

(ii) y축에 대하여 대칭이동

11 $y=x^2-2x+2$

(i) x축에 대하여 대칭이동

(ii) x축의 방향으로 -2만큼, y축의 방향으로 3만큼 평행이동

[개념모음문제]

12 직선 $y=-3x-4$를 x축의 방향으로 a만큼 평행이동한 후 y축에 대하여 대칭이동한 직선이 원 $x^2+y^2-2x-10y+1=0$의 넓이를 이등분할 때 상수 a의 값은?

① -2 ② -4 ③ 0
④ 2 ⑤ 4

01 점의 평행이동

• 좌표평면 위의 점 $P(x, y)$를 x축의 방향으로 a만큼, y축의 방향으로 b만큼 평행이동한 점 P'의 좌표
$\rightarrow P(x, y) \longrightarrow P'(x+a, y+b)$

1 점 $(2, a)$가 평행이동 $(x, y) \longrightarrow (x+1, y-5)$에 의하여 직선 $y=-2x+3$ 위의 점으로 옮겨질 때, a의 값은?

① -5 ② -3 ③ 0
④ 2 ⑤ 4

2 원점을 점 $(-2, 1)$로 옮기는 평행이동에 의하여 점 $(3, 2)$로 옮겨지는 점의 좌표는?

① $(-5, -1)$ ② $(-1, 3)$ ③ $(1, -1)$
④ $(1, 3)$ ⑤ $(5, 1)$

02 도형의 평행이동

• 방정식 $f(x, y)=0$이 나타내는 도형을 x축의 방향으로 a만큼, y축의 방향으로 b만큼 평행이동한 도형의 방정식
$\rightarrow f(x, y)=0 \longrightarrow f(x-a, y-b)=0$

3 직선 $2x-3y-4=0$을 x축의 방향으로 4만큼, y축의 방향으로 a만큼 평행이동한 직선이 점 $(0, 2)$를 지날 때, 상수 a의 값은?

① -3 ② 1 ③ 3
④ 6 ⑤ 9

4 평행이동 $(x, y) \longrightarrow (x+1, y-3)$에 의하여 포물선 $y=x^2-4x+a$가 포물선 $y=x^2-bx+10$으로 옮겨질 때, 상수 a, b에 대하여 $a+b$의 값은?

① 6 ② 8 ③ 10
④ 12 ⑤ 14

5 원 $(x+3)^2+(y-5)^2=81$을 x축의 방향으로 a만큼, y축의 방향으로 b만큼 평행이동한 원의 방정식이 $x^2+y^2+16x-8y-1=0$일 때, 상수 a, b에 대하여 a, b의 값을 구하시오.

03 점의 대칭이동

• 좌표평면 위의 점 (x, y)를
① x축에 대하여 대칭이동 $\rightarrow (x, -y)$
② y축에 대하여 대칭이동 $\rightarrow (-x, y)$
③ 원점에 대하여 대칭이동 $\rightarrow (-x, -y)$
④ 직선 $y=x$에 대하여 대칭이동 $\rightarrow (y, x)$

6 점 $(a, 2b)$를 원점에 대하여 대칭이동한 점의 좌표가 $(4-b, 2-a)$일 때, 상수 a, b에 대하여 $a+b$의 값은?

① -16 ② -10 ③ -6
④ 2 ⑤ 8

7 점 $(2, -5)$를 x축에 대하여 대칭이동한 점을 A, 직선 $y=x$에 대하여 대칭이동한 점을 B라 할 때, 선분 AB의 길이는?

① 7 ② $\sqrt{54}$ ③ $\sqrt{58}$
④ 8 ⑤ $\sqrt{69}$

8 점 $A(3, 4)$를 y축에 대하여 대칭이동한 점을 B, 원점에 대하여 대칭이동한 점을 C라 할 때, 삼각형 ABC의 넓이는?

① 24 ② 30 ③ 36
④ 42 ⑤ 48

04~05 **도형의 평행이동과 대칭이동**

• 좌표평면에서 방정식 $f(x, y)=0$이 나타내는 도형을

① x축에 대하여 대칭이동 ➜ $f(x, -y)=0$
② y축에 대하여 대칭이동 ➜ $f(-x, y)=0$
③ 원점에 대하여 대칭이동 ➜ $f(-x, -y)=0$
④ 직선 $y=x$에 대하여 대칭이동 ➜ $f(y, x)=0$

9 직선 $y=2x-7$을 x축에 대하여 대칭이동한 직선과 평행하고 점 $(4, -5)$를 지나는 직선의 방정식을 구하시오.

10 직선 $x-3y+6=0$을 직선 $y=x$에 대하여 대칭이동한 직선의 방정식은?

① $x-3y-6=0$ ② $x+3y+6=0$
③ $3x-y-6=0$ ④ $3x-y+6=0$
⑤ $3x+y+6=0$

11 이차함수 $y=x^2+ax+b$의 그래프를 원점에 대하여 대칭이동한 그래프의 꼭짓점의 좌표가 $(5, -2)$일 때, 상수 a, b에 대하여 $a+b$의 값은?

① 24 ② 30 ③ 37
④ 42 ⑤ 48

12 원 $(x-5)^2+(y+2)^2=16$을 y축에 대하여 대칭이동한 원의 중심이 직선 $y=-3x+k$ 위에 있을 때, 상수 k의 값은?

① -17 ② -15 ③ -13
④ -11 ⑤ -9

06

점에 대한 대칭이동

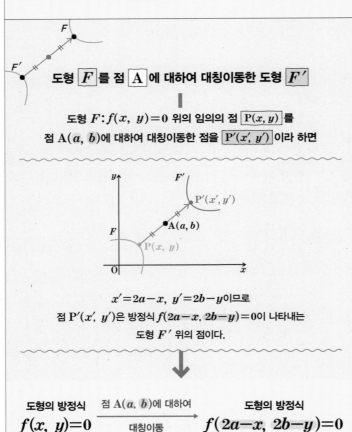

점 $\boxed{P}$ 를 점 $\boxed{A}$ 에 대하여 대칭이동한 점 $\boxed{P'}$

점 $\boxed{P(x,\, y)}$ 를 점 $A(a,\, b)$에 대하여
대칭이동한 점을 $\boxed{P'(x',\, y')}$ 이라 하면

점 A는 $\overline{PP'}$의 중점이므로 $a=\dfrac{x+x'}{2}$, $b=\dfrac{y+y'}{2}$

즉 $x'=2a-x$, $y'=2b-y$이므로
점 P'의 좌표는 $(2a-x,\, 2b-y)$이다.

점 $P(x,\, y)$ $\xrightarrow[\text{대칭이동}]{\text{점 } A(a,\, b)\text{에 대하여}}$ 점 $P'(2a-x,\, 2b-y)$

도형 $\boxed{F}$ 를 점 $\boxed{A}$ 에 대하여 대칭이동한 도형 $\boxed{F'}$

도형 $F:f(x,\, y)=0$ 위의 임의의 점 $\boxed{P(x,\, y)}$ 를
점 $A(a,\, b)$에 대하여 대칭이동한 점을 $\boxed{P'(x',\, y')}$ 이라 하면

$x'=2a-x$, $y'=2b-y$이므로
점 $P'(x',\, y')$은 방정식 $f(2a-x,\, 2b-y)=0$이 나타내는
도형 F' 위의 점이다.

도형의 방정식 $f(x,\, y)=0$ $\xrightarrow[\text{대칭이동}]{\text{점 } A(a,\, b)\text{에 대하여}}$ 도형의 방정식 $f(2a-x,\, 2b-y)=0$

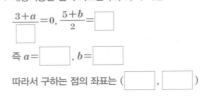

1st — 주어진 점에 대하여 대칭이동한 점의 좌표

● 점 $(3, 5)$를 다음 점에 대하여 대칭이동한 점의 좌표를 구하시오.

1 $(0,\, 1)$

→ 대칭이동한 점의 좌표를 $(a,\, b)$라 하면

$$\dfrac{3+a}{\boxed{}}=0,\ \dfrac{5+b}{2}=\boxed{}$$

즉 $a=\boxed{}$, $b=\boxed{}$

따라서 구하는 점의 좌표는 $(\boxed{},\ \boxed{})$

2 $(-2,\, 0)$

3 $(4,\, -1)$

4 $(-3,\, 3)$

● 다음 점 P를 점 A에 대하여 대칭이동한 점의 좌표를 구하시오.

5 $P(1,\, 1)$, $A(2,\, -1)$

→ 점 P를 점 A에 대하여 대칭이동한 점을 $Q(a,\, b)$라 하면

점 A는 $\overline{PQ}$의 중점이므로

$$\dfrac{a+\boxed{}}{2}=\boxed{},\ \dfrac{b+\boxed{}}{2}=\boxed{}$$

$a=\boxed{}$, $b=\boxed{}$

따라서 대칭이동한 점의 좌표는 $(\boxed{},\ \boxed{})$이다.

6 $P(4,\, 3)$, $A(3,\, 2)$

7 P$(-1, -3)$, A$(-3, -4)$

8 P$(-1, 5)$, A$(6, 0)$

😊 **내가 발견한 개념**   두 점 P, P'이 점 M에 대하여 대칭이면?

두 점 P(x, y), P'(x', y')이 점 M(a, b)에 대하여 대칭이면

- $a = \dfrac{\boxed{}}{2}$, $b = \dfrac{\boxed{}}{2}$

- 점 M은 선분 PP'의 $\boxed{}$이다.

2nd — 주어진 점에 대하여 대칭이동한 도형의 방정식

● 다음 주어진 도형을 점 A에 대하여 대칭이동한 도형의 방정식을 구하시오.

9 $x + 4y = 5$, A$(1, 2)$

> 방정식 $f(x, y) = 0$이 나타내는 도형을 점 (a, b)에 대하여 대칭이동한 것은
> $f(x, y) = 0 \longrightarrow f(2a-x, 2b-y) = 0$
> 임을 이용하여 해결할 수 있다.

→ 도형 $f(x, y) = 0$을

점 (a, b)에 대하여 대칭이동하면

$f(2a-x, 2b-y) = 0$

$x + 4y = 5$에 x 대신 $2-x$, y 대신 $\boxed{}$를 대입하면

$2 - x + 4(\boxed{} - y) = 5$

따라서 $x + 4y - \boxed{} = 0$

10 $x - 2y + 2 = 0$, A$\left(\dfrac{1}{2}, 3\right)$

11 $(x+3)^2 + (y+2)^2 = 4$, A$(-2, 2)$

→ [방법1] 주어진 원의 방정식에 x 대신 $2 \times \boxed{} - x$,

y 대신 $2 \times \boxed{} - y$를 대입하면

$\{(\boxed{} - x) + 3\}^2 + \{(\boxed{} - y) + 2\}^2 = 4$

따라서 $(x + \boxed{})^2 + (y - \boxed{})^2 = 4$

[방법2] 원 $(x+3)^2 + (y+2)^2 = 4$의 중심 $(\boxed{}, -2)$를

점 A$(-2, 2)$에 대하여 대칭이동한 점의 좌표를 (a, b)라

하면 점 A는 두 점 $(\boxed{}, -2)$, (a, b)를 잇는 선분의

중점이므로

$\dfrac{\boxed{} + a}{2} = -2$, $\dfrac{\boxed{} + b}{2} = \boxed{}$

즉 $a = \boxed{}$, $b = \boxed{}$

따라서 구하는 도형의 방정식은

$(x+1)^2 + (y-6)^2 = 4$

12 $(x+7)^2 + (y-3)^2 = 16$, A$(-5, 5)$

13 $y = (x+3)^2 - 4$, A$(2, 2)$

14 $y = -2x^2 + 5x + 3$, A$(4, -2)$

개념모음문제

15 포물선 $y = -x^2 + 2x + 5$를 점 (a, b)에 대하여 대칭이동하였더니 포물선의 꼭짓점의 좌표가 $(3, 4)$가 되었다. $a + b$의 값은? (단, a, b는 상수이다.)

① 3   ② 4   ③ 5

④ 6   ⑤ 7

07

움직임의 표현!

직선에 대한 대칭이동

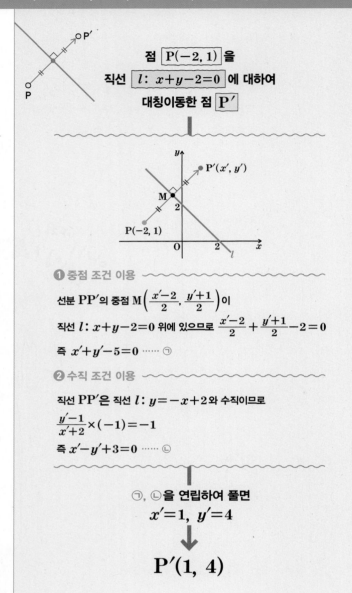

점 $\boxed{\text{P}(-2, 1)}$ 을
직선 $\boxed{l : x+y-2=0}$ 에 대하여
대칭이동한 점 $\boxed{\text{P}'}$

❶ 중점 조건 이용

선분 PP'의 중점 $\text{M}\left(\dfrac{x'-2}{2}, \dfrac{y'+1}{2}\right)$이

직선 $l : x+y-2=0$ 위에 있으므로 $\dfrac{x'-2}{2}+\dfrac{y'+1}{2}-2=0$

즉 $x'+y'-5=0$ ······ ㉠

❷ 수직 조건 이용

직선 PP'은 직선 $l : y=-x+2$와 수직이므로
$\dfrac{y'-1}{x'+2}\times(-1)=-1$

즉 $x'-y'+3=0$ ······ ㉡

㉠, ㉡을 연립하여 풀면

$x'=1, \ y'=4$

↓

$\text{P}'(1, 4)$

• **직선에 대한 대칭이동**

점 $\text{P}(x, y)$를 직선 $l : ax+by+c=0$ $(a\neq0, \ b\neq0)$에 대하여 대칭
이동한 점을 $\text{P}'(x', y')$이라 할 때, 다음을 이용하여 점 P'의 좌표를
구한다.

① 중점 조건: 선분 PP'의 중점이 직선 l 위에 있다.

→ 중점의 x좌표와 y좌표를 직선 l의
방정식에 대입한다.

→ $a\times\dfrac{x+x'}{2}+b\times\dfrac{y+y'}{2}+c=0$

② 수직 조건: 직선 PP'은 직선 l과 수직이다.

→ 두 직선의 기울기의 곱이 -1이다.

→ $\dfrac{y'-y}{x'-x}\times\left(-\dfrac{a}{b}\right)=-1$

1st ― 주어진 직선에 대하여 대칭이동한 점의 좌표

● 점 $\text{P}(5, 2)$를 다음 직선에 대하여 대칭이동한 점의 좌표를 구하
시오.

1 $y=x+1$

→ 대칭이동한 점을 $\text{Q}(a, b)$라 하면 $\overline{\text{PQ}}$의 중점

$\left(\dfrac{\boxed{}+a}{2}, \dfrac{\boxed{}+b}{2}\right)$가 직선 $y=x+1$ 위의 점이므로

$\dfrac{\boxed{}+b}{2}=\dfrac{5+a}{2}+\boxed{}$에서 $a-b=\boxed{}$ ······ ㉠

직선 PQ가 직선 $y=x+1$과 수직이므로 두 직선의 기울기의 곱은

$\boxed{}$이다.

즉 $\dfrac{\boxed{}-2}{a-5}=\boxed{}$에서 $a+b=\boxed{}$ ······ ㉡

㉠, ㉡을 연립하여 풀면 $a=\boxed{}$, $b=\boxed{}$

따라서 구하는 점의 좌표는 $(\boxed{}, \boxed{})$

2 $y=-x+2$

3 $y=2x+1$

4 $x-2y+3=0$

5 $2x+3y+1=0$

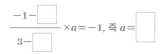

2nd — 대칭인 두 점을 이용하여 구하는 직선의 방정식

● 다음 두 점 A, B가 직선 l에 대하여 대칭일 때, 직선 l의 방정식을 구하시오.

6 A$(1, 5)$, B$(3, -1)$

→ 직선 l의 기울기를 a라 하면 직선 AB와 직선 l은 수직이므로

$$\dfrac{-1-\boxed{}}{3-\boxed{}} \times a = -1,\ \text{즉}\ a = \boxed{}$$

또 직선 l은 선분 AB의 중점 $(2, \boxed{})$를 지나므로

구하는 직선의 방정식은

$$y - \boxed{} = \dfrac{1}{3}(x-2)$$

따라서 $y = \dfrac{1}{3}x + \boxed{}$

7 A$(4, -1)$, B$(2, 1)$

8 A$(-3, 2)$, B$(-2, 5)$

9 A$(-7, 2)$, B$(3, -3)$

10 A$(-4, -3)$, B$(-2, -11)$

3rd — 주어진 직선에 대하여 대칭이동한 도형의 방정식

● 다음 주어진 도형이 직선 l에 대하여 대칭이동한 도형의 방정식을 구하시오.

11 $x^2 + y^2 = 9$, $l : x - 2y - 5 = 0$

→ 원 $x^2 + y^2 = 9$의 중심은 $(0, 0)$이고 대칭이동한 원의 중심을 (a, b)라

하면 두 점 $(0, 0)$, (a, b)를 이은 선분의 중점 $\left(\dfrac{\boxed{}}{2}, \dfrac{\boxed{}}{2}\right)$는

직선 l 위의 점이므로

$$\dfrac{\boxed{}}{2} - 2 \times \dfrac{\boxed{}}{2} - 5 = 0 \text{에서}\ a - 2b = \boxed{} \qquad \cdots\cdots ㉠$$

또 두 점 $(0, 0)$, (a, b)를 지나는 직선이 직선 l과 수직이므로

두 직선의 기울기의 곱은 $\boxed{}$ 이다.

즉 $\dfrac{\boxed{}}{a} \times \dfrac{1}{2} = \boxed{}$ 에서 $b = \boxed{}$ $\qquad \cdots\cdots ㉡$

㉠, ㉡을 연립하여 풀면 $a = \boxed{}$, $b = \boxed{}$

따라서 구하는 도형의 방정식은 중심이 $(\boxed{}, \boxed{})$이고 반지름의

길이가 $\boxed{}$ 인 원의 방정식이므로

$$(x - \boxed{})^2 + (y + \boxed{})^2 = 9$$

12 $x^2 + y^2 = 20$, $l : x + 2y - 5 = 0$

13 $x^2 + y^2 - 10x - 8y + 40 = 0$, $l : 3x - 2y + 6 = 0$

대칭이동을 이용한 '선분의 길이의 합'의 최솟값

두 점 A, B가 직선 l에 대하여
서로 같은 쪽에 있을 때
직선 l 위에 임의의 점 P에 대하여
$\overline{AP}+\overline{PB}$의 최솟값은?

점 B를 직선 l에 대하여
대칭이동한 점을 B′이라 할 때

점 A를 직선 l에 대하여
대칭이동한 점을 A′이라 할 때

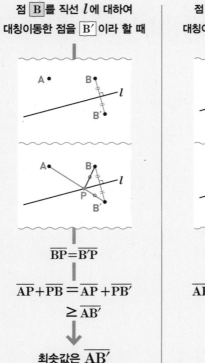

$$\overline{BP}=\overline{B'P}$$

$$\overline{AP}+\overline{PB}=\overline{AP}+\overline{PB'}$$
$$\geq \overline{AB'}$$

↓

최솟값은 $\overline{AB'}$

$$\overline{AP}=\overline{A'P}$$

$$\overline{AP}+\overline{PB}=\overline{A'P}+\overline{PB}$$
$$\geq \overline{A'B}$$

↓

최솟값은 $\overline{A'B}$

$\overline{AB'}=\overline{A'B}$ 이므로
점 B를 직선 l에 대하여 대칭이동하거나
점 A를 직선 l에 대하여 대칭이동해도
$\overline{AP}+\overline{PB}$의 최솟값은 같다.

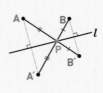

---

1 두 점 A(0, 4), B(5, 2)와 x축 위의 점 P에 대하여 $\overline{AP}+\overline{PB}$의 최솟값을 구하려 한다. 다음을 구하시오.

(1) 점 B를 x축에 대하여 대칭이동한 점 B′의 좌표

(2) $\overline{AP}+\overline{PB}$의 최솟값

→ 오른쪽 그림에서

$\overline{PB}=\overline{PB'}$이므로

$\overline{AP}+\overline{PB}$

$=\overline{AP}+\overline{PB'}$

$\geq \boxed{}$

$=\sqrt{(\boxed{}-0)^2+(\boxed{}-4)^2}$

$=\boxed{}$

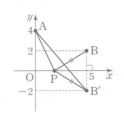

● 다음 두 점 A, B와 직선 l 위의 점 P에 대하여 $\overline{AP}+\overline{PB}$의 최솟값을 구하시오.

2 A(1, 1), B(−3, 4), l: x축

3 A(2, −1), B(1, 3), l: y축

4 A(3, 4), B(8, 2), l: y축

5 두 점 A(1, −1), B(4, 3)과 직선 $y=x$ 위를 움직이는 점 P에 대하여 $\overline{AP}+\overline{PB}$의 최솟값을 구하려 한다. 다음을 구하시오.

(1) 점 B를 직선 $y=x$에 대하여 대칭이동한 점 B′의 좌표

(2) $\overline{AP}+\overline{PB}$의 최솟값

→ 오른쪽 그림에서

$\overline{PB}=\overline{PB'}$이므로

$\overline{AP}+\overline{PB}$

$=\overline{AP}+\overline{PB'}$

$\geq \boxed{}$

$=\sqrt{(\boxed{}-1)^2+(\boxed{}+1)^2}$

$=\boxed{}$

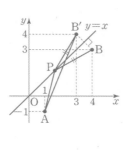

● 다음 두 점 A, B와 직선 l 위를 움직이는 점 P에 대하여 $\overline{AP}+\overline{PB}$의 최솟값을 구하시오.

6 A(0, 2), B(1, 4), $l: y=x$

7 A(4, 2), B(−1, −3), $l: y=x$

8 A(−3, 1), B(3, −5), $l: y=−x$

> 직선 $y=−x$에 대한 대칭이동
> $(a, b) \longrightarrow (−b, −a)$
> 를 이용한다.

9 두 점 A(2, 5), B(4, 3)과 y축 위를 움직이는 점 P, x축 위를 움직이는 점 Q에 대하여 $\overline{AP}+\overline{PQ}+\overline{QB}$의 최솟값을 구하려 한다. 다음을 구하시오.

(1) 점 A를 y축에 대하여 대칭이동한 점 A′의 좌표

(2) 점 B를 x축에 대하여 대칭이동한 점 B′의 좌표

(3) $\overline{AP}+\overline{PQ}+\overline{QB}$의 최솟값

→ 오른쪽 그림에서

$\overline{AP}=\overline{A'P}$이고

$\overline{QB}=\boxed{}$이므로

$\overline{AP}+\overline{PQ}+\overline{QB}$

$=\overline{A'P}+\overline{PQ}+\boxed{}$

$\geq \boxed{}$

$=\sqrt{\{4-(\boxed{})\}^2+(-3-\boxed{})^2}$

$=\boxed{}$

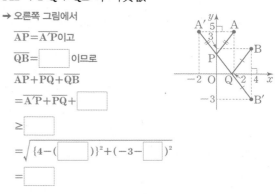

● 다음 두 점 A, B와 y축 위를 움직이는 점 P, x축 위를 움직이는 점 Q에 대하여 $\overline{AP}+\overline{PQ}+\overline{QB}$의 최솟값을 구하시오.

10 A(1, 4), B(3, 2)

11 A(3, 6), B(4, 1)

06 점에 대한 대칭이동

- 점 $P(x, y)$를 점 $A(a, b)$에 대하여 대칭이동한 점을 $P'(x', y')$ 이라 하면 점 A는 $\overline{PP'}$의 중점이다.

  $\Rightarrow \dfrac{x+x'}{2}=a, \dfrac{y+y'}{2}=b$

  $\Rightarrow P'(2a-x, 2b-y)$

1 점 $(a, -1)$을 점 $(1, 3)$에 대하여 대칭이동한 점의 좌표가 $(-2, b)$일 때, $a+b$의 값은?

① 3 　　　　② 5 　　　　③ 7

④ 9 　　　　⑤ 11

2 두 직선 $x-3y+1=0$, $ax+3y+b=0$이 점 $(2, 2)$에 대하여 대칭일 때, 상수 a, b에 대하여 $a+b$의 값은?

① -8 　　　② -4 　　　③ 2

④ 6 　　　　⑤ 10

3 원 $(x-2)^2+(y+6)^2=4$를 점 $(1, -2)$에 대하여 대칭이동한 원의 방정식을 구하시오.

4 원 $x^2+y^2+2kx-4y+4=0$을 점 $(3, 4)$에 대하여 대칭이동한 원이 점 $(8, 6)$을 지날 때, 상수 k의 값은?

① -2 　　　② -1 　　　③ 1

④ 2 　　　　⑤ 4

07 직선에 대한 대칭이동

- 점 $P(x, y)$를 $y=ax+b$에 대하여 대칭이동한 점을 $P'(x', y')$ 이라 하면

  ① 선분 PP'의 중점 $\left(\dfrac{x+x'}{2}, \dfrac{y+y'}{2}\right)$은 직선 $y=ax+b$ 위의 점이다.

  ② 직선 PP'과 직선 $y=ax+b$는 수직으로 만난다.

  $\Rightarrow$ 두 직선의 기울기의 곱은 -1이다.

5 점 $P(4, 5)$를 직선 $y=2x-2$에 대하여 대칭이동한 점 Q의 좌표를 구하시오.

6 두 점 $P(-1, 4)$, $Q(5, -2)$가 직선 $y=ax+b$에 대하여 대칭일 때, 상수 a, b의 값은?

① $a=-1$, $b=-2$ 　　② $a=-1$, $b=1$

③ $a=1$, $b=-1$ 　　④ $a=1$, $b=2$

⑤ $a=2$, $b=1$

7 원 $x^2+(y-2)^2=1$을 직선 $y=x-1$에 대하여 대칭이동한 원의 중심이 직선 $y=mx+2$ 위에 있을 때, 상수 m의 값은?

① -2 ② -1 ③ 0

④ 1 ⑤ 2

8 원 $(x+3)^2+(y+4)^2=1$을 직선 $y=-x-1$에 대하여 대칭이동한 도형의 방정식은?

① $(x-3)^2+(y-4)^2=1$

② $(x-3)^2+(y-2)^2=1$

③ $(x-1)^2+(y-2)^2=1$

④ $(x+1)^2+(y-4)^2=1$

⑤ $(x+1)^2+(y+2)^2=1$

08 대칭이동을 이용한 선분의 길이의 합의 최솟값

• 두 점 A, B가 직선 l에 대하여 같은 쪽에 있을 때, 점 B를 직선 l에 대하여 대칭이동한 점을 B'이라 하면 직선 l 위의 점 P에 대하여

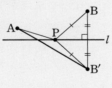

$$\overline{AP}+\overline{PB}=\overline{AP}+\overline{PB'}$$
$$\geq \overline{AB'}$$

따라서 $\overline{AP}+\overline{PB}$의 최솟값은 선분 AB'의 길이와 같다.

9 두 점 A$(-2, 1)$, B$(-4, 2)$와 y축 위의 점 P에 대하여 $\overline{AP}+\overline{PB}$의 최솟값은?

① $\sqrt{35}$ ② 6 ③ $\sqrt{37}$

④ $\sqrt{38}$ ⑤ $\sqrt{39}$

10 두 점 A$(-2, 1)$, B$(-1, 5)$와 직선 $y=x$ 위를 움직이는 점 P에 대하여 $\overline{AP}+\overline{PB}$의 최솟값을 구하시오.

11 두 점 A$(-1, 1)$, B$(4, 6)$과 x축 위의 점 P에 대하여 $\overline{AP}+\overline{PB}$의 값이 최소가 되는 점 P의 좌표는?

① $(-2, 0)$ ② $\left(-\dfrac{7}{5}, 0\right)$ ③ $\left(-\dfrac{2}{7}, 0\right)$

④ $\left(\dfrac{2}{5}, 0\right)$ ⑤ $(1, 0)$

12 오른쪽 그림과 같이 좌표평면 위의 두 점 A$(3, 1)$, B$(2, 3)$과 x축 위를 움직이는 점 P, y축 위를 움직이는 점 Q에 대하여 $\overline{AP}+\overline{PQ}+\overline{QB}$의 최솟값은?

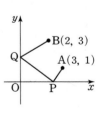

① $4\sqrt{2}$ ② 6 ③ $\sqrt{41}$

④ $2\sqrt{11}$ ⑤ $\sqrt{47}$

TEST 개념 발전

1 점 (a, b)를 x축의 방향으로 7만큼, y축의 방향으로 -2만큼 평행이동한 점의 좌표가 $\left(\dfrac{3}{2}b, 2a\right)$일 때, $a+b$의 값은?

① 4   ② 8   ③ 12
④ 16   ⑤ 20

2 점 $(2, a)$가 평행이동 $(x, y) \longrightarrow (x+3, y-5)$에 의하여 직선 $y=-2x+9$ 위의 점으로 옮겨질 때, a의 값은?

① -2 ② 0   ③ 2
④ 4   ⑤ 6

3 점 $\mathrm{A}(-3, 2)$를 점 $\mathrm{B}(2, -1)$에 대하여 대칭이동한 점 C의 좌표는?

① $(1, -3)$ ② $(2, 3)$ ③ $(4, -7)$
④ $(7, -4)$ ⑤ $(9, -3)$

4 점 $\mathrm{P}(-6, 9)$를 직선 $y=x$에 대하여 대칭이동한 점을 Q, y축에 대하여 대칭이동한 점을 R라 할 때, 삼각형 PQR의 무게중심의 좌표는?

① $(1, 2)$ ② $(2, 3)$ ③ $(3, 4)$
④ $(4, 5)$ ⑤ $(5, 6)$

5 원 $(x+5)^2+(y+2)^2=9$를 원점에 대하여 대칭이동한 원의 중심이 직선 $y=-5x+k$ 위에 있을 때, 상수 k의 값은?

① 23   ② 27   ③ 31
④ 35   ⑤ 39

6 직선 $y=2x+1$을 직선 $y=x$에 대하여 대칭이동한 직선과 수직이고, 점 $(-3, 2)$를 지나는 직선의 방정식은?

① $y=-3x-1$ ② $y=-2x-4$
③ $y=-2x+3$ ④ $y=2x-4$
⑤ $y=2x+1$

7 직선 $2x-5y+10=0$을 x축의 방향으로 3만큼, y축의 방향으로 -2만큼 평행이동한 직선과 직선 $2x-5y+4=0$을 y축의 방향으로 m만큼 평행이동한 직선이 일치할 때, m의 값을 구하시오.

8 이차함수 $y=x^2+2x-4$의 그래프를 x축의 방향으로 -4만큼, y축의 방향으로 5만큼 평행이동한 그래프의 식이 $y=x^2+ax+b$일 때, 상수 a, b의 값을 구하시오.

정답과 풀이 73쪽

9 원 $x^2+y^2-6x+2y-3=0$을 원 $x^2+y^2=13$으로 옮기는 평행이동에 의하여 직선 $5x+y-4=0$이 직선 $ax+y+b=0$으로 옮겨질 때, 상수 a, b에 대하여 $a+b$의 값은?

① -2 ② 0 ③ 6
④ 10 ⑤ 15

10 직선 $4x-3y+1=0$을 x축에 대하여 대칭이동한 후, 다시 x축의 방향으로 2만큼, y축의 방향으로 -3만큼 평행이동한 도형의 방정식을 구하시오.

11 직선 $x-y+2=0$을 x축, y축에 대하여 대칭이동한 직선을 각각 l, m이라 할 때, 두 직선 l, m 사이의 거리는?

① $\dfrac{\sqrt{2}}{2}$ ② 1 ③ $\sqrt{2}$
④ 2 ⑤ $2\sqrt{2}$

12 두 원 $(x+1)^2+y^2=4$, $(x-2)^2+(y-1)^2=4$가 직선 $y=ax+b$에 대하여 대칭일 때, ab의 값은?
(단, a, b는 상수이다.)

① -9 ② -6 ③ -3
④ 6 ⑤ 9

13 직선 $y=x-k$를 x축에 대하여 대칭이동한 직선이 원 $x^2+y^2-4x+2y+1=0$의 넓이를 이등분한다. 상수 k의 값은?

① 1 ② 3 ③ 5
④ 7 ⑤ 9

14 두 점 $A(4, 1)$, $B(3, 6)$과 직선 $y=-x+1$ 위의 임의의 점 P에 대하여 $\overline{AP}+\overline{PB}$의 최솟값은?

① $3\sqrt{2}$ ② $2\sqrt{5}$ ③ $3\sqrt{3}$
④ $\sqrt{30}$ ⑤ $3\sqrt{10}$

15 점 $A(0, 0)$, $B(0, -3)$을 직선 $y=x+1$에 대하여 대칭이동한 점을 각각 C, D라 할 때, 사각형 ACDB의 넓이는?

① 7 ② $\dfrac{15}{2}$ ③ 8
④ $\dfrac{17}{2}$ ⑤ 9

문제를 보다!

그림과 같이 x축과 직선 $l : y = mx\ (m > 0)$에 동시에 접하고 반지름의 길이가 3인 원이 있다. x축과 원이 만나는 점을 P, 직선 l과 원이 만나는 점을 Q, 두 점 P, Q를 지나는 직선이 y축과 만나는 점을 R라 하자. 삼각형 ROP의 넓이가 36일 때, $30m$의 값은?

(단, 원의 중심은 제1사분면 위에 있고, O는 원점이다.) [4점]

① 10   ② 20   ③ 30   ④ 40   ⑤ 50

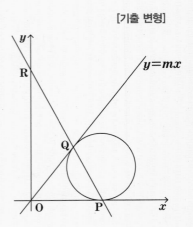

자, 잠깐만! 당황하지 말고
문제를 잘 보면 문제의 구성이 보여!
출제자가 이 문제를 왜 냈는지를 봐야지!

내가 아는 것 ①

$$\triangle\text{ROP} = 36$$

내가 찾은 것 ❶

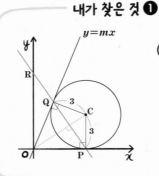

($\overline{OC}$의 기울기) × ($\overline{PR}$의 기울기) $= -1$

$$\dfrac{3}{\overline{OP}} \times \left(-\dfrac{\overline{OR}}{\overline{OP}}\right) = -1$$

$$\downarrow$$

$$\overline{OR} = \dfrac{\overline{OP}^2}{3} \quad\cdots\cdots\text{㉠}$$

내가 찾은 것 ❷

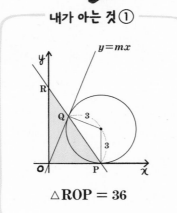

$$\triangle\text{ROP} = \dfrac{1}{2} \times \overline{OP} \times \overline{OR}$$

$$\Big\downarrow \scriptstyle ㉠$$

$$= \dfrac{1}{2} \times \overline{OP} \times \dfrac{\overline{OP}^2}{3}$$

$$= 36$$

$$\downarrow$$

$$\overline{OP} = 6$$

이 문제는

도형의 성질을 이용하여 접선의 기울기를 구하는 **문제야!**

도형의 어떤 성질을 이용할 수 있을까?

네가 알고 있는 것(주어진 조건)은 뭐야?

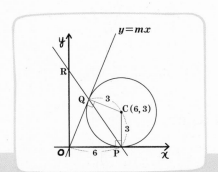

(원의 중심 C(6, 3)과 접선 $y=mx$ 사이의 거리) $=$ 3

구해야 할 것!

접선의 기울기 m

내게 더 필요한 것은?

중학교에서 배운 도형의 성질을
이용해서 도형의 측정을
방정식으로 풀 수 있군!

(원의 중심 C와 접선 $y=mx$ 사이의 거리)$=3$

1 $\overline{OC} \perp \overline{PR}$ 임을 이용해서 $\overline{OR}$와 $\overline{OP}$의 관계를 알 수 있어!

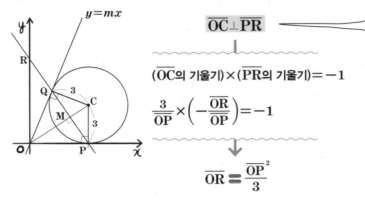

$\overline{OC} \perp \overline{PR}$

($\overline{OC}$의 기울기)$\times$($\overline{PR}$의 기울기)$=-1$

$$\frac{3}{\overline{OP}} \times \left(-\frac{\overline{OR}}{\overline{OP}}\right) = -1$$

$$\overline{OR} = \frac{\overline{OP}^2}{3}$$

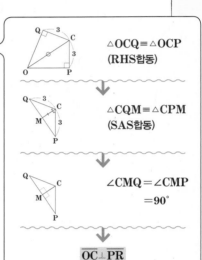

$\triangle OCQ \equiv \triangle OCP$
(RHS합동)

$\triangle CQM \equiv \triangle CPM$
(SAS합동)

$\angle CMQ = \angle CMP$
$=90°$

$\overline{OC} \perp \overline{PR}$

2 $\triangle ROP = 36$임을 이용해서 $\overline{OP}$의 길이를 구할 수 있어!

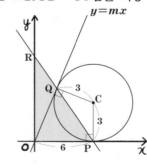

$$\triangle ROP = \frac{1}{2} \times \overline{OP} \times \overline{OR}$$
$$= \frac{1}{2} \times \overline{OP} \times \frac{\overline{OP}^2}{3}$$
$$= 36$$

$\dfrac{\overline{OP}^3}{6} = 36$이므로 $\overline{OP} = 6$

따라서 원의 중심 C의 좌표는 C($\overline{OP}$, 3), 즉 C(6, 3)

(원의 중심 C(6, 3)과 직선 $mx-y=0$ 사이의 거리)$=3$

$$\Rightarrow \frac{|6m-3|}{\sqrt{m^2+1}} = 3$$

문제를 보라고 했지?
구하려는 것과 주어진 것,
그리고 더 필요한 것은?

그림과 같이 y축과 직선 $l: y = \frac{5}{12}x$에 동시에 접하고 반지름의 길이가 4인 원이 있다. y축과 원이 만나는 점을 P, 직선 l과 원이 만나는 점을 Q, 두 점 P, Q를 지나는 직선이 x축과 만나는 점을 R라 하자. 삼각형 ROP의 넓이는?

(단, 원의 중심은 제 1사분면 위에 있고, O는 원점이다.)

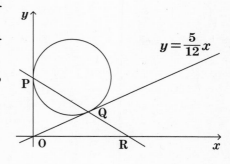

① 18   ② 21   ③ 24   ④ 27   ⑤ 30

도형을 도형으로만 생각하면

도형과 도형이

만나고, 변화하는 것을

계산하기 어렵다.

그러나 도형을 좌표평면 위에

방정식으로 표현하면 계산이 쉬워진다.

이제 '변화'를 정확하게 다룰 준비가 된 것이다.

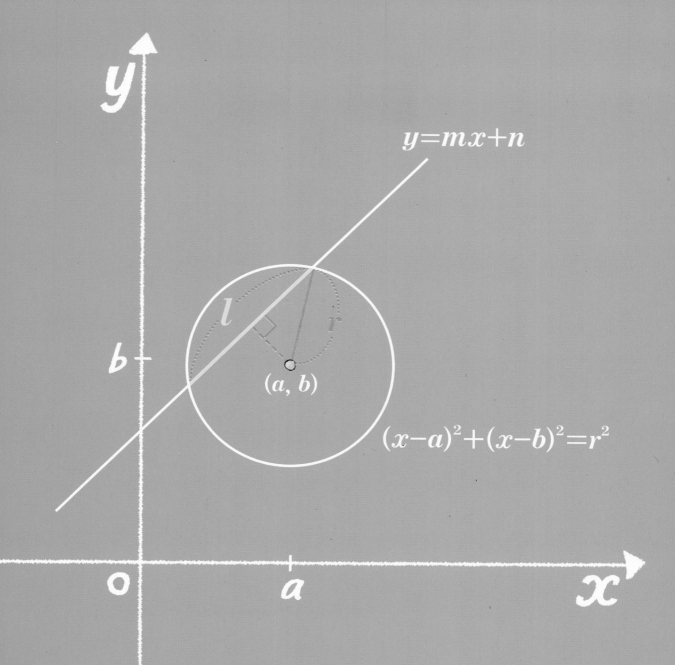

변화를 논리의 세계로!

논리로 신상,
집합과 명제 가방이야!
어때? 느낌 장난없지!

집합과 명제

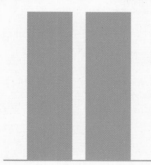

5 기준이 명확한!
집합의 뜻과 표현

6 기준이 명확한!
집합의 연산

7 참 또는 거짓!
명제

8 참 또는 거짓!
명제의 역과 대우

5

기준이 명확한!
집합의
뜻과 표현

기준만 분명하면
뭐든지 간단히 정리할 수 있어!
논리적이지 않아?

자연수
정수

명확한 기준으로 모인!

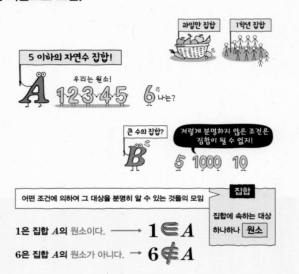

5 이하의 자연수 집합!

우리는 원소!

A 1 2 3 4 5 6 쌀 나는?

과일만 집합   1학년 집합

큰 수의 집합?

B 저렇게 분명하지 않은 조건은 집합이 될 수 없지!

5 1000 10

어떤 조건에 의하여 그 대상을 분명히 알 수 있는 것들의 모임

집합

1은 집합 A의 원소이다. ⟶ $1 \in A$

6은 집합 A의 원소가 아니다. ⟶ $6 \notin A$

집합에 속하는 대상 하나하나 **원소**

집합 분류의 기준이 되는!

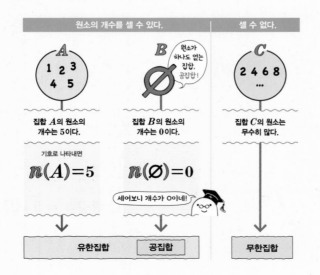

| 원소의 개수를 셀 수 있다. | | 셀 수 없다. |

A 1 2 3 4 5

B 원소가 하나도 없는 집합. 공집합! ∅

C 2 4 6 8 ⋯

집합 A의 원소의 개수는 5이다.

집합 B의 원소의 개수는 0이다.

집합 C의 원소는 무수히 많다.

기호로 나타내면

$n(A)=5$ $n(\varnothing)=0$

세어보니 개수가 0이네!

유한집합   공집합   무한집합

집합

01 집합과 원소
02 집합의 표현
03 집합의 원소의 개수

어떤 조건에 의하여 대상을 분명히 정할 수 있을 때, 그 대상들의 모임을 집합이라 해. 이때 집합을 이루는 대상 하나하나를 그 집합의 원소라 하지.

집합을 표현하는 방법으로는 원소나열법, 조건제시법, 벤다이어그램이 있어.

집합은 원소의 개수에 따라 무한집합과 유한집합으로 분류할 수 있어. 특히 유한집합 중 원소의 개수가 0인 집합을 공집합이라 해. 원소의 개수를 세는 문제는 유한집합에서만 생각하고, 무한집합에서는 생각하지 않아. 이때 유한집합 A의 원소의 개수를 기호로 $n(A)$와 같이 나타내.

집합 속의 집합!

- 부분집합   집합 A의 모든 원소가 집합 B에 속할 때,
집합 A를 집합 B의 부분집합 이라 한다.

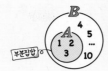

집합 A는 집합 B의 부분집합이다. ⟶ $A \subset B$

집합 B는 집합 A의 부분집합이 아니다. ⟶ $B \not\subset A$

부분집합의 분류!

- 서로 같은 집합   집합 A의 모든 원소는 집합 B에 속하고
집합 B의 모든 원소는 집합 A에 속할 때,
집합 A와 집합 B는 서로 같다 라 한다.

집합 A와 집합 B가 서로 같다. ⟶ $A \subset B$ 이고 $B \subset A$, 즉 $A = B$

집합 A와 집합 B가 서로 같지 않다. → $A \neq B$

- 진부분집합   집합 A가 집합 B의 부분집합이고 서로 같지 않을 때,
집합 A를 집합 B의 진부분집합 이라 한다.

집합 A는 집합 B의
진부분집합이다. ⟶ $A \subset B$ 이고 $A \neq B$
                                            $(B \not\subset A)$

집합 속의 집합!

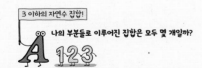

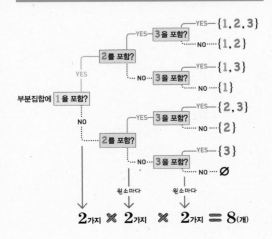

$2_{가지}$ ✕ $2_{가지}$ ✕ $2_{가지}$ = $8_{(개)}$

집합 사이의 포함 관계

04 부분집합

05 서로 같은 집합과 진부분집합

두 집합 A, B에 대하여 집합 A의 모든 원소가 집합 B에 속할 때, 집합 A를 집합 B의 부분집합이라 하고, 기호로 $A \subset B$와 같이 나타내. 이때 '집합 A는 집합 B에 포함된다'라 하지.

$A \subset B$이고 $B \subset A$일 때, '집합 A와 집합 B는 서로 같다'라 하고, 기호로 $A = B$와 같이 나타내.

또 집합 A가 집합 B의 부분집합이지만 서로 같지 않을 때, 집합 A를 집합 B의 진부분집합이라 하고, 기호로 $A \subset B$이고 $A \neq B$와 같이 나타내.

이 단원에서는 두 집합 사이의 포함 관계를 이해하고 기호로 나타내는 연습을 할거야. 또 부분집합, 진부분집합을 직접 구해 볼 거야!

부분집합의 개수

06 부분집합의 개수

07 특정한 원소를 갖거나 갖지 않는 부분집합의 개수

부분집합의 개수와 진부분집합의 개수는 주어진 집합의 원소의 개수만 알면 구할 수 있어. 이를 공식화하면 원소가 n개인 집합의 부분집합의 개수는 2^n이고, 진부분집합의 개수는 부분집합 중 자기 자신을 제외한 것으로 $2^n - 1$이야.

한편 특정한 원소를 갖거나 갖지 않는 부분집합의 개수는 특정한 원소를 제외한 집합의 부분집합의 개수와 같아.

명확한 기준으로 모인!

집합과 원소

어떤 조건에 의하여 그 대상을 분명히 알 수 있는 것들의 모임 → **집합**

집합에 속하는 대상 하나하나 **원소**

1은 집합 A의 원소이다. ⟶ $1 \in A$

6은 집합 A의 원소가 아니다. ⟶ $6 \notin A$

앞으로 새로운 수학 기호들로 표현하게 될 거야!

- **집합과 원소**
  ① 집합: 어떤 조건에 의하여 그 대상을 분명히 정할 수 있을 때, 그 대상들의 모임
  ② 원소: 집합을 이루는 대상 하나하나
- **집합과 원소 사이의 관계**
  ① a가 집합 A의 원소이다.
    → a는 집합 A에 속한다.
    → $a \in A$
  ② b가 집합 A의 원소가 아니다.
    → b는 집합 A에 속하지 않는다.
    → $b \notin A$
  참고 ① 집합은 알파벳 대문자 A, B, C, …로 나타내고, 원소는 알파벳 소문자 a, b, c, …로 나타낸다.
  ② 기호 $\in$은 원소를 뜻하는 Element의 첫 글자 E를 기호화한 것이다.
  ③ $a \in A$와 $A \ni a$는 같은 뜻이고, $b \notin B$와 $B \not\ni b$도 같은 뜻이다.

● 다음 중 집합인 것은 ○를, 집합이 아닌 것은 ✕를 (   ) 안에 써넣으시오.

1 10보다 작은 홀수의 모임   (   )

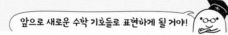

→ 1, ▢, 5, 7, ▢로 그 대상이 명확하므로 ▢이다.

2 2에 가까운 자연수의 모임   (   )

3 6의 약수의 모임   (   )

4 우리나라 광역시의 모임   (   )

5 인구가 많은 도시의 모임   (   )

6 사물놀이에 사용되는 전통 악기의 모임   (   )

7 훌륭한 미술가의 모임   (   )

● 다음 집합의 원소를 모두 구하시오.

8 사계절의 모임

→ 봄, ☐, ☐, 겨울

9 10보다 작은 20의 약수의 모임

10 9의 배수 중 두 자리 자연수의 모임

11 3으로 나누었을 때의 나머지가 1인 한 자리 자연수
의 모임

12 18의 약수 중 짝수인 수의 모임

13 방정식 $x^3 - 5x^2 + 6x = 0$의 해의 모임

14 부등식 $x^2 - x - 6 \leq 0$을 만족시키는 정수 x의 모임

☺ 내가 발견한 개념   집합과 원소의 뜻은?

집합 •   • 어떤 조건에 의하여 그 대상을 분명히 정할 수
                  있을 때, 그 대상들의 모임

원소 •   • 집합을 이루는 대상 하나하나

논리적인 수학 체계의 바탕, 집합!

● 다음과 같이 주어진 집합에 대하여 □ 안에는 알맞은 수를, ○ 안에는 기호 ∈, ∉ 중 알맞은 것을 써넣으시오.

15
> 14의 약수의 집합 A

(1) 집합 A의 원소는 □, □, □, □ 이다.

(2) 1 ○ A (3) 2 ○ A

(4) 6 ○ A (5) 7 ○ A

(6) 14 ○ A (7) 28 ○ A

16
> 60보다 작은 12의 배수의 집합 B

(1) 집합 B의 원소는 □, □, □, □ 이다.

(2) 1 ○ B (3) 6 ○ B

(4) 12 ○ B (5) 24 ○ B

(6) 30 ○ B (7) 45 ○ B

17
> 부등식 $x^2-2x-3<0$의 해의 집합 C

(1) 부등식 $x^2-2x-3<0$의 해는 □ $<x<$ □ 이다.

(2) -2 ○ C (3) -1 ○ C

(4) 0 ○ C (5) 2 ○ C

(6) 3 ○ C (7) 4 ○ C

18
> 자연수 전체의 집합 N

(1) -3 ○ N (2) 0 ○ N

(3) $\dfrac{1}{3}$ ○ N (4) 3 ○ N

(5) 3.3 ○ N (6) $\sqrt{4}$ ○ N

(7) π ○ N (8) $\dfrac{10}{2}$ ○ N

19 정수 전체의 집합 Z

(1) $-3 \bigcirc Z$　　　　(2) $0 \bigcirc Z$

(3) $\dfrac{1}{3} \bigcirc Z$　　　　(4) $3 \bigcirc Z$

(5) $3.3 \bigcirc Z$　　　　(6) $\sqrt{3} \bigcirc Z$

(7) $\sqrt{9} \bigcirc Z$　　　　(8) $-\dfrac{28}{4} \bigcirc Z$

20 유리수 전체의 집합 Q

(1) $-3 \bigcirc Q$　　　　(2) $0 \bigcirc Q$

(3) $\dfrac{1}{3} \bigcirc Q$　　　　(4) $\sqrt{2} \bigcirc Q$

(5) $3 \bigcirc Q$　　　　(6) $\pi \bigcirc Q$

(7) $3.141592 \bigcirc Q$　　　　(8) $\sqrt{16} \bigcirc Q$

21 실수 전체의 집합 R

(1) $-3 \bigcirc R$　　　　(2) $0 \bigcirc R$

(3) $\dfrac{1}{3} \bigcirc R$　　　　(4) $\sqrt{2} \bigcirc R$

(5) $3 \bigcirc R$　　　　(6) $\pi \bigcirc R$

(7) $-\sqrt{36} \bigcirc R$　　　　(8) $\sqrt{-36} \bigcirc R$

😊 **내가 발견한 개념**　　　　집합과 원소 사이의 관계는?

- a는 집합 A의 [　　] 이다.
  → a는 집합 A에 속한다.
  → $a \bigcirc$ A

- b는 집합 A의 원소가 아니다.
  → b는 집합 A에 속하지않는다.
  → $b \bigcirc$ A

개념모음문제

22 정수 전체의 집합을 Z, 유리수 전체의 집합을 Q, 실수 전체의 집합을 R라 할 때, 다음 중 옳은 것은?

(단, $i=\sqrt{-1}$)

① $\sqrt{2} \in Z$　　　　② $3.\dot{3} \notin Q$

③ $\sqrt{175} \in Q$　　　　④ $i^{100} \in R$

⑤ $\sqrt{2}+\sqrt{3} \notin R$

명확한 기준이나 조건이 없잖아.
논리적이거나 체계적이지도 않고,
그러니까 저건 집합이 아니야.

사부님이 모이라는 거 같은데!

집합!

명확한 기준으로 모인!

집합의 표현

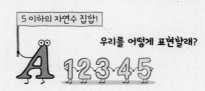

원소나열법

$$A = \{1, 2, 3, 4, 5\}$$

난 원소들의 공통된 성질을 조건으로 제시할게~!

조건제시법

나는 A의 원소의 대표!

$$A = \{x \mid x \text{는 5 이하의 자연수}\}$$

난 그림으로 나타낼래~!

벤다이어그램

	원소나열법	조건제시법	벤다이어그램
장점	• 원소를 쉽게 알아볼 수 있다.	• 원소들의 공통 성질을 알기 쉽다.	• 집합 사이의 관계를 알기 쉽다.
단점	• 집합의 공통 성질을 알기 어렵다.	• 구체적인 원소를 파악하기 어렵다.	• 원소의 개수가 많은 경우 표현하기 힘들다. • 집합의 공통 성질을 알기 어렵다.

• **원소나열법**: 집합에 속하는 모든 원소를 { } 안에 나열하여 집합을 나타내는 방법

① 원소를 나열하는 순서는 생각하지 않는다.

② 같은 원소는 중복하여 쓰지 않는다.

③ 원소의 개수가 많고 원소 사이에 일정한 규칙이 있는 경우 '…'을 사용하여 원소 중 일부를 생략할 수 있다.

• **조건제시법**: 집합에 속하는 모든 원소들이 갖는 공통된 성질을 조건으로 제시하여 집합을 나타내는 방법

• **벤다이어그램**: 집합을 나타낸 그림

원리확인 주어진 집합을 다음의 각 방법으로 나타내시오.

❶ 10보다 작은 소수의 집합 A

(1) 원소나열법

→ 10보다 작은 소수는

$\square$, $\square$, $\square$, $\square$ 이므로

$A = \{\square, \square, \square, \square\}$

(2) 조건제시법

→ 집합 A의 원소를 x라 하면 x는 10보다 작은 소수이므로

$A = \{x \mid x \text{는} \underline{\hspace{4cm}}\}$

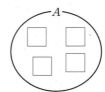

원소를 대표하는 문자 　　　원소들이 갖는 공통된 성질

(3) 벤다이어그램

A

❷ 3보다 크고 7보다 작은 자연수의 집합 B

(1) 원소나열법

→ 3보다 크고 7보다 작은 자연수는

$\square$, $\square$, $\square$ 이므로

$B = \{\square, \square, \square\}$

(2) 조건제시법

→ 집합 B의 원소를 x라 하면 x는 3보다 크고 7보다 작은 자연수이므로

$B = \{x \mid x \text{는 } \square < x < \square \text{인 자연수}\}$

(3) 벤다이어그램

B

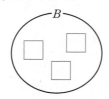

나의 벤다이어그램 덕분에 추상적인 집합을 그림으로 나타내고, 집합 사이의 관계도 알기 쉬워졌지! 벤(1834~1923)

1st — 집합의 표현

● 다음 집합을 원소나열법으로 나타내시오.

1 {x|x는 9 이하의 홀수인 자연수}

→ 9 이하의 홀수인 자연수는

□ , □ , □ , □ , □

따라서 주어진 집합을 원소나열법으로 나타내면

{ □ , □ , □ , □ , □ }

원소를 나열하는 순서는 생각하지 않아!

2 {x|x는 두 자리의 짝수인 자연수}

'…'를 사용하여 원소 중 일부를 생략할 수 있어.

3 {x|x는 'didimdol'에 들어 있는 알파벳}

같은 원소는 중복하여 나열하지 않아!

4 {x|x는 $2<x<10$인 자연수}

5 {x|$x(x-1)=0$}

6 {x|x는 $x^2-4x+3\leq0$인 자연수}

● 다음 집합을 조건제시법으로 나타내시오.

7 {2, 4, 6, 8, 10}

→ 2, 4, 6, 8, 10은 10 이하의 □ 인 자연수이다.

따라서 주어진 집합을 조건제시법으로 나타내면

{x|x는 10 이하의 □ 인 자연수}

공통된 조건을 여러 가지로 표현할 수 있다. 즉
{x|x는 10 이하의 짝수인 자연수}
={x|x는 11 이하의 짝수인 자연수}
={x|x는 12 미만의 짝수인 자연수}
⋮

8 {3, 6, 9, ⋯, 99}

9 {1, 2, 3, 4, 6, 12}

10 {3, 4, 5, 6, 7, 8}

11 {-2, 2}

12 {-2, -1, 0, 1, 2}

● 다음 집합을 벤다이어그램으로 나타내시오.

13 $A=\{1, 2, 3, 4, 5\}$

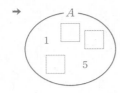

14 $B=\{l, o, v, e\}$

15 $C=\{x \mid x$는 31의 배수 중 두 자리의 자연수$\}$

16 $D=\{x \mid x$는 30의 약수인 홀수$\}$

17 $E=\{x \mid 2x^2+5x+2=0\}$

18 $F=\{x \mid x^2-x-12<0,\ x$는 정수$\}$

● 벤다이어그램으로 나타내어진 다음 집합을 주어진 방법으로 각각 나타내시오.

19

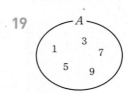

(1) 원소나열법

(2) 조건제시법

20

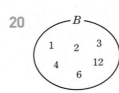

(1) 원소나열법

(2) 조건제시법

21

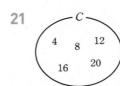

(1) 원소나열법

(2) 조건제시법

22

(1) 원소나열법

(2) 조건제시법

😊 내가 발견한 개념   집합의 표현 방법은?

원소나열법 •   • 집합을 나타낸 그림

조건제시법 •   • 집합에 속하는 모든 원소를 { } 안에 나열하여 집합을 나타내는 방법

벤다이어그램 •   • 집합에 속하는 모든 원소들이 갖는 공통된 성질을 조건으로 제시하여 집합을 나타내는 방법

2nd 조건을 이용하여 구하는 집합

23 두 집합 $A=\{-1,\ 0,\ 1\}$, $B=\{1,\ 2\}$에 대하여 집합 $C=\{a+b\,|\,a\in A,\ b\in B\}$일 때, 다음 표의 빈칸에 $a+b$의 값을 써넣고 집합 C를 구하시오.

> 집합 C는 a와 b의 합의 모임이다. 이때 a는 집합 A의 원소이고, b는 집합 B의 원소이다.

b \ a	-1	0	1
1	0	1	
2			

➡ $C=\{\ \square\ ,\ \square\ ,\ \square\ ,\ \square\ \}$

24 두 집합 $A=\{1,\ 3,\ 5\}$, $B=\{1,\ 3\}$에 대하여 집합 $C=\{a+b\,|\,a\in A,\ b\in B\}$ 일 때, 집합 C를 구하시오.

25 두 집합 $A=\{-1,\ 0,\ 1\}$, $B=\{2,\ 4\}$에 대하여 집합 $C=\{a\times b\,|\,a\in A,\ b\in B\}$ 일 때, 집합 C를 구하시오.

26 두 집합 $A=\{2,\ 3,\ 4\}$, $B=\{1,\ 2\}$에 대하여 집합 $C=\{a-b\,|\,a\in A,\ b\in B\}$ 일 때, 집합 C를 구하시오.

27 집합 $A=\{0,\ 1,\ 2\}$에 대하여 집합 $B=\{a\times b\,|\,a\in A,\ b\in A\}$일 때, 다음 표의 빈칸에 $a\times b$의 값을 써넣고 집합 B를 구하시오.

> 집합 B는 a와 b의 곱의 모임이다. 이때 a는 집합 A의 원소이고, b도 집합 A의 원소이다.

b \ a	0	1	2
0	0	0	
1			
2			

➡ $B=\{\ \square\ ,\ \square\ ,\ \square\ ,\ \square\ \}$

28 집합 $A=\{-2,\ -1,\ 0\}$에 대하여 집합 $B=\{a\times b\,|\,a\in A,\ b\in A\}$ 일 때, 집합 B를 구하시오.

29 집합 $A=\{-1,\ 0,\ 1\}$에 대하여 집합 $B=\{a-b\,|\,a\in A,\ b\in A\}$ 일 때, 집합 B를 구하시오.

개념모음문제
30 다음 중 집합 $A=\{x\,|\,x=2^{a}+3^{b},\ a,\ b$는 자연수$\}$의 원소가 <u>아닌</u> 것은?

① 5   ② 7   ③ 10

④ 13   ⑤ 17

03

집합의 분류의 기준이 되는!

집합의 원소의 개수

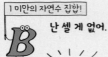

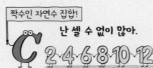

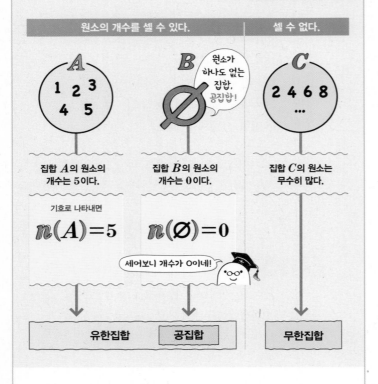

기호로 나타내면

$$n(A)=5$$

$$n(\varnothing)=0$$

세어보니 개수가 0이네!

유한집합   공집합   무한집합

- 원소의 개수에 따른 집합의 분류
  ① 유한집합: 원소가 유한개인 집합
  ② 무한집합: 원소가 무수히 많은 집합
  ③ 공집합: 원소가 하나도 없는 집합으로 $\varnothing$으로 나타낸다.
- 유한집합의 원소의 개수
  유한집합 A의 원소의 개수를 기호로 $n(A)$와 같이 나타낸다.
  참고 ① 공집합은 유한집합이다.
       ② $n(A)$에서 n은 개수를 뜻하는 number의 첫 글자 'n'이다.
       ③ $\varnothing \rightarrow n(\varnothing)=0$, $\{\varnothing\} \rightarrow n(\{\varnothing\})=1$, $\{0\} \rightarrow n(\{0\})=1$
       ④ 원소의 개수는 유한집합에서만 생각하고, 무한집합에서는 생각하지 않는다.

1st ― 집합의 분류

● 다음 집합이 유한집합인 것은 '유'를, 무한집합인 것은 '무'를 ( ) 안에 써넣으시오. 또 공집합일 때는 기호 $\varnothing$을 함께 써넣으시오.

1   $\{0, \varnothing\}$ (   )

2   $\{1, 2, 3, \cdots, 10\}$ (   )

3   $\{5, 10, 15, \cdots\}$ (   )

4   $\{100, 101, 102, \cdots, 999\}$ (   )

5   $\{x \mid x$는 1보다 작은 자연수$\}$ (   )
     공집합도 유한집합이야!

6   $\{x \mid x$는 4의 배수$\}$ (   )

7   $\{x \mid x$는 3으로 나눈 나머지가 2인 자연수$\}$ (   )

8 $\{x\,|\,x^2-2x-3=0\}$ ( )

9 $\{x\,|\,x^2+2x+2=0,\ x$는 실수$\}$ ( )

10 $\{x\,|\,3(x+1)-1<x+3,\ x$는 자연수$\}$ ( )

11 $\{x\,|\,x=2k+1,\ k$는 자연수$\}$ ( )

12 $\{x\,|\,x^2+4x+3<0,\ x$는 자연수$\}$ ( )

13 $\{x\,|\,x^2+4x+3<0\}$ ( )

2nd — 유한집합의 원소의 개수

● 다음과 같은 집합 A에 대하여 $n(A)$를 구하시오.

14

15 $A=\{1,\ 2,\ 3\}$

나는 유한집합일 때만 등장해!

$n(A)$ *Number*

16 $A=\{10,\ 11,\ 12,\ \cdots,\ 99\}$

17 $A=\varnothing$

18 $A=\{\varnothing\}$
$\varnothing$은 공집합이고 $\{\varnothing\}$은 $\varnothing$을 원소로 갖는 집합이야!

19 $A=\{0\}$

20 $A=\{x\,|\,x$는 20 이하의 소수$\}$

21 $A=\{x\,|\,x$는 126의 약수$\}$

22 $A=\{x\,|\,x^2-x-20=0\}$
방정식을 풀어서 x의 값을 구해 봐!

23 $A=\{x\,|\,x^2+2=4x-2\}$

24 $A=\{x\,|\,x^2+1\le 2x,\ x$는 실수$\}$
부등식을 풀어서 x의 범위를 구해 봐!

25 $A=\{x\,|\,6x^2-5x+1<0,\ x$는 정수$\}$
정수가 아닌 x는 집합 A의 원소가 아니야!

● 다음을 구하시오.

26 $n(\{1,\,3,\,5,\,7,\,9\})$

27 $n(\{2,\,4,\,6,\,\cdots,\,50\})$

28 $n(\{1,\,4,\,7,\,\cdots,\,100\})$

29 $n(\{x\,|\,x$는 18의 약수$\})$

30 $n(\{x\,|\,x$는 17의 배수인 두 자리 자연수$\})$

31 $n(\{x\,|\,x$는 10 이상 30 이하의 소수인 자연수$\})$

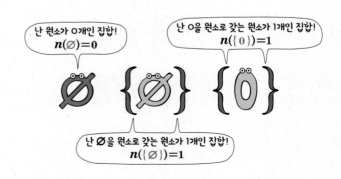

난 원소가 0개인 집합!
$n(\varnothing)=0$

난 0을 원소로 갖는 원소가 1개인 집합!
$n(\{0\})=1$

난 $\varnothing$을 원소로 갖는 원소가 1개인 집합!
$n(\{\varnothing\})=1$

32 $n(\varnothing)+n(\{\varnothing\})$의 값

33 집합 $A=\{1, 2, 3\}$이고 집합 B는
오른쪽 그림과 같을 때,
$n(A)+n(B)$의 값

34 두 집합 $A=\{0, 1, 2, 3, 4\}$, $B=\{3, 4\}$에 대하여
$n(A)-n(B)$의 값

35 집합 $A=\{x \mid x^2+3x+1=0,\ x$는 실수$\}$에 대하여
$n(A)$

36 집합 $A=\{x \mid x^2+4x+5<0,\ x$는 실수$\}$에 대하여
$n(A)$

😊 내가 발견한 개념 　　　　　　　　　원소의 개수를 세어 봐!

• $n(\varnothing)=$ ☐ 　　• $n(\{\varnothing\})=$ ☐ 　　• $n(\{0\})=$ ☐

개념모음문제
37 다음 중 옳은 것은?

① $n(\{0, 1, 2\})=2$
② $n(\{0\})=n(\varnothing)$
③ $n(\{1, 2, 3\})-n(\{1, 2\})=3$
④ $n(\{1, 2, 3\})>n(\{4, 5\})$
⑤ $n(\{0\})+1=n(\{1\})$

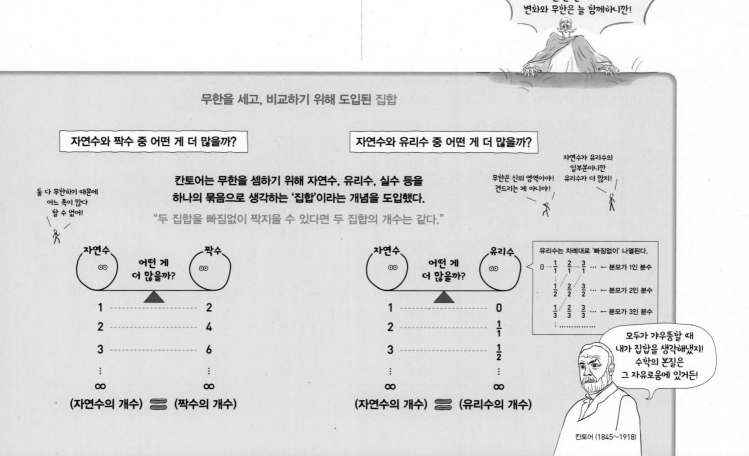

01 집합과 원소

· **집합과 원소**

① 집합: 어떤 조건에 의하여 그 대상을 분명히 정할 수 있을 때, 그 대상들의 모임

② 원소: 집합을 이루는 대상 하나하나

· **집합과 원소 사이의 관계**

① a는 집합 A의 원소이다. ➡ $a \in A$

② b는 집합 A의 원소가 아니다. ➡ $b \notin A$

1 다음 중 집합인 것은?

① 배우기 쉬운 악기

② 따뜻한 나라의 모임

③ 작은 짝수의 모임

④ 일의 자리의 숫자가 5인 자연수의 모임

⑤ 10에 가까운 수의 모임

2 방정식 $2x^3 + 3x^2 - 2x = 0$의 해의 집합을 A라 할 때, 다음 중 옳은 것은?

① $-2 \notin A$ ② $-1 \notin A$ ③ $0 \notin A$

④ $1 \in A$ ⑤ $2 \in A$

3 정수 전체의 집합을 Z, 유리수 전체의 집합을 Q, 실수 전체의 집합을 R라 할 때, 옳은 것만을 **보기**에서 있는 대로 고른 것은? (단, $i = \sqrt{-1}$)

┌─ **보기** ─────────────────┐
│ ㄱ. $i^2 \in Z$ ㄴ. $\sqrt{16} \notin Z$
│ ㄷ. $(2+i)(2-i) \in Q$ ㄹ. $\pi \in Q$
│ ㅁ. $\dfrac{1}{\sqrt{2}} \in R$ ㅂ. $i \in R$
└────────────────────────┘

① ㄱ, ㄴ, ㄷ ② ㄱ, ㄴ, ㅂ ③ ㄱ, ㄷ, ㄹ

④ ㄱ, ㄷ, ㅁ ⑤ ㄱ, ㄹ, ㅂ

02 집합의 표현

· **원소나열법**: 집합에 속하는 모든 원소를 { } 안에 나열하여 집합을 나타내는 방법

· **조건제시법**: 집합에 속하는 모든 원소들이 갖는 공통된 성질을 조건으로 제시하여 집합을 나타내는 방법

· **벤다이어그램**: 집합을 나타낸 그림

4 다음 집합 중 나머지 넷과 <u>다른</u> 하나는?

① {1, 3, 5, 7, 9}

② $\{x \,|\, x$는 10보다 작은 홀수$\}$

③ $\{x \,|\, x$는 11 이하의 홀수$\}$

④ $\{x \,|\, x$는 9 이하의 홀수$\}$

⑤ $\{x \,|\, x$는 2로 나눈 나머지가 1인 한 자리 자연수$\}$

5 다음 중 오른쪽 그림과 같이 벤다이어그램으로 표현된 집합 A를 바르게 나타낸 것은?

① $A = \{x \,|\, x$는 5의 약수$\}$

② $A = \{x \,|\, x$는 10의 약수$\}$

③ $A = \{x \,|\, x \leq 10, x$는 20의 약수$\}$

④ $A = \{x \,|\, x \leq 10, x$는 30의 약수$\}$

⑤ $A = \{x \,|\, x \leq 10, x$는 40의 약수$\}$

6 집합 $A = \{-2, 0, 1\}$에 대하여 집합

$$B = \{x \,|\, x = a \times b, a \in A, b \in A\}$$

를 원소나열법으로 바르게 나타낸 것은?

① {1, 2, 4} ② {0, 1, 2, 4}

③ {-1, 0, 2, 4} ④ {-2, 0, 1, 4}

⑤ {-4, 0, 1, 2}

03 집합의 원소의 개수

• 원소의 개수에 따른 집합의 분류
  ① 유한집합: 원소가 유한개인 집합
  ② 무한집합: 원소가 무수히 많은 집합
  ③ 공집합: 원소가 하나도 없는 집합으로 기호 $\varnothing$으로 나타낸다.
• 유한집합 A의 원소의 개수 → $n(A)$

7 다음 중 무한집합인 것은?

① $\{x \mid x$는 소수인 한 자리의 자연수$\}$

② $\{x \mid x^2+2=0,\ x$는 실수$\}$

③ $\{x \mid x=2n,\ n$는 5 이하의 자연수$\}$

④ $\{x \mid x(x+1)<0,\ x$는 정수$\}$

⑤ $\{x \mid x<1,\ x$는 유리수$\}$

8 공집합만을 **보기**에서 있는 대로 고른 것은?

┌ **보기**
│ ㄱ. $\{\varnothing\}$
│ ㄴ. $\{x \mid x$는 가장 작은 자연수$\}$
│ ㄷ. $\{x \mid x^2+3x+2=0,\ x$는 자연수$\}$
│ ㄹ. $\{x \mid x^2<0,\ x$는 실수$\}$

① ㄱ, ㄴ   ② ㄱ, ㄷ   ③ ㄴ, ㄷ
④ ㄷ, ㄹ   ⑤ ㄴ, ㄷ, ㄹ

9 집합 $A=\{x \mid x \leq k,\ x$는 7의 배수$\}$가 공집합이 되도록 하는 자연수 k의 최댓값은?

① 6   ② 7   ③ 8
④ 13   ⑤ 14

10 다음 중 옳은 것은?

① $n(\{3\})<n(\{5\})$

② $n(\{1\})+n(\{0\})=1$

③ $n(\{-2\})=n(\varnothing)$

④ $A=\{0\}$이면 $n(A)=n(\varnothing)$이다.

⑤ $n(A)=0$이면 $A=\varnothing$이다.

11 두 집합 A, B가
$\quad A=\{x \mid x=3n+1,\ n$은 10 이하의 자연수$\}$,
$\quad B=\{x \mid x$는 100보다 작은 18의 배수$\}$
일 때, $n(A)-n(B)$의 값은?

① 2   ② 3   ③ 5
④ 7   ⑤ 8

12 두 집합
$\quad A=\{-6,\ 0,\ 3\}$,
$\quad B=\{x \mid x$는 3의 배수, $10 \leq x \leq 20\}$
에 대하여 집합 C가
$\quad C=\{a+b \mid a \in A,\ b \in B\}$
일 때, $n(C)$는?

① 2   ② 3   ③ 5
④ 6   ⑤ 8

04

집합 속의 집합!

부분집합

3 이하의 자연수 집합!

헉!! 원소들이 모두 B에도 있네!

10 이하의 자연수 집합!

응! 넌 나의 한 부분이야!

집합 A의 모든 원소가 집합 B에 속할 때,
집합 A를 집합 B의 부분집합 이라 한다.

집합 A는 집합 B의 부분집합이다. ⟶ $A \subset B$

집합 B는 집합 A의 부분집합이 아니다. ⟶ $B \not\subset A$

• **부분집합의 성질**: 세 집합 A, B, C에 대하여

① 모든 집합은 자기 자신의 부분집합이다. 즉 $A \subset A$

② 공집합은 모든 집합의 부분집합이다. 즉 $\varnothing \subset A$

③ $A \subset B$이고 $B \subset C$이면 $A \subset C$

참고 ① $A \subset B$일 때 ➔ 집합 A는 집합 B에 포함된다.
　　　　　　　　　 ➔ 집합 B는 집합 A를 포함한다.

　② $A \subset B$와 $B \supset A$는 같은 뜻이고, $A \not\subset B$와 $B \not\supset A$도 같은 뜻이다.

　③ 집합 A가 집합 B의 부분집합이 아니면 A의 원소 중에서 B에 속하지 않는 것이 있다.

원리확인 다음 □ 안에는 알맞은 수 또는 집합을, ○ 안에는 기호 $\subset$, $\supset$ 중 알맞은 것을 각각 써넣으시오.

두 집합 $A = \{1, 2, 3, 4\}$, $B = \{1, 2\}$에 대하여

❶ 벤다이어그램으로 나타내면

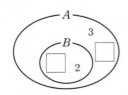

❷ 집합 □의 모든 원소가 집합 □에 속하므로

$A \bigcirc B$

1st ─ 기호 $\subset$, $\not\subset$의 사용

• 다음 중 집합 $A = \{2, 3, 5, 7\}$에 대하여 ○ 안에 기호 $\subset$, $\not\subset$ 중 알맞은 것을 써넣으시오.

1　$\{5\} \bigcirc A$

2　$\{2, 5\} \bigcirc A$

3　$\{3, 6\} \bigcirc A$

4　$\{1, 3, 5\} \bigcirc A$

5　$\{3, 5, 7\} \bigcirc A$

6　$\{1, 3, 5, 7, 9\} \bigcirc A$

7　$\{x \mid x$는 소수인 한 자리의 자연수$\} \bigcirc A$

● 다음 두 집합 A, B 사이의 포함 관계를 기호 ⊂을 사용하여 나타내시오.

8 $A=\{0, 1, 2\}$, $B=\{0, 1\}$

→ 집합 □ 의 모든 원소가 집합 □ 에 속하므로 □ ⊂ □

9 $A=\{x\,|\,x$는 짝수인 자연수$\}$,
$\quad B=\{x\,|\,x$는 8의 배수$\}$

10 $A=\{x\,|\,x$는 정삼각형$\}$,
$\quad B=\{x\,|\,x$는 이등변삼각형$\}$

11 $A=\{x\,|\,x^2=4\}$, $B=\{x\,|\,x^2\leq4\}$

12 $A=\{x\,|\,x$는 2 이하의 정수$\}$,
$\quad B=\{x\,|\,x$는 $|x|\leq2$인 정수$\}$

13 $A=\{x\,|\,x$는 3으로 나눈 나머지가 1인 자연수$\}$,
$\quad B=\{x\,|\,x=3n+1,$ n은 자연수$\}$

● 다음 ○ 안에 기호 ⊂, ∈ 중 알맞은 것을 써넣으시오.

14 5 ○ {1, 3, 5}
　　원소　　　집합

15 {1, 3} ○ {1, 3, 5}
　　집합　　　　집합

16 {b} ○ {a, {b}, c}

17 {0} ○ {0, 1, ∅}

18 ∅ ○ {1, 2, 3}

19 {1, 2, 3} ○ {1, 2, 3}

집합 $A=\{a, b\}$에서

원소와 집합 사이의 관계를 기호로 나타내면	집합과 집합 사이의 관계를 기호로 나타내면
$a\in A$, $c\notin A$	$\{a\}\subset A$, $\{c\}\not\subset A$

● 집합 $A=\{\varnothing, 0, 1, \{2\}\}$에 대하여 다음 중 옳은 것은 ○를, 옳지 않은 것은 ✕를 (   ) 안에 써넣으시오.

20 $\varnothing \in A$　　　　　　　　　　（　　　）

21 $A \subset A$　　　　　　　　　　（　　　）

22 $\varnothing \subset A$　　　　　　　　　　（　　　）

모든 집합은
자기 자신의 부분집합!

나는 나에게 포함돼.

$Å \subset A$

공집합은
모든 집합의 부분집합!

난 모두에게 포함돼.

$\varnothing \subset A$

23 $1 \in A$　　　　　　　　　　（　　　）

24 $\{1\} \subset A$　　　　　　　　　　（　　　）

25 $2 \in A$　　　　　　　　　　（　　　）

26 $\{2\} \subset A$　　　　　　　　　　（　　　）

27 $\{0, 1\} \subset A$　　　　　　　　　　（　　　）

28 $\{0, 1, 2\} \subset A$　　　　　　　　　　（　　　）

:) 내가 발견한 개념　　　　　　　집합 기호를 사용해서 나타내 봐!

집합 A에 대하여

• 모든 집합은 자기 자신의 부분집합이다. ➡ ☐ $\subset$ A

• 공집합은 모든 집합의 부분집합이다. ➡ ☐ $\subset$ A

개념모음문제

29 집합 $A=\{\varnothing, 0, 1, \{1\}\}$에 대하여 다음 중 옳지 않은 것은?

① $\varnothing \in A$　　　　　② $\varnothing \subset A$

③ $1 \in A$　　　　　　④ $\{0, 1\} \subset A$

⑤ $\{0, 1\} \in A$

2nd 부분집합

● 다음 집합의 부분집합을 모두 구하시오.

30 $\{1, 5\}$

➡ 원소가 하나도 없는 부분집합은 ☐

　원소가 1개인 부분집합은 ☐ , ☐

　원소가 2개인 부분집합은 ☐

　따라서 집합 $\{1, 5\}$의 부분집합은

　$\varnothing$, $\{$☐$\}$, $\{5\}$, $\{$☐ , ☐$\}$

31 {0}

32 {3, 9}

33 {x | x는 5보다 작은 소수인 자연수}

먼저 원소나열법으로 나타내 봐!

34 {1, 3, 5}

35 {x | x는 |x| < 2인 정수}

36 {x | x는 6의 약수}

● 주어진 집합 A의 부분집합 중에서 각 조건을 만족시키는 부분집합을 모두 구하시오.

37

$$A = \{1, 2, 3\}$$

(1) 1을 원소로 갖는 부분집합

→ 원소 1을 제외한 집합 {2, 3}의 부분집합 각각에 원소 1을 넣으면 되므로 구하는 집합은 {1}, {1, ☐}, {1, 3}, {1, ☐, ☐}

(2) 2를 원소로 갖지 않는 부분집합

→ 집합 {1, 3}의 부분집합과 같으므로 구하는 집합은 ☐, {1}, {☐}, {1, 3}

(3) 1, 3을 원소로 갖는 부분집합

→ 원소 1, 3을 제외한 집합 {2}의 부분집합 각각에 원소 1, 3을 넣으면 되므로 구하는 집합은 {☐, 3}, {1, ☐, ☐}

(4) 1, 2를 원소로 갖지 않는 부분집합

→ 집합 {3}의 부분집합과 같으므로 구하는 집합은 ☐, {3}

38

$$A = \{x \,|\, x\text{는 소수인 한 자리의 자연수}\}$$

(1) 5를 원소로 갖지 않는 부분집합

(2) 5를 원소로 갖는 부분집합

(3) 5 이하의 자연수로만 이루어진 부분집합

(4) 2, 3을 원소로 갖지 않는 부분집합

39 $A=\{x\,|\,x^2-x-2\leq0,\ x\text{는 정수}\}$

(1) 0을 원소로 갖지 않는 부분집합

(2) 0을 원소로 갖는 부분집합

(3) 양수만으로 이루어진 부분집합

(4) 0, 1을 원소로 갖지 않는 부분집합

40 $A=\{x\,|\,x^2-4x-5<0,\ x\text{는 자연수}\}$

(1) 3을 원소로 갖지 않는 부분집합

(2) 3을 원소로 갖는 부분집합

(3) 짝수로만 이루어진 부분집합

(4) 2, 3을 원소로 갖지 않는 부분집합

[개념모음문제]
41 집합 $X=\{x\,|\,x^3-2x^2+x=0,\ x\text{는 실수}\}$에 대하여 다음 중 옳은 것은?

① $n(X)=3$
② 집합 X의 부분집합 중 원소가 2개인 집합은 3개이다.
③ 집합 X의 부분집합 중 원소가 3개인 집합은 1개이다.
④ 집합 X의 부분집합 중 0을 원소로 갖는 집합은 2개이다.
⑤ 집합 X의 부분집합 중 음수인 원소를 갖는 집합은 3개이다.

3rd ― 집합 사이의 포함 관계를 이용하여 구하는 미지수의 값

● 다음 두 집합 A, B에 대하여 $A\subset B$일 때, 상수 a의 값을 구하시오.

42 $A=\{3,\ a\}$, $B=\{5,\ 2a-1,\ 4a-1\}$

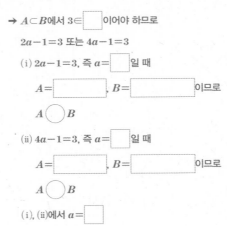

→ $A\subset B$에서 $3\in$ ☐ 이어야 하므로
   $2a-1=3$ 또는 $4a-1=3$

(i) $2a-1=3$, 즉 $a=$ ☐ 일 때
   $A=$ ☐ , $B=$ ☐ 이므로
   $A\bigcirc B$

(ii) $4a-1=3$, 즉 $a=$ ☐ 일 때
   $A=$ ☐ , $B=$ ☐ 이므로
   $A\bigcirc B$

(i), (ii)에서 $a=$ ☐

43 $A=\{5,\ a\}$, $B=\{1,\ 2a-3,\ 2a-1\}$
$5\in B$ 또는 $a\in B$ 중 더 편리한 쪽을 선택해서 풀면 돼!

44 $A=\{0,\ a+3\}$, $B=\{1,\ 1-a,\ 2a+4\}$

45 $A=\{-1,\ a-2\}$, $B=\{-2,\ 2a+3,\ 3a-1\}$

46 $A=\{2,\ 2a+1\}$, $B=\{-1,\ a+3,\ 2a+2\}$

47 $A=\{a, 3\}$, $B=\{a+2, a+4, 2a^2-3\}$

48 $A=\{1, a+1\}$, $B=\{a-1, a+3, a^2-1\}$

개념모음문제
49 세 집합

$$A=\{2, a+1\},\ B=\{a, 3, 2a+1\},$$
$$C=\{2, 3, a+3, 3a\}$$

에 대하여 $A \subset B \subset C$가 성립할 때, 상수 a의 값은?

① -2 ② -1 ③ 1

④ 2 ⑤ 3

● 다음 두 집합 A, B에 대하여 $A \subset B$일 때, 상수 a, b의 값의 범위를 구하시오.

50 $A=\{x\,|\,1 \le x \le 3\}$, $B=\{x\,|\,a-1 \le x \le b+5\}$

→ $A \subset B$가 성립하도록 두 집합 A, B를 수직선 위에 나타내면 다음 그림과 같다.

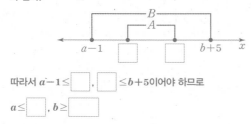

따라서 $a-1 \le$ ▢ , ▢ $\le b+5$이어야 하므로

$a \le$ ▢ , $b \ge$ ▢

51 $A=\{x\,|\,-2 \le x \le 2\}$, $B=\{x\,|\,3a+1 \le x \le b-1\}$

52 $A=\{x\,|\,0 \le x \le 4\}$, $B=\{x\,|\,a+2 \le x \le 2b-4\}$

53 $A=\{x\,|\,-3 \le x \le -1\}$,
$B=\{x\,|\,a-2 < x < 2b+1\}$
경계가 되는 값의 포함 여부를 반드시 확인해야 해!

54 $A=\{x\,|\,1 < x < 3\}$, $B=\{x\,|\,2a-3 \le x \le b-1\}$

개념모음문제
55 세 집합

$$A=\{x\,|\,x \ge 3\},\ B=\{x\,|\,x \ge a\},$$
$$C=\{x\,|\,x > -2\}$$

에 대하여 $A \subset B \subset C$일 때, 정수 a의 개수는?

① 3 ② 4 ③ 5

④ 6 ⑤ 7

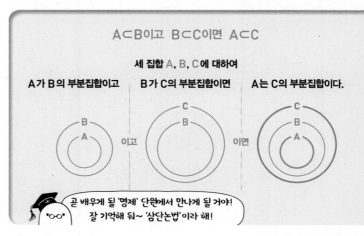

$A \subset B$이고 $B \subset C$이면 $A \subset C$

세 집합 A, B, C 에 대하여

A가 B의 부분집합이고   B가 C의 부분집합이면   A는 C의 부분집합이다.

이고   이면

곧 배우게 될 '명제' 단원에서 만나게 될 거야!
잘 기억해 둬~ '삼단논법'이라 해!

부분집합의 분류!

서로 같은 집합과 진부분집합

1 서로 같은 집합

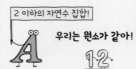

집합 A의 모든 원소는 집합 B에 속하고
집합 B의 모든 원소는 집합 A에 속할 때,
집합 A와 집합 B는 서로 같다 라 한다.

집합 A와 집합 B가
❶ 서로 같다. ⟶ $A \subset B$ 이고 $B \subset A$, 즉 $A = B$
❷ 서로 같지 않다 ⟶ $A \neq B$

2 진부분집합

집합 A가 집합 B의 부분집합이고 서로 같지 않을 때,
집합 A를 집합 B의 진부분집합 이라 한다.

집합 A는 집합 B의 ⟶ $A \subset B$ 이고 $A \neq B$
진부분집합이다. $(B \not\subset A)$

• 집합 A의 진부분집합은 집합 A의 부분집합 중에서 A를 제외한 모든 집합이다.

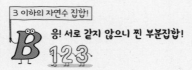

1st ─ 서로 같은 집합

● 다음 두 집합 A, B 사이의 관계를 나타내는 기호 =, ≠ 중 알맞은 것을 ○ 안에 써넣으시오.

1 $A = \{1, 2, 3\}$, $B = \{3, 2, 1\}$
→ $A \bigcirc B$

2 $A = \{2, 3, 6\}$, $B = \{x \mid x$는 6의 약수$\}$
→ $A \bigcirc B$

3 $A = \{x \mid x^2 = 1\}$, $B = \{x \mid |x| = 1\}$
→ $A \bigcirc B$

4 $A = \{x \mid x$는 5보다 작은 홀수$\}$,
$B = \{x \mid x^2 - 4x + 3 = 0\}$
→ $A \bigcirc B$

5 $A = \{x \mid x$는 10보다 작은 홀수$\}$,
$B = \{x \mid x$는 소수인 한 자리의 자연수$\}$
→ $A \bigcirc B$

6 $A = \{x \mid x^2 - 3x + 2 \leq 0\}$, $B = \{1, 2\}$
→ $A \bigcirc B$

2nd — 서로 같은 집합이 되도록 하는 미지수의 값

● 두 집합 A, B에 대하여 주어진 조건이 다음과 같을 때, 상수 a, b의 값을 구하시오.

7 $\boxed{A=B}$

(1) $A=\{1,\ a+1\}$, $B=\{3,\ b-3\}$

→ 두 집합 A, B의 모든 원소가 같아야 하므로

$a+1=\boxed{}$, $b-3=\boxed{}$

따라서 $a=\boxed{}$, $b=\boxed{}$

(2) $A=\{-2,\ 4,\ a-1\}$, $B=\{3,\ 4,\ 3b+4\}$

(3) $A=\{1,\ a+b\}$, $B=\{3,\ 2a-3b\}$

8 $\boxed{A \subset B \text{이고 } B \subset A}$

(1) $A=\{3,\ 2a+3\}$, $B=\{5,\ 4b-1\}$

→ $A \subset B$이고 $B \subset A$이면 $\boxed{}$ 이므로 두 집합 A, B의 모든 원소가 같아야 한다.

즉 $2a+3=\boxed{}$, $4b-1=\boxed{}$ 이므로

$a=\boxed{}$, $b=\boxed{}$

(2) $A=\{a,\ 2a+b\}$, $B=\{a-1,\ b+3\}$

(3) $A=\{1,\ 3,\ a+1\}$, $B=\{1,\ 2,\ b^2+b+1\}$

(단, $a \neq b$)

:) **내가 발견한 개념**   두 집합이 서로 같을 때?
● 두 집합 A, B에 대하여 집합 A와 집합 B는 서로 같은 집합이다.
→ A⊂B이고 B◯A

3rd — 진부분집합

● 다음 집합의 진부분집합을 모두 구하시오.

9 $\{1,\ 2\}$ → $\varnothing$, $\{1\}$, $\boxed{}$

10 $\{3,\ 6,\ 9\}$

11 $\{0,\ 1,\ \varnothing\}$

12 $\{x,\ y,\ \{z\}\}$
$\{z\}$가 집합의 원소임을 주의해!

13 $\{x\,|\,x$는 4의 약수$\}$

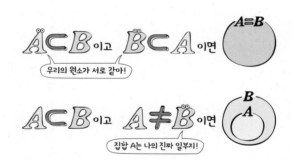

:) **내가 발견한 개념**   진부분집합의 의미를 기호로 나타내면?
● 두 집합 A, B에 대하여 집합 A는 집합 B의 진부분집합이다.
→ A⊂B이고 A◯B

개념모음문제

14 다음 중 집합 $\{-1,\ \{0\},\ 1\}$의 진부분집합이 <u>아닌</u> 것을 모두 고르면? (정답 2개)

① $\varnothing$ ② $\{0\}$ ③ $\{1\}$

④ $\{-1,\ 1\}$ ⑤ $\{-1,\ \{0\},\ 1\}$

집합 속의 집합!

부분집합의 개수

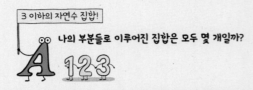

3 이하의 자연수 집합!

나의 부분들로 이루어진 집합은 모두 몇 개일까?

각각의 원소를 포함하거나 포함하지 않을 경우로 구분할 수 있다.

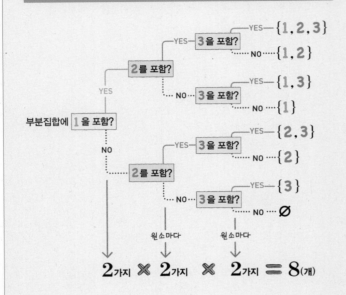

부분집합에 **1**을 포함?

2가지 ✖ 2가지 ✖ 2가지 ═ 8(개)

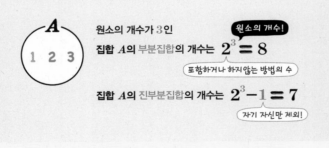

원소의 개수가 3인

집합 A의 부분집합의 개수는 $2^3 = 8$

원소의 개수!

포함하거나 하지않는 방법의 수

집합 A의 진부분집합의 개수는 $2^3 - 1 = 7$

자기 자신만 제외!

원소의 개수가 n인 집합 $A = \{a_1, a_2, a_3, \cdots, a_n\}$에 대하여

집합 A의 부분집합의 개수 ──────➤ 2^n

집합 A의 진부분집합의 개수 ──────➤ $2^n - 1$

공집합의 부분집합의 개수와 진부분집합의 개수

부분집합 공집합의 부분집합은 자기 자신 $-\varnothing$ ➤ 부분집합의 개수 -2^0 ➤ 1

원소의 개수!

진부분집합 부분집합 중에서 자기 자신을 제외한 집합 $-$ 없다 ➤ 진부분집합의 개수 ➤ $1-1=0$

부분집합의 개수의 공식을 이용하면 $2^0=1$이라는 것을 알 수 있지! '대수'에서 만나게 될 거야!

1st ─ 부분집합의 개수

1 다음은 집합 $\{a, b, c\}$의 부분집합의 개수를 구하는 과정이다. □ 안에 알맞은 것을 써넣으시오.

(1) 원소인 경우를 ○, 원소가 아닌 경우를 ✕ 라 하면

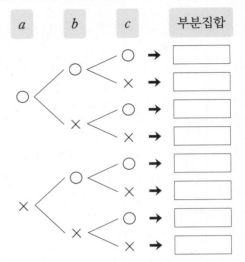

| a | b | c | 부분집합 |

(2) 집합 $\{a, b, c\}$의 부분집합의 개수

➤ $2^{\square} = \square$

(3) 집합 $\{a, b, c\}$의 진부분집합의 개수

➤ $2^{\square} - 1 = \square$

● 다음 집합의 부분집합의 개수를 구하시오.

2 $\{a, b\}$ ➤ 집합 $\{a, b\}$의 원소가 □ 개이므로

부분집합의 개수는 $2^{\square} = \square$

3 $\{2, 4, 6, 8\}$

4 $\{x \mid x$는 12의 약수$\}$

5 $\{x \mid x=2n-1,\ n$은 5 이하의 자연수$\}$

6 $\{x \mid x^2 \leq 1,\ x$는 정수$\}$

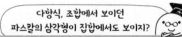

2nd 진부분집합의 개수

● 다음 집합의 진부분집합의 개수를 구하시오.

7 $\{a,\ b\}$

→ 집합 $\{a, b\}$의 원소가 ☐ 개이므로 진부분집합의 개수는

$2^{\square} - \square = \square$

8 $\{3,\ 6,\ 9,\ 12,\ 15,\ 18\}$

9 $\{x \mid x$는 홀수인 한 자리의 자연수$\}$

---

10 $\{x \mid x$는 소수인 자연수, $10 \leq x \leq 20\}$

11 $\{x \mid x=3n+2,\ n$은 10 이하의 자연수$\}$

😊 **내가 발견한 개념**   부분집합과 진부분집합의 개수는?

집합 $A=\{a_1,\ a_2,\ a_3,\ \cdots,\ a_n\}$에 대하여

• 집합 A의 부분집합의 개수 → ☐

• 집합 A의 진부분집합의 개수 → ☐

개념모음문제

12 두 집합 $A=\{x \mid x^2-x-6<0,\ x$는 정수$\}$, $B=\{x \mid 4x+3<2(x+5)+1,\ x$는 자연수$\}$에 대하여 집합 A의 부분집합의 개수를 a, 집합 B의 진부분집합의 개수를 b라 할 때, $a-b$의 값은?

① 1   ② 3   ③ 5

④ 7   ⑤ 9

다항식, 조합에서 보이던
파스칼의 삼각형이 집합에서도 보이지?

부분집합의 개수와 파스칼의 삼각형

집합	부분집합의 원소의 개수가				파스칼의 삼각형	부분집합의 개수
	0일 때	1일 때	2일 때	3일 때		
$\varnothing$	1 $\varnothing$				1	$1=2^0$
$\{a\}$	$_1C_0=1$ $\varnothing$	$_1C_1=1$ $\{a\}$			1 1	$2=2^1$
$\{a,\ b\}$	$_2C_0=1$ $\varnothing$	$_2C_1=2$ $\{a\}, \{b\}$	$_2C_2=1$ $\{a, b\}$		1 2 1	$4=2^2$
$\{a,\ b,\ c\}$	$_3C_0=1$ $\varnothing$	$_3C_1=3$ $\{a\}, \{b\}, \{c\}$	$_3C_2=3$ $\{a, b\}, \{b, c\}, \{a, c\}$	$_3C_3=1$ $\{a, b, c\}$	1 3 3 1	$8=2^3$

$$\binom{\text{원소의 개수가 } n\text{인 집합의}}{\text{원소의 개수가 } r\text{인 부분집합의 개수}} = \binom{\text{서로 다른 } n\text{개에서}}{r\text{개를 택하는 경우의 수}} = {}_nC_r$$

특정한 원소를 갖거나 갖지 않는 부분집합의 개수

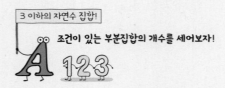

3 이하의 자연수 집합!

조건이 있는 부분집합의 개수를 세어보자!

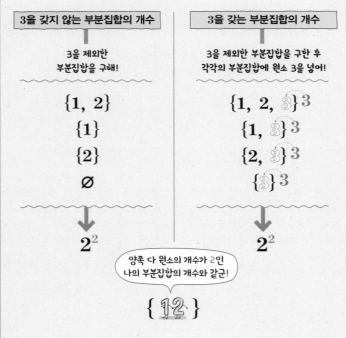

3을 갖지 않는 부분집합의 개수	3을 갖는 부분집합의 개수
3을 제외한 부분집합을 구해!	3을 제외한 부분집합을 구한 후 각각의 부분집합에 원소 3을 넣어!

$\{1, 2\}$ $\{1, 2, 3\}^3$

$\{1\}$ $\{1, 3\}^3$

$\{2\}$ $\{2, 3\}^3$

$\varnothing$ $\{3\}^3$

2^2 2^2

양쪽 다 원소의 개수가 2인 나의 부분집합의 개수와 같군!

$\{ 1 \, 2 \}$

원소의 개수가 3인 집합 A에서

(전체 원소의 개수) − (특정 원소의 개수)

3을 반드시 원소로 갖는 부분집합의 개수 2^{3-1}

3을 원소로 갖지 않는 부분집합의 개수 2^{3-1}

A 1 2 3

• 집합 $A = \{a_1, a_2, a_3, \cdots, a_n\}$에 대하여
  ① 집합 A의 원소 중에서 특정한 원소 k개를 반드시 원소로 갖는 집합 A의 부분집합의 개수: 2^{n-k} (단, $k < n$)
  ② 집합 A의 원소 중에서 특정한 원소 m개를 원소로 갖지 않는 집합 A의 부분집합의 개수: 2^{n-m} (단, $m < n$)
  ③ 집합 A의 원소 중에서 특정한 원소 k개는 반드시 원소로 갖고, 특정한 원소 m개는 원소로 갖지 않는 집합 A의 부분집합의 개수: 2^{n-k-m} (단, $k+m < n$)

1st ─ 특정한 원소를 갖는 부분집합의 개수

● 다음 집합의 부분집합 중에서 [ ] 안의 원소를 반드시 원소로 갖는 부분집합의 개수를 구하시오.

1 $\{2, 4, 6, 8\}$ [6]

→ 6을 반드시 원소로 갖는 부분집합은 원소 ☐ 을 제외한 집합

  $\{$☐ , ☐ , ☐$\}$의 부분집합에 각각 원소 ☐ 을 넣은 것과 같다.

  따라서 구하는 부분집합의 개수는

  $2^{☐} - ☐ = ☐$

2 $\{1, 3, 5, 7, 9\}$ [1]

3 $\{a, b, c, d, e, f, g\}$ [a, e]

4 $\{-3, -2, -1, 0, 1, 2, 3\}$ [$-1, 0, 1$]

5 $\{1, \{2\}, \{3, 4\}, \{5, 6, 7\}\}$ [1]
집합 기호로 나타내어진 $\{2\}$, $\{3, 4\}$, $\{5, 6, 7\}$은 각각 1개의 원소야!

6 $\{x \mid x$는 소수인 한 자리 자연수$\}$ [2]

7 {x|x는 30보다 작은 5의 배수} [10]

8 {x|x는 24의 약수} [1, 24]

9 {x|x는 10≤x≤30인 소수} [13, 19, 29]

10 {x|x는 $x^2-4x-5≤0$을 만족시키는 정수}
  [1, 2, 3]

2nd — 특정한 원소를 갖지 않는 부분집합의 개수

● 다음 집합의 부분집합 중에서 [ ] 안의 원소를 원소로 갖지 않는 부분집합의 개수를 구하시오.

11 {2, 4, 6} [2]

→ 2를 원소로 갖지 않는 부분집합의 개수는 원소 ☐ 를 제외한 집합

{ ☐ , ☐ }의 부분집합의 개수와 같고, 그 개수는

$2^{☐-☐}=☐$

12 {a, b, c, d, e} [c]

13 {5, 10, 15, 20, 25} [10, 20]

14 {−3, −2, −1, 0, 1, 2, 3} [−2, 2]

15 {∅, 0, {0}, 1, {1}, 2, {2}} [0, 1, 2]

😊 **내가 발견한 개념** 특정한 원소를 갖는 부분집합의 개수는?

• 집합 A={a_1, a_2, a_3, ⋯, a_n}의 원소 중에서 특정한 원소 k개를 반드시 원소로 갖는 집합 A의 부분집합의 개수

→ $2^{☐-☐}$ (단, k<n)

몇 인분을 준비해야 될까요?

4가지 경우니까, 많아야 3명!

헉! 그걸 어떻게 아세요?

뻔하잖아!

삼식 얘는 만두 광이니 꼭 올거고

영식 얘는 만두알러지니 안 올 거고

일식 이식 얘네는 우유부단하니 올 수도 있고 안 올 수도 있으니,

중요쫑 만두 파티 어쩌지? 무조건!

삼식
이식
영식 일식

만두 파티에 올 사람의 경우는 다음의 4가지.

👤 삼식
👤👤 삼식 일식
👤👤 삼식 이식
👤👤👤 삼식 일식 이식

이걸 집합으로 나타내면

집합A={영식, 일식, 이식, 삼식}

반드시 삼식이는 오고 영식이는 오지 않는 부분집합의 개수는

$$2^{4-2}=2^2=4$$

16 $\{x\,|\,x$는 36의 약수$\}$ [1, 6, 36]

17 $\{x\,|\,x$는 $x^2+x-6\leq0$을 만족시키는 정수$\}$

[0, 1, 2]

• 집합 $A=\{a_1,\ a_2,\ a_3,\ \cdots,\ a_n\}$의 원소 중에서 특정한 원소 m개를 원소로 갖지 않는 집합 A의 부분집합의 개수

   → $2^{\square-\square}$ (단, m<n)

개념모음문제

18 집합 $A=\{x\,|\,x+3\leq3x-5\leq2x+7,\ x$는 정수$\}$의 부분집합 중에서 7을 반드시 원소로 갖는 집합의 개수를 a, 5, 10을 원소로 갖지 않는 집합의 개수를 b라 할 때, $a+b$의 값은?

① 128   ② 256   ③ 384

④ 512   ⑤ 640

3rd — 특정한 원소의 포함 여부 조건에 따른 부분집합의 개수

• 집합 $A=\{2,\ 3,\ 5,\ 7,\ 11,\ 13,\ 17,\ 19\}$에 대하여 다음 조건을 만족시키는 집합 A의 부분집합의 개수를 구하시오.

19 3을 반드시 원소로 갖고, 13은 원소로 갖지 않는다.

→ 이를 만족시키는 집합 A의 부분집합은 원소 $\square$, $\square$ 을 제외한

집합 $\{\square,\ \square,\ \square,\ \square,\ \square,\ \square\}$

의 부분집합에 각각 원소 $\square$ 을 넣은 것과 같다.

따라서 구하는 부분집합의 개수는

$2^{\square-\square-\square}=\square$

20 3, 13을 반드시 원소로 갖고, 짝수는 원소로 갖지 않는다.

21 13을 반드시 원소로 갖고, 한 자리 자연수는 원소로 갖지 않는다.

• 집합 $A=\{0,\ 1,\ 2,\ 3,\ 4,\ 5,\ 6\}$의 부분집합 중에서 다음 조건을 만족시키는 집합 X의 개수를 구하시오.

22 $1\in X,\ 5\notin X$
집합 X는 1을 반드시 원소로 갖고, 5는 원소로 갖지 않는 집합이야!

23 $1\in X,\ 2\in X,\ 0\notin X,\ 5\notin X$

24 $\{1,\ 6\}\subset X,\ 5\notin X$
$\{1,6\}\subset X$는 $1\in X,\ 6\in X$를 의미해!

• 집합 $A=\{a_1,\ a_2,\ a_3,\ \cdots,\ a_n\}$의 원소 중에서 특정한 원소 k개는 반드시 원소로 갖고, m개를 원소로 갖지 않는 집합 A의 부분집합의 개수

   → $2^{\square-\square-\square}$ (단, k+m<n)

4th — $A \subset X \subset B$를 만족시키는 집합 X의 개수

● 다음을 만족시키는 집합 X의 개수를 구하시오.

25 $\{2, 4\} \subset X \subset \{1, 2, 3, 4, 5\}$

→ 집합 X의 개수는 집합 $\{1, 2, 3, 4, 5\}$의 부분집합 중

원소 ☐ , ☐ 를 반드시 포함하는 집합의 개수와 같다.

따라서 구하는 집합 X의 개수는

$2^{☐} - ☐ = ☐$

26 $\{a, i, u\} \subset X \subset \{a, e, i, o, u\}$

27 $\{0\} \subset X \subset \{-3, -2, -1, 0, 1, 2, 3\}$

28 $\{a, e\} \subset X \subset \{a, b, c, d, e, f, g\}$

29 $\{2, 16, 64\} \subset X \subset \{1, 2, 4, 8, 16, 32, 64, 128\}$

😊 내가 발견한 개념　　　　　　　A⊂X⊂B를 만족시키는 집합 X의 개수는?

● 두 집합 A, B에 대하여

　　A⊂B, n(A)=p, n(B)=q (단, p<q)

일 때, A⊂X⊂B를 만족시키는 집합 X의 개수

→ 2^{☐-☐}

● 다음 두 집합 A, B에 대하여 $A \subset X \subset B$를 만족시키는 집합 X의 개수를 구하시오.

30 $A = \{1, 2, 3\}$,

$B = \{x \mid x \leq 10, x$는 자연수$\}$

→ $B = \{1, ☐, ☐, 4, 5, 6, 7, 8, 9, 10\}$이므로 집합 X의 개수는 집

합 B의 부분집합 중 원소 ☐ , ☐ , ☐ 을 반드시 포함하는 집합

의 개수와 같다.

따라서 구하는 집합 X의 개수는

$2^{☐} - ☐ = ☐$

31 $A = \{12, 60, 96\}$,

$B = \{x \mid x$는 100보다 작은 12의 배수$\}$

32 $A = \{x \mid x$는 6의 약수$\}$,

$B = \{x \mid x$는 24의 약수$\}$

33 $A = \{x \mid x$는 $x^2 - x - 2 = 0$을 만족시키는 정수$\}$,

$B = \{x \mid x$는 $x^2 - x - 6 \leq 0$을 만족시키는 정수$\}$

개념모음문제

34 두 집합 $A = \{x \mid x$는 4의 약수$\}$,

$B = \{x \mid x$는 $x^2 - 3x - 10 < 0$을 만족시키는 정수$\}$

에 대하여 $A \subset X \subset B$를 만족시키는 집합 X의 개

수는?

① 4　　　　　② 8　　　　　③ 16

④ 32　　　　　⑤ 64

04 부분집합

- 부분집합

  두 집합 A, B에 대하여 집합 A의 모든 원소가 집합 B에 속할 때, 집합 A를 집합 B의 부분집합이라 하고 $A \subset B$와 같이 나타낸다.

- 부분집합의 성질

  세 집합 A, B, C에 대하여

  ① 모든 집합은 자기 자신의 부분집합이다. 즉 $A \subset A$

  ② 공집합은 모든 집합의 부분집합이다. 즉 $\varnothing \subset A$

  ③ $A \subset B$이고 $B \subset C$이면 $A \subset C$

1 집합 $A = \{2, 3, 5\}$에 대한 다음 설명 중 옳은 것은?

① $\{\varnothing\}$은 집합 A의 부분집합이다.

② $\{5, 3, 2\} \not\subset \{A\}$

③ 집합 A의 부분집합 중 원소가 1개인 집합은 1개뿐이다.

④ 집합 A의 부분집합 중 원소가 2개인 집합은 3개이다.

⑤ 집합 A의 부분집합 중 원소가 3개인 집합은 없다.

2 집합 $A = \{a, b, \{c\}\}$에 대한 설명으로 옳은 것만을 **보기**에서 있는 대로 고른 것은?

> **보기**
>
> ㄱ. $a \in A$　　　　　ㄴ. $\{a, b\} \subset A$
>
> ㄷ. $\{b\} \in A$　　　　ㄹ. $\{c\} \subset A$
>
> ㅁ. $c \in A$　　　　　ㅂ. $A \subset \{a, b, \{c\}\}$

① ㄱ, ㄴ, ㅁ　　② ㄱ, ㄴ, ㅂ　　③ ㄱ, ㄷ, ㄹ

④ ㄱ, ㄷ, ㅁ　　⑤ ㄱ, ㄹ, ㅁ

3 세 집합

$$A = \{-1, 0, 1\},$$
$$B = \{x \mid -1 \leq x \leq 1\},$$
$$C = \{x \mid |x| < 1, \ x\text{는 정수}\}$$

사이의 포함 관계로 옳은 것은?

① $A \subset B \subset C$　　② $A \subset C \subset B$　　③ $B \subset A \subset C$

④ $B \subset C \subset A$　　⑤ $C \subset A \subset B$

4 두 집합

$$A = \{x \mid x^2 + x - 2 = 0\},$$
$$B = \{x \mid x > k, \ k\text{는 정수}\}$$

에 대하여 $A \subset B$를 만족시키는 정수 k의 최댓값은?

① -4　　　　② -3　　　　③ -2

④ -1　　　　⑤ 0

05 서로 같은 집합과 진부분집합

- 서로 같은 집합

  두 집합 A, B에 대하여 $A \subset B$이고 $B \subset A$일 때, A와 B는 서로 같다 하고 기호로 $A = B$와 같이 나타낸다.

- 진부분집합

  두 집합 A, B에 대하여 $A \subset B$이고 $A \neq B$일 때, A를 B의 진부분집합이라 한다.

5 다음 중 집합 $X = \{2, 3\}$과 서로 같은 집합인 것을 모두 고르면? (정답 2개)

① $A = \{x \mid x\text{는 4보다 작은 자연수}\}$

② $B = \{x \mid x\text{는 5보다 작은 소수인 자연수}\}$

③ $C = \{x \mid x\text{는 3의 약수}\}$

④ $D = \{x \mid x^2 + 5x + 6 = 0\}$

⑤ $E = \{x \mid x^2 - 5x + 4 < 0, \ x\text{는 정수}\}$

6 두 집합 $A = \{0, 3a - b\}$, $B = \{7, 2a - 3b\}$에 대하여 $A \subset B$, $B \subset A$일 때, $a + b$의 값을 구하시오.

(단, a, b는 상수이다.)

06 부분집합의 개수

· 집합 $A=\{a_1, a_2, a_3, \cdots, a_n\}$에 대하여
① 집합 A의 부분집합의 개수 ➡ 2^n
② 집합 A의 진부분집합의 개수 ➡ 2^n-1

7 집합 $A=\{x \mid x^3-7x^2+15x-9=0\}$의 부분집합의 개수는?

① 2   ② 4   ③ 8
④ 16   ⑤ 32

8 집합 A의 부분집합의 개수가 32, 집합 B의 진부분집합의 개수가 63일 때, $n(A) \times n(B)$의 값은?

① 12   ② 20   ③ 30
④ 42   ⑤ 56

07 특정한 원소를 갖거나 갖지 않는 부분집합의 개수

· 집합 $A=\{a_1, a_2, a_3, \cdots, a_n\}$에 대하여
① 집합 A의 원소 중에서 특정한 원소 k개를 반드시 원소로 갖는 집합 A의 부분집합의 개수 ➡ 2^{n-k} (단, $k<n$)
② 집합 A의 원소 중에서 특정한 원소 m개를 원소로 갖지 않는 집합 A의 부분집합의 개수 ➡ 2^{n-m} (단, $m<n$)
③ 집합 A의 원소 중에서 특정한 원소 k개는 반드시 원소로 갖고, 특정한 원소 m개는 원소로 갖지 않는 집합 A의 부분집합의 개수 ➡ 2^{n-k-m} (단, $k+m<n$)

9 집합 $A=\{x \mid x는 10보다 작은 자연수\}$에 대하여
$$2 \in X, \ 5 \notin X, \ 8 \notin X$$
를 모두 만족시키는 집합 A의 부분집합 X의 개수는?

① 8   ② 16   ③ 32
④ 64   ⑤ 128

10 집합 $A=\{x \mid x<15, \ x는 소수인 자연수\}$에 대하여 $X \subset A$, $X \neq A$인 집합 X 중에서 2, 3을 반드시 원소로 갖는 집합의 개수를 구하시오.

11 두 집합
$$A=\{x \mid x^2-8x+15=0\},$$
$$B=\{x \mid x는 \ n \ 이하의 \ 자연수\}$$
에 대하여 $A \subset X \subset B$를 만족시키는 집합 X의 개수가 256일 때, 자연수 n의 값은?

① 8   ② 9   ③ 10
④ 11   ⑤ 12

12 집합 $A=\{x \mid x=3^n, \ n은 6보다 작은 자연수\}$의 부분집합 중에서 3 또는 243을 원소로 갖는 부분집합의 개수는?

① 8   ② 16   ③ 24
④ 32   ⑤ 48

TEST 개념 발전

1 집합인 것만을 **보기**에서 있는 대로 고른 것은?

┌─ **보기** ─────────────────────────┐
ㄱ. 행운의 수의 모임
ㄴ. 짝수인 소수의 모임
ㄷ. 날개가 있는 동물의 모임
ㄹ. 많은 사람이 탈 수 있는 이동 수단의 모임
└──────────────────────────────────┘

① ㄱ, ㄴ ② ㄱ, ㄷ ③ ㄴ, ㄷ
④ ㄴ, ㄹ ⑤ ㄴ, ㄷ, ㄹ

2 집합 A를 벤다이어그램으로 나타내면 오른쪽 그림과 같을 때, 다음 중 집합 A를 조건제시법으로 바르게 나타낸 것은?

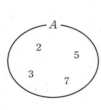

① $A=\{x \mid x$는 8보다 작은 홀수인 자연수$\}$
② $A=\{x \mid x$는 7보다 작은 소수인 자연수$\}$
③ $A=\{x \mid x$는 소수인 한 자리 자연수$\}$
④ $A=\{x \mid x$는 $2 \leq x \leq 7$인 자연수$\}$
⑤ $A=\{x \mid x^2-8x+7 \leq 0,\ x$는 자연수$\}$

3 집합 $A=\{-2, 0, 3\}$에 대하여 집합
$$X=\{x \mid x=a+b,\ a \in A,\ b \in A\}$$
를 원소나열법으로 바르게 나타낸 것은?

① $X=\{0, 1, 3, 6\}$
② $X=\{0, 1, 2, 3, 4, 6\}$
③ $X=\{-4, -2, 0, 2, 4\}$
④ $X=\{-4, -2, 0, 1, 3, 6\}$
⑤ $X=\{-6, -3, -1, 0, 1, 3, 6\}$

4 다음 중 무한집합인 것은?

① $\{10, 11, 12, \cdots, 99\}$
② $\{x \mid x$는 2보다 작은 소수인 자연수$\}$
③ $\{x \mid x=2k-1,\ k$는 자연수$\}$
④ $\{x \mid x^2-2x-3=0\}$
⑤ $\{x \mid x$는 $x^2<0$인 유리수$\}$

5 다음 중 옳은 것은?

① $n(\{-1, 0, 1\})=2$
② $n(\{1, 2\})<n(\{2, 3\})$
③ $n(\{3, 6, 9\})-n(\{1, 2, 3\})=6$
④ $n(\{0\})+1=n(\{0, 1\})$
⑤ $A=\{\varnothing\}$이면 $n(A)=0$이다.

6 집합 $A=\{\varnothing, 0, 1, \{0, 1\}\}$에 대하여 다음 중 옳지 <u>않은</u> 것은?

① $\varnothing \in A$ ② $\varnothing \subset A$ ③ $\{1\} \in A$
④ $\{0, 1\} \subset A$ ⑤ $\{0, 1\} \in A$

7 세 집합
$$A=\{-1, 0, 1\},$$
$$B=\{x \mid x=a+b,\ a \in A,\ b \in A\},$$
$$C=\{x \mid x=2a-b,\ a \in A,\ b \in A\}$$
사이의 포함 관계로 옳은 것은?

① $A \subset B \subset C$ ② $A \subset C \subset B$
③ $B \subset A \subset C$ ④ $B \subset C \subset A$
⑤ $C \subset A \subset B$

8 두 집합 $A=\{5,\ a-1\}$, $B=\{2,\ 5,\ a^2+a-1\}$에 대하여 $A \subset B$가 성립할 때, 모든 a의 값의 합은?

① 1   ② 2   ③ 3
④ 4   ⑤ 5

9 세 집합
$$A=\{x\,|\,-1 \le x \le 3\},$$
$$B=\{x\,|\,-2 \le x \le a^2-2a\},$$
$$C=\{x\,|\,x \le 8\}$$
에 대하여 $A \subset B \subset C$가 성립하도록 하는 정수 a의 개수는?

① 1   ② 2   ③ 3
④ 4   ⑤ 5

10 두 집합
$$A=\{x\,|\,x는 8의 약수\},$$
$$B=\{1,\ 8,\ a+3,\ b-2\}$$
가 서로 같을 때, 자연수 a, b에 대하여 a^2+b^2의 값을 구하시오.

11 두 집합
$$A=\{5,\ a+2,\ 2a+2\},\ B=\{4,\ 6,\ a^2+a-1\}$$
에 대하여 $A \subset B$, $B \subset A$일 때, 상수 a의 값은?

① 1   ② 2   ③ 3
④ 4   ⑤ 5

12 집합 $A=\{x\,|\,x는 15 이하의 자연수\}$의 부분집합 중에서 모든 원소가 36의 약수로만 이루어진 집합의 개수를 구하시오.

13 집합 $A=\{2,\ 3,\ 5,\ 7\}$의 부분집합 중에서 원소의 합이 12 이상인 부분집합의 개수는?

① 5   ② 6   ③ 7
④ 8   ⑤ 9

14 집합 $A=\{x\,|\,x는 k 이하의 자연수,\ k는 자연수\}$의 부분집합 중에서 1, 2는 반드시 원소로 갖고, 3, 4는 원소로 갖지 않는 부분집합의 개수가 16일 때, k의 값은?

① 4   ② 6   ③ 8
④ 10   ⑤ 12

15 두 집합
$$A=\{x\,|\,x는 9의 약수\},$$
$$B=\left\{x\,\Big|\,x=\frac{54}{n},\ x와\ n은\ 자연수\right\}$$
에 대하여 $A \subset X \subset B$를 만족시키는 집합 X의 개수는?

① 4   ② 8   ③ 16
④ 32   ⑤ 64

6

기준이 명확한!
집합의 연산

묶음끼리는 미리 계산해서
정리해 두면 편하겠지?

새로운 집합을 만드는!

• 합집합
두 집합 A, B에 대하여 A에 속하거나
B에 속하는 모든 원소로 이루어진 집합을
A와 B의 합집합이라 한다.

$$A \cup B = \{x | x \in A \text{ 또는 } x \in B\}$$

• 교집합
두 집합 A, B에 대하여 A에도 속하고 동시에
B에도 속하는 모든 원소로 이루어진 집합을
A와 B의 교집합이라 한다.

$$A \cap B = \{x | x \in A \text{ 그리고 } x \in B\}$$

↓

A와 B의 공통된 원소가 없다면?

↓

$A \cap B = \varnothing$일 때, A와 B는 서로소라 한다.

• 여집합
전체집합 U의 부분집합 A에 대하여 U의 원소 중에서
A에 속하지 않는 모든 원소로 이루어진 집합을
U에 대한 A의 여집합이라 한다.

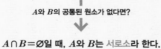

$$A^c = \{x | x \in U \text{ 그리고 } x \notin A\}$$

• 차집합
두 집합 A, B에 대하여 A에는 속하지만
B에는 속하지 않는 원소로 이루어진 집합을
A에 대한 B의 차집합이라 한다.

$$A - B = \{x | x \in A \text{ 그리고 } x \notin B\}$$

집합의 연산

01 합집합과 교집합
02 집합의 연산법칙
03 여집합과 차집합

두 집합 A, B에 대하여 A에 속하거나 B에 속하는
모든 원소로 이루어진 집합을 A와 B의 합집합이라
해. 또 A에도 속하고 B에도 속하는 모든 원소로 이
루어진 집합을 A와 B의 교집합이라 하지.

전체집합 U의 원소 중에서 집합 A에 속하지 않는 모
든 원소로 이루어진 집합을 U에 대한 A의 여집합이
라 하고, 두 집합 A, B에 대하여 A에는 속하지만 B
에는 속하지 않는 원소로 이루어진 집합을 A에 대한
B의 차집합이라 해.

이와 같이 정의된 집합들을 기호로 나타내보고, 직접
구해 보는 연습을 할 거야. 또 집합도 연산이 가능하
므로 집합의 연산법칙을 배워보자.

새로운 집합을 만드는!

전체집합 U의 부분집합 A에 대하여

합집합	교집합
$A \cup A = A$	$A \cap A = A$
$A \cup \varnothing = A$	$A \cap \varnothing = \varnothing$
$A \cup U = U$	$A \cap U = A$

전체집합 U의 두 부분집합 A, B에 대하여

여집합	차집합
$U^c = \varnothing$	$A - B$
$\varnothing^c = U$	$= A \cap B^c$
$(A^c)^c = A$	$= A - (A \cap B)$
$A \cup A^c = U$	$= (A \cup B) - B$
$A \cap A^c = \varnothing$	

A에는 속하고 B에는 속하지 않아!

집합의 연산의 성질

04 집합의 연산의 성질
05 집합의 연산을 이용한 여러 가지 표현
06 드모르간의 법칙

합집합과 교집합의 성질, 여집합과 차집합의 성질을 배워보고 집합의 연산을 이용하여 여러 가지 표현으로 나타내 보자.

또 전체집합 U의 두 부분집합 A, B에 대하여
$$(A \cup B)^c = A^c \cap B^c, \ (A \cap B)^c = A^c \cup B^c$$
이 성립하는데 이것을 드모르간의 법칙이라 해.

이 법칙은 집합의 연산과 관련된 식을 간단히 정리하는데 꼭 필요하므로 잘 알아두어야 해!

세지 않고 계산하는!

$$n(A \cup B) = n(A) + n(B) - n(A \cap B)$$

$$n(A^c) = n(U) - n(A)$$

$$n(A - B) = n(A) - n(A \cap B)$$
$$= n(A \cup B) - n(B)$$

유한집합의 원소의 개수

07 유한집합의 원소의 개수
08 유한집합의 원소의 개수의 최댓값, 최솟값
09 유한집합의 원소의 개수의 활용

두 유한집합의 합집합과 교집합의 원소의 개수 사이의 관계를 배워 볼 거야. 두 유한집합 A, B에 대하여 $A \cap B$는 A에도 속하고 B에도 속하는 원소들의 집합이므로 $n(A \cup B)$는 $n(A)$와 $n(B)$의 합에서 $n(A \cap B)$를 빼어야 해.

즉 $n(A \cup B) = n(A) + n(B) - n(A \cap B)$야. 이를 이용하여 실생활에 적용된 다양한 문제를 풀어보자.

01

새로운 집합을 만드는!

합집합과 교집합

1 합집합 **연극반**이거나 **미술반**인 학생의 집합!

두 집합 A, B에 대하여 A에 속하거나 B에 속하는
모든 원소로 이루어진 집합을 A와 B의 **합집합**이라 한다.

$$A \cup B = \{x \mid x \in A \text{ 또는 } x \in B\}$$

2 교집합 **연극반**이면서 **미술반**인 학생의 집합!

두 집합 A, B에 대하여 A에도 속하고 동시에 B에도 속하는
모든 원소로 이루어진 집합을 A와 B의 **교집합**이라 한다.

$$A \cap B = \{x \mid x \in A \text{ 그리고 } x \in B\}$$

↓

A와 B의 공통된 원소가 없다면?

$A \cap B = \varnothing$일 때, A와 B는 **서로소**라 한다.

참고 ① 공집합은 모든 집합과 서로소이다.

② $A \cap B$는 두 집합 A, B의 부분집합이다.
즉 $(A \cap B) \subset A$, $(A \cap B) \subset B$

③ 두 집합 A, B는 각각 $A \cup B$의 부분집합이다.
즉 $A \subset (A \cup B)$, $B \subset (A \cup B)$

원리확인 다음 주어진 두 집합 A, B에 대하여 벤다이어그램을 완성
하고 □ 안에 알맞은 수를 써넣으시오.

❶ $A = \{1, 2, 3, 4\}$, $B = \{2, 3, 6, 8\}$

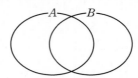

→ $A \cup B = \{1, \boxed{}, \boxed{}, 4, \boxed{}, 8\}$
$A \cap B = \{2, \boxed{}\}$

❷ $A = \{2, 4, 6, 8\}$, $B = \{x \mid x\text{는 4의 약수}\}$

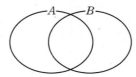

→ $A \cup B = \{\boxed{}, 2, \boxed{}, 6, 8\}$
$A \cap B = \{\boxed{}, 4\}$

❸ $A = \{x \mid x\text{는 6의 약수}\}$,
$B = \{x \mid x\text{는 8의 약수}\}$

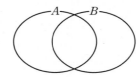

→ $A \cup B = \{\boxed{}, \boxed{}, \boxed{}, \boxed{}, \boxed{}, \boxed{}\}$
$A \cap B = \{\boxed{}, \boxed{}\}$

합집합에서 '또는'의 의미

$$A \cup B = \{x \mid x \in A \text{ 또는 } x \in B\}$$

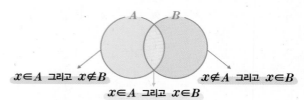

$x \in A$ 그리고 $x \notin B$ $x \notin A$ 그리고 $x \in B$

$x \in A$ 그리고 $x \in B$

'또는'은 위 세 가지 경우를 모두 포함한다.
즉 두 집합 A, B의 모든 원소를 합쳐 놓은 집합이다.

1st — 합집합과 교집합

● 두 집합 A, B에 대하여 $A \cup B$와 $A \cap B$를 각각 구하시오.

1 $A = \{1, 2, 4, 8\}$, $B = \{2, 3, 5, 7\}$

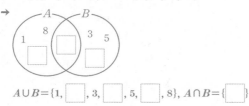

$A \cup B = \{1, \boxed{}, 3, \boxed{}, 5, \boxed{}, 8\}$, $A \cap B = \{\boxed{}\}$

2 $A = \{a, b, c, d\}$, $B = \{a, c, d, e, f\}$

3 $A = \{1, 2, 3, 4, 5\}$, $B = \{2, 4, 6, 7\}$

4 $A = \{x \mid x$는 한 자리의 홀수인 자연수$\}$,
$B = \{x \mid x$는 15 미만의 소수인 자연수$\}$

5 $A = \{x \mid x$는 $1 < x < 5$인 자연수$\}$,
$B = \{x \mid x$는 $2 \leq x \leq 7$인 자연수$\}$

2nd — 합집합과 교집합을 이용하여 구하는 미지수의 값

● 두 집합 A, B와 $A \cap B$가 다음과 같을 때, a, b의 값과 $A \cup B$를 각각 구하시오. (단, a, b는 상수이다.)

6 $A = \{1, a-3, 5\}$, $B = \{b+2, 3, 7\}$,
$A \cap B = \{1, 3\}$

→ $A \cap B = \{1, 3\}$에서 $3 \in A$이므로
$a - 3 = \boxed{}$, 즉 $a = \boxed{}$
또한 $1 \in B$이므로
$b + 2 = \boxed{}$, 즉 $b = \boxed{}$
따라서 $A = \{1, \boxed{}, 5\}$, $B = \{1, \boxed{}, 7\}$이므로
$A \cup B = \{1, \boxed{}, 5, 7\}$

7 $A = \{1, 2, 4, a+6, 8\}$, $B = \{2b+1, 10, 15, 20\}$,
$A \cap B = \{5\}$

8 $A = \{4, 5, 3a-1\}$, $B = \{2, 8, b-1\}$,
$A \cap B = \{4, 8\}$

9 $A = \{6, 10, 4a-3\}$, $B = \{-2b+4, 13\}$
$A \cap B = \{10, 13\}$

10 $A = \{3, 4, 6, 5a-2, 10, 12\}$, $B = \{3, 4b+10, 8\}$,
$A \cap B = \{3, 6, 8\}$

11 $A=\{2,\ 3,\ 5,\ a-5\},\ B=\{a-8,\ b\},$
$A\cap B=\{7\}$

→ $A\cap B=\{7\}$에서 $7\in A$이므로

$a-5=\boxed{}$, 즉 $a=\boxed{}$

이때 $B=\{\boxed{},\ b\}$이고 $7\in B$이므로

$b=\boxed{}$

따라서 $A=\{2,\ 3,\ 5,\ \boxed{}\},\ B=\{\boxed{},\ \boxed{}\}$이므로

$A\cup B=\{2,\ 3,\ \boxed{},\ 5,\ \boxed{}\}$

12 $A=\{3,\ 5,\ 5a-4\},\ B=\{3a+2,\ 10,\ 3b-3\},$
$A\cap B=\{6\}$

13 $A=\{-10,\ -4a+2\},\ B=\{-5a-1,\ -3b\},$
$A\cap B=\{-6\}$

14 $A=\{-2a-7,\ -1,\ 0,\ 2\},$
$B=\{-7,\ 5a+7,\ b-3\},$
$A\cap B=\{-3,\ 2\}$

15 $A=\{6,\ -a+10,\ 20\},\ B=\{2a+34,\ -5b+2\},$
$A\cap B=\{17,\ 20\}$

● 두 집합 A, B와 $A\cup B$가 다음과 같을 때, a의 값 또는 a, b의 값과 $A\cap B$를 각각 구하시오.

16 $A=\{1,\ 2,\ a,\ 4\},\ B=\{2,\ 3,\ a+2\},$
$A\cup B=\{1,\ 2,\ 3,\ 4,\ 5\}$

→ $A=\{1,\ 2,\ a,\ 4\},\ A\cup B=\{1,\ 2,\ 3,\ 4,\ 5\}$이므로

$a=\boxed{}$ 또는 $a=5$

(ⅰ) $a=\boxed{}$일 때

$A=\{1,\ 2,\ \boxed{},\ 4\},\ B=\{2,\ 3,\ \boxed{}\}$이므로

$A\cup B=\{1,\ 2,\ 3,\ 4,\ \boxed{}\},\ A\cap B=\{2,\ \boxed{}\}$

(ⅱ) $a=5$일 때

$A=\{1,\ 2,\ 4,\ \boxed{}\},\ B=\{2,\ 3,\ \boxed{}\}$

이때 $\boxed{}\notin A\cup B$이므로 문제의 조건에 맞지 않는다.

(ⅰ), (ⅱ)에서

$a=\boxed{}$, $A\cap B=\{2,\ \boxed{}\}$

17 $A=\{11,\ 13,\ -2a+1,\ 19\},$
$B=\{a+27,\ 13,\ 15\},$
$A\cup B=\{11,\ 13,\ 15,\ 17,\ 19\}$

18 $A=\{1,\ a,\ 9,\ 18\},\ B=\{a-4,\ 3,\ 6\},$
$A\cup B=\{1,\ 2,\ 3,\ 6,\ 9,\ 18\}$

19 $A=\{-2,\ 2a+6,\ 2\},\ B=\{-a-7,\ a+3,\ 4\},$
$A\cup B=\{-4,\ -2,\ 0,\ 2,\ 4\}$

20 $A=\{3, 5, a+1\}$, $B=\{a-5, b, 11\}$,
$A\cup B=\{3, 5, 7, 11\}$

→ $A=\{3, 5, a+1\}$, $A\cup B=\{3, 5, 7, 11\}$이므로

$a+1=7$ 또는 $a+1=\boxed{}$

즉 $a=6$ 또는 $a=\boxed{}$

(i) $a=6$일 때

$A=\{3, 5, \boxed{}\}$, $B=\{\boxed{}, b, 11\}$

이때 $\boxed{}\notin A\cup B$이므로 문제의 조건에 맞지 않는다.

(ii) $a=\boxed{}$일 때

$A=\{3, 5, \boxed{}\}$, $B=\{5, b, \boxed{}\}$

이때 $A\cup B=\{3, 5, 7, 11\}$이므로 $b=\boxed{}$이고

$A\cap B=\{5, \boxed{}\}$

(i), (ii)에서

$a=\boxed{}$, $b=\boxed{}$, $A\cap B=\{5, \boxed{}\}$

21 $A=\{5, 15, 2a\}$, $B=\{a-5, b-3\}$,
$A\cup B=\{5, 10, 15, 20\}$

22 $A=\{5, 10, a\}$, $B=\{a-1, b+2, 10\}$,
$A\cup B=\{5, 6, 8, 9, 10\}$

23 $A=\{2, 9, 2a+1\}$, $B=\{3, 11, a+4, 3b-2\}$,
$A\cup B=\{2, 3, 9, 11, 13\}$

3rd — 벤다이어그램을 이용하여 구하는 집합

● 두 집합 A, B에 대하여 A, $A\cap B$, $A\cup B$가 다음과 같을 때,
집합 B를 구하시오.

24 $A=\{1, 2, 4\}$, $A\cap B=\{2\}$, $A\cup B=\{1, 2, 3, 4\}$

→ 주어진 집합을 벤다이어그램으로 나타내면

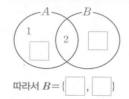

따라서 $B=\{\boxed{}, \boxed{}\}$

25 $A=\{1, 2, 5\}$, $A\cap B=\{1, 5\}$,
$A\cup B=\{1, 2, 3, 5, 7\}$

26 $A=\{a, b, d, e\}$, $A\cap B=\{b, e\}$,
$A\cup B=\{a, b, c, d, e, f, g\}$

27 $A=\{2, 3, 5, 7\}$, $A\cap B=\varnothing$,
$A\cup B=\{2, 3, 5, 7, 11, 13\}$

28 $A=\{5, 10, 15\}$, $A\cap B=\{5, 10, 15\}$,
$A\cup B=\{5, 10, 15, 20, 25\}$

개념모음문제
29 두 집합 A, B에 대하여
$A=\{2, 3, 7, 11, 17\}$, $A\cap B=\{2, 7, 11\}$,
$A\cup B=\{2, 3, 5, 7, 11, 13, 17\}$
일 때, 집합 B의 모든 원소의 합은?

① 33   ② 38   ③ 40
④ 55   ⑤ 58

😊 **내가 발견한 개념**   교집합과 합집합의 원소를 기호로 나타내 봐!

● 두 집합 A, B에 대하여

$a\in A\cup B$ •   • $a\in A$ 또는 $a\in B$
$a\in A\cap B$ •   • $a\in A$이고 $a\in B$

● 다음 두 집합 A, B가 서로소인 것은 ○를, 서로소가 아닌 것은 ×를 ( ) 안에 써넣으시오.

30 $A=\{1, 3\}$, $B=\{6, 7\}$　　　( )

31 $A=\{1, 2, 4\}$, $B=\{3, 4, 6\}$　　　( )

32 $A=\{a, b, c, d\}$, $B=\{d, e, f\}$　　　( )

33 $A=\{x \mid x$는 짝수$\}$, $B=\{x \mid x$는 홀수$\}$　　　( )

34 $A=\{x \mid x$는 5의 약수$\}$,
　　$B=\{x \mid x$는 8의 약수$\}$　　　( )

35 $A=\{x \mid 1<x\leq4$인 자연수$\}$,
　　$B=\{x \mid 4\leq x<7$인 자연수$\}$　　　( )

● 다음 집합 A의 부분집합 중에서 집합 B와 서로소인 부분집합의 개수를 구하시오.

36 $A=\{1, 2, 3, 4, 5\}$, $B=\{2, 5\}$

→ 구하는 집합의 개수는 집합 A의 부분집합 중에서

　 $\boxed{}$, $\boxed{}$를 원소로 갖지 않는 집합의 개수, 즉

　 집합 $\{1, \boxed{}, \boxed{}\}$의 부분집합의 개수와 같다.

　 따라서 구하는 부분집합의 개수는

　 $2^{5-\boxed{}}=2^{\boxed{}}=\boxed{}$

37 $A=\{-2, -1, 0, 1, 2\}$, $B=\{-2, 0, 2\}$

38 $A=\{x \mid 0\leq x\leq10, x$는 정수$\}$,
　　$B=\{2, 4, 6, 8, 10\}$

39 $A=\{x \mid x$는 19 미만의 소수$\}$, $B=\{2, 7, 11, 13\}$

😊 내가 발견한 개념　　　　　　　　　서로소의 의미는?

• 두 집합 A, B가 서로소 ➡ 공통된 원소가 하나도 $\boxed{}$.

　　　　　 ➡ A∩B= $\boxed{}$

개념모음문제

40 집합 $A=\{$가, 나, 다, 라, 마, 바, 사, 아$\}$의 부분집합 중에서 집합 $B=\{$나, 라, 사$\}$와 서로소인 집합의 개수는?

① 8　　　　② 16　　　　③ 32
④ 64　　　　⑤ 128

서로가 섞이지 않아, 서로소!

자연수에서 | 집합에서

우린 공통점이 1도 없어!

14 (2×7)　15 (3×5)

홀수 ⟨1,3,5···⟩　짝수 ⟨2,4,6···⟩

최대공약수가 1인 두 자연수 | 교집합이 공집합인 두 집합

'서로소'는 공통인 부분이 없는 것을 의미해!

6th — 배수의 집합의 연산

● 자연수 k의 배수의 집합을 A_k라 할 때, 다음을 A_k 꼴로 나타내시오.

41 $A_2 \cap A_3$

→ $A_2 = \{2, 4, \boxed{}, 8, 10, \boxed{}, 14, 16, \boxed{}, \cdots\}$,

$A_3 = \{3, \boxed{}, 9, \boxed{}, 15, \boxed{}, 21, \cdots\}$이므로

$A_2 \cap A_3 = \{6, \boxed{}, \boxed{}, \cdots\}$

$= A_{\boxed{}}$ ← 2와 3의 최소공배수

42 $A_2 \cap A_4$

43 $A_5 \cap A_{10}$

44 $A_4 \cap A_6$

45 $A_3 \cap A_5$

46 $A_2 \cup A_4$

→ $A_2 = \{2, \boxed{}, \boxed{}, 8, 10, \boxed{}, 14, \boxed{}, \boxed{}, \cdots\}$,

$A_4 = \{\boxed{}, \boxed{}, 12, \boxed{}, 20, \cdots\}$이므로

$A_2 \cup A_4 = \{2, \boxed{}, \boxed{}, 8, 10, \boxed{}, 14, \boxed{}, \cdots\}$

$= A_{\boxed{}}$ ← 2는 4의 약수

47 $A_3 \cup A_6$

48 $A_2 \cup A_8$

49 $A_5 \cup A_{10}$

50 $A_4 \cup A_{12}$

그대들은 A에 속하는가? 그리고…

동시에 B에도 속하는가?

우린 들어가도 되겠는데!?

난 죽어도 A!

흥! 난 B!!!

☺ 내가 발견한 개념   자연수의 배수의 집합의 교집합과 합집합은?

● 세 자연수 k, m, n의 배수의 집합을 각각 A_k, A_m, A_n이라 할 때

→ $A_m \cap A_n = A_k \Leftrightarrow$ k는 m, n의 $\boxed{}$

→ $A_m \cup A_n = A_m \Leftrightarrow A_n \bigcirc A_m$

$\Leftrightarrow$ m은 n의 $\boxed{}$

02

새로운 집합을 만드는!

집합의 연산법칙

교환법칙

$$A \cup B = B \cup A \qquad A \cap B = B \cap A$$

연산의 기호가 하나일 때 순서를 바꿀 수 있어!

결합법칙

$$(A \cup B) \cup C = A \cup (B \cup C) = A \cup B \cup C$$

같은 연산을 여러 번 할 때 순서는 상관없어!

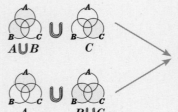 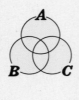

$$(A \cap B) \cap C = A \cap (B \cap C) = A \cap B \cap C$$

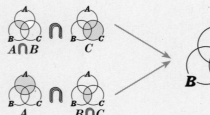

분배법칙

$$A \cap (B \cup C) = (A \cap B) \cup (A \cap C)$$

서로 다른 두 연산일 때!

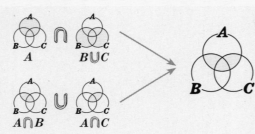

$$A \cup (B \cap C) = (A \cup B) \cap (A \cup C)$$

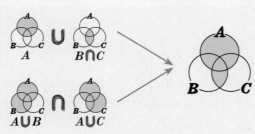

참고 결합법칙은 괄호를 생략하여 보통 $A \cup B \cup C$, $A \cap B \cap C$로 나타낸다.

1st ─ 집합의 연산법칙

1 세 집합 $A = \{2, 4, 5, 6\}$, $B = \{1, 2, 4, 8\}$, $C = \{1, 2, 3, 6\}$에 대하여 벤다이어그램을 완성하고 다음 각 집합을 구하시오.

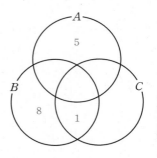

(1) $A \cap B$ (2) $B \cap A$

(3) $A \cup B$ (4) $B \cup A$

(5) $(A \cap B) \cap C$ (6) $A \cap (B \cap C)$

➡ $A \cap B = \boxed{}$

이므로

$(A \cap B) \cap C = \boxed{}$

(7) $(A \cup B) \cup C$ (8) $A \cup (B \cup C)$

(9) $A \cap (B \cup C)$ (10) $(A \cap B) \cup (A \cap C)$

➡ $B \cup C$

$= \boxed{}$

이므로

$A \cap (B \cup C)$

$= \boxed{}$

(11) $A \cup (B \cap C)$ (12) $(A \cup B) \cap (A \cup C)$

● 세 집합 A, B, C에 대하여 다음을 구하시오.

2 $A=\{1, 2, 3, 6\}$, $B\cap C=\{2, 3, 5, 7\}$일 때, $(A\cap B)\cap C$

➡ $(A\cap B)\cap C=\boxed{}\cap(B\cap C)$

$\qquad\qquad\quad =\boxed{}$

3 $A\cup B=\{a, b, e, f\}$, $C=\{a, b, d, e\}$일 때, $A\cup(B\cup C)$

4 $A\cap B=\{-5, -3, -1, 2\}$, $C=\{-3, 1, 2, 3\}$일 때, $A\cap(B\cap C)$

5 $A=\{2, 4, 6\}$, $B\cup C=\{1, 2, 3, 4, 5\}$일 때, $(A\cup B)\cup C$

6 $A\cap B=\{2, 4\}$, $A\cap C=\{3, 4, 7, 8\}$일 때, $A\cap(B\cup C)$

➡ $A\cap(B\cup C)=(\boxed{}\cap\boxed{})\cup(A\cap C)$

$\qquad\qquad\quad =\{\boxed{}, \boxed{}\}\cup\{3, 4, 7, 8\}$

$\qquad\qquad\quad =\{\boxed{}, 3, \boxed{}, 7, 8\}$

7 $A\cup B=\{1, 3, 5, 7, 8\}$, $A\cup C=\{1, 2, 3, 4, 5\}$일 때, $A\cup(B\cap C)$

8 $A\cap B=\{a, e, i\}$, $A\cap C=\{a, b, c, d, e\}$일 때, $A\cap(B\cup C)$

9 $A\cup B=\{-10, -7, -1, 0\}$, $A\cup C=\{-7, -5, 0 , 5, 7, 10\}$일 때, $A\cup(B\cap C)$

10 $A=\{-2, 0, 2\}$, $B\cup C=\{-3, -2, 2, 3\}$일 때, $(A\cap B)\cup(A\cap C)$

➡ $(A\cap B)\cup(A\cap C)=\boxed{}\cap(B\cup C)$

$\qquad\qquad\qquad\quad =\{\boxed{}, \boxed{}, \boxed{}\}\cap\{-3, -2, 2, 3\}$

$\qquad\qquad\qquad\quad =\{\boxed{}, 2\}$

11 $A=\{-5, 1, 5\}$, $B\cap C=\{-5, -3, -1, 1\}$일 때, $(A\cup B)\cap(A\cup C)$

12 $A=\{8, 11, 12, 14, 15\}$, $B\cup C=\{10, 11, 12, 13, 14\}$일 때, $(A\cap B)\cup(A\cap C)$

수의 연산법칙 VS 집합의 연산법칙

	교환법칙	결합법칙	분배법칙
수에서	$a+b=b+a$ $a\times b=b\times a$	$(a+b)+c=a+(b+c)$ $(a\times b)\times c=a\times(b\times c)$	$a\times(b+c)=a\times b+a\times c$
집합에서	$A\cup B=B\cup A$ $A\cap B=B\cap A$	$(A\cup B)\cup C=A\cup(B\cup C)$ $(A\cap B)\cap C=A\cap(B\cap C)$	$A\cap(B\cup C)=(A\cap B)\cup(A\cap C)$ $A\cup(B\cap C)=(A\cup B)\cap(A\cup C)$

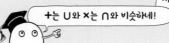

+는 ∪와 ×는 ∩와 비슷하네!

서로 같은 의미는 아냐! 하지만 연산법칙이 성립하니깐 계산할 수 있는 거야!

여집합과 차집합

새로운 집합을 만드는!

1 전체집합 전체 학생의 집합!

어떤 집합에 대하여 그 부분집합을 생각할 때,
처음의 집합을 전체집합이라 한다.

$$U$$

2 여집합 1학년 중 연극반이 아닌 학생의 집합!

전체집합 U의 부분집합 A에 대하여 U의 원소 중에서
A에 속하지 않는 모든 원소로 이루어진 집합을
U에 대한 A의 여집합이라 한다.

$$A^C = \{x \mid x \in U \text{ 그리고 } x \notin A\}$$

3 차집합 연극반에서 미술반이 아닌 학생의 집합!

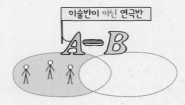
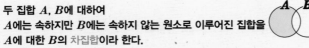
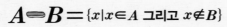

두 집합 A, B에 대하여
A에는 속하지만 B에는 속하지 않는 원소로 이루어진 집합을
A에 대한 B의 차집합이라 한다.

$$A - B = \{x \mid x \in A \text{ 그리고 } x \notin B\}$$

참고 ① $A^C = U - A$ ② $A - B \neq B - A$
③ U는 전체집합을 뜻하는 영어 단어 Universal set의 첫 글자이다.
④ A^C에서 C는 여집합을 뜻하는 영어 단어 Complement의 첫 글자이다.

원리확인 전체집합 U의 두 부분집합 A, B 또는 두 집합 A, B에 대하여 다음 벤다이어그램을 완성하고, □ 안에 알맞은 수를 써넣으시오.

❶ $U = \{1, 2, 3, 4, 5\}$, $A = \{1, 3, 5\}$일 때

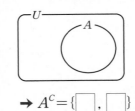

➔ $A^C = \{\boxed{}, \boxed{}\}$

❷ $A = \{2, 3, 4, 5\}$, $B = \{4, 5, 6\}$일 때

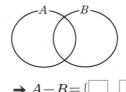

➔ $A - B = \{\boxed{}, \boxed{}\}$

$B - A = \{\boxed{}\}$

> 집합 A에서 집합 A와 집합 B의 공통인 부분을 제외한다.

❸ $U = \{1, 2, 3, 4, 5, 6, 7\}$, $A = \{1, 2, 3\}$, $B = \{5, 6, 7\}$일 때

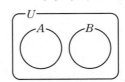

➔ $A^C = \{\boxed{}, \boxed{}, \boxed{}, \boxed{}\}$

$B^C = \{\boxed{}, \boxed{}, \boxed{}, \boxed{}\}$

$A - B = \{\boxed{}, \boxed{}, \boxed{}\}$

$B - A = \{\boxed{}, \boxed{}, \boxed{}\}$

전체집합과 함께 하는 여집합

$A^C = \{3, 4, 5\}$

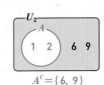

$A^C = \{6, 9\}$

전체집합에 따라 A의 여집합이 달라지기 때문에
전체집합이 정의되지 않는다면 A의 여집합도 정의할 수 없다.
따라서 여집합은 반드시 전체집합이 전제되는 상황에서만 논할 수 있다.

1st — 여집합

● 다음 전체집합 U의 두 부분집합 A, B에 대하여 A^C, B^C를 각각 구하시오.

1 $U=\{5, 6, 7, 8, 9, 10\}$
   $A=\{5, 7, 9\}$, $B=\{5, 6, 8, 9\}$
   → $A^C=\{6, \boxed{}, \boxed{}\}$
   $B^C=\{7, \boxed{}\}$

2 $U=\{a, b, c, d, e, f, g\}$
   $A=\{d, f, g\}$, $B=\{a, c, d, e, f\}$

3 $U=\{-5, -3, -1, 0, 1, 3, 5\}$
   $A=\{-5, 0, 5\}$, $B=\{-3, -1, 0, 1\}$

4 $U=\{x \,|\, x$는 10 이하의 소수$\}$
   $A=\{2, 5\}$, $B=\{3, 7\}$

5 $U=\{x \,|\, x$는 12 미만의 짝수인 자연수$\}$
   $A=\{4, 8\}$, $B=\{10\}$

6 $U=\{x \,|\, x$는 20의 약수$\}$
   $A=\{x \,|\, x$는 4의 약수$\}$, $B=\{x \,|\, x$는 5의 배수$\}$

2nd — 차집합

● 다음 두 집합 A, B에 대하여 $A-B$, $B-A$를 각각 구하시오.

7 $A=\{a, b, c, d\}$, $B=\{b, d, e, f\}$
   → $A-B=\{a, \boxed{}\}$, $B-A=\{\boxed{}, f\}$

8 $A=\{1, 2, 4, 5\}$, $B=\{2, 3, 6\}$

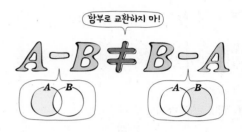

9 $A=\{2, 3, 4, 5, 6, 7\}$,
   $B=\{x \,|\, x$는 6의 약수$\}$

10 $A=\{x \,|\, x$는 20 이하의 4의 배수$\}$,
    $B=\{x \,|\, x$는 30 이하의 8의 배수$\}$

11 $A=\{x \,|\, x$는 9의 약수$\}$,
    $B=\{x \,|\, x$는 27의 약수$\}$

😊 내가 발견한 개념   차집합의 의미는?

전체집합 U의 두 부분집합 A, B에 대하여
• $A-B=\{x \,|\, x \in A \boxed{} x \not\in B\}$
• $A-B=\varnothing$이면 $A \bigcirc B$

• 다음 두 집합 A, B에 대하여 주어진 조건을 만족시키는 상수 a 의 값 또는 상수 a, b의 값을 구하시오.

12 $A=\{a-1,\ 3,\ 5\}$, $B=\{3,\ 6,\ a+2\}$, $A-B=\{5\}$

→ $A-B=\{5\}$이면 $a-1\in B$, $\boxed{}\in B$이어야 한다.

이때 $a-1 \bigcirc a+2$이므로

$a-1=\boxed{}$, 즉 $a=\boxed{}$

13 $A=\{1,\ 3,\ a\}$, $B=\{a-3,\ 4,\ 6\}$, $B-A=\{6\}$

14 $A=\{-3,\ 1,\ a\}$, $B=\{-a,\ b,\ 5\}$, $A-B=\{3\}$

15 $A=\{1,\ 2,\ a,\ 4\}$, $B=\{a-1,\ 2b,\ 5\}$,
$A-B=\{1,\ 3\}$

개념모음문제
16 두 집합
$$A=\{-5,\ -3,\ 3a-2,\ 3\},$$
$$B=\{-3,\ -1,\ 1,\ 5,\ 2b+1\}$$
에 대하여 $B-A=\{-1,\ 5,\ 7\}$일 때, 두 상수 a, b에 대하여 ab의 값은?

① -3 ② -1 ③ 1
④ 3 ⑤ 4

• 주어진 벤다이어그램의 색칠한 부분이 나타내는 집합만을 보기에서 있는 대로 고르시오.

17
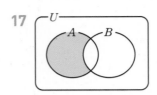

보기
ㄱ. $A-B$ ㄴ. $(A\cup B)-B$
ㄷ. $A^c\cap B$ ㄹ. $A-(A\cap B)$

18
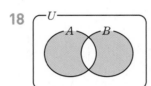

보기
ㄱ. $(A-B)\cup(B-A)$ ㄴ. $A^c\cup B^c$
ㄷ. $(A\cup B)-(A\cap B)$ ㄹ. $U-(A\cap B)$

19
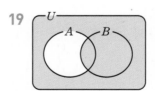

보기
ㄱ. $U-A$ ㄴ. $A^c\cup B$
ㄷ. $(A\cup B)^c\cup B$ ㄹ. $(A-B)^c$

20

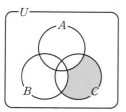

보기

ㄱ. $C\cap(A\cup B)$ ㄴ. $A^C\cap B^C\cap C$

ㄷ. $C-(A\cup B)$ ㄹ. $(C-A)\cap(C-B)$

● 전체집합 U의 두 부분집합 A, B에 대하여 연산 $\triangle$를 다음과 같이 정의할 때, 연산 $\triangle$의 결과를 주어진 벤다이어그램에 색칠하시오.

23 $A\triangle B=(A-B)\cup(B-A)$

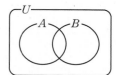

전체집합 U의 두 부분집합 A, B에 대하여 $(A-B)\cup(B-A)$를 대칭차집합이라 한다.
대칭차집합을 나타내는 연산을 $\triangle$라 하면 $A\triangle B=(A-B)\cup(B-A)$

복잡해 보이지? 벤다이어그램을 이용하면 간단해!

24 $A\triangle B=(A\cap B^C)\cup(B\cap A^C)$

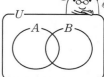

25 $A\triangle B=(A\cup B)-(A\cap B)$

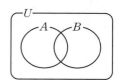

21

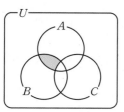

보기

ㄱ. $(A\cap B)-C$ ㄴ. $(A-C)\cup(B-C)$

ㄷ. $A\cap(B-C)$ ㄹ. $(A\cup B)-C$

26 $A\triangle B=(A\cup B)\cap(A\cap B)^C$

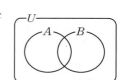

😊 **내가 발견한 개념**   대칭차집합의 여러 가지 표현은?

● 전체집합 U의 두 부분집합 A, B에 대하여

$A\triangle B=(A-B)\cup(B-A)=(A\cap B^C)\bigcirc(B\cap A^C)$

$=(A\cup B)\bigcirc(A\cap B)=(A\cup B)\bigcirc(A\cap B)^C$

22

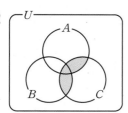

보기

ㄱ. $C\cap(A\cup B)$ ㄴ. $C-(A\cup B)^C$

ㄷ. $(C-A)\cap(C-B)$ ㄹ. $(A\cap C)\cup(B\cap C)$

		교환법칙	결합법칙
합집합	$A\cup B$	$A\cup B=B\cup A$	$(A\cup B)\cup C=A\cup(B\cup C)$
교집합	$A\cap B$	$A\cap B=B\cap A$	$(A\cap B)\cap C=A\cap(B\cap C)$
대칭차집합	$A\triangle B=(A-B)\cup(B-A)$	$A\triangle B=B\triangle A$	$(A\triangle B)\triangle C=A\triangle(B\triangle C)$

나도 교환법칙과 결합법칙이 성립해!

01 합집합과 교집합

두 집합 A, B에 대하여

- **합집합:** $A \cup B = \{x \mid x \in A$ 또는 $x \in B\}$
- **교집합:** $A \cap B = \{x \mid x \in A$ 그리고 $x \in B\}$
- **서로소:** $A \cap B = \varnothing$일 때 A와 B는 서로소라 한다.

1 다음 중 세 집합 $A = \{x \mid x$는 5 이하의 소수$\}$, $B = \{3, 4, 6, 7\}$, $C = \{4, 5, 6, 8\}$에 대하여 옳지 <u>않은</u> 것은?

① $A \cup B = \{2, 3, 4, 5, 6, 7\}$
② $B \cup C = \{3, 4, 5, 6, 7, 8\}$
③ $A \cup C = \{1, 3, 4, 5, 6, 8\}$
④ $A \cap B = \{3\}$
⑤ $B \cap C = \{4, 6\}$

2 두 집합 $A = \{3, 5, 2a-1\}$, $B = \{3a-10, b+5\}$에 대하여 $A \cap B = \{11\}$일 때, 두 상수 a, b의 합 $a+b$의 값은?

① 11　　　② 12　　　③ 13
④ 14　　　⑤ 15

3 두 집합 $A = \{1, 8, a+1\}$, $B = \{7, a-5, 4b-3\}$에 대하여 $A \cup B = \{1, 5, 7, 8\}$일 때, 두 상수 a, b의 곱 ab의 값은?

① 6　　　② 7　　　③ 12
④ 14　　　⑤ 18

4 두 집합 A, B에 대하여 $B = \{2, 4, 8\}$, $A \cap B = \{2, 4\}$, $A \cup B = \{2, 3, 4, 5, 8\}$일 때, 집합 A를 구하시오.

5 다음 중 집합 $\{2, 6, 10\}$과 서로소가 <u>아닌</u> 것은?

① $\varnothing$
② $\{4, 8, 12\}$
③ $\{1, 3, 5, 7\}$
④ $\{x \mid x$는 21의 약수$\}$
⑤ $\{x \mid x$는 한 자리의 소수$\}$

02 집합의 연산법칙

세 집합 A, B, C에 대하여

- **교환법칙:** $A \cup B = B \cup A$, $A \cap B = B \cap A$
- **결합법칙:** $(A \cup B) \cup C = A \cup (B \cup C)$, $(A \cap B) \cap C = A \cap (B \cap C)$
- **분배법칙:** $A \cap (B \cup C) = (A \cap B) \cup (A \cap C)$, $A \cup (B \cap C) = (A \cup B) \cap (A \cup C)$

6 세 집합 A, B, C에 대하여 다음 중 옳지 <u>않은</u> 것은?

① $A \cup B = B \cup A$
② $A \cap (B \cap C) = (A \cap B) \cap C$
③ $(A \cup B) \cup C = A \cup (B \cup C)$
④ $A \cap (B \cup C) = (A \cap B) \cup C$
⑤ $(A \cup B) \cap (A \cup C) = A \cup (B \cap C)$

7 세 집합 A, B, C에 대하여 $A=\{a, i, d, r, y\}$, $B \cap C = \{a, d, s, y\}$일 때, $(A \cap B) \cap C$는?

① $\{a, d\}$ ② $\{d, y\}$ ③ $\{a, d, y\}$

④ $\{i, r, s\}$ ⑤ $\{a, d, i, r, s, y\}$

8 세 집합 A, B, C에 대하여

$$A \cup B = \{1, 2, 3, 4, 5, 6\},$$
$$A \cup C = \{2, 3, 5, 6, 8, 9\}$$

일 때, $A \cup (B \cap C)$는?

① $\{2, 3\}$ ② $\{1, 4, 8, 9\}$

③ $\{2, 3, 5, 6\}$ ④ $\{2, 3, 4, 5, 6\}$

⑤ $\{1, 2, 3, 4, 5, 6, 8, 9\}$

---

03 여집합과 차집합

- **여집합:** 전체집합 U의 부분집합 A에 대하여
  $$A^C = \{x \mid x \in U \text{ 그리고 } x \notin A\}$$
- **차집합:** $A - B = \{x \mid x \in A \text{ 그리고 } x \notin B\}$

---

9 전체집합 $U = \{x \mid x$는 한 자리의 자연수$\}$의 두 부분집합 $A = \{x \mid x$는 홀수$\}$, $B = \{x \mid x$는 3의 배수$\}$에 대하여 다음 중 옳지 <u>않은</u> 것은?

① $A \cap B = \{3, 9\}$

② $A \cup B = \{1, 3, 5, 6, 7, 9\}$

③ $A^C = \{2, 4, 6\}$

④ $A - B = \{1, 5, 7\}$

⑤ $B - A = \{6\}$

10 두 집합 A, B에 대하여 $A = \{1, 2, 3, 4\}$, $A \cap B = \{3, 4\}$, $A \cup B = \{1, 2, 3, 4, 5, 6, 7\}$일 때, 집합 $B - A$를 원소나열법으로 나타내시오.

11 전체집합 $U = \{x \mid x$는 10 이하의 자연수$\}$의 세 부분집합

$$A = \{2, 3\},$$
$$B = \{x + y \mid x \in A, y \in A\},$$
$$C = \{xy \mid x \in A, y \in A\}$$

에 대하여 집합 $A \cup (B \cup C)^C$의 모든 원소의 합은?

① 20   ② 21   ③ 24

④ 30   ⑤ 31

12 다음 중 오른쪽 벤다이어그램에서 색칠한 부분이 나타내는 집합은?

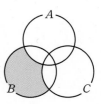

① $(A \cap C) \cup B$

② $(A \cup C) \cap B$

③ $B \cap (A - C)$

④ $B - (A \cap C)$

⑤ $B - (A \cup C)$

새로운 집합을 만드는!

집합의 연산의 성질

전체집합 U의 부분집합 A에 대하여

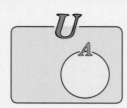

합집합	교집합
$A \cup A = A$	$A \cap A = A$
$A \cup \varnothing = A$	$A \cap \varnothing = \varnothing$
$A \cup U = U$	$A \cap U = A$

전체집합 U의 두 부분집합 A, B에 대하여

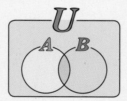

여집합	차집합
$U^c = \varnothing$ 왜?	$A - B$
$\varnothing^c = U$ 왜?	$= A \cap B^c$
$(A^c)^c = A$ 왜?	$= A - (A \cap B)$
$A \cup A^c = U$	$= (A \cup B) - B$
$A \cap A^c = \varnothing$	

A에는 속하고 B에는 속하지 않아!

$U^c = U - U = \varnothing$
전체의 반대는 없는 것이니까!

$(A^c)^c = U - (U - A) = A$
자신의 반대의 반대는 자신이니까!

$\varnothing^c = U - \varnothing = U$
없는 것의 반대는 전체이니까!

1st ─ 집합의 연산의 성질

● 전체집합 U의 두 부분집합 A, B에 대하여 다음 벤다이어그램에 각 집합을 색칠하여 나타내고, ○ 안에 기호 $=$, $\neq$ 중 알맞은 것을 써넣으시오.

1

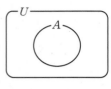

$A \cup U$ ○ U

2

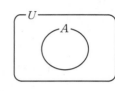

$(A^c)^c$ ○ A

3

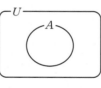

$A \cap A^c$ ○ U

4

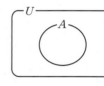

$A - B$ ○ $A \cap B^c$

5

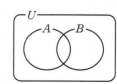

$A - B$ ○ $A - (A \cap B)$

● 전체집합 U의 부분집합 A에 대하여 다음을 간단히 하시오.

6 $(A \cap \varnothing) \cup A$

→ $(A \cap \varnothing) \cup A = \boxed{} \cup A = \boxed{}$

7 $(A \cap U) \cap A$

8 $A \cap U^c$

9 $A \cup \varnothing^c$

10 $(\varnothing^c)^c$

11 $(A \cup A^c) \cup A$

'−'를 '∩'로 바꾸면
집합의 연산법칙을 사용할 수 있게 돼!

12 전체집합 $U = \{1, 2, 3, 4, 5, 6, 7, 8\}$의 두 부분집합 $A = \{1, 5, 6\}$, $B = \{5, 6, 8\}$에 대하여 다음을 구하시오.

(1) $A - B$

(2) $A \cap B^c$

(3) $A - (A \cap B)$

(4) $(A \cup B) - B$

(5) $B - A$

(6) $B \cap A^c$

(7) $B - (A \cap B)$

(8) $(A \cup B) - A$

☺ 내가 발견한 개념   차집합을 다양하게 표현해 봐~

● 전체집합 U의 두 부분집합 A, B에 대하여

$A - B = A \bigcirc B^c = A \bigcirc (A \cap B) = (A \bigcirc B) \bigcirc B$

개념모음문제

13 전체집합 U의 두 부분집합 A, B에 대하여 다음 중 옳은 것은?

① $(A \cup U) \cap A = U$ ② $A - B = A^c \cap B$

③ $(U^c)^c = \varnothing$ ④ $A \cup U^c = A$

⑤ $(A \cap A^c) \cup A = U$

05

같은 집합, 다른 표현!

집합의 연산을 이용한 여러 가지 표현

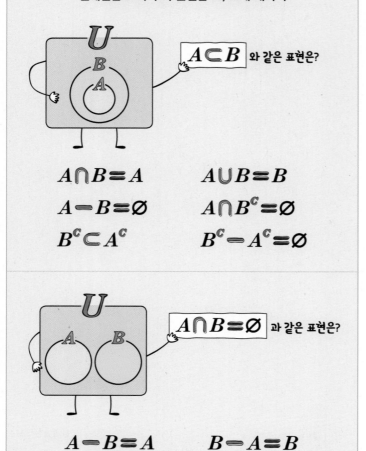

전체집합 U의 두 부분집합 A, B에 대하여

$A \subset B$ 와 같은 표현은?

$A \cap B = A$ $A \cup B = B$
$A - B = \varnothing$ $A \cap B^C = \varnothing$
$B^C \subset A^C$ $B^C - A^C = \varnothing$

$A \cap B = \varnothing$ 과 같은 표현은?

$A - B = A$ $B - A = B$
$A \subset B^C$ $B \subset A^C$

여러 가지
표현의 의미는?

$A \subset B$ — A에 속하는 원소가 모두 B에 속한다.

$A \cap B = A$ — A와 B에 모두 속하는 원소의 집합은 A와 같다.

$A \cup B = B$ — A와 B에 속한 모든 원소의 집합은 B와 같다.

$A - B = \varnothing$ — A에만 속하고 B에는 속하지 않는 원소는 없다.

$A \cap B^C = \varnothing$ — A에만 속하고 B에는 속하지 않는 원소는 없다.

$B^C \subset A^C$ — B에 속하지 않는 원소들은 모두 A에 속하지 않는다.

$B^C - A^C = \varnothing$ — B에 속하지 않으면서 A에 속하는 원소는 없다.

1 전체집합 U의 서로 다른 두 부분집합 A, B에 대하여 $B \subset A$일 때, 다음 중 옳은 것은 ○를, 옳지 않은 것은 ×를 ( ) 안에 써넣으시오.

(단, $A \neq \varnothing$, $B \neq \varnothing$)

(1) $A \cap B^C = \varnothing$ ( )

(2) $A^C \subset B^C$ ( )

(3) $A^C - B^C = \varnothing$ ( )

(4) $B - (A \cap B) = \varnothing$ ( )

(5) $(A \cup B) - (A \cap B) = \varnothing$ ( )

개념모음문제

2 전체집합 U의 서로 다른 두 부분집합 X, Y에 대하여 $X \subset Y$일 때, 다음 중 옳지 <u>않은</u> 것은?

(단, $X \neq \varnothing$, $Y \neq \varnothing$)

① $Y^C \subset X^C$ ② $X - Y = \varnothing$
③ $X^C \cap Y = \varnothing$ ④ $(X \cap Y)^C = X^C$
⑤ $(X \cup Y)^C = Y^C$

3 전체집합 U의 서로 다른 두 부분집합 A, B에 대하여 $A \cap B = \varnothing$일 때, 다음 중 옳은 것은 ○를, 옳지 않은 것은 ×를 ( ) 안에 써넣으시오.

(단, $A \neq \varnothing$, $B \neq \varnothing$)

(1) $A \subset B^C$　　　　　　　　　　( )

(2) $A^C \cap B = B$　　　　　　　　( )

(3) $B \subset (A-B)^C$　　　　　　( )

(4) $B - (A \cap B) = \varnothing$　　　　( )

(5) $(A \cup B) - (A \cap B) = A$　( )

개념모음문제

4 전체집합 U의 서로 다른 두 부분집합 A, B에 대하여 $B - A = B$일 때, 다음 중 항상 옳은 것은?

(단, $A \neq \varnothing$, $B \neq \varnothing$)

① $B \subset A$　　　　　② $A^C \subset B$

③ $A \cap B = A$　　　④ $A - B = \varnothing$

⑤ $(A \cup B) - B = A$

2nd — 조건을 만족시키는 부분집합의 개수

● **주어진 두 집합 A, B에 대하여 다음 조건을 만족시키는 집합 X의 개수를 구하시오.**

5 $A = \{1, 2, 3\}$, $B = \{1, 2, 3, 4, 5\}$에 대하여

$A \cap X = A$, $B \cup X = B$

→ $A \cap X = A$에서 $\boxed{} \subset X$ ⋯⋯ ㉠

$B \cup X = B$에서 $X \subset \boxed{}$ ⋯⋯ ㉡

㉠, ㉡에서 $\boxed{} \subset X \subset \boxed{}$

즉 $\{1, 2, 3\} \subset X \subset \{1, 2, 3, \boxed{}, \boxed{}\}$이므로 집합 X는 원소 1, 2, 3을 반드시 원소로 가지는 집합 $\{1, 2, 3, \boxed{}, \boxed{}\}$의 부분집합이다.

따라서 구하는 집합 X의 개수는

$2^{5 - \boxed{}} = 2^{\boxed{}} = \boxed{}$

6 $A = \{a, b, c, d, e, f, g\}$, $B = \{b, f\}$에 대하여

$A \cup X = A$, $B \cap X = B$

7 $A = \{1, 3\}$, $B = \{2, 4\}$에 대하여

$(A \cup B) \cap X = X$

8 $A = \{3, 7, 11, 13, 15\}$,
$B = \{2, 3, 5, 13, 15\}$에 대하여

$A \cap X = X$, $(A - B) \cup X = X$

:) **내가 발견한 개념**　　　　　두 집합 사이의 포함 관계는?

전체집합 U의 두 부분집합 A, B에 대하여

• $A \cap X = A$ ➡ $A \bigcirc X$　　　　• $B \cup X = B$ ➡ $X \bigcirc B$

집합을 전개할 때 유용한!

드모르간의 법칙

전체집합 U의 두 부분집합 A, B에 대하여

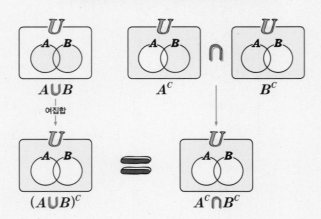

AUB 여집합 A^C $\cap$ B^C

$(A\cup B)^C$ $=$ $A^C\cap B^C$

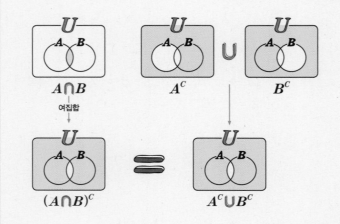

$A\cap B$ 여집합 A^C $\cup$ B^C

$(A\cap B)^C$ $=$ $A^C\cup B^C$

❶ $(A\cup B)^C \equiv A^C\cap B^C$

❷ $(A\cap B)^C \equiv A^C\cup B^C$

여집합이 많을 때 식을 간단히 하거나
여집합이 있는 식을 전개할 때 사용해! 드모르간(1806~1871)

1st ― 드모르간의 법칙

● 전체집합 $U=\{1, 2, 3, 4, 5, 6\}$의 두 부분집합 $A=\{1, 2, 3\}$, $B=\{2, 4, 6\}$에 대하여 다음을 구하시오.

1 $(A\cup B)^C$

→ $A\cup B=\{1, 2, \boxed{}, \boxed{}, 6\}$

이므로 $(A\cup B)^C=\{\boxed{}\}$

2 $A^C\cap B^C$

3 $(A\cap B)^C$

4 $A^C\cup B^C$

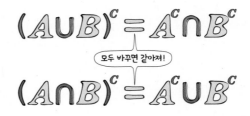

$(A\cup B)^C = A^C\cap B^C$

모두 바꾸면 같아져!

$(A\cap B)^C = A^C\cup B^C$

5 $(A\cap B^C)^C$

6 $A^C\cup B$

7 $(A\cup B^C)^C$

8 $A^C\cap B$

☺ 내가 발견한 개념   드모르간의 법칙은?

전체집합 U의 두 부분집합 A, B에 대하여

• $(A\cup B)^C=A^C\bigcirc B^C$ • $(A\cap B)^C=A^C\bigcirc B^C$

• $(A\cap B^C)^C=A^C\bigcirc B$ • $(A\cup B^C)^C=A^C\bigcirc B$

2nd — 드모르간의 법칙을 이용한 집합의 연산

● 전체집합 U의 두 부분집합 A, B에 대하여 다음을 간단히 할 때, 빈칸에 알맞은 것을 써넣으시오.

9　$(A-B)^C=(A\bigcirc B^C)^C$
　　　　　$=A^C\bigcirc B$　← 드모르간의 법칙

10　$A\cap(A\cup B^C)^C$
　　　$=A\cap(A^C\bigcirc B)$　← 드모르간의 법칙
　　　$=(A\cap A^C)\bigcirc B$　← 결합법칙
　　　$=\boxed{}\cap B=\boxed{}$

11　$(A\cap B)^C\cap B$
　　　$=(A^C\bigcirc B^C)\cap B$
　　　$=(A^C\cap B)\bigcirc(B^C\cap B)$
　　　$=(A^C\cap B)\cup\boxed{}=A^C\cap B$

12　$A\cup(A\cap B)^C$
　　　$=A\cup(A^C\bigcirc B^C)$
　　　$=(A\bigcirc A^C)\cup B^C$
　　　$=\boxed{}\cup B^C=\boxed{}$

13　$A-(A^C\cup B^C)$
　　　$=A\bigcirc(A^C\cup B^C)^C$
　　　$=A\cap(\boxed{}\cap B)$
　　　$=(A\cap\boxed{})\cap B$
　　　$=\boxed{}\cap B$

14　$(A^C\cup B^C)^C\cup(A-B)$
　　　$=(A\bigcirc B)\cup(A\bigcirc B^C)$　← 드모르간의 법칙
　　　$=A\bigcirc(B\cup B^C)$　← 분배법칙
　　　$=A\bigcirc U=\boxed{}$

15　$(A\cup B)^C\cup(A-B)$
　　　$=(A^C\bigcirc B^C)\cup(A\bigcirc B^C)$
　　　$=(\boxed{}\cup A)\bigcirc B^C$
　　　$=\boxed{}\cap B^C$
　　　$=\boxed{}$

16　$(A\cup B)\cap(B-A)^C$
　　　$=(A\cup B)\cap(B\bigcirc A^C)^C$
　　　$=(A\cup B)\cap(B^C\bigcirc A)$
　　　$=(A\cup B)\cap(A\bigcirc B^C)$
　　　$=A\bigcirc(B\bigcirc B^C)$
　　　$=A\cup\boxed{}$
　　　$=\boxed{}$

17　$(A-B)^C\cap B^C$
　　　$=(A\bigcirc B^C)^C\cap B^C$
　　　$=(A^C\bigcirc B)\cap B^C$
　　　$=(A^C\cap B^C)\bigcirc(B\cap B^C)$
　　　$=(A^C\cap B^C)\cup\boxed{}$
　　　$=A^C\cap\boxed{}$

개념모음문제

18　전체집합 U의 두 부분집합 A, B에 대하여 다음 중 $(A^C-B^C)^C\cup B$와 항상 같은 집합은?

① $\varnothing$　　　　② A　　　　③ B

④ $A\cup B$　　⑤ U

$(A-B)^C$에 드모르간의 법칙을 적용하면?

전체집합 U의 두 부분집합 A, B에 대하여

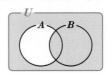

$$(A-B)^C=(A\cap B^C)^C=A^C\cup B$$
드모르간의 법칙

세지 않고 계산하는!

유한집합의 원소의 개수

1 $n(A \cup B)$ 연극반이거나 미술반인 학생은 몇 명일까?

두 번 더해졌으니 한번 빼!

$$n(A \cup B) = n(A) + n(B) - n(A \cap B)$$

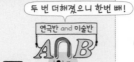

2 $n(A^c)$ 연극반이 아닌 1학년 학생은 몇 명일까?

$$n(A^c) = n(U) - n(A)$$

3 $n(A - B)$ 미술반이 아닌 연극반 학생은 몇 명일까?

$$n(A - B) = n(A) - n(A \cap B)$$

$$n(A - B) = n(A \cup B) - n(B)$$

참고 세 유한집합 A, B, C에 대하여

① $n(A \cup B \cup C) = n(A) + n(B) + n(C)$
$\qquad - n(A \cap B) - n(B \cap C) - n(C \cap A)$
$\qquad + n(A \cap B \cap C)$

② 두 집합 A, B가 서로소이면 $A \cap B = \varnothing$, 즉 $n(A \cap B) = 0$이므로
$\qquad n(A \cup B) = n(A) + n(B)$

③ $B \subset A$이면 $A \cap B = B$이므로 $n(A - B) = n(A) - n(B)$

원리확인 전체집합 U의 두 부분집합 A, B에 대하여 주어진 벤다이어그램에 적힌 a, b, c, d는 각 부분에 속하는 원소의 개수를 의미한다. □ 안에 알맞은 것을 써넣으시오.

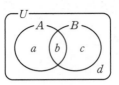

❶ $n(U) = a + b + c + \boxed{}$

❷ $n(A) = a + \boxed{}$

❸ $n(B) = \boxed{} + c$

❹ $n(A \cap B) = \boxed{}$

❺ $n(A \cup B) = a + b + c$
$\qquad = (a+b) + (b+c) - \boxed{}$
$\qquad = n(A) + n(B) - n(\boxed{})$

❻ $n(A^c) = c + d$
$\qquad = (a+b+c+d) - (\boxed{})$
$\qquad = n(U) - n(\boxed{})$

❼ $n(A - B) = a$
$\qquad = (a+b) - \boxed{}$
$\qquad = n(A) - n(\boxed{})$
$\qquad = (a+b+c) - (\boxed{})$
$\qquad = n(A \cup B) - n(\boxed{})$

합집합의 원소의 개수를 구하는 여러 가지 방법

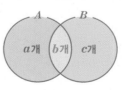

$n(A \cup B)$
- $(a+b) + (b+c) - b = n(A) + n(B) - n(A \cap B)$
- $a + b + c = n(A - B) + n(A \cap B) + n(B - A)$
- $(a+b) + c = n(A) + n(B - A)$
- $a + (b+c) = n(A - B) + n(B)$

1st ─ 유한집합의 원소의 개수

1 다음은 두 집합 A, B가
$$n(A)=7, \ n(B)=5, \ n(A\cap B)=4$$
를 만족시킬 때, $n(A\cup B)$를 구하는 과정이다.
□ 안에 알맞은 수를 써넣으시오.

$n(A\cup B)=n(A)+n(B)-n(A\cap B)$
$$=7+\square-\square=\square$$

[다른 풀이]
$n(A-B)=n(A)-n(A\cap B)$
$$=\square-\square=\square$$
$n(B-A)=n(B)-n(A\cap B)$
$$=\square-\square=\square$$

벤다이어그램에서 각 부분에 속하는 원소의 개수를
적으면 다음과 같다.

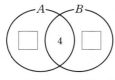

따라서 $n(A\cup B)=\square+4+\square=\square$

● 두 집합 A, B가 다음을 만족시킬 때, $n(A\cup B)$를 구하시오.

2 $n(A)=6, \ n(B)=11, \ n(A\cap B)=5$

3 $n(A)=3, \ n(B)=8, \ \underset{n(A\cap B)=0 \text{이라는 뜻이야}}{\underline{A\cap B=\varnothing}}$

4 다음은 두 집합 A, B가
$$n(A)=6, \ n(B)=9, \ n(A\cup B)=10$$
을 만족시킬 때, $n(A\cap B)$를 구하는 과정이다.
□ 안에 알맞은 것을 써넣으시오.

$n(A\cup B)=n(A)+n(B)-n(A\cap B)$이므로
$n(A\cap B)=n(A)+n(B)-n(\boxed{})$
$$=\square+9-\square=\square$$

[다른 풀이]
$n(A-B)=n(A\cup B)-n(B)$
$$=\square-\square=\square$$
$n(B-A)=n(A\cup B)-n(A)$
$$=\square-\square=\square$$

벤다이어그램에서 각 부분에 속하는 원소의 개수를
적으면 다음과 같다.

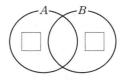

따라서 $n(A\cap B)=10-\square-\square=\square$

● 두 집합 A, B가 다음을 만족시킬 때, $n(A\cap B)$를 구하시오.

5 $n(A)=17, \ n(B)=16, \ n(A\cup B)=30$

6 $n(A)=8, \ n(B)=11, \ n(A\cup B)=12$

😊 **내가 발견한 개념**　　　　　　　　　합집합의 원소의 개수는?
• 두 유한집합 A, B에 대하여
　$n(A\cup B)=n(A)+n(\boxed{})-n(A\bigcirc B)$

😊 **내가 발견한 개념**　　　　　　　　　교집합의 원소의 개수는?
• 두 유한집합 A, B에 대하여
　$n(A\cap B)=n(A)+n(\boxed{})-n(A\bigcirc B)$

7 전체집합 U의 두 부분집합 A, B에 대하여
$$n(U)=30,\ n(A)=18,\ n(B)=13,$$
$$n(A\cap B)=6$$
일 때, 주어진 벤다이어그램에 각 부분에 속하는 원소의 개수를 적고, 다음을 구하시오.

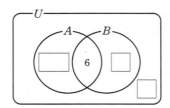

(1) $n(A^C)$

→ [방법 1] 벤다이어그램에 의하여 $n(A^C)=7+\boxed{}=\boxed{}$

[방법 2] $n(A^C)=n(U)-n(\boxed{})=30-\boxed{}=\boxed{}$

(2) $n(B^C)$

(3) $n((A\cap B)^C)$

(4) $n(A-B)$

→ [방법 1] 벤다이어그램에 의하여 $n(A-B)=\boxed{}$

[방법 2] $n(A-B)=n(A)-n(\boxed{})$

$\qquad\qquad =18-\boxed{}=\boxed{}$

(5) $n(B-A)$

---

8 전체집합 U의 두 부분집합 A, B에 대하여
$$n(U)=24,\ n(A)=8,\ n(B)=15,$$
$$n(A\cup B)=20$$
일 때, 다음을 구하시오.

(1) $n(A^C)$

(2) $n(B^C)$

(3) $n(A^C\cap B^C)$

(4) $n(A\cap B^C)$

$\qquad n(A-B)=n(A\cap B^C)$

(5) $n(B-A)$

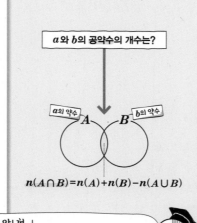
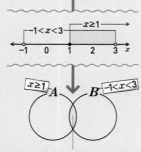
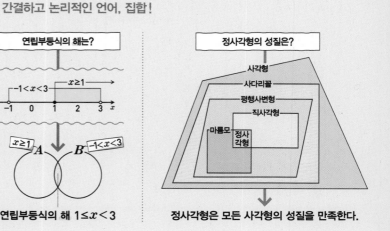

9 다음은 세 집합 A, B, C가
$$n(A)=17,\ n(B)=8,\ n(C)=20,$$
$$n(A\cap B)=4,\ n(B\cap C)=3,\ n(C\cap A)=6,$$
$$n(A\cap B\cap C)=3$$
을 만족시킬 때, $n(A\cup B\cup C)$를 구하는 과정이다.
□ 안에 알맞은 수를 써넣으시오.

$n(A\cup B\cup C)$
$=n(A)+n(B)+n(C)-n(A\cap B)-n(B\cap C)$
$\qquad\qquad\qquad -n(C\cap A)+n(A\cap B\cap C)$
$=17+8+\boxed{}-4-3-6+\boxed{}$
$=\boxed{}$

[다른 풀이]
벤다이어그램에서 각 부분에 속하는 원소의 개수를 적으면 다음과 같다.

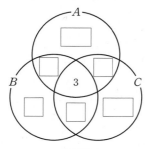

따라서 $n(A\cup B\cup C)=\boxed{}$

• 세 집합 A, B, C가 다음을 만족시킬 때, $n(A\cup B\cup C)$를 구하시오.

10 $n(A)=20,\ n(B)=19,\ n(C)=23,$
$n(A\cap B)=13,\ n(B\cap C)=7,\ n(C\cap A)=11,$
$n(A\cap B\cap C)=5$

11 $n(A)=16,\ n(B)=21,\ n(C)=18,$
$n(A\cap B)=5,\ n(B\cap C)=10,\ n(C\cap A)=9,$
$n(A\cap B\cap C)=1$

12 다음은 세 집합 A, B, C가
$$n(A)=11,\ n(B)=13,\ n(C)=15,$$
$$n(A\cap B)=5,\ n(B\cap C)=3,\ n(C\cap A)=4,$$
$$n(A\cup B\cup C)=29$$
를 만족시킬 때, $n(A\cap B\cap C)$를 구하는 과정이다.
□ 안에 알맞은 것을 써넣으시오.

$n(A\cap B\cap C)$
$=n(A\cup B\cup C)-n(A)-n(B)-n(C)$
$\qquad\qquad +n(A\cap B)+n(B\cap C)+n(C\cap A)$
$=\boxed{}-11-13-\boxed{}+5+3+4=\boxed{}$

[다른 풀이]
$n(A\cap B\cap C)=a$라 하고, 벤다이어그램에서 각 부분에 속하는 원소의 개수를 적으면 다음과 같다.

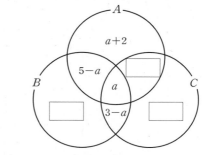

이때 $n(A\cup B\cup C)=29$이므로
$(a+2)+(\boxed{})+(\boxed{})$
$\qquad\qquad +(5-a)+(\boxed{})+(3-a)+a$
$=29$
에서 $a=\boxed{}$
따라서 $n(A\cap B\cap C)=\boxed{}$

• 세 집합 A, B, C가 다음을 만족시킬 때, $n(A\cap B\cap C)$를 구하시오.

13 $n(A)=20,\ n(B)=15,\ n(C)=20,$
$n(A\cap B)=6,\ n(B\cap C)=8,\ n(C\cap A)=7,$
$n(A\cup B\cup C)=39$

14 $n(A)=30,\ n(B)=24,\ n(C)=23,$
$n(A\cap B)=11,\ n(B\cap C)=14,\ n(C\cap A)=9,$
$n(A\cup B\cup C)=50$

08

세지 않고 계산하는!

유한집합의 원소의 개수의 최댓값, 최솟값

1

A와 B의 원소의 개수를 알 때

$n(A \cap B)$의 **최댓값**은?

$n(A) > n(B)$인 경우

$B \subset A$일 때
$n(A \cap B)$가 최대이므로

$n(A \cap B) = n(B)$

$n(A) < n(B)$인 경우

$A \subset B$일 때
$n(A \cap B)$가 최대이므로

$n(A \cap B) = n(A)$

$n(A) = n(B)$인 경우

$A = B$일 때
$n(A \cap B)$가 최대이므로

$n(A \cap B) = n(A) = n(B)$

$n(A)$, $n(B)$ 중에서 작은 값이 $n(A \cap B)$의 최댓값

2

전체집합의 원소의 개수도 알 때

$n(A \cap B)$의 **최솟값**은?

$n(U) < n(A) + n(B)$인 경우

$A \cup B = U$일 때
$n(A \cap B)$가 최소이므로

$n(A \cap B)$
$= n(A) + n(B) - n(U)$

$n(U) \geq n(A) + n(B)$인 경우

$A \cap B = \varnothing$일 때
$n(A \cap B)$가 최소이므로

$n(A \cap B) = 0$

1st — 유한집합의 원소의 개수의 최댓값, 최솟값

● 전체집합 U의 두 부분집합 A, B에 대하여 $n(U)$, $n(A)$, $n(B)$의 값이 다음과 같을 때, $n(A \cap B)$의 **최댓값**과 **최솟값**을 각각 구하시오.

1 $n(U) = 30$, $n(A) = 19$, $n(B) = 20$

→ (i) $A \subset B$일 때, $n(A \cap B)$가 최대이고, 최댓값은

$n(A \cap B) = n(A) = \boxed{}$

(ii) $A \cup B = U$일 때, $n(A \cap B)$가 최소이다.

이때 $n(A \cup B) = n(U) = \boxed{}$

$n(A \cup B) = n(A) + n(B) - n(A \cap B)$에서

$n(A \cap B) = 19 + 20 - \boxed{} = \boxed{}$

(i), (ii)에서 $n(A \cap B)$의 최댓값은 $\boxed{}$, 최솟값은 $\boxed{}$이다.

2 $n(U) = 45$, $n(A) = 36$, $n(B) = 23$

3 $n(U) = 52$, $n(A) = 28$, $n(B) = 33$

4 $n(U) = 60$, $n(A) = 18$, $n(B) = 37$

5 $n(U) = 47$, $n(A) = 40$, $n(B) = 6$

● 전체집합 U의 두 부분집합 A, B에 대하여 다음을 구하시오.

6 $n(A)=27$, $n(B)=14$, $n(A\cap B)\geq 10$일 때, $n(A\cup B)$의 최댓값, 최솟값

→ (i) $n(A\cap B)=\boxed{}$일 때, $n(A\cup B)$가 최대이고, 최댓값은

$n(A\cup B)=27+14-\boxed{}=\boxed{}$

(ii) $B\subset A$일 때, $n(A\cup B)$가 최소이고, 최솟값은

$n(A\cup B)=n(\boxed{})=\boxed{}$

(i), (ii)에서 $n(A\cup B)$의 최댓값은 $\boxed{}$, 최솟값은 $\boxed{}$이다.

> • $n(A\cup B)$가 최대인 경우
> → $n(A\cup B)=n(A)+n(B)-n(A\cap B)$에서 $n(A\cap B)$가 최소일 때 $n(A\cup B)$가 최댓값을 가진다.
> • $n(A\cup B)$가 최소인 경우
> → $A\subset B$ 또는 $B\subset A$일 때 $n(A\cup B)$가 최소이므로 최솟값은 $n(A)$, $n(B)$ 중에서 큰 값이다.

7 $n(A)=19$, $n(B)=25$, $n(A\cap B)\geq 2$일 때, $n(A\cup B)$의 최댓값, 최솟값

8 $n(A)=32$, $n(B)=22$, $n(A\cap B)\geq 13$일 때, $n(A\cup B)$의 최댓값, 최솟값

9 $n(A)=50$, $n(B)=38$, $n(A\cap B)\geq 20$일 때, $n(A\cup B)$의 최댓값, 최솟값

10 $n(A)=9$, $n(B)=30$, $n(A\cap B)\geq 5$일 때, $n(A\cup B)$의 최댓값, 최솟값

11 $n(U)=40$, $n(A)=28$, $n(B)=17$일 때, $n(A-B)$의 최댓값

→ $n(A-B)=n(A\cup B)-n(\boxed{})$

즉 $n(A\cup B)$가 최대일 때, $n(A-B)$도 최대이고 이때

$n(A\cup B)=n(U)=\boxed{}$

따라서 $n(A-B)$의 최댓값은

$n(A-B)=40-\boxed{}=\boxed{}$

> • $n(A-B)$가 최대인 경우
> ① $n(A)+n(B)>n(U)$일 때
> → $A\cap B\neq\varnothing$이므로 $n(A\cup B)$가 최대일 때, 즉 $n(A\cup B)=n(U)$일 때 $n(A-B)$가 최댓값을 가진다.
> ② $n(A)+n(B)\leq n(U)$일 때
> → $A\cap B\neq\varnothing$일 때 $n(A-B)$가 최대이므로 최댓값은 $n(A)$이다.

12 $n(U)=60$, $n(A)=25$, $n(B)=44$일 때, $n(B-A)$의 최댓값

13 $n(U)=28$, $n(A)=19$, $n(B)=13$일 때, $n(A-B)$의 최댓값

14 $n(U)=36$, $n(A)=14$, $n(B)=18$일 때, $n(B-A)$의 최댓값
$n(A)$와 $n(B)$의 합이 $n(U)$ 보다 작애!

:) **내가 발견한 개념**   원소의 개수가 최대, 최소일 때의 집합의 관계는?

전체집합 U의 두 부분집합 A, B에 대하여 n(A), n(B)가 정해져 있을 때
• n(A∩B)가 최대인 경우
→ A⊂B 또는 B⊂$\boxed{}$인 경우이므로 n(A∩B)의 최댓값은 n(A), n(B) 중에서 (작은, 큰) 값이다.
• n(A∩B)가 최소인 경우
→ n(U)<n(A)+n(B)이면 A∪B=$\boxed{}$일 때
→ n(U)≥n(A)+n(B)이면 A∩B=$\boxed{}$일 때

세지 않고 계산하는!

유한집합의 원소의 개수의 활용

건우네 반 학생들 중

수학을 좋아하는 학생은 16명

영어를 좋아하는 학생은 12명

수학과 영어를 모두 좋아하는 학생은 3명일 때

수학 또는 영어를 좋아하는 학생 수 는?

❶
구하려는 것과 주어진 조건을 파악하여
집합으로 나타낸다.

수학을 좋아하는 학생의 집합을 A,
영어를 좋아하는 학생을 B라 하면
$n(A)=16$,
$n(B)=12$,
$n(A \cap B)=3$ 일 때,
$n(A \cup B)$ 의 값은?

어때, 정말 간결해졌지?
집합은 수학에서의 문법같은
역할을 한다 볼 수 있어!

❷
벤다이어그램으로 나타내거나
원소의 개수에 대한 식을 세운다.

$n(A \cup B)=13+3+9$
$\qquad =25$

또는

$n(A \cup B)=n(A)+n(B)-n(A \cap B)$
$\qquad =16+12-3$
$\qquad =25$

❸
답을 구한다.

수학 또는 영어를 좋아하는 학생 수는 **25**이다.

1st — 유한집합의 원소의 개수를 이용한 실생활 문제

1 민규네 반 학생 중에서 야구를 좋아하는 학생은 18명, 축구를 좋아하는 학생은 13명, 야구와 축구를 모두 좋아하는 학생은 7명일 때, 다음은 야구 또는 축구를 좋아하는 학생 수를 구하는 과정이다. 빈칸에 알맞은 것을 써넣으시오.

야구를 좋아하는 학생의 집합을 A, 축구를 좋아하는 학생의 집합을 B라 하면

$n(A)=\boxed{}$, $n(B)=\boxed{}$, $n(A \bigcirc B)=\boxed{}$

이고 야구 또는 축구를 좋아하는 학생의 집합은

$A \bigcirc B$이다.

[방법 1]

벤다이어그램에서 각 부분에 속하는 원소의 개수를 적으면 다음과 같다.

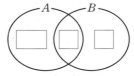

따라서 구하는 학생 수는 $n(A \bigcirc B)=\boxed{}$

[방법 2]

$n(A \cup B)=n(A)+n(B)-n(A \cap B)$

$\qquad =\boxed{}+\boxed{}-\boxed{}=\boxed{}$

---

2 하연이네 반 학생 중에서 산을 좋아하는 학생은 11명, 바다를 좋아하는 학생은 22명, 산과 바다를 모두 좋아하는 학생은 3명일 때, 다음을 구하시오.

(1) 산을 좋아하는 학생의 집합을 A, 바다를 좋아하는 학생의 집합을 B라 할 때, $n(A)$, $n(B)$, $n(A \cap B)$

(2) 산 또는 바다를 좋아하는 학생 수

3 호준이네 반 학생 중에서 수영을 배운 학생은 14명, 태권도를 배운 학생은 19명, 수영 또는 태권도를 배운 학생은 25명일 때, 다음을 구하시오.

(1) 수영을 배운 학생의 집합을 A, 태권도를 배운 학생의 집합을 B라 할 때, $n(A)$, $n(B)$, $n(A \cup B)$

(2) 수영과 태권도를 모두 배운 학생 수

4 승대네 반 학생 중에서 사회를 선택한 학생은 23명, 과학을 선택한 학생은 17명, 사회 또는 과학을 선택한 학생은 32명일 때, 다음을 구하시오.

(1) 사회를 선택한 학생의 집합을 A, 과학을 선택한 학생의 집합을 B라 할 때, $n(A)$, $n(B)$, $n(A \cup B)$

(2) 사회와 과학을 모두 선택한 학생 수

5 수빈이네 반 학생 32명에게 A, B 두 문제를 냈더니 A 문제를 푼 학생은 16명, 두 문제를 모두 푼 학생은 11명이었다. 모두 한 문제 이상은 풀었다 할 때, 다음을 구하시오.

(1) A 문제를 푼 학생의 집합을 A, B 문제를 푼 학생의 집합을 B라 할 때, $n(A)$, $n(A \cap B)$, $n(A \cup B)$

(2) B 문제를 푼 학생 수

6 민정이네 반 학생 28명에게 급식메뉴 A, B 중 좋아하는 메뉴를 고르게 하였더니 메뉴 B를 고른 학생은 21명, 두 메뉴를 모두 고른 학생은 12명이었다. 모두 메뉴를 한 개 이상은 골랐다 할 때, 다음을 구하시오.

(1) 메뉴 A를 고른 학생의 집합을 A, 메뉴 B를 고른 학생의 집합을 B라 할 때, $n(B)$, $n(A \cap B)$, $n(A \cup B)$

(2) 메뉴 A를 선택한 학생 수

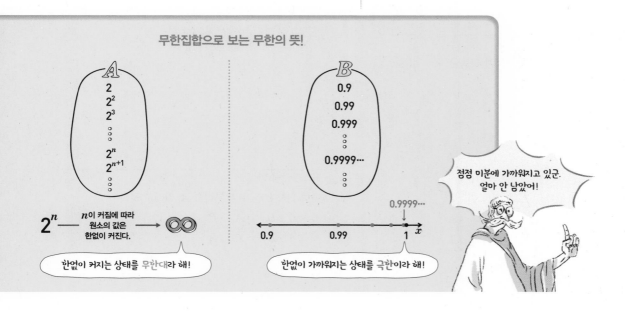

무한집합으로 보는 무한의 뜻!

04 집합의 연산의 성질

• 전체집합 U의 두 부분집합 A, B에 대하여

① $A \cup A = A$, $A \cap A = A$ ② $A \cup \varnothing = A$, $A \cap \varnothing = \varnothing$

③ $A \cup U = U$, $A \cap U = A$ ④ $U^c = \varnothing$, $\varnothing^c = U$

⑤ $(A^c)^c = A$ ⑥ $A \cup A^c = U$, $A \cap A^c = \varnothing$

⑦ $A - B = A \cap B^c = A - (A \cap B) = (A \cup B) - B$

1 전체집합 U의 공집합이 아닌 두 부분집합 A, B에 대하여 다음 중 옳지 <u>않은</u> 것은?

① $A \cap A^c = \varnothing$

② $(A \cap B) \subset A$

③ $U - A = A^c$

④ $A - B = A \cap B^c$

⑤ $A \cup (A \cup A^c) = \varnothing$

2 전체집합 U의 부분집합 A에 대하여 다음 중 옳은 것을 모두 고르면? (정답 2개)

① $A \cap U^c = A$

② $U - A^c = A$

③ $(A \cap A^c) \cup A = U$

④ $(A \cup A^c) \cap A = A$

⑤ $(A \cap U) \cup A = U$

05 집합의 연산을 이용한 여러 가지 표현

• 전체집합 U의 두 부분집합 A, B에 대하여 다음은 모두 같은 표현이다.

① $A \subset B$	② $A \cap B = \varnothing$
$\Longleftrightarrow A \cap B = A$	$\Longleftrightarrow A - B = A$
$\Longleftrightarrow A \cup B = B$	$\Longleftrightarrow B - A = B$
$\Longleftrightarrow A - B = \varnothing$	$\Longleftrightarrow A \subset B^c$
$\Longleftrightarrow A \cap B^c = \varnothing$	$\Longleftrightarrow B \subset A^c$
$\Longleftrightarrow B^c \subset A^c$	
$\Longleftrightarrow B^c - A^c = \varnothing$	

3 전체집합 U의 두 부분집합 A, B에 대하여 다음 중 옳지 <u>않은</u> 것은?

① $A \subset B$이면 $A \cap B = A$

② $B \subset A$이면 $A \cup B = B$

③ $A^c \subset B^c$이면 $B - A = \varnothing$

④ $A \cup B = A$이면 $B \subset A$

⑤ $A \cap B = \varnothing$이면 $A \subset B^c$

4 전체집합 U의 공집합이 아닌 두 부분집합 A, B에 대하여 $B - A = B$일 때, 다음 **보기**에서 항상 성립하는 것만을 있는 대로 고르시오.

┌─ **보기** ──────────────────┐

ㄱ. $A \subset B$ ㄴ. $A \cap B = \varnothing$

ㄷ. $A - B = A$ ㄹ. $B^c \subset A$

└──────────────────────────┘

5 두 집합 $A = \{1, 2, 3, 4, 5\}$, $B = \{4, 5, 6\}$에 대하여
$$(A \cap B) \cup X = X, \quad X \cap (A \cup B) = X$$
를 만족시키는 집합 X의 개수는?

① 4   ② 8   ③ 16

④ 32   ⑤ 64

06 드모르간의 법칙

• 전체집합 U의 두 부분집합 A, B에 대하여

① $(A \cup B)^c = A^c \cap B^c$

② $(A \cap B)^c = A^c \cup B^c$

6 전체집합 U의 두 부분집합 A, B에 대하여 다음과 항상 같은 집합은?

$$A \cup (A \cap B)^C$$

① $\varnothing$ ② A ③ B

④ $A \cup B$ ⑤ U

7 전체집합 U의 세 부분집합 A, B, C에 대하여
$$(A-B) \cup (A-C) = A - (\boxed{})$$
일 때, 다음 중 □ 안에 알맞은 것은?

① $B \cup C$ ② $B \cap C$ ③ $B-C$

④ $C-B$ ⑤ $B^C - C$

07~09 유한집합의 원소의 개수와 그 활용

• 전체집합 U의 세 부분집합 A, B, C에 대하여

① $n(A \cup B) = n(A) + n(B) - n(A \cap B)$

② $n(A^C) = n(U) - n(A)$

③ $n(A-B) = n(A) - n(A \cap B) = n(A \cup B) - n(B)$

④ $n(A \cup B \cup C) = n(A) + n(B) + n(C) - n(A \cap B)$
$\qquad\qquad\qquad - n(B \cap C) - n(C \cap A) + n(A \cap B \cap C)$

---

8 전체집합 U의 두 부분집합 A, B에 대하여
$$n(U) = 35,\ n(A) = 13,$$
$$n(B) = 10,\ n(A^C \cap B^C) = 18$$
일 때, $n(A \cap B)$를 구하시오.

9 전체집합 U의 두 부분집합 A, B에 대하여
$$n(U) = 47,\ n(A) = 23,$$
$$n(B) = 30,\ n(A \cap B) = 15$$
이고 $n(A^C) = a$, $n(B-A) = b$일 때, $a+b$의 값은?

① 31   ② 32   ③ 35

④ 37   ⑤ 39

10 세 집합 A, B, C에 대하여
$$n(A) = 31,\ n(B) = 19,\ n(C) = 15,$$
$$n(A \cap B) = 13,\ n(B \cap C) = 12,\ n(C \cap A) = 10,$$
$$n(A \cap B \cap C) = 8$$
일 때, $n(A \cup B \cup C)$는?

① 22   ② 30   ③ 38

④ 57   ⑤ 65

11 전체집합 U의 두 부분집합 A, B에 대하여
$$n(U) = 40,\ n(A) = 26,\ n(B) = 21$$
일 때, $n(A \cap B)$의 최댓값과 최솟값의 합을 구하시오.

12 하린이네 반 학생 중에서 A 영화를 관람한 학생은 20명, B 영화를 관람한 학생은 22명이다. A 영화 또는 B 영화를 관람한 학생이 34명일 때, A 영화와 B 영화를 모두 관람한 학생 수는?

① 7   ② 8   ③ 9

④ 10   ⑤ 11

TEST 개념 발전

1 세 집합 $A=\{4, 5, 6, 7\}$, $B=\{7, 9, 11\}$, $C=\{4, 8\}$ 에 대하여 $A\cap(B\cup C)$는?

① $\{4, 5\}$ ② $\{4, 7\}$ ③ $\{4, 5, 6\}$
④ $\{4, 5, 7\}$ ⑤ $\{4, 5, 6, 7\}$

2 다음 중 집합 $\{2, 5, 8, 10\}$과 서로소인 것은?

① $\{x|x$는 소수$\}$
② $\{x|x$는 자연수$\}$
③ $\{x|x$는 $0\le x<5$인 정수$\}$
④ $\{x|x$는 35의 약수$\}$
⑤ $\{x|x^2+5x-24=0\}$

3 두 집합 $A=\{0, 2, 3a-5\}$, $B=\{-4, 2b, b+3\}$에 대하여 $A\cap B=\{2, 4\}$일 때, $a+b$의 값은?
(단, a, b는 상수이다.)

① -4 ② -2 ③ 0
④ 2 ⑤ 4

4 전체집합 $U=\{x|x$는 10 이하의 자연수$\}$의 두 부분집합 $A=\{x|x$는 8의 약수$\}$, $B=\{2, 3, 5, 8, 9\}$에 대하여 다음 중 옳지 <u>않은</u> 것은?

① $A\cap B=\{2, 8\}$
② $A\cup B=\{1, 2, 3, 4, 5, 8, 9\}$
③ $A^C=\{3, 5, 6, 7, 9\}$
④ $A-B=\{1, 4\}$
⑤ $B-A=\{3, 5, 9\}$

5 다음 중 오른쪽 벤다이어그램의 색칠한 부분을 나타내는 집합은?

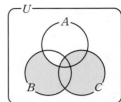

① $(A\cup B)\cap C$
② $A\cap(B\cap C)^C$
③ $(B-A)\cup C$
④ $C-(A\cap B)$
⑤ $C-(A\cup B)$

6 전체집합 $U=\{x|x$는 18의 약수$\}$의 두 부분집합 A, B에 대하여 $A-B=\{1, 9\}$, $B-A=\{6\}$, $(A\cup B)^C=\{18\}$일 때, 집합 B의 모든 원소의 합은?

① 11 ② 13 ③ 15
④ 17 ⑤ 19

7 공집합이 아닌 두 집합
$$A=\{x|2\le x<13\}, B=\{x|a<x<2a+1\}$$
에 대하여 $A\cap B=B$를 만족시키는 정수 a의 개수를 구하시오.

8 전체집합 U의 공집합이 아닌 두 부분집합 A, B가
$$(A-B)\cup(A^C\cap B)=\varnothing$$
을 만족시킬 때, 다음 중 항상 옳은 것은?

① $A=B$ ② $A\cap B=\varnothing$ ③ $A\cap B=U$
④ $A\cup B=\varnothing$ ⑤ $A\cup B=U$

9 전체집합 U의 두 부분집합 A, B에 대하여 $(A \cup B)^C \cup (A^C \cap B)$와 항상 같은 집합은?

① $\varnothing$　　　② A^C　　　③ B

④ $A \cup B$　　　⑤ U

10 다음은 전체집합 U의 세 부분집합 A, B, C에 대하여 $(A-B)-C=A-(B \cup C)$임을 보이는 과정이다. ㉠, ㉡에서 이용한 연산법칙으로 알맞은 것은?

$$
\begin{aligned}
(A-B)-C &= (A \cap B^C) \cap C^C \\
&= A \cap (B^C \cap C^C) \\
&= A \cap (B \cup C)^C \\
&= A - (B \cup C)
\end{aligned}
$$

㉠, ㉡

① ㉠: 교환법칙, ㉡: 결합법칙

② ㉠: 교환법칙, ㉡: 분배법칙

③ ㉠: 결합법칙, ㉡: 분배법칙

④ ㉠: 결합법칙, ㉡: 드모르간의 법칙

⑤ ㉠: 분배법칙, ㉡: 드모르간의 법칙

11 두 집합 A, B에 대하여
$$n(A)=13, \ n(B)=9, \ n(A-B)=6$$
일 때, $n(A \cup B)$는?

① 12　　　② 13　　　③ 14

④ 15　　　⑤ 16

12 두 집합 $A=\{a, b, c, d, e, f\}$, $B=\{b, d, f\}$에 대하여 $X-A=\varnothing$, $(A-B) \cup X = X$를 만족시키는 집합 X의 개수를 구하시오.

13 자연수 k의 배수의 집합을 A_k라 할 때,
$$A_{12} \cap (A_6 \cup A_8) = A_m$$
을 만족시키는 상수 m의 값을 구하시오.

14 전체집합 U의 두 부분집합 A, B에 대하여
$$A \triangle B = (A-B) \cup (B-A)$$
라 할 때, 다음 **보기**에서 옳은 것만을 있는 대로 고른 것은?

> **보기**
>
> ㄱ. $A \triangle B = B \triangle A$
>
> ㄴ. $A^C \triangle B^C = A \triangle B$
>
> ㄷ. $(A \triangle B) \triangle C = A \triangle (B \triangle C)$

① ㄱ　　　② ㄱ, ㄴ　　　③ ㄱ, ㄷ

④ ㄴ, ㄷ　　　⑤ ㄱ, ㄴ, ㄷ

15 어느 학급의 학생 35명 중에서 사과를 좋아하는 학생이 24명, 배를 좋아하는 학생이 19명이다. 사과와 배를 모두 좋아하는 학생 수의 최댓값과 최솟값의 합을 구하시오.

16 어느 동호회 회원 50명 중에서 제주도를 다녀온 회원은 37명, 설악산을 다녀온 회원은 25명, 두 곳 중 어느 곳도 다녀오지 않은 회원은 6명일 때, 제주도만 다녀온 회원 수는?

① 17　　　② 19　　　③ 21

④ 23　　　⑤ 25

7

참 또는 거짓!
명제

내가 그 정수를 자연수에 뒀등가?

자연수이면 정수이지만

정수 라고 자연수는 아니지!

참과 거짓을 판별할 수 있는!

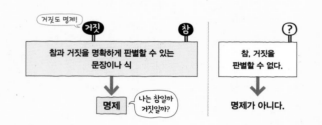

거짓도 명제!

거짓

참

?

참과 거짓을 명확하게 판별할 수 있는 문장이나 식

참, 거짓을 판별할 수 없다.

나는 참일까 거짓일까?

명제

명제가 아니다.

참과 거짓이 정해지는!

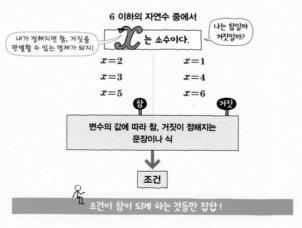

6 이하의 자연수 중에서

x는 소수이다.

나는 참일까 거짓일까?

내가 정해지면 참, 거짓을 판별할 수 있는 명제가 되지!

$x=2$ $x=1$
$x=3$ $x=4$
$x=5$ $x=6$

참   거짓

변수의 값에 따라 참, 거짓이 정해지는 문장이나 식

조건

조건이 참이 되게 하는 것들만 집합!

전체집합 $U=\{1, 2, 3, 4, 5, 6\}$의 원소 중에서

x는 소수이다. 를 참이 되게 하는 모든 원소의 집합은

$$\{2, 3, 5\}$$

전체집합의 원소 중에서 어떤 조건이 참이 되게 하는 모든 원소의 집합

진리집합

┌ 명제와 조건 ─────────────

01 명제
02 조건과 진리집합
03 명제와 조건의 부정
04 조건 'p 또는 q'와 'p 그리고 q'

참, 거짓을 명확하게 판별할 수 있는 문장이나 식을 명제라 하고 변수의 값에 따라 참, 거짓이 정해지는 문장이나 식을 조건이라 해. 이때 조건을 참이 되게 하는 것들의 모임을 진리집합이라 하지.

조건 또는 명제 p에 대하여 'p가 아니다.'를 p의 부정이라 하고, 기호로 $\sim p$와 같이 나타내. 이와 같이 조건과 그 조건의 부정을 기호로 표현하고 조건의 부정의 진리집합을 조건의 진리집합을 이용해서 나타낼 수 있지. 즉 조건 p의 진리집합을 P라 하면 조건 $\sim p$의 진리집합은 P^C이야.

이를 이용하여 두 조건에 대한 진리집합을 집합의 연산으로 표현하는 것을 배우게 될 거야.

부분집합으로 알 수있는!

두 조건 p, q의 진리집합을 각각 P, Q라 할 때

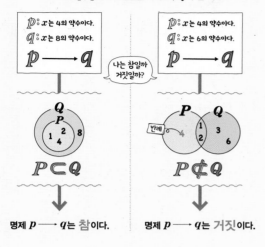

두 조건 p, q로 이루어진 명제 'p이면 q이다.'를 기호로 $p \longrightarrow q$와 같이 나타내고, p를 이 명제의 가정, q를 이 명제의 결론이라 해.

두 조건 p, q의 진리집합을 각각 P, Q라 할 때, $p \longrightarrow q$의 참과 거짓을 두 집합 P, Q의 포함 관계를 이용하여 나타낼 수 있는데, 이는 다음과 같아.

① $P \subset Q$이면 명제 $p \longrightarrow q$는 참이다.
② $P \not\subset Q$이면 명제 $p \longrightarrow q$는 거짓이다.

집합으로 판단하는!

전체집합 $U = \{1, 2, 3, 4, 5\}$에 대하여 조건 p의 진리집합을 P라 할 때

p: x는 양수이다.

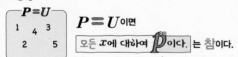

p: x는 짝수이다.

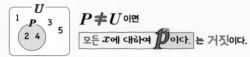

p: x는 4의 약수이다.

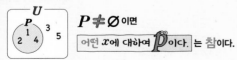

p: x는 음수이다.

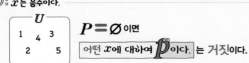

'모든'이나 '어떤'을 포함한 명제의 참, 거짓을 판별하는 연습을 할 거야.

전체집합 U에 대하여 조건 p의 진리집합을 P라 할 때, 전체집합 U에서 명제 '모든 x에 대하여 p이다.'가 참이라는 것은 U에 속하는 모든 원소 x에 대하여 p가 참임을 뜻해. 즉 $P = U$이면 참이고, $P \neq U$이면 거짓이지.

또 명제 '어떤 x에 대하여 p이다.'가 참이라는 것은 U의 원소 중에서 p가 참이 되게 하는 x가 그 개수에 관계없이 존재함을 뜻해. 즉 $P \neq \varnothing$이면 참이고, $P = \varnothing$이면 거짓이야.

01

명제

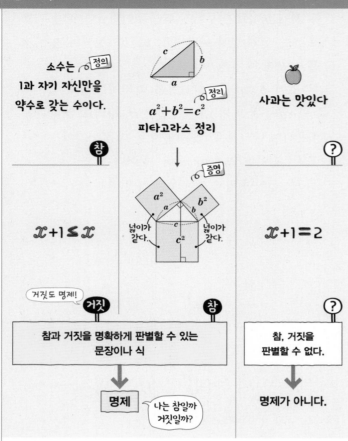

- **명제:** 참 또는 거짓을 명확하게 판별할 수 있는 문장이나 식
  참고 ① 거짓인 문장이나 식도 명제이다.
  ② 명제는 보통 알파벳 소문자 p, q, r, …로 나타낸다.
- **정의:** 용어의 뜻을 명확하게 정한 문장
- **증명:** 정의 또는 이미 옳다 밝혀진 성질을 이용하여 어떤 명제가 참임을 설명하는 것
- **정리:** 증명된 명제 중에서 기본이 되는 것이나 다른 명제를 증명할 때 이용할 수 있는 것

1st ― 명제의 구분

● 다음 중 명제인 것은 ○를, 명제가 아닌 것은 ✕를 ( ) 안에 써넣으시오.

1 삼각형의 세 내각의 크기의 합은 180°이다.
( )

2 수학은 재미있는 과목이다. ( )
의문문, 감탄문, 주관적인 문장은 명제가 아니야!

3 3+6 ( )

4 지구는 움직인다. ( )

5 $3x+1=13$ ( )
방정식, 부등식에서 참, 거짓의 판별이 안 되면 명제가 아니야!

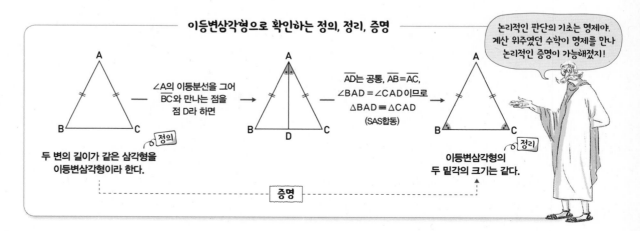

이등변삼각형으로 확인하는 정의, 정리, 증명

두 변의 길이가 같은 삼각형을 이등변삼각형이라 한다.

∠A의 이등분선을 그어 $\overline{BC}$와 만나는 점을 점 D라 하면

$\overline{AD}$는 공통, $\overline{AB}=\overline{AC}$, ∠BAD = ∠CAD이므로 △BAD ≡ △CAD (SAS합동)

이등변삼각형의 두 밑각의 크기는 같다.

증명

논리적인 판단의 기초는 명제야. 계산 위주였던 수학이 명제를 만나 논리적인 증명이 가능해졌지!

6 한라산은 높다. (　　)

7 넓이가 같은 두 삼각형은 합동이다. (　　)

8 정수는 유리수이다. (　　)

9 10억은 큰 수이다. (　　)

10 소수는 모두 홀수이다. (　　)

11 $2x-1<3x-1$ (　　)

2ⁿᵈ － 명제의 참, 거짓의 판별

● 다음 명제의 참, 거짓을 판별하시오.

12 맞꼭지각의 크기는 서로 같다.

13 두 홀수의 합은 짝수이다.

14 3의 배수는 9의 배수이다.

15 $a>b$이면 $ac>bc$이다.

16 $x=2$이면 $2x-3=1$이다.

17 마름모의 네 각의 크기는 모두 같다.

개념모음문제
18 다음 중 거짓인 명제는?

① 모든 원은 닮음이다.
② 다각형의 외각의 크기의 합은 360°이다.
③ $\sqrt{8}$은 무리수이다.
④ 자연수 x가 소수이면 $x+1$은 짝수이다.
⑤ 두 홀수의 곱은 홀수이다.

:) **내가 발견한 개념**　　　　　　　　　명제의 의미는?

• 어떤 문장이나 식의 참, 거짓을 판별할 수 있으면
　　　　　이고 참, 거짓을 판별할 수 없으면 　　　　　가 아니다.

02 조건과 진리집합

참과 거짓이 정해지는!

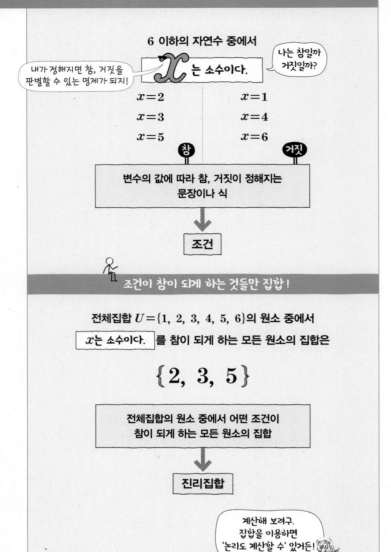

- **조건**: 변수의 값에 따라 참, 거짓이 정해지는 문장이나 식
  - 참고 문자 x를 포함하는 조건은 $p(x)$, $q(x)$, $r(x)$, …로 나타내는데, 이 것을 간단히 각각 p, q, r, …로 나타내기도 한다.
- **진리집합**: 전체집합의 원소 중에서 어떤 조건이 참이 되게 하는 모든 원소의 집합
  - 참고 조건 p, q, r, …의 진리집합은 각각 P, Q, R, …로 나타낸다.

1st — 조건의 이해

● 다음 중 명제인 것은 '명'을, 조건인 것은 '조'를 ( ) 안에 써 넣으시오.

1 x는 5 이하의 자연수이다. ( )

2 4는 16의 약수이다. ( )

3 $\sqrt{16}$은 무리수이다. ( )

4 $x^2+4x+3=0$ ( )

5 $-2 \leq x \leq 2$ ( )

2nd — 조건의 진리집합

● 주어진 전체집합에 대하여 다음 조건의 진리집합을 구하시오.

$$U=\{1,\ 2,\ 3,\ \cdots,\ 9,\ 10\}$$

6 x는 3의 배수이다.
조건은 만족시키지만 전체집합의 원소가 아니면 진리집합의 원소가 될 수 없어!

→ 3의 배수는 3, ☐, ☐, 12, …이므로 주어진 조건의 진리집합은

{3, ☐, ☐}이다.

7 $1 < x \leq 6$

8 $x^2-6x+8=0$

9 $x^2-3x-10<0$

자연수 전체의 집합

10 $3x-21<0$

11 $|x+1|<3$

12 $x^2-6x+9=0$

13 $x^2-4x-12<0$

정수 전체의 집합

14 x는 15의 약수이다.

15 $2x-3=4$

16 $|x-1|\leq2$

17 $x^2-x-6<0$

개념모음문제

18 전체집합이 $U=\{-2,\ -1,\ 0,\ 1,\ 2\}$일 때, 다음 조건의 진리집합이 공집합인 것은?

① $x^2+x-2=0$ ② $x^2-1=0$

③ $|x|\geq3$ ④ x는 소수이다.

⑤ $x^2-2x-3<0$

명제와 조건의 부정

1 명제의 부정

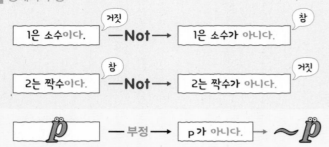

| 1은 소수이다. | 거짓 —Not→ | 1은 소수가 아니다. | 참 |

| 2는 짝수이다. | 참 —Not→ | 2는 짝수가 아니다. | 거짓 |

| p | —부정→ | p가 아니다. | $\sim p$ |

명제 p에 대하여 'p가 아니다.'를 명제 p의 부정이라 하고
기호로 $\sim p$와 같이 나타낸다.
명제 p가 참이면 $\sim p$는 거짓이고, 명제 p가 거짓이면 $\sim p$는 참이다.

2 조건의 부정

전체집합이 $U = \{x \,|\, x$는 10 이하의 자연수$\}$일 때,

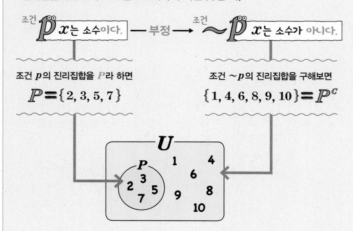

| 조건 p x는 소수이다. | —부정→ | 조건 $\sim p$ x는 소수가 아니다. |

조건 p의 진리집합을 P라 하면
$$P = \{2, 3, 5, 7\}$$

조건 $\sim p$의 진리집합을 구해보면
$$\{1, 4, 6, 8, 9, 10\} = P^C$$

U

P
2 3 5 7
1 4 6 8 9 10

조건 p에 대하여 'p가 아니다.'를 조건 p의 부정이라 하고
기호로 $\sim p$와 같이 나타낸다. 전체집합 U에 대하여 조건 p의
진리집합을 P라 할 때, 그 부정 $\sim p$의 진리집합은 P^C이다.

- **부정**: 조건 또는 명제 p에 대하여 'p가 아니다.'를 p의 부정이라 하고, 기호로 $\sim p$와 같이 나타낸다.
  ① 명제 p가 참이면 $\sim p$는 거짓이고, 명제 p가 거짓이면 $\sim p$는 참이다.
  ② 전체집합 U에 대하여 조건 p의 진리집합을 P라 할 때, $\sim p$의 진리집합은 P^C이다.
  참고 ① 명제 p에 대하여 그 부정 $\sim p$도 명제이다.
  ② 특별한 언급이 없으면 전체집합은 실수 전체의 집합이다.
  ③ 명제 $\sim p$의 부정은 p이다. → $\sim(\sim p) = p$

1st — 명제와 조건의 부정

● 다음 명제의 부정을 말하시오.

1 2는 소수가 아니다.
  → 2는 소수 [ ]

2 $\sqrt{3}$은 무리수이다.

3 $\sqrt{(-2)^2}$은 유리수이다.

4 $\sqrt{5}$는 2보다 작다.

● 다음 조건의 부정을 말하시오.

5 $x^2 - 1 \neq 0$
  → $x^2 - 1 \bigcirc 0$

6 $x \in A$

7 x는 1보다 크지 않다.

8 $x^2 + x - 20 > 0$

부등호의 부정

부등호의 방향은 반대가 되고,

$x \geq a$ —부정→ $x < a$ 　 $x \leq a$ —부정→ $x > a$

등호는 있으면 없어지고

$x > a$ —부정→ $x \leq a$ 　 $x < a$ —부정→ $x \geq a$

없으면 있게 돼!

2ⁿᵈ — 명제와 명제의 부정의 관계

● 다음 명제에 대하여 물음에 답하시오.

9 π는 유리수이다.

(1) 명제의 부정을 말하시오.

(2) 명제의 참, 거짓을 판별하시오.

(3) 명제의 부정의 참, 거짓을 판별하시오.

10 홀수와 홀수를 더하면 홀수이다.

(1) 명제의 부정을 말하시오.

(2) 명제의 참, 거짓을 판별하시오.

(3) 명제의 부정의 참, 거짓을 판별하시오.

11 마름모는 평행사변형이다.

(1) 명제의 부정을 말하시오.

(2) 명제의 참, 거짓을 판별하시오.

(3) 명제의 부정의 참, 거짓을 판별하시오.

3ʳᵈ — 조건의 부정의 진리집합

● 전체집합이 $U = \{x \mid x$는 7 이하의 자연수$\}$일 때, 다음 조건의 부정의 진리집합을 구하시오.

12 x는 6의 약수이다.

→ $U = \{1, 2, 3, 4, 5, 6, 7\}$이고 6의 약수는

1, ☐, ☐, 6이므로 주어진 조건의 진리집합을 P라 하면

$P = \{1, ☐, ☐, 6\}$

따라서 주어진 조건의 부정의 진리집합은 $P^C = $ ☐

13 $x \geq 5$

14 $2x - 14 \neq 0$

15 $x^2 - 6x + 8 = 0$

16 $x^2 - x - 12 \geq 0$

개념모음문제

17 전체집합이 $U = \{x \mid x$는 6 이하의 자연수$\}$일 때, 조건 $x^2 - 6x + 5 \geq 0$의 부정의 진리집합의 모든 원소의 합은?

① 7 　　　② 8 　　　③ 9

④ 10 　　　⑤ 11

04

조건 'p 또는 q'와 'p 그리고 q'

두 조건 p, q의 진리집합을 각각 P, Q라 할 때

1 'p 또는 / 그리고 q'의 진리집합의 표현

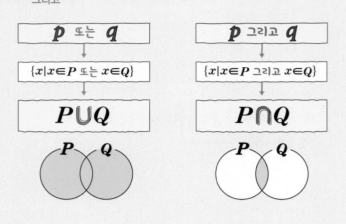

2 'p 또는 / 그리고 q'의 부정

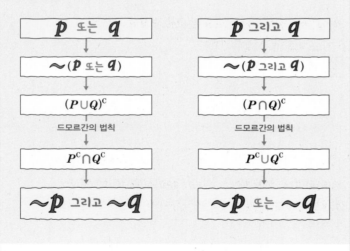

참고 ① 'p 또는 q'의 부정의 진리집합은 $(P \cup Q)^C = P^C \cap Q^C$
　　 ② 'p 그리고 q'의 부정의 진리집합은 $(P \cap Q)^C = P^C \cup Q^C$

배운 거 기억나?

드모르간의 법칙

전체집합 U의 두 부분집합 A, B에 대하여

$(A \cup B)^C = A^C \cap B^C$ ｜ $(A \cap B)^C = A^C \cup B^C$

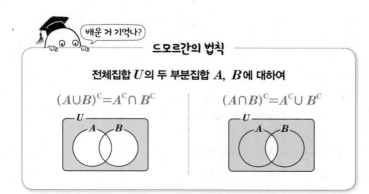

1st — 조건 'p 또는 q'와 'p 그리고 q'의 진리집합

● 주어진 전체집합 U에 대하여 두 조건 p, q가 다음과 같을 때, 조건 'p 또는 q'의 진리집합을 구하시오.

$$U = \{x \,|\, x는\ 6\ 이하의\ 자연수\}$$

1 $p : 1 \le x < 5$,　　$q : |x| = 5$

→ $U = \{1, 2, 3, 4, 5, 6\}$이므로 두 조건 p, q의 진리집합을 각각 P, Q라 하면

$P = $ ⬚⬚⬚⬚⬚ , $Q = \{5\}$

따라서 조건 'p 또는 q'의 진리집합은

$P \bigcirc Q = $ ⬚⬚⬚⬚⬚

2 $p : x는\ 3의\ 배수이다.$,　　$q : x는\ 소수이다.$

3 $p : 5 \le x \le 7$,　　$q : x^2 - 3x - 4 \ge 0$

$$U = \{x \,|\, x는\ 8\ 이하의\ 자연수\}$$

4 $p : x는\ 8의\ 약수이다.$,　　$q : x는\ 4의\ 약수이다.$

5 $p : |x - 1| \le 3$,　　$q : x^2 - 7x - 8 = 0$

6 $p : x^2 + x - 12 < 0$,　　$q : x^2 - 4x = 0$

● 주어진 전체집합 U에 대하여 두 조건 p, q가 다음과 같을 때, 조건 'p 그리고 q'의 진리집합을 구하시오.

$$U=\{x\,|\,x\text{는 8 이하의 자연수}\}$$

7 $p : x$는 4보다 작다., $\quad q : x$는 5의 약수이다.

→ $U=\{1, 2, 3, 4, 5, 6, 7, 8\}$이므로 두 조건 p, q의 진리집합을 각각 P, Q라 하면

$P=\{1, 2, 3\}$, $Q=$ ☐

따라서 조건 'p 그리고 q'의 진리집합은

P ◯ $Q=$ ☐

8 $p : x$는 5의 배수이다., $\quad q : x$는 2의 배수이다.

9 $p : |x-5|\leq 1$, $\quad q : x\geq 3$

$$U=\{x\,|\,x\text{는 10 이하의 자연수}\}$$

10 $p : 2x-4=0$, $\quad q : x^2-3x+2=0$

11 $p : x^2-2x-15<0$, $\quad q : x^2-5x=0$

12 $p : x^2-12x+20=0$, $\quad q : 2x^2-11x+5\leq 0$

2nd — 조건 'p 또는 q'와 'p 그리고 q'의 부정

● 다음 조건의 부정을 말하시오.

13 $x\neq 0$이고 $y\neq 0$

→ x ◯ 0 또는 y ◯ 0

14 $x\in A$ 또는 $x\notin B$

15 $x\leq 0$ 또는 $x>2$

16 x는 2의 배수이고 3의 배수이다.

17 $0\leq x<3$

개념모음문제

18 전체집합 $U=\{x\,|\,x\text{는 }-5\leq x\leq 5\text{인 정수}\}$에 대하여 두 조건 p, q가
$$p : x^2+x-6<0,\ q : |x|\geq 2$$
일 때, 조건 'p 그리고 $\sim q$'의 진리집합의 모든 원소의 개수는?

① 3   ② 4   ③ 5
④ 6   ⑤ 7

😊 **내가 발견한 개념**   조건 'p 또는 q'와 'p 그리고 q'의 진리집합은?

• 두 조건 p, q의 진리집합을 각각 P, Q라 하면

P 또는 q •   • P∩Q

P 그리고 q •   • P∪Q

01 명제

- **명제:** 참 또는 거짓을 명확하게 판별할 수 있는 문장이나 식
- **정의:** 용어의 뜻을 명확하게 정한 문장
- **정리:** 증명된 명제 중에서 기본이 되는 것이나 다른 명제를 증명할 때 이용할 수 있는 것

1 다음 중 명제가 <u>아닌</u> 것은?

① $4+3>7$
② 네 변의 길이가 모두 같은 사각형은 마름모이다.
③ $x=1$이면 $x^2=1$이다.
④ 내일은 비가 올까?
⑤ 3의 배수는 짝수이다.

2 다음 명제 중 참인 것은?

① 짝수는 4의 배수이다.
② $a=1$, $b=2$이면 $a+b=2$이다.
③ 예각삼각형은 정삼각형이다.
④ 12의 약수는 6의 약수이다.
⑤ 두 수 a, b가 자연수이면 $a+b$는 자연수이다.

3 거짓인 명제인 것만을 **보기**에서 있는 대로 고른 것은?

> **보기**
> ㄱ. $x<0$이면 $x^2<0$이다.
> ㄴ. $x^2+y^2=0$이면 $x=0$, $y=0$이다.
> ㄷ. $x≥2$이고 $y≥2$이면 $x+y≥4$이다.
> ㄹ. x, y가 무리수이면 $x+y$는 무리수이다.

① ㄱ, ㄴ
② ㄱ, ㄷ
③ ㄱ, ㄹ
④ ㄴ, ㄹ
⑤ ㄷ, ㄹ

02 조건과 진리집합

- **조건:** 문자의 값에 따라 참, 거짓이 정해지는 문장이나 식
- **진리집합:** 전체집합의 원소 중에서 어떤 조건이 참이 되게 하는 모든 원소의 집합

4 전체집합이 $U=\{0, 1, 2, 3, 4, 5\}$일 때, 조건 $3x-9<0$의 진리집합은?

① $\varnothing$
② $\{0, 1\}$
③ $\{0, 1, 2\}$
④ $\{0, 1, 2, 3\}$
⑤ $\{0, 1, 2, 3, 4\}$

5 전체집합이 $U=\{x \mid x$는 6 이하의 자연수$\}$일 때, 조건 $x^2-8x+12=0$의 진리집합의 모든 원소의 합은?

① 2
② 4
③ 6
④ 8
⑤ 10

6 전체집합이 $U=\{x \mid x$는 10 이하의 자연수$\}$일 때, 조건 $2x^2-13x+15≤0$의 진리집합을 구하시오.

03 명제와 조건의 부정

| p | $=$ | $>$ | $\leq$ | 또는 | 그리고 |

↓ 부정

| $\sim p$ | $\neq$ | $\leq$ | $>$ | 그리고 | 또는 |

04 조건 'p 또는 q'와 'p 그리고 q'

조건	진리집합	부정
$\sim p$	P^C	p
p 또는 q	$P \cup Q$	$\sim p$ 그리고 $\sim q$
p 그리고 q	$P \cap Q$	$\sim p$ 또는 $\sim q$

7 다음 명제 중 그 부정이 참인 것은?

① $\pi \geq 3$

② 8은 3의 배수가 아니다.

③ 정삼각형은 이등변삼각형이다.

④ 1은 소수도 합성수도 아니다.

⑤ 6의 약수의 합은 11이다.

10 전체집합 $U = \{x \mid x$는 10 이하의 자연수$\}$에 대하여 두 조건 p, q가

$p : x$는 12의 약수이다., $\quad q : x^2 - 10x + 21 \leq 0$

일 때, 조건 'p 그리고 q'의 진리집합은?

① $\{3\}$ ② $\{6\}$

③ $\{3, 4, 6\}$ ④ $\{1, 2, 3, 6\}$

⑤ $\{3, 4, 5, 6, 7\}$

8 전체집합이 $U = \{1, 2, 3, 4, 5\}$일 때, 조건 $3x - 4 > x + 2$의 부정의 진리집합은?

① $\{1\}$ ② $\{1, 2\}$

③ $\{2, 3\}$ ④ $\{1, 2, 3\}$

⑤ $\{2, 3, 4\}$

11 전체집합 $U = \{x \mid x$는 12 이하의 자연수$\}$에 대하여 두 조건 p, q가

$p : x^2 - 4x + 3 > 0, \quad q : x$는 3의 배수이다.

일 때, 조건 '$\sim p$ 또는 q'의 진리집합의 원소의 개수는?

① 5 ② 6 ③ 7

④ 8 ⑤ 9

9 전체집합이 $U = \{x \mid x$는 $-3 \leq x \leq 3$인 정수$\}$일 때, 조건 $x^2 - 9 \geq 0$의 부정의 진리집합을 구하시오.

12 전체집합 $U = \{x \mid x$는 정수$\}$에 대하여 두 조건 p, q가

$p : x^2 + 7x + 6 > 0, \quad q : |x + 1| > 3$

일 때, 조건 '$\sim p$ 그리고 $\sim q$'의 진리집합을 구하시오.

부분집합으로 알 수 있는!

명제 $p \longrightarrow q$의 참, 거짓

1 명제의 가정과 결론

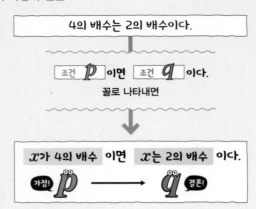

4의 배수는 2의 배수이다.

조건 p 이면 조건 q 이다.

꼴로 나타내면

x가 4의 배수 이면 x는 2의 배수 이다.

가정! p $\longrightarrow$ q 결론!

두 조건 p, q로 이루어진 명제 'p이면 q이다.'를
기호로 $p \longrightarrow q$와 같이 나타내고,
p를 가정, q를 결론이라 한다.

2 명제의 $p \longrightarrow q$의 참, 거짓

두 조건 p, q의 진리집합을 각각 P, Q라 할 때

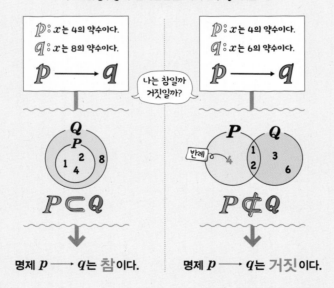

p: x는 4의 약수이다.
q: x는 8의 약수이다.
$p \longrightarrow q$

나는 참일까 거짓일까?

p: x는 4의 약수이다.
q: x는 6의 약수이다.
$p \longrightarrow q$

$P \subset Q$

$P \not\subset Q$

명제 $p \longrightarrow q$는 참이다.

명제 $p \longrightarrow q$는 거짓이다.

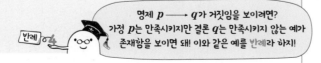

명제 $p \longrightarrow q$가 거짓임을 보이려면?
가정 p는 만족시키지만 결론 q는 만족시키지 않는 예가
존재함을 보이면 돼! 이와 같은 예를 반례라 하지!

• 명제 $p \longrightarrow q$의 참, 거짓
두 조건 p, q의 진리집합을 각각 P, Q라 할 때
① $P \subset Q$이면 명제 $p \longrightarrow q$는 참이다.
② $P \not\subset Q$이면 명제 $p \longrightarrow q$는 거짓이다.

1st — 명제의 가정과 결론

● 다음 명제의 가정과 결론을 말하시오.

1 $x+y=0$이면 $x=0$, $y=0$이다.

→ 가정: $x+y=0$

결론:

2 $\square ABCD$가 직사각형이면 $\square ABCD$는 정사각형
이다.

3 a, b가 홀수이면 $a+b$는 짝수이다.

4 $x-2=0$이면 $x^2+3x+2=0$이다.

5 x가 2의 배수이면 x는 4의 배수이다.

6 $x>2$이면 $x \leq 4$이다.

2nd — 명제 $p \longrightarrow q$의 참, 거짓의 판별

● 다음 두 조건 p, q에 대하여 명제 $p \longrightarrow q$의 참, 거짓을 판별하시오.

7 $p : 2x = 6$

$q : x^2 - 3x = 0$

두 조건 p, q의 진리집합을 먼저 구해 봐!

➜ $2x = 6$에서 $x = \boxed{}$

$x^2 - 3x = 0$에서 $x(x-3) = 0$이므로 $x = 0$ 또는 $x = \boxed{}$

두 조건 p, q의 진리집합을 각각 P, Q라 하면

$P = \{3\}$, $Q = \boxed{}$

따라서 $P \bigcirc Q$이므로 명제 $p \longrightarrow q$는 $\boxed{}$이다.

8 $p : x$는 유리수이다.

$q : x$는 실수이다.

9 $p : 0 < x < 1$

$q : -1 < x \leq 2$

10 $p : x + 1 \geq 0$

$q : x^2 - 3x - 4 = 0$

11 $p : x^2 - 7x + 12 \leq 0$

$q : 1 \leq x \leq 5$

● 다음 명제의 참, 거짓을 판별하시오.

12 a, b가 무리수이면 $a + b$는 무리수이다.

반례를 찾아봐!

➜ $a = \sqrt{2}$, $b = -\sqrt{2}$이면 a, b는 $\boxed{}$이지만

$a + b = \sqrt{2} - \sqrt{2} = 0$이므로 $a + b$는 $\boxed{}$가 아니다.

따라서 주어진 명제는 $\boxed{}$이다.

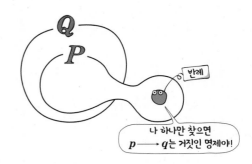

나 하나만 찾으면
$p \longrightarrow q$는 거짓인 명제야!

13 $xy = 0$이면 $x^2 + y^2 = 0$이다.

14 x가 실수이면 $x^2 \geq 0$이다.

15 $x \leq 2$이고 $y \leq 2$이면 $x + y \leq 4$이다.

개념모음문제

16 두 조건 p, q에 대하여 명제 $p \longrightarrow q$가 참인 것만을 **보기**에서 있는 대로 고른 것은?

(단, x, y는 실수이다.)

보기

ㄱ. $p : x = y$ $q : x^2 = y^2$

ㄴ. $p : x + y > 0$ $q : x > 0$이고 $y > 0$

ㄷ. $p : x^3 = 1$ $q : x^2 = 1$

① ㄱ   ② ㄷ   ③ ㄱ, ㄴ

④ ㄱ, ㄷ   ⑤ ㄴ, ㄷ

☺ 내가 발견한 개념   집합의 포함 관계에 따른 명제의 참과 거짓은?

두 조건 p, q의 진리집합을 각각 P, Q라 할 때

• P ⊂ Q ➜ 명제 P ⟶ q는 (참, 거짓)

• P ⊄ Q ➜ 명제 P ⟶ q는 (참, 거짓)

06 명제와 진리집합 사이의 관계

두 조건 p, q의 진리집합을 각각 P, Q라 할 때

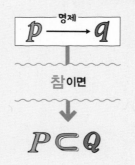
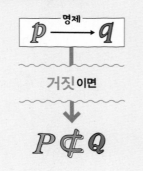

참이면 → $P \subset Q$

거짓이면 → $P \not\subset Q$

• 두 조건 p, q의 진리집합을 각각 P, Q라 할 때
① 명제 $p \longrightarrow q$가 참이면 $P \subset Q$
② 명제 $p \longrightarrow q$가 거짓이면 $P \not\subset Q$

1st — 명제와 진리집합 사이의 관계

● 전체집합 U에 대하여 두 조건 p, q의 진리집합을 각각 P, Q라 하자. 조건이 다음과 같을 때 옳은 것은 ○를, 옳지 않은 것은 ×를 ( ) 안에 써넣으시오. (단, $P \neq Q$, $P \neq \varnothing$, $Q \neq \varnothing$)

명제 $p \longrightarrow q$가 참

1 $P \subset Q$　　　　　　　(　)

2 $P \cup Q = P$　　　　　　(　)

3 $P^C \cap Q^C = Q^C$　　　(　)

4 $P \cap Q^C = U$　　　　　(　)

명제 $p \longrightarrow \sim q$가 참

5 $P \subset Q$　　　　　　　(　)

6 $P \cap Q = \varnothing$　　　(　)

7 $P \cap Q^C = P$　　　　　(　)

8 $P \cup Q^C = P$　　　　　(　)

명제 $\sim p \longrightarrow q$가 참

9 $P^C \subset Q$　　　　　　(　)

10 $P^C \cap Q = P$　　　　(　)

11 $P^C \cup Q = Q$　　　　(　)

12 $P \cap Q^C = Q^C$　　　(　)

명제 $\sim p \longrightarrow \sim q$가 참

13 $P \subset Q$ ( )

14 $P^C \cap Q^C = P^C$ ( )

15 $P^C \cap Q = \varnothing$ ( )

16 $P^C \cup Q^C = U$ ( )

2nd 벤다이어그램을 이용한
명제와 진리집합 사이의 관계

● 전체집합 U에 대하여 세 조건 p, q, r의 진리집합을 각각 P, Q, R라 하자. P, Q, R 사이의 관계가 다음 벤다이어그램과 같을 때, 주어진 명제의 참, 거짓을 판별하시오.

17

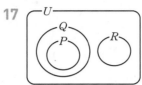

집합 사이의 포함 관계를 이용하여 명제의 참, 거짓을 판별해!

(1) $p \longrightarrow q$

→ $P \bigcirc Q$이므로 명제 $p \longrightarrow q$는 [ ]이다.

(2) $q \longrightarrow r$

(3) $p \longrightarrow \sim r$

(4) $\sim q \longrightarrow r$

(5) $p \longrightarrow \sim q$

18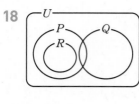

(1) $p \longrightarrow q$

(2) $r \longrightarrow p$

(3) $q \longrightarrow \sim r$

(4) $\sim p \longrightarrow \sim q$

(5) $\sim p \longrightarrow r$

19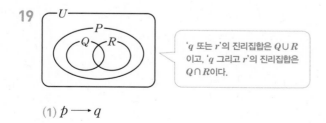

‘q 또는 r’의 진리집합은 $Q \cup R$ 이고, ‘q 그리고 r’의 진리집합은 $Q \cap R$이다.

(1) $p \longrightarrow q$

(2) $r \longrightarrow p$

(3) $\sim p \longrightarrow \sim r$

(4) $\sim q \longrightarrow r$

(5) $(q \text{ 또는 } r) \longrightarrow p$

(6) $(q \text{ 그리고 } r) \longrightarrow p$

개념모음문제

20 전체집합 U에 대하여 세 조건 p, q, r의 진리집합을 각각 P, Q, R라 하자. P, Q, R가 $P-R=P$, $R \cap Q = Q$를 만족시킬 때, 다음 중 참인 명제는? (단, $U \neq \varnothing$)

① $p \longrightarrow q$ ② $p \longrightarrow r$ ③ $q \longrightarrow p$
④ $q \longrightarrow r$ ⑤ $r \longrightarrow p$

3rd — 명제가 참이 되도록 하는 미지수의 값의 범위

● 실수 x에 대하여 두 조건 p, q가 다음과 같을 때, 명제 $p \longrightarrow q$가 참이 되도록 하는 실수 a의 값의 범위를 구하시오.

21 $p : -1 \leq x \leq 5,$ $\qquad q : a \leq x \leq 7$

 $p \longrightarrow q$가 참이 되도록 두 조건을 수직선 위에 나타내!

➡ 두 조건 p, q의 진리집합을 각각 P, Q라 하면

$P = \{x \mid -1 \leq x \leq 5\},$ $Q = \{x \mid a \leq x \leq 7\}$

$p \longrightarrow q$가 참이 되려면

$P \bigcirc Q$이어야 하므로

$a \bigcirc -1$

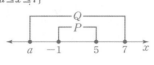

22 $p : 1 < x \leq 3,$ $\qquad q : -2 \leq x \leq a$

23 $p : -3 < x < 3,$ $\qquad q : x < a$

24 $p : a-1 < x \leq a+2,$ $\qquad q : 2 < x < 7$

25 $p : 1 \leq x \leq 4,$ $\qquad q : a-9 < x \leq \dfrac{a}{2}$

26 $p : 3 < x \leq 6,$ $\qquad q : x \geq a$

27 $p : a < x \leq 4,$ $\qquad q : |x| \leq 5$

개념모음문제

28 두 조건 p, q가

$$p : -1 < x \leq 2, \qquad q : a-5 < x \leq a$$

일 때, 명제 $p \longrightarrow q$가 참이 되도록 하는 실수 a의 값의 범위는 $m \leq a \leq n$이다. 이때 $m+n$의 값은?

① 2 　　　　② 4 　　　　③ 6

④ 8 　　　　⑤ 10

집합으로 판단하는!

'모든'이나 '어떤'이 있는 명제

1 '모든'이나 '어떤'이 있는 명제의 참, 거짓

전체집합 $U=\{1, 2, 3, 4, 5\}$ 에 대하여
조건 p의 진리집합을 P라 할 때

p : x는 양수이다.

$P=U$이면

모든 x에 대하여 p이다. 는 **참**이다.

p : x는 짝수이다.

$P \neq U$이면

모든 x에 대하여 p이다. 는 **거짓**이다.

p : x는 4의 약수이다.

$P \neq \varnothing$이면

어떤 x에 대하여 p이다. 는 **참**이다.

p : x는 음수이다.

$P=\varnothing$이면

어떤 x에 대하여 p이다. 는 **거짓**이다.

2 '모든'이나 '어떤'이 있는 명제의 부정

전체집합 $U=\{x|x$는 자연수$\}$ 에 대하여
조건 p : $x^2=4$에 대하여

모든 자연수 x에 대하여 $x^2=4$이다. (거짓) —Not→ 어떤 자연수 x에 대하여 $x^2 \neq 4$이다. (참)

모든 x에 대하여 p이다. — 부정 → 어떤 x에 대하여 $\sim p$이다.

어떤 자연수 x에 대하여 $x^2=4$이다. (참) —Not→ 모든 자연수 x에 대하여 $x^2 \neq 4$이다. (거짓)

어떤 x에 대하여 p이다. — 부정 → 모든 x에 대하여 $\sim p$이다.

참고 일반적으로 조건은 명제가 아니지만 문자 x의 앞에 '모든'이나 '어떤'이 붙으면서 참, 거짓을 판별할 수 있는 명제가 된다.

1st — '모든'이나 '어떤'이 있는 명제의 참, 거짓의 판별

● 전체집합 $U=\{1, 2, 3, 4, 5, 6\}$에 대하여 $x \in U$일 때, 다음 명제의 참, 거짓을 판별하시오.

1 모든 x에 대하여 $x-6 \leq 0$이다.
→ 조건의 진리집합을 P라 하면 $P=\{1, 2, 3, 4, 5, 6\}$
이때 $P \bigcirc U$이므로 주어진 명제는 ☐ 이다.

2 어떤 x에 대하여 $x-2=0$이다.

3 모든 x에 대하여 x는 6의 약수이다.

● 다음 명제의 참, 거짓을 판별하시오.

4 모든 실수 x에 대하여 $x^2 \leq 0$이다.
반례가 하나라도 있으면 그 명제는 거짓이야!

5 어떤 실수 x에 대하여 $x^2-4x+4=0$이다.
x의 값이 하나라도 존재하면 그 명제는 참이야!

6 어떤 실수 x에 대하여 $x^2-2x+1 \geq 0$이다.

7 모든 실수 x에 대하여 $x^2-2x+2>0$이다.

2nd — '모든'이나 '어떤'이 있는 명제의 부정의 참, 거짓의 판별

● 다음 명제의 부정을 말하시오.

8 모든 실수 x에 대하여 $2x-2>0$이다.

→ ⬚ 실수 x에 대하여 $2x-2 \bigcirc 0$이다.

9 어떤 자연수 x에 대하여 $x^2-2x-3=0$이다.

10 어떤 실수 x에 대하여 $|x|<10$이다.

11 어떤 실수 x에 대하여 $x>3$ 또는 $x<-2$이다.

12 모든 실수 x에 대하여 $x^2+4x+5\leq0$이다.

☺ 내가 발견한 개념   '모든'과 '어떤'을 포함한 명제의 부정은?

'모든 x에 대하여   부정   ' ⬚ x에 대하여
 p이다.'   ←——→   ⬚ 이다.'

'모든'이나 '어떤'의 다양한 표현

전체집합 U에 대하여 조건 p의 진리집합을 P라 할 때

┌ 모든 x에 대하여
├ 각각의 x에 대하여 p이다. ⟺ $U=P$
├ 임의의 x에 대하여
└ 어떤 x에 대하여도

┌ 어떤 x에 대하여
├ 하나의 x에 대하여 p이다. ⟺ $P\neq\varnothing$
└ 적어도 하나의 x에 대하여

● 다음 명제의 부정의 참, 거짓을 판별하시오.

13 어떤 실수 x에 대하여 $|x|<0$이다.

→ 주어진 명제의 부정은

⬚ 실수 x에 대하여 $|x| \bigcirc 0$이다.

따라서 주어진 명제의 부정은 ⬚ 이다.

14 모든 실수 x에 대하여 $x^2-1=0$이다.

15 어떤 정삼각형은 이등변삼각형이다.

16 어떤 실수 x에 대하여 $x^2-x+1\leq0$이다.

17 어떤 실수 x, y에 대하여 $x^2+y^2>0$이다.

개념모음문제
18 전체집합이 $U=\{x\,|\,x$는 10 이하의 자연수$\}$에 대하여 $x\in U$일 때, 다음 중 거짓인 명제는?

① 어떤 x에 대하여 $x-2<9$이다.
② 어떤 x에 대하여 $x(x-2)=0$이다
③ 모든 x에 대하여 $2x-1\geq0$이다.
④ 모든 x에 대하여 $x^2<4$이다.
⑤ 모든 x에 대하여 $|x|=x$이다.

TEST 개념 확인

05 명제 $p \longrightarrow q$의 참, 거짓

- 두 조건 p, q의 진리집합을 각각 P, Q라 할 때
  ① $P \subset Q$ ➔ 명제 $p \longrightarrow q$는 참
  ② $P \not\subset Q$ ➔ 명제 $p \longrightarrow q$는 거짓

1 명제 '$ac=bc$이면 $a=b$이다.'에 대하여 다음을 쓰시오.

(1) 가정

(2) 결론

2 두 조건 p, q에 대하여 명제 $p \longrightarrow q$가 참인 것만을 **보기**에서 있는 대로 고른 것은? (단, x, y는 실수이다.)

보기

ㄱ. $p : x^2+2x=0$ $\quad q : |x| \le 2$
ㄴ. $p : -3<x<5$ $\quad q : x \le 4$
ㄷ. $p : x$는 3의 약수이다.
$\quad q : x$는 9의 약수이다.
ㄹ. $p : x^2-3x+2=0$ $\quad q : 2x-4=0$

① ㄱ, ㄴ ② ㄱ, ㄷ ③ ㄱ, ㄴ, ㄷ
④ ㄱ, ㄷ, ㄹ ⑤ ㄴ, ㄷ, ㄹ

3 다음 중 거짓인 명제는?

① 사각형 ABCD가 마름모이면 사각형 ABCD는 평행사변형이다.
② 두 수 a, b가 홀수이면 ab도 홀수이다.
③ $\triangle ABC \equiv \triangle DEF$이면 $\triangle ABC = \triangle DEF$이다.
④ x가 10의 배수이면 x는 5의 배수이다.
⑤ $-5 \le x \le 10$이면 $-3<x<5$이다.

4 다음 중 참인 명제는?

① $x^2=9$이면 $x=-3$이다.
② $xy>0$이면 $x>0$, $y>0$이다.
③ $x<4$이면 $x<5$이다.
④ $x^2-3x-4=0$이면 $x=-1$이다.
⑤ $x>y$이면 $\frac{1}{x}>\frac{1}{y}$이다.

06 명제와 진리집합 사이의 관계

- 두 조건 p, q의 진리집합을 각각 P, Q라 할 때
  ① 명제 $p \longrightarrow q$가 참 ➔ $P \subset Q$
  ② 명제 $p \longrightarrow q$가 거짓 ➔ $P \not\subset Q$

5 전체집합 U에 대하여 두 조건 p, q의 진리집합을 각각 P, Q라 하자. 명제 $p \longrightarrow q$가 참일 때, 다음 중 옳은 것은? (단, $P \ne Q$)

① $P \cap Q = Q$ ② $P \cup Q = P$
③ $P^C \cap Q = \varnothing$ ④ $P - Q = \varnothing$
⑤ $P^C \cap Q^C = \varnothing$

6 전체집합 U에 대하여 두 조건 p, q의 진리집합을 각각 P, Q라 하자. 명제 $\sim p \longrightarrow \sim q$가 참일 때, 다음 중 옳은 것은? (단, $Q \ne \varnothing$)

① $P \cap Q = P$ ② $P \cup Q = P$
③ $P \cap Q = \varnothing$ ④ $P - Q = P$
⑤ $P^C \cup Q^C = \varnothing$

7 전체집합 U에 대하여 세 조건 p, q, r의 진리집합을 각각 P, Q, R라 하자. P, Q, R가 $P \cap Q = Q$, $P \cap R = \varnothing$을 만족시킬 때, 다음 중 참인 명제를 모두 고르면? (단, $U \neq \varnothing$) (정답 2개)

① $p \longrightarrow q$ ② $p \longrightarrow r$ ③ $q \longrightarrow p$
④ $\sim q \longrightarrow r$ ⑤ $r \longrightarrow \sim p$

8 두 조건 p, q가

$$p : a \leq x \leq 4, \quad q : -3 \leq x \leq 5$$

일 때, 명제 $p \longrightarrow q$가 참이 되도록 하는 실수 a의 값의 범위를 구하시오.

---

07 '모든'이나 '어떤'이 있는 명제

• 전체집합 U에 대하여 조건 p의 진리집합을 P라 할 때

① '모든 x에 대하여 p이다.' → $\begin{cases} P = U$이면 참 \\ P \neq U$이면 거짓 \end{cases}$

② '어떤 x에 대하여 p이다.' → $\begin{cases} P \neq \varnothing$이면 참 \\ P = \varnothing$이면 거짓 \end{cases}$

• '모든 x에 대하여 p이다.'의 부정 → '어떤 x에 대하여 $\sim p$이다.'

9 전체집합 $U = \{-2, -1, 0, 1, 2, 3\}$에 대하여 $x \in U$일 때, 다음 중 참인 명제는?

① 어떤 x에 대하여 x는 6의 배수이다.
② 어떤 x에 대하여 $x < 0$이다.
③ 모든 x에 대하여 $|x| < 2$이다.
④ 어떤 x에 대하여 $3x + 9 = 0$이다.
⑤ 모든 x에 대하여 $x^2 - 4 \leq 0$이다.

10 전체집합 $U = \{x \mid x$는 실수$\}$에 대하여 $x \in U$일 때, 다음 중 거짓인 명제는?

① 모든 x에 대하여 $|x-1| \geq 0$이다.
② 어떤 x에 대하여 $x^2 = 5x$이다.
③ 어떤 x에 대하여 x는 12의 약수이다.
④ 모든 x에 대하여 $x^2 + x + 2 = 0$이다.
⑤ 어떤 x에 대하여 $x^2 + 4x - 5 < 0$이다.

11 다음 명제의 부정을 말하시오.

어떤 실수 x에 대하여 $x \leq -2$ 또는 $x \geq 5$이다.

12 다음 명제의 부정이 참인 것만을 **보기**에서 있는 대로 고른 것은?

보기
ㄱ. 어떤 실수 x에 대하여 $2x - 2 = 0$이다.
ㄴ. 모든 양수 x에 대하여 $2x > x$이다.
ㄷ. 모든 자연수 x에 대하여 $2x$는 홀수이다.
ㄹ. 어떤 실수 x에 대하여 $x^2 + 1 \leq 0$이다.

① ㄱ, ㄴ   ② ㄱ, ㄷ   ③ ㄴ, ㄷ
④ ㄷ, ㄹ   ⑤ ㄴ, ㄷ, ㄹ

TEST 개념 발전

1 다음 중 명제가 <u>아닌</u> 것은?

① $\sqrt{2}$는 무리수이다.
② 이등변삼각형은 두 변의 길이가 같다.
③ $a=b$이면 $a+1=b+1$이다.
④ 장미는 아름다운 꽃이다.
⑤ $3-1=0$

2 다음 명제 중 참인 것은?

① $\sqrt{100}$은 무리수이다.
② 9는 짝수이다.
③ 3의 약수의 개수는 3이다.
④ 2의 배수는 4의 배수이다.
⑤ 두 홀수의 합은 짝수이다.

3 전체집합이 $U=\{x\,|\,x$는 8 이하의 자연수$\}$일 때, 조건 $x^2-6x-16 \geq 0$의 진리집합의 원소의 개수는?

① 1 　　　② 2 　　　③ 3
④ 4 　　　⑤ 5

4 다음 명제 중 그 부정이 거짓인 것을 모두 고르면?
(정답 2개)

① $x=3$이면 $2x+1=9$이다.
② 3의 약수는 12의 약수이다.
③ 한 각의 크기가 $90°$인 삼각형은 둔각삼각형이다.
④ $a=0$이고 $b=0$이면 $a^2+b^2=0$이다.
⑤ 사각형 ABCD가 평행사변형이면 사각형 ABCD는 직사각형이다.

5 전체집합이 $U=\{x\,|\,x$는 $|x| \leq 4$인 정수$\}$일 때, 조건 $x^2-9 \geq 0$의 부정의 진리집합을 구하시오.

6 전체집합 $U=\{x\,|\,x$는 10 이하의 자연수$\}$에 대하여 두 조건 p, q가
$$p : x^2-6x+5<0, \quad q : x\text{는 9의 약수이다.}$$
일 때, 조건 '$\sim p$ 그리고 q'의 진리집합은?

① $\{1, 3\}$ 　　　② $\{1, 9\}$
③ $\{1, 3, 9\}$ 　　　④ $\{1, 2, 3, 6, 9\}$
⑤ $\{5, 6, 7, 8, 9, 10\}$

7 전체집합 $U=\{x\,|\,x$는 정수$\}$에 대하여 두 조건 p, q가
$$p : x^2+3x-10 \neq 0, \quad q : |2x+3|=11$$
일 때, 조건 'p 그리고 $\sim q$'의 부정의 진리집합의 모든 원소의 합은?

① 6 　　　② 3 　　　③ -3
④ -6 　　　⑤ -9

8 다음 중 거짓인 명제는?

① $x=\sqrt{2}$이면 $x^2=2$이다.
② $x<1$이면 $x<2$이다.
③ $2<x<5$이면 $2 \leq x \leq 5$이다.
④ $x(x-2)=0$이면 $x=2$이다.
⑤ $x \geq 2$이면 $x^2-1 \geq 0$이다.

9 명제

　　'x가 8의 약수이면 x는 6의 약수이다.'

　　가 거짓임을 보일 수 있는 자연수를 모두 더하면?

① 9　　　　　② 10　　　　　③ 11

④ 12　　　　⑤ 13

10 명제

　　'$a \leq x \leq 6$이면 $1 \leq x \leq 9$이다.'

　　가 참이 되도록 하는 실수 a의 최솟값은?

① 1　　　　　② 3　　　　　③ 5

④ 7　　　　　⑤ 9

11 다음 명제의 부정이 거짓인 것만을 **보기**에서 있는 대로 고른 것은?

> **보기**
>
> ㄱ. 어떤 실수 x에 대하여 $x^2 - 6x + 9 > 0$이다.
> ㄴ. 모든 유리수 p, q에 대하여 $p + q\sqrt{2}$는 무리수이다.
> ㄷ. 모든 실수 x에 대하여 $-3 < x < 2$이다.

① ㄱ　　　　　② ㄷ　　　　　③ ㄱ, ㄴ

④ ㄱ, ㄷ　　　⑤ ㄴ, ㄷ

12 명제

　　'$x^2 - (a+2)x + 2a \leq 0$이면 $x^2 - 8x + 7 \leq 0$이다.'

　　가 참이 되도록 하는 실수 a의 값의 범위를 구하시오.

　　　　　　　　　　　　　　　　　　　　(단, $a \leq 2$)

13 세 조건

　　　　$p : |x-2| \leq 3$

　　　　$q : x^2 - 6x + 8 \leq 0$

　　　　$r : x < 0$

에 대하여 참인 명제만을 **보기**에서 있는 대로 고른 것은? (단, x, y는 실수이다.)

> **보기**
>
> ㄱ. $p \longrightarrow q$　　　　　ㄴ. $q \longrightarrow p$
> ㄷ. $q \longrightarrow \sim r$　　　　ㄹ. $\sim r \longrightarrow p$

① ㄱ　　　　　② ㄹ　　　　　③ ㄴ, ㄷ

④ ㄱ, ㄷ, ㄹ　　⑤ ㄴ, ㄷ, ㄹ

14 명제

　　'모든 실수 x에 대하여 $x^2 + 4x + a \geq 0$이다.'

　　가 참이 되도록 하는 실수 a의 최솟값은?

① 2　　　　　② 4　　　　　③ 6

④ 8　　　　　⑤ 10

8

참 또는 거짓!
명제의 역과 대우

자연수가 아니라고 해서
정수가 아닌것은 아냐.
정수가 아니라면
자연수도 아니지!

침착하자! 논리적이자!

참과 거짓을 판별할 수 있는!

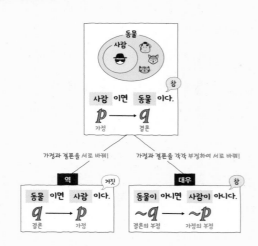

동물

사람

사람 이면 **동물** 이다.

$p \longrightarrow q$
가정   결론

참

가정과 결론을 서로 바꿔!

역   거짓

동물 이면 **사람** 이다.

$q \longrightarrow p$
결론   가정

가정과 결론을 각각 부정하여 서로 바꿔!

대우   참

동물이 아니면 **사람**이 아니다.

$\sim q \longrightarrow \sim p$
결론의 부정   가정의 부정

명제 $p \longrightarrow q$의

역은 가정과 결론을 서로 바꾸어 놓은 명제 $q \longrightarrow p$ 이다.

대우는 가정과 결론을 각각 부정하여 서로 바꾸어 놓은 명제 $\sim q \longrightarrow \sim p$ 이다.

명제 $p \longrightarrow q$와 그 대우 $\sim q \longrightarrow \sim p$의 참과 거짓은 일치한다.

$\boxed{p \longrightarrow q}$ $\longleftrightarrow$ **역** $\longleftrightarrow$ $\boxed{q \longrightarrow p}$

대우

$\boxed{\sim p \longrightarrow \sim q}$ $\longleftrightarrow$ **역** $\longleftrightarrow$ $\boxed{\sim q \longrightarrow \sim p}$

명제와 그 대우의 참, 거짓은 왜 일치할까?

두 조건 p, q의 진리집합을 각각 P, Q라 할 때,

명제 $p \longrightarrow q$가 참이면 $P \subset Q$이다.

이때 $Q^c \subset P^c$이므로 $\sim q \longrightarrow \sim p$는 참이다.

따라서 명제와 그 대우의 참, 거짓은 일치한다.

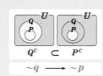

$Q^c \subset P^c$

$\sim q \longrightarrow \sim p$

┌ **명제의 역과 대우** ─────────

01 명제의 역과 대우

02 삼단논법

명제의 역은 가정과 결론을 서로 바꾸어 놓은 명제이고, 명제의 대우는 가정과 결론을 각각 부정하여 서로 바꾸어 놓은 명제야. 이 단원에서는 명제의 역과 대우의 참, 거짓을 판별할 수 있어야 하고, 역과 대우 사이의 관계도 알아야 해. 특히 명제의 대우는 참, 거짓을 판별하기 어려운 명제의 참, 거짓을 판별할 때 이용할 수 있어.

또한 둘 이상의 일반적인 명제로부터 새로운 명제를 이끌어내는 삼단논법도 배우게 될 거야!

명제의 포함 관계!

두 조건 p, q의 진리집합을 각각 P, Q라 할 때

명제 $p \longrightarrow q$ 는 참이다.

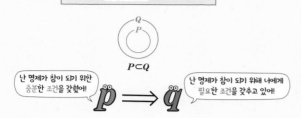

$$P \subset Q$$

난 명제가 참이 되기 위한 충분한 조건을 갖췄어!

난 명제가 참이 되기 위해 너에게 필요한 조건을 갖추고 있어!

$$p \Longrightarrow q$$

두 조건 p, q로 이루어진 명제 '$p \longrightarrow q$'가 참일 때, 기호로
$p \Longrightarrow q$와 같이 나타내고,
p는 q이기 위한 **충분조건**, q는 p이기 위한 **필요조건**이라 한다.

충분조건과 필요조건

03 충분조건과 필요조건

명제 $p \longrightarrow q$가 참일 때, 이것을 기호로 $p \Longrightarrow q$와 같이 나타내고 p는 q이기 위한 충분조건, q는 p이기 위한 필요조건이라 해. 또 명제 $p \longrightarrow q$에 대하여 $p \Longrightarrow q$이고 $q \Longrightarrow p$일 때, 이것을 기호로 $p \Longleftrightarrow q$와 같이 나타내고 p는 q이기 위한 필요충분조건이라 해. 충분조건, 필요조건, 필요충분조건을 진리집합 사이의 포함 관계로 배우게 될 거야!
즉 두 조건 p, q의 진리집합을 P, Q라 할 때,
① $P \subset Q$이면 $p \Longrightarrow q$이므로 p는 q이기 위한 충분조건, q는 p이기 위한 필요조건이다.
② $P = Q$이면 $p \Longleftrightarrow q$이므로 p는 q이기 위한 필요충분조건이다.

참임을 확인하는 방법!

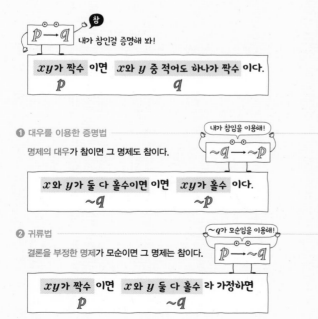

참 $p \longrightarrow q$ 내가 참인걸 증명해 봐!

xy가 짝수 이면 x와 y 중 적어도 하나가 짝수 이다.
$\quad p \qquad\qquad\qquad q$

❶ 대우를 이용한 증명법

내가 참임을 이용해!
$\sim q \longrightarrow \sim p$

명제의 대우가 참이면 그 명제도 참이다.

x와 y가 둘 다 홀수이면 이면 xy가 홀수 이다.
$\quad \sim q \qquad\qquad\qquad \sim p$

❷ 귀류법

$\sim q$가 모순임을 이용해!
$p \longrightarrow \sim q$

결론을 부정한 명제가 모순이면 그 명제는 참이다.

xy가 짝수 이면 x와 y 둘 다 홀수 라 가정하면
$\quad p \qquad\qquad\qquad \sim q$

명제의 증명

04 명제의 증명
05 절대부등식
06 여러 가지 절대부등식
07 절대부등식의 활용

명제가 참임을 직접 증명하는 것이 복잡한 경우에는 다음과 같은 방법을 이용하여 증명할 수 있어.
첫째는 대우를 이용한 증명법으로 명제 $p \longrightarrow q$와 그 대우 명제인 $\sim q \longrightarrow \sim p$의 참, 거짓이 일치함을 이용하여 어떤 명제가 참임을 증명할 때 그 대우가 참임을 증명하는 거야.
두 번째는 귀류법으로 명제의 결론을 부정하여 모순이 생기는 것을 보여 그 명제가 참임을 증명하는거야.
각각의 증명법을 이용하여 명제의 참, 거짓을 판별해 보자.

참과 거짓을 판별할 수 있는!

명제의 역과 대우

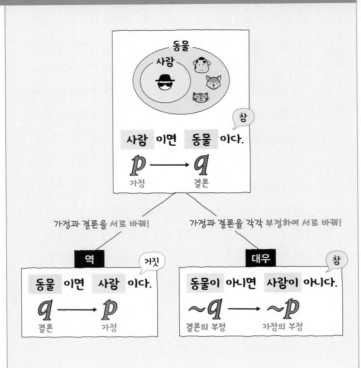

명제 $p \longrightarrow q$의
역은 가정과 결론을 서로 바꾸어 놓은 명제 $q \longrightarrow p$ 이다.
대우는 가정과 결론을 각각 부정하여
서로 바꾸어 놓은 명제 $\sim q \longrightarrow \sim p$ 이다.
명제 $p \longrightarrow q$와 그 대우 $\sim q \longrightarrow \sim p$의 참과 거짓은 일치한다.

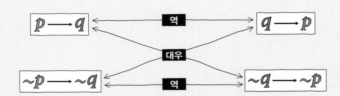

명제와 그 대우의 참, 거짓은 왜 일치할까?

두 조건 p, q의 진리집합을 각각 P, Q라
할 때,
명제 $p \longrightarrow q$가 참이면 $P \subset Q$이다.
이때 $Q^C \subset P^C$이므로 $\sim q \longrightarrow \sim p$는
참이다. 따라서 명제와 그 대우의
참, 거짓은 일치한다.

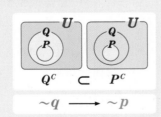

$$\sim q \longrightarrow \sim p$$

참고 ① 역(易)은 화살표의 방향을 거꾸로 한다는 뜻이고, 대우(對偶)는
대응하는 짝이라는 뜻이다.
② 명제 $p \longrightarrow q$가 참이더라도 그 역 $q \longrightarrow p$는 참이 아닌 경우가 있
다.

1ˢᵗ — 명제의 역과 대우

● 다음 명제의 역과 대우를 각각 구하시오.

1 a가 자연수이면 a^2도 자연수이다.

→ 역: ☐ 이 자연수이면 ☐ 도 자연수이다.

대우: ☐ 이 자연수가 아니면 ☐ 도 자연수가 아니다.

2 x가 3의 배수이면 x는 6의 배수이다.

→ 역:

대우:

3 $x < 0$이면 $x < -3$이다.

→ 역:

대우:

4 $x = 2$이면 $x^2 - 4 = 0$이다.

→ 역:

대우:

5 두 삼각형이 합동이면 두 삼각형의 넓이가 같다.

→ 역:

대우:

😊 **내가 발견한 개념** 　　　　　　명제의 역과 대우는?

• 명제 $p \longrightarrow q$ ➡ 역: $q \longrightarrow$ ☐ , 대우: ☐ $\longrightarrow \sim p$

• 명제 $p \longrightarrow \sim q$ ➡ 역: ☐ $\longrightarrow p$, 대우: ☐ $\longrightarrow \sim p$

• 명제 $q \longrightarrow p$ ➡ 역: $p \longrightarrow$ ☐ , 대우: ☐ $\longrightarrow \sim q$

2nd — 명제의 역과 대우의 참, 거짓의 판별

● 다음 명제의 역과 대우를 구하고, 각각의 참, 거짓을 판별하시오.

6 $a=0$이면 $ab=0$이다.

→ 역: (   )

   대우: (   )

7 m 또는 n이 짝수이면 $m+n$은 짝수이다.

→ 역: (   )

   대우: (   )

8 x가 2의 약수이면 x는 6의 약수이다.

→ 역: (   )

   대우: (   )

9 a, b가 무리수이면 ab도 무리수이다.

→ 역: (   )

   대우: (   )

10 정사각형이면 직사각형이다.

→ 역: (   )

   대우: (   )

😊 **내가 발견한 개념**   명제와 그 대우의 참, 거짓은?

• 명제 p —→ q가 참이면 그 대우 ~q —→ ~p도 ☐ 이다.

• 명제 p —→ q가 거짓이면 그 대우 ~q —→ ~p도 ☐ 이다.

● 두 조건 p, q에 대하여 주어진 명제가 참일 때, 다음 보기 중 반드시 참인 명제를 고르시오.

┌─ **보기** ─────────────────────────┐
ㄱ. $p \longrightarrow q$ ㄴ. $\sim q \longrightarrow p$
ㄷ. $\sim p \longrightarrow \sim q$ ㄹ. $q \longrightarrow \sim p$
└────────────────────────────────┘

11 $p \longrightarrow \sim q$

→ 명제 $p \longrightarrow \sim q$가 참이므로 이 명제의 대우 ☐ —→ ☐ 도 참이다.

   따라서 보기 중 반드시 참인 명제는 ☐ 이다.

12 $\sim p \longrightarrow q$

13 $q \longrightarrow p$

14 $\sim q \longrightarrow \sim p$

개념모음문제

15 명제 '$x^2-kx+6 \neq 0$이면 $x \neq 1$이다.'가 참일 때, 상수 k의 값은?

① 1   ② 3   ③ 5

④ 7   ⑤ 9

02

삼단논법

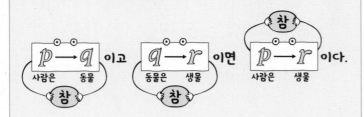

세 조건 p, q, r에 대하여

두 명제 $p \rightarrow q$, $q \rightarrow r$ 가 모두 참이면

명제 p, q, r의 진리집합을 각각 P, Q, R라 할 때

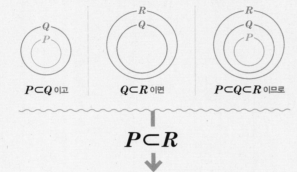

$P \subset Q$ 이고 $Q \subset R$ 이면 $P \subset Q \subset R$ 이므로

$$P \subset R$$

$p \rightarrow r$ 는 참이다.

• 삼단논법

세 조건 p, q, r에 대하여 '두 명제 $p \rightarrow q$, $q \rightarrow r$가 모두 참이면 명제 $p \rightarrow r$도 참이다.'라 결론짓는 방법을 삼단논법이라 한다.

1st ─ 삼단논법

● 세 조건 p, q, r에 대하여 삼단논법을 이용하여 다음 □ 안에 알맞은 것을 써넣으시오.

1   두 명제 $q \rightarrow r$, $r \rightarrow p$가 모두 참일 때, 명제 $q \rightarrow \boxed{}$ 가 참이다.

2   두 명제 $p \rightarrow \sim q$, $\sim q \rightarrow r$가 모두 참일 때, 명제 $p \rightarrow \boxed{}$ 가 참이다.

3   두 명제 $q \rightarrow p$, $r \rightarrow q$가 모두 참일 때, 명제 $r \rightarrow \boxed{}$ 가 참이다.

4   두 명제 $p \rightarrow \sim r$, $\sim q \rightarrow p$가 모두 참일 때, 명제 $\sim q \rightarrow \boxed{}$ 가 참이다.

5   두 명제 $p \rightarrow q$, $\underset{\text{대우로 바꿔 봐!}}{\sim r \rightarrow \sim q}$ 가 모두 참일 때, 명제 $p \rightarrow \boxed{}$ 가 참이다.

두 명제를 하나로 만드는 삼단논법

2nd 삼단논법을 이용한 명제의 참, 거짓의 판별

● 세 조건 p, q, r에 대하여 주어진 명제가 모두 참일 때, 반드시 참인 명제를 모두 구하시오.

6 $p \longrightarrow q$, $q \longrightarrow r$

→ (ⅰ) 명제 $p \longrightarrow q$가 참이므로 대우 $\boxed{} \longrightarrow {\sim}p$도 참이다.

명제 $q \longrightarrow r$가 참이므로 대우 $\boxed{} \longrightarrow {\sim}q$도 참이다.

(ⅱ) 두 명제 $p \longrightarrow q$, $q \longrightarrow r$가 모두 참이므로 삼단논법에 의하여

$\boxed{} \longrightarrow r$가 참이다.

또 그 대우 ${\sim}r \longrightarrow \boxed{}$도 참이다.

(ⅰ), (ⅱ)에서 반드시 참인 명제는

$\boxed{} \longrightarrow {\sim}p$, $\boxed{} \longrightarrow {\sim}q$, $\boxed{} \longrightarrow r$, $\boxed{} \longrightarrow {\sim}p$

7 $p \longrightarrow {\sim}q$, ${\sim}q \longrightarrow r$

8 ${\sim}p \longrightarrow r$, $r \longrightarrow q$

9 $p \longrightarrow q$, ${\sim}r \longrightarrow {\sim}q$

→ (ⅰ) 명제 $p \longrightarrow q$가 참이므로 대우 $\boxed{} \longrightarrow {\sim}p$도 참이다.

명제 ${\sim}r \longrightarrow {\sim}q$가 참이므로 대우 $q \longrightarrow \boxed{}$도 참이다.

(ⅱ) 두 명제 $p \longrightarrow q$, $q \longrightarrow r$가 모두 참이므로 삼단논법에 의하여

$p \longrightarrow \boxed{}$가 참이다.

또 그 대우 $\boxed{} \longrightarrow {\sim}p$도 참이다.

(ⅰ), (ⅱ)에서 반드시 참인 명제는

$\boxed{} \longrightarrow {\sim}p$, $q \longrightarrow \boxed{}$, $p \longrightarrow \boxed{}$, $\boxed{} \longrightarrow {\sim}p$

10 ${\sim}p \longrightarrow {\sim}q$, ${\sim}r \longrightarrow q$

11 $r \longrightarrow p$, $q \longrightarrow {\sim}p$

● 세 조건 p, q, r에 대하여 두 명제 $p \longrightarrow q$, $q \longrightarrow r$가 모두 참일 때, 다음 중 반드시 참인 것은 ○를, 반드시 참이라 할 수 없는 것은 ×를 ( ) 안에 써넣으시오.

> ① 삼단논법을 이용
> ② 대우를 이용

12 $q \longrightarrow p$ ( )

13 ${\sim}r \longrightarrow {\sim}q$ ( )

14 $r \longrightarrow q$ ( )

15 $p \longrightarrow r$ ( )

16 ${\sim}q \longrightarrow {\sim}p$ ( )

17 ${\sim}r \longrightarrow {\sim}p$ ( )

개념모음문제

18 세 조건 p, q, r에 대하여 두 명제 $q \longrightarrow p$, ${\sim}r \longrightarrow {\sim}p$가 모두 참일때, 다음 명제 중 반드시 참이라 할 수 없는 것은?

① $p \longrightarrow r$ ② ${\sim}p \longrightarrow {\sim}q$ ③ $q \longrightarrow r$

④ ${\sim}r \longrightarrow {\sim}q$ ⑤ ${\sim}q \longrightarrow {\sim}r$

03

충분조건과 필요조건

두 조건 p, q의 진리집합을 각각 P, Q라 할 때

1 충분조건과 필요조건

> 명제 $p \longrightarrow q$ 는 참이다.

$P \subset Q$

난 명제가 참이 되기 위한 충분한 조건을 갖췄어!

난 명제가 참이 되기 위해 너에게 필요한 조건을 갖추고 있어!

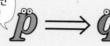

두 조건 p, q로 이루어진 명제 '$p \longrightarrow q$'가 참일 때, 기호로
$p \Longrightarrow q$와 같이 나타내고,
p는 q이기 위한 **충분조건**, q는 p이기 위한 **필요조건**이라 한다.

2 필요충분조건

> 명제 $p \longrightarrow q$ 와 그 역 $q \longrightarrow p$ 가 모두 참이다.

$P \subset Q$ 이고 $Q \subset P$ 이면 $P = Q$ 진리집합이 같다.

우리는 명제와 그 역이 참이 되기 위해 서로에게 **필요**하고 **충분**한 조건을 갖추고 있어!

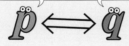

두 조건 p, q로 이루어진 명제 '$p \longrightarrow q$'와 '$q \longrightarrow p$'가 모두 참일 때,
기호로 $p \Longleftrightarrow q$와 같이 나타내고,
p는 q이기 위한, q는 p이기 위한 **필요충분조건**이라 한다.

• **충분조건, 필요조건, 필요충분조건과 진리집합**

두 조건 p, q의 진리집합을 각각 P, Q라 할 때
① $P \subset Q$이면 $p \Longrightarrow q$이므로 p는 q이기 위한 충분조건, q는 p이기
위한 필요조건이다.
② $P = Q$이면 $p \Longleftrightarrow q$이므로 p는 q이기 위한 필요충분조건이다.

1st — 충분조건과 필요조건, 필요충분조건

● 다음 두 조건 p, q에 대하여 물음에 답하시오.

1

> p: $x \leq 1$
> q: $x < 1$ (단, x는 실수이다.)

(1) 명제 $p \longrightarrow q$의 참, 거짓을 판별하시오.

(2) 명제 $q \longrightarrow p$의 참, 거짓을 판별하시오.

(3) p는 q이기 위한 ☐ 조건이다.

    q는 p이기 위한 ☐ 조건이다.

2

> p: $x = 1$
> q: $x^2 = 1$ (단, x는 실수이다.)

(1) 명제 $p \longrightarrow q$의 참, 거짓을 판별하시오.

(2) 명제 $q \longrightarrow p$의 참, 거짓을 판별하시오.

(3) p는 q이기 위한 ☐ 조건이다.

    q는 p이기 위한 ☐ 조건이다.

난 네가 원하는 걸 충분히 갖고 있고

난 네가 필요한 걸 갖고 있어.

3

> p: x는 5의 약수이다.
> q: x는 10의 약수이다.

(1) 명제 $p \longrightarrow q$의 참, 거짓을 판별하시오.

(2) 명제 $q \longrightarrow p$의 참, 거짓을 판별하시오.

(3) p는 q이기 위한 ☐ 조건이다.

    q는 p이기 위한 ☐ 조건이다.

4

> p: x는 무리수이다.
> q: x는 실수이다.

(1) 명제 $p \longrightarrow q$의 참, 거짓을 판별하시오.

(2) 명제 $q \longrightarrow p$의 참, 거짓을 판별하시오.

(3) p는 q이기 위한 ☐ 조건이다.
　　q는 p이기 위한 ☐ 조건이다.

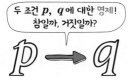

두 조건 p, q에 대한 명제!
참일까, 거짓일까?

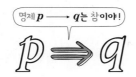

명제 $p \longrightarrow q$는 참이야!

5

> p: xy는 자연수이다.
> q: x, y는 자연수이다.

(1) 명제 $p \longrightarrow q$의 참, 거짓을 판별하시오.

(2) 명제 $q \longrightarrow p$의 참, 거짓을 판별하시오.

(3) p는 q이기 위한 ☐ 조건이다.
　　q는 p이기 위한 ☐ 조건이다.

6

> p: $|x| + |y| = 0$
> q: $x^2 + y^2 = 0$ (단, x, y는 실수이다.)

(1) 명제 $p \longrightarrow q$의 참, 거짓을 판별하시오.

(2) 명제 $q \longrightarrow p$의 참, 거짓을 판별하시오.

(3) p는 q이기 위한 ☐ 조건이다.
　　q는 p이기 위한 ☐ 조건이다.

● 두 조건 p, q가 다음과 같을 때, p는 q이기 위한 어떤 조건인지 구하시오.

7 p: $x=3$, 　　q: $2x-6=0$

→ q: $2x-6=0$에서 $x=$ ☐

　　따라서 $p \Longleftrightarrow q$이므로 p는 q이기 위한 ☐ 조건이다.

8 p: $x=0$, $y=0$, 　　q: $\underset{x=0\ 또는\ y=0}{\underline{xy=0}}$

9 p: $\underset{x=y\ 또는\ x=-y}{\underline{x^2=y^2}}$, 　　q: $x=y$

10 p: x는 2의 배수, 　　q: x는 4의 배수

11 p: $x+4>0$, 　　q: $-2x-8 \leq 0$

12 p: 평행사변형, 　　q: 사다리꼴

13 $p: x^2-5x+6<0$, $\qquad q: 2<x<3$

14 $p: 2x-3=1$, $\qquad q: x^2+2x-8=0$

15 $p: x=2$, $\qquad q: x^2-4x+4=0$

16 $p: x<-1$, $\qquad q: x^2+7x+6<0$

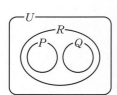

18 $\qquad p: |x|<2$, $\qquad q: -2\leq x\leq 2$

(1) 두 진리집합 P, Q를 각각 구하시오.

(2) 두 집합 P, Q 사이의 포함 관계를 구하시오.

(3) p는 q이기 위한 $\boxed{}$조건이다.

   q는 p이기 위한 $\boxed{}$조건이다.

19 $\qquad p: x^2-6x+9=0$, $\qquad q: x=3$

(1) 두 진리집합 P, Q를 각각 구하시오.

(2) 두 집합 P, Q 사이의 포함 관계를 구하시오.

(3) p는 q이기 위한 $\boxed{}$조건이다.

   q는 p이기 위한 $\boxed{}$조건이다.

2nd — 충분조건, 필요조건, 필요충분조건과 진리집합

● 다음 두 조건 p, q의 진리집합을 각각 P, Q라 할 때, 물음에 답하시오. (단, x는 실수)

17 $\qquad p: x^2+3x-10\geq 0$, $\qquad q: x\geq 2$

(1) 두 진리집합 P, Q를 각각 구하시오.

(2) 두 집합 P, Q 사이의 포함 관계를 구하시오.

(3) p는 q이기 위한 $\boxed{}$조건이다.

   q는 p이기 위한 $\boxed{}$조건이다.

:) **내가 발견한 개념** 　　　　　　　　알맞은 것에 연결해 봐!

P는 q이기 위한 충분조건 ・ 　・ Q⊂P ・ 　・ q⟹P

P는 q이기 위한 필요조건 ・ 　・ P⊂Q ・ 　・ P⟺q

P는 q이기 위한 필요충분조건 ・ 　・ P=Q ・ 　・ P⟹q

[개념모음문제]

20 전체집합 U에 대하여 세 조건 p, q, r의 진리집합을 각각 P, Q, R라 하자. 세 집합 사이의 포함 관계를 벤다이어그램으로 나타내면 오른쪽 그림과 같을 때, 다음 중 옳은 것은?

① p는 q이기 위한 충분조건이다.

② p는 r이기 위한 필요조건이다.

③ r는 q이기 위한 충분조건이다.

④ $\sim r$는 $\sim p$이기 위한 충분조건이다.

⑤ $\sim q$는 p이기 위한 필요충분조건이다.

3rd 충분조건 또는 필요조건이 되도록 하는 미지수의 값 또는 그 범위

● 주어진 두 조건 p, q에 대하여 다음을 만족시키는 실수 a의 값 또는 a의 값의 범위를 구하시오.

p가 q이기 위한 충분조건

21 $p: x=1$, $q: x^2+ax-5=0$

→ 두 조건 p, q의 진리집합을 각각 P, Q라 하면

$P=\{\boxed{}\}$, $Q=\{x\,|\,x^2+ax-5=0\}$

p가 q이기 위한 충분조건이 되려면 $P\bigcirc Q$이어야 하므로

$x=\boxed{}$ 은 $x^2+ax-5=0$의 해이어야 한다.

즉 $x^2+ax-5=0$에 $x=\boxed{}$ 을 대입하면

$\boxed{}+a-5=0$이므로 $a=\boxed{}$

22 $p: x+2=0$, $q: x^2+5x-a=0$

23 $p: x\leq 4$, $q: x\leq a$

→ 두 조건 p, q의 진리집합을 각각 P, Q라 하면

$P=\{x\,|\,x\leq 4\}$, $Q=\{x\,|\,x\leq a\}$

p가 q이기 위한 충분조건이 되려면 $P\subset Q$이어야 하므로 다음 그림과 같다.

따라서 $a\geq \boxed{}$

24 $p: |x|<1$, $q: a<x<3$

$p \Longleftrightarrow q$ 에서의 참인 명제

$\boxed{p\longrightarrow q}$ 가 참이다.	$p\Longrightarrow q$
$\boxed{q\longrightarrow p}$ 가 참이다.	$q\Longrightarrow p$
$\boxed{\sim q\longrightarrow \sim p}$ 가 참이다.	$\sim q\Longrightarrow \sim p$
$\boxed{\sim p\longrightarrow \sim q}$ 가 참이다.	$\sim p\Longrightarrow \sim q$

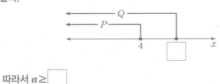
두 조건은 논리적으로 같다는 뜻이군!

p가 q이기 위한 필요조건

25 $p: x^2+ax+15=0$, $q: x=5$

→ 두 조건 p, q의 진리집합을 각각 P, Q라 하면

$P=\{x\,|\,x^2+ax+15=0\}$, $Q=\{\boxed{}\}$

p가 q이기 위한 필요조건이 되려면 $Q\bigcirc P$이어야 하므로

$x=\boxed{}$ 는 $x^2+ax+15=0$의 해이어야 한다.

즉 $x^2+ax+15=0$에 $x=\boxed{}$ 를 대입하면

$\boxed{}+5a+15=0$, $5a=\boxed{}$ 이므로 $a=\boxed{}$

26 $p: 2x^2-3x-a=0$, $q: x=-1$

27 $p: x<0$, $q: x\leq a$

→ 두 조건 p, q의 진리집합을 각각 P, Q라 하면

$P=\{x\,|\,x<0\}$, $Q=\{x\,|\,x\leq a\}$

p가 q이기 위한 필요조건이 되려면 $Q\bigcirc P$이어야 하므로

따라서 $a<\boxed{}$

28 $p: a<x<6$, $q: -4\leq x\leq 2$

개념모음문제

29 두 조건

$p: x^2-4x-21<0$, $q: a\leq x<7$

에 대하여 p는 q이기 위한 충분조건일 때, 정수 a의 최댓값은?

① -7　　　② -4　　　③ -3

④ -1　　　⑤ 0

01 명제의 역과 대우

- 명제 $p \longrightarrow q$에서
  ① 역: $q \longrightarrow p$
  ② 대우: $\sim q \longrightarrow \sim p$
- 명제와 그 대우의 참, 거짓은 일치한다.

1 다음 **보기**에서 그 역이 거짓인 명제만을 있는 대로 고르시오.

┌─ **보기** ─────────────────┐
ㄱ. $x<1$이면 $x \leq 1$이다.
ㄴ. $x^2=9$이면 $x=3$이다.
ㄷ. $x=y$이면 $x^2=y^2$이다.
└──────────────────────┘

2 두 조건 p, q에 대하여 명제 $p \longrightarrow q$의 역이 참일 때, 다음 중 반드시 참인 명제는?

① $\sim q \longrightarrow p$ ② $\sim p \longrightarrow q$ ③ $\sim p \longrightarrow \sim q$
④ $q \longrightarrow \sim p$ ⑤ $\sim q \longrightarrow \sim p$

3 다음 중 역은 참이고, 대우는 거짓인 명제는?
(단, x, y는 실수이다.)

① $x=1$이면 $3x+2=5$이다.
② $x<0$, $y<0$이면 $xy>0$이다.
③ x가 유리수이면 x^2은 유리수이다.
④ $x=0$이면 $x^2=x$이다.
⑤ 5의 배수이면 10의 배수이다.

4 명제 '$-1<x<4$이면 $x<a$이다.'가 참이 되도록 하는 실수 a의 최솟값을 구하시오.

02 삼단논법

- 세 조건 p, q, r에 대하여
  두 명제 $p \longrightarrow q$, $q \longrightarrow r$가 모두 참 ➔ 명제 $p \longrightarrow r$도 참

5 세 조건 p, q, r에 대하여 두 명제 $p \longrightarrow q$, $q \longrightarrow \sim r$가 모두 참일 때, 다음 명제 중 반드시 참이라 할 수 없는 것은?

① $\sim q \longrightarrow \sim p$ ② $p \longrightarrow \sim r$ ③ $\sim r \longrightarrow p$
④ $r \longrightarrow \sim p$ ⑤ $r \longrightarrow \sim q$

6 세 조건 p, q, r에 대하여 두 명제 $p \longrightarrow \sim q$, $\sim r \longrightarrow q$가 모두 참일 때, 다음 **보기**에서 항상 참인 명제만을 있는 대로 고르시오.

┌─ **보기** ─────────────────┐
ㄱ. $p \longrightarrow q$ ㄴ. $p \longrightarrow r$
ㄷ. $q \longrightarrow \sim p$ ㄹ. $\sim q \longrightarrow p$
ㅁ. $\sim r \longrightarrow p$ ㅂ. $\sim r \longrightarrow \sim p$
└──────────────────────┘

03 충분조건과 필요조건

- 두 조건 p, q에 대하여
  ① $p \Longrightarrow q$일 때 → p는 q이기 위한 **충분조건**
  q는 p이기 위한 **필요조건**
  ② $p \Longleftrightarrow q$일 때 → p는 q이기 위한 **필요충분조건**

7 두 조건 p, q에 대하여 다음 중 p가 q이기 위한 충분 조건이지만 필요조건은 아닌 것을 모두 고르면?
(단, x, y, z는 실수이다.) (정답 2개)

① p: $x+y$가 자연수　　q: x, y는 자연수
② p: $x=y$　　　　　　q: $xz=yz$
③ p: $|x|+|y|=0$　　q: $x=y=0$
④ p: $xy<0$　　　　　q: $x+y<0$
⑤ p: $x<1$, $y<1$　　q: $(x-1)(y-1)>0$

8 다음 **보기**에서 $x=0$ 또는 $y=0$이기 위한 필요충분조건 인 것만을 있는 대로 고르시오. (단, x, y는 실수이다.)

보기
ㄱ. $xy=0$
ㄴ. $x^2+y^2=0$
ㄷ. $|x|+|y|=0$

9 세 조건 p, q, r에 대하여 p는 q이기 위한 필요조건이 고 r는 $\sim p$이기 위한 충분조건일 때, 다음 중 반드시 참이라 할 수 <u>없는</u> 것은?

① $\sim p \longrightarrow \sim q$　② $p \longrightarrow \sim r$　③ $\sim r \longrightarrow p$
④ $r \longrightarrow \sim p$　　⑤ $r \longrightarrow \sim q$

10 세 조건 p, q, r에 대하여 p는 q이기 위한 충분조건이 고 q는 r이기 위한 충분조건이다. 세 조건 p, q, r의 진리집합을 각각 P, Q, R라 할 때, 세 집합 사이의 포함 관계는?

① $P=Q=R$　② $P \subset Q \subset R$　③ $P \subset R \subset Q$
④ $R \subset Q \subset P$　⑤ $P=Q \subset R$

11 두 조건 p: $x^2+2x-3=0$, q: $x<a$에 대하여 p는 q 이기 위한 충분조건일 때, 정수 a의 최솟값은?

① 1　　　　② 2　　　　③ 3
④ 4　　　　⑤ 5

12 두 조건 p: $|x+1| \leq 5$, q: $|x| \leq a$에 대하여 p는 q 이기 위한 필요조건일 때, 가능한 자연수 a의 개수 는?

① 2　　　　② 3　　　　③ 4
④ 5　　　　⑤ 6

참임을 확인하는 방법!

명제의 증명

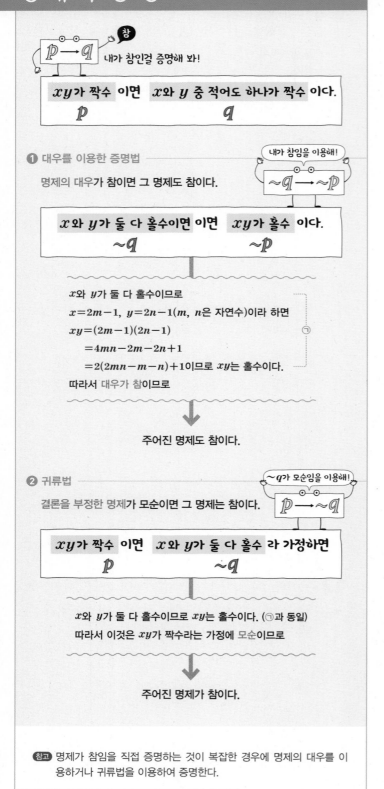

$p \longrightarrow q$ 내가 참인걸 증명해 봐!

xy가 짝수 이면 x와 y 중 적어도 하나가 짝수 이다.
p q

❶ 대우를 이용한 증명법

내가 참임을 이용해!
$\sim q \longrightarrow \sim p$

명제의 대우가 참이면 그 명제도 참이다.

x와 y가 둘 다 홀수이면 이면 xy가 홀수 이다.
$\sim q$ $\sim p$

x와 y가 둘 다 홀수이므로
$x=2m-1$, $y=2n-1(m, n$은 자연수)이라 하면
$xy=(2m-1)(2n-1)$
　　$=4mn-2m-2n+1$
　　$=2(2mn-m-n)+1$이므로 xy는 홀수이다.
따라서 대우가 참이므로

↓

주어진 명제도 참이다.

❷ 귀류법

$\sim q$가 모순임을 이용해!
$p \longrightarrow \sim q$

결론을 부정한 명제가 모순이면 그 명제는 참이다.

xy가 짝수 이면 x와 y가 둘 다 홀수 라 가정하면
p $\sim q$

x와 y가 둘 다 홀수이므로 xy는 홀수이다. (㉠과 동일)
따라서 이것은 xy가 짝수라는 가정에 모순이므로

↓

주어진 명제가 참이다.

참고 명제가 참임을 직접 증명하는 것이 복잡한 경우에 명제의 대우를 이용하거나 귀류법을 이용하여 증명한다.

대우를 이용한 증명법
명제 $p \longrightarrow q$와 그 대우인
$\sim q \longrightarrow \sim p$는 참, 거짓이 일치하므로 어떤 명제가 참임을 증명할 때 그 대우가 참임을 증명해도 된다.

1st ― 대우를 이용한 증명

● 다음은 주어진 명제가 참임을 대우를 이용하여 증명하는 과정이다. 빈칸에 알맞은 것을 써넣으시오.

1 자연수 n에 대하여 n^2이 짝수이면 n도 짝수이다.

주어진 명제의 대우 '자연수 n에 대하여 n이 [　　]
이면 n^2도 [　　]이다.'가 참임을 보이면 된다.
n이 [　　]이므로
$n=2k-$[　] (k는 자연수)
로 나타낼 수 있다.
$n^2=(2k-$[　]$)^2=2(2k^2-2k)+$[　]
이므로 n^2은 [　　]이다.
따라서 주어진 명제의 대우가 [　]이므로 주어진
명제도 [　]이다.

2 자연수 m, n에 대하여 mn이 홀수이면 m 또는 n이 홀수이다.

주어진 명제의 대우 '자연수 m, n에 대하여 m, n
이 [　　]이면 mn도 [　　]이다.'가 참임을 보이
면 된다.
m, n이 [　　]이므로
$m=2k$, $n=2l$ (k, l은 자연수)
로 나타낼 수 있다.
$mn=2k \times 2l=$[　]$\times 2kl$
이므로 mn은 [　　]이다.
따라서 주어진 명제의 대우가 [　]이므로 주어진
명제도 [　]이다.

3 두 실수 x, y에 대하여 $x+y \geq 0$이면 $x \geq 0$ 또는 $y \geq 0$이다.

주어진 명제의 대우 '두 실수 x, y에 대하여 $x \bigcirc 0$, $y \bigcirc 0$이면 $x+y \bigcirc 0$이다.'가 참임을 보이면 된다.

두 실수가 음수이면 두 실수의 합도 ▢이다.

즉 두 실수 x, y에 대하여 $x \bigcirc 0$, $y \bigcirc 0$이면 $x+y \bigcirc 0$

따라서 주어진 명제의 대우가 ▢이므로 주어진 명제도 ▢이다.

〈대우를 이용하여 도둑을 잡다.〉

4 자연수 n에 대하여 n^2이 3의 배수이면 n은 3의 배수이다.

주어진 명제의 대우 '자연수 n에 대하여 n이 3의 배수가 아니면 n^2은 [   ]가 아니다.'가 참임을 보이면 된다.

n이 3의 배수가 아니면

$n=3k+$▢ 또는 $n=3k+$▢ ($k \geq 0$인 정수)

로 나타낼 수 있다.

(i) $n=3k+$▢일 때

$n^2=(3k+▢)^2=3(3k^2+2k)+$▢

이므로 n^2은 [   ]가 아니다.

(ii) $n=3k+$▢일 때

$n^2=(3k+▢)^2=3(3k^2+4k+1)+$▢

이므로 n^2은 [   ]가 아니다.

따라서 주어진 명제의 대우가 ▢이므로 주어진 명제도 ▢이다.

개념모음문제

5 다음은 명제 '두 자연수 a, b에 대하여 a^2+b^2이 짝수이면 $a+b$는 짝수이다.'를 증명하는 과정이다. ㉠~㉤에 들어갈 것으로 나머지 넷과 <u>다른</u> 하나는?

주어진 명제의 대우

'두 자연수 a, b에 대하여 $a+b$가 ㉠이면 a^2+b^2은 홀수이다.'가 참임을 보이면 된다.

(i) a가 홀수, b가 ㉡일 때

a^2이 홀수, b^2이 ㉢이므로 a^2+b^2은 홀수이다.

(ii) a가 ㉣, b가 홀수일 때

a^2이 ㉤, b^2이 홀수이므로 a^2+b^2은 홀수이다.

따라서 주어진 명제의 대우가 참이므로 주어진 명제도 참이다.

① ㉠   ② ㉡   ③ ㉢

④ ㉣   ⑤ ㉤

2nd — 귀류법을 이용한 증명

귀류법
명제의 결론을 부정하여 모순이 생기는 것을 보여 그 명제가 참임을 증명하는 방법을 귀류법이라 한다.

● 다음은 주어진 명제가 참임을 **귀류법**을 이용하여 증명하는 과정이다. 빈칸에 알맞은 것을 써넣으시오.

6 $\sqrt{2}$는 무리수이다.

$\sqrt{2}$를 $\boxed{}$라 가정하면

$\sqrt{2} = \dfrac{n}{m}$ (m과 n은 서로소인 자연수)

로 나타낼 수 있다.

이 식의 양변을 제곱하면

$(\sqrt{2})^2 = \left(\dfrac{n}{m}\right)^2$, $\boxed{} m^2 = n^2$

이때 n^2이 $\boxed{}$이므로 n도 $\boxed{}$이다.

$n = \boxed{} k$ (k는 자연수)라 하면

$(\boxed{} k)^2 = 2m^2$, $m^2 = \boxed{} k^2$

즉 m^2이 $\boxed{}$이므로 m도 $\boxed{}$이다.

따라서 m, n이 $\boxed{}$인 자연수라는 가정에 모순이므로 $\sqrt{2}$는 무리수이다.

---

7 $\sqrt{5}$가 무리수이면 $1+\sqrt{5}$도 무리수이다.

$1+\sqrt{5}$를 $\boxed{}$라 가정하면

$1+\sqrt{5} = m$ (m은 유리수)

으로 나타낼 수 있다.

$\sqrt{5} = m - \boxed{}$이고

(유리수) − (유리수) = (유리수)이므로

$m - \boxed{}$은 $\boxed{}$이다.

따라서 $\sqrt{5}$가 무리수라는 가정에 모순이므로

$\sqrt{5}$가 무리수이면 $1+\sqrt{5}$는 $\boxed{}$이다.

---

8 실수 a, b에 대하여 $a^2 + b^2 = 0$이면 $a = 0$이고 $b = 0$이다.

$a \neq 0$ $\boxed{}$ $b \neq 0$이라 가정하자.

(i) $a \neq 0$일 때

$a^2 \bigcirc 0$, $b^2 \geq 0$이므로

$a^2 + b^2 \bigcirc 0$

따라서 이것은 $a^2 + b^2 = 0$이라는 가정에 모순이다.

(ii) $b \neq 0$일 때

$a^2 \geq 0$, $b^2 \bigcirc 0$이므로

$a^2 + b^2 \bigcirc 0$

따라서 이것은 $a^2 + b^2 = 0$이라는 가정에 모순이다.

그러므로 주어진 명제는 참이다.

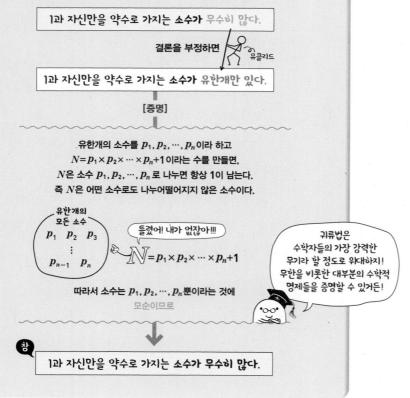

귀류법으로 증명된 소수의 무한성!

1과 자신만을 약수로 가지는 소수가 무수히 많다.

결론을 부정하면 → 유클리드

1과 자신만을 약수로 가지는 소수가 유한개만 있다.

[증명]

유한개의 소수를 $p_1, p_2, \cdots, p_n$이라 하고
$N = p_1 \times p_2 \times \cdots \times p_n + 1$이라는 수를 만들면,
N은 소수 $p_1, p_2, \cdots, p_n$으로 나누면 항상 1이 남는다.
즉 N은 어떤 소수로도 나누어떨어지지 않은 소수이다.

유한개의 모든 소수
p_1 p_2 p_3
$\vdots$
p_{n-1} p_n

틀렸어! 내가 없잖아!!!
$N = p_1 \times p_2 \times \cdots \times p_n + 1$

귀류법은 수학자들의 가장 강력한 무기라 할 정도로 위대하지! 무한을 비롯한 대부분의 수학적 명제들을 증명할 수 있거든!

따라서 소수는 $p_1, p_2, \cdots, p_n$뿐이라는 것에
모순이므로

참 1과 자신만을 약수로 가지는 소수가 무수히 많다.

9 세 자연수 a, b, c에 대하여 $a^2+b^2=c^2$이면 a, b, c 중 적어도 하나는 짝수이다.

a, b, c를 모두 [   ]라 가정하면

a^2, b^2, c^2도 모두 [   ]이다.

이때 (홀수)+(홀수)=(짝수)이므로

a^2+b^2은 [   ]이다.

이때 c^2은 홀수이므로 $a^2+b^2=c^2$이라는 가정에 모순이다.

따라서 주어진 명제는 참이다.

10 두 자연수 a, b에 대하여 a와 b가 서로소이면 a와 $a+b$도 서로소이다.

a와 $a+b$가 [   ]가 아니라 가정하면

1이 아닌 자연수 k에 대하여

$a=nk$, $a+b=mk$ (m, n은 자연수)

로 나타낼 수 있다.

이때 $b=mk-a=mk-$[   ]$=k($[   ]$)$

이므로 a와 b는 공약수 [   ]를 갖는다.

따라서 이것은 a와 b가 [   ]라는 가정에 모순이므로 주어진 명제는 참이다.

정답과 풀이 123쪽

개념모음문제

11 다음은 명제 '$a+b$가 짝수이고, c가 홀수일 때, 방정식 $ax^2+bx-c=0$은 정수인 해를 갖지 않는다.'를 귀류법을 이용하여 증명하는 과정이다. ㉠, ㉡에 알맞은 것을 차례대로 적은 것은?

> 방정식 $ax^2+bx-c=0$이 정수인 해 $x=k$를 갖는다 가정하자.
>
> (ⅰ) $k=2n$ (n은 정수)일 때
>
> $4an^2+2bn-c=0$이므로
>
> $c=2($ [㉠] $)$
>
> 이때 우변은 짝수이므로 c가 홀수라는 가정에 모순이다.
>
> (ⅱ) $k=2n+1$ (n은 정수)일 때
>
> $a(2n+1)^2+b(2n+1)-c=0$
>
> $4an^2+4an+a+2bn+b-c=0$이므로
>
> $c=2(2an^2+2an+bn)+$ [㉡]
>
> 이때 우변은 짝수이므로 c가 홀수라는 가정에 모순이다.
>
> 따라서 주어진 명제는 참이다.

① an^2+bn, a

② $2an^2+bn$, b

③ $2an^2+bn$, $a+b$

④ an^2-bn, $a+b$

⑤ $2an^2-bn$, $a-b$

여러 가지 증명법

직접증명법	간접증명법		수학적 귀납법
정의, 정리 등을 이용하여 가정으로부터 결론을 직접 이끌어내는 방법	**대우증명법**	**귀류법**	명제가 모든 자연수 n에 대하여 성립함을 증명하는 방법
	대우를 이용하여 명제를 증명하는 방법	가정 또는 공리에 모순되는 결과를 이용하여 명제를 증명하는 방법	ⅰ) $n=1$일 때 성립함을 증명한다. ⅱ) $n=k$일 때 성립하면 $n=k+1$일 때 성립함을 증명한다.

'대수'에서 만나!

05

절대부등식

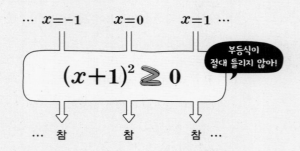

… $x=-1$ $x=0$ $x=1$ …

$$(x+1)^2 \geq 0$$

부등식이 절대 틀리지 않아!

… 참   참   참 …

모든 실수 x에 대하여 항상 참이므로

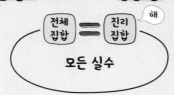

전체 집합 = 진리 집합

해

모든 실수

주어진 집합의 모든 원소에 대하여 항상 성립하는 부등식을 **절대부등식**이라 한다.

갑자기 절대부등식을 왜 하냐구??
언제나 참인지 증명하려고!
이제 '명제의 증명'을 실전으로 가져가 보자구~

부등식의 분류

진리집합(해)이 값 또는 범위인 조건부등식	진리집합(해)이 전체집합인 절대부등식
모든 실수 x에 대하여 $x+1>0$을 만족시키는 해는 $x>-1$	모든 실수 x에 대하여 $x^2+1>0$을 만족시키는 해는 모든 실수

참고 ① 절대부등식이 아닌 부등식을 조건부등식이라 한다.
② 주어진 부등식이 절대부등식임을 증명할 때는 주어진 집합의 모든 원소에 대하여 그 부등식이 항상 성립함을 보인다.
③ 등호가 포함된 절대부등식을 증명할 때는 등호가 성립하는 조건을 반드시 찾는다.

1st ─ 절대부등식의 이해

● x가 실수일 때, 다음 중 절대부등식인 것은 ○를, 절대부등식이 아닌 것은 ×를 ( ) 안에 써넣으시오.

1 $3x^2 \geq 0$ ( )

2 $x+5>0$ ( )

3 $|x|+1>0$ ( )

4 $(2x+1)^2 \geq 0$ ( )

5 $-x^2 \leq 0$ ( )

6 $-|x+3|<0$ ( )

7 $(x-1)^2>x$ ( )

2nd — 두 수 또는 두 식의 대소 비교

● 다음은 두 식 A, B의 대소를 비교하는 과정이다. 빈칸에 알맞은 것을 써넣으시오.

8 $a>b>0$일 때, $A=\dfrac{1}{a+1}$, $B=\dfrac{1}{b+1}$

$A-B=\dfrac{1}{a+1}-\dfrac{1}{b+1}$ 두 수의 차를 이용하여 대소를 비교해!

$\qquad\quad=\dfrac{(b+1)-(a+1)}{(a+1)(b+1)}$

$\qquad\quad=\dfrac{\boxed{}}{(a+1)(b+1)}$

이때 $a+1>0$, $b+1>0$, $\boxed{}<0$이므로

$A-B\bigcirc 0$

따라서 $A\bigcirc B$

9 $a<b<0$일 때, $A=\dfrac{1}{a}$, $B=\dfrac{1}{b}$

$A-B=\dfrac{1}{a}-\dfrac{1}{b}=\dfrac{\boxed{}}{ab}$

이때 $ab>0$, $\boxed{}>0$이므로

$A-B\bigcirc 0$

따라서 $A\bigcirc B$

부등식의 증명에 이용되는 실수의 성질

두 실수 a, b에 대하여

❶ $a>b \Longleftrightarrow a-b>0$

❷ $a>0$, $b>0 \Longleftrightarrow a+b>0$, $ab>0$

❸ $a>b>0$, $a^2>b^2 \Longleftrightarrow \sqrt{a}>\sqrt{b}$

❹ $a^2\geq 0$, $|a|\geq 0$, $a^2+b^2\geq 0$, $|a|+|b|\geq 0$

❺ $a^2+b^2=0 \Longleftrightarrow a=0$, $b=0$

❻ $|a|\geq a$, $|a|^2=a^2$, $|ab|=|a||b|$

---

10 $a>b>0$일 때, $A=\dfrac{a+3}{a}$, $B=\dfrac{b+3}{b}$

$A-B=\dfrac{a+3}{a}-\dfrac{b+3}{b}$

$\qquad\quad=\dfrac{b(a+3)-a(b+3)}{ab}$

$\qquad\quad=\dfrac{3(\boxed{})}{ab}$

이때 $ab>0$, $3(\boxed{})<0$이므로

$A-B\bigcirc 0$

따라서 $A\bigcirc B$

11 두 실수 a, b에 대하여

$A=a^2+b^2+2$, $B=2a+2b$

$A-B=a^2+b^2+2-(2a+2b)$

$\qquad\quad=(a^2-2a+\boxed{})+(b^2-2b+\boxed{})$

$\qquad\quad=(a-\boxed{})^2+(b-\boxed{})^2$

이때 $(a-\boxed{})^2\geq 0$, $(b-\boxed{})^2\geq 0$이므로

$A-B\bigcirc 0$

따라서 $A\bigcirc B$

12 두 실수 a, b에 대하여

$A=2a^2-3b^2$, $B=a^2-2ab-4b^2$

$A-B=2a^2-3b^2-(a^2-2ab-4b^2)$

$\qquad\quad=a^2+\boxed{}ab+b^2$

$\qquad\quad=(a+\boxed{})^2$

이때 $(a+\boxed{})^2\geq 0$이므로 $A-B\bigcirc 0$

따라서 $A\bigcirc B$

13 $a<b<0$일 때, $A=a^3b^2$, $B=a^2b^3$

$A-B=a^3b^2-a^2b^3=a^2b^2(\boxed{})$

이때 $a^2b^2>0$이고 $\boxed{}<0$이므로

$A-B\bigcirc 0$

따라서 $A\bigcirc B$

---

14 $a>b>0$일 때, $A=\sqrt{a}-\sqrt{b}$, $B=\sqrt{a-b}$

$A\bigcirc 0$, $B\bigcirc 0$이므로

$A^2-B^2=(\sqrt{a}-\sqrt{b})^2-(\sqrt{a-b})^2$ 두 양수의 제곱의 차를
이용하여 대소를 비교해!

$\qquad\quad =a-2\boxed{}+b-(a-b)$

$\qquad\quad =2\sqrt{b}(\boxed{})$

이때 $2\sqrt{b}>0$, $\boxed{}<0$이므로

$A^2\bigcirc B^2$

따라서 $A\bigcirc B$

---

15 $a>0$, $b>0$일 때, $A=|a+b|$, $B=|a-b|$

$A\bigcirc 0$, $B\bigcirc 0$이므로

$A^2-B^2=(|a+b|)^2-(|a-b|)^2$

$\qquad\quad =a^2+2ab+b^2-(a^2-2ab+b^2)$

$\qquad\quad =\boxed{}ab$

이때 $\boxed{}ab>0$이므로 $A^2\bigcirc B^2$

따라서 $A\bigcirc B$

---

16 두 실수 a, b에 대하여 $A=\sqrt{a^2+b^2}$, $B=|a|+|b|$

$A\bigcirc 0$, $B\bigcirc 0$이므로

$A^2-B^2=(\sqrt{a^2+b^2})^2-(|a|+|b|)^2$

$\qquad\quad =a^2+b^2-(a^2+2|ab|+b^2)$

$\qquad\quad =\boxed{}|ab|$

이때 $\boxed{}|ab|\leq 0$이므로 $A^2\bigcirc B^2$

따라서 $A\bigcirc B$

● 다음 두 수의 대소를 비교하시오.

17 $A=3^{10}$, $B=6^5$

$\to \dfrac{A}{B}=\dfrac{3^{10}}{6^5}=\left(\dfrac{3^{\boxed{}}}{6}\right)^5=\left(\boxed{}\right)^5\bigcirc 1$

따라서 $A\bigcirc B$

18 $A=2^{40}$, $B=5^{20}$

개념모음문제

19 세 수 $A=\sqrt{3}+\sqrt{6}$, $B=1+2\sqrt{2}$, $C=\sqrt{2}+\sqrt{7}$의 대소 관계로 옳은 것은?

① $A<B<C$ ② $A<C<B$

③ $B<A<C$ ④ $B<C<A$

⑤ $C<A<B$

모든 실수 x에 대하여

항상 참인 항등식

$$x^2+x\equiv x(x+1)$$

항상 성립하는 절대부등식

$$(x+1)^2\geqq 0$$

우리 둘 다 (진리집합)=(전체집합)인 참인 명제 였던 거야?

3rd — 절대부등식의 증명

● 다음은 절대부등식이 성립함을 증명하는 과정이다. 빈칸에 알맞은 것을 써넣으시오.

20 두 실수 a, b에 대하여 $a^2+b^2 \geq ab$

$$a^2+b^2-ab=a^2-ab+\frac{1}{4}b^2+\boxed{}b^2$$
$$=\left(a-\boxed{}b\right)^2+\boxed{}b^2$$

이때 $\left(a-\boxed{}b\right)^2 \geq 0$, $\boxed{}b^2 \geq 0$이므로

$$a^2+b^2\bigcirc ab$$

여기서 등호는 $a=b=0$일 때 성립한다.

21 두 실수 a, b에 대하여 $(a+b)^2 \geq 4ab$

$$(a+b)^2-4ab=a^2+\boxed{}ab+b^2-4ab$$
$$=a^2-\boxed{}ab+b^2$$
$$=(\boxed{})^2$$

이때 $(\boxed{})^2 \geq 0$이므로

$$(a+b)^2\bigcirc 4ab$$

여기서 등호는 $a-b=0$, 즉 $a=b$일 때 성립한다.

22 두 양수 a, b에 대하여 $\sqrt{a}+\sqrt{b}>\sqrt{a+b}$

$\sqrt{a}+\sqrt{b}\bigcirc 0$, $\sqrt{a+b}\bigcirc 0$이므로

$$(\sqrt{a}+\sqrt{b})^2-(\sqrt{a+b})^2$$
$$=(a+2\boxed{}+b)-(a+b)=2\boxed{}$$

이때 $\sqrt{ab}\bigcirc 0$이므로

$$(\sqrt{a}+\sqrt{b})^2\bigcirc(\sqrt{a+b})^2$$

따라서 $\sqrt{a}+\sqrt{b}\bigcirc\sqrt{a+b}$

23 두 실수 a, b에 대하여 $|a|+|b| \geq |a+b|$

$|a|+|b|\bigcirc 0$, $|a+b|\bigcirc 0$이므로

$$(|a|+|b|)^2-(|a+b|)^2$$
$$=a^2+2|ab|+b^2-(a^2+2\boxed{}+b^2)$$
$$=2(|ab|-\boxed{})$$

이때 $|ab|\geq\boxed{}$, 즉 $|ab|-\boxed{}\geq 0$이므로

$$(|a|+|b|)^2\bigcirc(|a+b|)^2$$

따라서 $|a|+|b|\bigcirc|a+b|$

여기서 등호는 $|ab|=ab$, 즉 $ab\geq 0$일 때 성립한다.

개념모음문제

24 다음은 세 실수 a, b, c에 대하여
$$a^2+b^2+c^2-ab-bc-ca\geq 0$$
임을 보이는 과정이다. ㉠, ㉡에 알맞은 것으로 바르게 짝지어진 것은?

$$a^2+b^2+c^2-ab-bc-ca$$
$$=\boxed{㉠}(2a^2+2b^2+2c^2-2ab-2bc-2ca)$$
$$=\boxed{㉠}\{(a^2-2ab+b^2)+(b^2-2bc+c^2)$$
$$+(c^2-2ca+a^2)\}$$
$$=\boxed{㉠}\{(a-b)^2+(b-c)^2+(c-a)^2\}$$

이때 $(a-b)^2\geq 0$, $(b-c)^2\geq 0$, $(c-a)^2\geq 0$
이므로

$$a^2+b^2+c^2-ab-bc-ca\,㉡\,0$$

여기서 등호는 $a=b=c$일 때 성립한다.

	㉠	㉡		㉠	㉡
①	$\frac{1}{2}$	$\leq$	②	$\frac{1}{2}$	$\geq$
③	$\frac{1}{2}$	$>$	④	2	$\leq$
⑤	2	$\geq$			

06

항상 참인!

여러 가지 절대부등식

1 산술평균, 기하평균

두 양수 a, b에 대하여 $\dfrac{a+b}{2} \geq \sqrt{ab}$ 가 성립한다.

산술평균   기하평균

[증명]

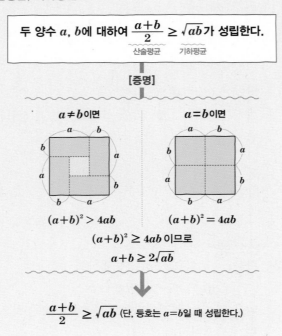

$a \neq b$이면

$(a+b)^2 > 4ab$

$a = b$이면

$(a+b)^2 = 4ab$

$(a+b)^2 \geq 4ab$ 이므로

$a+b \geq 2\sqrt{ab}$

$\dfrac{a+b}{2} \geq \sqrt{ab}$ (단, 등호는 $a=b$일 때 성립한다.)

2 코시-슈바르츠 부등식

네 실수 a, b, x, y에 대하여
$(a^2+b^2)(x^2+y^2) \geq (ax+by)^2$이 성립한다.

[증명]

$(a^2+b^2)(x^2+y^2) - (ax+by)^2$

$= (a^2x^2+a^2y^2+b^2x^2+b^2y^2) - (a^2x^2+2abxy+b^2y^2)$

$= b^2x^2 - 2abxy + a^2y^2$

$= (bx-ay)^2 \geq 0$이므로

$(a^2+b^2)(x^2+y^2) \geq (ax+by)^2$ (단, 등호는 $ay=bx$일 때 성립한다.)

산술평균과 기하평균이란?

두 양수 a, b에 대하여

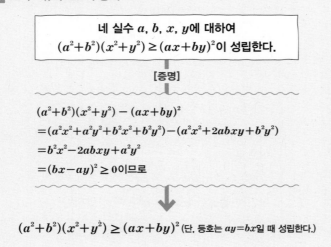

산술평균 $\dfrac{a+b}{2}$	기하평균 $\sqrt{ab}$
• 자료의 값의 합을 자료의 개수로 나눈 값 $\dfrac{x_1+x_2+x_3+\cdots+x_n}{n}$	• 직사각형의 넓이와 같은 정사각형의 한 변의 길이
• 평균 성적, 평균 키, 평균 수입 등 자료의 값의 평균에 사용	• 넓이, 부피, 비율 등 곱으로 이루어지는 값의 평균에 사용

1st 산술평균과 기하평균의 관계

1 다음은 $a>0$일 때, $a+\dfrac{4}{a} \geq 4$임을 증명하는 과정이다. □ 안에 알맞은 것을 써넣으시오.

$a>0$, $\dfrac{4}{a}>0$이므로

산술평균과 기하평균의 관계에 의하여

$a+\dfrac{4}{a} \geq \boxed{}\sqrt{a \times \boxed{}} = \boxed{}$

$\left(\text{단, 등호는 } a=\dfrac{4}{a}, \text{ 즉 } a=2\text{일 때 성립한다.}\right)$

● $a>0$, $b>0$일 때, 다음 식의 최솟값을 구하시오.

2 $a+\dfrac{9}{a}$

3 $4a+\dfrac{25}{a}$

4 $a+1+\dfrac{4}{a+1}$

5 $\dfrac{b}{a}+\dfrac{2a}{b}$

2nd — 산술평균과 기하평균의 관계; 두 식의 곱

6 다음은 $a>0$, $b>0$일 때, $(4a+b)\left(\dfrac{1}{a}+\dfrac{1}{b}\right)\geq 9$임을 증명하는 과정이다. □ 안에 알맞은 수를 써넣으시오.

$\dfrac{4a}{b}>0$, $\dfrac{b}{a}>0$이므로

산술평균과 기하평균의 관계에 의하여

$(4a+b)\left(\dfrac{1}{a}+\dfrac{1}{b}\right)=\boxed{}+\dfrac{4a}{b}+\dfrac{b}{a}+\boxed{}$

> $4a+b\geq 2\sqrt{4a\times b}$와 $\dfrac{1}{a}+\dfrac{1}{b}\geq 2\sqrt{\dfrac{1}{a}\times\dfrac{1}{b}}$은 동시에 등호가 성립할 수 없기 때문에 식을 먼저 전개해야 한다.

$\qquad=\dfrac{4a}{b}+\dfrac{b}{a}+\boxed{}$

$\qquad\geq\boxed{}\sqrt{\dfrac{4a}{b}\times\dfrac{b}{a}}+\boxed{}$

$\qquad=\boxed{}$

$\left($단, 등호는 $\dfrac{4a}{b}=\dfrac{b}{a}$, 즉 $2a=b$일 때 성립한다.$\right)$

● $a>0$, $b>0$일 때, 다음 식의 **최솟값**을 구하시오.

7 $\left(a+\dfrac{1}{b}\right)\left(b+\dfrac{1}{a}\right)$

8 $\left(a-\dfrac{1}{a}\right)\left(a-\dfrac{16}{a}\right)$

9 $(2a+3b)\left(\dfrac{2}{a}+\dfrac{3}{b}\right)$

10 $(3a+b)\left(\dfrac{3}{a}+\dfrac{1}{b}\right)$

3rd — 산술평균과 기하평균의 관계; 합이 일정

11 다음은 $a+b=8$을 만족시키는 양수 a, b에 대하여 ab의 최댓값을 구하는 과정이다. □ 안에 알맞은 수를 써넣으시오.

$a>0$, $b>0$이므로 산술평균과 기하평균의 관계에 의하여

$a+b\geq 2\sqrt{ab}$

이때 $a+b=8$이므로 $\boxed{}\geq 2\sqrt{ab}$, $\boxed{}\geq\sqrt{ab}$

양변을 제곱하면

$\boxed{}\geq ab$ (단, 등호는 $a=b$일 때 성립한다.)

따라서 ab의 최댓값은 $\boxed{}$이다.

> 일반적으로 합이 일정하면 곱은 최댓값을 갖는다.

● **주어진 조건을 만족시키는 양수 a, b에 대하여 ab의 최댓값을 구하시오.**

12 $a+3b=3$

13 $4a+b=6$

14 $a^2+b^2=16$

15 $2a^2+b^2=1$

16 다음은 $a>0$, $b>0$이고 $ab=1$일 때, $a+b$의 최솟값을 구하는 과정이다. □ 안에 알맞은 수를 써넣으시오.

$a>0$, $b>0$이므로 산술평균과 기하평균의 관계에 의하여

$a+b \geq 2\sqrt{ab}$

이때 $ab=1$이므로 $a+b \geq \boxed{}$

(단, 등호는 $a=b$일 때 성립한다.)

따라서 $a+b$의 최솟값은 $\boxed{}$이다.

> 일반적으로 곱이 일정하면 합은 최솟값을 갖는다.

● 양수 a, b가 주어진 조건을 만족시킬 때, 다음 식의 최솟값을 구하시오.

17 $ab=6$일 때, $2a+b$

18 $ab=12$일 때, $3a+4b$

19 $ab=2$일 때, a^2+b^2

20 $ab=4$일 때, $4a^2+9b^2$

21 다음은 $a>1$일 때, $a+\dfrac{1}{a-1}$의 최솟값을 구하는 과정이다. □ 안에 알맞은 수를 써넣으시오.

$a>1$에서 $a-1>0$, $\dfrac{1}{a-1}>0$이므로 산술평균과 기하평균의 관계에 의하여

$a+\dfrac{1}{a-1}=a-\boxed{}+\dfrac{1}{a-1}+1$

$\geq 2\sqrt{(a-\boxed{})\times\dfrac{1}{a-1}}+1$

$=\boxed{}$

$\left(\text{단, 등호는 } a-1=\dfrac{1}{a-1}, \text{ 즉 } a=2 \text{일 때 성립한다.}\right)$

따라서 $a+\dfrac{1}{a-1}$의 최솟값은 $\boxed{}$이다.

● 다음 식의 최솟값을 구하시오.

22 $a>5$일 때, $a+\dfrac{9}{a-5}$

23 $a>\dfrac{1}{2}$일 때, $2a+\dfrac{4}{2a-1}$

24 $a>-3$일 때, $a+6+\dfrac{1}{a+3}$

☺ 내가 발견한 개념　　　산술평균과 기하평균의 관계를 이용한 최댓값과 최솟값은?

$a>0$, $b>0$일 때, $a+b\geq2\sqrt{ab}$가 항상 성립하므로

• $a+b=k$이면 $\dfrac{\boxed{}}{2}\geq\sqrt{ab}$ (단, 등호는 $a=b$일 때 성립한다.)

• $ab=k$이면 $a+b\geq2\sqrt{\boxed{}}$ (단, 등호는 $a=b$일 때 성립한다.)

6th 코시-슈바르츠 부등식을 이용한 식의 최댓값 또는 최솟값

25 다음은 두 실수 x, y에 대하여 $x^2+y^2=9$일 때, $2x+y$의 최댓값과 최솟값을 구하는 과정이다. □ 안에 알맞은 수를 써넣으시오.

---

x, y가 실수이므로 코시 – 슈바르츠 부등식에 의하여

$(\boxed{}^2+1^2)(x^2+y^2) \geq (2x+y)^2$

이때 $x^2+y^2=9$이므로

$\boxed{} \times 9 \geq (2x+y)^2$

즉 $\boxed{} \leq 2x+y \leq \boxed{}$

(단, 등호는 $x=2y$일 때 성립한다.)

따라서 $2x+y$의 최댓값은 $\boxed{}$, 최솟값은

$\boxed{}$이다.

● 실수 x, y가 주어진 조건을 만족시킬 때, 다음 식의 최댓값과 최솟값을 각각 구하시오.

26 $x^2+y^2=6$일 때, $x+y$

27 $x^2+y^2=4$일 때, $4x+3y$

28 $x^2+y^2=5$일 때, $x+2y$

29 $x^2+y^2=1$일 때, $5x+y$

30 다음은 $x+y=8$을 만족시키는 두 실수 x, y에 대하여 x^2+y^2의 최솟값을 구하는 과정이다. □ 안에 알맞은 수를 써넣으시오.

---

x, y가 실수이므로 코시 – 슈바르츠 부등식에 의하여

$(1^2+\boxed{}^2)(x^2+y^2) \geq (x+y)^2$

이때 $x+y=8$이므로 $\boxed{}(x^2+y^2) \geq 8^2$

즉 $x^2+y^2 \geq \boxed{}$ (단, 등호는 $x=y$일 때 성립한다.)

따라서 x^2+y^2의 최솟값은 $\boxed{}$이다.

● 실수 x, y가 주어진 조건을 만족시킬 때, x^2+y^2의 최솟값을 구하시오.

31 $3x+y=5$

32 $x-y=2$

33 $4x-3y=10$

개념모음문제

34 네 실수 a, b, x, y에 대하여 $a^2+b^2=2$, $x^2+y^2=10$일 때, 다음 중 $ax+by$의 값이 될 수 <u>없는</u> 것은?

① -4 ② -2 ③ 0

④ 3 ⑤ 5

07

항상 참인!

절대부등식의 활용

직사각형의 둘레의 길이가 12일 때,
이 직사각형의 넓이의 최댓값 은?

~~~~~~~~~~~~~~~~~~~~~~~~~~~~~~~~

둘레 12 ➡ (직사각형의 둘레의 길이) $=12$

~~~~~~~~~~~~~~~~~~~~~~~~~~~~~~~~

가로의 길이를 a, 세로의 길이를 b라 하면

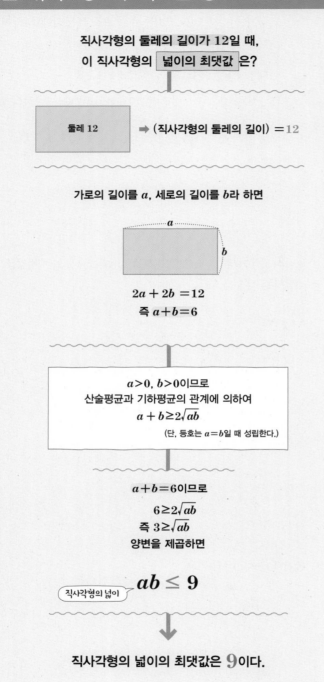

$2a + 2b = 12$
즉 $a+b=6$

~~~~~~~~~~~~~~~~~~~~~~~~~~~~~~~~

$a>0$, $b>0$이므로
산술평균과 기하평균의 관계에 의하여
$a + b \geq 2\sqrt{ab}$
(단, 등호는 $a=b$일 때 성립한다.)

~~~~~~~~~~~~~~~~~~~~~~~~~~~~~~~~

$a+b=6$이므로
$6 \geq 2\sqrt{ab}$
즉 $3 \geq \sqrt{ab}$
양변을 제곱하면

직사각형의 넓이 $ab \leq 9$

~~~~~~~~~~~~~~~~~~~~~~~~~~~~~~~~

직사각형의 넓이의 최댓값은 **9**이다.

참고 ① 두 양수에 대하여 곱의 최댓값이나 합의 최솟값을 구할 때, 산술
평균과 기하평균의 관계를 이용할 수 있는지 살펴본다.
② 여러 문자의 제곱의 합과 일차식이 주어졌을 때 코시-슈바르츠
부등식을 이용할 수 있는지 살펴본다.

1st — 산술평균과 기하평균의 관계의 활용

1 길이가 60 cm인 철사를 모두 사
용하여 오른쪽 그림과 같은 여
섯 개의 작은 직사각형으로 이
루어진 구역을 만들려 한다. 이
때 전체 구역의 넓이의 최댓값
을 구하시오.

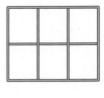

→ 전체 직사각형의 가로의 길이를 a cm, 세로의 길이를 b cm라 하면 철

사의 길이가 60 cm이므로

$\boxed{}a + \boxed{}b = 60$

$a>0$, $b>0$이므로 산술평균과 기하평균의 관계에 의하여

$\boxed{}a + \boxed{}b \geq 2\sqrt{3a \times 4b}$, $60 \geq 2\sqrt{\boxed{}ab}$

즉 $30 \geq \sqrt{\boxed{}ab}$ (단, 등호는 $a=b$일 때 성립한다.)

양변을 제곱하면 $900 \geq \boxed{}ab$, $ab \leq \boxed{}$

이때 전체 직사각형의 넓이 S는 $S=ab \leq \boxed{}$

따라서 전체 구역의 넓이의 최댓값은 $\boxed{}$ cm²이다.

2 오른쪽 그림과 같이 수직인 두
벽면 사이를 길이가 30 m인
울타리로 막은 직각삼각형 모
양의 꽃밭이 있다. 이 꽃밭의
넓이의 최댓값을 구하시오.

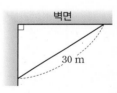

3 높이가 7 cm인 직육면체 모
양의 상자를 끈으로 오른쪽
그림과 같이 묶으려 한다.
이때 길이가 100 cm인 끈으로 묶을 수 있는 상자의
밑면의 넓이의 최댓값을 구하시오.
(단, 매듭의 길이는 생각하지 않는다.)

4 대각선의 길이가 16인 직사각형의 넓이의 최댓값을 구하시오.

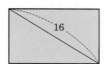

5 오른쪽 그림과 같이 반지름의 길이가 $2\sqrt{3}$인 반원 O에 내접하는 직사각형 ABCD에 대하여 이 직사각형의 넓이가 최대일 때, 직사각형의 둘레의 길이를 구하시오.

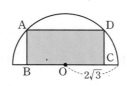

2nd 코시-슈바르츠 부등식의 활용

6 다음 그림과 같이 대각선의 길이가 $2\sqrt{13}$이고 가로, 세로의 길이가 각각 a, b인 직사각형 모양의 종이를 3등분하여 점선에 맞게 접어 두 밑면이 없는 삼각기둥을 만들려 한다. 기둥의 모서리 9개의 길이의 합의 최댓값을 구하시오.

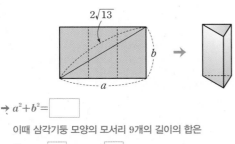

→ $a^2+b^2=$ ☐

이때 삼각기둥 모양의 모서리 9개의 길이의 합은

$\dfrac{a}{3} \times 6 +$ ☐$b=2a+$ ☐b

따라서 코시-슈바르츠 부등식에 의하여

$(2^2+$ ☐$^2)(a^2+b^2) \geq (2a+3b)^2$

☐ $\times$ ☐ $\geq (2a+3b)^2$

이때 $a>0$, $b>0$이므로

☐ $<2a+3b \leq$ ☐

(단, 등호는 $3a=2b$일 때 성립한다.)

따라서 모서리 9개의 길이의 합의 최댓값은 ☐ 이다.

7 오른쪽 그림과 같이 반지름의 길이가 3인 원에 내접하는 직사각형의 둘레의 길이의 최댓값을 구하시오.

8 오른쪽 그림과 같이 두 개의 정사각형을 붙여 만든 도형이 있다. 이 도형의 넓이가 18일 때, a의 최댓값을 구하시오.

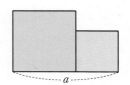

9 오른쪽 그림과 같이 $\overline{AB}=3$, $\overline{BC}=4$인 직각삼각형 ABC의 빗변 위의 점 P에서 $\overline{AB}$, $\overline{BC}$ 위에 내린 수선의 길이가 각각 a, b일 때, a^2+b^2의 최솟값을 구하시오.

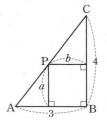

개념모음문제
10 오른쪽 그림과 같이 중심이 C이고 지름 AB의 길이가 10인 원 위를 점 P가 움직이고 있다. 두 선분 AP, BP의 중점을 각각 M, N이라 할 때, 사각형 MCNP의 넓이의 최댓값은?

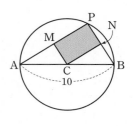

① $\dfrac{25}{4}$ ② 10   ③ $\dfrac{25}{2}$

④ 25   ⑤ 50

04 명제의 증명

명제가 참임을 직접 증명하기 어려울 때

· 대우를 이용한 증명법

→ 명제 $p \longrightarrow q$의 대우 $\sim q \longrightarrow \sim p$가 참임을 증명

· 귀류법

→ 결론을 부정하여 모순이 생기는 것을 보여 증명

1 다음은 명제 'x가 실수일 때, x^2이 무리수이면 x는 무리수이다.'를 증명하는 과정이다. □ 안에 알맞은 것을 써넣으시오.

주어진 명제의 대우인

'x가 실수일 때 x가 [ ]이면 x^2도 [ ]이다.'

가 참임을 보이면 된다.

x를 [ ]라 하면

$x = \pm \dfrac{a}{b}$ (a와 b는 서로소인 자연수)

로 나타낼 수 있다.

양변을 제곱하면 $x^2 = \dfrac{\square}{b^2}$

이때 a와 b가 서로소이면 a^2과 b^2도 [ ]이므로 x^2도 [ ]이다.

따라서 주어진 명제의 대우가 참이므로 주어진 명제도 참이다.

2 명제 '두 실수 x, y에 대하여 $xy \neq 0$이면 $x \neq 0$이고 $y \neq 0$이다.'를 증명하려 한다. 다음 물음에 답하시오.

(1) 대우를 말하시오.

(2) 대우를 이용하여 증명하시오.

3 다음 명제가 참임을 귀류법을 이용하여 증명하시오.

두 유리수 a, b에 대하여
$a + b\sqrt{3} = 0$이면 $a = 0$이고, $b = 0$이다.

05 절대부등식

· 두 수 또는 두 식 A, B의 대소 비교

→ 두 수의 차 $A - B$를 이용한다.

· 근호 또는 절댓값이 포함된 경우의 대소 비교

→ $A > 0$, $B > 0$일 때, $A^2 > B^2 \Longleftrightarrow A > B$임을 이용한다.

4 다음 **보기**에서 절대부등식인 것만을 있는 대로 고르시오. (단, x는 실수이다.)

보기
ㄱ. $|x| \geq 0$
ㄴ. $(x+1)^2 \geq 0$
ㄷ. $(x-1)^3 + 1 > 0$

5 두 실수 a, b에 대하여 $A = a^2 + 4b^2$, $B = 4ab$의 대소 관계를 바르게 나타낸 것은?

① $A < B$ ② $A \leq B$ ③ $A = B$

④ $A > B$ ⑤ $A \geq B$

6 다음은 두 실수 a, b에 대하여 $|a| \ge |b|$일 때, $|a-b| \ge |a|-|b|$가 성립함을 증명하는 과정이다. ㉠~㉤에 알맞은 것으로 옳지 <u>않은</u> 것은?

> $|a-b| \ge 0$, $|a|-|b| \ge 0$이므로
> $(|a-b|)^2 - (|a|-|b|)^2$
> $= a^2 - 2ab - b^2 - (a^2 - 2\boxed{㉠} + b^2)$
> $= 2(\boxed{㉡})$
> 이때 $|ab| \ge ab$이므로
> $2(\boxed{㉡}) \boxed{㉢} 0$
> 따라서 $(|a-b|)^2 \boxed{㉣} (|a|-|b|)^2$이므로
> $|a-b| \boxed{㉤} |a|-|b|$
> 여기서 등호는 $|ab|=ab$, 즉 $ab \ge 0$일 때 성립한다.

① ㉠ $|ab|$ ② ㉡ $ab-|ab|$

③ ㉢ $\ge$ ④ ㉣ $\ge$

⑤ ㉤ $\ge$

7 다음 부등식이 성립함을 증명하시오.

(단, x, y는 실수이다.)

> $x^2 + y^2 - 6x + 2y + 10 \ge 0$

06~07 **여러 가지 절대부등식**
• 산술평균과 기하평균의 관계
  $a>0$, $b>0$일 때
  $\dfrac{a+b}{2} \ge \sqrt{ab}$ (단, 등호는 $a=b$일 때 성립한다.)
• 코시-슈바르츠 부등식
  네 실수 a, b, x, y에 대하여
  $(a^2+b^2)(x^2+y^2) \ge (ax+by)^2$
  (단, 등호는 $bx=ay$일 때 성립한다.)

8 $a>0$, $b>0$일 때, $\dfrac{b}{a} + \dfrac{25a}{4b}$의 최솟값은?

① -4 ② -2 ③ 0

④ 3 ⑤ 5

9 $a>0$, $b>0$일 때, $(a+4b)\left(\dfrac{1}{a} + \dfrac{4}{b}\right)$의 최솟값을 구하시오.

10 두 양수 a, b에 대하여 $2a+3b=8$일 때, ab의 최댓값은?

① $\dfrac{8}{3}$ ② 2 ③ $\dfrac{5}{3}$

④ 1 ⑤ $\dfrac{1}{3}$

11 다음은 실수 a에 대하여 $a>1$일 때, $a + \dfrac{9}{a-1}$의 최솟값을 구하는 과정이다. ㉠~㉤에 알맞은 것으로 옳지 <u>않은</u> 것은?

> $a>1$에서 $a-1>0$, $\dfrac{9}{a-1}>0$이므로 산술평균과 기하평균의 관계에 의하여
> $a + \dfrac{9}{a-1} = a - \boxed{㉠} + \dfrac{9}{a-1} + \boxed{㉡}$
> $\ge \boxed{㉢} \sqrt{(a-\boxed{㉠}) \times \dfrac{9}{a-1}} + \boxed{㉡}$
> $= \boxed{㉣}$
> (단, 등호는 $a-1 = \dfrac{9}{a-1}$, 즉 $a=4$일 때 성립한다.)
> 따라서 $a + \dfrac{9}{a-1}$의 최솟값은 $\boxed{㉤}$이다.

① ㉠ 1 ② ㉡ -1 ③ ㉢ 2

④ ㉣ 7 ⑤ ㉤ 7

12 두 실수 x, y에 대하여 $x^2+y^2=3$일 때, $x+y$의 최댓값과 최솟값의 곱을 구하시오.

TEST 개념 발전

1 다음 중 명제 '$x<0$이고 $y<0$이면 $xy>0$이다.'의 대우는?

① $x>0$이고 $y>0$이면 $xy<0$이다.
② $x\geq0$ 또는 $y\geq0$이면 $xy\leq0$이다.
③ $xy>0$이면 $x<0$이고 $y<0$이다.
④ $xy\leq0$이면 $x\geq0$이고 $y\geq0$이다.
⑤ $xy\leq0$이면 $x\geq0$ 또는 $y\geq0$이다.

2 다음 보기에서 역과 대우가 모두 참인 명제만을 있는 대로 고르시오. (단, x, y, z는 실수이다.)

⎡보기⎤
ㄱ. $xy=0$이면 $|x|+|y|=0$이다.
ㄴ. $x=y$이면 $x-z=y-z$
ㄷ. $x+y>0$이면 $xy>0$이다.

3 세 조건 p, q, r에 대하여 두 명제 $p\longrightarrow r$, $q\longrightarrow {\sim}r$가 모두 참일 때, 다음 명제 중 반드시 참이라 할 수 없는 것은?

① ${\sim}r\longrightarrow{\sim}p$ ② $p\longrightarrow{\sim}q$ ③ ${\sim}q\longrightarrow p$
④ $r\longrightarrow{\sim}q$ ⑤ $q\longrightarrow{\sim}p$

4 다음 □ 안에 '충분', '필요', '필요충분' 중 알맞은 것을 써넣으시오. (단, x, y, z는 실수이다.)

(1) $x^2=1$은 $x=-1$이기 위한 ☐ 조건이다.

(2) $x=y$는 $x+z=y+z$이기 위한 ☐ 조건이다.

5 두 조건 p, q에 대하여 다음 중 p는 q이기 위한 충분조건이지만 필요조건은 아닌 것은?

(단, x, y는 실수이다.)

① p: $x^2+y^2=0$ q: $xy=0$
② p: $|x|=|y|$ q: $x^2=y^2$
③ p: $x^2=2x$ q: $x=2$
④ p: $xy\geq0$ q: $x\geq0$, $y\geq0$
⑤ p: $-3x+12>0$ q: $x-4<0$

6 전체집합 U에 대하여 세 조건 p, q, r의 진리집합을 각각 P, Q, R라 하자. 세 집합 사이의 포함 관계가 오른쪽 그림과 같을 때, 다음 보기에서 항상 참인 명제만을 있는 대로 고른 것은?

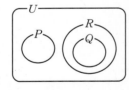

⎡보기⎤
ㄱ. $p\longrightarrow q$ ㄴ. $p\longrightarrow{\sim}q$
ㄷ. $q\longrightarrow r$ ㄹ. $r\longrightarrow{\sim}p$
ㅁ. ${\sim}r\longrightarrow q$

① ㄱ, ㄴ   ② ㄴ, ㄷ   ③ ㄷ, ㄹ
④ ㄴ, ㄷ, ㄹ   ⑤ ㄴ, ㄹ, ㅁ

7 $x-2=0$은 $x^2+ax+b=0$이기 위한 필요충분조건일 때, 두 상수 a, b에 대하여 $a+b$의 값을 구하시오.

8 명제 '두 자연수 a, b에 대하여 a와 b가 서로소이면 a 또는 b는 홀수이다.'가 참임을 귀류법을 이용하여 증명하시오.

9 다음 중 절대부등식이 <u>아닌</u> 것을 모두 고르면?

(정답 2개)

① $x+1>0$
② $|x|+4>0$
③ $(2x-3)^2 \geq 0$
④ $x^2+4 \geq 4x$
⑤ $(x-1)^2 < x^2+1$

10 가로, 세로의 길이가 각각 x, y인 직사각형의 둘레의 길이가 12일 때, 이 직사각형의 넓이의 최댓값을 구하시오.

11 두 실수 a, b에 대하여 $a>0$, $b>0$일 때, $(2a+3b)\left(\dfrac{2}{a}+\dfrac{3}{b}\right) \geq k$가 항상 성립하도록 하는 상수 k의 최댓값은?

① 5
② 10
③ 20
④ 25
⑤ 30

12 두 양수 a, b에 대하여 $ab=15$일 때, a^2+b^2의 최솟값을 구하시오.

13 $a>-2$에 대하여 $a+3+\dfrac{9}{a+2}$의 최솟값을 m, 그때의 a의 값을 n이라 할 때, $m+n$의 값은?

① 3
② 6
③ 8
④ 10
⑤ 12

14 두 실수 x, y에 대하여 $x^2+y^2=13$일 때, $x+5y$의 값이 될 수 있는 정수의 개수는?

① 40
② 39
③ 38
④ 37
⑤ 36

문제를 보다!

[기출 변형]

전체집합 $U = \{1, 2, 4, 8, 16, 32, 64, 128\}$의 두 부분집합 A, B가 다음 조건을 만족시킨다.

> (가) 집합 $A \cup B^C$의 모든 원소의 합은 집합 $B-A$의 모든 원소의 합의 14배이다.
> (나) $n(A \cup B) = 6$

집합 A의 모든 원소의 합의 최솟값은? (단, $2 \le n(B-A) \le 5$) [4점]

① 42   ② 44   ③ 46   ④ 48   ⑤ 50

자, 잠깐만! 당황하지 말고
문제를 잘 보면 문제의 구성이 보여!
출제자가 이 문제를 왜 냈는지를 봐야지!

내가 아는 것 ①

내가 아는 것 ②

(가) (집합 $A \cup B^C$의 모든 원소의 합)
$= 14 \times ($집합 $B-A$의 모든 원소의 합$)$

내가 찾은 것 ❶

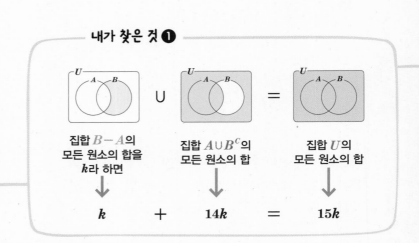

집합 $B-A$의 모든 원소의 합을 k라 하면		집합 $A \cup B^C$의 모든 원소의 합		집합 U의 모든 원소의 합
k	$+$	$14k$	$=$	$15k$

이 문제는

주어진 조건으로 집합 사이의 관계를 이용해서

집합 A의 원소를 추론하는 문제야!

집합 사이의 관계를 어떻게 나타낼 수 있을까?

네가 알고 있는 것(주어진 조건)은 뭐야?

내가 찾은 것 ❷

$1+2+4+8+16+32+64+128=15k$

➡ $k=17$

➡ (집합 $B-A$의 모든 원소의 합)$=17$

내가 아는 것 ③

(나) $n(A\cup B)=6$

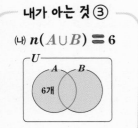

$B-A=\{1, 16\}$

$n(A)=4$

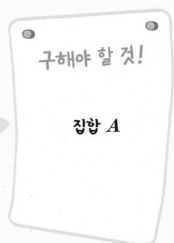

구해야 할 것!

집합 A

내게 더 필요한 것은?

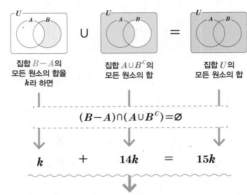

$$B-A = \{1,\ 16\}$$
$$n(A) = 4$$

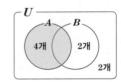
벤다이어그램으로 표현하니
집합 사이의 관계가
한 눈에 보이네!

1 (집합 $B-A$의 모든 원소의 합)$=k$로 놓고 식을 세워 k의 값을 구할 수 있어!

조건 ㈎에서 (집합 $A\cup B^C$의 모든 원소의 합)$=14\times$(집합 $B-A$의 모든 원소의 합)

집합 $B-A$의
모든 원소의 합을
k라 하면

집합 $A\cup B^C$의
모든 원소의 합

집합 U의
모든 원소의 합

$$(B-A)\cap(A\cup B^C)=\varnothing$$

$$k \quad + \quad 14k \quad = \quad 15k$$

$$1+2+4+8+16+32+64+128=15k \text{에서 } k=17$$

따라서 (집합 $B-A$의 모든 원소의 합) $=17$

2 집합 $B-A$의 원소를 추론할 수 있어!

$U=\{1,\ 2,\ 4,\ 8,\ 16,\ 32,\ 64,\ 128\}$에서
(집합 $B-A$의 모든 원소의 합)$=17$인 경우는
$B-A=\{1,\ 16\}$일 때 뿐이므로
$$n(B-A) = 2$$

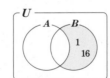

3 $n(A)$의 값을 추론할 수 있어!

조건 ㈏에서 $n(A\cup B)=6$이고
$n(B-A)=2$이므로
$$n(A) = 4$$

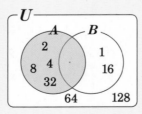

$A = \{2,\ 4,\ 8,\ 32\}$일 때
집합 A의 모든 원소의 합이 최소가 된다.

0 전체 집합 $U = \{x \mid x$는 24의 양의 약수$\}$의 두 부분집합 A, B가 다음 조건을 만족시킨다.

> (가) $n(B) = 2 \times n(A)$
>
> (나) $A \cap B = \{2\}$이고 $A^C \cap B^C \neq \varnothing$

이때 집합 A의 모든 원소의 합의 최댓값은?

① 20　　② 26　　③ 32　　④ 38　　⑤ 44

문제를 보라고 했지?
구하려는 것과 주어진 것,
그리고 더 필요한 것은?

변화의 규칙을 찾아서!

9 두 집합 사이의 관계!
함수

10 두 집합 사이의 관계!
합성함수와 역함수

11 함수의 확장!
유리식과 유리함수

12 함수의 확장!
무리식과 무리함수

9

두 집합 사이의 관계!
함수

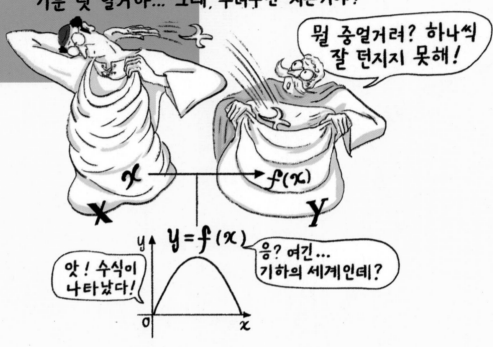

원소와 원소를 짝 짓는!

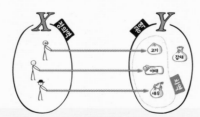

모두 먹고 싶은 만두를 하나씩만 골라 봐!

두 집합 X, Y에 대하여
집합 X의 각 원소에 집합 Y의 원소가 오직 하나씩 대응할 때,
이 대응을 X에서 Y로의 함수라 한다.

$$f : X \longrightarrow Y$$

함수의 뜻과 그래프

01 대응과 함수
02 함숫값
03 서로 같은 함수
04 함수의 그래프

이 단원에서는 대응에 의한 정의로 함수를 배워 볼 거야. 공집합이 아닌 두 집합 X, Y에서 집합 X의 원소에 집합 Y의 원소를 짝 짓는 것을 집합 X에서 집합 Y로의 대응이라 해. 이때 X의 원소 x에 Y의 원소 y가 짝 지어지면 x에 y가 대응한다 하지.

집합 X에서 집합 Y로의 대응으로 X의 각 원소에 Y의 원소가 오직 하나씩 대응할 때, 이 대응을 집합 X에서 Y로의 함수라 해. 이 함수를 f라 할 때, 기호로 $f : X \longrightarrow Y$와 같이 나타내지.

대응의 분류!

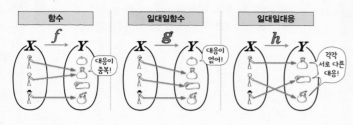

특수한 대응!

1 항등함수
만두 값은 누가 낼 거야?

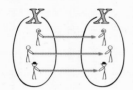

2 상수함수
모두 먹고 싶은 만두를 하나씩만 골라 봐!

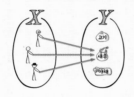

대응의 개수!

여러 가지 함수의 개수는?

1 함수의 개수

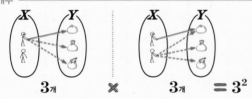

2 일대일함수의 개수

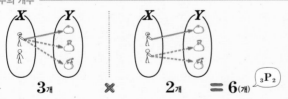

3 일대일대응의 개수

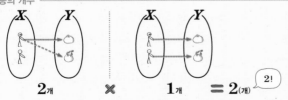

4 상수함수의 개수

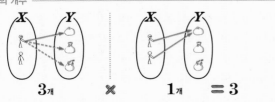

여러 가지 함수

05 일대일함수와 일대일대응
06 항등함수와 상수함수

함수 $f : X \longrightarrow Y$에서 정의역 X의 임의의 두 원소 x_1, x_2에 대하여 $x_1 \neq x_2$이면 $f(x_1) \neq f(x_2)$가 성립할 때, 이 함수 f를 일대일함수라 해. 특히, 함수 $f : X \longrightarrow Y$가 일대일함수이고 치역과 공역이 같을 때, 이 함수 f를 일대일대응이라 하지.

함수 $f : X \longrightarrow X$에서 정의역 X의 각 원소 x에 그 자신인 x가 대응할 때, 즉 $f(x) = x$일 때, 이 함수 f를 집합 X에서의 항등함수라 해. 또 함수 $f : X \longrightarrow Y$에서 정의역 X의 모든 원소 x에 공역 Y의 단 하나의 원소가 대응할 때, 즉 $f(x) = c$ (c는 상수)일 때, 이 함수 f를 상수함수라 해.

함수의 개수

07 함수의 개수

이제 두 집합 사이의 함수의 개수를 구할 거야. 정의역의 각 원소에 대하여 가능한 함숫값이 몇 개인지 생각하면 직접 세어보지 않고도 함수의 개수를 계산할 수 있어.

두 집합 X, Y에 대하여 $n(X) = m$, $n(Y) = n$일 때

① X에서 Y로의 함수의 개수: n^m

② 일대일함수의 개수:
$$n \times (n-1) \times (n-2) \times \cdots \times (n-m+1) \, (= {}_n\mathrm{P}_m)$$
$$(\text{단}, \ n \geq m)$$

③ 일대일대응의 개수:
$$n \times (n-1) \times (n-2) \times \cdots \times 2 \times 1 \, (= n!)$$
$$(\text{단}, \ m = n)$$

④ 상수함수의 개수: n

구체적인 상황에서 함수의 개수를 구하는 연습을 해 보자.

원소와 원소를 짝 짓는!

대응과 함수

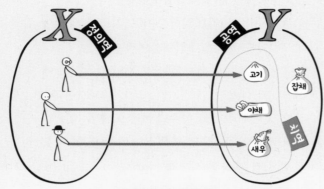

모두 **먹고 싶은 만두를 하나씩만 골라 봐!**

두 집합 X, Y에 대하여
집합 X의 각 원소에 집합 Y의 원소가 오직 하나씩 대응할 때,
이 대응을 X에서 Y로의 함수라 한다.

$$f : X \longrightarrow Y$$

우린 함수가 아니야.

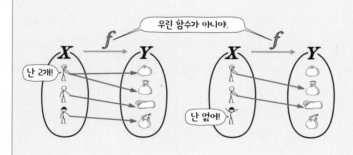

난 2개!   난 없어!

- **대응**: 두 집합 X, Y에 대하여 X의 원소에 Y의 원소를 짝 짓는 것을 X에서 Y로의 대응이라 한다. 이때 X의 원소 x에 Y의 원소 y가 짝 지어지면 x에 y가 대응한다 하고 이를 기호로 $x \longrightarrow y$와 같이 나타낸다.

- **함수**: 두 집합 X, Y에 대하여 X의 각 원소에 Y의 원소가 오직 하나씩 대응할 때, 이 대응을 X에서 Y로의 함수라 하고 이를 기호로 $f : X \longrightarrow Y$와 같이 나타낸다.

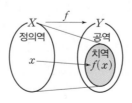

  ① 정의역: 집합 X
  ② 공역: 집합 Y
  ③ 치역: 정의역 X의 원소 x에 공역 Y의 원소 y가 대응할 때, 이를 기호로 $y = f(x)$와 같이 나타낸다. 이때 $f(x)$를 x에서의 함숫값이라 하고, 함숫값 전체의 집합 $\{f(x) \mid x \in X\}$를 함수 f의 치역이라 한다.

공역의 부분집합이야!

1st — 대응의 이해

● 두 집합 X, Y에 대하여 집합 X의 원소 x, 집합 Y의 원소 y가 다음 관계에 의하여 대응할 때, 이 대응을 그림으로 나타내시오.

1 $X = \{1, 2, 3\}$
  $Y = \{2, 4, 6, 8\}$
  $y = 2x$

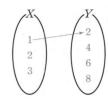

2 $X = \{-1, 0, 1\}$
  $Y = \{1, 2, 3\}$
  $y = x^2 + 1$

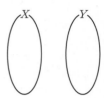

3 $X = \{0, 1, 2, 3\}$
  $Y = \{0, 1, 2, 3\}$
  $y = |x - 2|$

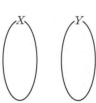

4 $X = \{2, 4, 6\}$
  $Y = \{1, 2, 3, 4\}$
  $y = (x$의 양의 약수의 개수$)$

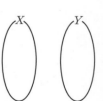

5 $X = \{5, 6, 7, 8\}$
  $Y = \{0, 1, 2, 3, 4\}$
  $y = (x$를 5로 나눈 나머지$)$

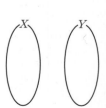

2nd─ 함수의 이해

● 다음 대응 중 집합 X에서 집합 Y로의 함수인 것은 ○를, 함수
가 아닌 것은 ✕를 ( ) 안에 써넣으시오.

6 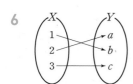 ( )

7 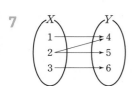 ( )

8 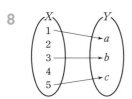 ( )

9 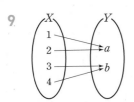 ( )

10 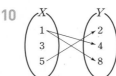 ( )

11 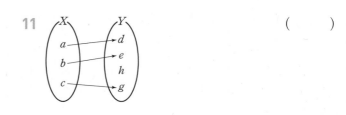 ( )

12  ( )

😊 **내가 발견한 개념**   함수의 의미는?

• 집합 X의 각 원소에 집합 Y의 원소가 오직 하나씩 대응하면
 (함수이다 , 함수가 아니다).

• 집합 X의 원소 중에서 대응하지 않고 남아 있는 원소가 있으
 면 (함수이다 , 함수가 아니다).

• 집합 X의 한 원소에 집합 Y의 원소가 2개 이상 대응하는 경
 우가 있으면 (함수이다 , 함수가 아니다).

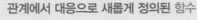

관계에서 대응으로 새롭게 정의된 함수

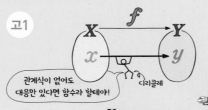

더 넓은 의미에서 함수를 다루려고!
이제 대응 관계가 성립하는 함수로
변화를 다루게 될 거야!

● 두 집합 $X=\{-1,\ 0,\ 1\}$, $Y=\{0,\ 1,\ 2,\ 3\}$에 대하여 다음 중 X에서 Y로의 함수인 것은 ○를, 함수가 아닌 것은 ×를 ( ) 안에 써넣으시오.

13 $y=x+2$ ( )

→ $x=-1$일 때, $y=$ ☐

$x=0$일 때, $y=$ ☐

$x=1$일 때, $y=$ ☐

따라서 X의 각 원소에 Y의 원소가 오직 ☐ 씩 대응하므로 (함수이다 , 함수가 아니다).

14 $y=x^2+x$ ( )

15 $y=x^3$ ( )

16 $y=|x|$ ( )

17 $y=|x-2|$ ( )

18 $y=x-|x|$ ( )

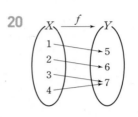

3rd 함수의 정의역, 공역, 치역

● 다음 그림과 같은 함수 $f: X \longrightarrow Y$의 정의역, 공역, 치역을 각각 구하시오.

함수를 나타낼 때는 보통 알파벳 소문자 $f, g, h, \cdots$를 사용한다.

19

→ 정의역: $\{1,\ 2,\ \boxed{}\}$

공역: $\{4,\ \boxed{},\ \boxed{}\}$

치역: $\{\boxed{},\ \boxed{},\ \boxed{}\}$

20

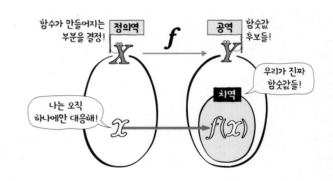

21

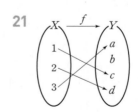

22

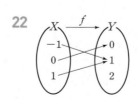

● 다음 함수의 정의역은 $\{-3, -2, -1, 0\}$이고 공역은 실수 전체의 집합일 때, 치역을 구하시오.

23 $y=x+2$

24 $y=-3x+2$

25 $y=x^2-1$

26 $y=x^3+1$

27 $y=|x-4|$

● 다음 **함수의 정의역과 치역을 각각** 구하시오.

함수 $y=f(x)$의 정의역이나 공역이 주어지지 않은 경우; 정의역은 $f(x)$가 정의되는 모든 실수 x의 집합으로, 공역은 실수 전체의 집합으로 생각한다.

28 $y=x-2$

→ $y=x-2$는 모든 실수에서 정의되므로

정의역은 $\{x \mid x$는 모든 $\boxed{}\}$,

치역은 $\{y \mid y$는 모든 $\boxed{}\}$이다.

29 $y=|x|+1$

30 $y=x^2+3$

31 $y=-2x^2+5$

32 $y=\dfrac{1}{x}$

분모가 0인 경우는 제외해야 해!

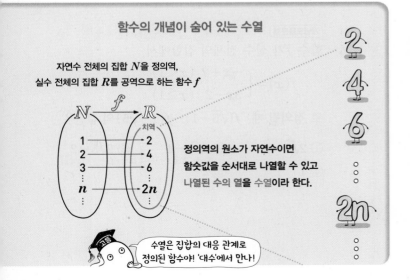

함수의 개념이 숨어 있는 수열

자연수 전체의 집합 N을 정의역,
실수 전체의 집합 R를 공역으로 하는 함수 f

정의역의 원소가 자연수이면
함숫값을 순서대로 나열할 수 있고
나열된 수의 열을 **수열**이라 한다.

수열은 집합의 대응 관계로
정의된 함수야! '대수'에서 만나!

개념모음문제

33 정의역이 $\{x \mid -3 \leq x \leq 6\}$인 함수 $y=-\dfrac{1}{3}x+4$의 치역이 $\{y \mid a \leq y \leq b\}$일 때, 상수 a, b에 대하여 $a+b$의 값은?

① 5   ② 7   ③ 9

④ 11   ⑤ 13

03

서로 같은 대응!

서로 같은 함수

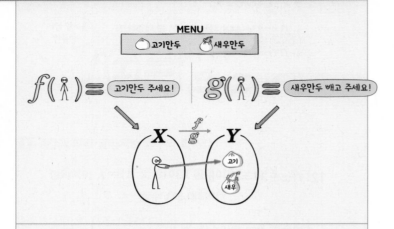

정의역과 공역이 모두 $\{-1, 1\}$인 두 함수 $f(x), g(x)$에 대하여

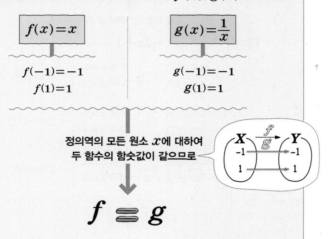

$f(x)=x$

$f(-1)=-1$
$f(1)=1$

$g(x)=\dfrac{1}{x}$

$g(-1)=-1$
$g(1)=1$

정의역의 모든 원소 x에 대하여
두 함수의 함숫값이 같으므로

$$f \equiv g$$

- 두 함수 f, g에 대하여
  ① 정의역과 공역이 각각 같다.
  ② 정의역의 모든 원소 x에 대하여 $f(x)=g(x)$
  → 두 함수 f와 g는 서로 같다 하고 이를 기호로 $f=g$와 같이 나타낸다.
  참고 두 함수 f, g가 서로 같지 않을 때, 기호로 $f \neq g$와 같이 나타낸다.

1st — 서로 같은 함수의 판별

● 정의역이 $X=\{-1, 0, 1\}$인 다음 두 함수 f, g가 서로 같은 함수인지 알아보시오.

1 $f(x)=x^3-1$, $g(x)=x-1$

   → $f(-1)=g(-1)=\boxed{}$, $f(0)=g(0)=\boxed{}$,

   $f(1)=g(1)=\boxed{}$

   따라서 $f\bigcirc g$이다.

   즉 두 함수 f, g는 서로 같은 (함수이다 , 함수가 아니다).

2 $f(x)=x+3$, $g(x)=x^2-3x$

3 $f(x)=3x$, $g(x)=\begin{cases} \dfrac{3}{x} & (x\neq 0) \\ 0 & (x=0) \end{cases}$

4 $f(x)=x^2-2x$, $g(x)=\begin{cases} -x+2 & (x<0) \\ x^2 & (x\geq 0) \end{cases}$

😊 **내가 발견한 개념**　　　서로 같은 함수의 의미는?

두 함수 f, g가 서로 같은 함수이면
- 두 함수의 $\boxed{}$과 공역이 각각 같다.
- 정의역의 모든 원소 x에 대하여 f(x)$\bigcirc$g(x)이다.

두 함수 f, g는 서로 같은 함수일까?

식이 다른 두 함수 $\boxed{f(x)=x}$, $\boxed{g(x)=x^2}$

정의역이 $\{0, 1\}$인 경우

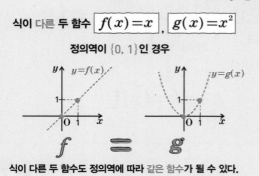

$$f \equiv g$$

식이 다른 두 함수도 정의역에 따라 같은 함수가 될 수 있다.

식이 같은 두 함수 $\boxed{f(x)=x}$, $\boxed{g(x)=\dfrac{x^2}{x}}$

$x=0$에서 정의되지 않아!

$$f \neq g$$

식이 같은 함수라도 정의역 또는 공역에 따라 다른 함수가 될 수 있다.

● 두 함수 $f(x)=x$, $g(x)=|x|$의 정의역이 다음과 같을 때, 두 함수 f, g가 서로 같은 함수인지 알아보시오.

5 $\{1, 2, 3\}$

6 $\{-2, -1, 0\}$

7 $\{2, 4, 6, 8\}$

우린 서로 같은 함수야!

그렇다고 함수식이 같은 건 아니야!

$f=g$

● 두 함수 f, g가 서로 같은 함수인지 알아보시오.

8 $f(x)=\sqrt{x^2}$, $g(x)=|x|$

9 $f(x)=x+3$, $g(x)=\dfrac{x^2-9}{x-3}$

10 $f(x)=\dfrac{1}{x+2}$, $g(x)=\dfrac{x-2}{x^2-4}$

2nd — 서로 같은 함수임을 이용하여 구하는 미지수의 값

● 주어진 집합 X를 정의역으로 하는 두 함수 f, g가 다음과 같을 때, $f=g$가 되도록 하는 상수 a, b의 값을 구하시오.

11 $X=\{0, 1\}$, $f(x)=x^2$, $g(x)=ax+b$

→ $f=g$가 되려면 $f(0)=g(0)$, $f(1)=g(1)$이어야 한다.

$f(0)=g(0)$에서 $b=\boxed{}$

$f(1)=g(1)$에서 $a+b=\boxed{}$ ...... ㉠

$b=\boxed{}$을 ㉠에 대입하면 $a=\boxed{}$

12 $X=\{-1, 0\}$, $f(x)=x-2$, $g(x)=ax^2+b$

13 $X=\{1, 2\}$, $f(x)=x^3$, $g(x)=ax+b$

14 $X=\{3, 4\}$, $f(x)=x^2-2$, $g(x)=ax+b$

개념모음문제

15 정의역이 $\{-1, 1\}$인 두 함수
$$f(x)=x^2+ax-5,\ g(x)=5x+b$$
에 대하여 $f=g$일 때, ab의 값은?
(단, a, b는 상수이다.)

① -25　　② -20　　③ -15

④ -10　　⑤ -5

04

대응의 표현!

함수의 그래프

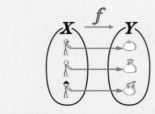

만두를 골라 순서쌍으로 집합!

$$\{\,(\,\text{人},\,\text{🥟}\,),\,(\,\text{人},\,\text{💰}\,),\,(\,\text{人},\,\text{🍘}\,)\,\}$$

순서쌍으로 대응을 표현할 수 있어!

함수 $f: X \longrightarrow Y$에서 정의역 X의 원소 x와 이에 대응하는 함숫값 $f(x)$의 순서쌍 $(x,\,f(x))$ 전체의 집합 $\{(x,\,f(x)) | x \in X\}$를 함수 f의 그래프라 한다.

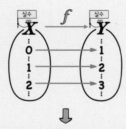

함수 f의 그래프는 순서쌍 $(x,\,f(x))$ 전체의 집합

$$\{\,\cdots,\,(0,\,1),\,\cdots,\,(1,\,2),\,\cdots,\,(2,\,3),\,\cdots\,\}$$

이 순서쌍 $(x,\,f(x))$를 좌표로 하는 점을 좌표평면 위에 나타내어 그릴 수 있다.

그래프가 순서쌍의 집합이었어?

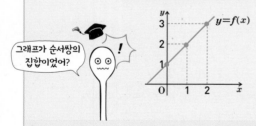

함수의 그래프인지 어떻게 알 수 있을까?

함수는 정의역의 각 원소에 공역의 원소가 오직 하나씩 대응하므로 함수의 그래프는 y축에 평행한 직선 $x=a\,(a \in X)$와 오직 한 점에서 만난다.

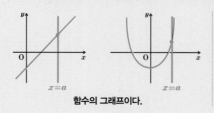

함수의 그래프이다.　　함수의 그래프가 아니다.

1st ― 함수의 그래프

● 주어진 집합 X를 정의역으로 하는 함수 $y=f(x)$가 다음과 같을 때, 이 함수의 그래프를 좌표평면 위에 나타내시오.

1 $X=\{-2,\,-1,\,0,\,1,\,2\}$, $f(x)=-x+2$

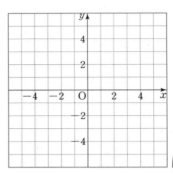

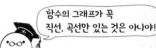

함수의 그래프가 꼭 직선, 곡선만 있는 것은 아니야!

2 $X=\{x | x$는 실수$\}$, $f(x)=-x+2$

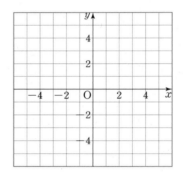

3 $X=\{-3,\,-1,\,0,\,1,\,3\}$, $f(x)=x^2-5$

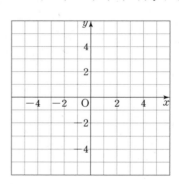

4 $X=\{x | x$는 실수$\}$, $f(x)=x^2-5$

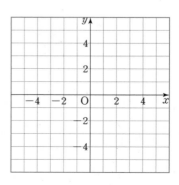

2nd 함수의 그래프의 판별

● 다음 그래프 중 함수의 그래프인 것은 ○를, 함수의 그래프가 아닌 것은 ×를 (   ) 안에 써넣으시오.

5   (   )

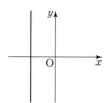

6   (   )

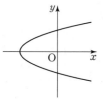

7   (   )

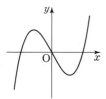

8   (   )

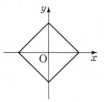

9   (   )

10   (   )

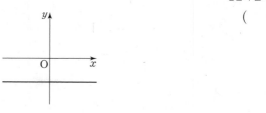

함수의 그래프 개형 발레학원

너 함수가 아니잖아.
그래서 원의 그래프라고
안 하고
원의 방정식이라고
부르는 거잖아.

음... 일반적으로
대 **개형**태가
이렇다?

그런데.
개형이 모야?

멋지지?
대수에서 만나.

11   (   )

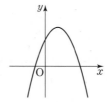

12   (   )

함수의 표현

집합끼리의 대응	x의 값에 따른 y의 값의 관계식	순서쌍의 집합; 그래프
$X \xrightarrow{f} Y$ $x \quad y$	$y=f(x)$	$\{(x, f(x)) \mid x \in X\}$ 좌표평면 위에 도형으로 나타낼 수 있어!

TEST 개념 확인

01~02 함수

• 두 집합 X, Y에 대하여 X의 각 원소에 Y의 원소가 오직 하나씩 대응할 때, 이 대응을 X에서 Y로의 함수라 한다.

1 두 집합 $X=\{0, 1, 2\}$, $Y=\{0, 1, 2, 3\}$에 대하여 X에서 Y로의 함수인 것만을 **보기**에서 있는 대로 고른 것은?

> **보기**
> ㄱ. $y=x+1$ ㄴ. $y=-x+4$
> ㄷ. $y=x^2-1$ ㄹ. $y=|x|$

① ㄱ, ㄴ ② ㄱ, ㄹ ③ ㄴ, ㄷ
④ ㄴ, ㄹ ⑤ ㄷ, ㄹ

2 두 집합 $X=\{x \,|\, 0 \leq x \leq 3\}$, $Y=\{y \,|\, -2 \leq y \leq 1\}$에 대하여 다음 중 X에서 Y로의 함수인 것은?

① $f(x)=x$ ② $f(x)=x-3$
③ $f(x)=-x+1$ ④ $f(x)=|x+2|$
⑤ $f(x)=x^2-2$

3 정의역이 $\{x \,|\, 2 \leq x \leq 6\}$인 함수 $y=ax+b$의 치역이 $\{y \,|\, -3 \leq y \leq 5\}$일 때, 상수 a, b에 대하여 $a-b$의 값은? (단, $a>0$)

① 1 ② 3 ③ 5
④ 7 ⑤ 9

4 정의역이 $\{-2, -1, 1, 2\}$인 함수 $f(x)=x^2+a$의 치역의 모든 원소의 합이 13일 때, 상수 a의 값은?

① 3 ② 4 ③ 6
④ 8 ⑤ 10

5 실수 전체의 집합에서 정의된 함수 $f(x)$에 대하여
$$f(x)=\begin{cases} -x+5 & (x<2) \\ 2x-1 & (x \geq 2) \end{cases}$$
일 때, $f(-3)+f(5)$의 값은?

① 2 ② 5 ③ 8
④ 13 ⑤ 17

6 함수 $f(2-x)=4x+3$일 때, $f(-3)$의 값은?

① 11 ② 15 ③ 19
④ 23 ⑤ 27

03 서로 같은 함수

• 두 함수 f, g에 대하여

① 정의역과 공역이 각각 같다.

② 정의역의 모든 원소 x에 대하여 $f(x)=g(x)$이다.

➜ 두 함수 f와 g는 서로 같다.

➜ 기호로 $f=g$와 같이 나타낸다.

7 정의역이 $\{-1, 0, 1\}$일 때, 두 함수 f, g에 대하여 $f=g$인 것만을 **보기**에서 있는 대로 고른 것은?

┌ **보기** ┐
ㄱ. $f(x)=x^2$, $g(x)=2x^2-1$
ㄴ. $f(x)=\sqrt{x^2}$, $g(x)=|x|$
ㄷ. $f(x)=x+2$, $g(x)=-x+2$
└─────────┘

① ㄱ   ② ㄴ   ③ ㄱ, ㄴ

④ ㄱ, ㄷ   ⑤ ㄴ, ㄷ

8 정의역이 $\{-1, 0\}$인 두 함수
$$f(x)=3x+a, \quad g(x)=x^2-bx-2$$
에 대하여 $f=g$일 때, ab의 값을 구하시오.

(단, a, b는 상수이다.)

9 집합 $X=\{1, a\}$를 정의역으로 하는 두 함수
$$f(x)=x^2+x+1, \quad g(x)=2x+b$$
가 서로 같을 때, 함수 g의 치역은?

(단, a, b는 상수이고 $a\neq1$이다.)

① $\{0, 1\}$ ② $\{0, 3\}$ ③ $\{1, 3\}$

④ $\{1, 4\}$ ⑤ $\{3, 4\}$

04 함수의 그래프

• 함수 $f: X \longrightarrow Y$에서 정의역 X의 원소 x와 이에 대응하는 함숫값 $f(x)$의 순서쌍 $(x, f(x))$ 전체의 집합

$$\{(x, f(x))|x\in X\}$$

를 함수 f의 그래프라 한다.

10 다음 중 정의역이 $\{0, 1, 2\}$인 함수의 그래프가 <u>아닌</u> 것은?

① 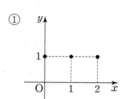   ②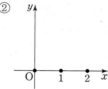

③ 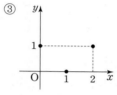   ④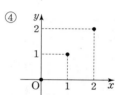

⑤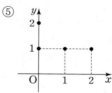

11 다음 중 함수의 그래프를 모두 고르면? (정답 2개)

① 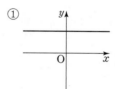   ②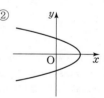

③ 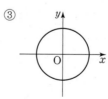   ④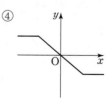

⑤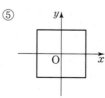

대응의 분류!

일대일함수와 일대일대응

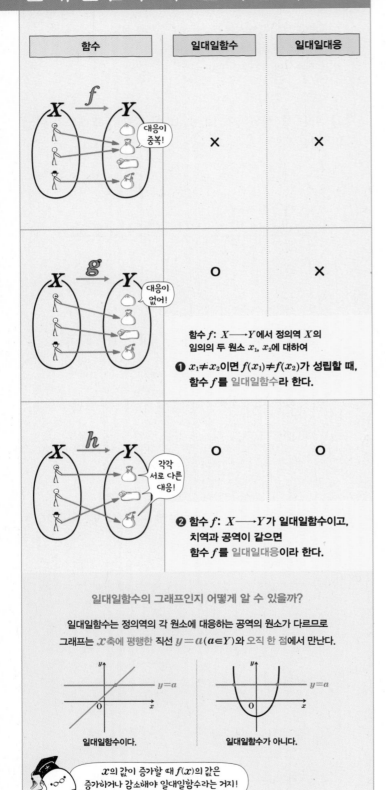

함수	일대일함수	일대일대응
$X \xrightarrow{f} Y$ 대응이 중복!	×	×
$X \xrightarrow{g} Y$ 대응이 없어!	○	×
$X \xrightarrow{h} Y$ 각각 서로 다른 대응!	○	○

함수 $f: X \longrightarrow Y$에서 정의역 X의 임의의 두 원소 x_1, x_2에 대하여

❶ $x_1 \neq x_2$이면 $f(x_1) \neq f(x_2)$가 성립할 때, 함수 f를 일대일함수라 한다.

❷ 함수 $f: X \longrightarrow Y$가 일대일함수이고, 치역과 공역이 같으면 함수 f를 일대일대응이라 한다.

일대일함수의 그래프인지 어떻게 알 수 있을까?

일대일함수는 정의역의 각 원소에 대응하는 공역의 원소가 다르므로 그래프는 x축에 평행한 직선 $y=a\,(a \in Y)$와 오직 한 점에서 만난다.

일대일함수이다. / 일대일함수가 아니다.

x의 값이 증가할 때 $f(x)$의 값은 증가하거나 감소해야 일대일함수라는 거지!

참고 함수 f가 일대일함수임을 보이기 위해서는 '$x_1 \neq x_2$이면 $f(x_1) \neq f(x_2)$' 또는 그 대우 '$f(x_1)=f(x_2)$이면 $x_1=x_2$'가 참임을 보이면 된다.

1ˢᵗ ― 일대일함수와 일대일대응의 구분

● 다음 함수의 그래프가 해당하는 함수인 것은 ○를, 해당하는 함수가 아닌 것은 ×를 ( ) 안에 써넣으시오.

1 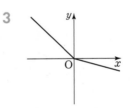 → 일대일함수 ( )
일대일대응 ( )

2 → 일대일함수 ( )
일대일대응 ( )

3 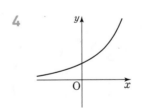 → 일대일함수 ( )
일대일대응 ( )

4 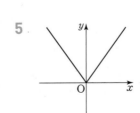 → 일대일함수 ( )
일대일대응 ( )

5 → 일대일함수 ( )
일대일대응 ( )

● 다음 함수가 일대일대응인지 알아보고, 일대일대응이 아닌 것은 그 이유를 설명하시오.

6 $f(x)=x-5$

→ 함수 $f(x)=x-5$는 임의의 두 실수 x_1, x_2에 대하여

$f(x_1)=f(x_2)$, 즉 $x_1-5=x_2-$ ☐ 이면 $x_1=$ ☐ 이다.

또 치역과 공역이 모두 실수 전체의 집합이다.

따라서 이 함수는 일대일 ☐ 이다.

7 $f(x)=-2x+1$

8 $f(x)=x^2+2x$

9 $f(x)=x^2-3$

10 $f(x)=4$

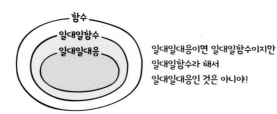

일대일대응이면 일대일함수이지만
일대일함수라 해서
일대일대응인 것은 아니야!

2nd — 일대일대응이 되기 위한 조건

● 다음 두 집합 X, Y에 대하여 X에서 Y로의 함수 $f(x)=ax+b$ 가 일대일대응이 되도록 하는 상수 a, b의 값을 구하시오.

(단, $a>0$)

> x의 값이 증가할 때 $f(x)$의 값은 증가하거나 감소해야 하고, 정의역의 양 끝값의 함숫값이 공역(치역)의 양 끝 값이어야 한다.

11 $X=\{x\,|\,-2\le x\le 3\}$, $Y=\{y\,|\,3\le y\le 8\}$

→ $a>0$이므로 x의 값이 증가할 때 y의 값도 ☐ 한다.

이때 함수 f가 일대일대응이 되려면 치역과 공역이 같아야 하므로 $y=f(x)$의 그래프는 오른쪽 그림과 같이 두 점

$(-2,$ ☐ $)$, $(3,$ ☐ $)$

을 양 끝 점으로 하는 선분이다.

즉 $f(-2)=$ ☐ , $f(3)=$ ☐ 이므로

$-2a+b=$ ☐ , $3a+b=$ ☐

위의 두 식을 연립하여 풀면 $a=$ ☐ , $b=$ ☐

12 $X=\{x\,|\,-3\le x\le 1\}$, $Y=\{y\,|\,-7\le y\le 1\}$

13 $X=\{x\,|\,1\le x\le 5\}$, $Y=\{y\,|\,-4\le y\le 8\}$

14 $X=\{x\,|\,-1\le x\le 2\}$, $Y=\{y\,|\,-9\le y\le 6\}$

😊 **내가 발견한 개념**   일대일함수와 일대일대응의 의미는?

• 함수 f: X ⟶ Y가 일대일함수

→ $f(x_1)=f(x_2)$이면 x_1 ◯ x_2 ($x_1 \in$ X, $x_2 \in$ X)

• 함수 f: X ⟶ Y가 일대일대응

→ 일대일 ☐ 이면서 {f(x)|$x \in$X} ◯ Y이다.
　　　　　　　　치역

● 다음 두 집합 X, Y에 대하여 X에서 Y로의 함수 $f(x)=ax+b$ 가 일대일대응이 되도록 하는 상수 a, b의 값을 구하시오.

(단, $a<0$)

15 $X=\{x\,|\,-3\le x\le 3\}$, $Y=\{y\,|\,-7\le y\le -1\}$

→ $a<0$이므로 x의 값이 증가할 때 y의 값은 ⬚ 한다.

이때 함수 f가 일대일대응이 되려면 치역과 공역이 같아야 하므로 $y=f(x)$의 그래프는 오른쪽 그림과 같이 두 점 $(-3, \boxed{})$, $(3, \boxed{})$ 을 양 끝 점으로 하는 선분이다.

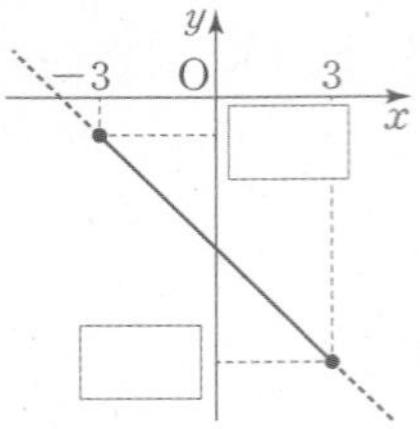

즉 $f(-3)=\boxed{}$, $f(3)=\boxed{}$ 이므로 $-3a+b=\boxed{}$, $3a+b=\boxed{}$

위의 두 식을 연립하여 풀면 $a=\boxed{}$, $b=\boxed{}$

16 $X=\{x\,|\,-4\le x\le 2\}$, $Y=\{y\,|\,-4\le y\le 14\}$

17 $X=\{x\,|\,2\le x\le 10\}$, $Y=\{y\,|\,-3\le y\le 1\}$

18 $X=\{x\,|\,-6\le x\le 3\}$, $Y=\{y\,|\,-5\le y\le -2\}$

● 다음 두 집합 X, Y에 대하여 X에서 Y로의 함수 $f(x)$가 일대일대응이 되도록 하는 상수 k의 값을 구하시오.

19 $X=\{x\,|\,x\ge 2\}$, $Y=\{y\,|\,y\ge 7\}$
$f(x)=x^2-4x+k$

→ $f(x)=x^2-4x+k=(x-2)^2+k-4$이므로 $x\ge 2$일 때, x의 값이 증가하면 $f(x)$의 값도 ⬚ 한다.

이때 함수 f가 일대일대응이 되려면 $f(2)=\boxed{}$ 이어야 하므로 $2^2-4\times 2+k=\boxed{}$

따라서 $k=\boxed{}$

20 $X=\{x\,|\,x\ge -2\}$, $Y=\{y\,|\,y\ge -3\}$
$f(x)=2x^2+8x+k$

21 $X=\{x\,|\,x\ge 1\}$, $Y=\{y\,|\,y\le -1\}$
$f(x)=-x^2+2x+k$

22 $X=\{x\,|\,x\ge 3\}$, $Y=\{y\,|\,y\le 10\}$
$f(x)=-3x^2+18x+k$

23 $X=\{x\,|\,x\leq k\}$, $Y=\{y\,|\,y\geq k+4\}$

$f(x)=x^2-2x$

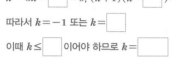

→ $f(x)=x^2-2x=(x-1)^2-1$이므로

함수 $f(x)$가 X에서 Y로의 일대일대응이

되려면 오른쪽 그림과 같이

$k\leq$ ☐ 이고 $f(k)=$ ☐ 이어야 한다.

즉 $k^2-2k=$ ☐ 에서

k^2-3k- ☐ $=0$, $(k+1)(k-$ ☐ $)=0$

따라서 $k=-1$ 또는 $k=$ ☐

이때 $k\leq$ ☐ 이어야 하므로 $k=$ ☐

24 $X=\{x\,|\,x\leq k\}$, $Y=\{y\,|\,y\geq 3k+7\}$

$f(x)=x^2+4x+5$

25 $X=\{x\,|\,x\leq k\}$, $Y=\{y\,|\,y\geq k+12\}$

$f(x)=2x^2-4x+9$

26 $X=\{x\,|\,x\geq k\}$, $Y=\{y\,|\,y\leq 6k-12\}$

$f(x)=-x^2+2x$

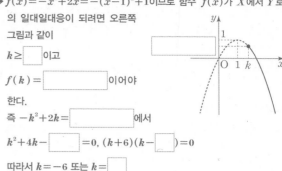

→ $f(x)=-x^2+2x=-(x-1)^2+1$이므로 함수 $f(x)$가 X에서 Y로

의 일대일대응이 되려면 오른쪽

그림과 같이

$k\geq$ ☐ 이고

$f(k)=$ ☐ 이어야

한다.

즉 $-k^2+2k=$ ☐ 에서

k^2+4k- ☐ $=0$, $(k+6)(k-$ ☐ $)=0$

따라서 $k=-6$ 또는 $k=$ ☐

이때 $k\geq$ ☐ 이어야 하므로 $k=$ ☐

27 $X=\{x\,|\,x\geq k\}$, $Y=\{y\,|\,y\leq 2k+2\}$

$f(x)=-x^2+4x+5$

28 $X=\{x\,|\,x\geq k\}$, $Y=\{y\,|\,y\leq 6k+10\}$

$f(x)=-3x^2-6x+1$

개념모음문제

29 실수 전체의 집합 R에서 R로의 함수 f에 대하여

$$f(x)=\begin{cases}x+5 & (x\geq 0) \\ (1-a)x+5 & (x<0)\end{cases}$$

이고 일대일대응일 때, 상수 a의 값의 범위는?

① $a<1$ ② $a<2$ ③ $a<3$

④ $a<4$ ⑤ $a<5$

거꾸로 해도 함수가 되는 일대일대응

함수 $f\colon X\longrightarrow Y$가 일대일대응이면 집합 Y의 각 원소가

집합 X의 원소에 하나씩만 대응하므로 $g\colon Y\longrightarrow X$인 함수가 존재한다.

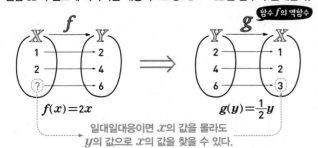

함수 f의 역함수

일대일대응이면 x의 값을 몰라도

y의 값으로 x의 값을 찾을 수 있다.

정의역이 치역이 되고 치역이 정의역이 되는
함수를 역함수라 해! 곧 배우게 될 거야!

06

특수한 대응!

항등함수와 상수함수

1 항등함수

만두 값은 누가 낼 거야?

함수 $f: X \longrightarrow X$에서 정의역 X의 원소 x에 그 자신 x가 대응하는 함수, 즉 $f(x)=x$인 함수를 항등함수라 한다.

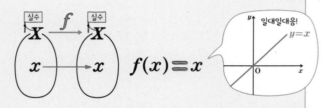

$f(x)=x$

일대일대응!
$y=x$

2 상수함수

모두 먹고 싶은 만두를 하나씩만 골라 봐!

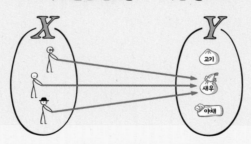

함수 $f: X \longrightarrow Y$에서 정의역 X의 모든 원소 x에 공역 Y의 오직 하나의 원소 c가 대응하는 함수, 즉 $f(x)=c$인 함수를 상수함수라 한다.

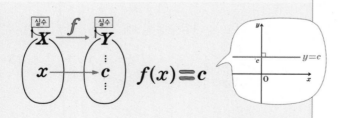

$f(x)=c$

$y=c$

참고 ① 항등함수는 일대일대응이다.
　　② 상수함수의 치역은 원소가 한 개인 집합이다.

1st 항등함수와 상수함수의 판별

● 다음 집합 X에서 X로의 함수 $f(x)$가 항등함수인지 상수함수인지 판별하시오.

1　　$X=\{-1,\ 1\}$

(1) $f(x)=x$

→ $f(x)=x$에서

$f(-1)=\boxed{}$, $f(1)=\boxed{}$

따라서 주어진 함수는 $\boxed{}$함수이다.

(2) $f(x)=x^3$

(3) $f(x)=|x|$

2　　$X=\{-2,\ 0,\ 2\}$

(1) $f(x)=x^3-4x$

(2) $f(x)=-x^3+5x$

(3) $f(x)=-2x^3+8x+2$

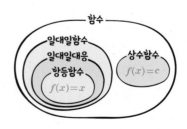

함수
일대일함수
일대일대응
항등함수
$f(x)=x$
상수함수
$f(x)=c$

😊 내가 발견한 개념　　　　　　　　　　항등함수와 상수함수는?

• 항등함수는 일대일 $\boxed{}$이다.

• 상수함수의 $\boxed{}$은 원소가 한 개인 집합이다.

2nd ─ 항등함수를 이용하여 구하는 정의역의 개수

- **공집합이 아닌 집합 X를 정의역으로 하는 함수 $f(x)$에 대하여 함수 f가 항등함수가 되도록 하는 집합 X의 개수를 구하시오.**

> 집합 $X=\{x_1, x_2, \cdots, x_n\}$에 대하여
> 집합 X의 부분집합의 개수 ➔ 2^n
> 이때 공집합을 제외하면 ➔ 2^n-1

3 $f(x)=x^2-6$

➔ $f(x)$가 항등함수가 되려면

$f(x)=\boxed{}$ 이어야 하므로 $x^2-6=\boxed{}$

$x^2-\boxed{}-6=0,\ (x+\boxed{})(x-3)=0$

즉 $x=\boxed{}$ 또는 $x=3$

따라서 구하는 집합 X의 개수는

$\{\boxed{}\},\ \{3\},\ \{-2, 3\}$의 $\boxed{}$이다.

4 $f(x)=x^2-2x+2$

5 $f(x)=x^2-4x$

6 $f(x)=x^3-3x^2+3x$

7 $f(x)=x^3+3x^2-3$

3rd ─ 항등함수와 상수함수를 이용하여 구하는 함숫값

8 실수 전체의 집합에서 정의된 두 함수 f, g에 대하여 $f(x)$는 항등함수이고, $g(x)$는 상수함수이다. $f(5)=g(5)$일 때, $f(-3)+g(7)$의 값을 구하시오.

➔ 함수 f가 항등함수이므로

$f(-3)=\boxed{}$, $f(5)=\boxed{}$

즉 $f(5)=g(5)$에서 $g(5)=\boxed{}$

이때 함수 g가 상수함수이므로 $g(7)=\boxed{}$

따라서 $f(-3)+g(7)=\boxed{}$

9 실수 전체의 집합에서 정의된 두 함수 f, g에 대하여 $f(x)$는 상수함수이고, $g(x)$는 항등함수이다. $f(3)=g(3)$일 때, $f(-3)+g(5)$의 값을 구하시오.

10 집합 $X=\{1, 2, 3\}$에 대하여 X에서 X로의 세 함수 f, g, h는 각각 상수함수, 항등함수, 일대일대응일 때,

$$f(1)=g(3)=h(2),\ 2h(1)=h(2)+h(3)$$

이다. $f(2)+g(1)+h(3)$의 값을 구하시오.

➔ 함수 g는 항등함수이므로 $g(1)=\boxed{}$, $g(3)=\boxed{}$

즉 $f(1)=h(2)=g(3)=\boxed{}$

함수 f는 상수함수이므로 $f(2)=f(1)=\boxed{}$

함수 h는 일대일대응이고 $h(2)=\boxed{}$이므로

$2h(1)=h(2)+h(3)$에서 $h(1)=2,\ h(3)=\boxed{}$

따라서 $f(2)+g(1)+h(3)=3+1+\boxed{}=\boxed{}$

11 집합 $X=\{0, 1, 2\}$에 대하여 X에서 X로의 세 함수 f, g, h는 각각 상수함수, 항등함수, 일대일대응일 때,

$$f(1)=g(2)=h(1),\ h(0)>h(2)$$

이다. $f(0)+g(1)+h(2)$의 값을 구하시오.

12 아래 **보기**의 집합 X에서 집합 Y로의 함수 중에서 다음에 해당하는 것만을 있는 대로 고르시오.

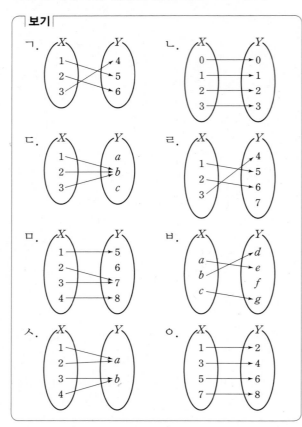

보기

(1) 일대일함수

(2) 일대일대응

(3) 항등함수

(4) 상수함수

• 주어진 집합 X에 대하여 X에서 X로의 함수의 그래프가 다음과 같을 때, 이 함수에 해당하는 것만을 보기에서 있는 대로 고르시오.

보기

ㄱ. 일대일함수　　　　ㄴ. 일대일대응
ㄷ. 항등함수　　　　　ㄹ. 상수함수

13 $X = \{-2, \ -1, \ 0, \ 1, \ 2\}$

(1)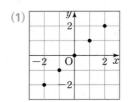

(2)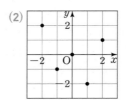

(3)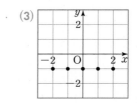

14 $X = \{0, \ 1, \ 2, \ 3, \ 4\}$

(1)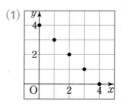

(2)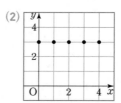

(3)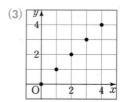

15 실수 전체의 집합에서 정의된 **보기**의 함수의 그래프 중에서 다음에 해당하는 것만을 있는 대로 고르시오.

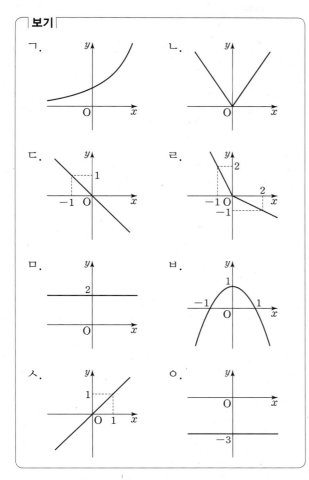

(1) 일대일함수의 그래프

(2) 일대일대응의 그래프

(3) 항등함수의 그래프

(4) 상수함수의 그래프

16 실수 전체의 집합에서 정의된 **보기**의 함수 중에서 다음에 해당하는 것만을 있는 대로 고르시오.

> **보기**
> ㄱ. $y=-2$ ㄴ. $y=2x+1$
> ㄷ. $y=x$ ㄹ. $y=|x-4|$
> ㅁ. $y=x^2-3$ ㅂ. $y=-7x$

(1) 일대일함수

(2) 일대일대응

(3) 항등함수

(4) 상수함수

일상생활 속 함수

같을 수도 있고 다를 수도 있는 사람의 키는 함수이다.

서로 다른 자동차 번호판은 일대일함수이다.

사다리타기 게임은 서로 다른 결과를 얻는 일대일대응이다.

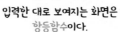
입력한 대로 보여지는 화면은 항등함수이다.

어떤 반의 학생들의 담임선생님은 상수함수이다.

07

함수의 개수

대응의 개수!

여러 가지 함수의 개수는?

1 함수의 개수

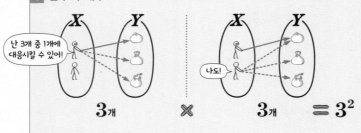

난 3개 중 1개에 대응시킬 수 있어!

나도!

3개 ✕ 3개 ≡ 3²

2 일대일함수의 개수

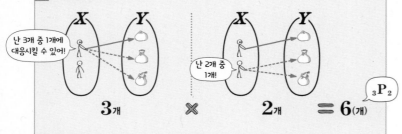

난 3개 중 1개에 대응시킬 수 있어!

난 2개 중 1개!

3개 ✕ 2개 ≡ 6(개) ₃P₂

3 일대일대응의 개수

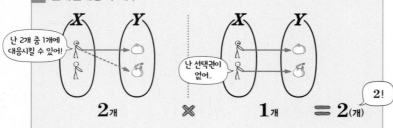

난 2개 중 1개에 대응시킬 수 있어!

난 선택권이 없어..

2개 ✕ 1개 ≡ 2(개) 2!

4 상수함수의 개수

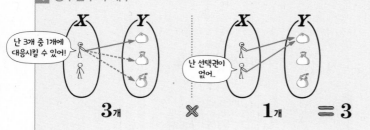

난 3개 중 1개에 대응시킬 수 있어!

난 선택권이 없어..

3개 ✕ 1개 ≡ 3

• **함수의 개수: 두 집합**

$$X=\{x_1, x_2, x_3, \cdots, x_m\}, Y=\{y_1, y_2, y_3, \cdots, y_n\}$$

에 대하여 X에서 Y로의 원소의 개수 m 원소의 개수 n

① 함수의 개수: $n \times n \times n \times \cdots \times n = n^m$

② 일대일함수의 개수:

$\qquad n \times (n-1) \times (n-2) \times \cdots \times (n-m+1)(=_nP_m)$ (단, $n \geq m$)

③ 일대일대응의 개수:

$\qquad n \times (n-1) \times (n-2) \times \cdots \times 2 \times 1 (=n!)$ (단, $m=n$)

④ 상수함수의 개수: n

1st ─ 여러 가지 함수의 개수

● 다음 두 집합 X, Y에 대하여 주어진 조건을 만족시키는 X에서 Y로의 함수의 개수를 구하시오.

1 함수

(1) $X=\{1, 2\}$, $Y=\{a, b, c\}$

→ 1의 함숫값이 될 수 있는 것은 a, b, c의 ☐ 개

2의 함숫값이 될 수 있는 것은 a, b, c의 ☐ 개

따라서 함수의 개수는 $3 \times$ ☐ $=$ ☐$^2 =$ ☐

(2) $X=\{1, 2, 3\}$, $Y=\{a, b, c\}$

(3) $X=\{a, b, c\}$, $Y=\{1, 2, 3, 4\}$

2 일대일함수

(1) $X=\{1, 2, 3\}$, $Y=\{a, b, c, d\}$

→ 1의 함숫값이 될 수 있는 것은 a, b, c, d의 ☐ 개

2의 함숫값이 될 수 있는 것은 1의 함숫값을 제외한 ☐ 개

3의 함숫값이 될 수 있는 것은 1, 2의 함숫값을 제외한 ☐ 개

따라서 일대일함수의 개수는 $4 \times$ ☐ $\times$ ☐ $=$ ☐

[다른 풀이]

→ 일대일함수의 개수는 집합 Y의 4개의 원소 중에서 ☐ 개를 택하는 순열의 수와 같으므로

$_4P_{☐} = 4 \times$ ☐ $\times$ ☐ $=$ ☐

(2) $X=\{1, 2\}$, $Y=\{3, 4, 5, 6, 7\}$

(3) $X=\{a, b, c, d\}$, $Y=\{1, 2, 3, 4\}$

3 　일대일대응

(1) $X=\{0, 1, 2\}$, $Y=\{1, 2, 3\}$

→ 0의 함숫값이 될 수 있는 것은 1, 2, 3의 ☐ 개

1의 함숫값이 될 수 있는 것은 0의 함숫값을 제외한 ☐ 개

2의 함숫값이 될 수 있는 것은 0, 1의 함숫값을 제외한 ☐ 개

따라서 일대일대응의 개수는 3×☐×☐=☐

[다른 풀이]

→ 일대일대응의 개수는 집합 Y의 3개의 원소 중에서 ☐개를 택하
는 순열의 수와 같으므로

☐!=3×☐×☐=☐

(2) $X=\{1, 3, 5, 7\}$, $Y=\{2, 4, 6, 8\}$

(3) $X=\{a, b, c, d, e\}$, $Y=\{1, 2, 3, 4, 5\}$

4 　상수함수

(1) $X=\{1, 2, 3\}$, $Y=\{4, 5, 6\}$

→ 집합 Y의 원소의 개수가 3이므로
상수함수의 개수는 ☐이다.

(2) $X=\{a, b, c\}$, $Y=\{d, e, f, g\}$

(3) $X=\{a, b, c, d\}$, $Y=\{1, 3, 5, 7, 9\}$

😊 **내가 발견한 개념** 　　　　　　　　　　함수의 개수는?

두 집합 X, Y의 원소가 각각 m개, n개일 때, X에서 Y로의

• 함수의 개수 → ☐

• 일대일함수의 개수
→ n×(n-1)×(n-2)×⋯×(n-m+☐) (단, n≥m)

• 일대일대응의 개수
→ n×(n-1)×(n-2)×⋯×☐×☐ (단, m=n)

• 상수함수의 개수 → ☐

[개념모음문제]

5 　두 집합 $X=\{p, q, r\}$, $Y=\{1, 2, 3, 4\}$에 대하여
X에서 Y로의 함수의 개수를 l, 상수함수의 개수를
m, 일대일함수의 개수를 n이라 할 때, $l+m+n$의
값은?

① 76 　　　② 80 　　　③ 84

④ 88 　　　⑤ 92

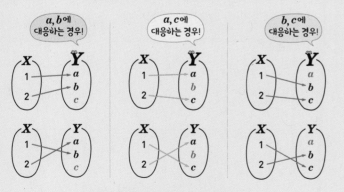

집합 $X=\{1, 2\}$에서 집합 $Y=\{a, b, c\}$로의 일대일함수의 개수는?

따라서 일대일함수의 개수는 6이다.
이것은 Y의 원소 3개 중에서 2개를 뽑아 나열한 뒤
X의 원소에 차례대로 하나씩 대응시키는 경우의 수와 같다.

순열을
함수에서 보게 되다니!

₃P₂

05 일대일함수와 일대일대응
- **일대일함수**: 함수 $f: X \longrightarrow Y$에서 정의역 X의 임의의 두 원소 x_1, x_2에 대하여 $x_1 \neq x_2$이면 $f(x_1) \neq f(x_2)$인 함수
- **일대일대응**: 일대일함수이고 치역과 공역이 같은 함수

1 실수 전체의 집합에서 정의된 함수 f가
$$f(x) = \begin{cases} 3x+2 & (x<0) \\ ax+2 & (x \geq 0) \end{cases}$$
일 때, 함수 f가 일대일함수가 되도록 하는 실수 a의 값의 범위를 구하시오.

2 두 집합 $X = \{0, 2, 4\}$, $Y = \{1, 3, 5, 7\}$에 대하여 X에서 Y로의 함수 f가 일대일함수이고, $f(4) = 3$일 때, $f(0) + f(2)$의 최솟값은?

① 2   ② 6   ③ 8
④ 10   ⑤ 12

3 다음 **보기**에서 일대일대응의 그래프인 것만을 있는 대로 고른 것은?
(단, 정의역과 공역은 모두 실수 전체의 집합이다.)

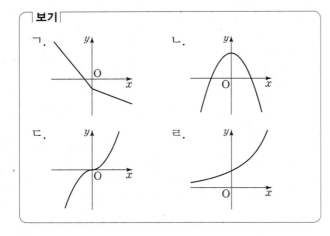

ㄱ.   ㄴ.   ㄷ.   ㄹ.

① ㄱ, ㄴ   ② ㄱ, ㄷ   ③ ㄴ, ㄷ
④ ㄴ, ㄹ   ⑤ ㄷ, ㄹ

4 실수 전체의 집합에서 정의된 다음 함수 중 일대일대응이 <u>아닌</u> 것은?

① $f(x) = x - 1$ ② $f(x) = -5x + 10$
③ $f(x) = |x| - 3x$ ④ $f(x) = x^2 - 4$
⑤ $f(x) = \begin{cases} 2x+1 & (x<0) \\ x+1 & (x \geq 0) \end{cases}$

5 두 집합 $X = \{x \mid x \geq 5\}$, $Y = \{y \mid y \geq 3\}$에 대하여 X에서 Y로의 함수 $f(x) = x^2 - 6x + k$가 일대일대응일 때, 상수 k의 값을 구하시오.

06 항등함수와 상수함수
- **항등함수**: 함수 $f: X \longrightarrow X$에서 정의역 X의 각 원소 x에 그 자신 x가 대응하는 함수, 즉 $f(x) = x$인 함수
- **상수함수**: 함수 $f: X \longrightarrow Y$에서 정의역 X의 모든 원소 x에 공역 Y의 오직 하나의 원소 c가 대응하는 함수, 즉 $f(x) = c$인 함수

6 집합 $X = \{1, 2, 3, 4\}$에 대하여 X에서 X로의 항등함수인 것만을 **보기**에서 있는 대로 고른 것은?

보기
ㄱ. $f(x) = x - 1$
ㄴ. $g(x) = |x|$
ㄷ. $h(x) = (x$를 5로 나눈 나머지)

① ㄱ   ② ㄴ   ③ ㄱ, ㄴ
④ ㄱ, ㄷ   ⑤ ㄴ, ㄷ

7 공집합이 아닌 집합 X를 정의역으로 하는 함수
$f(x)=x^2-2$가 항등함수가 되도록 하는 집합 X의
개수는?

① 3　　　　　② 7　　　　　③ 15
④ 31　　　　　⑤ 63

8 자연수 전체의 집합에서 정의된 함수 f는 상수함수이
고 $f(100)=2$일 때, 다음 식의 값은?

$$f(1)+f(2)+f(3)+\cdots+f(100)$$

① 2　　　　　② 25　　　　　③ 50
④ 100　　　　⑤ 200

9 실수 전체의 집합에서 정의된 두 함수 f, g에 대하여
$f(x)$는 항등함수이고, $g(x)$는 상수함수이다.
$f(5)=g(5)$일 때, $f(-5)+g(3)$의 값은?

① -10　　　② -2　　　③ 0
④ 2　　　　　⑤ 10

07　함수의 개수

• 두 집합 X, Y의 원소의 개수가 각각 m, n일 때
X에서 Y로의
① 일대일함수의 개수
　→ $n\times(n-1)\times(n-2)\times\cdots\times(n-m+1)(={}_n\mathrm{P}_m)$
　　　　　　　　　　　　　　　　　　　　(단, $n\geq m$)
② 일대일대응의 개수
　→ $n\times(n-1)\times(n-2)\times\cdots\times2\times1(=n!)$ (단, $m=n$)
③ 상수함수의 개수 → n

10 두 집합 $X=\{1,\ 2,\ 3\}$, $Y=\{a,\ b,\ c,\ d\}$에 대하여
다음 조건을 만족시키는 함수 $f:X\longrightarrow Y$의 개수는?

> X의 임의의 두 원소 x_1, x_2에 대하여
> $x_1\neq x_2$이면 $f(x_1)\neq f(x_2)$이다.

① 6　　　　　② 12　　　　　③ 18
④ 24　　　　　⑤ 30

11 집합 $X=\{a,\ b,\ c,\ d\}$에 대하여 X에서 X로의 함수
f 중에서 $f(a)=c$를 만족시키는 함수 f의 개수를 구
하시오.

12 집합 $X=\{1,\ 3,\ 5\}$에 대하여 X에서 X로의 함수 중
일대일대응의 개수를 a, 항등함수의 개수를 b, 상수
함수의 개수를 c라 할 때, $a+b+c$의 값은?

① 8　　　　　② 10　　　　　③ 12
④ 14　　　　　⑤ 16

TEST 개념 발전

1 두 집합 $X=\{-1, 0, 1\}$, $Y=\{0, 1, 2, 3\}$에 대하여 다음 대응 중 X에서 Y로의 함수가 <u>아닌</u> 것은?

① $x \longrightarrow 0$ ② $x \longrightarrow x+2$

③ $x \longrightarrow x^2$ ④ $x \longrightarrow x^2+x$

⑤ $x \longrightarrow x^2+x+2$

2 두 집합 $X=\{x \mid x$는 10 이하의 홀수$\}$,
$Y=\{y \mid 0 \le y \le 5,\ y$는 정수$\}$에 대하여 X에서 Y로의 함수 f가
$$f(x)=|x-5|$$
일 때, 함수 f의 치역을 구하시오.

3 함수 $f(x)=7x-2$에 대하여 $f(3)=a$, $f(b)=-16$ 일 때, $a-b$의 값은?

① 15   ② 17   ③ 19

④ 21   ⑤ 23

4 집합 $X=\{x \mid 1 \le x \le 4\}$에 대하여 X에서 X로의 함수 $f(x)=ax+b$의 공역과 치역이 서로 같을 때, 상수 a, b에 대하여 $b-a$의 값을 구하시오. (단, $ab \ne 0$)

5 집합 $X=\{-2, a\}$를 정의역으로 하는 두 함수
$$f(x)=x^2+x+b,\quad g(x)=-2x+3$$
이 서로 같을 때, 함수 f의 치역은?
(단, a, b는 상수이고 $a \ne -2$이다.)

① $\{1, 3\}$ ② $\{3, 5\}$ ③ $\{5, 7\}$

④ $\{7, 9\}$ ⑤ $\{9, 11\}$

6 공집합이 아닌 집합 X를 정의역으로 하는 두 함수 $f(x)=2x^2-3x+1$, $g(x)=x^2+5$가 서로 같은 함수가 되도록 하는 집합 X를 모두 구하시오.

7 정의역과 공역이 모두 실수 전체의 집합인 다음 **보기**의 함수 중에서 일대일대응인 것만을 있는 대로 고른 것은?

보기
ㄱ. $y=\dfrac{3}{2}x$ ㄴ. $y=|x+3|$
ㄷ. $y=x^2-2$ ㄹ. $y=5-2x$

① ㄱ, ㄴ   ② ㄱ, ㄷ   ③ ㄱ, ㄹ

④ ㄴ, ㄷ   ⑤ ㄷ, ㄹ

8 실수 전체의 집합에서 정의된 두 함수 f, g에 대하여 $f(x)$는 항등함수이고, $g(x)$는 상수함수이다.

$$f(1)=g(1)$$

일 때, $f(5)+g(5)$의 값은?

① 2　　　　② 5　　　　③ 6
④ 9　　　　⑤ 10

9 집합 $X=\{3, 6, 9\}$에 대하여 X에서 X로의 세 함수 f, g, h가 각각 항등함수, 상수함수, 일대일대응이고, $f(3)=g(6)$, $h(3)=3h(6)$일 때, $f(9)+g(9)+h(9)$의 값은?

① 9　　　　② 12　　　　③ 15
④ 18　　　　⑤ 21

10 두 집합 $X=\{1, 2, 3, 4\}$, $Y=\{1, 3, 5, 7, 9\}$에 대하여 X에서 Y로의 일대일함수 중에서

$$f(1)=5, \ f(2)=1$$

을 만족시키는 함수 f의 개수는?

① 1　　　　② 2　　　　③ 6
④ 12　　　　⑤ 16

11 임의의 양의 실수 x, y에 대하여 함수 f가

$$f(xy)=f(x)+f(y)$$

를 만족시키고 $f(3)=2$일 때, $f(243)$의 값은?

① 7　　　　② 10　　　　③ 15
④ 25　　　　⑤ 32

12 두 집합 $X=\{x \mid x \geq 6\}$, $Y=\{y \mid y \geq 0\}$에 대하여 X에서 Y로의 함수 $f(x)=x^2-10x+a$가 일대일대응일 때, 상수 a의 값은?

① 12　　　　② 16　　　　③ 20
④ 24　　　　⑤ 28

13 두 집합 $X=\{x \mid x$는 $0<x<4$인 정수$\}$, $Y=\{y \mid y$는 24의 양의 약수$\}$에 대하여 다음 조건을 만족시키는 함수 $f : X \longrightarrow Y$의 개수는?

> (가) 정의역 X의 임의의 두 원소 x_1, x_2에 대하여 $f(x_1)=f(x_2)$이면 $x_1=x_2$이다.
> (나) 함수 f의 치역의 원소는 모두 짝수이다.

① 27　　　　② 36　　　　③ 81
④ 120　　　　⑤ 216

10

두 집합 사이의 관계!
합성함수와 역함수

함수의 연산!

각자 고른 만두의 가격은?

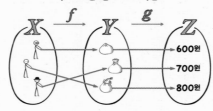

각자 지불할 금액은?

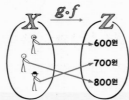

두 함수 $f:X \longrightarrow Y$, $g:Y \longrightarrow Z$가 주어질 때, 집합 X의 각 원소 x에 집합 Z의 원소 $g(f(x))$를 대응시키는 함수를 f와 g의 합성함수라 하며, 기호로 $g \circ f$와 같이 나타낸다.

합성함수

01 합성함수
02 합성함수의 성질
03 합성함수의 그래프

세 집합 X, Y, Z에 대하여 두 함수 $f:X \longrightarrow Y$, $g:Y \longrightarrow Z$가 주어질 때, X의 각 원소 x에 대하여 $f(x)$는 Y의 원소이고, Y의 원소 $f(x)$에 대하여 $g(f(x))$는 Z의 원소야. 따라서 집합 X의 각 원소 x에 집합 Z의 원소 $g(f(x))$를 대응시키면 X를 정의역, Z를 공역으로 하는 새로운 함수를 정의할 수 있는데, 이 새로운 함수를 f와 g의 합성함수라 하고, 기호로 $g \circ f$와 같이 나타내. 함수의 합성은 교환법칙은 성립하지 않지만 결합법칙은 성립해.

역함수

04 역함수
05 역함수를 포함한 합성함수의 함숫값
06 역함수가 존재하기 위한 조건
07 역함수의 성질
08 역함수 구하기

함수 $f:X\longrightarrow Y$가 일대일대응이면 집합 Y의 각 원소 y에 대하여 $f(x)=y$인 X의 원소 x가 오직 하나씩 존재해. 따라서 Y의 각 원소 y에 $f(x)=y$인 X의 원소 x를 대응시키면 Y를 정의역, X를 공역으로 하는 새로운 함수를 정의할 수 있는데, 이 새로운 함수를 f의 역함수라 하고, 기호로 f^{-1}와 같이 나타내. 즉 함수 f의 치역은 역함수 f^{-1}의 정의역과 같고, 함수 f의 정의역은 역함수 f^{-1}의 치역과 같지.

대응을 거꾸로!

모두 서로 다른 **만두를** 하나씩 선택**했다면**

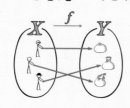

역으로 만두의 주인을 대응시킬 수 있어!

난 f의 역함수!

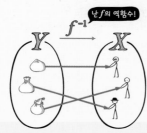

함수 $f:X\longrightarrow Y$가 일대일대응일 때,
집합 Y의 각 원소 y에 $y=f(x)$인 집합 X의
원소 x를 대응시키는 함수를 f의 역함수라 하고,
기호로 $f^{-1}:Y\longrightarrow X$와 같이 나타낸다.

역함수의 그래프

09 역함수의 그래프

함수 $f:X\longrightarrow Y$를 그래프로 표현한 것과 마찬가지로 $f^{-1}:Y\longrightarrow X$도 그래프로 표현할 수 있어. 함수와 그 역함수의 그래프는 직선 $y=x$에 대하여 서로 대칭이라는 성질이 있지. 이 단원에서는 이 성질을 이용해서 역함수의 함숫값과 함수식을 구하는 연습을 하게 될 거야.

대응을 거꾸로!

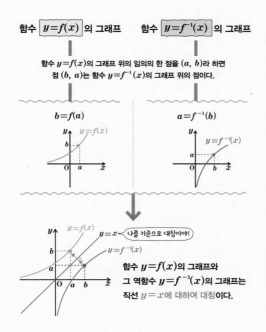

01

함수의 연산!

합성함수

각자 고른 만두의 가격은?

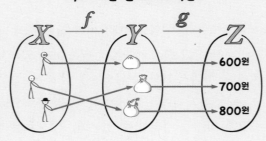

각자 지불할 금액은?

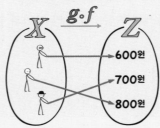

두 함수 $f:X \longrightarrow Y$, $g:Y \longrightarrow Z$가 주어질 때, 집합 X의 각 원소 x에 집합 Z의 원소 $g(f(x))$를 대응시키는 함수를 f와 g의 합성함수라 하며, 기호로 $g \circ f$와 같이 나타낸다.

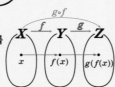

$g \circ f(\overline{\cdot \cdot})$ | $g \circ f(\odot)$ | $g \circ f(\ominus)$
$=g(f(\overline{\cdot \cdot}))$ | $=g(f(\odot))$ | $=g(f(\ominus))$
$=g(\ \bigcirc\ )$ | $=g(\ \text{만두}\ )$ | $=g(\ \text{만두}\ )$
$=$ **600원** | $=$ **800원** | $=$ **700원**

• 함수 $g \circ f : X \longrightarrow Z$에서 x의 함숫값을 기호로 $(g \circ f)(x)$와 같이 나타낸다.

• X의 원소 x에 Z의 원소 $g(f(x))$가 대응하므로 $(g \circ f)(x)=g(f(x))$이다. 따라서 f와 g의 합성함수를 $y=g(f(x))$와 같이 나타낼 수 있다.

참고 합성함수 $g \circ f$가 정의되기 위해서는 함수 f의 치역이 함수 g의 정의역의 부분집합이어야 한다.

원리확인 두 함수 f, g가 다음 그림과 같을 때, 합성함수 $g \circ f$를 그림으로 나타내시오.

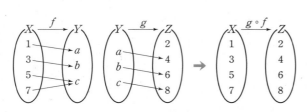

● 집합 $f:X \longrightarrow Y$, $g:Y \longrightarrow X$가 아래 그림과 같을 때, 다음 값을 구하시오.

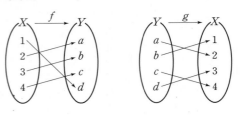

1 $(g \circ f)(1)$

→ $(g \circ f)(1)=g(f(1))=g(\boxed{})=\boxed{}$

2 $(g \circ f)(2)$

3 $(g \circ f)(4)$

4 $(f \circ g)(a)$

5 $(f \circ g)(b)$

6 $(f \circ g)(c)$

● 주어진 함수에 대하여 다음 값을 구하시오.

7 $f(x)=2x+1,\ g(x)=x^2-2x$

(1) $(g \circ f)(1)$

→ $(g \circ f)(1)=g(f(1))=g(\boxed{})=\boxed{}$

(2) $(g \circ f)(3)$

(3) $(f \circ g)(0)$

(4) $(f \circ f)(4)$

(5) $(g \circ g)(2)$

내가 발견한 개념

合성함수의 의미는?

• 두 함수 $f:\text{X} \longrightarrow \text{Y},\ g:\text{Y} \longrightarrow \text{Z}$에 대하여

$(g \circ f)(x)=g(\boxed{})$

합성함수로 이해할 수 있는 함수식

함수 $y=x^4+x^2+1$

$f(x)=x^2,\ g(x)=x^2+x+1$로 놓으면

$(g \circ f)(x)=g(f(x))=g(x^2)=x^4+x^2+1$

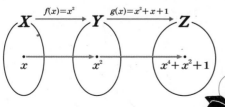

이차함수와 이차함수의
합성으로 생각할 수도 있어!

---

8 $f(x)=x+5,\ g(x)=4x-3,\ h(x)=2x^2$

(1) $(f \circ f \circ f)(4)$

→ $f(4)=\boxed{}+5=\boxed{}$ 이므로

$(f \circ f)(4)=f(f(4))=f(\boxed{})=\boxed{}+5=\boxed{}$

따라서

$(f \circ f \circ f)(4)=f(f(f(4)))$

$=f(f(\boxed{}))$

$=f(\boxed{})=\boxed{}$

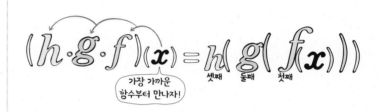

$(h \circ g \circ f)(x)=h(g(f(x)))$

가장 가까운
함수부터 만나자!

셋째 둘째 첫째

(2) $(g \circ g \circ g)(2)$

(3) $(f \circ g \circ h)(6)$

(4) $(g \circ h \circ f)(-3)$

개념모음문제

9 두 함수 $f(x)=x^2-3,\ g(x)=-4x+7$에 대하여 $(f \circ g)(1)-(g \circ f)(-3)$의 값은?

① 13 　　② 18 　　③ 23

④ 28 　　⑤ 33

● 실수 전체의 집합에서 정의된 함수 $f(x)$에 대하여 다음 값을 구하시오.

10

$$f(x)=\begin{cases} 3x-1 & (x<1) \\ x^2+1 & (x\geq 1) \end{cases}$$

(1) $(f\circ f)(-1)$

➡ $(f\circ f)(-1)=f(f(-1))=f(\boxed{})=\boxed{}$

(2) $(f\circ f)(1)$

(3) $(f\circ f\circ f)(-3)$

11

$$f(x)=\begin{cases} -x & (x\text{는 유리수}) \\ x-\sqrt{2} & (x\text{는 무리수}) \end{cases}$$

(1) $(f\circ f)(2)$

➡ $(f\circ f)(2)=f(f(2))=f(\boxed{})=\boxed{}$

(2) $(f\circ f)(\sqrt{2}-1)$

(3) $(f\circ f\circ f)(2\sqrt{2})$

● 주어진 함수에 대하여 다음을 구하시오.

12

$$f(x)=2x, \ g(x)=-3x+2$$

(1) $(g\circ f)(x)$

➡ $(g\circ f)(x)=g(f(x))=g(\boxed{})$

$\qquad =-3(\boxed{})+2$

$\qquad =\boxed{}$

(2) $(f\circ g)(x)$

(3) $(f\circ f)(x)$

13

$$f(x)=x^2-1, \ g(x)=4x+1$$

(1) $(g\circ f)(x)$

➡ $(g\circ f)(x)=g(f(x))=g(\boxed{})$

$\qquad =4(\boxed{})+1$

$\qquad =\boxed{}$

(2) $(f\circ g)(x)$

(3) $(g\circ g)(x)$

그러니까 어떤 원인이 다른 결과를 낳고, 그 결과가 원인이 되어 또 다른 결과를 낳는, 세상 일들의 변화가 합성함수라는 거잖아.

$f_n(\cdots\cdots f_3(f_2(f_1(\text{🦋}))))$

내 작은 날갯짓이 일으킨 변화라는 게 이해는 가지만 저건…… 너어어무 부담스럽다. ㅠㅠ

피했! 나비효과닷!

● 다음 두 함수 $f(x)$, $g(x)$에 대하여 주어진 조건을 만족시키는 함수 $h(x)$를 구하시오.

14 $(g \circ h)(x) = f(x)$

(1) $f(x) = x+3$, $g(x) = -2x-1$

➡ $(g \circ h)(x) = g(h(x)) = -2\{\boxed{}\} - 1$

$(g \circ h)(x) = f(x)$이므로

$-2\{\boxed{}\} - 1 = x+3$

따라서 $h(x) = \boxed{}$

(2) $f(x) = -x+5$, $g(x) = 3x-5$

(3) $f(x) = -x^2$, $g(x) = 4x$

15 $(h \circ g)(x) = f(x)$

(1) $f(x) = 2x+4$, $g(x) = x-7$

➡ $(h \circ g)(x) = h(g(x)) = h(\boxed{})$

$(h \circ g)(x) = f(x)$이므로

$h(\boxed{}) = 2x+4$

이때 $x-7 = t$로 놓으면 $x = \boxed{}$이므로

$h(t) = 2(\boxed{}) + 4 = \boxed{}$

따라서 $h(x) = \boxed{}$

(2) $f(x) = 5x-2$, $g(x) = -3x+1$

(3) $f(x) = 3x^2$, $g(x) = -x+6$

4th — $f \circ f$에 대한 조건이 주어진 경우의 함숫값

● 함수 $f(x) = ax+b$ $(a>0)$에 대하여 $(f \circ f)(x)$가 다음과 같을 때, $f(2)$의 값을 구하시오. (단, a, b는 상수이다.)

16 $(f \circ f)(x) = 4x-3$

➡ $(f \circ f)(x) = f(f(x)) = f(ax+b)$

$\qquad = a(ax+b)+b = a^2x+ab+\boxed{}$

즉 $a^2x+ab+\boxed{} = 4x-3$이므로

$a^2 = \boxed{}$, $ab+\boxed{} = -3$

이때 $a>0$이므로 $a = \boxed{}$, $b = \boxed{}$

따라서 $f(x) = 2x-\boxed{}$이므로 $f(2) = \boxed{}$

17 $(f \circ f)(x) = x+4$

18 $(f \circ f)(x) = 9x-8$

19 $(f \circ f)(x) = 16x-5$

[개념모음문제]

20 함수 $f(x) = ax$에 대하여 $(f \circ f)(x) = 9x$를 만족시키는 상수 a의 값은? (단, $a<0$)

① -5 　　② -4 　　③ -3

④ -2 　　⑤ -1

함수의 연산!

합성함수의 성질

함수의 합성에 대하여 교환법칙은 성립하지 않는다.

$f(x)=x+1$, $g(x)=x^2$일 때

$(g\circ f)(x)$	$(f\circ g)(x)$
$=g(f(x))$	$=f(g(x))$
$=g(x+1)$	$=f(x^2)$
$=(x+1)^2$	$=x^2+1$

$$g\circ f \neq f\circ g$$

함수의 합성에 대하여 결합법칙이 성립한다.

세 함수 f, g, h에 대하여

$((f\circ g)\circ h)(x)$	$(f\circ (g\circ h))(x)$
$=(f\circ g)(h(x))$	$=f((g\circ h)(x))$
$=f(g(h(x)))$	$=f(g(h(x)))$

$$(f\circ g)\circ h \equiv f\circ (g\circ h)$$

항등함수와 합성하면 자기 자신이 된다.

$I(x)=x$

$f:X\longrightarrow X$이고 I는 X에서의 항등함수일 때

$f\circ I(x)$	$I\circ f(x)$
$=f(I(x))$	$=I(f(x))$
$=f(x)$	$=f(x)$

$$f\circ I \equiv I\circ f \equiv f$$

참고 세 함수 f, g, h의 합성에서 $h\circ (g\circ f)=(h\circ g)\circ f$가 성립하므로 괄호를 생략하여 $h\circ g\circ f$와 같이 나타내기도 한다.

1st ― 합성함수의 성질을 이용하여 구하는 함숫값

● 주어진 함수 f, g, h에 대하여 다음 함숫값을 구하시오.

1

$$f(x)=-2x+8,\ (h\circ g)(x)=\frac{1}{3}x+10$$

(1) $(h\circ (g\circ f))(1)$

$\rightarrow (h\circ (g\circ f))(1)=((h\circ g)\circ f)(1)$
$\qquad\qquad\qquad =(h\circ g)(f(1))$
$\qquad\qquad\qquad =(h\circ g)(\boxed{})$
$\qquad\qquad\qquad =\boxed{}$

(2) $(h\circ g\circ f)(4)$

(3) $((f\circ h)\circ g)(-3)$

(4) $(f\circ h\circ g)(9)$

2

$$(f\circ g)(x)=2x^2-x,\ h(x)=x+3$$

(1) $((h\circ f)\circ g)(1)$

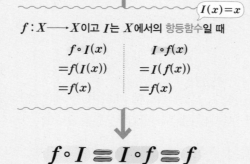

$\rightarrow ((h\circ f)\circ g)(1)=(h\circ (f\circ g))(1)$
$\qquad\qquad\qquad =h((f\circ g)(1))$
$\qquad\qquad\qquad =h(\boxed{})$
$\qquad\qquad\qquad =\boxed{}$

(2) $(f \circ (g \circ h))(-3)$

(3) $(f \circ g \circ h)(4)$

개념모음문제

3 세 함수 f, g, h에 대하여

$$f(x) = \frac{1}{3}x + 2, \quad (g \circ h)(x) = 6x - 9$$

일 때, $((f \circ g) \circ h)(a) = 5$를 만족시키는 상수 a의 값은?

① 1　　　　② 3　　　　③ 5

④ 7　　　　⑤ 9

2nd ― 합성함수의 성질을 이용하여 구하는 미지수의 값

● 다음 두 함수 f, g에 대하여 $f \circ g = g \circ f$가 성립할 때, 상수 a의 값을 구하시오.

4 $f(x) = 2x - 3, \quad g(x) = -3x + a$

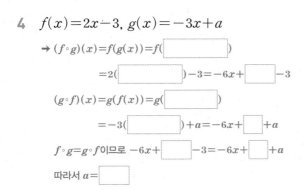

→ $(f \circ g)(x) = f(g(x)) = f(\boxed{})$

$\qquad = 2(\boxed{}) - 3 = -6x + \boxed{} - 3$

$(g \circ f)(x) = g(f(x)) = g(\boxed{})$

$\qquad = -3(\boxed{}) + a = -6x + \boxed{} + a$

$f \circ g = g \circ f$이므로 $-6x + \boxed{} - 3 = -6x + \boxed{} + a$

따라서 $a = \boxed{}$

5 $f(x) = \frac{1}{4}x + 2, \quad g(x) = -2x - a$

6 $f(x) = -x + a, \quad g(x) = 5x + 1$

7 $f(x) = \frac{1}{5}x + a, \quad g(x) = 10x - 4$

8 $f(x) = ax - 2, \quad g(x) = 2x + 4$

9 $f(x) = ax + 7, \quad g(x) = \frac{1}{7}x - 2$

개념모음문제

10 두 함수 $f(x) = \frac{1}{4}x + a, \quad g(x) = 3x + 8$에 대하여

$f \circ g = g \circ f$가 성립할 때, $(f \circ f)(-4)$의 값은?

(단, a는 상수이다.)

① -8　　　　② -6　　　　③ -4

④ -2　　　　⑤ 0

3rd — f^n의 꼴의 합성함수의 함숫값 또는 함수식

● 집합 X에 대하여 함수 $f : X \longrightarrow X$가 아래 그림과 같을 때, 다음 함숫값을 구하시오.

(단, $f^1=f$, $f^{n+1}=f \circ f^n$, n은 자연수이다.)

11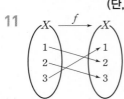

$f(a)$, $f^2(a)$, $f^3(a)$의 규칙을 찾아 $f^n(a)$의 값을 구한다.

(1) $f^2(1)$

➡ $f(1)=2$, $f(2)=\boxed{}$, $f(3)=\boxed{}$ 이므로

$f^2(1)=(f \circ f)(1)=f(f(1))=f(\boxed{})=\boxed{}$

(2) $f^3(1)$

➡ $f^3(1)=(f \circ f^2)(1)=f(f^2(1))$

$=f(\boxed{})=\boxed{}$

(3) $f^{10}(1)$

➡ $f^n(1)$의 값은 2, 3, 1이 차례로 반복되고 $10=3 \times 3+1$이므로

$f^{10}(1)=f(\boxed{})=\boxed{}$

(4) $f^{60}(1)$

➡ $f^n(1)$의 값은 2, 3, 1이 차례로 반복되고 $60=3 \times 20$이므로

$f^{60}(1)=f^3(1)=\boxed{}$

12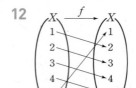

(1) $f^4(1)$

(2) $f^5(1)$

(3) $f^{10}(1)$

(4) $f^{72}(1)$

13

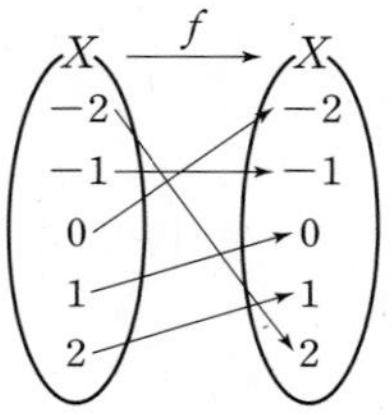

(1) $f^2(0)$

(2) $f^4(0)$

(3) $f^{27}(0)$

(4) $f^{2024}(0)$

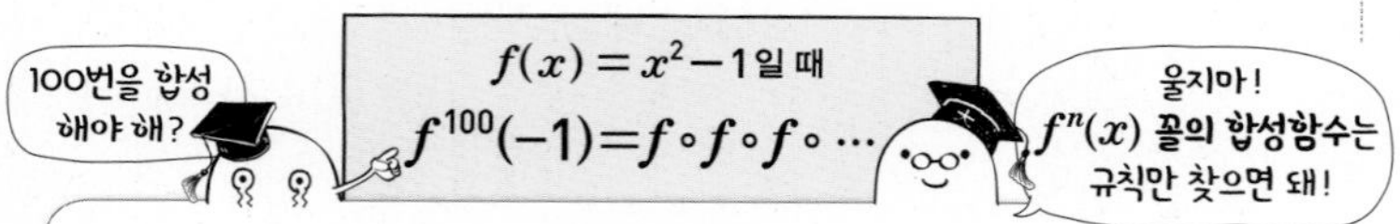

100번을 합성해야 해?

$f(x)=x^2-1$일 때

$f^{100}(-1)=f \circ f \circ f \circ \cdots$

울지마! $f^n(x)$ 꼴의 합성함수는 규칙만 찾으면 돼!

$f(x)=x^2-1$ 일 때, $f^n(-1)$의 값은?

$f^1(-1)=\boxed{0}$

$f^2(-1)=f \circ f^1(-1)=f(0)=\boxed{-1}$

$f^3(-1)=f \circ f^2(-1)=f(-1)=\boxed{0}$

$f^4(-1)=f \circ f^3(-1)=f(0)=\boxed{-1}$

$\vdots$

➡ $f^{(홀수)}(-1)=\boxed{0}$

$f^{(짝수)}(-1)=\boxed{-1}$

$\boxed{f^{100}(-1)=-1}$

● 주어진 함수 $f(x)$에 대하여
$f^2(x)=(f \circ f)(x), f^3(x)=(f \circ f^2)(x), \cdots,$
$f^n(x)=(f \circ f^{n-1})(x)$라 할 때, 다음을 구하시오.

14 $\quad f(x)=\dfrac{1}{x}$

(1) $f^2(x)$

$\rightarrow f^2(x)=(f \circ f)(x)=f(f(x))=f\left(\boxed{}\right)=\boxed{}$

(2) $f^3(x)$

(3) $f^{100}(5)$의 값

15 $\quad f(x)=3x$

(1) $f^2(x)$

(2) $f^3(x)$

(3) $f^n(x)$

16 $\quad f(x)=x-1$

(1) $f^2(x)$

(2) $f^3(x)$

(3) $f^n(x)$

(4) $f^{10}(50)$의 값

개념모음문제
17 정의역과 공역이 실수 전체의 집합인 함수 f가
$f(x)=x+3$일 때, $f^{50}(10)$의 값은?
(단, $f^1=f, f^{n+1}=f \circ f^n,$ n은 자연수이다.)

① 150   ② 160   ③ 170
④ 180   ⑤ 190

합성함수의 성질로 설명하는 항등함수

연산을 한 결과가 처음의 수와
같도록 만들어 주는 수! 항등원

합성한 결과가 자기 자신이
되게 하는 함수! 항등함수

$a + \boxed{0} = \boxed{0} + a = a$
덧셈에 대한 항등원은 0

$f \circ \boxed{I} = \boxed{I} \circ f = f$

나는 항등원 역할을 하는
항등함수!

$a \times \boxed{1} = \boxed{1} \times a = a$
곱셈에 대한 항등원은 1

03

합성함수의 그래프

$0 \le x \le 2$에서 정의된 두 함수 $\boxed{y=f(x)}$, $\boxed{y=g(x)}$의 그래프가

다음 그림과 같을 때, $\boxed{\text{합성함수 } (g \circ f)(x)}$의 그래프는?

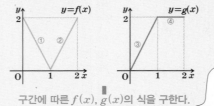

꺾인 점을 기준으로 정의역의 범위를 나누어 함수의 식을 생각해!

구간에 따른 $f(x)$, $g(x)$의 식을 구한다.

$$f(x)=\begin{cases} -2x+2 & (0 \le x \le 1) \quad ① \\ 2x-2 & (1 \le x \le 2) \quad ② \end{cases}$$

$$g(x)=\begin{cases} 2x & (0 \le x \le 1) \quad ③ \\ 2 & (1 \le x \le 2) \quad ④ \end{cases}$$

$y=(g \circ f)(x)$의 식을 구한다.

$$(g \circ f)(x)=g(f(x))=\begin{cases} 2f(x) & (0 \le f(x) \le 1) \\ 2 & (1 \le f(x) \le 2) \end{cases}$$

$\boxed{0 \le f(x) \le 1}$인 x의 범위	$\boxed{1 \le f(x) \le 2}$인 범위

(i) $\frac{1}{2} \le x \le 1$일 때 ⋯⋯ ㉠

$0 \le f(x) \le 1$이고

$f(x)=-2x+2$이므로

$g(f(x))=2f(x)=-4x+4$

(ii) $1 \le x \le \frac{3}{2}$일 때 ⋯⋯ ㉡

$0 \le f(x) \le 1$이고

$f(x)=2x-2$이므로

$g(f(x))=2f(x)=4x-4$

(i) $0 \le x \le \frac{1}{2}$일 때 ⋯⋯ ㉢

$1 \le f(x) \le 2$이므로

$g(f(x))=2$

(ii) $\frac{3}{2} \le x \le 2$일 때 ⋯⋯ ㉣

$1 \le f(x) \le 2$이므로

$g(f(x))=2$

$$g(f(x))=\begin{cases} 2 & \left(0 \le x \le \frac{1}{2}\right) \\ -4x+4 & \left(\frac{1}{2} \le x \le 1\right) \\ 4x-4 & \left(1 \le x \le \frac{3}{2}\right) \\ 2 & \left(\frac{3}{2} \le x \le 2\right) \end{cases}$$

$y=(g \circ f)(x)$의 그래프를 그린다.

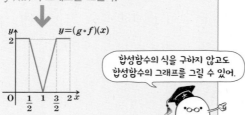

합성함수의 식을 구하지 않고도 합성함수의 그래프를 그릴 수 있어.

1st ― 합성함수의 그래프

$y=(f \circ f)(x)$의 그래프

1 다음은 $0 \le x \le 2$에서 정의된 함수 $y=f(x)$의 그래프가 아래 그림과 같을 때, 합성함수 $y=(f \circ f)(x)$의 그래프를 그리는 과정이다. □ 안에 알맞은 것을 써넣고 그래프를 그리시오.

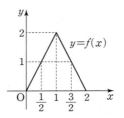

(1) 구간에 따른 $f(x)$의 식 구하기

$$f(x)=\begin{cases} \boxed{} & (0 \le x \le 1) \\ \boxed{} & (1 \le x \le 2) \end{cases}$$

(2) $y=(f \circ f)(x)$의 식 구하기

$$f(f(x))=\begin{cases} 2f(x) & (0 \le f(x) \le 1) \cdots\cdots ① \\ -2f(x)+4 & (1 \le f(x) \le 2) \cdots\cdots ② \end{cases}$$

① $0 \le f(x) \le 1$인 x의 값의 범위는

$0 \le x \le \boxed{}$, $\boxed{} \le x \le 2$

② $1 \le f(x) \le 2$인 x의 값의 범위는

$\boxed{} \le x \le \boxed{}$

$$\rightarrow (f \circ f)(x)=\begin{cases} \boxed{} & \left(0 \le x \le \frac{1}{2}\right) \\ \boxed{} & \left(\frac{1}{2} \le x \le 1\right) \\ \boxed{} & \left(1 \le x \le \frac{3}{2}\right) \\ \boxed{} & \left(\frac{3}{2} \le x \le 2\right) \end{cases}$$

(3) $y=(f \circ f)(x)$의 그래프 그리기

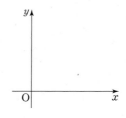

● 주어진 함수 $y=f(x)$의 그래프가 다음 그림과 같을 때, 합성함수 $y=(f\circ f)(x)$의 그래프를 그리시오.

2 $0\le x\le 2$에서 정의된 함수 $y=f(x)$의 그래프

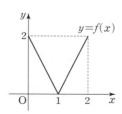

➡ $y=(f\circ f)(x)$의 그래프

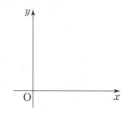

3 $0\le x\le 3$에서 정의된 함수 $y=f(x)$의 그래프

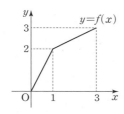

➡ $y=(f\circ f)(x)$의 그래프

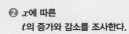

4 $0\le x\le 4$에서 정의된 함수 $y=f(x)$의 그래프

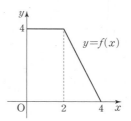

➡ $y=(f\circ f)(x)$의 그래프

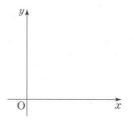

5 $0\le x\le 2$에서 정의된 함수 $y=f(x)$의 그래프

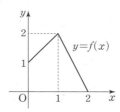

➡ $y=(f\circ f)(x)$의 그래프

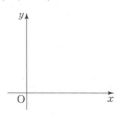

그래프를 이용하여 합성함수의 그래프를 그리는 방법

두 함수 $y=f(x)$와 $y=g(x)$에 대하여

❶ $y=(g\circ f)(x)$
$=g(f(x))$
$f(x)=t$로 놓으면
$=g(t)$

❷ x에 따른 t의 증가와 감소를 조사한다.

그래프를 이용해!

x	$0\to 1$	$1\to 2$
t	$2\to 0$ (감소)	$0\to 2$ (증가)

❹ x에 따른 y의 증가와 감소를 조사한다.

x	$0\to 1$	$1\to 2$
y	$2\to 2\to 0$ (일정)→(감소)	$0\to 2\to 2$ (증가)→(일정)
그래프의 개형		

❸ t에 따른 y의 증가와 감소를 조사한다.

t	$2\to 0$	$0\to 2$
y	$2\to 2\to 0$ (일정)→(감소)	$0\to 2\to 2$ (증가)→(일정)

❺ $y=(g\circ f)(x)$의 그래프를 그린다.

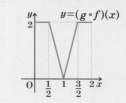

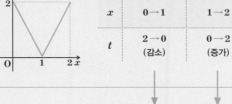

$y=(f \circ g)(x)$의 그래프

6 다음은 $0 \le x \le 4$에서 정의된 두 함수 $y=f(x)$, $y=g(x)$의 그래프가 아래 그림과 같을 때, 합성함수 $y=(f \circ g)(x)$의 그래프를 그리는 과정이다. □ 안에 알맞은 것을 써넣고 그래프를 그리시오.

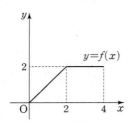 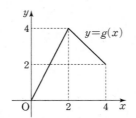

(1) 구간에 따른 $f(x)$와 $g(x)$의 식 구하기

$$f(x)=\begin{cases} \boxed{} & (0 \le x \le 2) \\ \boxed{} & (2 \le x \le 4) \end{cases}$$

$$g(x)=\begin{cases} \boxed{} & (0 \le x \le 2) \\ \boxed{} & (2 \le x \le 4) \end{cases}$$

(2) $y=(f \circ g)(x)$의 식 구하기

$$f(g(x))=\begin{cases} g(x) & (0 \le g(x) \le 2) \cdots\cdots ① \\ 2 & (2 \le g(x) \le 4) \cdots\cdots ② \end{cases}$$

① $0 \le g(x) \le 2$인 x의 값의 범위는

$0 \le x \le \boxed{}$

② $2 \le g(x) \le 4$인 x의 값의 범위는

$\boxed{} \le x \le \boxed{}$

$$\rightarrow (f \circ g)(x)=\begin{cases} \boxed{} & (0 \le x \le 1) \\ \boxed{} & (1 \le x \le 4) \end{cases}$$

(3) $y=(f \circ g)(x)$의 그래프 그리기

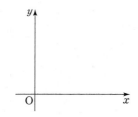

● 주어진 두 함수 $y=f(x)$, $y=g(x)$의 그래프가 다음 그림과 같을 때, 합성함수 $y=(f \circ g)(x)$의 그래프를 그리시오.

7 $0 \le x \le 4$에서 정의된 두 함수 $y=f(x)$, $y=g(x)$의 그래프

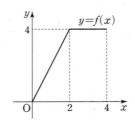 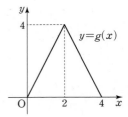

➔ $y=(f \circ g)(x)$의 그래프

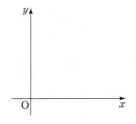

8 $0 \le x \le 4$에서 정의된 두 함수 $y=f(x)$, $y=g(x)$의 그래프

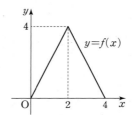 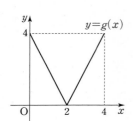

➔ $y=(f \circ g)(x)$의 그래프

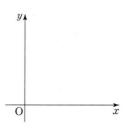

TEST 개념 확인

---

01 합성함수

- 두 함수 f, g에 대하여 $(g \circ f)(a)$의 값 구하기
  - (i) $(g \circ f)(a) = g(f(a))$이므로 $x = a$를 $f(x)$에 대입하여 $f(a)$의 값을 구한다.
  - (ii) $f(a)$의 값을 $g(x)$의 x에 대입하여 $g(f(a))$의 값을 구한다.

1 두 함수 f, g가 다음 그림과 같을 때, $(g \circ f)(2) + (g \circ f)(3)$의 값은?

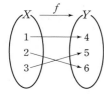

① 13   ② 14   ③ 15
④ 16   ⑤ 17

2 두 함수 $f(x) = -2x + 5$, $g(x) = x^2 + 4x + 5$에 대하여 $(f \circ g)(-2) + (g \circ f)(3)$의 값은?

① 3   ② 5   ③ 7
④ 9   ⑤ 11

3 두 함수 $f(x) = 4x + 9$, $g(x) = -5x + a$에 대하여 $(g \circ f)(-2) = 4$일 때, $f(a)$의 값은?

(단, a는 상수이다.)

① 27   ② 36   ③ 45
④ 54   ⑤ 63

---

4 함수 $f(x) = ax - 1$, $g(x) = 2x + b$에 대하여 $(f \circ g)(x) = -4x + 9$일 때, $a + b$의 값은?

(단, a, b는 상수이다.)

① -7 ② -3 ③ 1
④ 4   ⑤ 7

5 세 함수 $f(x) = 2x^2 - 1$, $g(x) = -x + 4$, $h(x)$에 대하여 $(g \circ h)(x) = f(x)$일 때, $h(2)$의 값은?

① -23 ② -18 ③ -13
④ -8 ⑤ -3

02~03 합성함수의 성질

- 세 함수 f, g, h에 대하여
  - ① $f \circ g \neq g \circ f$
  - ② $h \circ (g \circ f) = (h \circ g) \circ f$

6 세 함수 $f(x) = -x + 7$, $g(x) = \dfrac{1}{2}x - 3$, $h(x) = x^2 - 4$에 대하여 $((f \circ g) \circ h)(4)$의 값은?

① 0   ② 2   ③ 4
④ 6   ⑤ 8

7 두 함수 $f(x) = ax + 5$, $g(x) = 3x - 4$에 대하여 $f \circ g = g \circ f$가 항상 성립하도록 하는 상수 a의 값은?

① $-\dfrac{5}{2}$ ② -2 ③ $-\dfrac{3}{2}$
④ -1 ⑤ $-\dfrac{1}{2}$

대응을 거꾸로!

역함수

모두 서로 다른 **만두**를 하나씩 선택**했다면**

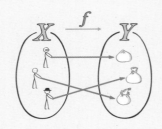

역으로 만두의 주인을 대응시킬 수 있어!

난 f의 역함수!

f^{-1}

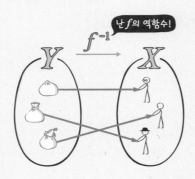

거꾸로 해도 함수가 된다고?

응! 일대일대응일 때만 가능해!

함수 $f:X \longrightarrow Y$가 일대일대응일 때,
집합 Y의 각 원소 y에 $y=f(x)$인 집합 X의
원소 x를 대응시키는 함수를 f의 역함수라 하고,
기호로 $f^{-1}:Y \longrightarrow X$와 같이 나타낸다.

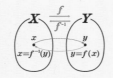

참고 ① 함수 $y=f(x)$의 역함수는 $x=f^{-1}(y)$에서 x와 y를 서로 바꾸어
$y=f^{-1}(x)$와 같이 나타낸다.
② 함수 f의 역함수 f^{-1}에 대하여 $f(a)=b \Longleftrightarrow f^{-1}(b)=a$
③ 함수 f의 역함수 f^{-1}의 정의역은 함수 f의 치역이다.

원리확인 함수 $f:X \longrightarrow Y$가 다음과 같을 때, 역함수
$f^{-1}:Y \longrightarrow X$를 나타내시오.

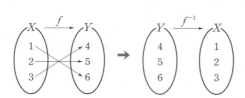

● 함수 $f:X \longrightarrow Y$가 오른쪽 그림과 같을
때, 다음 값을 구하시오.

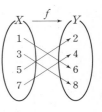

1 $f^{-1}(2)$

2 $f^{-1}(4)$

3 $f^{-1}(6)$

4 $f^{-1}(8)$

● 함수 $f:X \longrightarrow Y$가 오른쪽 그림과 같을
때, 다음 값을 구하시오.

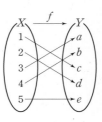

5 $f^{-1}(a)$

6 $f^{-1}(b)$

7 $f^{-1}(c)$

8 $f^{-1}(d)$

9 $f^{-1}(e)$

:) 내가 발견한 개념   역함수의 성질은?

• 함수 $y=f(x)$의 정의역은 역함수 $y=f^{-1}(x)$의 ☐ 과 같다.

• 함수 $y=f(x)$의 치역은 역함수 $y=f^{-1}(x)$의 ☐ 과 같다.

● 다음 함수 $f(x)$에 대하여 $f^{-1}(2)$의 값을 구하시오.

10 $f(x)=3x-4$

→ $f^{-1}(2)=a$라 하면 $f(a)=$ ☐ 이므로

$3a-4=2$, 즉 $a=$ ☐

따라서 $f^{-1}(2)=$ ☐

11 $f(x)=-x+6$

12 $f(x)=-7x-5$

13 $f(x)=9x+11$

14 $f(x)=\dfrac{1}{3}x-2$

15 $f(x)=-\dfrac{1}{5}x+4$

2nd ─ 역함수를 이용하여 구하는 미지수의 값

● 주어진 함수에 대하여 다음 등식을 만족시키는 상수 a의 값을 구하시오.

16 $f(x)=-3x+5$

(1) $f^{-1}(a)=0$

→ $f^{-1}(a)=0$에서

$a=f($ ☐ $)=$ ☐

(2) $f^{-1}(a)=5$

(3) $f^{-1}(a)=-1$

17 $f(x)=\dfrac{1}{2}x-7$

(1) $f^{-1}(a)=2$

(2) $f^{-1}(a)=-4$

(3) $f^{-1}(a)=-10$

😊 **내가 발견한 개념**   역함수의 함숫값은?

• 함수 f의 역함수 f^{-1}에 대하여 $f(a)=b \Longleftrightarrow f^{-1}($ ☐ $)=$ ☐

● 함수 $f(x)$의 역함수를 $g(x)$라 할 때, 다음을 구하시오.

18 $f(x)=2x+3$일 때, $g(-1)+g(5)$의 값

→ $g(-1)=k$라 하면 $f(k)=\boxed{}$ 이므로

$2k+3=\boxed{}$, $k=\boxed{}$

즉 $g(-1)=\boxed{}$

$g(5)=m$이라 하면 $f(m)=\boxed{}$ 이므로

$2m+3=\boxed{}$, $m=\boxed{}$

즉 $g(5)=\boxed{}$

따라서 $g(-1)+g(5)=\boxed{}$

19 $f(x)=5x-9$일 때, $g(-4)+g(6)$의 값

20 $f(x)=-4x+7$일 때, $g(-5)+g(3)$의 값

21 $f(x)=-3x-5$일 때, $g(-8)+g(10)$의 값

22 $f(x)=\dfrac{1}{4}x-5$일 때, $g\left(-\dfrac{1}{2}\right)+g\left(\dfrac{3}{2}\right)$의 값

● 함수 $f(x)=4x+a$에 대하여 다음 등식을 만족시키는 상수 a의 값을 구하시오.

23 $f^{-1}(1)=-1$

→ $f^{-1}(1)=-1$에서 $f(-1)=\boxed{}$ 이므로

$4\times(-1)+a=\boxed{}$

따라서 $a=\boxed{}$

24 $f^{-1}(0)=-5$

25 $f^{-1}(-6)=3$

26 $f^{-1}\left(\dfrac{1}{2}\right)=2$

● 함수 $f(x)=ax+2$에 대하여 다음을 만족시키는 상수 a, b의 값을 구하시오.

27 $f(3)=-1$, $f^{-1}(b)=4$

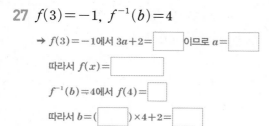

→ $f(3)=-1$에서 $3a+2=$ ☐ 이므로 $a=$ ☐

따라서 $f(x)=$ ☐

$f^{-1}(b)=4$에서 $f(4)=$ ☐

따라서 $b=($ ☐ $)\times 4+2=$ ☐

28 $f^{-1}(0)=1$, $f^{-1}(b)=5$

29 $f^{-1}(-2)=8$, $f^{-1}(-3)=b$

30 $f^{-1}(3)=\dfrac{1}{3}$, $f(b)=-1$

● 함수 $f(x)=ax+b$의 역함수를 $g(x)$라 할 때, 다음을 만족시키는 상수 a, b의 값을 구하시오.

31 $g(2)=1$, $g(5)=-2$

→ $g(2)=1$에서 $f(1)=$ ☐ 이므로

$a+b=$ ☐ ...... ㉠

$g(5)=-2$에서 $f(-2)=$ ☐ 이므로

$-2a+b=$ ☐ ...... ㉡

㉠, ㉡을 연립하여 풀면 $a=$ ☐ , $b=$ ☐

32 $g(-1)=-1$, $g(4)=4$

33 $g(0)=\dfrac{1}{2}$, $g(-4)=3$

34 $g(6)=5$, $g(-9)=0$

35 $g\left(\dfrac{1}{2}\right)=10$, $g(-2)=8$

36 $g(25)=-3$, $g(-17)=4$

개념모음문제
37 함수 $f(x)=ax+b$에 대하여
$$f^{-1}(0)=12,\ f^{-1}(-3)=9$$
일 때, 상수 a, b에 대하여 ab의 값은?

① -12 ② -6 ③ 0

④ 6 ⑤ 12

대응을 거꾸로!

역함수를 포함한 합성함수의 함숫값

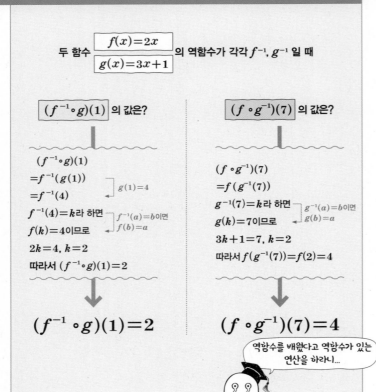

두 함수 $f(x)=2x$, $g(x)=3x+1$ 의 역함수가 각각 f^{-1}, g^{-1} 일 때

$(f^{-1} \circ g)(1)$ 의 값은?

$(f^{-1} \circ g)(1)$
$=f^{-1}(g(1))$
$=f^{-1}(4)$ $g(1)=4$
$f^{-1}(4)=k$ 라 하면 $f^{-1}(a)=b$이면
$f(k)=4$이므로 $f(b)=a$
$2k=4$, $k=2$
따라서 $(f^{-1} \circ g)(1)=2$

$(f \circ g^{-1})(7)$ 의 값은?

$(f \circ g^{-1})(7)$
$=f(g^{-1}(7))$
$g^{-1}(7)=k$ 라 하면 $g^{-1}(a)=b$이면
$g(k)=7$이므로 $g(b)=a$
$3k+1=7$, $k=2$
따라서 $f(g^{-1}(7))=f(2)=4$

$(f^{-1} \circ g)(1)=2$

$(f \circ g^{-1})(7)=4$

역함수를 배웠다고 역함수가 있는 연산을 하라니...

- 두 함수 f, g의 역함수가 각각 f^{-1}, g^{-1}일 때
  ① $(f^{-1} \circ g)(a)$의 값 구하기
  (i) $g(a)$의 값을 구한다.
  (ii) $f^{-1}(g(a))=k$라 하고 $f(k)=g(a)$임을 이용하여 k의 값을 구한다.
  ② $(f \circ g^{-1})(a)$의 값 구하기
  (i) $g^{-1}(a)=k$라 하고 $g(k)=a$임을 이용하여 k의 값을 구한다.
  (ii) $(f \circ g^{-1})(a)=f(g^{-1}(a))=f(k)$

원리확인 다음은 아래 그림과 같이 정의된 두 함수 $f : X \longrightarrow X$, $g : X \longrightarrow X$에 대하여 주어진 함숫값을 구하는 과정이다. □ 안에 알맞은 수를 써넣으시오.

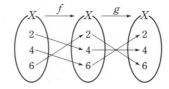

❶ $(f \circ g^{-1})(4)=f(g^{-1}(4))=f(\boxed{})=\boxed{}$

❷ $(f \circ g^{-1})(6)=f(g^{-1}(6))=f(\boxed{})=\boxed{}$

❸ $(f^{-1} \circ g)(4)=f^{-1}(g(4))=f^{-1}(\boxed{})=\boxed{}$

1st — 역함수를 포함한 합성함수의 함숫값

● 다음 두 함수 f, g에 대하여 주어진 합성함수의 함숫값을 구하시오.

1 $f(x)=-x+3$, $g(x)=3x-2$일 때
$(f^{-1} \circ g)(2)$

→ $g(2)=3 \times 2-2=4$이므로
$(f^{-1} \circ g)(2)=f^{-1}(g(2))=f^{-1}(\boxed{})$
이때 $f^{-1}(\boxed{})=k$라 하면 $f(k)=\boxed{}$이므로
$-k+3=\boxed{}$, $k=\boxed{}$
따라서 $(f^{-1} \circ g)(2)=f^{-1}(\boxed{})=\boxed{}$

2 $f(x)=2x-1$, $g(x)=\dfrac{1}{2}x-5$일 때
$(f^{-1} \circ g)(-4)$

3 $f(x)=-4x+1$, $g(x)=-5x-\dfrac{3}{2}$일 때
$(f^{-1} \circ g)\left(-\dfrac{1}{2}\right)$

4 $f(x)=3x-1$, $g(x)=x-4$일 때
$(f \circ g^{-1})(-1)$

5 $f(x)=-6x+3$, $g(x)=-\dfrac{1}{3}x+2$일 때
$(f \circ g^{-1})\left(\dfrac{1}{3}\right)$

2nd ─ 역함수를 포함한 합성함수를 이용하여 구하는 미지수의 값

● 주어진 함수에 대하여 다음 식을 만족시키는 상수 a의 값을 구하시오.

6

$$f(x)=-x+1,\ g(x)=2x+5$$

(1) $(g\circ f^{-1})(a)=1$

→ $(g\circ f^{-1})(a)=g(f^{-1}(a))=1$에서

  $f^{-1}(a)=g^{-1}(1)$ ······ ㉠

  이때 $g^{-1}(1)=k$라 하면

  $g(k)=\boxed{}$이므로 $2k+5=\boxed{}$, $k=\boxed{}$

  즉 $g^{-1}(1)=\boxed{}$이므로 ㉠에서

  $f^{-1}(a)=\boxed{}$

  따라서 $a=f(\boxed{})=\boxed{}$

(2) $(f\circ g^{-1})(a)=7$

7

$$f(x)=3x-4,\ g(x)=-5x+1$$

(1) $(g\circ f^{-1})(a)=-1$

(2) $(f\circ g^{-1})(a)=5$

8

$$f(x)=\frac{1}{2}x-1,\ g(x)=-4x+6$$

(1) $(g\circ f^{-1})(a)=4$

(2) $(f\circ g^{-1})(a)=8$

● 두 함수 $f(x)=-3x+4$, $g(x)=ax+b$에 대하여 $(g^{-1}\circ f)(x)=-x-7$일 때, 다음을 구하시오.

(단, a, b는 상수이다.)

9 a, b의 값

→ $(g^{-1}\circ f)(x)=g^{-1}(f(x))=-x-7$에서

  $f(x)=g(\boxed{})$이므로

  $-3x+4=a(\boxed{})+b$

  $-3x+4=\boxed{}x-7a+b$

  따라서 $\boxed{}=-3$, $-7a+b=4$이므로

  $a=\boxed{}$, $b=\boxed{}$

10 $(f^{-1}\circ g)(1)$의 값

11 $(f\circ g^{-1})(4)$의 값

12 $(g\circ f^{-1})(7)$의 값

개념모음문제

13 두 함수 $f(x)=ax+b$, $g(x)=4x-4$에 대하여 $(f^{-1}\circ g)(x)=-2x-9$일 때, $(f\circ g^{-1})(4)$의 값은? (단, a, b는 상수이다.)

① -26 ② -24 ③ -18
④ 18 ⑤ 24

역함수가 존재하기 위한 조건

만두의 주인을 찾을 수 있는 건

난 f의 역함수!

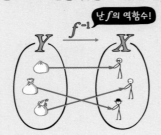

모두 서로 다른 만두를 하나씩 선택했었기 때문이야!

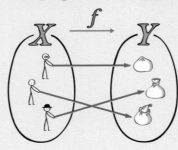

함수 f의 역함수 f^{-1}가 존재하려면 f가 일대일대응이어야 한다.

❶ 정의역의 임의의 두 원소 x_1, x_2에 대하여
   $x_1 \neq x_2$이면 $f(x_1) \neq f(x_2)$ ← 일대일함수
❷ 치역과 공역이 서로 같다.

내가 정의역이 되면 함수가 아니므로 역함수는 존재하지 않아!

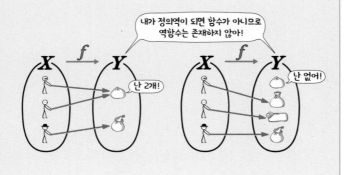

난 2개!   난 없어!

원리확인   함수 $f : X \longrightarrow Y$에 대하여 역함수가 존재하는 것은 ○를, 역함수가 존재하지 않는 것은 ×를 ( ) 안에 써넣으시오.

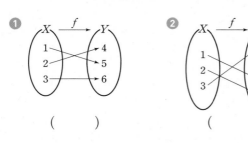

❶ ( )   ❷ ( )

1st — 역함수가 존재할 조건을 이용하여 구하는 미지수의 값

● 실수 전체의 집합에서 정의된 다음 함수 $f(x)$의 역함수가 존재하도록 하는 상수 a의 값 또는 a의 값의 범위를 구하시오.

1 $f(x) = \begin{cases} (a+1)x - 3 & (x < 0) \\ 2x - 3 & (x \geq 0) \end{cases}$

   → 함수 $f(x)$의 역함수가 존재하려면 $f(x)$는 일대일대응이어야 하므로 함수 $y = f(x)$의 그래프는 오른쪽 그림과 같아야 한다.

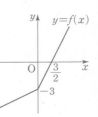

   즉 $x \geq 0$일 때의 직선의 기울기가 양수이므로 $x < 0$일 때의 직선의 기울기도 ☐ 이어야 한다.

   따라서 $a + 1 \bigcirc 0$이므로

   $a \bigcirc -1$

2 $f(x) = \begin{cases} -3x + \dfrac{1}{2} & (x < 1) \\ (a-2)x - \dfrac{1}{2} - a & (x \geq 1) \end{cases}$

3 $f(x) = \begin{cases} 4x - 3 & (x < 2) \\ x + (a-1) & (x \geq 2) \end{cases}$

4 $f(x) = \begin{cases} -5x + 6 & (x \geq 2) \\ -\dfrac{1}{2}x + a & (x < 2) \end{cases}$

😊 **내가 발견한 개념**   역함수가 존재하기 위한 조건은?

• 함수 f의 역함수 f^{-1}가 존재 → 함수 f가 일대일 ☐

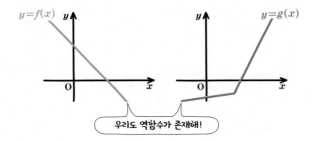

● 주어진 두 집합 X, Y에 대하여 X에서 Y로의 함수 $f(x)$의 역함수가 존재할 때, 상수 a, b의 값을 구하시오.

5

$$X=\{x\,|\,-3\le x\le 1\},\ Y=\{y\,|\,a\le y\le 5\}$$

(1) $f(x)=4x+b$

　　→ 함수 $f(x)$의 역함수가 존재하려면 $f(x)$는 일대일대응이어야 하므로 치역과 공역이 같아야 한다.

　　이때 함수 $f(x)$가 증가하는 함수이므로 $f(-3)=\boxed{}$,

　　$f(1)=\boxed{}$이어야 한다.

　　$f(-3)=\boxed{}$에서 $-12+b=\boxed{}$　⋯⋯ ㉠

　　$f(1)=\boxed{}$에서 $4+b=\boxed{}$이므로 $b=\boxed{}$　⋯⋯ ㉡

　　㉡을 ㉠에 대입하면 $a=\boxed{}$

(2) $f(x)=-5x+b$

우리도 역함수가 존재해!

6

$$X=\{x\,|\,2\le x\le a\},\ Y=\{y\,|\,-6\le y\le 10\}$$

(1) $f(x)=-2x+b$

(2) $f(x)=x+b$

● 주어진 집합 X에 대하여 함수 $f:X\longrightarrow X$의 역함수가 존재할 때, 상수 a의 값을 구하시오.

7

$$X=\{x\,|\,x\ge a\}$$

(1) $f(x)=x^2-6x$

　　→ $f(x)=x^2-6x=(x-\boxed{})^2-9$

　　함수 f의 역함수가 존재하면 f는 일대일대응이므로

　　$a\ge\boxed{}$, $f(a)=\boxed{}$

　　$f(a)=\boxed{}$에서 $a^2-6a=\boxed{}$

　　이때 $a\ge\boxed{}$이므로 $a=\boxed{}$

(2) $f(x)=x^2-10x+28$

8

$$X=\{x\,|\,x\le a\}$$

(1) $f(x)=-x^2-4x-4$

(2) $f(x)=-3x^2-18x-28$

개념모음문제

9 두 집합 $X=\{x\,|\,x\le a\}$, $Y=\{y\,|\,y\le -7\}$에 대하여 함수 $f:X\longrightarrow Y$가 $f(x)=-2x^2+8x+3$일 때, 이 함수 f의 역함수가 존재하도록 하는 상수 a의 값은?

　① -2　　　② -1　　　③ 1
　④ 3　　　　⑤ 5

대응을 거꾸로!

역함수의 성질

역함수의 역함수는 자기 자신이다.

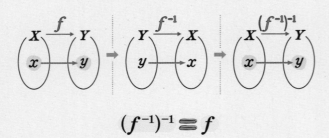

$$(f^{-1})^{-1} \equiv f$$

함수와 그 역함수의 합성함수는 항등함수이다.

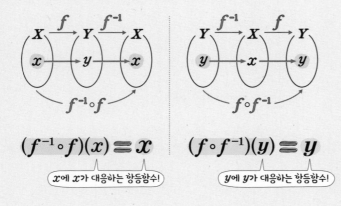

$$(f^{-1} \circ f)(x) \equiv x$$
x에 x가 대응하는 항등함수!

$$(f \circ f^{-1})(y) \equiv y$$
y에 y가 대응하는 항등함수!

합성함수의 역함수는
각각의 역함수를 순서를 바꾸어 합성한 함수이다.

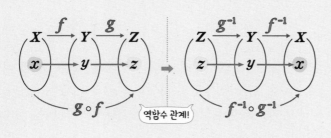

$$(g \circ f)^{-1} \equiv f^{-1} \circ g^{-1}$$

참고 일반적으로 두 합성함수 $f \circ f^{-1}$와 $f^{-1} \circ f$는 서로 같은 함수가 아니다.

1st ― 역함수의 성질을 이용하여 구하는 함숫값

● 주어진 함수가 아래 그림과 같을 때, 다음 값을 구하시오.

1

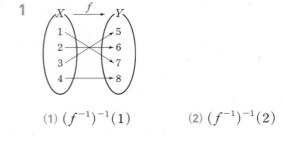

(1) $(f^{-1})^{-1}(1)$　　　(2) $(f^{-1})^{-1}(2)$

(3) $(f^{-1} \circ f)(3)$　　　(4) $(f \circ f^{-1})(8)$

$$f \circ f^{-1} \equiv I$$
항등함수!

2

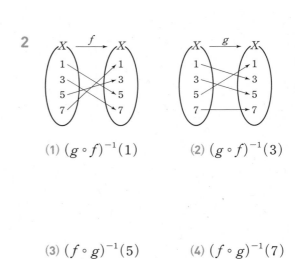

(1) $(g \circ f)^{-1}(1)$　　　(2) $(g \circ f)^{-1}(3)$

(3) $(f \circ g)^{-1}(5)$　　　(4) $(f \circ g)^{-1}(7)$

순서에 주의해!

$$(g \circ f)^{-1} = f^{-1} \circ g^{-1}$$

● 두 함수 $f(x)=-2x+6$, $g(x)=3x+4$에 대하여 다음 값을 구하시오.

3 $(f \circ g^{-1})^{-1}(4)$

→ $(f \circ g^{-1})^{-1}(4) = (g \circ f^{-1})(4) = g(f^{-1}(4))$

$f^{-1}(4) = k$라 하면 $f(k) = \boxed{}$이므로

$-2k+6 = \boxed{}$, $k = \boxed{}$

따라서 $(f \circ g^{-1})^{-1}(4) = g(\boxed{}) = \boxed{}$

4 $(f^{-1} \circ g)^{-1}(-5)$

5 $(f^{-1} \circ f \circ g)(-2)$

6 $((f \circ g)^{-1} \circ f)(7)$

7 $(f \circ (g \circ f)^{-1} \circ g)(-10)$

● 일대일대응인 두 함수 f, g에 대하여 $(g \circ f)(x)=x$이고 $f(x)=4x-5$일 때, 다음 값을 구하시오.

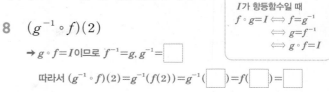
I가 항등함수일 때
$f \circ g = I \iff f = g^{-1}$
$\iff g = f^{-1}$
$\iff g \circ f = I$

8 $(g^{-1} \circ f)(2)$

→ $g \circ f = I$이므로 $f^{-1} = g$, $g^{-1} = \boxed{}$

따라서 $(g^{-1} \circ f)(2) = g^{-1}(f(2)) = g^{-1}(\boxed{}) = f(\boxed{}) = \boxed{}$

9 $(f^{-1} \circ g)^{-1}(-5)$

10 $(f \circ g^{-1} \circ f^{-1})(-6)$

11 $(f \circ (g \circ f)^{-1} \circ f)(7)$

😊 **내가 발견한 개념**   역함수의 성질은?

두 함수 f, g의 역함수가 각각 f⁻¹, g⁻¹일 때

• $(f^{-1})^{-1} = \boxed{}$

• $(f^{-1} \circ f)(x) = \boxed{}$, $(f \circ f^{-1})(y) = \boxed{}$

• $(g \circ f)^{-1} = f^{-1} \circ \boxed{}$

개념모음문제

12 두 함수 $f(x)$, $g(x)$의 역함수가 각각 $f^{-1}(x) = x+3$, $g^{-1}(x) = -7x+2$일 때, $h(x) = (g \circ f)(x)$의 역함수는 $h^{-1}(x) = ax+b$이다. 상수 a, b에 대하여 $a+2b$의 값은?

① -45 ② -26 ③ -2
④ 3 ⑤ 17

역함수의 성질로 설명하는 역함수

두 수를 연산한 결과가 항등원일 때 두 수는 서로에게! 역원

어떤 함수를 합성한 결과가 항등함수가 되게 하는 함수! 역함수

$a + \boxed{(-a)} \equiv (-a) + a \equiv 0$
덧셈에 대한 역원은 부호가 반대인 수

$a \times \boxed{\dfrac{1}{a}} \equiv \dfrac{1}{a} \times a \equiv 1$
곱셈에 대한 역원은 역수

$f \circ \boxed{f^{-1}} \equiv I$

나는 역원 역할을 하는 역함수!

08

대응을 거꾸로!

역함수 구하기

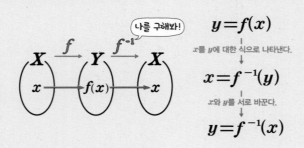

$$y=f(x)$$

x를 y에 대한 식으로 나타낸다.

$$x=f^{-1}(y)$$

x와 y를 서로 바꾼다.

$$y=f^{-1}(x)$$

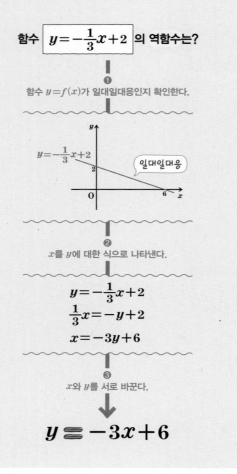

함수 $y=-\dfrac{1}{3}x+2$ 의 역함수는?

①
함수 $y=f(x)$가 일대일대응인지 확인한다.

$y=-\dfrac{1}{3}x+2$

일대일대응

②
x를 y에 대한 식으로 나타낸다.

$$y=-\frac{1}{3}x+2$$
$$\frac{1}{3}x=-y+2$$
$$x=-3y+6$$

③
x와 y를 서로 바꾼다.

$$y=-3x+6$$

참고 함수 f의 치역이 역함수 f^{-1}의 정의역이 되고, 함수 f의 정의역이 역함수 f^{-1}의 치역이 된다.

1ˢᵗ — 역함수

● 다음 함수의 역함수를 구하시오.

1 $y=-x+3$

→ $y=-x+3$은 실수 전체의 집합 R에서 R로의 일대일대응이므로 역함수가 존재한다.

$y=-x+3$을 x에 대하여 풀면 $x=\boxed{}$

x와 y를 서로 바꾸면 구하는 역함수는

$y=-x+\boxed{}$

2 $y=\dfrac{1}{2}x-6$

3 $y=-\dfrac{1}{5}x+1$

4 $2x+y-1=0$

5 $x+3y+3=0$

6 $x-6y+12=0$

2nd — 역함수를 이용하여 구하는 미지수의 값

● 다음 두 일차함수 f, g가 서로 역함수가 되도록 하는 상수 a, b의 값을 구하시오.

7 $f(x)=ax-1$, $g(x)=3x+b$

→ $y=ax-1$이라 하고 x에 대하여 풀면

$x=\boxed{}y+\dfrac{1}{a}$

x, y를 서로 바꾸면 $y=\boxed{}x+\dfrac{1}{a}$

즉 $f^{-1}(x)=\boxed{}x+\dfrac{1}{a}$이고 $f^{-1}=g$이므로

$\boxed{}x+\dfrac{1}{a}=3x+b$

따라서 $a=\boxed{}$, $b=\boxed{}$

8 $f(x)=-x+a$, $g(x)=bx-5$

9 $f(x)=ax-3$, $g(x)=\dfrac{1}{2}x+b$

10 $f(x)=\dfrac{1}{4}x+a$, $g(x)=bx-2$

【개념모음문제】

11 일차함수 $f(x)=ax-9$와 그 역함수 $f^{-1}(x)$가 서로 같을 때, 상수 a의 값은?

① -2 ② -1 ③ 1
④ 2 ⑤ 3

3rd — 조건을 이용하여 구하는 역함수

● 다음 두 함수 f, g에 대하여 $h \circ f = g$를 만족시키는 함수 h를 f의 역함수를 이용하여 구하시오.

12 $f(x)=2x-4$, $g(x)=x+3$

f의 역함수 f^{-1}가 존재하면 $f \circ f^{-1}=f^{-1} \circ f=I$임을 이용해! (단, I는 항등함수)

→ $h \circ f = g$이므로

$(h \circ f) \circ f^{-1} = g \circ f^{-1}$에서

$h = g \circ \boxed{}$

$y=2x-4$라 하고 x에 대하여 풀면

$x=\boxed{}y+2$

x, y를 서로 바꾸면 $y=\boxed{}x+2$

따라서 $f^{-1}(x)=\boxed{}x+2$이므로

$h(x)=(g \circ f^{-1})(x)=g(f^{-1}(x))$

$=g\left(\boxed{}\right)=\left(\boxed{}\right)+3=\boxed{}$

13 $f(x)=-x+5$, $g(x)=4x-1$

14 $f(x)=-3x+1$, $g(x)=-2x+1$

15 $f(x)=\dfrac{1}{2}x+3$, $g(x)=6x+4$

16 $f(x)=-\dfrac{1}{3}x+4$, $g(x)=-2x-7$

09

대응을 거꾸로!

역함수의 그래프

함수 $y=f(x)$ 의 그래프   함수 $y=f^{-1}(x)$ 의 그래프

함수 $y=f(x)$의 그래프 위의 임의의 한 점을 (a, b)라 하면
점 (b, a)는 함수 $y=f^{-1}(x)$의 그래프 위의 점이다.

$b=f(a)$ $a=f^{-1}(b)$

나를 기준으로 대칭이야!

함수 $y=f(x)$의 그래프와
그 역함수 $y=f^{-1}(x)$의 그래프는
직선 $y=x$에 대하여 대칭이다.

참고 함수 $f(x)$에 대하여 역함수 $f^{-1}(x)$가 존재할 때, 함수 $y=f(x)$의 그래프와 직선 $y=x$의 교점이 존재하면 그 교점은 두 함수 $y=f(x)$, $y=f^{-1}(x)$의 그래프의 교점과 같다.

1st ― 역함수의 그래프

● 다음 함수의 역함수의 그래프를 직선 $y=x$를 이용하여 그리시오.

1 $y=3x+1$

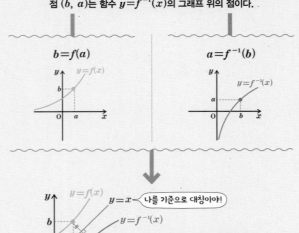

2 $y=-\dfrac{1}{2}x$

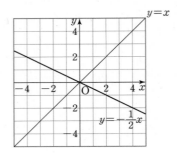

3 $y=\dfrac{1}{4}x-2$

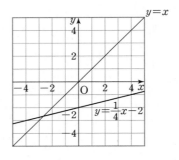

4 $y=-2x+3$

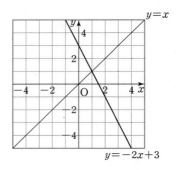

2nd ─ 역함수의 그래프를 이용하여 구하는 함숫값

● 함수 $y=f(x)$의 그래프와 그 역함수 $y=f^{-1}(x)$의 그래프가 아래 그림과 같을 때, 다음 값을 구하시오.
(단, 모든 점선은 x축 또는 y축에 평행하다.)

5

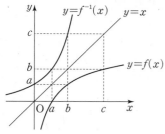

(1) $f(a)$ (2) $f(b)$

(3) $f(c)$ (4) $f^{-1}(0)$

(5) $f^{-1}(a)$ (6) $f^{-1}(b)$

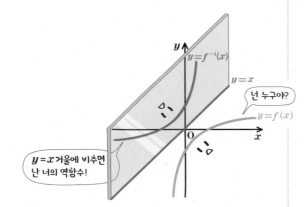

넌 누구야?

$y=x$ 거울에 비추면 난 너의 역함수!

6

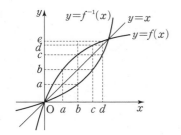

(1) $f(a)$ (2) $f(b)$

(3) $f(c)$ (4) $f(d)$

(5) $f^{-1}(b)$ (6) $f^{-1}(c)$

● 함수 $y=f(x)$의 그래프와 직선 $y=x$가 아래 그림과 같을 때, 다음 값을 구하시오. (단, 모든 점선은 x축 또는 y축에 평행하다.)

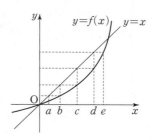

7 $f^{-1}(b)$

→ 직선 $y=x$를 이용하여 y축과 점선이 만나는 점의 y좌표를 구하면 오른쪽 그림과 같다.

$f^{-1}(b)=k$라 하면

$f(k)=\boxed{}$ 이므로 $k=\boxed{}$

따라서 $f^{-1}(b)=\boxed{}$

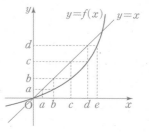

8 $f^{-1}(c)$

9 $(f^{-1} \circ f)(b)$

10 $(f \circ f^{-1})(d)$

11 $(f^{-1} \circ f^{-1})(a)$

😊 내가 발견한 개념   역함수의 그래프는?

● 함수 $y=f(x)$의 그래프가 점 (a, b)를 지나면 그 역함수 $y=f^{-1}(x)$의 그래프는 점 $(\boxed{}, \boxed{})$를 지난다.

— 역함수의 그래프를 이용하여 구하는 미지수의 값

● 함수 $f(x)=ax+b$의 그래프는 점 P를 지나고, 그 역함수 $y=f^{-1}(x)$의 그래프는 점 Q를 지날 때, 상수 a, b의 값을 구하시오.

12 P(0, 2), Q(-2, 1)

→ 함수 $y=f(x)$의 그래프가 점 P(0, 2)를 지나므로 $f(0)=2$에서

$b=$ □ ······ ㉠

함수 $y=f^{-1}(x)$의 그래프가 점 Q(-2, 1)을 지나므로

$f^{-1}(-2)=1$에서 $f($ □ $)=-2$

즉 $a+b=$ □ 이고 여기에 ㉠을 대입하여 풀면 $a=$ □

따라서 $a=$ □ , $b=$ □ .

13 P(-3, -2), Q(1, 4)

14 P(6, -9), Q(-3, 0)

15 P(10, 10), Q(2, -6)

16 P(-6, 22), Q(-2, 2)

● 함수 $f(x)=ax+b$에 대하여 그 역함수 $y=f^{-1}(x)$의 그래프가 다음 두 점 P, Q를 지날 때, 상수 a, b의 값을 구하시오.

17 P(1, 2), Q(3, 4)

→ 함수 $y=f^{-1}(x)$의 그래프가 두 점 P(1, 2), Q(3, 4)를 지나므로

$f^{-1}(1)=2$, $f^{-1}(3)=$ □

즉 $f($ □ $)=1$, $f($ □ $)=3$이므로

$2a+b=$ □ , $4a+b=$ □

위의 두 식을 연립하여 풀면 $a=$ □ , $b=$ □

18 P(-2, 8), Q(4, -1)

19 P(0, 4), Q(5, -6)

20 P(-3, 1), Q(3, 3)

21 P(11, 5), Q(14, 20)

4th 함수의 그래프와 그 역함수의 그래프의 교점의 좌표

● 다음 함수 $y=f(x)$의 그래프와 그 역함수 $y=f^{-1}(x)$의 그래프의 교점의 좌표를 구하시오.

22 $f(x)=2x-3$

→ 함수 $y=f(x)$의 그래프와 직선 $y=x$의 교점은 함수 $y=f(x)$의 그래프와 그 역함수 $y=f^{-1}(x)$의 그래프의 교점과 같으므로

$2x-3=\boxed{}$, $x=\boxed{}$

따라서 구하는 교점의 좌표는 $(\boxed{},\boxed{})$이다.

> 함수 $y=f(x)$의 그래프와 그 역함수 $y=f^{-1}(x)$의 그래프는 직선 $y=x$에 대하여 대칭이다.
> → 함수 $y=f(x)$의 그래프와 직선 $y=x$의 그래프의 교점이 존재하면 그 교점은 $y=f(x)$의 그래프와 $y=f^{-1}(x)$의 그래프의 교점이다.

23 $f(x)=-5x-10$

24 $f(x)=\dfrac{1}{2}x-4$

25 $f(x)=-\dfrac{1}{3}x+12$

26 $f(x)=x^2-2x\ (x\geq1)$

→ 함수 $y=f(x)$의 그래프와 직선 $y=x$의 교점은 함수 $y=f(x)$의 그래프와 그 역함수 $y=f^{-1}(x)$의 그래프의 교점과 같으므로

$x^2-2x=\boxed{}$, $x^2-\boxed{}x=0$, $x(x-\boxed{})=0$

이때 $x\geq1$이므로 $x=\boxed{}$

따라서 구하는 교점의 좌표는 $(\boxed{},\boxed{})$이다.

27 $f(x)=x^2-4x\ (x\geq2)$

28 $f(x)=x^2+6x\ (x\geq-3)$

29 $f(x)=x^2+3x-8\left(x\geq-\dfrac{3}{2}\right)$

30 $f(x)=\dfrac{1}{2}x^2-x-\dfrac{5}{2}\ (x\geq1)$

역함수가 존재하지 않는 함수도 일대일대응이 되는 구간에서는 역함수를 구할 수 있지!

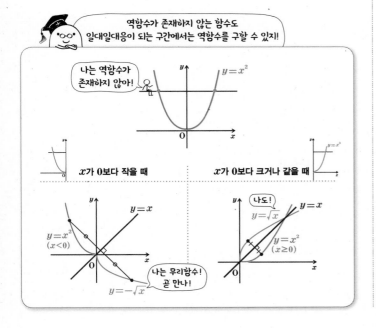

개념모음문제

31 함수 $f(x)=-\dfrac{1}{3}x^2+2x+\dfrac{4}{3}\ (x\geq3)$의 그래프와 그 역함수 $y=f^{-1}(x)$의 그래프의 교점의 좌표가 $(a,\ b)$일 때, $a+b$의 값은?

① 8   ② 10   ③ 12
④ 14   ⑤ 16

- 함수 $f : X \longrightarrow Y$가 일대일대응이고 $x \in X$, $y \in Y$일 때
  ① $f^{-1} : Y \longrightarrow X$
  ② $y = f(x) \Longleftrightarrow x = f^{-1}(y)$

1 두 함수 f, g가 다음 그림과 같을 때, $(g \circ f^{-1})(3) + f^{-1}(2)$의 값은?

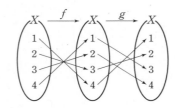

① 3   ② 4   ③ 5
④ 6   ⑤ 7

2 함수 $f(x) = 7x + a$에 대하여 $f^{-1}(10) = 3$일 때, $f(-2)$의 값은? (단, a는 상수이다.)

① -25 ② -11 ③ -3
④ 3   ⑤ 25

3 두 함수 $f(x) = -2x + 3$, $g(x) = 4x - 5$에 대하여 $(g \circ f^{-1})(a) = 3$, $(g \circ f^{-1})(-9) = b$일 때, $a + b$의 값을 구하시오.

4 두 집합 $X = \{x \mid -2 \le x \le 3\}$, $Y = \{y \mid a \le y \le b\}$에 대하여 X에서 Y로의 함수 $f(x) = 4x + 1$의 역함수가 존재할 때, $a + b$의 값은? (단, a, b는 상수이다.)

① 2   ② 4   ③ 6
④ 8   ⑤ 10

- 함수 $f : X \longrightarrow Y$가 일대일대응일 때, 그 역함수 $f^{-1} : Y \longrightarrow X$에 대하여
  ① $(f^{-1})^{-1} = f$
  ② $(f^{-1} \circ f)(x) = x \ (x \in X)$, $(f \circ f^{-1})(y) = y \ (y \in Y)$
  ③ 함수 $g : Y \longrightarrow Z$가 일대일대응이고 그 역함수가 g^{-1}일 때
  $(g \circ f)^{-1} = f^{-1} \circ g^{-1}$

5 두 함수 f, g에 대하여 $f(x) = 2x - 4$이고, $(f \circ (g \circ f)^{-1} \circ f)(x) = x + 3$일 때, $g(4)$의 값은?

① -4 ② -2 ③ 0
④ 2   ⑤ 4

6 두 함수 $f(x)$, $g(x)$의 역함수가 각각 $f^{-1}(x) = 2x - 4$, $g^{-1}(x) = x - 6$일 때, $h(x) = (g \circ f)(x)$의 역함수 $h^{-1}(x)$를 구하시오.

7 두 함수 $f(x)=4x-2$, $g(x)=-5x+1$에 대하여 $(g \circ (g \circ f^{-1})^{-1})(a)=11$을 만족시키는 상수 a의 값은?

① $\dfrac{1}{5}$ ② $\dfrac{3}{5}$ ③ 1

④ $\dfrac{7}{5}$ ⑤ $\dfrac{9}{5}$

09 역함수의 그래프

• 함수 $y=f(x)$의 그래프와 그 역함수 $y=f^{-1}(x)$의 그래프는 직선 $y=x$ 에 대하여 대칭이다.

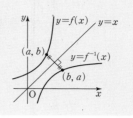

10 함수 $y=f(x)$의 그래프와 직선 $y=x$가 오른쪽 그림과 같을 때, $(f^{-1} \circ f^{-1})(c)$의 값은? (단, 모든 점선은 x축 또는 y축에 평행하다.)

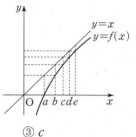

① a ② b ③ c

④ d ⑤ e

08 역함수 구하기

• $y=f(x) \xrightarrow[\text{식으로 나타낸다.}]{x\text{를 }y\text{에 대한}} x=f^{-1}(y) \xrightarrow[\text{바꾼다.}]{x\text{와 }y\text{를}} y=f^{-1}(x)$

8 함수 $f(x)=-5x+a$의 역함수가 $f^{-1}(x)=bx+6$ 일 때, 상수 a, b에 대하여 ab의 값은?

① -5 ② -6 ③ -7

④ -8 ⑤ -9

11 함수 $f(x)=ax+1$에 대하여 그 역함수 $y=f^{-1}(x)$의 그래프가 두 점 $\mathrm{P}(-2, 1)$, $\mathrm{Q}(b, 8)$을 지날 때, $a+b$의 값을 구하시오. (단, a는 상수이다.)

9 일차함수 $f(x)=ax+b$의 역함수가 $f^{-1}(x)=4x-8$일 때, 상수 a, b에 대하여 $4a+b$의 값은?

① 3 ② 5 ③ 7

④ 9 ⑤ 11

12 함수 $f(x)=3x+a$의 그래프와 그 역함수 $y=f^{-1}(x)$의 그래프의 교점의 x좌표가 -4일 때, $f(1)$의 값은? (단, a는 상수이다.)

① 2 ② 5 ③ 8

④ 11 ⑤ 14

1 두 함수 $f(x)=5x+1$, $g(x)=ax-3$에 대하여 $f \circ g=g \circ f$가 성립할 때, 상수 a의 값은?

① -11 ② -8 ③ -5

④ 8 ⑤ 11

2 함수 $f(x)=ax+b$에 대하여
$$f(4)=4, \ f^{-1}(-5)=1$$
일 때, 상수 a, b에 대하여 $2a+3b$의 값은?

① -30 ② -18 ③ -4

④ 18 ⑤ 30

3 일차함수 $f(x)=\dfrac{1}{4}x+a$의 역함수가 $f^{-1}(x)=bx-12$일 때, 상수 a, b에 대하여 $a-b$의 값은?

① -7 ② -4 ③ -1

④ 1 ⑤ 7

4 함수 $f(x)=-2x+a$의 역함수의 그래프가 점 $(11, -3)$을 지날 때, 상수 a의 값은?

① 2 ② 3 ③ 4

④ 5 ⑤ 6

5 다음과 같은 그래프로 나타내어지는 함수 중 역함수가 존재하는 것은?

① 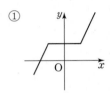 ②

③ 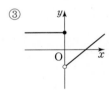 ④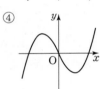

⑤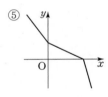

6 두 함수 $f(x)=-2x+5$, $g(x)=8x+4$에 대하여 $(h \circ f)(x)=g(x)$를 만족시키는 함수 $h(x)$는?

① $h(x)=-4x-16$ ② $h(x)=-4x+24$

③ $h(x)=-2x-16$ ④ $h(x)=-2x+24$

⑤ $h(x)=-x+16$

7 두 함수 f, g가 각각 일대일대응이고 $f(1)=10$, $g(2)=8$, $(g \circ f)(1)=5$, $(g \circ f)(-1)=8$일 때, $f(-1)+g(10)$의 값은?

① 1 　　　　② 3 　　　　③ 5

④ 7 　　　　⑤ 9

8 두 함수 $f : X \longrightarrow Y$, $g : Y \longrightarrow X$가 다음 그림과 같을 때, $(f \circ g)^{-1}(5)+(g \circ f)^{-1}(6)$의 값은?

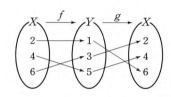

① 3 　　　　② 5 　　　　③ 7

④ 9 　　　　⑤ 11

9 두 함수 $f(x)=5x-13$, $g(x)=-2x+8$에 대하여 $(f \circ (g \circ f)^{-1} \circ f)(3)$의 값은?

① 1 　　　　② 2 　　　　③ 3

④ 4 　　　　⑤ 5

10 실수 전체의 집합에서 정의된 두 함수 f, g에 대하여

$$f(x)=\begin{cases} \dfrac{1}{2}x+3 & (x<0) \\ x^2+3 & (x \geq 0) \end{cases}, \ g(x)=x+3$$

일 때, $(f^{-1} \circ g \circ f)(-4)$의 값은?

① -2 　　　　② -1 　　　　③ 0

④ 1 　　　　⑤ 2

11 $x \geq 0$에서 정의된 두 함수 $y=f(x)$, $y=x$의 그래프가 다음 그림과 같다.

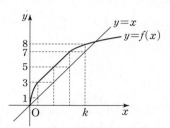

함수 $f(x)$의 역함수를 $g(x)$라 할 때, $(g \circ g)(k)$의 값은? (단, 모든 점선은 x축 또는 y축에 평행하다.)

① 1 　　　　② 3 　　　　③ 5

④ 7 　　　　⑤ 8

12 오른쪽 그림과 같이 정의된 함수 f에 대하여
$$f^2=f \circ f, \ f^3=f \circ f^2, \ \cdots,$$
$$f^{n+1}=f \circ f^n \ (n은 \ 자연수)$$
일 때, $f^{100}(1)+f^{100}(4)$의 값을 구하시오.

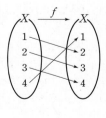

11

함수의 확장!
유리식과
유리함수

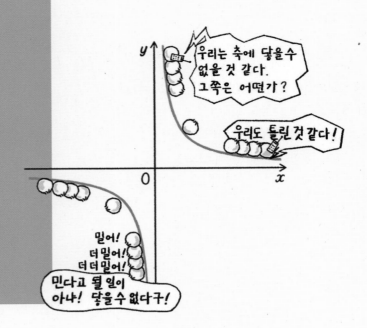

분모에 다항식이 있는!

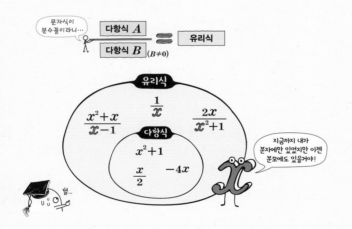

┌ 유리식 ──────────

01 유리식의 뜻과 성질

두 다항식 A, B $(B \neq 0)$에 대하여 $\dfrac{A}{B}$의 꼴로 나타

내어지는 식을 유리식이라 해.

특히 $\dfrac{x}{2}$와 같이 유리식 $\dfrac{A}{B}$에서 B가 0이 아닌 상수

이면 $\dfrac{A}{B}$는 다항식이므로 다항식도 유리식이야!

분모에 다항식이 있는!

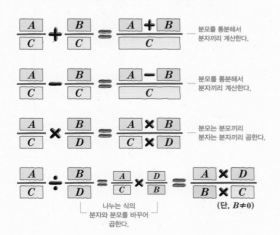

네 다항식 $A, B, C, D\,(C \neq 0, D \neq 0)$에 대하여

$$\frac{A}{C} + \frac{B}{C} = \frac{A+B}{C}$$ ── 분모를 통분해서 분자끼리 계산한다.

$$\frac{A}{C} - \frac{B}{C} = \frac{A-B}{C}$$ ── 분모를 통분해서 분자끼리 계산한다.

$$\frac{A}{C} \times \frac{B}{D} = \frac{A \times B}{C \times D}$$ ── 분모는 분모끼리 분자는 분자끼리 곱한다.

$$\frac{A}{C} \div \frac{B}{D} = \frac{A}{C} \times \frac{D}{B} = \frac{A \times D}{B \times C}$$

──── 나누는 식의 분자와 분모를 바꾸어 곱한다.　　(단, $B \neq 0$)

┌ 유리식의 계산 ──────────

02 유리식의 사칙연산
03 유리식의 계산: 특수한 형태(1)
04 유리식의 계산: 특수한 형태(2)

유리식도 유리수처럼 사칙연산을 할 수 있어. 이 단원에서는 유리식의 사칙연산을 연습하게 될 거야.
뿐만 아니라 분모가 두 인수의 곱인 유리식의 계산, 비례식이 주어진 경우의 유리식의 값 등 특수한 형태의 유리식도 다루게 될 거야. 복잡해 보여도 식을 변형하면 쉽게 계산할 수 있으니 겁먹지 마!

유리식으로 표현되는 대응!

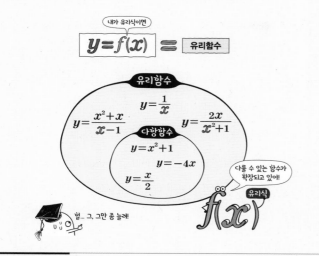

대응의 순서쌍!

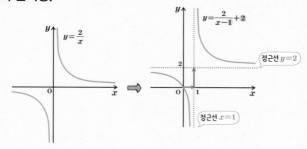

유리식으로 표현되는 대응!

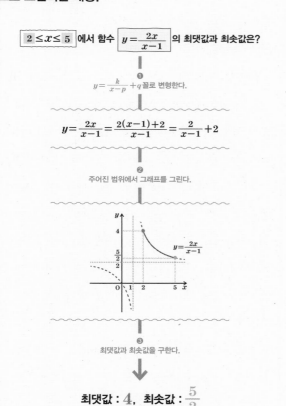

유리함수와 그래프

05 유리함수

06 유리함수 $y=\dfrac{k}{x}$ $(k\neq0)$의 그래프

07 유리함수 $y=\dfrac{k}{x-p}+q$ $(k\neq0)$의 그래프

08 유리함수 $y=\dfrac{k}{x-p}+q$ $(k\neq0)$의 그래프의 대칭성

09 유리함수 $y=\dfrac{ax+b}{cx+d}$의 그래프

10 유리함수의 미정계수

함수 $y=f(x)$에서 $f(x)$가 x에 대한 유리식일 때, 이 함수를 유리함수라 해. 특히 $f(x)$가 x에 대한 다항식일 때, 이 함수를 다항함수라 하지. 즉 다항식은 유리식이므로 다항함수도 유리함수야.

유리함수 $y=\dfrac{k}{x}$ $(k\neq0)$의 그래프를 이해하고 그 성질을 배워보자. 또 유리함수 $y=\dfrac{k}{x}$ $(k\neq0)$의 그래프가 평행이동된 유리함수 $y=\dfrac{k}{x-p}+q$ $(k\neq0)$의 그래프를 이해하고, 유리함수 $y=\dfrac{ax+b}{cx+d}$의 그래프를 유리함수 $y=\dfrac{k}{x-p}+q$ $(k\neq0)$ 꼴로 변형해 보는 연습도 하게 될 거야.

유리함수의 활용

11 유리함수의 최대, 최소

12 유리함수의 그래프와 직선의 위치 관계

13 유리함수의 역함수

14 유리함수의 합성

이 단원에서는 유리함수를 활용한 다양한 문제를 다루어 볼 거야. 주어진 유리함수의 식을 보고 최댓값과 최솟값을 각각 구해 보는 연습을 하게 될텐데, 이때 함수 $y=\dfrac{ax+b}{cx+d}$의 식을 $y=\dfrac{k}{x-p}+q$ 꼴로 변형할 수 있어야 해. 또 유리함수의 그래프와 직선의 위치 관계, 즉 곡선과 직선이 만나지 않을 때와 만날 때의 조건을 구해 보자.

한편 함수 단원에서 배운 역함수를 기억하며 유리함수의 역함수를 구해 보고, 유리함수의 합성도 이해해 보자.

01

분모에 다항식이 있는!

유리식의 뜻과 성질

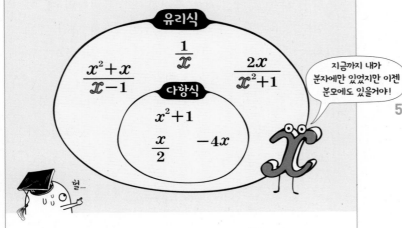

- **유리식**: 두 다항식 A, B ($B \neq 0$)에 대하여 $\dfrac{A}{B}$의 꼴로 나타내어지는 식

참고 ① 다항식 $\dfrac{A}{B}$에서 B가 0이 아닌 상수이면
$\dfrac{A}{B}$는 다항식이므로 다항식도 유리식이다.

② 다항식이 아닌 유리식을 분수식이라 한다.

- **유리식의 성질**

세 다항식 A, B, C ($B \neq 0$, $C \neq 0$)에 대하여

① $\dfrac{A}{B} = \dfrac{A \times C}{B \times C}$ ← 유리식을 통분할 때 이용해!

② $\dfrac{A}{B} = \dfrac{A \div C}{B \div C}$ ← 유리식을 약분할 때 이용해!

1st — 유리식의 구분

● 다음 중 다항식인 것은 ○를, 다항식이 아닌 유리식인 것은 ✕를 ( ) 안에 써넣으시오.

1   $\dfrac{3}{x^2}$ (   )

2   $5 - \dfrac{x^2}{2}$ (   )

3   $\dfrac{x}{x^2 - 4}$ (   )

4   $x - \dfrac{1}{3}$ (   )

5   $\dfrac{x-2}{6}$ (   )

6   $\dfrac{x-2}{3x}$ (   )

7   $\dfrac{x^2 + x + 1}{x}$ (   )

2nd — 유리식의 통분

● 다음 두 유리식을 통분하시오.

8   $\dfrac{1}{x+1}$, $\dfrac{2x}{x-1}$

> 유리식의 분자, 분모에 0이 아닌 같은 다항식을 곱하여도 그 값은 변하지 않는다.

→ 두 분수의 분모의 공통분모가 $(x+1)(x-1)$이 되도록 통분하면

$$\dfrac{1}{x+1}=\dfrac{\boxed{}}{(x+1)(\boxed{})}$$

$$\dfrac{2x}{x-1}=\dfrac{2x(\boxed{})}{(\boxed{})(x-1)}$$

9   $\dfrac{x-1}{x+1}$, $\dfrac{3x}{x-2}$

10   $\dfrac{1}{x(x-4)}$, $\dfrac{2}{(x-1)(x-4)}$

11   $\dfrac{x-1}{(x+1)(x+2)}$, $\dfrac{x}{x^2+2x+1}$

12   $\dfrac{x-1}{x^2-4}$, $\dfrac{x+3}{x^2-x-2}$

3rd — 유리식의 약분

● 다음 유리식을 약분하시오.

> 분자, 분모를 각각 인수분해한 다음 약분한다.

13   $\dfrac{x^2-7x+10}{x^2-4x-5}$

$$\rightarrow \dfrac{x^2-7x+10}{x^2-4x-5}=\dfrac{(x-2)(\boxed{})}{(\boxed{})(x-5)}$$

$$=\dfrac{x-2}{\boxed{}}$$

14   $\dfrac{x^2-2x}{x^2-4}$

15   $\dfrac{x^2-x-12}{x^2+5x+6}$

16   $\dfrac{x^2-x}{x^3+3x^2-4x}$

17   $\dfrac{x^2-8x+7}{x^3-1}$

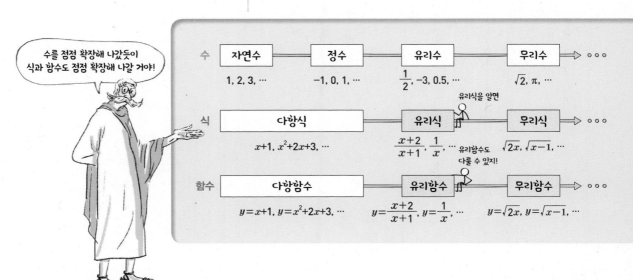

수를 점점 확장해 나갔듯이 식과 함수도 점점 확장해 나갈 거야!

수	자연수	정수	유리수	무리수	⚬ ⚬ ⚬
	$1, 2, 3, \cdots$	$-1, 0, 1, \cdots$	$\dfrac{1}{2}, -3, 0.5, \cdots$	$\sqrt{2}, \pi, \cdots$	
식	다항식		유리식	무리식	⚬ ⚬ ⚬
	$x+1, x^2+2x+3, \cdots$		$\dfrac{x+2}{x+1}, \dfrac{1}{x}, \cdots$	$\sqrt{2x}, \sqrt{x-1}, \cdots$	
함수	다항함수		유리함수	무리함수	⚬ ⚬ ⚬
	$y=x+1, y=x^2+2x+3, \cdots$		$y=\dfrac{x+2}{x+1}, y=\dfrac{1}{x}, \cdots$	$y=\sqrt{2x}, y=\sqrt{x-1}, \cdots$	

유리식을 알면
유리함수도 다룰 수 있지!

02

분모에 다항식이 있는!

유리식의 사칙연산

네 다항식 $A, B, C, D\,(C \neq 0, D \neq 0)$에 대하여

$$\frac{A}{C} + \frac{B}{C} = \frac{A+B}{C}$$
— 분모를 통분해서 분자끼리 계산한다.

$$\frac{A}{C} - \frac{B}{C} = \frac{A-B}{C}$$
— 분모를 통분해서 분자끼리 계산한다.

$$\frac{A}{C} \times \frac{B}{D} = \frac{A \times B}{C \times D}$$
— 분모는 분모끼리 분자는 분자끼리 곱한다.

$$\frac{A}{C} \div \frac{B}{D} = \frac{A}{C} \times \frac{D}{B} = \frac{A \times D}{B \times C}$$
（단, $B \neq 0$）

나누는 식의 분자와 분모를 바꾸어 곱한다.

참고 유리식의 덧셈 또는 곱셈에 대하여 교환법칙, 결합법칙이 성립한다.

원리확인 다음 □ 안에 알맞은 것을 써넣으시오.

❶ $\dfrac{1}{x-2} + \dfrac{3}{x-2} = \dfrac{\boxed{}+\boxed{}}{x-2} = \dfrac{\boxed{}}{x-2}$

❷ $\dfrac{3}{x^2+1} - \dfrac{2}{x^2+1} = \dfrac{\boxed{}-\boxed{}}{x^2+1} = \dfrac{\boxed{}}{x^2+1}$

❸ $\dfrac{x-3}{2x} \times \dfrac{x}{x^2-9} = \dfrac{x-3}{2x} \times \dfrac{x}{(\boxed{})(x-3)}$

$\qquad = \boxed{}$

❹ $\dfrac{x^2-1}{x+4} \div \dfrac{x+1}{x} = \dfrac{(x+1)(\boxed{})}{x+4} \times \dfrac{x}{\boxed{}}$

$\qquad = \boxed{}$

● 다음 식을 계산하시오.

1 $\dfrac{1}{x-1} + \dfrac{2}{x+3}$

$\rightarrow \dfrac{1}{x-1} + \dfrac{2}{x+3} = \dfrac{(x+3)+2(\boxed{})}{(x-1)(x+3)}$

$\qquad\qquad = \dfrac{\boxed{}}{(x-1)(x+3)}$

2 $\dfrac{2}{x+2} + \dfrac{1}{x-4}$

3 $\dfrac{4}{x} + \dfrac{3}{x(x-3)}$

4 $\dfrac{x+2}{x+1} + \dfrac{x}{x+2}$

5 $\dfrac{4}{2x+1} + 2$

2는 $\dfrac{2(2x+1)}{2x+1}$이야!

6 $\dfrac{2x}{x^2-1} + \dfrac{x+1}{x^2+2x-3}$

7 $\dfrac{2}{x+3} - \dfrac{1}{x-2}$

$\rightarrow \dfrac{2}{x+3} - \dfrac{1}{x-2} = \dfrac{2(\boxed{}) - (\boxed{})}{(x+3)(x-2)}$

$\phantom{\rightarrow \dfrac{2}{x+3} - \dfrac{1}{x-2}} = \dfrac{\boxed{}}{(x+3)(x-2)}$

8 $\dfrac{1}{x-4} - \dfrac{3}{x+1}$

9 $\dfrac{2}{x+1} - \dfrac{3}{x(x+1)}$

10 $\dfrac{2x-1}{x+5} - \dfrac{4x}{x-3}$

11 $\dfrac{x+2}{x^2-5x+6} - \dfrac{3x}{x^2-9}$

개념모음문제

12 $\dfrac{2}{x-1} + \dfrac{3}{x^3-1} - \dfrac{x-1}{x^2+x+1}$ 을 간단히 하면?

① $\dfrac{x^2+4}{x-1}$ ② $\dfrac{x^2-4x}{x-1}$

③ $\dfrac{x^2+4x}{x^3-1}$ ④ $\dfrac{x^2+4x+4}{x^3-1}$

⑤ $\dfrac{x^2-4x+4}{x^3-1}$

2nd 유리식의 곱셈과 나눗셈

● 다음 식을 계산하시오.

13 $\dfrac{x+3}{x^2-2x} \times \dfrac{x-2}{x}$

$\rightarrow \dfrac{x+3}{x^2-2x} \times \dfrac{x-2}{x} = \dfrac{x+3}{\boxed{}(x-2)} \times \dfrac{x-2}{x}$

$ = \dfrac{\boxed{}}{\boxed{}}$

14 $\dfrac{x}{x^2-4} \times \dfrac{x+2}{x^2+3x}$

15 $\dfrac{x^2-x}{3x-6} \times \dfrac{x-2}{x^2-1}$

16 $\dfrac{x^2+3x+2}{x^3} \times \dfrac{x}{x+2}$

17 $\dfrac{3x}{x^2+4x+4} \times \dfrac{2x+4}{3x^2+2x}$

18 $\dfrac{x-2}{x^2+4x+3} \times \dfrac{x^2+2x-3}{x^2-x-2}$

---

11. 유리식과 유리함수 **359**

19 $\dfrac{x+2}{x-4} \div \dfrac{x^2+x-2}{x^2-16}$

$\rightarrow \dfrac{x+2}{x-4} \div \dfrac{x^2+x-2}{x^2-16} = \dfrac{x+2}{x-4} \times \dfrac{\boxed{}}{\boxed{}}$

$= \dfrac{x+2}{x-4} \times \dfrac{(x+4)(\boxed{})}{(\boxed{})(x-1)}$

$= \dfrac{\boxed{}}{\boxed{}}$

20 $\dfrac{x+2}{x-3} \div \dfrac{x+5}{x^2-4x+3}$

21 $\dfrac{x-3}{x^3-1} \div \dfrac{2x-6}{x^2-x}$

22 $\dfrac{x-5}{x+1} \div \dfrac{x^2-3x-10}{x^2-1}$

23 $\dfrac{x-4}{x^2-6x-7} \div \dfrac{x^2-5x+4}{x^2+4x+3}$

개념모음문제

24 $\dfrac{2x+4}{x^2-3x} \times \dfrac{x^2-9}{x^2+3x+2} \div \dfrac{x+3}{x^2-x}$ 을 계산하면?

① $\dfrac{2x-2}{x+1}$ ② $\dfrac{x-1}{x+1}$ ③ $\dfrac{2x-2}{x-3}$

④ $\dfrac{x-1}{x-3}$ ⑤ $\dfrac{2x-4}{(x+1)(x-3)}$

3rd — 항등식의 성질을 이용한 유리식의 계산

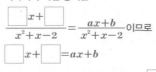

● 분모가 0이 되지 않도록 하는 모든 실수 x에 대하여 다음 등식이 성립할 때, 상수 a, b의 값을 구하시오.

25 $\dfrac{3}{x-1} + \dfrac{2}{x+2} = \dfrac{ax+b}{x^2+x-2}$

→ 주어진 등식의 좌변을 계산하면

$\dfrac{3}{x-1} + \dfrac{2}{x+2} = \dfrac{3(x+2)+2(\boxed{})}{(x-1)(x+2)}$

$= \dfrac{\boxed{}x+\boxed{}}{x^2+x-2}$

따라서 주어진 등식은

$\dfrac{\boxed{}x+\boxed{}}{x^2+x-2} = \dfrac{ax+b}{x^2+x-2}$ 이므로

$\boxed{}x + \boxed{} = ax+b$

이 식이 x에 대한 항등식이므로 $a=\boxed{}$, $b=\boxed{}$

26 $\dfrac{2}{x+3} + \dfrac{1}{x-2} = \dfrac{ax+b}{x^2+x-6}$

27 $\dfrac{1}{x-2} + \dfrac{2}{2x-5} = \dfrac{ax+b}{2x^2-9x+10}$

28 $\dfrac{1}{x+6} - \dfrac{2}{x+3} = \dfrac{ax+b}{x^2+9x+18}$

29 $\dfrac{1}{2x-3} - \dfrac{2}{2x+3} = \dfrac{ax+b}{4x^2-9}$

30 $\dfrac{2}{3x+1} - \dfrac{3}{x+1} = \dfrac{ax+b}{3x^2+4x+1}$

31 $\dfrac{a}{x-3} + \dfrac{b}{x+2} = \dfrac{2x+9}{x^2-x-6}$

32 $\dfrac{a}{x+2} - \dfrac{b}{x-1} = \dfrac{2x+7}{x^2+x-2}$

33 $\dfrac{a}{x-1} + \dfrac{bx-3}{x^2-1} = \dfrac{3x-1}{x^2-1}$

34 $\dfrac{ax+1}{(x+3)^2} - \dfrac{b}{x+3} = \dfrac{x+10}{(x+3)^2}$

35 $\dfrac{a}{x-2} - \dfrac{ax+b}{x^2+2x+4} = \dfrac{5x+2}{x^3-8}$

36 $\dfrac{a}{x^2-2x} + \dfrac{2x+1}{x^2-x-2} = \dfrac{bx^2+3x+a}{x^3-x^2-2x}$

개념모음문제

37 $x \ne -1$, $x \ne 2$인 모든 실수 x에 대하여 등식

$\dfrac{a}{x+1} + \dfrac{b}{x-2} = \dfrac{5x+2}{x^2-x-2}$가 성립할 때, 상수 a,

b에 대하여 ab의 값은?

① -4 ② -2 ③ -1

④ 2 ⑤ 4

항등식의 성질

x에 대한 항등식이

❶ $ax+b=0$이면 $a=b=0$

❷ $ax+b=a'x+b'$이면 $a=a'$, $b=b'$

❸ $ax^2+bx+c=0$이면 $a=b=c=0$

❹ $ax^2+bx+c=a'x^2+b'x+c'$이면 $a=a'$, $b=b'$, $c=c'$

분모에 다항식이 있는!

유리식의 계산: 특수한 형태(1)

1 (분자의 차수)≥(분모의 차수)인 경우

> 분자를 분모로 나누어 (분자의 차수)<(분모의 차수)가 되도록 변형

❶ (분자의 차수)>(분모의 차수)

$$\frac{x^2-x-3}{x+1} = \frac{(x+1)(x-2)-1}{x+1} \quad \begin{array}{r} x-2 \\ x+1\overline{)x^2-x-3} \\ x^2+x \\ \hline -2x-3 \\ -2x-2 \\ \hline -1 \end{array}$$

$$= x-2-\frac{1}{x+1}$$

❷ (분자의 차수)=(분모의 차수)

$$\frac{x-1}{x+2} = \frac{(x+2)-2-1}{x+2}$$

$$= 1-\frac{3}{x+2}$$

> 이와 같이 변형하는 것을 부분분수로 변형한다 해! 앞으로 많이 쓰이게 될 거야~ 기억해 둬!

2 분모가 두 인수의 곱으로 되어 있는 경우

왜?

$$\frac{1}{AB} = \frac{1}{B-A}\left(\frac{1}{A}-\frac{1}{B}\right)\left(\text{단, } \begin{array}{l} AB\neq 0, \\ A\neq B \end{array}\right) \text{로 분모의 차수를 작게 변형}$$

$$\frac{1}{x(x+1)} = \frac{1}{(x+1)-x}\left(\frac{1}{x}-\frac{1}{x+1}\right)$$

$$= \frac{1}{x}-\frac{1}{x+1}$$

$$\frac{1}{AB} \equiv \frac{(B-A)}{(B-A)}\times\frac{1}{AB} \equiv \frac{1}{B-A}\times\frac{B-A}{AB} \equiv \frac{1}{B-A}\times\left(\frac{1}{A}-\frac{1}{B}\right)$$

3 분모 또는 분자가 유리식인 경우

$$\otimes\frac{\dfrac{A}{B}}{\dfrac{C}{D}}\otimes = \frac{AD}{BC} \text{ 로 변형}$$

$$\frac{\dfrac{3}{x}}{\dfrac{x+1}{x-1}} = \frac{3}{x}\div\frac{x+1}{x-1} = \frac{3}{x}\times\frac{x-1}{x+1}$$

$$= \frac{3(x-1)}{x(x+1)}$$

1st — (분자의 차수)≥(분모의 차수)인 경우

● 다음 식을 계산하시오.

1 $\dfrac{x^2+x+2}{x+1}-\dfrac{x^2-x+1}{x-1}$

$$\rightarrow \frac{x^2+x+2}{x+1}-\frac{x^2-x+1}{x-1}$$

$$= \frac{x(x+1)+\boxed{}}{x+1}-\frac{\boxed{}(x-1)+1}{x-1}$$

$$= x+\frac{\boxed{}}{x+1}-\boxed{}-\frac{1}{x-1}$$

$$= \frac{\boxed{}}{x+1}-\frac{1}{x-1} = \frac{\boxed{}(x-1)-(x+1)}{(x+1)(x-1)} = \frac{\boxed{}}{(x+1)(x-1)}$$

2 $\dfrac{x^2+2x-1}{x+2}-\dfrac{x^2+3x-1}{x+3}$

3 $\dfrac{x-4}{x}-\dfrac{x-3}{x+1}+\dfrac{x-5}{x-3}-\dfrac{x-7}{x-5}$

2nd — 분모가 두 인수의 곱인 경우

● 다음 □ 안에 알맞은 것을 써넣으시오.

4 $\dfrac{1}{x(x+2)} = \dfrac{1}{\boxed{}}\left(\dfrac{1}{x}-\dfrac{1}{\boxed{}}\right)$

$$\uparrow$$
$$\frac{1}{(x+2)-x}$$

그대로

5 $\dfrac{2}{(x-2)(x+1)} = \dfrac{2}{\boxed{}}\left(\dfrac{1}{\boxed{}}-\dfrac{1}{x+1}\right)$

☺ 내가 발견한 개념   유리식을 부분분수로 변형해!

• $\dfrac{1}{AB} = \dfrac{1}{B-\boxed{}}\left(\dfrac{1}{A}-\dfrac{1}{\boxed{}}\right)$ (단, $AB\neq 0$, $A\neq B$)

● 분모를 0으로 만들지 않는 모든 실수 x에 대하여 다음 등식이 성립하도록 하는 상수 a, b의 값을 구하시오.

6 $\dfrac{1}{x(x+3)} = \dfrac{1}{a}\left(\dfrac{1}{x} - \dfrac{1}{x+b}\right)$

→ $\dfrac{1}{x(x+3)} = \dfrac{1}{(x+3)-x}\left(\dfrac{1}{x} - \dfrac{1}{x+3}\right)$

$= \dfrac{1}{\boxed{}}\left(\dfrac{1}{x} - \dfrac{1}{x+\boxed{}}\right)$

따라서 $\dfrac{1}{\boxed{}}\left(\dfrac{1}{x} - \dfrac{1}{x+\boxed{}}\right) = \dfrac{1}{a}\left(\dfrac{1}{x} - \dfrac{1}{x+b}\right)$이고

이 식이 x에 대한 항등식이므로 $a = \boxed{}$, $b = \boxed{}$

7 $\dfrac{1}{(x-2)(x+5)} = \dfrac{1}{a}\left(\dfrac{1}{x-2} - \dfrac{1}{x+b}\right)$

8 $\dfrac{2}{(2x+3)(2x+5)} = \dfrac{a}{2x+3} - \dfrac{1}{2x+b}$

9 $\dfrac{2}{(x-3)(x-1)} - \dfrac{3}{(x-4)(x-1)}$

$= \dfrac{1}{x-3} - \dfrac{a}{x-b}$

10 $\dfrac{1}{x(x-1)} + \dfrac{1}{x(x+1)} + \dfrac{1}{(x+1)(x+2)}$

$= \dfrac{a}{x-1} + \dfrac{b}{x+2}$

3rd — 분모 또는 분자가 유리식인 경우

● 다음 식을 계산하시오.

11 $\dfrac{1}{1 - \dfrac{1}{1 + \dfrac{1}{x}}}$

→ $\dfrac{1}{1 - \dfrac{1}{1 + \dfrac{1}{x}}} = \dfrac{1}{1 - \dfrac{1}{\dfrac{\boxed{}}{x}}} = \dfrac{1}{1 - \dfrac{x}{\boxed{}}}$

$= \dfrac{1}{\dfrac{\left(\boxed{}\right) - x}{\boxed{}}} = \boxed{}$

12 $\dfrac{1}{2 - \dfrac{2}{1 - \dfrac{1}{x}}}$

13 $2 + \dfrac{1}{1 + \dfrac{1}{1 + \dfrac{1}{x}}}$

14 $\dfrac{\dfrac{1}{x+1} + \dfrac{1}{x-1}}{\dfrac{1}{x+1} - \dfrac{1}{x-1}}$

15 $\dfrac{1 - \dfrac{x-1}{x+2}}{\dfrac{x-3}{x+2} + 1}$

유리식의 계산: 특수한 형태(2)

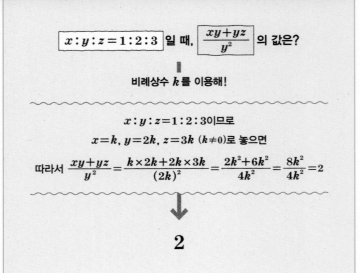

$x:y:z=1:2:3$ 일 때, $\dfrac{xy+yz}{y^2}$ 의 값은?

↓

비례상수 k를 이용해!

$x:y:z=1:2:3$이므로
$x=k,\ y=2k,\ z=3k\ (k\neq0)$로 놓으면

따라서 $\dfrac{xy+yz}{y^2}=\dfrac{k\times2k+2k\times3k}{(2k)^2}=\dfrac{2k^2+6k^2}{4k^2}=\dfrac{8k^2}{4k^2}=2$

↓

2

• 비례식이 주어진 경우(1)
  $x:y:z=a:b:c$이면
  ➜ $x=ak,\ y=bk,\ z=ck\ (k\neq0)$임을 이용한다.
• 비례식이 주어진 경우(2)
  $\dfrac{x}{a}=\dfrac{y}{b}=\dfrac{z}{c}$이면
  $\dfrac{x}{a}=\dfrac{y}{b}=\dfrac{z}{c}=k\ (k\neq0)$로 놓고
  $x=ak,\ y=bk,\ z=ck$임을 이용한다.

1st ─ 비례식이 주어진 경우 유리식의 값

● 주어진 조건을 이용하여 다음 식의 값을 구하시오.

1 $x:y=3:2$

(1) $\dfrac{2x}{y}+\dfrac{3y}{x}$

➜ $x:y=3:2$이므로
  $x=3k,\ y=2k\ (k\neq0)$로 놓으면

  $\dfrac{2x}{y}+\dfrac{3y}{x}=\dfrac{\boxed{}k}{2k}+\dfrac{\boxed{}k}{3k}$

  $=\boxed{}+\boxed{}=\boxed{}$

(2) $\dfrac{2x+5y}{2x+y}$

(3) $\dfrac{x^2+y^2}{4xy}$

2 $x:y:z=2:3:4$

(1) $\dfrac{3x+y}{3z-y}$

(2) $\dfrac{2x+3y+4z}{x+y+z}$

(3) $\dfrac{xy+yz+zx}{x^2+y^2+z^2}$

3

$$\frac{x}{2} = \frac{y}{3} \ (\text{단, } xy \neq 0)$$

(1) $\dfrac{2y}{x} - \dfrac{3x}{y}$

→ $\dfrac{x}{2} = \dfrac{y}{3} = k \ (k \neq 0)$로 놓으면

$x = 2k, \ y = 3k$이므로

$\dfrac{2y}{x} - \dfrac{3x}{y} = \dfrac{\boxed{}k}{2k} - \dfrac{\boxed{}k}{3k}$

$= \boxed{} - \boxed{} = \boxed{}$

(2) $\dfrac{4x - 3y}{x + y}$

(3) $\dfrac{x^2 + y^2}{xy}$

4

$$x = \frac{y}{3} = \frac{z}{4} \ (\text{단, } xyz \neq 0)$$

(1) $\dfrac{3y}{x} + \dfrac{2z}{y} - \dfrac{4x}{z}$

(2) $\dfrac{4x - 2y + 2z}{2x - y + z}$

(3) $\dfrac{xy - yz + 2zx}{x^2 + y^2 - z^2}$

2nd — 곱셈 공식의 변형을 이용한 유리식의 값

● 주어진 조건을 이용하여 다음 식의 값을 구하시오.

5

$$x - \frac{1}{x} = 3$$

(1) $x^2 + \dfrac{1}{x^2}$

→ $x^2 + \dfrac{1}{x^2} = \left(x - \dfrac{1}{x}\right)^2 + \boxed{} = 3^2 + \boxed{} = \boxed{}$

(2) $x^3 - \dfrac{1}{x^3}$

→ $x^3 - \dfrac{1}{x^3} = \left(x - \dfrac{1}{x}\right)^3 + \boxed{}\left(x - \dfrac{1}{x}\right)$

$= 3^3 + \boxed{} \times 3 = \boxed{}$

6

$$x^2 - 2x + 1 = 0$$

양변을 $x \ (x \neq 0)$로 나누어 봐!

(1) $x^2 + \dfrac{1}{x^2}$

(2) $x^3 + \dfrac{1}{x^3}$

7

$$x^2 + \frac{1}{x^2} = 14 \ (\text{단, } x > 0)$$

(1) $x + \dfrac{1}{x}$

(2) $x^3 + \dfrac{1}{x^3}$

01 유리식의 뜻과 성질

• 유리식

두 다항식 A, $B(B\neq0)$에 대하여 $\dfrac{A}{B}$의 꼴로 나타내어지는 식

• 유리식의 성질

세 다항식 A, B, $C(B\neq0, C\neq0)$에 대하여

① $\dfrac{A}{B}=\dfrac{A\times C}{B\times C}$

② $\dfrac{A}{B}=\dfrac{A\div C}{B\div C}$

02 유리식의 사칙연산

• 네 다항식 A, B, C, D $(C\neq0, D\neq0)$에 대하여

① $\dfrac{A}{C}+\dfrac{B}{C}=\dfrac{A+B}{C}$

② $\dfrac{A}{C}-\dfrac{B}{C}=\dfrac{A-B}{C}$

③ $\dfrac{A}{C}\times\dfrac{B}{D}=\dfrac{AB}{CD}$

④ $\dfrac{A}{C}\div\dfrac{B}{D}=\dfrac{A}{C}\times\dfrac{D}{B}=\dfrac{AD}{BC}$ (단, $B\neq0$)

1 다음 **보기**에서 다항식이 아닌 유리식인 것만을 있는 대로 고르시오.

> **보기**
>
> ㄱ. $\dfrac{4}{x+1}$ ㄴ. $\dfrac{x^2-4x}{8}$
>
> ㄷ. $\dfrac{3x}{2}+\dfrac{6}{7}$ ㄹ. $\dfrac{x+1}{x(x-2)}$

2 두 유리식 $\dfrac{2}{x^2-1}$, $\dfrac{5}{x^2+4x+3}$ 를 통분하시오.

3 유리식 $\dfrac{x^2-y^2}{(x+y)(x^3-y^3)}$ 을 간단히 하면?

① $\dfrac{1}{x^2-xy+y^2}$ ② $\dfrac{x-y}{x^2-xy+y^2}$

③ $\dfrac{1}{x^2+xy+y^2}$ ④ $\dfrac{x-y}{x^2+xy+y^2}$

⑤ $\dfrac{x+y}{x^2+xy+y^2}$

4 $\dfrac{y}{x-y}+\dfrac{x}{x+y}-\dfrac{2xy}{x^2-y^2}$ 를 계산하면?

① $\dfrac{x}{x-y}$ ② $\dfrac{y}{x-y}$ ③ $\dfrac{x-y}{x+y}$

④ $\dfrac{x+y}{x-y}$ ⑤ $\dfrac{2x+y}{x+y}$

5 $\dfrac{x+1}{x-3}\times\dfrac{x^2-3x}{x^2-x-2}\div\dfrac{x}{x+1}$ 를 계산하면?

① $\dfrac{x-2}{x}$ ② $\dfrac{x+3}{x}$ ③ $\dfrac{x}{x-2}$

④ $\dfrac{x+1}{x-2}$ ⑤ $\dfrac{x-2}{x+1}$

6 $x\neq-2$, $x\neq3$인 모든 실수 x에 대하여 등식

$\dfrac{a}{x-3}+\dfrac{b}{x+2}=\dfrac{3x+11}{x^2-x-6}$이 성립할 때, 상수 a, b에 대하여 $2ab$의 값은?

① -10 ② -8 ③ -4

④ 4 ⑤ 8

03 유리식의 계산: 특수한 형태(1)

- (분자의 차수)≥(분모의 차수)인 경우
  분자를 분모로 나누어 다항식과 분수식의 합으로 변형한다.
- 분모가 두 인수의 곱인 경우
  $\dfrac{1}{AB} = \dfrac{1}{B-A}\left(\dfrac{1}{A} - \dfrac{1}{B}\right)$ (단, $AB \neq 0$, $A \neq B$)
- 분모 또는 분자가 유리식인 경우
  $\dfrac{\frac{A}{B}}{\frac{C}{D}} = \dfrac{A}{B} \div \dfrac{C}{D} = \dfrac{A}{B} \times \dfrac{D}{C} = \dfrac{AD}{BC}$

7 $\dfrac{x^2-x+2}{x^2-x} - \dfrac{x^2-2x+1}{x^2-2x} = \dfrac{\boxed{}}{x(x-1)(x-2)}$

일 때, ☐ 안에 알맞은 식은?

① $x-4$ ② $x-3$ ③ $x+1$

④ $x+2$ ⑤ $x+3$

8 $x \neq -1$, $x \neq 0$인 모든 실수 x에 대하여

$f(x) = x^2 + x$일 때, $\dfrac{1}{f(1)} + \dfrac{1}{f(2)} + \cdots + \dfrac{1}{f(10)}$의

값은?

① $\dfrac{1}{10}$ ② $\dfrac{9}{10}$ ③ $\dfrac{1}{11}$

④ $\dfrac{10}{11}$ ⑤ 1

9 $\dfrac{1}{a + \dfrac{1}{b + \dfrac{1}{c}}} = \dfrac{9}{11}$를 만족시키는 자연수 a, b, c에 대

하여 abc의 값은?

① 2 ② 5 ③ 8

④ 11 ⑤ 13

04 유리식의 계산: 특수한 형태(2)

- 비례식이 주어진 경우
  ① $x : y : z = a : b : c$이면 $x = ak$, $y = bk$, $z = ck$ $(k \neq 0)$임을 이용한다.
  ② $\dfrac{x}{a} = \dfrac{y}{b} = \dfrac{z}{c}$이면 $\dfrac{x}{a} = \dfrac{y}{b} = \dfrac{z}{c} = k$ $(k \neq 0)$로 놓고
  $x = ak$, $y = bk$, $z = ck$임을 이용한다.

10 0이 아닌 두 실수 x, y에 대하여

$x : y = 3 : 1$일 때, $\dfrac{x^2+y^2}{4xy}$의 값은?

① $\dfrac{1}{6}$ ② $\dfrac{1}{2}$ ③ $\dfrac{5}{6}$

④ $\dfrac{7}{6}$ ⑤ 2

11 0이 아닌 세 실수 x, y, z가

$\dfrac{x+y}{3} = \dfrac{y+z}{4} = \dfrac{z+x}{5}$를 만족시킬 때,

$\dfrac{xy-yz+zx}{x^2+y^2+z^2}$의 값은?

① $\dfrac{3}{5}$ ② $\dfrac{3}{8}$ ③ $\dfrac{5}{9}$

④ $\dfrac{5}{12}$ ⑤ $\dfrac{5}{14}$

12 $x + \dfrac{1}{x} = \dfrac{5}{2}$, $x^2 - \dfrac{1}{x^2} = \dfrac{15}{4}$일 때, $x^3 - \dfrac{1}{x^3}$의 값은?

① $-\dfrac{63}{8}$ ② $-\dfrac{39}{8}$ ③ $\dfrac{1}{8}$

④ $\dfrac{39}{8}$ ⑤ $\dfrac{63}{8}$

05

유리함수

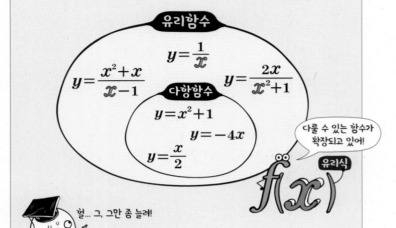

$$y = f(x) \equiv \text{유리함수}$$

내가 유리식이면

유리함수

$$y = \frac{1}{x}$$

$$y = \frac{x^2 + x}{x - 1}$$

다항함수

$$y = \frac{2x}{x^2 + 1}$$

$$y = x^2 + 1$$

$$y = -4x$$

$$y = \frac{x}{2}$$

다룰 수 있는 함수가 확장되고 있어!

유리식

헐... 그, 그만 좀 늘려!

유리함수의 정의역

유리함수 $f(x) = \dfrac{x^2 - 1}{x - 1}$ 에서

$x - 1 \neq 0$이므로 정의역은 $\{x | x \neq 1$인 실수$\}$이다.

$$f(x) = \frac{x^2 - 1}{x - 1}$$
$$= \frac{(x+1)(x-1)}{x - 1}$$
$$= x + 1 \ (단, \ x \neq 1)$$

여긴 정의할 수 없는 점이야!

유리함수 $y = f(x)$의 정의역이 주어져 있지 않을 때는

분모를 0으로 하는 x의 값을 제외한 실수 전체의 집합을 정의역으로 한다.

- **유리함수:** 함수 $y = f(x)$에서 $f(x)$가 x에 대한 유리식으로 나타내어진 함수
- **다항함수:** 함수 $y = f(x)$에서 $f(x)$가 x에 대한 다항식으로 나타내어진 유리함수

참고 ① 특별한 말이 없는 경우에 유리함수의 정의역은 분모가 0이 되지 않도록 하는 실수 전체의 집합으로 생각한다.

② 다항함수의 정의역은 실수 전체의 집합이다.

③ $y = f(x)$에서 $f(x)$가 x에 대한 분수식으로 나타내어진 유리함수를 분수함수라 한다.

1st ─ 유리함수의 이해

● 다음 함수 중 다항함수인 것은 ○를, 다항함수가 아닌 유리함수인 것은 ×를 ( ) 안에 써넣으시오.

1 $y = \dfrac{1}{3x - 2}$ (   )

2 $y = 3x + 1$ (   )

3 $y = \dfrac{x^2 - 3}{2}$ (   )

분모에 내가 없으면 다항함수!

$$y = \frac{3x}{4}$$

$$y = \frac{3}{4x}$$

분모에 내가 있으면 다항함수가 아닌 유리함수!

4 $y = \dfrac{x + 4}{x^2 - 4}$ (   )

5 $y = 4 - \dfrac{5}{2x}$ (   )

6 $y = x - \dfrac{1}{3}$ (   )

2nd — 유리함수의 정의역

● 다음 □ 안에 알맞은 것을 써넣으시오.

7 $y=\dfrac{1}{x-1}$의 정의역 ➡ $\{x\,|\,x\neq\boxed{}$인 실수$\}$

➡ $x-1=0$, 즉 $x=\boxed{}$일 때 함숫값을 가질 수 없다.

따라서 함수 $y=\dfrac{1}{x-1}$의 정의역은 $\{x\,|\,x\neq\boxed{}$인 실수$\}$이다.

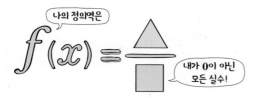

8 $y=\dfrac{2}{x+2}$의 정의역 ➡ $\{x\,|\,x\neq\boxed{}$인 실수$\}$

유리함수의 정의역은 분모가 0이 되지 않도록 하는 모든 실수의 집합이야!

9 $y=\dfrac{3}{2x+1}$의 정의역 ➡ $\left\{x\,\middle|\,x\neq\boxed{}$인 실수$\right\}$

10 $y=\dfrac{x}{3x-2}$의 정의역 ➡ $\left\{x\,\middle|\,x\neq\boxed{}$인 실수$\right\}$

11 $y=\dfrac{x}{3}$의 정의역 ➡ $\{x\,|\,x$는 $\boxed{}\}$

$y=\dfrac{x}{3}$는 다항함수야!

12 $y=\dfrac{5-3x}{2}$의 정의역 ➡ $\{x\,|\,x$는 $\boxed{}\}$

● 다음 유리함수의 정의역을 구하시오.

13 $y=\dfrac{5}{x-4}$

14 $y=-\dfrac{1}{x}$

15 $y=\dfrac{3x+1}{x+1}$

16 $y=\dfrac{1}{2x-3}$

17 $y=\dfrac{1}{x^2}$

18 $y=\dfrac{5x}{x^2+1}$

모든 실수 x에 대하여 $x^2\geq0$임을 생각해 봐!

19 $y=\dfrac{1}{x^2-9}$

대응의 순서쌍!

유리함수 $y=\dfrac{k}{x}$ $(k \neq 0)$의 그래프

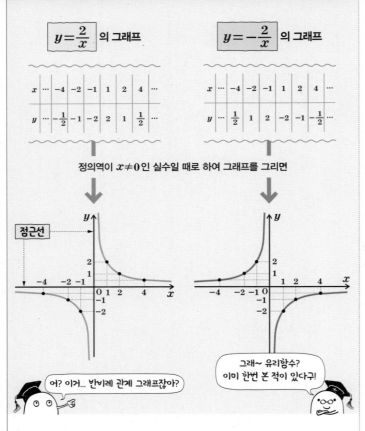

$y=\dfrac{2}{x}$ 의 그래프

x	$\cdots$	-4	-2	-1	1	2	4	$\cdots$
y	$\cdots$	$-\frac{1}{2}$	-1	-2	2	1	$\frac{1}{2}$	$\cdots$

$y=-\dfrac{2}{x}$ 의 그래프

x	$\cdots$	-4	-2	-1	1	2	4	$\cdots$
y	$\cdots$	$\frac{1}{2}$	1	2	-2	-1	$-\frac{1}{2}$	$\cdots$

정의역이 $x \neq 0$인 실수일 때로 하여 그래프를 그리면

정근선

어? 이거… 반비례 관계 그래프잖아?

그래~ 유리함수?
이미 한번 본 적이 있다구!

• 유리함수 $y=\dfrac{k}{x}$ $(k \neq 0)$의 그래프의 성질

① 정의역은 $\{x \,|\, x \neq 0$인 실수$\}$이고, 치역은 $\{y \,|\, y \neq 0$인 실수$\}$이다.

② $k>0$이면 그래프는 제1사분면, 제3사분면에 있고,
$k<0$이면 그래프는 제2사분면, 제4사분면에 있다.

③ 원점에 대하여 대칭이다.

④ 점근선은 x축과 y축이다.

⑤ $|k|$의 값이 클수록 그래프는 원점으로부터 멀어진다.

참고 곡선 위의 점이 어떤 직선에 한없이 가까워질 때, 이 직선을 그 곡선의 점근선이라 한다.

원리확인 유리함수 $y=-\dfrac{8}{x}$의 그래프에 대하여 다음 물음에 답하고,
☐ 안에 알맞은 것을 써넣으시오.

❶ 아래 표를 완성하시오.

x	-8	-4	-2	-1	1	2	4	8
y								

❷ ❶의 표를 이용하여 그래프를 그리시오.

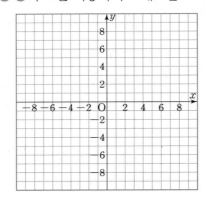

❸ 그래프는 제☐, ☐사분면을 지난다.

❹ 원점에 대하여 ☐이다.

❺ 점근선의 방정식은 $x=$☐, $y=$☐이다.

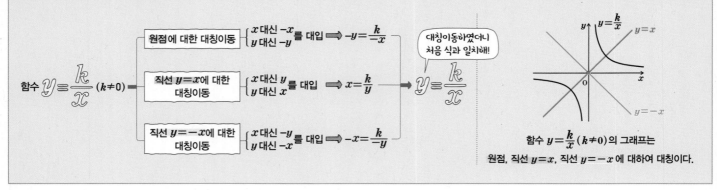

함수 $y=\dfrac{k}{x}$ $(k \neq 0)$

원점에 대한 대칭이동 $\begin{cases} x \text{ 대신 } -x \\ y \text{ 대신 } -y \end{cases}$를 대입 $\Longrightarrow -y=\dfrac{k}{-x}$

직선 $y=x$에 대한 대칭이동 $\begin{cases} x \text{ 대신 } y \\ y \text{ 대신 } x \end{cases}$를 대입 $\Longrightarrow x=\dfrac{k}{y}$

직선 $y=-x$에 대한 대칭이동 $\begin{cases} x \text{ 대신 } -y \\ y \text{ 대신 } -x \end{cases}$를 대입 $\Longrightarrow -x=\dfrac{k}{-y}$

대칭이동하였더니
처음 식과 일치해!

$y=\dfrac{k}{x}$

함수 $y=\dfrac{k}{x}$ $(k \neq 0)$의 그래프는
원점, 직선 $y=x$, 직선 $y=-x$에 대하여 대칭이다.

1st — 유리함수 $y=\dfrac{k}{x}$의 그래프

● 다음 유리함수의 그래프를 그리시오.

1

$$y=\dfrac{3}{x}$$

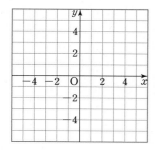

2

$$y=\dfrac{1}{x}$$

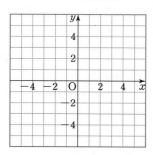

3

$$y=-\dfrac{4}{x}$$

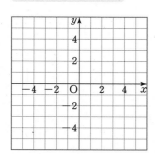

4

$$y=-\dfrac{6}{x}$$

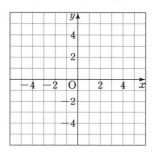

2nd — 유리함수 $y=\dfrac{k}{x}$의 그래프의 성질

● 함수 $y=\dfrac{k}{x}$ $(k<0)$의 그래프에 대하여 다음 중 옳은 것은 ○를, 옳지 않은 것은 ×를 ( ) 안에 써넣으시오.

5 그래프는 제2, 4사분면에 있다. ( )

→ $y=\dfrac{k}{x}$의 그래프는 $k>0$일 때는 제□, □사분면에 있고, $k<0$일 때는 제□, □사분면에 있다.

6 정의역은 $\{x\,|\,x<0$인 실수$\}$이다. ( )

7 치역은 실수 전체의 집합이다. ( )

8 그래프는 원점에 대하여 대칭이다. ( )

9 점근선은 x축과 y축이다. ( )

10 $k=-3$일 때의 그래프보다 $k=-1$일 때의 그래프가 원점으로부터 더 멀리 떨어져 있다. ( )

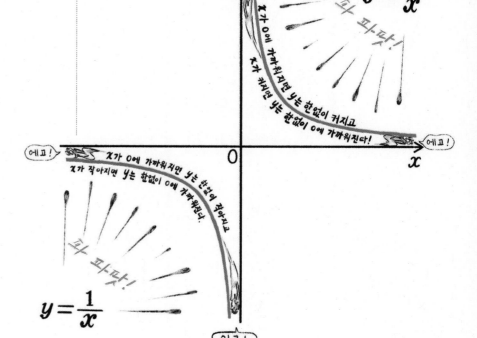

07

대응의 순서쌍!

유리함수 $y=\dfrac{k}{x-p}+q$ $(k\neq0)$의 그래프

$$y=\dfrac{2}{x} \quad \xrightarrow[\substack{y축의\ 방향으로\\ 2만큼\ 평행이동}]{\substack{x축의\ 방향으로\\ 1만큼\ 평행이동}} \quad y=\dfrac{2}{x-1}+2$$

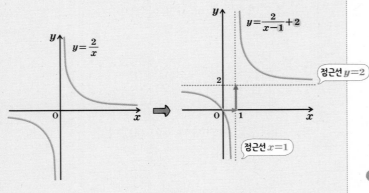

정근선 $y=2$

정근선 $x=1$

· 유리함수 $y=\dfrac{k}{x-p}+q$ $(k\neq0)$의 그래프의 성질

① 함수 $y=\dfrac{k}{x}$의 그래프를 x축의 방향으로 p만큼, y축의 방향으로 q만큼 평행이동한 것이다.

$k>0$

$y=\dfrac{k}{x-p}+q$

$y=q$

$x=p$

② 정의역은 $\{x\,|\,x\neq p$인 실수$\}$, 치역은 $\{y\,|\,y\neq q$인 실수$\}$이다.

③ 점 $(p,\,q)$에 대하여 대칭이다. ← 점 (p,q)는 두 정근선의 교점이야

④ 점근선의 방정식은 $x=p$, $y=q$이다.

		x축의 방향으로		y축의 방향으로	
유리함수	$y=\dfrac{k}{x}$	p만큼 평행이동 $\rightarrow$	$y=\dfrac{k}{x-p}$	q만큼 평행이동 $\rightarrow$	$y=\dfrac{k}{x-p}+q$
대칭이 되는 점	$(0,0)$	$\cdots\rightarrow$	$(p,0)$	$\cdots\rightarrow$	(p,q)
점근선의 방정식	$x=0$ $y=0$	$\rightarrow$	$x=p$ $y=0$	$\cdots\rightarrow$	$x=p$ $y=q$
그래프	$k>0$일 때	$\cdots\rightarrow$	$p>0$일 때	$\cdots\rightarrow$	$q>0$일 때

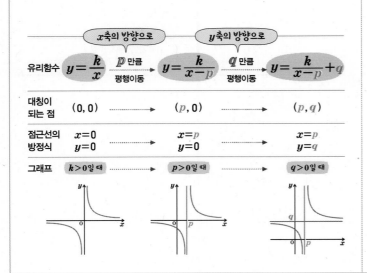

다음 그림과 같은 함수 $y=\dfrac{1}{x-1}+2$의 그래프에 대하여 □ 안에 알맞은 수를 써넣으시오.

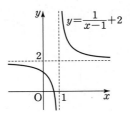

$y=\dfrac{1}{x-1}+2$

❶ 함수 $y=\dfrac{1}{x}$의 그래프를 x축의 방향으로 ☐만큼, y축의 방향으로 ☐만큼 평행이동한 것이다.

❷ 정의역은 $\{x\,|\,x\neq$☐인 실수$\}$, 치역은 $\{y\,|\,y\neq$☐인 실수$\}$이다.

❸ 점 (☐, ☐)에 대하여 대칭이다.
　　두 점근선의 교점

❹ 점근선의 방정식은 $x=$☐, $y=$☐이다.

1st — 유리함수 $y=\dfrac{k}{x}$의 그래프의 평행이동

● 다음 함수의 그래프를 x축의 방향으로 p만큼, y축의 방향으로 q만큼 평행이동한 그래프의 식을 구하시오.

1 $y=\dfrac{3}{x}$ $[\,p=1,\ q=2\,]$

→ $y=\dfrac{3}{x}$의 그래프를 x축의 방향으로 1만큼, y축의 방향으로 2만큼 평행이동한 그래프의 식은

$$y-\boxed{}=\dfrac{3}{x-\boxed{}}$$

 x 대신 $x-p$, y 대신 $y-q$를 대입한다.

즉 $y=\dfrac{3}{x-\boxed{}}+\boxed{}$

2 $y=-\dfrac{1}{x}$ $[\,p=-1,\ q=3\,]$

3 $y=\dfrac{6}{x}$ $[\,p=4,\ q=-3\,]$

4 $y=-\dfrac{4}{x}$ $\left[\,p=-5,\ q=\dfrac{1}{2}\,\right]$

5 $y=\dfrac{5}{x}$ $[\,p=-3,\ q=-5\,]$

6 $y=\dfrac{7}{2x}$ $[\,p=2,\ q=1\,]$

● 주어진 함수의 그래프를 x축의 방향으로 p만큼, y축의 방향으로 q만큼 평행이동한 그래프의 식이 다음과 같을 때, p, q의 값을 구하시오.

7 $\boxed{\ y=\dfrac{3}{x}\ }$

(1) $y=\dfrac{3}{x-2}+4$

→ $y=\dfrac{3}{x}$의 그래프를 x축의 방향으로 p만큼, y축의 방향으로 q만큼 평행이동한 그래프의 식은 $y=\dfrac{3}{x-\boxed{}}+\boxed{}$

따라서 $\dfrac{3}{x-2}+4=\dfrac{3}{x-\boxed{}}+\boxed{}$에서

$p=\boxed{}$, $q=\boxed{}$

(2) $y=\dfrac{3}{x-4}+3$

(3) $y=\dfrac{3}{x-6}-1$

8 $\boxed{\ y=-\dfrac{2}{x}\ }$

(1) $y=-\dfrac{2}{x+2}+5$

(2) $y=-\dfrac{2}{x-6}-4$

(3) $y=-\dfrac{2}{x+5}-7$

2nd — 유리함수 $y=\dfrac{k}{x-p}+q$의 그래프의 이해

● 다음 함수의 그래프에 대하여 물음에 답하시오.

9　$y=\dfrac{1}{x-1}+2$

→ $y=\dfrac{1}{x-1}+2$의 그래프는 $y=\dfrac{1}{x}$의 그래프를 x축의 방향으로

　□만큼, y축의 방향으로 □만큼 평행이동한 것이다.

(1) 함수의 그래프를 그리시오.

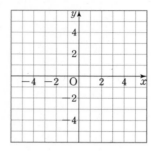

(2) 점근선의 방정식을 구하시오.

(3) 정의역을 구하시오.

(4) 치역을 구하시오.

10　$y=\dfrac{1}{x+2}+3$

(1) 함수의 그래프를 그리시오.

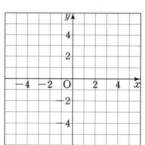

(2) 점근선의 방정식을 구하시오.

(3) 정의역을 구하시오.

(4) 치역을 구하시오.

11　$y=\dfrac{2}{x-3}-1$

(1) 함수의 그래프를 그리시오.

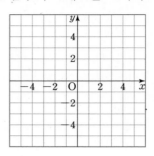

(2) 점근선의 방정식을 구하시오.

(3) 정의역을 구하시오.

(4) 치역을 구하시오.

12　$y=-\dfrac{1}{x+1}+2$　$y=-\dfrac{1}{x}$의 그래프는 제2, 4사분면에 있어!

(1) 함수의 그래프를 그리시오.

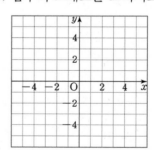

(2) 점근선의 방정식을 구하시오.

(3) 정의역을 구하시오.

(4) 치역을 구하시오.

3rd — 유리함수 $y=\dfrac{k}{x-p}+q$의 그래프의 성질

● 다음은 주어진 유리함수의 그래프에 대한 설명이다. 옳은 것은 ○를, 옳지 않은 것은 ×를 (   ) 안에 써넣으시오.

13 $\quad y=\dfrac{1}{x-4}+5$

(1) 점근선의 방정식은 $x=-4$, $y=5$이다. (   )

(2) 함수 $y=\dfrac{4}{x}$의 그래프를 평행이동한 것이다.
(   )

(3) 정의역은 $\{x\,|\,x\neq 4$인 실수$\}$이다. (   )

(4) 그래프는 제1, 2, 4사분면을 지난다. (   )

(5) y축과의 교점의 좌표는 $(0,\ -5)$이다. (   )

$y=\dfrac{1}{x-4}+5$에 $x=0$을 대입해 봐!

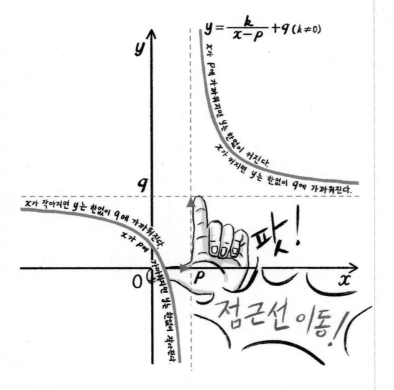

14 $\quad y=-\dfrac{2}{x+2}-6$

(1) 점근선의 방정식은 $x=-2$, $y=-6$이다.
(   )

(2) 함수 $y=-\dfrac{2}{x}$의 그래프를 평행이동한 것이다.
(   )

(3) 치역은 $\{y\,|\,y\neq 6$인 실수$\}$이다. (   )

(4) 그래프는 제1, 2, 3사분면을 지난다. (   )

(5) y축과의 교점의 좌표는 $(0,\ -7)$이다. (   )

개념모음문제

15 다음 **보기**에서 함수 $y=\dfrac{2}{x-3}-1$의 그래프에 대한 설명으로 옳은 것만을 있는 대로 고른 것은?

┌ **보기** ┐

ㄱ. 점 $(1,\ -2)$를 지난다.

ㄴ. 정의역은 $\{x\,|\,x\neq -3$인 실수$\}$이다.

ㄷ. y축과의 교점의 좌표는 $\left(0,\ -\dfrac{5}{3}\right)$이다.

ㄹ. 제1사분면을 지나지 않는다.

① ㄱ, ㄴ　　② ㄱ, ㄷ　　③ ㄴ, ㄷ

④ ㄴ, ㄹ　　⑤ ㄷ, ㄹ

08

대응의 순서쌍!

유리함수 $y=\dfrac{k}{x-p}+q$ $(k\neq0)$의 그래프의 대칭성

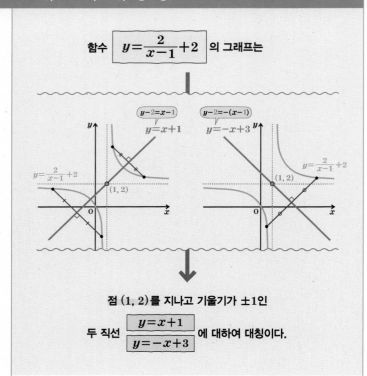

함수 $\boxed{y=\dfrac{2}{x-1}+2}$ 의 그래프는

점 $(1, 2)$를 지나고 기울기가 ±1인

두 직선 $\boxed{\begin{array}{l} y=x+1 \\ y=-x+3 \end{array}}$ 에 대하여 대칭이다.

• **유리함수 $y=\dfrac{k}{x-p}+q$ $(k\neq0)$의 그래프**

① 두 점근선의 교점 (p, q)에 대하여 대칭이다.

② 점 (p, q)를 지나고 기울기가 ±1인 직선에 대하여 대칭이다.

   즉 그래프는 두 직선 $y=(x-p)+q$,

   $y=-(x-p)+q$에 대하여 대칭이다.

원리확인 유리함수 $y=\dfrac{1}{x-2}+1$의 그래프에 대하여 □ 안에 알맞은
수를 써넣으시오.

❶ 점근선의 방정식 ➡ $x=\boxed{}$, $y=\boxed{}$

❷ 그래프는 점근선의 교점 $(\boxed{}, \boxed{})$에 대하여 대칭이
다.

❸ 점 $(\boxed{}, \boxed{})$을 지나고 기울기가 ±1인 직선에 대하
여 대칭이다.

   ➡ $y-\boxed{}=x-\boxed{}$, $y-\boxed{}=-(x-\boxed{})$

   즉 $y=x-\boxed{}$, $y=-x+\boxed{}$

1st 유리함수 $y=\dfrac{k}{x-p}+q$의 그래프의 대칭

• 다음 함수의 그래프가 점 (a, b)에 대하여 대칭일 때, a, b의 값
을 구하시오.

1 $y=\dfrac{2}{x+2}$

2 $y=\dfrac{2}{x-3}+5$

3 $y=-\dfrac{1}{3x}+4$

4 $y=\dfrac{3}{2x-4}+6$

5 $y=-\dfrac{4}{3x+6}-7$

유리함수 $y=\dfrac{k}{x-p}+q$ $(k\neq0)$의 그래프의 대칭성

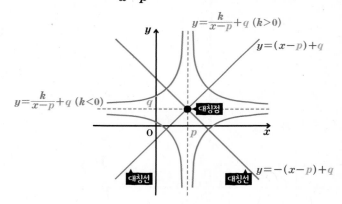

😊 **내가 발견한 개념**　　　　　유리함수의 그래프의 대칭점은?

• 유리함수 $y=\dfrac{k}{x-p}+q$ $(k\neq0)$의 그래프의 대칭점

➡ 두 점근선의 교점 $(\boxed{}, \boxed{})$에 대하여 대칭이다.

● 다음 함수의 그래프가 주어진 직선에 대하여 대칭일 때, 상수 a 의 값을 구하시오.

6 $y=\dfrac{1}{x-1}+2$, $y=x-a$ 점근선의 교점의 좌표를 찾아봐!

→ 함수 $y=\dfrac{1}{x-1}+2$의 그래프의 점근선의 방정식은

$x=\boxed{}$, $y=\boxed{}$ 이므로

직선 $y=x-a$는 점 $(\boxed{}, \boxed{})$를 지나야 한다.

즉 $\boxed{}=\boxed{}-a$에서 $a=\boxed{}$

7 $y=\dfrac{2}{x-3}-5$, $y=x+a$

8 $y=-\dfrac{3}{x-4}+8$, $y=x+a$

9 $y=-\dfrac{2}{x+5}-6$, $y=-x+a$

10 $y=\dfrac{5}{3x+9}-2$, $y=-x+a$

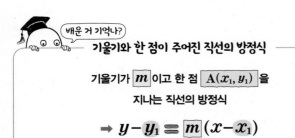

2nd 유리함수 $y=\dfrac{k}{x-p}+q$의 그래프의 대칭성 을 이용하여 구하는 직선의 방정식

● 다음 함수의 그래프가 두 직선 l, m에 대하여 모두 대칭일 때, 두 직선 l, m의 방정식을 구하시오.

11 $y=\dfrac{2}{x-2}+3$

→ 함수 $y=\dfrac{2}{x-2}+3$의 그래프의 점근선의 교점의 좌표는

$(2, \boxed{})$이므로 주어진 함수의 그래프는 두 직선

$y-\boxed{}=x-\boxed{}$, $y-\boxed{}=-(x-\boxed{})$, 즉

$y=x+\boxed{}$, $y=-x+\boxed{}$ 에 대하여 대칭이다.

따라서 두 직선 l, m의 방정식은

$y=x+\boxed{}$, $y=-x+\boxed{}$

12 $y=\dfrac{4}{x+7}-9$

13 $y=-\dfrac{3}{x+5}+7$

14 $y=\dfrac{4}{3x-12}+4$

15 $y=-\dfrac{3}{2x+6}-9$

09

대응의 순서쌍!

유리함수 $y=\dfrac{ax+b}{cx+d}$ 의 그래프

함수 $\boxed{y=\dfrac{2x}{x-1}}$ 의 그래프는

$$\dfrac{2x}{x-1}=\dfrac{2(x-1)+2}{x-1}=\dfrac{2}{x-1}+2$$

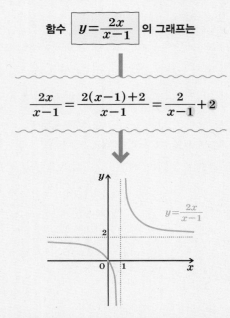

$$y=\dfrac{2x}{x-1}$$

정의역: $\{x\,|\,x\neq 1$인 실수$\}$, 치역: $\{y\,|\,y\neq 2$인 실수$\}$
점근선의 방정식: $x=1,\ y=2$

왜?

유리함수 $y=\dfrac{ax+b}{cx+d}$ $(c\neq 0,\ ad-bc\neq 0)$의 그래프
$\Longrightarrow y=\dfrac{k}{x-p}+q$ $(k\neq 0)$ 꼴로 변형하여 그린다.

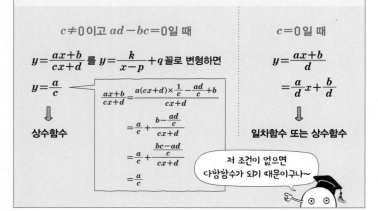

$c\neq 0$이고 $ad-bc=0$일 때

$y=\dfrac{ax+b}{cx+d}$ 를 $y=\dfrac{k}{x-p}+q$꼴로 변형하면

$y=\dfrac{a}{c}$

$$\dfrac{ax+b}{cx+d}=\dfrac{a(cx+d)\times\frac{1}{c}-\frac{ad}{c}+b}{cx+d}$$
$$=\dfrac{a}{c}+\dfrac{b-\frac{ad}{c}}{cx+d}$$
$$=\dfrac{a}{c}+\dfrac{\frac{bc-ad}{c}}{cx+d}$$
$$=\dfrac{a}{c}$$

상수함수

$c=0$일 때

$y=\dfrac{ax+b}{d}$
$=\dfrac{a}{d}x+\dfrac{b}{d}$

일차함수 또는 상수함수

저 조건이 없으면
다항함수가 되기 때문이구나~

1st 유리함수 $y=\dfrac{ax+b}{cx+d}$ 의 그래프

● 다음 주어진 유리함수에 대하여 물음에 답하시오.

1 $\boxed{y=\dfrac{x+2}{x-4}}$

(1) $y=\dfrac{k}{x-p}+q$ 꼴로 변형하시오.

$$\rightarrow y=\dfrac{x+2}{x-4}=\dfrac{(x-4)+6}{x-4}=\dfrac{\boxed{}}{x-4}+\boxed{}$$

(2) 점근선의 방정식을 구하시오.

(3) 그래프를 그리시오.

2 $\boxed{y=\dfrac{2x+5}{x+2}}$

(1) $y=\dfrac{k}{x-p}+q$ 꼴로 변형하시오.

(2) 점근선의 방정식을 구하시오.

(3) 그래프를 그리시오.

3 $\boxed{y=\dfrac{4x-1}{x+1}}$

(1) $y=\dfrac{k}{x-p}+q$ 꼴로 변형하시오.

(2) 점근선의 방정식을 구하시오.

(3) 그래프를 그리시오.

2nd— 유리함수의 그래프의 평행이동을 이용하여 구하는 미지수의 값

● 다음 함수의 그래프가 함수 $y=\dfrac{3}{x}$의 그래프를 평행이동하여 겹쳐질 수 있도록 하는 상수 k의 값을 구하시오.

4 $y=\dfrac{3x+k}{x+1}$

> $y=\dfrac{k}{x-p}+q$ 꼴로 변형하였을 때, k의 값이 같으면 평행이동하여 그래프를 겹쳐지게 할 수 있다.

→ $y=\dfrac{3x+k}{x+1}=\dfrac{\boxed{}(x+1)+k-3}{x+1}=\dfrac{k-3}{x+1}+\boxed{}$

이때 함수 $y=\dfrac{3}{x}$의 그래프를 평행이동하여 주어진 함수의 그래프와 겹쳐지려면 $k-3=\boxed{}$이어야 하므로 $k=\boxed{}$

5 $y=\dfrac{3x+k}{x-2}$

6 $y=\dfrac{-2x+k}{x-2}$

7 $y=\dfrac{x+k}{x-1}$

8 $y=\dfrac{x-k}{4-x}$

● 함수 $y=\dfrac{x}{x+2}$의 그래프를 x축의 방향으로 a만큼, y축의 방향으로 b만큼 평행이동하면 다음 함수의 그래프와 겹쳐진다. 이때 상수 a, b의 값을 구하시오.

9 $y=\dfrac{2x+4}{x+3}$

→ $y=\dfrac{x}{x+2}=\dfrac{(x+2)-2}{x+2}=-\dfrac{2}{x+2}+\boxed{}$의 그래프를 x축의 방향으로 a만큼, y축의 방향으로 b만큼 평행이동한 그래프의 식은

$y-b=-\dfrac{2}{x+2-a}+\boxed{}$, 즉 $y=-\dfrac{2}{x+2-a}+\boxed{}+b$

이때 이 함수의 그래프가

$y=\dfrac{2x+4}{x+3}=\dfrac{\boxed{}(x+3)-2}{x+3}=-\dfrac{2}{x+3}+\boxed{}$의 그래프와

일치하므로

$2-a=3$, $\boxed{}+b=\boxed{}$

따라서 $a=\boxed{}$, $b=\boxed{}$

10 $y=\dfrac{2x-4}{x-1}$

11 $y=\dfrac{-5x+8}{x-2}$

12 $y=\dfrac{3x+10}{x+4}$

개념모음문제

13 함수 $y=\dfrac{ax-5}{x+b}$의 그래프를 x축의 방향으로 -1만큼, y축의 방향으로 -7만큼 평행이동하면 함수 $y=\dfrac{2}{x}$의 그래프와 일치한다. 이때 상수 a, b에 대하여 $a+b$의 값은?

① -6　　② -4　　③ 2

④ 4　　⑤ 6

10

유리함수의 미정계수

함수 $\boxed{y=\dfrac{ax+b}{x+c}}$ 의 그래프가

오른쪽 그림과 같을 때,
상수 a, b, c의 값은?

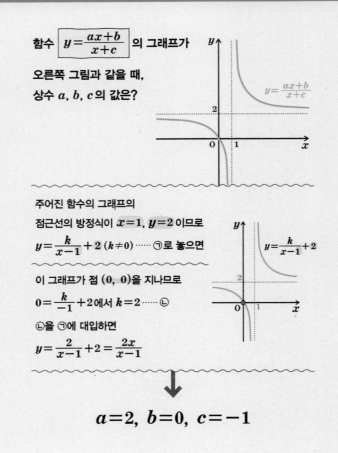

주어진 함수의 그래프의

점근선의 방정식이 $x=1$, $y=2$ 이므로

$y=\dfrac{k}{x-1}+2 \ (k\neq 0) \cdots\cdots \bigcirc$ 로 놓으면

이 그래프가 점 $(0,\, 0)$을 지나므로

$0=\dfrac{k}{-1}+2$에서 $k=2 \cdots\cdots \bigcirc$

$\bigcirc$을 $\bigcirc$에 대입하면

$y=\dfrac{2}{x-1}+2=\dfrac{2x}{x-1}$

$$\downarrow$$

$$a=2,\ b=0,\ c=-1$$

• 점근선의 방정식이 $x=p$, $y=q$이고 점 $(a,\, b)$를 지나는 유리함수
의 식 구하기

(i) 구하는 식을 $y=\dfrac{k}{x-p}+q \ (k\neq 0)$로 놓는다.

(ii) $x=a$, $y=b$를 대입하여 상수 k의 값을 구한다.

1st 유리함수의 그래프를 이용하여 구하는 미정계수

• 함수 $y=\dfrac{k}{x-p}+q$의 그래프가 다음 그림과 같을 때, 상수 k, p, q의 값을 구하시오.

1
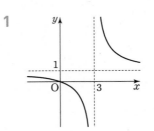

→ 점근선의 방정식이 $x=3$, $y=\boxed{}$ 이므로
구하는 함수의 식을
$y=\dfrac{k}{x-3}+\boxed{} \ (k>0)$로 놓으면 $p=\boxed{}$, $q=\boxed{}$
이때 그래프가 점 $(0,\, 0)$을 지나므로
$0=\dfrac{k}{0-3}+\boxed{}$에서 $k=\boxed{}$

2
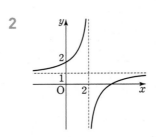

3
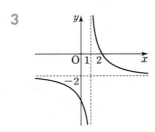

4
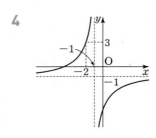

• 함수 $y=\dfrac{ax+b}{x-c}$의 그래프가 다음 그림과 같을 때, 상수 a, b, c의 값을 구하시오.

5

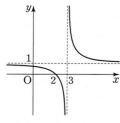

➡ 점근선의 방정식이 $x=3$, $y=\boxed{}$ 이므로

구하는 함수의 식을

$y=\dfrac{k}{x-3}+\boxed{}$ $(k>0)$로 놓자.

이때 그래프가 점 $(2, 0)$을 지나므로

$0=\dfrac{k}{2-3}+\boxed{}$에서 $k=\boxed{}$

따라서 $y=\dfrac{\boxed{}}{x-3}+\boxed{}=\boxed{}$ 이므로

$a=\boxed{}$, $b=\boxed{}$, $c=\boxed{}$

6

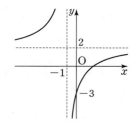

7

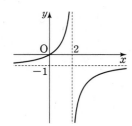

8

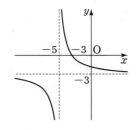

2nd 유리함수의 성질을 이용하여 구하는 미정계수

• 함수 $y=\dfrac{ax+b}{x+c}$의 그래프가 다음 조건을 만족시킬 때, 상수 a, b, c의 값을 구하시오.

9 점 $(0, -5)$를 지나고 점근선의 방정식이 $x=4$, $y=-3$이다.

➡ 점근선의 방정식이 $x=4$, $y=-3$이므로 구하는 함수의 식을

$y=\dfrac{k}{x-4}-3$ $(k\neq0)$으로 놓자.

이때 그래프가 점 $(0, -5)$를 지나므로

$-5=\dfrac{k}{0-4}-3$에서 $k=\boxed{}$

따라서 $y=\dfrac{\boxed{}}{x-4}-\boxed{}=\boxed{}$ 이므로

$a=\boxed{}$, $b=\boxed{}$, $c=\boxed{}$

10 점 $(1, 2)$를 지나고 점근선의 방정식이 $x=-1$, $y=3$이다.

11 점 $(2, -3)$을 지나고 점근선의 방정식이 $x=-3$, $y=-2$이다.

12 점 $(4, -1)$을 지나고 점근선의 방정식이 $x=3$, $y=1$이다.

05~06 유리함수 $y=\dfrac{k}{x}\ (k\neq0)$의 그래프

• 유리함수 $y=\dfrac{k}{x}\ (k\neq0)$의 그래프의 성질

① 정의역: $\{x\,|\,x\neq0$인 실수$\}$, 치역: $\{y\,|\,y\neq0$인 실수$\}$

② $k>0$이면 그래프는 제1사분면, 제3사분면에 있고,

   $k<0$이면 그래프는 제2사분면, 제4사분면에 있다.

③ 원점에 대하여 대칭이다.

④ 점근선은 x축과 y축이다.

⑤ $|k|$의 값이 클수록 원점으로부터 멀어진다.

1 다음 **보기**의 함수 중에서 그 그래프가 제2사분면, 제4사분면을 지나는 것만을 있는 대로 고른 것은?

> **보기**
>
> ㄱ. $y=-\dfrac{3}{x}$ ㄴ. $y=\dfrac{1}{x}$
>
> ㄷ. $y=\dfrac{5}{x}$ ㄹ. $y=-\dfrac{6}{7x}$

① ㄱ, ㄴ ② ㄱ, ㄹ ③ ㄴ, ㄷ

④ ㄴ, ㄹ ⑤ ㄷ, ㄹ

2 다음 중 함수 $y=\dfrac{k}{x}\ (k\neq0)$의 그래프에 대한 설명으로 옳지 <u>않은</u> 것은?

① 원점에 대하여 대칭이다.

② 점근선은 x축, y축이다.

③ 정의역은 실수 전체의 집합이다.

④ $k>0$이면 제1사분면, 제3사분면을 지난다.

⑤ $|k|$의 값이 클수록 원점으로부터 멀어진다.

3 오른쪽 그림은 세 함수 $y=\dfrac{a}{x}$, $y=\dfrac{b}{x}$, $y=\dfrac{c}{x}$의 그래프의 일부이다. 이때 상수 a, b, c의 대소 관계로 옳은 것은?

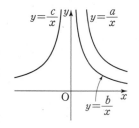

(단, $abc\neq0$)

① $a<b<c$ ② $a<c<b$ ③ $b<c<a$

④ $c<a<b$ ⑤ $c<b<a$

07~08 유리함수 $y=\dfrac{k}{x-p}+q\ (k\neq0)$의 그래프

• 유리함수 $y=\dfrac{k}{x-p}+q\ (k\neq0)$의 그래프의 성질

① $y=\dfrac{k}{x}$의 그래프를 x축의 방향으로 p만큼, y축의 방향으로 q만큼 평행이동한 것이다.

② 정의역: $\{x\,|\,x\neq p$인 실수$\}$, 치역: $\{y\,|\,y\neq q$인 실수$\}$

③ 점 $(p,\ q)$에 대하여 대칭이다.

④ 점근선의 방정식: $x=p$, $y=q$

⑤ 점 $(p,\ q)$를 지나고 기울기가 ±1인 직선에 대하여 대칭이다.

4 함수 $y=\dfrac{3}{x-a}+4$의 그래프의 정의역이 $\{x\,|\,x\neq2$인 실수$\}$, 치역이 $\{y\,|\,y\neq b$인 실수$\}$일 때, 상수 a, b에 대하여 $a+b$의 값은?

① 1 ② 4 ③ 6

④ 9 ⑤ 10

5 다음 **보기**에서 함수 $y=\dfrac{2}{x+4}-3$의 그래프에 대한 설명으로 옳은 것만을 있는 대로 고른 것은?

> **보기**
>
> ㄱ. 점근선의 방정식은 $x=4$, $y=3$이다.
>
> ㄴ. 점 $(-2,\ 3)$을 지난다.
>
> ㄷ. 점 $(-4,\ -3)$에 대하여 대칭이다.

① ㄱ ② ㄷ ③ ㄱ, ㄷ

④ ㄴ, ㄷ ⑤ ㄱ, ㄴ, ㄷ

6 함수 $y=\dfrac{2}{x}$의 그래프를 x축의 방향으로 -3만큼, y축의 방향으로 -5만큼 평행이동하면 함수 $y=\dfrac{a}{x+b}+c$의 그래프와 일치한다. 이때 상수 a, b, c에 대하여 $a+b-c$의 값은?

① -3 ② -1 ③ 0

④ 5 ⑤ 10

09 유리함수 $y=\dfrac{ax+b}{cx+d}$의 그래프

• 유리함수 $y=\dfrac{ax+b}{cx+d}$ $(c\neq0,\ ad-bc\neq0)$의 그래프는

$y=\dfrac{k}{x-p}+q$ $(k\neq0)$ 꼴로 변형하여 그린다.

7 다음 **보기**에서 함수 $y=\dfrac{4x-8}{x-3}$의 그래프에 대한 설명으로 옳은 것만을 있는 대로 고른 것은?

> **보기**
>
> ㄱ. $y=\dfrac{4}{x}$의 그래프를 평행이동한 것이다.
>
> ㄴ. 점 $(3,\,4)$에 대하여 대칭이다.
>
> ㄷ. 제 1, 2, 3사분면을 지난다.
>
> ㄹ. y축과의 교점의 좌표는 $\left(0,\,\dfrac{8}{3}\right)$이다.

① ㄱ, ㄴ   ② ㄱ, ㄷ   ③ ㄴ, ㄷ

④ ㄱ, ㄴ, ㄹ   ⑤ ㄴ, ㄷ, ㄹ

8 함수 $y=\dfrac{ax+5}{x-b}$의 그래프의 점근선의 방정식이 $x=-1$, $y=6$일 때, 상수 a, b에 대하여 ab의 값을 구하시오.

9 함수 $y=\dfrac{-3x+5}{x-2}$의 그래프는 함수 $y=\dfrac{k}{x}$의 그래프를 x축의 방향으로 a만큼, y축의 방향으로 b만큼 평행이동한 것이다. 상수 k, a, b에 대하여 $k+a+b$의 값은?

① -8 ② -6 ③ -4

④ -2 ⑤ 0

10 유리함수의 미정계수

• 점근선의 방정식이 $x=p$, $y=q$이고 점 $(a,\,b)$를 지나는 유리함수의 식 구하기

(ⅰ) 구하는 식을 $y=\dfrac{k}{x-p}+q$ $(k\neq0)$로 놓는다.

(ⅱ) $x=a$, $y=b$를 대입하여 상수 k의 값을 구한다.

10 함수 $y=\dfrac{k}{x-p}+q$의 그래프가 오른쪽 그림과 같을 때, 상수 k, p, q에 대하여 $k+p+q$의 값은?

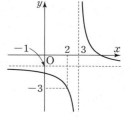

① -4 ② -2

③ -1 ④ 4

⑤ 6

11 함수 $y=\dfrac{ax+b}{x+c}$의 그래프가 오른쪽 그림과 같을 때, 상수 a, b, c에 대하여 abc의 값을 구하시오.

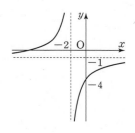

12 함수 $y=\dfrac{ax+b}{x-c}$의 그래프는 점근선의 방정식이 $x=-1$, $y=3$이고 이 그래프가 점 $(2,\,0)$을 지날 때, 상수 a, b, c에 대하여 $a+b+c$의 값은?

① -10 ② -4 ③ 0

④ 4 ⑤ 10

유리식으로 표현되는 대응!

유리함수의 최대, 최소

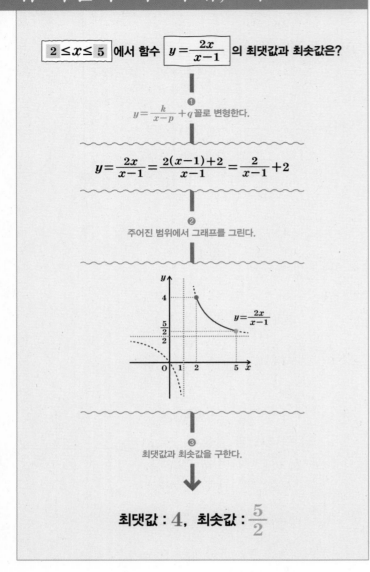

$2 \leq x \leq 5$ 에서 함수 $y = \dfrac{2x}{x-1}$ 의 최댓값과 최솟값은?

❶

$y = \dfrac{k}{x-p} + q$ 꼴로 변형한다.

$$y = \frac{2x}{x-1} = \frac{2(x-1)+2}{x-1} = \frac{2}{x-1} + 2$$

❷

주어진 범위에서 그래프를 그린다.

$$y = \frac{2x}{x-1}$$

❸

최댓값과 최솟값을 구한다.

최댓값 : 4, 최솟값 : $\dfrac{5}{2}$

1st 유리함수의 최댓값 또는 최솟값

● 다음과 같이 주어진 x의 값의 범위에서 함수의 최댓값과 최솟값을 각각 구하시오.

1 $y = \dfrac{x}{x-2}$ $[-2 \leq x \leq 0]$

→ $y = \dfrac{x}{x-2} = \dfrac{(x-2)+2}{x-2} = \dfrac{2}{x-2} + \boxed{}$

이므로 $-2 \leq x \leq 0$에서의 그래프는 오른쪽 그림과 같다.

따라서 $x = -2$일 때 최댓값은 $\boxed{}$

$x = 0$일 때 최솟값은 $\boxed{}$ 이다.

2 $y = \dfrac{2x+1}{x+1}$ $[0 \leq x \leq 3]$

3 $y = \dfrac{3x-2}{x-1}$ $[-3 \leq x \leq 0]$

4 $y = \dfrac{-2x}{x-2}$ $[-1 \leq x \leq 1]$

5 $y = \dfrac{3x}{x+2}$　$[-1 \leq x \leq 4]$

6 $y = \dfrac{-x+1}{x-3}$　$[-1 \leq x \leq 1]$

7 $y = \dfrac{-x+7}{x-4}$　$[5 \leq x \leq 7]$

8 $y = \dfrac{-6-x}{x+3}$　$[0 \leq x \leq 3]$

9 $y = \dfrac{-2x-3}{x+4}$　$[-3 \leq x \leq 0]$

10 $y = \dfrac{x+3}{-x+1}$　$[-3 \leq x \leq 0]$

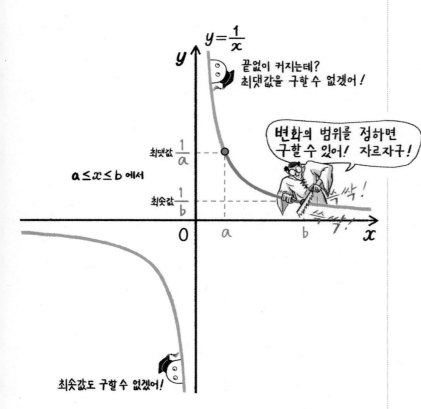

개념모음문제

11 $-3 \leq x \leq 1$에서 함수 $y = \dfrac{x+1}{x-2}$의 최댓값을 M, 최솟값을 m이라 할 때, Mm의 값은?

① -2　　② -1　　③ $-\dfrac{4}{5}$

④ $-\dfrac{2}{5}$　　⑤ $-\dfrac{1}{4}$

12

곡선과 직선의 관계!

유리함수의 그래프와 직선의 위치 관계

함수 $y=\dfrac{-4x-9}{x+2}$ 의 그래프와 직선 $y=mx$ 가

만나지 않도록 하는 실수 m의 값의 범위는?

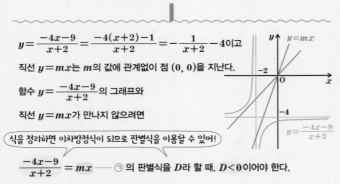

$y=\dfrac{-4x-9}{x+2}=\dfrac{-4(x+2)-1}{x+2}=-\dfrac{1}{x+2}-4$ 이고

직선 $y=mx$는 m의 값에 관계없이 점 $(0, 0)$을 지난다.

함수 $y=\dfrac{-4x-9}{x+2}$ 의 그래프와

직선 $y=mx$가 만나지 않으려면

> 식을 정리하면 이차방정식이 되므로 판별식을 이용할 수 있어!

$\dfrac{-4x-9}{x+2}=mx$ ········· ㉠ 의 판별식을 D라 할 때, $D<0$이어야 한다.

㉠을 정리하면 $mx^2+2(m+2)x+9=0$

$\dfrac{D}{4}=(m+2)^2-9m<0$

$m^2-5m+4<0$, $(m-1)(m-4)<0$

$$\Downarrow$$

$$1\leqq m\leqq 4$$

$D=0$일 때

$\dfrac{D}{4}=(m-1)(m-4)=0$

$m=1$ 또는 $m=4$

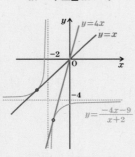

한 점에서 만난다.

$D>0$일 때

$\dfrac{D}{4}=(m-1)(m-4)>0$

$m<1$ 또는 $m>4$

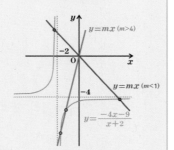

두 점에서 만난다.

- 유리함수 $y=\dfrac{ax+b}{cx+d}$의 그래프와 직선 $y=mx$가 만나지 않도록 하는 실수 m의 값의 범위

→ $\dfrac{ax+b}{cx+d}=mx$를 정리하여 만든 이차방정식의 판별식을 D라 하면 $D<0$임을 이용한다.

- 정의역이 주어진 유리함수의 그래프와 직선 $y=mx$가 만나도록 하는 실수 m의 값의 범위

→ 유리함수의 그래프의 양 끝 점을 이용하여 유리함수의 그래프를 직선 $y=mx$가 지나도록 하는 m의 값의 범위를 구한다.

1st — 유리함수의 그래프와 직선이 만나지 않도록 하는 미지수의 값의 범위

● 다음 함수의 그래프와 직선 $y=mx$가 만나지 않도록 하는 실수 m의 값의 범위를 구하시오. (단, $m\neq 0$)

1 $y=\dfrac{1}{x+2}$

→ 함수 $y=\dfrac{1}{x+2}$의 그래프와 직선 $y=mx$가 만나지 않으므로

$\dfrac{1}{x+2}=\boxed{}$ 에서 $mx^2+\boxed{}-1=0$

이 이차방정식의 판별식을 D라 하면

$\dfrac{D}{4}=(\boxed{})^2-m\times(-1)<0$이어야 한다.

즉 $\boxed{}+m<0$이므로

$\boxed{}<m<\boxed{}$

2 $y=\dfrac{3x-1}{x+1}$

3 $y=\dfrac{4x+1}{x-2}$

4 $y=\dfrac{8x-2}{x+2}$

5 $y=\dfrac{3x-16}{x-5}$

2nd — 정의역이 주어진 유리함수의 그래프와 직선이 만나도록 하는 미지수의 값의 범위

● 정의역이 주어진 다음 함수의 그래프와 직선이 만나도록 하는 실수 m의 값의 범위를 구하시오.

6 $y = \dfrac{x}{x-2}$ $[3 \leq x \leq 4]$, $y = mx$

→ 직선 $y = mx$는 m의 값에 관계없이 원점을 지난다.

또 $y = \dfrac{x}{x-2} = \dfrac{(x-2)+2}{x-2} = \dfrac{\boxed{}}{x-2} + \boxed{}$ 이므로

$3 \leq x \leq 4$에서의 그래프는 오른쪽 그림과 같다.

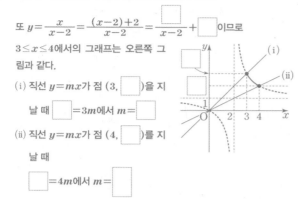

(i) 직선 $y = mx$가 점 $(3, \boxed{})$을 지날 때 $\boxed{} = 3m$에서 $m = \boxed{}$

(ii) 직선 $y = mx$가 점 $(4, \boxed{})$를 지날 때 $\boxed{} = 4m$에서 $m = \boxed{}$

(i), (ii)에서 구하는 m의 값의 범위는 $\boxed{} \leq m \leq \boxed{}$

7 $y = \dfrac{2x}{x+1}$ $[-3 \leq x \leq -2]$, $y = mx$

8 $y = \dfrac{-2x-5}{x+3}$ $[-2 \leq x \leq -1]$, $y = mx$

9 $y = \dfrac{x+1}{x-1}$ $\left[-2 \leq x \leq -\dfrac{1}{2}\right]$, $y = mx$

10 $y = \dfrac{x-2}{x+1}$ $[1 \leq x \leq 2]$, $y = mx + 1$

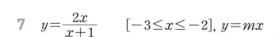
m의 값에 관계없이 점 $(0, 1)$을 지나!

11 $y = \dfrac{2x+4}{x+1}$ $[1 \leq x \leq 3]$, $y = mx + 2$

12 $y = \dfrac{2x-1}{x+1}$ $[-4 \leq x \leq -2]$, $y = mx - m$

13 $y = \dfrac{3x-1}{x-1}$ $[2 \leq x \leq 5]$, $y = mx + m$

배운 거 기억나?

이차함수의 그래프와 직선의 위치 관계

이차함수 $y = ax^2 + bx + c$ $(a > 0)$와 직선 $y = mx + n$에 대하여 두 식을 연립하여 얻은 이차방정식 $ax^2 + (b-m)x + c - n = 0$의 판별식을 D라 할 때

$D > 0$이면	$D = 0$이면	$D < 0$이면
서로 다른 두 점에서 만난다.	한 점에서 만난다. (접한다)	만나지 않는다.

유리함수의 역함수

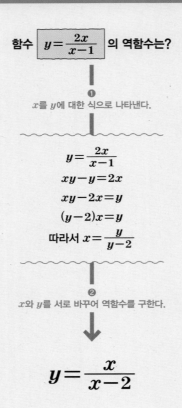

함수 $y = \dfrac{2x}{x-1}$ 의 역함수는?

❶

x를 y에 대한 식으로 나타낸다.

$$y = \frac{2x}{x-1}$$
$$xy - y = 2x$$
$$xy - 2x = y$$
$$(y-2)x = y$$

따라서 $x = \dfrac{y}{y-2}$

❷

x와 y를 서로 바꾸어 역함수를 구한다.

$$y = \frac{x}{x-2}$$

유리함수 $y = \dfrac{ax+b}{cx+d}$ 의 역함수는?

원래 함수식에서 분자의 x의 계수와 분모의 상수항의 위치를 서로 바꾸고 그 부호를 각각 바꾼 것과 같다.

증명 $y = \dfrac{ax+b}{cx+d} = \dfrac{\frac{a}{c}(cx+d) - \frac{ad}{c} + b}{cx+d} = \dfrac{a}{c} + \dfrac{-\frac{ad}{c}+b}{cx+d}$

$y - \dfrac{a}{c} = \dfrac{-\frac{ad}{c}+b}{cx+d}$, $\dfrac{cy-a}{c} = \dfrac{\frac{-ad+bc}{c}}{cx+d}$

$\dfrac{1}{cy-a} = \dfrac{cx+d}{-ad+bc}$, $\dfrac{-ad+bc}{cy-a} = cx+d$

$\dfrac{-ad+bc}{cy-a} - d = cx$, $cx = \dfrac{bc-dcy}{cy-a}$

$x = \dfrac{-dy+b}{cy-a}$,   따라서 $y = \dfrac{-dx+b}{cx-a}$

$$y = \frac{ax+b}{cx+d} \quad \leftarrow \text{역함수} \rightarrow \quad y = \frac{-dx+b}{cx-a}$$

외워두면 편해!

• 유리함수 $y = \dfrac{ax+b}{cx+d}$ $(c \neq 0, \ ad - bc \neq 0)$의 역함수 구하기

(i) x를 y에 대한 식으로 나타낸다.

(ii) x와 y를 서로 바꾸어 역함수를 구한다.

1st — 유리함수의 역함수

● 다음 함수의 역함수를 구하시오.

1 $y = \dfrac{2x+1}{x+1}$

→ 함수 $y = \dfrac{2x+1}{x+1}$ 을 x에 대하여 풀면

$xy + \boxed{} = 2x+1$, $xy - 2x = -y+1$

$\left(\boxed{} \right)x = -y+1$

즉 $x = \dfrac{-y+1}{\boxed{}}$

이때 x와 y를 서로 바꾸면 구하는 역함수는 $y = \dfrac{-x+1}{\boxed{}}$

2 $y = \dfrac{3x+1}{x-1}$

3 $y = \dfrac{4x-1}{2x-1}$

4 $y = \dfrac{-3x+1}{x-2}$

5 $y = \dfrac{x+1}{-x+3}$

6 $y = \dfrac{5x-1}{x-2}$

7 $y=-\dfrac{x+5}{2x+1}$

8 $y=-\dfrac{3x+8}{2x-5}$

9 $y=\dfrac{4x+5}{3x-7}$

10 $y=\dfrac{6x-1}{2x-8}$

12 $f(x)=\dfrac{5x+a}{x-2}$, $f^{-1}(x)=\dfrac{2x+3}{bx+c}$

13 $f(x)=\dfrac{5x+a}{bx-c}$, $f^{-1}(x)=\dfrac{3x-1}{x-5}$

14 $f(x)=\dfrac{ax+3}{cx-1}$, $f^{-1}(x)=\dfrac{bx+3}{2x-4}$

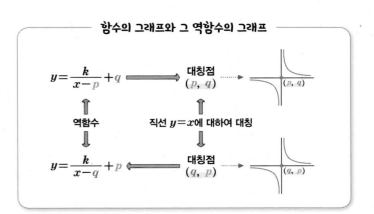

함수의 그래프와 그 역함수의 그래프

$y=\dfrac{k}{x-p}+q$ → 대칭점 $(p,\ q)$ ⤳ $(p,\ q)$

↑ 역함수   ↑ 직선 $y=x$에 대하여 대칭

$y=\dfrac{k}{x-q}+p$ ← 대칭점 $(q,\ p)$ ⤳ $(q,\ p)$

2nd 유리함수의 역함수를 이용하여 구하는 미지수의 값

● 다음 함수 $f(x)$의 역함수가 $f^{-1}(x)$일 때, 상수 a, b, c의 값을 구하시오.

11 $f(x)=\dfrac{3x+a}{x+1}$, $f^{-1}(x)=\dfrac{-x+5}{bx+c}$

→ $f(x)=\dfrac{3x+a}{x+1}$ 에서 $y=\dfrac{3x+a}{x+1}$ 로 놓고 x에 대하여 풀면

$xy+y=3x+a$, $xy-3x=-y+a$

$\left(\boxed{}\right)x=-y+a$, 즉 $x=\dfrac{-y+a}{\boxed{}}$

이때 x와 y를 서로 바꾸면 $y=\dfrac{-x+a}{\boxed{}}$

즉 $f^{-1}(x)=\dfrac{-x+a}{\boxed{}}$

따라서 $\dfrac{-x+a}{\boxed{}}=\dfrac{-x+5}{bx+c}$ 이므로

$a=\boxed{}$, $b=\boxed{}$, $c=\boxed{}$

개념모음문제

15 함수 $f(x)=-\dfrac{2}{x}+1$의 역함수가 $f^{-1}(x)=\dfrac{m}{x+n}$ 일 때, 상수 m, n에 대하여 mn의 값은?

① -2 ② $-\dfrac{1}{2}$ ③ $\dfrac{1}{4}$

④ $\dfrac{1}{2}$ ⑤ 2

14

유리함수의 합성

두 함수 $f(x)=\dfrac{x-1}{x}$, $g(x)=\dfrac{x-2}{x-1}$ 에 대하여

$(g \circ f)(3)$ 의 값은?

[방법1] $x=3$을 대입하기   [방법2] 합성함수의 식 구하기

$(g \circ f)(3)=g(f(3))$

$\quad =g\left(\dfrac{3-1}{3}\right)$

$\quad =g\left(\dfrac{2}{3}\right)$

$\quad =\dfrac{\frac{2}{3}-2}{\frac{2}{3}-1}$

$\quad =\dfrac{-\frac{4}{3}}{-\frac{1}{3}}$

$\quad =4$

$(g \circ f)(x)=g(f(x))$

$\quad =g\left(\dfrac{x-1}{x}\right)$

$\quad =\dfrac{\frac{x-1}{x}-2}{\frac{x-1}{x}-1}$

$\quad =\dfrac{x-1-2x}{x-1-x}$

$\quad =\dfrac{-x-1}{-1}$

$\quad =x+1$

따라서 $(g \circ f)(3)=3+1=4$

$$(g \circ f)(3)=4$$

- **유리함수의 합성함수**

$(g \circ f)(x)=g(f(x))$

참고 $f^n(k)$의 값 구하기 (단, n은 자연수)

[방법 1] $f(x)$, $f^2(x)$, $f^3(x)$, $\cdots$를 차례로 구하여 $f^n(x)$를 유추하고, x 대신 k를 대입한다.

[방법 2] $f(k)$, $f^2(k)$, $f^3(k)$, $\cdots$의 값을 차례로 구하여 규칙을 찾아 $f^n(k)$의 값을 구한다.

배운 거 기억나?

합성함수와 역함수의 성질

두 함수 $f(x)$, $g(x)$의 역함수를 각각 $f^{-1}(x)$, $g^{-1}(x)$라 할 때

❶ $f \circ f^{-1}=f^{-1} \circ f=I$ (단, I는 항등함수)

❷ $(f \circ g)^{-1}=g^{-1} \circ f^{-1}$

❸ $f^{-1}(b)=a \iff f(a)=b$

1st — 유리함수의 합성함수를 이용하여 구하는 함숫값

- 함수 $f(x)$에 대하여

$f^1=f$, $f^{n+1}=f \circ f^n$ (n은 자연수)

로 정의할 때, 다음 함숫값을 구하시오.

1 $f(x)=\dfrac{2x+1}{x-2}$일 때, $f^{90}(1)$의 값

→ $f(x)=\dfrac{2x+1}{x-2}$ 에서

$f^2(x)=(f \circ f)(x)=f(f(x))=f\left(\dfrac{2x+1}{x-2}\right)$

$\quad =\dfrac{2 \times \frac{2x+1}{x-2}+1}{\frac{2x+1}{x-2}-2}=\dfrac{2(2x+1)+(x-2)}{(2x+1)-2(x-2)}$

$\quad =\dfrac{\boxed{}}{5}=\boxed{}$

즉 $f^2(x)=f^4(x)=f^6(x)=\cdots=f^{2n}(x)$ (n은 자연수)는

$\boxed{}$ 함수이므로 $f^{90}(x)=f^{2 \times 45}(x)=\boxed{}$

따라서 $f^{90}(1)=\boxed{}$

2 $f(x)=\dfrac{x+1}{x-1}$일 때, $f^{51}(3)$의 값

3 $f(x)=\dfrac{-x+1}{2x+1}$일 때, $f^{1000}(-1)$의 값

4 $f(x)=\dfrac{x-1}{x}$일 때, $f^{100}(-5)$의 값

5 $f(x)=\dfrac{x}{2x+1}$일 때, $f^{10}\left(\dfrac{1}{10}\right)$의 값

f, f^2, f^3을 구해서 규칙성을 찾아봐!

2nd — 유리함수의 합성함수와 역함수

● 함수 $f(x)$와 그 역함수 $f^{-1}(x)$에 대하여 다음 함숫값을 구하시오.

6 $f(x)=\dfrac{2x+1}{x-1}$일 때, $f^{-1}(3)$의 값

→ $f^{-1}(3)=k$라 하면 $f(k)=\boxed{}$이므로

$\dfrac{2k+1}{k-1}=\boxed{}$, $2k+1=\boxed{}k-\boxed{}$

> 함수 $y=f(x)$와 역함수 $y=f^{-1}(x)$에 대하여 $f(a)=b$이면 $f^{-1}(b)=a$

즉 $k=\boxed{}$

따라서 $f^{-1}(3)=\boxed{}$

7 $f(x)=\dfrac{-x+1}{x+3}$일 때, $f^{-1}(2)$의 값

8 $f(x)=\dfrac{3x+1}{x+2}$일 때, $(f^{-1}\circ f\circ f^{-1})(1)$의 값

$\underset{f\circ f^{-1}=I(\text{항등함수})}{\underbrace{\phantom{f\circ f^{-1}}}}$

9 $f(x)=\dfrac{x+1}{2x-3}$일 때, $(f^{-1}\circ f\circ f^{-1})(-2)$의 값

10 $f(x)=\dfrac{-4x+1}{x+2}$일 때, $(f^{-1}\circ f^{-1}\circ f)(5)$의 값

● 함수 $f(x)$와 그 역함수 $f^{-1}(x)=\dfrac{ax+b}{2x-3}$가 다음 조건을 만족시킬 때, 상수 a, b의 값을 구하시오.

11 $f(2)=1$, $(f^{-1}\circ f^{-1})(1)=-1$

→ $f(2)=1$이면 $f^{-1}(1)=2$이므로

$\dfrac{a+b}{2\times1-3}=\boxed{}$에서 $a+b=\boxed{}$ ...... ㉠

$(f^{-1}\circ f^{-1})(1)=f^{-1}(f^{-1}(1))=f^{-1}(\boxed{})=-1$이므로

$\dfrac{2a+b}{2\times2-3}=-1$에서 $\boxed{}a+b=-1$ ...... ㉡

㉠, ㉡을 연립하여 풀면 $a=\boxed{}$, $b=\boxed{}$

12 $f(3)=4$, $(f^{-1}\circ f^{-1})(4)=1$

$\underset{f^{-1}(4)=3}{\underbrace{}}$

13 $f(-2)=1$, $(f^{-1}\circ f^{-1})(1)=4$

14 $f(-2)=0$, $(f\circ f)(x)=x$

$\underset{f\circ f=I\text{이면 }f^{-1}=f\text{야!}}{\underbrace{}}$

15 $f(4)=0$, $(f\circ f)(x)=x$

11 유리함수의 최대, 최소

- 함수 $y=\dfrac{ax+b}{cx+d}\,(c\neq0,\ ad-bc\neq0)$의 정의역이 주어졌을 때

→ $y=\dfrac{k}{x-p}+q\,(k\neq0)$ 꼴로 변형한 후 주어진 정의역에서 그래프를 그린 후 최댓값과 최솟값을 구한다.

1 $-3\le x\le1$에서 함수 $y=\dfrac{2x+1}{x-2}$의 최댓값을 M, 최솟값을 m이라 할 때, Mm의 값은?

① -4 ② -3 ③ -2
④ 2 ⑤ 3

2 정의역이 $\{x\,|\,0\le x\le5\}$인 함수 $y=\dfrac{-x+1}{x+3}$의 최댓값과 최솟값의 합을 구하시오.

3 정의역이 $\{x\,|\,a\le x\le5\}$인 함수 $y=\dfrac{-x+1}{x-2}$의 최솟값이 -2일 때, 최댓값과 a의 값을 차례로 구하면?

① $-\dfrac{5}{3},\ 1$ ② $-\dfrac{4}{3},\ 1$ ③ $-\dfrac{4}{3},\ 3$
④ $-1,\ 3$ ⑤ $3,\ \dfrac{1}{3}$

12 유리함수의 그래프와 직선의 위치 관계

- 유리함수 $y=\dfrac{ax+b}{cx+d}$의 그래프와 직선 $y=mx$가 만나지 않도록 할 때

→ $\dfrac{ax+b}{cx+d}=mx$를 정리하여 만든 이차방정식의 판별식을 D라 하고 $D<0$임을 이용한다.

- 정의역이 주어진 유리함수의 그래프와 직선이 만나도록 할 때

→ 주어진 정의역에서 유리함수의 그래프를 그리고 직선을 움직여 본다.

4 함수 $y=\dfrac{-x-4}{x+3}$의 그래프와 직선 $y=mx$가 만나지 않도록 하는 실수 m의 값의 범위는?

① $-9<m<-1$ ② $-1<m<-\dfrac{1}{9}$
③ $-\dfrac{1}{9}<m<1$ ④ $\dfrac{1}{9}<m<1$
⑤ $1<m<9$

5 정의역이 $\{x\,|\,2\le x\le6\}$인 함수 $y=\dfrac{x-6}{x-1}$의 그래프와 직선 $y=mx+1$이 만나도록 하는 정수 m의 개수는?

① 0 ② 1 ③ 2
④ 3 ⑤ 4

6 함수 $y=\dfrac{5}{x+2}$의 그래프와 직선 $y=mx-m$이 만나지 않도록 하는 정수 m의 최댓값은?

① -4 ② -3 ③ -2
④ -1 ⑤ 0

13 유리함수의 역함수

- 유리함수 $y=\dfrac{ax+b}{cx+d}$ $(c\neq0,\ ad-bc\neq0)$의 역함수 구하기

  (i) x를 y에 대한 식으로 나타낸다.

  $\rightarrow x=\dfrac{-dy+b}{cy-a}$

  (ii) x와 y를 서로 바꾸어 역함수를 구한다.

  $\rightarrow y=\dfrac{-dx+b}{cx-a}$

7 함수 $f(x)=\dfrac{2x+3}{x-4}$의 역함수가 $f^{-1}(x)=\dfrac{ax+b}{x-2}$ 일 때, 상수 $a,\ b$에 대하여 $a+b$의 값은?

① 7   ② 8   ③ 9

④ 11   ⑤ 12

8 함수 $f(x)=\dfrac{2x-1}{x+4}$의 역함수 $f^{-1}(x)$에 대하여 $y=f^{-1}(x)$의 그래프의 점근선의 방정식이 $x=p,\ y=q$일 때, pq의 값을 구하시오.

9 함수 $f(x)=\dfrac{ax}{3x+2}$에 대하여 $f(x)=f^{-1}(x)$일 때, 상수 a의 값은?

① -3 ② -2 ③ $-\dfrac{1}{2}$

④ 2   ⑤ 3

14 유리함수의 합성

- $f^n(k)$의 값 구하기 (단, n은 자연수)

  → [방법 1] $f(x),\ f^2(x),\ f^3(x),\ \cdots$를 차례로 구하여 $f^n(x)$를 유추하고, x 대신 k를 대입한다.

  [방법 2] $f(k),\ f^2(k),\ f^3(k),\ \cdots$의 값을 차례로 구하여 규칙을 찾아 $f^n(k)$의 값을 구한다.

- 유리함수의 합성함수와 역함수

  두 함수 $f(x),\ g(x)$와 그 역함수 $f^{-1}(x),\ g^{-1}(x)$에 대하여

  ① $f^{-1}\circ f=f\circ f^{-1}=I$ (I는 항등함수)

  ② $(f^{-1})^{-1}=f$

  ③ $(f\circ g)^{-1}=g^{-1}\circ f^{-1}$

10 함수 $f(x)=\dfrac{3x+1}{x-3}$에 대하여 $f^{n+1}(x)=(f\circ f^n)(x)$ (n은 자연수)일 때, $f^{50}(5)$의 값은?

① 4   ② 5   ③ 6

④ 7   ⑤ 8

11 함수 $f(x)=\dfrac{2x+5}{x-1}$에 대하여 $(f^{-1}\circ f\circ f^{-1})(7)$의 값을 구하시오.

12 두 함수 $f(x)=\dfrac{x}{2x-1},\ g(x)=\dfrac{x+1}{x}$에 대하여 $(f^{-1}\circ g)^{-1}(2)$의 값은?

① -3 ② -2 ③ $-\dfrac{3}{2}$

④ $\dfrac{3}{2}$ ⑤ 2

TEST 개념 발전

1 다음 **보기**에서 다항식이 아닌 유리식인 것만을 있는 대로 고른 것은?

> **보기**
>
> ㄱ. $\dfrac{x}{2}$　　　　　　ㄴ. $\dfrac{1}{x-1}$
>
> ㄷ. $\dfrac{3x}{x^2+2}$　　　　　ㄹ. x^3-1

① ㄱ, ㄴ　　　② ㄴ, ㄷ　　　③ ㄴ, ㄹ
④ ㄷ, ㄹ　　　⑤ ㄱ, ㄴ, ㄷ

2 다음 식을 계산하시오.

$$\dfrac{a+2}{a^3+1}-\dfrac{1}{a+1}+\dfrac{a-1}{a^2-a+1}$$

3 $\dfrac{a^2-4a}{a^2+a-6}\times\dfrac{a^2-7a+10}{a+1}\div\dfrac{a^2-9a+20}{a+3}$ 을 계산하면?

① $\dfrac{a}{a+1}$　　　② $\dfrac{a}{a-2}$　　　③ $\dfrac{a-2}{a+1}$

④ $\dfrac{a^2-2}{a+1}$　　　⑤ $\dfrac{a^2-2}{a-1}$

4 $x\neq-1$, $x\neq1$인 모든 실수 x에 대하여

$\dfrac{1}{x-1}-\dfrac{1}{x+1}-\dfrac{2}{x^2+1}-\dfrac{4}{x^4+1}=\dfrac{a}{x^b-1}$가 성립할 때, $a+b$의 값을 구하시오. (단, a, b는 상수이다.)

5 다음 식의 분모가 0이 되지 않도록 하는 모든 실수 x에 대하여

$$\dfrac{1}{x(x+1)}+\dfrac{3}{(x+1)(x+4)}+\dfrac{4}{(x+4)(x+8)}=\dfrac{a}{x^2+bx}$$

가 성립할 때, ab의 값은? (단, a, b는 상수이다.)

① -32　　　② -16　　　③ 16
④ 32　　　⑤ 64

6 함수 $y=\dfrac{3x+1}{x-1}$의 치역이 $\{y\,|\,3<y\leq7$인 실수$\}$일 때, 정의역은?

① $\{x\,|\,x\leq-2$인 실수$\}$　　② $\{x\,|\,-2\leq x\leq1$인 실수$\}$
③ $\{x\,|\,1<x\leq2$인 실수$\}$　　④ $\{x\,|\,x\geq2$인 실수$\}$
⑤ $\{x\,|\,-2\leq x<1$ 또는 $1<x\leq2$인 실수$\}$

7 유리함수 $y=\dfrac{3x-4}{x-1}$의 그래프에 대한 다음 설명 중 옳지 <u>않은</u> 것은?

① 정의역은 $\{x\,|\,x\neq1$인 실수$\}$이다.
② 점 $(1, 3)$에 대하여 대칭이다.
③ 점근선의 방정식은 $x=-1$, $y=3$이다.
④ 제3사분면을 지나지 않는다.
⑤ 함수 $y=-\dfrac{1}{x}$의 그래프를 평행이동한 것이다.

8 함수 $y=\dfrac{ax+b}{x+c}$의 그래프가 점 $(3,\ 1)$을 지나고 점 근선의 방정식이 $x=1$, $y=2$일 때, 상수 a, b, c에 대하여 abc의 값은?

① -16 ② -8 ③ -4
④ 8 ⑤ 16

9 함수 $y=\dfrac{ax+5}{x+b}$의 그래프를 x축의 방향으로 2만큼, y축의 방향으로 -3만큼 평행이동하면 함수 $y=-\dfrac{1}{x}$의 그래프와 일치할 때, 상수 a, b에 대하여 a^2+b^2의 값은?

① 2 ② 5 ③ 8
④ 10 ⑤ 13

10 함수 $y=\dfrac{ax-4}{x+b}$의 그래프가 두 직선 $y=x+1$, $y=-x-3$에 대하여 대칭일 때, $3a-b$의 값은?
(단, a, b는 상수이다.)

① -7 ② -5 ③ -3
④ -1 ⑤ 1

11 함수 $f(x)=\dfrac{-2x+3}{x-5}$에 대하여 $f^{-1}(3)$의 값을 구하시오.

12 정의역이 $\{x\mid -1\le x\le 1\}$인 함수 $y=\dfrac{-x+1}{x+2}$의 최댓값과 최솟값의 합은?

① -4 ② -2 ③ 0
④ 2 ⑤ 4

13 함수 $f(x)=\dfrac{ax-1}{-2x+3}$에 대하여 $f(x)=f^{-1}(x)$가 성립할 때, 상수 a의 값은?

① -5 ② -4 ③ -3
④ 1 ⑤ 2

14 함수 $f(x)=\dfrac{x}{x+1}$에 대하여
$$f^1=f,\quad f^{n+1}=f\circ f^n\ (n\text{은 자연수})$$
로 정의할 때, $f^{100}(10)$의 값은?

① $\dfrac{10}{1001}$ ② $\dfrac{1}{100}$ ③ $\dfrac{1}{11}$
④ $\dfrac{10}{101}$ ⑤ $\dfrac{1}{10}$

12

함수의 확장!
무리식과 무리함수

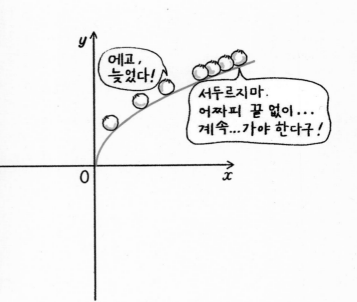

근호 안에 다항식이 있는!

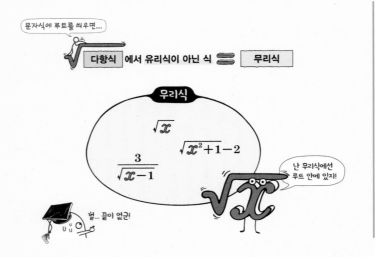

근호 안에 다항식이 있는!

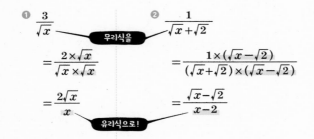

무리식

01 무리식

근호 안에 문자가 포함된 식 중에서 유리식으로 나타낼 수 없는 식을 무리식이라 해. 무리식의 값이 실수가 되려면 근호 안의 식의 값이 0 이상이어야 하므로 무리식을 계산할 때는 (근호 안에 있는 식의 값)≥0이 되는 범위에서만 생각해.

무리식의 계산

02 제곱근의 계산

03 분모의 유리화를 이용한 무리식의 계산

제곱근의 성질을 이용하면 무리식을 계산할 수 있어. 이 단원에서는 제곱근의 성질과 음수의 제곱근의 성질을 이용해 무리식을 다루는 연습을 할 거야. 분모에 무리식이 있을 때는 분모와 분자에 같은 식을 곱해서 분모를 유리화하면 계산을 편리하게 할 수 있어.

대응의 순서쌍!

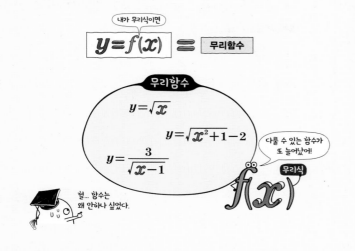

대응의 순서쌍!

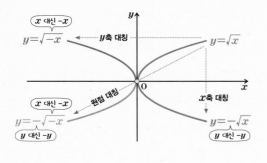

곡선과 직선의 관계!

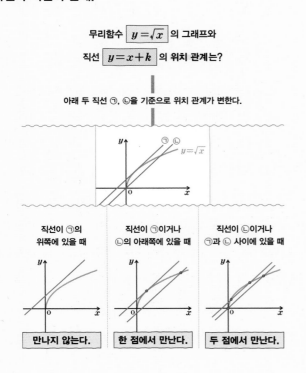

무리함수와 그 그래프

04 무리함수
05 무리함수 $y=\pm\sqrt{ax}\,(a\neq0)$의 그래프
06 무리함수 $y=\sqrt{a(x-p)}+q\,(a\neq0)$의 그래프
07 무리함수 $y=\sqrt{ax+b}+c\,(a\neq0)$의 그래프
08 무리함수의 미정계수

함수 $y=f(x)$에서 $f(x)$가 x에 대한 무리식일 때. 이 함수를 무리함수라 해. 무리함수에서 정의역이 주어져 있지 않은 경우에는 근호 안에 있는 식의 값이 0 이상이 되도록 하는 실수 전체의 집합을 정의역으로 생각하면 돼.
무리함수 $y=\sqrt{ax}\,(a\neq0)$의 그래프를 이해하고 그 성질을 배워보자. 또 무리함수 $y=\sqrt{ax}\,(a\neq0)$의 그래프가 평행이동된 무리함수 $y=\sqrt{a(x-p)}+q\,(a\neq0)$의 그래프를 이해하고, 무리함수
$y=\sqrt{ax+b}+c\,(a\neq0)$를 무리함수
$y=\sqrt{a(x-p)}+q\,(a\neq0)$ 꼴로 변형해 보는 연습도 하게 될 거야.

무리함수의 활용

09 무리함수의 최대, 최소
10 무리함수의 그래프와 직선의 위치 관계
11 무리함수의 역함수
12 무리함수의 합성

이 단원에서 무리함수를 활용한 다양한 문제를 다루어 볼 거야. 주어진 무리함수의 식을 보고 최댓값과 최솟값을 각각 구해보는 연습을 하게 될텐데, 이때 함수 $y=\sqrt{ax+b}+c$의 식을 $y=\sqrt{a(x-p)}+q$ 꼴로 변형할 수 있어야 해.
또 무리함수의 그래프와 직선의 위치 관계, 즉 곡선과 직선이 만나지 않을 때와 만날 때의 조건을 구해보자.
한편 함수 단원에서 배운 역함수를 기억하며 무리함수의 역함수를 구해보고, 무리함수의 합성도 이해해보자.

01

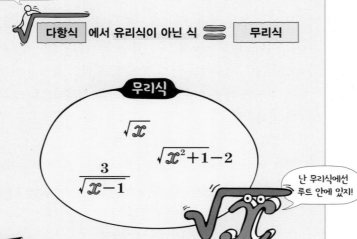

근호 안에 다항식이 있는!

무리식

문자식에 루트를 씌우면…

$$\sqrt{}\ \boxed{\text{다항식}}\ \text{에서 유리식이 아닌 식} = \boxed{\text{무리식}}$$

무리식

$$\sqrt{x}$$

$$\dfrac{3}{\sqrt{x-1}}$$

$$\sqrt{x^2+1}-2$$

난 무리식에선 루트 안에 있지!

$$\sqrt{\sqrt{x}}$$

헐… 끝이 없군!

- **무리식**

  근호 안에 문자가 포함된 식 중에서 유리식으로 나타낼 수 없는 식

- **무리식의 값이 실수가 될 조건**

  무리식의 값이 실수가 되려면 근호 안의 식의 값이 양수 또는 0이어야 하므로 무리식을 계산할 때는

  (근호 안의 식의 값)≥0, (분모)≠0

  이 되는 범위에서만 생각한다.

식

유리식
$$\dfrac{1}{x}$$

무리식
$$\sqrt{x}$$

$$\log_2 x$$

$$\sin x$$

$$2^x$$

다양한 식들을 곧 만나게 될 거야!

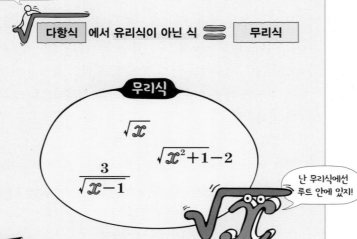

● 다음 중 무리식인 것은 ○를, 무리식이 아닌 것은 ×를 (   ) 안에 써넣으시오.

1 $\sqrt{x-3}$ (   )

2 $\sqrt{4x+5}$ (   )

3 $2\sqrt{x}-8$ (   )

4 $\dfrac{\sqrt{10}}{x+\sqrt{10}}$ (   )

5 $\dfrac{\sqrt{x}+1}{\sqrt{x}-1}$ (   )

6 $\dfrac{x}{x-\sqrt{3}}$ (   )

7 $\dfrac{\sqrt{x+2}}{x}$ (   )

무리식의 값이 실수가 될 조건

- 다음 무리식의 값이 실수가 되도록 하는 실수 x의 값의 범위를 구하시오.

8 $\sqrt{x+1}$

→ 주어진 무리식의 값이 실수가 되려면

$x+1 \geq \boxed{}$

따라서 $x \geq \boxed{}$

실수가 되려면 내가 0보다 크거나 같아야 해!

9 $\sqrt{5x-15}$

10 $1+\sqrt{3-2x}$

11 $4-\sqrt{6x+1}$

12 $\sqrt{-2x+2}+\sqrt{3+x}$

13 $\sqrt{2x+1}-\sqrt{5-x}$

14 $\dfrac{1}{2\sqrt{x+4}}$

15 $\dfrac{1}{\sqrt{5x-8}}$

16 $\dfrac{1}{\sqrt{x-2}}-\dfrac{1}{\sqrt{x+3}}$

17 $\dfrac{1}{\sqrt{2x+4}}+\dfrac{1}{\sqrt{x-1}}$

😊 내가 발견한 개념 — 무리식의 값이 실수가 될 조건은?

- $\sqrt{A}$의 값이 실수가 될 조건 → $A \bigcirc 0$

- $\dfrac{1}{\sqrt{A}}$의 값이 실수가 될 조건 → $A \bigcirc 0$

개념모음문제

18 무리식 $\sqrt{6+3x}+\sqrt{4-x}$의 값이 실수가 되도록 하는 정수 x의 개수는?

① 3   ② 4   ③ 5

④ 6   ⑤ 7

근호 안에 다항식이 있는!

제곱근의 계산

두 실수 a, b에 대하여

1 제곱근의 성질

❶ $\sqrt{a^2} = |a| = \begin{cases} a & (a \geq 0) \\ -a & (a < 0) \end{cases}$

❷ $(\sqrt{a})^2 = a \ (a \geq 0)$

❸ $\sqrt{a}\sqrt{b} = \sqrt{ab} \ (a > 0, \ b > 0)$

❹ $\dfrac{\sqrt{a}}{\sqrt{b}} = \sqrt{\dfrac{a}{b}} \ (a > 0, \ b > 0)$

2 음수의 제곱근의 성질

❶ $a < 0, \ b < 0$이면 $\sqrt{a}\sqrt{b} = -\sqrt{ab}$

$a > 0, \ b < 0$이면 $\dfrac{\sqrt{a}}{\sqrt{b}} = -\sqrt{\dfrac{a}{b}}$

❷ $\sqrt{a}\sqrt{b} = -\sqrt{ab}$ 이면 $a \leq 0, \ b \leq 0$

❸ $\dfrac{\sqrt{a}}{\sqrt{b}} = -\sqrt{\dfrac{a}{b}}$ 이면 $a \geq 0, \ b < 0$

원리확인 $a < 0$일 때, 다음 식의 값이 양수인 것은 '양'을, 음수인 것은 '음'을 ( ) 안에 써넣으시오.

❶ $\sqrt{a^2}$ ( )

❷ $\sqrt{(-a)^2}$ ( )

❸ $-\sqrt{a^2}$ ( )

❹ $(-\sqrt{-a})^2$ ( )

1st — 제곱근의 성질을 이용

● x의 값의 범위가 다음과 같을 때, 주어진 식을 간단히 하시오.

1 $x > 0$일 때, $\sqrt{x^2} + \sqrt{(-x)^2}$

→ $x > 0$에서 $-x < 0$이므로

$\sqrt{x^2} + \sqrt{(-x)^2} = |x| + |-x| = x - (\boxed{}) = \boxed{}$

2 $x > 0$일 때, $\sqrt{x^2} + \sqrt{(x+2)^2}$

3 $x < 0$일 때, $\sqrt{x^2} + \sqrt{(3-x)^2}$

4 $x < 0$일 때, $\sqrt{(x-1)^2} - \sqrt{(-x+5)^2}$

5 $0 < x < 1$일 때, $\sqrt{x^2} + \sqrt{(x-1)^2}$

6 $-2 < x < 2$일 때, $\sqrt{(x+2)^2} + \sqrt{(x-3)^2}$

7 $-1<x<2$일 때, $\sqrt{x^2+2x+1}+\sqrt{x^2-4x+4}$

→ $-1<x<2$에서 $x+1\bigcirc 0$, $x-2\bigcirc 0$이므로

$\sqrt{x^2+2x+1}=\sqrt{(x+1)^2}=|x+1|=x+1$

$\sqrt{x^2-4x+4}=\sqrt{(x-2)^2}=|x-2|=\boxed{}$

따라서

$\sqrt{x^2+2x+1}+\sqrt{x^2-4x+4}=(x+1)+(\boxed{})$

$\qquad\qquad\qquad\qquad\qquad = \boxed{}$

8 $2<x<3$일 때, $\sqrt{x^2-4x+4}+\sqrt{x^2-6x+9}$

9 $-3<x<1$일 때, $\sqrt{x^2+6x+9}+\sqrt{x^2-2x+1}$

10 $-6<x<-4$일 때,
$\sqrt{x^2+12x+36}+\sqrt{x^2+8x+16}$

11 $\dfrac{1}{2}<x<5$일 때, $\sqrt{4x^2-4x+1}+\sqrt{x^2-10x+25}$

😊 **내가 발견한 개념**   제곱근 안의 부호가 중요해!

• $\sqrt{a^2}=|a|=\begin{cases} \boxed{} & (a\geq 0) \\ \boxed{} & (a<0) \end{cases}$

• $\sqrt{(a-b)^2}=\boxed{}$

2nd — 음수의 제곱근의 성질을 이용

● 다음 등식을 만족시키는 x의 값의 범위를 구하시오.

12 $\sqrt{x}\sqrt{x+1}=-\sqrt{x^2+x}$

→ $\sqrt{x}\sqrt{x+1}=-\sqrt{x^2+x}=-\sqrt{x(x+1)}$에서

$x\leq\boxed{}$, $x+1\leq 0$

따라서 $x\leq\boxed{}$

$$\sqrt{\boxed{}}\sqrt{\boxed{}}=-\sqrt{\boxed{+}}$$

13 $\sqrt{x-2}\sqrt{x+1}=-\sqrt{x^2-x-2}$

14 $\sqrt{x-3}\sqrt{x-5}=-\sqrt{x^2-8x+15}$

15 $\dfrac{\sqrt{x+4}}{\sqrt{x+2}}=-\sqrt{\dfrac{x+4}{x+2}}$

→ $\dfrac{\sqrt{x+4}}{\sqrt{x+2}}=-\sqrt{\dfrac{x+4}{x+2}}$에서

$x+4\bigcirc 0$, $x+2\bigcirc 0$

따라서 $\boxed{}\leq x<\boxed{}$

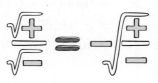

16 $\dfrac{\sqrt{x+7}}{\sqrt{x}}=-\sqrt{\dfrac{x+7}{x}}$

17 $\dfrac{\sqrt{2x+3}}{\sqrt{2x-1}}=-\sqrt{\dfrac{2x+3}{2x-1}}$

03

분모의 유리화를 이용한 무리식의 계산

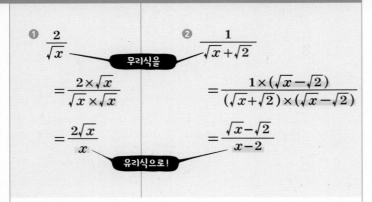

① $\dfrac{2}{\sqrt{x}}$ — 무리식을 →

$=\dfrac{2\times\sqrt{x}}{\sqrt{x}\times\sqrt{x}}$

$=\dfrac{2\sqrt{x}}{x}$ — 유리식으로! →

② $\dfrac{1}{\sqrt{x}+\sqrt{2}}$

$=\dfrac{1\times(\sqrt{x}-\sqrt{2})}{(\sqrt{x}+\sqrt{2})\times(\sqrt{x}-\sqrt{2})}$

$=\dfrac{\sqrt{x}-\sqrt{2}}{x-2}$

• **분모의 유리화**: 분모에 근호가 포함된 식의 분모와 분자에 0이 아닌 같은 수 또는 식을 곱하여 분모에 근호가 포함되지 않도록 고친다.

• $a>0$, $b>0$일 때

① $\dfrac{b}{\sqrt{a}}=\dfrac{b\sqrt{a}}{\sqrt{a}\sqrt{a}}=\dfrac{b\sqrt{a}}{a}$

② $\dfrac{c}{\sqrt{a}+\sqrt{b}}=\dfrac{c(\sqrt{a}-\sqrt{b})}{(\sqrt{a}+\sqrt{b})(\sqrt{a}-\sqrt{b})}=\dfrac{c(\sqrt{a}-\sqrt{b})}{a-b}$ (단, $a\neq b$)

③ $\dfrac{c}{\sqrt{a}-\sqrt{b}}=\dfrac{c(\sqrt{a}+\sqrt{b})}{(\sqrt{a}-\sqrt{b})(\sqrt{a}+\sqrt{b})}=\dfrac{c(\sqrt{a}+\sqrt{b})}{a-b}$ (단, $a\neq b$)

$\dfrac{1}{\sqrt{a}+\sqrt{b}+\sqrt{c}}$ **꼴일 때 분모의 유리화**

$\dfrac{1}{1+\sqrt{2}+\sqrt{3}}=\dfrac{1}{1+(\sqrt{2}+\sqrt{3})}\times\dfrac{1-(\sqrt{2}+\sqrt{3})}{1-(\sqrt{2}+\sqrt{3})}$ ← 분모의 유리화

$=\dfrac{1-\sqrt{2}-\sqrt{3}}{1-(\sqrt{2}+\sqrt{3})^2}$

$=\dfrac{1-\sqrt{2}-\sqrt{3}}{-4-2\sqrt{6}}\times\dfrac{-4+2\sqrt{6}}{-4+2\sqrt{6}}$ ← 분모의 유리화

$=\dfrac{4+2\sqrt{2}-2\sqrt{6}}{8}$

$=\dfrac{2+\sqrt{2}-\sqrt{6}}{4}$

> 항이 많아도 분모의 유리화를 반복하면 돼!

● 다음 식의 분모를 유리화하시오.

1 $\dfrac{2}{\sqrt{x}}$ (단, $x>0$)

→ $\dfrac{2}{\sqrt{x}}=\dfrac{2\times\boxed{}}{\sqrt{x}\times\boxed{}}=\dfrac{\boxed{}}{x}$

2 $\dfrac{\sqrt{5}}{\sqrt{x-2}}$ (단, $x>2$)

3 $\dfrac{1}{\sqrt{x}+3}$ (단, $x>0$)

4 $\dfrac{\sqrt{x}-\sqrt{7}}{\sqrt{x}+\sqrt{7}}$ (단, $x>0$)

5 $\dfrac{1}{\sqrt{x+1}+\sqrt{x}}$ (단, $x>0$)

6 $\dfrac{x+1}{\sqrt{x+2}-1}$ (단, $x>-2$)

2nd — 분모의 유리화를 이용한 무리식의 계산

● 다음 식을 간단히 하시오.

7 $\dfrac{1}{\sqrt{x}+\sqrt{3}}+\dfrac{1}{\sqrt{x}-\sqrt{3}}$

→ $\dfrac{1}{\sqrt{x}+\sqrt{3}}+\dfrac{1}{\sqrt{x}-\sqrt{3}}=\dfrac{(\sqrt{x}-\sqrt{3})+(\boxed{})}{(\sqrt{x}+\sqrt{3})(\sqrt{x}-\sqrt{3})}$
$=\dfrac{2\sqrt{x}}{\boxed{}}$

8 $\dfrac{2}{\sqrt{x+1}+1}-\dfrac{2}{\sqrt{x+1}-1}$

9 $\dfrac{1}{2-\sqrt{x+3}}+\dfrac{1}{2+\sqrt{x+3}}$

10 $\dfrac{x}{\sqrt{x+2}+\sqrt{x}}-\dfrac{x}{\sqrt{x+2}-\sqrt{x}}$

11 $\dfrac{1}{\sqrt{x^2+1}-x}-\sqrt{x^2+1}$

● 다음 식의 값을 구하시오.

12 $x=\sqrt{3}$일 때, $\dfrac{1}{1-\sqrt{x}}+\dfrac{1}{1+\sqrt{x}}$

→ $\dfrac{1}{1-\sqrt{x}}+\dfrac{1}{1+\sqrt{x}}=\dfrac{(1+\sqrt{x})+(\boxed{})}{(1-\sqrt{x})(1+\sqrt{x})}=\dfrac{2}{\boxed{}}$

이 식에 $x=\sqrt{3}$을 대입하면

$\dfrac{2}{\boxed{}}=\boxed{}$

13 $x=\sqrt{5}$일 때, $\dfrac{\sqrt{x-2}}{\sqrt{x+2}}$

14 $x=\sqrt{2}$일 때, $\dfrac{\sqrt{x+1}+\sqrt{x-1}}{\sqrt{x+1}-\sqrt{x-1}}$

15 $x=2+\sqrt{3}$일 때, $\dfrac{\sqrt{x}-1}{\sqrt{x}+1}+\dfrac{\sqrt{x}+1}{\sqrt{x}-1}$

개념모음문제
16 $\dfrac{2x}{3+\sqrt{x+9}}+\dfrac{2x}{3-\sqrt{x+9}}$ 를 간단히 하면 $ax+b$일 때, 유리수 a, b에 대하여 ab의 값은? (단, $x\neq0$)

① -12 ② -6 ③ 0

④ 6 ⑤ 12

분모의 유리화

중3	무리수	고1	무리식

$\dfrac{1}{(2+\sqrt{2})}\dfrac{\times(2-\sqrt{2})}{\times(2-\sqrt{2})}=\dfrac{2-\sqrt{2}}{2}$

분모를 유리수로

$\dfrac{1}{(\sqrt{x}+2)}\dfrac{\times(\sqrt{x}-2)}{\times(\sqrt{x}-2)}=\dfrac{\sqrt{x}-2}{x-4}$

분모를 유리식으로

분모의 유리화를 할 때는
켤레를 생각해!

01 **무리식**

- **무리식**
근호 안에 문자가 포함된 식 중에서 유리식으로 나타낼 수 없는 식
- 무리식의 값이 실수가 되려면 (근호 안의 식의 값)≥ 0

1 **보기**에서 무리식인 것의 개수를 구하시오.

> **보기**
> $$\sqrt{3x+8},\ x+7,\ 4\sqrt{x}-1,\ \frac{x+1}{\sqrt{x}},\ \frac{\sqrt{2}-x}{x+4}$$

2 무리식 $\dfrac{5}{\sqrt{x-2}}+\dfrac{5}{\sqrt{4-x}}$ 의 값이 실수가 되도록 하는 실수 x의 값의 범위가 $\alpha<x<\beta$일 때, $\alpha+\beta$의 값은?

① 2   ② 4   ③ 6
④ 8   ⑤ 10

3 무리식 $\sqrt{3-x}+\dfrac{1}{\sqrt{x-1}}$ 의 값이 실수가 되도록 하는 정수 x의 개수는?

① 0   ② 1   ③ 2
④ 3   ⑤ 4

02 **제곱근의 계산**

- 두 실수 a, b에 대하여
① $\sqrt{a^2}=|a|=\begin{cases} a & (a\geq 0) \\ -a & (a<0) \end{cases}$ ② $(\sqrt{a})^2=a\ (a\geq 0)$
③ $\sqrt{a}\sqrt{b}=\sqrt{ab}\ (a>0,\ b>0)$ ④ $\dfrac{\sqrt{a}}{\sqrt{b}}=\sqrt{\dfrac{a}{b}}\ (a>0,\ b>0)$
- $\sqrt{a}\sqrt{b}=-\sqrt{ab}$이면 $a\leq 0,\ b\leq 0$
$\dfrac{\sqrt{a}}{\sqrt{b}}=-\sqrt{\dfrac{a}{b}}$이면 $a\geq 0,\ b<0$

4 $\dfrac{1}{2}<x<1$일 때, $\sqrt{x^2-2x+1}+\sqrt{4x^2-4x+1}$을 간단히 하시오.

5 등식
$$\sqrt{x-7}\sqrt{2-x}=-\sqrt{-x^2+9x-14}$$
을 만족시키는 실수 x의 최솟값은?

① -3 ② -2 ③ 2
④ 6   ⑤ 7

6 실수 x가 $\dfrac{\sqrt{x+1}}{\sqrt{x-1}}=-\sqrt{\dfrac{x+1}{x-1}}$ 을 만족시킬 때, $\sqrt{(x+2)^2}-\sqrt{(x-2)^2}$을 간단히 하면?

① -2 ② 2   ③ $-2x$
④ $2x$ ⑤ $2x+2$

7 무리식 $\sqrt{x+1}-\sqrt{1-x}$의 값이 실수가 되도록 하는 실수 x에 대하여 $\sqrt{x^2-4x+4}$를 간단히 하면?

① $-2x+4$ ② $-x+2$ ③ $x-4$

④ $x-2$ ⑤ $2x-4$

---

03 분모의 유리화를 이용한 무리식의 계산

· $a>0$, $b>0$일 때

① $\dfrac{b}{\sqrt{a}}=\dfrac{b\sqrt{a}}{a}$

② $\dfrac{c}{\sqrt{a}+\sqrt{b}}=\dfrac{c(\sqrt{a}-\sqrt{b})}{a-b}$, $\dfrac{c}{\sqrt{a}-\sqrt{b}}=\dfrac{c(\sqrt{a}+\sqrt{b})}{a-b}$ (단, $a\neq b$)

---

8 다음 중 옳지 <u>않은</u> 것은? (단, $x>0$, $y>0$)

① $(\sqrt{x+y}+\sqrt{x})(\sqrt{x+y}-\sqrt{x})=y$

② $(\sqrt{x+2}-\sqrt{x-2})(\sqrt{x+2}+\sqrt{x-2})=4$ (단, $x\geq2$)

③ $\dfrac{\sqrt{x}+\sqrt{y}}{\sqrt{x}-\sqrt{y}}=\dfrac{x-y+2\sqrt{xy}}{x+y}$

④ $\dfrac{4x}{\sqrt{x+2}-\sqrt{x}}=2x(\sqrt{x+2}+\sqrt{x})$

⑤ $\dfrac{\sqrt{x+1}-\sqrt{x}}{\sqrt{x+1}+\sqrt{x}}=2x+1-2\sqrt{x(x+1)}$

---

9 $\dfrac{1}{\sqrt{x}+\sqrt{x-1}}+\dfrac{1}{\sqrt{x-1}+\sqrt{x-2}}+\dfrac{1}{\sqrt{x-2}+\sqrt{x-3}}$

을 간단히 하면?

① -3 ② $\sqrt{x}-\sqrt{x-3}$ ③ $2x-3$

④ $\sqrt{x}+\sqrt{x-3}$ ⑤ 3

---

10 $\dfrac{1}{x+\sqrt{x^2+1}}+\dfrac{1}{x-\sqrt{x^2+1}}$을 간단히 하면?

① $-2x$ ② $-x$ ③ $\dfrac{x}{2}$

④ x ⑤ $2x$

---

11 $x=\dfrac{1}{\sqrt{2}-1}$, $y=\dfrac{1}{\sqrt{2}+1}$일 때, $\dfrac{\sqrt{x}+\sqrt{y}}{\sqrt{x}-\sqrt{y}}$의 값은?

① $\dfrac{\sqrt{2}}{2}$ ② $\sqrt{2}-1$ ③ $\sqrt{2}$

④ $\sqrt{2}+1$ ⑤ $2\sqrt{2}$

---

12 $f(x)=\dfrac{1}{\sqrt{x}+\sqrt{x+1}}$일 때,

$f(1)+f(2)+f(3)+\cdots+f(24)$의 값을 구하시오.

04

무리식으로 표현되는 대응!

무리함수

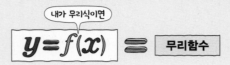

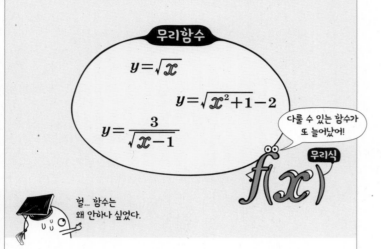

내가 무리식이면

$y=f(x)$ ≡ 무리함수

무리함수

$y=\sqrt{x}$

$y=\sqrt{x^2+1}-2$

$y=\dfrac{3}{\sqrt{x-1}}$

다룰 수 있는 함수가
또 늘어났어!

무리식

$f(x)$

헐... 함수는
왜 안하나 싶었다.

· **무리함수**: $y=f(x)$에서 $f(x)$가 x에 대한 무리식인 함수

· 무리함수에서 정의역이 주어지지 않을 때는 근호 안의 식의 값이 0
이상이 되도록 하는 실수 전체의 집합을 정의역으로 한다.

1st — 무리함수의 판별

● 다음 중 무리함수인 것은 ○를, 무리함수가 아닌 것은 ×를
( ) 안에 써넣으시오.

1 $y=\sqrt{2x}$ ( )

2 $y=x+\sqrt{3}$ ( )

3 $y=\sqrt{1-x^2}$ ( )

4 $y=\sqrt{5x}$ ( )

5 $y=1-\sqrt{3-4x}$ ( )

내가 근호 밖에 있으면
유리함수!

$y=\sqrt{3}\,x$ $y=\sqrt{3x}$

내가 근호 안에 있으면
무리함수!

6 $y=\dfrac{7}{\sqrt{x-1}}$ ( )

7 $y=\dfrac{2\sqrt{2}}{\sqrt{x+3}}$ ( )

2nd 무리함수의 정의역

● 다음 □ 안에 알맞은 수를 써넣으시오.

8 $y=\sqrt{10x}$

→ $10x \geq \boxed{}$ 이어야 하므로 정의역은 $\{x|x \geq \boxed{}\}$

나의 정의역은

$$f(x) = \sqrt{}$$

내가 0보다 크거나 같아야 해!

9 $y=\sqrt{x+6}$

→ $x+6 \geq \boxed{}$ 이어야 하므로 정의역은 $\{x|x \geq \boxed{}\}$

10 $y=\sqrt{7-x}$

→ $7-x \geq \boxed{}$ 이어야 하므로 정의역은 $\{x|x \leq \boxed{}\}$

11 $y=-\sqrt{2x-3}$

→ $2x-3 \geq \boxed{}$ 이어야 하므로 정의역은 $\left\{x \middle| x \geq \boxed{}\right\}$

12 $y=1-\sqrt{-4x+5}$

→ $-4x+5 \geq \boxed{}$ 이어야 하므로 정의역은 $\left\{x \middle| x \leq \boxed{}\right\}$

13 $y=\sqrt{9-3x}$

→ $9-3x \geq \boxed{}$ 이어야 하므로 정의역은 $\{x|x \leq \boxed{}\}$

● 다음 함수의 정의역을 구하시오.

14 $y=\sqrt{x-7}$

15 $y=\sqrt{2x-5}$

16 $y=-\sqrt{12+4x}$

17 $y=\sqrt{6-3x}+1$

18 $y=-\sqrt{-x+4}-3$

19 $y=-2\sqrt{8-5x}+9$

유리함수와 무리함수의 정의역

유리함수	무리함수
$y=\dfrac{1}{ax+b}$	$y=\sqrt{ax+b}$
정의역: $\{x\|ax+b\neq0$인 실수$\}$	정의역: $\{x\|ax+b\geq0$인 실수$\}$

무리함수 $y=\pm\sqrt{ax}\,(a\neq0)$의 그래프

함수 $y=\sqrt{x}$의 그래프

함수 $y=\sqrt{x}$의 역함수의 그래프를 이용해!

$y=\sqrt{x}$ 를 x에 대한 식으로 나타내면, $x=y^2\,(y\geq0)$

x와 y를 서로 바꾸어 쓰면, $y=\sqrt{x}$의 역함수는 $y=x^2\,(x\geq0)$

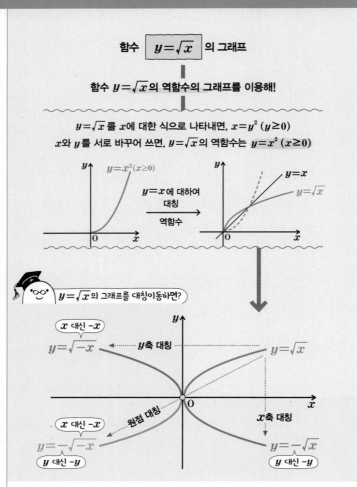

$y=\sqrt{x}$의 그래프를 대칭이동하면?

• 무리함수 $y=\sqrt{ax}\,(a\neq0)$의 그래프

  $a>0$일 때, 정의역은 $\{x\,|\,x\geq0\}$,
  치역은 $\{y\,|\,y\geq0\}$
  $a<0$일 때, 정의역은 $\{x\,|\,x\leq0\}$,
  치역은 $\{y\,|\,y\geq0\}$

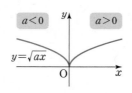

• 무리함수 $y=-\sqrt{ax}\,(a\neq0)$의 그래프

  ① $a>0$일 때, 정의역은 $\{x\,|\,x\geq0\}$,
    치역은 $\{y\,|\,y\leq0\}$
    $a<0$일 때, 정의역은 $\{x\,|\,x\leq0\}$,
    치역은 $\{y\,|\,y\leq0\}$

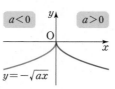

  ② 함수 $y=\sqrt{ax}$의 그래프와 x축에 대하여 대칭이다.

참고 ① 함수 $y=\sqrt{ax}\,(a\neq0)$의 그래프는 $|a|$의 값이 커질수록 x축으로부터 멀어진다.

  ② 함수 $y=\sqrt{ax}\,(a\neq0)$의 역함수는 $y=\dfrac{x^2}{a}\,(x\geq0)$이다.

  ③ 함수 $y=-\sqrt{ax},\ y=\sqrt{-ax},\ y=-\sqrt{-ax}$의 그래프는 함수 $y=\sqrt{ax}$의 그래프를 각각 x축, y축, 원점에 대하여 대칭이동한 것이다.

---

1 함수 $y=\sqrt{x}$의 그래프와 대칭이동을 이용하여 다음 함수의 그래프를 그리시오.

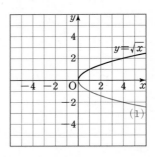

(1) $y=-\sqrt{x}$

(2) $y=\sqrt{-x}$

(3) $y=-\sqrt{-x}$

2 함수 $y=\sqrt{2x}$의 그래프와 대칭이동을 이용하여 다음 함수의 그래프를 그리시오.

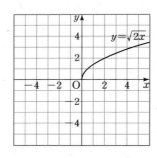

(1) $y=-\sqrt{2x}$

(2) $y=\sqrt{-2x}$

(3) $y=-\sqrt{-2x}$

2nd ─ 무리함수 $y=\pm\sqrt{ax}$의 그래프와 정의역, 치역

● 다음 함수의 그래프를 그리고, 정의역과 치역을 구하시오.

3

$$y=\sqrt{3x}$$

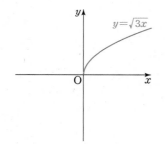

(1) 정의역: $\{x\,|\,x\geq\boxed{}\,\}$

(2) 치역: $\{y\,|\,y\geq\boxed{}\,\}$

4

$$y=2\sqrt{x}$$

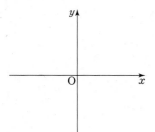

(1) 정의역:

(2) 치역:

5

$$y=\sqrt{-3x}$$

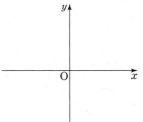

(1) 정의역:

(2) 치역:

6

$$y=-2\sqrt{x}$$

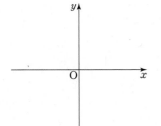

(1) 정의역:

(2) 치역:

3rd ─ 무리함수 $y=\pm\sqrt{ax}$의 그래프의 성질

● 무리함수 $y=\sqrt{ax}$ $(a\neq0)$의 그래프에 대한 설명으로 옳은 것은 ○를, 옳지 않은 것은 ×를 ( ) 안에 써넣으시오.

7 $a<0$일 때, 제2사분면을 지난다. ( )

8 $|a|$의 값이 클수록 x축에서 멀어진다. ( )

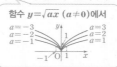

함수 $y=\sqrt{ax}$ $(a\neq0)$에서

9 $a>0$일 때의 그래프와 $a<0$일 때의 그래프는 서로 x축에 대하여 대칭이다. ( )

10 $a>0$일 때 정의역은 $\{x\,|\,x\geq0\}$, 치역은 $\{y\,|\,y\leq0\}$이고 $a<0$일 때 정의역은 $\{x\,|\,x\leq0\}$, 치역은 $\{y\,|\,y\geq0\}$이다. ( )

11 함수 $y=-\sqrt{-ax}$의 그래프는 함수 $y=\sqrt{ax}$의 그래프를 원점에 대하여 대칭이동한 것이다. ( )

대응의 순서쌍!

무리함수 $y=\sqrt{a(x-p)}+q\,(a\neq0)$의 그래프

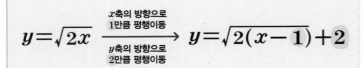

$$y=\sqrt{2x} \xrightarrow[\substack{y축의\ 방향으로\\2만큼\ 평행이동}]{\substack{x축의\ 방향으로\\1만큼\ 평행이동}} y=\sqrt{2(x-1)}+2$$

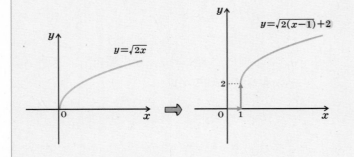

• 무리함수 $y=\sqrt{a(x-p)}+q$의 그래프

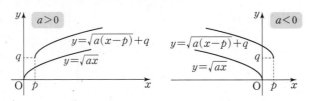

① 함수 $y=\sqrt{ax}\,(a\neq0)$의 그래프를 x축의 방향으로 p만큼, y축의 방향으로 q만큼 평행이동한 것이다.

② $a>0$이면 정의역은 $\{x|x\geq p\}$, 치역은 $\{y|y\geq q\}$이고, $a<0$이면 정의역은 $\{x|x\leq p\}$, 치역은 $\{y|y\geq q\}$이다.

참고 $y=-\sqrt{a(x-p)}+q\,(a\neq0)$에서
$a>0$이면 정의역은 $\{x|x\geq p\}$, 치역은 $\{y|y\leq q\}$이고,
$a<0$이면 정의역은 $\{x|x\leq p\}$, 치역은 $\{y|y\leq q\}$이다.

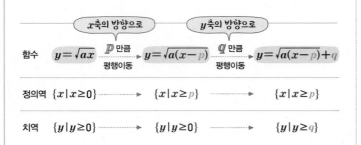

함수	x축의 방향으로 p만큼 평행이동	y축의 방향으로 q만큼 평행이동
$y=\sqrt{ax}$	$y=\sqrt{a(x-p)}$	$y=\sqrt{a(x-p)}+q$
정의역 $\{x|x\geq0\}$	$\{x|x\geq p\}$	$\{x|x\geq p\}$
치역 $\{y|y\geq0\}$	$\{y|y\geq0\}$	$\{y|y\geq q\}$

원리확인 주어진 무리함수와 그 그래프에 대하여 □ 안에 알맞은 수를 써넣으시오.

❶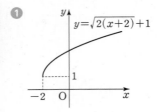

(1) 무리함수 $y=\sqrt{2(x+2)}+1$의 그래프는 무리함수 $y=\sqrt{2x}$의 그래프를 x축의 방향으로 □만큼, y축의 방향으로 □만큼 평행이동한 것이다.

(2) 무리함수 $y=\sqrt{2(x+2)}+1$의 정의역은 $\{x|x\geq□\}$이고, 치역은 $\{y|y\geq□\}$이다.

(3) 무리함수 $y=\sqrt{2(x+2)}+1$의 그래프는 제 □ 사분면과 제 □ 사분면을 지난다.

❷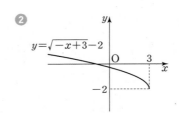

(1) 무리함수 $y=\sqrt{-x+3}-2$, 즉 $y=\sqrt{-(x-□)}-2$의 그래프는 무리함수 $y=\sqrt{-x}$의 그래프를 x축의 방향으로 □만큼, y축의 방향으로 □만큼 평행이동한 것이다.

(2) 무리함수 $y=\sqrt{-x+3}-2$의 정의역은 $\{x|x\leq□\}$이고, 치역은 $\{y|y\geq□\}$이다.

(3) 무리함수 $y=\sqrt{-x+3}-2$의 그래프는 제 □ 사분면을 지나지 않는다.

1st — 무리함수 $y=\sqrt{a(x-p)}+q$의 그래프의 평행이동

● 다음 함수의 그래프를 x축의 방향으로 p만큼, y축의 방향으로 q만큼 평행이동한 그래프의 식을 구하시오.

1 $y=\sqrt{x}$ $[p=3,\ q=2]$

→ x 대신 $x-\boxed{}$, y 대신 $y-\boxed{}$ 를 대입하면 되므로

$y-\boxed{}=\sqrt{x-\boxed{}}$, 즉 $y=\sqrt{x-\boxed{}}+\boxed{}$

2 $y=\sqrt{3x}$ $[p=1,\ q=-5]$

3 $y=4\sqrt{x}$ $[p=-3,\ q=-7]$

4 $y=-\sqrt{7x}$ $[p=4,\ q=-1]$

5 $y=-5\sqrt{x}$ $[p=-1,\ q=4]$

6 $y=\sqrt{-6x}$ $[p=-4,\ q=3]$

2nd — 무리함수 $y=\sqrt{a(x-p)}+q$의 그래프의 평행이동을 이용하여 구하는 미지수의 값

● 다음은 주어진 무리함수의 그래프를 x축의 방향으로 p만큼, y축의 방향으로 q만큼 평행이동한 그래프의 식이다. p, q의 값을 구하시오.

7 $y=\sqrt{3x}$

(1) $y=\sqrt{3(x-3)}+5$

(2) $y=\sqrt{3(x+2)}+7$

(3) $y=\sqrt{3(x+4)}-2$

8 $y=-\sqrt{2x}$

(1) $y=-\sqrt{2(x-4)}+9$

(2) $y=-\sqrt{2(x+3)}+3$

(3) $y=-\sqrt{2(x+1)}-7$

● 다음 함수의 그래프를 그리고, 정의역과 치역을 구하시오.

9 $y=\sqrt{x-1}-2$

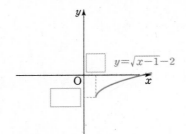

(1) 정의역:

$\{x|x\geq \boxed{}\}$

(2) 치역:

$\{y|y\geq \boxed{}\}$

➡ $y=\sqrt{x-1}-2$의 그래프는 $y=\sqrt{x}$의 그래프를 x축의 방향으로 $\boxed{}$ 만큼, y축의 방향으로 $\boxed{}$ 만큼 평행이동한 것이다.

10 $y=\sqrt{2(x+3)}-1$

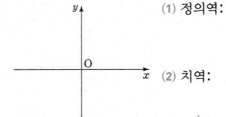

(1) 정의역:

(2) 치역:

11 $y=-\sqrt{3(x+1)}+2$

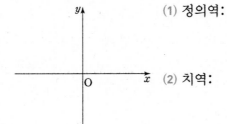

(1) 정의역:

(2) 치역:

12 $y=-2\sqrt{x-2}$

(1) 정의역:

(2) 치역:

13 $y=-\sqrt{-(x-5)}+1$

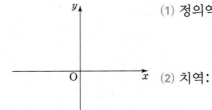

(1) 정의역:

(2) 치역:

14 $y=2\sqrt{3(x-1)}-4$

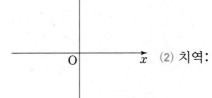

(1) 정의역:

(2) 치역:

4th — 무리함수 $y=\sqrt{a(x-p)}+q$의 그래프의 성질

● 다음 주어진 함수에 대한 설명이 옳은 것은 ○를, 옳지 않은 것은 ×를 ( ) 안에 써넣으시오.

15 $\boxed{y=\sqrt{2(x-1)}+3}$

(1) 정의역은 $\{x\,|\,x\geq1\}$이다. ( )

(2) 치역은 $\{y\,|\,y\geq2\}$이다. ( )

(3) 그래프는 함수 $y=\sqrt{2x}$의 그래프를 x축의 방향으로 2만큼, y축의 방향으로 3만큼 평행이동한 것이다. ( )

(4) 그래프는 제1사분면만 지난다. ( )

16 $\boxed{y=\sqrt{-(x+5)}-1}$

(1) 정의역은 $\{x\,|\,x\geq-5\}$이다. ( )

(2) 치역은 $\{y\,|\,y\geq-1\}$이다. ( )

(3) 그래프는 함수 $y=\sqrt{-x}$의 그래프를 x축의 방향으로 -5만큼, y축의 방향으로 -1만큼 평행이동한 것이다. ( )

(4) 그래프는 제2사분면만 지난다. ( )

17 $\boxed{y=-\sqrt{-4(x-3)}+2}$

(1) 정의역은 $\{x\,|\,x\leq3\}$이다. ( )

(2) 치역은 $\{y\,|\,y\leq2\}$이다. ( )

(3) 그래프는 점 $(-1, -2)$를 지난다. ( )

(4) 그래프는 제4사분면을 지나지 않는다. ( )

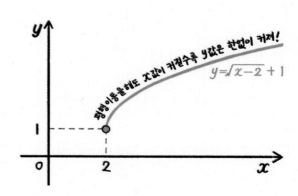

개념모음문제
18 다음 중 함수 $y=\sqrt{-(x-2)}+4$와 그 그래프에 대한 설명으로 옳지 <u>않은</u> 것은?

① 정의역은 $\{x\,|\,x\leq2\}$이다.
② 치역은 $\{y\,|\,y\leq4\}$이다.
③ 그래프는 점 $(-2, 6)$을 지난다.
④ 그래프는 제1사분면과 제2사분면을 지난다.
⑤ 그래프를 평행이동하면 함수 $y=\sqrt{-x}$의 그래프와 완전히 겹쳐질 수 있다.

07

대응의 순서쌍!

무리함수 $y=\sqrt{ax+b}+c\,(a\neq0)$의 그래프

함수 $\boxed{y=\sqrt{2x-2}+2}$ 의 그래프는

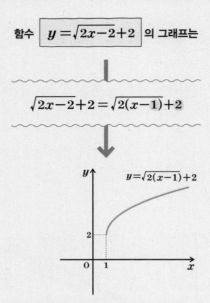

$$\sqrt{2x-2}+2=\sqrt{2(x-1)}+2$$

$y=\sqrt{2(x-1)}+2$

2

0 1

정의역: $\{x\,|\,x\geq1\}$ 치역: $\{y\,|\,y\geq2\}$

> 무리함수 $y=\sqrt{ax+b}+c\,(a\neq0)$의 그래프
> $\implies$ $y=\sqrt{a(x-p)}+q$ 꼴로 변형하여 그린다.

$y=\sqrt{ax+b}+c\,(a\neq0)$의 정의역과 치역

$y=\sqrt{a\left\{x-\left(-\dfrac{b}{a}\right)\right\}}+c$ 이므로 $y=\sqrt{ax}$의 그래프를

x축의 방향으로 $-\dfrac{b}{a}$만큼, y축의 방향으로 c만큼 평행이동한 것이다.

(i) $a>0$일 때
정의역: $\left\{x\,\Big|\,x\geq-\dfrac{b}{a}\right\}$
치역: $\{y\,|\,y\geq c\}$

(ii) $a<0$일 때
정의역: $\left\{x\,\Big|\,x\leq-\dfrac{b}{a}\right\}$
치역: $\{y\,|\,y\geq c\}$

1st — 무리함수 $y=\sqrt{ax+b}+c$의 식의 변형

● 다음 무리함수를 $y=\pm\sqrt{a(x-p)}+q$ 꼴로 변형하시오.
(단, a, p, q는 상수이고 $a\neq0$이다.)

1 $y=\sqrt{5x+10}-3$

2 $y=\sqrt{3x-9}+2$

3 $y=\sqrt{-x+1}+4$

4 $y=\sqrt{-2x+2}-7$

5 $y=-\sqrt{-4x-4}+1$

6 $y=-\sqrt{-3x+6}+5$

2nd — 무리함수 $y=\sqrt{ax+b}+c$의 그래프와 정의역, 치역

● 다음 함수의 그래프를 그리고, 정의역과 치역을 구하시오.

7 $y=\sqrt{2x+4}-1$

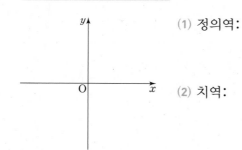

(1) 정의역:

(2) 치역:

8 $y=\sqrt{-3x+3}+3$

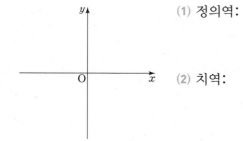

(1) 정의역:

(2) 치역:

9 $y=-\sqrt{x+3}-2$

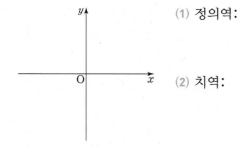

(1) 정의역:

(2) 치역:

10 $y=-\sqrt{-x+2}-2$

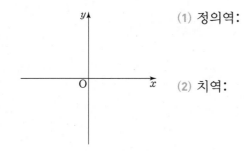

(1) 정의역:

(2) 치역:

3rd — 무리함수 $y=\sqrt{ax+b}+c$의 그래프의 성질

● 다음 주어진 그래프에 대한 설명이 옳은 것은 ○를, 옳지 않은 것은 ×를 ( ) 안에 써넣으시오.

11 $y=\sqrt{2x+2}+2$

(1) 정의역은 $\{x|x\geq1\}$이다. ( )

(2) 치역은 $\{y|y\geq2\}$이다. ( )

(3) $y=\sqrt{2x}$의 그래프를 x축의 방향으로 -1만큼, y축의 방향으로 2만큼 평행이동한 것이다.

( )

(4) y축과의 교점의 y좌표는 2이다. ( )

(5) 제1, 2사분면을 지난다. ( )

12 $y=\sqrt{-2x+6}-4$

(1) 정의역은 $\{x|x\leq3\}$이다. ( )

(2) 치역은 $\{y|y\leq4\}$이다. ( )

(3) $y=\sqrt{-2x}$의 그래프를 x축의 방향으로 -6만큼, y축의 방향으로 -4만큼 평행이동한 것이다.

( )

(4) x축과의 교점의 x좌표는 -5이다. ( )

(5) 제1, 2, 4사분면을 지난다. ( )

08

무리식으로 표현되는 대응!

무리함수의 미정계수

함수 $\boxed{y=\sqrt{ax+b}+c}$ 의 그래프가

다음과 같을 때,
상수 a, b, c의 값은?

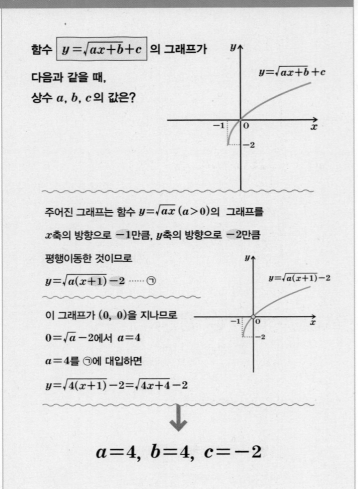

주어진 그래프는 함수 $y=\sqrt{ax}\,(a>0)$의 그래프를

x축의 방향으로 -1만큼, y축의 방향으로 -2만큼

평행이동한 것이므로

$y=\sqrt{a(x+1)}-2$ ······ ㉠

이 그래프가 $(0,\ 0)$을 지나므로

$0=\sqrt{a}-2$에서 $a=4$

$a=4$를 ㉠에 대입하면

$y=\sqrt{4(x+1)}-2=\sqrt{4x+4}-2$

$$\downarrow$$

$$a=4,\ b=4,\ c=-2$$

• 주어진 그래프를 이용하여 무리함수의 식을 구할 때는 다음과 같은
순서로 한다.
(i) 그래프가 시작하는 점의 좌표 $(p,\ q)$를 구한다.
(ii) 함수의 식을 $y=\pm\sqrt{a(x-p)}+q$로 놓는다.
(iii) 그래프가 지나는 점의 좌표를 (ii)의 식에 대입하여 a의 값을 구
한다.

1st ─ 무리함수의 미정계수

● 주어진 무리함수의 그래프가 다음 그림과 같을 때, 상수 a, b, c
의 값을 구하시오.

1 $y=\sqrt{ax+b}+c$

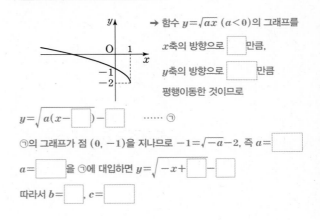

→ 함수 $y=\sqrt{ax}\,(a<0)$의 그래프를

x축의 방향으로 $\boxed{}$ 만큼,

y축의 방향으로 $\boxed{}$ 만큼

평행이동한 것이므로

$y=\sqrt{a\left(x-\boxed{}\right)}-\boxed{}$ ······ ㉠

㉠의 그래프가 점 $(0,\ -1)$을 지나므로 $-1=\sqrt{-a}-2$, 즉 $a=\boxed{}$

$a=\boxed{}$ 을 ㉠에 대입하면 $y=\sqrt{-x+\boxed{}}-\boxed{}$

따라서 $b=\boxed{}$, $c=\boxed{}$

2 $y=\sqrt{ax+b}+c$

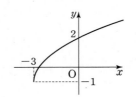

3 $y=-\sqrt{ax+b}+c$

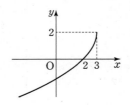

4 $y=-\sqrt{ax+b}+c$

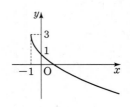

---

04 무리함수

- **무리함수:** 함수 $y=f(x)$에서 $f(x)$가 x에 대한 무리식일 때, 이 함수를 무리함수라 한다.
- 무리함수에서 정의역이 주어지지 않을 때는 근호 안의 식의 값이 0 이상이 되도록 하는 실수 전체의 집합을 정의역으로 한다.

---

1 보기에서 무리함수의 개수는?

┌─ 보기 ─────────────────────────┐
ㄱ. $y=\sqrt{3-x}+1$ ㄴ. $y=\sqrt{x+5}$

ㄷ. $y=\dfrac{x}{\sqrt{2x+1}}$ ㄹ. $y=\sqrt{10x-3}$
└─────────────────────────────┘

① 0   ② 1   ③ 2

④ 3   ⑤ 4

---

2 무리함수 $y=\sqrt{3-2x}+1$의 정의역의 원소 중 가장 큰 정수는?

① -2 ② -1 ③ 0

④ 1   ⑤ 2

---

3 무리함수 $y=-\sqrt{1-ax}$의 정의역이 $\left\{x\,\middle|\,x\le\dfrac{1}{2}\right\}$일 때, 양수 a의 값은?

① 1   ② 2   ③ 3

④ 4   ⑤ 5

---

05 무리함수 $y=\pm\sqrt{ax}\ (a\ne0)$의 그래프

- 무리함수 $y=\sqrt{ax}$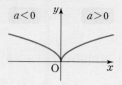
- 무리함수 $y=-\sqrt{ax}$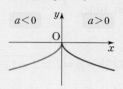

---

4 무리함수 $y=-\sqrt{ax}$에 대한 설명으로 옳은 것만을 보기에서 있는 대로 고른 것은? (단, a는 상수이다.)

┌─ 보기 ─────────────────────────┐
ㄱ. $a<0$이면 그래프는 제3사분면을 지난다.

ㄴ. $a>0$이면 정의역은 $\{x\,|\,x\ge0\}$이다.

ㄷ. 그래프는 함수 $y=\sqrt{ax}$의 그래프와 y축에 대하여 대칭이다.
└─────────────────────────────┘

① ㄱ   ② ㄷ   ③ ㄱ, ㄴ

④ ㄴ, ㄷ   ⑤ ㄱ, ㄴ, ㄷ

---

5 무리함수 $y=-\sqrt{-2x}$의 정의역과 치역의 원소 중 가장 큰 정수를 각각 a, b라 할 때, $a+b$의 값은?

① 0   ② 1   ③ 2

④ 3   ⑤ 4

---

6 무리함수 $y=\sqrt{-5x}$의 그래프를 원점에 대하여 대칭 이동한 그래프를 나타내는 식을 구하시오.

무리함수 $y=\sqrt{a(x-p)}+q\ (a\neq0)$의 그래프

• 함수 $y=\sqrt{a(x-p)}+q\ (a\neq0)$의 그래프는 함수 $y=\sqrt{ax}$의 그래프를 x축의 방향으로 p만큼, y축의 방향으로 q만큼 평행이동한 것이다.

7 무리함수 $y=\sqrt{3(x-1)}+a$의 정의역이 $\{x\,|\,x\geq b\}$, 치역이 $\{y\,|\,y\geq-2\}$일 때, 상수 a, b에 대하여 $\dfrac{a}{b}$의 값은?

① -2 ② $-\dfrac{1}{2}$ ③ 0

④ $\dfrac{1}{2}$ ⑤ 2

8 무리함수 $y=\sqrt{-3(x+1)}-2$의 그래프가 지나는 사분면만을 모두 고른 것은?

① 제1, 2사분면 ② 제2, 3사분면

③ 제2, 4사분면 ④ 제1, 2, 3사분면

⑤ 제1, 3, 4사분면

9 무리함수 $y=\sqrt{2(x+a)}+3$의 그래프가 점 $(2,\ 5)$를 지날 때, 상수 a의 값은?

① -3 ② -1 ③ 0

④ 1 ⑤ 3

10 무리함수 $y=\sqrt{ax}$의 그래프를 x축의 방향으로 b만큼, y축의 방향으로 -2만큼 평행이동한 그래프의 식이 $y=2\sqrt{x-1}+c$일 때, 상수 a, b, c에 대하여 $a+b+c$의 값을 구하시오.

07 **무리함수 $y=\sqrt{ax+b}+c\ (a\neq0)$의 그래프**

• 무리함수 $y=\sqrt{ax+b}+c\ (a\neq0)$의 그래프는 $y=\sqrt{a(x-p)}+q\ (a\neq0)$ 꼴로 변형하여 그린다.

• $y=\sqrt{ax+b}+c=\sqrt{a\left(x+\dfrac{b}{a}\right)}+c$이므로 $y=\sqrt{ax}$의 그래프를 x축의 방향으로 $-\dfrac{b}{a}$만큼, y축의 방향으로 c만큼 평행이동한 것이다.

11 보기의 함수의 그래프 중에서 무리함수 $y=\sqrt{5x}$의 그래프를 평행이동 또는 대칭이동하여 겹쳐질 수 있는 것만을 있는 대로 고른 것은?

┌─**보기**──────────────────────┐
│ ㄱ. $y=\sqrt{5x}+8$ ㄴ. $y=\sqrt{-5x+3}$ │
│ ㄷ. $y=\dfrac{1}{5}x^2\ (x\geq0)$ ㄹ. $y=-\sqrt{-3x+1}$ │
└──────────────────────────┘

① ㄱ, ㄴ ② ㄷ, ㄹ ③ ㄱ, ㄴ, ㄷ

④ ㄱ, ㄴ, ㄹ ⑤ ㄱ, ㄷ, ㄹ

12 무리함수 $y=\sqrt{3-2x}+4$에 대한 설명으로 옳지 <u>않은</u> 것은?

① 정의역은 $\left\{x\,\Big|\,x\leq\dfrac{3}{2}\right\}$이다.

② 치역은 $\{y\,|\,y\geq4\}$이다.

③ 그래프는 점 $(-3,\ 7)$을 지난다.

④ 그래프는 제1사분면과 제2사분면을 지난다.

⑤ 그래프를 평행이동하면 함수 $y=\sqrt{-x}$의 그래프와 완전히 겹쳐질 수 있다.

정답과 풀이 183쪽

13 무리함수 $y=3\sqrt{-x}$의 그래프를 x축의 방향으로 m만큼, y축의 방향으로 n만큼 평행이동하였더니 함수 $y=\sqrt{-9x+3}-1$의 그래프와 완전히 겹쳐졌다. 이때 $3m-n$의 값은?

① -2 ② -1 ③ 0
④ 1   ⑤ 2

14 무리함수 $f(x)=\sqrt{ax+b}+c$가 다음 조건을 만족시킬 때, 함수 $y=f(x)$의 치역을 구하시오.

(단, a, b, c는 상수이다.)

(개) 함수 $y=-\dfrac{3}{x-2}-5$의 그래프의 점근선의 방정식이 $x=a$, $y=b$이다.

(내) 함수 $y=f(x)$의 그래프가 점 $(7,4)$를 지난다.

15 무리함수 $y=\sqrt{-2x+6}+a$의 그래프가 제1, 2, 4사분면을 지나도록 하는 정수 a의 개수는?

① 1   ② 2   ③ 3
④ 4   ⑤ 5

08 무리함수의 미정계수

• 주어진 그래프를 이용하여 무리함수의 식을 구할 때는 다음과 같은 순서로 한다.

(i) 그래프가 시작하는 점의 좌표 (p,q)를 구한다.

(ii) 함수의 식을 $y=\pm\sqrt{a(x-p)}+q$로 놓는다.

(iii) 그래프가 지나는 점의 좌표를 (ii)의 식에 대입하여 a의 값을 구한다.

16 무리함수 $y=a\sqrt{x+b}+c$의 그래프가 오른쪽 그림과 같을 때, 상수 a, b, c에 대하여 $a+b+c$의 값은?

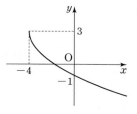

① 1   ② 3
③ 5   ④ 7
⑤ 9

17 무리함수 $y=a\sqrt{-x+b}+c$의 그래프가 오른쪽 그림과 같을 때, 상수 a, b, c에 대하여 $a^2+b^2+c^2$의 값을 구하시오.

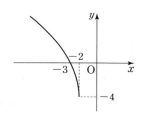

18 무리함수 $f(x)=-\sqrt{ax+b}+c$의 그래프가 오른쪽 그림과 같을 때, $f(-5)$의 값은?

(단, a, b, c는 상수이다.)

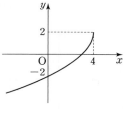

① -5 ② -4 ③ -3
④ -2 ⑤ -1

무리식으로 표현되는 대응!

무리함수의 최대, 최소

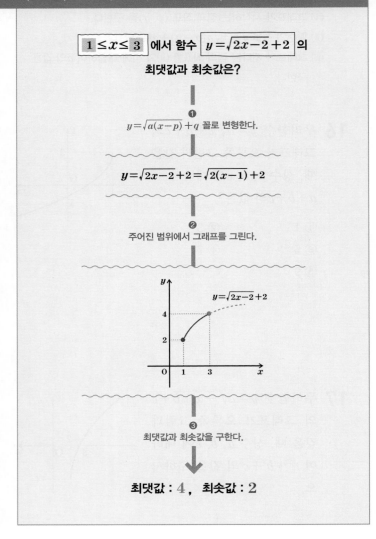

$\boxed{1 \leq x \leq 3}$ 에서 함수 $\boxed{y=\sqrt{2x-2}+2}$ 의

최댓값과 최솟값은?

❶ $y=\sqrt{a(x-p)}+q$ 꼴로 변형한다.

$y=\sqrt{2x-2}+2=\sqrt{2(x-1)}+2$

❷ 주어진 범위에서 그래프를 그린다.

$y=\sqrt{2x-2}+2$

❸ 최댓값과 최솟값을 구한다.

최댓값 : 4, 최솟값 : 2

유리함수와 무리함수의 최대, 최소

$y=\dfrac{1}{x}$

최댓값은 존재하지 않는다.
최솟값은 존재하지 않는다.

$y=\sqrt{x}$

최댓값은 존재하지 않는다.
최솟값은 0이다.

$y=-\sqrt{x}$

최댓값은 0이다.
최솟값은 존재하지 않는다.

1st 무리함수의 최댓값과 최솟값

● 다음과 같이 주어진 x의 값의 범위에서 함수의 최댓값과 최솟값을 구하시오.

1 $y=\sqrt{3x-2}-5$ $\quad [\,2 \leq x \leq 17\,]$

→ $y=\sqrt{3x-2}-5=\sqrt{3\left(x-\dfrac{2}{3}\right)}-5$이므로 주어진 함수는 $y=\sqrt{3x}$의

그래프를 x축의 방향으로 $\boxed{}$ 만큼, y축의 방향으로 $\boxed{}$ 만큼 평행

이동한 것이다.

이때 $2 \leq x \leq 17$에서 $y=\sqrt{3x-2}-5$의 그래프는 다음 그림과 같다.

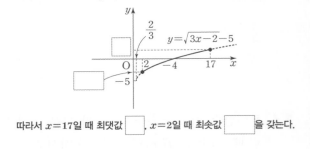

따라서 $x=17$일 때 최댓값 $\boxed{}$, $x=2$일 때 최솟값 $\boxed{}$ 을 갖는다.

2 $y=\sqrt{x+4}-7$ $\quad [\,0 \leq x \leq 12\,]$

3 $y=\sqrt{4x+1}+3$ $\quad [\,0 \leq x \leq 6\,]$

4 $y=\sqrt{-2x+6}+1$ $\quad [\,-5 \leq x \leq 1\,]$

5 $y=-\sqrt{x-3}+9$ $\quad[\,4\leq x\leq7\,]$

6 $y=-\sqrt{2x+3}+4$ $\quad[\,-1\leq x\leq3\,]$

7 $y=\sqrt{1-3x}$ $\quad[\,-8\leq x\leq0\,]$

8 $y=2+\sqrt{3x+4}$ $\quad[\,-1\leq x\leq4\,]$

9 $y=5-\sqrt{2-x}$ $\quad[\,-2\leq x\leq1\,]$

10 $y=-3\sqrt{-2x+9}+1$ $\quad[\,-8\leq x\leq-4\,]$

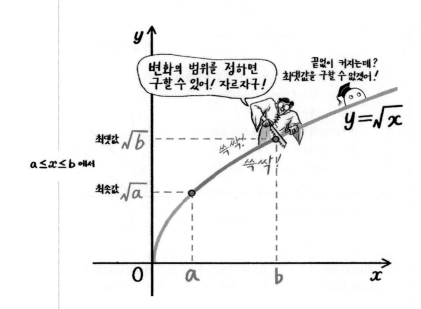

개념모음문제

11 $-7\leq x\leq-1$에서 함수 $y=\sqrt{-2x+2}-1$의 최댓값을 M, 최솟값을 m이라 할 때, $M-m$의 값은?

① 1 　　　② 2 　　　③ 3

④ 4 　　　⑤ 5

무리함수의 그래프와 직선의 위치 관계

무리함수 $y=\sqrt{x}$ 의 그래프와

직선 $y=x+k$ 의 위치 관계는?

⬇

아래 두 직선 ㉠, ㉡을 기준으로 위치 관계가 변한다.

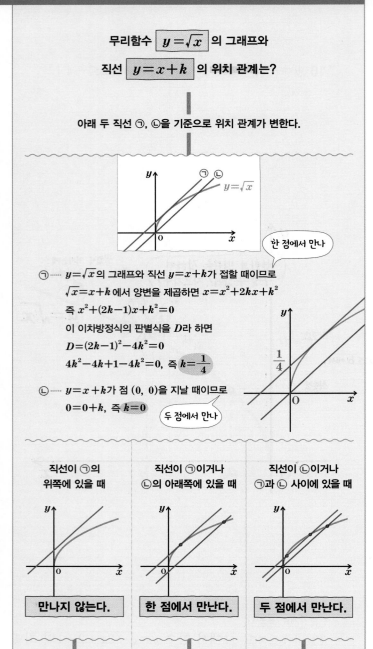

㉠ ····· $y=\sqrt{x}$ 의 그래프와 직선 $y=x+k$ 가 접할 때이므로

$\sqrt{x}=x+k$ 에서 양변을 제곱하면 $x=x^2+2kx+k^2$

즉 $x^2+(2k-1)x+k^2=0$

이 이차방정식의 판별식을 D라 하면

$D=(2k-1)^2-4k^2=0$

$4k^2-4k+1-4k^2=0$, 즉 $k=\dfrac{1}{4}$

한 점에서 만나

㉡ ····· $y=x+k$ 가 점 $(0, 0)$을 지날 때이므로

$0=0+k$, 즉 $k=0$

두 점에서 만나

직선이 ㉠의 위쪽에 있을 때	직선이 ㉠이거나 ㉡의 아래쪽에 있을 때	직선이 ㉡이거나 ㉠과 ㉡ 사이에 있을 때
만나지 않는다.	한 점에서 만난다.	두 점에서 만난다.
⬇	⬇	⬇
$k>\dfrac{1}{4}$	$k=\dfrac{1}{4}$ 또는 $k<0$	$0\le k<\dfrac{1}{4}$

• 무리함수 $y=\sqrt{x}$ 의 그래프와 직선 $y=x+k$ 의 위치 관계는 $y=\sqrt{x}$ 의 그래프를 그린 후 직선 $y=x$ 를 y축의 방향으로 평행이동하면서 살펴본다.

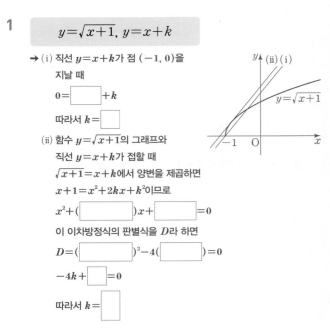

1st ― 무리함수의 그래프와 직선의 위치 관계

● 주어진 무리함수의 그래프와 직선의 위치 관계가 다음과 같을 때, 실수 k의 값 또는 k의 값의 범위를 구하시오.

1

$$y=\sqrt{x+1},\ y=x+k$$

→ (ⅰ) 직선 $y=x+k$가 점 $(-1, 0)$을 지날 때

$0=\boxed{}+k$

따라서 $k=\boxed{}$

(ⅱ) 함수 $y=\sqrt{x+1}$의 그래프와 직선 $y=x+k$가 접할 때

$\sqrt{x+1}=x+k$에서 양변을 제곱하면

$x+1=x^2+2kx+k^2$이므로

$x^2+(\boxed{})x+\boxed{}=0$

이 이차방정식의 판별식을 D라 하면

$D=(\boxed{})^2-4(\boxed{})=0$

$-4k+\boxed{}=0$

따라서 $k=\boxed{}$

(1) 서로 다른 두 점에서 만난다.

→ $\boxed{}\le k<\boxed{}$

(2) 한 점에서 만난다.

→ $k<\boxed{}$ 또는 $k=\boxed{}$

(3) 만나지 않는다.

→ $k>\boxed{}$

곡선과 직선의 관계를 알아야 할 때 꼭 필요한 고마운 친구!

$D=b^2-4ac$

2

$$y=\sqrt{x-1},\ y=x+k$$

(1) 서로 다른 두 점에서 만난다.

(2) 한 점에서 만난다.

(3) 만나지 않는다.

3

$$y=\sqrt{2x+3},\ y=x+k$$

(1) 서로 다른 두 점에서 만난다.

(2) 한 점에서 만난다.

(3) 만나지 않는다.

4

$$y=\sqrt{5-x},\ y=-x+k$$

(1) 서로 다른 두 점에서 만난다.

(2) 한 점에서 만난다.

(3) 만나지 않는다.

5

$$y=-\sqrt{3x-2},\ y=-x+k$$

(1) 서로 다른 두 점에서 만난다.

(2) 한 점에서 만난다.

(3) 만나지 않는다.

6

$$y=\sqrt{1-x}+1,\ y=-\frac{1}{2}x+k$$

(1) 서로 다른 두 점에서 만난다.

(2) 한 점에서 만난다.

(3) 만나지 않는다.

개념모음문제

7 함수 $y=\sqrt{-2x+4}$의 그래프와 직선 $y=-x+k$가 서로 다른 두 점에서 만나기 위한 실수 k의 값의 범위가 $\alpha \le k < \beta$일 때, $\alpha\beta$의 값은?

① 1　　　　② 2　　　　③ 3

④ 4　　　　⑤ 5

대응을 거꾸로!

무리함수의 역함수

함수 $y=\sqrt{2x-2}+2$ 의 역함수는?

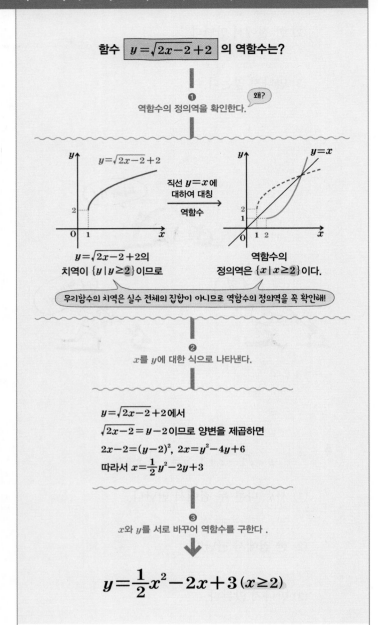

❶
역함수의 정의역을 확인한다. 왜?

$y=\sqrt{2x-2}+2$의
치역이 $\{y|y\geq 2\}$이므로

직선 $y=x$에
대하여 대칭
역함수

역함수의
정의역은 $\{x|x\geq 2\}$이다.

무리함수의 치역은 실수 전체의 집합이 아니므로 역함수의 정의역을 꼭 확인해!

❷
x를 y에 대한 식으로 나타낸다.

$y=\sqrt{2x-2}+2$에서
$\sqrt{2x-2}=y-2$이므로 양변을 제곱하면
$2x-2=(y-2)^2$, $2x=y^2-4y+6$
따라서 $x=\frac{1}{2}y^2-2y+3$

❸
x와 y를 서로 바꾸어 역함수를 구한다.

$$y=\frac{1}{2}x^2-2x+3\,(x\geq 2)$$

• $y=\sqrt{ax+b}+c\ (a\neq 0)$의 역함수는 $y-c=\sqrt{ax+b}$의 양변을 제곱한 후, x와 y를 서로 바꾸어 구한다.
이때 주어진 무리함수의 치역이 역함수의 정의역이다.

• 무리함수의 그래프와 그 역함수의 그래프는 직선 $y=x$에 대하여 대칭이다.

1st — 무리함수의 역함수

● 다음 함수의 역함수를 구하시오.

1 $y=\sqrt{x}+1$

→ $y=\sqrt{x}+1$의 치역이 $\{y\,|\,y\geq \boxed{}\}$이므로 역함수의 정의역은

$\{x\,|\,x\geq \boxed{}\}$이다.

$y=\sqrt{x}+1$에서 $\sqrt{x}=\boxed{}$이므로 양변을 제곱하면

$x=(\boxed{})^2$, 즉 $x=\boxed{}$

x와 y를 서로 바꾸면 $y=\boxed{}$

따라서 구하는 역함수는 $y=\boxed{}$ $(x\geq \boxed{})$

2 $y=\sqrt{x-1}+1$

3 $y=\sqrt{3-x}$

4 $y=\sqrt{4+2x}$

5 $y=-\sqrt{x+1}-5$

6 $y=-\sqrt{2-x}+1$

2ⁿᵈ — 무리함수의 역함수를 이용하여 구하는 미지수의 값

● 다음 함수의 역함수의 그래프가 주어진 점을 지날 때, 상수 a 또는 a, b의 값을 구하시오.

7 $y=\sqrt{ax+3}$, 점 $(2, 1)$

→ 역함수의 그래프가 점 $(2, 1)$을 지나므로 $y=\sqrt{ax+3}$의 그래프는 점 $(\boxed{}, \boxed{})$를 지난다.

즉 $\boxed{}=\sqrt{a+3}$에서 양변을 제곱하면 $\boxed{}=a+3$

따라서 $a=\boxed{}$

8 $y=\sqrt{2x+a}$, 점 $(3, 7)$

9 $y=\sqrt{ax+b}$, 두 점 $(1, 2)$, $(2, 1)$

10 $y=\sqrt{ax+b}$, 두 점 $(2, 0)$, $(5, 7)$

> 개념모음문제

11 함수 $y=\sqrt{3x+1}-2$의 역함수가

$$y=\frac{1}{3}x^2+ax+b \ (x\geq c)$$

일 때, 상수 a, b, c에 대하여 $a+b+c$의 값은?

① $\frac{1}{3}$ ② $\frac{2}{3}$ ③ 1

④ $\frac{4}{3}$ ⑤ $\frac{5}{3}$

3ʳᵈ — 무리함수의 그래프와 그 역함수의 그래프의 교점의 좌표

● 다음 함수의 그래프와 그 역함수의 그래프의 교점의 좌표를 구하시오.

> 무리함수 $y=f(x)$의 그래프와 직선 $y=x$의 그래프의 교점이 존재하면 그 교점은 $y=f(x)$의 그래프와 $y=f^{-1}(x)$의 그래프의 교점이다.

12 $y=\sqrt{x}$

→ $y=\sqrt{x}$의 그래프와 직선 $y=\boxed{}$의 교점은 $y=\sqrt{x}$의 그래프와 그 역함수의 그래프의 그래프의 교점과 같으므로

$\sqrt{x}=\boxed{}$에서 양변을 제곱하면

$x=x^2$, $x^2-x=0$, $x(\boxed{})=0$

즉 $x=0$ 또는 $x=\boxed{}$

따라서 교점의 좌표는 $(0, 0)$, $(1, 1)$이다.

13 $y=\sqrt{x+2}$

14 $y=-\sqrt{-6x-9}$

15 $y=\sqrt{x-1}+1$

16 $y=\sqrt{2x-4}+2$

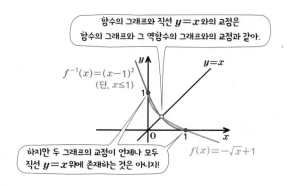
> 함수의 그래프와 직선 $y=x$와의 교점은 함수의 그래프와 그 역함수의 그래프와의 교점과 같아.

$f^{-1}(x)=(x-1)^2$ (단, $x\leq1$)

$f(x)=-\sqrt{x}+1$

> 하지만 두 그래프의 교점이 언제나 모두 직선 $y=x$위에 존재하는 것은 아니지!

무리함수의 합성

함수 $f(x)=\sqrt{-x+3}+2$, $g(x)=3x-4$ 에 대하여

$(g\circ f)(2)$ 의 값은?

$$(g\circ f)(2)=g(f(2))$$
$$=g(\sqrt{-2+3}+2)$$
$$=g(3)$$
$$=9-4$$
$$=5$$

$$(g\circ f)(2)=5$$

1st ─ 무리함수의 합성

● 다음 함수에 대하여 합성함수의 함숫값을 구하시오.

(단, f^{-1}, g^{-1}는 각각 f, g의 역함수이다.)

1 $f(x)=\sqrt{x+3}$, $g(x)=3x-1$일 때, $(g\circ f)(1)$

$(g\circ f)(x)=g(f(x))$

→ $(g\circ f)(1)=g(f(1))$에서

$f(1)=\sqrt{\boxed{}+3}=\boxed{}$

$g(f(1))=g(\boxed{})=3\times\boxed{}-1=\boxed{}$

따라서 $(g\circ f)(1)=\boxed{}$

2 $f(x)=\sqrt{2x+1}+5$, $g(x)=x+2$일 때, $(g\circ f)(4)$

3 $f(x)=-\sqrt{x+4}+2$, $g(x)=-6x+1$일 때, $(f\circ g)\left(\dfrac{1}{6}\right)$

4 $f(x)=-\sqrt{3x-2}-1$, $g(x)=2x+3$일 때, $(f\circ g)(-1)$

5 $f(x)=\sqrt{9-x}+2$일 때, $(f\circ f)(5)$

6 $f(x)=\sqrt{x+1}+6$일 때, $(f\circ f)(3)$

배운 거 기억나?

합성함수와 역함수의 성질

두 함수 $f(x)$, $g(x)$의 역함수를 각각 $f^{-1}(x)$, $g^{-1}(x)$라 할 때

❶ $f\circ f^{-1}=f^{-1}\circ f=I$ (단, I는 항등함수)

❷ $(f\circ g)^{-1}=g^{-1}\circ f^{-1}$

❸ $f^{-1}(b)=a \Longleftrightarrow f(a)=b$

7 $f(x)=\sqrt{x-1}+5$일 때, $(f \circ f^{-1} \circ f^{-1})(9)$

→ $(f \circ f^{-1} \circ f^{-1})(9) = (I \circ f^{-1})(9)$ $f \circ f^{-1} = I$ (I는 항등함수)

                    $= f^{-1}(9)$

$f^{-1}(9) = a$라 하면 $f(a) = \boxed{}$이므로   [역함수를 직접 구하지 않아도 된다.]

$\sqrt{a-1}+5 = \boxed{}$에서 $\sqrt{a-1} = \boxed{}$

양변을 제곱하면 $a-1 = \boxed{}$, 즉 $a = \boxed{}$

따라서 $(f \circ f^{-1} \circ f^{-1})(9) = \boxed{}$

8 $f(x)=\sqrt{x-2}-1$일 때, $(f^{-1} \circ f \circ f^{-1})(0)$

9 $f(x)=\sqrt{-x+5}+3$일 때, $(f \circ f \circ f^{-1})(1)$

10 $f(x)=-\sqrt{7x-3}+2$일 때, $(f^{-1} \circ f^{-1} \circ f)(-3)$

11 $f(x)=\dfrac{x+1}{x-1}$, $g(x)=\sqrt{3x-2}$일 때, $(g^{-1} \circ f)(3)$

→ $(g^{-1} \circ f)(3) = g^{-1}(f(3))$에서 $(g^{-1} \circ f)(x) = g^{-1}(f(x))$

$f(3) = \dfrac{\boxed{}+1}{\boxed{}-1} = \boxed{}$

$(g^{-1} \circ f)(3) = g^{-1}(\boxed{}) = a$라 하면 $g(a) = \boxed{}$이므로

$\sqrt{3a-2} = \boxed{}$

양변을 제곱하면 $3a-2 = \boxed{}$

$3a = \boxed{}$, 즉 $a = \boxed{}$

따라서 $(g^{-1} \circ f)(3) = \boxed{}$

12 $f(x)=\dfrac{x-1}{2x+1}$, $g(x)=2\sqrt{x+1}+3$일 때, $(f \circ g^{-1})(5)$

13 $f(x)=\dfrac{2x-1}{x+1}$, $g(x)=\sqrt{-x+1}-3$일 때, $(f^{-1} \circ g)^{-1}(2)$

14 $f(x)=\dfrac{3x-1}{x+3}$, $g(x)=\sqrt{-5x-4}+1$일 때, $(g \circ f^{-1})^{-1}(7)$

 헉! 내가 무한한 변화의 세계에 있는게 틀림없어!
함수가 끝도 없네?

1 함수 $y=\sqrt{-2x+a}+b$의 정의역이 $\{x|x\le -2\}$이고 최솟값이 1일 때, 상수 a, b에 대하여 ab의 값을 구하시오.

2 $-2\le x\le 7$에서 무리함수 $y=\sqrt{4(x+2)}+1$의 최댓값과 최솟값의 합은?

① 2   ② 4   ③ 6
④ 8   ⑤ 10

3 무리함수 $y=\sqrt{7-2x}+a$의 최솟값이 -2이고, 이 함수의 그래프가 점 $(-1, b)$를 지날 때, $a+b$의 값은? (단, a는 상수이다.)

① -2 ② -1 ③ 0
④ 1   ⑤ 2

4 무리함수 $y=\sqrt{2x}$의 그래프와 직선 $y=x+k$가 서로 다른 두 점에서 만나도록 하는 실수 k의 값의 범위가 $\alpha\le k<\beta$일 때, $\beta-\alpha$의 값은?

① $\dfrac{1}{2}$ ② 1   ③ $\dfrac{3}{2}$
④ 2   ⑤ $\dfrac{5}{2}$

5 다음 중 무리함수 $y=-\sqrt{x-1}$의 그래프와 직선 $y=x+k$가 오직 한 점에서 만나도록 하는 실수 k의 값이 아닌 것은?

① -4 ② -3 ③ -2
④ -1 ⑤ 0

6 무리함수 $y=\sqrt{2x+1}$의 그래프와 직선 $y=x+k$가 만나지 않도록 하는 정수 k의 최솟값을 구하시오.

11 무리함수의 역함수

• 함수 $y=\sqrt{ax+b}+c$ $(a\neq 0)$의 역함수는 다음과 같은 순서로 구한다.

(i) x에 대하여 푼다. → $x=\dfrac{1}{a}\{(y-c)^2-b\}$

(ii) x와 y를 서로 바꾼다. → $y=\dfrac{1}{a}\{(x-c)^2-b\}$

(iii) $y=\sqrt{ax+b}+c$의 치역이 $\{y\,|\,y\geq c\}$이므로 역함수의 정의 역은 → $\{x\,|\,x\geq c\}$

• 함수 $y=f(x)$의 그래프와 그 역함수 $y=f^{-1}(x)$의 그래프의 교점 → 함수 $y=f(x)$의 그래프와 직선 $y=x$의 교점을 이용하여 구한다.

7 다음 중 무리함수 $y=\sqrt{4x}$의 역함수는?

① $y=\dfrac{1}{2}x^2$ $(x\geq 0)$ ② $y=\dfrac{\sqrt{2}}{2}x^2$ $(x\geq 0)$

③ $y=\dfrac{1}{4}x^2$ $(x\geq 0)$ ④ $y=\dfrac{\sqrt{2}}{4}x^2$ $(x\geq 0)$

⑤ $y=\dfrac{1}{16}x^2$ $(x\geq 0)$

8 함수 $y=-\sqrt{2x-4}+3$의 역함수가

$$y=\dfrac{1}{2}x^2+ax+b \ (x\leq c)$$

일 때, 상수 a, b, c에 대하여 $a+b+c$의 값은?

① 5   ② $\dfrac{11}{2}$ ③ 6

④ $\dfrac{13}{2}$ ⑤ 7

9 무리함수 $y=\sqrt{5x}$의 그래프와 역함수의 그래프의 두 교점을 A, B라 할 때, 두 점 A, B 사이의 거리를 구하시오.

12 무리함수의 합성

• 두 함수 $f(x)$, $g(x)$의 역함수를 각각 $f^{-1}(x)$, $g^{-1}(x)$라 할 때
① $(g\circ f^{-1})(x)=g(f^{-1}(x))$
② $(g^{-1}\circ f)^{-1}(x)=(f^{-1}\circ g)(x)=f^{-1}(g(x))$

10 함수 $f(x)=\sqrt{3-x}+a$에 대하여

$$(f\circ f^{-1}\circ f)(-1)=8$$

일 때, 상수 a의 값을 구하시오.

11 두 함수 $f(x)=\dfrac{2x-1}{x+3}$, $g(x)=\sqrt{2x-5}$에 대하여 $(g\circ f^{-1})(1)$의 값은?

① 1   ② $\sqrt{2}$ ③ $\sqrt{3}$

④ 2   ⑤ $\sqrt{5}$

12 $x>1$에서 정의된 두 함수 $f(x)=\dfrac{x+1}{x-1}$, $g(x)=\sqrt{2x-1}$에 대하여 $(f^{-1}\circ g)^{-1}(2)$의 값은?

① 3   ② 4   ③ 5

④ 6   ⑤ 7

TEST 개념 발전

1 $\sqrt{x+1}+\sqrt{x-1}$의 값이 실수가 되도록 하는 실수 x의 최솟값은?

① -2 ② -1 ③ 0

④ 1 ⑤ 2

2 모든 실수 x에 대하여 $\sqrt{x^2-(k+2)x+2k+4}$의 값이 실수가 되도록 하는 실수 k의 값의 범위가 $\alpha \le k \le \beta$일 때, $\beta-\alpha$의 값은?

① 2 ② 4 ③ 6

④ 8 ⑤ 10

3 $-1<x<1$일 때, $\sqrt{x^2-2x+1}+\sqrt{4x^2+12x+9}$를 간단히 하시오.

4 $\dfrac{\sqrt{x+2}}{\sqrt{x-1}}=-\sqrt{\dfrac{x+2}{x-1}}$을 만족시키는 정수 x의 개수는?

① 1 ② 2 ③ 3

④ 4 ⑤ 5

5 $\dfrac{1}{\sqrt{x+1}+\sqrt{x}}+\dfrac{1}{\sqrt{x+2}+\sqrt{x+1}}$을 간단히 하면?

① $\sqrt{x+1}-\sqrt{x}$ ② $\sqrt{x+1}+\sqrt{x}$

③ $2\sqrt{x+1}$ ④ $\sqrt{x+2}-\sqrt{x}$

⑤ $\sqrt{x+2}+\sqrt{x+1}$

6 $x=\dfrac{\sqrt{3}+\sqrt{2}}{\sqrt{3}-\sqrt{2}}$, $y=\dfrac{\sqrt{3}-\sqrt{2}}{\sqrt{3}+\sqrt{2}}$일 때, x^2+y^2의 값은?

① 96 ② 98 ③ 100

④ 102 ⑤ 104

7 다음 중 무리함수 $y=\sqrt{ax}$에 대한 설명으로 옳지 <u>않은</u> 것은? (단, $a \ne 0$)

① $a>0$이면 그래프는 제1사분면을 지난다.
② $a<0$이면 정의역은 $\{x \mid x \le 0\}$이다.
③ $a<0$이면 치역은 $\{y \mid y \ge 0\}$이다.
④ 함수 $y=-\sqrt{ax}$의 그래프와 x축에 대하여 대칭이다.
⑤ a의 값이 클수록 그래프는 x축에서 멀어진다.

8 무리함수 $y=\sqrt{x+2}+a$의 정의역이 $\{x \mid x \ge b\}$, 치역이 $\{y \mid y \ge -3\}$일 때, 상수 a, b에 대하여 ab의 값은?

① -6 ② -3 ③ 1

④ 3 ⑤ 6

9 무리함수 $y=-\sqrt{3x+9}+1$의 그래프를 x축의 방향으로 m만큼, y축의 방향으로 n만큼 평행이동하였더니 무리함수 $y=-\sqrt{3x}$의 그래프과 완전히 일치하였다. 상수 m, n에 대하여 $m+n$의 값은?

① 0   ② 1   ③ 2

④ 3   ⑤ 4

10 $3 \leq x \leq 6$에서 함수 $y=\sqrt{x-2}$의 최댓값이 M, 최솟값이 m일 때, $M-m$의 값을 구하시오.

11 다음 중 오른쪽 무리함수의 그래프를 나타내는 식으로 알맞은 것은?

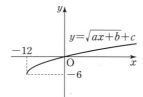

① $y=\sqrt{-3x+18}+6$
② $y=\sqrt{-3x+36}+6$
③ $y=\sqrt{3x+36}+6$
④ $y=\sqrt{3x+18}-6$
⑤ $y=\sqrt{3x+36}-6$

12 두 함수 $y=\sqrt{3x+7}-1$, $x=\sqrt{3y+7}-1$의 그래프의 교점의 좌표를 구하시오.

13 무리함수 $y=\sqrt{x-3}+1$의 역함수가
$$y=x^2+ax+b \ (x \geq c)$$
일 때, 상수 a, b, c에 대하여 abc의 값은?

① -8 ② -4 ③ 4

④ 8   ⑤ 16

14 두 집합 $A=\{(x, y)|y=\sqrt{-4x+4}\}$, $B=\{(x, y)|y=-x+k\}$에 대하여 $n(A \cap B)=2$를 만족시키는 정수 k의 개수는?

① 0   ② 1   ③ 2

④ 3   ⑤ 4

15 $x>1$에서 정의된 두 함수 $f(x)=\dfrac{x+5}{x-1}$, $g(x)=\sqrt{2x+3}$에 대하여 $(f \circ (f \circ g)^{-1} \circ f)(3)$의 값은?

① 2   ② 4   ③ 6

④ 8   ⑤ 10

문제를 보다!

집합 $X=\{x\,|\,x\geq a\}$에서 집합 $Y=\{y\,|\,x\geq b\}$로의 함수 $f(x)=x^2-2x+2$가 일대일대응이 되도록 하는 두 실수 a, b에 대하여 $a-b$의 최댓값은 $\dfrac{q}{p}$이다. pq의 값은? (단, p와 q는 서로소인 자연수이다.) [4점]

[기출 변형]

① 4　　② 5　　③ 6　　④ 7　　⑤ 8

자, 잠깐만! 당황하지 말고
문제를 잘 보면 문제의 구성이 보여!
출제자가 이 문제를 왜 냈는지를 봐야지!

내가 찾은 것 ❶

$f(x)=x^2-2x+2$
$\quad\;\;=(x-1)^2+1$

그래프로 나타내면

$y=f(x)$

내가 아는 것 ①

함수 $f(x)=x^2-2x+2$

내가 아는 것 ②

함수 $f(x)$는 집합 $X=\{x\,|\,x\geq a\}$에서
집합 $Y=\{y\,|\,y\geq b\}$로의 일대일대응

이 문제는

함수의 그래프로 일대일대응이 되는 정의역과 치역을 찾는 문제야!

일대일대응이 되는 함수의 그래프는 어떤 모양일까?

네가 알고 있는 것(주어진 조건)은 뭐야?

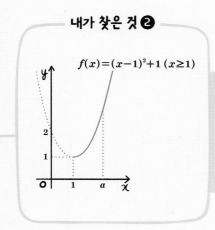

내가 찾은 것 ❷

$f(x)=(x-1)^2+1 \ (x \geq 1)$

$a \geq 1$

$b = f(a)$

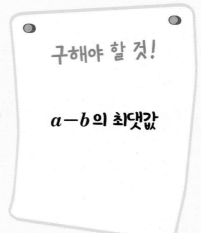

구해야 할 것!

$a-b$의 최댓값

내게 더 필요한 것은?

$$a \geqq 1$$
$$b \equiv f(a)$$

그래프를 그려보니 일대일대응이 되는 조건을 찾을 수 있어!

1 함수 $f(x)$가 일대일대응이 되는 정의역의 조건을 찾아!

$f(x) = x^2 - 2x + 2 = (x-1)^2 + 1$이므로
정의역 $\{x \mid x \geq a\}$에서 일대일대응이 되기 위해서는
$a \geqq 1$이어야 한다.

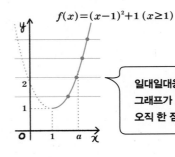

일대일대응이면
그래프가 x축에 평행한 직선과
오직 한 점에서 만난다.

2 일대일대응이면 치역과 공역이 같음을 이용해!

$a \geqq 1$일 때, 함수 $f(x)$의 치역은 $\{y \mid y \geq f(a)\}$이고,
치역이 집합 $Y = \{y \mid y \geq b\}$와 같아야 하므로
$b \equiv f(a)$

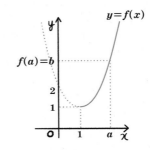

3 이차함수를 이용해서 $a - b$의 최댓값을 구할 수 있어!

$$\begin{aligned} a - b &= a - f(a) \quad\text{........} \quad b \equiv f(a) \\ &= a - (a^2 - 2a + 2) \\ &= -a^2 + 3a - 2 \quad\text{........ 이차식} \\ &= -\left(a - \frac{3}{2}\right)^2 + \frac{1}{4} \quad (a \geq 1) \end{aligned}$$

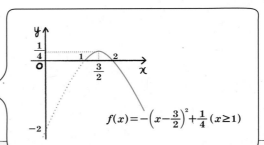

$f(x) = -\left(x - \frac{3}{2}\right)^2 + \frac{1}{4} \ (x \geq 1)$

$a \geqq 1$에서 $a - b$의 최댓값은
$a = \dfrac{3}{2}$일 때 $\dfrac{1}{4}$이다.

정답과 풀이 194쪽

0

집합 $X=\{x\,|\,3\leq x\leq 5\}$에서 집합 $Y=\{y\,|\,4\leq y\leq 8\}$로의

함수 $f(x)=\dfrac{b+a}{x-a}$가 일대일대응이 되도록 하는

두 실수 $a,\ b$에 대하여 $a+b$의 값은? (단, $a\leq 3,\ b>0$)

① 6 　　② 7 　　③ 8 　　④ 9 　　⑤ 10

문제를 보라고 했지?
구하려는 것과 주어진 것,
그리고 더 필요한 것은?

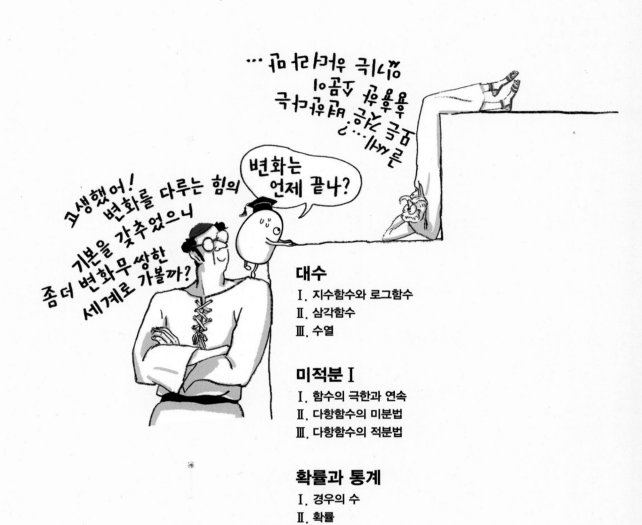

대수

I. 지수함수와 로그함수

II. 삼각함수

III. 수열

미적분 I

I. 함수의 극한과 연속

II. 다항함수의 미분법

III. 다항함수의 적분법

확률과 통계

I. 경우의 수

II. 확률

III. 통계

빠른 정답

1 평면좌표

01 수직선 위의 두 점 사이의 거리 14쪽

1 ($\mathscr{D}$3)   2 ($\mathscr{D}$−3, 5)   3 11

4 3   5 2   6 7   7 4

8 4   9 7   10 9   11 1

12 6   13 3   ☺ x_1, x_2, x_1, x

14 ($\mathscr{D}$1, 3, 3, −3, 3, −2, 4)

15 −2 또는 6   16 −5 또는 −1

17 1 또는 11   18 −4 또는 0

19 ⑤

02 좌표평면 위의 두 점 사이의 거리 16쪽

1 (1) $2\sqrt{5}$ (2) $3\sqrt{2}$ (3) $5\sqrt{2}$

2 (1) $\sqrt{2}$ (2) 5 (3) 5

☺ x_1, y_1, y 3 $\sqrt{13}$ 4 10

5 $\sqrt{26}$ 6 $\sqrt{34}$ 7 $2\sqrt{13}$

8 ($\mathscr{D}$x, 1, 13, x, 25, 169, 4, 140, 10, −10)

9 1 또는 5   10 −3 또는 3

11 2 또는 4   12 ④

03 같은 거리에 있는 점의 좌표 18쪽

1 ($\mathscr{D}$0, $\overline{BP}$, $\overline{BP}^2$, 0, 0, $a^2-10a+61$, 7, 7)

2 (−1, 0)   3 (1, 0)   4 $\left(\dfrac{1}{2}, 0\right)$

5 (2, 0)   6 $\left(-\dfrac{19}{2}, 0\right)$

7 ($\mathscr{D}$0, $\overline{BP}$, $\overline{BP}^2$, 0, 0, $a^2-14a+53$, 8, 8)

8 (0, 1)   9 (0, −2)   10 $\left(0, -\dfrac{6}{5}\right)$

11 $\left(0, \dfrac{7}{2}\right)$ 12 (0, 6)

13 ($\mathscr{D}$a, $\overline{BP}$, $\overline{BP}^2$, a, a, $2a^2-22a+65$, 3, 3, 3)

14 (21, 42)   15 (4, −4)   16 (−2, 0)

17 (4, −7)   ☺ 0, 0, 0, 0, $am+n$, $am+n$

04 두 선분의 '길이의 합'의 최솟값 20쪽

1 (1)
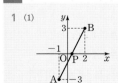
(2) ($\mathscr{D}$$\overline{AB}$, $3\sqrt{5}$)

2 (1)
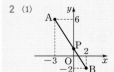
(2) $\sqrt{89}$

3 (1)
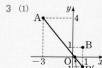

(2) ($\mathscr{D}$−1, −3, 4, $\sqrt{41}$, $\sqrt{41}$)

4 (1)
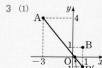
(2) $\sqrt{41}$

5 $2\sqrt{13}$ 6 $\sqrt{85}$ 7 5

8 $\sqrt{65}$ 9 $\sqrt{85}$ 10 $\sqrt{61}$

05 두 선분의 '길이의 제곱의 합'의 최솟값 22쪽

1 ($\mathscr{D}$0, 0, 0, 23, 21, −1, 21, −1)

2 38, (2, 0)   3 27, (−1, 0)

4 35, (0, 1)   5 42, (0, 2)

6 $\dfrac{41}{2}$, $\left(0, -\dfrac{1}{2}\right)$

7 ($\mathscr{D}$a, a, a, 46, 10, 3, 10, 3, 3)

8 14, (1, 2)   9 69, $\left(\dfrac{5}{2}, -\dfrac{1}{2}\right)$

10 ($\mathscr{D}$3, 3, 3, 3, 10, 3, 3)

11 40, (2, 3)   12 50, (−1, −1)

13 26, (−5, 1)

06 좌표평면에서 확인하는 도형의 성질 24쪽

1 (1) ($\mathscr{D}$$5\sqrt{2}$, $\sqrt{5}$, $3\sqrt{5}$)

(2) ($\mathscr{D}$$5\sqrt{2}$, $\sqrt{5}$, $3\sqrt{5}$, ∠C, 직각삼각형)

2 (1) $\overline{AB}=\sqrt{2}$, $\overline{BC}=2\sqrt{13}$, $\overline{CA}=5\sqrt{2}$

(2) ∠A=90°인 직각삼각형

3 (1) $\overline{AB}=\sqrt{10}$, $\overline{BC}=\sqrt{10}$, $\overline{CA}=4\sqrt{2}$

(2) $\overline{AB}=\overline{BC}$인 이등변삼각형

4 (1) $\overline{AB}=\sqrt{34}$, $\overline{BC}=\sqrt{17}$, $\overline{CA}=\sqrt{17}$

(2) ∠C=90°이고 $\overline{BC}=\overline{CA}$인 직각이등변삼각형

5 ②   6 (1) c, c, c² (2) $2\sqrt{3}$

7 (1) y, b, a, x, y, a, b (2) $2\sqrt{5}$

TEST 개념 확인 26쪽

1 2   2 ④   3 ②   4 ①

5 ③   6 ③   7 $8\sqrt{2}$ 8 ④

9 ②   10 ①   11 ⑤   12 $2\sqrt{2}$

07 선분의 내분점 28쪽

1 4   2 2   3 2   4 S

5 R   6 3   7 1   8 3

9 R   10 R   ☺ 1, 중점

11 (1) 0 (2) −1   12 (1) 0 (2) 1

13 (1) −2 (2) 0 (3) −1   14 (1) 0 (2) 4 (3) 2

08 수직선 위의 선분의 내분점 30쪽

원리확인 ❶ 2, 1, 2, 1, 2, 1, 2, 1, 2, 2, 1, 2, 1, 1

❷ 1, 1, 1, 1, 1, 1, 1, 1, 1, 1, 1, 1, 1, 2, 2

1 ($\mathscr{D}$3, 1, 3, 4)   2 5   3 1

4 −1   5 2   ☺ $x_2, x_1, 2$

6 ($\mathscr{D}$x, −3, 2, 3)   7 3   8 $\dfrac{13}{2}$

9 −3   10 −5   11 $-\dfrac{7}{2}$

09 좌표평면 위의 선분의 내분점 32쪽

원리확인 ❶ 2, 1, 2, 1, 4, 1, 1, 3, 1, 1, $\dfrac{7}{3}$, 3, $\dfrac{7}{3}$

❷ 1, 1, 1, 1, 1, 1, 4, 1, 1, 3, 4, 3

1 ($\mathscr{D}$−3, 3, 1, −5, 1, −3)   2 (3, 0)

3 $\left(4, -\dfrac{1}{2}\right)$ 4 $\left(-2, \dfrac{8}{5}\right)$ 5 (3, −2)

☺ $x_2, x_1, y_2, y_1, \dfrac{y_1+y_2}{2}$

6 ($\mathscr{D}$−3, 6, a, 9, 3a+12, 6, 2)

7 a=16, b=7   8 a=1, b=3

9 a=7, b=1

10 좌표평면에서 삼각형의 무게중심 34쪽

원리확인 4, 2, 4, 2, 2, −1, 1, 2, 1

1 ($\mathscr{D}$3, 2, 3, 3, 2, 3)   2 (3, 3)

3 (4, −3)   4 $\left(-\dfrac{11}{3}, -1\right)$

5 $\left(-5, \dfrac{7}{3}\right)$ ☺ $\dfrac{y_1+y_2+y_3}{3}$

6 ($\mathscr{D}$3, 3, 3, 3, 3, 2, 3, 5, −3, 14)

7 a=−8, b=−2   8 a=1, b=4

9 a=3, b=−4   10 $\left(\dfrac{1}{3}, 0\right)$

11 $\left(\dfrac{16}{3}, 0\right)$ 12 $\left(\dfrac{1}{3}, 3\right)$

13 (2, 1)   14 (2, 1)

☺ 같다

11 좌표평면에서 사각형의 성질의 활용 36쪽

1 ($\mathscr{D}$1, 0, 6, 4, 4, −4)

2 a=11, b=−2   3 a=6, b=0

4 a=3, b=4   5 a=0, b=3

6 a=10, b=19   7 ③

8 ($\mathscr{D}$a+4, 41, 24, 6, −4, 6, 6, 10)

9 a=5, b=8   10 a=3, b=5

11 a=3, b=7   12 a=−12, b=−4

13 ①

12 좌표평면에서 각의 이등분선의 성질의 활용 38쪽

1 ($\varnothing$ $\overline{CD}$, $\sqrt{5}$, $\sqrt{5}$, 1, 1, 1, 1, 1, 3)

2 $\left(-2, -\dfrac{7}{5}\right)$ 3 $\left(\dfrac{8}{3}, -\dfrac{2}{3}\right)$

4 $\left(1, -\dfrac{2}{3}\right)$ 5 $\left(-\dfrac{13}{4}, -\dfrac{5}{4}\right)$

6 ①

TEST 개념 확인 39쪽

1 점 D, 점 E 2 ③ 3 ⑤

4 $4\sqrt{5}$ 5 ② 6 ⑤

7 ⑤ 8 ③ 9 6

10 ④ 11 ④ 12 $\sqrt{130}$

TEST 개념 발전 41쪽

1 ② 2 ⑤ 3 ⑤ 4 ②

5 0 6 $\sqrt{13}$ 7 ④ 8 ③

9 ③ 10 ② 11 ④ 12 -6

13 ② 14 ③ 15 $\left(\dfrac{4}{5}, -\dfrac{3}{5}\right)$

16 ④ 17 0 18 ①

2 직선의 방정식

01 직선의 방정식 46쪽

1 x절편: -4, y절편: 3

2 x절편: 3, y절편: 5

3 x절편: 1, y절편: -3

4 x절편: 4, y절편: 4

5 x절편: $\dfrac{2}{3}$, y절편: -2

6 x절편: -10, y절편: 6

7 3 8 $-\dfrac{1}{4}$ 9 $\dfrac{3}{2}$ 10 -2

11 $-\dfrac{1}{2}$ 12 1 13 $\sqrt{3}$ 14 $x=5$

15 $y=-2$ 16 $x=-3$ 17 $y=3$ 18 $x=-2$

19 $y=-4$

02 기울기와 한 점이 주어진 직선의 방정식 48쪽

원리확인 2, 2, 2, 2, 2, $2x-2$

1 ($\varnothing$ 2, 1) 2 $y=-3x+5$

3 $y=\dfrac{1}{2}x-2$ 4 $y=-x+4$

5 $y=x+3$ 6 $y=\dfrac{\sqrt{3}}{3}x-5$

7 ($\varnothing$ 2, 1, 2, 1) 8 $y=-4x+10$

9 $y=-5x$ 10 $y=-2x-3$

11 $y=3x+5$ 12 $y=4x-3\sqrt{2}$

13 ($\varnothing$ 3, 2, 3) 14 $y=-2$

15 $y=-3$ 16 $y=6$

:) y_1, m, x_1, y_1

03 서로 다른 두 점을 지나는 직선의 방정식 50쪽

1 ($\varnothing$ 1, 3, 3, 7) 2 $y=-2x+4$

3 $y=3x-1$ 4 $y=\dfrac{1}{2}x+\dfrac{5}{2}$

5 $y=x+4$ 6 $y=-\dfrac{7}{5}x+\dfrac{1}{5}$

7 ($\varnothing$ x, y, 2) 8 $x=-4$

9 $x=0$ 10 $x=5$

:) y_1, y_2, x_1 11 ②

12 ($\varnothing$ 4, 3, $-\dfrac{3}{4}$, 3) 13 $y=\dfrac{5}{2}x+5$

14 $y=2x-2$ 15 $y=-\dfrac{1}{4}x-1$

16 $y=-3x+6$ 17 $y=x+3$

:) b, a, a, b

04 세 점이 한 직선 위에 있을 조건 52쪽

1 (1) 3, 4, 1, 5, 2, 2, 1, 2, 3

(2) 6, 1, 1, 2, 2, 2, 5, 2, 3

:) BC, C

2 ($\varnothing$ 4, -1, 4, 3, 2, 5, 5)

3 -10 4 0

5 -5 또는 -1 6 $-\dfrac{9}{2}$ 또는 2

7 ($\varnothing$ 1, 1, 5, $\dfrac{1}{6}$, $\dfrac{11}{6}$, $\dfrac{1}{6}$, $\dfrac{11}{6}$, $-\dfrac{1}{2}$)

8 1 9 2

10 -1 또는 4 11 1

05 도형의 넓이를 이등분하는 직선의 방정식 54쪽

1 ($\varnothing$ 4, -3, -2, -2, -2, -1, -1, -3, 1)

2 $y=-\dfrac{1}{8}x+\dfrac{5}{8}$ 3 $y=\dfrac{7}{4}x+\dfrac{7}{4}$

4 $y=-\dfrac{5}{3}x+5$ 5 $y=\dfrac{1}{2}x-1$

6 ($\varnothing$ -1, -3, -1, 2, 2, $-\dfrac{1}{2}$)

7 $-\dfrac{3}{5}$ 8 $\dfrac{4}{3}$ 9 $-\dfrac{7}{11}$ 10 $\dfrac{1}{2}$

11 ($\varnothing$ -8, -8, -8, -4, -4, -4, $-\dfrac{1}{4}$)

12 3 13 -2 14 $\dfrac{2}{3}$ 15 $-\dfrac{3}{2}$

06 일차방정식 $ax+by+c=0$이 나타내는 도형 56쪽

1
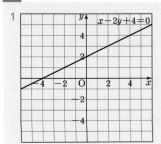

2
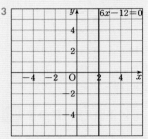

3
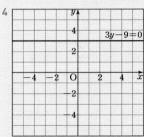

4

5 ($\varnothing$ $-ax-c$, $\dfrac{c}{b}$, $<$, $<$, ㄷ)

6 ㄴ 7 ㄷ 8 ㅂ

9 ($\varnothing$ 같다, $<$, 다르다, $>$,)

10

11

12

13
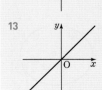

:) 같다, $>$, $<$, 다르다, $<$, $<$

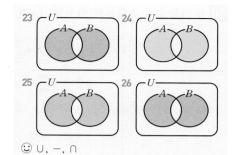

23, 24, 25, 26

☺ ∪, −, ∩

TEST 개념 확인   212쪽

1 ③   2 ②   3 ③

4 {2, 3, 4, 5}   5 ⑤   6 ④

7 ③   8 ③   9 ③

10 {5, 6, 7}   11 ⑤   12 ⑤

04 집합의 연산의 성질   214쪽

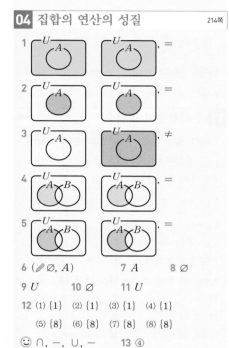

1 =

2 =

3 ≠

4 =

5 =

6 ($\mathscr{Q}$ ∅, A)   7 A 8 ∅

9 U 10 ∅   11 U

12 (1) {1}   (2) {1}   (3) {1}   (4) {1}

    (5) {8}   (6) {8}   (7) {8}   (8) {8}

☺ ∩, −, ∪, −   13 ④

05 집합의 연산을 이용한 여러 가지   216쪽
표현

1 (1) × (2) ○ (3) ○ (4) ○ (5) ×   2 ③

3 (1) ○ (2) ○ (3) ○ (4) × (5) ×   4 ⑤

5 ($\mathscr{Q}$ A, B, A, B, 4, 5, 4, 5, 3, 2, 4)

6 32   7 16   8 8   ☺ ⊂, ⊂

06 드모르간의 법칙   218쪽

1 ($\mathscr{Q}$ 3, 4, 5)   2 {5}

3 {1, 3, 4, 5, 6}   4 {1, 3, 4, 5, 6}

5 {2, 4, 5, 6}   6 {2, 4, 5, 6}

7 {4, 6}   8 {4, 6}   ☺ ∩, ∪, ∪, ∩

9 ∩, ∪   10 ∩, ∩, ∅, ∅

11 ∪, ∪, ∅   12 ∪, ∪, U, U

13 ∩, A, A, A 14 ∩, ∩, ∩, ∩, A

15 ∩, ∩, A^c, ∩, U, B^c

---

16 ∩, ∪, ∪, ∪, ∩, ∅, A

17 ∩, ∪, ∪, ∅, B^c 18 ⑤

07 유한집합의 원소의 개수   220쪽

원리확인 ❶ d ❷ b ❸ b ❹ b

    ❺ b, $A∩B$ ❻ $a+b$, A

    ❼ b, $A∩B$, $b+c$, B

1 5, 4, 8, 7, 4, 3, 5, 4, 1, 3, 1, 3, 1, 8

2 12   3 11   ☺ B, ∩

4 $A∪B$, 6, 10, 5, 10, 9, 1, 10, 6, 4, 1, 4, 1,
   4, 5

5 3   6 7   ☺ B, ∪

7 12, 7, 5   (1) ($\mathscr{Q}$ 5, 12, A, 18, 12)   (2) 17
    (3) 24   (4) ($\mathscr{Q}$ 12, $A∩B$, 6, 12)   (5) 7

8 (1) 16   (2) 9   (3) 4   (4) 5   (5) 12

9 20, 3, 35, 10, 1, 3, 4, 0, 14, 35

10 36   11 32

12 29, 15, 2, 4−a, a+5, a+8, a+5, a+8,
   4−a, 2, 2

13 5   14 7

08 유한집합의 원소의 개수의   224쪽
최댓값, 최솟값

1 ($\mathscr{Q}$ 19, 30, 30, 9, 19, 9)

2 최댓값: 23, 최솟값: 14

3 최댓값: 28, 최솟값: 9

4 최댓값: 18, 최솟값: 0

5 최댓값: 6, 최솟값: 0

6 ($\mathscr{Q}$ 10, 10, 31, A, 27, 31, 27)

7 최댓값: 42, 최솟값: 25

8 최댓값: 41, 최솟값: 32

9 최댓값: 68, 최솟값: 50

10 최댓값: 34, 최솟값: 30

11 ($\mathscr{Q}$ B, 40, 17, 23)   12 35

13 15   14 18   ☺ A, 작은, U, ∅

09 유한집합의 원소의 개수의 활용   226쪽

1 18, 13, ∩, 7, ∪, 11, 7, 6, ∪, 24, 18, 13,
   7, 24

2 (1) $n(A)$=11, $n(B)$=22, $n(A∩B)$=3
   (2) 30

3 (1) $n(A)$=14, $n(B)$=19, $n(A∪B)$=25
   (2) 8

4 (1) $n(A)$=23, $n(B)$=17, $n(A∪B)$=32
   (2) 8

5 (1) $n(A)$=16, $n(A∩B)$=11, $n(A∪B)$=32
   (2) 27

6 (1) $n(B)$=21, $n(A∩B)$=12, $n(A∪B)$=28
   (2) 19

TEST 개념 확인   228쪽

1 ⑤   2 ②, ④   3 ②   4 ㄴ, ㄷ

5 ③   6 ⑤   7 ②   8 6

9 ⑤   10 ③   11 28   12 ②

TEST 개념 발전   230쪽

1 ②   2 ⑤   3 ⑤   4 ③

5 ③   6 ①   7 5   8 ①

9 ②   10 ④   11 ④   12 8

13 12   14 ⑤   15 27   16 ②

7 명제

01 명제   234쪽

1 ○   2 ×   3 ×   4 ○

5 ×   6 ×   7 ○   8 ○

9 ×   10 ○   11 ×

☺ 명제, 명제   12 참   13 참

14 거짓   15 거짓   16 참   17 거짓

18 ④

02 조건과 진리집합   236쪽

1 조   2 명   3 명   4 조

5 조   6 ($\mathscr{Q}$ 6, 9, 6, 9)

7 {2, 3, 4, 5, 6}   8 {2, 4}

9 {1, 2, 3, 4}   10 {1, 2, 3, 4, 5, 6}

11 {1}   12 {3}   13 {1, 2, 3, 4, 5}

14 {1, 3, 5, 15}   15 ∅

16 {−1, 0, 1, 2, 3}   17 {−1, 0, 1, 2}

18 ③

03 명제와 조건의 부정   238쪽

1 ($\mathscr{Q}$ 이다)   2 $\sqrt{3}$은 무리수가 아니다.

3 $\sqrt{(-2)^2}$은 유리수가 아니다.

4 $\sqrt{5}$는 2보다 크거나 같다.   5 ($\mathscr{Q}$ =)

6 $x∉A$ 7 x는 1보다 크다.

8 $x^2+x-20≤0$

9 (1) π는 유리수가 아니다.   (2) 거짓   (3) 참

10 (1) 홀수와 홀수를 더하면 홀수가 아니다.
     (홀수와 홀수를 더하면 짝수이다.)
    (2) 거짓   (3) 참

11 (1) 마름모는 평행사변형이 아니다.
    (2) 참   (3) 거짓

12 ($\mathscr{Q}$ 2, 3, 2, 3, {4, 5, 7})

13 {1, 2, 3, 4}   14 {7}

15 {1, 3, 5, 6, 7}   16 {1, 2, 3}

17 ③

04 조건 'p 또는 q'와 'p 그리고 q'   240쪽

1 ($\mathscr{Q}$ {1, 2, 3, 4}, ∪, {1, 2, 3, 4, 5})

2 $\{2, 3, 5, 6\}$　　　　3 $\{4, 5, 6\}$

4 $\{1, 2, 4, 8\}$　　　　5 $\{1, 2, 3, 4, 8\}$

6 $\{1, 2, 4\}$　　　　7 (✏ $\{1, 5\}$, ∩, $\{1\}$)

8 ∅　　9 $\{4, 5, 6\}$ 10 $\{2\}$　　11 ∅

12 $\{2\}$ ☺

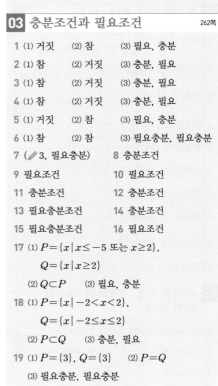

13 (✏ =, =)　　14 $x \notin A$ 그리고 $x \in B$

15 $0 < x \le 2$

16 x는 2의 배수가 아니거나 3의 배수가 아니다.

17 $x < 0$ 또는 $x \ge 3$　　18 ①

TEST 개념 확인　　242쪽

1 ④　　　　2 ⑤　　　　3 ③　　　　4 ③

5 ④　　6 $\{2, 3, 4, 5\}$　　7 ⑤

8 ④　　9 $\{-2, -1, 0, 1, 2\}$ 10 ③

11 ②　　12 $\{-4, -3, -2, -1\}$

05 명제 $p \longrightarrow q$의 참, 거짓　244쪽

1 (✏ $x=0$, $y=0$)

2 가정: □ABCD는 직사각형이다.

　　결론: □ABCD는 정사각형이다.

3 가정: a, b는 홀수이다.

　　결론: $a+b$는 짝수이다.

4 가정: $x-2=0$

　　결론: $x^2+3x+2=0$

5 가정: x는 2의 배수이다.

　　결론: x는 4의 배수이다.

6 가정: $x>2$　결론: $x \le 4$

7 (✏ 3, 3, $\{0, 3\}$, ⊂, 참)　　　　8 참

9 참　　10 거짓　　11 참　　☺ 참, 거짓

12 (✏ 무리수, 무리수, 거짓)　　13 거짓

14 참　　15 참　　16 ④

06 명제와 진리집합 사이의 관계　246쪽

1 ○　　　2 ×　　　3 ○　　　4 ×

5 ×　　　6 ○　　　7 ○　　　8 ×

9 ○　　10 ○　　11 ○　　12 ○

13 ×　　14 ○　　15 ○　　16 ×

17 (1) (✏ ⊂, 참) (2) 거짓 (3) 참 (4) 거짓

　　(5) 거짓

18 (1) 거짓 (2) 참 (3) 참 (4) 거짓 (5) 거짓

19 (1) 거짓 (2)참 (3)참 (4)거짓 (5)참 (6)참

20 ④　　21 (✏ ⊂, ≤)　　22 $a \ge 3$

23 $a \ge 3$ 24 $3 \le a < 5$

25 $8 \le a < 10$　　26 $a \le 3$

27 $-5 \le a < 4$　　28 ③

07 '모든'이나 '어떤'이 있는 명제　250쪽

1 (✏ =, 참)　　2 참　　3 거짓

4 거짓　　5 참　　6 참　　7 참

8 (✏ 어떤, ≤)

9 모든 자연수 x에 대하여 $x^2-2x-3 \neq 0$이다.

10 모든 실수 x에 대하여 $|x| \ge 10$이다.

11 모든 실수 x에 대하여 $-2 \le x \le 3$이다.

12 어떤 실수 x에 대하여 $x^2+4x+5 > 0$이다.

☺ 어떤, $\sim p$　　13 (✏ 모든, ≥, 참)

14 참　　15 거짓　　16 참　　17 거짓

18 ④

TEST 개념 확인　　252쪽

1 (1) $ac=bc$　　(2) $a=b$　　　　2 ②

3 ⑤　　　4 ③　　　5 ④　　　6 ②

7 ③, ⑤　　8 $-3 \le a \le 4$　　　9 ②

10 ④

11 모든 실수 x에 대하여 $-2 < x < 5$이다.

12 ④

TEST 개념 발전　　254쪽

1 ④　　　　2 ⑤　　　　3 ①　　　　4 ②, ④

5 $\{-2, -1, 0, 1, 2\}$　6 ②　　　7 ④

8 ②　　　9 ④　　　10 ①　　　11 ①

12 $1 \le a \le 2$　　　　13 ③　　　14 ②

8 명제의 역과 대우
01 명제의 역과 대우　258쪽

1 (✏ a^2, a, a^2, a)

2 역: x가 6의 배수이면 x는 3의 배수이다.

　　대우: x가 6의 배수가 아니면 x는 3의 배수가

　　　　아니다.

3 역: $x < -3$이면 $x < 0$이다.

　　대우: $x \ge -3$이면 $x \ge 0$이다.

4 역: $x^2-4=0$이면 $x=2$이다.

　　대우: $x^2-4 \neq 0$이면 $x \neq 2$이다.

5 역: 두 삼각형의 넓이가 같으면 두 삼각형이

　　　합동이다.

　　대우: 두 삼각형의 넓이가 다르면 두 삼각형은

　　　　합동이 아니다.

☺ p, $\sim q$, $\sim q$, q, q, $\sim p$

6 역: $ab=0$이면 $a=0$이다. (거짓)

　　대우: $ab \neq 0$이면 $a \neq 0$이다. (참)

7 역: $m+n$이 짝수이면 m 또는 n은 짝수이다.

　　　(거짓)

　　대우: $m+n$이 홀수이면 m과 n은 홀수이다.

　　　　(거짓)

8 역: x가 6의 약수이면 x는 2의 약수이다. (거짓)

　　대우: x가 6의 약수가 아니면 x는 2의 약수가

　　　　아니다. (참)

9 역: ab가 무리수이면 a, b는 무리수이다. (거짓)

　　대우: ab가 무리수가 아니면 a 또는 b는 무리수

　　　　가 아니다. (거짓)

10 역: 직사각형이면 정사각형이다. (거짓)

　　대우: 직사각형이 아니면 정사각형이 아니다.

　　　　(참)

☺ 참, 거짓

11 (✏ q, $\sim p$, ㄹ)　　12 ㄴ　　13 ㄷ

14 ㄱ　　15 ④

02 삼단논법　260쪽

1 p　　　2 r　　　3 p　　　4 $\sim r$

5 r

6 (✏ $\sim q$, $\sim r$, p, $\sim p$, $\sim q$, $\sim r$, p, $\sim r$)

7 $q \longrightarrow \sim p$, $\sim r \longrightarrow q$, $p \longrightarrow r$, $\sim r \longrightarrow \sim p$

8 $\sim r \longrightarrow p$, $\sim q \longrightarrow \sim r$, $\sim p \longrightarrow q$, $\sim q \longrightarrow p$

9 (✏ $\sim q$, r, r, $\sim r$, $\sim q$, r, r, $\sim r$)

10 $q \longrightarrow p$, $\sim q \longrightarrow r$, $\sim p \longrightarrow r$, $\sim r \longrightarrow p$

11 $\sim p \longrightarrow \sim r$, $p \longrightarrow \sim q$, $r \longrightarrow \sim q$, $q \longrightarrow \sim r$

12 ×　　13 ○　　14 ×　　15 ○

16 ○　　17 ○　　18 ⑤

03 충분조건과 필요조건　262쪽

1 (1) 거짓　　(2) 참　　(3) 필요, 충분

2 (1) 참　　(2) 거짓　　(3) 충분, 필요

3 (1) 참　　(2) 거짓　　(3) 충분, 필요

4 (1) 참　　(2) 거짓　　(3) 충분, 필요

5 (1) 거짓　　(2) 참　　(3) 필요, 충분

6 (1) 참　　(2) 참　　(3) 필요충분, 필요충분

7 (✏ 3, 필요충분)　　8 충분조건

9 필요조건　　10 필요조건

11 충분조건　　12 충분조건

13 필요충분조건　　14 충분조건

15 필요충분조건　　16 필요조건

17 (1) $P=\{x \mid x \le -5$ 또는 $x \ge 2\}$,

　　　$Q=\{x \mid x \ge 2\}$

　　(2) $Q \subset P$　(3) 필요, 충분

18 (1) $P=\{x \mid -2 < x < 2\}$,

　　　$Q=\{x \mid -2 \le x \le 2\}$

　　(2) $P \subset Q$　(3) 충분, 필요

19 (1) $P=\{3\}$, $Q=\{3\}$　(2) $P=Q$

　　(3) 필요충분, 필요충분

☺

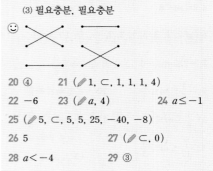

20 ④　　21 (✏ 1, ⊂, 1, 1, 1, 4)

22 -6　　23 (✏ a, 4)　　24 $a \le -1$

25 (✏ 5, ⊂, 5, 5, 25, -40, -8)

26 5　　27 (✏ ⊂, 0)

28 $a < -4$　　29 ③

TEST 개념 확인　　266쪽

1 ㄱ, ㄷ　　2 ③　　　3 ⑤　　　4 4

5 ③　　　6 ㄴ, ㄷ, ㅂ　　　7 ②, ⑤

수학은 개념이다!

개념기본

공통수학 2 정답과 풀이

디딤돌수학

디딤돌

1 평면좌표

수직선 위의 두 점 사이의 거리

1 ($\mathscr{Q}$ 3)   2 ($\mathscr{Q}$ -3, 5)   3 11   4 3
5 2   6 7   7 4   8 4
9 7   10 9   11 1   12 6
13 3   ☺ x_1, x_2, x_1, x
14 ($\mathscr{Q}$ 1, 3, 3, -3, 3, -2, 4)
15 -2 또는 6   16 -5 또는 -1
17 1 또는 11   18 -4 또는 0
19 ⑤

3   $\overline{AB} = |0-(-11)| = 11$

4   $\overline{AB} = |-1-(-4)| = 3$

5   $\overline{AB} = |6-4| = 2$

6   $\overline{AB} = |3-(-4)| = 7$

7   $\overline{AB} = |4-0| = 4$

8   $\overline{AB} = |7-3| = 4$

9   $\overline{AB} = |-5-2| = 7$

10   $\overline{AB} = |6-(-3)| = 9$

11   $\overline{AB} = |-4-(-5)| = 1$

12   $\overline{AB} = |6-0| = 6$

13   $\overline{AB} = |0-(-3)| = 3$

15   $\overline{AB} = |x-2| = 4$에서
$x-2 = -4$ 또는 $x-2 = 4$
따라서 $x = -2$ 또는 $x = 6$

16   $\overline{AB} = |x-(-3)| = 2$에서
$x+3 = -2$ 또는 $x+3 = 2$
따라서 $x = -5$ 또는 $x = -1$

17   $\overline{AB} = |x-6| = 5$에서
$x-6 = -5$ 또는 $x-6 = 5$
따라서 $x = 1$ 또는 $x = 11$

18   $\overline{AB} = |3x+4-x| = 4$에서 $|2x+4| = 4$
$2x+4 = -4$ 또는 $2x+4 = 4$
따라서 $x = -4$ 또는 $x = 0$

19   $\overline{AB}+\overline{BC} = 9$이므로 $|5-(-1)|+|x-5| = 9$
$|x-5| = 3$에서 $x-5 = -3$ 또는 $x-5 = 3$
따라서 $x = 2$ 또는 $x = 8$이므로
구하는 모든 x의 값의 합은 $2+8 = 10$

좌표평면 위의 두 점 사이의 거리

1 (1) $2\sqrt{5}$ (2) $3\sqrt{2}$ (3) $5\sqrt{2}$ 2 (1) $\sqrt{2}$ (2) 5 (3) 5
☺ x_1, y_1, y 3 $\sqrt{13}$ 4 10
5 $\sqrt{26}$ 6 $\sqrt{34}$ 7 $2\sqrt{13}$
8 ($\mathscr{Q}$ x, 1, 13, x, 25, 169, 4, 140, 10, -10)
9 1 또는 5   10 -3 또는 3
11 2 또는 4   12 ④

3   $\overline{AB} = \sqrt{(3-1)^2+(1-4)^2} = \sqrt{13}$

4   $\overline{AB} = \sqrt{\{5-(-1)\}^2+(-5-3)^2} = 10$

5   $\overline{AB} = \sqrt{(-2-3)^2+\{-1-(-2)\}^2} = \sqrt{26}$

6   $\overline{AB} = \sqrt{\{-2-(-5)\}^2+\{-1-(-6)\}^2} = \sqrt{34}$

7   $\overline{AB} = \sqrt{(6-0)^2+(-4-0)^2} = 2\sqrt{13}$

9   $\overline{AB} = \sqrt{(5-3)^2+(3-x)^2} = 2\sqrt{2}$
양변을 제곱하면
$4+(3-x)^2 = 8$
$x^2-6x+5 = 0$
$(x-1)(x-5) = 0$
따라서 $x = 1$ 또는 $x = 5$

10   $\overline{AB} = \sqrt{x^2+4^2} = 5$
양변을 제곱하면
$x^2+16 = 25$, $x^2 = 9$
따라서 $x = -3$ 또는 $x = 3$

11 $\overline{AB}=\sqrt{\{-1-(-2)\}^2+(x-3)^2}=\sqrt{2}$

양변을 제곱하면

$1+(x-3)^2=2$

$x^2-6x+8=0$

$(x-2)(x-4)=0$

따라서 $x=2$ 또는 $x=4$

12 $\overline{AB}=\sqrt{(a-1)^2+(7-4)^2}$
$\quad\quad=\sqrt{a^2-2a+10}$

$\overline{BC}=\sqrt{(-1-a)^2+(6-7)^2}$
$\quad\quad=\sqrt{a^2+2a+2}$

$\overline{AB}=\overline{BC}$에서 $\overline{AB}^2=\overline{BC}^2$이므로

$a^2-2a+10=a^2+2a+2$

$-4a=-8$

따라서 $a=2$

03

같은 거리에 있는 점의 좌표

1 (✏0, $\overline{BP}$, $\overline{BP}^2$, 0, 0, $a^2-10a+61$, 7, 7)

2 $(-1, 0)$ 3 $(1, 0)$ 4 $\left(\dfrac{1}{2}, 0\right)$

5 $(2, 0)$ 6 $\left(-\dfrac{19}{2}, 0\right)$

7 (✏0, $\overline{BP}$, $\overline{BP}^2$, 0, 0, $a^2-14a+53$, 8, 8)

8 $(0, 1)$ 9 $(0, -2)$ 10 $\left(0, -\dfrac{6}{5}\right)$

11 $\left(0, \dfrac{7}{2}\right)$ 12 $(0, 6)$

13 (✏a, $\overline{BP}$, $\overline{BP}^2$, a, a, $2a^2-22a+65$, 3, 3, 3)

14 $(21, 42)$ 15 $(4, -4)$ 16 $(-2, 0)$

17 $(4, -7)$ ☺ 0, 0, 0, 0, $am+n$, $am+n$

---

2 점 P가 x축 위의 점이므로 P$(a, 0)$이라 하자.

$\overline{AP}=\overline{BP}$에서 $\overline{AP}^2=\overline{BP}^2$이므로

$(a-4)^2+(0-2)^2=(a-1)^2+\{0-(-5)\}^2$

$a^2-8a+20=a^2-2a+26$

$-6a=6, a=-1$

따라서 점 P의 좌표는 $(-1, 0)$이다.

3 점 P가 x축 위의 점이므로 P$(a, 0)$이라 하자.

$\overline{AP}=\overline{BP}$에서 $\overline{AP}^2=\overline{BP}^2$이므로

$(a-3)^2+(0-1)^2=\{a-(-1)\}^2+(0-1)^2$

$a^2-6a+10=a^2+2a+2$

$-8a=-8, a=1$

따라서 점 P의 좌표는 $(1, 0)$이다.

---

4 점 P가 x축 위의 점이므로 P$(a, 0)$이라 하자.

$\overline{AP}=\overline{BP}$에서 $\overline{AP}^2=\overline{BP}^2$이므로

$\{a-(-1)\}^2+\{0-(-3)\}^2=(a-2)^2+\{0-(-3)\}^2$

$a^2+2a+10=a^2-4a+13$

$6a=3, a=\dfrac{1}{2}$

따라서 점 P의 좌표는 $\left(\dfrac{1}{2}, 0\right)$이다.

5 점 P가 x축 위의 점이므로 P$(a, 0)$이라 하자.

$\overline{AP}=\overline{BP}$에서 $\overline{AP}^2=\overline{BP}^2$이므로

$(a-0)^2+(0-2)^2=(a-4)^2+\{0-(-2)\}^2$

$a^2+4=a^2-8a+20$

$8a=16, a=2$

따라서 점 P의 좌표는 $(2, 0)$이다.

6 점 P가 x축 위의 점이므로 P$(a, 0)$이라 하자.

$\overline{AP}=\overline{BP}$에서 $\overline{AP}^2=\overline{BP}^2$이므로

$(a-1)^2+\{0-(-4)\}^2=(a-0)^2+\{0-(-6)\}^2$

$a^2-2a+17=a^2+36$

$-2a=19, a=-\dfrac{19}{2}$

따라서 점 P의 좌표는 $\left(-\dfrac{19}{2}, 0\right)$이다.

8 점 P가 y축 위의 점이므로 P$(0, a)$라 하자.

$\overline{AP}=\overline{BP}$에서 $\overline{AP}^2=\overline{BP}^2$이므로

$(0-2)^2+\{a-(-5)\}^2=(0-6)^2+\{a-(-1)\}^2$

$a^2+10a+29=a^2+2a+37$

$8a=8, a=1$

따라서 점 P의 좌표는 $(0, 1)$이다.

9 점 P가 y축 위의 점이므로 P$(0, a)$라 하자.

$\overline{AP}=\overline{BP}$에서 $\overline{AP}^2=\overline{BP}^2$이므로

$\{0-(-2)\}^2+(a-4)^2=(0-6)^2+\{a-(-4)\}^2$

$a^2-8a+20=a^2+8a+52$

$-16a=32, a=-2$

따라서 점 P의 좌표는 $(0, -2)$이다.

10 점 P가 y축 위의 점이므로 P$(0, a)$라 하자.

$\overline{AP}=\overline{BP}$에서 $\overline{AP}^2=\overline{BP}^2$이므로

$\{0-(-3)\}^2+\{a-(-7)\}^2=\{0-(-5)\}^2+(a-3)^2$

$a^2+14a+58=a^2-6a+34$

$20a=-24, a=-\dfrac{6}{5}$

따라서 점 P의 좌표는 $\left(0, -\dfrac{6}{5}\right)$이다.

11 점 P가 y축 위의 점이므로 P$(0, a)$라 하자.

$\overline{AP}=\overline{BP}$에서 $\overline{AP}^2=\overline{BP}^2$이므로

$(0-3)^2+(a-0)^2=(0-1)^2+(a-8)^2$

$a^2+9=a^2-16a+65$

$16a=56, a=\dfrac{7}{2}$

따라서 점 P의 좌표는 $\left(0, \dfrac{7}{2}\right)$이다.

12 점 P가 y축 위의 점이므로 P$(0, a)$라 하자.

$\overline{AP}=\overline{BP}$에서 $\overline{AP}^2=\overline{BP}^2$이므로

$(0-3)^2+(a-1)^2=\{0-(-5)\}^2+(a-3)^2$

$a^2-2a+10=a^2-6a+34$

$4a=24, a=6$

따라서 점 P의 좌표는 $(0, 6)$이다.

14 점 P가 직선 $y=2x$ 위의 점이므로

P$(a, 2a)$로 놓을 수 있다.

$\overline{AP}=\overline{BP}$에서 $\overline{AP}^2=\overline{BP}^2$이므로

$\{a-(-2)\}^2+(2a-1)^2=\{a-(-8)\}^2+(2a-5)^2$

$5a^2+5=5a^2-4a+89$

$4a=84, a=21$

따라서 점 P의 좌표는 $(21, 42)$이다.

15 점 P가 직선 $y=-x$ 위의 점이므로

P$(a, -a)$로 놓을 수 있다.

$\overline{AP}=\overline{BP}$에서 $\overline{AP}^2=\overline{BP}^2$이므로

$\{a-(-1)\}^2+\{-a-(-3)\}^2=(a-5)^2+(-a-1)^2$

$2a^2-4a+10=2a^2-8a+26$

$4a=16, a=4$

따라서 점 P의 좌표는 $(4, -4)$이다.

16 점 P가 직선 $y=x+2$ 위의 점이므로

P$(a, a+2)$로 놓을 수 있다.

$\overline{AP}=\overline{BP}$에서 $\overline{AP}^2=\overline{BP}^2$이므로

$(a-0)^2+(a+2-5)^2=(a-3)^2+\{a+2-(-2)\}^2$

$2a^2-6a+9=2a^2+2a+25$

$-8a=16, a=-2$

따라서 점 P의 좌표는 $(-2, 0)$이다.

17 점 P가 직선 $y=-x-3$ 위의 점이므로

P$(a, -a-3)$으로 놓을 수 있다.

$\overline{AP}=\overline{BP}$에서 $\overline{AP}^2=\overline{BP}^2$이므로

$\{a-(-3)\}^2+(-a-3-2)^2=(a-1)^2+(-a-3-4)^2$

$2a^2+16a+34=2a^2+12a+50$

$4a=16, a=4$

따라서 점 P의 좌표는 $(4, -7)$이다.

04

두 선분의 '길이의 합'의 최솟값

1 (1) 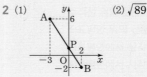 (2) ($\mathscr{l}$ $\overline{AB}$, $3\sqrt{5}$)

2 (1) 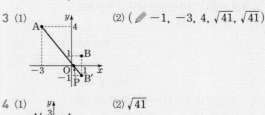 (2) $\sqrt{89}$

3 (1) 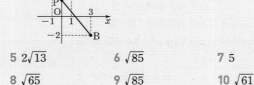 (2) ($\mathscr{l}$ $-1, -3, 4, \sqrt{41}, \sqrt{41}$)

4 (1)   (2) $\sqrt{41}$

5 $2\sqrt{13}$ 　　**6** $\sqrt{85}$ 　　**7** 5

8 $\sqrt{65}$ 　　**9** $\sqrt{85}$ 　　**10** $\sqrt{61}$

---

2 (2) $\overline{AP}+\overline{BP}\geq\overline{AB}$

$=\sqrt{\{2-(-3)\}^2+(-2-6)^2}$

$=\sqrt{89}$

따라서 $\overline{AP}+\overline{BP}$의 최솟값은 $\sqrt{89}$이다.

4 (2) 점 A와 y축에 대하여 대칭인 점을 A$'$이라 하면

A$'(-1, 3)$

이때 $\overline{AP}=\overline{A'P}$이므로

$\overline{AP}+\overline{BP}=\overline{A'P}+\overline{BP}$

$\geq\overline{A'B}$

$=\sqrt{\{3-(-1)\}^2+(-2-3)^2}$

$=\sqrt{41}$

따라서 $\overline{AP}+\overline{BP}$의 최솟값은 $\sqrt{41}$이다.

5 두 점 A, B가 x축에 대하여 서로 반대 쪽에 있으므로

$\overline{AP}+\overline{BP}\geq\overline{AB}$

$=\sqrt{\{4-(-2)\}^2+(-3-1)^2}$

$=2\sqrt{13}$

따라서 $\overline{AP}+\overline{BP}$의 최솟값은 $2\sqrt{13}$이다.

6 점 B와 x축에 대하여 대칭인 점을 B′이라 하면
B′$(5, -2)$
이때 $\overline{BP}=\overline{B'P}$이므로
$$\overline{AP}+\overline{BP}=\overline{AP}+\overline{B'P}$$
$$\geq\overline{AB'}$$
$$=\sqrt{\{5-(-1)\}^2+(-2-5)^2}$$
$$=\sqrt{85}$$
따라서 $\overline{AP}+\overline{BP}$의 최솟값은 $\sqrt{85}$이다.

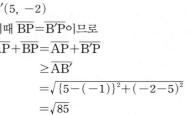

7 점 B와 x축에 대하여 대칭인 점을 B′이라 하면
B′$(2, 1)$
이때 $\overline{BP}=\overline{B'P}$이므로
$$\overline{AP}+\overline{BP}=\overline{AP}+\overline{B'P}$$
$$\geq\overline{AB'}$$
$$=\sqrt{\{2-(-1)\}^2+\{1-(-3)\}^2}$$
$$=5$$
따라서 $\overline{AP}+\overline{BP}$의 최솟값은 5이다.

8 두 점 A, B가 y축에 대하여 서로 반대 쪽에 있으므로
$$\overline{AP}+\overline{BP}\geq\overline{AB}$$
$$=\sqrt{\{4-(-3)\}^2+(1-5)^2}$$
$$=\sqrt{65}$$
따라서 $\overline{AP}+\overline{BP}$의 최솟값은 $\sqrt{65}$이다.

9 점 B와 y축에 대하여 대칭인 점을 B′이라 하면
B′$(2, 4)$
이때 $\overline{BP}=\overline{B'P}$이므로
$$\overline{AP}+\overline{BP}=\overline{AP}+\overline{B'P}$$
$$\geq\overline{AB'}$$
$$=\sqrt{\{2-(-5)\}^2+\{4-(-2)\}^2}$$
$$=\sqrt{85}$$
따라서 $\overline{AP}+\overline{BP}$의 최솟값은 $\sqrt{85}$이다.

10 점 A와 y축에 대하여 대칭인 점을 A′이라 하면
A′$(-2, -2)$
이때 $\overline{AP}=\overline{A'P}$이므로
$$\overline{AP}+\overline{BP}=\overline{A'P}+\overline{PB}$$
$$\geq\overline{A'B}$$
$$=\sqrt{\{3-(-2)\}^2+\{4-(-2)\}^2}$$
$$=\sqrt{61}$$
따라서 $\overline{AP}+\overline{BP}$의 최솟값은 $\sqrt{61}$이다.

05

두 선분의 '길이의 제곱의 합'의 최솟값

1 (✐ 0, 0, 0, 23, 21, -1, 21, -1)

2 38, $(2, 0)$ **3** 27, $(-1, 0)$

4 35, $(0, 1)$ **5** 42, $(0, 2)$

6 $\dfrac{41}{2}$, $\left(0, -\dfrac{1}{2}\right)$

7 (✐ a, a, a, 46, 10, 3, 10, 3, 3)

8 14, $(1, 2)$ **9** 69, $\left(\dfrac{5}{2}, -\dfrac{1}{2}\right)$

10 (✐ 3, 3, 3, 3, 10, 3, 3)   **11** 40, $(2, 3)$

12 50, $(-1, -1)$ **13** 26, $(-5, 1)$

2 점 P가 x축 위의 점이므로 P$(a, 0)$이라 하면
$$\overline{AP}^2+\overline{BP}^2$$
$$=(a-5)^2+\{0-(-2)\}^2+\{a-(-1)\}^2+(0-4)^2$$
$$=2a^2-8a+46$$
$$=2(a-2)^2+38$$
따라서 $\overline{AP}^2+\overline{BP}^2$은 $a=2$일 때 최솟값 38을 갖고 그때의 점 P의 좌표는 $(2, 0)$이다.

3 점 P가 x축 위의 점이므로 P$(a, 0)$이라 하면
$$\overline{AP}^2+\overline{BP}^2$$
$$=\{a-(-2)\}^2+(0-4)^2+(a-0)^2+\{0-(-3)\}^2$$
$$=2a^2+4a+29$$
$$=2(a+1)^2+27$$
따라서 $\overline{AP}^2+\overline{BP}^2$은 $a=-1$일 때 최솟값 27을 갖고 그때의 점 P의 좌표는 $(-1, 0)$이다.

4 점 P가 y축 위의 점이므로 P$(0, a)$라 하면
$$\overline{AP}^2+\overline{BP}^2$$
$$=(0-1)^2+\{a-(-2)\}^2+\{0-(-4)\}^2+(a-4)^2$$
$$=2a^2-4a+37$$
$$=2(a-1)^2+35$$
따라서 $\overline{AP}^2+\overline{BP}^2$은 $a=1$일 때 최솟값 35를 갖고 그때의 점 P의 좌표는 $(0, 1)$이다.

5 점 P가 y축 위의 점이므로 P$(0, a)$라 하면
$$\overline{AP}^2+\overline{BP}^2$$
$$=(0-6)^2+(a-1)^2+(0-2)^2+(a-3)^2$$
$$=2a^2-8a+50$$
$$=2(a-2)^2+42$$
따라서 $\overline{AP}^2+\overline{BP}^2$은 $a=2$일 때 최솟값 42를 갖고 그때의 점 P의 좌표는 $(0, 2)$이다.

6 점 P가 y축 위의 점이므로 P$(0,\ a)$라 하면
$$\overline{AP}^2+\overline{BP}^2$$
$$=(0-2)^2+(a-0)^2+(0-4)^2+\{a-(-1)\}^2$$
$$=2a^2+2a+21$$
$$=2\left(a+\frac{1}{2}\right)^2+\frac{41}{2}$$
따라서 $\overline{AP}^2+\overline{BP}^2$은 $a=-\dfrac{1}{2}$일 때 최솟값 $\dfrac{41}{2}$을 갖고 그때의
점 P의 좌표는 $\left(0,\ -\dfrac{1}{2}\right)$이다.

8 점 P가 직선 $y=x+1$ 위의 점이므로
P$(a,\ a+1)$이라 하면
$$\overline{AP}^2+\overline{BP}^2$$
$$=(a-1)^2+(a+1-4)^2+\{a-(-2)\}^2+(a+1-3)^2$$
$$=4a^2-8a+18$$
$$=4(a-1)^2+14$$
따라서 $\overline{AP}^2+\overline{BP}^2$은 $a=1$일 때 최솟값 14를 갖고 그때의 점 P
의 좌표는 $(1,\ 2)$이다.

9 점 P가 직선 $y=-x+2$ 위의 점이므로
P$(a,\ -a+2)$라 하면
$$\overline{AP}^2+\overline{BP}^2=\{a-(-3)\}^2+\{-a+2-(-5)\}^2$$
$$\qquad\qquad\qquad+(a-6)^2+(-a+2-2)^2$$
$$=4a^2-20a+94$$
$$=4\left(a-\frac{5}{2}\right)^2+69$$
따라서 $\overline{AP}^2+\overline{BP}^2$은 $a=\dfrac{5}{2}$일 때 최솟값 69를 갖고 그때의 점 P
의 좌표는 $\left(\dfrac{5}{2},\ -\dfrac{1}{2}\right)$이다.

11 점 P의 좌표를 $(a,\ b)$라 하면
$$\overline{AP}^2+\overline{BP}^2$$
$$=\{a-(-2)\}^2+(b-5)^2+(a-6)^2+(b-1)^2$$
$$=2a^2-8a+2b^2-12b+66$$
$$=2(a-2)^2+2(b-3)^2+40$$
따라서 $\overline{AP}^2+\overline{BP}^2$은 $a=2$, $b=3$일 때 최솟값 40을 갖고 그때
의 점 P의 좌표는 $(2,\ 3)$이다.

12 점 P의 좌표를 $(a,\ b)$라 하면
$$\overline{AP}^2+\overline{BP}^2$$
$$=(a-2)^2+(b-3)^2+\{a-(-4)\}^2+\{b-(-5)\}^2$$
$$=2a^2+4a+2b^2+4b+54$$
$$=2(a+1)^2+2(b+1)^2+50$$
따라서 $\overline{AP}^2+\overline{BP}^2$은 $a=-1$, $b=-1$일 때 최솟값 50을 갖고
그때의 점 P의 좌표는 $(-1,\ -1)$이다.

13 점 P의 좌표를 $(a,\ b)$라 하면
$$\overline{AP}^2+\overline{BP}^2$$
$$=\{a-(-7)\}^2+\{b-(-2)\}^2+\{a-(-3)\}^2+(b-4)^2$$
$$=2a^2+20a+2b^2-4b+78$$
$$=2(a+5)^2+2(b-1)^2+26$$
따라서 $\overline{AP}^2+\overline{BP}^2$은 $a=-5$, $b=1$일 때 최솟값 26을 갖고 그
때의 점 P의 좌표는 $(-5,\ 1)$이다.

I. 도형의 방정식

본문 24쪽

좌표평면에서 확인하는 도형의 성질

1 (1) ($\mathscr{\ell}$ $5\sqrt{2}$, $\sqrt{5}$, $3\sqrt{5}$) (2) ($\mathscr{\ell}$ $5\sqrt{2}$, $\sqrt{5}$, $3\sqrt{5}$, $\angle$C, 직각삼각형)
2 (1) $\overline{AB}=\sqrt{2}$, $\overline{BC}=2\sqrt{13}$, $\overline{CA}=5\sqrt{2}$
  (2) $\angle$A$=90°$인 직각삼각형
3 (1) $\overline{AB}=\sqrt{10}$, $\overline{BC}=\sqrt{10}$, $\overline{CA}=4\sqrt{2}$
  (2) $\overline{AB}=\overline{BC}$인 이등변삼각형
4 (1) $\overline{AB}=\sqrt{34}$, $\overline{BC}=\sqrt{17}$, $\overline{CA}=\sqrt{17}$
  (2) $\angle$C$=90°$이고 $\overline{BC}=\overline{CA}$인 직각이등변삼각형
5 ②   **6** (1) c, c, c^2 (2) $2\sqrt{3}$
7 (1) y, b, a, x, y, a, b (2) $2\sqrt{5}$

---

2 (1) $\overline{AB}=\sqrt{(2-1)^2+(4-3)^2}=\sqrt{2}$
  $\overline{BC}=\sqrt{(6-2)^2+(-2-4)^2}=2\sqrt{13}$
  $\overline{CA}=\sqrt{(1-6)^2+\{3-(-2)\}^2}=5\sqrt{2}$
  (2) $\overline{AB}^2+\overline{CA}^2=\overline{BC}^2$이므로 $\angle$A$=90°$인 직각삼각형이다.

3 (1) $\overline{AB}=\sqrt{(3-4)^2+\{2-(-1)\}^2}=\sqrt{10}$
  $\overline{BC}=\sqrt{(0-3)^2+(3-2)^2}=\sqrt{10}$
  $\overline{CA}=\sqrt{(4-0)^2+(-1-3)^2}=4\sqrt{2}$
  (2) $\overline{AB}=\overline{BC}$인 이등변삼각형이다.

4 (1) $\overline{AB}=\sqrt{\{3-(-2)\}^2+\{1-(-2)\}^2}=\sqrt{34}$
  $\overline{BC}=\sqrt{(2-3)^2+(-3-1)^2}=\sqrt{17}$
  $\overline{CA}=\sqrt{(-2-2)^2+\{-2-(-3)\}^2}=\sqrt{17}$
  (2) $\overline{BC}^2+\overline{CA}^2=\overline{AB}^2$이므로
  $\angle$C$=90°$이고 $\overline{BC}=\overline{CA}$인 직각이등변삼각형이다.

5 삼각형 ABC가 정삼각형이므로
$$\overline{AB}=\overline{BC}=\overline{CA}$$
이때 $\overline{AB}=\overline{CA}$에서 $\overline{AB}^2=\overline{CA}^2$이므로
$$(a-2)^2+(2\sqrt{3}-1)^2=\{a-(-2)\}^2+\{2\sqrt{3}-(-1)\}^2$$
$$a^2-4a+17-4\sqrt{3}=a^2+4a+17+4\sqrt{3}$$
$$-8a=8\sqrt{3}$$
따라서 $a=-\sqrt{3}$

6 (2) $\overline{AB}^2+\overline{AC}^2=2(\overline{AM}^2+\overline{BM}^2)$에서
$$7^2+5^2=2(\overline{AM}^2+5^2)$$이므로
$$37=\overline{AM}^2+5^2, \ \overline{AM}^2=12$$
이때 $\overline{AM}>0$이므로 $\overline{AM}=2\sqrt{3}$

7 (2) $\overline{PA}^2+\overline{PC}^2=\overline{PB}^2+\overline{PD}^2$에서
$$3^2+6^2=\overline{PB}^2+5^2$$이므로 $\overline{PB}^2=20$
이때 $\overline{PB}>0$이므로 $\overline{PB}=2\sqrt{5}$

1 2	**2** ④	**3** ②	**4** ①
5 ③	**6** ③	**7** $8\sqrt{2}$	**8** ④
9 ②	**10** ①	**11** ⑤	**12** $2\sqrt{2}$

1 $\overline{AB}=|a-(-5)|=7$에서 $|a+5|=7$이므로

$a+5=-7$ 또는 $a+5=7$

따라서 $a=-12$ 또는 $a=2$

이때 $a>0$이므로 $a=2$

2 $\overline{AB}=\sqrt{(a-2)^2+(-2-a)^2}=4\sqrt{5}$

양변을 제곱하면

$2a^2+8=80$, $a^2=36$

이때 a는 양수이므로 $a=6$

3 $\overline{AB}=\sqrt{(4-a)^2+(a-2)^2}$

$\qquad =\sqrt{2a^2-12a+20}$

$\qquad =\sqrt{2(a-3)^2+2}$

따라서 $a=3$일 때 $\overline{AB}$의 길이의 최솟값은 $\sqrt{2}$이다.

4 $\overline{AP}=\overline{BP}$에서 $\overline{AP}^2=\overline{BP}^2$이므로

$(3-2)^2+(0-4)^2=\{3-(-1)\}^2+(0-a)^2$

$17=16+a^2$, $a^2=1$

이때 $a>0$이므로 $a=1$

5 $\overline{AP}=\overline{BP}$에서 $\overline{AP}^2=\overline{BP}^2$이므로

$\{0-(-1)\}^2+(-1-2)^2=(0-a)^2+\{-1-(-2)\}^2$

$10=a^2+1$, $a^2=9$

이때 $a>0$이므로 $a=3$

6 점 P가 x축 위의 점이므로 $P(a, 0)$이라 하면

$\overline{AP}=\overline{BP}$에서 $\overline{AP}^2=\overline{BP}^2$이므로

$(a-3)^2+(0-5)^2=(a-0)^2+(0-2)^2$

$a^2-6a+34=a^2+4$

$-6a=-30$, $a=5$

즉 $P(5, 0)$

점 Q가 y축 위의 점이므로 $Q(0, b)$라 하면

$\overline{AQ}=\overline{BQ}$에서 $\overline{AQ}^2=\overline{BQ}^2$이므로

$(0-3)^2+(b-5)^2=(0-0)^2+(b-2)^2$

$b^2-10b+34=b^2-4b+4$

$-6b=-30$, $b=5$

즉 $Q(0, 5)$

따라서 $\overline{PQ}=\sqrt{(0-5)^2+(5-0)^2}=5\sqrt{2}$

7 점 A와 x축에 대하여 대칭인 점을 A'이라 하면

$A'(-2, -1)$

이때 $\overline{AP}=\overline{A'P}$이므로

$\overline{AP}+\overline{BP}=\overline{A'P}+\overline{BP}$

$\qquad\qquad\quad \geq \overline{A'B}$

$\qquad\qquad\quad =\sqrt{\{6-(-2)\}^2+\{7-(-1)\}^2}$

$\qquad\qquad\quad =8\sqrt{2}$

따라서 $\overline{AP}+\overline{BP}$의 최솟값은 $8\sqrt{2}$이다.

8 점 P가 y축 위의 점이므로 $P(0, a)$라 하면

$\overline{AP}^2+\overline{BP}^2=(0-5)^2+(a-2)^2+(0-2)^2+(a-6)^2$

$\qquad\qquad\quad =2a^2-16a+69$

$\qquad\qquad\quad =2(a-4)^2+37$

따라서 $a=4$일 때 $\overline{AP}^2+\overline{BP}^2$의 최솟값은 37이다.

9 점 P가 직선 $y=x+4$ 위의 점이므로

$P(a, a+4)$라 하면

$\overline{AP}^2+\overline{BP}^2$

$=\{a-(-1)\}^2+(a+4-7)^2+(a-3)^2+\{a+4-(-5)\}^2$

$=4a^2+8a+100$

$=4(a+1)^2+96$

따라서 $\overline{AP}^2+\overline{BP}^2$은 $a=-1$일 때, 즉 $P(-1, 3)$일 때 최소이다.

10 $\overline{AB}=\sqrt{(a+1-2)^2+(0-2)^2}=\sqrt{a^2-2a+5}$

$\overline{BC}=\sqrt{\{a-(a+1)\}^2+(a-0)^2}=\sqrt{a^2+1}$

$\overline{CA}=\sqrt{(2-a)^2+(2-a)^2}=\sqrt{2a^2-8a+8}$

삼각형 ABC가 $\angle C=90°$인 직각삼각형이므로

$\overline{AB}^2=\overline{BC}^2+\overline{CA}^2$에서

$a^2-2a+5=a^2+1+2a^2-8a+8$

$2a^2-6a+4=0$

$a^2-3a+2=0$

$(a-1)(a-2)=0$

$a=1$ 또는 $a=2$

이때 $a=2$이면 점 A와 점 C가 같아지므로 삼각형이 될 수 없다.

따라서 $a=1$

11 삼각형 ABC가 정삼각형이므로 $\overline{AB}=\overline{BC}=\overline{CA}$

$\overline{AB}=\overline{BC}$에서 $\overline{AB}^2=\overline{BC}^2$이므로

$\{1-(-1)\}^2+(-2-2)^2=(a-1)^2+\{b-(-2)\}^2$

$a^2-2a+b^2+4b=15$ ······ ㉠

$\overline{AB}=\overline{CA}$에서 $\overline{AB}^2=\overline{CA}^2$이므로

$\{1-(-1)\}^2+(-2-2)^2=(-1-a)^2+(2-b)^2$

$a^2+2a+b^2-4b=15$ ······ ㉡

㉠-㉡을 하면 $-4a+8b=0$에서 $a=2b$

$a=2b$를 ㉠에 대입하면

$4b^2-4b+b^2+4b=15$, $b^2=3$

이때 점 C는 제1사분면 위의 점이므로

$a>0$, $b>0$

따라서 $a=2\sqrt{3}$, $b=\sqrt{3}$이므로

$C(2\sqrt{3}, \sqrt{3})$

12 삼각형 ABC에서 점 M이 $\overline{BC}$의 중점이므로

$\overline{AB}^2 + \overline{AC}^2 = 2(\overline{AM}^2 + \overline{BM}^2)$에서

$5^2 + 3^2 = 2(3^2 + \overline{BM}^2)$

$17 = 9 + \overline{BM}^2$, $\overline{BM}^2 = 8$

이때 $\overline{BM} > 0$이므로 $\overline{BM} = 2\sqrt{2}$

[다른 풀이]

직선 BC를 x축, 점 M을 지나고 직선 BC에 수직인 직선을 y축으로 놓으면 점 M은 원점이 된다.

이때 세 점 A, B, C의 좌표를 각각 A(a, b), B$(-c, 0)$, C$(c, 0)(c>0)$으로 놓으면

$\overline{AB} = 5$이므로

$\overline{AB}^2 = (a+c)^2 + b^2 = 25$ ...... ㉠

$\overline{AC} = 3$이므로

$\overline{AC}^2 = (a-c)^2 + b^2 = 9$ ...... ㉡

$\overline{AM} = 3$이므로

$\overline{AM}^2 = a^2 + b^2 = 9$ ...... ㉢

㉢을 ㉠에 대입하면

$2ac + c^2 = 16$

㉢을 ㉡에 대입하면

$-2ac + c^2 = 0$

두 식을 더하면 $2c^2 = 16$, 즉 $c = 2\sqrt{2}$

따라서 $\overline{BM}$의 길이는 $2\sqrt{2}$이다.

수직선 위의 선분의 내분점

원리확인

❶ 2, 1, 2, 1, 2, 1, 2, 1, 2, 2, 1, 2, 2, 1, 1

❷ 1, 1, 1, 1, 1, 1, 1, 1, 1, 1, 1, 1, 1, 1, 2, 2

1 (✏ 3, 1, 3, 4)	2 5	3 1
4 −1	5 2	☺ x_2, x_1, 2
6 (✏ x, −3, 2, 3)	7 3	8 $\dfrac{13}{2}$
9 −3	10 −5	11 $-\dfrac{7}{2}$

2 선분 AB를 3 : 1로 내분하는 점 P의 좌표는

$\dfrac{3 \times 6 + 1 \times 2}{3+1} = 5$이므로 P$(5)$

3 선분 AB를 2 : 3으로 내분하는 점 P의 좌표는

$\dfrac{2 \times 4 + 3 \times (-1)}{2+3} = 1$이므로 P$(1)$

4 선분 AB를 1 : 2로 내분하는 점 P의 좌표는

$\dfrac{1 \times (-7) + 2 \times 2}{1+2} = -1$이므로 P$(-1)$

5 선분 AB를 1 : 1로 내분하는 점 P, 즉 선분 AB의 중점의 좌표는 $\dfrac{-2+6}{2} = 2$이므로 P(2)

7 점 P가 선분 AB를 1 : 4로 내분하므로

$\dfrac{1 \times x + 4 \times (-2)}{1+4} = -1$, $x - 8 = -5$

따라서 $x = 3$

8 점 P가 선분 AB를 2 : 3으로 내분하므로

$\dfrac{2 \times x + 3 \times (-1)}{2+3} = 2$, $2x - 3 = 10$

따라서 $x = \dfrac{13}{2}$

9 점 P가 선분 AB를 3 : 1로 내분하므로

$\dfrac{3 \times 5 + 1 \times x}{3+1} = 3$, $x + 15 = 12$

따라서 $x = -3$

선분의 내분점

1 4	2 2	3 2	4 S
5 R	6 3	7 1	8 3
9 R	10 R	☺ 1, 중점	
11 (1) 0 (2) −1		12 (1) 0 (2) 1	
13 (1) −2 (2) 0 (3) −1		14 (1) 0 (2) 4 (3) 2	

10 점 P가 선분 AB를 $4:3$으로 내분하므로

$$\frac{4\times 2+3\times x}{4+3}=-1,\ 3x+8=-7$$

따라서 $x=-5$

11 점 P가 선분 AB를 $3:2$로 내분하므로

$$\frac{3\times 4+2\times x}{3+2}=1,\ 2x+12=5$$

따라서 $x=-\dfrac{7}{2}$

09

좌표평면 위의 선분의 내분점

원리확인

❶ $2,\ 1,\ 2,\ 1,\ 4,\ 1,\ 1,\ 3,\ 1,\ 1,\ \dfrac{7}{3},\ 3,\ \dfrac{7}{3}$

❷ $1,\ 1,\ 1,\ 1,\ 1,\ 1,\ 4,\ 1,\ 1,\ 3,\ 4,\ 3$

1 (✎ $-3,\ 3,\ 1,\ -5,\ 1,\ -3$)   **2** $(3,\ 0)$

3 $\left(4,\ -\dfrac{1}{2}\right)$ **4** $\left(-2,\ \dfrac{8}{5}\right)$ **5** $(3,\ -2)$

☺ $x_2,\ x_1,\ y_2,\ y_1,\ \dfrac{y_1+y_2}{2}$

6 (✎ $-3,\ 6,\ a,\ 9,\ 3a+12,\ 6,\ 2$)

7 $a=16,\ b=7$ **8** $a=1,\ b=3$

9 $a=7,\ b=1$

2 선분 AB를 $2:5$로 내분하는 점 P의 좌표는

$$\left(\frac{2\times 8+5\times 1}{2+5},\ \frac{2\times 5+5\times(-2)}{2+5}\right)$$이므로

$P(3,\ 0)$

3 선분 AB를 $1:3$으로 내분하는 점 P의 좌표는

$$\left(\frac{1\times(-2)+3\times 6}{1+3},\ \frac{1\times(-2)+3\times 0}{1+3}\right)$$이므로

$P\left(4,\ -\dfrac{1}{2}\right)$

4 선분 AB를 $2:3$으로 내분하는 점 P의 좌표는

$$\left(\frac{2\times 1+3\times(-4)}{2+3},\ \frac{2\times(-5)+3\times 6}{2+3}\right)$$이므로

$P\left(-2,\ \dfrac{8}{5}\right)$

5 선분 AB를 $1:1$로 내분하는 점 P, 즉 선분 AB의 중점의 좌표는

$$\left(\frac{-2+8}{2},\ \frac{1+(-5)}{2}\right)$$이므로

$P(3,\ -2)$

7 선분 AB를 $3:1$로 내분하는 점의 좌표는

$$\left(\frac{3\times(-2)+1\times a}{3+1},\ \frac{3\times b+1\times 5}{3+1}\right)$$

즉 $\left(\dfrac{-6+a}{4},\ \dfrac{3b+5}{4}\right)$

이 점이 점 $\left(\dfrac{5}{2},\ \dfrac{13}{2}\right)$과 일치하므로

$$\frac{-6+a}{4}=\frac{5}{2},\ \frac{3b+5}{4}=\frac{13}{2}$$

따라서 $a=16,\ b=7$

8 선분 AB를 $2:1$로 내분하는 점의 좌표는

$$\left(\frac{2\times 2+1\times 5}{2+1},\ \frac{2\times 4+1\times a}{2+1}\right)$$

즉 $\left(3,\ \dfrac{8+a}{3}\right)$

이 점이 점 $(b,\ 3)$과 일치하므로

$3=b,\ \dfrac{8+a}{3}=3$

따라서 $a=1,\ b=3$

9 선분 AB의 중점의 좌표는 $\left(\dfrac{-3+a}{2},\ \dfrac{5+b}{2}\right)$

이 점이 점 $(2,\ 3)$과 일치하므로

$$\frac{-3+a}{2}=2,\ \frac{5+b}{2}=3$$

따라서 $a=7,\ b=1$

10

본문 34쪽

좌표평면에서 삼각형의 무게중심

원리확인

$4, 2, 4, 2, 2, -1, 1, 2, 1$

---

1 ($\mathscr{Q}$ 3, 2, 3, 3, 2, 3)

2 $(3, 3)$

3 $(4, -3)$

4 $\left(-\dfrac{11}{3}, -1\right)$

5 $\left(-5, \dfrac{7}{3}\right)$

☺ $\dfrac{y_1+y_2+y_3}{3}$

6 ($\mathscr{Q}$ 3, 3, 3, 3, 3, 2, 3, 5, -3, 14)

7 $a=-8, b=-2$

8 $a=1, b=4$

9 $a=3, b=-4$

10 $\left(\dfrac{1}{3}, 0\right)$

11 $\left(\dfrac{16}{3}, 0\right)$

12 $\left(\dfrac{1}{3}, 3\right)$

13 $(2, 1)$

14 $(2, 1)$

☺ 같다

---

2 삼각형 ABC의 무게중심의 좌표는

$\left(\dfrac{3+6+0}{3}, \dfrac{5+3+1}{3}\right)$이므로

G$(3, 3)$

3 삼각형 ABC의 무게중심의 좌표는

$\left(\dfrac{5+6+1}{3}, \dfrac{-2+(-3)+(-4)}{3}\right)$이므로

G$(4, -3)$

4 삼각형 ABC의 무게중심의 좌표는

$\left(\dfrac{3+(-10)+(-4)}{3}, \dfrac{4+3+(-10)}{3}\right)$이므로

G$\left(-\dfrac{11}{3}, -1\right)$

5 삼각형 ABC의 무게중심의 좌표는

$\left(\dfrac{-7+(-1)+(-7)}{3}, \dfrac{-5+3+9}{3}\right)$이므로

G$\left(-5, \dfrac{7}{3}\right)$

7 삼각형 ABC의 무게중심의 좌표는

$\left(\dfrac{5+12+b}{3}, \dfrac{4+a-5}{3}\right)$, 즉 $\left(\dfrac{b+17}{3}, \dfrac{a-1}{3}\right)$

이 점이 점 $(5, -3)$과 일치하므로

$\dfrac{b+17}{3}=5, \dfrac{a-1}{3}=-3$

따라서 $a=-8, b=-2$

8 삼각형 ABC의 무게중심의 좌표는

$\left(\dfrac{-4+b+3}{3}, \dfrac{a-2+4}{3}\right)$, 즉 $\left(\dfrac{b-1}{3}, \dfrac{a+2}{3}\right)$

이 점이 점 $(1, 1)$과 일치하므로

$\dfrac{b-1}{3}=1, \dfrac{a+2}{3}=1$

따라서 $a=1, b=4$

9 삼각형 ABC의 무게중심의 좌표는

$\left(\dfrac{-4+a+1}{3}, \dfrac{-1+b-4}{3}\right)$, 즉 $\left(\dfrac{a-3}{3}, \dfrac{b-5}{3}\right)$

이 점이 점 $(0, -3)$과 일치하므로

$\dfrac{a-3}{3}=0, \dfrac{b-5}{3}=-3$

따라서 $a=3, b=-4$

10 점 D는 선분 AB를 2 : 1로 내분하는 점이므로

D$\left(\dfrac{2\times2+1\times(-3)}{2+1}, \dfrac{2\times(-2)+1\times4}{2+1}\right)$, 즉 D$\left(\dfrac{1}{3}, 0\right)$

11 점 E는 선분 BC를 2 : 1로 내분하는 점이므로

E$\left(\dfrac{2\times7+1\times2}{2+1}, \dfrac{2\times1+1\times(-2)}{2+1}\right)$, 즉 E$\left(\dfrac{16}{3}, 0\right)$

12 점 F는 선분 CA를 2 : 1로 내분하는 점이므로

F$\left(\dfrac{2\times(-3)+1\times7}{2+1}, \dfrac{2\times4+1\times1}{2+1}\right)$, 즉 F$\left(\dfrac{1}{3}, 3\right)$

13 삼각형 DEF의 무게중심의 좌표는

$\left(\dfrac{\dfrac{1}{3}+\dfrac{16}{3}+\dfrac{1}{3}}{3}, \dfrac{0+0+3}{3}\right)$, 즉 $(2, 1)$

14 삼각형 ABC의 무게중심의 좌표는

$\left(\dfrac{-3+2+7}{3}, \dfrac{4-2+1}{3}\right)$, 즉 $(2, 1)$

11

좌표평면에서 사각형의 성질의 활용

1 (✎ 1, 0, 6, 4, 4, -4) **2** $a=11$, $b=-2$

3 $a=6$, $b=0$ **4** $a=3$, $b=4$

5 $a=0$, $b=3$ **6** $a=10$, $b=19$

7 ③

8 (✎ $a+4$, 41, 24, 6, -4, 6, 6, 10)

9 $a=5$, $b=8$ **10** $a=3$, $b=5$

11 $a=3$, $b=7$ **12** $a=-12$, $b=-4$

13 ①

---

2 대각선 AC의 중점과 대각선 BD의 중점이 일치하므로

점 $\left(\dfrac{a-2}{2}, \dfrac{b+1}{2} \right)$과 점 $\left(\dfrac{3+6}{2}, \dfrac{2-3}{2} \right)$이 서로 같다.

따라서 $a-2=9$, $b+1=-1$에서

$a=11$, $b=-2$

3 대각선 AC의 중점과 대각선 BD의 중점이 일치하므로

점 $\left(\dfrac{7+2}{2}, \dfrac{-1+6}{2} \right)$과 점 $\left(\dfrac{a+3}{2}, \dfrac{b+5}{2} \right)$가 서로 같다.

따라서 $a+3=9$, $b+5=5$에서

$a=6$, $b=0$

4 대각선 AC의 중점과 대각선 BD의 중점이 일치하므로

점 $\left(\dfrac{2-4}{2}, \dfrac{3+5}{2} \right)$와 점 $\left(\dfrac{-5+a}{2}, \dfrac{4+b}{2} \right)$가 서로 같다.

따라서 $-5+a=-2$, $4+b=8$에서

$a=3$, $b=4$

5 대각선 AC의 중점과 대각선 BD의 중점이 일치하므로

점 $\left(\dfrac{a+4}{2}, \dfrac{4-2}{2} \right)$와 점 $\left(\dfrac{-2+6}{2}, \dfrac{-1+b}{2} \right)$가 서로 같다.

따라서 $a+4=4$, $-1+b=2$에서

$a=0$, $b=3$

6 대각선 AC의 중점과 대각선 BD의 중점이 일치하므로

점 $\left(\dfrac{-5+a}{2}, \dfrac{7+a+1}{2} \right)$과 $\left(\dfrac{2+3}{2}, \dfrac{-1+b}{2} \right)$가 서로 같다.

따라서 $-5+a=5$, $8+a=-1+b$에서

$a=10$, $b=19$

---

7 대각선 AC의 중점과 대각선 BD의 중점이 일치하므로

점 $\left(\dfrac{-3+6}{2}, \dfrac{2+4}{2} \right)$와 점 $\left(\dfrac{3+a}{2}, \dfrac{-2+b}{2} \right)$가 서로 같다.

따라서 $3+a=3$, $-2+b=6$에서 $a=0$, $b=8$이므로

$a+b=8$

9 대각선 AC의 중점과 대각선 BD의 중점이 일치하므로

점 $\left(\dfrac{6-2}{2}, \dfrac{2+b}{2} \right)$와 점 $\left(\dfrac{2+2}{2}, \dfrac{a+5}{2} \right)$가 서로 같다.

$2+b=a+5$에서 $b=a+3$ ······ ㉠

마름모의 정의에 의하여 $\overline{AB}=\overline{AD}$에서 $\overline{AB}^2=\overline{AD}^2$이므로

$(2-6)^2+(a-2)^2=(2-6)^2+(5-2)^2$

$a^2-4a-5=0$

$(a+1)(a-5)=0$

따라서 $a=-1$ 또는 $a=5$

이때 $a>0$이므로 $a=5$

㉠에서 $b=5+3=8$

10 대각선 AC의 중점과 대각선 BD의 중점이 일치하므로

점 $\left(\dfrac{2+5}{2}, \dfrac{2+b}{2} \right)$와 점 $\left(\dfrac{4+3}{2}, \dfrac{a+4}{2} \right)$가 서로 같다.

$2+b=a+4$에서 $b=a+2$ ······ ㉠

마름모의 정의에 의하여 $\overline{AB}=\overline{AD}$에서 $\overline{AB}^2=\overline{AD}^2$이므로

$(4-2)^2+(a-2)^2=(3-2)^2+(4-2)^2$

$a^2-4a+3=0$

$(a-1)(a-3)=0$

따라서 $a=1$ 또는 $a=3$

이때 $a>1$이므로 $a=3$

㉠에서 $b=3+2=5$

11 대각선 AC의 중점과 대각선 BD의 중점이 일치하므로

점 $\left(\dfrac{a+5}{2}, \dfrac{-1+1}{2} \right)$과 점 $\left(\dfrac{b+1}{2}, \dfrac{-3+3}{2} \right)$이 서로 같다.

$a+5=b+1$에서 $b=a+4$ ······ ㉠

마름모의 정의에 의하여 $\overline{AD}=\overline{CD}$에서 $\overline{AD}^2=\overline{CD}^2$이므로

$(1-a)^2+\{3-(-1)\}^2=(1-5)^2+(3-1)^2$

$a^2-2a-3=0$

$(a+1)(a-3)=0$

따라서 $a=-1$ 또는 $a=3$

이때 $a>1$이므로 $a=3$

㉠에서 $b=3+4=7$

12 대각선 AC의 중점과 대각선 BD의 중점이 일치하므로

점 $\left(\dfrac{a+0}{2}, \dfrac{6+2}{2} \right)$와 점 $\left(\dfrac{-8+b}{2}, \dfrac{-2+10}{2} \right)$이 서로 같다.

$a=-8+b$에서 $b=a+8$ ······ ㉠

마름모의 정의에 의하여 $\overline{AB}=\overline{BC}$에서 $\overline{AB}^2=\overline{BC}^2$이므로

$(-8-a)^2+(-2-6)^2=\{0-(-8)\}^2+\{2-(-2)\}^2$

$a^2+16a+48=0$

$(a+12)(a+4)=0$

따라서 $a=-12$ 또는 $a=-4$

이때 $a<-6$이므로 $a=-12$

㉠에서 $b=-12+8=-4$

---

13 대각선 AC의 중점과 대각선 BD의 중점이 일치하므로

점 $\left(\dfrac{1+b}{2},\ \dfrac{0+6}{2}\right)$과 점 $\left(\dfrac{a-3}{2},\ \dfrac{4+2}{2}\right)$가 서로 같다.

$1+b=a-3$에서 $b=a-4$ $\cdots\cdots$ ㉠

마름모의 정의에 의하여 $\overline{AB}=\overline{AD}$에서 $\overline{AB}^2=\overline{AD}^2$이므로

$(a-1)^2+(4-0)^2=(-3-1)^2+(2-0)^2$

$a^2-2a-3=0$

$(a+1)(a-3)=0$

즉 $a=-1$ 또는 $a=3$

이때 $a<0$이므로 $a=-1$

㉠에서 $b=-1-4=-5$

따라서 $a+b=-6$

12

본문 38쪽

좌표평면에서 각의 이등분선의 성질의 활용

1 ($\mathscr{O}\overline{CD}$, $\sqrt{5}$, $\sqrt{5}$, 1, 1, 1, 1, 1, 1, 3)

2 $\left(-2,\ -\dfrac{7}{5}\right)$ 3 $\left(\dfrac{8}{3},\ -\dfrac{2}{3}\right)$ 4 $\left(1,\ -\dfrac{2}{3}\right)$

5 $\left(-\dfrac{13}{4},\ -\dfrac{5}{4}\right)$ 6 ①

2 $\overline{AD}$가 $\angle A$의 이등분선이므로

$\overline{AB}:\overline{AC}=\overline{BD}:\overline{CD}$

이때

$\overline{AB}=\sqrt{\{-4-(-2)\}^2+(-1-1)^2}=2\sqrt{2}$

$\overline{AC}=\sqrt{\{1-(-2)\}^2+(-2-1)^2}=3\sqrt{2}$

이므로 $\overline{BD}:\overline{CD}=2\sqrt{2}:3\sqrt{2}=2:3$

즉 점 D는 선분 BC를 $2:3$으로 내분하는 점이므로

$D\left(\dfrac{2\times1+3\times(-4)}{2+3},\ \dfrac{2\times(-2)+3\times(-1)}{2+3}\right)$

따라서 $D\left(-2,\ -\dfrac{7}{5}\right)$

---

3 $\overline{AD}$가 $\angle A$의 이등분선이므로

$\overline{AB}:\overline{AC}=\overline{BD}:\overline{CD}$

이때

$\overline{AB}=\sqrt{(-1-2)^2+(0-4)^2}=5$

$\overline{AC}=\sqrt{(10-2)^2+(-2-4)^2}=10$

이므로 $\overline{BD}:\overline{CD}=5:10=1:2$

즉 점 D는 선분 BC를 $1:2$로 내분하는 점이므로

$D\left(\dfrac{1\times10+2\times(-1)}{1+2},\ \dfrac{1\times(-2)+2\times0}{1+2}\right)$

따라서 $D\left(\dfrac{8}{3},\ -\dfrac{2}{3}\right)$

---

4 $\overline{AD}$가 $\angle A$의 이등분선이므로

$\overline{AB}:\overline{AC}=\overline{BD}:\overline{CD}$

이때

$\overline{AB}=\sqrt{(-3-1)^2+(-2-2)^2}=4\sqrt{2}$

$\overline{AC}=\sqrt{(3-1)^2+(0-2)^2}=2\sqrt{2}$

이므로 $\overline{BD}:\overline{CD}=4\sqrt{2}:2\sqrt{2}=2:1$

즉 점 D는 선분 BC를 $2:1$로 내분하는 점이므로

$D\left(\dfrac{2\times3+1\times(-3)}{2+1},\ \dfrac{2\times0+1\times(-2)}{2+1}\right)$

따라서 $D\left(1,\ -\dfrac{2}{3}\right)$

---

5 $\overline{AD}$가 $\angle A$의 이등분선이므로

$\overline{AB}:\overline{AC}=\overline{BD}:\overline{CD}$

이때

$\overline{AB}=\sqrt{\{-2-(-1)\}^2+\{0-(-2)\}^2}=\sqrt{5}$

$\overline{AC}=\sqrt{\{-7-(-1)\}^2+\{-5-(-2)\}^2}=3\sqrt{5}$

이므로 $\overline{BD}:\overline{CD}=\sqrt{5}:3\sqrt{5}=1:3$

즉 점 D는 선분 BC를 $1:3$으로 내분하는 점이므로

$D\left(\dfrac{1\times(-7)+3\times(-2)}{1+3},\ \dfrac{1\times(-5)+3\times0}{1+3}\right)$

따라서 $D\left(-\dfrac{13}{4},\ -\dfrac{5}{4}\right)$

---

6 $\overline{AD}$가 $\angle A$의 이등분선이므로

$\overline{AB}:\overline{AC}=\overline{BD}:\overline{CD}$

이때

$\overline{AB}=\sqrt{\{4-(-1)\}^2+\{7-(-5)\}^2}=13$

$\overline{AC}=\sqrt{\{-5-(-1)\}^2+\{-2-(-5)\}^2}=5$

이므로 $\overline{BD}:\overline{CD}=13:5$

즉 점 D는 선분 BC를 $13:5$로 내분하는 점이므로

$D\left(\dfrac{13\times(-5)+5\times4}{13+5},\ \dfrac{13\times(-2)+5\times7}{13+5}\right)$

따라서 $D\left(-\dfrac{5}{2},\ \dfrac{1}{2}\right)$에서 $a=-\dfrac{5}{2}$, $b=\dfrac{1}{2}$이므로

$a+b=-2$

1 점 D, 점 E	**2** ③	**3** ⑤
4 $4\sqrt{5}$	**5** ②	**6** ⑤
7 ⑤	**8** ③	**9** 6
10 ④	**11** ④	**12** $\sqrt{130}$

2 선분 AB를 $2:3$으로 내분하는 점의 좌표는

$$\frac{2\times 7+3\times x}{2+3}=-2$$

따라서 $x=-8$

3 선분 AB를 $1:5$로 내분하는 점의 좌표는

$$\frac{1\times 4+5\times(-8)}{1+5}=-6$$이므로 P(-6)

선분 AB의 중점의 좌표는

$$\frac{-8+4}{2}=-2$$이므로 M(-2)

따라서 $\overline{\text{PM}}=|-2-(-6)|=4$

4 선분 AB를 $3:1$로 내분하는 점의 좌표는

$$\left(\frac{3\times a+1\times 1}{3+1},\ \frac{3\times b+1\times 2}{3+1}\right),\ \text{즉}\left(\frac{3a+1}{4},\ \frac{3b+2}{4}\right)$$

이 점이 점 $(7,5)$와 일치하므로

$$\frac{3a+1}{4}=7,\ \frac{3b+2}{4}=5$$

즉 $a=9$, $b=6$이므로 B$(9,6)$

따라서 $\overline{\text{AB}}=\sqrt{(9-1)^2+(6-2)^2}=4\sqrt{5}$

5 $2\overline{\text{AP}}=3\overline{\text{BP}}$에서 $\overline{\text{AP}}:\overline{\text{BP}}=3:2$

즉 점 P는 선분 AB를 $3:2$로 내분하는 점이므로 점 P의 좌표는

$$\left(\frac{3\times(-2)+2\times 4}{3+2},\ \frac{3\times(-4)+2\times 6}{3+2}\right)$$

따라서 P$\left(\dfrac{2}{5},\ 0\right)$

6 x축 위에 있는 점의 y좌표는 0이다.

즉 $\overline{\text{AB}}$를 $2:3$으로 내분하는 점의 y좌표가 0이므로

$$\frac{2\times a+3\times(-2)}{2+3}=0,\ 2a-6=0$$

따라서 $a=3$

7 삼각형 ABC의 무게중심의 좌표는

$$\left(\frac{-1+a+5}{3},\ \frac{2+3+1}{3}\right),\ \text{즉}\left(\frac{a+4}{3},\ 2\right)$$

이 점이 점 $(4,b)$와 일치하므로

$$\frac{a+4}{3}=4,\ 2=b$$

따라서 $a=8$, $b=2$이므로

$ab=16$

8 변 BC의 중점을 M이라 하면 M$(2,1)$이고 삼각형 ABC의 무게중심은 $\overline{\text{AM}}$을 $2:1$로 내분하는 점이므로

$$\left(\frac{2\times 2+1\times 4}{2+1},\ \frac{2\times 1+1\times(-3)}{2+1}\right),\ \text{즉}\left(\frac{8}{3},\ -\frac{1}{3}\right)$$

[다른 풀이]

B(a,b), C(c,d)라 하면 선분 BC의 중점의 좌표가 $(2,1)$이므로

$$\frac{a+c}{2}=2,\ \frac{b+d}{2}=1$$

즉 $a+c=4$, $b+d=2$

따라서 삼각형 ABC의 무게중심의 좌표는

$$\left(\frac{4+a+c}{3},\ \frac{-3+b+d}{3}\right),\ \text{즉}\left(\frac{8}{3},\ -\frac{1}{3}\right)$$

9 삼각형 DEF의 무게중심은 삼각형 ABC의 무게중심과 일치하므로

$$\left(\frac{1+9-1}{3},\ \frac{-1+3+7}{3}\right),\ \text{즉}\ (3,3)$$

따라서 $a=3$, $b=3$이므로

$a+b=6$

[다른 풀이]

$\overline{\text{AB}}$, $\overline{\text{BC}}$, $\overline{\text{CA}}$의 중점을 각각 D, E, F라 하면

D$\left(\dfrac{1+9}{2},\ \dfrac{-1+3}{2}\right)$, 즉 D$(5,1)$

E$\left(\dfrac{9+(-1)}{2},\ \dfrac{3+7}{2}\right)$, 즉 E$(4,5)$

F$\left(\dfrac{-1+1}{2},\ \dfrac{7+(-1)}{2}\right)$, 즉 F$(0,3)$

따라서 삼각형 DEF의 무게중심의 좌표는

$$\left(\frac{5+4+0}{3},\ \frac{1+5+3}{3}\right),\ \text{즉}\ (3,3)$$

따라서 $a=3$, $b=3$이므로 $a+b=6$

10 꼭짓점 C의 좌표를 (a,b)라 하면 변 BC의 중점의 좌표가 $(9,10)$이므로

$$\frac{9+a}{2}=9,\ \frac{4+b}{2}=10$$

즉 $a=9$, $b=16$이므로 C$(9,16)$

꼭짓점 D의 좌표를 (c,d)라 하면 대각선 AC의 중점과 대각선 BD의 중점이 일치하므로

점 $\left(\dfrac{1+9}{2},\ \dfrac{2+16}{2}\right)$과 점 $\left(\dfrac{9+c}{2},\ \dfrac{4+d}{2}\right)$가 서로 같다.

따라서 $10=9+c$, $18=4+d$에서

$c=1$, $d=14$이므로

D$(1,14)$

11 마름모의 정의에 의하여

$\overline{AB}=\overline{BC}$에서 $\overline{AB}^2=\overline{BC}^2$이므로

$\{x-(-3)\}^2+(-2-2)^2=(6-x)^2+\{3-(-2)\}^2$

$x^2+6x+25=x^2-12x+61$

$18x=36$, $x=2$, 즉 $B(2, -2)$

꼭짓점 D의 좌표를 (a, b)라 하면 대각선 AC의 중점과 대각선 BD의 중점이 일치하므로

점 $\left(\dfrac{-3+6}{2}, \dfrac{2+3}{2}\right)$과 점 $\left(\dfrac{2+a}{2}, \dfrac{-2+b}{2}\right)$가 서로 같다.

따라서 $2+a=3$, $-2+b=5$에서

$a=1$, $b=7$이므로

$D(1, 7)$

12 직선 AD는 $\angle A$의 이등분선이므로

$\overline{AB} : \overline{AC}=\overline{BD} : \overline{CD}$

이때

$\overline{AB}=\sqrt{(-3-2)^2+(-6-6)^2}=13$

$\overline{AC}=\sqrt{(6-2)^2+(3-6)^2}=5$

이므로 $\overline{BD} : \overline{CD}=13 : 5$

즉 점 D는 선분 BC를 $13 : 5$로 내분하는 점이므로

$D\left(\dfrac{13\times 6+5\times(-3)}{13+5}, \dfrac{13\times 3+5\times(-6)}{13+5}\right)$

즉 $D\left(\dfrac{7}{2}, \dfrac{1}{2}\right)$이므로

$l=\sqrt{\left(\dfrac{7}{2}-2\right)^2+\left(\dfrac{1}{2}-6\right)^2}=\dfrac{\sqrt{130}}{2}$

따라서 $2l=\sqrt{130}$

TEST 개념 발전

본문 41쪽

1 ②	**2** ⑤	**3** ⑤	**4** ②
5 0	**6** $\sqrt{13}$	**7** ④	**8** ③
9 ③	**10** ②	**11** ④	**12** -6
13 ②	**14** ③	**15** $\left(\dfrac{4}{5}, -\dfrac{3}{5}\right)$	**16** ④
17 0	**18** ①		

1 $\overline{AB}=|-4-m|=8$에서 $|m+4|=8$이므로

$m+4=-8$ 또는 $m+4=8$

따라서 $m=-12$ 또는 $m=4$이므로 모든 m의 값의 합은

$-12+4=-8$

2 $\overline{AB}=\sqrt{\{7-(-3)\}^2+\{3-(-2)\}^2}=5\sqrt{5}$

3 점 C가 y축 위의 점이므로 $C(0, a)$라 하자.

$\overline{AC}=\overline{BC}$에서 $\overline{AC}^2=\overline{BC}^2$이므로

$\{0-(-2)\}^2+(a-2)^2=(0-1)^2+(a-1)^2$

$a^2-4a+8=a^2-2a+2$

$-2a=-6$, $a=3$

따라서 $C(0, 3)$이므로

$\overline{AC}=\sqrt{\{0-(-2)\}^2+(3-2)^2}=\sqrt{5}$

4 $\overline{AB}=\sqrt{\{0-(t-2)\}^2+(2t-1-0)^2}=3$에서

$\sqrt{5t^2-8t+5}=3$

양변을 제곱하여 정리하면

$5t^2-8t-4=0$

$(5t+2)(t-2)=0$

$t=-\dfrac{2}{5}$ 또는 $t=2$

따라서 양수 t의 값은 2이다.

5 점 $P(a, b)$가 직선 $y=2x-3$ 위의 점이므로

$P(a, 2a-3)$이고 $b=2a-3$ $\cdots\cdots$ ㉠

$\overline{AP}=\overline{BP}$에서 $\overline{AP}^2=\overline{BP}^2$이므로

$(a-5)^2+\{2a-3-(-2)\}^2=(a-2)^2+(2a-3-3)^2$

$5a^2-14a+26=5a^2-28a+40$

$14a=14$, $a=1$

㉠에서 $b=-1$

따라서 $a+b=0$

6 두 점 A, B가 $y=x$에 대하여 서로 반대쪽에 있으므로

$\overline{AP}+\overline{BP}\geq\overline{AB}$

$\qquad\qquad=\sqrt{(3-0)^2+(1-3)^2}$

$\qquad\qquad=\sqrt{13}$

따라서 $\overline{AP}+\overline{BP}$의 최솟값은 $\sqrt{13}$이다.

7 점 P의 좌표를 (a, b)라 하면

$\overline{AP}^2+\overline{BP}^2$

$=(a-3)^2+(b-0)^2+(a-6)^2+\{b-(-2)\}^2$

$=2a^2-18a+2b^2+4b+49$

$=2\left(a-\dfrac{9}{2}\right)^2+2(b+1)^2+\dfrac{13}{2}$

따라서 $\overline{AP}^2+\overline{BP}^2$은 $a=\dfrac{9}{2}$, $b=-1$일 때 최솟값 $\dfrac{13}{2}$을 갖는다.

8 $\overline{AB}=\sqrt{\{0-(-2)\}^2+\{-3-(-1)\}^2}=2\sqrt{2}$

$\overline{BC}=\sqrt{(4-0)^2+\{1-(-3)\}^2}=4\sqrt{2}$

$\overline{CA}=\sqrt{(-2-4)^2+(-1-1)^2}=2\sqrt{10}$

따라서 $\overline{AB}^2+\overline{BC}^2=\overline{CA}^2$이므로 삼각형 ABC는

$\angle B=90°$인 직각삼각형이다.

9 ③ 선분 AF를 3 : 2로 내분하는 점은 D이다.

따라서 옳지 않은 것은 ③이다.

10 선분 AB를 2 : 1로 내분하는 점의 좌표는

$\left(\dfrac{2\times2+1\times a}{2+1}, \dfrac{2\times b+1\times(-3)}{2+1}\right)=\left(-\dfrac{5}{3}, 3\right)$이므로

$\dfrac{4+a}{3}=-\dfrac{5}{3}, \dfrac{2b-3}{3}=3$

따라서 $a=-9$, $b=6$이므로 $a+b=-9+6=-3$

11 선분 AB를 3 : 1로 내분하는 점의 좌표는

$\left(\dfrac{3\times(-1)+1\times a}{3+1}, \dfrac{3\times(-6)+1\times10}{3+1}\right)=\left(\dfrac{-3+a}{4}, -2\right)$

이 점이 직선 $y=-2x$ 위에 있으므로

$-2=-2\times\dfrac{-3+a}{4}, -3+a=4$

따라서 $a=7$

12 삼각형 ABC의 무게중심의 좌표는

$\left(\dfrac{a+3b+3}{3}, \dfrac{b-2a+8}{3}\right)$

이 점이 원점 $(0, 0)$과 일치하므로

$a+3b=-3, b-2a=-8$

두 식을 연립하여 풀면 $a=3$, $b=-2$

따라서 $ab=-6$

13 변 AC의 중점의 좌표가 $(2, -2)$이므로

$\dfrac{3+c}{2}=2, \dfrac{4+d}{2}=-2$에서 $c=1$, $d=-8$

삼각형 ABC의 무게중심의 좌표가 $(1, 0)$이므로

$\dfrac{3+a+1}{3}=1, \dfrac{4+b-8}{3}=0$에서 $a=-1$, $b=4$

따라서 $a+b+c+d=-1+4+1+(-8)=-4$

14 마름모의 정의에 의하여 $\overline{AB}=\overline{DA}$에서 $\overline{AB}^2=\overline{DA}^2$이므로

$(4-a)^2+(2-4)^2=(a-5)^2+(4-5)^2$

$a^2-8a+20=a^2-10a+26$

$2a=6$, $a=3$, 즉 A$(3, 4)$

대각선 AC의 중점과 대각선 BD의 중점이 일치하므로

점 $\left(\dfrac{3+b}{2}, \dfrac{4+c}{2}\right)$와 점 $\left(\dfrac{4+5}{2}, \dfrac{2+5}{2}\right)$가 서로 같다.

따라서 $3+b=9$, $4+c=7$에서 $b=6$, $c=3$이므로

$abc=3\times6\times3=54$

15 $\angle A$의 이등분선이 변 BC와 만나는 점이 D이므로

$\overline{AB}:\overline{AC}=\overline{BD}:\overline{DC}$

이때

$\overline{AB}=\sqrt{(-2-2)^2+(1-3)^2}=2\sqrt{5}$

$\overline{AC}=\sqrt{(5-2)^2+(-3-3)^2}=3\sqrt{5}$

이므로 $\overline{BD}:\overline{DC}=2\sqrt{5}:3\sqrt{5}=2:3$

즉 점 D는 선분 BC를 2 : 3으로 내분하는 점이므로

$D\left(\dfrac{2\times5+3\times(-2)}{2+3}, \dfrac{2\times(-3)+3\times1}{2+3}\right)$

따라서 $D\left(\dfrac{4}{5}, -\dfrac{3}{5}\right)$

16 삼각형 ABC의 외접원의 중심을 P라 하면

$\overline{AP}=\overline{BP}=\overline{CP}$에서 $\overline{AP}^2=\overline{BP}^2=\overline{CP}^2$

P(a, b)라 하면 $\overline{AP}^2=\overline{BP}^2$에서

$(a-0)^2+(b-6)^2=\{a-(-3)\}^2+(b-5)^2$

$a^2+b^2-12b+36=a^2+6a+b^2-10b+34$

$6a+2b=2$, 즉 $3a+b=1$ ...... ㉠

또 $\overline{AP}^2=\overline{CP}^2$에서

$(a-0)^2+(b-6)^2=(a-4)^2+(b-4)^2$

$a^2+b^2-12b+36=a^2-8a+b^2-8b+32$

$8a-4b=-4$, 즉 $2a-b=-1$ ...... ㉡

㉠, ㉡을 연립하여 풀면 $a=0$, $b=1$

따라서 P$(0, 1)$이므로 외접원의 반지름의 길이는

$\overline{AP}=|6-1|=5$

17 선분 AB의 중점이 M(-2)이므로

$\dfrac{-7+a}{2}=-2$에서 $a=3$

선분 AB를 2 : 3으로 내분하는 점이 P(b)이므로

$\dfrac{2\times a+3\times(-7)}{2+3}=b$에서 $2a-21=5b$

$a=3$을 대입하면 $b=-3$

따라서 $a+b=0$

18 B(a, b), D(c, d)라 하자.

대각선 AC의 중점과 대각선 BD의 중점이 일치하므로

점 $\left(\dfrac{2+4}{2}, \dfrac{1-5}{2}\right)$와 점 $\left(\dfrac{a+c}{2}, \dfrac{b+d}{2}\right)$가 서로 같다.

즉 $a+c=6$, $b+d=-4$ ...... ㉠

한편 선분 BD를 2 : 3으로 내분하는 점의 좌표는

$\left(\dfrac{2c+3a}{2+3}, \dfrac{2d+3b}{2+3}\right)$

이 점이 점 $\left(\dfrac{7}{5}, -\dfrac{7}{5}\right)$과 일치하므로

$3a+2c=7$, $3b+2d=-7$ ...... ㉡

㉠, ㉡을 연립하여 풀면

$a=-5$, $b=1$, $c=11$, $d=-5$

따라서 B$(-5, 1)$, D$(11, -5)$

2 직선의 방정식

01

직선의 방정식

1 x절편: -4, y절편: 3　**2** x절편: 3, y절편: 5

3 x절편: 1, y절편: -3　**4** x절편: 4, y절편: 4

5 x절편: $\dfrac{2}{3}$, y절편: -2　**6** x절편: -10, y절편: 6

7 3　　　　**8** $-\dfrac{1}{4}$　　**9** $\dfrac{3}{2}$　　**10** -2

11 $-\dfrac{1}{2}$　　**12** 1　　**13** $\sqrt{3}$　　**14** $x=5$

15 $y=-2$　**16** $x=-3$　**17** $y=3$　**18** $x=-2$

19 $y=-4$

4　$y=-x+4$에 $y=0$을 대입하면 $x=4$
　　$y=-x+4$에 $x=0$을 대입하면 $y=4$

5　$y=3x-2$에 $y=0$을 대입하면 $x=\dfrac{2}{3}$
　　$y=3x-2$에 $x=0$을 대입하면 $y=-2$

6　$y=\dfrac{3}{5}x+6$에 $y=0$을 대입하면 $x=-10$
　　$y=\dfrac{3}{5}x+6$에 $x=0$을 대입하면 $y=6$

9　$(기울기)=\dfrac{6-3}{4-2}=\dfrac{3}{2}$

10　$(기울기)=\dfrac{-7-1}{1-(-3)}=-2$

11　직선이 두 점 $(8, 0)$, $(0, 4)$를 지나므로
　　$(기울기)=\dfrac{4-0}{0-8}=-\dfrac{1}{2}$

12　$(기울기)=\tan 45°=1$

13　$(기울기)=\tan 60°=\sqrt{3}$

02

기울기와 한 점이 주어진 직선의 방정식

원리확인
$2, 2, 2, 2, 2, 2x-2$

1 ($\mathscr{O}$ 2, 1)　**2** $y=-3x+5$　**3** $y=\dfrac{1}{2}x-2$

4 $y=-x+4$　**5** $y=x+3$　**6** $y=\dfrac{\sqrt{3}}{3}x-5$

7 ($\mathscr{O}$ 2, 1, 2, 1)　**8** $y=-4x+10$　**9** $y=-5x$

10 $y=-2x-3$　**11** $y=3x+5$　**12** $y=4x-3\sqrt{2}$

13 ($\mathscr{O}$ 3, 2, 3)　**14** $y=-2$　**15** $y=-3$

16 $y=6$　　　$\smiley$ y_1, m, x_1, y_1

4　직선 $y=-x+2$와 기울기가 같으므로 기울기는 -1이고,
　　y절편이 4이므로 $y=-x+4$

5　x축의 양의 방향과 이루는 각의 크기가 $45°$이므로
　　$(기울기)=\tan 45°=1$
　　따라서 기울기가 1이고 y절편이 3이므로 $y=x+3$

6　x축의 양의 방향과 이루는 각의 크기가 $30°$이므로
　　$(기울기)=\tan 30°=\dfrac{\sqrt{3}}{3}$
　　따라서 기울기가 $\dfrac{\sqrt{3}}{3}$이고 y절편이 -5이므로
　　$y=\dfrac{\sqrt{3}}{3}x-5$

8　$y-(-2)=-4(x-3)$
　　따라서 $y=-4x+10$

9　$y-0=-5(x-0)$
　　따라서 $y=-5x$

10　$y-1=-2\{x-(-2)\}$
　　따라서 $y=-2x-3$

11　$y-(-4)=3\{x-(-3)\}$
　　따라서 $y=3x+5$

12　$y-\sqrt{2}=4(x-\sqrt{2})$
　　따라서 $y=4x-3\sqrt{2}$

14　$y-(-2)=0\times(x-3)$
　　따라서 $y=-2$

15　$y-(-3)=0\times\{x-(-3)\}$
　　따라서 $y=-3$

16　$y-6=0\times(x-5)$
　　따라서 $y=6$

03

서로 다른 두 점을 지나는 직선의 방정식

1 ($\mathscr{O}$ 1, 3, 3, 7)　**2** $y=-2x+4$　**3** $y=3x-1$

4 $y=\dfrac{1}{2}x+\dfrac{5}{2}$　**5** $y=x+4$　**6** $y=-\dfrac{7}{5}x+\dfrac{1}{5}$

7 ($\mathscr{O}$ x, y, 2)　**8** $x=-4$　**9** $x=0$

10 $x=5$　☺ y_1, y_2, x_1　**11** ②

12 ($\mathscr{O}$ 4, 3, $-\dfrac{3}{4}$, 3)　**13** $y=\dfrac{5}{2}x+5$

14 $y=2x-2$　**15** $y=-\dfrac{1}{4}x-1$　**16** $y=-3x+6$

17 $y=x+3$　☺ b, a, a, b

2　$y-6=\dfrac{-2-6}{3-(-1)}(x+1)$

　　따라서 $y=-2x+4$

3　$y-2=\dfrac{8-2}{3-1}(x-1)$

　　따라서 $y=3x-1$

4　$y-0=\dfrac{1-0}{-3-(-5)}(x+5)$

　　따라서 $y=\dfrac{1}{2}x+\dfrac{5}{2}$

5　$y-4=\dfrac{4-(-3)}{0-(-7)}(x-0)$

　　따라서 $y=x+4$

6　$y-(-4)=\dfrac{-4-3}{3-(-2)}(x-3)$

　　따라서 $y=-\dfrac{7}{5}x+\dfrac{1}{5}$

8　두 점의 x좌표가 같으므로 y축에 평행한 직선이다.

　　따라서 $x=-4$

9　두 점의 x좌표가 같으므로 y축에 평행한 직선이다.

　　따라서 $x=0$

10　두 점의 x좌표가 같으므로 y축에 평행한 직선이다.

　　따라서 $x=5$

11　두 점 $(2, 0)$, $(4, 1)$을 지나는 직선의 방정식은

　　$y-0=\dfrac{1-0}{4-2}(x-2)$

　　따라서 $y=\dfrac{1}{2}x-1$

　　이 직선이 점 $(-3, a)$를 지나므로

　　$a=\dfrac{1}{2}\times(-3)-1=-\dfrac{5}{2}$

13　$\dfrac{x}{-2}+\dfrac{y}{5}=1$

　　따라서 $y=\dfrac{5}{2}x+5$

14　$\dfrac{x}{1}+\dfrac{y}{-2}=1$

　　따라서 $y=2x-2$

15　$\dfrac{x}{-4}+\dfrac{y}{-1}=1$

　　따라서 $y=-\dfrac{1}{4}x-1$

16　$\dfrac{x}{2}+\dfrac{y}{6}=1$

　　따라서 $y=-3x+6$

17　$\dfrac{x}{-3}+\dfrac{y}{3}=1$

　　따라서 $y=x+3$

04

세 점이 한 직선 위에 있을 조건

1 (1) 3, 4, 1, 5, 2, 2, 1, 2, 3

　　(2) 6, 1, 1, 2, 2, 2, 5, 2, 3

　☺ BC, C　**2** ($\mathscr{O}$ 4, -1, 4, 3, 2, 5, 5)

3 -10　**4** 0

5 -5 또는 -1　**6** $-\dfrac{9}{2}$ 또는 2

7 ($\mathscr{O}$ 1, 1, 5, $\dfrac{1}{6}$, $\dfrac{11}{6}$, $\dfrac{1}{6}$, $\dfrac{11}{6}$, $-\dfrac{1}{2}$)

8 1　**9** 2

10 -1 또는 4　**11** 1

3　세 점 A, B, C가 한 직선 위에 있으려면 직선 AB와 직선 AC의 기울기가 같아야 하므로

　　$\dfrac{2-0}{a+5+3}=\dfrac{-3-0}{0+3}$, $\dfrac{2}{a+8}=-1$

　　$a+8=-2$

　　따라서 $a=-10$

4　세 점 A, B, C가 한 직선 위에 있으려면 직선 AB와 직선 BC의 기울기가 같아야 하므로

　　$\dfrac{4-3a}{3-1}=\dfrac{8-4}{5-3}$, $\dfrac{4-3a}{2}=2$

　　$4-3a=4$

　　따라서 $a=0$

5　세 점 A, B, C가 한 직선 위에 있으려면 직선 AC와 직선 BC의 기울기가 같아야 하므로

　　$\dfrac{-3-1}{3+a}=\dfrac{-3-a}{3-2}$, $\dfrac{-4}{3+a}=-3-a$

　　$(3+a)^2=4$

　　따라서 $a=-5$ 또는 $a=-1$

6　세 점 A, B, C가 한 직선 위에 있으려면 직선 AB와 직선 AC의 기울기가 같아야 하므로

　　$\dfrac{2a+3}{-1+4}=\dfrac{4+3}{a-3+4}$, $\dfrac{2a+3}{3}=\dfrac{7}{a+1}$

　　$(2a+3)(a+1)=21$, $2a^2+5a-18=0$

　　$(2a+9)(a-2)=0$

　　따라서 $a=-\dfrac{9}{2}$ 또는 $a=2$

8 두 점 $A(1, 3)$, $C(6, -2)$를 지나는 직선의 방정식은

$y-3=\dfrac{-2-3}{6-1}(x-1)$이므로 $y=-x+4$

이때 점 $B(3a, 1)$은 이 직선 위에 있으므로

$1=-3a+4$, $3a=3$

따라서 $a=1$

9 두 점 $B(-1, 3)$, $C(-4, 2)$를 지나는 직선의 방정식은

$y-3=\dfrac{2-3}{-4+1}(x+1)$이므로 $y=\dfrac{1}{3}x+\dfrac{10}{3}$

이때 점 $A(5, 2a+1)$은 이 직선 위에 있으므로

$2a+1=5$, $2a=4$

따라서 $a=2$

10 두 점 $A(-5, -2)$, $B(-a, 1)$을 지나는 직선의 방정식은

$y+2=\dfrac{1+2}{-a+5}(x+5)$

이때 점 $C(-3, a)$는 이 직선 위에 있으므로

$a+2=\dfrac{1+2}{-a+5}(-3+5)$

$a+2=\dfrac{6}{-a+5}$

$(a+2)(-a+5)=6$, $a^2-3a-4=0$

$(a+1)(a-4)=0$

따라서 $a=-1$ 또는 $a=4$

11 두 점 $A(2, 2a)$, $B(3, 4)$를 지나는 직선의 방정식은

$y-4=\dfrac{4-2a}{3-2}(x-3)$, $y-4=(4-2a)(x-3)$

이때 점 $C(a+3, 6)$은 이 직선 위에 있으므로

$6-4=(4-2a)(a+3-3)$

$2a^2-4a+2=0$

$(a-1)^2=0$

따라서 $a=1$

05

도형의 넓이를 이등분하는 직선의 방정식

1 (✏ 4, -3, -2, -2, -2, -1, -1, -3, 1)

2 $y=-\dfrac{1}{8}x+\dfrac{5}{8}$ 3 $y=\dfrac{7}{4}x+\dfrac{7}{4}$

4 $y=-\dfrac{5}{3}x+5$ 5 $y=\dfrac{1}{2}x-1$

6 (✏ -1, -3, -1, 2, 2, $-\dfrac{1}{2}$)   7 $-\dfrac{3}{5}$

8 $\dfrac{4}{3}$ 9 $-\dfrac{7}{11}$ 10 $\dfrac{1}{2}$

11 (✏ -8, -8, -8, -4, -4, -4, $-\dfrac{1}{4}$)

12 3 13 -2 14 $\dfrac{2}{3}$ 15 $-\dfrac{3}{2}$

---

2 선분 BC의 중점의 좌표는

$\left(\dfrac{-2+(-4)}{2}, \dfrac{3+(-1)}{2}\right)$, 즉 $(-3, 1)$

따라서 직선 l은 두 점 $(5, 0)$, $(-3, 1)$을 지나므로

$y-0=\dfrac{1-0}{-3-5}(x-5)$

$y=-\dfrac{1}{8}x+\dfrac{5}{8}$

3 선분 BC의 중점의 좌표는

$\left(\dfrac{-3+1}{2}, \dfrac{2+(-2)}{2}\right)$, 즉 $(-1, 0)$

따라서 직선 l은 두 점 $(3, 7)$, $(-1, 0)$을 지나므로

$y-0=\dfrac{0-7}{-1-3}(x+1)$

$y=\dfrac{7}{4}x+\dfrac{7}{4}$

4 선분 BC의 중점의 좌표는

$\left(\dfrac{7+(-1)}{2}, 0\right)$, 즉 $(3, 0)$

따라서 직선 l은 두 점 $(0, 5)$, $(3, 0)$을 지나므로

$y-0=\dfrac{0-5}{3-0}(x-3)$

$y=-\dfrac{5}{3}x+5$

5 선분 BC의 중점의 좌표는

$\left(\dfrac{-3+(-1)}{2}, \dfrac{1+(-5)}{2}\right)$, 즉 $(-2, -2)$

따라서 직선 l은 두 점 $(6, 2)$, $(-2, -2)$를 지나므로

$y+2=\dfrac{-2-2}{-2-6}(x+2)$

$y=\dfrac{1}{2}x-1$

7 선분 BD의 중점의 좌표는

$\left(\dfrac{3+7}{2}, \dfrac{-4+(-2)}{2}\right)$, 즉 $(5, -3)$

직선 $y=mx$가 점 $(5, -3)$을 지나므로

$-3=5m$

따라서 $m=-\dfrac{3}{5}$

8 선분 BD의 중점의 좌표는

$\left(\dfrac{-3+0}{2}, \dfrac{0+(-4)}{2}\right)$, 즉 $\left(-\dfrac{3}{2}, -2\right)$

직선 $y=mx$가 점 $\left(-\dfrac{3}{2}, -2\right)$를 지나므로

$-2=-\dfrac{3}{2}m$

따라서 $m=\dfrac{4}{3}$

18 I. 도형의 방정식

9 선분 BD의 중점의 좌표는

$\left(\dfrac{-7+(-4)}{2}, \dfrac{2+5}{2}\right)$, 즉 $\left(-\dfrac{11}{2}, \dfrac{7}{2}\right)$

직선 $y=mx$가 점 $\left(-\dfrac{11}{2}, \dfrac{7}{2}\right)$을 지나므로

$\dfrac{7}{2}=-\dfrac{11}{2}m$

따라서 $m=-\dfrac{7}{11}$

10 선분 BD의 중점의 좌표는

$\left(\dfrac{0+8}{2}, \dfrac{1+3}{2}\right)$, 즉 $(4, 2)$

직선 $y=mx$가 점 $(4, 2)$를 지나므로

$2=4m$

따라서 $m=\dfrac{1}{2}$

12 x절편은 $\dfrac{5}{3}$, y절편은 5

두 점 $\left(\dfrac{5}{3}, 0\right)$, $(0, 5)$를 이은 선분의 중점의 좌표는

$\left(\dfrac{5}{6}, \dfrac{5}{2}\right)$

직선 $y=ax$는 점 $\left(\dfrac{5}{6}, \dfrac{5}{2}\right)$를 지나므로

$\dfrac{5}{2}=\dfrac{5}{6}a$

따라서 $a=3$

13 x절편은 -2, y절편은 4

두 점 $(-2, 0)$, $(0, 4)$를 이은 선분의 중점의 좌표는

$\left(\dfrac{-2+0}{2}, \dfrac{0+4}{2}\right)$, 즉 $(-1, 2)$

직선 $y=ax$는 점 $(-1, 2)$를 지나므로

$2=-a$

따라서 $a=-2$

14 x절편은 -12, y절편은 -8

두 점 $(-12, 0)$, $(0, -8)$을 이은 선분의 중점의 좌표는

$\left(\dfrac{-12+0}{2}, \dfrac{0+(-8)}{2}\right)$, 즉 $(-6, -4)$

직선 $y=ax$는 점 $(-6, -4)$를 지나므로

$-4=-6a$

따라서 $a=\dfrac{2}{3}$

15 x절편은 $\dfrac{2}{3}$, y절편은 -1

두 점 $\left(\dfrac{2}{3}, 0\right)$, $(0, -1)$을 이은 선분의 중점의 좌표는

$\left(\dfrac{1}{3}, -\dfrac{1}{2}\right)$

직선 $y=ax$는 점 $\left(\dfrac{1}{3}, -\dfrac{1}{2}\right)$을 지나므로

$-\dfrac{1}{2}=\dfrac{1}{3}a$

따라서 $a=-\dfrac{3}{2}$

일차방정식 $ax+by+c=0$이 나타내는 도형

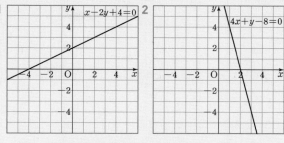

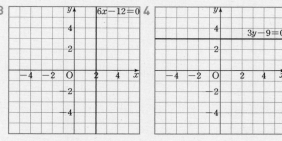

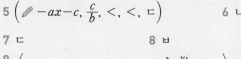

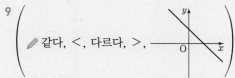

5 (✏ $-ax-c$, $\dfrac{c}{b}$, $<$, $<$, ㄷ)　　**6** ㄴ

7 ㄷ　　　　　　　　　**8** ㅂ

9

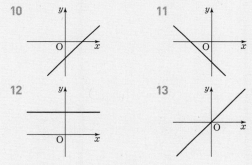

（ ✏ 같다, $<$, 다르다, $>$, ）

10　　　　**11**　　　　**12**　　　　**13**

☺ 같다, $>$, $<$, 다르다, $<$, $<$

1 $x-2y+4=0$에서 $y=\dfrac{1}{2}x+2$

2 $4x+y-8=0$에서 $y=-4x+8$

3 $6x-12=0$에서 $x=2$

4 $3y-9=0$에서 $y=3$

6 (기울기)$=-\dfrac{a}{b}>0$, (y절편)$=-\dfrac{c}{b}>0$

따라서 직선의 개형은 ㄴ이다.

7 (기울기)$=-\dfrac{a}{b}<0$, (y절편)$=-\dfrac{c}{b}<0$

따라서 직선의 개형은 ㄷ이다.

8 $(기울기)=-\dfrac{a}{b}=0$, $(y절편)=-\dfrac{c}{b}<0$

따라서 직선의 개형은 ㅂ이다.

10 $ax+by+c=0$에서 $y=-\dfrac{a}{b}x-\dfrac{c}{b}$

$ab<0$이므로 a, b의 부호가 다르다.

즉 $(기울기)=-\dfrac{a}{b}>0$

$ac<0$에서 a, c의 부호가 다르므로 b, c의 부호가 같다.

즉 $(y절편)=-\dfrac{c}{b}<0$

따라서 직선의 개형은 다음 그림과 같다.

11 $ax+by+c=0$에서 $y=-\dfrac{a}{b}x-\dfrac{c}{b}$

$ab>0$이므로 a, b의 부호가 같다.

즉 $(기울기)=-\dfrac{a}{b}<0$

$bc>0$이므로 b, c의 부호가 같다.

즉 $(y절편)=-\dfrac{c}{b}<0$

따라서 직선의 개형은 다음 그림과 같다.

12 $ab=0$이므로 $a=0$ 또는 $b=0$

$bc<0$이므로 $b\neq0$이고 b, c의 부호가 다르다.

즉 $a=0$, $-\dfrac{c}{b}>0$

따라서 $ax+by+c=0$에서 $y=-\dfrac{c}{b}$이므로 직선의 개형은 다음 그림과 같다.

13 $ab<0$이므로 a, b의 부호가 다르다.

즉 $(기울기)=-\dfrac{a}{b}>0$

$ac=0$이고 $a\neq0$이므로 $c=0$

따라서 $ax+by+c=0$에서 $y=-\dfrac{a}{b}x$이므로 직선의 개형은 다음 그림과 같다.

TEST 개념 확인　　　　　　　　본문 58쪽

1 ③	**2** $y=\sqrt{3}x-\sqrt{3}$	**3** ③
4 ⑤	**5** ④	**6** $\dfrac{-4\pm\sqrt{10}}{2}$
7 ④	**8** ①	**9** ④　　**10** $\dfrac{1}{3}$
11 ①	**12** 제2사분면	

1 기울기가 $\dfrac{1}{2}$이므로 $a=\dfrac{1}{2}$

직선 $y=\dfrac{1}{2}x+b$가 점 $(3, -2)$를 지나므로

$-2=\dfrac{1}{2}\times3+b$, $b=-\dfrac{7}{2}$

따라서 $a+b=\dfrac{1}{2}+\left(-\dfrac{7}{2}\right)=-3$

2 x축의 양의 방향과 이루는 각의 크기가 $60°$이므로 기울기는 $\tan60°=\sqrt{3}$

직선의 방정식을 $y=\sqrt{3}x+n$이라 하면

점 $(1, 0)$을 지나므로

$0=\sqrt{3}+n$, $n=-\sqrt{3}$

따라서 $y=\sqrt{3}x-\sqrt{3}$

3 두 점 $(-1, 1)$, $(-3, -5)$를 지나는 직선의 방정식은

$y-1=\dfrac{-5-1}{-3-(-1)}(x+1)$, $y=3x+4$

$y=3x+4$에 $y=0$을 대입하면 $0=3x+4$, $x=-\dfrac{4}{3}$

따라서 x절편은 $-\dfrac{4}{3}$이다.

4 x절편이 -2이고 y절편이 -3인 직선의 방정식은

$\dfrac{x}{-2}+\dfrac{y}{-3}=1$, $y=-\dfrac{3}{2}x-3$

이 직선이 점 $(a, 2)$를 지나므로 $2=-\dfrac{3}{2}a-3$

따라서 $a=-\dfrac{10}{3}$

5 직선 $\dfrac{x}{4}+\dfrac{y}{5}=1$의 x절편이 4이고 y절편이 5이므로 직선 $\dfrac{x}{4}+\dfrac{y}{5}=1$은 오른쪽 그림과 같다.

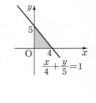

따라서 직선과 x축 및 y축으로 둘러싸인 도형의 넓이는

$\dfrac{1}{2}\times4\times5=10$

6 두 점 $A(-a, 2)$, $B(2, -3)$을 지나는 직선의 방정식은

$y+3=\dfrac{-3-2}{2+a}(x-2)$

이때 점 $C(1, 2a+1)$은 이 직선 위에 있으므로

$(2a+1)+3=\dfrac{-5}{2+a}(1-2)$, $2a+4=\dfrac{5}{2+a}$

$2(2+a)^2=5$

따라서 $a=\dfrac{-4\pm\sqrt{10}}{2}$

7 세 점 $A(-1, -4)$, $B(3, a)$, $C(-2, 1)$이 삼각형을 이루지 않으려면 세 점이 한 직선 위에 있어야 한다.

즉 직선 AC와 직선 BC의 기울기가 같아야 하므로

$$\frac{1+4}{-2+1} = \frac{1-a}{-2-3}, \quad -5 = \frac{1-a}{-5}$$

$25 = 1-a$

따라서 $a = -24$

8 선분 BC의 중점의 좌표는

$\left(\dfrac{2+(-4)}{2}, \dfrac{3+7}{2} \right)$, 즉 $(-1, 5)$

따라서 직선 l은 두 점 $(-1, 1)$, $(-1, 5)$를 지나므로

$x = -1$

9 직사각형 ABCD의 넓이를 이등분하고 원점을 지나는 직선의 방정식을 $y = mx$라 하자.

선분 BD의 중점의 좌표는

$\left(\dfrac{-1+4}{2}, \dfrac{-1+3}{2} \right)$, 즉 $\left(\dfrac{3}{2}, 1 \right)$

이때 직선 $y = mx$가 점 $\left(\dfrac{3}{2}, 1 \right)$을 지나므로

$1 = \dfrac{3}{2}m$, $m = \dfrac{2}{3}$

$y = \dfrac{2}{3}x$

직선 $y = \dfrac{2}{3}x$가 점 $(-3, a)$를 지나므로

$a = \dfrac{2}{3} \times (-3) = -2$

10 직선 $y = -\dfrac{1}{3}x + 9$의 x절편은 27, y절편은 9

두 점 $(27, 0)$, $(0, 9)$를 이은 선분의 중점의 좌표는

$\left(\dfrac{27}{2}, \dfrac{9}{2} \right)$

직선 $y = mx$는 점 $\left(\dfrac{27}{2}, \dfrac{9}{2} \right)$를 지나므로

$\dfrac{9}{2} = \dfrac{27}{2}m$

따라서 $m = \dfrac{1}{3}$

11 $ax + by + c = 0$에서 $y = -\dfrac{a}{b}x - \dfrac{c}{b}$

$ab > 0$이므로 a, b의 부호가 같다.

즉 (기울기)$= -\dfrac{a}{b} < 0$

$bc < 0$이므로 b, c의 부호가 다르다.

즉 (y절편)$= -\dfrac{c}{b} > 0$

따라서 직선 $ax + by + c = 0$의 개형은 다음 그림과 같다.

12 $ax + by + c = 0$에서 $y = -\dfrac{a}{b}x - \dfrac{c}{b}$

주어진 직선에서 기울기가 양수이고, y절편이 음수이므로

$-\dfrac{a}{b} > 0$, $-\dfrac{c}{b} < 0$

즉 a, b는 부호가 다르고, b, c는 부호가 같다.

$bx + ay - c = 0$에서 $y = -\dfrac{b}{a}x + \dfrac{c}{a}$

(기울기)$= -\dfrac{b}{a} > 0$, (y절편)$= \dfrac{c}{a} < 0$

직선 $bx + ay - c = 0$의 개형은 다음 그림과 같다.

따라서 직선이 지나지 않는 사분면은 제2사분면이다.

---

07 두 직선이 평행할 조건

본문 60쪽

1 ($\mathscr{l}$ 3)	2 $-\dfrac{1}{2}$	3 -1
4 4	5 -5	6 1 또는 5
7 ($\mathscr{l}$ 4, 1, -2)	8 $\dfrac{1}{6}$	9 -2 또는 1
10 $-\dfrac{2}{3}$	11 $-\dfrac{5}{2}$ 또는 1	
☺ =, ≠, =, =, =, ≠, =, =		12 ($\mathscr{l}$ 2, 2, 2, 3)
13 $y = -\dfrac{5}{2}x + 7$	14 $y = 3x - 2$	15 $y = -\dfrac{2}{3}x + 3$
16 $y = \dfrac{1}{4}x - 4$	17 ①	

2 기울기가 같으므로 $k = -\dfrac{1}{2}$

3 기울기가 같으므로 $-k = 1$

따라서 $k = -1$

4 기울기가 같으므로 $k - 2 = 2$

따라서 $k = 4$

5 기울기가 같으므로 $k - 1 = 2k + 4$

따라서 $k = -5$

6 기울기가 같으므로 $k^2 - 3k + 1 = 3k - 4$

$k^2 - 6k + 5 = 0$, $(k-1)(k-5) = 0$

따라서 $k = 1$ 또는 $k = 5$

8 $\dfrac{1}{3} = \dfrac{-2k}{-1} \neq \dfrac{4}{1}$

따라서 $k = \dfrac{1}{6}$

9 $\dfrac{1}{k}=\dfrac{-(k+1)}{-2}\neq\dfrac{5}{-3}$

$-k(k+1)=-2,\ (k+2)(k-1)=0$

따라서 $k=-2$ 또는 $k=1$

10 $\dfrac{k}{k+1}=\dfrac{-2}{1}\neq\dfrac{2}{3}$

$k=-2(k+1),\ 3k=-2$

따라서 $k=-\dfrac{2}{3}$

11 $\dfrac{3}{k+2}=\dfrac{2k-1}{1}\neq\dfrac{-k}{-3}$

$(k+2)(2k-1)=3,\ 2k^2+3k-5=0$

$(2k+5)(k-1)=0$

따라서 $k=-\dfrac{5}{2}$ 또는 $k=1$

13 기울기가 $-\dfrac{5}{2}$이고 점 $P(4,\ -3)$을 지나므로

$y+3=-\dfrac{5}{2}(x-4)$

따라서 $y=-\dfrac{5}{2}x+7$

14 기울기가 3이고 점 $P(2,\ 4)$를 지나므로

$y-4=3(x-2)$

따라서 $y=3x-2$

15 $2x+3y+2=0$에서 $y=-\dfrac{2}{3}x-\dfrac{2}{3}$

기울기가 $-\dfrac{2}{3}$이고 점 $P(3,\ 1)$을 지나므로

$y-1=-\dfrac{2}{3}(x-3)$

따라서 $y=-\dfrac{2}{3}x+3$

16 $x-4y-2=0$에서 $y=\dfrac{1}{4}x-\dfrac{1}{2}$

기울기가 $\dfrac{1}{4}$이고 점 $P(-4,\ -5)$를 지나므로

$y+5=\dfrac{1}{4}(x+4)$

따라서 $y=\dfrac{1}{4}x-4$

17 $4x+y-2=0$에서 $y=-4x+2$

기울기가 -4이고 점 $(-2,\ 5)$를 지나므로

$y-5=-4(x+2)$, 즉 $y=-4x-3$

이 직선이 점 $(k,\ 6)$을 지나므로

$6=-4k-3,\ 4k=-9$

따라서 $k=-\dfrac{9}{4}$

두 직선이 수직일 조건

1 ($\mathscr{l}$ $-1,\ -1$)	2 -2	3 $\dfrac{1}{4}$
4 4	5 -1	6 $\pm\dfrac{\sqrt{3}}{3}$
7 ($\mathscr{l}$ $2,\ -2,\ 1$)	8 $\dfrac{3}{2}$	9 5
10 $\dfrac{1}{3}$	11 -2	12 $\pm\sqrt{3}$	$\smiley$ $-1,\ 0$
13 ($\mathscr{l}$ $-\dfrac{1}{4},\ -\dfrac{1}{4},\ 2,\ -\dfrac{1}{4},\ \dfrac{11}{2}$)		14 $y=-3x+3$
15 $y=\dfrac{1}{4}x-4$		16 $y=-4x+9$
17 $y=\dfrac{2}{3}x-3$		18 ①

2 $(-1)\times(k+3)=-1,\ -k-3=-1$

따라서 $k=-2$

3 $(-k)\times4=-1,\ -4k=-1$

따라서 $k=\dfrac{1}{4}$

4 $\dfrac{1}{3}\times(5-2k)=-1,\ \dfrac{5}{3}-\dfrac{2}{3}k=-1$

$-\dfrac{2}{3}k=-\dfrac{8}{3}$

따라서 $k=4$

5 $k\times(k+2)=-1$

$k^2+2k+1=0,\ (k+1)^2=0$

따라서 $k=-1$

6 $3k\times(-k)=-1,\ 3k^2=1$

따라서 $k=\pm\dfrac{\sqrt{3}}{3}$

8 $3\times1+1\times(-2k)=0,\ 3-2k=0$

따라서 $k=\dfrac{3}{2}$

9 $(k-2)\times4+(-2)\times6=0,\ 4k-20=0$

따라서 $k=5$

10 $2\times1+(3k+1)\times(-1)=0,\ -3k+1=0$

따라서 $k=\dfrac{1}{3}$

11 $1\times k+(4+3k)\times(-1)=0,\ -4-2k=0$

따라서 $k=-2$

12 $k\times k+1\times(-3)=0,\ k^2-3=0$

따라서 $k=\pm\sqrt{3}$

14 직선 l과 수직이므로 기울기는 -3

따라서 구하는 직선의 방정식은

$y-6=-3(x+1)$이므로 $y=-3x+3$

15 직선 l과 수직이므로 기울기는 $\dfrac{1}{4}$

따라서 구하는 직선의 방정식은

$y+3=\dfrac{1}{4}(x-4)$이므로 $y=\dfrac{1}{4}x-4$

16 $x-4y+3=0$에서 $y=\dfrac{1}{4}x+\dfrac{3}{4}$

직선 l과 수직이므로 기울기는 -4

따라서 구하는 직선의 방정식은

$y-1=-4(x-2)$이므로 $y=-4x+9$

17 $3x+2y+4=0$에서 $y=-\dfrac{3}{2}x-2$

직선 l과 수직이므로 기울기는 $\dfrac{2}{3}$

따라서 구하는 직선의 방정식은

$y+5=\dfrac{2}{3}(x+3)$이므로 $y=\dfrac{2}{3}x-3$

18 $x+2y-3=0$에서 $y=-\dfrac{1}{2}x+\dfrac{3}{2}$

직선 l과 수직이므로 기울기는 2

구하는 직선의 방정식은

$y+2=2(x-1)$이므로 $y=2x-4$

따라서 이 직선이 점 $(2, k)$를 지나므로

$k=2\times2-4=0$

두 직선의 위치 관계

1 (✎ 같고, 다르다, 평행)   2 (✎ -1, 수직)

3 한 점에서 만난다.   4 평행하다.

5 수직이다.   6 평행하다.

7 (✎ 2, 2, 점)   8 (✎ 3, 4, 1, 평행)

9 한 점에서 만난다.   10 수직이다.

11 평행하다.   12 한 점에서 만난다.

13 (1) 1 (2) -5 (3) $-\dfrac{5}{3}$ 14 (1) -1 (2) 4 (3) $\dfrac{8}{5}$

15 ④

3 기울기와 y절편이 모두 다르므로 두 직선은 한 점에서 만난다.

4 기울기가 같고, y절편이 다르므로 두 직선은 평행하다.

5 기울기의 곱이 -1이므로 두 직선은 수직이다.

6 기울기가 같고, y절편이 다르므로 두 직선은 평행하다.

9 $\dfrac{2}{2}\neq\dfrac{1}{-1}$이므로 두 직선은 한 점에서 만난다.

10 $7\times1+1\times(-7)=0$이므로 두 직선은 수직이다.

11 $\dfrac{1}{1}=\dfrac{-6}{-6}\neq\dfrac{5}{2}$이므로 두 직선은 평행하다.

12 $\dfrac{4}{4}\neq\dfrac{1}{-1}$이므로 두 직선은 한 점에서 만난다.

13 (1), (2) 두 직선이 평행하거나 일치하려면 기울기가 같아야 하므로

$$\dfrac{4}{k+1}=\dfrac{k+3}{2}$$

$(k+1)(k+3)=8$, $k^2+4k-5=0$

$(k+5)(k-1)=0$

따라서 $k=-5$ 또는 $k=1$

$k=-5$일 때

$\dfrac{4}{-5+1}=\dfrac{-5+3}{2}=\dfrac{-1}{1}$이므로 두 직선은 일치한다.

$k=1$일 때

$\dfrac{4}{1+1}=\dfrac{1+3}{2}\neq\dfrac{-1}{1}$이므로 두 직선은 평행하다.

(3) 두 직선이 수직이려면 $4(k+1)+2(k+3)=0$이어야 하므로

$6k+10=0$

따라서 $k=-\dfrac{5}{3}$

14 (1), (2) 두 직선이 평행하거나 일치하려면 기울기가 같아야 하므로

$$\dfrac{2}{k-1}=\dfrac{k-2}{3}$$

$(k-1)(k-2)=6$, $k^2-3k-4=0$

$(k+1)(k-4)=0$

따라서 $k=-1$ 또는 $k=4$

$k=-1$일 때

$\dfrac{2}{-1-1}=\dfrac{-1-2}{3}\neq\dfrac{4}{6}$이므로 두 직선은 평행하다.

$k=4$일 때

$\dfrac{2}{4-1}=\dfrac{4-2}{3}=\dfrac{4}{6}$이므로 두 직선은 일치한다.

(3) 두 직선이 수직이려면 $2(k-1)+3(k-2)=0$이어야 하므로

$5k-8=0$

따라서 $k=\dfrac{8}{5}$

15 직선 $x-ay+1=0$이 직선 $bx-2y+3=0$과 수직이므로

$b+2a=0$

$b=-2a$ …… ㉠

직선 $x-ay+1=0$이 직선 $x+(2b+3)y-5=0$과 평행하므로

$$\frac{1}{1}=\frac{-a}{2b+3}\neq\frac{1}{-5}$$

$2b+3=-a$

$a+2b=-3$ …… ㉡

㉠을 ㉡에 대입하면

$a-4a=-3$, $-3a=-3$

따라서 $a=1$, $b=-2$이므로

$a+b=-1$

10

세 직선의 위치 관계

1 (1) (✏ 2, 2, 0) (2) (✏ 2, -3)

2 (1) -1 (2) -3, 1

3 (1) (✏ 5) (2) (✏ 2) (3) (✏ -5, -5, 6) (4) 2, 5, 6

4 (1) $-\dfrac{1}{2}$ (2) -4 (3) $-\dfrac{1}{2}$ (4) -4, $-\dfrac{1}{2}$

5 (1) $-\dfrac{1}{3}$ (2) -3 (3) -1 (4) -3, -1, $-\dfrac{1}{3}$

6 (1) -5 (2) $-\dfrac{9}{2}$ (3) -4 (4) -5, $-\dfrac{9}{2}$, -4

2 (1) 두 직선 $y=-x+5$, $y=3x-3$의 교점의 좌표는

$(2, 3)$

이 점을 직선 $y=-kx+1$이 지나므로

$3=-2k+1$

따라서 $k=-1$

(2) (ⅰ) 두 직선 $y=-x+5$, $y=-kx+1$이 평행한 경우

$k=1$

(ⅱ) 두 직선 $y=3x-3$, $y=-kx+1$이 평행한 경우

$k=-3$

4 (1) 두 직선의 기울기가 같으므로 $\dfrac{1}{2}=k+1$

따라서 $k=-\dfrac{1}{2}$

(2) 두 직선의 기울기가 같으므로 $-3=k+1$

따라서 $k=-4$

(3) 두 직선 $y=\dfrac{1}{2}x-2$, $y=-3x+5$의 교점의 좌표는

$(2, -1)$

이 점을 직선 $y=(k+1)x-2$가 지나므로

$-1=2(k+1)-2$, $-1=2k$

따라서 $k=-\dfrac{1}{2}$

5 (1) 두 직선의 기울기가 같으므로

$$\frac{3}{1}=\frac{-1}{-k}\neq\frac{2}{1}$$

따라서 $k=-\dfrac{1}{3}$

(2) 두 직선의 기울기가 같으므로

$$\frac{1}{1}=\frac{-k}{3}\neq\frac{1}{2}$$

따라서 $k=-3$

(3) 두 직선 $3x+y+2=0$, $x+3y+2=0$의 교점의 좌표는

$$\left(-\frac{1}{2}, -\frac{1}{2}\right)$$

이 점을 직선 $x-ky+1=0$이 지나므로

$$-\frac{1}{2}+\frac{1}{2}k+1=0$$

따라서 $k=-1$

6 (1) 두 직선의 기울기가 같으므로

$$\frac{2}{k+3}=\frac{-1}{1}\neq\frac{-4}{5}$$

따라서 $k=-5$

(2) 두 직선의 기울기가 같으므로

$$\frac{3}{k+3}=\frac{-2}{1}\neq\frac{-9}{5}$$

따라서 $k=-\dfrac{9}{2}$

(3) 두 직선 $2x-y-4=0$, $3x-2y-9=0$의 교점의 좌표는

$(-1, -6)$

이 점을 직선 $(k+3)x+y+5=0$이 지나므로

$-(k+3)-1=0$

따라서 $k=-4$

11

선분의 수직이등분선의 방정식

원리확인

❶ -1, 3, -1, $-\dfrac{1}{3}$ ❷ -2, 1, -1

1 (✏ 2, 2, 2, 5, 2, 5, 2, -1, 2, -1)

2 $(-4, 2)$ 3 $\left(-\dfrac{3}{2}, \dfrac{11}{2}\right)$

4 $(-4, -1)$ 5 $\left(-\dfrac{9}{5}, -\dfrac{8}{5}\right)$

☺ $-\dfrac{1}{m}$

6 $\left(✏ 1, 5, 4, 4, -\dfrac{1}{4}, 1, -\dfrac{1}{4}, -\dfrac{1}{4}, \dfrac{9}{4}\right)$

7 $y=-x+1$ 8 $y=\dfrac{1}{3}x-2$

24   Ⅰ. 도형의 방정식

2 $\overline{\text{AH}} \perp l$이므로 직선 AH의 기울기는 -1

직선 AH의 방정식은 $y+4=-(x-2)$이므로

$y=-x-2$

이때 점 H는 두 직선 $y=x+6$, $y=-x-2$의 교점이므로

두 식을 연립하여 풀면

$x=-4, y=2$

따라서 $\text{H}(-4, 2)$

3 $\overline{\text{AH}} \perp l$이므로 직선 AH의 기울기는 $\dfrac{1}{3}$

직선 AH의 방정식은 $y-4=\dfrac{1}{3}(x+6)$이므로

$y=\dfrac{1}{3}x+6$

이때 점 H는 두 직선 $y=-3x+1$, $y=\dfrac{1}{3}x+6$의 교점이므로

두 식을 연립하여 풀면

$x=-\dfrac{3}{2}, y=\dfrac{11}{2}$

따라서 $\text{H}\left(-\dfrac{3}{2}, \dfrac{11}{2}\right)$

4 $2x-y+7=0$에서 $y=2x+7$

$\overline{\text{AH}} \perp l$이므로 직선 AH의 기울기는 $-\dfrac{1}{2}$

직선 AH의 방정식은 $y+2=-\dfrac{1}{2}(x+2)$이므로

$y=-\dfrac{1}{2}x-3$

이때 점 H는 두 직선 $y=2x+7$, $y=-\dfrac{1}{2}x-3$의 교점이므로

두 식을 연립하여 풀면

$x=-4, y=-1$

따라서 $\text{H}(-4, -1)$

5 $3x-4y-1=0$에서 $y=\dfrac{3}{4}x-\dfrac{1}{4}$

$\overline{\text{AH}} \perp l$이므로 직선 AH의 기울기는 $-\dfrac{4}{3}$

직선 AH의 방정식은 $y+8=-\dfrac{4}{3}(x-3)$이므로

$y=-\dfrac{4}{3}x-4$

이때 점 H는 두 직선 $y=\dfrac{3}{4}x-\dfrac{1}{4}$, $y=-\dfrac{4}{3}x-4$의 교점이므로

두 식을 연립하여 풀면

$x=-\dfrac{9}{5}, y=-\dfrac{8}{5}$

따라서 $\text{H}\left(-\dfrac{9}{5}, -\dfrac{8}{5}\right)$

7 선분 AB의 중점은

$\left(\dfrac{-4+2}{2}, \dfrac{-1+5}{2}\right)$, 즉 $(-1, 2)$

두 점 A, B를 지나는 직선의 기울기는

$\dfrac{5-(-1)}{2-(-4)}=1$

따라서 선분 AB의 수직이등분선의 방정식은

$y-2=-(x+1)$이므로 $y=-x+1$

8 선분 AB의 중점은

$\left(\dfrac{4-1}{2}, \dfrac{-9+6}{2}\right)$, 즉 $\left(\dfrac{3}{2}, -\dfrac{3}{2}\right)$

두 점 A, B를 지나는 직선의 기울기는

$\dfrac{6-(-9)}{-1-4}=-3$

따라서 선분 AB의 수직이등분선의 방정식은

$y+\dfrac{3}{2}=\dfrac{1}{3}\left(x-\dfrac{3}{2}\right)$이므로 $y=\dfrac{1}{3}x-2$

9 선분 AB의 중점은

$\left(\dfrac{-6+4}{2}, \dfrac{3-7}{2}\right)$, 즉 $(-1, -2)$

두 점 A, B를 지나는 직선의 기울기는

$\dfrac{-7-3}{4-(-6)}=-1$

따라서 선분 AB의 수직이등분선의 방정식은

$y+2=x+1$이므로 $y=x-1$

10 선분 AB의 중점은

$\left(\dfrac{-1+7}{2}, \dfrac{3-1}{2}\right)$, 즉 $(3, 1)$

두 점 A, B를 지나는 직선의 기울기는

$\dfrac{-1-3}{7-(-1)}=-\dfrac{1}{2}$

따라서 선분 AB의 수직이등분선의 방정식은

$y-1=2(x-3)$이므로 $y=2x-5$

12 선분 AB의 중점은

$\left(\dfrac{a+b}{2}, \dfrac{-4+1}{2}\right)$, 즉 $\left(\dfrac{a+b}{2}, -\dfrac{3}{2}\right)$

이 점은 직선 l 위에 있으므로

$a+b+\dfrac{3}{2}+1=0$에서 $a+b=-\dfrac{5}{2}$ $\cdots\cdots$ ㉠

두 점 A, B를 지나는 직선의 기울기는 $-\dfrac{1}{2}$이므로

$\dfrac{1-(-4)}{b-a}=-\dfrac{1}{2}$에서 $a-b=10$ $\cdots\cdots$ ㉡

㉠, ㉡을 연립하여 풀면

$a=\dfrac{15}{4}, b=-\dfrac{25}{4}$

7

(i) 두 직선 $y=x-8$, $y=kx-6$이 평행할 경우

$k=1$

(ii) 두 직선 $y=-2x+1$, $y=kx-6$이 평행할 경우

$k=-2$

(iii) 세 직선이 한 점에서 만날 경우

두 직선 $y=x-8$, $y=-2x+1$의 교점의 좌표는

$(3, -5)$

직선 $y=kx-6$이 점 $(3, -5)$를 지나므로

$-5=3k-6$

따라서 $k=\dfrac{1}{3}$

(i), (ii), (iii)에서 주어진 세 직선이 삼각형을 이루지 않도록 하는

상수 k의 값은 -2, $\dfrac{1}{3}$, 1이다.

8

(i) 두 직선 $x-2y-2=0$, $kx+y+8=0$이 평행할 경우

$\dfrac{k}{1}=\dfrac{1}{-2}\neq\dfrac{8}{-2}$

따라서 $k=-\dfrac{1}{2}$

(ii) 두 직선 $3x-y+4=0$, $kx+y+8=0$이 평행할 경우

$\dfrac{k}{3}=\dfrac{1}{-1}\neq\dfrac{8}{4}$

따라서 $k=-3$

(iii) 세 직선이 한 점에서 만날 경우

두 직선 $x-2y-2=0$, $3x-y+4=0$의 교점의 좌표는

$(-2, -2)$

직선 $kx+y+8=0$이 점 $(-2, -2)$를 지나므로

$-2k-2+8=0$

따라서 $k=3$

(i), (ii), (iii)에서 주어진 세 직선이 삼각형을 이루려면

$k\neq-3$, $k\neq-\dfrac{1}{2}$, $k\neq3$

9 직선 AH의 기울기는 $\dfrac{1}{3}$

직선 AH의 방정식은 $y-0=\dfrac{1}{3}(x-2)$

$y=\dfrac{1}{3}x-\dfrac{2}{3}$

이때 점 H는 두 직선 $y=-3x-4$, $y=\dfrac{1}{3}x-\dfrac{2}{3}$의 교점이므로

두 식을 연립하여 풀면

$x=-1$, $y=-1$

따라서 H$(-1, -1)$

10 선분 AB의 중점은

$\left(\dfrac{-2+2}{2}, \dfrac{3+5}{2}\right)$, 즉 $(0, 4)$

두 점 A, B를 지나는 직선의 기울기는

$\dfrac{5-3}{2-(-2)}=\dfrac{1}{2}$

따라서 선분 AB의 수직이등분선의 방정식은

$y=-2x+4$

이때 직선 $y=-2x+4$가 점 $(0, a)$를 지나므로

$a=4$

11 $(k+1)x-2ky+3=0$에서 $k(x-2y)+(x+3)=0$

$x-2y=0$, $x+3=0$

두 식을 연립하여 풀면 $x=-3$, $y=-\dfrac{3}{2}$

즉 주어진 직선은 실수 k의 값에 관계없이 항상 점 $\left(-3, -\dfrac{3}{2}\right)$

을 지난다.

따라서 $a=-3$, $b=-\dfrac{3}{2}$이므로 $a+b=-\dfrac{9}{2}$

12 두 직선 $x-y+6=0$, $x+3y+2=0$의 교점을 지나는 직선의

방정식은

$(x-y+6)+k(x+3y+2)=0$ (k는 실수)

$(1+k)x+(3k-1)y+2k+6=0$ ······ ㉠

직선 $2x+4y-1=0$과 평행하므로

$\dfrac{2}{1+k}=\dfrac{4}{3k-1}\neq\dfrac{-1}{2k+6}$

$4(1+k)=2(3k-1)$, $4+4k=6k-2$, $-2k=-6$

즉 $k=3$이므로 $k=3$을 ㉠에 대입하면

$4x+8y+12=0$, 즉 $x+2y+3=0$

따라서 구하는 직선의 y절편은 $-\dfrac{3}{2}$이다.

13

본문 74쪽

점과 직선 사이의 거리

1 (✏ 2, 3, 2, $\sqrt{5}$)   2 $\sqrt{2}$ 3 $\dfrac{3}{13}$

4 (✏ -5, 4, 1)   5 $\sqrt{13}$

6 (✏ 3, 1, 2, -1, $2\sqrt{2}$)   7 $\sqrt{17}$

8 $\sqrt{13}$ 9 $2\sqrt{2}$ 10 $\dfrac{\sqrt{26}}{2}$

☺ x_1, y_1, c 11 (✏ 1, 2, -2, 2)

12 -11 또는 -1 13 -1 또는 19

14 -7 또는 6   15 -57 또는 3

2 $\dfrac{|1\times4+1\times(-5)-1|}{\sqrt{1^2+1^2}}=\sqrt{2}$

3 $\dfrac{|5\times(-3)-12\times(-1)|}{\sqrt{5^2+(-12)^2}}=\dfrac{3}{13}$

5 $\dfrac{|13|}{\sqrt{2^2+(-3)^2}}=\sqrt{13}$

7 $y=-4x-5$에서 $4x+y+5=0$

$\dfrac{|4\times3+1\times0+5|}{\sqrt{4^2+1^2}}=\sqrt{17}$

8 $y=\dfrac{2}{3}x+\dfrac{4}{3}$에서 $2x-3y+4=0$

$\dfrac{|2\times(-4)-3\times3+4|}{\sqrt{2^2+(-3)^2}}=\sqrt{13}$

9 $y=-x+4$에서 $x+y-4=0$

$\dfrac{|-4|}{\sqrt{1^2+1^2}}=2\sqrt{2}$

10 $y=-5x$에서 $5x+y=0$

$\dfrac{|5\times(-2)+1\times(-3)|}{\sqrt{5^2+1^2}}=\dfrac{\sqrt{26}}{2}$

12 $\dfrac{|3\times(-2)+4\times3+k|}{\sqrt{3^2+4^2}}=1$이므로 $|6+k|=5$

$6+k=\pm5$

따라서 $k=-11$ 또는 $k=-1$

13 $\dfrac{|1\times(-1)+2\times(-4)+k|}{\sqrt{1^2+2^2}}=2\sqrt{5}$이므로

$|-9+k|=10,\ -9+k=\pm10$

따라서 $k=-1$ 또는 $k=19$

14 $\dfrac{|2\times k-3\times0+1|}{\sqrt{2^2+(-3)^2}}=\sqrt{13}$이므로

$|2k+1|=13,\ 2k+1=\pm13$

따라서 $k=-7$ 또는 $k=6$

15 $\dfrac{|7\times3+1\times k+6|}{\sqrt{7^2+1^2}}=3\sqrt{2}$이므로

$|27+k|=30,\ 27+k=\pm30$

따라서 $k=-57$ 또는 $k=3$

14

평행한 두 직선 사이의 거리

1 $\left(\text{✐}\ 3,\ 3,\ \dfrac{5\sqrt{2}}{2},\ \dfrac{5\sqrt{2}}{2}\right)$ **2** $\dfrac{4\sqrt{13}}{13}$ **3** 2

4 $\dfrac{13\sqrt{5}}{5}$ **5** $2\sqrt{5}$ **6** $\left(\text{✐}\ 4,\ 4,\ 3,\ \dfrac{\sqrt{10}}{2},\ \dfrac{\sqrt{10}}{2}\right)$

7 $3\sqrt{2}$ **8** $\sqrt{5}$ **9** $\dfrac{28}{5}$ **10** $\dfrac{\sqrt{2}}{2}$

11 $(\text{✐}\ 4,\ 4,\ \sqrt{5},\ 4,\ 4,\ -9,\ 1)$ **12** -3 또는 5

13 -14 또는 12 **14** -10 또는 10

15 -19 또는 15

---

2 직선 $2x+3y+5=0$ 위의 한 점 $(-1,\ -1)$과 직선 $2x+3y+1=0$ 사이의 거리는

$\dfrac{|2\times(-1)+3\times(-1)+1|}{\sqrt{2^2+3^2}}=\dfrac{4\sqrt{13}}{13}$

따라서 두 직선 사이의 거리는 $\dfrac{4\sqrt{13}}{13}$이다.

3 직선 $3x+4y-1=0$ 위의 한 점 $(-1,\ 1)$과 직선 $3x+4y+9=0$ 사이의 거리는

$\dfrac{|3\times(-1)+4\times1+9|}{\sqrt{3^2+4^2}}=2$

따라서 두 직선 사이의 거리는 2이다.

4 직선 $2x-y+5=0$ 위의 한 점 $(0,\ 5)$와 직선 $2x-y-8=0$ 사이의 거리는

$\dfrac{|-1\times5-8|}{\sqrt{2^2+(-1)^2}}=\dfrac{13\sqrt{5}}{5}$

따라서 두 직선 사이의 거리는 $\dfrac{13\sqrt{5}}{5}$이다.

5 직선 $x-2y-3=0$ 위의 한 점 $(3,\ 0)$과 직선 $x-2y+7=0$ 사이의 거리는

$\dfrac{|1\times3+7|}{\sqrt{1^2+(-2)^2}}=2\sqrt{5}$

따라서 두 직선 사이의 거리는 $2\sqrt{5}$이다.

7 직선 $y=x+1$ 위의 한 점 $(0,\ 1)$과 직선 $y=x-5$, 즉 $x-y-5=0$ 사이의 거리는

$\dfrac{|-1-5|}{\sqrt{1^2+(-1)^2}}=3\sqrt{2}$

따라서 두 직선 사이의 거리는 $3\sqrt{2}$이다.

8 직선 $y=2x$ 위의 한 점 $(1,\ 2)$와 직선 $y=2x-5$, 즉 $2x-y-5=0$ 사이의 거리는

$\dfrac{|2-2-5|}{\sqrt{2^2+(-1)^2}}=\sqrt{5}$

따라서 두 직선 사이의 거리는 $\sqrt{5}$이다.

9 직선 $y=\dfrac{3}{4}x+2$ 위의 한 점 $(0,\ 2)$와 직선 $y=\dfrac{3}{4}x-5$, 즉 $3x-4y-20=0$ 사이의 거리는

$\dfrac{|-8-20|}{\sqrt{3^2+(-4)^2}}=\dfrac{28}{5}$

따라서 두 직선 사이의 거리는 $\dfrac{28}{5}$이다.

2. 직선의 방정식 **29**

10 직선 $y=-7x-2$ 위의 한 점 $(0,\ -2)$와 직선
$y=-7x-7$, 즉 $7x+y+7=0$ 사이의 거리는

$$\dfrac{|-2+7|}{\sqrt{7^2+1^2}}=\dfrac{\sqrt{2}}{2}$$

따라서 두 직선 사이의 거리는 $\dfrac{\sqrt{2}}{2}$이다.

12 직선 $x-y+1=0$ 위의 한 점 $(0,\ 1)$과 직선
$x-y+k=0$ 사이의 거리가 $2\sqrt{2}$이므로

$$\dfrac{|-1+k|}{\sqrt{1^2+(-1)^2}}=2\sqrt{2}$$

$$|-1+k|=4$$

$$-1+k=\pm4$$

따라서 $k=-3$ 또는 $k=5$

13 직선 $3x+2y+1=0$ 위의 한 점 $(1,\ -2)$와 직선
$3x+2y-k=0$ 사이의 거리가 $\sqrt{13}$이므로

$$\dfrac{|3-4-k|}{\sqrt{3^2+2^2}}=\sqrt{13}$$

$$|-1-k|=13$$

$$-1-k=\pm13$$

따라서 $k=-14$ 또는 $k=12$

14 직선 $3x-4y=0$ 위의 한 점 $(0,\ 0)$과 직선
$3x-4y+k=0$ 사이의 거리가 2이므로

$$\dfrac{|k|}{\sqrt{3^2+(-4)^2}}=2$$

$$|k|=10$$

따라서 $k=-10$ 또는 $k=10$

15 직선 $4x+y+2=0$ 위의 한 점 $(0,\ -2)$와 직선
$4x+y-k=0$ 사이의 거리가 $\sqrt{17}$이므로

$$\dfrac{|-2-k|}{\sqrt{4^2+1^2}}=\sqrt{17}$$

$$|-2-k|=17$$

$$-2-k=\pm17$$

따라서 $k=-19$ 또는 $k=15$

세 꼭짓점의 좌표가 주어진 삼각형의 넓이

1 (1) $(\varnothing\ -3,\ -1,\ \sqrt{29})$ (2) $(\varnothing\ -1,\ -3,\ 2,\ 5y)$

   (3) $\left(\varnothing\ 5y,\ 1,\ 25,\ \dfrac{19}{\sqrt{29}},\ \dfrac{19}{29}\right)$ (4) $\left(\varnothing\ \sqrt{29},\ \dfrac{19}{29},\ \dfrac{19}{2}\right)$

2 (1) 5 (2) $4x+3y-4=0$ (3) $\dfrac{7}{5}$ (4) $\dfrac{7}{2}$

3 $\dfrac{17}{2}$ **4** 3 **5** 5

6 $\dfrac{13}{2}$ **7** 9 **8** $\dfrac{39}{2}$

9 $\left(\varnothing\ 37,\ 6,\ 6,\ 6,\ -1,\ 6,\ 37,\ 37,\ 6,\ 37,\ 6,\ 6,\ -\dfrac{7}{2},\ \dfrac{9}{2}\right)$

10 -17 또는 13 **11** -1 또는 $\dfrac{31}{5}$ **12** -2 또는 0

2 (1) $\overline{AC}=\sqrt{(-2-1)^2+(4-0)^2}=5$

(2) 직선 AC의 방정식은

$$y-0=\dfrac{4-0}{-2-1}(x-1)$$

즉 $4x+3y-4=0$

(3) 점 $B(5,\ -3)$과 직선 AC 사이의 거리는

$$\dfrac{|20-9-4|}{\sqrt{4^2+3^2}}=\dfrac{7}{5}$$

(4) 삼각형 ABC의 넓이는

$$\dfrac{1}{2}\times5\times\dfrac{7}{5}=\dfrac{7}{2}$$

3 $\overline{AB}=\sqrt{(2-1)^2+(3+1)^2}=\sqrt{17}$

직선 AB의 방정식은

$$y+1=\dfrac{3+1}{2-1}(x-1),\ y=4x-5$$

즉 $4x-y-5=0$

이때 점 $C(-3,\ 0)$과 직선 AB 사이의 거리는

$$\dfrac{|-12-5|}{\sqrt{4^2+(-1)^2}}=\sqrt{17}$$

따라서 삼각형 ABC의 넓이는

$$\dfrac{1}{2}\times\sqrt{17}\times\sqrt{17}=\dfrac{17}{2}$$

4 $\overline{AB}=\sqrt{(-1+4)^2+(2-5)^2}=3\sqrt{2}$

직선 AB의 방정식은

$$y-5=\dfrac{2-5}{-1+4}(x+4),\ y=-x+1$$

즉 $x+y-1=0$

이때 점 $C(3,\ -4)$와 직선 AB 사이의 거리는

$$\dfrac{|3-4-1|}{\sqrt{1^2+1^2}}=\sqrt{2}$$

따라서 삼각형 ABC의 넓이는

$$\dfrac{1}{2}\times3\sqrt{2}\times\sqrt{2}=3$$

5 $\overline{AB}=\sqrt{(-1+5)^2+(0-3)^2}=5$

직선 AB의 방정식은

$y-3=\dfrac{0-3}{-1+5}(x+5),\ y=-\dfrac{3}{4}x-\dfrac{3}{4}$

즉 $3x+4y+3=0$

이때 점 $C(1,\ 1)$과 직선 AB 사이의 거리는

$\dfrac{|3+4+3|}{\sqrt{3^2+4^2}}=2$

따라서 삼각형 ABC의 넓이는

$\dfrac{1}{2}\times5\times2=5$

6 $\overline{AB}=\sqrt{(3+2)^2+(2-1)^2}=\sqrt{26}$

직선 AB의 방정식은

$y-1=\dfrac{2-1}{3+2}(x+2),\ y=\dfrac{1}{5}x+\dfrac{7}{5}$

즉 $x-5y+7=0$

이때 점 $C(0,\ 4)$와 직선 AB 사이의 거리는

$\dfrac{|-20+7|}{\sqrt{1^2+(-5)^2}}=\dfrac{\sqrt{26}}{2}$

따라서 삼각형 ABC의 넓이는

$\dfrac{1}{2}\times\sqrt{26}\times\dfrac{\sqrt{26}}{2}=\dfrac{13}{2}$

7 $\overline{AB}=\sqrt{(5-7)^2+(2-6)^2}=2\sqrt{5}$

직선 AB의 방정식은

$y-6=\dfrac{2-6}{5-7}(x-7),\ y=2x-8$

즉 $2x-y-8=0$

이때 점 $C(1,\ 3)$과 직선 AB 사이의 거리는

$\dfrac{|2-3-8|}{\sqrt{2^2+(-1)^2}}=\dfrac{9\sqrt{5}}{5}$

따라서 삼각형 ABC의 넓이는

$\dfrac{1}{2}\times2\sqrt{5}\times\dfrac{9\sqrt{5}}{5}=9$

8 $\overline{AB}=\sqrt{(-1+4)^2+(-4-2)^2}=3\sqrt{5}$

직선 AB의 방정식은

$y-2=\dfrac{-4-2}{-1+4}(x+4),\ y=-2x-6$

즉 $2x+y+6=0$

이때 점 $C(2,\ 3)$과 직선 AB 사이의 거리는

$\dfrac{|4+3+6|}{\sqrt{2^2+1^2}}=\dfrac{13\sqrt{5}}{5}$

따라서 삼각형 ABC의 넓이는

$\dfrac{1}{2}\times3\sqrt{5}\times\dfrac{13\sqrt{5}}{5}=\dfrac{39}{2}$

10 $\overline{BC}=\sqrt{(3-1)^2+(8-4)^2}=2\sqrt{5}$

직선 BC의 방정식은

$y-4=\dfrac{8-4}{3-1}(x-1)$이므로 $2x-y+2=0$

또 점 $A(-2,\ a)$와 직선 BC 사이의 거리는

$\dfrac{|-4-a+2|}{\sqrt{2^2+(-1)^2}}=\dfrac{|-a-2|}{\sqrt{5}}$

이때 삼각형 ABC의 넓이는 15이므로

$\dfrac{1}{2}\times2\sqrt{5}\times\dfrac{|-a-2|}{\sqrt{5}}=15,\ |-a-2|=15$

$-a-2=\pm15$

따라서 $a=-17$ 또는 $a=13$

11 $\overline{AB}=\sqrt{(3-1)^2+(6-1)^2}=\sqrt{29}$

직선 AB의 방정식은

$y-1=\dfrac{6-1}{3-1}(x-1)$이므로 $5x-2y-3=0$

또 점 $C(a,\ 5)$와 직선 AB 사이의 거리는

$\dfrac{|5a-10-3|}{\sqrt{5^2+(-2)^2}}=\dfrac{|5a-13|}{\sqrt{29}}$

이때 삼각형 ABC의 넓이는 9이므로

$\dfrac{1}{2}\times\sqrt{29}\times\dfrac{|5a-13|}{\sqrt{29}}=9,\ |5a-13|=18$

$5a-13=\pm18$

따라서 $a=-1$ 또는 $a=\dfrac{31}{5}$

12 $\overline{AC}=\sqrt{(1+5)^2+(-1+1)^2}=6$

직선 AC의 방정식은 $y=-1$

또 점 $B(-3,\ a)$와 직선 AC 사이의 거리는 $|a+1|$

이때 삼각형 ABC의 넓이는 3이므로

$\dfrac{1}{2}\times6\times|a+1|=3,\ |a+1|=1$

$a+1=\pm1$

따라서 $a=-2$ 또는 $a=0$

16

본문 80쪽

자취의 방정식; 직선

1 (✏ 3, 4, 3, 4, 6, 9, 8, 16, 6, 8, 7)

2 $x+y+1=0$

3 $x+3y-7=0$

4 $5x-3y+1=0$

5 $x-y-3=0$

6 (✏ 2, 2, 2, 2, 2, 2, 2, 2, 3, 3, 1)

7 $x-2y+2=0$ 또는 $2x+y+3=0$

8 $y-4=0$ 또는 $x+2=0$

9 $x+3y-4=0$ 또는 $3x-y-2=0$

10 $x-2y+3=0$ 또는 $2x+y-1=0$

11 $4x-4y+5=0$ 또는 $6x+6y+1=0$

2 점 P의 좌표를 (x, y)라 하면 $\overline{PA}=\overline{PB}$이므로

$$\sqrt{(x+5)^2+(y-1)^2}=\sqrt{(x+2)^2+(y-4)^2}$$

양변을 제곱하면

$$(x+5)^2+(y-1)^2=(x+2)^2+(y-4)^2$$

$$x^2+10x+25+y^2-2y+1=x^2+4x+4+y^2-8y+16$$

따라서 $x+y+1=0$

3 점 P의 좌표를 (x, y)라 하면 $\overline{PA}=\overline{PB}$이므로

$$\sqrt{(x+2)^2+(y+2)^2}=\sqrt{(x-1)^2+(y-7)^2}$$

양변을 제곱하면

$$(x+2)^2+(y+2)^2=(x-1)^2+(y-7)^2$$

$$x^2+4x+4+y^2+4y+4=x^2-2x+1+y^2-14y+49$$

따라서 $x+3y-7=0$

4 점 P의 좌표를 (x, y)라 하면 $\overline{PA}=\overline{PB}$이므로

$$\sqrt{(x+3)^2+(y-1)^2}=\sqrt{(x-2)^2+(y+2)^2}$$

양변을 제곱하면

$$(x+3)^2+(y-1)^2=(x-2)^2+(y+2)^2$$

$$x^2+6x+9+y^2-2y+1=x^2-4x+4+y^2+4y+4$$

따라서 $5x-3y+1=0$

5 점 P의 좌표를 (x, y)라 하면 $\overline{PA}=\overline{PB}$이므로

$$\sqrt{(x-5)^2+y^2}=\sqrt{(x-3)^2+(y-2)^2}$$

양변을 제곱하면

$$(x-5)^2+y^2=(x-3)^2+(y-2)^2$$

$$x^2-10x+25+y^2=x^2-6x+9+y^2-4y+4$$

따라서 $x-y-3=0$

7 점 P의 좌표를 (x, y)라 하면 점 P에서 두 직선 l, m까지의 거리가 같으므로

$$\frac{|3x-y+5|}{\sqrt{3^2+(-1)^2}}=\frac{|x+3y+1|}{\sqrt{1^2+3^2}}$$

$$|3x-y+5|=|x+3y+1|$$

$$3x-y+5=\pm(x+3y+1)$$

따라서 $x-2y+2=0$ 또는 $2x+y+3=0$

8 점 P의 좌표를 (x, y)라 하면 점 P에서 두 직선 l, m까지의 거리가 같으므로

$$\frac{|x-y+6|}{\sqrt{1^2+(-1)^2}}=\frac{|x+y-2|}{\sqrt{1^2+1^2}}$$

$$|x-y+6|=|x+y-2|$$

$$x-y+6=\pm(x+y-2)$$

따라서 $y-4=0$ 또는 $x+2=0$

9 점 P의 좌표를 (x, y)라 하면 점 P에서 두 직선 l, m까지의 거리가 같으므로

$$\frac{|2x+y-3|}{\sqrt{2^2+1^2}}=\frac{|x-2y+1|}{\sqrt{1^2+(-2)^2}}$$

$$|2x+y-3|=|x-2y+1|$$

$$2x+y-3=\pm(x-2y+1)$$

따라서 $x+3y-4=0$ 또는 $3x-y-2=0$

10 점 P의 좌표를 (x, y)라 하면 점 P에서 두 직선 l, m까지의 거리가 같으므로

$$\frac{|x+3y-4|}{\sqrt{1^2+3^2}}=\frac{|3x-y+2|}{\sqrt{3^2+(-1)^2}}$$

$$|x+3y-4|=|3x-y+2|$$

$$x+3y-4=\pm(3x-y+2)$$

따라서 $x-2y+3=0$ 또는 $2x+y-1=0$

11 점 P의 좌표를 (x, y)라 하면 점 P에서 두 직선 l, m까지의 거리가 같으므로

$$\frac{|x+5y-2|}{\sqrt{1^2+5^2}}=\frac{|5x+y+3|}{\sqrt{5^2+1^2}}$$

$$|x+5y-2|=|5x+y+3|$$

$$x+5y-2=\pm(5x+y+3)$$

따라서 $4x-4y+5=0$ 또는 $6x+6y+1=0$

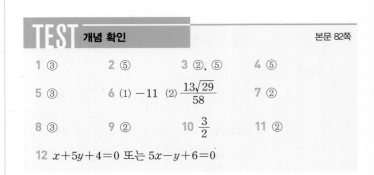

TEST 개념 확인

본문 82쪽

1 ③	**2** ⑤	**3** ②, ⑤	**4** ⑤
5 ③	**6** (1) -11 (2) $\dfrac{13\sqrt{29}}{58}$		**7** ②
8 ③	**9** ②	**10** $\dfrac{3}{2}$	**11** ②

12 $x+5y+4=0$ 또는 $5x-y+6=0$

1 두 점 $(-2, 1)$, $(-3, 4)$를 지나는 직선의 방정식은

$$y-1=\frac{4-1}{-3+2}(x+2)$$이므로 $3x+y+5=0$

따라서 이 직선과 점 $(1, 2)$ 사이의 거리는

$$\frac{|3+2+5|}{\sqrt{3^2+1^2}}=\sqrt{10}$$

2 점 $(2, 4)$와 직선 $x+y-k=0$ 사이의 거리가 $4\sqrt{2}$이므로

$$\frac{|2+4-k|}{\sqrt{1^2+1^2}}=4\sqrt{2}, \quad |6-k|=8$$

$$6-k=\pm8$$

따라서 $k=-2$ 또는 $k=14$

이때 $k<0$이므로 $k=-2$

3 직선 $2x-y+3=0$과 평행한 직선의 방정식을 $2x-y+k=0$ (k는 실수)라 하면 이 직선은 원점으로부터의 거리가 $\sqrt{2}$이므로

$$\frac{|k|}{\sqrt{2^2+(-1)^2}}=\sqrt{2}, \quad |k|=\sqrt{10}$$

$$k=\pm\sqrt{10}$$

따라서 구하는 직선의 방정식은

$$2x-y+\sqrt{10}=0 \text{ 또는 } 2x-y-\sqrt{10}=0$$

4 점 $(a, 3)$에서 직선 $4x+3y-3=0$에 이르는 거리는

$$\frac{|4a+9-3|}{\sqrt{4^2+3^2}}$$

점 $(a, 3)$에서 직선 $3x-4y+4=0$에 이르는 거리는

$$\frac{|3a-12+4|}{\sqrt{3^2+(-4)^2}}$$

이때 거리가 같으므로

$$\frac{|4a+6|}{\sqrt{4^2+3^2}}=\frac{|3a-8|}{\sqrt{3^2+(-4)^2}}$$

$|4a+6|=|3a-8|$, $4a+6=\pm(3a-8)$

$a=-14$ 또는 $a=\dfrac{2}{7}$

따라서 구하는 모든 a의 값의 곱은 $-14 \times \dfrac{2}{7}=-4$

5 직선 $x+y+1=0$ 위의 점 $(0, -1)$과 직선 $x+y+7=0$ 사이의 거리는

$$\frac{|-1+7|}{\sqrt{1^2+1^2}}=3\sqrt{2}$$

6 (1) $\dfrac{4}{2}=\dfrac{k+1}{-5}\neq\dfrac{-1}{6}$

$2(k+1)=-20$, $k+1=-10$

따라서 $k=-11$

(2) 직선 $4x-10y-1=0$ 위의 점 $\left(\dfrac{1}{4}, 0\right)$과 직선 $2x-5y+6=0$ 사이의 거리는

$$\frac{\left|\dfrac{1}{2}+6\right|}{\sqrt{2^2+(-5)^2}}=\frac{13\sqrt{29}}{58}$$

7 직선 $y=4x+2$ 위의 점 $(0, 2)$와 직선 $y=4x+k$, 즉 $4x-y+k=0$ 사이의 거리가 $\sqrt{17}$이므로

$$\frac{|-2+k|}{\sqrt{4^2+(-1)^2}}=\sqrt{17}, \ |-2+k|=17$$

$-2+k=\pm17$

따라서 $k=19$ 또는 $k=-15$

이때 $k>0$이므로 $k=19$

8 $\overline{AB}=\sqrt{(0+2)^2+(3+1)^2}=2\sqrt{5}$

직선 AB의 방정식은

$y-3=\dfrac{3+1}{0+2}(x-0)$, $y=2x+3$

즉 $2x-y+3=0$

이때 점 $C(2, 4)$와 직선 AB 사이의 거리는

$$\frac{|4-4+3|}{\sqrt{2^2+(-1)^2}}=\frac{3\sqrt{5}}{5}$$

따라서 삼각형 ABC의 넓이는

$$\frac{1}{2}\times2\sqrt{5}\times\frac{3\sqrt{5}}{5}=3$$

9 두 점 A, B에 대하여

$\overline{AB}=|-4-0|=4$

직선 AB의 방정식은 $y=0$

또 점 $C(2, a)$와 직선 AB 사이의 거리는 $|a|$

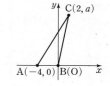

이때 삼각형 ABC의 넓이는 20이므로

$$\frac{1}{2}\times4\times|a|=20, \ |a|=10$$

따라서 $a=\pm10$에서 $a>0$이므로 $a=10$

10 점 A는 두 직선 $y=2x$, $y=-x+3$의 교점이므로 점 A의 좌표는 $(1, 2)$

점 B는 두 직선 $y=2x$, $y=\dfrac{1}{2}x$의 교점이므로 점 B의 좌표는 $(0, 0)$

점 C는 두 직선 $y=\dfrac{1}{2}x$, $y=-x+3$의 교점이므로 점 C의 좌표는 $(2, 1)$

$\overline{AB}=\sqrt{(1-0)^2+(2-0)^2}=\sqrt{5}$

이때 점 $C(2, 1)$과 직선 $y=2x$, 즉 $2x-y=0$ 사이의 거리는

$$\frac{|4-1|}{\sqrt{2^2+(-1)^2}}=\frac{3\sqrt{5}}{5}$$

따라서 삼각형 ABC의 넓이는

$$\frac{1}{2}\times\sqrt{5}\times\frac{3\sqrt{5}}{5}=\frac{3}{2}$$

11 점 P의 좌표를 (x, y)라 하면 $\overline{PA}=\overline{PB}$이므로

$\sqrt{(x-1)^2+(y-3)^2}=\sqrt{(x-3)^2+(y-5)^2}$

양변을 제곱하면

$(x-1)^2+(y-3)^2=(x-3)^2+(y-5)^2$

$x^2-2x+1+y^2-6y+9$

$=x^2-6x+9+y^2-10y+25$

$x+y-6=0$

따라서 두 점 A, B로부터 같은 거리에 있는 점 P가 아닌 것은 직선 $x+y-6=0$ 위에 있지 않은 점이므로 ②이다.

12 점 P의 좌표를 (x, y)라 하면 점 P에서 두 직선 l, m까지의 거리가 같으므로

$$\frac{|2x-3y+1|}{\sqrt{2^2+(-3)^2}}=\frac{|3x+2y+5|}{\sqrt{3^2+2^2}}$$

$|2x-3y+1|=|3x+2y+5|$

$2x-3y+1=\pm(3x+2y+5)$

따라서 $x+5y+4=0$ 또는 $5x-y+6=0$

1 ④	**2** ③	**3** ②	**4** ①
5 -1, 1	**6** ②	**7** $\dfrac{17}{2}$	**8** ③
9 ⑤	**10** $\sqrt{5}$	**11** ⑤	**12** $3x-2y-1=0$
13 -5, -3, 1		**14** ①	

1 두 점 $(-1, 5)$, $(3, 7)$을 잇는 선분의 중점의 좌표는

$\left(\dfrac{-1+3}{2}, \dfrac{5+7}{2}\right)$, 즉 $(1, 6)$

따라서 점 $(1, 6)$을 지나고 기울기가 3인 직선의 방정식은

$y-6=3(x-1)$이므로 $y=3x+3$

2 두 점 $(1, -2)$, $(4, 4)$를 지나는 직선의 방정식은

$y-(-2)=\dfrac{4+2}{4-1}(x-1)$이므로

$y=2x-4$

따라서 $a=2$, $b=-4$이므로 $ab=-8$

3 세 점 $A(1, -1)$, $B(3, a)$, $C(a, 3)$이 한 직선 위에 있으려면

직선 AB와 직선 AC의 기울기가 같아야 하므로

$\dfrac{a+1}{3-1}=\dfrac{3+1}{a-1}$, $(a+1)(a-1)=8$

$a^2-1=8$, $a^2=9$

즉 $a=\pm 3$

따라서 $a\neq 3$이므로 $a=-3$

4 $ax+by+c=0$에서 $y=-\dfrac{a}{b}x-\dfrac{c}{b}$

이때 $ab<0$, $bc=0$이므로 $-\dfrac{a}{b}>0$이고 $c=0$, 즉 $-\dfrac{c}{b}=0$

따라서 기울기가 양수이고 y절편이 0이므로 구하는 직선의 개형은 오른쪽 그림과 같다.

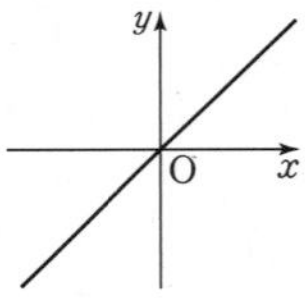

5 두 직선 $x+ay=0$, $2x+by-3=0$이 수직이므로

$1\times 2+a\times b=0$

$ab+2=0$ $\cdots\cdots$ ㉠

두 직선 $x+ay=0$, $x+(b-3)y+1=0$이 평행하므로

$a=b-3$

$a=b-3$을 ㉠에 대입하면

$(b-3)b+2=0$

$b^2-3b+2=0$, $(b-1)(b-2)=0$

$b=1$ 또는 $b=2$

따라서 $a=-2$, $b=1$일 때 $a+b=-1$이고 $a=-1$, $b=2$일 때 $a+b=1$

6 직선 AH와 직선 $2x-3y+4=0$, 즉 $y=\dfrac{2}{3}x+\dfrac{4}{3}$는 수직이므로

직선 AH의 기울기는 $-\dfrac{3}{2}$

따라서 $\dfrac{2-a}{1-0}=-\dfrac{3}{2}$이므로 $a=\dfrac{7}{2}$

7 $\overline{AB}$의 중점의 좌표는

$\left(\dfrac{-1+3}{2}, \dfrac{4+(-6)}{2}\right)$, 즉 $(1, -1)$

직선 AB의 기울기는 $\dfrac{-6-4}{3-(-1)}=-\dfrac{5}{2}$

따라서 $\overline{AB}$의 수직이등분선은 점 $(1, -1)$을 지나고 기울기가 $\dfrac{2}{5}$인 직선이므로 수직이등분선의 방정식은

$y-(-1)=\dfrac{2}{5}(x-1)$에서 $y=\dfrac{2}{5}x-\dfrac{7}{5}$

이 직선이 점 $(a, 2)$를 지나므로

$2=\dfrac{2}{5}a-\dfrac{7}{5}$

따라서 $a=\dfrac{17}{2}$

8 원점과 주어진 직선 사이의 거리를 d라 하면

① $x+3y-1=0 \Rightarrow d=\dfrac{|-1|}{\sqrt{1^2+3^2}}=\dfrac{1}{\sqrt{10}}$

② $3x-y+2=0 \Rightarrow d=\dfrac{|2|}{\sqrt{3^2+(-1)^2}}=\dfrac{2}{\sqrt{10}}$

③ $x-3y-5=0 \Rightarrow d=\dfrac{|-5|}{\sqrt{1^2+(-3)^2}}=\dfrac{5}{\sqrt{10}}$

④ $x-3y+3=0 \Rightarrow d=\dfrac{|3|}{\sqrt{1^2+(-3)^2}}=\dfrac{3}{\sqrt{10}}$

⑤ $3x+y+1=0 \Rightarrow d=\dfrac{|1|}{\sqrt{3^2+1^2}}=\dfrac{1}{\sqrt{10}}$

따라서 원점으로부터의 거리가 최대인 직선은 ③이다.

9 두 직선 $x+(3k+1)y+3=0$, $2x-4y+1=0$이 평행하므로

$\dfrac{1}{2}=\dfrac{3k+1}{-4}\neq\dfrac{3}{1}$에서

$2(3k+1)=-4$, $6k+2=-4$

$6k=-6$, $k=-1$

즉 두 직선의 방정식은

$x-2y+3=0$, $2x-4y+1=0$

따라서 직선 $2x-4y+1=0$ 위의 한 점 $\left(0, \dfrac{1}{4}\right)$과 직선

$x-2y+3=0$ 사이의 거리는

$\dfrac{\left|0-\dfrac{1}{2}+3\right|}{\sqrt{1^2+(-2)^2}}=\dfrac{\sqrt{5}}{2}$

10 $2x+y+6=0$에서 $y=-2x-6$

$2x+y+1=0$에서 $y=-2x-1$

두 직선 기울기가 -2로 같으므로 두 직선은 평행하다.

직선 $2x+y+1=0$ 위의 한 점 $(0, -1)$과 직선 $2x+y+6=0$ 사이의 거리는

$$\frac{|0-1+6|}{\sqrt{2^2+1^2}}=\sqrt{5}$$

11 $\overline{OA}=\sqrt{3^2+(-4)^2}=5$

이때 직선 OA의 방정식은 $y=-\dfrac{4}{3}x$, 즉 $4x+3y=0$이므로 직선 $4x+3y+12=0$과 평행하다.

점 O와 직선 $4x+3y+12=0$ 사이의 거리는

$$\frac{|12|}{\sqrt{4^2+3^2}}=\frac{12}{5}$$

따라서 삼각형 OAP의 넓이는

$$\frac{1}{2}\times 5\times\frac{12}{5}=6$$

12 직사각형의 넓이를 이등분하는 직선은 대각선의 교점을 지나므로 두 직사각형의 대각선의 중점을 지나는 직선의 방정식을 구한다.

제1사분면 위에 있는 직사각형에서 대각선의 중점의 좌표는

$\left(\dfrac{2+4}{2}, \dfrac{7+1}{2}\right)$, 즉 $(3, 4)$

제3사분면 위에 있는 직사각형에서 대각선의 중점의 좌표는

$\left(\dfrac{-1+(-5)}{2}, \dfrac{-4+(-6)}{2}\right)$, 즉 $(-3, -5)$

따라서 두 점 $(3, 4)$, $(-3, -5)$를 지나는 직선의 방정식은

$y-4=\dfrac{-5-4}{-3-3}(x-3)$이므로

$3x-2y-1=0$

13 세 직선 $y=x+4$, $y=-3x$, $y=kx-2$가 삼각형을 이루지 않는 경우는 다음과 같다.

(i) 직선 $y=kx-2$가 두 직선 $y=x+4$, $y=-3x$의 교점을 지날 때

　$y=x+4$, $y=-3x$를 연립하여 풀면

　$x=-1$, $y=3$

　따라서 직선 $y=kx-2$가 점 $(-1, 3)$을 지나야 하므로

　$3=-k-2$에서 $k=-5$

(ii) 직선 $y=kx-2$가 직선 $y=x+4$ 또는 직선 $y=-3x$와 평행할 때

　$k=1$ 또는 $k=-3$

따라서 구하는 모든 상수 k의 값은 -5, -3, 1이다.

14 두 직선 $x+2y-1=0$, $3x-4y+2=0$의 교점을 지나는 직선의 방정식은

$(x+2y-1)+k(3x-4y+2)=0$ (k는 실수)

이 직선이 점 $(2, -1)$을 지나므로

$-1+12k=0$, 즉 $k=\dfrac{1}{12}$

즉 두 직선의 교점을 지나는 직선의 방정식은

$3x+4y-2=0$

이 직선이 점 $(a, 5)$를 지나므로

$3a+20-2=0$

따라서 $a=-6$

3 원의 방정식

01

본문 88쪽

원의 방정식

원리확인

3, 1, 2, 3, 1, 2, 9

---

1 (✏ 5, 1, 2, 2, 5, 1)

2 $(x+3)^2+(y-4)^2=9$　　3 $(x+7)^2+(y+2)^2=25$

4 $(x-1)^2+(y+6)^2=2$　　5 $x^2+y^2=12$

☺ a, b, r^2, x^2, y^2, r^2

6 (✏ 1, 2, 3, 5, 1, 2, 25)

7 $(x+4)^2+(y-9)^2=20$　　8 $(x+5)^2+(y+2)^2=5$

9 $(x-7)^2+(y+6)^2=36$　　10 $(x-3)^2+(y+3)^2=18$

11 ⑤

12 (✏ 5, 1, 4, $\sqrt{13}$, 5, 1, 13)

13 $(x+6)^2+(y+3)^2=45$　　14 $x^2+(y+2)^2=13$

15 $(x-3)^2+(y-6)^2=10$　　☺ 중점, $\dfrac{1}{2}$

---

7 두 점 $(-4, 9)$, $(0, 7)$ 사이의 거리는
$\sqrt{4^2+(-2)^2}=2\sqrt{5}$
이므로 원의 방정식은
$(x+4)^2+(y-9)^2=(2\sqrt{5})^2$
따라서 $(x+4)^2+(y-9)^2=20$

8 두 점 $(-5, -2)$, $(-3, -1)$ 사이의 거리는
$\sqrt{2^2+1^2}=\sqrt{5}$
이므로 원의 방정식은
$(x+5)^2+(y+2)^2=(\sqrt{5})^2$
따라서 $(x+5)^2+(y+2)^2=5$

9 두 점 $(7, -6)$, $(7, 0)$ 사이의 거리는
$\sqrt{0^2+6^2}=6$
이므로 원의 방정식은
$(x-7)^2+(y+6)^2=6^2$
따라서 $(x-7)^2+(y+6)^2=36$

---

10 두 점 $(3, -3)$, $(0, 0)$ 사이의 거리는
$\sqrt{3^2+(-3)^2}=3\sqrt{2}$
이므로 원의 방정식은
$(x-3)^2+(y+3)^2=(3\sqrt{2})^2$
따라서 $(x-3)^2+(y+3)^2=18$

11 두 점 $(2, -1)$, $(-4, 1)$ 사이의 거리는
$\sqrt{(-6)^2+2^2}=2\sqrt{10}$
이므로 원의 방정식은
$(x-2)^2+(y+1)^2=(2\sqrt{10})^2$
즉 $(x-2)^2+(y+1)^2=40$
이 원이 점 $(4, a)$를 지나므로
$(4-2)^2+(a+1)^2=40$에서
$(a+1)^2=36$, $a+1=\pm6$
따라서 $a>0$이므로 $a=5$

13 원의 중심은 두 점 $(0, 0)$, $(-12, -6)$을 잇는 선분의 중점이므로
원의 중심의 좌표는 $\left(\dfrac{-12}{2}, \dfrac{-6}{2}\right)$, 즉 $(-6, -3)$
원의 반지름의 길이는 $\dfrac{\sqrt{(-12)^2+(-6)^2}}{2}=3\sqrt{5}$
이므로 구하는 원의 방정식은
$(x+6)^2+(y+3)^2=(3\sqrt{5})^2$
따라서 $(x+6)^2+(y+3)^2=45$

14 원의 중심은 두 점 $(3, 0)$, $(-3, -4)$를 잇는 선분의 중점이므로
원의 중심의 좌표는 $\left(\dfrac{3-3}{2}, \dfrac{-4}{2}\right)$, 즉 $(0, -2)$
원의 반지름의 길이는 $\dfrac{\sqrt{(-6)^2+(-4)^2}}{2}=\sqrt{13}$
이므로 구하는 원의 방정식은
$x^2+(y+2)^2=(\sqrt{13})^2$
따라서 $x^2+(y+2)^2=13$

15 원의 중심은 두 점 $(0, 5)$, $(6, 7)$을 잇는 선분의 중점이므로
원의 중심의 좌표는 $\left(\dfrac{0+6}{2}, \dfrac{5+7}{2}\right)$, 즉 $(3, 6)$
원의 반지름의 길이는 $\dfrac{\sqrt{6^2+2^2}}{2}=\sqrt{10}$
이므로 구하는 원의 방정식은
$(x-3)^2+(y-6)^2=(\sqrt{10})^2$
따라서 $(x-3)^2+(y-6)^2=10$

02

x축에 접하는 원의 방정식

원리확인

3, 2, 2, 3, 2, 4

---

1 (✏️ y, 2, 5, 2, 4)

2 $(x+1)^2+(y-7)^2=49$　　3 $(x+3)^2+(y+4)^2=16$

4 $(x-6)^2+(y+5)^2=25$　　5 $x^2+(y+8)^2=64$

6 $(x+10)^2+(y-3)^2=9$　　☺ y

7 $\left(✏️ 2, 2, 5, \dfrac{5}{2}, 2, \dfrac{5}{2}\right)$

8 $(-4, 5)$　　　　9 $(-3, -5)$　　　10 $\left(1, -\dfrac{13}{5}\right)$

11 (✏️ $-2a$, 5, -5, 5, 10, 100)

12 $(x+2)^2+(y+1)^2=1$　　13 $(x-4)^2+(y-3)^2=9$

14 $(x+1)^2+(y-1)^2=1$ 또는 $(x-3)^2+(y-5)^2=25$

---

2 (원의 반지름의 길이)$=|$(중심의 y좌표)$|=7$
이므로 구하는 원의 방정식은
$(x+1)^2+(y-7)^2=7^2$
따라서 $(x+1)^2+(y-7)^2=49$

3 (원의 반지름의 길이)$=|$(중심의 y좌표)$|=4$
이므로 구하는 원의 방정식은
$(x+3)^2+(y+4)^2=4^2$
따라서 $(x+3)^2+(y+4)^2=16$

4 (원의 반지름의 길이)$=|$(중심의 y좌표)$|=5$
이므로 구하는 원의 방정식은
$(x-6)^2+(y+5)^2=5^2$
따라서 $(x-6)^2+(y+5)^2=25$

5 (원의 반지름의 길이)$=|$(중심의 y좌표)$|=8$
이므로 구하는 원의 방정식은
$x^2+(y+8)^2=8^2$
따라서 $x^2+(y+8)^2=64$

6 (원의 반지름의 길이)$=|$(중심의 y좌표)$|=3$
이므로 구하는 원의 방정식은
$(x+10)^2+(y-3)^2=3^2$
따라서 $(x+10)^2+(y-3)^2=9$

---

8 점 P$(-4, 0)$에서 x축에 접하므로 중심의 x좌표는 -4이다.
또 중심의 y좌표를 r라 하면 반지름의 길이는 $|r|$이므로 원의 방정식은
$(x+4)^2+(y-r)^2=r^2$
이 원이 점 Q$(0, 2)$를 지나므로
$4^2+(2-r)^2=r^2$에서
$-4r+20=0$이므로 $r=5$
따라서 원의 중심 C의 좌표는 $(-4, 5)$

9 점 P$(-3, 0)$에서 x축에 접하므로 중심의 x좌표는 -3이다.
또 중심의 y좌표를 r라 하면 반지름의 길이는 $|r|$이므로 원의 방정식은
$(x+3)^2+(y-r)^2=r^2$
이 원이 점 Q$(0, -9)$를 지나므로
$3^2+(-9-r)^2=r^2$에서
$18r+90=0$이므로 $r=-5$
따라서 원의 중심 C의 좌표는 $(-3, -5)$

10 점 P$(1, 0)$에서 x축에 접하므로 중심의 x좌표는 1이다.
또 중심의 y좌표를 r라 하면 반지름의 길이는 $|r|$이므로 원의 방정식은
$(x-1)^2+(y-r)^2=r^2$
이 원이 점 Q$(0, -5)$를 지나므로
$(-1)^2+(-5-r)^2=r^2$에서
$10r+26=0$이므로 $r=-\dfrac{13}{5}$
따라서 원의 중심 C의 좌표는 $\left(1, -\dfrac{13}{5}\right)$

12 원의 중심이 직선 $y=x+1$ 위에 있으므로 원의 중심의 좌표를 $(a, a+1)$이라 하면 원이 x축에 접하므로 원의 방정식은
$(x-a)^2+(y-a-1)^2=|a+1|^2$
이 원이 점 A$(-1, -1)$을 지나므로
$(-1-a)^2+(-1-a-1)^2=|a+1|^2$에서
$(2+a)^2=0$이므로 $a=-2$
따라서 원의 방정식은 $(x+2)^2+(y+1)^2=1$

13 원의 중심이 직선 $y=x-1$ 위에 있으므로 원의 중심의 좌표를 $(a, a-1)$이라 하면 원이 x축에 접하므로 원의 방정식은
$(x-a)^2+(y-a+1)^2=|a-1|^2$
이 원이 점 A$(1, 3)$을 지나므로
$(1-a)^2+(3-a+1)^2=|a-1|^2$에서
$(4-a)^2=0$이므로 $a=4$
따라서 원의 방정식은 $(x-4)^2+(y-3)^2=9$

14 원의 중심이 직선 $y=x+2$ 위에 있으므로 원의 중심의 좌표를 $(a,\ a+2)$라 하면 원이 x축에 접하므로 원의 방정식은
$(x-a)^2+(y-a-2)^2=|a+2|^2$
이 원이 점 A$(-1,\ 2)$를 지나므로
$(-1-a)^2+(2-a-2)^2=|a+2|^2$에서
$a^2-2a-3=0,\ (a+1)(a-3)=0$이므로
$a=-1$ 또는 $a=3$
따라서 원의 방정식은
$(x+1)^2+(y-1)^2=1$ 또는 $(x-3)^2+(y-5)^2=25$

03

본문 92쪽

y축에 접하는 원의 방정식

원리확인

$5,\ 2,\ 5,\ 5,\ 2,\ 25$

---

1 ($\mathscr{\ell}$ x, 3, 3, 2, 9)

2 $(x+5)^2+(y-8)^2=25$　　**3** $(x+6)^2+(y+4)^2=36$

4 $(x-7)^2+(y+2)^2=49$　　**5** $(x+9)^2+y^2=81$

6 $(x+4)^2+(y-4)^2=16$　　☺ x

7 ($\mathscr{\ell}$ 2, 2, 18, 3, 3, 2)　　**8** $(2,\ -4)$

9 $(-10,\ -3)$　　**10** $(-7,\ 5)$

11 ($\mathscr{\ell}$ a, 5, 1, 5, 1, 2, 1, 5, 6, 25)

12 $(x+2)^2+(y-4)^2=4$ 또는 $(x+5)^2+(y-10)^2=25$

13 $(x+5)^2+(y+3)^2=25$ 또는 $(x+13)^2+(y+11)^2=169$

14 $\left(x-\dfrac{1}{2}\right)^2+(y-2)^2=\dfrac{1}{4}$ 또는 $(x-1)^2+(y-3)^2=1$

---

2 (원의 반지름의 길이)$=|$(중심의 x좌표)$|=5$
이므로 구하는 원의 방정식은
$(x+5)^2+(y-8)^2=5^2$
따라서 $(x+5)^2+(y-8)^2=25$

3 (원의 반지름의 길이)$=|$(중심의 x좌표)$|=6$
이므로 구하는 원의 방정식은
$(x+6)^2+(y+4)^2=6^2$
따라서 $(x+6)^2+(y+4)^2=36$

4 (원의 반지름의 길이)$=|$(중심의 x좌표)$|=7$
이므로 구하는 원의 방정식은
$(x-7)^2+(y+2)^2=7^2$
따라서 $(x-7)^2+(y+2)^2=49$

5 (원의 반지름의 길이)$=|$(중심의 x좌표)$|=9$
이므로 구하는 원의 방정식은
$(x+9)^2+y^2=9^2$
따라서 $(x+9)^2+y^2=81$

6 (원의 반지름의 길이)$=|$(중심의 x좌표)$|=4$
이므로 구하는 원의 방정식은
$(x+4)^2+(y-4)^2=4^2$
따라서 $(x+4)^2+(y-4)^2=16$

8 점 P$(0,\ -4)$에서 y축에 접하므로 중심의 y좌표는 -4이다.
또 중심의 x좌표를 r라 하면 반지름의 길이는 $|r|$이므로 원의 방정식은
$(x-r)^2+(y+4)^2=r^2$
이 원이 점 Q$(2,\ -2)$를 지나므로
$(2-r)^2+(-2+4)^2=r^2$에서
$-4r+8=0$이므로 $r=2$
따라서 원의 중심 C의 좌표는 $(2,\ -4)$

9 점 P$(0,\ -3)$에서 y축에 접하므로 중심의 y좌표는 -3이다.
또 중심의 x좌표를 r라 하면 반지름의 길이는 $|r|$이므로 원의 방정식은
$(x-r)^2+(y+3)^2=r^2$
이 원이 점 Q$(-4,\ -11)$을 지나므로
$(-4-r)^2+(-11+3)^2=r^2$에서
$8r+80=0$이므로 $r=-10$
따라서 원의 중심 C의 좌표는 $(-10,\ -3)$

10 점 P$(0,\ 5)$에서 y축에 접하므로 중심의 y좌표는 5이다.
또 중심의 x좌표를 r라 하면 반지름의 길이는 $|r|$이므로 원의 방정식은
$(x-r)^2+(y-5)^2=r^2$
이 원이 점 Q$(-7,\ 12)$를 지나므로
$(-7-r)^2+(12-5)^2=r^2$에서
$14r+98=0$이므로 $r=-7$
따라서 원의 중심 C의 좌표는 $(-7,\ 5)$

12 원의 중심이 직선 $y=-2x$ 위에 있으므로 원의 중심의 좌표를 $(a,\ -2a)$라 하면 원이 y축에 접하므로 원의 방정식은
$(x-a)^2+(y+2a)^2=|a|^2$
이 원이 점 A$(-2,\ 6)$을 지나므로
$(-2-a)^2+(6+2a)^2=|a|^2$에서
$a^2+7a+10=0,\ (a+2)(a+5)=0$이므로
$a=-2$ 또는 $a=-5$
따라서 원의 방정식은
$(x+2)^2+(y-4)^2=4$ 또는 $(x+5)^2+(y-10)^2=25$

13 원의 중심이 직선 $y=x+2$ 위에 있으므로 원의 중심의 좌표를 $(a,\ a+2)$라 하면 원이 y축에 접하므로 원의 방정식은

$(x-a)^2+(y-a-2)^2=|a|^2$

이 원이 점 $A(-1,\ -6)$을 지나므로

$(-1-a)^2+(-6-a-2)^2=|a|^2$에서

$a^2+18a+65=0,\ (a+5)(a+13)=0$이므로

$a=-5$ 또는 $a=-13$

따라서 원의 방정식은

$(x+5)^2+(y+3)^2=25$ 또는 $(x+13)^2+(y+11)^2=169$

14 원의 중심이 직선 $y=2x+1$ 위에 있으므로 원의 중심의 좌표를 $(a,\ 2a+1)$이라 하면 원이 y축에 접하므로 원의 방정식은

$(x-a)^2+(y-2a-1)^2=|a|^2$

이 원이 점 $A(1,\ 2)$를 지나므로

$(1-a)^2+(2-2a-1)^2=|a|^2$에서

$2a^2-3a+1=0,\ (2a-1)(a-1)=0$이므로

$a=\dfrac{1}{2}$ 또는 $a=1$

따라서 원의 방정식은

$\left(x-\dfrac{1}{2}\right)^2+(y-2)^2=\dfrac{1}{4}$ 또는 $(x-1)^2+(y-3)^2=1$

04

본문 94쪽

x축과 y축에 동시에 접하는 원의 방정식

원리확인

3, 3, 3, 3, 3, 9

1 ($\mathscr{Q}\,y$, 2, 2, 2, 4) **2** $(x+1)^2+(y-1)^2=1$

3 $(x+4)^2+(y+4)^2=16$ **4** $(x-6)^2+(y+6)^2=36$

☺ $y,\ |b|$ **5** ($\mathscr{Q}$ 5, 5, 5, 5, 25)

6 $(x+5)^2+(y-5)^2=25$ **7** $(x+5)^2+(y+5)^2=25$

8 $(x-5)^2+(y+5)^2=25$ **9** $(x+4)^2+(y-4)^2=16$

10 $(x-\sqrt{3})^2+(y+\sqrt{3})^2=3$

11 ($\mathscr{Q}$ 1, r, r, r, r, r^2, r, r, r^2, 5, 5, 5, 5, 5, 4, 4, $4\sqrt{2}$)

12 $4\sqrt{2}$ **13** $8\sqrt{2}$

14 $8\sqrt{2}$

---

2 (원의 반지름의 길이)$=|$(중심의 x좌표)$|$

$\qquad\qquad\qquad\quad =|$(중심의 y좌표)$|=1$

이므로 구하는 원의 방정식은

$(x+1)^2+(y-1)^2=1^2$

따라서 $(x+1)^2+(y-1)^2=1$

3 (원의 반지름의 길이)$=|$(중심의 x좌표)$|$

$\qquad\qquad\qquad\quad =|$(중심의 y좌표)$|=4$

이므로 구하는 원의 방정식은

$(x+4)^2+(y+4)^2=4^2$

따라서 $(x+4)^2+(y+4)^2=16$

4 (원의 반지름의 길이)$=|$(중심의 x좌표)$|$

$\qquad\qquad\qquad\quad =|$(중심의 y좌표)$|=6$

이므로 구하는 원의 방정식은

$(x-6)^2+(y+6)^2=6^2$

따라서 $(x-6)^2+(y+6)^2=36$

6 원의 중심의 좌표가 $(-5,\ 5)$이므로 구하는 원의 방정식은

$(x+5)^2+(y-5)^2=5^2$

따라서 $(x+5)^2+(y-5)^2=25$

7 원의 중심의 좌표가 $(-5,\ -5)$이므로 구하는 원의 방정식은

$(x+5)^2+(y+5)^2=5^2$

따라서 $(x+5)^2+(y+5)^2=25$

8 원의 중심의 좌표가 $(5,\ -5)$이므로 구하는 원의 방정식은

$(x-5)^2+(y+5)^2=25$

따라서 $(x-5)^2+(y+5)^2=25$

9 원의 중심의 좌표가 $(-4,\ 4)$이므로 구하는 원의 방정식은

$(x+4)^2+(y-4)^2=4^2$

따라서 $(x+4)^2+(y-4)^2=16$

10 원의 중심의 좌표가 $(\sqrt{3},\ -\sqrt{3})$이므로 구하는 원의 방정식은

$(x-\sqrt{3})^2+(y+\sqrt{3})^2=(\sqrt{3})^2$

따라서 $(x-\sqrt{3})^2+(y+\sqrt{3})^2=3$

12 점 $A(-2,\ 1)$을 지나고 x축, y축에 동시에 접하려면 원의 중심이 제2사분면에 있어야 한다.

이 원의 반지름의 길이를 $r\ (r>0)$라 하면 중심의 좌표는 $(-r,\ r)$이므로 원의 방정식은

$(x+r)^2+(y-r)^2=r^2$

이 원이 점 $A(-2,\ 1)$을 지나므로

$(-2+r)^2+(1-r)^2=r^2$에서

$r^2-6r+5=0,\ (r-1)(r-5)=0$이므로

$r=1$ 또는 $r=5$

따라서 두 원의 중심의 좌표가 각각 $(-1,\ 1),\ (-5,\ 5)$이므로 두 원의 중심 사이의 거리는

$\sqrt{(-4)^2+4^2}=4\sqrt{2}$

13 점 $A(-2, -4)$를 지나고 x축, y축에 동시에 접하려면 원의 중심이 제3사분면에 있어야 한다.

이 원의 반지름의 길이를 $r\,(r>0)$라 하면 중심의 좌표는 $(-r, -r)$이므로 원의 방정식은
$$(x+r)^2+(y+r)^2=r^2$$
이 원이 점 $A(-2, -4)$를 지나므로
$$(-2+r)^2+(-4+r)^2=r^2 \text{에서}$$
$$r^2-12r+20=0, \ (r-2)(r-10)=0 \text{이므로}$$
$$r=2 \text{ 또는 } r=10$$
따라서 두 원의 중심의 좌표가 각각 $(-2, -2)$, $(-10, -10)$이므로 두 원의 중심 사이의 거리는
$$\sqrt{(-8)^2+(-8)^2}=8\sqrt{2}$$

14 점 $A(4, -2)$를 지나고 x축, y축에 동시에 접하려면 원의 중심이 제4사분면에 있어야 한다.

이 원의 반지름의 길이를 $r\,(r>0)$라 하면 중심의 좌표는 $(r, -r)$이므로 원의 방정식은
$$(x-r)^2+(y+r)^2=r^2$$
이 원이 점 $A(4, -2)$를 지나므로
$$(4-r)^2+(-2+r)^2=r^2 \text{에서}$$
$$r^2-12r+20=0, \ (r-2)(r-10)=0 \text{이므로}$$
$$r=2 \text{ 또는 } r=10$$
따라서 두 원의 중심의 좌표가 각각 $(2, -2)$, $(10, -10)$이므로 두 원의 중심 사이의 거리는
$$\sqrt{8^2+(-8)^2}=8\sqrt{2}$$

TEST 개념 확인

1 ①	2 ③	3 ⑤	4 ③
5 ⑤	6 12	7 ③	8 ③
9 ①	10 ①	11 ①	12 4

1 원의 반지름의 길이를 r라 하면 원의 방정식은
$$(x-1)^2+(y+1)^2=r^2$$
이 원이 점 $(3, 1)$을 지나므로
$$(3-1)^2+(1+1)^2=r^2, \ r^2=8$$
따라서 구하는 원의 방정식은
$$(x-1)^2+(y+1)^2=8$$

2 원의 중심의 좌표를 $(a, 0)$이라 하고, 원의 반지름의 길이를 r라 하면 원의 방정식은
$$(x-a)^2+y^2=r^2$$
이 원이 두 점 $(0, -3)$, $(1, 4)$를 지나므로 각각 대입하면
$$a^2+(-3)^2=r^2 \quad \cdots\cdots \ \unicode{x24D8}$$
$$(1-a)^2+4^2=r^2 \quad \cdots\cdots \ \unicode{x24D9}$$
$\unicode{x24D9}$을 $\unicode{x24D8}$에 대입하면
$$a^2+(-3)^2=(1-a)^2+4^2 \text{에서}$$
$$-2a+8=0 \text{이므로 } a=4$$
$a=4$를 $\unicode{x24D8}$에 대입하면 $r^2=4^2+9=25$
따라서 원의 반지름의 길이는 $\sqrt{25}=5$

3 원의 중심은 두 점 $A(-1, 4)$, $B(7, -2)$를 잇는 선분의 중점이므로 원의 중심의 좌표는
$$\left(\frac{-1+7}{2}, \frac{4-2}{2}\right), \text{ 즉 } (3, 1)$$
원의 반지름의 길이는 $\dfrac{\sqrt{8^2+(-6)^2}}{2}=5$

따라서 $a=3$, $b=1$, $r=5$이므로
$$a+b+r=9$$

4 원 $(x-1)^2+(y+3)^2=7$의 중심의 좌표는 $(1, -3)$이다.
중심이 점 $(1, -3)$이고 x축에 접하는 원의 반지름의 길이는 중심의 y좌표의 절댓값과 같으므로 $|-3|=3$

5 점 $(1, 0)$에서 x축에 접하므로 중심의 x좌표는 1이다.
또 중심의 y좌표를 r라 하면 반지름의 길이는 $|r|$이므로 원의 방정식은
$$(x-1)^2+(y-r)^2=r^2$$
이 원이 점 $(0, 3)$을 지나므로
$$(-1)^2+(3-r)^2=r^2 \text{에서}$$
$$-6r+10=0 \text{이므로 } r=\frac{5}{3}$$
따라서 원의 중심의 좌표는 $\left(1, \dfrac{5}{3}\right)$, 즉 $a=1$, $b=\dfrac{5}{3}$이므로
$$b-a=\frac{2}{3}$$

6 x축에 접하는 원의 중심의 좌표를 (a, b)라 하면 원의 방정식은
$$(x-a)^2+(y-b)^2=b^2 \quad \cdots\cdots \ \unicode{x24D8}$$

40 I. 도형의 방정식

원 ㉠이 점 $(2, 4)$를 지나므로
$(2-a)^2+(4-b)^2=b^2$에서
$a^2-4a-8b+20=0$ $\qquad$ …… ㉡
원 ㉠이 점 $(0, 2)$를 지나므로
$a^2+(2-b)^2=b^2$에서
$a^2-4b+4=0$ $\qquad$ …… ㉢
$2\times㉢-㉡$을 하면
$a^2+4a-12=0$, $(a+6)(a-2)=0$이므로
$a=-6$ 또는 $a=2$
㉡에서 $a=-6$일 때 $b=10$, $a=2$일 때 $b=2$
따라서 두 원의 반지름의 길이의 합은 $10+2=12$

7 원 $(x+3)^2+(y-2)^2=13-k$가 y축에 접하므로 원의 반지름의 길이는 중심의 x좌표의 절댓값과 같다.
즉 $|-3|=\sqrt{13-k}$이므로
$(-3)^2=13-k$, $13-k=9$
따라서 $k=4$

8 원 $(x+2)^2+\left(y+\dfrac{k}{2}\right)^2=\dfrac{k^2}{4}-5$가 y축에 접하므로 원의 반지름의 길이는 중심의 x좌표의 절댓값과 같다.
즉 $|-2|=\sqrt{\dfrac{k^2}{4}-5}$이므로
$(-2)^2=\dfrac{k^2}{4}-5$, $k^2=36$
즉 $k=\pm6$
이때 이 원의 중심 $\left(-2, -\dfrac{k}{2}\right)$가 제3사분면 위에 있으므로
$-\dfrac{k}{2}<0$에서 $k>0$
따라서 $k=6$

9 원의 넓이가 9π이므로 원의 반지름의 길이는 3이고, 점 $(0, 4)$에서 y축에 접하므로 중심의 y좌표는 4이다.
이때 원의 중심이 제1사분면 위에 있으므로 원의 방정식은
$(x-3)^2+(y-4)^2=3^2$이므로
$(x-3)^2+(y-4)^2=9$
따라서 $a=3$, $b=4$, $c=9$이므로
$a+b-c=-2$

10 원 $(x-1)^2+(y+a)^2=b$가 x축과 y축에 동시에 접하므로
$1=|-a|=\sqrt{b}$
이때 $a>0$이므로 $|-a|=1$에서 $a=1$
$\sqrt{b}=1$에서 $b=1$
따라서 $ab=1$

11 원의 반지름의 길이를 r라 하면 원이 제4사분면에서 x축과 y축에 동시에 접하므로 중심의 좌표는 $(r, -r)$이다.
이때 중심 $(r, -r)$가 직선 $x-y-2=0$ 위에 있으므로
$r-(-r)-2=0$, $2r=2$에서
$r=1$
따라서 원의 반지름의 길이는 1이다.

12 중심의 좌표가 $(4, 4)$이고 x축과 y축에 동시에 접하는 원의 방정식은
$(x-4)^2+(y-4)^2=4^2$이므로
$(x-4)^2+(y-4)^2=16$
이 원이 점 $(8, a)$를 지나므로
$(8-4)^2+(a-4)^2=16$
$(a-4)^2=0$
따라서 $a=4$

05

본문 98쪽

이차방정식 $x^2+y^2+Ax+By+C=0$이 나타내는 도형

1 (✎ 1, 1, 2, 1, 1, 2, 1) **2** $(0, -3)$, $\sqrt{10}$
3 $(3, -2)$, $\sqrt{13}$ **4** $(-4, -4)$, 4
5 $(-2, 3)$, 3 **6** $(5, 5)$, 7
7 (✎ 2, 4, 4, 4) **8** $k<41$
9 $k>-72$ **10** $k<13$
11 ① **12** (✎ 0, -2, 6, 6, 2)
13 $x^2+y^2-x+17y=0$ **14** $x^2+y^2+x-y-2=0$

2 $x^2+y^2+6y-1=0$에서
$x^2+(y^2+6y+9)=10$이므로
$x^2+(y+3)^2=10$
따라서 원의 중심의 좌표는 $(0, -3)$, 반지름의 길이는 $\sqrt{10}$이다.

3 $x^2+y^2-6x+4y=0$에서
$(x^2-6x+9)+(y^2+4y+4)=13$이므로
$(x-3)^2+(y+2)^2=13$
따라서 원의 중심의 좌표는 $(3, -2)$, 반지름의 길이는 $\sqrt{13}$이다.

4 $x^2+y^2+8x+8y+16=0$에서
$(x^2+8x+16)+(y^2+8y+16)=16$이므로
$(x+4)^2+(y+4)^2=16$
따라서 원의 중심의 좌표는 $(-4, -4)$, 반지름의 길이는
$\sqrt{16}=4$

5 $x^2+y^2+4x-6y+4=0$에서
$(x^2+4x+4)+(y^2-6y+9)=9$이므로
$(x+2)^2+(y-3)^2=9$
따라서 원의 중심의 좌표는 $(-2, 3)$, 반지름의 길이는 $\sqrt{9}=3$

6 $x^2+y^2-10x-10y+1=0$에서
$(x^2-10x+25)+(y^2-10y+25)=49$이므로
$(x-5)^2+(y-5)^2=49$
따라서 원의 중심의 좌표는 $(5, 5)$, 반지름의 길이는 $\sqrt{49}=7$

8 $x^2+y^2-10x+8y+k=0$에서
$(x-5)^2+(y+4)^2=41-k$
이 방정식이 나타내는 도형이 원이 되려면
$41-k>0$
따라서 $k<41$

9 $x^2+y^2+12x-12y-k=0$에서
$(x+6)^2+(y-6)^2=k+72$
이 방정식이 나타내는 도형이 원이 되려면
$k+72>0$
따라서 $k>-72$

10 $x^2+y^2-6x-2y+k-3=0$에서
$(x-3)^2+(y-1)^2=13-k$
이 방정식이 나타내는 도형이 원이 되려면
$13-k>0$
따라서 $k<13$

11 $x^2+y^2-4x+2y+k=0$에서
$(x-2)^2+(y+1)^2=5-k$
이 방정식이 나타내는 도형이 원이 되려면
$5-k>0$이므로 $k<5$
이때 반지름의 길이가 5이므로
$5-k=25$에서 $k=-20$

13 원의 방정식을 $x^2+y^2+Ax+By+C=0$이라 하고 주어진 세 점 $(0, 0)$, $(1, 0)$, $(-5, -2)$의 좌표를 각각 대입하면
$C=0$
$1+A=0$이므로 $A=-1$
$25+4-5\times(-1)-2B=0$이므로 $B=17$
따라서 구하는 원의 방정식은
$x^2+y^2-x+17y=0$

14 원의 방정식을 $x^2+y^2+Ax+By+C=0$이라 하고 주어진 세 점 $(1, 0)$, $(0, -1)$, $(0, 2)$의 좌표를 각각 대입하면
$1+A+C=0$, $1-B+C=0$, $4+2B+C=0$
위의 세 식을 연립하여 풀면
$A=1$, $B=-1$, $C=-2$
따라서 구하는 원의 방정식은
$x^2+y^2+x-y-2=0$

06 본문 100쪽

두 원의 교점을 지나는 직선의 방정식

원리확인

16, 4, 4, 17, 4, 1

1 ($\mathscr{Q}$ 2, 8, 4, 5, 4, 13) **2** $2x+1=0$
3 $2x-8y+3=0$ **4** $14x-3y+4=0$
☺ B, 0 **5** ($\mathscr{Q}$ 8, 8, -6)
6 $\dfrac{3}{5}$ **7** 2
8 ②
9 ($\mathscr{Q}$ y, 1, 1, 7, -1, $\sqrt{2}$, $\sqrt{7}$, $\sqrt{2}$, $\sqrt{7}$, $\sqrt{2}$, $\sqrt{5}$, $2\sqrt{5}$)
10 $\sqrt{14}$ **11** $2\sqrt{2}$
☺ 2, d

2 구하는 직선의 방정식은
$x^2+y^2-1-(x^2+y^2+2x)=0$
$-1-2x=0$
따라서 $2x+1=0$

3 구하는 직선의 방정식은
$x^2+y^2+6y-3-(x^2+y^2+2x-2y)=0$
$-2x+8y-3=0$
따라서 $2x-8y+3=0$

4 구하는 직선의 방정식은
$x^2+y^2+10x-7y+5-(x^2+y^2-4x-4y+1)=0$
따라서 $14x-3y+4=0$

6 두 원의 교점을 지나는 직선의 방정식은
$x^2+y^2+5x+3y-\{x^2+y^2+(k+4)x+2y+11\}=0$이므로
$(1-k)x+y-11=0$
이 직선이 점 $P(5, 9)$를 지나므로
$5(1-k)+9-11=0, 5k=3$
따라서 $k=\dfrac{3}{5}$

7 두 원의 교점을 지나는 직선의 방정식은
$x^2+y^2+7x+2y+(k+1)-(x^2+y^2+kx+6y+2)=0$이므로
$(7-k)x-4y+(k-1)=0$
이 직선이 점 $P(-1, -1)$을 지나므로
$-(7-k)+4+(k-1)=0, 2k=4$
따라서 $k=2$

8 두 원의 교점을 지나는 직선의 방정식은
$x^2+y^2-8x-4-(x^2+y^2+2x-4y-1)=0$이므로
$-10x+4y-3=0$에서
$y=\dfrac{5}{2}x+\dfrac{3}{4}$
이 직선이 직선 $y=kx+2$와 수직이므로
$\dfrac{5}{2}\times k=-1$
따라서 $k=-\dfrac{2}{5}$

10 두 원의 공통현의 방정식은
$x^2+y^2-2x+2y-2-(x^2+y^2-6x-2y-6)=0$
즉 $x+y+1=0$ ...... ㉠
$x^2+y^2-2x+2y-2=0$에서
$(x-1)^2+(y+1)^2=4$이므로
원의 중심은 $C(1, -1)$이다.
오른쪽 그림과 같이 공통현과 원의 교점
을 각각 A, B, 현 AB의 중점을 M이라
하면 $\overline{CM}$은 점 C에서 직선 ㉠에 이르는
거리이므로

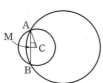

$\overline{CM}=\dfrac{|1+(-1)+1|}{\sqrt{1^2+1^2}}=\dfrac{\sqrt{2}}{2}$
또 $\overline{CM}$은 $\overline{AB}$를 수직이등분하므로 △ACM은 직각삼각형이고
$\overline{CA}=2, \overline{CM}=\dfrac{\sqrt{2}}{2}$이므로
$\overline{AM}=\sqrt{2^2-\left(\dfrac{\sqrt{2}}{2}\right)^2}=\dfrac{\sqrt{14}}{2}$
따라서 $\overline{AB}=2\overline{AM}=\sqrt{14}$

11 두 원의 공통현의 방정식은
$x^2+y^2+2x+2y-4-(x^2+y^2+5x-2y+5)=0$
즉 $3x-4y+9=0$ ...... ㉠
$x^2+y^2+2x+2y-4=0$에서
$(x+1)^2+(y+1)^2=6$이므로
원의 중심은 $C(-1, -1)$이다.
오른쪽 그림과 같이 공통현과 원의 교점을
각각 A, B, 현 AB의 중점을 M이라 하면
$\overline{CM}$은 점 C에서 직선 ㉠에 이르는 거리이
므로

$\overline{CM}=\dfrac{|-3-(-4)+9|}{\sqrt{3^2+(-4)^2}}=2$
또 $\overline{CM}$은 $\overline{AB}$를 수직이등분하므로 △ACM은 직각삼각형이고
$\overline{CA}=\sqrt{6}, \overline{CM}=2$이므로
$\overline{AM}=\sqrt{(\sqrt{6})^2-2^2}=\sqrt{2}$
따라서 $\overline{AB}=2\overline{AM}=2\sqrt{2}$

---

07 본문 102쪽

두 원의 교점을 지나는 원의 방정식

원리확인

6, 12, 2, 3, 직선, $k+1$, 원

1 (✏ 1, 1, 2)   **2** $x^2+y^2-\dfrac{9}{2}x-6y+\dfrac{19}{2}=0$

3 $x^2+y^2+2x-4y=0$ **4** $x^2+y^2-x-\dfrac{13}{3}y=0$

5 $x^2+y^2+4x-6y-12=0$ **6** $x^2+y^2-\dfrac{5}{2}x-\dfrac{7}{2}y=0$

☺ $B, 0, -1$ **7** (✏ 1, -4, 4)

2 두 원의 교점을 지나는 원의 방정식은

$x^2+y^2-16+k\{(x-3)^2+(y-4)^2-7\}=0$ ⋯⋯ ㉠

이 원이 점 P(3, 5)를 지나므로

$3^2+5^2-16+k(1^2-7)=0$에서

$6k=18$이므로 $k=3$ ⋯⋯ ㉡

㉡을 ㉠에 대입하면

$x^2+y^2-16+3\{(x-3)^2+(y-4)^2-7\}=0$

$4x^2+4y^2-18x-24y+38=0$

따라서 $x^2+y^2-\dfrac{9}{2}x-6y+\dfrac{19}{2}=0$

3 두 원의 교점을 지나는 원의 방정식은

$x^2+y^2+4x-4+k(x^2+y^2+x-6y+2)=0$ ⋯⋯ ㉠

이 원이 점 P(-2, 4)를 지나므로

$(-2)^2+4^2+4\times(-2)-4+k\{(-2)^2+4^2-2-6\times4+2\}=0$

에서

$4k=8$이므로 $k=2$ ⋯⋯ ㉡

㉡을 ㉠에 대입하면

$x^2+y^2+4x-4+2(x^2+y^2+x-6y+2)=0$

$3x^2+3y^2+6x-12y=0$

따라서 $x^2+y^2+2x-4y=0$

4 두 원의 교점을 지나는 원의 방정식은

$x^2+y^2-8x-2y+14+k(x^2+y^2-2x-4y+2)=0$ ⋯⋯ ㉠

이 원이 점 P(0, 0)을 지나므로

$14+2k=0$에서

$k=-7$ ⋯⋯ ㉡

㉡을 ㉠에 대입하면

$x^2+y^2-8x-2y+14-7(x^2+y^2-2x-4y+2)=0$

$6x^2+6y^2-6x-26y=0$

따라서 $x^2+y^2-x-\dfrac{13}{3}y=0$

5 두 원의 교점을 지나는 원의 방정식은

$x^2+y^2-4x+2y+2+k(x^2+y^2-2y-5)=0$ ⋯⋯ ㉠

이 원이 점 P(2, 0)을 지나므로

$2^2-8+2+k(2^2+0^2-2\times0-5)=0$에서

$-2-k=0$이므로 $k=-2$ ⋯⋯ ㉡

㉡을 ㉠에 대입하면

$x^2+y^2-4x+2y+2-2(x^2+y^2-2y-5)=0$

따라서 $x^2+y^2+4x-6y-12=0$

6 두 원의 교점을 지나는 원의 방정식은

$(x-2)^2+(y-4)^2-14+k\{(x-1)^2+(y-1)^2-4\}=0$

⋯⋯ ㉠

이 원이 점 P(0, 0)을 지나므로

$(-2)^2+(-4)^2-14+k\{(-1)^2+(-1)^2-4\}=0$에서

$6-2k=0$이므로 $k=3$ ⋯⋯ ㉡

㉡을 ㉠에 대입하면

$(x-2)^2+(y-4)^2-14+3\{(x-1)^2+(y-1)^2-4\}=0$

$4x^2+4y^2-10x-14y=0$

따라서 $x^2+y^2-\dfrac{5}{2}x-\dfrac{7}{2}y=0$

8 두 원의 교점을 지나는 원의 방정식은

$x^2+y^2+ax-5+k(x^2+y^2-6x+10y-7)=0$ ⋯⋯ ㉠

이 원이 점 P(0, 1)을 지나므로

$-4+k\times4=0$에서 $k=1$ ⋯⋯ ㉡

또 점 Q(1, 1)도 지나므로

$a-3-k=0$ ⋯⋯ ㉢

㉡을 ㉢에 대입하면 $a=4$ ⋯⋯ ㉣

㉡, ㉣을 ㉠에 대입하면 구하는 원의 방정식은

$x^2+y^2+4x-5+(x^2+y^2-6x+10y-7)=0$

$2x^2+2y^2-2x+10y-12=0$

따라서 $x^2+y^2-x+5y-6=0$

9 두 원의 교점을 지나는 원의 방정식은

$x^2+y^2-2x+y-3+k(x^2+y^2+ax+2y-1)=0$ ⋯⋯ ㉠

이 원이 점 P(0, 0)을 지나므로

$-3-k=0$에서 $k=-3$ ⋯⋯ ㉡

또 점 Q(-3, -1)도 지나므로

$12+k(7-3a)=0$ ⋯⋯ ㉢

㉡을 ㉢에 대입하면 $12-3(7-3a)=0$

$a=1$ ⋯⋯ ㉣

㉡, ㉣을 ㉠에 대입하면 구하는 원의 방정식은

$x^2+y^2-2x+y-3-3(x^2+y^2+x+2y-1)=0$

$2x^2+2y^2+5x+5y=0$

따라서 $x^2+y^2+\dfrac{5}{2}x+\dfrac{5}{2}y=0$

10 두 원의 교점을 지나는 원의 방정식은

$x^2+y^2+ay-12+k(x^2+y^2+6x-4y-12)=0$ ⋯⋯ ㉠

이 원이 점 P(2, 0)을 지나므로

$-8+k\times4=0$에서 $k=2$ ⋯⋯ ㉡

또 점 $Q(-2, -4)$도 지나므로

$8-4a+12k=0$ ...... ㉢

㉡을 ㉢에 대입하면 $a=8$ ...... ㉣

㉡, ㉣을 ㉠에 대입하면 구하는 원의 방정식은

$x^2+y^2+8y-12+2(x^2+y^2+6x-4y-12)=0$

$3x^2+3y^2+12x-36=0$

따라서 $x^2+y^2+4x-12=0$

---

11 두 원의 교점을 지나는 원의 방정식은

$x^2+y^2+ax+ay-5+k(x^2+y^2-1)=0$ ...... ㉠

이 원이 점 $P(0, -1)$을 지나므로

$(-1)^2-a-5+k\{(-1)^2-1\}=0$에서

$-a-4=0$이므로 $a=-4$ ...... ㉡

또 점 $Q(2, 3)$도 지나므로

$5a+8+12k=0$ ...... ㉢

㉡을 ㉢에 대입하면 $k=1$ ...... ㉣

㉡, ㉣을 ㉠에 대입하면 구하는 원의 방정식은

$x^2+y^2-4x-4y-5+(x^2+y^2-1)=0$

$2x^2+2y^2-4x-4y-6=0$

따라서 $x^2+y^2-2x-2y-3=0$

---

12 두 원의 교점을 지나는 원의 방정식은

$x^2+y^2+ax+2ay+1+k(x^2+y^2+6y)=0$ ...... ㉠

이 원이 점 $P(-2, -1)$을 지나므로

$6-4a+k\times(-1)=0$에서

$4a+k=6$ ...... ㉡

또 점 $Q(4, -1)$도 지나므로

$18+2a+11k=0$에서

$2a+11k=-18$ ...... ㉢

㉡, ㉢을 연립하여 풀면

$a=2, k=-2$ ...... ㉣

㉣을 ㉠에 대입하면 구하는 원의 방정식은

$x^2+y^2+2x+4y+1-2(x^2+y^2+6y)=0$

따라서 $x^2+y^2-2x+8y-1=0$

---

14 두 원의 교점을 지나는 원의 방정식은

$x^2+y^2-1+k(x^2+y^2-2x+2y-2)=0$ ...... ㉠

이 원이 점 $A(-2, 2)$를 지나므로

$7+14k=0$에서 $k=-\dfrac{1}{2}$ ...... ㉡

㉡을 ㉠에 대입하면

$x^2+y^2-1-\dfrac{1}{2}(x^2+y^2-2x+2y-2)=0$에서

$x^2+y^2+2x-2y=0$이므로

$(x+1)^2+(y-1)^2=2$

따라서 원의 반지름의 길이는 $\sqrt{2}$이므로 넓이는

$\pi\times(\sqrt{2})^2=2\pi$

---

15 두 원의 교점을 지나는 원의 방정식은

$x^2+y^2-8+k\{(x+2)^2+(y-1)^2-9\}=0$ ...... ㉠

이 원이 점 $A(-8, 4)$를 지나므로

$72+36k=0$에서 $k=-2$ ...... ㉡

㉡을 ㉠에 대입하면

$x^2+y^2-8-2\{(x+2)^2+(y-1)^2-9\}=0$에서

$x^2+y^2+8x-4y=0$이므로

$(x+4)^2+(y-2)^2=20$

따라서 원의 반지름의 길이는 $\sqrt{20}=2\sqrt{5}$이므로 넓이는

$\pi\times(2\sqrt{5})^2=20\pi$

---

16 두 원의 교점을 지나는 원의 방정식은

$x^2+y^2-2x-4+k(x^2+y^2-4x-2y+4)=0$ ...... ㉠

이 원이 점 $A(3, 0)$을 지나므로

$-1+k=0$에서 $k=1$ ...... ㉡

㉡을 ㉠에 대입하면

$x^2+y^2-2x-4+(x^2+y^2-4x-2y+4)=0$에서

$x^2+y^2-3x-y=0$이므로

$\left(x-\dfrac{3}{2}\right)^2+\left(y-\dfrac{1}{2}\right)^2=\dfrac{5}{2}$

따라서 원의 반지름의 길이는 $\sqrt{\dfrac{5}{2}}$이므로 넓이는

$\pi\times\left(\sqrt{\dfrac{5}{2}}\right)^2=\dfrac{5}{2}\pi$

---

17 두 원의 교점을 지나는 원의 방정식은

$(x-2)^2+y^2-4+k\{(x-1)^2+(y+1)^2-1\}=0$ ...... ㉠

이 원이 점 $A\left(\dfrac{1}{2}, \dfrac{1}{2}\right)$을 지나므로

$\dfrac{9}{4}+\dfrac{1}{4}-4+k\left(\dfrac{1}{4}+\dfrac{9}{4}-1\right)=0$에서

$\dfrac{3}{2}k=\dfrac{3}{2}$이므로 $k=1$ ...... ㉡

㉡을 ㉠에 대입하면

$(x-2)^2+y^2-4+\{(x-1)^2+(y+1)^2-1\}=0$에서

$2x^2+2y^2-6x+2y+1=0$이므로

$\left(x-\dfrac{3}{2}\right)^2+\left(y+\dfrac{1}{2}\right)^2=2$

따라서 원의 반지름의 길이는 $\sqrt{2}$이므로 넓이는

$\pi\times(\sqrt{2})^2=2\pi$

TEST 개념 확인   본문 105쪽

1 ④   2 12   3 ②   4 ①

5 ②   6 -3

1 $x^2+y^2-6x-8y+9=0$에서

$(x^2-6x+9)+(y^2-8y+16)=16$이므로

$(x-3)^2+(y-4)^2=16$

즉 주어진 방정식이 나타내는 도형은 중심의 좌표가 $(3, 4)$이고

반지름의 길이가 4인 원이므로

$a=3$, $b=4$, $r=4$

따라서 $a+b+r=11$

2 $x^2+y^2+4x-6y+k=0$에서

$(x^2+4x+4)+(y^2-6y+9)=13-k$이므로

$(x+2)^2+(y-3)^2=13-k$

이 방정식이 나타내는 도형이 원이 되려면

$13-k>0$이므로 $k<13$

따라서 자연수 k의 개수는 1, 2, 3, $\cdots$, 12의 12이다.

3 원의 방정식을 $x^2+y^2+Ax+By+C=0$으로 놓고, 세 점 $(0, 0)$, $(2, 2)$, $(-4, 2)$의 좌표를 각각 대입하면

$C=0$

$8+2A+2B+C=0$에서 $A+B=-4$ ······ ㉠

$20-4A+2B+C=0$에서 $-2A+B=-10$ ······ ㉡

㉠, ㉡을 연립하여 풀면

$A=2$, $B=-6$

즉 원의 방정식은

$x^2+y^2+2x-6y=0$

이때 점 $(k, 4)$가 이 원 위의 점이므로

$k^2+2k-8=0$, $(k+4)(k-2)=0$

$k=-4$ 또는 $k=2$

따라서 $k>0$이므로 $k=2$

4 $(x-1)^2+y^2=9$에서 $x^2+y^2-2x-8=0$

$x^2+(y+a)^2=4$에서 $x^2+y^2+2ay+a^2-4=0$

따라서 두 원의 교점을 지나는 직선의 방정식은

$x^2+y^2-2x-8-(x^2+y^2+2ay+a^2-4)=0$이므로

$2x+2ay+a^2+4=0$

이 직선이 점 $(0, 2)$를 지나므로

$4a+a^2+4=0$, $(a+2)^2=0$

따라서 $a=-2$

5 두 원의 교점을 지나는 원의 방정식은

$x^2+y^2-2x-4+k(x^2+y^2-4x-2y+4)=0$ ······ ㉠

원 ㉠이 점 $(0, 1)$을 지나므로

$-3+3k=0$에서 $k=1$ ······ ㉡

㉡을 ㉠에 대입하면

$x^2+y^2-2x-4+(x^2+y^2-4x-2y+4)=0$이므로

$x^2+y^2-3x-y=0$

따라서 $A=-3$, $B=-1$, $C=0$이므로

$A+B+C=-4$

6 두 원의 교점을 지나는 원의 방정식은

$x^2+y^2+2ax-ay+1+k(x^2+y^2-4)=0$

이 원이 두 점 $(2, 1)$, $(-1, -1)$을 지나므로

$6+3a+k=0$에서 $3a+k=-6$ ······ ㉠

$3-a-2k=0$에서 $a+2k=3$ ······ ㉡

㉠, ㉡을 연립하여 풀면 $a=-3$, $k=3$

따라서 $a=-3$

08

원과 직선의 위치 관계

1 (✏ 2, 3, $>$, 서로 다른 두 점에서 만난다)

2 만나지 않는다.　　　　**3** 한 점에서 만난다. (접한다.)

4 만나지 않는다.　　　　**5** 서로 다른 두 점에서 만난다.

☺

6 (✏ 0, 0, $\sqrt{2}$, $\sqrt{2}$, $<$, 서로 다른 두 점에서 만난다)

7 만나지 않는다.

8 한 점에서 만난다.(접한다.)

9 만나지 않는다.

10 서로 다른 두 점에서 만난다.

☺

11 (1) $-4<k<4$　(2) $k=-4$ 또는 $k=4$

　　(3) $k<-4$ 또는 $k>4$

12 (1) $-5<k<5$　(2) $k=-5$ 또는 $k=5$

　　(3) $k<-5$ 또는 $k>5$

13 (1) $5-2\sqrt{10}<k<5+2\sqrt{10}$

　　(2) $k=5-2\sqrt{10}$ 또는 $k=5+2\sqrt{10}$

　　(3) $k<5-2\sqrt{10}$ 또는 $k>5+2\sqrt{10}$

14 (1) $-1-5\sqrt{2}<k<-1+5\sqrt{2}$

　　(2) $k=-1-5\sqrt{2}$ 또는 $k=-1+5\sqrt{2}$

　　(3) $k<-1-5\sqrt{2}$ 또는 $k>-1+5\sqrt{2}$

15 (✏ -3, -2, $\sqrt{5}$, $\sqrt{5}$, $<$, $8-5\sqrt{5}$, $8+5\sqrt{5}$)

16 $-5\sqrt{10}<k<5\sqrt{10}$　　**17** $2-2\sqrt{2}<k<2+2\sqrt{2}$

18 $-4-\sqrt{6}<k<-4+\sqrt{6}$　　**19** $-25<k<1$

20 (✏ 1, -4, $\sqrt{2}$, $\sqrt{2}$, $=$, -1)

21 $-\sqrt{5}$ 또는 $\sqrt{5}$　　**22** $4-2\sqrt{5}$ 또는 $4+2\sqrt{5}$

23 $2-2\sqrt{5}$ 또는 $2+2\sqrt{5}$　　**24** $-6-4\sqrt{3}$ 또는 $-6+4\sqrt{3}$

25 ($\mathscr{Q}$ 4, 4, $\sqrt{13}$, $\sqrt{13}$, >, $-20-\sqrt{91}$, $-20+\sqrt{91}$)

26 $k<-2\sqrt{2}$ 또는 $k>2\sqrt{2}$

27 $k<-2$ 또는 $k>18$

28 $k<-42$ 또는 $k>78$

29 $k<-75$ 또는 $k>-15$

2 $y=-x+8$을 $x^2+y^2+6x=0$에 대입하면

$x^2+(-x+8)^2+6x=0$

$2x^2-10x+64=0$

즉 $x^2-5x+32=0$

이 이차방정식의 판별식을 D라 하면

$D=(-5)^2-4\times1\times32=-103<0$

따라서 원과 직선은 만나지 않는다.

3 $y=-x+6$을 $(x-1)^2+(y-1)^2=8$에 대입하면

$(x-1)^2+(-x+6-1)^2=8$

$2x^2-12x+18=0$

즉 $x^2-6x+9=0$

이 이차방정식의 판별식을 D라 하면

$\dfrac{D}{4}=(-3)^2-1\times9=0$

따라서 원과 직선은 한 점에서 만난다. (접한다.)

4 $2x+3y-10=0$에서 $x=-\dfrac{3}{2}y+5$

$x=-\dfrac{3}{2}y+5$를 $x^2+y^2-4x+4y+2=0$에 대입하면

$\left(-\dfrac{3}{2}y+5\right)^2+y^2-4\left(-\dfrac{3}{2}y+5\right)+4y+2=0$이므로

$13y^2-20y+28=0$

이 이차방정식의 판별식을 D라 하면

$\dfrac{D}{4}=(-10)^2-13\times28=-264<0$

따라서 원과 직선은 만나지 않는다.

5 $2x-y+2=0$에서 $y=2x+2$

$y=2x+2$를 $x^2+y^2+8x-y=0$에 대입하면

$x^2+(2x+2)^2+8x-(2x+2)=0$이므로

$5x^2+14x+2=0$

이 이차방정식의 판별식을 D라 하면

$\dfrac{D}{4}=7^2-5\times2=39>0$

따라서 원과 직선은 서로 다른 두 점에서 만난다.

7 원의 중심 $(0, 0)$과 직선 $y=\dfrac{1}{2}x-3$, 즉 $x-2y-6=0$ 사이의 거리는

$$\dfrac{|-6|}{\sqrt{1^2+(-2)^2}}=\dfrac{6\sqrt{5}}{5}$$

이때 원의 반지름의 길이가 1이므로

$$\dfrac{6\sqrt{5}}{5}>1$$

따라서 원과 직선은 만나지 않는다.

8 $x^2+y^2-5=0$에서 $x^2+y^2=5$

원의 중심 $(0, 0)$과 직선 $y=-2x+5$, 즉 $2x+y-5=0$ 사이의 거리는

$$\dfrac{|-5|}{\sqrt{2^2+1^2}}=\sqrt{5}$$

이때 원의 반지름의 길이가 $\sqrt{5}$이므로

원과 직선은 한 점에서 만난다. (접한다.)

9 $x^2+y^2+10x+1=0$에서 $(x+5)^2+y^2=24$

원의 중심 $(-5, 0)$과 직선 $4x+3y-5=0$ 사이의 거리는

$$\dfrac{|-5\times4-5|}{\sqrt{4^2+3^2}}=5$$

이때 원의 반지름의 길이가 $\sqrt{24}=2\sqrt{6}$이므로

$5>2\sqrt{6}$

따라서 원과 직선은 만나지 않는다.

10 $x^2+y^2-6x+6y+3=0$에서 $(x-3)^2+(y+3)^2=15$

원의 중심 $(3, -3)$과 직선 $x-y-2=0$ 사이의 거리는

$$\dfrac{|3\times1+(-3)\times(-1)-2|}{\sqrt{1^2+(-1)^2}}=2\sqrt{2}$$

이때 원의 반지름의 길이가 $\sqrt{15}$이므로

$2\sqrt{2}<\sqrt{15}$

따라서 원과 직선은 서로 다른 두 점에서 만난다.

11 원의 중심 $(0, 0)$과 직선 $x-y+k=0$ 사이의 거리는

$$\dfrac{|k|}{\sqrt{1^2+(-1)^2}}=\dfrac{|k|}{\sqrt{2}}$$

이때 원의 반지름의 길이는 $\sqrt{8}=2\sqrt{2}$

(1) 원과 직선이 서로 다른 두 점에서 만나려면

$$\dfrac{|k|}{\sqrt{2}}<2\sqrt{2},\ |k|<4$$

따라서 $-4<k<4$

(2) 원과 직선이 한 점에서 만나려면(접하려면)

$$\dfrac{|k|}{\sqrt{2}}=2\sqrt{2},\ |k|=4$$

따라서 $k=-4$ 또는 $k=4$

(3) 원과 직선이 만나지 않으려면

$$\dfrac{|k|}{\sqrt{2}}>2\sqrt{2},\ |k|>4$$

따라서 $k<-4$ 또는 $k>4$

12 원의 중심 $(0, 0)$과 직선 $2x+y+k=0$ 사이의 거리는

$$\frac{|k|}{\sqrt{2^2+1^2}}=\frac{|k|}{\sqrt{5}}$$

이때 원의 반지름의 길이는 $\sqrt{5}$이다.

(1) 원과 직선이 서로 다른 두 점에서 만나려면

$$\frac{|k|}{\sqrt{5}}<\sqrt{5},\ |k|<5$$

따라서 $-5<k<5$

(2) 원과 직선이 한 점에서 만나려면(접하려면)

$$\frac{|k|}{\sqrt{5}}=\sqrt{5},\ |k|=5$$

따라서 $k=-5$ 또는 $k=5$

(3) 원과 직선이 만나지 않으려면

$$\frac{|k|}{\sqrt{5}}>\sqrt{5},\ |k|>5$$

따라서 $k<-5$ 또는 $k>5$

13 원의 중심 $(-2, 1)$과 직선 $x-3y+k=0$ 사이의 거리는

$$\frac{|-2\times1+1\times(-3)+k|}{\sqrt{1^2+(-3)^2}}=\frac{|k-5|}{\sqrt{10}}$$

이때 원의 반지름의 길이는 2이다.

(1) 원과 직선이 서로 다른 두 점에서 만나려면

$$\frac{|k-5|}{\sqrt{10}}<2,\ |k-5|<2\sqrt{10}$$

따라서 $5-2\sqrt{10}<k<5+2\sqrt{10}$

(2) 원과 직선이 한 점에서 만나려면(접하려면)

$$\frac{|k-5|}{\sqrt{10}}=2,\ |k-5|=2\sqrt{10}$$

따라서 $k=5-2\sqrt{10}$ 또는 $k=5+2\sqrt{10}$

(3) 원과 직선이 만나지 않으려면

$$\frac{|k-5|}{\sqrt{10}}>2,\ |k-5|>2\sqrt{10}$$

따라서 $k<5-2\sqrt{10}$ 또는 $k>5+2\sqrt{10}$

14 $x^2+y^2+6x-8y=0$에서 $(x+3)^2+(y-4)^2=25$

원의 중심 $(-3, 4)$와 직선 $x+y+k=0$ 사이의 거리는

$$\frac{|-3+4+k|}{\sqrt{1^2+1^2}}=\frac{|k+1|}{\sqrt{2}}$$

이때 원의 반지름의 길이는 $\sqrt{25}=5$

(1) 원과 직선이 서로 다른 두 점에서 만나려면

$$\frac{|k+1|}{\sqrt{2}}<5,\ |k+1|<5\sqrt{2}$$

따라서 $-1-5\sqrt{2}<k<-1+5\sqrt{2}$

(2) 원과 직선이 한 점에서 만나려면(접하려면)

$$\frac{|k+1|}{\sqrt{2}}=5,\ |k+1|=5\sqrt{2}$$

따라서 $k=-1-5\sqrt{2}$ 또는 $k=-1+5\sqrt{2}$

(3) 원과 직선이 만나지 않으려면

$$\frac{|k+1|}{\sqrt{2}}>5,\ |k+1|>5\sqrt{2}$$

따라서 $k<-1-5\sqrt{2}$ 또는 $k>-1+5\sqrt{2}$

16 원의 중심 $(0, 0)$과 직선 $l: 4x+3y+k=0$ 사이의 거리는

$$\frac{|k|}{\sqrt{4^2+3^2}}=\frac{|k|}{5}$$

이때 원의 반지름의 길이가 $\sqrt{10}$이므로

$$\frac{|k|}{5}<\sqrt{10},\ |k|<5\sqrt{10}$$

따라서 $-5\sqrt{10}<k<5\sqrt{10}$

17 원의 중심 $(1, 3)$과 직선 $l: x-y+k=0$ 사이의 거리는

$$\frac{|1-3+k|}{\sqrt{1^2+(-1)^2}}=\frac{|k-2|}{\sqrt{2}}$$

이때 원의 반지름의 길이가 2이므로

$$\frac{|k-2|}{\sqrt{2}}<2,\ |k-2|<2\sqrt{2}$$

따라서 $2-2\sqrt{2}<k<2+2\sqrt{2}$

18 $x^2+y^2-8x+13=0$에서 $(x-4)^2+y^2=3$

원의 중심 $(4, 0)$과 직선 $l: x+y+k=0$ 사이의 거리는

$$\frac{|4+k|}{\sqrt{1^2+1^2}}=\frac{|4+k|}{\sqrt{2}}$$

이때 원의 반지름의 길이가 $\sqrt{3}$이므로

$$\frac{|4+k|}{\sqrt{2}}<\sqrt{3},\ |k+4|<\sqrt{6}$$

따라서 $-4-\sqrt{6}<k<-4+\sqrt{6}$

19 $x^2+y^2+2y=0$에서 $x^2+(y+1)^2=1$

원의 중심 $(0, -1)$과 직선 $l: 5x-12y+k=0$ 사이의 거리는

$$\frac{|12+k|}{\sqrt{5^2+(-12)^2}}=\frac{|k+12|}{13}$$

이때 원의 반지름의 길이가 1이므로

$$\frac{|k+12|}{13}<1,\ |k+12|<13$$

따라서 $-25<k<1$

21 원의 중심 $(0, 0)$과 직선 $l: x+2y+k=0$ 사이의 거리는

$$\frac{|k|}{\sqrt{1^2+2^2}}=\frac{|k|}{\sqrt{5}}$$

이때 원의 반지름의 길이가 1이므로

$$\frac{|k|}{\sqrt{5}}=1,\ |k|=\sqrt{5}$$

따라서 $k=-\sqrt{5}$ 또는 $k=\sqrt{5}$

22 원의 중심 $(-2, 2)$와 직선 $l: 3x+y+k=0$ 사이의 거리는

$$\frac{|-6+2+k|}{\sqrt{3^2+1^2}}=\frac{|k-4|}{\sqrt{10}}$$

이때 원의 반지름의 길이가 $\sqrt{2}$이므로

$$\frac{|k-4|}{\sqrt{10}}=\sqrt{2},\ |k-4|=2\sqrt{5}$$

따라서 $k=4-2\sqrt{5}$ 또는 $k=4+2\sqrt{5}$

23 $x^2+y^2+2x-3=0$에서 $(x+1)^2+y^2=4$

원의 중심 $(-1, 0)$과 직선 $l: 2x-y+k=0$ 사이의 거리는

$$\frac{|-2+k|}{\sqrt{2^2+(-1)^2}}=\frac{|k-2|}{\sqrt{5}}$$

이때 원의 반지름의 길이가 2이므로

$$\frac{|k-2|}{\sqrt{5}}=2,\ |k-2|=2\sqrt{5}$$

따라서 $k=2-2\sqrt{5}$ 또는 $k=2+2\sqrt{5}$

24 $x^2+y^2-6y+3=0$에서 $x^2+(y-3)^2=6$

원의 중심 $(0, 3)$과 직선 $l: 2x+2y+k=0$ 사이의 거리는

$$\frac{|6+k|}{\sqrt{2^2+2^2}}=\frac{|k+6|}{2\sqrt{2}}$$

이때 원의 반지름의 길이가 $\sqrt{6}$이므로

$$\frac{|k+6|}{2\sqrt{2}}=\sqrt{6},\ |k+6|=4\sqrt{3}$$

따라서 $k=-6-4\sqrt{3}$ 또는 $k=-6+4\sqrt{3}$

26 원의 중심 $(0, 0)$과 직선 $l: x+y+k=0$ 사이의 거리는

$$\frac{|k|}{\sqrt{1^2+1^2}}=\frac{|k|}{\sqrt{2}}$$

이때 원의 반지름의 길이가 2이므로

$$\frac{|k|}{\sqrt{2}}>2,\ |k|>2\sqrt{2}$$

따라서 $k<-2\sqrt{2}$ 또는 $k>2\sqrt{2}$

27 원의 중심 $(8, -7)$과 직선 $l: 6x+8y+k=0$ 사이의 거리는

$$\frac{|48-56+k|}{\sqrt{6^2+8^2}}=\frac{|k-8|}{10}$$

이때 원의 반지름의 길이가 1이므로

$$\frac{|k-8|}{10}>1,\ |k-8|>10$$

따라서 $k<-2$ 또는 $k>18$

28 $x^2+y^2+12x-108=0$에서 $(x+6)^2+y^2=144$

원의 중심 $(-6, 0)$과 직선 $l: 3x-4y+k=0$ 사이의 거리는

$$\frac{|-18+k|}{\sqrt{3^2+(-4)^2}}=\frac{|k-18|}{5}$$

이때 원의 반지름의 길이가 12이므로

$$\frac{|k-18|}{5}>12,\ |k-18|>60$$

따라서 $k<-42$ 또는 $k>78$

29 $x^2+y^2-18y+63=0$에서 $x^2+(y-9)^2=18$

원의 중심 $(0, 9)$와 직선 $l: 5x+5y+k=0$ 사이의 거리는

$$\frac{|45+k|}{\sqrt{5^2+5^2}}=\frac{|k+45|}{5\sqrt{2}}$$

이때 원의 반지름의 길이가 $\sqrt{18}=3\sqrt{2}$이므로

$$\frac{|k+45|}{5\sqrt{2}}>3\sqrt{2},\ |k+45|>30$$

따라서 $k<-75$ 또는 $k>-15$

원과 직선의 위치 관계의 응용

1 (✏ -5, 2, $\sqrt{5}$, 5, $2\sqrt{5}$, $4\sqrt{5}$)

2 $\sqrt{14}$　　　**3** $\sqrt{30}$　　　**4** $2\sqrt{6}$　　　**5** $2\sqrt{15}$

☺ d, 2, d　**6** (✏ $\frac{\sqrt{2}}{2}$, $\frac{\sqrt{2}}{2}$, 1)　　　**7** 5

8 $3\pm\sqrt{2}$　　　**9** 4　　　**10** $1+\sqrt{6}$

11 (✏ $\sqrt{26}$, 3, $\sqrt{17}$)　　**12** $\sqrt{13}$　　　**13** $\sqrt{137}$

14 $\sqrt{55}$　　　**15** $2\sqrt{3}$　　　☺ $\overline{\text{CP}}$

16 (✏ 3, 3, 15, 5, 5)　　　**17** 0 또는 8

18 $3\pm\sqrt{73}$　　　　　　**19** $-1\pm5\sqrt{2}$

20 -1 또는 7

21 (✏ 4, 1, $2\sqrt{2}$, $\sqrt{2}$, $3\sqrt{2}$, $\sqrt{2}$, $\sqrt{2}$)

22 최댓값: $5\sqrt{5}$, 최솟값: $\sqrt{5}$

23 최댓값: 10, 최솟값: 4　　**24** 최댓값: $3\sqrt{13}$, 최솟값: $\sqrt{13}$

25 최댓값: $\frac{5\sqrt{2}}{2}+2$, 최솟값: $\frac{5\sqrt{2}}{2}-2$

☺ $+$, $-$

2 오른쪽 그림과 같이 원의 중심 $O(0, 0)$에서 직선 $y=-x+1$, 즉 $x+y-1=0$에 내린 수선의 발을 H라 하면

$$\overline{\text{OH}}=\frac{|-1|}{\sqrt{1^2+1^2}}=\frac{\sqrt{2}}{2}$$

직각삼각형 OHA에서 $\overline{\text{OA}}=2$이므로

$$\overline{\text{AH}}=\sqrt{\overline{\text{OA}}^2-\overline{\text{OH}}^2}=\sqrt{2^2-\left(\frac{\sqrt{2}}{2}\right)^2}=\frac{\sqrt{14}}{2}$$

따라서 $\overline{\text{AB}}=2\overline{\text{AH}}=\sqrt{14}$

3 오른쪽 그림과 같이 원의 중심 $C(-2, 0)$에서 직선 $y=x+3$, 즉 $x-y+3=0$에 내린 수선의 발을 H라 하면

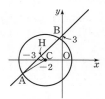

$$\overline{\text{CH}}=\frac{|-2+3|}{\sqrt{1^2+(-1)^2}}=\frac{\sqrt{2}}{2}$$

직각삼각형 CHA에서 $\overline{\text{CA}}=2\sqrt{2}$이므로

$$\overline{\text{AH}}=\sqrt{\overline{\text{CA}}^2-\overline{\text{CH}}^2}=\sqrt{(2\sqrt{2})^2-\left(\frac{\sqrt{2}}{2}\right)^2}=\frac{\sqrt{30}}{2}$$

따라서 $\overline{\text{AB}}=2\overline{\text{AH}}=\sqrt{30}$

4 오른쪽 그림과 같이 원의 중심 $C(3, 4)$에서 직선 $x+3y-5=0$에 내린 수선의 발을 H라 하면

$$\overline{\text{CH}}=\frac{|3+12-5|}{\sqrt{1^2+3^2}}=\sqrt{10}$$

직각삼각형 CHA에서 $\overline{\text{CA}}=4$이므로

$$\overline{\text{AH}}=\sqrt{\overline{\text{CA}}^2-\overline{\text{CH}}^2}=\sqrt{4^2-(\sqrt{10})^2}=\sqrt{6}$$

따라서 $\overline{\text{AB}}=2\overline{\text{AH}}=2\sqrt{6}$

5 $x^2+y^2+2x+6y-6=0$에서 $(x+1)^2+(y+3)^2=16$

오른쪽 그림과 같이 원의 중심 $C(-1, -3)$
에서 직선 $3x-4y=4$, 즉 $3x-4y-4=0$에
내린 수선의 발을 H라 하면

$$\overline{CH}=\frac{|-3+12-4|}{\sqrt{3^2+(-4)^2}}=1$$

직각삼각형 CHA에서 $\overline{CA}=4$이므로

$$\overline{AH}=\sqrt{\overline{CA}^2-\overline{CH}^2}=\sqrt{4^2-1^2}=\sqrt{15}$$

따라서 $\overline{AB}=2\overline{AH}=2\sqrt{15}$

7 오른쪽 그림과 같이 주어진 원과 직선의 두
교점을 각각 A, B라 하고, 원의 중심 $O(0, 0)$
에서 직선 l에 내린 수선의 발을 H라 하면
$\overline{OA}=2$

$$\overline{AH}=\frac{1}{2}\overline{AB}=\frac{1}{2}\times2\sqrt{3}=\sqrt{3}$$

직각삼각형 OHA에서

$$\overline{OH}=\sqrt{\overline{OA}^2-\overline{AH}^2}=\sqrt{2^2-(\sqrt{3})^2}=1$$

원점과 직선 $3x+4y=k$, 즉 $3x+4y-k=0$ 사이의 거리가 1이
므로

$$\frac{|-k|}{\sqrt{3^2+4^2}}=1에서 |k|=5이므로$$

$k=\pm5$

따라서 $k>0$이므로 $k=5$

8 오른쪽 그림과 같이 주어진 원과 직선의 두
교점을 각각 A, B라 하고, 원의 중심 $C(0, 3)$
에서 직선 l에 내린 수선의 발을 H라 하면
$\overline{CA}=3$

$$\overline{AH}=\frac{1}{2}\overline{AB}=\frac{1}{2}\times4\sqrt{2}=2\sqrt{2}$$

직각삼각형 CAH에서

$$\overline{CH}=\sqrt{\overline{CA}^2-\overline{AH}^2}=\sqrt{3^2-(2\sqrt{2})^2}=1$$

점 $C(0, 3)$과 직선 $x-y+k=0$ 사이의 거리가 1이므로

$$\frac{|-3+k|}{\sqrt{1^2+(-1)^2}}=1에서 |k-3|=\sqrt{2}이므로$$

$k=3\pm\sqrt{2}$

따라서 $k>0$이므로 $k=3\pm\sqrt{2}$

9 오른쪽 그림과 같이 주어진 원과 직선의 두
교점을 각각 A, B라 하고, 원의 중심
$C(1, -1)$에서 직선 l에 내린 수선의 발을
H라 하면
$\overline{CA}=3\sqrt{3}$

$$\overline{AH}=\frac{1}{2}\overline{AB}=\frac{1}{2}\times6=3$$

직각삼각형 CAH에서

$$\overline{CH}=\sqrt{\overline{CA}^2-\overline{AH}^2}=\sqrt{(3\sqrt{3})^2-3^2}=3\sqrt{2}$$

즉 점 $C(1, -1)$과 직선 $x-y+k=0$ 사이의 거리가 $3\sqrt{2}$이
므로

$$\frac{|1+1+k|}{\sqrt{1^2+(-1)^2}}=3\sqrt{2}에서 |k+2|=6이므로$$

$k=-8$ 또는 $k=4$

따라서 $k>0$이므로 $k=4$

10 $x^2+y^2-4x+2y+1=0$에서 $(x-2)^2+(y+1)^2=4$

오른쪽 그림과 같이 주어진 원과 직선의 두
교점을 각각 A, B라 하고, 원의 중심
$C(2, -1)$에서 직선 l에 내린 수선의 발을
H라 하면
$\overline{CA}=2$

$$\overline{AH}=\frac{1}{2}\overline{AB}=\frac{1}{2}\times2=1$$

직각삼각형 CHA에서

$$\overline{CH}=\sqrt{\overline{CA}^2-\overline{AH}^2}=\sqrt{2^2-1^2}=\sqrt{3}$$

점 $C(2, -1)$과 직선 $y=-x+k$, 즉 $x+y-k=0$ 사이의 거리
가 $\sqrt{3}$이므로

$$\frac{|2-1-k|}{\sqrt{1^2+1^2}}=\sqrt{3}에서 |k-1|=\sqrt{6}이므로$$

$k=1\pm\sqrt{6}$

따라서 $k>0$이므로 $k=1+\sqrt{6}$

12 오른쪽 그림과 같이 원의 중심을 C라 하면
$C(-2, 2)$이므로

$$\overline{CP}=\sqrt{\{3-(-2)\}^2+(0-2)^2}=\sqrt{29}$$

$\overline{CQ}=4$

삼각형 CPQ는 $\overline{CP}$가 빗변인 직각삼각형이므로

$$\overline{PQ}=\sqrt{\overline{CP}^2-\overline{CQ}^2}=\sqrt{(\sqrt{29})^2-4^2}=\sqrt{13}$$

13 오른쪽 그림과 같이 원의 중심을 C라 하면
$C(3, -1)$이므로

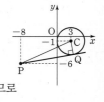

$$\overline{CP}=\sqrt{(-8-3)^2+\{-6-(-1)\}^2}=\sqrt{146}$$

$\overline{CQ}=3$

삼각형 CPQ는 $\overline{CP}$가 빗변인 직각삼각형이므로

$$\overline{PQ}=\sqrt{\overline{CP}^2-\overline{CQ}^2}=\sqrt{(\sqrt{146})^2-3^2}=\sqrt{137}$$

14 $x^2+y^2-8x-4y-5=0$에서 $(x-4)^2+(y-2)^2=25$

오른쪽 그림과 같이 원의 중심을 C라 하면
$C(4, 2)$이므로

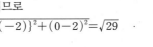

$$\overline{CP}=\sqrt{(4-0)^2+(2-10)^2}=4\sqrt{5}$$

$\overline{CQ}=5$

삼각형 CQP는 $\overline{CP}$가 빗변인 직각삼각형이므로

$$\overline{PQ}=\sqrt{\overline{CP}^2-\overline{CQ}^2}$$
$$=\sqrt{(4\sqrt{5})^2-5^2}=\sqrt{55}$$

15 $x^2+y^2+4x-2y=0$에서 $(x+2)^2+(y-1)^2=5$

오른쪽 그림과 같이 원의 중심을 C라 하면

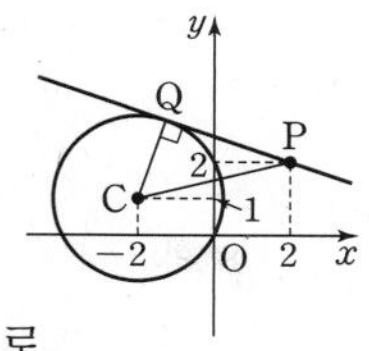

C$(-2, 1)$이므로

$\overline{CP}=\sqrt{\{2-(-2)\}^2+(2-1)^2}=\sqrt{17}$

$\overline{CQ}=\sqrt{5}$

삼각형 CPQ는 $\overline{CP}$가 빗변인 직각삼각형이므로

$\overline{PQ}=\sqrt{\overline{CP}^2-\overline{CQ}^2}=\sqrt{(\sqrt{17})^2-(\sqrt{5})^2}=2\sqrt{3}$

17 오른쪽 그림과 같이 원

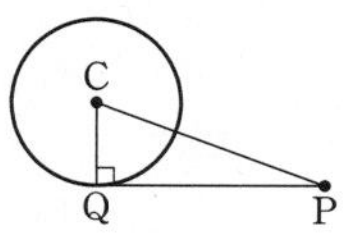

$(x-4)^2+(y-5)^2=5$의 중심을 C라 하면

C$(4, 5)$이므로

$\overline{CP}=\sqrt{(a-4)^2+(0-5)^2}$

또 $\overline{CQ}=\sqrt{5}$, $\overline{PQ}=6$이므로 직각삼각형 CQP에서

$\overline{CP}^2=\overline{CQ}^2+\overline{PQ}^2$

$(a-4)^2+25=(\sqrt{5})^2+6^2$

$a^2-8a=0$, $a(a-8)=0$

따라서 $a=0$ 또는 $a=8$

18 $x^2+y^2-6x=0$에서 $(x-3)^2+y^2=9$

오른쪽 그림과 같이 원 $(x-3)^2+y^2=9$의

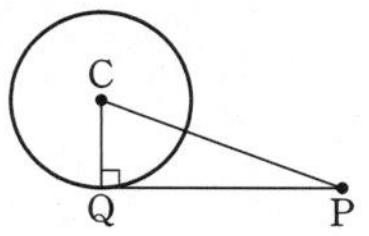

중심을 C라 하면 C$(3, 0)$이므로

$\overline{CP}=|a-3|$

또 $\overline{CQ}=3$, $\overline{PQ}=8$이므로 직각삼각형 CQP에서

$\overline{CP}^2=\overline{CQ}^2+\overline{PQ}^2$

$|a-3|^2=3^2+8^2$

$a-3=\pm\sqrt{73}$

따라서 $a=3\pm\sqrt{73}$

19 $x^2+y^2+2x-8y=0$에서 $(x+1)^2+(y-4)^2=17$

오른쪽 그림과 같이 원

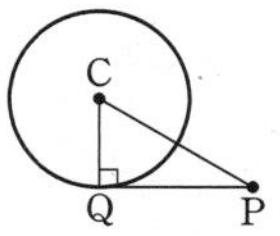

$(x+1)^2+(y-4)^2=17$의 중심을 C라 하면

C$(-1, 4)$이므로

$\overline{CP}=\sqrt{\{a-(-1)\}^2+(0-4)^2}$

또 $\overline{CQ}=\sqrt{17}$, $\overline{PQ}=7$이므로 직각삼각형 CQP에서

$\overline{CP}^2=\overline{CQ}^2+\overline{PQ}^2$

$(a+1)^2+16=(\sqrt{17})^2+7^2$

$a^2+2a-49=0$

따라서 $a=-1\pm5\sqrt{2}$

20 $x^2+y^2-6x-4y+9=0$에서 $(x-3)^2+(y-2)^2=4$

오른쪽 그림과 같이 원

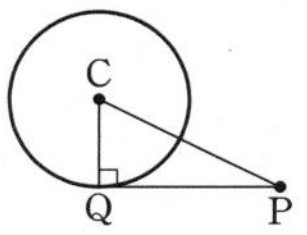

$(x-3)^2+(y-2)^2=4$의 중심을 C라 하면

C$(3, 2)$이므로

$\overline{CP}=\sqrt{(a-3)^2+(0-2)^2}$

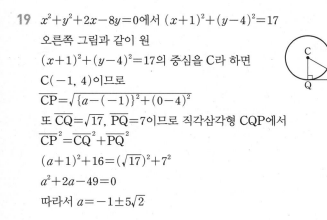

또 $\overline{CQ}=2$, $\overline{PQ}=4$이므로 직각삼각형 CQP에서

$\overline{CP}^2=\overline{CQ}^2+\overline{PQ}^2$

$(a-3)^2+4=2^2+4^2$

$a^2-6a-7=0$, $(a+1)(a-7)=0$

따라서 $a=-1$ 또는 $a=7$

22 원의 중심 $(-3, 3)$과 직선 $2x+y+18=0$ 사이의 거리는

$\dfrac{|-6+3+18|}{\sqrt{2^2+1^2}}=3\sqrt{5}$

이때 원의 반지름의 길이가 $\sqrt{20}=2\sqrt{5}$이므로

최댓값은 $3\sqrt{5}+2\sqrt{5}=5\sqrt{5}$

최솟값은 $3\sqrt{5}-2\sqrt{5}=\sqrt{5}$

23 $x^2+y^2+4x+10y+20=0$에서 $(x+2)^2+(y+5)^2=9$

원의 중심 $(-2, -5)$와 직선 $3x+4y-9=0$ 사이의 거리는

$\dfrac{|-6-20-9|}{\sqrt{3^2+4^2}}=7$

이때 원의 반지름의 길이가 3이므로

최댓값은 $7+3=10$, 최솟값은 $7-3=4$

24 $x^2+y^2-6x+4y=0$에서 $(x-3)^2+(y+2)^2=13$

원의 중심 $(3, -2)$와 직선 $2x-3y+14=0$ 사이의 거리는

$\dfrac{|6+6+14|}{\sqrt{2^2+(-3)^2}}=\dfrac{26}{\sqrt{13}}=2\sqrt{13}$

이때 원의 반지름의 길이가 $\sqrt{13}$이므로

최댓값은 $2\sqrt{13}+\sqrt{13}=3\sqrt{13}$

최솟값은 $2\sqrt{13}-\sqrt{13}=\sqrt{13}$

25 원의 중심 $(0, 0)$과 직선 $x+y+5=0$ 사이의 거리는

$\dfrac{|5|}{\sqrt{1^2+1^2}}=\dfrac{5}{\sqrt{2}}=\dfrac{5\sqrt{2}}{2}$

이때 원의 반지름의 길이가 2이므로

최댓값은 $\dfrac{5\sqrt{2}}{2}+2$, 최솟값은 $\dfrac{5\sqrt{2}}{2}-2$

TEST 개념 확인   본문 113쪽

1 2	2 ①	3 ②	4 ⑤
5 ④	6 33		

1 원의 중심 $(0, 0)$과 직선 $3x-4y+12=0$ 사이의 거리는

$\dfrac{|12|}{\sqrt{3^2+(-4)^2}}=\dfrac{12}{5}$

원의 반지름의 길이가 3이므로

$\dfrac{12}{5}<3$

따라서 직선과 원은 서로 다른 두 점에서 만나므로 교점의 개수는 2이다.

2 $x-2y+k=0$에서 $x=2y-k$

$x=2y-k$를 $x^2+y^2-4x+2y=0$에 대입하면

$(2y-k)^2+y^2-4(2y-k)+2y=0$이므로

$5y^2-2(2k+3)y+k^2+4k=0$

이 이차방정식의 판별식을 D라 하면

$$\frac{D}{4}=\{-(2k+3)\}^2-5(k^2+4k)=0$$

$k^2+8k-9=0$, $(k+9)(k-1)=0$

$k=-9$ 또는 $k=1$

따라서 $k>0$이므로 $k=1$

[다른 풀이]

직선 $x-2y+k=0$과 원 $x^2+y^2-4x+2y=0$, 즉

$(x-2)^2+(y+1)^2=5$가 접하려면 원의 중심 $(2, -1)$과 직선

$x-2y+k=0$ 사이의 거리가 원의 반지름의 길이 $\sqrt{5}$와 같아야

하므로

$$\frac{|2+2+k|}{\sqrt{1^2+(-2)^2}}=\sqrt{5}, \ |k+4|=5$$

$k=-9$ 또는 $k=1$

따라서 $k>0$이므로 $k=1$

3 원의 중심 $(-1, 2)$와 직선 $y=2x+k$, 즉 $2x-y+k=0$ 사이의 거리는

$$\frac{|-2-2+k|}{\sqrt{2^2+(-1)^2}}=\frac{|k-4|}{\sqrt{5}}$$

이때 원의 반지름의 길이가 $\sqrt{10}$이므로 원과 직선이 만나지 않으려면

$$\frac{|k-4|}{\sqrt{5}}>\sqrt{10}, \ |k-4|>5\sqrt{2}$$

즉 $k<4-5\sqrt{2}$ 또는 $k>4+5\sqrt{2}$

따라서 $\alpha=4-5\sqrt{2}$, $\beta=4+5\sqrt{2}$이므로

$\alpha\beta=-34$

4 오른쪽 그림과 같이 주어진 원과 직선의 두 교점을 각각 A, B라 하고, 원의 중심 O에서 직선 $x-2y+k=0$에 내린 수선의 발을 H라 하면

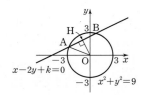

$\overline{OA}=3$

$$\overline{AH}=\frac{1}{2}\overline{AB}=\frac{1}{2}\times4=2$$

직각삼각형 OHA에서

$$\overline{OH}=\sqrt{\overline{OA}^2-\overline{AH}^2}=\sqrt{3^2-2^2}=\sqrt{5} \quad \cdots\cdots \ \ominus$$

또 점 O$(0, 0)$과 직선 $x-2y+k=0$ 사이의 거리는

$$\overline{OH}=\frac{|k|}{\sqrt{1^2+(-2)^2}}=\frac{|k|}{\sqrt{5}} \quad \cdots\cdots \ \ominus\ominus$$

$\ominus$, $\ominus\ominus$에서 $\dfrac{|k|}{\sqrt{5}}=\sqrt{5}$, $|k|=5$

따라서 $k>0$이므로 $k=5$

5 $x^2+y^2-6y=0$에서 $x^2+(y-3)^2=9$

오른쪽 그림과 같이 원의 중심을 C라 하면

C$(0, 3)$이므로

$\overline{CP}=\sqrt{(3-0)^2+(-1-3)^2}=5$

직각삼각형 CQP에서

$\overline{PQ}=\sqrt{\overline{CP}^2-\overline{CQ}^2}=\sqrt{5^2-3^2}=4$

6 원의 중심 $(0, 2)$와 직선 $3x-4y+k=0$ 사이의 거리는

$$\frac{|-8+k|}{\sqrt{3^2+(-4)^2}}=\frac{|k-8|}{5}$$

원의 반지름의 길이가 4이고 원 위의 점과 직선 사이의 거리의 최솟값이 1이므로

$$\frac{|k-8|}{5}-4=1, \ |k-8|=25$$

$k-8=\pm25$이므로 $k=-17$ 또는 $k=33$

따라서 $k>0$이므로 $k=33$

10

기울기가 주어진 원의 접선의 방정식

원리확인

n^2-1, n^2-1, 10, $\sqrt{10}$, $\sqrt{10}$

---

1 ($\mathscr{Q}$ 2, 2, $2x\pm2\sqrt{5}$)

2 $y=-2x\pm5\sqrt{5}$ **3** $y=4x\pm3\sqrt{17}$

4 $y=-x\pm\sqrt{10}$ **5** $y=\dfrac{1}{2}x\pm\dfrac{5\sqrt{2}}{2}$

6 $y=-3x\pm4\sqrt{10}$ ☺ $mx\pm r\sqrt{m^2+1}$

7 ($\mathscr{Q}$ 2, 4, 2, 3, $\pm\sqrt{3}$)

8 $\pm3\sqrt{7}$ **9** ±1

10 $\pm\sqrt{19}$ **11** ②

12 -1, 2, $2\sqrt{2}$, 1, $2\sqrt{2}$, 1, $2\sqrt{2}$, 1, $2\sqrt{2}$, 1, $2\sqrt{2}$

13 $y=2x+6-3\sqrt{5}$ 또는 $y=2x+6+3\sqrt{5}$

14 $y=-x-8-\sqrt{2}$ 또는 $y=-x-8+\sqrt{2}$

---

2 원의 반지름의 길이가 5이므로 구하는 직선의 방정식은

$$y=-2x\pm5\sqrt{(-2)^2+1}=-2x\pm5\sqrt{5}$$

3 원의 반지름의 길이가 3이므로 구하는 직선의 방정식은

$$y=4x\pm3\sqrt{4^2+1}=4x\pm3\sqrt{17}$$

4 원의 반지름의 길이가 $\sqrt{5}$이므로 구하는 직선의 방정식은

$$y=-x\pm\sqrt{5}\sqrt{(-1)^2+1}=-x\pm\sqrt{10}$$

5 원의 반지름의 길이가 $\sqrt{10}$이므로 구하는 직선의 방정식은

$$y=\frac{1}{2}x\pm\sqrt{10}\sqrt{\left(\frac{1}{2}\right)^2+1}=\frac{1}{2}x\pm\frac{5\sqrt{2}}{2}$$

6 원의 반지름의 길이가 4이므로 구하는 직선의 방정식은

$$y=-3x\pm4\sqrt{(-3)^2+1}=-3x\pm4\sqrt{10}$$

8 기울기가 m이고 반지름의 길이가 1이므로

$$y=mx\pm\sqrt{m^2+1}$$

이 식이 $y=mx+8$과 일치해야 하므로

$$\sqrt{m^2+1}=8$$

양변을 제곱하여 정리하면

$$m^2=63$$

따라서 $m=\pm\sqrt{63}=\pm3\sqrt{7}$

9 기울기가 m이고 반지름의 길이가 $\sqrt{8}=2\sqrt{2}$이므로

$$y=mx\pm2\sqrt{2}\sqrt{m^2+1}=mx\pm2\sqrt{2(m^2+1)}$$

이 식이 $y=mx-4$와 일치해야 하므로

$-2\sqrt{2(m^2+1)}=-4$, 즉 $-\sqrt{2(m^2+1)}=-2$

양변을 제곱하여 정리하면

$m^2+1=2$, $m^2=1$

따라서 $m=\pm1$

10 기울기가 m이고 반지름의 길이가 $\sqrt{5}$이므로

$$y=mx\pm\sqrt{5}\sqrt{m^2+1}=mx\pm\sqrt{5(m^2+1)}$$

이 식이 $y=mx-10$과 일치해야 하므로

$$-\sqrt{5(m^2+1)}=-10$$

양변을 제곱하여 정리하면

$m^2+1=20$, $m^2=19$

따라서 $m=\pm\sqrt{19}$

11 $2x+y-9=0$에서 $y=-2x+9$

평행한 두 직선의 기울기는 같고 원의 반지름의 길이는 3이므로 구하는 직선의 방정식은

$$y=-2x\pm3\sqrt{(-2)^2+1}=-2x\pm3\sqrt{5}$$

13 구하는 접선의 방정식을 $y=2x+n$이라 하면 원의 중심 $(-1,\ 4)$와 직선 $y=2x+n$, 즉 $2x-y+n=0$ 사이의 거리가 원의 반지름의 길이와 같으므로

$\dfrac{|-2-4+n|}{\sqrt{2^2+(-1)^2}}=3$에서

$|n-6|=3\sqrt{5}$이므로

$n=6-3\sqrt{5}$ 또는 $n=6+3\sqrt{5}$

따라서 구하는 접선의 방정식은

$y=2x+6-3\sqrt{5}$ 또는 $y=2x+6+3\sqrt{5}$

14 구하는 접선의 방정식을 $y=-x+n$이라 하면 원의 중심 $(-3,\ -5)$와 직선 $y=-x+n$, 즉 $x+y-n=0$ 사이의 거리가 원의 반지름의 길이와 같으므로

$\dfrac{|-3-5-n|}{\sqrt{1^2+1^2}}=1$에서

$|n+8|=\sqrt{2}$이므로

$n=-8-\sqrt{2}$ 또는 $n=-8+\sqrt{2}$

따라서 구하는 접선의 방정식은

$y=-x-8-\sqrt{2}$ 또는 $y=-x-8+\sqrt{2}$

---

11 원 위의 점에서의 접선의 방정식

원리확인

$-\dfrac{1}{3},\ -\dfrac{1}{3},\ -\dfrac{1}{3},\ 10$

1 (✏ 4, 2, 20, 2, 10) **2** $3x-4y=-25$

3 $x-2\sqrt{2}y=9$ **4** $2x+y=-5$

5 $x+y=4$ **6** $3x+2y=-13$

☺ $x_1,\ y_1$

7 $2,\ -\dfrac{1}{2},\ -\dfrac{1}{2},\ -\dfrac{1}{2}x+\dfrac{13}{2}$

8 $\left(\ ✏\ 3,\ \dfrac{1}{3},\ -3,\ -3,\ -3x+16\right)$

9 $y=-\dfrac{4}{3}x+5$ **10** $y=-x+11$

11 $y=-\dfrac{2}{3}x-\dfrac{5}{3}$ **12** $y=2x+4$

13 $y=-4x-1$ **14** ②

2 구하는 접선의 방정식은

$-3x+4y=25$

따라서 $3x-4y=-25$

4 구하는 접선의 방정식은

$-2x-y=5$

따라서 $2x+y=-5$

5 구하는 접선의 방정식은

$2x+2y=8$

따라서 $x+y=4$

3. 원의 방정식 **53**

6 구하는 접선의 방정식은
$-3x-2y=13$
따라서 $3x+2y=-13$

9 원의 중심을 C라 하면 $C(-1, -2)$
구하는 접선과 직선 PC는 수직이고 직선 PC의 기울기는 $\dfrac{3}{4}$이
므로 접선의 기울기는 $-\dfrac{4}{3}$이다.
따라서 구하는 접선의 방정식은
$y-1=-\dfrac{4}{3}(x-3)$, 즉 $y=-\dfrac{4}{3}x+5$

10 원의 중심을 C라 하면 $C(0, 5)$
구하는 접선과 직선 PC는 수직이고 직선 PC의 기울기는 1이므
로 접선의 기울기는 -1이다.
따라서 구하는 접선의 방정식은
$y-8=-(x-3)$, 즉 $y=-x+11$

11 원의 중심을 C라 하면 $C(4, 0)$
구하는 접선과 직선 PC는 수직이고 직선 PC의 기울기는 $\dfrac{3}{2}$이
므로 접선의 기울기는 $-\dfrac{2}{3}$이다.
따라서 구하는 접선의 방정식은
$y-(-3)=-\dfrac{2}{3}(x-2)$, 즉 $y=-\dfrac{2}{3}x-\dfrac{5}{3}$

12 원의 중심을 C라 하면 $C(-3, 3)$
구하는 접선과 직선 PC는 수직이고 직선 PC의 기울기는 $-\dfrac{1}{2}$
이므로 접선의 기울기는 2이다.
따라서 구하는 접선의 방정식은
$y-2=2\{x-(-1)\}$, 즉 $y=2x+4$

13 원의 중심을 C라 하면 $C(6, -8)$
구하는 접선과 직선 PC는 수직이고 직선 PC의 기울기는 $\dfrac{1}{4}$이
므로 접선의 기울기는 -4이다.
따라서 구하는 접선의 방정식은
$y-(-9)=-4(x-2)$, 즉 $y=-4x-1$

14 $x^2+y^2+4x-2y-93=0$에서 $(x+2)^2+(y-1)^2=98$
원의 중심을 C라 하면 $C(-2, 1)$
구하는 접선과 직선 PC는 수직이고 직선 PC의 기울기는 1이므
로 접선의 기울기는 -1이다.
즉 접선의 방정식은
$y-8=-(x-5)$, 즉 $-x-y+13=0$
따라서 $a=-1$, $b=13$이므로 $a+b=12$

원 밖의 한 점에서 그은 접선의 방정식

1 (✎ 4, 1, $-\sqrt{3}$, 4, 4)
2 $x+\sqrt{3}y+2=0$ 또는 $x-\sqrt{3}y+2=0$
3 $x+7y-10=0$ 또는 $x-y-2=0$
4 $x-3y+10=0$ 또는 $3x-y-10=0$
5 $x=2$ 또는 $3x+4y+10=0$
6 (✎ 1, 1, 3, $\sqrt{3}$, $\sqrt{3}$, $\sqrt{3}$)
7 $2x+y-5=0$ 또는 $x-2y-5=0$
8 $y=1$ 또는 $4x-3y-5=0$
9 $x+7y+20=0$ 또는 $x+y-4=0$
10 $y=4$ 또는 $4x-3y+20=0$
11 1, 1, $3m+4$, $-\dfrac{4}{3}$　　　12 -2 또는 $\dfrac{1}{2}$
13 -3 또는 3

2 접점의 좌표를 (x_1, y_1)로 놓으면 접선의 방정식은
$x_1x+y_1y=1$
이 직선이 점 $P(-2, 0)$을 지나므로
$x_1\times(-2)+y_1\times0=1$에서 $x_1=-\dfrac{1}{2}$
또 점 (x_1, y_1)은 원 위의 점이므로
$x_1{}^2+y_1{}^2=1$ ...... ㉠
㉠에 $x_1=-\dfrac{1}{2}$을 대입하면
$\left(-\dfrac{1}{2}\right)^2+y_1{}^2=1$에서 $y_1{}^2=\dfrac{3}{4}$이므로
$y_1=-\dfrac{\sqrt{3}}{2}$ 또는 $y_1=\dfrac{\sqrt{3}}{2}$
즉 구하는 접선의 방정식은
$-\dfrac{1}{2}x-\dfrac{\sqrt{3}}{2}y=1$ 또는 $-\dfrac{1}{2}x+\dfrac{\sqrt{3}}{2}y=1$
따라서 $x+\sqrt{3}y+2=0$ 또는 $x-\sqrt{3}y+2=0$

3 접점의 좌표를 (x_1, y_1)로 놓으면 접선의 방정식은
$x_1x+y_1y=2$
이 직선이 점 $P(3, 1)$을 지나므로
$3x_1+y_1=2$ ...... ㉠
또 점 (x_1, y_1)은 원 위의 점이므로
$x_1{}^2+y_1{}^2=2$ ...... ㉡
㉠에서 $y_1=-3x_1+2$를 ㉡에 대입하면
$x_1{}^2+(-3x_1+2)^2=2$에서
$10x_1{}^2-12x_1+2=0$, $5x_1{}^2-6x_1+1=0$
$(5x_1-1)(x_1-1)=0$이므로
$x_1=\dfrac{1}{5}$ 또는 $x_1=1$

$x_1=\dfrac{1}{5}$을 ㉠에 대입하면 $\dfrac{3}{5}+y_1=2$이므로 $y_1=\dfrac{7}{5}$

$x_1=1$을 ㉠에 대입하면 $3+y_1=2$이므로 $y_1=-1$

즉 접선의 방정식은

$\dfrac{1}{5}x+\dfrac{7}{5}y=2$ 또는 $x-y=2$

따라서 $x+7y-10=0$ 또는 $x-y-2=0$

4 접점의 좌표를 (x_1, y_1)로 놓으면 접선의 방정식은

$x_1x+y_1y=10$

이 직선이 점 $P(5, 5)$를 지나므로

$5x_1+5y_1=10$에서

$x_1+y_1=2$ $\cdots\cdots$ ㉠

또 점 (x_1, y_1)은 원 위의 점이므로

$x_1{}^2+y_1{}^2=10$ $\cdots\cdots$ ㉡

㉠에서 $y_1=-x_1+2$를 ㉡에 대입하면

$x_1{}^2+(-x_1+2)^2=10$에서

$2x_1{}^2-4x_1-6=0$, $x_1{}^2-2x_1-3=0$

$(x_1+1)(x_1-3)=0$이므로

$x_1=-1$ 또는 $x_1=3$

$x_1=-1$을 ㉠에 대입하면 $-1+y_1=2$에서 $y_1=3$

$x_1=3$을 ㉠에 대입하면 $3+y_1=2$에서 $y_1=-1$

즉 접선의 방정식은

$-x+3y=10$ 또는 $3x-y=10$

따라서 $x-3y+10=0$ 또는 $3x-y-10=0$

5 접점의 좌표를 (x_1, y_1)로 놓으면 접선의 방정식은

$x_1x+y_1y=4$

이 직선이 점 $P(2, -4)$를 지나므로

$2x_1-4y_1=4$에서

$x_1-2y_1=2$ $\cdots\cdots$ ㉠

또 점 (x_1, y_1)은 원 위의 점이므로

$x_1{}^2+y_1{}^2=4$ $\cdots\cdots$ ㉡

㉠에서 $x_1=2y_1+2$를 ㉡에 대입하면

$(2y_1+2)^2+y_1{}^2=4$에서

$5y_1{}^2+8y_1=0$, $y_1(5y_1+8)=0$이므로

$y_1=0$ 또는 $y_1=-\dfrac{8}{5}$

$y_1=0$을 ㉠에 대입하면 $x_1=2$

$y_1=-\dfrac{8}{5}$을 ㉠에 대입하면 $x_1+\dfrac{16}{5}=2$이므로 $x_1=-\dfrac{6}{5}$

즉 구하는 접선의 방정식은

$2x=4$, $-\dfrac{6}{5}x-\dfrac{8}{5}y=4$

따라서 $x=2$ 또는 $3x+4y+10=0$

7 원 C의 중심은 $(0, 0)$, 반지름의 길이는 $\sqrt{5}$이다.

접선의 기울기를 m으로 놓으면 접선의 방정식은

$y-(-1)=m(x-3)$, 즉 $mx-y-3m-1=0$

원의 중심 $(0, 0)$과 접선 사이의 거리는 반지름의 길이 $\sqrt{5}$와 같으므로

$\dfrac{|-3m-1|}{\sqrt{m^2+(-1)^2}}=\sqrt{5}$, $|-3m-1|=\sqrt{5(m^2+1)}$

양변을 제곱하면

$9m^2+6m+1=5m^2+5$, $4m^2+6m-4=0$

$(m+2)(2m-1)=0$이므로

$m=-2$ 또는 $m=\dfrac{1}{2}$

즉 구하는 접선의 방정식은

$-2x-y+5=0$ 또는 $\dfrac{1}{2}x-y-\dfrac{5}{2}=0$

따라서 $2x+y-5=0$ 또는 $x-2y-5=0$

8 원 C의 중심은 $(0, 0)$, 반지름의 길이는 1이다.

접선의 기울기를 m으로 놓으면 접선의 방정식은

$y-1=m(x-2)$, 즉 $mx-y-2m+1=0$

원의 중심 $(0, 0)$과 접선 사이의 거리는 반지름의 길이 1과 같으므로

$\dfrac{|-2m+1|}{\sqrt{m^2+(-1)^2}}=1$, $|-2m+1|=\sqrt{m^2+1}$

양변을 제곱하면

$3m^2-4m=0$, $m(3m-4)=0$이므로

$m=0$ 또는 $m=\dfrac{4}{3}$

따라서 구하는 접선의 방정식은

$y=1$ 또는 $4x-3y-5=0$

9 원 C의 중심은 $(0, 0)$, 반지름의 길이는 $\sqrt{8}=2\sqrt{2}$

접선의 기울기를 m으로 놓으면 접선의 방정식은

$y+4=m(x-8)$, 즉 $mx-y-8m-4=0$

원의 중심 $(0, 0)$과 접선 사이의 거리는 반지름의 길이 $2\sqrt{2}$와 같으므로

$\dfrac{|-8m-4|}{\sqrt{m^2+(-1)^2}}=2\sqrt{2}$, $2\sqrt{2(m^2+1)}=|-8m-4|$

양변을 제곱하면

$8(m^2+1)=64m^2+64m+16$에서

$56m^2+64m+8=0$, $7m^2+8m+1=0$

$(7m+1)(m+1)=0$이므로

$m=-\dfrac{1}{7}$ 또는 $m=-1$

즉 구하는 접선의 방정식은

$-\dfrac{1}{7}x-y-\dfrac{20}{7}=0$ 또는 $-x-y+4=0$

따라서 $x+7y+20=0$ 또는 $x+y-4=0$

10 원 C의 중심은 $(0, 0)$, 반지름의 길이는 4이다.
접선의 기울기를 m으로 놓으면 접선의 방정식은
$y-4=m(x+2)$, 즉 $mx-y+2m+4=0$
원의 중심 $(0, 0)$과 접선 사이의 거리는 반지름의 길이 4와 같
으므로

$$\frac{|2m+4|}{\sqrt{m^2+(-1)^2}}=4, \ 4\sqrt{m^2+1}=|2m+4|$$

양변을 제곱하면 $16(m^2+1)=4m^2+16m+16$에서
$12m^2-16m=0$, $m(3m-4)=0$이므로

$m=0$ 또는 $m=\dfrac{4}{3}$

즉 구하는 접선의 방정식은

$-y+4=0$ 또는 $\dfrac{4}{3}x-y+\dfrac{20}{3}=0$

따라서 $y=4$ 또는 $4x-3y+20=0$

12 접선의 기울기를 m으로 놓으면 접선의 방정식은
$y-5=m(x-4)$, 즉 $mx-y-4m+5=0$
원의 중심 $(2, -1)$과 접선 $mx-y-4m+5=0$ 사이의 거리는
원의 반지름의 길이 $\sqrt{20}=2\sqrt{5}$와 같으므로

$$\frac{|2m+1-4m+5|}{\sqrt{m^2+(-1)^2}}=2\sqrt{5}$$

$2\sqrt{5(m^2+1)}=|-2m+6|$

양변을 제곱하면

$20m^2+20=4m^2-24m+36$

$16m^2+24m-16=0$, $2m^2+3m-2=0$

$(m+2)(2m-1)=0$

따라서 $m=-2$ 또는 $m=\dfrac{1}{2}$

13 접선의 기울기를 m으로 놓으면 접선의 방정식은
$y-9=m(x+1)$, 즉 $mx-y+m+9=0$
원의 중심 $(-1, -1)$과 접선 $mx-y+m+9=0$ 사이의 거리
는 원의 반지름의 길이 $\sqrt{10}$과 같으므로

$$\frac{|-m+1+m+9|}{\sqrt{m^2+(-1)^2}}=\sqrt{10}$$

$\sqrt{10(m^2+1)}=10$

양변을 제곱하면

$10m^2+10=100$

$m^2=9$

따라서 $m=-3$ 또는 $m=3$

13

본문 120쪽

자취의 방정식; 원

1 4, 6, 4, 6, 2, 3   **2** $x^2+(y-2)^2=2$

3 $\left(x+\dfrac{1}{2}\right)^2+\left(y-\dfrac{5}{2}\right)^2=3$ **4** $(x-1)^2+(y+4)^2=1$

5 $(x-2)^2+y^2=3$ **6** $\left(x+\dfrac{5}{2}\right)^2+(y-2)^2=\dfrac{1}{2}$

---

7 $(x+3)^2+\left(y+\dfrac{7}{2}\right)^2=\dfrac{1}{4}$ **8** $(x+1)^2+\left(y-\dfrac{3}{2}\right)^2=9$

9 $\left(x-\dfrac{3}{2}\right)^2+\left(y+\dfrac{3}{2}\right)^2=\dfrac{25}{4}$ **10** $\left(x+\dfrac{3}{2}\right)^2+\left(y-\dfrac{3}{2}\right)^2=\dfrac{33}{4}$

11 2, 4, 4, 4   **12** $x^2+y^2+24y=0$

13 $x^2+y^2-10x-11=0$ **14** $x^2+y^2-4x-4y=0$

15 $x^2+y^2-12x+6y+13=0$

16 $x^2+y^2-3x-6y+9=0$ **17** ④

2 원 위의 점 P의 좌표를 (a, b), 선분 AP의 중점의 좌표를
(x, y)라 하면

$x=\dfrac{a}{2}$, $y=\dfrac{4+b}{2}$

즉 $a=2x$, $b=2y-4$ …… ㉠

점 P가 원 $x^2+y^2=8$ 위의 점이므로

$a^2+b^2=8$ …… ㉡

㉠을 ㉡에 대입하면

$(2x)^2+(2y-4)^2=8$

따라서 $x^2+(y-2)^2=2$

3 원 위의 점 P의 좌표를 (a, b), 선분 AP의 중점의 좌표를
(x, y)라 하면

$x=\dfrac{a-1}{2}$, $y=\dfrac{b+5}{2}$

즉 $a=2x+1$, $b=2y-5$ …… ㉠

점 P가 원 $x^2+y^2=12$ 위의 점이므로

$a^2+b^2=12$ …… ㉡

㉠을 ㉡에 대입하면

$(2x+1)^2+(2y-5)^2=12$

따라서 $\left(x+\dfrac{1}{2}\right)^2+\left(y-\dfrac{5}{2}\right)^2=3$

4 원 위의 점 P의 좌표를 (a, b), 선분 AP의 중점의 좌표를
(x, y)라 하면

$x=\dfrac{a+2}{2}$, $y=\dfrac{b-8}{2}$

즉 $a=2x-2$, $b=2y+8$ …… ㉠

점 P가 원 $x^2+y^2=4$ 위의 점이므로

$a^2+b^2=4$ …… ㉡

㉠을 ㉡에 대입하면

$(2x-2)^2+(2y+8)^2=4$

따라서 $(x-1)^2+(y+4)^2=1$

5 원 위의 점 P의 좌표를 (a, b), 선분 AP의 중점의 좌표를
(x, y)라 하면

$x=\dfrac{a+3}{2}$, $y=\dfrac{b-2}{2}$

즉 $a=2x-3$, $b=2y+2$ …… ㉠

점 P가 원 $(x-1)^2+(y-2)^2=12$ 위의 점이므로

$(a-1)^2+(b-2)^2=12$ …… ㉡

ㄱ을 ㄴ에 대입하면

$(2x-4)^2+(2y)^2=12$

따라서 $(x-2)^2+y^2=3$

6 원 위의 점 P의 좌표를 (a, b), 선분 AP의 중점의 좌표를 (x, y)라 하면

$x=\dfrac{a-2}{2},\ y=\dfrac{b-1}{2}$

즉 $a=2x+2,\ b=2y+1$　　……㉠

점 P가 원 $(x+3)^2+(y-5)^2=2$ 위의 점이므로

$(a+3)^2+(b-5)^2=2$　　……㉡

㉠을 ㉡에 대입하면

$(2x+5)^2+(2y-4)^2=2$

따라서 $\left(x+\dfrac{5}{2}\right)^2+(y-2)^2=\dfrac{1}{2}$

7 원 위의 점 P의 좌표를 (a, b), 선분 AP의 중점의 좌표를 (x, y)라 하면

$x=\dfrac{a}{2},\ y=\dfrac{b}{2}$

즉 $a=2x,\ b=2y$　　……㉠

점 P가 원 $(x+6)^2+(y+7)^2=1$ 위의 점이므로

$(a+6)^2+(b+7)^2=1$　　……㉡

㉠을 ㉡에 대입하면

$(2x+6)^2+(2y+7)^2=1$

따라서 $(x+3)^2+\left(y+\dfrac{7}{2}\right)^2=\dfrac{1}{4}$

8 $x^2+y^2-12x-6y+9=0$에서 $(x-6)^2+(y-3)^2=36$

원 위의 점 P의 좌표를 (a, b), 선분 AP의 중점의 좌표를 (x, y)라 하면

$x=\dfrac{a-8}{2},\ y=\dfrac{b}{2}$

즉 $a=2x+8,\ b=2y$　　……㉠

점 P가 원 $(x-6)^2+(y-3)^2=36$ 위의 점이므로

$(a-6)^2+(b-3)^2=36$　　……㉡

㉠을 ㉡에 대입하면

$(2x+2)^2+(2y-3)^2=36$

따라서 $(x+1)^2+\left(y-\dfrac{3}{2}\right)^2=9$

9 $x^2+y^2+4x-10y+4=0$에서 $(x+2)^2+(y-5)^2=25$

원 위의 점 P의 좌표를 (a, b), 선분 AP의 중점의 좌표를 (x, y)라 하면

$x=\dfrac{a+5}{2},\ y=\dfrac{b-8}{2}$

즉 $a=2x-5,\ b=2y+8$　　……㉠

점 P가 원 $(x+2)^2+(y-5)^2=25$ 위의 점이므로

$(a+2)^2+(b-5)^2=25$　　……㉡

㉠을 ㉡에 대입하면

$(2x-3)^2+(2y+3)^2=25$

따라서 $\left(x-\dfrac{3}{2}\right)^2+\left(y+\dfrac{3}{2}\right)^2=\dfrac{25}{4}$

10 $x^2+y^2+6x+8y-8=0$에서 $(x+3)^2+(y+4)^2=33$

원 위의 점 P의 좌표를 (a, b), 선분 AP의 중점의 좌표를 (x, y)라 하면

$x=\dfrac{a}{2},\ y=\dfrac{b+7}{2}$

즉 $a=2x,\ b=2y-7$　　……㉠

점 P가 원 $(x+3)^2+(y+4)^2=33$ 위의 점이므로

$(a+3)^2+(b+4)^2=33$　　……㉡

㉠을 ㉡에 대입하면

$(2x+3)^2+(2y-3)^2=33$

따라서 $\left(x+\dfrac{3}{2}\right)^2+\left(y-\dfrac{3}{2}\right)^2=\dfrac{33}{4}$

12 점 P의 좌표를 (x, y)라 하면

$\overline{PA}=\sqrt{x^2+(y-4)^2},\ \overline{PB}=\sqrt{x^2+(y+3)^2}$

$\overline{PA}:\overline{PB}=4:3$에서 $3\overline{PA}=4\overline{PB}$이므로

$9\overline{PA}^2=16\overline{PB}^2$

$9\{x^2+(y-4)^2\}=16\{x^2+(y+3)^2\}$

따라서 $x^2+y^2+24y=0$

13 점 P의 좌표를 (x, y)라 하면

$\overline{PA}=\sqrt{(x+4)^2+y^2},\ \overline{PB}=\sqrt{(x-1)^2+y^2}$

$\overline{PA}:\overline{PB}=3:2$에서 $2\overline{PA}=3\overline{PB}$이므로

$4\overline{PA}^2=9\overline{PB}^2$

$4\{(x+4)^2+y^2\}=9\{(x-1)^2+y^2\}$

$4(x^2+8x+16+y^2)=9(x^2-2x+1+y^2)$

$5x^2+5y^2-50x-55=0$

따라서 $x^2+y^2-10x-11=0$

14 점 P의 좌표를 (x, y)라 하면

$\overline{PA}=\sqrt{(x+2)^2+(y+2)^2},\ \overline{PB}=\sqrt{(x-1)^2+(y-1)^2}$

$\overline{PA}:\overline{PB}=2:1$에서 $\overline{PA}=2\overline{PB}$이므로

$\overline{PA}^2=4\overline{PB}^2$

$(x+2)^2+(y+2)^2=4\{(x-1)^2+(y-1)^2\}$

$x^2+4x+y^2+4y+8=4(x^2-2x+y^2-2y+2)$

$3x^2+3y^2-12x-12y=0$

따라서 $x^2+y^2-4x-4y=0$

15 점 P의 좌표를 (x, y)라 하면

$\overline{PA}=\sqrt{(x-4)^2+(y+1)^2},\ \overline{PB}=\sqrt{(x+2)^2+(y-5)^2}$

$\overline{PA}:\overline{PB}=1:2$에서 $2\overline{PA}=\overline{PB}$이므로

$4\overline{PA}^2=\overline{PB}^2$

$4\{(x-4)^2+(y+1)^2\}=(x+2)^2+(y-5)^2$

$4(x^2-8x+y^2+2y+17)=x^2+4x+y^2-10y+29$

$3x^2+3y^2-36x+18y+39=0$

따라서 $x^2+y^2-12x+6y+13=0$

16 점 P의 좌표를 (x, y)라 하면

$\overline{PA} = \sqrt{(x-1)^2 + (y-3)^2}$, $\overline{PB} = \sqrt{(x+3)^2 + (y-3)^2}$

$\overline{PA} : \overline{PB} = 1 : 3$에서 $3\overline{PA} = \overline{PB}$이므로

$9\overline{PA}^2 = \overline{PB}^2$

$9\{(x-1)^2 + (y-3)^2\} = (x+3)^2 + (y-3)^2$

$9(x^2 - 2x + y^2 - 6y + 10) = x^2 + 6x + y^2 - 6y + 18$

$8x^2 + 8y^2 - 24x - 48y + 72 = 0$

따라서 $x^2 + y^2 - 3x - 6y + 9 = 0$

17 점 P의 좌표를 (x, y)라 하면

$\overline{AP} = \sqrt{(x-3)^2 + (y+2)^2}$, $\overline{BP} = \sqrt{(x-6)^2 + (y-1)^2}$

$2\overline{AP} = \overline{BP}$에서 $4\overline{AP}^2 = \overline{BP}^2$

$4\{(x-3)^2 + (y+2)^2\} = (x-6)^2 + (y-1)^2$

$4(x^2 - 6x + y^2 + 4y + 13) = x^2 - 12x + y^2 - 2y + 37$

$3x^2 + 3y^2 - 12x + 18y + 15 = 0$, $x^2 + y^2 - 4x + 6y + 5 = 0$

이므로

$(x-2)^2 + (y+3)^2 = 8$

따라서 점 P는 중심이 점 $(2, -3)$이고 반지름의 길이가

$\sqrt{8} = 2\sqrt{2}$인 원 위의 점이므로 점 P가 나타내는 도형의 넓이는

$\pi \times (2\sqrt{2})^2 = 8\pi$

TEST 개념 확인

본문 122쪽

1 ⑤	**2** ①	**3** ③	**4** ②
5 ②	**6** 18	**7** ③	**8** ⑤
9 ④	**10** ②	**11** 8π	**12** ④

1 직선 $y = 2x + 3$과 평행한 직선의 기울기는 2이고 원의 반지름의 길이는 $\sqrt{5}$이므로 접선의 방정식은

$y = 2x \pm \sqrt{5}\sqrt{2^2 + 1} = 2x \pm 5$

따라서 두 점 P, Q의 좌표는 각각 $(0, -5)$, $(0, 5)$이므로

$\overline{PQ} = 5 - (-5) = 10$

2 $x^2 + y^2 - 6x + 2y + 8 = 0$에서 $(x-3)^2 + (y+1)^2 = 2$

x축의 양의 방향과 이루는 각의 크기가 45°인 접선의 기울기는

$\tan 45° = 1$

원 $(x-3)^2 + (y+1)^2 = 2$에 접하고 기울기가 1인 접선의 방정식을 $y = x + n$이라 하자.

원의 중심 $(3, -1)$과 직선 $y = x + n$, 즉 $x - y + n = 0$ 사이의 거리는 원의 반지름의 길이 $\sqrt{2}$와 같으므로

$\dfrac{|3+1+n|}{\sqrt{1^2 + (-1)^2}} = \sqrt{2}$에서 $|n+4| = 2$

$n = -2$ 또는 $n = -6$

즉 $y = x - 2$ 또는 $y = x - 6$

따라서 $a = 1$, $b = -2$, $c = 1$, $d = -6$ 또는 $a = 1$, $b = -6$, $c = 1$, $d = -2$이므로

$a + b + c + d = -6$

3 접선의 방정식을 $y = 2x + n$이라 하자.

원의 중심 $(-2, 4)$와 직선 $y = 2x + n$, 즉 $2x - y + n = 0$ 사이의 거리는 원의 반지름의 길이 3과 같으므로

$\dfrac{|-4-4+n|}{\sqrt{2^2 + (-1)^2}} = 3$에서

$|n-8| = 3\sqrt{5}$, $n - 8 = \pm 3\sqrt{5}$이므로

$n = 8 \pm 3\sqrt{5}$

따라서 구하는 y절편의 곱은

$(8 + 3\sqrt{5})(8 - 3\sqrt{5}) = 19$

4 원 $x^2 + y^2 = 8$ 위의 점 $(-2, -2)$에서의 접선의 방정식은

$-2x - 2y = 8$이므로 $x + y = -4$

따라서 접선과 x축, y축으로 둘러싸인 부분의 넓이는

$\dfrac{1}{2} \times 4 \times 4 = 8$

5 원 $x^2 + y^2 = 10$ 위의 점 (a, b)에서의 접선의 방정식은

$ax + by = 10$이므로 $y = -\dfrac{a}{b}x + \dfrac{10}{b}$

$-\dfrac{a}{b} = 3$이므로 $a = -3b$ …… ㉠

한편 점 (a, b)는 원 $x^2 + y^2 = 10$ 위에 있으므로

$a^2 + b^2 = 10$ …… ㉡

㉠을 ㉡에 대입하면

$(-3b)^2 + b^2 = 10$, $10b^2 = 10$

$b^2 = 1$이므로 $b = \pm 1$

$b = -1$을 ㉠에 대입하면 $a = 3$

$b = 1$을 ㉠에 대입하면 $a = -3$

따라서 $ab = -3$

6 $x^2 + y^2 + 2x - 4y - 5 = 0$에서 $(x+1)^2 + (y-2)^2 = 10$

원의 중심을 $C(-1, 2)$, $P(-4, 3)$이라 하면

직선 PC의 기울기는 $-\dfrac{1}{3}$이므로

접선의 기울기는 3이다.

즉 접선의 방정식은

$y - 3 = 3\{x - (-4)\}$에서 $y = 3x + 15$

따라서 $a = 3$, $b = 15$이므로 $a + b = 18$

7 접선의 방정식은

$y=m(x+6)$, 즉 $mx-y+6m=0$

원의 중심 $(0, 0)$과 직선 $mx-y+6m=0$ 사이의 거리는 원의

반지름의 길이 3과 같으므로

$$\frac{|6m|}{\sqrt{m^2+(-1)^2}}=3, \ |6m|=3\sqrt{m^2+1}$$

양변을 제곱하면

$36m^2=9m^2+9, \ m^2=\dfrac{1}{3}$이므로

$m=\pm\dfrac{\sqrt{3}}{3}$

즉 접선의 방정식은 $y=\dfrac{\sqrt{3}}{3}x+2\sqrt{3}$ 또는 $y=-\dfrac{\sqrt{3}}{3}x-2\sqrt{3}$

따라서 $m=\dfrac{\sqrt{3}}{3}$, $n=2\sqrt{3}$ 또는 $m=-\dfrac{\sqrt{3}}{3}$, $n=-2\sqrt{3}$이므로

$mn=2$

8 원의 중심을 C, A$(2, 6)$, 두 접선과

원의 두 교점을 각각 P, Q라 하면

사각형 APCQ는 정사각형이다.

따라서 직각삼각형 CAP에서

$\overline{CA}^2=\overline{CP}^2+\overline{AP}^2$이고 $\overline{AP}=\overline{CP}=r$이므로

$2^2+6^2=r^2+r^2, \ 2r^2=40$

$r^2=20$

이때 $r>0$이므로 $r=2\sqrt{5}$

9 접선의 기울기를 m으로 놓으면 접선의 방정식은

$y-2=m(x-3)$, 즉 $mx-y-3m+2=0$

원의 중심 $(4, -1)$과 직선 $mx-y-3m+2=0$ 사이의 거리는

원의 반지름의 길이 2와 같으므로

$$\frac{|4m+1-3m+2|}{\sqrt{m^2+(-1)^2}}=2, \ |m+3|=2\sqrt{m^2+1}$$

양변을 제곱하면

$(m+3)^2=4(m^2+1)$에서

$m^2+6m+9=4m^2+4$이므로

$3m^2-6m-5=0$

따라서 이차방정식의 근과 계수의 관계에 의하여 두 접선의 기울기의 합은 2이다.

10 원 위의 점 P의 좌표를 (a, b), 선분 AP의 중점의 좌표를

(x, y)라 하면

$x=\dfrac{a+2}{2}, \ y=\dfrac{b-1}{2}$

즉 $a=2x-2$, $b=2y+1$ ...... ㉠

점 P가 원 $(x+2)^2+(y-1)^2=4$ 위의 점이므로

$(a+2)^2+(b-1)^2=4$ ...... ㉡

㉠을 ㉡에 대입하면

$(2x-2+2)^2+(2y+1-1)^2=4$이므로

$x^2+y^2=1$

따라서 구하는 길이는 반지름의 길이가 1인 원의 둘레의 길이이므로 2π이다.

11 점 P의 좌표를 (x, y)라 하면

$\overline{PA}=\sqrt{(x-1)^2+y^2}, \ \overline{PB}=\sqrt{(x-4)^2+(y-3)^2}$

$2\overline{PA}=\overline{PB}$에서 $4\overline{PA}^2=\overline{PB}^2$이므로

$4\{(x-1)^2+y^2\}=(x-4)^2+(y-3)^2$

$x^2+y^2+2y-7=0$, 즉 $x^2+(y+1)^2=8$

따라서 점 P가 나타내는 도형은 중심의 좌표가 $(0, -1)$이고

반지름의 길이가 $\sqrt{8}=2\sqrt{2}$인 원이므로 구하는 넓이는

$\pi\times(2\sqrt{2})^2=8\pi$

12 $\overline{OP} : \overline{AP}=3 : 2$에서 $3\overline{AP}=2\overline{OP}$이므로

$9\overline{AP}^2=4\overline{OP}^2$

점 P의 좌표를 (x, y)라 하면

$9\{(x-10)^2+y^2\}=4x^2+4y^2$

$x^2+y^2-36x+180=0$이므로

$(x-18)^2+y^2=144$

따라서 $a=18$, $b=144$이므로

$\dfrac{b}{a}=8$

TEST 개념 발전 　　　　　　　　3. 원의 방정식

본문 124쪽

1 ⑤	2 ⑤	3 ⑤	4 3
5 ③	6 ④	7 ①	8 ②
9 ④	10 ③	11 ⑤	12 ③
13 ③	14 $\sqrt{3}$	15 ①	

1 구하는 원의 반지름의 길이를 $r \ (r>0)$라 하면 원의 방정식은

$(x+1)^2+(y-2)^2=r^2$

이 원이 점 $(2, -1)$을 지나므로

$(2+1)^2+(-1-2)^2=r^2$에서 $r^2=18$

따라서 구하는 원의 넓이는 18π이다.

2 $x^2+y^2-4x+ay-3=0$에서

$(x-2)^2+\left(y+\dfrac{a}{2}\right)^2=\dfrac{a^2}{4}+7$

이 원의 반지름의 길이가 4이므로

$\dfrac{a^2}{4}+7=16, \ a^2=36$이므로 $a=\pm6$

따라서 양수 a의 값은 6이다.

3

$x-y=4$ ...... ㉠

$2x-y=6$ ...... ㉡

$3x-y=10$ ...... ㉢

두 직선 ㉠, ㉡의 교점을 P, 두 직선 ㉡, ㉢의 교점을 Q, 두 직선 ㉠, ㉢의 교점을 R라 하면

$P(2, -2)$, $Q(4, 2)$, $R(3, -1)$

또 원의 중심을 $C(a, b)$라 하면

$\overline{CP}=\overline{CQ}=\overline{CR}$

$\overline{CP}^2=\overline{CQ}^2$이므로

$(2-a)^2+(-2-b)^2=(4-a)^2+(2-b)^2$에서

$a+2b=3$ ...... ㉣

$\overline{CQ}^2=\overline{CR}^2$이므로

$(4-a)^2+(2-b)^2=(3-a)^2+(-1-b)^2$에서

$a+3b=5$ ...... ㉤

㉣, ㉤을 연립하여 풀면 $a=-1$, $b=2$

원의 반지름의 길이는

$\overline{CP}=\sqrt{(2+1)^2+(-2-2)^2}=5$

따라서 삼각형의 외접원은 중심이 $(-1, 2)$, 반지름의 길이는 5인 원이므로 구하는 둘레의 길이는 $2\pi \times 5=10\pi$

4

$x^2+y^2-2kx-2ky+3k-2=0$에서

$(x-k)^2+(y-k)^2=2k^2-3k+2$

주어진 원이 x축에 접하려면

|(원의 중심의 y좌표)|=(원의 반지름의 길이)이므로

$|k|=\sqrt{2k^2-3k+2}$

양변을 제곱하면

$k^2=2k^2-3k+2$, $k^2-3k+2=0$

$(k-1)(k-2)=0$이므로

$k=1$ 또는 $k=2$

따라서 모든 k의 값의 합은 $1+2=3$

5 원의 중심의 좌표를 (a, a) $(a>0)$라 하면

구하는 원의 방정식은

$(x-a)^2+(y-a)^2=a^2$

이때 중심 (a, a)가 직선 $y=2x-3$ 위에 있으므로

$a=2a-3$, $a=3$

따라서 원의 반지름의 길이는 3이다.

6 원 $x^2+y^2+x+ay-10=0$이 원 $x^2+(y-2)^2=4$의 둘레의 길이를 이등분하려면 두 원의 교점을 지나는 직선이 원 $x^2+(y-2)^2=4$의 중심을 지나야 한다.

두 원의 교점을 지나는 직선의 방정식은

$x^2+y^2+x+ay-10-\{x^2+(y-2)^2-4\}=0$이므로

$x+(a+4)y-10=0$

이 직선이 점 $(0, 2)$를 지나야 하므로

$2(a+4)-10=0$, $a+4=5$

따라서 $a=1$

7 $x^2+y^2-4x+6y-3=0$에서 $(x-2)^2+(y+3)^2=16$

두 원의 중심의 좌표가 각각 $(-1, 1)$, $(2, -3)$이므로

중심 사이의 거리는

$\sqrt{(2+1)^2+(-3-1)^2}=5$

또 두 원의 반지름의 길이가 각각 2, 4이므로 오른쪽 그림에서 선분 PQ의 길이의 최댓값은 $2+5+4=11$

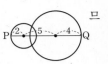

8 선분 AB의 중점의 좌표는 두 원의 교점을 지나는 직선과 두 원의 중심을 지나는 직선의 교점이다.

두 원의 교점을 지나는 직선의 방정식은

$\{(x+2)^2+(y-1)^2-4\}-(x^2+y^2-4)=0$이므로

$4x-2y+5=0$ ...... ㉠

또한 두 원의 중심 $(-2, 1)$, $(0, 0)$을 지나는 직선의 방정식은

$y=-\dfrac{1}{2}x$ ...... ㉡

㉠, ㉡을 연립하여 풀면

$x=-1$, $y=\dfrac{1}{2}$

즉 선분 AB의 중점의 좌표는 $\left(-1, \dfrac{1}{2}\right)$이므로

$a=-1$, $b=\dfrac{1}{2}$

따라서 $a+b=-\dfrac{1}{2}$

9 원의 중심 $(4, 1)$과 직선 $x+2y+a=0$ 사이의 거리는 원의 반지름의 길이 $2\sqrt{5}$와 같으므로

$\dfrac{|4+2+a|}{\sqrt{1^2+2^2}}=2\sqrt{5}$, $|a+6|=10$

$a+6=-10$ 또는 $a+6=10$

즉 $a=-16$ 또는 $a=4$

따라서 양수 a의 값은 4이다.

10 $y=-x+k$를 $x^2+y^2=25$에 대입하면

$x^2+(-x+k)^2=25$이므로

$2x^2-2kx+k^2-25=0$

이 이차방정식의 판별식을 D라 하면

$\dfrac{D}{4}=(-k)^2-2(k^2-25)\geq 0$

$k^2\leq 50$이므로

$-5\sqrt{2}\leq k\leq 5\sqrt{2}$

따라서 정수 k의 개수는 $-7, -6, -5, \cdots, 7$의 15이다.

11 점 P에서 원에 그은 접선의 한 접점을 T라 하면

$\overline{PT}=4\sqrt{2}$

원의 중심을 C(0, 2)라 하면 오른쪽 그

림에서

$\overline{CT}\perp\overline{PT}$

이므로 삼각형 CPT는 ∠CTP=90°인

직각삼각형이다.

이때 $\overline{CT}=r$, $\overline{PC}=\sqrt{(5-0)^2+(6-2)^2}=\sqrt{41}$

이므로 직각삼각형 CPT에서 피타고라스 정리에 의하여

$r=\sqrt{(\sqrt{41})^2-(4\sqrt{2})^2}=3$

따라서 구하는 원의 넓이는 $\pi\times3^2=9\pi$

12 원의 중심 $(-2, 1)$과 점 $(1, 2)$를 지나는 직선의 기울기는

$\dfrac{2-1}{1-(-2)}=\dfrac{1}{3}$

원의 중심과 접점을 지나는 직선은 접선에 수직이므로 접선의

기울기는 -3이다.

이때 구하는 접선은 기울기가 -3이고 점 $(1, 2)$를 지나므로 접

선의 방정식은

$y-2=-3(x-1)$이므로

$y=-3x+5$

따라서 $A\left(\dfrac{5}{3}, 0\right)$, $B(0, 5)$이므로

삼각형 OAB의 넓이는

$\dfrac{1}{2}\times\dfrac{5}{3}\times5=\dfrac{25}{6}$

13 직선 $y=3x-5$와 평행한 직선의 방정식을 $y=3x+k$로 놓으면

원의 중심 $(2, 0)$과 직선 $y=3x+k$, 즉 $3x-y+k=0$ 사이의

거리는 원의 반지름의 길이 $\sqrt{10}$과 같으므로

$\dfrac{|6-0+k|}{\sqrt{3^2+(-1)^2}}=\sqrt{10}$, $\dfrac{|6+k|}{\sqrt{10}}=\sqrt{10}$

$|6+k|=10$

$6+k=-10$ 또는 $6+k=10$

즉 $k=-16$ 또는 $k=4$

접선의 방정식은 $y=3x-16$, $y=3x+4$이므로

이 두 직선이 x축과 만나는 점의 좌표는 각각 $\left(\dfrac{16}{3}, 0\right)$,

$\left(-\dfrac{4}{3}, 0\right)$이다.

따라서 선분 AB의 길이는 $\dfrac{16}{3}-\left(-\dfrac{4}{3}\right)=\dfrac{20}{3}$

14 점 P의 좌표를 (a, b)라 하면 점 P는 원 $(x-1)^2+(y-2)^2=3$

위의 점이므로

$(a-1)^2+(b-2)^2=3$ ...... ㉠

선분 AP의 중점의 좌표를 (x, y)라 하면

$x=\dfrac{a+4}{2}$, $y=\dfrac{b+2}{2}$이므로

$a=2x-4$, $b=2y-2$ ...... ㉡

㉡을 ㉠에 대입하면

$(2x-5)^2+(2y-4)^2=3$이므로

$\left(x-\dfrac{5}{2}\right)^2+(y-2)^2=\dfrac{3}{4}$

즉 선분 AP의 중점이 나타내는 도형은 중심이 $\left(\dfrac{5}{2}, 2\right)$이고 반

지름의 길이가 $\dfrac{\sqrt{3}}{2}$인 원이므로 구하는 도형의 길이는

$2\pi\times\dfrac{\sqrt{3}}{2}=\sqrt{3}\pi$

따라서 $k=\sqrt{3}$

15 $x^2+y^2+4y-1=0$에서 $x^2+(y+2)^2=5$

오른쪽 그림과 같이 원과 직선의 두 교점을 각

각 A, B라 하고 원의 중심 C(0, -2)에서 직

선 $y=mx$에 내린 수선의 발을 H라 하자.

원의 중심 C(0, -2)와 직선 $y=mx$, 즉

$mx-y=0$ 사이의 거리는

$\overline{CH}=\dfrac{|2|}{\sqrt{m^2+(-1)^2}}=\dfrac{2}{\sqrt{m^2+1}}$

직각삼각형 ACH에서 $\overline{CA}=\sqrt{5}$이므로

$\overline{AH}=\sqrt{\overline{CA}^2-\overline{CH}^2}=\sqrt{5-\overline{CH}^2}$

이때 $\overline{AB}=2\overline{AH}=2\sqrt{5-\overline{CH}^2}$

즉 $\overline{CH}$의 길이가 최대일 때 $\overline{AB}$의 길이, 즉 원과 직선이 만나서

생기는 현의 길이는 최소이다.

따라서 $m=0$일 때, $\overline{CH}$의 길이의 최댓값이 2이므로 구하는 현

의 길이의 최솟값은

$2\sqrt{5-2^2}=2$

4 도형의 이동

01

본문 128쪽

점의 평행이동

원리확인

3, 3, 3, 3

---

1 (✎ 4, 3, 6, 6)　　2 (2, -1)　　　　3 (2, 0)

4 (-4, 4)　　　　5 (7, 3)

6 (1) (✎ 3, -2, 0, 2)　(2) (2, 5)　(3) (-7, 10)

　(4) (0, -3)　(5) (-11, 4)

☺ $x+a$, $y+b$

7 (1) (✎ 4, 3, 3, 1)　(2) $a=3$, $b=3$　(3) $a=2$, $b=-5$

　(4) $a=-2$, $b=8$　(5) $a=-6$, $b=-1$

8 ④

2　($-3+5$, $1-2$)이므로 (2, -1)

3　($5-3$, $-2+2$)이므로 (2, 0)

4　($-6+2$, $-1+5$)이므로 (-4, 4)

5　($0+7$, $8-5$)이므로 (7, 3)

6　(2) ($5-3$, $1+4$)이므로 (2, 5)

　(3) ($-4-3$, $6+4$)이므로 (-7, 10)

　(4) ($3-3$, $-7+4$)이므로 (0, -3)

　(5) ($-8-3$, $0+4$)이므로 (-11, 4)

7　(2) (3, -2) ⟶ ($3+a$, $-2+b$)이므로

　　$3+a=6$, $-2+b=1$

　　따라서 $a=3$, $b=3$

　(3) (-7, 4) ⟶ ($-7+a$, $4+b$)이므로

　　$-7+a=-5$, $4+b=-1$

　　따라서 $a=2$, $b=-5$

　(4) (-2, -6) ⟶ ($-2+a$, $-6+b$)이므로

　　$-2+a=-4$, $-6+b=2$

　　따라서 $a=-2$, $b=8$

　(5) (-1, -8) ⟶ ($-1+a$, $-8+b$)이므로

　　$-1+a=-7$, $-8+b=-9$

　　따라서 $a=-6$, $b=-1$

8　A(x, y)라 하면 $x-5=3$, $y+3=-6$이므로

　$x=8$, $y=-9$

　따라서 점 A의 좌표는 (8, -9)

02

본문 130쪽

도형의 평행이동

원리확인

3, 2, 3, 2, 3, 2, 3

---

1 (✎ $x-4$, $y+2$, $x-4$, $y+2$, 7)

2 $4x+2y+19=0$　　　　3 $y=x^2+14x+47$

4 $(x-2)^2+(y-4)^2=4$　　5 $(x+7)^2+(y-9)^2=25$

☺ $x-a$, $y-b$

6 (1) (✎ -5, 3, $x+5$, $y-3$, $x+5$, $y-3$, 8)

　(2) $y=8x+47$　(3) $y=(x+5)^2+19$

　(4) $y=(x+3)^2-2$　(5) $(x+7)^2+(y-8)^2=1$

7 (1) (✎ -2, 4, $x+2$, $y-4$, $y-4$, $x+2$, 15)

　(2) $2x+y+1=0$　(3) $y=-(x+3)^2+8$

　(4) $y=x^2+2x+10$　(5) $(x-1)^2+(y-3)^2=10$

8 (✎ a, b, 7, 0)　　　9 $a=0$, $b=-6$

10 $a=1$, $b=-3$　　　　11 $a=-2$, $b=-9$

12 (✎ 5, -3, 5, -3, 3, -2)

13 $a=-9$, $b=-3$　　　14 $a=2$, $b=6$

15 $a=6$, $b=-15$　　　16 ④

17 (✎ $x-a$, $x-a$, -1, 2, -4)

18 -4　　19 2　　　20 -3　　　21 ②

22 (✎ $x-a$, a, 3, 2, 6, 4, 6, 4)　　　23 1 또는 3

24 -2　　25 -5　　26 ④

2　$4x+2y-1=0$에 x 대신 $x+3$, y 대신 $y+4$를 대입하면

　$4(x+3)+2(y+4)-1=0$

　따라서 $4x+2y+19=0$

3　$y=x^2+4x$에 x 대신 $x+5$, y 대신 $y-2$를 대입하면

　$y-2=(x+5)^2+4(x+5)$

　$y=x^2+10x+25+4x+20+2$

　따라서 $y=x^2+14x+47$

4　$(x+1)^2+(y+1)^2=4$에 x 대신 $x-3$, y 대신 $y-5$를 대입하면

　$(x-3+1)^2+(y-5+1)^2=4$

　따라서 $(x-2)^2+(y-4)^2=4$

5　$(x+5)^2+(y-3)^2=25$에 x 대신 $x+2$, y 대신 $y-6$을 대입하면

　$(x+2+5)^2+(y-6-3)^2=25$

　따라서 $(x+7)^2+(y-9)^2=25$

6 (2) $y=8x+4$를 x축의 방향으로 -5만큼, y축의 방향으로 3만큼 평행이동한 도형의 방정식은

$$y-3=8(x+5)+4$$

따라서 $y=8x+47$

(3) $y=x^2+16$을 x축의 방향으로 -5만큼, y축의 방향으로 3만큼 평행이동한 도형의 방정식은

$$y-3=(x+5)^2+16$$

따라서 $y=(x+5)^2+19$

(4) $y=(x-2)^2-5$를 x축의 방향으로 -5만큼, y축의 방향으로 3만큼 평행이동한 도형의 방정식은

$$y-3=(x+5-2)^2-5$$

따라서 $y=(x+3)^2-2$

(5) $(x+2)^2+(y-5)^2=1$을 x축의 방향으로 -5만큼, y축의 방향으로 3만큼 평행이동한 도형의 방정식은

$$(x+5+2)^2+(y-3-5)^2=1$$

따라서 $(x+7)^2+(y-8)^2=1$

7 (2) $2x+y+1=0$을 x축의 방향으로 -2만큼, y축의 방향으로 4만큼 평행이동한 도형의 방정식은

$$2(x+2)+(y-4)+1=0$$

따라서 $2x+y+1=0$

(3) $y=-(x+1)^2+4$를 x축의 방향으로 -2만큼, y축의 방향으로 4만큼 평행이동한 도형의 방정식은

$$y-4=-(x+2+1)^2+4$$

따라서 $y=-(x+3)^2+8$

(4) $y=x^2-2x+6$을 x축의 방향으로 -2만큼, y축의 방향으로 4만큼 평행이동한 도형의 방정식은

$$y-4=(x+2)^2-2(x+2)+6$$

$$y=x^2+4x+4-2x-4+6+4$$

따라서 $y=x^2+2x+10$

(5) $(x-3)^2+(y+1)^2=10$을 x축의 방향으로 -2만큼, y축의 방향으로 4만큼 평행이동한 도형의 방정식은

$$(x+2-3)^2+(y-4+1)^2=10$$

따라서 $(x-1)^2+(y-3)^2=10$

9 $x^2+y^2=9$를 x축의 방향으로 a만큼, y축의 방향으로 b만큼 평행이동한 도형의 방정식은

$$(x-a)^2+(y-b)^2=9$$

이 식이 $x^2+(y+6)^2=9$와 같으므로

$a=0$, $b=-6$

10 $x^2+y^2=9$를 x축의 방향으로 a만큼, y축의 방향으로 b만큼 평행이동한 도형의 방정식은

$$(x-a)^2+(y-b)^2=9$$

이 식이 $(x-1)^2+(y+3)^2=9$와 같으므로

$a=1$, $b=-3$

11 $x^2+y^2=9$를 x축의 방향으로 a만큼, y축의 방향으로 b만큼 평행이동한 도형의 방정식은

$$(x-a)^2+(y-b)^2=9$$

이 식이 $(x+2)^2+(y+9)^2=9$와 같으므로

$a=-2$, $b=-9$

13 원 C의 중심의 좌표는 $(3, 2)$

원 C'의 중심의 좌표는 $(-6, -1)$

따라서 $3+a=-6$, $2+b=-1$이므로

$a=-9$, $b=-3$

14 원 C의 중심의 좌표는 $(-7, -4)$

원 C'의 중심의 좌표는 $(-5, 2)$

따라서 $-7+a=-5$, $-4+b=2$이므로

$a=2$, $b=6$

15 원 C의 중심의 좌표는 $(-2, 6)$

원 C'의 중심의 좌표는 $(4, -9)$

따라서 $-2+a=4$, $6+b=-9$이므로

$a=6$, $b=-15$

16 원 $(x-1)^2+(y+3)^2=1$의 중심의 좌표는 $(1, -3)$

$x^2+y^2+4x-6y+12=0$에서

$$(x^2+4x+4)+(y^2-6y+9)=-12+4+9$$

즉 $(x+2)^2+(y-3)^2=1$이므로 중심의 좌표는 $(-2, 3)$

따라서 $1+a=-2$, $-3+b=3$이므로

$a=-3$, $b=6$

$a+b=3$

[다른 풀이]

원 $(x-1)^2+(y+3)^2=1$을 x축의 방향으로 a만큼, y축의 방향으로 b만큼 평행이동한 원의 방정식은

$$(x-a-1)^2+(y-b+3)^2=1 \qquad \cdots\cdots \text{㉠}$$

$x^2+y^2+4x-6y+12=0$에서

$$(x^2+4x+4)+(y^2-6y+9)=-12+4+9$$

$$(x+2)^2+(y-3)^2=1 \qquad \cdots\cdots \text{㉡}$$

두 원의 방정식 ㉠, ㉡이 일치하므로

$$-a-1=2, \quad -b+3=-3$$

따라서 $a=-3$, $b=6$이므로

$$a+b=-3+6=3$$

18 y 대신 $y-a$를 $x-3y-6=0$에 대입하면

$$x-3(y-a)-6=0$$

이 직선이 점 $(3, -5)$를 지나므로

$$3-3(-5-a)-6=0, \quad 3+15+3a-6=0, \quad 3a=-12$$

따라서 $a=-4$

19 x 대신 $x-1$을 $5x-y+2=0$에 대입하면

$5(x-1)-y+2=0$

이 직선이 점 $(a, 7)$을 지나므로

$5(a-1)-7+2=0$, $5a=10$

따라서 $a=2$

20 y 대신 $y+3$을 $3x-4y+9=0$에 대입하면

$3x-4(y+3)+9=0$

이 직선이 점 $(-3, a)$를 지나므로

$-9-4(a+3)+9=0$, $-4a=12$

따라서 $a=-3$

21 x 대신 $x-2$, y 대신 $y-a$를 $4x+y+3=0$에 대입하면

$4(x-2)+(y-a)+3=0$

$4x+y-a-5=0$

이 직선이 $4x+y-6=0$과 일치하므로

$-a-5=-6$에서

$a=1$

따라서 점 $(-6, 5)$를 x축의 방향으로 2만큼, y축의 방향으로 1만큼 평행이동한 점의 좌표는

$(-6+2, 5+1)$, 즉 $(-4, 6)$

23 x 대신 $x-a$를 $y=3(x-2)^2+1$에 대입하면

$y=3(x-a-2)^2+1$

이 포물선이 점 $(4, 4)$를 지나므로

$4=3(4-a-2)^2+1$, $3(2-a)^2=3$

$2-a=\pm1$

따라서 $a=1$ 또는 $a=3$

24 y 대신 $y-a$를 $y=-x^2-4x+3$에 대입하면

$y-a=-x^2-4x+3$

이 포물선이 점 $(-1, 4)$를 지나므로

$4-a=-1+4+3$

따라서 $a=-2$

25 y 대신 $y-3$을 $y=3x^2+6x-8$에 대입하면

$y-3=3x^2+6x-8$

이 포물선이 점 $(-2, a)$를 지나므로

$a-3=12-12-8$

따라서 $a=-5$

26 x 대신 $x-2$, y 대신 $y-a$를 $y=(x+1)^2+5$에 대입하면

$y-a=(x-2+1)^2+5$

$y=(x-1)^2+5+a$

이 이차함수의 그래프가 $y=(x-b)^2+8$의 그래프와 일치하므로

$5+a=8$, $b=1$

따라서 $a=3$, $b=1$이므로

$a+b=3+1=4$

03

점의 대칭이동

원리확인

❶ $-1, -1$　　　　**❷** $3, 3$

❸ $3, 3, -1$　　　　**❹** $1, 1, -3$

---

1 (1) ($\mathscr{l}$ -4) (2) $(-5, -1)$ (3) $(-3, 2)$ (4) $(-9, 4)$

　　(5) $(2, -7)$　　　　　　　😊 $-b, -b, y$

2 (1) ($\mathscr{l}$ -6) (2) $(5, 5)$ (3) $(2, -4)$ (4) $(-9, -3)$

　　(5) $(-8, 0)$　　　　　　　😊 $-a, -a, x$

3 (1) ($\mathscr{l}$ -9) (2) $(6, -11)$ (3) $(-10, 1)$ (4) $(4, 5)$

　　(5) $(0, -7)$　　　　　　　😊 $-b, -b, x$좌표

4 (1) ($\mathscr{l}$ 5) (2) $(-7, 1)$ (3) $(6, -4)$ (4) $(-10, -9)$

　　(5) $(0, -12)$　　　　　　😊 $a, a,$ 바뀐다

5 (1) ($\mathscr{l}$ $-3, -3, 3$) (2) $(2, 5)$ (3) $(1, -4)$

6 (1) ($\mathscr{l}$ $-2, -2, -2$) (2) $(4, 3)$ (3) $(-7, 6)$

7 (1) ($\mathscr{l}$ $-1, -1, 1$) (2) $(8, 2)$ (3) $(7, -5)$

8 (1) ($\mathscr{l}$ $3, 3, -3$) (2) $(-6, 6)$ (3) $(5, 4)$

---

5 (2) 점 $(-2, 5)$를 x축에 대하여 대칭이동한 점의 좌표는

$(-2, -5)$

이 점을 원점에 대하여 대칭이동한 점의 좌표는

$(2, 5)$

(3) 점 $(-1, -4)$를 x축에 대하여 대칭이동한 점의 좌표는

$(-1, 4)$

이 점을 원점에 대하여 대칭이동한 점의 좌표는

$(1, -4)$

6 (2) 점 $(-3, 4)$를 y축에 대하여 대칭이동한 점의 좌표는

$(3, 4)$

이 점을 직선 $y=x$에 대하여 대칭이동한 점의 좌표는

$(4, 3)$

(3) 점 $(-6, -7)$을 y축에 대하여 대칭이동한 점의 좌표는

$(6, -7)$

이 점을 직선 $y=x$에 대하여 대칭이동한 점의 좌표는

$(-7, 6)$

7 (2) 점 $(-8, 2)$를 원점에 대하여 대칭이동한 점의 좌표는

$(8, -2)$

이 점을 x축에 대하여 대칭이동한 점의 좌표는

$(8, 2)$

(3) 점 $(-7, -5)$를 원점에 대하여 대칭이동한 점의 좌표는

$(7, 5)$

이 점을 x축에 대하여 대칭이동한 점의 좌표는

$(7, -5)$

8 (2) 점 $(-6, 6)$을 직선 $y=x$에 대하여 대칭이동한 점의 좌표는
$(6, -6)$
이 점을 원점에 대하여 대칭이동한 점의 좌표는
$(-6, 6)$

(3) 점 $(-4, -5)$를 직선 $y=x$에 대하여 대칭이동한 점의 좌표는
$(-5, -4)$
이 점을 원점에 대하여 대칭이동한 점의 좌표는
$(5, 4)$

04

본문 138쪽

도형의 대칭이동

1 (1) $(\mathscr{Q} -y, -y, y)$ (2) $(\mathscr{Q} -x, -x, 3x)$

(3) $(\mathscr{Q} -x, -y, -x, -y, y)$ (4) $(\mathscr{Q} y, x, y, x, 3y)$

2 (1) $y=-4x+3$ (2) $2x-y-5=0$

(3) $(\mathscr{Q} -y, -y, 3)$ (4) $y=-x^2+6x-5$

(5) $(\mathscr{Q} -y, -y, y)$ (6) $(x+2)^2+(y+1)^2=8$

☺ $-y, -y, -y, -y$

3 (1) $y=x+5$ (2) $4x-5y+1=0$

(3) $y=x^2+5$ (4) $y=2x^2+x+3$

(5) $(x-3)^2+(y-2)^2=4$ (6) $x^2+y^2-4y-5=0$

☺ $-x, -x, -x, -x$

4 (1) $y=-2x-4$ (2) $4x-3y-1=0$

(3) $y=-x^2+6x-10$ (4) $y=x^2+2x+3$

(5) $(x+4)^2+(y-3)^2=25$ (6) $x^2+y^2+4x+16y+32=0$

☺ $-x, -x, -x, -x, -y$

5 (1) $y=\dfrac{1}{5}x-\dfrac{3}{5}$ (2) $5x-2y-2=0$

(3) $x+9y-6=0$ (4) $(x+8)^2+(y-5)^2=10$

(5) $(x-7)^2+(y+2)^2=1$ (6) $x^2+y^2-12x+8y+3=0$

☺ y, y, y, y, x

6 (1) $(\mathscr{Q} y, -y, y)$ (2) $(x-3)^2+(y-4)^2=10$

7 (1) $(\mathscr{Q} 2x, x, 2y)$ (2) $x^2+y^2-6x+6y+12=0$

8 (1) $(\mathscr{Q} x, -y, 3y)$ (2) $(x-7)^2+(y-5)^2=9$

☺ $-y, -x, -x, x$ **9** ③

2 (1) $y=4x-3$에 y 대신 $-y$를 대입하면
$-y=4x-3$
따라서 $y=-4x+3$

(2) $2x+y-5=0$에 y 대신 $-y$를 대입하면
$2x-y-5=0$

(4) $y=x^2-6x+5=0$에 y 대신 $-y$를 대입하면
$-y=x^2-6x+5$
따라서 $y=-x^2+6x-5$

(6) $(x+2)^2+(y-1)^2=8$에 y 대신 $-y$를 대입하면
$(x+2)^2+(-y-1)^2=8$
따라서 $(x+2)^2+(y+1)^2=8$

3 (1) $y=-x+5$에 x 대신 $-x$를 대입하면
$y=-(-x)+5$
따라서 $y=x+5$

(2) $4x+5y-1=0$에 x 대신 $-x$를 대입하면
$-4x+5y-1=0$
따라서 $4x-5y+1=0$

(3) $y=x^2+5$에 x 대신 $-x$를 대입하면
$y=(-x)^2+5$
따라서 $y=x^2+5$

(4) $y=2x^2-x+3$에 x 대신 $-x$를 대입하면
$y=2(-x)^2-(-x)+3$
따라서 $y=2x^2+x+3$

(5) $(x+3)^2+(y-2)^2=4$에 x 대신 $-x$를 대입하면
$(-x+3)^2+(y-2)^2=4$
따라서 $(x-3)^2+(y-2)^2=4$

(6) $x^2+y^2-4y-5=0$에 x 대신 $-x$를 대입하면
$(-x)^2+y^2-4y-5=0$
따라서 $x^2+y^2-4y-5=0$

4 (1) $y=-2x+4$에 x 대신 $-x$를, y 대신 $-y$를 대입하면
$-y=-2(-x)+4$
따라서 $y=-2x-4$

(2) $4x-3y+1=0$에 x 대신 $-x$를, y 대신 $-y$를 대입하면
$-4x-3(-y)+1=0$
따라서 $4x-3y-1=0$

(3) $y=x^2+6x+10$에 x 대신 $-x$를, y 대신 $-y$를 대입하면
$-y=(-x)^2+6(-x)+10$
따라서 $y=-x^2+6x-10$

(4) $y=-x^2+2x-3$에 x 대신 $-x$를, y 대신 $-y$를 대입하면
$-y=-(-x)^2+2(-x)-3$
따라서 $y=x^2+2x+3$

(5) $(x-4)^2+(y+3)^2=25$에 x 대신 $-x$를, y 대신 $-y$를 대입하면
$(-x-4)^2+(-y+3)^2=25$
따라서 $(x+4)^2+(y-3)^2=25$

(6) $x^2+y^2-4x-16y+32=0$에 x 대신 $-x$를, y 대신 $-y$를 대입하면
$(-x)^2+(-y)^2-4(-x)-16(-y)+32=0$
따라서 $x^2+y^2+4x+16y+32=0$

5 (1) $y=5x+3$에 x 대신 y, y 대신 x를 대입하면

$x=5y+3$, $5y=x-3$

따라서 $y=\dfrac{1}{5}x-\dfrac{3}{5}$

(2) $2x-5y+2=0$에 x 대신 y, y 대신 x를 대입하면

$2y-5x+2=0$

따라서 $5x-2y-2=0$

(3) $9x+y-6=0$에 x 대신 y, y 대신 x를 대입하면

$9y+x-6=0$

따라서 $x+9y-6=0$

(4) $(x-5)^2+(y+8)^2=10$에 x 대신 y, y 대신 x를 대입하면

$(y-5)^2+(x+8)^2=10$

따라서 $(x+8)^2+(y-5)^2=10$

(5) $(x+2)^2+(y-7)^2=1$에 x 대신 y, y 대신 x를 대입하면

$(y+2)^2+(x-7)^2=1$

따라서 $(x-7)^2+(y+2)^2=1$

(6) $x^2+y^2+8x-12y+3=0$에 x 대신 y, y 대신 x를 대입하면

$y^2+x^2+8y-12x+3=0$

따라서 $x^2+y^2-12x+8y+3=0$

6 (2) 원 $(x+3)^2+(y-4)^2=10$을 x축에 대하여 대칭이동하면

$(x+3)^2+(-y-4)^2=10$

이 원을 원점에 대하여 대칭이동하면

$(-x+3)^2+\{-(-y)-4\}^2=10$

따라서 $(x-3)^2+(y-4)^2=10$

7 (2) 원 $x^2+y^2-6x-6y+12=0$을 y축에 대하여 대칭이동하면

$x^2+y^2+6x-6y+12=0$

이 원을 직선 $y=x$에 대하여 대칭이동하면

$y^2+x^2+6y-6x+12=0$

따라서 $x^2+y^2-6x+6y+12=0$

8 (2) 원 $(x+5)^2+(y-7)^2=9$를 직선 $y=x$에 대하여 대칭이동하면

$(x-7)^2+(y+5)^2=9$

이 원을 x축에 대하여 대칭이동하면

$(x-7)^2+(-y+5)^2=9$

따라서 $(x-7)^2+(y-5)^2=9$

9 원 $x^2+y^2-4x+6y+9=0$에서

$(x-2)^2+(y+3)^2=4$

원 $(x-2)^2+(y+3)^2=4$를 x축에 대하여 대칭이동하면

$(x-2)^2+(-y+3)^2=4$

이 원을 직선 $y=x$에 대하여 대칭이동하면

$(y-2)^2+(-x+3)^2=4$, 즉 $(x-3)^2+(y-2)^2=4$

이때 점 $(3, 2)$가 직선 $y=ax-4$ 위에 있으므로

$2=3a-4$

따라서 $a=2$

[다른 풀이]

$x^2+y^2-4x+6y+9=0$에서

$(x-2)^2+(y+3)^2=4$

원의 중심 $(2, -3)$을 x축에 대하여 대칭이동한 점의 좌표는 $(2, 3)$

이 점을 직선 $y=x$에 대하여 대칭이동한 점의 좌표는 $(3, 2)$

즉 점 $(3, 2)$가 직선 $y=ax-4$ 위에 있으므로

$2=3a-4$

따라서 $a=2$

05

본문 142쪽

도형의 평행이동과 대칭이동

1 ($\diagup$ $5, 7, -5, 7$) **2** $(3, -1)$

3 $(7, -4)$ **4** $(2, 4)$

5 ($\diagup$ $3, 2, 4, y, 4, 4$) **6** $3x-4y+4=0$

7 $2x+3y+8=0$ **8** $(x+1)^2+(y+2)^2=9$

9 $x^2+y^2+2x-6y+9=0$ **10** $y=x^2-4x+2$

11 $y=-x^2-2x+1$ **12** ④

2 점 $(1, -2)$를 x축의 방향으로 2만큼, y축의 방향으로 3만큼 평행이동한 점의 좌표는 $(3, 1)$

이 점을 x축에 대하여 대칭이동한 점의 좌표는 $(3, -1)$

3 점 $(-2, 4)$를 직선 $y=x$에 대하여 대칭이동한 점의 좌표는 $(4, -2)$

이 점을 x축의 방향으로 3만큼, y축의 방향으로 -2만큼 평행이동한 점의 좌표는 $(7, -4)$

4 점 $(-3, -2)$를 원점에 대하여 대칭이동한 점의 좌표는 $(3, 2)$

이 점을 x축의 방향으로 -1, y축의 방향으로 2만큼 평행이동한 점의 좌표는 $(2, 4)$

6 직선 $3x+4y+1=0$을 x축의 방향으로 -1만큼, y축의 방향으로 2만큼 평행이동한 도형의 방정식은

$3(x+1)+4(y-2)+1=0$, 즉 $3x+4y-4=0$

이 도형을 y축에 대하여 대칭이동한 도형의 방정식은

$3(-x)+4y-4=0$, 즉 $3x-4y+4=0$

7 직선 $2x-3y+3=0$을 x축에 대하여 대칭이동한 도형의 방정식은

$2x-3(-y)+3=0$, 즉 $2x+3y+3=0$

이 도형을 x축의 방향으로 2만큼, y축의 방향으로 -3만큼 평행이동한 도형의 방정식은

$2(x-2)+3(y+3)+3=0$, 즉 $2x+3y+8=0$

8 원 $(x-2)^2+(y+1)^2=9$를 x축의 방향으로 -3만큼, y축의 방향으로 3만큼 평행이동한 도형의 방정식은

$(x+1)^2+(y-2)^2=9$

이 도형을 x축에 대하여 대칭이동한 도형의 방정식은

$(x+1)^2+(-y-2)^2=9$, 즉 $(x+1)^2+(y+2)^2=9$

9 원 $x^2+y^2+4y+3=0$을 직선 $y=x$에 대하여 대칭이동한 도형의 방정식은

$y^2+x^2+4x+3=0$, 즉 $x^2+y^2+4x+3=0$

이 도형을 x축의 방향으로 1만큼, y축의 방향으로 3만큼 평행이동한 도형의 방정식은

$(x-1)^2+(y-3)^2+4(x-1)+3=0$

즉 $x^2+y^2+2x-6y+9=0$

10 포물선 $y=x^2+2x-3$을 x축의 방향으로 -1만큼, y축의 방향으로 2만큼 평행이동한 도형의 방정식은

$y-2=(x+1)^2+2(x+1)-3$, 즉 $y=x^2+4x+2$

이 도형을 y축에 대하여 대칭이동한 도형의 방정식은

$y=x^2-4x+2$

11 포물선 $y=x^2-2x+2$를 x축에 대하여 대칭이동한 도형의 방정식은

$-y=x^2-2x+2$, 즉 $y=-x^2+2x-2$

이 도형을 x축의 방향으로 -2만큼, y축의 방향으로 3만큼 평행이동한 도형의 방정식은

$y-3=-(x+2)^2+2(x+2)-2$

즉 $y=-x^2-2x+1$

12 직선 $y=-3x-4$를 x축의 방향으로 a만큼 평행이동하면

$y=-3(x-a)-4$

이 직선을 y축에 대하여 대칭이동하면

$y=-3(-x-a)-4$, 즉 $y=3x+3a-4$ $\qquad\cdots\cdots$ ㉠

이 직선이 원 $x^2+y^2-2x-10y+1=0$,

즉 $(x-1)^2+(y-5)^2=25$의 넓이를 이등분하려면 직선 ㉠이 원의 중심 $(1, 5)$를 지나야 하므로

$5=3+3a-4$

따라서 $a=2$

TEST 개념 확인   본문 144쪽

1 ④	2 ⑤	3 ④	4 ⑤
5 $a=-5$, $b=-1$		6 ①	7 ③
8 ①	9 $y=-2x+3$		10 ③
11 ③	12 ①		

1 x축의 방향으로 1만큼, y축의 방향으로 -5만큼 평행이동하므로 점 $(2, a)$가 옮겨지는 점의 좌표는

$(2+1, a-5)$, 즉 $(3, a-5)$

이 점이 직선 $y=-2x+3$ 위의 점이므로

$a-5=-6+3$

따라서 $a=2$

2 원점을 x축의 방향으로 m만큼, y축의 방향으로 n만큼 평행이동한 점의 좌표는 (m, n)

이 점이 점 $(-2, 1)$과 일치하므로

$m=-2$, $n=1$

즉 x축의 방향으로 -2만큼, y축의 방향으로 1만큼 평행이동하여 $(3, 2)$로 옮겨지는 점의 좌표를 (a, b)라 하면
$a-2=3,\ b+1=2$
따라서 $a=5,\ b=1$이므로 구하는 점의 좌표는
$(5, 1)$

3 직선 $2x-3y-4=0$을 x축의 방향으로 4만큼, y축의 방향으로 a만큼 평행이동하면
$2(x-4)-3(y-a)-4=0$
이 직선이 $(0, 2)$를 지나므로
$2(0-4)-3(2-a)-4=0$
$-8-6+3a-4=0$
$3a=18$
따라서 $a=6$

4 x축의 방향으로 1만큼, y축의 방향으로 -3만큼 평행이동하므로 포물선 $y=x^2-4x+a$를 평행이동하면
$y+3=(x-1)^2-4(x-1)+a$
$y=x^2-2x+1-4x+4+a-3$
즉 $y=x^2-6x+2+a$
이 포물선이 $y=x^2-bx+10$과 일치하므로
$-6=-b,\ 2+a=10$
따라서 $a=8,\ b=6$이므로
$a+b=14$

5 원 $(x+3)^2+(y-5)^2=81$을 x축의 방향으로 a만큼, y축의 방향으로 b만큼 평행이동한 원의 방정식은
$(x-a+3)^2+(y-b-5)^2=81$ ⋯⋯ ㉠
$x^2+y^2+16x-8y-1=0$에서
$(x^2+16x+64)+(y^2-8y+16)=1+64+16$
$(x+8)^2+(y-4)^2=81$ ⋯⋯ ㉡
㉠, ㉡이 일치하므로
$-a+3=8,\ -b-5=-4$
따라서 $a=-5,\ b=-1$

6 점 $(a, 2b)$를 원점에 대하여 대칭이동하면
$(-a, -2b)$
이 점이 점 $(4-b, 2-a)$와 일치하므로
$-a=4-b,\ -2b=2-a$
두 식을 연립하여 풀면
$a=-10,\ b=-6$
따라서 $a+b=-16$

7 점 $(2, -5)$를 x축에 대하여 대칭이동한 점 A의 좌표는
$A(2, 5)$
점 $(2, -5)$를 직선 $y=x$에 대하여 대칭이동한 점 B의 좌표는
$B(-5, 2)$
따라서
$\overline{AB}=\sqrt{(-5-2)^2+(2-5)^2}=\sqrt{58}$

8 점 $A(3, 4)$를 y축에 대하여 대칭이동한 점 B의 좌표는
$B(-3, 4)$
점 $A(3, 4)$를 원점에 대하여 대칭이동한 점 C의 좌표는
$C(-3, -4)$
따라서 삼각형 ABC는 오른쪽 그림과 같으므로
$\triangle ABC=\dfrac{1}{2}\times\overline{AB}\times\overline{BC}$
$=\dfrac{1}{2}\times6\times8=24$

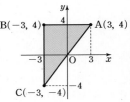

9 직선 $y=2x-7$을 x축에 대하여 대칭이동한 직선의 방정식은
$-y=2x-7$
즉 $y=-2x+7$
이 직선과 평행하므로 구하는 직선의 기울기는 -2이다.
점 $(4, -5)$를 지나고 기울기가 -2인 직선의 방정식은
$y+5=-2(x-4)$
따라서 $y=-2x+3$

10 $x-3y+6=0$에 x 대신 y, y 대신 x를 대입하면
$y-3x+6=0$
따라서 $3x-y-6=0$

11 이차함수 $y=x^2+ax+b$의 그래프를 원점에 대하여 대칭이동한 그래프의 식은
$-y=(-x)^2-ax+b$
즉
$y=-x^2+ax-b$
$=-\left(x^2-ax+\dfrac{a^2}{4}\right)-b+\dfrac{a^2}{4}$
$=-\left(x-\dfrac{a}{2}\right)^2+\dfrac{a^2}{4}-b$
이 그래프의 꼭짓점의 좌표는
$\left(\dfrac{a}{2},\ \dfrac{a^2}{4}-b\right)$
즉 $\dfrac{a}{2}=5,\ \dfrac{a^2}{4}-b=-2$이므로
$a=10,\ b=27$
따라서 $a+b=37$

12 원 $(x-5)^2+(y+2)^2=16$의 중심 $(5, -2)$를 y축에 대하여 대칭이동한 점의 좌표는
$(-5, -2)$
이 점이 직선 $y=-3x+k$ 위에 있으므로
$-2=15+k$
따라서 $k=-17$

점에 대한 대칭이동

1 (✏ 2, 1, −3, −3, −3, −3)   2 (−7, −5)

3 (5, −7)   4 (−9, 1)

5 (✏ 1, 2, 1, −1, 3, −3, 3, −3)

6 (2, 1)   7 (−5, −5)   8 (13, −5)

☺ $x+x'$, $y+y'$, 중점

9 (✏ 4−y, 4, 13)   10 $x-2y+9=0$

11 (✏ −2, 2, −4, 4, 1, 6, −3, −3, −3, −2, 2, −1, 6)

12 $(x+3)^2+(y-7)^2=16$ 13 $y=-(x-7)^2+8$

14 $y=2x^2-27x+81$ 15 ⑤

2 대칭이동한 점의 좌표를 (a, b)라 하면

$$\frac{3+a}{2}=-2, \frac{5+b}{2}=0$$

이므로 $a=-7$, $b=-5$

따라서 구하는 점의 좌표는

$(-7, -5)$

3 대칭이동한 점의 좌표를 (a, b)라 하면

$$\frac{3+a}{2}=4, \frac{5+b}{2}=-1$$

이므로 $a=5$, $b=-7$

따라서 구하는 점의 좌표는

$(5, -7)$

4 대칭이동한 점의 좌표를 (a, b)라 하면

$$\frac{3+a}{2}=-3, \frac{5+b}{2}=3$$

이므로 $a=-9$, $b=1$

따라서 구하는 점의 좌표는

$(-9, 1)$

6 점 P를 점 A에 대하여 대칭이동한 점을 Q(a, b)라 하면 점 A는 $\overline{\mathrm{PQ}}$의 중점이므로

$$\frac{a+4}{2}=3, \frac{b+3}{2}=2$$

$a=2$, $b=1$

따라서 대칭이동한 점의 좌표는 $(2, 1)$

7 점 P를 점 A에 대하여 대칭이동한 점을 Q(a, b)라 하면 점 A는 $\overline{\mathrm{PQ}}$의 중점이므로

$$\frac{a+(-1)}{2}=-3, \frac{b-3}{2}=-4$$

$a=-5$, $b=-5$

따라서 대칭이동한 점의 좌표는 $(-5, -5)$

8 점 P를 점 A에 대하여 대칭이동한 점을 Q(a, b)라 하면 점 A는 $\overline{\mathrm{PQ}}$의 중점이므로

$$\frac{a+(-1)}{2}=6, \frac{b+5}{2}=0$$

$a=13$, $b=-5$

따라서 대칭이동한 점의 좌표는 $(13, -5)$

10 $x-2y+2=0$에 x 대신 $2 \times \frac{1}{2}-x$,

y 대신 $2 \times 3-y$를 대입하면

$1-x-2(6-y)+2=0$

$-x+2y-9=0$

따라서 $x-2y+9=0$

12 주어진 원의 방정식에 x 대신 $2 \times (-5)-x$,

y 대신 $2 \times 5-y$를 대입하면

$\{(-10-x)+7\}^2+\{(10-y)-3\}^2=16$

따라서 $(x+3)^2+(y-7)^2=16$

[다른 풀이]

원 $(x+7)^2+(y-3)^2=16$의 중심 $(-7, 3)$을 점 A$(-5, 5)$에 대하여 대칭이동한 점의 좌표를 (a, b)라 하면 점 A는 두 점 $(-7, 3)$, (a, b)를 잇는 선분의 중점이므로

$$\frac{-7+a}{2}=-5, \frac{3+b}{2}=5$$

따라서 $a=-3$, $b=7$이므로 구하는 원의 방정식은

$(x+3)^2+(y-7)^2=16$

13 $y=(x+3)^2-4$에 x 대신 $2 \times 2-x$,

y 대신 $2 \times 2-y$를 대입하면

$4-y=(4-x+3)^2-4$

$-y=(7-x)^2-8$

따라서 $y=-(x-7)^2+8$

14 $y=-2x^2+5x+3$에 x 대신 $2 \times 4-x$,

y 대신 $2 \times (-2)-y$를 대입하면

$-4-y=-2(8-x)^2+5(8-x)+3$

$-4-y=-2x^2+32x-128+40-5x+3$

따라서 $y=2x^2-27x+81$

15 $y=-x^2+2x+5$에서 $y=-(x-1)^2+6$

이때 꼭짓점의 좌표가 $(1, 6)$이고, 점 (a, b)에 대하여 대칭이동한 점의 좌표가 $(3, 4)$이어야 한다. 즉 두 점 $(1, 6)$, $(3, 4)$를 이은 선분의 중점이 (a, b)이므로

$$a=\frac{1+3}{2}=2, b=\frac{6+4}{2}=5$$

따라서 $a+b=7$

직선에 대한 대칭이동

1 (✏️ $5, 2, 2, 1, -5, -1, b, -1, 7, 1, 6, 1, 6$)

2 $(0, -3)$　　　　3 $\left(-\dfrac{11}{5}, \dfrac{28}{5}\right)$

4 $\left(\dfrac{17}{5}, \dfrac{26}{5}\right)$　　　5 $\left(-\dfrac{3}{13}, -\dfrac{76}{13}\right)$

6 (✏️ $5, 1, \dfrac{1}{3}, 2, 2, \dfrac{4}{3}$)　　7 $y=x-3$

8 $y=-\dfrac{1}{3}x+\dfrac{8}{3}$　　　9 $y=2x+\dfrac{7}{2}$

10 $y=\dfrac{1}{4}x-\dfrac{25}{4}$

11 (✏️ $a, b, a, b, 10, -1, b, -1, -2a, 2, -4, 2, -4, 3,$　$2, 4$)

12 $(x-2)^2+(y-4)^2=20$　13 $(x+1)^2+(y-8)^2=1$

2 대칭이동한 점을 Q(a, b)라 하자.

$\overline{\text{PQ}}$의 중점 $\left(\dfrac{5+a}{2}, \dfrac{2+b}{2}\right)$가 직선 $y=-x+2$ 위의 점이므로

$\dfrac{2+b}{2}=-\dfrac{5+a}{2}+2$에서 $a+b=-3$　　…… ㉠

직선 PQ가 직선 $y=-x+2$와 수직이므로

$\dfrac{b-2}{a-5}\times(-1)=-1$에서 $a-b=3$　　…… ㉡

㉠, ㉡을 연립하여 풀면 $a=0$, $b=-3$

따라서 구하는 점의 좌표는 $(0, -3)$

3 대칭이동한 점을 Q(a, b)라 하자.

$\overline{\text{PQ}}$의 중점 $\left(\dfrac{5+a}{2}, \dfrac{2+b}{2}\right)$가 직선 $y=2x+1$ 위의 점이므로

$\dfrac{2+b}{2}=2\times\dfrac{5+a}{2}+1$에서 $2a-b=-10$　　…… ㉠

직선 PQ가 직선 $y=2x+1$과 수직이므로

$\dfrac{b-2}{a-5}\times2=-1$에서 $a+2b=9$　　…… ㉡

㉠, ㉡을 연립하여 풀면 $a=-\dfrac{11}{5}$, $b=\dfrac{28}{5}$

따라서 구하는 점의 좌표는 $\left(-\dfrac{11}{5}, \dfrac{28}{5}\right)$

4 대칭이동한 점을 Q(a, b)라 하자.

$\overline{\text{PQ}}$의 중점 $\left(\dfrac{5+a}{2}, \dfrac{2+b}{2}\right)$가 직선 $x-2y+3=0$ 위의 점이므로

$\dfrac{5+a}{2}-2\times\dfrac{2+b}{2}+3=0$에서 $a-2b=-7$　　…… ㉠

직선 PQ가 직선 $x-2y+3=0$, 즉 $y=\dfrac{1}{2}x+\dfrac{3}{2}$과 수직이므로

$\dfrac{b-2}{a-5}\times\dfrac{1}{2}=-1$에서 $2a+b=12$　　…… ㉡

㉠, ㉡을 연립하여 풀면 $a=\dfrac{17}{5}$, $b=\dfrac{26}{5}$

따라서 구하는 점의 좌표는 $\left(\dfrac{17}{5}, \dfrac{26}{5}\right)$

5 대칭이동한 점을 Q(a, b)라 하자.

$\overline{\text{PQ}}$의 중점 $\left(\dfrac{5+a}{2}, \dfrac{2+b}{2}\right)$가 직선 $2x+3y+1=0$ 위의 점이므로

$2\times\dfrac{5+a}{2}+3\times\dfrac{2+b}{2}+1=0$에서 $2a+3b=-18$　　…… ㉠

직선 PQ가 직선 $2x+3y+1=0$, 즉 $y=-\dfrac{2}{3}x-\dfrac{1}{3}$과 수직이므로

$\dfrac{b-2}{a-5}\times\left(-\dfrac{2}{3}\right)=-1$에서 $3a-2b=11$　　…… ㉡

㉠, ㉡을 연립하여 풀면 $a=-\dfrac{3}{13}$, $b=-\dfrac{76}{13}$

따라서 구하는 점의 좌표는 $\left(-\dfrac{3}{13}, -\dfrac{76}{13}\right)$

7 직선 l의 기울기를 a라 하면 직선 AB와 직선 l은 수직이므로

$\dfrac{1-(-1)}{2-4}\times a=-1$

즉 $a=1$

또 직선 l은 선분 AB의 중점 $(3, 0)$을 지나므로 구하는 직선의 방정식은

$y=x-3$

8 직선 l의 기울기를 a라 하면 직선 AB와 직선 l은 수직이므로

$\dfrac{5-2}{-2-(-3)}\times a=-1$

즉 $a=-\dfrac{1}{3}$

또 직선 l은 선분 AB의 중점 $\left(-\dfrac{5}{2}, \dfrac{7}{2}\right)$을 지나므로 구하는 직선의 방정식은

$y-\dfrac{7}{2}=-\dfrac{1}{3}\left(x+\dfrac{5}{2}\right)$

따라서 $y=-\dfrac{1}{3}x+\dfrac{8}{3}$

9 직선 l의 기울기를 a라 하면 직선 AB와 직선 l은 수직이므로

$\dfrac{-3-2}{3-(-7)}\times a=-1$

즉 $a=2$

또 직선 l은 선분 AB의 중점 $\left(-2, -\dfrac{1}{2}\right)$을 지나므로 구하는 직선의 방정식은

$y+\dfrac{1}{2}=2(x+2)$

따라서 $y=2x+\dfrac{7}{2}$

10 직선 l의 기울기를 a라 하면 직선 AB와 직선 l은 수직이므로

$$\frac{-11-(-3)}{-2-(-4)} \times a = -1$$

즉 $a = \dfrac{1}{4}$

또 직선 l은 선분 AB의 중점 $(-3, -7)$을 지나므로 구하는 직선의 방정식은

$$y + 7 = \frac{1}{4}(x+3)$$

따라서 $y = \dfrac{1}{4}x - \dfrac{25}{4}$

12 원 $x^2 + y^2 = 20$의 중심은 $(0, 0)$이고 대칭이동한 원의 중심을 (a, b)라 하면 두 점 $(0, 0)$, (a, b)를 이은 선분의 중점 $\left(\dfrac{a}{2}, \dfrac{b}{2}\right)$는 직선 l 위의 점이므로

$$\frac{a}{2} + 2 \times \frac{b}{2} - 5 = 0 \text{에서 } a + 2b = 10 \quad \cdots\cdots \text{㉠}$$

또 두 점 $(0, 0)$, (a, b)를 지나는 직선이 직선 l과 수직이므로

$$\frac{b}{a} \times \left(-\frac{1}{2}\right) = -1 \text{에서 } b = 2a \quad \cdots\cdots \text{㉡}$$

㉠, ㉡을 연립하여 풀면 $a = 2$, $b = 4$

따라서 구하는 도형의 방정식은 중심이 $(2, 4)$이고 반지름의 길이가 $\sqrt{20}$인 원의 방정식이므로

$$(x-2)^2 + (y-4)^2 = 20$$

13 $x^2 + y^2 - 10x - 8y + 40 = 0$에서 $(x-5)^2 + (y-4)^2 = 1$

즉 주어진 원의 중심은 $(5, 4)$이고 대칭이동한 원의 중심을 (a, b)라 하면 두 점 $(5, 4)$, (a, b)를 이은 선분의 중점 $\left(\dfrac{a+5}{2}, \dfrac{b+4}{2}\right)$는 직선 l 위의 점이므로

$$3 \times \frac{a+5}{2} - 2 \times \frac{b+4}{2} + 6 = 0 \text{에서 } 3a - 2b = -19 \quad \cdots\cdots \text{㉠}$$

또 두 점 $(5, 4)$, (a, b)를 지나는 직선이 직선 l과 수직이므로

$$\frac{b-4}{a-5} \times \frac{3}{2} = -1 \text{에서 } 2a + 3b = 22 \quad \cdots\cdots \text{㉡}$$

㉠, ㉡을 연립하여 풀면 $a = -1$, $b = 8$

따라서 구하는 도형의 방정식은 중심이 $(-1, 8)$이고 반지름의 길이가 1인 원의 방정식이므로

$$(x+1)^2 + (y-8)^2 = 1$$

08

본문 150쪽

대칭이동을 이용한 '선분의 길이의 합'의 최솟값

1 (1) $(5, -2)$ (2) ($\varnothing\overline{AB'}$, 5, -2, $\sqrt{61}$)
2 $\sqrt{41}$ **3** 5   **4** $5\sqrt{5}$
5 (1) $(3, 4)$ (2) ($\varnothing\overline{AB'}$, 3, 4, $\sqrt{29}$)

6 $\sqrt{17}$ **7** $\sqrt{58}$ **8** $4\sqrt{5}$
9 (1) $(-2, 5)$ (2) $(4, -3)$
　 (3) ($\varnothing\overline{QB'}$, $\overline{QB'}$, $\overline{A'B'}$, -2, 5, 10)
10 $2\sqrt{13}$ **11** $7\sqrt{2}$

2 점 B를 x축에 대하여 대칭이동한 점을 B′이라 하면
$$B'(-3, -4)$$
따라서
$$\begin{aligned}
\overline{AP} + \overline{PB} &= \overline{AP} + \overline{PB'} \\
&\geq \overline{AB'} \\
&= \sqrt{(-3-1)^2 + (-4-1)^2} = \sqrt{41}
\end{aligned}$$

3 점 B를 y축에 대하여 대칭이동한 점을 B′이라 하면
$$B'(-1, 3)$$
따라서
$$\begin{aligned}
\overline{AP} + \overline{PB} &= \overline{AP} + \overline{PB'} \\
&\geq \overline{AB'} \\
&= \sqrt{(-1-2)^2 + (3+1)^2} \\
&= \sqrt{25} = 5
\end{aligned}$$

4 점 B를 y축에 대하여 대칭이동한 점을 B′이라 하면
$$B'(-8, 2)$$
따라서
$$\begin{aligned}
\overline{AP} + \overline{PB} &= \overline{AP} + \overline{PB'} \\
&\geq \overline{AB'} \\
&= \sqrt{(-8-3)^2 + (2-4)^2} \\
&= \sqrt{125} = 5\sqrt{5}
\end{aligned}$$

6 점 B를 직선 $y = x$에 대하여 대칭이동한 점을 B′이라 하면
$$B'(4, 1)$$
따라서
$$\begin{aligned}
\overline{AP} + \overline{PB} &= \overline{AP} + \overline{PB'} \\
&\geq \overline{AB'} \\
&= \sqrt{(4-0)^2 + (1-2)^2} = \sqrt{17}
\end{aligned}$$

7 점 B를 직선 $y = x$에 대하여 대칭이동한 점을 B′이라 하면
$$B'(-3, -1)$$
따라서
$$\begin{aligned}
\overline{AP} + \overline{PB} &= \overline{AP} + \overline{PB'} \\
&\geq \overline{AB'} \\
&= \sqrt{(-3-4)^2 + (-1-2)^2} = \sqrt{58}
\end{aligned}$$

8 점 B를 직선 $y=-x$에 대하여 대칭이동한 점을 B'이라 하면
B'$(5, -3)$
따라서
$$\overline{AP}+\overline{PB}=\overline{AP}+\overline{PB'}$$
$$\geq \overline{AB'}$$
$$=\sqrt{(5+3)^2+(-3-1)^2}$$
$$=\sqrt{80}=4\sqrt{5}$$

10 점 A를 y축에 대하여 대칭이동한 점을 A'이라 하면
A'$(-1, 4)$
점 B를 x축에 대하여 대칭이동한 점을 B'이라 하면
B'$(3, -2)$
따라서
$$\overline{AP}+\overline{PQ}+\overline{QB}=\overline{A'P}+\overline{PQ}+\overline{QB'}$$
$$\geq \overline{A'B'}$$
$$=\sqrt{\{3-(-1)\}^2+(-2-4)^2}$$
$$=2\sqrt{13}$$

11 점 A를 y축에 대하여 대칭이동한 점을 A'이라 하면
A'$(-3, 6)$
점 B를 x축에 대하여 대칭이동한 점을 B'이라 하면
B'$(4, -1)$
따라서
$$\overline{AP}+\overline{PQ}+\overline{QB}=\overline{A'P}+\overline{PQ}+\overline{QB'}$$
$$\geq \overline{A'B'}$$
$$=\sqrt{\{4-(-3)\}^2+(-1-6)^2}$$
$$=7\sqrt{2}$$

TEST 개념 확인 본문 152쪽

1 ⑤	2 ①	3 $x^2+(y-2)^2=4$	
4 ③	5 $\left(\dfrac{16}{5}, \dfrac{27}{5}\right)$		6 ③
7 ②	8 ②	9 ③	10 $\sqrt{53}$
11 ③	12 ③		

1 $\dfrac{a-2}{2}=1$, $\dfrac{-1+b}{2}=3$에서
$a-2=2$, $-1+b=6$
따라서 $a=4$, $b=7$이므로
$a+b=11$

2 직선 $x-3y+1=0$을 점 $(2, 2)$에 대하여 대칭이동하였으므로
x 대신 $4-x$, y 대신 $4-y$를 $x-3y+1=0$에 대입하면
$(4-x)-3(4-y)+1=0$
즉 $-x+3y-7=0$
이 직선이 직선 $ax+3y+b=0$과 일치하므로
$a=-1$, $b=-7$
따라서 $a+b=-8$

3 대칭이동한 원의 중심을 (a, b)라 하면 두 원의 중심 $(2, -6)$, (a, b)를 이은 선분의 중점이 $(1, -2)$이다.
즉 $\dfrac{2+a}{2}=1$, $\dfrac{-6+b}{2}=-2$
따라서 $a=0$, $b=2$이므로 구하는 원의 방정식은
$x^2+(y-2)^2=4$

4 $x^2+y^2+2kx-4y+4=0$에서
$(x+k)^2+(y-2)^2=k^2$
이므로 원의 중심은 $(-k, 2)$이고, 반지름의 길이는 $\sqrt{k^2}$이다.
대칭이동한 원의 중심을 (a, b)라 하면 두 원의 중심 $(-k, 2)$, (a, b)를 이은 선분의 중점이 $(3, 4)$이므로
$\dfrac{-k+a}{2}=3$, $\dfrac{2+b}{2}=4$
즉 $a=6+k$, $b=6$이므로 대칭이동한 원의 방정식은
$(x-k-6)^2+(y-6)^2=k^2$
이 원이 점 $(8, 6)$을 지나므로
$(2-k)^2=k^2$, $k^2-4k+4=k^2$
따라서 $k=1$

5 점 Q의 좌표를 (a, b)라 하자.
$\overline{PQ}$의 중점 $\left(\dfrac{4+a}{2}, \dfrac{5+b}{2}\right)$가 직선 $y=2x-2$ 위의 점이므로
$\dfrac{5+b}{2}=2\times\dfrac{4+a}{2}-2$에서 $2a-b=1$ ······ ㉠
직선 PQ가 직선 $y=2x-2$와 수직이므로
$\dfrac{b-5}{a-4}\times 2=-1$에서 $a+2b=14$ ······ ㉡
㉠, ㉡을 연립하여 풀면
$a=\dfrac{16}{5}$, $b=\dfrac{27}{5}$
따라서 점 Q의 좌표는 $\left(\dfrac{16}{5}, \dfrac{27}{5}\right)$

6 $\overline{PQ}$의 중점 $\left(\dfrac{-1+5}{2}, \dfrac{4-2}{2}\right)$, 즉 $(2, 1)$이 직선 $y=ax+b$ 위의 점이므로
$2a+b=1$
직선 PQ는 직선 $y=ax+b$와 수직이므로
$\dfrac{-2-4}{5-(-1)}\times a=-1$
즉 $a=1$
따라서 $a=1$을 $2a+b=1$에 대입하면 $b=-1$

7 원 $x^2+(y-2)^2=1$의 중심은 $(0, 2)$이고 대칭이동한 원의 중심을 (a, b)라 하자.

두 점 $(0, 2)$, (a, b)를 이은 선분의 중점 $\left(\dfrac{a}{2}, \dfrac{b+2}{2}\right)$는 직선 $y=x-1$ 위의 점이므로

$\dfrac{b+2}{2}=\dfrac{a}{2}-1$에서 $a-b=4$ ······ ㉠

또 두 점 $(0, 2)$, (a, b)를 지나는 직선이 직선 $y=x-1$과 수직이므로

$\dfrac{b-2}{a-0}=-1$에서 $a+b=2$ ······ ㉡

㉠, ㉡을 연립하여 풀면 $a=3$, $b=-1$

이때 대칭이동한 원의 중심 $(3, -1)$이 직선 $y=mx+2$ 위에 있으므로

$-1=3m+2$

따라서 $m=-1$

8 원 $(x+3)^2+(y+4)^2=1$의 중심을 C라 하고 점 C를 직선 $y=-x-1$에 대하여 대칭이동한 점을 $C'(a, b)$라 하자.

선분 CC'의 중점을 M이라 하면 $M\left(\dfrac{a-3}{2}, \dfrac{b-4}{2}\right)$이고 이 점이 직선 $y=-x-1$ 위에 있으므로

$\dfrac{b-4}{2}=-\dfrac{a-3}{2}-1$

즉 $a+b=5$ ······ ㉠

직선 CC'과 $y=-x-1$은 수직이므로

$\dfrac{b+4}{a+3}\times(-1)=-1$

즉 $a-b=1$ ······ ㉡

㉠, ㉡을 연립하여 풀면 $a=3$, $b=2$

따라서 구하는 원의 방정식은

$(x-3)^2+(y-2)^2=1$

9 점 B를 y축에 대하여 대칭이동한 점을 B'이라 하면

$B'(4, 2)$

따라서

$\overline{AP}+\overline{PB}=\overline{AP}+\overline{PB'}$
$\qquad\qquad \geq \overline{AB'}$
$\qquad\qquad =\sqrt{(4+2)^2+(2-1)^2}=\sqrt{37}$

10 점 B를 직선 $y=x$에 대하여 대칭이동한 점을 B'이라 하면

$B'(5, -1)$

따라서

$\overline{AP}+\overline{PB}=\overline{AP}+\overline{PB'}$
$\qquad\qquad \geq \overline{AB'}$
$\qquad\qquad =\sqrt{(5+2)^2+(-1-1)^2}$
$\qquad\qquad =\sqrt{53}$

11 점 $B(4, 6)$을 x축에 대하여 대칭이동한 점을 B'이라 하면

$B'(4, -6)$

오른쪽 그림에서

$\overline{AP}+\overline{PB}=\overline{AP}+\overline{PB'}$
$\qquad\qquad \geq \overline{AB'}$

즉 $\overline{AP}+\overline{PB}$의 값이 최소가 되는 점 P는 직선 AB'이 x축과 만나는 점일 때이다.

직선 AB'의 방정식은

$y+6=\dfrac{-6-1}{4+1}\times(x-4)$

즉 $y=-\dfrac{7}{5}x-\dfrac{2}{5}$

따라서 점 P의 좌표는 $\left(-\dfrac{2}{7}, 0\right)$이다.

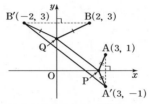

12 점 $A(3, 1)$을 x축에 대하여 대칭이동한 점을 A'이라 하면

$A'(3, -1)$

점 $B(2, 3)$을 y축에 대하여 대칭이동한 점을 B'이라 하면

$B'(-2, 3)$

위의 그림에서 $\overline{AP}=\overline{A'P}$, $\overline{BQ}=\overline{B'Q}$이므로

$\overline{AP}+\overline{PQ}+\overline{QB}=\overline{A'P}+\overline{PQ}+\overline{QB'}$
$\qquad\qquad\qquad\qquad \geq \overline{A'B'}$
$\qquad\qquad\qquad\qquad =\sqrt{(3+2)^2+(-1-3)^2}$
$\qquad\qquad\qquad\qquad =\sqrt{41}$

TEST 개념 발전

4. 도형의 이동

본문 154쪽

1 ②	2 ④	3 ④	4 ③
5 ②	6 ②	7 -2	8 $a=10$, $b=25$
9 ⑤	10 $4x+3y+2=0$		11 ⑤
12 ②	13 ①	14 ⑤	15 ②

1 점 (a, b)를 x축의 방향으로 7만큼, y축의 방향으로 -2만큼 평행이동한 점의 좌표는

$(a+7, b-2)$

이 점이 $\left(\dfrac{3}{2}b, 2a\right)$와 일치하므로

$a+7=\dfrac{3}{2}b$, $b-2=2a$

두 식을 연립하여 풀면

$a=2$, $b=6$

따라서 $a+b=8$

2 주어진 평행이동에 의하여 점 $(2, a)$가 옮겨지는 점의 좌표는
$(5, a-5)$
이 점이 직선 $y=-2x+9$ 위의 점이므로
$a-5=-2\times 5+9$
따라서 $a=4$

3 점 C의 좌표를 (x, y)라 하면 점 $B(2, -1)$은 $\overline{AC}$의 중점이므로
$\dfrac{-3+x}{2}=2, \dfrac{2+y}{2}=-1$
따라서 $x=7, y=-4$이므로 점 C의 좌표는 $(7, -4)$이다.

4 점 $P(-6, 9)$를 직선 $y=x$에 대하여 대칭이동한 점 Q의 좌표는 $(9, -6)$
점 $P(-6, 9)$를 y축에 대하여 대칭이동한 점 R의 좌표는 $(6, 9)$
따라서 삼각형 PQR의 무게중심의 좌표는
$\left(\dfrac{-6+9+6}{3}, \dfrac{9-6+9}{3}\right)$, 즉 $(3, 4)$

5 원 $(x+5)^2+(y+2)^2=9$의 중심 $(-5, -2)$를 원점에 대하여 대칭이동한 점의 좌표는
$(5, 2)$
이 점이 직선 $y=-5x+k$ 위에 있으므로
$2=-25+k$
따라서 $k=27$

6 직선 $y=2x+1$을 직선 $y=x$에 대하여 대칭이동하면
$x=2y+1$
즉 $y=\dfrac{1}{2}x-\dfrac{1}{2}$
이 직선과 수직인 직선의 기울기는 -2이므로
기울기가 -2이고 점 $(-3, 2)$를 지나는 직선의 방정식은
$y-2=-2(x+3)$
따라서 $y=-2x-4$

7 직선 $2x-5y+10=0$을 x축의 방향으로 3만큼, y축의 방향으로 -2만큼 평행이동하면
$2(x-3)-5(y+2)+10=0$
즉 $2x-5y-6=0$ ...... ㉠
직선 $2x-5y+4=0$을 y축의 방향으로 m만큼 평행이동하면
$2x-5(y-m)+4=0$
즉 $2x-5y+5m+4=0$ ...... ㉡
두 직선 ㉠, ㉡이 일치하므로
$-6=5m+4$
따라서 $m=-2$

8 이차함수 $y=x^2+2x-4$의 그래프를 x축의 방향으로 -4만큼, y축의 방향으로 5만큼 평행이동한 그래프의 식은
$y-5=(x+4)^2+2(x+4)-4$
즉 $y=x^2+8x+16+2x+8-4+5$에서
$y=x^2+10x+25$
따라서 $a=10, b=25$

9 $x^2+y^2-6x+2y-3=0$에서
$(x-3)^2+(y+1)^2=13$
이 원을 x축의 방향으로 m만큼, y축의 방향으로 n만큼 평행이동하면
$(x-m-3)^2+(y-n+1)^2=13$
이 원이 원 $x^2+y^2=13$과 일치하므로
$-m-3=0, -n+1=0$
즉 $m=-3, n=1$
직선 $5x+y-4=0$을 x축의 방향으로 -3만큼, y축의 방향으로 1만큼 평행이동하면
$5(x+3)+(y-1)-4=0$
즉 $5x+y+10=0$
따라서 $a=5, b=10$이므로
$a+b=15$

10 직선 $4x-3y+1=0$을 x축에 대하여 대칭이동하면
$4x+3y+1=0$
이 직선을 다시 x축의 방향으로 2만큼, y축의 방향으로 -3만큼 평행이동하면
$4(x-2)+3(y+3)+1=0$
따라서 $4x+3y+2=0$

11 직선 $x-y+2=0$을 x축에 대하여 대칭이동한 직선의 방정식은
$l: x+y+2=0$
직선 $x-y+2=0$을 y축에 대하여 대칭이동한 직선의 방정식은
$m: -x-y+2=0$, 즉 $x+y-2=0$
이때 $\dfrac{1}{1}=\dfrac{1}{1}\neq\dfrac{2}{-2}$이므로 두 직선 l, m은 평행하다.
따라서 두 직선 l, m 사이의 거리는 직선 l 위의 점 $(0, -2)$와 직선 m 사이의 거리와 같으므로
$\dfrac{|-2-2|}{\sqrt{1^2+1^2}}=\dfrac{4}{\sqrt{2}}=2\sqrt{2}$

12 원 $(x+1)^2+y^2=4$의 중심을 $O(-1, 0)$,
원 $(x-2)^2+(y-1)^2=4$의 중심을 $O'(2, 1)$이라 하자.
$\overline{OO'}$의 중점 $\left(\dfrac{-1+2}{2}, \dfrac{1}{2}\right)$, 즉 $\left(\dfrac{1}{2}, \dfrac{1}{2}\right)$이 직선 $y=ax+b$ 위의 점이므로
$\dfrac{1}{2}=\dfrac{1}{2}a+b$에서 $a+2b=1$ ...... ㉠
직선 OO'은 직선 $y=ax+b$와 수직이므로
$\dfrac{1-0}{2+1}\times a=-1$에서 $a=-3$
$a=-3$을 ㉠에 대입하면 $b=2$
따라서 $a=-3, b=2$이므로
$ab=-6$

13 직선 $y=x-k$를 x축에 대하여 대칭이동하면

$-y=x-k$

즉 $y=-x+k$

원 $x^2+y^2-4x+2y+1=0$에서

$(x-2)^2+(y+1)^2=4$

원의 중심의 좌표는 $(2, -1)$이다.

이 원의 넓이를 이등분하려면 직선 $y=-x+k$가 원의 중심

$(2, -1)$을 지나야 하므로

$-1=-2+k$

따라서 $k=1$

14 점 $B(3, 6)$을 직선 $y=-x+1$에 대하여 대칭이동한 점을

$B'(a, b)$라 하자.

선분 BB'의 중점 $\left(\dfrac{3+a}{2}, \dfrac{6+b}{2}\right)$가 직선 $y=-x+1$ 위의 점이

므로

$\dfrac{6+b}{2}=-\dfrac{3+a}{2}+1$에서 $a+b=-7$ ⋯⋯ ㉠

또 직선 BB'과 직선 $y=-x+1$은 수직이므로

$\dfrac{b-6}{a-3}\times(-1)=-1$에서 $a-b=-3$ ⋯⋯ ㉡

㉠, ㉡을 연립하여 풀면

$a=-5$, $b=-2$

따라서 점 $B'(-5, -2)$이므로

$\overline{AP}+\overline{PB}=\overline{AP}+\overline{PB'}$

$\qquad\qquad\quad \geq \overline{AB'}$

$\qquad\qquad\quad =\sqrt{(-5-4)^2+(-2-1)^2}$

$\qquad\qquad\quad =\sqrt{90}=3\sqrt{10}$

15 점 $A(0, 0)$을 직선 $y=x+1$에 대하여 대칭이동한 점 C의 좌표

를 (a, b)라 하면 $\overline{AC}$의 중점 $\left(\dfrac{a}{2}, \dfrac{b}{2}\right)$가 직선 $y=x+1$ 위의 점

이므로

$\dfrac{b}{2}=\dfrac{a}{2}+1$에서 $a-b=-2$ ⋯⋯ ㉠

직선 AC가 직선 $y=x+1$과 수직이므로

$\dfrac{b}{a}\times 1=-1$에서 $a+b=0$ ⋯⋯ ㉡

㉠, ㉡을 연립하여 풀면

$a=-1$, $b=1$

즉 점 C의 좌표는 $(-1, 1)$

점 $B(0, -3)$을 직선 $y=x+1$에 대하여 대칭이동한 점 D의 좌

표를 (c, d)라 하면 $\overline{BD}$의 중점 $\left(\dfrac{c}{2}, \dfrac{-3+d}{2}\right)$가 직선

$y=x+1$ 위의 점이므로

$\dfrac{-3+d}{2}=\dfrac{c}{2}+1$에서 $c-d=-5$ ⋯⋯ ㉢

직선 BD가 직선 $y=x+1$과 수직이므로

$\dfrac{d+3}{c}\times 1=-1$에서 $c+d=-3$ ⋯⋯ ㉣

㉢, ㉣을 연립하여 풀면

$c=-4$, $d=1$

따라서 점 D의 좌표는 $(-4, 1)$

□ACDB는 오른쪽 그림과

같으므로

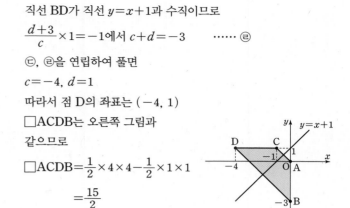

$\square ACDB=\dfrac{1}{2}\times 4\times 4-\dfrac{1}{2}\times 1\times 1$

$\qquad\qquad =\dfrac{15}{2}$

5 집합의 뜻과 표현

본문 166쪽

01

집합과 원소

1 ○ (✎ 3, 9, 집합)　　2 ×　　　　3 ○
4 ○　　　　5 ×　　　　6 ○　　　　7 ×
8 (✎ 여름, 가을)　　9 1, 2, 4, 5
10 18, 27, 36, 45, 54, 63, 72, 81, 90, 99
11 1, 4, 7　　12 2, 6, 18　　13 0, 2, 3
14 −2, −1, 0, 1, 2, 3　　☺ ●——● ●——●

15 (1) 1, 2, 7, 14　　(2) ∈　　(3) ∈
　　(4) ∉　　(5) ∈　　(6) ∈　　(7) ∉
16 (1) 12, 24, 36, 48　　(2) ∉　　(3) ∉
　　(4) ∈　　(5) ∉　　(6) ∉　　(7) ∉
17 (1) −1, 3　　(2) ∉　　(3) ∉　　(4) ∈
　　(5) ∈　　(6) ∈　　(7) ∉
18 (1) ∉　　(2) ∉　　(3) ∉　　(4) ∈
　　(5) ∉　　(6) ∈　　(7) ∉　　(8) ∈
19 (1) ∈　　(2) ∈　　(3) ∉　　(4) ∈
　　(5) ∈　　(6) ∈　　(7) ∈　　(8) ∈
20 (1) ∈　　(2) ∈　　(3) ∉　　(4) ∉
　　(5) ∈　　(6) ∉　　(7) ∈　　(8) ∈
21 (1) ∈　　(2) ∈　　(3) ∈　　(4) ∉
　　(5) ∈　　(6) ∈　　(7) ∈　　(8) ∉
☺ 원소, ∈, ∉　　22 ④

2　'가깝다'는 그 대상이 명확하지 않으므로 2에 가까운 자연수의 모임은 집합이 아니다.

3　6의 약수는 1, 2, 3, 6으로 그 대상이 명확하므로 6의 약수의 모임은 집합이다.

4　우리나라 광역시는 부산, 대구, 인천, 광주, 대전, 울산으로 그 대상이 명확하므로 우리나라 광역시의 모임은 집합이다.

5　'많다'는 그 대상이 명확하지 않으므로 인구가 많은 도시의 모임은 집합이 아니다.

6　사물놀이에 사용되는 전통 악기는 꽹과리, 장구, 징, 북으로 그 대상이 명확하므로 사물놀이에 사용되는 전통 악기의 모임은 집합이다.

7　'훌륭하다'는 그 대상이 명확하지 않으므로 훌륭한 미술가의 모임은 집합이 아니다.

12　18의 약수는 1, 2, 3, 6, 9, 18이므로 이 중 짝수인 수는 2, 6, 18이다.

13　방정식 $x^3-5x^2+6x=0$에서
$x(x^2-5x+6)=0$
$x(x-2)(x-3)=0$
즉 $x=0$ 또는 $x=2$ 또는 $x=3$
따라서 방정식 $x^3-5x^2+6x=0$의 해는 0, 2, 3이다.

14　부등식 $x^2-x-6\le0$에서
$(x+2)(x-3)\le0$, 즉 $-2\le x\le3$
따라서 주어진 부등식을 만족시키는 정수 x는 −2, −1, 0, 1, 2, 3이다.

17　(1) 부등식 $x^2-2x-3<0$에서
$(x+1)(x-3)<0$, 즉 $-1<x<3$

18　(6) $\sqrt{4}=\sqrt{2^2}=2$이므로 자연수이다.
따라서 $\sqrt{4}\in N$
(8) $\dfrac{10}{2}=5$이므로 자연수이다.
따라서 $\dfrac{10}{2}\in N$

19　(7) $\sqrt{9}=\sqrt{3^2}=3$이므로 정수이다.
따라서 $\sqrt{9}\in Z$
(8) $-\dfrac{28}{4}=-7$이므로 정수이다.
따라서 $-\dfrac{28}{4}\in Z$

20　(6) π는 $3.141592\cdots$의 값을 나타내는 무리수이므로 집합 Q의 원소가 아니다.
따라서 $\pi\not\in Q$
(7) 유한소수 3.141592는 유리수이다.
따라서 $3.141592\in Q$
(8) $\sqrt{16}=\sqrt{4^2}=4$이므로 유리수이다.
따라서 $\sqrt{16}\in Q$

21　(7) $-\sqrt{36}=-6$이므로 실수이다.
따라서 $-\sqrt{36}\in R$
(8) $\sqrt{-36}=6i$이므로 허수이다.
따라서 $\sqrt{-36}\not\in R$

22 ① $\sqrt{2}$는 무리수이므로 정수가 아니다.

따라서 $\sqrt{2}\notin Z$

② 순환소수 $3.\dot{3}=\dfrac{10}{3}$은 유리수이므로 $3.\dot{3}\in Q$

③ $\sqrt{175}=5\sqrt{7}$은 무리수이므로 유리수가 아니다.

따라서 $\sqrt{175}\notin Q$

④ $i^{100}=(i^4)^{25}=1$은 실수이므로 $i^{100}\in R$

⑤ $\sqrt{2}+\sqrt{3}$은 무리수이므로 실수이다.

따라서 $\sqrt{2}+\sqrt{3}\in R$

그러므로 옳은 것은 ④이다.

02

본문 170쪽

집합의 표현

원리확인

❶ (1) 2, 3, 5, 7, 2, 3, 5, 7

(2) 10보다 작은 소수

(3) 2, 3, 5, 7

❷ (1) 4, 5, 6, 4, 5, 6

(2) 3, 7

(3) 4, 5. 6

---

1 (✏ 1, 3, 5, 7, 9, 1, 3, 5, 7, 9)

2 {10, 12, 14, ⋯, 98}

3 {d, i, m, o, l}　　　**4** {3, 4, 5, ⋯, 9}

5 {0, 1}　　　**6** {1, 2, 3}

7 (✏ 짝수, 짝수)

8 $\{x\,|\,x$는 100보다 작은 3의 배수$\}$

9 $\{x\,|\,x$는 12의 약수$\}$　　**10** $\{x\,|\,x$는 $3\leq x\leq 8$인 자연수$\}$

11 $\{x\,|\,|x|=2\}$　　**12** $\{x\,|\,x$는 $|x|\leq 2$인 정수$\}$

13 (✏ 2, 3, 4)

14
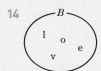

15

16

17

18

19 (1) $A=\{1, 3, 5, 7, 9\}$

(2) $A=\{x\,|\,x$는 홀수인 한 자리 자연수$\}$

20 (1) $B=\{1, 2, 3, 4, 6, 12\}$

(2) $B=\{x\,|\,x$는 12의 약수$\}$

---

21 (1) $C=\{4, 8, 12, 16, 20\}$

(2) $C=\{x\,|\,x$는 20 이하의 4의 배수$\}$

22 (1) $D=\{2, 3, 5, 7, 11, 13\}$

(2) $D=\{x\,|\,x$는 13 이하의 소수인 자연수$\}$

☺

23 2, 1, 2, 3, 0, 1, 2, 3　　**24** {2, 4, 6, 8}

25 {−4, −2, 0, 2, 4}　　**26** {0, 1, 2, 3}

27 0, 0, 1, 2, 0, 2, 4, 0, 1, 2, 4

28 {0, 1, 2, 4}　　　　**29** {−2, −1, 0, 1, 2}

30 ③

---

2 두 자리의 짝수인 자연수는 10, 12, 14, ⋯, 98

따라서 주어진 집합을 원소나열법으로 나타내면

{10, 12, 14, ⋯, 98}

3 'didimdol'에 있는 알파벳 중 d와 i는 여러 개 들어 있지만 집합에서는 한 번만 쓰면 된다.

따라서 주어진 집합을 원소나열법으로 나타내면

{d, i, m, o, l}

4 $2<x<10$인 자연수 x의 값은 3, 4, 5, ⋯, 9

따라서 주어진 집합을 원소나열법으로 나타내면

{3, 4, 5, ⋯, 9}

5 방정식 $x(x-1)=0$에서

$x=0$ 또는 $x=1$

따라서 주어진 집합을 원소나열법으로 나타내면

{0, 1}

6 부등식 $x^2-4x+3\leq 0$에서 $(x-1)(x-3)\leq 0$

즉 $1\leq x\leq 3$이므로 부등식을 만족시키는 자연수 x는 1, 2, 3이다.

따라서 주어진 집합을 원소나열법으로 나타내면

{1, 2, 3}

8 3, 6, 9, ⋯, 99는 100보다 작은 3의 배수이다.

따라서 주어진 집합을 조건제시법으로 나타내면

$\{x\,|\,x$는 100보다 작은 3의 배수$\}$

9 1, 2, 3, 4, 6, 12는 12의 약수이다.

따라서 주어진 집합을 조건제시법으로 나타내면

$\{x\,|\,x$는 12의 약수$\}$

10 3, 4, 5, 6, 7, 8은 3 이상 8 이하인 자연수이다.
따라서 주어진 집합을 조건제시법으로 나타내면
$\{x \mid x$는 $3 \leq x \leq 8$인 자연수$\}$

11 -2, 2는 $|x|=2$를 만족시키는 x의 값이다.
따라서 주어진 집합을 조건제시법으로 나타내면
$\{x \mid |x|=2\}$
[참고]
$\{-2, 2\} = \{x \mid |x|=2\}$
$\qquad = \{x \mid x^2=4\}$
$\qquad = \{x \mid (x+2)(x-2)=0\}$
$\qquad \vdots$
등도 모두 가능하다.

12 -2, -1, 0, 1, 2는 -2 이상 2 이하인 정수, 즉 $|x| \leq 2$를 만족시키는 정수 x의 값이다.
따라서 주어진 집합을 조건제시법으로 나타내면
$\{x \mid x$는 $|x| \leq 2$인 정수$\}$
[참고]
$\{-2, -1, 0, 1, 2\} = \{x \mid x$는 $|x| \leq 2$인 정수$\}$
$\qquad = \{x \mid x$는 $x^2 \leq 4$인 정수$\}$
$\qquad = \{x \mid x$는 $-2 \leq x \leq 2$인 정수$\}$
$\qquad \vdots$
등도 모두 가능하다.

15 31의 배수 중 두 자리의 자연수는 31, 62, 93이므로
$C=\{31, 62, 93\}$
따라서 집합 C를 벤다이어그램으로 나타내면
오른쪽 그림과 같다.

16 30의 약수는 1, 2, 3, 5, 6, 10, 15, 30이고 이 중에서 홀수는 1, 3, 5, 15이므로 $D=\{1, 3, 5, 15\}$
따라서 집합 D를 벤다이어그램으로 나타내면
오른쪽 그림과 같다.

17 방정식 $2x^2+5x+2=0$에서
$(x+2)(2x+1)=0$
즉 $x=-2$ 또는 $x=-\dfrac{1}{2}$
따라서 $E=\left\{-2, -\dfrac{1}{2}\right\}$이므로 집합 E를
벤다이어그램으로 나타내면 오른쪽 그림과 같다.

18 부등식 $x^2-x-12<0$에서
$(x+3)(x-4)<0$
즉 $-3<x<4$

이때 정수 x는 -2, -1, 0, 1, 2, 3이므로
$F=\{-2, -1, 0, 1, 2, 3\}$
따라서 집합 F를 벤다이어그램으로 나타내면
오른쪽 그림과 같다.

19 (1) $A=\{1, 3, 5, 7, 9\}$
(2) 1, 3, 5, 7, 9는 홀수인 한 자리 자연수이므로
$A=\{x \mid x$는 홀수인 한 자리 자연수$\}$

20 (1) $B=\{1, 2, 3, 4, 6, 12\}$
(2) 1, 2, 3, 4, 6, 12는 12의 약수이므로
$B=\{x \mid x$는 12의 약수$\}$

21 (1) $C=\{4, 8, 12, 16, 20\}$
(2) 4, 8, 12, 16, 20은 20 이하의 4의 배수이므로
$C=\{x \mid x$는 20 이하의 4의 배수$\}$

22 (1) $D=\{2, 3, 5, 7, 11, 13\}$
(2) 2, 3, 5, 7, 11, 13은 13 이하의 소수인 자연수이므로
$D=\{x \mid x$는 13 이하의 소수인 자연수$\}$

24 집합 $A=\{1, 3, 5\}$의 원소 a와 집합 $B=\{1, 3\}$의 원소 b에 대하여 $a+b$의 값을 구하면 다음 표와 같다.

b \ a	1	3	5
1	2	4	6
3	4	6	8

따라서 $C=\{2, 4, 6, 8\}$

25 집합 $A=\{-1, 0, 1\}$의 원소 a와 집합 $B=\{2, 4\}$의 원소 b에 대하여 $a \times b$의 값을 구하면 다음 표와 같다.

b \ a	-1	0	1
2	-2	0	2
4	-4	0	4

따라서 $C=\{-4, -2, 0, 2, 4\}$

26 집합 $A=\{2, 3, 4\}$의 원소 a와 집합 $B=\{1, 2\}$의 원소 b에 대하여 $a-b$의 값을 구하면 다음 표와 같다.

b \ a	2	3	4
1	1	2	3
2	0	1	2

따라서 $C=\{0, 1, 2, 3\}$

28 집합 $A = \{-2, -1, 0\}$의 두 원소 a, b에 대하여 $a \times b$의 값을 구하면 다음 표와 같다.

b＼a	-2	-1	0
-2	4	2	0
-1	2	1	0
0	0	0	0

따라서 $B = \{0, 1, 2, 4\}$

29 집합 $A = \{-1, 0, 1\}$의 두 원소 a, b에 대하여 $a - b$의 값을 구하면 다음 표와 같다.

b＼a	-1	0	1
-1	0	1	2
0	-1	0	1
1	-2	-1	0

따라서 $B = \{-2, -1, 0, 1, 2\}$

30 집합 $A = \{x \mid x = 2^a + 3^b,\ a,\ b$는 자연수$\}$에 대하여
① $2^1 + 3^1 = 2 + 3 = 5 \in A$
② $2^2 + 3^1 = 4 + 3 = 7 \in A$
③ 자연수 a, b에 대하여 $2^a + 3^b = 10$을 만족시키는 경우는 없으므로 $10 \notin A$
④ $2^2 + 3^2 = 4 + 9 = 13 \in A$
⑤ $2^3 + 3^2 = 8 + 9 = 17 \in A$
따라서 집합 A의 원소가 아닌 것은 ③이다.

본문 174쪽

03 집합의 원소의 개수

1 유	2 유	3 무	4 유
5 유, $\varnothing$	6 무	7 무	8 유
9 유, $\varnothing$	10 유, $\varnothing$	11 무	12 유, $\varnothing$
13 무	☺	14 5	15 3
16 90	17 0	18 1	19 1
20 8	21 12	22 2	23 1
24 1	25 0	26 5	27 25
28 34	29 6	30 5	31 6
32 1	33 6	34 3	35 2
36 0	☺ 0, 1, 1	37 ④	

☺

5 1보다 작은 자연수는 없으므로
$\{x \mid x$는 1보다 작은 자연수$\} = \varnothing$
따라서 주어진 집합은 유한집합이고 공집합이다.

---

6 $\{x \mid x$는 4의 배수$\} = \{4, 8, 12, \cdots\}$이므로 무한집합이다.

7 $\{x \mid x$는 3으로 나눈 나머지가 2인 자연수$\}$
$= \{2, 5, 8, 11, \cdots\}$
이므로 무한집합이다.

8 방정식 $x^2 - 2x - 3 = 0$에서
$(x+1)(x-3) = 0$, 즉 $x = -1$ 또는 $x = 3$
따라서 $\{x \mid x^2 - 2x - 3 = 0\} = \{-1, 3\}$이므로 유한집합이다.

9 방정식 $x^2 + 2x + 2 = 0$의 판별식을 D라 하면
$\dfrac{D}{4} = 1^2 - 1 \times 2 = -1 < 0$
이므로 실근이 존재하지 않는다.
따라서 $\{x \mid x^2 + 2x + 2 = 0,\ x$는 실수$\} = \varnothing$이므로 유한집합이고 공집합이다.

10 부등식 $3(x+1) - 1 < x + 3$에서
$3x + 2 < x + 3$, $2x < 1$, 즉 $x < \dfrac{1}{2}$
이를 만족시키는 자연수 x는 없으므로
$\{x \mid 3(x+1) - 1 < x + 3,\ x$는 자연수$\}$
$= \left\{ x \mid x < \dfrac{1}{2},\ x$는 자연수$\right\} = \varnothing$
따라서 유한집합이고 공집합이다.

11 $k = 1, 2, 3, \cdots$이므로
$x = 2k + 1 = 3, 5, 7, \cdots$
따라서 $\{x \mid x = 2k + 1,\ k$는 자연수$\} = \{3, 5, 7, \cdots\}$이므로 무한집합이다.

12 부등식 $x^2 + 4x + 3 < 0$에서
$(x+1)(x+3) < 0$, 즉 $-3 < x < -1$
이를 만족시키는 자연수 x는 없으므로
$\{x \mid x^2 + 4x + 3 < 0,\ x$는 자연수$\}$
$= \{x \mid -3 < x < -1,\ x$는 자연수$\}$
$= \varnothing$
따라서 유한집합이고 공집합이다.

13 부등식 $x^2 + 4x + 3 < 0$에서
$(x+1)(x+3) < 0$, 즉 $-3 < x < -1$
이를 만족시키는 x는 무수히 많으므로 집합
$\{x \mid x^2 + 4x + 3 < 0\} = \{x \mid -3 < x < -1\}$은 무한집합이다.

16 $n(A) = 99 - 10 + 1 = 90$

18 $A = \{\varnothing\}$는 $\varnothing$을 원소로 갖는 집합이므로 $n(A) = 1$

20 $A=\{x|x$는 20 이하의 소수$\}$
$\quad=\{2,\ 3,\ 5,\ 7,\ 11,\ 13,\ 17,\ 19\}$
이므로 $n(A)=8$

21 집합 $A=\{x|x$는 126의 약수$\}$에 대하여 $n(A)$는 126의 약수의
개수와 같고 $126=2\times3^2\times7$이므로
$n(A)=(1+1)\times(2+1)\times(1+1)=12$

22 방정식 $x^2-x-20=0$에서
$(x+4)(x-5)=0$, 즉 $x=-4$ 또는 $x=5$
따라서 $A=\{x|x^2-x-20=0\}=\{-4,\ 5\}$이므로
$n(A)=2$

23 방정식 $x^2+2=4x-2$에서
$x^2-4x+4=0,\ (x-2)^2=0$
즉 $x=2$ (중근)
따라서 $A=\{x|x^2+2=4x-2\}=\{2\}$이므로
$n(A)=1$

24 부등식 $x^2+1\le2x$에서
$x^2-2x+1\le0$ $\quad\cdots\cdots$ ㉠
이때 모든 실수 x에 대하여
$x^2-2x+1=(x-1)^2\ge0$
이므로 부등식 ㉠을 만족시키는 실수 x는 $x=1$뿐이다.
따라서 $A=\{x|x^2+1\le2x,\ x$는 실수$\}=\{1\}$이므로
$n(A)=1$

25 부등식 $6x^2-5x+1<0$에서
$(3x-1)(2x-1)<0$, 즉 $\dfrac{1}{3}<x<\dfrac{1}{2}$
이를 만족시키는 정수 x는 없으므로
$A=\{x|6x^2-5x+1<0,\ x$는 정수$\}$
$\quad=\left\{x\Big|\dfrac{1}{3}<x<\dfrac{1}{2},\ x$는 정수$\right\}=\varnothing$
따라서 $n(A)=0$

27 $2,\ 4,\ 6,\ \cdots,\ 50$은 50 이하의 짝수이다.
이때 $50=2\times25$이므로
$n(\{2,\ 4,\ 6,\ \cdots,\ 50\})=25$

28 $1,\ 4,\ 7,\ \cdots,\ 100$은 3으로 나누었을 때의 나머지가 1인 수 중
100 이하의 자연수이다.
이때 $100=3\times33+1$이므로
$n(\{1,\ 4,\ 7,\ \cdots,\ 100\})=1+33=34$

29 18의 약수는 $1,\ 2,\ 3,\ 6,\ 9,\ 18$이므로
$n(\{x|x$는 18의 약수$\})=6$

30 17의 배수인 두 자리 자연수는 $17,\ 34,\ 51,\ 68,\ 85$이므로
$n(\{x|x$는 17의 배수인 두 자리 자연수$\})=5$

31 10 이상 30 이하의 소수인 자연수는 $11,\ 13,\ 17,\ 19,\ 23,\ 29$이
므로
$n(\{x|x$는 10 이상 30 이하의 소수인 자연수$\})=6$

32 $n(\varnothing)=0,\ n(\{\varnothing\})=1$이므로
$n(\varnothing)+n(\{\varnothing\})=0+1=1$

33 $A=\{1,\ 2,\ 3\}$이므로 $n(A)=3$
$B=\{a,\ b,\ c\}$이므로 $n(B)=3$
따라서 $n(A)+n(B)=3+3=6$

34 $A=\{0,\ 1,\ 2,\ 3,\ 4\}$에서 $n(A)=5$
$B=\{3,\ 4\}$에서 $n(B)=2$
따라서 $n(A)-n(B)=5-2=3$

35 방정식 $x^2+3x+1=0$에서 근의 공식에 의하여
$x=\dfrac{-3\pm\sqrt{3^2-4\times1\times1}}{2\times1}=\dfrac{-3\pm\sqrt{5}}{2}$
따라서 $A=\left\{\dfrac{-3+\sqrt{5}}{2},\ \dfrac{-3-\sqrt{5}}{2}\right\}$이므로
$n(A)=2$

36 모든 실수 x에 대하여
$x^2+4x+5=(x^2+4x+4)+1=(x+2)^2+1>0$
이므로 부등식 $x^2+4x+5<0$을 만족시키는 실수 x는 존재하지
않는다.
따라서 $A=\{x|x^2+4x+5<0,\ x$는 실수$\}=\varnothing$이므로
$n(A)=n(\varnothing)=0$

37 ① $n(\{0,\ 1,\ 2\})=3$
② $n(\{0\})=1,\ n(\varnothing)=0$이므로
$\quad n(\{0\})\ne n(\varnothing)$
③ $n(\{1,\ 2,\ 3\})=3,\ n(\{1,\ 2\})=2$이므로
$\quad n(\{1,\ 2,\ 3\})-n(\{1,\ 2\})=3-2=1$
④ $n(\{1,\ 2,\ 3\})=3,\ n(\{4,\ 5\})=2$이므로
$\quad n(\{1,\ 2,\ 3\})>n(\{4,\ 5\})$
⑤ $n(\{0\})=1,\ n(\{1\})=1$이므로
$\quad n(\{0\})+1\ne n(\{1\})$
따라서 옳은 것은 ④이다.

1 ④	2 ②	3 ④	4 ③
5 ③	6 ④	7 ⑤	8 ④
9 ①	10 ⑤	11 ③	12 ④

1   '쉽다', '따뜻하다', '작다', '가깝다'는 모두 그 대상이 명확하지
      않으므로 ①, ②, ③, ⑤는 집합이 아니다.
      ④ 일의 자리의 숫자가 5인 자연수는 5, 15, 25, 35, ⋯이므로
        이들의 모임은 집합이다.
      따라서 집합인 것은 ④이다.

2   방정식 $2x^3+3x^2-2x=0$에서
      $x(2x^2+3x-2)=0$, $x(2x-1)(x+2)=0$
      즉 $x=0$ 또는 $x=\dfrac{1}{2}$ 또는 $x=-2$이므로
      $A=\left\{-2,\ 0,\ \dfrac{1}{2}\right\}$
      ① $-2\in A$ ② $-1\notin A$ ③ $0\in A$
      ④ $1\notin A$ ⑤ $2\notin A$
      따라서 옳은 것은 ②이다.

3   ㄱ. $i^2=-1$은 정수이므로 $i^2\in Z$ (참)
      ㄴ. $\sqrt{16}=4$는 정수이므로 $\sqrt{16}\in Z$ (거짓)
      ㄷ. $(2+i)(2-i)=2^2-i^2=4-(-1)=5$는 유리수이므로
        $(2+i)(2-i)\in Q$ (참)
      ㄹ. $\pi=3.141592\cdots$인 무리수이므로 $\pi\notin Q$ (거짓)
      ㅁ. $\dfrac{1}{\sqrt{2}}=\dfrac{\sqrt{2}}{2}$는 무리수이므로 $\dfrac{1}{\sqrt{2}}\in R$ (참)
      ㅂ. i는 허수이므로 $i\notin R$ (거짓)
      따라서 옳은 것은 ㄱ, ㄷ, ㅁ이다.

4   ① $\{1,\ 3,\ 5,\ 7,\ 9\}$
      ② $\{x|x$는 10보다 작은 홀수$\}=\{1,\ 3,\ 5,\ 7,\ 9\}$
      ③ $\{x|x$는 11 이하의 홀수$\}=\{1,\ 3,\ 5,\ 7,\ 9,\ 11\}$
      ④ $\{x|x$는 9 이하의 홀수$\}=\{1,\ 3,\ 5,\ 7,\ 9\}$
      ⑤ $\{x|x$는 2로 나눈 나머지가 1인 한 자리 자연수$\}$
        $=\{1,\ 3,\ 5,\ 7,\ 9\}$
      따라서 나머지 넷과 다른 하나는 ③이다.

5   ① $A=\{x|x$는 5의 약수$\}$
        $=\{1,\ 5\}$
      ② $A=\{x|x$는 10의 약수$\}$
        $=\{1,\ 2,\ 5,\ 10\}$
      ③ $A=\{x|x\leq10,\ x$는 20의 약수$\}$
        $=\{1,\ 2,\ 4,\ 5,\ 10\}$
      ④ $A=\{x|x\leq10,\ x$는 30의 약수$\}$
        $=\{1,\ 2,\ 3,\ 5,\ 6,\ 10\}$

      ⑤ $A=\{x|x\leq10,\ x$는 40의 약수$\}$
        $=\{1,\ 2,\ 4,\ 5,\ 8,\ 10\}$
      따라서 주어진 벤다이어그램으로 표현된 집합 A를 바르게 나타
      낸 것은 ③이다.

6   집합 $A=\{-2,\ 0,\ 1\}$의 두 원소 a, b에 대하여 $a\times b$의 값을 구
      하면 다음 표와 같다.

b ╲ a	-2	0	1
-2	4	0	-2
0	0	0	0
1	-2	0	1

      따라서 $B=\{-2,\ 0,\ 1,\ 4\}$

7   ① $\{x|x$는 소수인 한 자리의 자연수$\}=\{2,\ 3,\ 5,\ 7\}$
        이므로 유한집합이다.
      ② $\{x|x^2+2=0,\ x$는 실수$\}=\varnothing$이므로 유한집합이다.
      ③ $\{x|x=2n,\ n$는 5 이하의 자연수$\}=\{2,\ 4,\ 6,\ 8,\ 10\}$
        이므로 유한집합이다.
      ④ $\{x|x(x+1)<0,\ x$는 정수$\}=\{x|-1<x<0,\ x$는 정수$\}=\varnothing$
        이므로 유한집합이다.
      ⑤ 1보다 작은 유리수는 무수히 많으므로 집합
        $\{x|x<1,\ x$는 유리수$\}$는 무한집합이다.
      따라서 무한집합인 것은 ⑤이다.

8   ㄱ. $\{\varnothing\}$은 $\varnothing$를 원소로 갖는 집합이므로 공집합이 아니다.
      ㄴ. $\{x|x$는 가장 작은 자연수$\}=\{1\}$이므로 공집합이 아니다.
      ㄷ. 방정식 $x^2+3x+2=0$에서
        $(x+2)(x+1)=0$, 즉 $x=-2$ 또는 $x=-1$
        이때 -2, -1은 자연수가 아니므로
        $\{x|x^2+3x+2=0,\ x$는 자연수$\}=\varnothing$
      ㄹ. 제곱하여 음수가 되는 실수는 없으므로
        $\{x|x^2<0,\ x$는 실수$\}=\varnothing$
      따라서 공집합은 ㄷ, ㄹ이다.

9   7의 배수는 7, 14, 21, ⋯이므로 집합
      $A=\{x|x\leq k,\ x$는 7의 배수$\}$가 공집합이 되려면 $k<7$이어야
      한다.
      따라서 자연수 k의 최댓값은 6이다.

10   ① $n(\{3\})=1$, $n(\{5\})=1$이므로
        $n(\{3\})=n(\{5\})$
      ② $n(\{1\})=1$, $n(\{0\})=1$이므로
        $n(\{1\})+n(\{0\})=1+1=2$
      ③ $n(\{-2\})=1$, $n(\varnothing)=0$이므로
        $n(\{-2\})\neq n(\varnothing)$
      ④ $A=\{0\}$이면 $n(A)=1$
        이때 $n(\varnothing)=0$이므로 $n(A)\neq n(\varnothing)$
      ⑤ $n(A)=0$이면 $A=\varnothing$
      따라서 옳은 것은 ⑤이다.

11 $A=\{x\,|\,x=3n+1,\ n$은 10 이하의 자연수$\}$
  $=\{4,\ 7,\ 10,\ 13,\ 16,\ 19,\ 22,\ 25,\ 28,\ 31\}$
  이므로 $n(A)=10$
  $B=\{x\,|\,x$는 100보다 작은 18의 배수$\}$
  $=\{18,\ 36,\ 54,\ 72,\ 90\}$
  이므로 $n(B)=5$
  따라서 $n(A)-n(B)=10-5=5$

  [다른 풀이]
  $A=\{x\,|\,x=3n+1,\ n$은 10 이하의 자연수$\}$에서 n의 값에 따라 x의 값은 오직 하나로 결정되므로 $n(A)$의 값은 n의 개수와 같다. 이때 n은 10 이하의 자연수이므로
  $n(A)=10$
  또 $B=\{x\,|\,x$는 100보다 작은 18의 배수$\}$에서
  $100=18\times5+10$이므로
  $n(B)=5$
  따라서 $n(A)-n(B)=10-5=5$

12 $B=\{x\,|\,x$는 3의 배수, $10\le x\le20\}$
  $=\{12,\ 15,\ 18\}$
  이므로 집합 $A=\{-6,\ 0,\ 3\}$의 원소 a와 집합 B의 원소 b에 대하여 $a+b$의 값을 구하면 다음 표와 같다.

b \ a	-6	0	3
12	6	12	15
15	9	15	18
18	12	18	21

  따라서 $C=\{6,\ 9,\ 12,\ 15,\ 18,\ 21\}$이므로
  $n(C)=6$

04

본문 180쪽

부분집합

원리확인

❶ 1, 4   ❷ B, A, $\supset$

1 $\subset$	**2** $\subset$	**3** $\not\subset$	**4** $\not\subset$
5 $\subset$	**6** $\not\subset$	**7** $\subset$	
8 ($\mathscr{O}$ B, A, B, A)		**9** $B\subset A$	**10** $A\subset B$
11 $A\subset B$	**12** $B\subset A$	**13** $B\subset A$	**14** $\in$
15 $\subset$	**16** $\in$	**17** $\subset$	**18** $\subset$
19 $\subset$	**20** $\bigcirc$	**21** $\bigcirc$	**22** $\bigcirc$
23 $\bigcirc$	**24** $\bigcirc$	**25** $\times$	**26** $\times$
27 $\bigcirc$	**28** $\times$	☺ A, $\varnothing$	

29 ⑤   **30** ($\mathscr{O}$ $\varnothing$, $\{1\}$, $\{5\}$, $\{1,\ 5\}$, 1, 1, 5)

31 $\varnothing$, $\{0\}$ **32** $\varnothing$, $\{3\}$, $\{9\}$, $\{3,\ 9\}$

33 $\varnothing$, $\{2\}$, $\{3\}$, $\{2,\ 3\}$

34 $\varnothing$, $\{1\}$, $\{3\}$, $\{5\}$, $\{1,\ 3\}$, $\{1,\ 5\}$, $\{3,\ 5\}$, $\{1,\ 3,\ 5\}$

35 $\varnothing$, $\{-1\}$, $\{0\}$, $\{1\}$, $\{-1,\ 0\}$, $\{-1,\ 1\}$, $\{0,\ 1\}$, $\{-1,\ 0,\ 1\}$

36 $\varnothing$, $\{1\}$, $\{2\}$, $\{3\}$, $\{6\}$, $\{1,\ 2\}$, $\{1,\ 3\}$, $\{1,\ 6\}$, $\{2,\ 3\}$, $\{2,\ 6\}$, $\{3,\ 6\}$, $\{1,\ 2,\ 3\}$, $\{1,\ 2,\ 6\}$, $\{1,\ 3,\ 6\}$, $\{2,\ 3,\ 6\}$, $\{1,\ 2,\ 3,\ 6\}$

37 (1) ($\mathscr{O}$ 2, 2, 3)   (2) ($\mathscr{O}$ $\varnothing$, 3)
  (3) ($\mathscr{O}$ 1, 2, 3)   (4) ($\mathscr{O}$ $\varnothing$)

38 (1) $\varnothing$, $\{2\}$, $\{3\}$, $\{7\}$, $\{2,\ 3\}$, $\{2,\ 7\}$, $\{3,\ 7\}$, $\{2,\ 3,\ 7\}$
  (2) $\{5\}$, $\{2,\ 5\}$, $\{3,\ 5\}$, $\{5,\ 7\}$, $\{2,\ 3,\ 5\}$, $\{2,\ 5,\ 7\}$, $\{3,\ 5,\ 7\}$, $\{2,\ 3,\ 5,\ 7\}$
  (3) $\{2\}$, $\{3\}$, $\{5\}$, $\{2,\ 3\}$, $\{2,\ 5\}$, $\{3,\ 5\}$, $\{2,\ 3,\ 5\}$
  (4) $\varnothing$, $\{5\}$, $\{7\}$, $\{5,\ 7\}$

39 (1) $\varnothing$, $\{-1\}$, $\{1\}$, $\{2\}$, $\{-1,\ 1\}$, $\{-1,\ 2\}$, $\{1,\ 2\}$, $\{-1,\ 1,\ 2\}$
  (2) $\{0\}$, $\{-1,\ 0\}$, $\{0,\ 1\}$, $\{0,\ 2\}$, $\{-1,\ 0,\ 1\}$, $\{-1,\ 0,\ 2\}$, $\{0,\ 1,\ 2\}$, $\{-1,\ 0,\ 1,\ 2\}$
  (3) $\{1\}$, $\{2\}$, $\{1,\ 2\}$
  (4) $\varnothing$, $\{-1\}$, $\{2\}$, $\{-1,\ 2\}$

40 (1) $\varnothing$, $\{1\}$, $\{2\}$, $\{4\}$, $\{1,\ 2\}$, $\{1,\ 4\}$, $\{2,\ 4\}$, $\{1,\ 2,\ 4\}$
  (2) $\{3\}$, $\{1,\ 3\}$, $\{2,\ 3\}$, $\{3,\ 4\}$, $\{1,\ 2,\ 3\}$, $\{1,\ 3,\ 4\}$, $\{2,\ 3,\ 4\}$, $\{1,\ 2,\ 3,\ 4\}$
  (3) $\{2\}$, $\{4\}$, $\{2,\ 4\}$
  (4) $\varnothing$, $\{1\}$, $\{4\}$, $\{1,\ 4\}$

41 ④

42 ($\mathscr{O}$ B, 2, $\{2,\ 3\}$, $\{3,\ 5,\ 7\}$, $\not\subset$, 1, $\{1,\ 3\}$, $\{1,\ 3,\ 5\}$, $\subset$, 1)

43 3   **44** -2 **45** 0   **46** -1

47 -1 **48** 2   **49** ④

50 ($\mathscr{O}$ 1, 3, 1, 3, 2, -2)

51 $a\le-1$, $b\ge3$ **52** $a\le-2$, $b\ge4$

53 $a<-1$, $b>-1$ **54** $a\le2$, $b\ge4$

55 ③

7 $\{x\,|\,x$는 소수인 한 자리의 자연수$\}=\{2,\ 3,\ 5,\ 7\}$이므로
  $\{x\,|\,x$는 소수인 한 자리의 자연수$\}\subset A$

9 $A=\{x\,|\,x$는 짝수인 자연수$\}=\{2,\ 4,\ 6,\ 8,\ \cdots\}$,
  $B=\{x\,|\,x$는 8의 배수$\}=\{8,\ 16,\ 24,\ \cdots\}$
  이므로 $B\subset A$

10 모든 정삼각형의 이웃한 두 변의 길이는 서로 같으므로 $A \subset B$

그러나 이등변삼각형 중에는 정삼각형이 아닌 삼각형이 있으므로 $B \not\subset A$

따라서 $A \subset B$

11 $x^2 = 4$에서 $x^2 - 4 = 0$, $(x+2)(x-2) = 0$

즉 $x = -2$ 또는 $x = 2$

$x^2 \leq 4$에서 $x^2 - 4 \leq 0$, $(x+2)(x-2) \leq 0$

즉 $-2 \leq x \leq 2$

따라서 $A = \{-2, 2\}$, $B = \{x \mid -2 \leq x \leq 2\}$이므로

$A \subset B$

12 $A = \{x \mid x$는 2 이하의 정수$\}$

$\quad = \{\cdots, -3, -2, -1, 0, 1, 2\}$

$|x| \leq 2$에서 $-2 \leq x \leq 2$이므로

$B = \{x \mid x$는 $|x| \leq 2$인 정수$\}$

$\quad = \{x \mid x$는 $-2 \leq x \leq 2$인 정수$\}$

$\quad = \{-2, -1, 0, 1, 2\}$

따라서 $B \subset A$

13 $A = \{x \mid x$는 3으로 나눈 나머지가 1인 자연수$\}$

$\quad = \{1, 4, 7, 10, \cdots\}$

자연수 $n = 1, 2, 3, \cdots$이므로

$B = \{x \mid x = 3n+1, n$은 자연수$\}$

$\quad = \{4, 7, 10, \cdots\}$

따라서 $B \subset A$

16 $\{b\}$는 집합 기호로 표현되어 있지만 집합 $\{a, \{b\}, c\}$의 원소이므로

$\{b\} \in \{a, \{b\}, c\}$

18 $\varnothing$은 모든 집합의 부분집합이므로

$\varnothing \subset \{1, 2, 3\}$

19 모든 집합은 자기 자신의 부분집합이므로

$\{1, 2, 3\} \subset \{1, 2, 3\}$

20 $\varnothing$은 집합 A의 원소이므로 $\varnothing \in A$

21 모든 집합은 자기 자신의 부분집합이므로 $A \subset A$

22 $\varnothing$은 모든 집합의 부분집합이므로 $\varnothing \subset A$

23 1은 집합 A의 원소이므로 $1 \in A$

24 1은 집합 A의 원소이므로 집합 $\{1\}$은 집합 A의 부분집합이다.

따라서 $\{1\} \subset A$

25 2는 집합 A의 원소가 아니므로 $2 \notin A$

26 $\{2\}$는 집합 A의 원소이므로 $\{2\} \in A$

따라서 $\{2\} \not\subset A$

27 0, 1은 모두 집합 A의 원소이므로 집합 $\{0, 1\}$은 집합 A의 부분집합이다.

따라서 $\{0, 1\} \subset A$

28 0, 1은 집합 A의 원소이지만 2는 집합 A의 원소가 아니므로 집합 $\{0, 1, 2\}$는 집합 A의 부분집합이 아니다.

따라서 $\{0, 1, 2\} \not\subset A$

29 집합 $A = \{\varnothing, 0, 1, \{1\}\}$에 대하여

① $\varnothing$은 집합 A의 원소이므로 $\varnothing \in A$

② $\varnothing$은 모든 집합의 부분집합이므로 $\varnothing \subset A$

③ 1은 집합 A의 원소이므로 $1 \in A$

④ 0, 1은 집합 A의 원소이므로 $\{0, 1\} \subset A$

⑤ $\{0, 1\}$은 집합 A의 부분집합이지만 원소는 아니므로

$\quad \{0, 1\} \in A$와 같이 나타낼 수 없다.

따라서 옳지 않은 것은 ⑤이다.

31 집합 $\{0\}$에 대하여

원소가 하나도 없는 부분집합은 $\varnothing$

원소가 1개인 부분집합은 $\{0\}$

따라서 집합 $\{0\}$의 부분집합은 $\varnothing$, $\{0\}$이다.

32 집합 $\{3, 9\}$에 대하여

원소가 하나도 없는 부분집합은 $\varnothing$

원소가 1개인 부분집합은 $\{3\}$, $\{9\}$

원소가 2개인 부분집합은 $\{3, 9\}$

따라서 집합 $\{3, 9\}$의 부분집합은

$\varnothing$, $\{3\}$, $\{9\}$, $\{3, 9\}$

33 $\{x \mid x$는 5보다 작은 소수인 자연수$\} = \{2, 3\}$

즉 집합 $\{2, 3\}$에 대하여

원소가 하나도 없는 부분집합은 $\varnothing$

원소가 1개인 부분집합은 $\{2\}$, $\{3\}$

원소가 2개인 부분집합은 $\{2, 3\}$

따라서 주어진 집합의 부분집합은

$\varnothing$, $\{2\}$, $\{3\}$, $\{2, 3\}$

34 집합 $\{1, 3, 5\}$에 대하여

원소가 하나도 없는 부분집합은 $\varnothing$

원소가 1개인 부분집합은 $\{1\}$, $\{3\}$, $\{5\}$

원소가 2개인 부분집합은 $\{1, 3\}$, $\{1, 5\}$, $\{3, 5\}$

원소가 3개인 부분집합은 $\{1, 3, 5\}$

따라서 집합 $\{1, 3, 5\}$의 부분집합은

$\varnothing$, $\{1\}$, $\{3\}$, $\{5\}$, $\{1, 3\}$, $\{1, 5\}$, $\{3, 5\}$, $\{1, 3, 5\}$

35 $|x|<2$에서 $-2<x<2$이므로

$\{x|x$는 $|x|<2$인 정수$\}=\{-1, 0, 1\}$

즉 집합 $\{-1, 0, 1\}$에 대하여

원소가 하나도 없는 부분집합은 $\varnothing$

원소가 1개인 부분집합은 $\{-1\}$, $\{0\}$, $\{1\}$

원소가 2개인 부분집합은 $\{-1, 0\}$, $\{-1, 1\}$, $\{0, 1\}$

원소가 3개인 부분집합은 $\{-1, 0, 1\}$

따라서 주어진 집합의 부분집합은

$\varnothing$, $\{-1\}$, $\{0\}$, $\{1\}$, $\{-1, 0\}$, $\{-1, 1\}$, $\{0, 1\}$, $\{-1, 0, 1\}$

36 $\{x|x$는 6의 약수$\}=\{1, 2, 3, 6\}$

즉 집합 $\{1, 2, 3, 6\}$에 대하여

원소가 하나도 없는 부분집합은 $\varnothing$

원소가 1개인 부분집합은 $\{1\}$, $\{2\}$, $\{3\}$, $\{6\}$

원소가 2개인 부분집합은

$\{1, 2\}$, $\{1, 3\}$, $\{1, 6\}$, $\{2, 3\}$, $\{2, 6\}$, $\{3, 6\}$

원소가 3개인 부분집합은

$\{1, 2, 3\}$, $\{1, 2, 6\}$, $\{1, 3, 6\}$, $\{2, 3, 6\}$

원소가 4개인 부분집합은 $\{1, 2, 3, 6\}$

따라서 주어진 집합의 부분집합은

$\varnothing$, $\{1\}$, $\{2\}$, $\{3\}$, $\{6\}$, $\{1, 2\}$, $\{1, 3\}$, $\{1, 6\}$, $\{2, 3\}$, $\{2, 6\}$, $\{3, 6\}$, $\{1, 2, 3\}$, $\{1, 2, 6\}$, $\{1, 3, 6\}$, $\{2, 3, 6\}$, $\{1, 2, 3, 6\}$

38 $A=\{x|x$는 소수인 한 자리의 자연수$\}$

$=\{2, 3, 5, 7\}$

(1) 5를 원소로 갖지 않는 부분집합은 원소 5를 제외한 집합 $\{2, 3, 7\}$의 부분집합과 같으므로 구하는 집합은

$\varnothing$, $\{2\}$, $\{3\}$, $\{7\}$, $\{2, 3\}$, $\{2, 7\}$, $\{3, 7\}$, $\{2, 3, 7\}$

(2) 5를 원소로 갖는 부분집합은 원소 5를 제외한 집합 $\{2, 3, 7\}$의 부분집합 각각에 원소 5를 넣으면 되므로 구하는 집합은

$\{5\}$, $\{2, 5\}$, $\{3, 5\}$, $\{5, 7\}$, $\{2, 3, 5\}$, $\{2, 5, 7\}$, $\{3, 5, 7\}$, $\{2, 3, 5, 7\}$

(3) 5 이하의 자연수로만 이루어진 부분집합은 집합 $\{2, 3, 5\}$의 부분집합 중 공집합이 아닌 집합과 같으므로 구하는 집합은

$\{2\}$, $\{3\}$, $\{5\}$, $\{2, 3\}$, $\{2, 5\}$, $\{3, 5\}$, $\{2, 3, 5\}$

(4) 2, 3을 원소로 갖지 않는 부분집합은 원소 2, 3을 제외한 집합 $\{5, 7\}$의 부분집합과 같으므로 구하는 집합은

$\varnothing$, $\{5\}$, $\{7\}$, $\{5, 7\}$

39 부등식 $x^2-x-2\leq0$에서

$(x+1)(x-2)\leq0$, 즉 $-1\leq x\leq2$이므로

$A=\{x|x^2-x-2\leq0, x$는 정수$\}$

$=\{-1, 0, 1, 2\}$

(1) 0을 원소로 갖지 않는 부분집합은 원소 0을 제외한 집합 $\{-1, 1, 2\}$의 부분집합과 같으므로 구하는 집합은

$\varnothing$, $\{-1\}$, $\{1\}$, $\{2\}$, $\{-1, 1\}$, $\{-1, 2\}$, $\{1, 2\}$, $\{-1, 1, 2\}$

(2) 0을 원소로 갖는 부분집합은 원소 0을 제외한 집합 $\{-1, 1, 2\}$의 부분집합 각각에 원소 0을 넣으면 되므로 구하는 집합은

$\{0\}$, $\{-1, 0\}$, $\{0, 1\}$, $\{0, 2\}$, $\{-1, 0, 1\}$, $\{-1, 0, 2\}$, $\{0, 1, 2\}$, $\{-1, 0, 1, 2\}$

(3) 양수만으로 이루어진 부분집합은 집합 $\{1, 2\}$의 부분집합 중 공집합이 아닌 집합과 같으므로 구하는 집합은

$\{1\}$, $\{2\}$, $\{1, 2\}$

(4) 0, 1을 원소로 갖지 않는 부분집합은 이 두 원소를 제외한 집합 $\{-1, 2\}$의 부분집합과 같으므로 구하는 집합은

$\varnothing$, $\{-1\}$, $\{2\}$, $\{-1, 2\}$

40 부등식 $x^2-4x-5<0$에서

$(x+1)(x-5)<0$, 즉 $-1<x<5$이므로

$A=\{x|x^2-4x-5<0, x$는 자연수$\}$

$=\{1, 2, 3, 4\}$

(1) 3을 원소로 갖지 않는 부분집합은 원소 3을 제외한 집합 $\{1, 2, 4\}$의 부분집합과 같으므로 구하는 집합은

$\varnothing$, $\{1\}$, $\{2\}$, $\{4\}$, $\{1, 2\}$, $\{1, 4\}$, $\{2, 4\}$, $\{1, 2, 4\}$

(2) 3을 원소로 갖는 부분집합은 원소 3을 제외한 집합 $\{1, 2, 4\}$의 부분집합 각각에 원소 3을 넣으면 되므로 구하는 집합은

$\{3\}$, $\{1, 3\}$, $\{2, 3\}$, $\{3, 4\}$, $\{1, 2, 3\}$, $\{1, 3, 4\}$, $\{2, 3, 4\}$, $\{1, 2, 3, 4\}$

(3) 짝수만 이루어진 부분집합은 집합 $\{2, 4\}$의 부분집합 중 공집합이 아닌 집합과 같으므로 구하는 집합은

$\{2\}$, $\{4\}$, $\{2, 4\}$

(4) 2, 3을 원소로 갖지 않는 부분집합은 이 두 원소를 제외한 집합 $\{1, 4\}$의 부분집합과 같으므로 구하는 집합은

$\varnothing$, $\{1\}$, $\{4\}$, $\{1, 4\}$

41 방정식 $x^3-2x^2+x=0$에서

$x(x^2-2x+1)=0$, $x(x-1)^2=0$

즉 $x=0$ 또는 $x=1$(중근)이므로

$X=\{0, 1\}$

① $n(X)=2$

② 집합 X의 부분집합 중 원소가 2개인 집합은 $\{0, 1\}$의 하나뿐이다.

③ 집합 X의 부분집합 중 원소가 3개인 집합은 없다.

④ 집합 X의 부분집합 중 0을 원소로 갖는 집합은 $\{0\}$, $\{0, 1\}$의 2개이다.

⑤ 집합 X의 부분집합 중 음수인 원소를 갖는 집합은 없다.

따라서 옳은 것은 ④이다.

43 $A=\{5, a\}$, $B=\{1, 2a-3, 2a-1\}$에 대하여

$A\subset B$에서 $5\in B$이어야 하므로

$2a-3=5$ 또는 $2a-1=5$

(i) $2a-3=5$, 즉 $a=4$일 때

$A=\{4, 5\}$, $B=\{1, 5, 7\}$이므로 $A\not\subset B$

(ii) $2a-1=5$, 즉 $a=3$일 때
$A=\{3, 5\}$, $B=\{1, 3, 5\}$이므로 $A\subset B$
(i), (ii)에서 $a=3$

[다른 풀이]
$A=\{5, a\}$, $B=\{1, 2a-3, 2a-1\}$에 대하여
$A\subset B$에서 $a\in B$, 즉 $2a-3=a$ 또는 $2a-1=a$임을 이용해도
된다.
(i) $2a-3=a$, 즉 $a=3$일 때
$A=\{3, 5\}$, $B=\{1, 3, 5\}$이므로 $A\subset B$
(ii) $2a-1=a$, 즉 $a=1$일 때
$A=\{1, 5\}$, $B=\{-1, 1\}$이므로 $A\not\subset B$
(i), (ii)에서 $a=3$

44 $A=\{0, a+3\}$, $B=\{1, 1-a, 2a+4\}$에 대하여
$A\subset B$에서 $0\in B$이어야 하므로
$1-a=0$ 또는 $2a+4=0$
(i) $1-a=0$, 즉 $a=1$일 때
$A=\{0, 4\}$, $B=\{0, 1, 6\}$이므로 $A\not\subset B$
(ii) $2a+4=0$, 즉 $a=-2$일 때
$A=\{0, 1\}$, $B=\{0, 1, 3\}$이므로 $A\subset B$
(i), (ii)에서 $a=-2$

45 $A=\{-1, a-2\}$, $B=\{-2, 2a+3, 3a-1\}$에 대하여
$A\subset B$에서 $-1\in B$이어야 하므로
$2a+3=-1$ 또는 $3a-1=-1$
(i) $2a+3=-1$, 즉 $a=-2$일 때
$A=\{-4, -1\}$, $B=\{-7, -2, -1\}$이므로 $A\not\subset B$
(ii) $3a-1=-1$, 즉 $a=0$일 때
$A=\{-2, -1\}$, $B=\{-2, -1, 3\}$이므로 $A\subset B$
(i), (ii)에서 $a=0$

46 $A=\{2, 2a+1\}$, $B=\{-1, a+3, 2a+2\}$에 대하여
$A\subset B$에서 $2\in B$이어야 하므로
$a+3=2$ 또는 $2a+2=2$
(i) $a+3=2$, 즉 $a=-1$일 때
$A=\{-1, 2\}$, $B=\{-1, 0, 2\}$이므로 $A\subset B$
(ii) $2a+2=2$, 즉 $a=0$일 때
$A=\{1, 2\}$, $B=\{-1, 2, 3\}$이므로 $A\not\subset B$
(i), (ii)에서 $a=-1$

47 $A=\{a, 3\}$, $B=\{a+2, a+4, 2a^2-3\}$에 대하여
$A\subset B$에서 $3\in B$이어야 하므로
$a+2=3$ 또는 $a+4=3$ 또는 $2a^2-3=3$
(i) $a+2=3$, 즉 $a=1$일 때
$A=\{1, 3\}$, $B=\{-1, 3, 5\}$이므로 $A\not\subset B$
(ii) $a+4=3$, 즉 $a=-1$일 때
$A=\{-1, 3\}$, $B=\{-1, 1, 3\}$이므로 $A\subset B$

(iii) $2a^2-3=3$일 때
$2a^2=6$에서 $a^2=3$이므로 $a=\pm\sqrt{3}$
$a=\sqrt{3}$이면 $A=\{\sqrt{3}, 3\}$, $B=\{2+\sqrt{3}, 4+\sqrt{3}, 3\}$이므로
$A\not\subset B$
$a=-\sqrt{3}$이면 $A=\{-\sqrt{3}, 3\}$, $B=\{2-\sqrt{3}, 4-\sqrt{3}, 3\}$이
므로 $A\not\subset B$
(i), (ii), (iii)에서 $a=-1$

[다른 풀이]
$A=\{a, 3\}$, $B=\{a+2, a+4, 2a^2-3\}$에 대하여
$A\subset B$에서 $a\in B$
이때 모든 실수 a에 대하여 $a\ne a+2$, $a\ne a+4$이므로
$a=2a^2-3$
$2a^2-a-3=0$에서
$(2a-3)(a+1)=0$, 즉 $a=\dfrac{3}{2}$ 또는 $a=-1$
(i) $a=\dfrac{3}{2}$일 때
$A=\left\{\dfrac{3}{2}, 3\right\}$, $B=\left\{\dfrac{3}{2}, \dfrac{7}{2}, \dfrac{11}{2}\right\}$이므로 $A\not\subset B$
(ii) $a=-1$일 때
$A=\{-1, 3\}$, $B=\{-1, 1, 3\}$이므로 $A\subset B$
(i), (ii)에서 $a=-1$

48 $A=\{1, a+1\}$, $B=\{a-1, a+3, a^2-1\}$에 대하여
$A\subset B$에서 $1\in B$이어야 하므로
$a-1=1$ 또는 $a+3=1$ 또는 $a^2-1=1$
(i) $a-1=1$, 즉 $a=2$일 때
$A=\{1, 3\}$, $B=\{1, 3, 5\}$이므로 $A\subset B$
(ii) $a+3=1$, 즉 $a=-2$일 때
$A=\{-1, 1\}$, $B=\{-3, 1, 3\}$이므로 $A\not\subset B$
(iii) $a^2-1=1$, 즉 $a=\pm\sqrt{2}$일 때
$a=\sqrt{2}$이면 $A=\{1, 1+\sqrt{2}\}$, $B=\{\sqrt{2}-1, 3+\sqrt{2}, 1\}$이므
로 $A\not\subset B$
$a=-\sqrt{2}$이면 $A=\{1, 1-\sqrt{2}\}$, $B=\{-\sqrt{2}-1, 3-\sqrt{2}, 1\}$
이므로 $A\not\subset B$
(i), (ii), (iii)에서 $a=2$

[다른 풀이]
$A=\{1, a+1\}$, $B=\{a-1, a+3, a^2-1\}$에 대하여
$A\subset B$에서 $a+1\in B$
이때 모든 실수 a에 대하여
$a+1\ne a-1$, $a+1\ne a+3$이므로
$a+1=a^2-1$
$a^2-a-2=0$에서
$(a+1)(a-2)=0$, 즉 $a=-1$ 또는 $a=2$
(i) $a=-1$일 때
$A=\{0, 1\}$, $B=\{-2, 0, 2\}$이므로 $A\not\subset B$
(ii) $a=2$일 때
$A=\{1, 3\}$, $B=\{1, 3, 5\}$이므로 $A\subset B$
(i), (ii)에서 $a=2$

49 $A=\{2, a+1\}$, $B=\{a, 3, 2a+1\}$에 대하여

$A\subset B$에서 $2\in B$이므로

$a=2$ 또는 $2a+1=2$

이때 $C=\{2, 3, a+3, 3a\}$이므로

(i) $a=2$일 때

$A=\{2, 3\}$, $B=\{2, 3, 5\}$, $C=\{2, 3, 5, 6\}$이므로

$A\subset B\subset C$

(ii) $2a+1=2$, 즉 $a=\dfrac{1}{2}$일 때

$A=\left\{\dfrac{3}{2}, 2\right\}$, $B=\left\{\dfrac{1}{2}, 2, 3\right\}$, $C=\left\{\dfrac{3}{2}, 2, 3, \dfrac{7}{2}\right\}$이므로

$A\subset C$이지만 $A\not\subset B$, $B\not\subset C$

(i), (ii)에서 $a=2$

51 $A\subset B$가 성립하도록 두 집합 $A=\{x|-2\leq x\leq 2\}$, $B=\{x|3a+1\leq x\leq b-1\}$을 수직선 위에 나타내면 다음 그림과 같다.

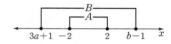

따라서 $3a+1\leq -2$, $2\leq b-1$이어야 하므로

$a\leq -1$, $b\geq 3$

52 $A\subset B$가 성립하도록 두 집합 $A=\{x|0\leq x\leq 4\}$, $B=\{x|a+2\leq x\leq 2b-4\}$를 수직선 위에 나타내면 다음 그림과 같다.

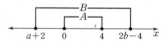

따라서 $a+2\leq 0$, $4\leq 2b-4$이어야 하므로

$a\leq -2$, $b\geq 4$

53 $A\subset B$가 성립하도록 두 집합 $A=\{x|-3\leq x\leq -1\}$, $B=\{x|a-2<x<2b+1\}$을 수직선 위에 나타내면 다음 그림과 같다.

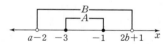

따라서 $a-2<-3$, $-1<2b+1$이어야 하므로

$a<-1$, $b>-1$

[참고]

두 집합의 조건에 사용된 부등호의 종류가 다른 경우에는 경계가 되는 값의 포함 여부에 주의해야 한다.

이 문제에서 $a-2=-3$, $-1=2b+1$일 때, 즉

$a=-1$, $b=-1$일 때는

$A=\{x|-3\leq x\leq -1\}$, $B=\{x|-3<x<-1\}$

이므로 $A\not\subset B$를 만족시키지 않는다.

54 $A\subset B$가 성립하도록 두 집합 $A=\{x|1<x<3\}$, $B=\{x|2a-3\leq x\leq b-1\}$을 수직선 위에 나타내면 다음 그림과 같다.

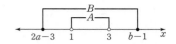

따라서 $2a-3\leq 1$, $3\leq b-1$이어야 하므로

$a\leq 2$, $b\geq 4$

55 $A\subset B\subset C$가 성립하도록 세 집합

$A=\{x|x\geq 3\}$, $B=\{x|x\geq a\}$, $C=\{x|x>-2\}$

를 수직선 위에 나타내면 다음 그림과 같다.

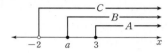

따라서 $-2<a\leq 3$이어야 하므로 정수 a의 개수는 -1, 0, 1, 2, 3의 5이다.

[참고]

$a=-2$일 때,

$A=\{x|x\geq 3\}$, $B=\{x|x\geq -2\}$, $C=\{x|x>-2\}$

이므로 $A\subset B$는 만족시키지만 $B\not\subset C$임에 주의한다.

05 본문 186쪽

서로 같은 집합과 진부분집합

1 $=$ **2** $\neq$ **3** $=$ **4** $=$

5 $\neq$ **6** $\neq$

7 (1) (✏ 3, 1, 2, 4)   (2) $a=4$, $b=-2$ (3) $a=2$, $b=1$

8 (1) (✏ $A=B$, 5, 3, 1, 1)

  (2) $a=1$, $b=-2$

  (3) $a=1$, $b=-2$ ☺ $\subset$

9 (✏ $\{2\}$)

10 $\varnothing$, $\{3\}$, $\{6\}$, $\{9\}$, $\{3, 6\}$, $\{3, 9\}$, $\{6, 9\}$

11 $\varnothing$, $\{0\}$, $\{1\}$, $\{\varnothing\}$, $\{0, 1\}$, $\{0, \varnothing\}$, $\{1, \varnothing\}$

12 $\varnothing$, $\{x\}$, $\{y\}$, $\{\{z\}\}$, $\{x, y\}$, $\{x, \{z\}\}$, $\{y, \{z\}\}$

13 $\varnothing$, $\{1\}$, $\{2\}$, $\{4\}$, $\{1, 2\}$, $\{1, 4\}$, $\{2, 4\}$ ☺ $\neq$

14 ②, ⑤

2 $A=\{2, 3, 6\}$, $B=\{x|x$는 6의 약수$\}=\{1, 2, 3, 6\}$이므로

$A\neq B$

3 $A=\{x|x^2=1\}=\{-1, 1\}$,

$B=\{x||x|=1\}=\{-1, 1\}$이므로

$A=B$

4 $A=\{x|x$는 5보다 작은 홀수$\}=\{1, 3\}$

방정식 $x^2-4x+3=0$에서

$(x-1)(x-3)=0$, 즉 $x=1$ 또는 $x=3$이므로

$B=\{x|x^2-4x+3=0\}=\{1, 3\}$

따라서 $A=B$

5 $A=\{x\,|\,x$는 10보다 작은 홀수$\}=\{1,\,3,\,5,\,7,\,9\}$,
$B=\{x\,|\,x$는 소수인 한 자리의 자연수$\}=\{2,\,3,\,5,\,7\}$이므로
$A\neq B$

6 부등식 $x^2-3x+2\leq 0$에서
$(x-1)(x-2)\leq 0$, 즉 $1\leq x\leq 2$이므로
$A=\{x\,|\,x^2-3x+2\leq 0\}=\{x\,|\,1\leq x\leq 2\}$
이때 $B=\{1,\,2\}$이므로 $A\neq B$

7 (2) $A=\{-2,\,4,\,a-1\}$, $B=\{3,\,4,\,3b+4\}$에 대하여
$A=B$이므로
$a-1=3$, $3b+4=-2$
따라서 $a=4$, $b=-2$

(3) $A=\{1,\,a+b\}$, $B=\{3,\,2a-3b\}$에 대하여 $A=B$이므로
$a+b=3$, $2a-3b=1$
두 식을 연립하여 풀면
$a=2$, $b=1$

8 (2) $A=\{a,\,2a+b\}$, $B=\{a-1,\,b+3\}$에 대하여
$A\subset B$이고 $B\subset A$이면 $A=B$
이때 모든 실수 a에 대하여 $a\neq a-1$이므로
$a=b+3$, $2a+b=a-1$
두 식을 연립하여 풀면
$a=1$, $b=-2$

(3) $A=\{1,\,3,\,a+1\}$, $B=\{1,\,2,\,b^2+b+1\}$에 대하여
$A\subset B$이고 $B\subset A$이면 $A=B$이므로
$a+1=2$, $b^2+b+1=3$
$a+1=2$에서 $a=1$
$b^2+b+1=3$에서 $b^2+b-2=0$
$(b+2)(b-1)=0$, 즉 $b=-2$ 또는 $b=1$
이때 $a\neq b$이므로 $b=-2$
따라서 $a=1$, $b=-2$

13 $\{x\,|\,x$는 4의 약수$\}=\{1,\,2,\,4\}$이므로 구하는 진부분집합은
$\varnothing$, $\{1\}$, $\{2\}$, $\{4\}$, $\{1,\,2\}$, $\{1,\,4\}$, $\{2,\,4\}$

14 집합 $\{-1,\,\{0\},\,1\}$의 진부분집합은
$\varnothing$, $\{-1\}$, $\{\{0\}\}$, $\{1\}$, $\{-1,\,\{0\}\}$, $\{-1,\,1\}$, $\{\{0\},\,1\}$
따라서 주어진 집합의 진부분집합이 아닌 것은 ②, ⑤이다.

06 부분집합의 개수

1 (1) $\{a,\,b,\,c\}$, $\{a,\,b\}$, $\{a,\,c\}$, $\{a\}$, $\{b,\,c\}$, $\{b\}$, $\{c\}$, $\varnothing$

(2) 3, 8   (3) 3, 7

2 (✎2, 2, 4)   **3** 16   **4** 64

---

5 32   **6** 8   **7** (✎2, 2, 1, 3)
8 63   **9** 31   **10** 15   **11** 1023
☺ 2^n, 2^n-1 **12** ⑤

---

3 집합 $\{2,\,4,\,6,\,8\}$의 원소가 4개이므로 부분집합의 개수는
$2^4=16$

4 $\{x\,|\,x$는 12의 약수$\}=\{1,\,2,\,3,\,4,\,6,\,12\}$
따라서 주어진 집합의 원소가 6개이므로 부분집합의 개수는
$2^6=64$

5 $x=2n-1$에서 $n=1,\,2,\,3,\,4,\,5$이므로
$x=1,\,3,\,5,\,7,\,9$
$\{x\,|\,x=2n-1,\,n$은 5 이하의 자연수$\}=\{1,\,3,\,5,\,7,\,9\}$
따라서 주어진 집합의 원소가 5개이므로 부분집합의 개수는
$2^5=32$

6 부등식 $x^2\leq 1$에서 $x^2-1\leq 0$이므로 $(x+1)(x-1)\leq 0$
즉 $-1\leq x\leq 1$이므로
$\{x\,|\,x^2\leq 1,\,x$는 정수$\}=\{-1,\,0,\,1\}$
따라서 주어진 집합의 원소가 3개이므로 부분집합의 개수는
$2^3=8$

8 집합 $\{3,\,6,\,9,\,12,\,15,\,18\}$의 원소가 6개이므로 진부분집합의
개수는
$2^6-1=64-1=63$

9 $\{x\,|\,x$는 홀수인 한 자리의 자연수$\}=\{1,\,3,\,5,\,7,\,9\}$
따라서 주어진 집합의 원소가 5개이므로 진부분집합의 개수는
$2^5-1=32-1=31$

10 $\{x\,|\,x$는 소수인 자연수, $10\leq x\leq 20\}=\{11,\,13,\,17,\,19\}$
따라서 주어진 집합의 원소가 4개이므로 진부분집합의 개수는
$2^4-1=16-1=15$

11 $\{x\,|\,x=3n+2,\,n$은 10 이하의 자연수$\}=\{5,\,8,\,11,\,\cdots,\,32\}$
따라서 주어진 집합의 원소가 10개이므로 진부분집합의 개수는
$2^{10}-1=1024-1=1023$

12 부등식 $x^2-x-6<0$에서
$(x+2)(x-3)<0$, 즉 $-2<x<3$이므로
$A=\{x\,|\,x^2-x-6<0,\,x$는 정수$\}$
$\quad=\{x\,|\,-2<x<3,\,x$는 정수$\}$
$\quad=\{-1,\,0,\,1,\,2\}$
즉 $n(A)=4$이므로 $a=2^4=16$
부등식 $4x+3<2(x+5)+1$에서
$4x+3<2x+11$
$2x<8$, 즉 $x<4$이므로

5. 집합의 뜻과 표현 **87**

$B=\{x\,|\,4x+3<2(x+5)+1, x$는 자연수$\}$

$=\{x\,|\,x<4, x$는 자연수$\}$

$=\{1, 2, 3\}$

즉 $n(B)=3$이므로 $b=2^3-1=8-1=7$

따라서 $a-b=16-7=9$

07

본문 190쪽

특정한 원소를 갖거나 갖지 않는 부분집합의 개수

1 ($\mathscr{l}$ 6, 2, 4, 8, 6, 4, 1, 8)	2 16	3 32
4 16	5 8	6 8	7 16
8 64	9 8	10 16	☺ n, k
11 ($\mathscr{l}$ 2, 4, 6, 3, 1, 4)	12 16	13 8
14 32	15 16	16 64	17 8
☺ n, m	18 ③		
19 ($\mathscr{l}$ 3, 13, 2, 5, 7, 11, 17, 19, 3, 8, 1, 1, 64)		
20 32	21 8	22 32	23 8
24 16	☺ n, k, m	25 ($\mathscr{l}$ 2, 4, 5, 2, 8)
26 4	27 64	28 32	29 32
☺ q, p	30 ($\mathscr{l}$ 2, 3, 1, 2, 3, 10, 3, 128)
31 32	32 16	33 16	34 ②

2 집합 $\{1, 3, 5, 7, 9\}$에서 1을 반드시 원소로 갖는 부분집합은 원소 1을 제외한 집합 $\{3, 5, 7, 9\}$의 부분집합에 각각 원소 1을 넣은 것과 같다.

따라서 구하는 부분집합의 개수는

$2^{5-1}=2^4=16$

3 집합 $\{a, b, c, d, e, f, g\}$에서 a, e를 반드시 원소로 갖는 부분집합은 원소 a, e를 제외한 집합 $\{b, c, d, f, g\}$의 부분집합에 각각 원소 a, e를 넣은 것과 같다.

따라서 구하는 부분집합의 개수는

$2^{7-2}=2^5=32$

4 집합 $\{-3, -2, -1, 0, 1, 2, 3\}$에서 $-1, 0, 1$을 반드시 원소로 갖는 부분집합은 원소 $-1, 0, 1$을 제외한 집합 $\{-3, -2, 2, 3\}$의 부분집합에 각각 원소 $-1, 0, 1$을 넣은 것과 같다.

따라서 구하는 부분집합의 개수는

$2^{7-3}=2^4=16$

5 집합 $\{1, \{2\}, \{3, 4\}, \{5, 6, 7\}\}$의 원소는 1, $\{2\}$, $\{3, 4\}$, $\{5, 6, 7\}$의 4개이다. 이때 1을 반드시 원소로 갖는 부분집합은 원소 1을 제외한 집합 $\{\{2\}, \{3, 4\}, \{5, 6, 7\}\}$의 부분집합에 각각 원소 1을 넣은 것과 같다.

따라서 구하는 부분집합의 개수는

$2^{4-1}=2^3=8$

6 $\{x\,|\,x$는 소수인 한 자리 자연수$\}=\{2, 3, 5, 7\}$

이때 2를 반드시 원소로 갖는 부분집합은 원소 2를 제외한 집합 $\{3, 5, 7\}$의 부분집합에 각각 원소 2를 넣은 것과 같다.

따라서 구하는 부분집합의 개수는

$2^{4-1}=2^3=8$

7 $\{x\,|\,x$는 30보다 작은 5의 배수$\}=\{5, 10, 15, 20, 25\}$

이때 10을 반드시 원소로 갖는 부분집합은 원소 10을 제외한 집합 $\{5, 15, 20, 25\}$의 부분집합에 각각 원소 10을 넣은 것과 같다.

따라서 구하는 부분집합의 개수는

$2^{5-1}=2^4=16$

8 $\{x\,|\,x$는 24의 약수$\}=\{1, 2, 3, 4, 6, 8, 12, 24\}$

이때 1, 24를 반드시 원소로 갖는 부분집합은 원소 1, 24를 제외한 집합 $\{2, 3, 4, 6, 8, 12\}$의 부분집합에 각각 원소 1, 24를 넣은 것과 같다.

따라서 구하는 부분집합의 개수는

$2^{8-2}=2^6=64$

9 $\{x\,|\,x$는 $10\leq x\leq30$인 소수$\}=\{11, 13, 17, 19, 23, 29\}$

이때 13, 19, 29를 반드시 원소로 갖는 부분집합은 원소 13, 19, 29를 제외한 집합 $\{11, 17, 23\}$의 부분집합에 각각 원소 13, 19, 29를 넣은 것과 같다.

따라서 구하는 부분집합의 개수는

$2^{6-3}=2^3=8$

10 부등식 $x^2-4x-5\leq0$에서

$(x+1)(x-5)\leq0$, 즉 $-1\leq x\leq5$이므로

$\{x\,|\,x$는 $x^2-4x-5\leq0$을 만족시키는 정수$\}$

$=\{x\,|\,x$는 $-1\leq x\leq5$를 만족시키는 정수$\}$

$=\{-1, 0, 1, 2, 3, 4, 5\}$

이때 1, 2, 3을 반드시 원소로 갖는 부분집합은 원소 1, 2, 3을 제외한 집합 $\{-1, 0, 4, 5\}$의 부분집합에 각각 원소 1, 2, 3을 넣은 것과 같다.

따라서 구하는 부분집합의 개수는

$2^{7-3}=2^4=16$

12 구하는 부분집합의 개수는 집합 $\{a, b, c, d, e\}$에서 원소 c를 제외한 집합 $\{a, b, d, e\}$의 부분집합의 개수와 같고, 그 개수는

$2^{5-1}=2^4=16$

13 구하는 부분집합의 개수는 집합 $\{5, 10, 15, 20, 25\}$에서 원소 10, 20을 제외한 집합 $\{5, 15, 25\}$의 부분집합의 개수와 같고, 그 개수는

$2^{5-2}=2^3=8$

14 구하는 부분집합의 개수는 집합 $\{-3, -2, -1, 0, 1, 2, 3\}$에서 원소 -2, 2를 제외한 집합 $\{-3, -1, 0, 1, 3\}$의 부분집합의 개수와 같고, 그 개수는
$2^{7-2} = 2^5 = 32$

15 집합 $\{\varnothing, 0, \{0\}, 1, \{1\}, 2, \{2\}\}$의 원소는
$\varnothing, 0, \{0\}, 1, \{1\}, 2, \{2\}$의 7개이다.
따라서 구하는 부분집합의 개수는 주어진 집합에서 원소 0, 1, 2를 제외한 집합 $\{\varnothing, \{0\}, \{1\}, \{2\}\}$의 부분집합의 개수와 같고, 그 개수는
$2^{7-3} = 2^4 = 16$

16 $\{x \mid x$는 36의 약수$\}$
$= \{1, 2, 3, 4, 6, 9, 12, 18, 36\}$
구하는 부분집합의 개수는 주어진 집합에서 원소 1, 6, 36을 제외한 집합 $\{2, 3, 4, 9, 12, 18\}$의 부분집합의 개수와 같고, 그 개수는
$2^{9-3} = 2^6 = 64$

17 부등식 $x^2 + x - 6 \leq 0$에서
$(x+3)(x-2) \leq 0$, 즉 $-3 \leq x \leq 2$이므로
$\{x \mid x$는 $x^2 + x - 6 \leq 0$을 만족시키는 정수$\}$
$= \{x \mid x$는 $-3 \leq x \leq 2$를 만족시키는 정수$\}$
$= \{-3, -2, -1, 0, 1, 2\}$
구하는 부분집합의 개수는 주어진 집합에서 원소 0, 1, 2를 제외한 집합 $\{-3, -2, -1\}$의 부분집합의 개수와 같고, 그 개수는
$2^{6-3} = 2^3 = 8$

18 부등식 $x+3 \leq 3x-5 \leq 2x+7$에서
$\begin{cases} x+3 \leq 3x-5 \\ 3x-5 \leq 2x+7 \end{cases}$
$x+3 \leq 3x-5$에서
$-2x \leq -8$, 즉 $x \geq 4$ ······ ㉠
$3x-5 \leq 2x+7$에서 $x \leq 12$ ······ ㉡
㉠, ㉡의 공통범위를 구하면 $4 \leq x \leq 12$이므로
$A = \{x \mid x+3 \leq 3x-5 \leq 2x+25,\ x$는 정수$\}$
$\quad = \{x \mid 4 \leq x \leq 12,\ x$는 정수$\}$
$\quad = \{4, 5, 6, 7, 8, 9, 10, 11, 12\}$
즉 원소가 9개인 집합 A의 부분집합 중에서 7을 반드시 원소로 갖는 집합의 개수는
$a = 2^{9-1} = 2^8 = 256$
또 원소가 9개인 집합 A의 부분집합 중에서 5, 10을 원소로 갖지 않는 집합의 개수는
$b = 2^{9-2} = 2^7 = 128$
따라서 $a+b = 256 + 128 = 384$

20 주어진 조건을 만족시키는 집합 A의 부분집합은 원소 2, 3, 13을 제외한 집합 $\{5, 7, 11, 17, 19\}$의 부분집합에 각각 원소 3, 13을 넣은 것과 같다.
따라서 구하는 부분집합의 개수는
$2^{8-2-1} = 2^5 = 32$

21 주어진 조건을 만족시키는 집합 A의 부분집합은 원소 2, 3, 5, 7, 13을 제외한 집합 $\{11, 17, 19\}$의 부분집합에 각각 원소 13을 넣은 것과 같다.
따라서 구하는 부분집합의 개수는
$2^{8-4-1} = 2^3 = 8$

22 $1 \in X$, $5 \notin X$이므로 집합 X는 집합 A의 부분집합 중 1을 반드시 원소로 갖고, 5는 원소로 갖지 않는 집합이다. 즉 원소 1, 5를 제외한 집합 $\{0, 2, 3, 4, 6\}$의 부분집합에 각각 원소 1을 넣은 것과 같다.
따라서 구하는 부분집합의 개수는
$2^{7-1-1} = 2^5 = 32$

23 $1 \in X$, $2 \in X$, $0 \notin X$, $5 \notin X$이므로 집합 X는 집합 A의 부분집합 중 1, 2를 반드시 원소로 갖고, 0, 5는 원소로 갖지 않는 집합이다. 즉 원소 0, 1, 2, 5를 제외한 집합 $\{3, 4, 6\}$의 부분집합에 각각 원소 1, 2를 넣은 것과 같다.
따라서 구하는 부분집합의 개수는
$2^{7-2-2} = 2^3 = 8$

24 $\{1, 6\} \subset X$, $5 \notin X$이므로 집합 X는 집합 A의 부분집합 중 1, 6을 반드시 원소로 갖고, 5는 원소로 갖지 않는 집합이다.
즉 원소 1, 5, 6을 제외한 집합 $\{0, 2, 3, 4\}$의 부분집합에 각각 원소 1, 6을 넣은 것과 같다.
따라서 구하는 부분집합의 개수는
$2^{7-2-1} = 2^4 = 16$

26 집합 X의 개수는 집합 $\{a, e, i, o, u\}$의 부분집합 중 원소 a, i, u를 반드시 포함하는 집합의 개수와 같다.
따라서 구하는 집합 X의 개수는
$2^{5-3} = 2^2 = 4$

27 집합 X의 개수는 집합 $\{-3, -2, -1, 0, 1, 2, 3\}$의 부분집합 중 원소 0을 반드시 포함하는 집합의 개수와 같다.
따라서 구하는 집합 X의 개수는
$2^{7-1} = 2^6 = 64$

28 집합 X의 개수는 집합 $\{a, b, c, d, e, f, g\}$의 부분집합 중 원소 a, e를 반드시 포함하는 집합의 개수와 같다.
따라서 구하는 집합 X의 개수는
$2^{7-2} = 2^5 = 32$

29 집합 X의 개수는 집합 $\{1, 2, 4, 8, 16, 32, 64, 128\}$의 부분집합 중 원소 2, 16, 64를 반드시 포함하는 집합의 개수와 같다.
따라서 구하는 집합 X의 개수는
$$2^{8-3}=2^5=32$$

31 $A=\{12, 60, 96\}$이고
$B=\{x\,|\,x$는 100보다 작은 12의 배수$\}$
$\quad=\{12, 24, 36, 48, 60, 72, 84, 96\}$
이므로 집합 X의 개수는 집합 B의 부분집합 중 원소 12, 60, 96을 반드시 포함하는 집합의 개수와 같다.
따라서 구하는 집합 X의 개수는
$$2^{8-3}=2^5=32$$

32 $A=\{x\,|\,x$는 6의 약수$\}=\{1, 2, 3, 6\}$이고
$B=\{x\,|\,x$는 24의 약수$\}$
$\quad=\{1, 2, 3, 4, 6, 8, 12, 24\}$
이므로 집합 X의 개수는 집합 B의 부분집합 중 원소 1, 2, 3, 6을 반드시 포함하는 집합의 개수와 같다.
따라서 구하는 집합 X의 개수는
$$2^{8-4}=2^4=16$$

33 방정식 $x^2-x-2=0$에서
$(x+1)(x-2)=0$, 즉 $x=-1$ 또는 $x=2$이므로
$A=\{x\,|\,x$는 $x^2-x-2=0$을 만족시키는 정수$\}$
$\quad=\{-1, 2\}$
또 부등식 $x^2-x-6\leq0$에서
$(x+2)(x-3)\leq0$, 즉 $-2\leq x\leq3$이므로
$B=\{x\,|\,x$는 $x^2-x-6\leq0$을 만족시키는 정수$\}$
$\quad=\{x\,|\,x$는 $-2\leq x\leq3$을 만족시키는 정수$\}$
$\quad=\{-2, -1, 0, 1, 2, 3\}$
이때 $A\subset X\subset B$를 만족시키는 집합 X의 개수는 집합 B의 부분집합 중 원소 -1, 2를 반드시 포함하는 집합의 개수와 같다.
따라서 구하는 집합 X의 개수는
$$2^{6-2}=2^4=16$$

34 $A=\{x\,|\,x$는 4의 약수$\}=\{1, 2, 4\}$
부등식 $x^2-3x-10<0$에서
$(x+2)(x-5)<0$, 즉 $-2<x<5$이므로
$B=\{x\,|\,x$는 $x^2-3x-10<0$을 만족시키는 정수$\}$
$\quad=\{x\,|\,x$는 $-2<x<5$를 만족시키는 정수$\}$
$\quad=\{-1, 0, 1, 2, 3, 4\}$
이때 $A\subset X\subset B$를 만족시키는 집합 X의 개수는 집합 B의 부분집합 중 원소 1, 2, 4를 반드시 포함하는 집합의 개수와 같다.
따라서 구하는 집합 X의 개수는
$$2^{6-3}=2^3=8$$

TEST 개념 확인   본문 194쪽

1 ④	2 ②	3 ⑤	4 ②
5 ②, ⑤	6 5	7 ②	8 ③
9 ④	10 15	11 ③	12 ③

1 집합 $A=\{2, 3, 5\}$에 대하여
① $\varnothing$은 집합 A의 원소가 아니므로 $\{\varnothing\}$은 집합 A의 부분집합이 아니다.
② $\{5, 3, 2\}\subset A$
③ 집합 A의 부분집합 중 원소가 1개인 집합은 $\{2\}$, $\{3\}$, $\{5\}$의 3개이다.
④ 집합 A의 부분집합 중 원소가 2개인 집합은 $\{2, 3\}$, $\{2, 5\}$, $\{3, 5\}$의 3개이다.
⑤ 집합 A의 부분집합 중 원소가 3개인 집합은 $\{2, 3, 5\}$의 1개이다.
따라서 옳은 설명은 ④이다.

2 집합 $A=\{a, b, \{c\}\}$에 대하여
ㄱ. a는 A의 원소이므로 $a\in A$ (참)
ㄴ. a, b는 모두 A의 원소이므로 $\{a, b\}\subset A$ (참)
ㄷ. $\{b\}$는 A의 원소가 아니므로 $\{b\}\not\in A$ (거짓)
ㄹ. $\{c\}$는 A의 원소이므로 $\{c\}\in A$, 즉 $\{c\}\not\subset A$ (거짓)
ㅁ. c는 A의 원소가 아니므로 $c\not\in A$ (거짓)
ㅂ. 모든 집합은 자기 자신의 부분집합이므로 $A\subset\{a, b, \{c\}\}$
(참)

따라서 옳은 것은 ㄱ, ㄴ, ㅂ이다.

3 부등식 $|x|<1$에서 $-1<x<1$이므로
$C=\{x\,|\,|x|<1, x$는 정수$\}=\{0\}$
이때 $A=\{-1, 0, 1\}$, $B=\{x\,|-1\leq x\leq1\}$이므로 세 집합 사이의 포함 관계는
$C\subset A\subset B$

4 방정식 $x^2+x-2=0$에서
$(x+2)(x-1)=0$, 즉 $x=-2$ 또는 $x=1$이므로
$A=\{x\,|\,x^2+x-2=0\}=\{-2, 1\}$
따라서 집합 $B=\{x\,|\,x>k, k$는 정수$\}$에 대하여 $A\subset B$를 만족시키려면 $k<-2$이어야 하므로 정수 k의 최댓값은 -3이다.

5 ① $A=\{x\,|\,x$는 4보다 작은 자연수$\}$
$\quad=\{1, 2, 3\}$
② $B=\{x\,|\,x$는 5보다 작은 소수인 자연수$\}$
$\quad=\{2, 3\}$
③ $C=\{x\,|\,x$는 3의 약수$\}$
$\quad=\{1, 3\}$

④ 방정식 $x^2+5x+6=0$에서

$(x+3)(x+2)=0$, 즉 $x=-3$ 또는 $x=-2$이므로

$D=\{x|x^2+5x+6=0\}=\{-3,\ -2\}$

⑤ 부등식 $x^2-5x+4<0$에서

$(x-1)(x-4)<0$, 즉 $1<x<4$이므로

$E=\{x|x^2-5x+4<0,\ x\text{는 정수}\}$

$\quad=\{x|1<x<4,\ x\text{는 정수}\}$

$\quad=\{2,\ 3\}$

따라서 집합 $X=\{2,\ 3\}$과 서로 같은 집합인 것은 ②, ⑤이다.

6 두 집합 $A=\{0,\ 3a-b\}$, $B=\{7,\ 2a-3b\}$에 대하여

$A\subset B$, $B\subset A$이면 $A=B$이므로

$3a-b=7$, $2a-3b=0$

두 식을 연립하여 풀면 $a=3$, $b=2$

따라서 $a+b=3+2=5$

7 $f(x)=x^3-7x^2+15x-9$로 놓으면

$f(1)=1^3-7\times1^2+15\times1-9=0$

즉 $x-1$은 $f(x)$의 인수이므로 조립제법을 이용하여 인수분해하면

$$
\begin{array}{r|rrrr}
1 & 1 & -7 & 15 & -9 \\
  &   & 1 & -6 & 9 \\
\hline
  & 1 & -6 & 9 & 0 \\
\end{array}
$$

$f(x)=(x-1)(x^2-6x+9)$

$\quad=(x-1)(x-3)^2$

따라서 방정식 $x^3-7x^2+15x-9=0$에서

$(x-1)(x-3)^2=0$, 즉 $x=1$ 또는 $x=3$(중근)이므로

$A=\{x|x^3-7x^2+15x-9=0\}=\{1,\ 3\}$

그러므로 집합 A의 부분집합의 개수는

$2^2=4$

8 $n(A)=a$라 하면 집합 A의 부분집합의 개수가 32이므로

$2^a=32=2^5$에서 $a=n(A)=5$

$n(B)=b$라 하면 집합 B의 진부분집합의 개수가 63이므로

$2^b-1=63$

즉 $2^b=63+1=64=2^6$에서 $b=n(B)=6$

따라서 $n(A)\times n(B)=5\times6=30$

9 $A=\{x|x\text{는 }10\text{보다 작은 자연수}\}$

$\quad=\{1,\ 2,\ 3,\ 4,\ 5,\ 6,\ 7,\ 8,\ 9\}$

따라서 집합 A의 부분집합 중 $2\in X$, $5\notin X$, $8\notin X$를 모두 만족시키는 집합 X는 2를 반드시 원소로 갖고 5, 8은 원소로 갖지 않는 집합 A의 부분집합이므로 그 개수는

$2^{9-1-2}=2^6=64$

10 $A=\{x|x<15,\ x\text{는 소수인 자연수}\}$

$\quad=\{2,\ 3,\ 5,\ 7,\ 11,\ 13\}$

집합 A의 부분집합 X 중에서 2, 3을 반드시 원소로 갖는 집합의 개수는

$2^{6-2}=2^4=16$

이때 집합 X는 $X\subset A$, $X\neq A$이므로 16개의 부분집합 중 집합 A는 제외해야 한다.

따라서 구하는 집합 X의 개수는

$16-1=15$

11 방정식 $x^2-8x+15=0$에서

$(x-3)(x-5)=0$, 즉 $x=3$ 또는 $x=5$이므로

$A=\{x|x^2-8x+15=0\}=\{3,\ 5\}$

$B=\{x|x\text{는 }n\text{ 이하의 자연수}\}$

$\quad=\{1,\ 2,\ 3,\ 4,\ 5,\ 6,\ \cdots,\ n\}$

이때 $A\subset X\subset B$를 만족시키는 집합 X는 집합 B의 부분집합 중 원소 3, 5를 반드시 포함하는 집합의 개수와 같고 그 개수가 256이므로

$2^{n-2}=256=2^8$

따라서 $n-2=8$에서 $n=10$

12 $A=\{x|x=3^n,\ n\text{은 }6\text{보다 작은 자연수}\}$

$\quad=\{3^1,\ 3^2,\ 3^3,\ 3^4,\ 3^5\}$

$\quad=\{3,\ 9,\ 27,\ 81,\ 243\}$

이때 집합 A의 부분집합 중에서 3 또는 243을 원소로 갖는 부분집합은 집합 A의 모든 부분집합에서 집합 $\{9,\ 27,\ 81\}$의 부분집합을 제외한 것과 같다.

따라서 구하는 부분집합의 개수는

$2^5-2^3=32-8=24$

[다른 풀이]

$A=\{x|x=3^n,\ n\text{은 }6\text{보다 작은 자연수}\}$

$\quad=\{3,\ 9,\ 27,\ 81,\ 243\}$

집합 A의 부분집합 중

(i) 3을 반드시 원소로 갖고 243은 원소로 갖지 않는 집합의 개수는

$2^{5-1-1}=2^3=8$

(ii) 243을 반드시 원소로 갖고 3은 원소로 갖지 않는 집합의 개수는

$2^{5-1-1}=2^3=8$

(iii) 3, 243을 반드시 원소로 갖는 집합의 개수는

$2^{5-2}=2^3=8$

(i), (ii), (iii)에서 중복되는 경우는 없으므로 구하는 부분집합의 개수는

$8+8+8=24$

1 ③	2 ③	3 ④	4 ③
5 ④	6 ③	7 ①	8 ③
9 ④	10 17	11 ②	12 127
13 ①	14 ③	15 ④	

1 ㄱ. '행운'은 그 대상이 명확하지 않으므로 행운의 수의 모임은 집합이 아니다.

ㄴ. 짝수인 소수는 2 하나뿐이므로 짝수인 소수의 모임은 집합이다.

ㄷ. 날개가 있는 동물은 그 대상이 명확하므로 날개가 있는 동물의 모임은 집합이다.

ㄹ. '많다'는 그 대상이 명확하지 않으므로 많은 사람이 탈 수 있는 이동 수단의 모임은 집합이 아니다.

따라서 집합인 것은 ㄴ, ㄷ이다.

2 ① $A=\{x\,|\,x$는 8보다 작은 홀수인 자연수$\}$
$\qquad =\{1,\ 3,\ 5,\ 7\}$

② $A=\{x\,|\,x$는 7보다 작은 소수인 자연수$\}$
$\qquad =\{2,\ 3,\ 5\}$

③ $A=\{x\,|\,x$는 소수인 한 자리 자연수$\}$
$\qquad =\{2,\ 3,\ 5,\ 7\}$

④ $A=\{x\,|\,x$는 $2\leq x\leq7$인 자연수$\}$
$\qquad =\{2,\ 3,\ 4,\ 5,\ 6,\ 7\}$

⑤ 부등식 $x^2-8x+7\leq0$에서
$\quad (x-1)(x-7)\leq0$, 즉 $1\leq x\leq7$이므로
$\quad A=\{x\,|\,x^2-8x+7\leq0,\ x$는 자연수$\}$
$\qquad =\{x\,|\,1\leq x\leq7,\ x$는 자연수$\}$
$\qquad =\{1,\ 2,\ 3,\ 4,\ 5,\ 6,\ 7\}$

따라서 집합 $A=\{2,\ 3,\ 5,\ 7\}$을 조건제시법으로 바르게 나타낸 것은 ③이다.

3 집합 $A=\{-2,\ 0,\ 3\}$의 원소 a, b에 대하여 $a+b$의 값을 구하면 다음 표와 같다.

b＼a	-2	0	3
-2	-4	-2	1
0	-2	0	3
3	1	3	6

따라서
$X=\{x\,|\,x=a+b,\ a\in A,\ b\in A\}$
$\quad =\{-4,\ -2,\ 0,\ 1,\ 3,\ 6\}$

4 ① $\{10,\ 11,\ 12,\ \cdots,\ 99\}$는 90개의 원소를 가진 유한집합이다.

② $\{x\,|\,x$는 2보다 작은 소수인 자연수$\}=\varnothing$이므로 유한집합이다.

③ $k=1,\ 2,\ 3,\ \cdots$이므로
$\quad \{x\,|\,x=2k-1,\ k$는 자연수$\}=\{1,\ 3,\ 5,\ \cdots\}$
즉 주어진 집합은 무한집합이다.

④ 방정식 $x^2-2x-3=0$에서
$\quad (x+1)(x-3)=0$, 즉 $x=-1$ 또는 $x=3$이므로
$\quad \{x\,|\,x^2-2x-3=0\}=\{-1,\ 3\}$
즉 주어진 집합은 유한집합이다.

⑤ 제곱하여 음수가 되는 유리수는 없으므로
$\quad \{x\,|\,x$는 $x^2<0$인 유리수$\}=\varnothing$
즉 주어진 집합은 유한집합이다.

따라서 무한집합인 것은 ③이다.

5 ① $n(\{-1,\ 0,\ 1\})=3$

② $n(\{1,\ 2\})=2$, $n(\{2,\ 3\})=2$이므로
$\quad n(\{1,\ 2\})=n(\{2,\ 3\})$

③ $n(\{3,\ 6,\ 9\})=3$, $n(\{1,\ 2,\ 3\})=3$이므로
$\quad n(\{3,\ 6,\ 9\})-n(\{1,\ 2,\ 3\})=0$

④ $n(\{0\})=1$, $n(\{0,\ 1\})=2$이므로
$\quad n(\{0\})+1=n(\{0,\ 1\})$

⑤ $A=\{\varnothing\}$이면 $n(A)=1$

따라서 옳은 것은 ④이다.

6 집합 $A=\{\varnothing,\ 0,\ 1,\ \{0,\ 1\}\}$에 대하여

① $\varnothing$은 집합 A의 원소이므로
$\quad \varnothing\in A$

② $\varnothing$은 모든 집합의 부분집합이므로
$\quad \varnothing\subset A$

③ 1은 집합 A의 원소이지만 $\{1\}$은 집합 A의 원소가 아니므로
$\quad \{1\}\subset A$, $\{1\}\not\in A$

④ 0, 1은 집합 A의 원소이므로
$\quad \{0,\ 1\}\subset A$

⑤ $\{0,\ 1\}$은 집합 A의 원소이므로
$\quad \{0,\ 1\}\in A$

따라서 옳지 않은 것은 ③이다.

7 집합 $A=\{-1,\ 0,\ 1\}$의 원소 a, b에 대하여 $a+b$, $2a-b$의 값을 구하면 각각 다음 표와 같다.

$[a+b]$

b＼a	-1	0	1
-1	-2	-1	0
0	-1	0	1
1	0	1	2

$[2a-b]$

b＼a	-1	0	1
-1	-1	1	3
0	-2	0	2
1	-3	-1	1

따라서
$B=\{x\,|\,x=a+b,\ a\in A,\ b\in A\}$
$\quad =\{-2,\ -1,\ 0,\ 1,\ 2\}$
$C=\{x\,|\,x=2a-b,\ a\in A,\ b\in A\}$
$\quad =\{-3,\ -2,\ -1,\ 0,\ 1,\ 2,\ 3\}$
이므로 $A\subset B\subset C$

8 두 집합 $A=\{5,\ a-1\}$, $B=\{2,\ 5,\ a^2+a-1\}$에 대하여
$A\subset B$에서 $(a-1)\in B$이어야 하므로

$a-1=2$ 또는 $a-1=a^2+a-1$

(i) $a-1=2$, 즉 $a=3$일 때

$\quad A=\{2,\ 5\}$, $B=\{2,\ 5,\ 11\}$이므로

$\quad A\subset B$

(ii) $a-1=a^2+a-1$, 즉 $a=0$일 때

$\quad A=\{-1,\ 5\}$, $B=\{-1,\ 2,\ 5\}$이므로

$\quad A\subset B$

(i), (ii)에서 $a=3$ 또는 $a=0$이므로 그 합은

$3+0=3$

9 $A\subset B\subset C$가 성립하도록 세 집합

$A=\{x\,|\,-1\leq x\leq 3\}$, $B=\{x\,|\,-2\leq x\leq a^2-2a\}$,

$C=\{x\,|\,x\leq 8\}$을 수직선 위에 나타내면 다음 그림과 같다.

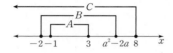

즉 $3\leq a^2-2a\leq 8$이어야 한다.

$3\leq a^2-2a$에서

$a^2-2a-3\geq 0$, $(a+1)(a-3)\geq 0$이므로

$a\leq -1$ 또는 $a\geq 3$ ······ ㉠

$a^2-2a\leq 8$에서

$a^2-2a-8\leq 0$, $(a+2)(a-4)\leq 0$이므로

$-2\leq a\leq 4$ ······ ㉡

㉠, ㉡의 공통부분을 구하면

$-2\leq a\leq -1$ 또는 $3\leq a\leq 4$

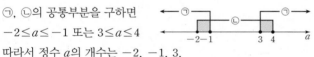

따라서 정수 a의 개수는 -2, -1, 3,

4의 4이다.

10 $A=\{x\,|\,x$는 8의 약수$\}=\{1,\ 2,\ 4,\ 8\}$

두 집합 $A=\{1,\ 2,\ 4,\ 8\}$, $B=\{1,\ 8,\ a+3,\ b-2\}$가 서로 같으므로

$a+3=2$, $b-2=4$ 또는 $a+3=4$, $b-2=2$

즉 $a=-1$, $b=6$ 또는 $a=1$, $b=4$

이때 a, b는 자연수이므로 $a=1$, $b=4$

따라서 $a^2+b^2=1^2+4^2=17$

11 두 집합 $A=\{5,\ a+2,\ 2a+2\}$, $B=\{4,\ 6,\ a^2+a-1\}$에 대하여 $A\subset B$, $B\subset A$이면 $A=B$이므로 $5\in B$이어야 한다.

즉 $a^2+a-1=5$에서

$a^2+a-6=0$, $(a+3)(a-2)=0$이므로

$a=-3$ 또는 $a=2$

(i) $a=-3$일 때

$\quad A=\{-4,\ -1,\ 5\}$, $B=\{4,\ 5,\ 6\}$이므로

$\quad A\neq B$

(ii) $a=2$일 때

$\quad A=\{4,\ 5,\ 6\}$, $B=\{4,\ 5,\ 6\}$이므로

$\quad A=B$

(i), (ii)에서 $a=2$

12 36의 약수인 자연수는

$1,\ 2,\ 3,\ 4,\ 6,\ 9,\ 12,\ 18,\ 36$

이때

$A=\{x\,|\,x$는 15 이하의 자연수$\}=\{1,\ 2,\ 3,\ \cdots,\ 15\}$

이므로 집합 A의 부분집합 중에서 모든 원소가 36의 약수로만 이루어진 집합은 집합 $\{1,\ 2,\ 3,\ 4,\ 6,\ 9,\ 12\}$의 부분집합 중 공집합이 아닌 집합이다.

따라서 구하는 부분집합의 개수는

$2^7-1=128-1=127$

13 집합 $A=\{2,\ 3,\ 5,\ 7\}$의 부분집합 중에서 원소의 합이 12 이상인 부분집합을 원소의 개수에 따라 다음과 같이 경우를 나누어 구할 수 있다.

(i) 원소가 하나도 없는 부분집합 중 원소의 합이 12 이상인 집합은 없다.

(ii) 원소가 1개인 부분집합 중 원소의 합이 12 이상인 집합은 없다.

(iii) 원소가 2개인 부분집합 중 원소의 합이 12 이상인 집합의 개수는 $\{5,\ 7\}$의 1이다.

(iv) 원소가 3개인 부분집합 중 원소의 합이 12 이상인 집합의 개수는 $\{2,\ 3,\ 7\}$, $\{2,\ 5,\ 7\}$, $\{3,\ 5,\ 7\}$의 3이다.

(v) 원소가 4개인 부분집합 중 원소의 합이 12 이상인 집합의 개수는 $\{2,\ 3,\ 5,\ 7\}$의 1이다.

(i), (ii), (iii), (iv), (v)에서 구하는 부분집합의 개수는

$1+3+1=5$

14 집합 $A=\{x\,|\,x$는 k 이하의 자연수, k는 자연수$\}$에 대하여 조건을 만족시키는 부분집합이 존재하므로

$k\geq 5$

집합 A의 부분집합 중 1, 2는 반드시 원소로 갖고, 3, 4는 원소로 갖지 않는 부분집합의 개수가 16이므로

$2^{k-2-2}=16=2^4$

따라서 $k-2-2=4$에서 $k=8$

[다른 풀이]

조건을 만족시키는 집합 A의 부분집합은 집합 $\{5,\ 6,\ 7,\ \cdots,\ k\}$의 부분집합에 각각 원소 1, 2를 넣은 것과 같다.

따라서 조건을 만족시키는 집합 A의 부분집합의 개수는 집합 $\{5,\ 6,\ 7,\ \cdots,\ k\}$의 부분집합의 개수와 같고 그 개수가 16이므로

$2^{k-4}=16=2^4$, 즉 $k=8$

15 $A=\{x\,|\,x$는 9의 약수$\}=\{1,\ 3,\ 9\}$

$B=\left\{x\,\middle|\,x=\dfrac{54}{n},\ x$와 n은 자연수$\right\}$

$\quad =\{1,\ 2,\ 3,\ 6,\ 9,\ 18,\ 27,\ 54\}$

이때 두 집합 A, B에 대하여 $A\subset X\subset B$를 만족시키는 집합 X의 개수는 집합 B의 부분집합 중 원소 1, 3, 9를 반드시 포함하는 집합의 개수와 같다.

따라서 구하는 집합 X의 개수는

$2^{8-3}=2^5=32$

6 집합의 연산

01

본문 200쪽

합집합과 교집합

원리확인

❶ 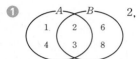 2, 3, 6, 3

❷  1, 4, 2

❸  1, 2, 3, 4, 6, 8, 1, 2

1 (✏ 4, 2, 7, 2, 4, 7, 2)

2 $A \cup B = \{a, b, c, d, e, f\}$, $A \cap B = \{a, c, d\}$

3 $A \cup B = \{1, 2, 3, 4, 5, 6, 7\}$, $A \cap B = \{2, 4\}$

4 $A \cup B = \{1, 2, 3, 5, 7, 9, 11, 13\}$, $A \cap B = \{3, 5, 7\}$

5 $A \cup B = \{2, 3, 4, 5, 6, 7\}$, $A \cap B = \{2, 3, 4\}$

6 (✏ 3, 6, 1, −1, 3, 3, 3)

7 $a = -1$, $b = 2$, $A \cup B = \{1, 2, 4, 5, 8, 10, 15, 20\}$

8 $a = 3$, $b = 5$, $A \cup B = \{2, 4, 5, 8\}$

9 $a = 4$, $b = -3$, $A \cup B = \{6, 10, 13\}$

10 $a = 2$, $b = -1$, $A \cup B = \{3, 4, 6, 8, 10, 12\}$

11 (✏ 7, 12, 4, 7, 7, 4, 7, 4, 7)

12 $a = 2$, $b = 3$, $A \cup B = \{3, 5, 6, 8, 10\}$

13 $a = 2$, $b = 2$, $A \cup B = \{-11, -10, -6\}$

14 $a = -2$, $b = 5$, $A \cup B = \{-7, -3, -1, 0, 2\}$

15 $a = -7$, $b = -3$, $A \cup B = \{6, 17, 20\}$

16 (✏ 3, 3, 3, 5, 5, 3, 5, 7, 7, 3, 3)

17 $a = -8$, $A \cap B = \{13, 19\}$

18 $a = 6$, $A \cap B = \{6\}$

19 $a = -3$, $A \cap B = \{0\}$

20 (✏ 11, 10, 7, 1, 1, 10, 11, 11, 7, 11, 10, 7, 11)

21 $a = 10$, $b = 13$, $A \cap B = \{5\}$

22 $a = 9$, $b = 4$, $A \cap B = \{10\}$

23 $a = 5$, $b = 5$, $A \cap B = \{9, 11\}$

☺ ●————●

24 (✏ 4, 3, 2, 3)

---

25 $\{1, 3, 5, 7\}$　　　26 $\{b, c, e, f, g\}$

27 $\{11, 13\}$　　　28 $\{5, 10, 15, 20, 25\}$

29 ②　　30 ○　　31 ×　　32 ×

33 ○　　34 ×　　35 ×

36 (✏ 2, 5, 3, 4, 2, 3, 8)　　37 4　　38 64

39 8　　☺ 없다, ∅　　40 ③

41 (✏ 6, 12, 18, 6, 12, 18, 12, 18, 6)　　42 A_4

43 A_{10}　　44 A_{12}　　45 A_{15}

46 (✏ 4, 6, 12, 16, 18, 4, 8, 16, 4, 6, 12, 16, 2)

47 A_3　　48 A_2　　49 A_5　　50 A_4

☺ 최소공배수 , ⊂, 약수

4　$A = \{1, 3, 5, 7, 9\}$, $B = \{2, 3, 5, 7, 11, 13\}$이므로
　　$A \cup B = \{1, 2, 3, 5, 7, 9, 11, 13\}$,
　　$A \cap B = \{3, 5, 7\}$

5　$A = \{2, 3, 4\}$, $B = \{2, 3, 4, 5, 6, 7\}$이므로
　　$A \cup B = \{2, 3, 4, 5, 6, 7\}$, $A \cap B = \{2, 3, 4\}$

7　$A \cap B = \{5\}$에서 $5 \in A$이므로
　　$a + 6 = 5$, 즉 $a = -1$
　　또한 $5 \in B$이므로
　　$2b + 1 = 5$, 즉 $b = 2$
　　따라서 $A = \{1, 2, 4, 5, 8\}$, $B = \{5, 10, 15, 20\}$이므로
　　$A \cup B = \{1, 2, 4, 5, 8, 10, 15, 20\}$

8　$A \cap B = \{4, 8\}$에서 $8 \in A$이므로
　　$3a - 1 = 8$, 즉 $a = 3$
　　또한 $4 \in B$이므로
　　$b - 1 = 4$, 즉 $b = 5$
　　따라서 $A = \{4, 5, 8\}$, $B = \{2, 4, 8\}$이므로
　　$A \cup B = \{2, 4, 5, 8\}$

9　$A \cap B = \{10, 13\}$에서 $13 \in A$이므로
　　$4a - 3 = 13$, 즉 $a = 4$
　　또한 $10 \in B$이므로
　　$-2b + 4 = 10$, 즉 $b = -3$
　　따라서 $A = \{6, 10, 13\}$, $B = \{10, 13\}$이므로
　　$A \cup B = \{6, 10, 13\}$

10 $A \cap B = \{3, 6, 8\}$에서 $8 \in A$이므로

$5a - 2 = 8$, 즉 $a = 2$

또한 $6 \in B$이므로

$4b + 10 = 6$, 즉 $b = -1$

따라서 $A = \{3, 4, 6, 8, 10, 12\}$, $B = \{3, 6, 8\}$이므로

$A \cup B = \{3, 4, 6, 8, 10, 12\}$

12 $A \cap B = \{6\}$에서 $6 \in A$이므로

$5a - 4 = 6$, 즉 $a = 2$

이때 $B = \{8, 10, 3b-3\}$이고 $6 \in B$이므로

$3b - 3 = 6$, 즉 $b = 3$

따라서 $A = \{3, 5, 6\}$, $B = \{6, 8, 10\}$이므로

$A \cup B = \{3, 5, 6, 8, 10\}$

13 $A \cap B = \{-6\}$에서 $-6 \in A$이므로

$-4a + 2 = -6$, $-4a = -8$, 즉 $a = 2$

이때 $B = \{-11, -3b\}$이고 $-6 \in B$이므로

$-3b = -6$, 즉 $b = 2$

따라서 $A = \{-10, -6\}$, $B = \{-11, -6\}$이므로

$A \cup B = \{-11, -10, -6\}$

14 $A \cap B = \{-3, 2\}$에서 $-3 \in A$이므로

$-2a - 7 = -3$, $-2a = 4$, 즉 $a = -2$

이때 $B = \{-7, -3, b-3\}$이고 $2 \in B$이므로

$b - 3 = 2$, 즉 $b = 5$

따라서 $A = \{-3, -1, 0, 2\}$, $B = \{-7, -3, 2\}$이므로

$A \cup B = \{-7, -3, -1, 0, 2\}$

15 $A \cap B = \{17, 20\}$에서 $17 \in A$이므로

$-a + 10 = 17$, 즉 $a = -7$

이때 $B = \{20, -5b+2\}$이고 $17 \in B$이므로

$-5b + 2 = 17$, $-5b = 15$, 즉 $b = -3$

따라서 $A = \{6, 17, 20\}$, $B = \{17, 20\}$이므로

$A \cup B = \{6, 17, 20\}$

17 $A = \{11, 13, -2a+1, 19\}$, $A \cup B = \{11, 13, 15, 17, 19\}$

이므로

$-2a + 1 = 15$ 또는 $-2a + 1 = 17$

즉 $a = -7$ 또는 $a = -8$

(ⅰ) $a = -7$일 때

　　$A = \{11, 13, 15, 19\}$, $B = \{13, 15, 20\}$이므로

　　$A \cup B = \{11, 13, 15, 19, 20\}$

　　이때 $20 \not\in A \cup B$이므로 문제의 조건에 맞지 않는다.

(ⅱ) $a = -8$일 때

　　$A = \{11, 13, 17, 19\}$, $B = \{13, 15, 19\}$이므로

　　$A \cup B = \{11, 13, 15, 17, 19\}$, $A \cap B = \{13, 19\}$

(ⅰ), (ⅱ)에서

$a = -8$, $A \cap B = \{13, 19\}$

18 $A = \{1, a, 9, 18\}$, $A \cup B = \{1, 2, 3, 6, 9, 18\}$이므로

$a = 2$ 또는 $a = 3$ 또는 $a = 6$

(ⅰ) $a = 2$일 때

　　$A = \{1, 2, 9, 18\}$, $B = \{-2, 3, 6\}$

　　이때 $-2 \not\in A \cup B$이므로 문제의 조건에 맞지 않는다.

(ⅱ) $a = 3$일 때

　　$A = \{1, 3, 9, 18\}$, $B = \{-1, 3, 6\}$

　　이때 $-1 \not\in A \cup B$이므로 문제의 조건에 맞지 않는다.

(ⅲ) $a = 6$일 때

　　$A = \{1, 6, 9, 18\}$, $B = \{2, 3, 6\}$이므로

　　$A \cup B = \{1, 2, 3, 6, 9, 18\}$, $A \cap B = \{6\}$

(ⅰ), (ⅱ), (ⅲ)에서

$a = 6$, $A \cap B = \{6\}$

19 $A = \{-2, 2a+6, 2\}$, $A \cup B = \{-4, -2, 0, 2, 4\}$이므로

$2a + 6 = -4$ 또는 $2a + 6 = 0$ 또는 $2a + 6 = 4$

즉 $a = -5$ 또는 $a = -3$ 또는 $a = -1$

(ⅰ) $a = -5$일 때

　　$A = \{-4, -2, 2\}$, $B = \{-2, 4\}$이므로

　　$A \cup B = \{-4, -2, 2, 4\}$

　　이는 $A \cup B = \{-4, -2, 0, 2, 4\}$라는 조건에 맞지 않는다.

(ⅱ) $a = -3$일 때

　　$A = \{-2, 0, 2\}$, $B = \{-4, 0, 4\}$이므로

　　$A \cup B = \{-4, -2, 0, 2, 4\}$, $A \cap B = \{0\}$

(ⅲ) $a = -1$일 때

　　$A = \{-2, 2, 4\}$, $B = \{-6, 2, 4\}$

　　이때 $-6 \not\in A \cup B$이므로 문제의 조건에 맞지 않는다.

(ⅰ), (ⅱ), (ⅲ)에서

$a = -3$, $A \cap B = \{0\}$

21 $A = \{5, 15, 2a\}$, $A \cup B = \{5, 10, 15, 20\}$이므로

$2a = 10$ 또는 $2a = 20$

즉 $a = 5$ 또는 $a = 10$

(i) $a=5$일 때
$\quad A=\{5,\ 10,\ 15\},\ B=\{0,\ b-3\}$
$\quad$이때 $0\not\in A\cup B$이므로 문제의 조건에 맞지 않는다.
(ii) $a=10$일 때
$\quad A=\{5,\ 15,\ 20\},\ B=\{5,\ b-3\}$
$\quad$이때 $A\cup B=\{5,\ 10,\ 15,\ 20\}$이므로
$\quad b-3=10,\ b=13$
$\quad$즉 $A=\{5,\ 15,\ 20\},\ B=\{5,\ 10\}$이므로
$\quad A\cap B=\{5\}$
(i), (ii)에서
$a=10,\ b=13,\ A\cap B=\{5\}$

22 $A=\{5,\ 10,\ a\},\ A\cup B=\{5,\ 6,\ 8,\ 9,\ 10\}$이므로
$a=6$ 또는 $a=8$ 또는 $a=9$
(i) $a=6$일 때
$\quad A=\{5,\ 6,\ 10\},\ B=\{5,\ b+2,\ 10\}$
$\quad$이때 $8\not\in A\cup B$ 또는 $9\not\in A\cup B$이므로 문제의 조건에 맞지
$\quad$않는다.
(ii) $a=8$일 때
$\quad A=\{5,\ 8,\ 10\},\ B=\{7,\ b+2,\ 10\}$
$\quad$이때 $7\not\in A\cup B$이므로 문제의 조건에 맞지 않는다.
(iii) $a=9$일 때
$\quad A=\{5,\ 9,\ 10\},\ B=\{8,\ b+2,\ 10\}$
$\quad$이때 $A\cup B=\{5,\ 6,\ 8,\ 9,\ 10\}$이므로
$\quad b+2=6,\ b=4$
$\quad$즉 $A=\{5,\ 9,\ 10\},\ B=\{6,\ 8,\ 10\}$이므로
$\quad A\cap B=\{10\}$
(i), (ii), (iii)에서
$a=9,\ b=4,\ A\cap B=\{10\}$

23 $A=\{2,\ 9,\ 2a+1\},\ A\cup B=\{2,\ 3,\ 9,\ 11,\ 13\}$이므로
$2a+1=3$ 또는 $2a+1=11$ 또는 $2a+1=13$
즉 $a=1$ 또는 $a=5$ 또는 $a=6$
(i) $a=1$일 때
$\quad A=\{2,\ 3,\ 9\},\ B=\{3,\ 5,\ 11,\ 3b-2\}$
$\quad$이때 $5\not\in A\cup B$이므로 문제의 조건에 맞지 않는다.
(ii) $a=5$일 때
$\quad A=\{2,\ 9,\ 11\},\ B=\{3,\ 9,\ 11,\ 3b-2\}$
$\quad$이때 $A\cup B=\{2,\ 3,\ 9,\ 11,\ 13\}$이므로
$\quad 3b-2=13,\ b=5$
$\quad$즉 $A=\{2,\ 9,\ 11\},\ B=\{3,\ 9,\ 11,\ 13\}$이므로
$\quad A\cap B=\{9,\ 11\}$

(iii) $a=6$일 때
$\quad A=\{2,\ 9,\ 13\},\ B=\{3,\ 10,\ 11,\ 3b-2\}$
$\quad$이때 $10\not\in A\cup B$이므로 문제의 조건에 맞지 않는다.
(i), (ii), (iii)에서
$a=5,\ b=5,\ A\cap B=\{9,\ 11\}$

25 주어진 집합을 벤다이어그램으로 나타내면
오른쪽 그림과 같으므로
$B=\{1,\ 3,\ 5,\ 7\}$
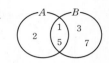

26 주어진 집합을 벤다이어그램으로 나타내면
오른쪽 그림과 같으므로
$B=\{b,\ c,\ e,\ f,\ g\}$
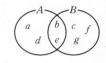

27 주어진 집합을 벤다이어그램으로 나
타내면 오른쪽 그림과 같으므로
$B=\{11,\ 13\}$
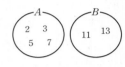

28 주어진 집합을 벤다이어그램으로 나타내면
오른쪽 그림과 같으므로
$B=\{5,\ 10,\ 15,\ 20,\ 25\}$

29 주어진 집합을 벤다이어그램으로 나타내면
오른쪽 그림과 같으므로
$B=\{2,\ 5,\ 7,\ 11,\ 13\}$
따라서 집합 B의 모든 원소의 합은
$2+5+7+11+13=38$

30 $A\cap B=\varnothing$이므로 두 집합 A, B는 서로소이다.

31 $A\cap B=\{4\}$이므로 두 집합 A, B는 서로소가 아니다.

32 $A\cap B=\{d\}$이므로 두 집합 A, B는 서로소가 아니다.

33 $A=\{2,\ 4,\ 6,\ 8,\ \cdots\},\ B=\{1,\ 3,\ 5,\ 7,\ \cdots\}$이므로
$A\cap B=\varnothing$
따라서 두 집합 A, B는 서로소이다.

34 $A=\{1,\ 5\},\ B=\{1,\ 2,\ 4,\ 8\}$이므로
$A\cap B=\{1\}$
따라서 두 집합 A, B는 서로소가 아니다.

35 $A=\{2,\ 3,\ 4\},\ B=\{4,\ 5,\ 6\}$이므로
$A\cap B=\{4\}$
따라서 두 집합 A, B는 서로소가 아니다.

37 구하는 집합의 개수는 집합 A의 부분집합 중에서 -2, 0, 2를 원소로 갖지 않는 집합의 개수, 즉 집합 $\{-1, 1\}$의 부분집합의 개수와 같다.

따라서 구하는 부분집합의 개수는

$2^{5-3}=2^2=4$

38 $A=\{0, 1, 2, 3, 4, 5, 6, 7, 8, 9, 10\}$이고 구하는 집합의 개수는 집합 A의 부분집합 중에서 2, 4, 6, 8, 10을 원소로 갖지 않는 집합의 개수, 즉 집합 $\{0, 1, 3, 5, 7, 9\}$의 부분집합의 개수와 같다.

따라서 구하는 부분집합의 개수는

$2^{11-5}=2^6=64$

39 $A=\{2, 3, 5, 7, 11, 13, 17\}$이고 구하는 집합의 개수는 집합 A의 부분집합 중에서 2, 7, 11, 13을 원소로 갖지 않는 집합의 개수, 즉 집합 $\{3, 5, 17\}$의 부분집합의 개수와 같다.

따라서 구하는 부분집합의 개수는

$2^{7-4}=2^3=8$

40 구하는 집합의 개수는 집합 A의 부분집합 중에서 나, 라, 사를 원소로 갖지 않는 집합의 개수, 즉 집합 $\{$가, 다, 마, 바, 아$\}$의 부분집합의 개수와 같다.

따라서 구하는 집합의 개수는

$2^{8-3}=2^5=32$

42 $A_2=\{2, 4, 6, 8, 10, 12, 14, 16, \cdots\}$,
$A_4=\{4, 8, 12, 16, \cdots\}$이므로
$A_2 \cap A_4=\{4, 8, 12, 16, \cdots\}$
　　　　$=A_4$

43 $A_5=\{5, 10, 15, 20, 25, 30, \cdots\}$,
$A_{10}=\{10, 20, 30, \cdots\}$이므로
$A_5 \cap A_{10}=\{10, 20, 30, \cdots\}$
　　　　　$=A_{10}$

44 $A_4=\{4, 8, 12, 16, 20, 24, 28, 32, 36, \cdots\}$,
$A_6=\{6, 12, 18, 24, 30, 36, \cdots\}$이므로
$A_4 \cap A_6=\{12, 24, 36, \cdots\}$
　　　　　$=A_{12}$

45 $A_3=\{3, 6, 9, 12, 15, 18, 21, 24, 27, 30, \cdots\}$,
$A_5=\{5, 10, 15, 20, 25, 30, \cdots\}$이므로
$A_3 \cap A_5=\{15, 30, \cdots\}$
　　　　　$=A_{15}$

47 $A_3=\{3, 6, 9, 12, 15, 18, \cdots\}$,
$A_6=\{6, 12, 18, 24, 30, \cdots\}$이므로
$A_3 \cup A_6=\{3, 6, 9, 12, 15, 18, \cdots\}$
　　　　　$=A_3$

48 $A_2=\{2, 4, 6, 8, 10, 12, 14, 16, 18, 20, \cdots\}$,
$A_8=\{8, 16, 24, \cdots\}$이므로
$A_2 \cup A_8=\{2, 4, 6, 8, 10, 12, 14, 16, \cdots\}$
　　　　　$=A_2$

49 $A_5=\{5, 10, 15, 20, 25, 30, \cdots\}$,
$A_{10}=\{10, 20, 30, \cdots\}$이므로
$A_5 \cup A_{10}=\{5, 10, 15, 20, 25, 30, \cdots\}$
　　　　　$=A_5$

50 $A_4=\{4, 8, 12, 16, 20, 24, 28, 32, 36, \cdots\}$,
$A_{12}=\{12, 24, 36, 48, \cdots\}$이므로
$A_4 \cup A_{12}=\{4, 8, 12, 16, 20, 24, 28, \cdots\}$
　　　　　$=A_4$

02

본문 206쪽

집합의 연산법칙

1

(1) $\{2, 4\}$　　(2) $\{2, 4\}$　　(3) $\{1, 2, 4, 5, 6, 8\}$

(4) $\{1, 2, 4, 5, 6, 8\}$　　(5) ($\varnothing$ $\{2, 4\}$, $\{2\}$)　　(6) $\{2\}$

(7) $\{1, 2, 3, 4, 5, 6, 8\}$　　(8) $\{1, 2, 3, 4, 5, 6, 8\}$

(9) ($\varnothing$ $\{1, 2, 3, 4, 6, 8\}$, $\{2, 4, 6\}$)

(10) $\{2, 4, 6\}$　　(11) $\{1, 2, 4, 5, 6\}$　　(12) $\{1, 2, 4, 5, 6\}$

2 ($\varnothing$ A, $\{2, 3\}$)　　　　　**3** $\{a, b, d, e, f\}$

4 $\{-3, 2\}$　　　　　**5** $\{1, 2, 3, 4, 5, 6\}$

6 ($\varnothing$ A, B, 2, 4, 2, 4)

7 $\{1, 3, 5\}$　　**8** $\{a, b, c, d, e, i\}$　　　　**9** $\{-7, 0\}$

10 ($\varnothing$ A, -2, 0, 2, -2)　　**11** $\{-5, -3, -1, 1, 5\}$

12 $\{11, 12, 14\}$

1 (6) $B \cap C=\{1, 2\}$이므로
　　　$A \cap (B \cap C)=\{2\}$

(7) $A \cup B = \{1, 2, 4, 5, 6, 8\}$이므로

    $(A \cup B) \cup C = \{1, 2, 3, 4, 5, 6, 8\}$

(8) $B \cup C = \{1, 2, 3, 4, 6, 8\}$이므로

    $A \cup (B \cup C) = \{1, 2, 3, 4, 5, 6, 8\}$

(10) $A \cap B = \{2, 4\}$, $A \cap C = \{2, 6\}$이므로

    $(A \cap B) \cup (A \cap C) = \{2, 4, 6\}$

(11) $B \cap C = \{1, 2\}$이므로

    $A \cup (B \cap C) = \{1, 2, 4, 5, 6\}$

(12) $A \cup B = \{1, 2, 4, 5, 6, 8\}$,

    $A \cup C = \{1, 2, 3, 4, 5, 6\}$이므로

    $(A \cup B) \cap (A \cup C) = \{1, 2, 4, 5, 6\}$

3 $A \cup (B \cup C) = (A \cup B) \cup C$

              $= \{a, b, e, f\} \cup \{a, b, d, e\}$

              $= \{a, b, d, e, f\}$

4 $A \cap (B \cap C) = (A \cap B) \cap C$

              $= \{-5, -3, -1, 2\} \cap \{-3, 1, 2, 3\}$

              $= \{-3, 2\}$

5 $(A \cup B) \cup C = A \cup (B \cup C)$

              $= \{2, 4, 6\} \cup \{1, 2, 3, 4, 5\}$

              $= \{1, 2, 3, 4, 5, 6\}$

7 $A \cup (B \cap C) = (A \cup B) \cap (A \cup C)$

              $= \{1, 3, 5, 7, 8\} \cap \{1, 2, 3, 4, 5\}$

              $= \{1, 3, 5\}$

8 $A \cap (B \cup C) = (A \cap B) \cup (A \cap C)$

              $= \{a, e, i\} \cup \{a, b, c, d, e\}$

              $= \{a, b, c, d, e, i\}$

9 $A \cup (B \cap C)$

  $= (A \cup B) \cap (A \cup C)$

  $= \{-10, -7, -1, 0\} \cap \{-7, -5, 0, 5, 7, 10\}$

  $= \{-7, 0\}$

11 $(A \cup B) \cap (A \cup C) = A \cup (B \cap C)$

                  $= \{-5, 1, 5\} \cup \{-5, -3, -1, 1\}$

                  $= \{-5, -3, -1, 1, 5\}$

12 $(A \cap B) \cup (A \cap C)$

  $= A \cap (B \cup C)$

  $= \{8, 11, 12, 14, 15\} \cap \{10, 11, 12, 13, 14\}$

  $= \{11, 12, 14\}$

03

여집합과 차집합

원리확인

❶ 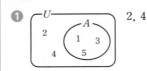   2, 4

❷ 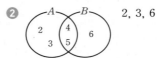   2, 3, 6

❸   4, 5, 6, 7, 1, 2, 3, 4, 1, 2, 3, 5, 6, 7

1 ($\mathscr{l}$ 8, 10, 10)

2 $A^C = \{a, b, c, e\}$, $B^C = \{b, g\}$

3 $A^C = \{-3, -1, 1, 3\}$, $B^C = \{-5, 3, 5\}$

4 $A^C = \{3, 7\}$, $B^C = \{2, 5\}$

5 $A^C = \{2, 6, 10\}$, $B^C = \{2, 4, 6, 8\}$

6 $A^C = \{5, 10, 20\}$, $B^C = \{1, 2, 4\}$

7 ($\mathscr{l}$ c, e)

8 $A - B = \{1, 4, 5\}$, $B - A = \{3, 6\}$

9 $A - B = \{4, 5, 7\}$, $B - A = \{1\}$

10 $A - B = \{4, 12, 20\}$, $B - A = \{24\}$

11 $A - B = \varnothing$, $B - A = \{27\}$

☺ 그리고, $\subset$

12 ($\mathscr{l}$ 3, $\neq$, 6, 7)   **13** 4   **14** $a = 3$, $b = 1$

15 $a = 3$, $b = 2$ **16** ④   **17** ㄱ, ㄴ, ㄹ

18 ㄱ, ㄷ   **19** ㄴ, ㄷ, ㄹ   **20** ㄴ, ㄷ, ㄹ

21 ㄱ, ㄷ   **22** ㄱ, ㄴ, ㄹ

23 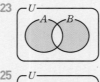   **24**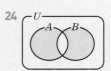

25   **26**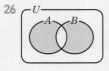

☺ $\cup$, $-$, $\cap$

4 $U = \{2, 3, 5, 7\}$, $A = \{2, 5\}$, $B = \{3, 7\}$이므로

    $A^C = \{3, 7\}$, $B^C = \{2, 5\}$

5 $U = \{2, 4, 6, 8, 10\}$, $A = \{4, 8\}$, $B = \{10\}$이므로

    $A^C = \{2, 6, 10\}$, $B^C = \{2, 4, 6, 8\}$

6 $U=\{1, 2, 4, 5, 10, 20\}$,
  $A=\{1, 2, 4\}$, $B=\{5, 10, 20\}$이므로
  $A^C=\{5, 10, 20\}$, $B^C=\{1, 2, 4\}$

9 $A=\{2, 3, 4, 5, 6, 7\}$, $B=\{1, 2, 3, 6\}$이므로
  $A-B=\{4, 5, 7\}$, $B-A=\{1\}$

10 $A=\{4, 8, 12, 16, 20\}$, $B=\{8, 16, 24\}$이므로
  $A-B=\{4, 12, 20\}$, $B-A=\{24\}$

11 $A=\{1, 3, 9\}$, $B=\{1, 3, 9, 27\}$이므로
  $A-B=\varnothing$, $B-A=\{27\}$

13 $B-A=\{6\}$이면 $a-3\in A$, $4\in A$이므로
  $a=4$

14 $A-B=\{3\}$이면 $3\in A$이므로
  $a=3$
  이때 $A=\{-3, 1, 3\}$, $B=\{-3, b, 5\}$이고
  $A-B=\{3\}$에서 $-3\in B$, $1\in B$이므로
  $b=1$

15 $A-B=\{1, 3\}$에서 $3\in A$이므로
  $a=3$
  이때 $A=\{1, 2, 3, 4\}$, $B=\{2, 2b, 5\}$이고
  $A-B=\{1, 3\}$에서 $2\in B$, $4\in B$이므로
  $2b=4$, 즉 $b=2$

16 $B-A=\{-1, 5, 7\}$에서 $7\in B$이므로
  $2b+1=7$, $2b=6$, 즉 $b=3$
  이때 $B=\{-3, -1, 1, 5, 7\}$, $B-A=\{-1, 5, 7\}$에서
  $-3\in A$, $1\in A$이므로
  $3a-2=1$, $3a=3$, 즉 $a=1$
  따라서 $ab=3$

17 ㄷ.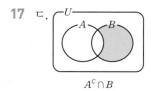
  $A^C\cap B$

18 ㄴ.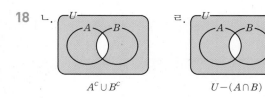
  $A^C\cup B^C$ $U-(A\cap B)$

19 ㄱ.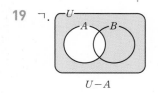
  $U-A$

20 ㄱ.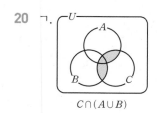
  $C\cap(A\cup B)$

21 ㄴ.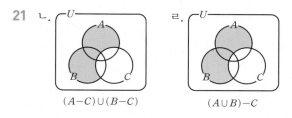
  $(A-C)\cup(B-C)$ $(A\cup B)-C$

22 ㄷ.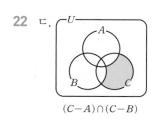
  $(C-A)\cap(C-B)$

23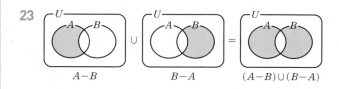

24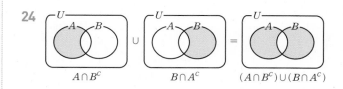

25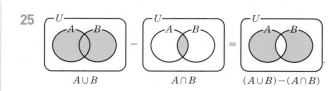

26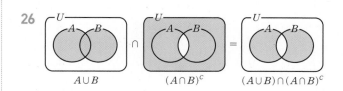

TEST 개념 확인   본문 212쪽

1 ③	2 ②	3 ③	4 $\{2, 3, 4, 5\}$
5 ⑤	6 ④	7 ③	8 ③
9 ③	10 $\{5, 6, 7\}$	11 ⑤	12 ⑤

1 $A=\{2, 3, 5\}$, $B=\{3, 4, 6, 7\}$, $C=\{4, 5, 6, 8\}$이므로
③ $A\cup C=\{2, 3, 4, 5, 6, 8\}$

2 $A\cap B=\{11\}$에서 $11\in A$이므로
$2a-1=11$, $2a=12$, 즉 $a=6$
이때 $B=\{8, b+5\}$이고 $11\in B$이므로
$b+5=11$, 즉 $b=6$
따라서 $a+b=12$

3 $A=\{1, 8, a+1\}$, $A\cup B=\{1, 5, 7, 8\}$이므로
$a+1=5$ 또는 $a+1=7$
즉 $a=4$ 또는 $a=6$
(i) $a=4$일 때
  $A=\{1, 5, 8\}$, $B=\{-1, 7, 4b-3\}$
  이때 $-1\notin A\cup B$이므로 문제의 조건에 맞지 않는다.
(ii) $a=6$일 때
  $A=\{1, 7, 8\}$, $B=\{1, 7, 4b-3\}$
  이때 $A\cup B=\{1, 5, 7, 8\}$이므로 $5\in B$에서
  $4b-3=5$, $4b=8$, 즉 $b=2$
(i), (ii)에서 $a=6$, $b=2$이므로
$ab=12$

4 주어진 집합을 벤다이어그램으로 나타내면
오른쪽 그림과 같으므로
$A=\{2, 3, 4, 5\}$
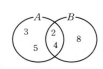

5 ④ $\{x\,|\,x$는 21의 약수$\}=\{1, 3, 7, 21\}$이므로
  이 집합은 집합 $\{2, 6, 10\}$과 서로소이다.
⑤ $\{x\,|\,x$는 한 자리의 소수$\}=\{2, 3, 5, 7\}$이므로
  $\{2, 6, 10\}\cap\{2, 3, 5, 7\}=\{2\}$
  즉 두 집합 $\{2, 6, 10\}$과 $\{2, 3, 5, 7\}$은 서로소가 아니다.
따라서 주어진 집합과 서로소가 아닌 것은 ⑤이다.

6 ④
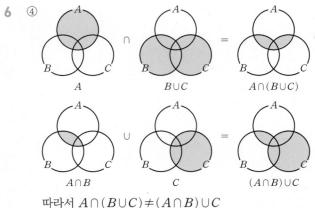
따라서 $A\cap(B\cup C)\neq(A\cap B)\cup C$

7 $(A\cap B)\cap C=A\cap(B\cap C)$
$\qquad\qquad\qquad =\{a, i, d, r, y\}\cap\{a, d, s, y\}$
$\qquad\qquad\qquad =\{a, d, y\}$

8 $A\cup(B\cap C)=(A\cup B)\cap(A\cup C)$
$\qquad\qquad\quad =\{1, 2, 3, 4, 5, 6\}\cap\{2, 3, 5, 6, 8, 9\}$
$\qquad\qquad\quad =\{2, 3, 5, 6\}$

9 $U=\{1, 2, 3, 4, 5, 6, 7, 8, 9\}$,
$A=\{1, 3, 5, 7, 9\}$, $B=\{3, 6, 9\}$
③ $A^C=\{2, 4, 6, 8\}$

10 주어진 집합을 벤다이어그램으로 나타내면
오른쪽 그림과 같으므로
$B-A=\{5, 6, 7\}$
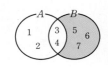

11 $U=\{1, 2, 3, 4, 5, 6, 7, 8, 9, 10\}$,
$A=\{2, 3\}$, $B=\{4, 5, 6\}$, $C=\{4, 6, 9\}$이므로
$B\cup C=\{4, 5, 6, 9\}$
이때 $(B\cup C)^C=\{1, 2, 3, 7, 8, 10\}$이므로
$A\cup(B\cup C)^C=\{1, 2, 3, 7, 8, 10\}$
따라서 모든 원소의 합은
$1+2+3+7+8+10=31$

12 ① $(A\cap C)\cup B$ $\qquad$ ② $(A\cup C)\cap B$

③ $B\cap(A-C)$ $\qquad$ ④ $B-(A\cap C)$

집합의 연산의 성질

1

2

3

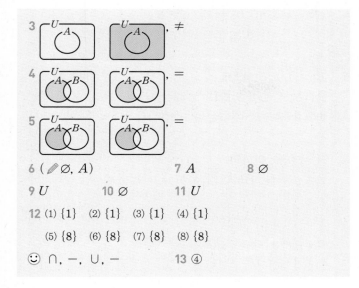

, $\neq$

4

, $=$

5

, $=$

6 (✐ $\varnothing$, A)   **7** A **8** $\varnothing$

9 U **10** $\varnothing$ **11** U

12 (1) $\{1\}$ (2) $\{1\}$ (3) $\{1\}$ (4) $\{1\}$

     (5) $\{8\}$ (6) $\{8\}$ (7) $\{8\}$ (8) $\{8\}$

☺ $\cap$, $-$, $\cup$, $-$ **13** ④

---

7 $(A \cap U) \cap A = A \cap A = A$

8 $A \cap U^c = A \cap \varnothing = \varnothing$

9 $A \cup \varnothing^c = A \cup U = U$

10 $(\varnothing^c)^c = U^c = \varnothing$

11 $(A \cup A^c) \cup A = U \cup A = U$

12 (1) $A - B = \{1, 5, 6\} - \{5, 6, 8\} = \{1\}$

   (2) $B^c = \{1, 2, 3, 4, 7\}$이므로

     $A \cap B^c = \{1, 5, 6\} \cap \{1, 2, 3, 4, 7\} = \{1\}$

   (3) $A \cap B = \{5, 6\}$이므로

     $A - (A \cap B) = \{1, 5, 6\} - \{5, 6\} = \{1\}$

   (4) $A \cup B = \{1, 5, 6, 8\}$이므로

     $(A \cup B) - B = \{1, 5, 6, 8\} - \{5, 6, 8\} = \{1\}$

   (5) $B - A = \{5, 6, 8\} - \{1, 5, 6\} = \{8\}$

   (6) $A^c = \{2, 3, 4, 7, 8\}$이므로

     $B \cap A^c = \{5, 6, 8\} \cap \{2, 3, 4, 7, 8\} = \{8\}$

   (7) $A \cap B = \{5, 6\}$이므로

     $B - (A \cap B) = \{5, 6, 8\} - \{5, 6\} = \{8\}$

   (8) $A \cup B = \{1, 5, 6, 8\}$이므로

     $(A \cup B) - A = \{1, 5, 6, 8\} - \{1, 5, 6\} = \{8\}$

13 ① $(A \cup U) \cap A = U \cap A = A$

② $A - B = A \cap B^c$

③ $(U^c)^c = \varnothing^c = U$

④ $A \cup U^c = A \cup \varnothing = A$

⑤ $(A \cap A^c) \cup A = \varnothing \cup A = A$

따라서 옳은 것은 ④이다.

05

집합의 연산을 이용한 여러 가지 표현

1 (1) ×   (2) ○   (3) ○   (4) ○   (5) ×   **2** ③

3 (1) ○   (2) ○   (3) ○   (4) ×   (5) ×   **4** ⑤

5 (✐ A, B, A, B, 4, 5, 4, 5, 3, 2, 4)

6 32   **7** 16   **8** 8   ☺ $\subset$, $\subset$

---

1 (1)

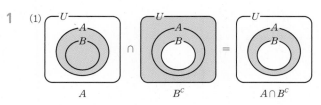

이때 $A \neq B$, $A \neq \varnothing$, $B \neq \varnothing$이므로

$B \subset A$일 때 $A \cap B^c \neq \varnothing$

(2) $B \subset A$이므로 $A^c \subset B^c$

(3) $B \subset A$에서 $A^c \subset B^c$이므로 $A^c - B^c = \varnothing$

(4) $B \subset A$에서 $A \cap B = B$이므로

   $B - (A \cap B) = B - B = \varnothing$

(5) $B \subset A$에서 $A \cup B = A$, $A \cap B = B$

   이때 $A \neq B$, $A \neq \varnothing$, $B \neq \varnothing$이므로

   $(A \cup B) - (A \cap B) = A - B \neq \varnothing$

2 ③

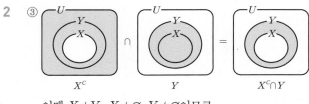

이때 $X \neq Y$, $X \neq \varnothing$, $Y \neq \varnothing$이므로

$X^c \cap Y \neq \varnothing$

3 (1) $A \cap B = \varnothing$이므로 두 집합 A, B의 포함 관계를 벤다이어그램으로 나타내면 오른쪽 그림과 같으므로 $A \subset B^c$

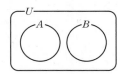

(2) $A^c \cap B = B \cap A^c = B - A = B$

(3) $(A - B)^c = A^c \cap B$이고 $B \subset A^c$이므로 $B \subset (A - B)^c$

(4) $A \cap B = \varnothing$, $B \neq \varnothing$이므로 $B - (A \cap B) = B - \varnothing = B$

(5) $A \cap B = \varnothing$, $A \neq \varnothing$, $B \neq \varnothing$이므로

   $(A \cup B) - (A \cap B) = (A \cup B) - \varnothing = A \cup B$

4 $B - A = B$이면 $A \cap B = \varnothing$이므로 두 집합 A, B의 포함 관계를 벤다이어그램으로 나타내면 오른쪽 그림과 같다.

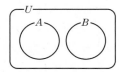

① $B \not\subset A$

② $B \subset A^c$

③ $A \cap B = \varnothing$

④ $A - B = A$

6 $A \cup X = A$에서 $X \subset A$ ...... ㉠
$B \cap X = B$에서 $B \subset X$ ...... ㉡
㉠, ㉡에서 $B \subset X \subset A$
즉 $\{b, f\} \subset X \subset \{a, b, c, d, e, f, g\}$이므로
집합 X는 원소 b, f를 반드시 원소로 가지는 집합
$\{a, b, c, d, e, f, g\}$의 부분집합이다.
따라서 구하는 집합 X의 개수는
$2^{7-2} = 2^5 = 32$

7 $(A \cup B) \cap X = X$에서
$X \subset (A \cup B)$
즉 $X \subset \{1, 2, 3, 4\}$이므로 집합 X는 집합
$\{1, 2, 3, 4\}$의 부분집합이다.
따라서 구하는 집합 X의 개수는
$2^4 = 16$

8 $A \cap X = X$에서 $X \subset A$ ...... ㉠
$(A-B) \cup X = X$에서
$(A-B) \subset X$ ...... ㉡
㉠, ㉡에서 $(A-B) \subset X \subset A$
즉 $\{7, 11\} \subset X \subset \{3, 7, 11, 13, 15\}$이므로 집합 X는 원소 7,
11을 반드시 원소로 가지는 집합 $\{3, 7, 11, 13, 15\}$의 부분집합이다.
따라서 구하는 집합 X의 개수는
$2^{5-2} = 2^3 = 8$

06

본문 218쪽

드모르간의 법칙

1 (✎ 3, 4, 5)   **2** {5}
3 {1, 3, 4, 5, 6}   **4** {1, 3, 4, 5, 6}
5 {2, 4, 5, 6}   **6** {2, 4, 5, 6}
7 {4, 6}   **8** {4, 6}   ☺ ∩, ∪, ∪, ∩
9 ∩, ∪   **10** ∩, ∩, ∅, ∅   **11** ∪, ∪, ∅
12 ∪, ∪, U, U **13** ∩, A, A, A
14 ∩, ∩, ∩, ∩, A **15** ∩, ∩, A^C, ∩, U, B^C
16 ∩, ∪, ∪, ∪, ∩, ∅, A
17 ∩, ∪, ∪, ∅, B^C **18** ⑤

2 $A^C = \{4, 5, 6\}$, $B^C = \{1, 3, 5\}$이므로
$A^C \cap B^C = \{5\}$

3 $A \cap B = \{2\}$이므로
$(A \cap B)^C = \{1, 3, 4, 5, 6\}$

4 $A^C = \{4, 5, 6\}$, $B^C = \{1, 3, 5\}$이므로
$A^C \cup B^C = \{1, 3, 4, 5, 6\}$

5 $B^C = \{1, 3, 5\}$이므로
$A \cap B^C = \{1, 2, 3\} \cap \{1, 3, 5\} = \{1, 3\}$
따라서 $(A \cap B^C)^C = \{2, 4, 5, 6\}$

6 $A^C = \{4, 5, 6\}$이므로
$A^C \cup B = \{4, 5, 6\} \cup \{2, 4, 6\} = \{2, 4, 5, 6\}$

7 $B^C = \{1, 3, 5\}$이므로
$A \cup B^C = \{1, 2, 3\} \cup \{1, 3, 5\} = \{1, 2, 3, 5\}$
따라서 $(A \cup B^C)^C = \{4, 6\}$

8 $A^C = \{4, 5, 6\}$이므로
$A^C \cap B = \{4, 5, 6\} \cap \{2, 4, 6\} = \{4, 6\}$

18 $(A^C - B^C)^C \cup B = (A^C \cap B)^C \cup B$ ← 드모르간의 법칙
$\qquad = (A \cup B^C) \cup B$
$\qquad = A \cup (B^C \cup B)$ ← 결합법칙
$\qquad = A \cup U$
$\qquad = U$

07

본문 220쪽

유한집합의 원소의 개수

원리확인

❶ d ❷ b ❸ b ❹ b
❺ b, $A \cap B$ ❻ $a+b$, A
❼ b, $A \cap B$, $b+c$, B

1 5, 4, 8, 7, 4, 3, 5, 4, 1, 3, 1, 3, 1, 8
2 12   **3** 11   ☺ B, ∩
4 $A \cup B$, 6, 10, 5, 10, 9, 1, 10, 6, 4, 1, 4, 1, 4, 5
5 3   **6** 7   ☺ B, ∪
7 12, 7, 5 (1) (✎ 5, 12, A, 18, 12) (2) 17 (3) 24
(4) (✎ 12, $A \cap B$, 6, 12) (5) 7
8 (1) 16 (2) 9 (3) 4 (4) 5 (5) 12
9 20, 3, 35, 10, 1, 3, 4, 0, 14, 35
10 36   **11** 32
12 29, 15, 2, $4-a$, $a+5$, $a+8$, $a+5$, $a+8$, $4-a$, 2, 2
13 5   **14** 7

2 $n(A\cup B)=n(A)+n(B)-n(A\cap B)$
$$=6+11-5=12$$

[다른 풀이]

$n(A-B)=n(A)-n(A\cap B)=6-5=1$

$n(B-A)=n(B)-n(A\cap B)=11-5=6$

벤다이어그램에서 각 부분에 속하는 원소의 개수를 적으면 다음과 같다.

따라서 $n(A\cup B)=1+5+6=12$

3 $A\cap B=\varnothing$에서 $n(A\cap B)=0$이므로

$n(A\cup B)=n(A)+n(B)-n(A\cap B)$
$$=3+8-0=11$$

[다른 풀이]

$A\cap B=\varnothing$에서 $n(A\cap B)=0$

$n(A-B)=n(A)-n(A\cap B)=3-0=3$

$n(B-A)=n(B)-n(A\cap B)=8-0=8$

벤다이어그램에서 각 부분에 속하는 원소의 개수를 적으면 다음과 같다.

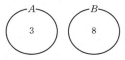

따라서 $n(A\cup B)=3+8=11$

5 $n(A\cap B)=n(A)+n(B)-n(A\cup B)$
$$=17+16-30=3$$

[다른 풀이]

$n(A-B)=n(A\cup B)-n(B)=30-16=14$

$n(B-A)=n(A\cup B)-n(A)=30-17=13$

벤다이어그램에서 각 부분에 속하는 원소의 개수를 적으면 다음과 같다.

따라서 $n(A\cap B)=30-14-13=3$

6 $n(A\cap B)=n(A)+n(B)-n(A\cup B)$
$$=8+11-12=7$$

[다른 풀이]

$n(A-B)=n(A\cup B)-n(B)=12-11=1$

$n(B-A)=n(A\cup B)-n(A)=12-8=4$

벤다이어그램에서 각 부분에 속하는 원소의 개수를 적으면 다음과 같다.

따라서 $n(A\cap B)=12-1-4=7$

7   (2) $n(B^C)=n(U)-n(B)=30-13=17$

[다른 풀이]

벤다이어그램에 의하여

$n(B^C)=12+5=17$

(3) $n((A\cap B)^C)=n(U)-n(A\cap B)$
$$=30-6=24$$

[다른 풀이]

벤다이어그램에 의하여

$n((A\cap B)^C)=12+7+5=24$

(5) $n(B-A)=n(B)-n(A\cap B)$
$$=13-6=7$$

[다른 풀이]

벤다이어그램에 의하여

$n(B-A)=7$

8   (1) $n(A^C)=n(U)-n(A)=24-8=16$

(2) $n(B^C)=n(U)-n(B)=24-15=9$

(3) $n(A^C\cap B^C)=n((A\cup B)^C)$
$$=n(U)-n(A\cup B)$$
$$=24-20=4$$

(4) $n(A\cap B^C)=n(A-B)$
$$=n(A\cup B)-n(B)$$
$$=20-15=5$$

(5) $n(B-A)=n(A\cup B)-n(A)$
$$=20-8=12$$

10 $n(A\cup B\cup C)$
$$=n(A)+n(B)+n(C)-n(A\cap B)-n(B\cap C)$$
$$-n(C\cap A)+n(A\cap B\cap C)$$
$$=20+19+23-13-7-11+5=36$$

[다른 풀이]

벤다이어그램에서 각 부분에 속하는 원소의 개수를 적으면 다음과 같다.

따라서 $n(A\cup B\cup C)=36$

11 $n(A\cup B\cup C)$
$$=n(A)+n(B)+n(C)-n(A\cap B)-n(B\cap C)$$
$$-n(C\cap A)+n(A\cap B\cap C)$$
$$=16+21+18-5-10-9+1=32$$

[다른 풀이]

벤다이어그램에서 각 부분에 속하는 원소의 개수를 적으면 다음과 같다.

따라서 $n(A\cup B\cup C)=32$

13 $n(A \cap B \cap C)$
$= n(A \cup B \cup C) - n(A) - n(B) - n(C)$
$\qquad\qquad + n(A \cap B) + n(B \cap C) + n(C \cap A)$
$= 39 - 20 - 15 - 20 + 6 + 8 + 7 = 5$

[다른 풀이]

$n(A \cap B \cap C) = a$라 하고, 벤다이어그램에서 각 부분에 속하는 원소의 개수를 적으면 다음과 같다.

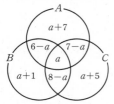

이때 $n(A \cup B \cup C) = 39$이므로
$(a+7) + (a+1) + (a+5) + (6-a) + (7-a) + (8-a) + a$
$= 39$
$34 + a = 39$, 즉 $a = 5$
따라서 $n(A \cap B \cap C) = 5$

14 $n(A \cap B \cap C)$
$= n(A \cup B \cup C) - n(A) - n(B) - n(C)$
$\qquad\qquad + n(A \cap B) + n(B \cap C) + n(C \cap A)$
$= 50 - 30 - 24 - 23 + 11 + 14 + 9 = 7$

[다른 풀이]

$n(A \cap B \cap C) = a$라 하고, 벤다이어그램에서 각 부분에 속하는 원소의 개수를 적으면 다음과 같다.

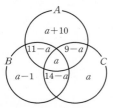

이때 $n(A \cup B \cup C) = 50$이므로
$(a+10) + (a-1) + a + (11-a) + (9-a) + (14-a) + a = 50$
$43 + a = 50$, 즉 $a = 7$
따라서 $n(A \cap B \cap C) = 7$

08

본문 224쪽

유한집합의 원소의 개수의 최댓값, 최솟값

1 (✐ 19, 30, 30, 9, 19, 9)

2 최댓값: 23, 최솟값: 14   **3** 최댓값: 28, 최솟값: 9

4 최댓값: 18, 최솟값: 0   **5** 최댓값: 6, 최솟값: 0

6 (✐ 10, 10, 31, A, 27, 31, 27)

7 최댓값: 42, 최솟값: 25   **8** 최댓값: 41, 최솟값: 32

9 최댓값: 68, 최솟값: 50   **10** 최댓값: 34, 최솟값: 30

11 (✐ B, 40, 17, 23)   **12** 35

13 15   **14** 18   ☺ A, 작은, U, ∅

---

2 (i) $B \subset A$일 때, $n(A \cap B)$가 최대이고, 최댓값은
$n(A \cap B) = n(B) = 23$
(ii) $A \cup B = U$일 때, $n(A \cap B)$가 최소이다.
이때 $n(A \cup B) = n(U) = 45$
$n(A \cup B) = n(A) + n(B) - n(A \cap B)$에서
$45 = 36 + 23 - n(A \cap B)$이므로
$n(A \cap B) = 14$
(i), (ii)에서 $n(A \cap B)$의 최댓값은 23, 최솟값은 14이다.

3 (i) $A \subset B$일 때, $n(A \cap B)$가 최대이고, 최댓값은
$n(A \cap B) = n(A) = 28$
(ii) $A \cup B = U$일 때, $n(A \cap B)$가 최소이다.
이때 $n(A \cup B) = n(U) = 52$
$n(A \cup B) = n(A) + n(B) - n(A \cap B)$에서
$52 = 28 + 33 - n(A \cap B)$이므로
$n(A \cap B) = 9$
(i), (ii)에서 $n(A \cap B)$의 최댓값은 28, 최솟값은 9이다.

4 (i) $A \subset B$일 때, $n(A \cap B)$가 최대이고, 최댓값은
$n(A \cap B) = n(A) = 18$
(ii) $A \cap B = \varnothing$일 때, $n(A \cap B)$가 최소이고, 최솟값은
$n(A \cap B) = 0$
(i), (ii)에서 $n(A \cap B)$의 최댓값은 18, 최솟값은 0이다.

5 (i) $B \subset A$일 때, $n(A \cap B)$가 최대이고, 최댓값은
$n(A \cap B) = n(B) = 6$
(ii) $A \cap B = \varnothing$일 때, $n(A \cap B)$가 최소이고, 최솟값은
$n(A \cap B) = 0$
(i), (ii)에서 $n(A \cap B)$의 최댓값은 6, 최솟값은 0이다.

7 (i) $n(A \cap B) = 2$일 때, $n(A \cup B)$가 최대이고, 최댓값은
$n(A \cup B) = 19 + 25 - 2 = 42$
(ii) $A \subset B$일 때, $n(A \cup B)$가 최소이고, 최솟값은
$n(A \cup B) = n(B) = 25$
(i), (ii)에서 $n(A \cup B)$의 최댓값은 42, 최솟값은 25이다.

8 (i) $n(A \cap B) = 13$일 때, $n(A \cup B)$가 최대이고, 최댓값은
$n(A \cup B) = 32 + 22 - 13 = 41$
(ii) $B \subset A$일 때, $n(A \cup B)$가 최소이고, 최솟값은
$n(A \cup B) = n(A) = 32$
(i), (ii)에서 $n(A \cup B)$의 최댓값은 41, 최솟값은 32이다.

9 (i) $n(A \cap B) = 20$일 때, $n(A \cup B)$가 최대이고, 최댓값은
$n(A \cup B) = 50 + 38 - 20 = 68$
(ii) $B \subset A$일 때, $n(A \cup B)$가 최소이고, 최솟값은
$n(A \cup B) = n(A) = 50$
(i), (ii)에서 $n(A \cup B)$의 최댓값은 68, 최솟값은 50이다.

10 (ⅰ) $n(A \cap B)=5$일 때, $n(A \cup B)$가 최대이고, 최댓값은
　　　$n(A \cup B)=9+30-5=34$

　　(ⅱ) $A \subset B$일 때, $n(A \cup B)$가 최소이고, 최솟값은
　　　$n(A \cup B)=n(B)=30$

　　(ⅰ), (ⅱ)에서 $n(A \cup B)$의 최댓값은 34, 최솟값은 30이다.

12 $n(B-A)=n(A \cup B)-n(A)$
　　즉 $n(A \cup B)$가 최대일 때, $n(B-A)$도 최대이고 이때
　　$n(A \cup B)=n(U)=60$
　　따라서 $n(B-A)$의 최댓값은
　　$n(B-A)=60-25=35$

13 $n(A-B)=n(A \cup B)-n(B)$
　　즉 $n(A \cup B)$가 최대일 때, $n(A-B)$도 최대이고 이때
　　$n(A \cup B)=n(U)=28$
　　따라서 $n(A-B)$의 최댓값은
　　$n(A-B)=28-13=15$

14 $n(B-A)=n(B)-n(A \cap B)$
　　즉 $n(A \cap B)$가 최소일 때, $n(B-A)$도 최대이고 이때
　　$n(A \cap B)=n(\varnothing)=0$
　　따라서 $n(B-A)$의 최댓값은
　　$n(B-A)=18$

09
본문 226쪽

유한집합의 원소의 개수의 활용

1 18, 13, $\cap$, 7, $\cup$, 11, 7, 6, $\cup$, 24, 18, 13, 7, 24
2 (1) $n(A)=11$, $n(B)=22$, $n(A \cap B)=3$　　(2) 30
3 (1) $n(A)=14$, $n(B)=19$, $n(A \cup B)=25$　　(2) 8
4 (1) $n(A)=23$, $n(B)=17$, $n(A \cup B)=32$　　(2) 8
5 (1) $n(A)=16$, $n(A \cap B)=11$, $n(A \cup B)=32$　　(2) 27
6 (1) $n(B)=21$, $n(A \cap B)=12$, $n(A \cup B)=28$　　(2) 19

2 (2) [방법 1]
　　벤다이어그램에서 각 부분에 속하는 원소의 개수를 적으면
　　다음과 같다.

　　따라서 산 또는 바다를 좋아하는 학생의 집합은 $A \cup B$이므로
　　구하는 학생 수는
　　$n(A \cup B)=8+3+19=30$

[방법 2]
산 또는 바다를 좋아하는 학생의 집합은 $A \cup B$이므로
　　$n(A \cup B)=n(A)+n(B)-n(A \cap B)$
　　　　　　　　$=11+22-3=30$
따라서 구하는 학생 수는 30이다.

3 (2) [방법 1]
　　$n(A-B)=n(A \cup B)-n(B)=25-19=6$
　　$n(B-A)=n(A \cup B)-n(A)=25-14=11$
　　벤다이어그램에서 각 부분에 속하는 원소의 개수를 적으면
　　다음과 같다.

　　따라서 수영과 태권도를 모두 배운 학생의 집합은 $A \cap B$
　　이므로 구하는 학생 수는
　　$n(A \cap B)=25-6-11=8$

　　[방법 2]
　　수영과 태권도를 모두 배운 학생의 집합은 $A \cap B$이므로
　　$n(A \cap B)=n(A)+n(B)-n(A \cup B)$
　　　　　　　　$=14+19-25=8$
　　따라서 구하는 학생 수는 8이다.

4 (2) [방법 1]
　　$n(A-B)=n(A \cup B)-n(B)=32-17=15$
　　$n(B-A)=n(A \cup B)-n(A)=32-23=9$
　　벤다이어그램에서 각 부분에 속하는 원소의 개수를 적으면
　　다음과 같다.

　　따라서 사회와 과학을 모두 선택한 학생의 집합은 $A \cap B$
　　이므로 구하는 학생 수는
　　$n(A \cap B)=32-15-9=8$

　　[방법 2]
　　사회와 과학을 모두 선택한 학생의 집합은 $A \cap B$이므로
　　$n(A \cap B)=n(A)+n(B)-n(A \cup B)$
　　　　　　　　$=23+17-32=8$
　　따라서 구하는 학생 수는 8이다.

5 (1) 수빈이네 반 학생 32명이 모두 한 문제 이상은 풀었으므로
　　$n(A \cup B)=32$

　　(2) [방법 1]
　　벤다이어그램에서 각 부분에 속하는 원소의 개수를 적으면
　　다음과 같다.

　　따라서 B 문제를 푼 학생 수는 $n(B)=11+16=27$

[방법 2]

$n(A \cup B) = n(A) + n(B) - n(A \cap B)$에서

$32 = 16 + n(B) - 11$이므로

$n(B) = 27$

따라서 구하는 학생 수는 27이다.

6 (1) 민정이네 반 학생 28명이 모두 메뉴를 한 개 이상은 골랐으므로

$n(A \cup B) = 28$

(2) **[방법 1]**

벤다이어그램에서 각 부분에 속하는 원소의 개수를 적으면 다음과 같다.

따라서 메뉴 A를 선택한 학생 수는 $n(A) = 7 + 12 = 19$

[방법 2]

$n(A \cup B) = n(A) + n(B) - n(A \cap B)$에서

$28 = n(A) + 21 - 12$이므로

$n(A) = 19$

따라서 구하는 학생 수는 19이다.

TEST 개념 확인

본문 228쪽

1 ⑤	2 ②, ④	3 ②	4 ㄴ, ㄷ
5 ③	6 ⑤	7 ②	8 6
9 ⑤	10 ③	11 28	12 ②

1 ⑤ $A \cup (A \cup A^C) = A \cup U = U$

2 ① $A \cap U^C = A \cap \varnothing = \varnothing$

③ $(A \cap A^C) \cup A = \varnothing \cup A = A$

⑤ $(A \cap U) \cup A = A \cup A = A$

3 ② $B \subset A$이면 $A \cup B = A$

4 $B - A = B$일 때, 두 집합 A, B의 포함 관계를 벤다이어그램으로 나타내면 오른쪽 그림과 같다.

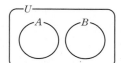

ㄱ. $A \not\subset B$, $B \not\subset A$

ㄴ. $A \cap B = \varnothing$

ㄷ. $A - B = A$

ㄹ. $A \subset B^C$, $B^C \not\subset A$

따라서 항상 성립하는 것은 ㄴ, ㄷ이다.

5 $(A \cap B) \cup X = X$에서 $(A \cap B) \subset X$ ...... ㉠

$X \cap (A \cup B) = X$에서 $X \subset (A \cup B)$ ...... ㉡

㉠, ㉡에서 $(A \cap B) \subset X \subset (A \cup B)$, 즉

$\{4, 5\} \subset X \subset \{1, 2, 3, 4, 5, 6\}$

따라서 집합 X는 원소 4, 5를 반드시 원소로 가지는 집합 $\{1, 2, 3, 4, 5, 6\}$의 부분집합이므로 구하는 집합 X의 개수는

$2^{6-2} = 2^4 = 16$

6 $A \cup (A \cap B)^C$

$= A \cup (A^C \cup B^C)$ 〉드모르간의 법칙

$= (A \cup A^C) \cup B^C$ 〉결합법칙

$= U \cup B^C$

$= U$

7 $(A - B) \cup (A - C)$

$= (A \cap B^C) \cup (A \cap C^C)$ 〉분배법칙

$= A \cap (B^C \cup C^C)$

$= A \cap (B \cap C)^C$ 〉드모르간의 법칙

$= A - (B \cap C)$

8 드모르간의 법칙에 의하여 $A^C \cap B^C = (A \cup B)^C$이므로

$n(A^C \cap B^C) = n((A \cup B)^C) = n(U) - n(A \cup B)$

즉 $n(A \cup B) = n(U) - n(A^C \cap B^C) = 35 - 18 = 17$이므로

$n(A \cap B) = n(A) + n(B) - n(A \cup B)$

$\qquad = 13 + 10 - 17 = 6$

9 **[방법 1]**

벤다이어그램에서 각 부분에 속하는 원소의 개수를 적으면 다음과 같다.

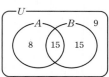

이때 $n(A^C) = 24$, $n(B - A) = 15$이므로

$a = 24$, $b = 15$

따라서 $a + b = 39$

[방법 2]

$n(A^C) = n(U) - n(A) = 47 - 23 = 24$이므로

$a = 24$

$n(B - A) = n(B) - n(A \cap B) = 30 - 15 = 15$이므로

$b = 15$

따라서 $a + b = 39$

10 **[방법 1]**

벤다이어그램에서 각 부분에 속하는 원소의 개수를 적으면 다음과 같다.

따라서 $n(A \cup B \cup C) = 38$

[방법 2]

$n(A \cup B \cup C)$
$= n(A) + n(B) + n(C) - n(A \cap B) - n(B \cap C)$
$\qquad\qquad\qquad\qquad\qquad - n(C \cap A) + n(A \cap B \cap C)$
$= 31 + 19 + 15 - 13 - 12 - 10 + 8 = 38$

11 (i) $B \subset A$일 때, $n(A \cap B)$가 최대이고 최댓값은
$$n(A \cap B) = n(B) = 21$$
(ii) $A \cup B = U$일 때, $n(A \cap B)$가 최소이고
이때 $n(A \cup B) = n(U) = 40$
$n(A \cup B) = n(A) + n(B) - n(A \cap B)$에서
$40 = 26 + 21 - n(A \cap B)$이므로 $n(A \cap B) = 7$
(i), (ii)에서 $n(A \cap B)$의 최댓값은 21, 최솟값은 7이므로 구하는 합은
$$21 + 7 = 28$$

12 A 영화를 관람한 학생의 집합을 A, B 영화를 관람한 학생의 집합을 B라 하면
$n(A) = 20$, $n(B) = 22$, $n(A \cup B) = 34$
이때 A 영화와 B 영화를 모두 관람한 학생의 집합은 $A \cap B$이므로
$n(A \cap B) = n(A) + n(B) - n(A \cup B)$
$\qquad\qquad\quad = 20 + 22 - 34 = 8$
따라서 구하는 학생 수는 8이다.

TEST 개념 발전

1 ②	**2** ⑤	**3** ⑤	**4** ③
5 ③	**6** ①	**7** 5	**8** ①
9 ②	**10** ④	**11** ④	**12** 8
13 12	**14** ⑤	**15** 27	**16** ②

1 $B \cup C = \{4, 7, 8, 9, 11\}$이므로
$A \cap (B \cup C) = \{4, 5, 6, 7\} \cap \{4, 7, 8, 9, 11\}$
$\qquad\qquad\qquad = \{4, 7\}$

2 ① $\{2, 3, 5, 7, \cdots\}$
② $\{1, 2, 3, 4, \cdots\}$
③ $\{0, 1, 2, 3, 4\}$
④ $\{1, 5, 7, 35\}$

---

⑤ $x^2 + 5x - 24 = 0$에서 $(x+8)(x-3) = 0$
즉 $x = -8$ 또는 $x = 3$이므로
$\{x \mid x^2 + 5x - 24 = 0\} = \{-8, 3\}$
따라서 집합 $\{2, 5, 8, 10\}$과 서로소인 것은 ⑤이다.

3 $A \cap B = \{2, 4\}$에서 $4 \in A$이므로
$3a - 5 = 4$, 즉 $a = 3$
$A \cap B = \{2, 4\}$에서 $2 \in B$, $4 \in B$이므로
(i) $2b = 2$, 즉 $b = 1$이면
$A = \{0, 2, 4\}$, $B = \{-4, 2, 4\}$
이때 $A \cap B = \{2, 4\}$이므로 조건을 만족시킨다.
(ii) $2b = 4$, 즉 $b = 2$이면
$A = \{0, 2, 4\}$, $B = \{-4, 4, 5\}$
이때 $A \cap B = \{4\}$이므로 $A \cap B = \{2, 4\}$라는 조건을 만족시키지 않는다.
따라서 $a = 3$, $b = 1$이므로
$a + b = 4$

4 $U = \{1, 2, 3, 4, 5, 6, 7, 8, 9, 10\}$,
$A = \{1, 2, 4, 8\}$, $B = \{2, 3, 5, 8, 9\}$이므로
③ $A^C = \{3, 5, 6, 7, 9, 10\}$

5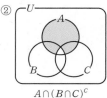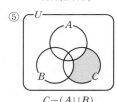

6 $U = \{1, 2, 3, 6, 9, 18\}$이고 $A - B = \{1, 9\}$, $B - A = \{6\}$,
$(A \cup B)^C = \{18\}$을 벤다이어그램에 나타내면 다음 그림과 같다.

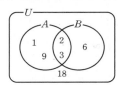

따라서 $B = \{2, 3, 6\}$이므로 집합 B의 모든 원소의 합은
$2 + 3 + 6 = 11$

7 $A \cap B = B$이므로 $B \subset A$
$B \subset A$를 만족시키도록 두 집합 A, B를 수직선 위에 나타내면 다음 그림과 같다.

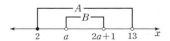

즉 $a \geq 2$, $2a+1 \leq 13$이어야 하므로
$2 \leq a \leq 6$
따라서 정수 a의 개수는 2, 3, 4, 5, 6의 5이다.

8 $(A-B) \cup (A^c \cap B) = (A-B) \cup (B \cap A^c)$
$= (A-B) \cup (B-A) = \varnothing$
이므로 $A-B = \varnothing$, $B-A = \varnothing$
따라서 $A \subset B$, $B \subset A$이므로 $A=B$

9 $(A \cup B)^c \cup (A^c \cap B)$
$= (A^c \cap B^c) \cup (A^c \cap B)$ } 드모르간의 법칙
$= A^c \cap (B^c \cup B)$ } 분배법칙
$= A^c \cap U = A^c$

11 [방법 1]
벤다이어그램에서 각 부분에 속하는 원소의 개수를 적으면 다음과 같다.

따라서 $n(A \cup B) = 6+7+2 = 15$

[방법 2]
$n(A \cap B) = n(A) - n(A-B)$
$= 13-6 = 7$
이므로
$n(A \cup B) = n(A) + n(B) - n(A \cap B)$
$= 13+9-7 = 15$

12 $X-A = \varnothing$이므로 $X \subset A$ $\quad\quad$ ...... ㉠
$(A-B) \cup X = X$이므로 $(A-B) \subset X$ $\quad$ ...... ㉡
㉠, ㉡에서 $(A-B) \subset X \subset A$이므로
$\{a, c, e\} \subset X \subset \{a, b, c, d, e, f\}$
따라서 집합 X는 원소 a, c, e를 반드시 원소로 가지는 집합 $\{a, b, c, d, e, f\}$의 부분집합이므로 구하는 집합 X의 개수는
$2^{6-3} = 2^3 = 8$

13 $A_{12} \cap (A_6 \cup A_8)$
$= (A_{12} \cap A_6) \cup (A_{12} \cap A_8)$ } 분배법칙
$= A_{12} \cup A_{24} = A_{12}$
따라서 $m=12$

14 ㄱ. $A \triangle B = (A-B) \cup (B-A)$
$= (B-A) \cup (A-B)$
$= B \triangle A$ (참)
ㄴ. $A^c \triangle B^c = (A^c - B^c) \cup (B^c - A^c)$
$= (A^c \cap B) \cup (B^c \cap A)$
$= (B \cap A^c) \cup (A \cap B^c)$
$= (B-A) \cup (A-B)$
$= (A-B) \cup (B-A)$
$= A \triangle B$ (참)

ㄷ.

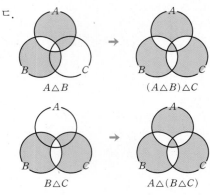

$A \triangle B$ → $(A \triangle B) \triangle C$

$B \triangle C$ → $A \triangle (B \triangle C)$

즉 $(A \triangle B) \triangle C = A \triangle (B \triangle C)$ (참)
따라서 옳은 것은 ㄱ, ㄴ, ㄷ이다.

15 학급 학생 전체의 집합을 U, 사과를 좋아하는 학생의 집합을 A, 배를 좋아하는 학생의 집합을 B라 하면
$n(U) = 35$, $n(A) = 24$, $n(B) = 19$
이때 사과와 배를 모두 좋아하는 학생의 집합은 $A \cap B$이다.
(i) $B \subset A$일 때, $n(A \cap B)$가 최대이고, 최댓값은
$n(A \cap B) = n(B) = 19$
(ii) $A \cup B = U$일 때, $n(A \cap B)$가 최소이고
이때 $n(A \cup B) = n(U) = 35$
$n(A \cup B) = n(A) + n(B) - n(A \cap B)$에서
$35 = 24+19 - n(A \cap B)$이므로
$n(A \cap B) = 8$
(i), (ii)에서 $n(A \cap B)$의 최댓값은 19, 최솟값은 8이다.
따라서 사과와 배를 모두 좋아하는 학생 수의 최댓값과 최솟값의 합은 $19+8 = 27$

16 동호회 회원 전체의 집합을 U, 제주도를 다녀온 회원의 집합을 A, 설악산을 다녀온 회원의 집합을 B라 하면
$n(U) = 50$, $n(A) = 37$, $n(B) = 25$, $n(A^c \cap B^c) = 6$
이때 $n(A^c \cap B^c) = n((A \cup B)^c) = n(U) - n(A \cup B)$이므로
$6 = 50 - n(A \cup B)$
즉 $n(A \cup B) = 44$
제주도만 다녀온 회원의 집합은 $A-B$이므로
$n(A-B) = n(A \cup B) - n(B)$
$= 44-25 = 19$
따라서 구하는 회원 수는 19이다.

7 명제

01

본문 234쪽

명제

1 ○	2 ×	3 ×	4 ○
5 ×	6 ×	7 ○	8 ○
9 ×	10 ○	11 ×	☺ 명제, 명제
12 참	13 참	14 거짓	15 거짓
16 참	17 거짓	18 ④	

1 참이므로 명제이다.

2 재미있다는 기준이 명확하지 않아 참인지 거짓인지 판별할 수 없으므로 명제가 아니다.

3 참인지 거짓인지 판별할 수 없으므로 명제가 아니다.

4 참이므로 명제이다.

5 $3x+1=13$은 $x=4$이면 참이고, $x \neq 4$이면 거짓이므로 명제가 아니다.

6 높다는 기준이 명확하지 않아 참인지 거짓인지 판별할 수 없으므로 명제가 아니다.

7 거짓이므로 명제이다.

8 참이므로 명제이다.

9 크다는 기준이 명확하지 않아 참인지 거짓인지 판별할 수 없으므로 명제가 아니다.

10 거짓이므로 명제이다.

11 $2x-1<3x-1$은 $x>0$이면 참이고, $x \leq 0$이면 거짓이므로 명제가 아니다.

14 6은 3의 배수이지만 9의 배수가 아니므로 주어진 명제는 거짓이다.

15 $a>b$이지만 $c<0$이면 $ac<bc$이므로 주어진 명제는 거짓이다.

17 마름모 중에는 네 각의 크기가 모두 같지 않은 것이 있으므로 주어진 명제는 거짓이다.

18 ④ 2는 소수이지만 $2+1=3$은 홀수이므로 주어진 명제는 거짓이다.

02

본문 236쪽

조건과 진리집합

1 조	2 명	3 명	4 조
5 조	6 (✏ 6, 9, 6, 9)		7 {2, 3, 4, 5, 6}
8 {2, 4}	9 {1, 2, 3, 4}		
10 {1, 2, 3, 4, 5, 6}	11 {1}		12 {3}
13 {1, 2, 3, 4, 5}	14 {1, 3, 5, 15}		
15 ∅	16 {−1, 0, 1, 2, 3}		
17 {−1, 0, 1, 2}	18 ③		

1 x의 값에 따라 참, 거짓이 결정되므로 조건이다.

2 참인 명제이다.

3 $\sqrt{16}=4$이므로 거짓인 명제이다.

4 x의 값에 따라 참, 거짓이 결정되므로 조건이다.

5 x의 값에 따라 참, 거짓이 결정되므로 조건이다.

7 x는 1보다 크고 6보다 작거나 같아야 하므로 주어진 조건의 진리집합은 {2, 3, 4, 5, 6}이다.

8 $x^2-6x+8=0$에서 $(x-2)(x-4)=0$이므로
$x=2$ 또는 $x=4$
따라서 주어진 조건의 진리집합은 {2, 4}이다.

9 $x^2-3x-10<0$에서 $(x+2)(x-5)<0$이므로
$-2<x<5$
따라서 주어진 조건의 진리집합은 {1, 2, 3, 4}이다.

10 $3x-21<0$에서 $x<7$
따라서 주어진 조건의 진리집합은 {1, 2, 3, 4, 5, 6}이다.

11 $|x+1|<3$에서 $-3<x+1<3$이므로 $-4<x<2$
따라서 주어진 조건의 진리집합은 {1}이다.

12 $x^2-6x+9=0$에서 $(x-3)^2=0$이므로 $x=3$
따라서 주어진 조건의 진리집합은 {3}이다.

13 $x^2-4x-12<0$에서 $(x+2)(x-6)<0$이므로
$-2<x<6$
따라서 주어진 조건의 진리집합은 {1, 2, 3, 4, 5}이다.

14 15의 약수는 1, 3, 5, 15이므로 주어진 조건의 진리집합은 {1, 3, 5, 15}이다.

15 $2x-3=4$에서 $2x=7$이므로 $x=\dfrac{7}{2}$

따라서 주어진 조건의 진리집합은 $\varnothing$이다.

16 $|x-1|\le 2$에서 $-2\le x-1\le 2$이므로 $-1\le x\le 3$

따라서 주어진 조건의 진리집합은 $\{-1,\ 0,\ 1,\ 2,\ 3\}$이다.

17 $x^2-x-6<0$에서 $(x+2)(x-3)<0$이므로
$-2<x<3$

따라서 주어진 조건의 진리집합은 $\{-1,\ 0,\ 1,\ 2\}$이다.

18 ① $x^2+x-2=0$에서 $(x+2)(x-1)=0$이므로
$x=-2$ 또는 $x=1$

따라서 주어진 조건의 진리집합은 $\{-2,\ 1\}$이다.

② $x^2-1=0$에서 $x=-1$ 또는 $x=1$

따라서 주어진 조건의 진리집합은 $\{-1,\ 1\}$이다.

③ $|x|\ge 3$에서 $x\le -3$ 또는 $x\ge 3$

따라서 주어진 조건의 진리집합은 $\varnothing$이다.

④ 소수는 2, 3, 5, …이므로 주어진 조건의 진리집합은 $\{2\}$이다.

⑤ $x^2-2x-3<0$에서 $(x-3)(x+1)<0$이므로
$-1<x<3$

따라서 주어진 조건의 진리집합은 $\{0,\ 1,\ 2\}$이다.

그러므로 진리집합이 공집합인 것은 ③이다.

03

명제와 조건의 부정

1 (✎ 이다)　　　　　　2 $\sqrt{3}$은 무리수가 아니다.

3 $\sqrt{(-2)^2}$은 유리수가 아니다.

4 $\sqrt{5}$는 2보다 크거나 같다.　5 (✎ =)

6 $x\notin A$　　7 x는 1보다 크다.　　8 $x^2+x-20\le 0$

9 (1) π는 유리수가 아니다.　　(2) 거짓　　(3) 참

10 (1) 홀수와 홀수를 더하면 홀수가 아니다.(홀수와 홀수를 더하면 짝수이다.)

(2) 거짓　　(3) 참

11 (1) 마름모는 평행사변형이 아니다.　　(2) 참　　(3) 거짓

12 (✎ 2, 3, 2, 3, $\{4,\ 5,\ 7\}$)　　　　13 $\{1,\ 2,\ 3,\ 4\}$

14 $\{7\}$　　　　15 $\{1,\ 3,\ 5,\ 6,\ 7\}$　　　16 $\{1,\ 2,\ 3\}$

17 ③

---

9 (2) π는 순환하지 않는 무한소수, 즉 무리수이므로 유리수가 아니다.

따라서 주어진 명제는 거짓이다.

(3) 주어진 명제가 거짓이므로 명제의 부정은 참이다.

---

10 (2) 홀수와 홀수를 더하면 짝수이다.

따라서 주어진 명제는 거짓이다.

(3) 주어진 명제가 거짓이므로 명제의 부정은 참이다.

13 $x\ge 5$이므로 주어진 조건의 진리집합을 P라 하면
$P=\{5,\ 6,\ 7\}$

따라서 $P^C=\{1,\ 2,\ 3,\ 4\}$

14 $2x-14\ne 0$에서 $x\ne 7$이므로 주어진 조건의 진리집합을 P라 하면
$P=\{1,\ 2,\ 3,\ 4,\ 5,\ 6\}$

따라서 $P^C=\{7\}$

[다른 풀이]
$2x-14\ne 0$의 부정은
$2x-14=0$, 즉 $x=7$

따라서 주어진 조건의 부정의 진리집합은 $\{7\}$

15 $x^2-6x+8=0$에서 $(x-2)(x-4)=0$이므로
$x=2$ 또는 $x=4$

따라서 주어진 조건의 진리집합을 P라 하면
$P=\{2,\ 4\}$이므로
$P^C=\{1,\ 3,\ 5,\ 6,\ 7\}$

16 $x^2-x-12\ge 0$에서 $(x+3)(x-4)\ge 0$이므로
$x\le -3$ 또는 $x\ge 4$

따라서 주어진 조건의 진리집합을 P라 하면
$P=\{4,\ 5,\ 6,\ 7\}$이므로
$P^C=\{1,\ 2,\ 3\}$

[다른 풀이]
$x^2-x-12\ge 0$의 부정은
$x^2-x-12<0$이므로 $(x+3)(x-4)<0$
즉 $-3<x<4$

따라서 주어진 조건의 부정의 진리집합은 $\{1,\ 2,\ 3\}$

17 $U=\{1,\ 2,\ 3,\ 4,\ 5,\ 6\}$
$x^2-6x+5\ge 0$에서 $(x-1)(x-5)\ge 0$이므로
$x\le 1$ 또는 $x\ge 5$

주어진 조건의 진리집합을 P라 하면
$P=\{1,\ 5,\ 6\}$이므로
$P^C=\{2,\ 3,\ 4\}$

따라서 구하는 모든 원소의 합은
$2+3+4=9$

[다른 풀이]
$x^2-6x+5\ge 0$의 부정은
$x^2-6x+5<0$
$(x-1)(x-5)<0$, 즉 $1<x<5$

따라서 주어진 조건의 부정의 진리집합이 $\{2,\ 3,\ 4\}$이므로 구하는 모든 원소의 합은
$2+3+4=9$

조건 'p 또는 q'와 'p 그리고 q'

1 (✎ $\{1, 2, 3, 4\}$, $\cup$, $\{1, 2, 3, 4, 5\}$)

2 $\{2, 3, 5, 6\}$　　　　**3** $\{4, 5, 6\}$

4 $\{1, 2, 4, 8\}$　　　　**5** $\{1, 2, 3, 4, 8\}$

6 $\{1, 2, 4\}$　**7** (✎ $\{1, 5\}$, $\cap$, $\{1\}$)　　**8** $\varnothing$

9 $\{4, 5, 6\}$　**10** $\{2\}$　　**11** $\varnothing$　　**12** $\{2\}$

☺

13 (✎ $=$, $=$)　　　**14** $x \notin A$ 그리고 $x \in B$

15 $0 < x \le 2$

16 x는 2의 배수가 아니거나 3의 배수가 아니다.

17 $x < 0$ 또는 $x \ge 3$　　　　**18** ①

2 두 조건 p, q의 진리집합을 각각 P, Q라 하면
$P = \{3, 6\}$, $Q = \{2, 3, 5\}$
따라서 조건 'p 또는 q'의 진리집합은
$P \cup Q = \{2, 3, 5, 6\}$

3 $x^2 - 3x - 4 \ge 0$에서 $(x+1)(x-4) \ge 0$이므로
$x \le -1$ 또는 $x \ge 4$
두 조건 p, q의 진리집합을 각각 P, Q라 하면
$P = \{5, 6\}$, $Q = \{4, 5, 6\}$
따라서 조건 'p 또는 q'의 진리집합은
$P \cup Q = \{4, 5, 6\}$

4 $U = \{1, 2, 3, 4, 5, 6, 7, 8\}$이므로 두 조건 p, q의 진리집합을 각각 P, Q라 하면
$P = \{1, 2, 4, 8\}$, $Q = \{1, 2, 4\}$
따라서 조건 'p 또는 q'의 진리집합은
$P \cup Q = \{1, 2, 4, 8\}$

5 $|x-1| \le 3$에서 $-3 \le x-1 \le 3$이므로 $-2 \le x \le 4$
$x^2 - 7x - 8 = 0$에서 $(x+1)(x-8) = 0$이므로
$x = -1$ 또는 $x = 8$
두 조건 p, q의 진리집합을 각각 P, Q라 하면
$P = \{1, 2, 3, 4\}$, $Q = \{8\}$
따라서 조건 'p 또는 q'의 진리집합은
$P \cup Q = \{1, 2, 3, 4, 8\}$

6 $x^2 + x - 12 < 0$에서 $(x-3)(x+4) < 0$이므로
$-4 < x < 3$
$x^2 - 4x = 0$에서 $x(x-4) = 0$이므로
$x = 0$ 또는 $x = 4$

두 조건 p, q의 진리집합을 각각 P, Q라 하면
$P = \{1, 2\}$, $Q = \{4\}$
따라서 조건 'p 또는 q'의 진리집합은
$P \cup Q = \{1, 2, 4\}$

8 두 조건 p, q의 진리집합을 각각 P, Q라 하면
$P = \{5\}$, $Q = \{2, 4, 6, 8\}$
따라서 조건 'p 그리고 q'의 진리집합은
$P \cap Q = \varnothing$

9 $|x-5| \le 1$에서 $-1 \le x-5 \le 1$이므로
$4 \le x \le 6$
두 조건 p, q의 진리집합을 각각 P, Q라 하면
$P = \{4, 5, 6\}$, $Q = \{3, 4, 5, 6, 7, 8\}$
따라서 조건 'p 그리고 q'의 진리집합은
$P \cap Q = \{4, 5, 6\}$

10 $U = \{1, 2, 3, 4, 5, 6, 7, 8, 9, 10\}$
$2x - 4 = 0$에서 $x = 2$
$x^2 - 3x + 2 = 0$에서 $(x-1)(x-2) = 0$이므로
$x = 1$ 또는 $x = 2$
두 조건 p, q의 진리집합을 각각 P, Q라 하면
$P = \{2\}$, $Q = \{1, 2\}$
따라서 조건 'p 그리고 q'의 진리집합은
$P \cap Q = \{2\}$

11 $x^2 - 2x - 15 < 0$에서 $(x+3)(x-5) < 0$이므로
$-3 < x < 5$
$x^2 - 5x = 0$에서 $x(x-5) = 0$이므로
$x = 0$ 또는 $x = 5$
두 조건 p, q의 진리집합을 각각 P, Q라 하면
$P = \{1, 2, 3, 4\}$, $Q = \{5\}$
따라서 조건 'p 그리고 q'의 진리집합은
$P \cap Q = \varnothing$

12 $x^2 - 12x + 20 = 0$에서 $(x-2)(x-10) = 0$이므로
$x = 2$ 또는 $x = 10$
$2x^2 - 11x + 5 \le 0$에서 $(2x-1)(x-5) \le 0$이므로
$\dfrac{1}{2} \le x \le 5$
두 조건 p, q의 진리집합을 각각 P, Q라 하면
$P = \{2, 10\}$, $Q = \{1, 2, 3, 4, 5\}$
따라서 조건 'p 그리고 q'의 진리집합은
$P \cap Q = \{2\}$

15 $x \le 0$ 또는 $x > 2$의 부정은
$x > 0$ 그리고 $x \le 2$이므로 $0 < x \le 2$

17 $0 \leq x < 3$은 $x \geq 0$ 그리고 $x < 3$이므로 부정은
$x < 0$ 또는 $x \geq 3$

18 $U = \{-5, -4, -3, \cdots, 4, 5\}$
$x^2 + x - 6 < 0$에서 $(x-2)(x+3) < 0$이므로
$-3 < x < 2$
$|x| \geq 2$에서 $x \leq -2$ 또는 $x \geq 2$
두 조건 p, q의 진리집합을 각각 P, Q라 하면
$P = \{-2, -1, 0, 1\}$,
$Q = \{-5, -4, -3, -2, 2, 3, 4, 5\}$, 즉 $Q^C = \{-1, 0, 1\}$
따라서 조건 'p 그리고 $\sim q$'의 진리집합은
$P \cap Q^C = \{-1, 0, 1\}$
이므로 구하는 진리집합의 모든 원소의 개수는 3이다.

TEST 개념 확인

본문 242쪽

1 ④	**2** ⑤	**3** ③	**4** ③
5 ④	**6** $\{2, 3, 4, 5\}$		**7** ⑤
8 ④	**9** $\{-2, -1, 0, 1, 2\}$		**10** ③
11 ②	**12** $\{-4, -3, -2, -1\}$		

1 ① $4+3>7$은 거짓인 명제이다.
② 참인 명제이다.
③ $x=1$이면 $x^2=1$이므로 참인 명제이다.
④ 의문문은 명제가 아니다.
⑤ 3은 3의 배수이지만 짝수는 아니므로 거짓인 명제이다.
따라서 명제가 아닌 것은 ④이다.

2 ① 2는 짝수이지만 4의 배수가 아니므로 거짓이다.
② $a=1$, $b=2$이면 $a+b \neq 2$이므로 거짓이다.
③ $\angle A = \angle B = 70°$, $\angle C = 40°$인 $\triangle ABC$는 예각삼각형이지만 정삼각형은 아니므로 거짓이다.
④ 12는 12의 약수이지만 6의 약수가 아니므로 거짓이다.
따라서 참인 명제는 ⑤이다.

3 ㄱ. $x=-1$이면 $x<0$이지만 $x^2 \geq 0$ (거짓)
ㄴ. $x^2 + y^2 = 0$이면 $x=0$, $y=0$ (참)
ㄷ. $x \geq 2$이고 $y \geq 2$이면 $x+y \geq 4$이다.
ㄹ. $x=\sqrt{2}$, $y=-\sqrt{2}$이면 x, y는 무리수이지만 $x+y$는 유리수이다. (거짓)
따라서 거짓인 명제는 ㄱ, ㄹ이다.

4 $3x-9<0$에서 $x<3$
따라서 주어진 조건의 진리집합은 $\{0, 1, 2\}$

5 $U = \{1, 2, 3, 4, 5, 6\}$
$x^2 - 8x + 12 = 0$에서 $(x-2)(x-6) = 0$이므로
$x=2$ 또는 $x=6$
따라서 주어진 조건의 진리집합은 $\{2, 6\}$이므로 구하는 모든 원소의 합은 $2+6=8$

6 $U = \{1, 2, 3, 4, 5, 6, 7, 8, 9, 10\}$
$2x^2 - 13x + 15 \leq 0$에서 $(2x-3)(x-5) \leq 0$이므로
$\dfrac{3}{2} \leq x \leq 5$
따라서 주어진 조건의 진리집합은
$\{2, 3, 4, 5\}$

7 ①, ②, ③, ④ 주어진 명제가 참이므로 부정은 거짓이다.
⑤ 6의 약수의 합은 $1+2+3+6=12$이므로 주어진 명제는 거짓이다.
따라서 주어진 명제의 부정은 참이다.
그러므로 주어진 명제 중 그 부정이 참인 것은 ⑤이다.

8 $3x-4 > x+2$에서 $2x>6$이므로 $x>3$
따라서 주어진 조건의 진리집합을 P라 하면
$P = \{4, 5\}$
따라서 $P^C = \{1, 2, 3\}$
[다른 풀이]
$3x-4 > x+2$의 부정은 $3x-4 \leq x+2$이므로
$2x \leq 6$, 즉 $x \leq 3$
따라서 구하는 진리집합은 $\{1, 2, 3\}$

9 $U = \{-3, -2, -1, 0, 1, 2, 3\}$
$x^2 - 9 \geq 0$에서 $(x+3)(x-3) \geq 0$이므로
$x \leq -3$ 또는 $x \geq 3$
따라서 주어진 조건의 진리집합을 P라 하면
$P = \{-3, 3\}$
따라서 $P^C = \{-2, -1, 0, 1, 2\}$
[다른 풀이]
$x^2 - 9 \geq 0$의 부정은 $x^2 - 9 < 0$이므로
$(x+3)(x-3) < 0$, 즉 $-3 < x < 3$
따라서 구하는 진리집합은
$\{-2, -1, 0, 1, 2\}$

10 $U = \{1, 2, 3, 4, 5, 6, 7, 8, 9, 10\}$
$x^2 - 10x + 21 \leq 0$에서 $(x-3)(x-7) \leq 0$이므로
$3 \leq x \leq 7$
두 조건 p, q의 진리집합을 각각 P, Q라 하면
$P = \{1, 2, 3, 4, 6\}$, $Q = \{3, 4, 5, 6, 7\}$
따라서 조건 'p 그리고 q'의 진리집합은
$P \cap Q = \{3, 4, 6\}$

11 $U = \{1, 2, 3, 4, \cdots, 11, 12\}$
$x^2 - 4x + 3 > 0$에서 $(x-1)(x-3) > 0$이므로
$x < 1$ 또는 $x > 3$

두 조건 p, q의 진리집합을 각각 P, Q라 하면
$P=\{4, 5, 6, \cdots, 11, 12\}$, $Q=\{3, 6, 9, 12\}$
즉 $P^C=\{1, 2, 3\}$
따라서 조건 '$\sim p$ 또는 q'의 진리집합은
$P^C \cup Q=\{1, 2, 3, 6, 9, 12\}$
이므로 구하는 진리집합의 모든 원소의 개수는 6이다.

[다른 풀이]

$x^2-4x+3>0$의 부정은 $x^2-4x+3 \leq 0$이므로
$(x-1)(x-3) \leq 0$, 즉 $1 \leq x \leq 3$
따라서 $P^C=\{1, 2, 3\}$
이때 $Q=\{3, 6, 9, 12\}$이므로 조건 '$\sim p$ 또는 q'의 진리집합은
$P^C \cup Q=\{1, 2, 3, 6, 9, 12\}$
따라서 구하는 진리집합의 원소의 개수는 6이다.

12 $x^2+7x+6>0$에서 $(x+1)(x+6)>0$이므로
$x<-6$ 또는 $x>-1$
$|x+1|>3$에서 $x+1<-3$ 또는 $x+1>3$이므로
$x<-4$ 또는 $x>2$
두 조건 p, q의 진리집합을 각각 P, Q라 하면
$P=\{x \,|\, x$는 $x<-6$ 또는 $x>-1$인 정수$\}$,
$Q=\{x \,|\, x$는 $x<-4$ 또는 $x>2$인 정수$\}$이므로
$P^C=\{-6, -5, -4, -3, -2, -1\}$,
$Q^C=\{-4, -3, -2, -1, 0, 1, 2\}$
따라서 조건 '$\sim p$ 그리고 $\sim q$'의 진리집합은
$P^C \cap Q^C=\{-4, -3, -2, -1\}$

[다른 풀이]

$x^2+7x+6>0$의 부정은 $x^2+7x+6 \leq 0$이므로
$(x+1)(x+6) \leq 0$, 즉 $-6 \leq x \leq -1$
$|x+1|>3$의 부정은 $|x+1| \leq 3$이므로
$-3 \leq x+1 \leq 3$, 즉 $-4 \leq x \leq 2$
두 조건 p, q의 진리집합을 각각 P, Q라 하면
$P^C=\{-6, -5, -4, -3, -2, -1\}$,
$Q^C=\{-4, -3, -2, -1, 0, 1, 2\}$
따라서 조건 '$\sim p$ 그리고 $\sim q$'의 진리집합은
$P^C \cap Q^C=\{-4, -3, -2, -1\}$

05

명제 $p \longrightarrow q$의 참, 거짓

1 ($\mathscr{O}$ $x=0$, $y=0$)

2 가정: $\square ABCD$는 직사각형이다.
결론: $\square ABCD$는 정사각형이다.

3 가정: a, b는 홀수이다.
결론: $a+b$는 짝수이다.

4 가정: $x-2=0$
결론: $x^2+3x+2=0$

5 가정: x는 2의 배수이다.
결론: x는 4의 배수이다.

6 가정: $x>2$
결론: $x \leq 4$

7 ($\mathscr{O}$ 3, 3, $\{0, 3\}$, $\subset$, 참)   **8** 참   **9** 참

10 거짓   **11** 참   ☺ 참, 거짓

12 ($\mathscr{O}$ 무리수, 무리수, 거짓)   **13** 거짓

14 참   **15** 참   **16** ④

8 두 조건 p, q의 진리집합을 각각 P, Q라 하면
$P \subset Q$이므로 명제 $p \longrightarrow q$는 참이다

9 두 조건 p, q의 진리집합을 각각 P, Q라 하면
$P=\{x \,|\, 0<x<1\}$,
$Q=\{x \,|\, -1<x \leq 2\}$
따라서 $P \subset Q$이므로
명제 $p \longrightarrow q$는 참이다.

10 $x+1 \geq 0$에서 $x \geq -1$
$x^2-3x-4=0$에서 $(x+1)(x-4)=0$이므로
$x=-1$ 또는 $x=4$
두 조건 p, q의 진리집합을 각각 P, Q라 하면
$P=\{x \,|\, x \geq -1\}$, $Q=\{-1, 4\}$
따라서 $P \not\subset Q$이므로 명제 $p \longrightarrow q$는 거짓이다.

11 $x^2-7x+12 \leq 0$에서 $(x-3)(x-4) \leq 0$이므로
$3 \leq x \leq 4$
두 조건 p, q의 진리집합을 각각 P, Q라 하면
$P=\{x \,|\, 3 \leq x \leq 4\}$,
$Q=\{x \,|\, 1 \leq x \leq 5\}$
따라서 $P \subset Q$이므로 명제
$p \longrightarrow q$는 참이다.

13 [반례] $x=0$, $y=1$이면 $xy=0$이지만 $x^2+y^2 \neq 0$이므로 주어진 명제는 거짓이다.

15 $x \leq 2$이고 $y \leq 2$이면 $x+y \leq 2+2=4$이다.
따라서 주어진 명제는 참이다.

16 ㄴ. [반례] $x=2$, $y=-1$이면 $x+y>0$이지만 $x>0$, $y<0$이므로 주어진 명제는 거짓이다.
ㄷ. $x^3=1$에서 $(x-1)(x^2+x+1)=0$
x는 실수이므로 $x=1$

$x^2=1$에서 $(x+1)(x-1)=0$이므로

$x=-1$ 또는 $x=1$

두 조건 p, q의 진리집합을 각각 P, Q라 하면

$P=\{1\}$, $Q=\{-1, 1\}$

따라서 $P\subset Q$이므로 주어진 명제는 참이다.

그러므로 참인 명제는 ㄱ, ㄷ이다.

06

본문 246쪽

명제와 진리집합 사이의 관계

1 ○	2 ×	3 ○	4 ×
5 ×	6 ○	7 ○	8 ×
9 ○	10 ×	11 ○	12 ○
13 ×	14 ○	15 ○	16 ×

17 (1) (✎ ⊂, 참)　(2) 거짓　(3) 참　(4) 거짓　(5) 거짓

18 (1) 거짓　(2) 참　(3) 참　(4) 거짓　(5) 거짓

19 (1) 거짓　(2) 참　(3) 참　(4) 거짓　(5) 참　(6) 참

20 ④　　21 (✎ ⊂, ≤)　　22 $a\geq 3$

23 $a\geq 3$　24 $3\leq a<5$　25 $8\leq a<10$　26 $a\leq 3$

27 $-5\leq a<4$　　28 ③

2　$P\subset Q$이므로 $P\cup Q=Q$

3　$P\subset Q$이므로 $P^C\cap Q^C=(P\cup Q)^C=Q^C$

4　$P\subset Q$이므로 $P\cap Q^C=P-Q=\varnothing$

5　$p\longrightarrow \sim q$가 참이므로 $P\subset Q^C$

6　$P\subset Q^C$이므로 $P\cap Q=\varnothing$

7　$P\subset Q^C$이므로 $P\cap Q^C=P$

8　$P\subset Q^C$이므로 $P\cup Q^C=Q^C$

9　$\sim p\longrightarrow q$가 참이므로 $P^C\subset Q$

10　$P^C\subset Q$이므로 $P^C\cap Q=P^C$

11　$P^C\subset Q$이므로 $P^C\cup Q=Q$

12　$P^C\subset Q$이므로 $P\cap Q^C=(P^C\cup Q)^C=Q^C$

13　$\sim p\longrightarrow \sim q$가 참이므로 $P^C\subset Q^C$

　　따라서 $Q\subset P$

14　$P^C\subset Q^C$이므로 $P^C\cap Q^C=P^C$

15　$Q\subset P$이므로 $P^C\cap Q=Q-P=\varnothing$

16　$P^C\subset Q^C$이므로 $P^C\cup Q^C=Q^C$

17　(2) $Q\not\subset R$이므로 명제 $q\longrightarrow r$는 거짓이다.

　　(3) $P\subset R^C$이므로 명제 $p\longrightarrow \sim r$는 참이다.

　　(4) $Q^C\not\subset R$이므로 명제 $\sim q\longrightarrow r$는 거짓이다.

　　(5) $P\not\subset Q^C$이므로 명제 $p\longrightarrow \sim q$는 거짓이다.

18　(1) $P\not\subset Q$이므로 명제 $p\longrightarrow q$는 거짓이다.

　　(2) $R\subset P$이므로 명제 $r\longrightarrow p$는 참이다.

　　(3) $Q\subset R^C$이므로 명제 $q\longrightarrow \sim r$는 참이다.

　　(4) $P^C\not\subset Q^C$이므로 명제 $\sim p\longrightarrow \sim q$는 거짓이다.

　　(5) $P^C\not\subset R$이므로 명제 $\sim p\longrightarrow r$는 거짓이다.

19　(1) $P\not\subset Q$이므로 명제 $p\longrightarrow q$는 거짓이다.

　　(2) $R\subset P$이므로 명제 $r\longrightarrow p$는 참이다.

　　(3) $P^C\subset R^C$이므로 명제 $\sim p\longrightarrow \sim r$는 참이다.

　　(4) $Q^C\not\subset R$이므로 명제 $\sim q\longrightarrow r$는 거짓이다.

　　(5) $(Q\cup R)\subset P$이므로 명제 (q 또는 r) $\longrightarrow p$는 참이다.

　　(6) $(Q\cap R)\subset P$이므로 명제 (q 그리고 r) $\longrightarrow p$는 참이다.

20　$P-R=P$이므로 $P\cap R=\varnothing$

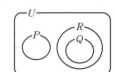

　　$R\cap Q=Q$이므로 $Q\subset R$

　　따라서 세 집합 P, Q, R를 벤다이어그램으로 나타내면 오른쪽 그림과 같다.

　　① $P\not\subset Q$이므로 명제 $p\longrightarrow q$는 거짓이다.

　　② $P\not\subset R$이므로 명제 $p\longrightarrow r$는 거짓이다.

　　③ $Q\not\subset P$이므로 명제 $q\longrightarrow p$는 거짓이다.

　　④ $Q\subset R$이므로 명제 $q\longrightarrow r$는 참이다.

　　⑤ $R\not\subset P$이므로 명제 $r\longrightarrow p$는 거짓이다.

　　따라서 참인 명제는 ④이다.

22　두 조건 p, q의 진리집합을 각각 P, Q라 하면

　　$P=\{x|1<x\leq 3\}$, $Q=\{x|-2\leq x\leq a\}$

　　$p\longrightarrow q$가 참이 되려면

　　$P\subset Q$이어야 하므로

　　$a\geq 3$

23　두 조건 p, q의 진리집합을 각각 P, Q라 하면

　　$P=\{x|-3<x<3\}$, $Q=\{x|x<a\}$

$p \longrightarrow q$가 참이 되려면

$P \subset Q$이어야 하므로

$a \geq 3$

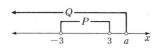

24 두 조건 p, q의 진리집합을 각각 P, Q라 하면

$P=\{x \mid a-1 < x \leq a+2\}$, $Q=\{x \mid 2 < x < 7\}$

$p \longrightarrow q$가 참이 되려면

$P \subset Q$이어야 하므로

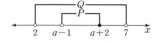

$a-1 \geq 2$, $a+2 < 7$

$a \geq 3$, $a < 5$

따라서 $3 \leq a < 5$

25 두 조건 p, q의 진리집합을 각각 P, Q라 하면

$P=\{x \mid 1 \leq x \leq 4\}$, $Q=\left\{x \mid a-9 < x \leq \dfrac{a}{2}\right\}$

$p \longrightarrow q$가 참이 되려면

$P \subset Q$이어야 하므로

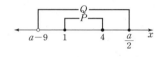

$a-9 < 1$, $\dfrac{a}{2} \geq 4$

$a < 10$, $a \geq 8$

따라서 $8 \leq a < 10$

26 두 조건 p, q의 진리집합을 각각 P, Q라 하면

$P=\{x \mid 3 < x \leq 6\}$, $Q=\{x \mid x \geq a\}$

$p \longrightarrow q$가 참이 되려면

$P \subset Q$이어야 하므로

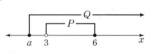

$a \leq 3$

27 두 조건 p, q의 진리집합을 각각 P, Q라 하면

$P=\{x \mid a < x \leq 4\}$, $Q=\{x \mid |x| \leq 5\}=\{x \mid -5 \leq x \leq 5\}$

$p \longrightarrow q$가 참이 되려면

$P \subset Q$이어야 하므로

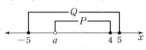

$-5 \leq a < 4$

28 두 조건 p, q의 진리집합을 각각 P, Q라 하면

$P=\{x \mid -1 < x \leq 2\}$, $Q=\{x \mid a-5 < x \leq a\}$

$p \longrightarrow q$가 참이 되려면

$P \subset Q$이어야 하므로

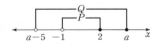

$a-5 \leq -1$, $a \geq 2$

$a \leq 4$, $a \geq 2$

즉 $2 \leq a \leq 4$

따라서 $m=2$, $n=4$이므로

$m+n=2+4=6$

'모든'이나 '어떤'이 있는 명제

1 ($\varnothing$ =, 참)   2 참   3 거짓   4 거짓

5 참   6 참   7 참   8 ($\varnothing$ 어떤, $\leq$)

9 모든 자연수 x에 대하여 $x^2-2x-3 \neq 0$이다.

10 모든 실수 x에 대하여 $|x| \geq 10$이다.

11 모든 실수 x에 대하여 $-2 \leq x \leq 3$이다.

12 어떤 실수 x에 대하여 $x^2+4x+5 > 0$이다.

☺ 어떤, $\sim p$ 13 ($\varnothing$ 모든, $\geq$, 참)   14 참

15 거짓   16 참   17 거짓   18 ④

2 조건의 진리집합을 P라 하면 $x-2=0$에서 $x=2$이므로 $P=\{2\}$

이때 $P \neq \varnothing$이므로 주어진 명제는 참이다.

3 조건의 진리집합을 P라 하면 $P=\{1, 2, 3, 6\}$

이때 $P \neq U$이므로 주어진 명제는 거짓이다.

4 전체집합 $U=\{x \mid x$는 실수$\}$에 대하여 조건의 진리집합을 P라 하면 $P=\{0\}$

이때 $P \neq U$이므로 주어진 명제는 거짓이다.

5 전체집합 $U=\{x \mid x$는 실수$\}$에 대하여 조건의 진리집합을 P라 하면 $x^2-4x+4=0$에서 $(x-2)^2=0$, 즉 $x=2$이므로 $P=\{2\}$

이때 $P \neq \varnothing$이므로 주어진 명제는 참이다.

6 전체집합 $U=\{x \mid x$는 실수$\}$에 대하여 조건의 진리집합을 P라 하면 $x^2-2x+1 \geq 0$에서 $(x-1)^2 \geq 0$이므로 $P=\{x \mid x$는 실수$\}$

이때 $P \neq \varnothing$이므로 주어진 명제는 참이다.

7 전체집합 $U=\{x \mid x$는 실수$\}$에 대하여 조건의 진리집합을 P라 하면 $x^2-2x+2=(x-1)^2+1 > 0$이므로 $P=\{x \mid x$는 실수$\}$

이때 $P=U$이므로 주어진 명제는 참이다.

14 주어진 명제의 부정은

어떤 실수 x에 대하여 $x^2-1 \neq 0$이다.

이때 $x=2$이면 $x^2-1 \neq 0$이므로 주어진 명제의 부정은 참이다.

15 주어진 명제의 부정은

모든 정삼각형은 이등변삼각형이 아니다.

따라서 주어진 명제의 부정은 거짓이다.

16 주어진 명제의 부정은

모든 실수 x에 대하여 $x^2-x+1>0$이다.

이때 모든 실수 x에 대하여

$x^2-x+1=\left(x-\dfrac{1}{2}\right)^2+\dfrac{3}{4}>0$

이므로 주어진 명제의 부정은 참이다.

17 주어진 명제의 부정은

모든 실수 x, y에 대하여 $x^2+y^2\leq0$이다.

이때 $x=1$, $y=1$이면 $x^2+y^2>0$이므로 주어진 명제의 부정은 거짓이다.

18 $U=\{1, 2, 3, \cdots, 9, 10\}$이고 조건의 진리집합을 P라 하면

① $x-2<9$에서 $x<11$이므로 $P=\{1, 2, 3, \cdots, 9, 10\}$

이때 $P\neq\varnothing$이므로 주어진 명제는 참이다.

② $x(x-2)=0$에서 $x=0$ 또는 $x=2$이므로 $P=\{2\}$

이때 $P\neq\varnothing$이므로 주어진 명제는 참이다.

③ $2x-1\geq0$에서 $x\geq\dfrac{1}{2}$이므로 $P=\{1, 2, 3, \cdots, 9, 10\}$

이때 $P=U$이므로 주어진 명제는 참이다.

④ $x^2<4$에서 $P=\{1\}$이고 $P\neq U$이므로 주어진 명제는 거짓이다.

⑤ $|x|=x$에서 $P=\{1, 2, 3, \cdots, 9, 10\}$이고 $P=U$이므로 주어진 명제는 참이다.

따라서 거짓인 명제는 ④이다.

---

1 (1) $ac=bc$　(2) $a=b$　**2** ②　**3** ⑤

4 ③　　**5** ④　　**6** ②　　**7** ③, ⑤

8 $-3\leq a\leq4$　**9** ②　　**10** ④

11 모든 실수 x에 대하여 $-2<x<5$이다.　**12** ④

2 두 조건 p, q의 진리집합을 각각 P, Q라 하자.

ㄱ. $x^2+2x=0$에서 $x(x+2)=0$이므로

$x=0$ 또는 $x=-2$

$|x|\leq2$에서 $-2\leq x\leq2$이므로

$P=\{0, -2\}$, $Q=\{x|-2\leq x\leq2\}$

따라서 $P\subset Q$이므로 명제 $p\longrightarrow q$는 참이다.

ㄴ. $P=\{x|-3<x<5\}$, $Q=\{x|x\leq4\}$

따라서 $P\not\subset Q$이므로

명제 $p\longrightarrow q$는 거짓이다.

ㄷ. $P=\{1, 3\}$, $Q=\{1, 3, 9\}$

따라서 $P\subset Q$이므로 명제 $p\longrightarrow q$는 참이다.

ㄹ. $x^2-3x+2=0$에서 $(x-1)(x-2)=0$이므로

$x=1$ 또는 $x=2$

$2x-4=0$에서 $x=2$이므로

$P=\{1, 2\}$, $Q=\{2\}$

따라서 $P\not\subset Q$이므로 명제 $p\longrightarrow q$는 거짓이다.

그러므로 참인 것은 ㄱ, ㄷ이다.

3 ⑤ p: $-5\leq x\leq10$, q: $-3<x<5$라 하고 p, q의 진리집합을 각각 P, Q라 하면

$P=\{x|-5\leq x\leq10\}$, $Q=\{x|-3<x<5\}$

이때 $P\not\subset Q$이므로 주어진 명제는 거짓이다.

4 ① $x^2=9$에서 $x=3$ 또는 $x=-3$

$P=\{-3, 3\}$, $Q=\{-3\}$이라 하면

$P\not\subset Q$이므로 주어진 명제는 거짓이다.

② [반례] $x=-1$, $y=-2$이면 $xy>0$이지만 $x<0$, $y<0$이므로 주어진 명제는 거짓이다.

③ $P=\{x|x<4\}$, $Q=\{x|x<5\}$라 하면

$P\subset Q$이므로 주어진 명제는 참이다.

④ $x^2-3x-4=0$에서 $(x+1)(x-4)=0$이므로

$x=-1$ 또는 $x=4$

$P=\{-1, 4\}$, $Q=\{-1\}$이라 하면 $P\not\subset Q$이므로 주어진 명제는 거짓이다.

⑤ [반례] $x=3$, $y=2$이면 $x>y$이지만 $\dfrac{1}{x}<\dfrac{1}{y}$이므로 주어진 명제는 거짓이다.

따라서 참인 명제는 ③이다.

5 명제 $p\longrightarrow q$가 참이므로 $P\subset Q$

① $P\cap Q=P$

② $P\cup Q=Q$

③ $P^C\cap Q=Q-P\neq\varnothing$

⑤ $P^C\cap Q^C=(P\cup Q)^C=Q^C$

따라서 옳은 것은 ④이다.

6 명제 $\sim p\longrightarrow \sim q$가 참이므로 $P^C\subset Q^C$

즉 $Q\subset P$

①, ③ $P\cap Q=Q$

② $P\cup Q=P$

④ $P-Q\neq P$

⑤ $P^C\cup Q^C=(P\cap Q)^C=Q^C$

따라서 옳은 것은 ②이다.

7 $P\cap Q=Q$이므로 $Q\subset P$

$P\cap R=\varnothing$이므로 세 집합 P, Q, R를 벤다이어그램으로 나타내면 오른쪽 그림과 같다.

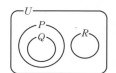

① $P\not\subset Q$이므로 명제 $p\longrightarrow q$는 거짓이다.

② $P\not\subset R$이므로 명제 $p \longrightarrow r$는 거짓이다.

③ $Q\subset P$이므로 명제 $q \longrightarrow p$는 참이다.

④ $Q^C\not\subset R$이므로 명제 $\sim q \longrightarrow r$는 거짓이다.

⑤ $R\subset P^C$이므로 명제 $r \longrightarrow \sim p$는 참이다.

따라서 참인 명제는 ③, ⑤이다.

8 두 조건 p, q의 진리집합을 각각 P, Q라 하면

$P=\{x|a\leq x\leq 4\}$, $Q=\{x|-3\leq x\leq 5\}$

$p \longrightarrow q$가 참이 되려면

$P\subset Q$이어야 하므로

$-3\leq a\leq 4$

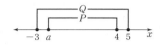

9 주어진 조건의 진리집합을 P라 하자.

① $P=\varnothing$이므로 주어진 명제는 거짓이다.

② $P=\{-2, -1\}$이고 $P\neq\varnothing$이므로 주어진 명제는 참이다.

③ $P=\{-1, 0, 1\}$이고 $P\neq U$이므로 주어진 명제는 거짓이다.

④ $3x+9=0$에서 $x=-3$

이때 $P=\varnothing$이므로 주어진 명제는 거짓이다.

⑤ $x^2-4\leq 0$에서 $2\leq x\leq 2$

이때 $P=\{-2, -1, 0, 1, 2\}$이고 $P\neq U$이므로 주어진 명제는 거짓이다.

따라서 참인 명제는 ②이다.

10 주어진 조건의 진리집합을 P라 하자.

① $|x-1|\geq 0$의 해는 모든 실수이므로 $P=U$, 즉 주어진 명제는 참이다.

② $x^2=5x$에서 $x=0$ 또는 $x=5$이므로 $P=\{0, 5\}$

이때 $P\neq\varnothing$이므로 주어진 명제는 참이다.

③ 12의 약수는 1, 2, 3, 4, 6, 12이므로 $P=\{1, 2, 3, 4, 6, 12\}$

이때 $P\neq\varnothing$이므로 주어진 명제는 참이다.

④ $x^2+x+2=0$은 해가 없으므로 $P=\varnothing$

이때 $P\neq U$이므로 주어진 명제는 거짓이다.

⑤ $x^2+4x-5<0$에서 $(x+5)(x-1)<0$이므로 $-5<x<1$

$P=\{x|-5<x<1\}$이고 $P\neq\varnothing$이므로 주어진 명제는 참이다.

따라서 거짓인 명제는 ④이다.

12 전체집합을 U, 주어진 조건의 진리집합을 P라 하자.

ㄱ. 주어진 명제의 부정은 모든 실수 x에 대하여 $2x-2\neq 0$이다.

$U=\{x|x$는 실수$\}$, $P=\{x|x\neq 1\}$이므로 $P\neq U$, 즉 주어진 명제의 부정은 거짓이다.

ㄴ. 주어진 명제의 부정은 어떤 양수 x에 대하여 $2x\leq x$이다.

$U=\{x|x$는 양수$\}$, $2x\leq x$에서 $x\leq 0$이므로 $P=\varnothing$, 즉 주어진 명제의 부정은 거짓이다.

ㄷ. 주어진 명제의 부정은 어떤 자연수 x에 대하여 $2x$는 짝수이다.

$U=\{x|x$는 자연수$\}$, $P=U$이므로 $P\neq\varnothing$, 즉 주어진 명제의 부정은 참이다.

ㄹ. 주어진 명제의 부정은 모든 실수 x에 대하여 $x^2+1>0$이다.

$U=\{x|x$는 실수$\}$, $P=U$이므로 주어진 명제의 부정은 참이다.

따라서 부정이 참인 것은 ㄷ, ㄹ이다.

1 ④	2 ⑤	3 ①	4 ②, ④
5 $\{-2, -1, 0, 1, 2\}$		6 ②	7 ④
8 ④	9 ④	10 ①	11 ①
12 $1\leq a\leq 2$	13 ③	14 ②	

1 ④ 아름답다는 기준이 명확하지 않아 참인지 거짓인지 판별할 수 없으므로 명제가 아니다.

2 ① $\sqrt{100}=10$은 유리수이므로 주어진 명제는 거짓이다.

② 9는 홀수이므로 주어진 명제는 거짓이다.

③ 3의 약수의 개수는 1, 3의 2이므로 주어진 명제는 거짓이다.

④ 6은 2의 배수이지만 4의 배수가 아니므로 주어진 명제는 거짓이다.

따라서 참인 명제는 ⑤이다.

3 $U=\{1, 2, 3, 4, 5, 6, 7, 8\}$

$x^2-6x-16\geq 0$에서 $(x+2)(x-8)\geq 0$이므로

$x\leq -2$ 또는 $x\geq 8$

따라서 주어진 조건의 진리집합은 $\{8\}$이므로 구하는 원소의 개수는 1이다.

4 ① $x=3$이면 $2x+1\neq 9$이므로 주어진 명제는 거짓이다.

따라서 주어진 명제의 부정은 참이다.

② 3의 약수는 1, 3이고 1, 3은 12의 약수이므로 주어진 명제는 참이다.

따라서 주어진 명제의 부정은 거짓이다.

③ 한 각의 크기가 90°인 삼각형은 직각삼각형이므로 주어진 명제는 거짓이다.

따라서 주어진 명제의 부정은 참이다.

④ 주어진 명제가 참이므로 주어진 명제의 부정은 거짓이다.

⑤ 주어진 명제가 거짓이므로 주어진 명제의 부정은 참이다.

따라서 명제의 부정이 거짓인 것은 ②, ④이다.

5 $U=\{-4, -3, -2, -1, 0, 1, 2, 3, 4\}$

$x^2-9\geq 0$에서 $(x+3)(x-3)\geq 0$이므로

$x\leq -3$ 또는 $x\geq 3$

주어진 조건의 진리집합을 P라 하면

$P=\{-4, -3, 3, 4\}$

따라서 $P^C=\{-2, -1, 0, 1, 2\}$

[다른 풀이]

$x^2-9\geq 0$의 부정은 $x^2-9<0$

$(x+3)(x-3)<0$, 즉 $-3<x<3$

따라서 주어진 조건의 부정의 진리집합은

$\{-2, -1, 0, 1, 2\}$

6 $U=\{1, 2, 3, 4, 5, 6, 7, 8, 9, 10\}$

$x^2-6x+5<0$에서 $(x-1)(x-5)<0$이므로

$1<x<5$

두 조건 p, q의 진리집합을 각각 P, Q라 하면

$P=\{2, 3, 4\}$, $Q=\{1, 3, 9\}$

$P^C=\{1, 5, 6, 7, 8, 9, 10\}$

따라서 조건 '$\sim p$ 그리고 q'의 진리집합은

$P^C \cap Q=\{1, 9\}$

7 조건 'p 그리고 $\sim q$'의 부정은 '$\sim p$ 또는 q'

조건 p의 부정은 $x^2+3x-10=0$이므로

$(x+5)(x-2)=0$에서 $x=-5$ 또는 $x=2$

$|2x+3|=11$에서

$2x+3=-11$ 또는 $2x+3=11$

$2x=-14$ 또는 $2x=8$, 즉 $x=-7$ 또는 $x=4$

두 조건 p, q의 진리집합을 각각 P, Q라 하면

$P^C=\{-5, 2\}$, $Q=\{-7, 4\}$

따라서 조건 'p 그리고 $\sim q$'의 부정의 진리집합은

$P^C \cup Q=\{-7, -5, 2, 4\}$

이므로 구하는 진리집합의 모든 원소의 합은

$-7-5+2+4=-6$

8 가정을 p, 결론을 q라 하고 그 진리집합을 각각 P, Q라 하자.

① $x^2=2$에서 $x=\sqrt{2}$ 또는 $x=-\sqrt{2}$

$P=\{\sqrt{2}\}$, $Q=\{-\sqrt{2}, \sqrt{2}\}$

$P \subset Q$이므로 주어진 명제는 참이다.

② $P=\{x \mid x<1\}$,

$Q=\{x \mid x<2\}$

$P \subset Q$이므로 주어진 명제는 참이다.

③ $P=\{x \mid 2<x<5\}$, $Q=\{x \mid 2 \le x \le 5\}$

$P \subset Q$이므로 주어진 명제는 참이다.

④ $x(x-2)=0$에서 $x=0$ 또는 $x=2$

$P=\{0, 2\}$, $Q=\{2\}$

$P \not\subset Q$이므로 주어진 명제는 거짓이다.

⑤ $x^2-1 \ge 0$에서

$(x+1)(x-1) \ge 0$이므로

$x \le -1$ 또는 $x \ge 1$

$P=\{x \mid x \ge 2\}$, $Q=\{x \mid x \le -1$ 또는 $x \ge 1\}$

$P \subset Q$이므로 주어진 명제는 참이다.

따라서 거짓인 명제는 ④이다.

9 조건은 만족시키지만 결론은 만족시키지 않는 자연수, 즉 반례를 찾는다.

8의 약수 1, 2, 4, 8 중에서 4, 8은 6의 약수가 아니다.

따라서 구하는 자연수를 모두 더하면

$4+8=12$

10 $P=\{x \mid a \le x \le 6\}$, $Q=\{x \mid 1 \le x \le 9\}$라 하면 주어진 명제가 참이어야 하므로

$P \subset Q$

따라서 $1 \le a \le 6$이므로 실수 a의 최솟값은 1이다.

11 ㄱ. 주어진 명제의 부정은

모든 실수 x에 대하여 $x^2-6x+9 \le 0$이다.

이때 $x=1$이면 $x^2-6x+9>0$이므로 주어진 명제의 부정은 거짓이다.

ㄴ. 주어진 명제의 부정은

어떤 유리수 p, q에 대하여 $p+q\sqrt{2}$는 무리수가 아니다.

이때 $p=1$, $q=0$이면 $p+q\sqrt{2}=1$은 유리수이다.

따라서 주어진 명제의 부정은 참이다.

ㄷ. 주어진 명제의 부정은

어떤 실수 x에 대하여 $x \le -3$ 또는 $x \ge 2$이다.

따라서 주어진 명제의 부정은 참이다.

그러므로 명제의 부정이 거짓인 것은 ㄱ뿐이다.

12 가정을 p, 결론을 q라 하고 그 진리집합을 각각 P, Q라 하자.

$x^2-(a+2)x+2a \le 0$에서 $(x-2)(x-a) \le 0$

$a \le 2$이므로 $a \le x \le 2$

$x^2-8x+7 \le 0$에서 $(x-1)(x-7) \le 0$이므로

$1 \le x \le 7$

$P=\{x \mid a \le x \le 2\}$, $Q=\{x \mid 1 \le x \le 7\}$이라 하면 주어진 명제가 참이어야 하므로

$P \subset Q$

따라서 $1 \le a \le 2$

13 $|x-2| \le 3$에서 $-3 \le x-2 \le 3$이므로

$-1 \le x \le 5$

$x^2-6x+8 \le 0$에서 $(x-2)(x-4) \le 0$이므로

$2 \le x \le 4$

세 조건 p, q, r의 진리집합을 각각 P, Q, R라 하면

$P=\{x \mid -1 \le x \le 5\}$, $Q=\{x \mid 2 \le x \le 4\}$, $R=\{x \mid x<0\}$

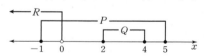

ㄱ. $P \not\subset Q$이므로 명제 $p \longrightarrow q$는 거짓이다.

ㄴ. $Q \subset P$이므로 명제 $q \longrightarrow p$는 참이다.

ㄷ. $Q \subset R^C$이므로 명제 $q \longrightarrow \sim r$는 참이다.

ㄹ. $R^C \not\subset P$이므로 명제 $\sim r \longrightarrow p$는 거짓이다.

따라서 참인 명제는 ㄴ, ㄷ이다.

14 모든 실수 x에 대하여 $x^2+4x+a \ge 0$이 참이 되려면

$x^2+4x+a=0$의 판별식을 D라 할 때

$\dfrac{D}{4}=2^2-a \le 0$이어야 한다.

따라서 $a \ge 4$이므로 실수 a의 최솟값은 4이다.

8 명제의 역과 대우

명제의 역과 대우

1 ($\mathscr{D}$ a^2, a, a^2, a)

2 역: x가 6의 배수이면 x는 3의 배수이다.
  대우: x가 6의 배수가 아니면 x는 3의 배수가 아니다.

3 역: $x<-3$이면 $x<0$이다.
  대우: $x \geq -3$이면 $x \geq 0$이다.

4 역: $x^2-4=0$이면 $x=2$이다.
  대우: $x^2-4 \neq 0$이면 $x \neq 2$이다.

5 역: 두 삼각형의 넓이가 같으면 두 삼각형이 합동이다.
  대우: 두 삼각형의 넓이가 다르면 두 삼각형은 합동이 아니다.
  ☺ p, $\sim q$, $\sim q$, q, q, $\sim p$

6 역: $ab=0$이면 $a=0$이다. (거짓)
  대우: $ab \neq 0$이면 $a \neq 0$이다. (참)

7 역: $m+n$이 짝수이면 m 또는 n은 짝수이다. (거짓)
  대우: $m+n$이 홀수이면 m과 n은 홀수이다. (거짓)

8 역: x가 6의 약수이면 x는 2의 약수이다. (거짓)
  대우: x가 6의 약수가 아니면 x는 2의 약수가 아니다. (참)

9 역: ab가 무리수이면 a, b는 무리수이다. (거짓)
  대우: ab가 무리수가 아니면 a 또는 b는 무리수가 아니다. (거짓)

10 역: 직사각형이면 정사각형이다. (거짓)
   대우: 직사각형이 아니면 정사각형이 아니다. (참)
   ☺ 참, 거짓   11 ($\mathscr{D}$ q, $\sim p$, ㄹ)   12 ㄴ
   13 ㄷ   14 ㄱ   15 ④

6   역: $ab=0$이면 $a=0$이다. (거짓)
    [반례] $a=2$, $b=0$일 때, $ab=0$이지만 $a \neq 0$

7   역: $m+n$이 짝수이면 m 또는 n은 짝수이다. (거짓)
    [반례] $m=3$, $n=3$일 때, $m+n=6$으로 짝수이지만 m, n
    은 모두 홀수이다.
    대우: $m+n$이 홀수이면 m과 n은 홀수이다. (거짓)
      [반례] $m=2$, $n=3$일 때, $m+n=5$로 홀수이지만 m은
      짝수이다.

8   역: x가 6의 약수이면 x는 2의 약수이다. (거짓)
    [반례] $x=3$일 때, x는 6의 약수이지만 2의 약수가 아니다.

9   역: ab가 무리수이면 a, b는 무리수이다. (거짓)
    [반례] $a=\sqrt{2}$, $b=2$일 때, $ab=2\sqrt{2}$로 무리수이지만 b는 유
    리수이다.
    대우: ab가 무리수가 아니면 a 또는 b는 무리수가 아니다. (거짓)
      [반례] $a=\sqrt{2}$, $b=\sqrt{2}$일 때, $ab=2$로 유리수이지만 a, b
      는 무리수이다.

10   역: 직사각형이면 정사각형이다. (거짓)
    [반례] 은 직사각형이지만 정사각형은 아니다.

12   명제 $\sim p \longrightarrow q$가 참이므로 이 명제의 대우 $\sim q \longrightarrow p$도 참이다.

13   명제 $q \longrightarrow p$가 참이므로 이 명제의 대우 $\sim p \longrightarrow \sim q$도 참이다.

14   명제 $\sim q \longrightarrow \sim p$가 참이므로 이 명제의 대우 $p \longrightarrow q$도 참이다.

15   주어진 명제가 참이므로 그 대우인
    '$x=1$이면 $x^2-kx+6=0$이다.'도 참이다.
    즉 $x=1$일 때, $1-k+6=0$이므로 $k=7$

삼단논법

1 p 2 r 3 p 4 $\sim r$

5 r 6 ($\mathscr{D}$ $\sim q$, $\sim r$, p, $\sim p$, $\sim q$, $\sim r$, p, $\sim r$)

7 $q \longrightarrow \sim p$, $\sim r \longrightarrow q$, $p \longrightarrow r$, $\sim r \longrightarrow \sim p$

8 $\sim r \longrightarrow p$, $\sim q \longrightarrow \sim r$, $\sim p \longrightarrow q$, $\sim q \longrightarrow p$

9 ($\mathscr{D}$ $\sim q$, r, r, $\sim r$, $\sim q$, r, r, $\sim r$)

10 $q \longrightarrow p$, $\sim q \longrightarrow r$, $\sim p \longrightarrow r$, $\sim r \longrightarrow p$

11 $\sim p \longrightarrow \sim r$, $p \longrightarrow \sim q$, $r \longrightarrow \sim q$, $q \longrightarrow \sim r$

12 ×   13 ○   14 ×   15 ○

16 ○   17 ○   18 ⑤

7   (i) 명제 $p \longrightarrow \sim q$가 참이므로 대우 $q \longrightarrow \sim p$도 참이다.
      명제 $\sim q \longrightarrow r$가 참이므로 대우 $\sim r \longrightarrow q$도 참이다.
    (ii) 두 명제 $p \longrightarrow \sim q$, $\sim q \longrightarrow r$가 모두 참이므로 삼단논법에 의
      하여 $p \longrightarrow r$가 참이다.
      또 그 대우 $\sim r \longrightarrow \sim p$도 참이다.

(i), (ii)에서 반드시 참인 명제는

$q \longrightarrow \sim p, \sim r \longrightarrow q, p \longrightarrow r, \sim r \longrightarrow \sim p$

8 (i) 명제 $\sim p \longrightarrow r$가 참이므로 대우 $\sim r \longrightarrow p$도 참이다.

명제 $r \longrightarrow q$가 참이므로 대우 $\sim q \longrightarrow \sim r$도 참이다.

(ii) 두 명제 $\sim p \longrightarrow r, r \longrightarrow q$가 모두 참이므로 삼단논법에 의하여 $\sim p \longrightarrow q$가 참이다.

또 그 대우 $\sim q \longrightarrow p$도 참이다.

(i), (ii)에서 반드시 참인 명제는

$\sim r \longrightarrow p, \sim q \longrightarrow \sim r, \sim p \longrightarrow q, \sim q \longrightarrow p$

10 (i) 명제 $\sim p \longrightarrow \sim q$가 참이므로 대우 $q \longrightarrow p$도 참이다.

명제 $\sim r \longrightarrow q$가 참이므로 대우 $\sim q \longrightarrow r$도 참이다.

(ii) 두 명제 $\sim p \longrightarrow \sim q, \sim q \longrightarrow r$가 모두 참이므로 삼단논법에 의하여 $\sim p \longrightarrow r$가 참이다.

또 그 대우 $\sim r \longrightarrow p$도 참이다.

(i), (ii)에서 반드시 참인 명제는

$q \longrightarrow p, \sim q \longrightarrow r, \sim p \longrightarrow r, \sim r \longrightarrow p$

11 (i) 명제 $r \longrightarrow p$가 참이므로 대우 $\sim p \longrightarrow \sim r$도 참이다.

명제 $q \longrightarrow \sim p$가 참이므로 대우 $p \longrightarrow \sim q$도 참이다.

(ii) 두 명제 $r \longrightarrow p, p \longrightarrow \sim q$가 모두 참이므로 삼단논법에 의하여 $r \longrightarrow \sim q$가 참이다.

또 그 대우 $q \longrightarrow \sim r$도 참이다.

(i), (ii)에서 반드시 참인 명제는

$\sim p \longrightarrow \sim r, p \longrightarrow \sim q, r \longrightarrow \sim q, q \longrightarrow \sim r$

13 명제 $q \longrightarrow r$가 참이므로 대우 $\sim r \longrightarrow \sim q$도 참이다.

15 두 명제 $p \longrightarrow q, q \longrightarrow r$가 모두 참이므로 삼단논법에 의하여 $p \longrightarrow r$가 참이다.

16 명제 $p \longrightarrow q$가 참이므로 대우 $\sim q \longrightarrow \sim p$도 참이다.

17 명제 $p \longrightarrow r$가 참이므로 대우 $\sim r \longrightarrow \sim p$도 참이다.

18 명제 $q \longrightarrow p$가 참이므로 대우 $\sim p \longrightarrow \sim q$도 참이다.

명제 $\sim r \longrightarrow \sim p$가 참이므로 대우 $p \longrightarrow r$도 참이다.

두 명제 $q \longrightarrow p, p \longrightarrow r$가 모두 참이므로 삼단논법에 의하여 $q \longrightarrow r$가 참이다.

또 그 대우 $\sim r \longrightarrow \sim q$도 참이다.

따라서 반드시 참이라고 할 수 없는 것은 ⑤이다.

03

충분조건과 필요조건

1 (1) 거짓   (2) 참   (3) 필요, 충분

2 (1) 참   (2) 거짓   (3) 충분, 필요

3 (1) 참   (2) 거짓   (3) 충분, 필요

4 (1) 참   (2) 거짓   (3) 충분, 필요

5 (1) 거짓   (2) 참   (3) 필요, 충분

6 (1) 참   (2) 참   (3) 필요충분, 필요충분

7 (✏ 3, 필요충분)   **8** 충분조건

9 필요조건   **10** 필요조건

11 충분조건   **12** 충분조건

13 필요충분조건   **14** 충분조건

15 필요충분조건   **16** 필요조건

17 (1) $P=\{x \mid x \leq -5$ 또는 $x \geq 2\}$, $Q=\{x \mid x \geq 2\}$

     (2) $Q \subset P$ (3) 필요, 충분

18 (1) $P=\{x \mid -2 < x < 2\}$, $Q=\{x \mid -2 \leq x \leq 2\}$

     (2) $P \subset Q$ (3) 충분, 필요

19 (1) $P=\{3\}$, $Q=\{3\}$ (2) $P=Q$ (3) 필요충분, 필요충분

☺

20 ④   **21** (✏ 1, ⊂, 1, 1, 1, 4)

22 -6 **23** (✏ a, 4)

24 $a \leq -1$

25 (✏ 5, ⊂, 5, 5, 25, -40, -8)

26 5   **27** (✏ ⊂, 0)

28 $a < -4$ **29** ③

8 $q: xy=0$에서 $x=0$ 또는 $y=0$

따라서 $p \Longrightarrow q$이므로 p는 q이기 위한 충분조건이다.

9 $p: x^2=y^2$에서 $x=y$ 또는 $x=-y$

따라서 $q \Longrightarrow p$이므로 p는 q이기 위한 필요조건이다.

10 $p: x=2, 4, 6, 8, \cdots$

$q: x=4, 8, 12, \cdots$

따라서 $q \Longrightarrow p$이므로 p는 q이기 위한 필요조건이다.

11 $p: x+4>0$에서 $x>-4$

$q: -2x-8 \leq 0$에서 $-2x \leq 8$이므로 $x \geq -4$

따라서 $p \Longrightarrow q$이므로 p는 q이기 위한 충분조건이다.

12 $p \Longrightarrow q$이므로 p는 q이기 위한 충분조건이다.

13 p: $x^2-5x+6<0$에서 $(x-2)(x-3)<0$이므로
  $2<x<3$
  따라서 $p \Longleftrightarrow q$이므로 p는 q이기 위한 필요충분조건이다.

14 p: $2x-3=1$에서 $2x=4$이므로 $x=2$
  q: $x^2+2x-8=0$에서 $(x-2)(x+4)=0$이므로
  $x=2$ 또는 $x=-4$
  따라서 $p \Longrightarrow q$이므로 p는 q이기 위한 충분조건이다.

15 q: $x^2-4x+4=0$에서 $(x-2)^2=0$이므로 $x=2$
  따라서 $p \Longleftrightarrow q$이므로 p는 q이기 위한 필요충분조건이다.

16 q: $x^2+7x+6<0$에서 $(x+1)(x+6)<0$이므로
  $-6<x<-1$
  따라서 $q \Longrightarrow p$이므로 p는 q이기 위한 필요조건이다.

17 (1) p: $x^2+3x-10 \geq 0$에서 $(x+5)(x-2) \geq 0$이므로
  $x \leq -5$ 또는 $x \geq 2$
  따라서 $P=\{x|x \leq -5$ 또는 $x \geq 2\}$, $Q=\{x|x \geq 2\}$

18 (1) p: $|x|<2$에서 $-2<x<2$
  따라서 $P=\{x|-2<x<2\}$, $Q=\{x|-2 \leq x \leq 2\}$

19 (1) p: $x^2-6x+9=0$에서 $(x-3)^2=0$이므로
  $x=3$
  따라서 $P=\{3\}$, $Q=\{3\}$

20 ④ $R^C \subset P^C$이므로 $\sim r \Longrightarrow \sim p$, 즉 $\sim r$는 $\sim p$이기 위한 충분조건이다.

22 두 조건 p, q의 진리집합을 각각 P, Q라 하면
  p: $x+2=0$에서 $x=-2$이므로 $P=\{-2\}$
  p가 q이기 위한 충분조건이 되려면 $P \subset Q$이어야 하므로
  $x=-2$는 $x^2+5x-a=0$의 해이어야 한다.
  즉 $x^2+5x-a=0$에 $x=-2$를 대입하면
  $4-10-a=0$이므로 $a=-6$

24 두 조건 p, q의 진리집합을 각각 P, Q라 하면
  p: $|x|<1$에서 $-1<x<1$이므로
  $P=\{x|-1<x<1\}$, $Q=\{x|a<x<3\}$
  p가 q이기 위한 충분조건이 되려면 $P \subset Q$이어야 하므로 다음 그림과 같다.

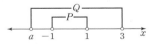

  따라서 $a \leq -1$

26 두 조건 p, q의 진리집합을 각각 P, Q라 하면
  $P=\{x|2x^2-3x-a=0\}$, $Q=\{-1\}$

---

  p가 q이기 위한 필요조건이 되려면 $Q \subset P$이어야 하므로
  $x=-1$은 $2x^2-3x-a=0$의 해이어야 한다.
  즉 $2x^2-3x-a=0$에 $x=-1$을 대입하면
  $2+3-a=0$이므로 $a=5$

28 두 조건 p, q의 진리집합을 각각 P, Q라 하면
  $P=\{x|a<x<6\}$, $Q=\{x|-4 \leq x \leq 2\}$
  p가 q이기 위한 필요조건이 되려면 $Q \subset P$이어야 하므로 다음 그림과 같다.

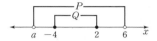

  따라서 $a<-4$

29 두 조건 p, q의 진리집합을 각각 P, Q라 하면
  p: $x^2-4x-21<0$에서 $(x+3)(x-7)<0$이므로
  $-3<x<7$
  따라서 $P=\{x|-3<x<7\}$, $Q=\{x|a \leq x<7\}$
  p가 q이기 위한 충분조건이 되려면 $P \subset Q$이어야 하므로 다음 그림과 같다.

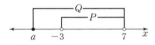

  따라서 $a \leq -3$이므로 정수 a의 최댓값은 -3이다.

TEST 개념 확인

본문 266쪽

1 ㄱ, ㄷ	**2** ③	**3** ⑤	**4** 4
5 ③	**6** ㄴ, ㄷ, ㅂ	**7** ②, ⑤	**8** ㄱ
9 ③	**10** ②	**11** ②	**12** ③

1 ㄱ. 역: $x \leq 1$이면 $x<1$이다. ➡ 거짓
  [반례] $x=1$일 때, $x \leq 1$이지만 $x<1$은 아니다.
  ㄴ. 역: $x=3$이면 $x^2=9$이다. ➡ 참
  ㄷ. 역: $x^2=y^2$이면 $x=y$이다. ➡ 거짓
  [반례] $x=1$, $y=-1$일 때, $x^2=y^2=1$이지만 $x \neq y$
  따라서 주어진 명제 중 그 역이 거짓인 것은 ㄱ, ㄷ이다.

2 명제 $p \longrightarrow q$의 역 $q \longrightarrow p$가 참이다.
  이때 명제 $q \longrightarrow p$가 참이므로 이 명제의 대우 $\sim p \longrightarrow \sim q$도 참이다.

3 ① 역: $3x+2=5$이면 $x=1$이다. ➡ 참
  대우: $3x+2 \neq 5$이면 $x \neq 1$이다. ➡ 참
  ② 역: $xy>0$이면 $x<0$, $y<0$이다. ➡ 거짓
  [반례] $x=1$, $y=2$일 때, $xy=2>0$이지만
  $x>0$, $y>0$
  대우: $xy \leq 0$이면 $x \geq 0$ 또는 $y \geq 0$이다. ➡ 참

③ 역: x^2이 유리수이면 x는 유리수이다. ➡ 거짓

　　[반례] $x=\sqrt{2}$일 때, x^2은 유리수이지만 x는 유리수가 아니다.

　　대우: x^2이 유리수가 아니면 x는 유리수가 아니다. ➡ 참

④ 역: $x^2=x$이면 $x=0$이다. ➡ 거짓

　　[반례] $x=1$일 때 $x^2=x=1$이지만 $x\neq0$

　　대우: $x^2\neq x$이면 $x\neq0$이다. ➡ 참

⑤ 역: 10의 배수이면 5의 배수이다. ➡ 참

　　대우: 10의 배수가 아니면 5의 배수가 아니다. ➡ 거짓

　　　　[반례] 15는 10의 배수가 아니지만 5의 배수이다.

따라서 역은 참이고 대우는 거짓인 명제는 ⑤이다.

4　명제 '$-1<x<4$이면 $x<a$이다.'가 참이려면 다음 그림과 같아야 한다.

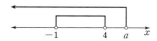

따라서 $a\geq4$이어야 하므로 a의 최솟값은 4이다.

5　명제 $p\longrightarrow q$가 참이므로 이 명제의 대우 $\sim q\longrightarrow\sim p$도 참이다.

　명제 $q\longrightarrow\sim r$가 참이므로 이 명제의 대우 $r\longrightarrow\sim q$도 참이다.

　두 명제 $p\longrightarrow q$, $q\longrightarrow\sim r$가 모두 참이므로 삼단논법에 의하여 $p\longrightarrow\sim r$도 참이다.

　또 그 대우 $r\longrightarrow\sim p$도 참이다.

　따라서 반드시 참이라고 할 수 없는 것은 ③이다.

6　명제 $p\longrightarrow\sim q$가 참이므로 이 명제의 대우 $q\longrightarrow\sim p$도 참이다.

　명제 $\sim r\longrightarrow q$가 참이므로 이 명제의 대우 $\sim q\longrightarrow r$도 참이다.

　두 명제 $p\longrightarrow\sim q$, $\sim q\longrightarrow r$가 모두 참이므로 삼단논법에 의하여 $p\longrightarrow r$도 참이다.

　또 그 대우 $\sim r\longrightarrow\sim p$도 참이다.

　따라서 보기 중 항상 참인 명제는 ㄴ, ㄷ, ㅂ이다.

7　① '$x+y$가 자연수이면 x, y는 자연수이다.'는 거짓이므로

　　　$p\not\Longrightarrow q$

　　　[반례] $x=0$, $y=2$

　　　'x, y는 자연수이면 $x+y$가 자연수이다.'는 참이므로

　　　$q\Longrightarrow p$

　　　따라서 p는 q이기 위한 필요조건이지만 충분조건은 아니다.

　② '$x=y$이면 $xz=yz$이다.'는 참이므로 $p\Longrightarrow q$

　　　'$xz=yz$이면 $x=y$이다.'는 거짓이므로 $q\not\Longrightarrow p$

　　　[반례] $x=1$, $y=-1$, $z=0$

　　　따라서 p는 q이기 위한 충분조건이지만 필요조건은 아니다.

　③ '$|x|+|y|=0$이면 $x=y=0$이다.'는 참이므로 $p\Longrightarrow q$

　　　'$x=y=0$이면 $|x|+|y|=0$이다.'는 참이므로 $q\Longrightarrow p$

　　　따라서 $p\Longleftrightarrow q$이므로 p는 q이기 위한 필요충분조건이다.

④ '$xy<0$이면 $x+y<0$이다.'는 거짓이므로 $p\not\Longrightarrow q$

　　[반례] $x=-1$, $y=3$

　　'$x+y<0$이면 $xy<0$이다.'는 거짓이므로 $q\not\Longrightarrow p$

　　[반례] $x=-1$, $y=-2$

⑤ '$x<1$, $y<1$이면 $(x-1)(y-1)>0$이다.'는 참이므로

　　$p\Longrightarrow q$

　　'$(x-1)(y-1)>0$이면 $x<1$, $y<1$이다.'는 거짓이므로

　　$q\not\Longrightarrow p$

　　[반례] $x=3$, $y=3$

　　따라서 p는 q이기 위한 충분조건이지만 필요조건은 아니다.

8　ㄱ. $x=0$ 또는 $y=0$이면 $xy=0$이다. ➡ 참

　　　$xy=0$이면 $x=0$ 또는 $y=0$이다. ➡ 참

　ㄴ. $x=0$ 또는 $y=0$이면 $x^2+y^2=0$이다. ➡ 거짓

　　　[반례] $x=1$, $y=0$일 때, $x=0$ 또는 $y=0$이지만 $x^2+y^2\neq0$

　　　$x^2+y^2=0$이면 $x=0$ 또는 $y=0$이다. ➡ 참

　ㄷ. $x=0$ 또는 $y=0$이면 $|x|+|y|=0$이다. ➡ 거짓

　　　[반례] $x=1$, $y=0$일 때, $x=0$ 또는 $y=0$이지만 $|x|+|y|\neq0$

　　　$|x|+|y|=0$이면 $x=0$ 또는 $y=0$이다. ➡ 참

따라서 $x=0$ 또는 $y=0$이기 위한 필요충분조건은 ㄱ뿐이다.

9　p는 q이기 위한 필요조건이므로 $q\Longrightarrow p$

　r는 $\sim p$이기 위한 충분조건이므로 $r\Longrightarrow\sim p$

　① 명제 $q\longrightarrow p$가 참이므로 그 대우 $\sim p\longrightarrow\sim q$도 참이다.

　②, ④ 명제 $r\longrightarrow\sim p$가 참이므로 그 대우 $p\longrightarrow\sim r$도 참이다.

　⑤ 두 명제 $q\longrightarrow p$, $p\longrightarrow\sim r$가 모두 참이므로 $q\longrightarrow\sim r$도 참이다. 따라서 그 대우 $r\longrightarrow\sim q$도 참이다.

10　p는 q이기 위한 충분조건이므로 $p\Longrightarrow q$

　　따라서 $P\subset Q$　……　㉠

　　q는 r이기 위한 충분조건이므로 $q\Longrightarrow r$

　　따라서 $Q\subset R$　……　㉡

　　㉠, ㉡에 의하여 $P\subset Q\subset R$

11　두 조건 p, q의 진리집합을 각각 P, Q라 하면

　　p: $x^2+2x-3=0$에서 $(x-1)(x+3)=0$이므로

　　　$x=1$ 또는 $x=-3$

　　따라서 $P=\{-3, 1\}$, $Q=\{x\,|\,x<a\}$

　　이때 p가 q이기 위한 충분조건이려면 $P\subset Q$이어야 하므로 다음 그림과 같다.

　　따라서 $a>1$이므로 정수 a의 최솟값은 2이다.

12　두 조건 p, q의 진리집합을 각각 P, Q라 하면

　　p: $|x+1|\leq5$에서 $-5\leq x+1\leq5$이므로

　　　$-6\leq x\leq4$

$q : |x| \leq a$에서 $-a \leq x \leq a$

따라서 $P = \{x | -6 \leq x \leq 4\}$, $Q = \{x | -a \leq x \leq a\}$

이때 p는 q이기 위한 필요조건이려면 $Q \subset P$이어야 하므로 다음 그림과 같다.

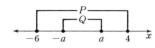

따라서 $0 < a \leq 4$이므로 자연수 a의 개수는 1, 2, 3, 4의 4이다.

04

본문 268쪽

명제의 증명

1 홀수, 홀수, 홀수, 1, 1, 1, 홀수, 참, 참
2 짝수, 짝수, 짝수, 2, 짝수, 참, 참
3 $<$, $<$, $<$, 음수, $<$, $<$, $<$, 참, 참
4 3의 배수, 1, 2, 1, 1, 1, 3의 배수, 2, 2, 1, 3의 배수, 참, 참
5 ①
6 유리수, 2, 짝수, 짝수, 2, 2, 2, 짝수, 짝수, 서로소
7 유리수, 1, 1, 유리수, 무리수
8 또는, $>$, $>$, $>$, $>$
9 홀수, 홀수, 짝수
10 서로소, nk, $m-n$, k, 서로소
11 ③

5 ㉠ 홀수
　㉡~㉢ 짝수

05

본문 272쪽

절대부등식

1 ○　　　2 ×　　　3 ○　　　4 ○
5 ○　　　6 ×　　　7 ×
8 $b-a$, $b-a$, $<$, $<$　　9 $b-a$, $b-a$, $>$, $>$
10 $b-a$, $b-a$, $<$, $<$　　11 1, 1, 1, 1, 1, 1, $\geq$, $\geq$
12 2, b, b, $\geq$, $\geq$　　13 $a-b$, $a-b$, $<$, $<$
14 $>$, $>$, $\sqrt{ab}$, $\sqrt{b}-\sqrt{a}$, $\sqrt{b}-\sqrt{a}$, $<$, $<$
15 $>$, $>$, 4, 4, $>$, $>$　　16 $\geq$, $\geq$, -2, -2, $\leq$, $\leq$
17 $\left(\cancel{2}, \frac{3}{2}, >, > \right)$　　18 $A < B$　　19 ④
20 $\frac{3}{4}$, $\frac{1}{2}$, $\frac{3}{4}$, $\frac{1}{2}$, $\frac{3}{4}$, $\geq$　　21 2, 2, $a-b$, $a-b$, $\geq$
22 $>$, $>$, $\sqrt{ab}$, $\sqrt{ab}$, $>$, $>$, $>$
23 $\geq$, $\geq$, ab, ab, ab, ab, $\geq$, $\geq$　　24 ②

---

1 모든 실수 x에 대하여 $x^2 \geq 0$이므로 $3x^2 \geq 0$
따라서 절대부등식이다.

2 $x = -6$일 때, $x + 5 = -1 < 0$이므로 부등식이 성립하지 않는다.
따라서 절대부등식이 아니다.

3 모든 실수 x에 대하여 $|x| \geq 0$이므로 $|x| + 1 > 0$
따라서 절대부등식이다.

4 모든 실수 x에 대하여 항상 성립하므로 절대부등식이다.

5 모든 실수 x에 대하여 항상 성립하므로 절대부등식이다.

6 $-|x+3| < 0$에서 $|x+3| > 0$
$x = -3$일 때, $|x+3| = 0$이므로 부등식이 성립하지 않는다.
따라서 절대부등식이 아니다.

7 $(x-1)^2 > x$에서 $x^2 - 2x + 1 > x$, $x^2 - 3x + 1 > 0$
$x = 1$일 때, $x^2 - 3x + 1 = -1 < 0$이므로 부등식이 성립하지 않는다.
따라서 절대부등식이 아니다.

18 $\dfrac{A}{B} = \dfrac{2^{40}}{5^{20}} = \left(\dfrac{2^2}{5}\right)^{20} = \left(\dfrac{4}{5}\right)^{20} < 1$
따라서 $A < B$

19 $A^2 = (\sqrt{3}+\sqrt{6})^2 = 9 + 6\sqrt{2} = 9 + \sqrt{72}$
$B^2 = (1 + 2\sqrt{2})^2 = 9 + 4\sqrt{2} = 9 + \sqrt{32}$
$C^2 = (\sqrt{2}+\sqrt{7})^2 = 9 + 2\sqrt{14} = 9 + \sqrt{56}$
$A^2 - B^2 = \sqrt{72} - \sqrt{32} > 0$
따라서 $A^2 > B^2$이므로 $A > B$　　……㉠
$A^2 - C^2 = \sqrt{72} - \sqrt{56} > 0$
따라서 $A^2 > C^2$이므로 $A > C$　　……㉡
$B^2 - C^2 = \sqrt{32} - \sqrt{56} < 0$
따라서 $B^2 < C^2$이므로 $B < C$　　……㉢
㉠, ㉡, ㉢에 의하여 $B < C < A$

06

본문 276쪽

여러 가지 절대부등식

1 2, $\dfrac{4}{a}$, 4　　2 6　　　3 20　　　4 4
5 $2\sqrt{2}$　　6 4, 1, 5, 2, 5, 9　　　7 4
8 -9　　9 25　　10 16
11 8, 4, 16, 16　　12 $\dfrac{3}{4}$　　13 $\dfrac{9}{4}$
14 8　　15 $\dfrac{\sqrt{2}}{4}$　　16 2, 2　　17 $4\sqrt{3}$

---

2 $a>0$, $\dfrac{9}{a}>0$이므로 산술평균과 기하평균의 관계에 의하여

$$a+\frac{9}{a}\geq2\sqrt{a\times\frac{9}{a}}=2\times3=6$$

$$\left(단, 등호는 \ a=\frac{9}{a}, \ 즉 \ a=3일 \ 때 \ 성립한다.\right)$$

따라서 $a+\dfrac{9}{a}$의 최솟값은 6이다.

3 $4a>0$, $\dfrac{25}{a}>0$이므로 산술평균과 기하평균의 관계에 의하여

$$4a+\frac{25}{a}\geq2\sqrt{4a\times\frac{25}{a}}=2\times10=20$$

$$\left(단, 등호는 \ 4a=\frac{25}{a}, \ 즉 \ a=\frac{5}{2}일 \ 때 \ 성립한다.\right)$$

따라서 $4a+\dfrac{25}{a}$의 최솟값은 20이다.

4 $a+1>0$, $\dfrac{4}{a+1}>0$이므로 산술평균과 기하평균의 관계에 의하여

$$a+1+\frac{4}{a+1}\geq2\sqrt{(a+1)\times\frac{4}{(a+1)}}=2\times2=4$$

$$\left(단, 등호는 \ a+1=\frac{4}{a+1}, \ 즉 \ a=1일 \ 때 \ 성립한다.\right)$$

따라서 $a+1+\dfrac{4}{a+1}$의 최솟값은 4이다.

5 $\dfrac{b}{a}>0$, $\dfrac{2a}{b}>0$이므로 산술평균과 기하평균의 관계에 의하여

$$\frac{b}{a}+\frac{2a}{b}\geq2\sqrt{\frac{b}{a}\times\frac{2a}{b}}=2\sqrt{2}$$

$$\left(단, 등호는 \ \frac{b}{a}=\frac{2a}{b}, \ 즉 \ b=\sqrt{2}a일 \ 때 \ 성립한다.\right)$$

따라서 $\dfrac{b}{a}+\dfrac{2a}{b}$의 최솟값은 $2\sqrt{2}$이다.

7 $ab>0$, $\dfrac{1}{ab}>0$이므로 산술평균과 기하평균의 관계에 의하여

$$\left(a+\frac{1}{b}\right)\left(b+\frac{1}{a}\right)=ab+1+1+\frac{1}{ab}$$

$$=ab+\frac{1}{ab}+2$$

$$\geq2\sqrt{ab\times\frac{1}{ab}}+2$$

$$=4$$

$$\left(단, 등호는 \ ab=\frac{1}{ab}, \ 즉 \ ab=1일 \ 때 \ 성립한다.\right)$$

따라서 $\left(a+\dfrac{1}{b}\right)\left(b+\dfrac{1}{a}\right)$의 최솟값은 4이다.

8 $a^2>0$, $\dfrac{16}{a^2}>0$이므로 산술평균과 기하평균의 관계에 의하여

$$\left(a-\frac{1}{a}\right)\left(a-\frac{16}{a}\right)=a^2-16-1+\frac{16}{a^2}$$

$$=a^2+\frac{16}{a^2}-17$$

$$\geq2\sqrt{a^2\times\frac{16}{a^2}}-17$$

$$=2\times4-17=-9$$

$$\left(단, 등호는 \ a^2=\frac{16}{a^2}, \ 즉 \ a=2일 \ 때 \ 성립한다.\right)$$

따라서 $\left(a-\dfrac{1}{a}\right)\left(a-\dfrac{16}{a}\right)$의 최솟값은 -9이다.

9 $\dfrac{6a}{b}>0$, $\dfrac{6b}{a}>0$이므로 산술평균과 기하평균의 관계에 의하여

$$(2a+3b)\left(\frac{2}{a}+\frac{3}{b}\right)=4+\frac{6a}{b}+\frac{6b}{a}+9$$

$$=\frac{6a}{b}+\frac{6b}{a}+13$$

$$\geq2\sqrt{\frac{6a}{b}\times\frac{6b}{a}}+13$$

$$=2\times6+13=25$$

$$\left(단, 등호는 \ \frac{6a}{b}=\frac{6b}{a}, \ 즉 \ a=b일 \ 때 \ 성립한다.\right)$$

따라서 $(2a+3b)\left(\dfrac{2}{a}+\dfrac{3}{b}\right)$의 최솟값은 25이다.

10 $\dfrac{3a}{b}>0$, $\dfrac{3b}{a}>0$이므로 산술평균과 기하평균의 관계에 의하여

$$(3a+b)\left(\frac{3}{a}+\frac{1}{b}\right)=9+\frac{3a}{b}+\frac{3b}{a}+1$$

$$=\frac{3a}{b}+\frac{3b}{a}+10$$

$$\geq2\sqrt{\frac{3a}{b}\times\frac{3b}{a}}+10$$

$$=2\times3+10=16$$

$$\left(단, 등호는 \ \frac{3a}{b}=\frac{3b}{a}, \ 즉 \ a=b일 \ 때 \ 성립한다.\right)$$

따라서 $(3a+b)\left(\dfrac{3}{a}+\dfrac{1}{b}\right)$의 최솟값은 16이다.

12 $a>0$, $3b>0$이므로 산술평균과 기하평균의 관계에 의하여

$$a+3b\geq2\sqrt{3ab}$$

이때 $a+3b=3$이므로 $3\geq2\sqrt{3ab}$, $\dfrac{\sqrt{3}}{2}\geq\sqrt{ab}$

양변을 제곱하면

$\dfrac{3}{4}\geq ab$ (단, 등호는 $a=3b$일 때 성립한다.)

따라서 ab의 최댓값은 $\dfrac{3}{4}$이다.

13 $4a>0$, $b>0$이므로 산술평균과 기하평균의 관계에 의하여
$4a+b \geq 2\sqrt{4ab}=4\sqrt{ab}$
이때 $4a+b=6$이므로 $6 \geq 4\sqrt{ab}$, $\dfrac{3}{2} \geq \sqrt{ab}$
양변을 제곱하면
$\dfrac{9}{4} \geq ab$ (단, 등호는 $4a=b$일 때 성립한다.)
따라서 ab의 최댓값은 $\dfrac{9}{4}$이다.

14 $a^2>0$, $b^2>0$이므로 산술평균과 기하평균의 관계에 의하여
$a^2+b^2 \geq 2\sqrt{a^2b^2}=2ab$
이때 $a^2+b^2=16$이므로 $16 \geq 2ab$
$8 \geq ab$ (단, 등호는 $a^2=b^2$, 즉 $a=b$일 때 성립한다.)
따라서 ab의 최댓값은 8이다.

15 $2a^2>0$, $b^2>0$이므로 산술평균과 기하평균의 관계에 의하여
$2a^2+b^2 \geq 2\sqrt{2a^2b^2}=2\sqrt{2}ab$
이때 $2a^2+b^2=1$이므로 $1 \geq 2\sqrt{2}ab$
$\dfrac{\sqrt{2}}{4} \geq ab$ (단, 등호는 $2a^2=b^2$, 즉 $\sqrt{2}a=b$일 때 성립한다.)
따라서 ab의 최댓값은 $\dfrac{\sqrt{2}}{4}$이다.

17 $2a>0$, $b>0$이므로 산술평균과 기하평균의 관계에 의하여
$2a+b \geq 2\sqrt{2ab}$
이때 $ab=6$이므로
$2a+b \geq 4\sqrt{3}$ (단, 등호는 $2a=b$일 때 성립한다.)
따라서 $2a+b$의 최솟값은 $4\sqrt{3}$이다.

18 $3a>0$, $4b>0$이므로 산술평균과 기하평균의 관계에 의하여
$3a+4b \geq 2\sqrt{3a \times 4b}=4\sqrt{3ab}$
이때 $ab=12$이므로
$3a+4b \geq 24$ (단, 등호는 $3a=4b$일 때 성립한다.)
따라서 $3a+4b$의 최솟값은 24이다.

19 $a^2>0$, $b^2>0$이므로 산술평균과 기하평균의 관계에 의하여
$a^2+b^2 \geq 2\sqrt{a^2b^2}=2ab$
이때 $ab=2$이므로
$a^2+b^2 \geq 4$ (단, 등호는 $a^2=b^2$, 즉 $a=b$일 때 성립한다.)
따라서 a^2+b^2의 최솟값은 4이다.

20 $4a^2>0$, $9b^2>0$이므로 산술평균과 기하평균의 관계에 의하여
$4a^2+9b^2 \geq 2\sqrt{4a^2 \times 9b^2}=12ab$
이때 $ab=4$이므로
$4a^2+9b^2 \geq 48$ (단, 등호는 $4a^2=9b^2$, 즉 $a=\dfrac{3}{2}b$일 때 성립한다.)
따라서 $4a^2+9b^2$의 최솟값은 48이다.

22 $a>5$에서 $a-5>0$, $\dfrac{9}{a-5}>0$이므로 산술평균과 기하평균의 관계에 의하여
$a+\dfrac{9}{a-5}=a-5+\dfrac{9}{a-5}+5$
$\geq 2\sqrt{(a-5) \times \dfrac{9}{a-5}}+5$
$=11$
$\left(\text{단, 등호는 } a-5=\dfrac{9}{a-5}, \text{ 즉 } a=8\text{일 때 성립한다.}\right)$
따라서 $a+\dfrac{9}{a-5}$의 최솟값은 11이다.

23 $a>\dfrac{1}{2}$에서 $2a-1>0$, $\dfrac{4}{2a-1}>0$이므로 산술평균과 기하평균의 관계에 의하여
$2a+\dfrac{4}{2a-1}=2a-1+\dfrac{4}{2a-1}+1$
$\geq 2\sqrt{(2a-1) \times \dfrac{4}{2a-1}}+1$
$=5$
$\left(\text{단, 등호는 } 2a-1=\dfrac{4}{2a-1}, \text{ 즉 } a=\dfrac{3}{2}\text{일 때 성립한다.}\right)$
따라서 $2a+\dfrac{4}{2a-1}$의 최솟값은 5이다.

24 $a>-3$에서 $a+3>0$, $\dfrac{1}{a+3}>0$이므로 산술평균과 기하평균의 관계에 의하여
$a+6+\dfrac{1}{a+3}=a+3+\dfrac{1}{a+3}+3$
$\geq 2\sqrt{(a+3) \times \dfrac{1}{a+3}}+3$
$=5$
$\left(\text{단, 등호는 } a+3=\dfrac{1}{a+3}, \text{ 즉 } a=-2\text{일 때 성립한다.}\right)$
따라서 $a+6+\dfrac{1}{a+3}$의 최솟값은 5이다.

26 x, y가 실수이므로 코시-슈바르츠 부등식에 의하여
$(1^2+1^2)(x^2+y^2) \geq (x+y)^2$
이때 $x^2+y^2=6$이므로 $2 \times 6 \geq (x+y)^2$
즉 $-2\sqrt{3} \leq x+y \leq 2\sqrt{3}$ (단, 등호는 $x=y$일 때 성립한다.)
따라서 $x+y$의 최댓값은 $2\sqrt{3}$, 최솟값은 $-2\sqrt{3}$이다.

27 x, y가 실수이므로 코시-슈바르츠 부등식에 의하여
$(4^2+3^2)(x^2+y^2) \geq (4x+3y)^2$
이때 $x^2+y^2=4$이므로 $25 \times 4 \geq (4x+3y)^2$
즉 $-10 \leq 4x+3y \leq 10$ (단, 등호는 $3x=4y$일 때 성립한다.)
따라서 $4x+3y$의 최댓값은 10, 최솟값은 -10이다.

28 x, y가 실수이므로 코시-슈바르츠 부등식에 의하여
$(1^2+2^2)(x^2+y^2) \geq (x+2y)^2$
이때 $x^2+y^2=5$이므로 $5 \times 5 \geq (x+2y)^2$
즉 $-5 \leq x+2y \leq 5$ (단, 등호는 $2x=y$일 때 성립한다.)
따라서 $x+2y$의 최댓값은 5, 최솟값은 -5이다.

29 x, y가 실수이므로 코시-슈바르츠 부등식에 의하여

$$(5^2+1^2)(x^2+y^2)\geq(5x+y)^2$$

이때 $x^2+y^2=1$이므로 $26\geq(5x+y)^2$

즉 $-\sqrt{26}\leq5x+y\leq\sqrt{26}$ (단, 등호는 $x=5y$일 때 성립한다.)

따라서 $5x+y$의 최댓값은 $\sqrt{26}$, 최솟값은 $-\sqrt{26}$이다.

31 x, y가 실수이므로 코시-슈바르츠 부등식에 의하여

$$(3^2+1^2)(x^2+y^2)\geq(3x+y)^2$$

이때 $3x+y=5$이므로 $10(x^2+y^2)\geq5^2$

즉 $x^2+y^2\geq\dfrac{5}{2}$ (단, 등호는 $x=3y$일 때 성립한다.)

따라서 x^2+y^2의 최솟값은 $\dfrac{5}{2}$이다.

32 x, y가 실수이므로 코시-슈바르츠 부등식에 의하여

$$\{1^2+(-1)^2\}(x^2+y^2)\geq(x-y)^2$$

이때 $x-y=2$이므로 $2(x^2+y^2)\geq2^2$

즉 $x^2+y^2\geq2$ (단, 등호는 $x=-y$일 때 성립한다.)

따라서 x^2+y^2의 최솟값은 2이다.

33 x, y가 실수이므로 코시-슈바르츠 부등식에 의하여

$$\{4^2+(-3)^2\}(x^2+y^2)\geq(4x-3y)^2$$

이때 $4x-3y=10$이므로 $25(x^2+y^2)\geq10^2$

즉 $x^2+y^2\geq4$ (단, 등호는 $3x=-4y$일 때 성립한다.)

따라서 x^2+y^2의 최솟값은 4이다.

34 a, b, x, y가 실수이므로 코시-슈바르츠 부등식에 의하여

$$(a^2+b^2)(x^2+y^2)\geq(ax+by)^2$$

이때 $a^2+b^2=2$, $x^2+y^2=10$이므로

$20\geq(ax+by)^2$

즉 $-2\sqrt{5}\leq ax+by\leq2\sqrt{5}$ (단, 등호는 $bx=ay$일 때 성립한다.)

따라서 $ax+by$의 값이 될 수 없는 것은 ⑤이다.

07
본문 280쪽

절대부등식의 활용

1 (✎ 3, 4, 3, 4, 12, 12, 12, 75, 75, 75)

2 225 m²   3 324 cm²   4 128

5 $6\sqrt{6}$

6 (✎ 52, 3, 3, 3, 13, 52, 0, 26, 26)

7 $12\sqrt{2}$ 8 6   9 $\dfrac{144}{25}$

10 ③

2 꽃밭에서 직각을 낀 두 변의 길이를 각각 x m, y m라 하면

$$x^2+y^2=30^2=900$$

$x^2>0$, $y^2>0$이므로 산술평균과 기하평균의 관계에 의하여

$$x^2+y^2\geq2\sqrt{x^2y^2}=2xy$$

(단, 등호는 $x^2=y^2$, 즉 $x=y$일 때 성립한다.)

이때 $x^2+y^2=900$이므로 $2xy\leq900$, 즉 $xy\leq450$

또 꽃밭의 넓이는 $\dfrac{1}{2}xy$ m²이므로

$$\dfrac{1}{2}xy\leq\dfrac{1}{2}\times450=225$$

따라서 꽃밭의 넓이의 최댓값은 225 m²이다.

3 상자의 가로, 세로의 길이를 각각 x cm, y cm라 하면

끈의 길이는 $2x+2y+4\times7=2x+2y+28$

끈의 길이가 100 cm이므로

$2x+2y+28=100$, 즉 $x+y=36$

$x>0$, $y>0$이므로

산술평균과 기하평균의 관계에 의하여

$x+y\geq2\sqrt{xy}$, $36\geq2\sqrt{xy}$ (단, 등호는 $x=y$일 때 성립한다.)

$18\geq\sqrt{xy}$, 즉 $xy\leq324$

따라서 상자의 밑면의 넓이의 최댓값은 324 cm²이다.

4 직사각형의 가로, 세로의 길이를 각각 x, y라 하면

$$\sqrt{x^2+y^2}=16, \text{즉 } x^2+y^2=256$$

$x^2>0$, $y^2>0$이므로 산술평균과 기하평균의 관계에 의하여

$x^2+y^2\geq2\sqrt{x^2y^2}=2xy$, $256\geq2xy$

따라서 $xy\leq128$ (단, 등호는 $x^2=y^2$, 즉 $x=y$일 때 성립한다.)

직사각형의 넓이는 xy이므로 직사각형의 넓이의 최댓값은 128이다.

5 직사각형의 가로의 길이를 $2x$, 세로의 길이를 y로 놓으면

$\triangle$OCD에서 피타고라스 정리에 의하여

$$x^2+y^2=12$$

$x^2>0$, $y^2>0$이므로 산술평균과 기하평균의 관계에 의하여

$x^2+y^2\geq2\sqrt{x^2y^2}=2xy$, $12\geq2xy$

(단, 등호는 $x^2=y^2$, 즉 $x=y$일 때 성립한다.)

따라서 직사각형의 넓이 $2xy$는 $x=y=\sqrt{6}$일 때 최댓값 12를 갖고, 이때 직사각형의 둘레의 길이는

$$4x+2y=6\sqrt{6}$$

7 직사각형의 가로, 세로의 길이를 각각 x, y라 하면 원의 지름이 직사각형의 대각선이므로

$$x^2+y^2=36$$

한편 x, y가 실수이므로 코시-슈바르츠 부등식에 의하여

$$(1^2+1^2)(x^2+y^2)\geq(x+y)^2, 2\times36\geq(x+y)^2$$

즉 $(x+y)^2\leq72$

이때 $x>0$, $y>0$이므로

$0<x+y\leq6\sqrt{2}$ (단, 등호는 $x=y$일 때 성립한다.)

직사각형의 둘레의 길이는 $2(x+y)$이므로

$$0<2(x+y)\leq12\sqrt{2}$$

따라서 구하는 최댓값은 $12\sqrt{2}$이다.

8 두 정사각형의 한 변의 길이를 각각 x, y라 하면

두 정사각형의 넓이는 각각 x^2, y^2이므로

도형의 넓이는 $x^2+y^2=18$

x, y가 실수이므로 코시-슈바르츠 부등식에 의하여

$(1^2+1^2)(x^2+y^2) \geq (x+y)^2$

$2(x^2+y^2) \geq (x+y)^2$

$x^2+y^2=18$이므로 $(x+y)^2 \leq 36$

　　　　　　　　　　（단, 등호는 $x=y$일 때 성립한다.）

이때 $x>0$, $y>0$이므로 $0<x+y \leq 6$

$a=x+y$이므로 a의 최댓값은 6이다.

9 $\triangle ABC = \triangle PAB + \triangle PBC$에서

$\dfrac{1}{2} \times 3 \times 4 = \dfrac{1}{2} \times 3 \times a + \dfrac{1}{2} \times 4 \times b$

$3a+4b=12$

이때 a, b가 실수이므로 코시-슈바르츠 부등식에 의하여

$(3^2+4^2)(a^2+b^2) \geq (3a+4b)^2$

$25(a^2+b^2) \geq 12^2=144$

즉 $a^2+b^2 \geq \dfrac{144}{25}$ （단, 등호는 $4a=3b$일 때 성립한다.）

따라서 a^2+b^2의 최솟값은 $\dfrac{144}{25}$이다.

10 $\angle APB$는 반원에 대한 원주각이므로 $\angle APB=90\degree$

$\overline{CM}$, $\overline{CN}$은 현의 수직이등분선이므로

$\angle CMP = \angle CNP = 90\degree$

따라서 □MCNP는 직사각형이다.

$\overline{AP}=x$, $\overline{BP}=y$라 하면 $\triangle APB$는 직각삼각형이므로

$x^2+y^2=10^2$

$x^2>0$, $y^2>0$이므로 산술평균과 기하평균의 관계에 의하여

$x^2+y^2 \geq 2\sqrt{x^2y^2}=2xy$, $100 \geq 2xy$

따라서 $xy \leq 50$ （단, 등호는 $x^2=y^2$, 즉 $x=y$일 때 성립한다.）

한편 $\overline{MP}=\dfrac{x}{2}$, $\overline{NP}=\dfrac{y}{2}$이므로 □MCNP의 넓이는

$\dfrac{x}{2} \times \dfrac{y}{2} = \dfrac{xy}{4} \leq \dfrac{50}{4} = \dfrac{25}{2}$

따라서 □MCNP의 넓이의 최댓값은 $\dfrac{25}{2}$이다.

TEST 개념 확인　　　　　　　　　　본문 282쪽

1 유리수, 유리수, 유리수, a^2, 서로소, 유리수

2 (1) 두 실수 x, y에 대하여 $x=0$ 또는 $y=0$이면 $xy=0$이다.

　　(2) 풀이 참조

3 풀이 참조　　**4** ㄱ, ㄴ　　**5** ⑤　　**6** ②

7 풀이 참조　　**8** ⑤　　**9** 25　　**10** ①

11 ②　　　　**12** -6

---

2 (2) $x=0$이면 y의 값에 관계없이 $xy=0$이고, $y=0$이면 x의 값에 관계없이 $xy=0$

　　따라서 주어진 명제의 대우가 참이므로 주어진 명제도 참이다.

3 $b \neq 0$이라 가정하면

$a+b\sqrt{3}=0$에서 $\sqrt{3}=-\dfrac{a}{b}$

이때 a, b가 유리수이므로 $-\dfrac{a}{b}$는 유리수이다.

이것은 $\sqrt{3}$이 무리수라는 사실에 모순이다.

따라서 $b=0$

한편 $b=0$을 $a+b\sqrt{3}=0$에 대입하면 $a=0$

따라서 주어진 명제는 참이다.

4 ㄱ. 모든 실수 x에 대하여 항상 성립하므로 절대부등식이다.

ㄴ. 모든 실수 x에 대하여 항상 성립하므로 절대부등식이다.

ㄷ. $x=-1$일 때, $(x-1)^3+1=(-2)^3+1=-7<0$이므로 부등식이 성립하지 않는다.

따라서 절대부등식은 ㄱ, ㄴ이다.

5 $A-B=a^2+4b^2-4ab$

　　　　　$=(a-2b)^2$

이때 $(a-2b)^2 \geq 0$이므로

$A-B \geq 0$

따라서 $A \geq B$

6 ② ㉡ $|ab|$ $-ab$

7 $x^2+y^2-6x+2y+10$

$=(x^2-6x+9)+(y^2+2y+1)$

$=(x-3)^2+(y+1)^2$

이때 $(x-3)^2 \geq 0$, $(y+1)^2 \geq 0$이므로

$x^2+y^2-6x+2y+10 \geq 0$

　　　　　　　（단, 등호는 $x=3$, $y=-1$일 때 성립한다.）

8 $\dfrac{b}{a}>0$, $\dfrac{25a}{4b}>0$이므로 산술평균과 기하평균의 관계에 의하여

$\dfrac{b}{a}+\dfrac{25a}{4b} \geq 2\sqrt{\dfrac{b}{a} \times \dfrac{25a}{4b}}=2 \times \dfrac{5}{2}=5$

　　（단, 등호는 $\dfrac{b}{a}=\dfrac{25a}{4b}$, 즉 $a=\dfrac{2}{5}b$일 때 성립한다.）

따라서 $\dfrac{b}{a}+\dfrac{25a}{4b}$의 최솟값은 5이다.

9 $\dfrac{4a}{b}>0$, $\dfrac{4b}{a}>0$이므로 산술평균과 기하평균의 관계에 의하여

$(a+4b)\left(\dfrac{1}{a}+\dfrac{4}{b}\right)=1+\dfrac{4a}{b}+\dfrac{4b}{a}+16$

　　　　　　　　　　　$=\dfrac{4a}{b}+\dfrac{4b}{a}+17$

　　　　　　　　　　　$\geq 2\sqrt{\dfrac{4a}{b} \times \dfrac{4b}{a}}+17$

　　　　　　　　　　　$=2 \times 4+17=25$

$\left(\text{단, 등호는 } \dfrac{4a}{b}=\dfrac{4b}{a}, \text{ 즉 } a^2=b^2\text{이므로 } a=b\text{일 때 성립한다.}\right)$

따라서 $(a+4b)\left(\dfrac{1}{a}+\dfrac{4}{b}\right)$의 최솟값은 25이다.

10 $2a>0$, $3b>0$이므로 산술평균과 기하평균의 관계에 의하여
$$2a+3b\geq2\sqrt{6ab}$$
이때 $2a+3b=8$이므로 $8\geq2\sqrt{6ab}$
즉 $\dfrac{2\sqrt{6}}{3}\geq\sqrt{ab}$
양변을 제곱하면
$\dfrac{8}{3}\geq ab$ (단, 등호는 $2a=3b$일 때 성립한다.)
따라서 ab의 최댓값은 $\dfrac{8}{3}$이다.

11 ② ㉡ 1

12 x, y가 실수이므로 코시-슈바르츠 부등식에 의하여
$$(1^2+1^2)(x^2+y^2)\geq(x+y)^2$$
이때 $x^2+y^2=3$이므로 $2\times3\geq(x+y)^2$
즉 $-\sqrt{6}\leq x+y\leq\sqrt{6}$ (단, 등호는 $x=y$일 때 성립한다.)
따라서 $x+y$의 최댓값은 $\sqrt{6}$, 최솟값은 $-\sqrt{6}$이므로 그 곱은
$$\sqrt{6}\times(-\sqrt{6})=-6$$

TEST **개념 발전** 8. 명제의 역과 대우

본문 284쪽

1 ⑤	**2** ㄴ	**3** ③	
4 (1) 필요	(2) 필요충분	**5** ①	**6** ④
7 0	**8** 풀이 참조	**9** ①, ⑤	**10** 9
11 ④	**12** 30	**13** ③	**14** ④

2 ㄱ. 역: $|x|+|y|=0$이면 $xy=0$이다. → 참
　　대우: $|x|+|y|\neq0$이면 $xy\neq0$이다. → 거짓
　　　　[반례] $x=0$, $y=1$일 때, $|x|+|y|=1\neq0$이지만
　　　　　　$xy=0$
ㄴ. 역: $x-z=y-z$이면 $x=y$이다. → 참
　　대우: $x-z\neq y-z$이면 $x\neq y$이다. → 참
ㄷ. 역: $xy>0$이면 $x+y>0$이다. → 거짓
　　　　[반례] $x=-1$, $y=-2$일 때, $xy=2>0$이지만
　　　　　　$x+y=-3<0$
　　대우: $xy\leq0$이면 $x+y\leq0$ → 거짓
　　　　[반례] $x=3$, $y=-1$일 때, $xy=-3<0$이지만
　　　　　　$x+y=2>0$
따라서 역과 대우가 모두 참인 명제는 ㄴ뿐이다.

3 명제 $p\longrightarrow r$가 참이므로 그 대우 $\sim r\longrightarrow\sim p$도 참이다.
명제 $q\longrightarrow\sim r$가 참이므로 그 대우 $r\longrightarrow\sim q$도 참이다.
두 명제 $p\longrightarrow r$, $r\longrightarrow\sim q$가 모두 참이므로 삼단논법에 의하여
$p\longrightarrow\sim q$도 참이다.
또 대우 $q\longrightarrow\sim p$도 참이다.
따라서 반드시 참이라고 할 수 없는 것은 ③이다.

4 (1) $x^2=1$에서 $x=\pm1$이므로
　　$x^2=1$은 $x=-1$이기 위한 필요조건이다.
(2) '$x=y$이면 $x+z=y+z$이다.'도 참이고, '$x+z=y+z$이면 $x=y$이다.'도 참이므로 $x=y$는 $x+z=y+z$이기 위한 필요충분조건이다.

5 ① $p\longrightarrow q$ → 참이므로 p는 q이기 위한 충분조건이다.
　　$q\longrightarrow p$ → 거짓이므로 p는 q이기 위한 필요조건은 아니다.
　　　　[반례] $x=0$, $y=2$일 때, $xy=0$이지만
　　　　　　$x^2+y^2=4\neq0$
② $p\longrightarrow q$ → 참이므로 p는 q이기 위한 충분조건이다.
　　$q\longrightarrow p$ → 참이므로 p는 q이기 위한 필요조건이다.
　　즉 p는 q이기 위한 필요충분조건이다.
③ $p\longrightarrow q$ → 거짓이므로 p는 q이기 위한 충분조건이 아니다.
　　　　[반례] $x=0$일 때, $0^2=2\times0$이지만 $x\neq2$
　　$q\longrightarrow p$ → 참이므로 p는 q이기 위한 필요조건이다.
④ $p\longrightarrow q$ → 거짓이므로 p는 q이기 위한 충분조건이 아니다.
　　　　[반례] $x=-1$, $y=-1$일 때, $xy=1\geq0$이지만
　　　　　　$x<0$, $y<0$
　　$q\longrightarrow p$ → 참이므로 p는 q이기 위한 필요조건이다.
⑤ $p\longrightarrow q$ → 참이므로 p는 q이기 위한 충분조건이다.
　　$q\longrightarrow p$ → 참이므로 p는 q이기 위한 필요조건이다.
　　즉 p는 q이기 위한 필요충분조건이다.
따라서 p는 q이기 위한 충분조건이지만 필요조건은 아닌 것은 ①이다.

6 ㄴ. $P\subset Q^C$이므로 명제 $p\longrightarrow\sim q$는 참이다.
ㄷ. $Q\subset R$이므로 명제 $q\longrightarrow r$는 참이다
ㄹ. $R\subset P^C$이므로 명제 $r\longrightarrow\sim p$는 참이다.

7 $x-2=0$은 $x^2+ax+b=0$이기 위한 필요충분조건이므로
$x^2+ax+b=0$의 해는 $x=2$뿐이어야 한다.
즉 $x^2+ax+b=(x-2)^2=x^2-4x+4$이므로
$a=-4$, $b=4$
따라서 $a+b=0$

8 a, b가 모두 짝수라 하면
$a=2m$, $b=2n$ (m, n은 자연수)으로 나타낼 수 있다.
이때 2는 a와 b의 공약수이므로 a와 b는 서로소라는 조건에 모순이다.
따라서 주어진 명제는 참이다.

9 ① $x=-1$일 때 $x+1=0$이므로 부등식이 성립하지 않는다.

② 모든 실수 x에 대하여 $|x|\geq0$이므로 $|x|+4>0$

따라서 절대부등식이다.

③ 모든 실수 x에 대하여 항상 성립하므로 절대부등식이다.

④ $x^2+4\geq4x$에서 $x^2-4x+4\geq0$이므로

$(x-2)^2\geq0$

따라서 모든 실수 x에 대하여 항상 성립하므로 절대부등식이다.

⑤ $(x-1)^2<x^2+1$에서 $-2x<0$

$x=-1$일 때, $-2x=2>0$이므로 부등식이 성립하지 않는다.

따라서 절대부등식이 아닌 것은 ①, ⑤이다.

10 직사각형의 둘레의 길이가 12이므로

$2(x+y)=12$에서 $x+y=6$

$x>0$, $y>0$이므로 산술평균과 기하평균의 관계에 의하여

$x+y\geq2\sqrt{xy}$

이때 $x+y=6$이므로 $6\geq2\sqrt{xy}$, $3\geq\sqrt{xy}$

양변을 제곱하면 $9\geq xy$ (단, 등호는 $x=y$일 때 성립한다.)

따라서 직사각형의 넓이 xy의 최댓값은 9이다.

11 $\dfrac{6a}{b}>0$, $\dfrac{6b}{a}>0$이므로 산술평균과 기하평균의 관계에 의하여

$(2a+3b)\left(\dfrac{2}{a}+\dfrac{3}{b}\right)=4+\dfrac{6a}{b}+\dfrac{6b}{a}+9$

$\qquad=\dfrac{6a}{b}+\dfrac{6b}{a}+13$

$\qquad\geq2\sqrt{\dfrac{6a}{b}\times\dfrac{6b}{a}}+13$

$\qquad=2\times6+13=25$

$\left(\text{단, 등호는 }\dfrac{6a}{b}=\dfrac{6b}{a}\text{, 즉 }a=b\text{일 때 성립한다.}\right)$

따라서 k의 최댓값은 25이다.

12 $a^2>0$, $b^2>0$이므로 산술평균과 기하평균의 관계에 의하여

$a^2+b^2\geq2ab$

이때 $ab=15$이므로

$a^2+b^2\geq30$ (단, 등호는 $a^2=b^2$, 즉 $a=b$일 때 성립한다.)

따라서 a^2+b^2의 최솟값은 30이다.

13 $a>-2$에서 $a+2>0$, $\dfrac{9}{a+2}>0$이므로 산술평균과 기하평균의 관계에 의하여

$a+\dfrac{9}{a+2}+3=a+2+\dfrac{9}{a+2}+1$

$\qquad\geq2\sqrt{(a+2)\times\dfrac{9}{a+2}}+1$

$\qquad=2\times3+1=7$

$\left(\text{단, 등호는 }a+2=\dfrac{9}{a+2}\text{, 즉 }a=1\text{일 때 성립한다.}\right)$

따라서 $a+\dfrac{9}{a+2}+3$의 최솟값은 7이므로 $m=7$

또 그때의 a의 값은 $a+2=\dfrac{9}{a+2}$에서 $(a+2)^2=9$, $a+2=\pm3$

이므로

$a=1$ 또는 $a=-5$

이때 $a>-2$이므로 $a=1$, 즉 $n=1$

따라서 $m+n=8$

14 x, y가 실수이므로 코시-슈바르츠 부등식에 의하여

$(1^2+5^2)(x^2+y^2)\geq(x+5y)^2$

이때 $x^2+y^2=13$이므로 $26\times13\geq(x+5y)^2$

즉 $-13\sqrt{2}\leq x+5y\leq13\sqrt{2}$ (단, 등호는 $5x=y$일 때 성립한다.)

따라서 $x+5y$의 값이 될 수 있는 정수의 개수는 -18, -17, $\cdots$, 17, 18의 37이다.

9 함수

본문 294쪽

01

대응과 함수

1 　　**2**

3 　　**4**

5

6 ○　　　**7** ✕　　　**8** ✕　　　**9** ○

10 ✕　　　**11** ○　　　**12** ✕

☺ 함수이다, 함수가 아니다, 함수가 아니다

13 ○ (✎ 1, 2, 3, 하나, 함수이다)　　**14** ○

15 ✕　　　**16** ○　　　**17** ○　　　**18** ✕

19 (✎ 3, 5, 6, 4, 5, 6)

20 정의역: $\{1, 2, 3, 4\}$, 공역: $\{5, 6, 7\}$, 치역: $\{5, 6, 7\}$

21 정의역: $\{1, 2, 3\}$, 공역: $\{a, b, c, d\}$, 치역: $\{a, c, d\}$

22 정의역: $\{-1, 0, 1\}$, 공역: $\{0, 1, 2\}$, 치역: $\{0, 1\}$

23 $\{-1, 0, 1, 2\}$　　　**24** $\{2, 5, 8, 11\}$

25 $\{-1, 0, 3, 8\}$　　　**26** $\{-26, -7, 0, 1\}$

27 $\{4, 5, 6, 7\}$　　　**28** (✎ 실수, 실수)

29 정의역: $\{x | x$는 모든 실수$\}$, 치역: $\{y | y \geq 1\}$

30 정의역: $\{x | x$는 모든 실수$\}$, 치역: $\{y | y \geq 3\}$

31 정의역: $\{x | x$는 모든 실수$\}$, 치역: $\{y | y \leq 5\}$

32 정의역: $\{x | x \neq 0$인 실수$\}$, 치역: $\{y | y \neq 0$인 실수$\}$

33 ②

14 $x=-1$일 때, $y=(-1)^2+(-1)=0$

$x=0$일 때, $y=0^2+0=0$

$x=1$일 때, $y=1^2+1=2$

따라서 X의 각 원소에 Y의 원소가 오직 하나씩 대응하므로 함수이다.

15 $x=-1$일 때, $y=(-1)^3=-1$

$x=0$일 때, $y=0^3=0$

$x=1$일 때, $y=1^3=1$

따라서 X의 원소 -1에 대응하는 Y의 원소가 없으므로 함수가 아니다.

16 $x=-1$일 때, $y=|-1|=1$

$x=0$일 때, $y=|0|=0$

$x=1$일 때, $y=|1|=1$

따라서 X의 각 원소에 Y의 원소가 오직 하나씩 대응하므로 함수이다.

17 $x=-1$일 때, $y=|-1-2|=3$

$x=0$일 때, $y=|0-2|=2$

$x=1$일 때, $y=|1-2|=1$

따라서 X의 각 원소에 Y의 원소가 오직 하나씩 대응하므로 함수이다.

18 $x=-1$일 때, $y=-1-|-1|=-2$

$x=0$일 때, $y=0-|0|=0$

$x=1$일 때, $y=1-|1|=0$

따라서 X의 원소 -1에 대응하는 Y의 원소가 없으므로 함수가 아니다.

23 $x=-3$일 때, $y=-3+2=-1$

$x=-2$일 때, $y=-2+2=0$

$x=-1$일 때, $y=-1+2=1$

$x=0$일 때, $y=0+2=2$

따라서 치역은 $\{-1, 0, 1, 2\}$이다.

24 $x=-3$일 때, $y=-3\times(-3)+2=11$

$x=-2$일 때, $y=-3\times(-2)+2=8$

$x=-1$일 때, $y=-3\times(-1)+2=5$

$x=0$일 때, $y=-3\times0+2=2$

따라서 치역은 $\{2, 5, 8, 11\}$이다.

25 $x=-3$일 때, $y=(-3)^2-1=8$

$x=-2$일 때, $y=(-2)^2-1=3$

$x=-1$일 때, $y=(-1)^2-1=0$

$x=0$일 때, $y=0^2-1=-1$

따라서 치역은 $\{-1, 0, 3, 8\}$이다.

26 $x=-3$일 때, $y=(-3)^3+1=-26$

$x=-2$일 때, $y=(-2)^3+1=-7$

$x=-1$일 때, $y=(-1)^3+1=0$

$x=0$일 때, $y=0^3+1=1$

따라서 치역은 $\{-26, -7, 0, 1\}$이다.

27 $x=-3$일 때, $y=|-3-4|=7$

$x=-2$일 때, $y=|-2-4|=6$

$x=-1$일 때, $y=|-1-4|=5$

$x=0$일 때, $y=|0-4|=4$
따라서 치역은 $\{4, 5, 6, 7\}$이다.

29 $y=|x|+1=\begin{cases}-x+1 \ (x<0) \\ x+1 \ \ \ (x\geq0)\end{cases}$ 은 모든 실수에서 정의된다.
이때 $|x|\geq0$이므로 $|x|+1\geq1$
따라서 정의역은 $\{x|x$는 모든 실수$\}$,
치역은 $\{y|y\geq1\}$이다.

30 $y=x^2+3$은 모든 실수에서 정의된다.
이때 $x^2\geq0$이므로 $x^2+3\geq3$
따라서 정의역은 $\{x|x$는 모든 실수$\}$,
치역은 $\{y|y\geq3\}$이다.

31 $y=-2x^2+5$는 모든 실수에서 정의된다.
이때 $x^2\geq0$이므로 $-2x^2\leq0$, 즉 $-2x^2+5\leq5$
따라서 정의역은 $\{x|x$는 모든 실수$\}$,
치역은 $\{y|y\leq5\}$이다.

32 $y=\dfrac{1}{x}$은 $x\neq0$인 모든 실수에서 정의된다.
이때 $\dfrac{1}{x}\neq0$이므로
정의역은 $\{x|x\neq0$인 실수$\}$,
치역은 $\{y|y\neq0$인 실수$\}$이다.

33 $-3\leq x\leq6$에서 $-2\leq-\dfrac{1}{3}x\leq1$이므로
$2\leq-\dfrac{1}{3}x+4\leq5$
이때 주어진 함수의 치역이 $\{y|2\leq y\leq5\}$이므로
$a=2$, $b=5$
따라서 $a+b=7$

02

본문 298쪽

함숫값

1 (1) ($\oslash x^2-x$, 1, 0) (2) 6   2 (1) 31   (2) 2
3 (1) 3   (2) 13   4 ①
5 ($\oslash$ 1, 1, 5, $2x-5$)   6 $f(x)=-3x-4$
7 $f(x)=-6x+5$ 8 $f(x)=6x+4$
9 $f(x)=2x^2-12x+17$ 10 $f(x)=-4x^2+39x-95$
11 ($\oslash$ 5, 5, 5, 22)   12 0   13 -25
14 96   15 -5 16 ④

1 (2) $-3<0$이므로 $f(-3)=-2\times(-3)=6$

2 (1) 4는 유리수이므로 $f(4)=2\times4^2-1=31$
(2) $\sqrt{2}$는 무리수이므로 $f(\sqrt{2})=(\sqrt{2})^2=2$

3 (1) 5는 홀수이므로 $f(5)=\dfrac{5+1}{2}=3$
(2) 8은 짝수이므로 $f(8)=8+5=13$

4 $2<\sqrt{5}<3$에서
$1<\sqrt{5}-1<2$, $-2<1-\sqrt{5}<-1$이므로
$f(\sqrt{5}-1)-f(1-\sqrt{5})$
$=\{3(\sqrt{5}-1)-2\}-\{-(1-\sqrt{5})+2\}$
$=3\sqrt{5}-3-2+1-\sqrt{5}-2$
$=2\sqrt{5}-6$

6 $f(x-2)=-3x+2$에서 $x-2=t$로 놓으면
$x=t+2$이므로
$f(t)=-3(t+2)+2=-3t-4$
따라서 $f(x)=-3x-4$

7 $f\left(\dfrac{x}{3}\right)=-2x+5$에서 $\dfrac{x}{3}=t$로 놓으면
$x=3t$이므로
$f(t)=-2\times3t+5=-6t+5$
따라서 $f(x)=-6x+5$

8 $f\left(\dfrac{x+1}{2}\right)=3x+7$에서 $\dfrac{x+1}{2}=t$로 놓으면
$x=2t-1$이므로
$f(t)=3(2t-1)+7=6t+4$
따라서 $f(x)=6x+4$

9 $f(x+3)=2x^2-1$에서 $x+3=t$로 놓으면
$x=t-3$이므로
$f(t)=2(t-3)^2-1=2t^2-12t+17$
따라서 $f(x)=2x^2-12x+17$

10 $f(-x+5)=-4x^2+x$에서 $-x+5=t$로 놓으면
$x=-t+5$이므로
$f(t)=-4(-t+5)^2+(-t+5)$
$\quad\quad=-4t^2+40t-100-t+5$
$\quad\quad=-4t^2+39t-95$
따라서 $f(x)=-4x^2+39x-95$

12 $x+3=4$이면 $x=1$
$f(x+3)=x^2-x$에 $x=1$을 대입하면
$f(4)=1^2-1=0$

13 $\dfrac{x-5}{2}=4$이면 $x=13$

$f\left(\dfrac{x-5}{2}\right)=-2x+1$에 $x=13$을 대입하면

$f(4)=-2\times13+1=-25$

14 $\dfrac{-x+2}{3}=4$, 즉 $-x+2=12$이면 $x=-10$

$f\left(\dfrac{-x+2}{3}\right)=x^2-4$에 $x=-10$을 대입하면

$f(4)=(-10)^2-4=96$

15 $3x+7=4$이면 $x=-1$

$f(3x+7)=\dfrac{x-9}{2}$에 $x=-1$을 대입하면

$f(4)=\dfrac{-1-9}{2}=-5$

16 $-x-3=1$이면 $x=-4$

$f(-x-3)=x^2-2$에 $x=-4$를 대입하면

$f(1)=(-4)^2-2=14$

03

본문 300쪽

서로 같은 함수

1 (✏ -2, -1, 0, $=$, 함수이다)

2 서로 같은 함수가 아니다. **3** 서로 같은 함수이다.

4 서로 같은 함수가 아니다. ☺ 정의역, $=$

5 서로 같은 함수이다. **6** 서로 같은 함수가 아니다.

7 서로 같은 함수이다. **8** 서로 같은 함수이다.

9 서로 같은 함수가 아니다. **10** 서로 같은 함수가 아니다.

11 (✏ 0, 1, 0, 1)

12 $a=-1$, $b=-2$ **13** $a=7$, $b=-6$

14 $a=7$, $b=-14$ **15** ②

2 $f(-1)=2$, $g(-1)=4$, $f(0)=3$, $g(0)=0$,

$f(1)=4$, $g(1)=-2$

따라서 $f(-1)\neq g(-1)$, $f(0)\neq g(0)$, $f(1)\neq g(1)$이므로
두 함수 f, g는 서로 같은 함수가 아니다.

3 $f(-1)=g(-1)=-3$, $f(0)=g(0)=0$,

$f(1)=g(1)=3$

따라서 두 함수 f, g는 서로 같은 함수이다.

4 $f(-1)=g(-1)=3$, $f(0)=g(0)=0$이지만

$f(1)=-1$, $g(1)=1$이므로 $f(1)\neq g(1)$
따라서 두 함수 f, g는 서로 같은 함수가 아니다.

5 $f(1)=g(1)=1$, $f(2)=g(2)=2$, $f(3)=g(3)=3$
따라서 두 함수 f, g는 서로 같은 함수이다.

6 $f(-2)=-2$, $g(-2)=2$, $f(-1)=-1$, $g(-1)=1$,

$f(0)=0$, $g(0)=0$에서

$f(-2)\neq g(-2)$, $f(-1)\neq g(-1)$
따라서 두 함수 f, g는 서로 같은 함수가 아니다.

7 $f(2)=g(2)=2$, $f(4)=g(4)=4$, $f(6)=g(6)=6$,

$f(8)=g(8)=8$
따라서 두 함수 f, g는 서로 같은 함수이다.

8 두 함수 f, g의 정의역과 공역은 실수 전체의 집합이고 모든 실수 x에 대하여

$$f(x)=g(x)=\begin{cases} x & (x\geq0) \\ -x & (x<0) \end{cases}$$

따라서 두 함수 f, g는 서로 같은 함수이다.

9 함수 f의 정의역은 실수 전체의 집합이고, 함수 g의 정의역은 $\{x\,|\,x\neq3$인 실수$\}$이다.

따라서 f와 g의 정의역이 같지 않으므로 두 함수 f, g는 서로
같은 함수가 아니다.

10 함수 f의 정의역은 $\{x\,|\,x\neq-2$인 실수$\}$이고, 함수 g의 정의역
은 $\{x\,|\,x\neq-2$, $x\neq2$인 실수$\}$이다.

따라서 f와 g의 정의역이 같지 않으므로 두 함수 f, g는 서로
같은 함수가 아니다.

12 $f(-1)=g(-1)$에서 $-3=a+b$ ······ ㉠

$f(0)=g(0)$에서 $-2=b$

$b=-2$를 ㉠에 대입하면 $a=-1$

13 $f(1)=g(1)$에서 $1=a+b$

$f(2)=g(2)$에서 $8=2a+b$

위의 두 식을 연립하여 풀면 $a=7$, $b=-6$

14 $f(3)=g(3)$에서 $7=3a+b$

$f(4)=g(4)$에서 $14=4a+b$

위의 두 식을 연립하여 풀면 $a=7$, $b=-14$

15 $f(-1)=g(-1)$에서 $1-a-5=-5+b$

즉 $a+b=1$ ······ ㉠

$f(1)=g(1)$에서 $1+a-5=5+b$

즉 $a-b=9$ ······ ㉡

⊙, ⊙을 연립하여 풀면 $a=5$, $b=-4$
따라서 $ab=-20$

04

함수의 그래프

1 (그래프)

2 (그래프)

3 (그래프)

4 (그래프)

5 × **6** × **7** ○ **8** ×

9 ○ **10** ○ **11** ○ **12** ×

TEST 개념 확인

1 ② **2** ③ **3** ⑤ **4** ②

5 ⑤ **6** ④ **7** ② **8** 8

9 ③ **10** ⑤ **11** ①, ④

1 각 대응을 그림으로 나타내면 다음과 같다.

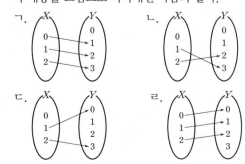

이상에서 함수인 것은 ㄱ, ㄹ이다.

2 $0 \leq x \leq 3$에서
① $f(x)=x$이므로 $0 \leq f(x) \leq 3$
② $f(x)=x-3$이므로 $-3 \leq f(x) \leq 0$
③ $f(x)=-x+1$이므로 $-3 \leq -x \leq 0$에서
　$-2 \leq -x+1 \leq 1$, 즉 $-2 \leq f(x) \leq 1$
④ $f(x)=|x+2|$이므로 $2 \leq x+2 \leq 5$에서
　$2 \leq |x+2| \leq 5$, 즉 $2 \leq f(x) \leq 5$
⑤ $f(x)=x^2-2$이므로 $0 \leq x^2 \leq 9$에서
　$-2 \leq x^2-2 \leq 7$, 즉 $-2 \leq f(x) \leq 7$
따라서 X에서 Y로의 함수인 것은 ③이다.

3 $2 \leq x \leq 6$에서 $a>0$이므로 $2a \leq ax \leq 6a$
따라서 $2a+b \leq ax+b \leq 6a+b$
이때 주어진 치역이 $\{y \mid -3 \leq y \leq 5\}$이므로
$2a+b=-3$, $6a+b=5$
이 두 식을 연립하여 풀면 $a=2$, $b=-7$
따라서 $a-b=9$

4 $f(-2)=4+a$, $f(-1)=1+a$, $f(1)=1+a$, $f(2)=4+a$
이므로
함수 f의 치역은 $\{1+a, 4+a\}$
이때 치역의 모든 원소의 합이 13이므로
$(1+a)+(4+a)=5+2a=13$
따라서 $2a=8$이므로 $a=4$

5 $-3<2$이므로 $f(-3)=-(-3)+5=8$
$5 \geq 2$이므로 $f(5)=2 \times 5-1=9$
따라서 $f(-3)+f(5)=8+9=17$

6 $2-x=-3$에서 $x=5$
$f(2-x)=4x+3$에 $x=5$를 대입하면
$f(-3)=4 \times 5+3=23$

7 ㄱ. $f(-1)=g(-1)=1$, $f(1)=g(1)=1$이지만
　$f(0)=0$, $g(0)=-1$이므로 $f(0) \neq g(0)$
　따라서 $f \neq g$
ㄴ. $f(-1)=g(-1)=1$, $f(0)=g(0)=0$, $f(1)=g(1)=1$
　따라서 $f=g$
ㄷ. $f(0)=g(0)=2$이지만
　$f(-1)=1$, $g(-1)=3$, $f(1)=3$, $g(1)=1$이므로
　$f(-1) \neq g(-1)$, $f(1) \neq g(1)$
　따라서 $f \neq g$
이상에서 $f=g$인 것은 ㄴ뿐이다.

8 $f(-1)=g(-1)$에서 $-3+a=1+b-2$
즉 $a-b=2$ ······ ⊙
$f(0)=g(0)$에서 $a=-2$
$a=-2$를 ⊙에 대입하면 $b=-4$
따라서 $ab=8$

9 $f=g$이므로 $f(1)=g(1)$에서

$3=b+2$, 즉 $b=1$

또 $f(a)=g(a)$에서 $a^2+a+1=2a+1$

즉 $a^2-a=0$, $a(a-1)=0$이고 $a\neq1$이므로 $a=0$

따라서 함수 $g(x)=2x+1$의 정의역은 $\{0,1\}$이고

$g(0)=1$, $g(1)=3$이므로 함수 g의 치역은 $\{1,3\}$이다.

05

본문 306쪽

일대일함수와 일대일대응

1 ×, ×　　　**2** ○, ○　　　**3** ○, ○　　　**4** ○, ×

5 ×, ×　　　**6** (✏5, x_2, 대응)　　　**7** 일대일대응이다.

8 일대일대응이 아니다., 이유는 풀이 참조

9 일대일대응이 아니다., 이유는 풀이 참조

10 일대일대응이 아니다., 이유는 풀이 참조

☺ =, 함수, =

11 (✏증가, 3, 8, 3, 8, 3, 8, 1, 5 / 8, 3)

12 $a=2$, $b=-1$　　　　**13** $a=3$, $b=-7$

14 $a=5$, $b=-4$

15 (✏감소, -1, -7, -1, -7, -1, -7, -1, -4 / -1, -7)

16 $a=-3$, $b=2$　　　　**17** $a=-\dfrac{1}{2}$, $b=2$

18 $a=-\dfrac{1}{3}$, $b=-4$　　　**19** (✏증가, 7, 7, 11)

20 5　　　　**21** -2　　　　**22** -17

23 (✏1, $k+4$, $k+4$, 4, 4, 4, 1, -1 / $k+4$)

24 -2　　　　**25** $-\dfrac{1}{2}$

26 (✏1, $6k-12$, $6k-12$, 12, 2, 2, 1, 2 / $6k-12$)

27 3　　　　**28** -1　　　　**29** ①

---

7 $f(x_1)=f(x_2)$, 즉 $-2x_1+1=-2x_2+1$이면 $x_1=x_2$

또 치역과 공역이 모두 실수 전체의 집합이므로 이 함수는 일대
일대응이다.

8 [반례] $x_1=0$, $x_2=-2$일 때 $x_1\neq x_2$이지만

$f(0)=0$, $f(-2)=(-2)^2+2\times(-2)=0$, 즉

$f(x_1)=f(x_2)$

따라서 이 함수는 일대일대응이 아니다.

9 [반례] $x_1=-1$, $x_2=1$일 때 $x_1\neq x_2$이지만

$f(-1)=-2$, $f(1)=-2$, 즉 $f(x_1)=f(x_2)$

따라서 이 함수는 일대일대응이 아니다.

---

10 [반례] $x_1=1$, $x_2=2$일 때, $x_1\neq x_2$이지만 $f(x_1)=f(x_2)=4$

따라서 이 함수는 일대일대응이 아니다.

12 $a>0$이므로 함수 f가 일대일대응이 되려면

$f(-3)=-7$, $f(1)=1$

따라서 $-3a+b=-7$, $a+b=1$

위의 두 식을 연립하여 풀면 $a=2$, $b=-1$

13 $a>0$이므로 함수 f가 일대일대응이 되려면

$f(1)=-4$, $f(5)=8$

따라서 $a+b=-4$, $5a+b=8$

위의 두 식을 연립하여 풀면 $a=3$, $b=-7$

14 $a>0$이므로 함수 f가 일대일대응이 되려면

$f(-1)=-9$, $f(2)=6$

따라서 $-a+b=-9$, $2a+b=6$

위의 두 식을 연립하여 풀면 $a=5$, $b=-4$

16 $a<0$이므로 함수 f가 일대일대응이 되려면

$f(-4)=14$, $f(2)=-4$

따라서 $-4a+b=14$, $2a+b=-4$

위의 두 식을 연립하여 풀면 $a=-3$, $b=2$

17 $a<0$이므로 함수 f가 일대일대응이 되려면

$f(2)=1$, $f(10)=-3$

따라서 $2a+b=1$, $10a+b=-3$

위의 두 식을 연립하여 풀면 $a=-\dfrac{1}{2}$, $b=2$

18 $a<0$이므로 함수 f가 일대일대응이 되려면

$f(-6)=-2$, $f(3)=-5$

따라서 $-6a+b=-2$, $3a+b=-5$

위의 두 식을 연립하여 풀면 $a=-\dfrac{1}{3}$, $b=-4$

20 $f(x)=2x^2+8x+k=2(x+2)^2+k-8$이므로

$x\geq-2$일 때, x의 값이 증가하면 $f(x)$의 값도 증가한다.

이때 함수 f가 일대일대응이 되려면 $f(-2)=-3$이어야 하므로

$2\times(-2)^2+8\times(-2)+k=-3$

따라서 $k=5$

21 $f(x)=-x^2+2x+k=-(x-1)^2+k+1$이므로

$x\geq1$일 때, x의 값이 증가하면 $f(x)$의 값은 감소한다.

이때 함수 f가 일대일대응이 되려면 $f(1)=-1$이어야 하므로

$-1^2+2+k=-1$

따라서 $k=-2$

---

22 $f(x)=-3x^2+18x+k=-3(x-3)^2+k+27$이므로
$x \geq 3$일 때, x의 값이 증가하면 $f(x)$의 값은 감소한다.
이때 함수 f가 일대일대응이 되려면 $f(3)=10$이어야 하므로
$-3 \times 3^2 + 18 \times 3 + k = 10$
따라서 $k=-17$

24 $f(x)=x^2+4x+5=(x+2)^2+1$이므로
함수 $f(x)$가 X에서 Y로의 일대일대응이
되려면 오른쪽 그림과 같이 $k \leq -2$이고
$f(k)=3k+7$이어야 한다.
즉 $k^2+4k+5=3k+7$에서
$k^2+k-2=0$, $(k+2)(k-1)=0$
따라서 $k=-2$ 또는 $k=1$
이때 $k \leq -2$이어야 하므로 $k=-2$

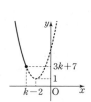

25 $f(x)=2x^2-4x+9=2(x-1)^2+7$이므로
함수 $f(x)$가 X에서 Y로의 일대일대응이 되
려면 오른쪽 그림과 같이 $k \leq 1$이고
$f(k)=k+12$이어야 한다.
즉 $2k^2-4k+9=k+12$에서
$2k^2-5k-3=0$, $(2k+1)(k-3)=0$
따라서 $k=-\dfrac{1}{2}$ 또는 $k=3$
이때 $k \leq 1$이어야 하므로 $k=-\dfrac{1}{2}$

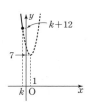

27 $f(x)=-x^2+4x+5=-(x-2)^2+9$이므로
함수 $f(x)$가 X에서 Y로의 일대일대응이 되
려면 오른쪽 그림과 같이 $k \geq 2$이고
$f(k)=2k+2$이어야 한다.
즉 $-k^2+4k+5=2k+2$에서
$k^2-2k-3=0$, $(k+1)(k-3)=0$
따라서 $k=-1$ 또는 $k=3$
이때 $k \geq 2$이어야 하므로 $k=3$

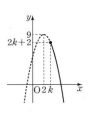

28 $f(x)=-3x^2-6x+1=-3(x+1)^2+4$이므로
함수 $f(x)$가 X에서 Y로의 일대일대응이 되
려면 오른쪽 그림과 같이 $k \geq -1$이고
$f(k)=6k+10$이어야 한다.
즉 $-3k^2-6k+1=6k+10$에서
$k^2+4k+3=0$, $(k+3)(k+1)=0$
따라서 $k=-3$ 또는 $k=-1$
이때 $k \geq -1$이어야 하므로 $k=-1$

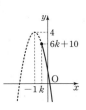

29 함수 f가 일대일대응이므로 x의 값이 증가할 때, y의 값은 항상
증가하거나 항상 감소해야 한다.
$x \geq 0$일 때 $f(x)=x+5$의 그래프는 기울기
가 양수인 직선이므로 x의 값이 증가함에 따
라 y의 값도 증가한다.
$x < 0$일 때도 $f(x)=(1-a)x+5$의 그래프
는 기울기가 양수인 직선이어야 하므로
$1-a > 0$
따라서 $a < 1$

본문 310쪽

06

항등함수와 상수함수

1 (1) (✏ -1, 1, 항등) (2) 항등함수 (3) 상수함수
2 (1) 상수함수 (2) 항등함수 (3) 상수함수
😊 대응, 치역 **3** (✏ x, x, x, 2, -2, -2, 3)
4 3 　　　 **5** 3 　　　 **6** 7 　　　 **7** 7
8 (✏ -3, 5, 5, 5, 2) 　　　 **9** 8
10 (✏ 1, 3, 3, 3, 3, 1, 1, 5) 　　　 **11** 3
12 (1) ㄱ, ㄴ, ㄹ, ㅂ, ㅇ (2) ㄱ, ㄴ, ㅇ (3) ㄴ (4) ㄷ
13 (1) ㄱ, ㄴ, ㄷ (2) ㄱ, ㄴ (3) ㄹ
14 (1) ㄱ, ㄴ (2) ㄹ (3) ㄱ, ㄴ, ㄷ
15 (1) ㄱ, ㄷ, ㄹ, ㅅ (2) ㄷ, ㄹ, ㅅ (3) ㅅ (4) ㅁ, ㅇ
16 (1) ㄴ, ㄷ, ㅂ (2) ㄴ, ㄷ, ㅂ (3) ㄷ (4) ㄱ

1 (2) $f(x)=x^3$에서
$f(-1)=(-1)^3=-1$, $f(1)=1^3=1$
따라서 주어진 함수는 항등함수이다.

(3) $f(x)=|x|$에서
$f(-1)=|-1|=1$, $f(1)=|1|=1$
따라서 주어진 함수는 상수함수이다.

2 (1) $f(x)=x^3-4x$에서
$f(-2)=(-2)^3-4 \times (-2)=0$,
$f(0)=0$, $f(2)=2^3-4 \times 2=0$
따라서 주어진 함수는 상수함수이다.

(2) $f(x)=-x^3+5x$에서
$f(-2)=-(-2)^3+5 \times (-2)=-2$,
$f(0)=0$, $f(2)=-2^3+5 \times 2=2$
따라서 주어진 함수는 항등함수이다.

(3) $f(x)=-2x^3+8x+2$에서
$f(-2)=-2 \times (-2)^3+8 \times (-2)+2=2$,
$f(0)=2$, $f(2)=-2 \times 2^3+8 \times 2+2=2$
따라서 주어진 함수는 상수함수이다.

4 함수 $f(x)=x^2-2x+2$가 항등함수가 되려면
$f(x)=x$이어야 하므로 $x^2-2x+2=x$
$x^2-3x+2=0$, $(x-1)(x-2)=0$
즉 $x=1$ 또는 $x=2$
따라서 구하는 집합 X의 개수는
$\{1\}$, $\{2\}$, $\{1, 2\}$의 3이다.

5 함수 $f(x)=x^2-4x$가 항등함수가 되려면
$f(x)=x$이어야 하므로 $x^2-4x=x$
$x^2-5x=0$, $x(x-5)=0$
즉 $x=0$ 또는 $x=5$
따라서 구하는 집합 X의 개수는 $\{0\}$, $\{5\}$, $\{0, 5\}$의 3이다.

6 함수 $f(x)=x^3-3x^2+3x$가 항등함수가 되려면
$f(x)=x$이어야 하므로 $x^3-3x^2+3x=x$
$x^3-3x^2+2x=0$, $x(x-1)(x-2)=0$
즉 $x=0$ 또는 $x=1$ 또는 $x=2$
따라서 구하는 집합 X의 개수는
$\{0\}$, $\{1\}$, $\{2\}$, $\{0, 1\}$, $\{0, 2\}$, $\{1, 2\}$, $\{0, 1, 2\}$의 7이다.

7 함수 $f(x)=x^3+3x^2-3$이 항등함수가 되려면
$f(x)=x$이어야 하므로 $x^3+3x^2-3=x$
$x^3+3x^2-x-3=0$
$(x+3)(x+1)(x-1)=0$
즉 $x=-3$ 또는 $x=-1$ 또는 $x=1$
따라서 구하는 집합 X의 개수는
$\{-3\}$, $\{-1\}$, $\{1\}$, $\{-3, -1\}$, $\{-3, 1\}$, $\{-1, 1\}$,
$\{-3, -1, 1\}$의 7이다.

9 함수 g가 항등함수이므로
$g(3)=3$, $g(5)=5$
즉 $f(3)=g(3)=3$이고 f가 상수함수이므로
$f(-3)=3$
따라서 $f(-3)+g(5)=3+5=8$

11 함수 g가 항등함수이므로
$g(0)=0$, $g(1)=1$, $g(2)=2$
즉 $f(1)=h(1)=g(2)=2$
함수 f가 상수함수이므로
$f(0)=f(1)=2$
함수 h는 일대일대응이고 $h(1)=2$이므로
$h(0)>h(2)$에서 $h(0)=1$, $h(2)=0$
따라서 $f(0)+g(1)+h(2)=2+1+0=3$

16 주어진 보기의 함수의 그래프는 다음과 같다.

ㄱ. 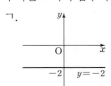　　ㄴ.

ㄷ. 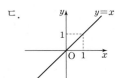　　ㄹ.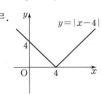

ㅁ. 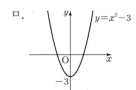　　ㅂ.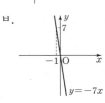

07 　　본문 314쪽

함수의 개수

1 (1) (✏ 3, 3, 3, 3, 9)　　(2) 27　　(3) 64

2 (1) (✏ 4, 3, 2, 3, 2, 24, 3, 3, 3, 2, 24)　　(2) 20　　(3) 24

3 (1) (✏ 3, 2, 1, 2, 1, 6, 3, 3, 2, 1, 6)　　(2) 24　　(3) 120

4 (1) (✏ 3)　　(2) 4　　(3) 5

☺ n^m, 1, 2, 1, n

5 ⑤

1 (2) 함수의 개수는 $3\times3\times3=3^3=27$
(3) 함수의 개수는 $4\times4\times4=4^3=64$

2 (2) 일대일함수의 개수는 $5\times4=20(={}_5\mathrm{P}_2)$
(3) 일대일함수의 개수는 $4\times3\times2\times1=24(={}_4\mathrm{P}_4)$

3 (2) 일대일대응의 개수는 $4\times3\times2\times1=24(=4!)$
(3) 일대일대응의 개수는 $5\times4\times3\times2\times1=120(=5!)$

4 (2) 집합 Y의 원소의 개수가 4이므로 상수함수의 개수는 4이다.
(3) 집합 Y의 원소의 개수가 5이므로 상수함수의 개수는 5이다.

5 함수의 개수는 $4^3=64$이므로 $l=64$
상수함수의 개수는 4이므로 $m=4$
일대일함수의 개수는 $4\times3\times2=24$이므로 $n=24$
따라서 $l+m+n=64+4+24=92$

1 $a>0$	2 ②	3 ②	4 ④
5 8	6 ⑤	7 ①	8 ⑤
9 ③	10 ④	11 64	12 ②

1 함수 f가 일대일함수가 되려면 $y=f(x)$의 그래프가 오른쪽 그림과 같아야 하므로
$a>0$

2 함수 f가 일대일함수이고 $f(4)=3$이므로 $f(0)$, $f(2)$의 값은 서로 다르고 1, 5, 7 중 하나이어야 한다.
따라서 $f(0)+f(2)$의 값은 $f(0)=1$, $f(2)=5$ 또는 $f(0)=5$, $f(2)=1$일 때, 최솟값 6을 갖는다.

4 ④ [반례] $f(x)=x^2-4$에서
$x_1=-1$, $x_2=1$일 때, $x_1 \neq x_2$이지만
$f(x_1)=f(x_2)=-3$
따라서 함수 $f(x)=x^2-4$는 일대일함수가 아니므로 일대일대응이 아니다.

5 $f(x)=x^2-6x+k=(x-3)^2+k-9$이므로 $x \geq 5$일 때, x의 값이 증가하면 $f(x)$의 값도 증가한다.
이때 함수 f가 일대일대응이 되려면 $f(5)=3$이어야 하므로
$5^2-6 \times 5+k=3$
따라서 $k=8$

6 ㄱ. $f(1)=0$, $f(2)=1$, $f(3)=2$, $f(4)=3$이므로 f는 항등함수가 아니다.
ㄴ. $g(1)=1$, $g(2)=2$, $g(3)=3$, $g(4)=4$이므로 g는 항등함수이다.
ㄷ. $h(1)=1$, $h(2)=2$, $h(3)=3$, $h(4)=4$이므로 h는 항등함수이다.
따라서 항등함수인 것은 ㄴ, ㄷ이다.

7 함수 $f(x)=x^2-2$가 항등함수가 되려면 $f(x)=x$이어야 하므로
$x^2-2=x$
$x^2-x-2=0$, $(x+1)(x-2)=0$
따라서 $x=-1$ 또는 $x=2$
따라서 구하는 집합 X의 개수는 $\{-1\}$, $\{2\}$, $\{-1, 2\}$의 3이다.

8 함수 f가 상수함수이므로
$f(1)=f(2)=f(3)=\cdots=f(100)=2$
따라서 $f(1)+f(2)+f(3)+\cdots+f(100)=2 \times 100=200$

9 함수 f가 항등함수이므로
$f(5)=5$, $f(-5)=-5$
따라서 $f(5)=g(5)$에서 $g(5)=5$
이때 함수 g가 상수함수이므로 $g(3)=5$
따라서 $f(-5)+g(3)=-5+5=0$

10 함수 f가 조건을 만족시키려면 일대일함수이어야 한다.
$f(1)$의 값이 될 수 있는 것은 a, b, c, d 중 하나이므로 4개
$f(2)$의 값이 될 수 있는 것은 $f(1)$의 값을 제외한 3개
$f(3)$의 값이 될 수 있는 것은 $f(1)$, $f(2)$의 값을 제외한 2개
따라서 구하는 함수 f의 개수는
$4 \times 3 \times 2=24$

11 $f(a)=c$를 만족시키는 함수는 정의역의 원소 a에 대응되는 공역의 원소가 c로 정해져 있으므로 a를 제외한 정의역의 원소 b, c, d에 대응되는 경우만 살펴보면 된다.
이때 b, c, d에 대응할 수 있는 공역의 원소는 a, b, c, d로 모두 4개씩이다.
따라서 $f(a)=c$를 만족시키는 함수 f의 개수는
$4 \times 4 \times 4=4^3=64$

12 일대일대응의 개수는 $3 \times 2 \times 1=6$이므로 $a=6$
항등함수의 개수는 1이므로 $b=1$
상수함수의 개수는 3이므로 $c=3$
따라서 $a+b+c=6+1+3=10$

1 ⑤	2 $\{0, 2, 4\}$	3 ④	4 6
5 ③	6 $\{-1\}$, $\{4\}$, $\{-1, 4\}$		7 ③
8 ③	9 ④	10 ③	11 ②
12 ④	13 ④		

1 주어진 대응을 그림으로 나타내면 다음과 같다.

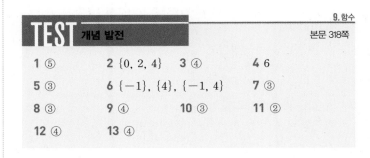

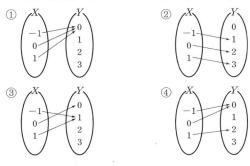

⑤

따라서 X에서 Y로의 함수가 아닌 것은 ⑤이다.

2 $X=\{1,\ 3,\ 5,\ 7,\ 9\}$, $Y=\{0,\ 1,\ 2,\ 3,\ 4,\ 5\}$
X에서 Y로의 함수 $f(x)=|x-5|$에 대하여
$f(1)=4$, $f(3)=2$, $f(5)=0$, $f(7)=2$, $f(9)=4$
따라서 구하는 치역은 $\{0,\ 2,\ 4\}$이다.

3 $f(3)=a$이므로
$a=7\times 3-2=19$
$f(b)=-16$이므로
$7b-2=-16$, 즉 $b=-2$
따라서 $a-b=19-(-2)=21$

4 $f(x)=ax+b$에 대하여 공역이 X이고 치역도 X이므로
$a\neq 0$이어야 한다.
(ⅰ) $a>0$일 때
  $f(x)$의 공역과 치역이 서로 같으므로
  $f(1)=1$, $f(4)=4$에서
  $a+b=1$, $4a+b=4$
  위의 두 식을 연립하여 풀면 $a=1$, $b=0$
  이때 $ab\neq 0$이어야 하므로 조건을 만족시키지 않는다.
(ⅱ) $a<0$일 때
  $f(x)$의 공역과 치역이 서로 같으므로
  $f(1)=4$ $f(4)=1$에서
  $a+b=4$, $4a+b=1$
  위의 두 식을 연립하여 풀면 $a=-1$, $b=5$
(ⅰ), (ⅱ)에서
$b-a=5-(-1)=6$

5 두 함수 f, g가 서로 같으므로
$f(-2)=g(-2)$, $f(a)=g(a)$이어야 한다.
$f(-2)=g(-2)$에서
$(-2)^2+(-2)+b=-2\times(-2)+3$, 즉 $b=5$
$f(a)=g(a)$에서
$a^2+a+5=-2a+3$
$a^2+3a+2=0$, $(a+1)(a+2)=0$
즉 $a=-1$ 또는 $a=-2$
이때 $a\neq -2$이므로 $a=-1$
따라서 정의역이 집합 $X=\{-2,\ -1\}$인 함수
$f(x)=x^2+x+5$에 대하여 $f(-1)=5$, $f(-2)=7$이므로 구하는 치역은 $\{5,\ 7\}$이다.

6 두 함수 f, g가 서로 같기 위해서는 정의역 X의 모든 원소 x에
대하여 $f(x)=g(x)$이어야 한다.
즉 $2x^2-3x+1=x^2+5$에서
$x^2-3x-4=0$, $(x+1)(x-4)=0$
따라서 $x=-1$ 또는 $x=4$이므로 구하는 집합 X는
$\{-1\}$, $\{4\}$, $\{-1,\ 4\}$

7 ㄴ. [반례] $f(x)=|x+3|$이라 하면
  $x_1=-2$, $x_2=-4$일 때, $x_1\neq x_2$이지만
  $f(x_1)=|-2+3|=1$, $f(x_2)=|-4+3|=1$이므로
  $f(x_1)=f(x_2)$
  즉 함수 $y=|x+3|$은 일대일대응이 아니다.
ㄷ. [반례] $f(x)=x^2-2$라 하면
  $x_1=-1$, $x_2=1$일 때, $x_1\neq x_2$이지만
  $f(x_1)=(-1)^2-2=-1$, $f(x_2)=1^2-2=-1$이므
  로 $f(x_1)=f(x_2)$
  즉 함수 $y=x^2-2$는 일대일대응이 아니다.
이상에서 일대일대응인 것은 ㄱ, ㄹ이다.

8 함수 f가 항등함수이므로 $f(1)=1$, $f(5)=5$
이때 $f(1)=g(1)$에서 $g(1)=1$
함수 g가 상수함수이므로 $g(5)=1$
따라서 $f(5)+g(5)=5+1=6$

9 함수 f가 항등함수이므로
$f(3)=3$, $f(9)=9$
$f(3)=g(6)$에서 $g(6)=3$
이때 함수 g가 상수함수이므로 $g(9)=3$
또 함수 h가 일대일대응이고 $h(3)=3h(6)$이므로
$h(3)=9$, $h(6)=3$, 즉 $h(9)=6$
따라서 $f(9)+g(9)+h(9)=9+3+6=18$

10 $f(1)=5$, $f(2)=1$이고 f는 일대일함수이므로
$f(3)$의 값이 될 수 있는 수는 3, 7, 9의 3개
$f(4)$의 값이 될 수 있는 수는 3, 7, 9 중에서 $f(3)$의 값을 제외한 2개
따라서 구하는 함수 f의 개수는
$3\times 2=6$

11 $f(xy)=f(x)+f(y)$　　……㉠
㉠의 양변에 $x=3$, $y=3$을 대입하면
$f(3\times 3)=f(3)+f(3)$에서 $f(9)=2+2=4$
㉠의 양변에 $x=9$, $y=9$를 대입하면
$f(9\times 9)=f(9)+f(9)$에서 $f(81)=4+4=8$
㉠의 양변에 $x=3$, $y=81$을 대입하면
$f(3\times 81)=f(3)+f(81)$에서
$f(243)=2+8=10$

12 $f(x)=x^2-10x+a=(x-5)^2+a-25$이므로

$x\geq6$일 때, x의 값이 증가하면 $f(x)$의 값도 증가한다.

이때 f가 일대일대응이 되려면 $f(6)=0$이어야 하므로

$6^2-10\times6+a=0$

따라서 $a=24$

13 $X=\{x\,|\,x$는 $0<x<4$인 정수$\}=\{1,\ 2,\ 3\}$

$Y=\{y\,|\,y$는 24의 양의 약수$\}=\{1,\ 2,\ 3,\ 4,\ 6,\ 8,\ 12,\ 24\}$

조건 ㈎에서 함수 f는 일대일함수이고 조건 ㈏에서 $f(x)$의 값이 될 수 있는 것은 2, 4, 6, 8, 12, 24이다.

즉 함수 $f:X\longrightarrow Y$에서

$f(1)$의 값은 2, 4, 6, 8, 12, 24의 6개,

$f(2)$의 값은 2, 4, 6, 8, 12, 24 중에서 $f(1)$의 값을 제외한 5개,

$f(3)$의 값은 2, 4, 6, 8, 12, 24 중에서 $f(1)$, $f(2)$의 값을 제외한 4개

따라서 구하는 함수 f의 개수는

$6\times5\times4=120$

01

본문 322쪽

합성함수

원리확인

1 (✏ d, 3) **2** 2 **3** 4 **4** a

5 d **6** c

7 (1) (✏ 3, 3) (2) 35 (3) 1 (4) 19 (5) 0 ☺ $f(x)$

8 (1) (✏ 4, 9, 9, 9, 14, 9, 14, 19) (2) 65 (3) 290 (4) 29

9 ③ **10** (1) (✏ -4, -13) (2) 5 (3) -94

11 (1) (✏ -2, 2) (2) 1 (3) 0

12 (1) (✏ $2x$, $2x$, $-6x+2$) (2) $-6x+4$ (3) $4x$

13 (1) (✏ x^2-1, x^2-1, $4x^2-3$) (2) $16x^2+8x$ (3) $16x+5$

14 (1) $\left(✏ \, h(x), h(x), -\dfrac{1}{2}x-2\right)$

 (2) $h(x)=-\dfrac{1}{3}x+\dfrac{10}{3}$ (3) $h(x)=-\dfrac{1}{4}x^2$

15 (1) (✏ $x-7$, $x-7$, $t+7$, $t+7$, $2t+18$, $2x+18$)

 (2) $h(x)=-\dfrac{5}{3}x-\dfrac{1}{3}$ (3) $h(x)=3(x-6)^2$

16 (✏ b, b, 4, b, 2, -1, 1, 3) **17** 4

18 4 **19** 7 **20** ③

2 $(g\circ f)(2)=g(f(2))=g(a)=2$

3 $(g\circ f)(4)=g(f(4))=g(c)=4$

4 $(f\circ g)(a)=f(g(a))=f(2)=a$

5 $(f\circ g)(b)=f(g(b))=f(1)=d$

6 $(f\circ g)(c)=f(g(c))=f(4)=c$

7 (2) $(g\circ f)(3)=g(f(3))=g(7)=35$

 (3) $(f\circ g)(0)=f(g(0))=f(0)=1$

 (4) $(f\circ f)(4)=f(f(4))=f(9)=19$

 (5) $(g\circ g)(2)=g(g(2))=g(0)=0$

8　(2) $(g \circ g \circ g)(2) = g(g(g(2))) = g(g(5))$
$$= g(17) = 65$$
　(3) $(f \circ g \circ h)(6) = f(g(h(6))) = f(g(72))$
$$= f(285) = 290$$
　(4) $(g \circ h \circ f)(-3) = g(h(f(-3))) = g(h(2))$
$$= g(8) = 29$$

9　$(f \circ g)(1) - (g \circ f)(-3) = f(g(1)) - g(f(-3))$
$$= f(3) - g(6)$$
$$= 6 - (-17) = 23$$

10　(2) $(f \circ f)(1) = f(f(1)) = f(2) = 5$
　(3) $(f \circ f \circ f)(-3) = f(f(f(-3))) = f(f(-10))$
$$= f(-31) = -94$$

11　(2) $(f \circ f)(\sqrt{2}-1) = f(f(\sqrt{2}-1))$
$$= f(-1) = 1$$
　(3) $(f \circ f \circ f)(2\sqrt{2}) = f(f(f(2\sqrt{2}))) = f(f(\sqrt{2}))$
$$= f(0) = 0$$

12　(2) $(f \circ g)(x) = f(g(x)) = f(-3x+2)$
$$= 2(-3x+2)$$
$$= -6x+4$$
　(3) $(f \circ f)(x) = f(f(x)) = f(2x)$
$$= 2 \times 2x = 4x$$

13　(2) $(f \circ g)(x) = f(g(x)) = f(4x+1)$
$$= (4x+1)^2 - 1$$
$$= 16x^2 + 8x$$
　(3) $(g \circ g)(x) = g(g(x)) = g(4x+1)$
$$= 4(4x+1) + 1$$
$$= 16x + 5$$

14　(2) $(g \circ h)(x) = g(h(x)) = 3h(x) - 5$
$(g \circ h)(x) = f(x)$이므로
$$3h(x) - 5 = -x + 5, \ 3h(x) = -x + 10$$
따라서 $h(x) = -\dfrac{1}{3}x + \dfrac{10}{3}$
　(3) $(g \circ h)(x) = g(h(x)) = 4h(x)$
$(g \circ h)(x) = f(x)$이므로
$$4h(x) = -x^2$$
따라서 $h(x) = -\dfrac{1}{4}x^2$

15　(2) $(h \circ g)(x) = h(g(x)) = h(-3x+1)$
$(h \circ g)(x) = f(x)$이므로 $h(-3x+1) = 5x-2$
이때 $-3x+1 = t$로 놓으면 $x = -\dfrac{1}{3}t + \dfrac{1}{3}$이므로
$$h(t) = 5\left(-\dfrac{1}{3}t + \dfrac{1}{3}\right) - 2 = -\dfrac{5}{3}t - \dfrac{1}{3}$$
따라서 $h(x) = -\dfrac{5}{3}x - \dfrac{1}{3}$
　(3) $(h \circ g)(x) = h(g(x)) = h(-x+6)$
$(h \circ g)(x) = f(x)$이므로 $h(-x+6) = 3x^2$
이때 $-x+6 = t$로 놓으면 $x = -t+6$이므로
$$h(t) = 3(-t+6)^2 = 3(t-6)^2$$
따라서 $h(x) = 3(x-6)^2$

17　$(f \circ f)(x) = f(f(x)) = f(ax+b)$
$$= a(ax+b) + b$$
$$= a^2 x + ab + b$$
즉 $a^2 x + ab + b = x + 4$이므로
$$a^2 = 1, \ ab + b = 4$$
이때 $a > 0$이므로 $a = 1, \ b = 2$
따라서 $f(x) = x + 2$이므로 $f(2) = 4$

18　$(f \circ f)(x) = f(f(x)) = f(ax+b)$
$$= a(ax+b) + b$$
$$= a^2 x + ab + b$$
즉 $a^2 x + ab + b = 9x - 8$이므로
$$a^2 = 9, \ ab + b = -8$$
이때 $a > 0$이므로 $a = 3, \ b = -2$
따라서 $f(x) = 3x - 2$이므로 $f(2) = 4$

19　$(f \circ f)(x) = f(f(x)) = f(ax+b)$
$$= a(ax+b) + b$$
$$= a^2 x + ab + b$$
즉 $a^2 x + ab + b = 16x - 5$이므로
$$a^2 = 16, \ ab + b = -5$$
이때 $a > 0$이므로 $a = 4, \ b = -1$
따라서 $f(x) = 4x - 1$이므로 $f(2) = 7$

20　$f(x) = ax$이므로
$$(f \circ f)(x) = f(f(x)) = f(ax) = a^2 x$$
즉 $a^2 x = 9x$이므로 $a^2 = 9$
이때 $a < 0$이므로 $a = -3$

02

합성합수의 성질

1 (1) (✎ 6, 12) (2) 10 (3) -10 (4) -18

2 (1) (✎ 1, 4) (2) 0 (3) 91

3 ②

4 (✎ $-3x+a$, $-3x+a$, $2a$, $2x-3$, $2x-3$, 9, $2a$, 9, 12)

5 -8 **6** $-\dfrac{1}{2}$ **7** $\dfrac{16}{45}$ **8** $\dfrac{1}{2}$

9 4 **10** ③

11 (1) (✎ 3, 1, 2, 3) (2) (✎ 3, 1) (3) (✎ 1, 2) (4) (✎ 1)

12 (1) 5 (2) 1 (3) 1 (4) 3

13 (1) 2 (2) 0 (3) 1 (4) 0

14 (1) $\left(✎\dfrac{1}{x}, x\right)$ (2) $\dfrac{1}{x}$ (3) 5

15 (1) $9x$ (2) $27x$ (3) $3^n x$

16 (1) $x-2$ (2) $x-3$ (3) $x-n$ (4) 40 **17** ②

1 (2) $(h \circ g \circ f)(4) = ((h \circ g) \circ f)(4)$
$$= (h \circ g)(f(4))$$
$$= (h \circ g)(0) = 10$$
(3) $((f \circ h) \circ g)(-3) = (f \circ (h \circ g))(-3)$
$$= f((h \circ g)(-3))$$
$$= f(9) = -10$$
(4) $(f \circ h \circ g)(9) = (f \circ (h \circ g))(9)$
$$= f((h \circ g)(9))$$
$$= f(13) = -18$$

2 (2) $(f \circ (g \circ h))(-3) = ((f \circ g) \circ h)(-3)$
$$= (f \circ g)(h(-3))$$
$$= (f \circ g)(0) = 0$$
(3) $(f \circ g \circ h)(4) = ((f \circ g) \circ h)(4)$
$$= (f \circ g)(h(4))$$
$$= (f \circ g)(7) = 91$$

3 $((f \circ g) \circ h)(x) = (f \circ (g \circ h))(x)$
$$= f((g \circ h)(x))$$
$$= f(6x-9)$$
$$= \dfrac{1}{3}(6x-9)+2$$
$$= 2x-1$$
이때 $((f \circ g) \circ h)(a) = 5$이므로
$2a-1 = 5$, $2a = 6$
따라서 $a = 3$

5 $(f \circ g)(x) = f(g(x)) = f(-2x-a)$
$$= \dfrac{1}{4}(-2x-a)+2$$
$$= -\dfrac{1}{2}x - \dfrac{a}{4} + 2$$
$(g \circ f)(x) = g(f(x)) = g\left(\dfrac{1}{4}x+2\right)$
$$= -2\left(\dfrac{1}{4}x+2\right)-a$$
$$= -\dfrac{1}{2}x-4-a$$
$f \circ g = g \circ f$이므로 $-\dfrac{1}{2}x-\dfrac{a}{4}+2 = -\dfrac{1}{2}x-4-a$
$-\dfrac{a}{4}+2 = -4-a$, $\dfrac{3}{4}a = -6$
따라서 $a = -8$

6 $(f \circ g)(x) = f(g(x)) = f(5x+1)$
$$= -(5x+1)+a$$
$$= -5x-1+a$$
$(g \circ f)(x) = g(f(x)) = g(-x+a)$
$$= 5(-x+a)+1$$
$$= -5x+5a+1$$
$f \circ g = g \circ f$이므로 $-5x-1+a = -5x+5a+1$
$-1+a = 5a+1$, $-4a = 2$
따라서 $a = -\dfrac{1}{2}$

7 $(f \circ g)(x) = f(g(x)) = f(10x-4)$
$$= \dfrac{1}{5}(10x-4)+a$$
$$= 2x-\dfrac{4}{5}+a$$
$(g \circ f)(x) = g(f(x)) = g\left(\dfrac{1}{5}x+a\right)$
$$= 10\left(\dfrac{1}{5}x+a\right)-4$$
$$= 2x+10a-4$$
$f \circ g = g \circ f$이므로 $2x-\dfrac{4}{5}+a = 2x+10a-4$
$-\dfrac{4}{5}+a = 10a-4$, $-9a = -\dfrac{16}{5}$
따라서 $a = \dfrac{16}{45}$

8 $(f \circ g)(x) = f(g(x)) = f(2x+4)$
$$= a(2x+4)-2$$
$$= 2ax+4a-2$$
$(g \circ f)(x) = g(f(x)) = g(ax-2)$
$$= 2(ax-2)+4$$
$$= 2ax$$
$f \circ g = g \circ f$이므로 $2ax+4a-2 = 2ax$
$4a-2 = 0$, $4a = 2$
따라서 $a = \dfrac{1}{2}$

9
$$(f \circ g)(x) = f(g(x)) = f\left(\frac{1}{7}x - 2\right)$$
$$= a\left(\frac{1}{7}x - 2\right) + 7$$
$$= \frac{a}{7}x - 2a + 7$$
$$(g \circ f)(x) = g(f(x)) = g(ax + 7)$$
$$= \frac{1}{7}(ax + 7) - 2$$
$$= \frac{a}{7}x - 1$$
$f \circ g = g \circ f$이므로 $\frac{a}{7}x - 2a + 7 = \frac{a}{7}x - 1$
$-2a + 7 = -1$, $-2a = -8$
따라서 $a = 4$

10
$$(f \circ g)(x) = f(g(x)) = f(3x + 8)$$
$$= \frac{1}{4}(3x + 8) + a$$
$$= \frac{3}{4}x + 2 + a$$
$$(g \circ f)(x) = g(f(x)) = g\left(\frac{1}{4}x + a\right)$$
$$= 3\left(\frac{1}{4}x + a\right) + 8$$
$$= \frac{3}{4}x + 3a + 8$$
$f \circ g = g \circ f$이므로 $\frac{3}{4}x + 2 + a = \frac{3}{4}x + 3a + 8$
$2 + a = 3a + 8$, $-2a = 6$
따라서 $a = -3$
즉 $f(x) = \frac{1}{4}x - 3$이므로
$(f \circ f)(-4) = f(f(-4)) = f(-4) = -4$

12 (1) $f(1) = 2$, $f(2) = 3$, $f(3) = 4$, $f(4) = 5$, $f(5) = 1$이므로
$$f^2(1) = (f \circ f)(1) = f(f(1)) = f(2) = 3$$
$$f^3(1) = (f \circ f^2)(1) = f(f^2(1)) = f(3) = 4$$
$$f^4(1) = (f \circ f^3)(1) = f(f^3(1)) = f(4) = 5$$
(2) $f^5(1) = (f \circ f^4)(1) = f(f^4(1)) = f(5) = 1$
(3) $f^n(1)$의 값은 2, 3, 4, 5, 1이 차례로 반복되고 $10 = 5 \times 2$이므로 $f^{10}(1) = f^5(1) = 1$
(4) $f^n(1)$의 값은 2, 3, 4, 5, 1이 차례로 반복되고 $72 = 5 \times 14 + 2$이므로 $f^{72}(1) = f^2(1) = 3$

13 (1) $f(-2) = 2$, $f(-1) = -1$, $f(0) = -2$, $f(1) = 0$, $f(2) = 1$이므로
$$f^2(0) = (f \circ f)(0) = f(f(0)) = f(-2) = 2$$
(2) $f^3(0) = (f \circ f^2)(0) = f(f^2(0)) = f(2) = 1$
$$f^4(0) = (f \circ f^3)(0) = f(f^3(0)) = f(1) = 0$$

(3) $f^n(0)$의 값은 -2, 2, 1, 0이 차례로 반복되고 $27 = 4 \times 6 + 3$이므로
$$f^{27}(0) = f^3(0) = 1$$
(4) $f^n(0)$의 값은 -2, 2, 1, 0이 차례로 반복되고 $2024 = 4 \times 506$이므로
$$f^{2024}(0) = f^4(0) = 0$$

14 (2) $f^3(x) = (f \circ f^2)(x) = f(f^2(x)) = f(x) = \frac{1}{x}$
(3) 자연수 n에 대하여
$$f^n(x) = \begin{cases} \dfrac{1}{x} & (n \text{은 홀수}) \\ x & (n \text{은 짝수}) \end{cases} \text{이므로}$$
$$f^{100}(5) = 5$$

15 (1) $f^2(x) = (f \circ f)(x) = f(f(x)) = f(3x) = 9x$
(2) $f^3(x) = (f \circ f^2)(x) = f(f^2(x)) = f(9x) = 27x$
(3) $f(x) = 3x$
$f^2(x) = 9x$
$f^3(x) = 27x$
$\vdots$
이므로 자연수 n에 대하여 $f^n(x) = 3^n x$

16 (1) $f(x) = x - 1$에서
$$f^2(x) = (f \circ f)(x) = f(f(x))$$
$$= f(x - 1) = (x - 1) - 1$$
$$= x - 2$$
(2) $f^3(x) = (f \circ f^2)(x) = f(f^2(x))$
$$= f(x - 2) = (x - 2) - 1$$
$$= x - 3$$
(3) $f(x) = x - 1$
$f^2(x) = x - 2$
$f^3(x) = x - 3$
$\vdots$
이므로 자연수 n에 대하여 $f^n(x) = x - n$
(4) $f^n(x) = x - n$이므로 $f^{10}(50) = 50 - 10 = 40$

17 $f(x) = x + 3$에서
$$f^2(x) = f(f(x)) = f(x + 3) = (x + 3) + 3 = x + 6$$
$$f^3(x) = f(f^2(x)) = f(x + 6) = (x + 6) + 3 = x + 9$$
$$\vdots$$
이므로 자연수 n에 대하여 $f^n(x) = x + 3n$
따라서 $f^{50}(10) = 10 + 3 \times 50 = 160$

03

합성함수의 그래프

1 (1) $2x$, $-2x+4$

(2) $\dfrac{1}{2}$, $\dfrac{3}{2}$, $\dfrac{1}{2}$, $\dfrac{3}{2}$, $4x$, $-4x+4$, $4x-4$, $-4x+8$

(3)
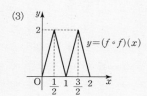

2
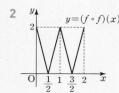

3
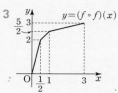

4
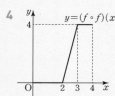

5
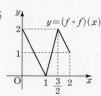

6 (1) x, 2, $2x$, $-x+6$ (2) 1, 1, 4, $2x$, 2

(3)
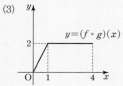

7
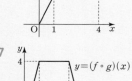

8
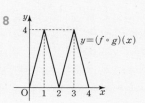

2 $f(x)=\begin{cases} -2x+2 & (0\le x\le 1) \\ 2x-2 & (1\le x\le 2) \end{cases}$ 에서

$0\le f(x)\le 1$인 x의 값의 범위는 $\dfrac{1}{2}\le x\le \dfrac{3}{2}$

$1\le f(x)\le 2$인 x의 값의 범위는 $0\le x\le \dfrac{1}{2}$, $\dfrac{3}{2}\le x\le 2$이므로

$(f\circ f)(x)=\begin{cases} -4x+2 & \left(0\le x\le \dfrac{1}{2}\right) \\ 4x-2 & \left(\dfrac{1}{2}\le x\le 1\right) \\ -4x+6 & \left(1\le x\le \dfrac{3}{2}\right) \\ 4x-6 & \left(\dfrac{3}{2}\le x\le 2\right) \end{cases}$

이 함수를 그래프로 나타내면

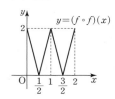

3 $f(x)=\begin{cases} 2x & (0\le x\le 1) \\ \dfrac{1}{2}x+\dfrac{3}{2} & (1\le x\le 3) \end{cases}$ 에서

$0\le f(x)\le 1$인 x의 값의 범위는 $0\le x\le \dfrac{1}{2}$

$1\le f(x)\le 3$인 x의 값의 범위는 $\dfrac{1}{2}\le x\le 3$이므로

$(f\circ f)(x)=\begin{cases} 4x & \left(0\le x\le \dfrac{1}{2}\right) \\ x+\dfrac{3}{2} & \left(\dfrac{1}{2}\le x\le 1\right) \\ \dfrac{1}{4}x+\dfrac{9}{4} & (1\le x\le 3) \end{cases}$

이 함수를 그래프로 나타내면

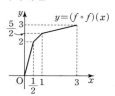

4 $f(x)=\begin{cases} 4 & (0\le x\le 2) \\ -2x+8 & (2\le x\le 4) \end{cases}$ 에서

$0\le f(x)\le 2$인 x의 값의 범위는 $3\le x\le 4$

$2\le f(x)\le 4$인 x의 값의 범위는 $0\le x\le 3$이므로

$(f\circ f)(x)=\begin{cases} 0 & (0\le x\le 2) \\ 4x-8 & (2\le x\le 3) \\ 4 & (3\le x\le 4) \end{cases}$

이 함수를 그래프로 나타내면

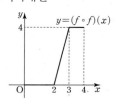

5 $f(x)=\begin{cases} x+1 & (0\le x\le 1) \\ -2x+4 & (1\le x\le 2) \end{cases}$ 에서

$0\le f(x)\le 1$인 x의 값의 범위는 $\dfrac{3}{2}\le x\le 2$

$1\le f(x)\le 2$인 x의 값의 범위는 $0\le x\le \dfrac{3}{2}$이므로

$(f\circ f)(x)=\begin{cases} -2x+2 & (0\le x\le 1) \\ 4x-4 & \left(1\le x\le \dfrac{3}{2}\right) \\ -2x+5 & \left(\dfrac{3}{2}\le x\le 2\right) \end{cases}$

이 함수를 그래프로 나타내면

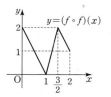

7 $f(x) = \begin{cases} 2x & (0 \le x \le 2) \\ 4 & (2 \le x \le 4) \end{cases}$

$g(x) = \begin{cases} 2x & (0 \le x \le 2) \\ -2x+8 & (2 \le x \le 4) \end{cases}$ 에서

$0 \le g(x) \le 2$인 x의 값의 범위는 $0 \le x \le 1$, $3 \le x \le 4$

$2 \le g(x) \le 4$인 x의 값의 범위는 $1 \le x \le 3$이므로

$(f \circ g)(x) = \begin{cases} 4x & (0 \le x \le 1) \\ 4 & (1 \le x \le 3) \\ -4x+16 & (3 \le x \le 4) \end{cases}$

이 함수를 그래프로 나타내면

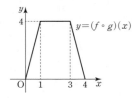

8 $f(x) = \begin{cases} 2x & (0 \le x \le 2) \\ -2x+8 & (2 \le x \le 4) \end{cases}$

$g(x) = \begin{cases} -2x+4 & (0 \le x \le 2) \\ 2x-4 & (2 \le x \le 4) \end{cases}$ 에서

$0 \le g(x) \le 2$인 x의 값의 범위는 $1 \le x \le 3$

$2 \le g(x) \le 4$인 x의 값의 범위는 $0 \le x \le 1$, $3 \le x \le 4$이므로

$(f \circ g)(x) = \begin{cases} 4x & (0 \le x \le 1) \\ -4x+8 & (1 \le x \le 2) \\ 4x-8 & (2 \le x \le 3) \\ -4x+16 & (3 \le x \le 4) \end{cases}$

이 함수를 그래프로 나타내면

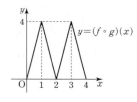

TEST 개념 확인   본문 333쪽

1 ③   **2** ②   **3** ③   **4** ①

5 ⑤   **6** ③   **7** ③

1 $(g \circ f)(2) + (g \circ f)(3) = g(f(2)) + g(f(3))$
$$= g(6) + g(5) = 7 + 8 = 15$$

2 $(f \circ g)(-2) + (g \circ f)(3) = f(g(-2)) + g(f(3))$
$$= f(1) + g(-1) = 3 + 2 = 5$$

3 $(g \circ f)(-2) = g(f(-2)) = g(1) = -5 + a$
즉 $-5+a=4$이므로 $a=9$
따라서 $f(a) = f(9) = 45$

4 $(f \circ g)(x) = f(g(x)) = f(2x+b)$
$$= a(2x+b) - 1$$
$$= 2ax + ab - 1$$
즉 $2ax + ab - 1 = -4x + 9$이므로
$2a = -4$, $ab - 1 = 9$
따라서 $a = -2$, $b = -5$이므로
$a + b = -7$

5 $(g \circ h)(x) = g(h(x)) = -h(x) + 4$
$(g \circ h)(x) = f(x)$이므로
$$-h(x) + 4 = 2x^2 - 1$$
따라서 $h(x) = -2x^2 + 5$이므로
$h(2) = -3$

6 $((f \circ g) \circ h)(4) = (f \circ g \circ h)(4)$
$$= f(g(h(4)))$$
$$= f(g(12))$$
$$= f(3) = 4$$

7 $(f \circ g)(x) = f(g(x)) = f(3x-4)$
$$= a(3x-4) + 5$$
$$= 3ax - 4a + 5$$
$(g \circ f)(x) = g(f(x)) = g(ax+5)$
$$= 3(ax+5) - 4$$
$$= 3ax + 11$$
$f \circ g = g \circ f$이므로 $3ax - 4a + 5 = 3ax + 11$
$-4a + 5 = 11$, $-4a = 6$
따라서 $a = -\dfrac{3}{2}$

04   본문 334쪽

역함수

원리확인

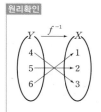

1 5   **2** 7   **3** 1   **4** 3

5 3   **6** 4   **7** 1   **8** 2

9 5   ☺ 치역, 정의역   **10** (✎ 2, 2, 2)

11 4   **12** −1   **13** −1   **14** 12

15 10   ☺ b, a

16 (1) (✏ 0, 5) (2) -10 (3) 8

17 (1) -6 (2) -9 (3) -12

18 (✏ $-1, -1, -2, -2, 5, 5, 1, 1, -1$)

19 4   **20** 4   **21** -4 **22** 44

23 (✏ 1, 1, 5)   **24** 20   **25** -18

26 $-\dfrac{15}{2}$ **27** (✏ $-1, -1, -x+2, b, -1, -2$)

28 $a=-2, b=-8$ **29** $a=-\dfrac{1}{2}, b=10$

30 $a=3, b=-1$ **31** (✏ 2, 2, 5, 5, -1, 3)

32 $a=1, b=0$ **33** $a=-\dfrac{8}{5}, b=\dfrac{4}{5}$

34 $a=3, b=-9$ **35** $a=\dfrac{5}{4}, b=-12$

36 $a=-6, b=7$ **37** ①

11 $f^{-1}(2)=a$라 하면 $f(a)=2$이므로
$-a+6=2$, 즉 $a=4$
따라서 $f^{-1}(2)=4$

12 $f^{-1}(2)=a$라 하면 $f(a)=2$이므로
$-7a-5=2$, $-7a=7$
따라서 $a=-1$이므로 $f^{-1}(2)=-1$

13 $f^{-1}(2)=a$라 하면 $f(a)=2$이므로
$9a+11=2$, $9a=-9$
따라서 $a=-1$이므로 $f^{-1}(2)=-1$

14 $f^{-1}(2)=a$라 하면 $f(a)=2$이므로
$\dfrac{1}{3}a-2=2$, $\dfrac{1}{3}a=4$
따라서 $a=12$이므로 $f^{-1}(2)=12$

15 $f^{-1}(2)=a$라 하면 $f(a)=2$이므로
$-\dfrac{1}{5}a+4=2$, $-\dfrac{1}{5}a=-2$
따라서 $a=10$이므로 $f^{-1}(2)=10$

16 (2) $f^{-1}(a)=5$에서
$a=f(5)=-10$
(3) $f^{-1}(a)=-1$에서
$a=f(-1)=8$

17 (1) $f^{-1}(a)=2$에서
$a=f(2)=-6$
(2) $f^{-1}(a)=-4$에서
$a=f(-4)=-9$
(3) $f^{-1}(a)=-10$에서
$a=f(-10)=-12$

19 $g(-4)=k$라 하면 $f(k)=-4$이므로
$5k-9=-4$, $5k=5$, $k=1$
즉 $g(-4)=1$
$g(6)=m$이라 하면 $f(m)=6$이므로
$5m-9=6$, $5m=15$, $m=3$
즉 $g(6)=3$
따라서 $g(-4)+g(6)=1+3=4$

20 $g(-5)=k$라 하면 $f(k)=-5$이므로
$-4k+7=-5$, $-4k=-12$, $k=3$
즉 $g(-5)=3$
$g(3)=m$이라 하면 $f(m)=3$이므로
$-4m+7=3$, $-4m=-4$, $m=1$
즉 $g(3)=1$
따라서 $g(-5)+g(3)=3+1=4$

21 $g(-8)=k$라 하면 $f(k)=-8$이므로
$-3k-5=-8$, $-3k=-3$, $k=1$
즉 $g(-8)=1$
$g(10)=m$이라 하면 $f(m)=10$이므로
$-3m-5=10$, $-3m=15$, $m=-5$
즉 $g(10)=-5$
따라서 $g(-8)+g(10)=1+(-5)=-4$

22 $g\left(-\dfrac{1}{2}\right)=k$라 하면 $f(k)=-\dfrac{1}{2}$이므로
$\dfrac{1}{4}k-5=-\dfrac{1}{2}$, $\dfrac{1}{4}k=\dfrac{9}{2}$, $k=18$
즉 $g\left(-\dfrac{1}{2}\right)=18$
$g\left(\dfrac{3}{2}\right)=m$이라 하면 $f(m)=\dfrac{3}{2}$이므로
$\dfrac{1}{4}m-5=\dfrac{3}{2}$, $\dfrac{1}{4}m=\dfrac{13}{2}$, $m=26$
즉 $g\left(\dfrac{3}{2}\right)=26$
따라서 $g\left(-\dfrac{1}{2}\right)+g\left(\dfrac{3}{2}\right)=18+26=44$

24 $f^{-1}(0)=-5$에서 $f(-5)=0$이므로

$4\times(-5)+a=0$

따라서 $a=20$

25 $f^{-1}(-6)=3$에서 $f(3)=-6$이므로

$4\times3+a=-6$

따라서 $a=-18$

26 $f^{-1}\left(\dfrac{1}{2}\right)=2$에서 $f(2)=\dfrac{1}{2}$이므로

$4\times2+a=\dfrac{1}{2}$

따라서 $a=-\dfrac{15}{2}$

28 $f^{-1}(0)=1$에서 $f(1)=0$이므로

$a+2=0,\ a=-2$

따라서 $f(x)=-2x+2$

$f^{-1}(b)=5$에서 $f(5)=b$이므로

$b=-2\times5+2=-8$

29 $f^{-1}(-2)=8$에서 $f(8)=-2$이므로

$8a+2=-2,\ 8a=-4,\ a=-\dfrac{1}{2}$

따라서 $f(x)=-\dfrac{1}{2}x+2$

$f^{-1}(-3)=b$에서 $f(b)=-3$이므로

$-\dfrac{1}{2}b+2=-3,\ -\dfrac{1}{2}b=-5,\ b=10$

30 $f^{-1}(3)=\dfrac{1}{3}$에서 $f\left(\dfrac{1}{3}\right)=3$이므로

$\dfrac{1}{3}a+2=3,\ \dfrac{1}{3}a=1,\ a=3$

따라서 $f(x)=3x+2$

$f(b)=-1$에서 $3b+2=-1,\ 3b=-3,\ b=-1$

32 $g(-1)=-1$에서 $f(-1)=-1$이므로

$-a+b=-1$ ······ ㉠

$g(4)=4$에서 $f(4)=4$이므로

$4a+b=4$ ······ ㉡

㉠, ㉡을 연립하여 풀면 $a=1,\ b=0$

33 $g(0)=\dfrac{1}{2}$에서 $f\left(\dfrac{1}{2}\right)=0$이므로

$\dfrac{1}{2}a+b=0$ ······ ㉠

$g(-4)=3$에서 $f(3)=-4$이므로

$3a+b=-4$ ······ ㉡

㉠, ㉡을 연립하여 풀면 $a=-\dfrac{8}{5},\ b=\dfrac{4}{5}$

34 $g(6)=5$에서 $f(5)=6$이므로

$5a+b=6$ ······ ㉠

$g(-9)=0$에서 $f(0)=-9$이므로

$b=-9$ ······ ㉡

㉡을 ㉠에 대입하여 풀면 $a=3$

35 $g\left(\dfrac{1}{2}\right)=10$에서 $f(10)=\dfrac{1}{2}$이므로

$10a+b=\dfrac{1}{2}$ ······ ㉠

$g(-2)=8$에서 $f(8)=-2$이므로

$8a+b=-2$ ······ ㉡

㉠, ㉡을 연립하여 풀면 $a=\dfrac{5}{4},\ b=-12$

36 $g(25)=-3$에서 $f(-3)=25$이므로

$-3a+b=25$ ······ ㉠

$g(-17)=4$에서 $f(4)=-17$이므로

$4a+b=-17$ ······ ㉡

㉠, ㉡을 연립하여 풀면 $a=-6,\ b=7$

37 $f^{-1}(0)=12$에서 $f(12)=0$이므로

$12a+b=0$ ······ ㉠

$f^{-1}(-3)=9$에서 $f(9)=-3$이므로

$9a+b=-3$ ······ ㉡

㉠, ㉡을 연립하여 풀면 $a=1,\ b=-12$

따라서 $ab=-12$

05
본문 338쪽

역함수를 포함한 합성함수의 함숫값

원리확인

❶ 4, 6　　❷ 2, 4　　❸ 4, 2

1 (✎ 4, 4, 4, 4, −1, 4, −1)　　　2 −3

3 0　　　4 8　　　5 −27

6 (1) (✎ 1, 1, −2, −2, −2, −2, 3)　(2) −7

7 (1) $-\dfrac{14}{5}$　(2) −14　　　8 (1) $-\dfrac{3}{4}$　(2) −66

9 (✎ $-x-7$, $-x-7$, $-a$, $-a$, 3, 25)

10 −8　　　11 25　　　12 22　　　13 ①

2 $g(-4)=\dfrac{1}{2}\times(-4)-5=-7$이므로

$(f^{-1}\circ g)(-4)=f^{-1}(g(-4))=f^{-1}(-7)$

이때 $f^{-1}(-7)=k$라 하면 $f(k)=-7$이므로

$2k-1=-7,\ 2k=-6,\ k=-3$

따라서 $(f^{-1}\circ g)(-4)=f^{-1}(-7)=-3$

3 $g\left(-\dfrac{1}{2}\right)=-5\times\left(-\dfrac{1}{2}\right)-\dfrac{3}{2}=1$이므로

$(f^{-1}\circ g)\left(-\dfrac{1}{2}\right)=f^{-1}\left(g\left(-\dfrac{1}{2}\right)\right)=f^{-1}(1)$

이때 $f^{-1}(1)=k$라 하면 $f(k)=1$이므로

$-4k+1=1,\ k=0$

따라서 $(f^{-1}\circ g)\left(-\dfrac{1}{2}\right)=f^{-1}(1)=0$

4 $g^{-1}(-1)=k$라 하면 $g(k)=-1$이므로

$k-4=-1,\ k=3$

즉 $g^{-1}(-1)=3$이므로

$(f\circ g^{-1})(-1)=f(g^{-1}(-1))=f(3)$
$\qquad\qquad\qquad\qquad\quad =3\times3-1=8$

5 $g^{-1}\left(\dfrac{1}{3}\right)=k$라 하면 $g(k)=\dfrac{1}{3}$이므로

$-\dfrac{1}{3}k+2=\dfrac{1}{3},\ -\dfrac{1}{3}k=-\dfrac{5}{3},\ k=5$

즉 $g^{-1}\left(\dfrac{1}{3}\right)=5$이므로

$(f\circ g^{-1})\left(\dfrac{1}{3}\right)=f\left(g^{-1}\left(\dfrac{1}{3}\right)\right)=f(5)$
$\qquad\qquad\qquad\qquad\quad =-6\times5+3=-27$

6 (2) $(f\circ g^{-1})(a)=f(g^{-1}(a))=7$에서

$g^{-1}(a)=f^{-1}(7)$ $\qquad\cdots\cdots$ ㉠

이때 $f^{-1}(7)=k$라 하면 $f(k)=7$이므로

$-k+1=7,\ -k=6,\ k=-6$

즉 $f^{-1}(7)=-6$이므로 ㉠에서 $g^{-1}(a)=-6$

따라서 $a=g(-6)=2\times(-6)+5=-7$

7 (1) $(g\circ f^{-1})(a)=g(f^{-1}(a))=-1$에서

$f^{-1}(a)=g^{-1}(-1)$ $\qquad\cdots\cdots$ ㉠

이때 $g^{-1}(-1)=k$라 하면 $g(k)=-1$이므로

$-5k+1=-1,\ -5k=-2,\ k=\dfrac{2}{5}$

즉 $g^{-1}(-1)=\dfrac{2}{5}$이므로 ㉠에서 $f^{-1}(a)=\dfrac{2}{5}$

따라서 $a=f\left(\dfrac{2}{5}\right)=3\times\dfrac{2}{5}-4=-\dfrac{14}{5}$

(2) $(f\circ g^{-1})(a)=f(g^{-1}(a))=5$에서

$g^{-1}(a)=f^{-1}(5)$ $\qquad\cdots\cdots$ ㉠

이때 $f^{-1}(5)=k$라 하면 $f(k)=5$이므로

$3k-4=5,\ 3k=9,\ k=3$

즉 $f^{-1}(5)=3$이므로 ㉠에서 $g^{-1}(a)=3$

따라서 $a=g(3)=-5\times3+1=-14$

8 (1) $(g\circ f^{-1})(a)=g(f^{-1}(a))=4$에서

$f^{-1}(a)=g^{-1}(4)$ $\qquad\cdots\cdots$ ㉠

이때 $g^{-1}(4)=k$라 하면 $g(k)=4$이므로

$-4k+6=4,\ -4k=-2,\ k=\dfrac{1}{2}$

즉 $g^{-1}(4)=\dfrac{1}{2}$이므로 ㉠에서 $f^{-1}(a)=\dfrac{1}{2}$

따라서 $a=f\left(\dfrac{1}{2}\right)=\dfrac{1}{2}\times\dfrac{1}{2}-1=-\dfrac{3}{4}$

(2) $(f\circ g^{-1})(a)=f(g^{-1}(a))=8$에서

$g^{-1}(a)=f^{-1}(8)$ $\qquad\cdots\cdots$ ㉠

이때 $f^{-1}(8)=k$라 하면 $f(k)=8$이므로

$\dfrac{1}{2}k-1=8,\ \dfrac{1}{2}k=9,\ k=18$

즉 $f^{-1}(8)=18$이므로 ㉠에서 $g^{-1}(a)=18$

따라서 $a=g(18)=-4\times18+6=-66$

10 $f(x)=-3x+4,\ g(x)=3x+25$

$(f^{-1}\circ g)(1)=f^{-1}(g(1))=f^{-1}(28)$ $\qquad\cdots\cdots$ ㉠

이때 $f^{-1}(28)=k$라 하면 $f(k)=28$이므로

$-3k+4=28,\ -3k=24,\ k=-8$

즉 $f^{-1}(28)=-8$이므로 ㉠에서

$(f^{-1}\circ g)(1)=f^{-1}(28)=-8$

11 $f(x)=-3x+4,\ g(x)=3x+25$

$(f\circ g^{-1})(4)=f(g^{-1}(4))$ $\qquad\cdots\cdots$ ㉠

이때 $g^{-1}(4)=k$라 하면 $g(k)=4$이므로

$3k+25=4,\ 3k=-21,\ k=-7$

즉 $g^{-1}(4)=-7$이므로 ㉠에서

$(f\circ g^{-1})(4)=f(g^{-1}(4))=f(-7)$
$\qquad\qquad\qquad\qquad\quad =-3\times(-7)+4=25$

12 $f(x)=-3x+4,\ g(x)=3x+25$

$(g\circ f^{-1})(7)=g(f^{-1}(7))$ $\qquad\cdots\cdots$ ㉠

이때 $f^{-1}(7)=k$라 하면 $f(k)=7$이므로

$-3k+4=7,\ -3k=3,\ k=-1$

즉 $f^{-1}(7)=-1$이므로 ㉠에서

$(g\circ f^{-1})(7)=g(f^{-1}(7))=g(-1)$
$\qquad\qquad\qquad\qquad\quad =3\times(-1)+25=22$

13 $(f^{-1}\circ g)(x)=f^{-1}(g(x))=-2x-9$에서

$g(x)=f(-2x-9)$이므로

$4x-4=a(-2x-9)+b$

$4x-4=-2ax-9a+b$

이때 $-2a=4,\ -9a+b=-4$이므로

$a=-2,\ b=-22$

따라서 $f(x)=-2x-22$, $g(x)=4x-4$이고
$(f \circ g^{-1})(4)=f(g^{-1}(4))$ ······ ㉠
이때 $g^{-1}(4)=k$라 하면 $g(k)=4$이므로
$4k-4=4$, $4k=8$, $k=2$
즉 $g^{-1}(4)=2$이므로 ㉠에서
$(f \circ g^{-1})(4)=f(g^{-1}(4))=f(2)=-26$

06

본문 340쪽

역함수가 존재하기 위한 조건

원리확인

❶ ○   ❷ ×

1 (✎ 양수, >, >)   2 $a<2$ 3 4

4 -3 😊 대응

5 (1) (✎ a, 5, a, a, 5, 5, 1, -11)

   (2) $a=-15$, $b=-10$

6 (1) $a=10$, $b=14$ (2) $a=18$, $b=-8$

7 (1) (✎ 3, 3, a, a, a, 3, 7)   (2) 7

8 (1) -4 (2) -4 9 ②

---

2 함수 $f(x)$의 역함수가 존재하려면 $f(x)$는
일대일대응이어야 하므로 함수 $y=f(x)$의
그래프는 오른쪽 그림과 같아야 한다.
즉 $x<1$일 때의 직선의 기울기가 음수이므
로 $x \geq 1$일 때의 직선의 기울기도 음수이어
야 한다.
따라서 $a-2<0$이므로 $a<2$

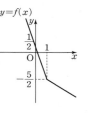

3 함수 $f(x)$의 역함수가 존재하려면 $f(x)$는
일대일대응이어야 하므로 함수 $y=f(x)$의
그래프는 오른쪽 그림과 같아야 한다.
즉 치역과 공역이 같아야 하므로 직선
$y=x+(a-1)$은 점 $(2, 5)$를 지나야 한다.
따라서 $5=2+a-1$이므로 $a=4$

4 함수 $f(x)$의 역함수가 존재하려면 $f(x)$는
일대일대응이어야 하므로 함수 $y=f(x)$의
그래프는 오른쪽 그림과 같아야 한다.
즉 치역과 공역이 같아야 하므로 직선

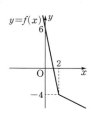

$y=-\dfrac{1}{2}x+a$는 점 $(2, -4)$를 지나야 한다.

따라서 $-4=-\dfrac{1}{2} \times 2+a$이므로 $a=-3$

5 (2) 함수 $f(x)$의 역함수가 존재하려면 $f(x)$는 일대일대응이어
야 하므로 치역과 공역이 같아야 한다.
이때 함수 $f(x)$가 감소하는 함수이므로 $f(-3)=5$,
$f(1)=a$이어야 한다.
$f(-3)=5$에서 $15+b=5$이므로 $b=-10$
$f(1)=a$에서 $-5+b=a$이므로 $a=-15$

6 (1) 함수 $f(x)$의 역함수가 존재하려면 $f(x)$는 일대일대응이어
야 하므로 치역과 공역이 같아야 한다.
이때 함수 $f(x)$가 감소하는 함수이므로 $f(2)=10$,
$f(a)=-6$이어야 한다.
$f(2)=10$에서 $-4+b=10$이므로 $b=14$
$f(a)=-6$에서 $-2a+b=-6$이므로
$-2a+14=-6$, $-2a=-20$, $a=10$

(2) 함수 $f(x)$의 역함수가 존재하려면 $f(x)$는 일대일대응이어
야 하므로 치역과 공역이 같아야 한다.
이때 함수 $f(x)$가 증가하는 함수이므로 $f(2)=-6$,
$f(a)=10$이어야 한다.
$f(2)=-6$에서 $2+b=-6$이므로 $b=-8$
$f(a)=10$에서 $a+b=10$이므로 $a-8=10$, $a=18$

7 (2) $f(x)=x^2-10x+28=(x-5)^2+3$
함수 f의 역함수가 존재하면 f는 일대일대응이므로
$a \geq 5$, $f(a)=a$
$f(a)=a$에서 $a^2-10a+28=a$
$a^2-11a+28=0$, $(a-4)(a-7)=0$
이때 $a \geq 5$이므로 $a=7$

8 (1) $f(x)=-x^2-4x-4=-(x+2)^2$
함수 f의 역함수가 존재하면 f는 일대일대응이므로
$a \leq -2$, $f(a)=a$
$f(a)=a$에서 $-a^2-4a-4=a$
$a^2+5a+4=0$, $(a+1)(a+4)=0$
이때 $a \leq -2$이므로 $a=-4$

(2) $f(x)=-3x^2-18x-28=-3(x+3)^2-1$
함수 f의 역함수가 존재하면 f는 일대일대응이므로
$a \leq -3$, $f(a)=a$
$f(a)=a$에서 $-3a^2-18a-28=a$
$3a^2+19a+28=0$, $(3a+7)(a+4)=0$
이때 $a \leq -3$이므로 $a=-4$

9 $f(x)=-2x^2+8x+3=-2(x-2)^2+11$
함수 f의 역함수가 존재하면 f는 일대일대응이므로

$a\leq 2$, $f(a)=-7$

$f(a)=-7$에서 $-2a^2+8a+3=-7$

$2a^2-8a-10=0$, $a^2-4a-5=0$

$(a+1)(a-5)=0$

이때 $a\leq 2$이므로 $a=-1$

---

07 역함수의 성질

본문 342쪽

1 (1) 7 (2) 6 (3) 3 (4) 8　　**2** (1) 1 (2) 7 (3) 5 (4) 1

3 ($\mathscr{Q}$ 4, 4, 1, 1, 7)　　**4** 4　　　　　　**5** -2

6 1　　　　**7** -10　　　**8** ($\mathscr{Q}$ f, 3, 3, 7)

9 -105　　**10** -29　　**11** 87　　　$\smiley$ f, x, y, g^{-1}

12 ④

---

1 (1) $(f^{-1})^{-1}(1)=f(1)=7$

(2) $(f^{-1})^{-1}(2)=f(2)=6$

(3) $(f^{-1}\circ f)(3)=f^{-1}(f(3))$
$\qquad =f^{-1}(5)=3$

(4) $(f\circ f^{-1})(8)=f(f^{-1}(8))$
$\qquad =f(4)=8$

2 (1) $(g\circ f)^{-1}(1)=(f^{-1}\circ g^{-1})(1)=f^{-1}(g^{-1}(1))$
$\qquad =f^{-1}(5)=1$

(2) $(g\circ f)^{-1}(3)=(f^{-1}\circ g^{-1})(3)=f^{-1}(g^{-1}(3))$
$\qquad =f^{-1}(1)=7$

(3) $(f\circ g)^{-1}(5)=(g^{-1}\circ f^{-1})(5)=g^{-1}(f^{-1}(5))$
$\qquad =g^{-1}(1)=5$

(4) $(f\circ g)^{-1}(7)=(g^{-1}\circ f^{-1})(7)=g^{-1}(f^{-1}(7))$
$\qquad =g^{-1}(3)=1$

4 $(f^{-1}\circ g)^{-1}(-5)=(g^{-1}\circ f)(-5)$
$\qquad\qquad\qquad =g^{-1}(f(-5))$
$\qquad\qquad\qquad =g^{-1}(16)$

$g^{-1}(16)=k$라 하면 $g(k)=16$이므로

$3k+4=16$, $3k=12$, $k=4$

따라서 $(f^{-1}\circ g)^{-1}(-5)=g^{-1}(16)=4$

5 $(f^{-1}\circ f\circ g)(-2)=g(-2)=-2$

6 $((f\circ g)^{-1}\circ f)(7)=(g^{-1}\circ f^{-1}\circ f)(7)$
$\qquad\qquad\qquad\quad =g^{-1}(7)$

$g^{-1}(7)=k$라 하면 $g(k)=7$이므로

$3k+4=7$, $3k=3$, $k=1$

따라서 $((f\circ g)^{-1}\circ f)(7)=g^{-1}(7)=1$

7 $(f\circ (g\circ f)^{-1}\circ g)(-10)=(f\circ f^{-1}\circ g^{-1}\circ g)(-10)$
$\qquad\qquad\qquad\qquad\qquad =-10$

9 $g\circ f=I$이므로 $f^{-1}=g$, $g^{-1}=f$

따라서 $(f^{-1}\circ g)^{-1}(-5)=(g^{-1}\circ f)(-5)$
$\qquad\qquad\qquad\qquad =g^{-1}(f(-5))$
$\qquad\qquad\qquad\qquad =g^{-1}(-25)$
$\qquad\qquad\qquad\qquad =f(-25)$
$\qquad\qquad\qquad\qquad =-105$

10 $g\circ f=I$이므로 $f^{-1}=g$, $g^{-1}=f$

따라서 $(f\circ g^{-1}\circ f^{-1})(-6)=(f\circ f\circ f^{-1})(-6)$
$\qquad\qquad\qquad\qquad\quad =f(-6)=-29$

11 $(f\circ (g\circ f)^{-1}\circ f)(7)=(f\circ f^{-1}\circ g^{-1}\circ f)(7)$
$\qquad\qquad\qquad\qquad\quad =(g^{-1}\circ f)(7)=g^{-1}(f(7))$
$\qquad\qquad\qquad\qquad\quad =g^{-1}(23)=f(23)=87$

12 $h^{-1}(x)=(g\circ f)^{-1}(x)=(f^{-1}\circ g^{-1})(x)$
$\qquad\qquad =f^{-1}(g^{-1}(x))=f^{-1}(-7x+2)$
$\qquad\qquad =-7x+2+3=-7x+5$

따라서 $a=-7$, $b=5$이므로

$a+2b=3$

---

08 역함수 구하기

본문 344쪽

1 ($\mathscr{Q}$ $-y+3$, 3)

2 $y=2x+12$　　　　　**3** $y=-5x+5$

4 $y=-\dfrac{1}{2}x+\dfrac{1}{2}$　　　**5** $y=-3x-3$

6 $y=6x-12$　　　　　**7** $\left(\mathscr{Q}\ \dfrac{1}{a},\ \dfrac{1}{a},\ \dfrac{1}{a},\ \dfrac{1}{a},\ \dfrac{1}{3},\ 3\right)$

8 $a=-5$, $b=-1$　　**9** $a=2$, $b=\dfrac{3}{2}$

10 $a=\dfrac{1}{2}$, $b=4$　　**11** ②

12 $\left(\mathscr{Q}\ f^{-1},\ \dfrac{1}{2},\ \dfrac{1}{2},\ \dfrac{1}{2},\ \dfrac{1}{2}x+2,\ \dfrac{1}{2}x+2,\ \dfrac{1}{2}x+5\right)$

13 $h(x)=-4x+19$　　**14** $h(x)=\dfrac{2}{3}x+\dfrac{1}{3}$

15 $h(x)=12x-32$　　**16** $h(x)=6x-31$

---

2 $y=\dfrac{1}{2}x-6$은 실수 전체의 집합 R에서 R로의 일대일대응이므로 역함수가 존재한다.

$y=\dfrac{1}{2}x-6$을 x에 대하여 풀면

$\dfrac{1}{2}x=y+6,\ x=2y+12$

x와 y를 서로 바꾸면 구하는 역함수는

$y=2x+12$

3 $y=-\dfrac{1}{5}x+1$은 실수 전체의 집합 R에서 R로의 일대일대응이므로 역함수가 존재한다.

$y=-\dfrac{1}{5}x+1$을 x에 대하여 풀면

$\dfrac{1}{5}x=-y+1,\ x=-5y+5$

x와 y를 서로 바꾸면 구하는 역함수는

$y=-5x+5$

4 $2x+y-1=0$은 실수 전체의 집합 R에서 R로의 일대일대응이므로 역함수가 존재한다.

$2x+y-1=0$을 x에 대하여 풀면

$2x=-y+1,\ x=-\dfrac{1}{2}y+\dfrac{1}{2}$

x와 y를 서로 바꾸면 구하는 역함수는

$y=-\dfrac{1}{2}x+\dfrac{1}{2}$

5 $x+3y+3=0$은 실수 전체의 집합 R에서 R로의 일대일대응이므로 역함수가 존재한다.

$x+3y+3=0$을 x에 대하여 풀면

$x=-3y-3$

x와 y를 서로 바꾸면 구하는 역함수는

$y=-3x-3$

6 $x-6y+12=0$은 실수 전체의 집합 R에서 R로의 일대일대응이므로 역함수가 존재한다.

$x-6y+12=0$을 x에 대하여 풀면

$x=6y-12$

x와 y를 서로 바꾸면 구하는 역함수는

$y=6x-12$

8 $y=-x+a$라 하고 x에 대하여 풀면

$x=-y+a$

$x,\ y$를 서로 바꾸면 $y=-x+a$

즉 $f^{-1}(x)=-x+a$이고 $f^{-1}=g$이므로

$-x+a=bx-5$

따라서 $a=-5,\ b=-1$

9 $y=ax-3$이라 하고 x에 대하여 풀면

$ax=y+3,\ x=\dfrac{1}{a}y+\dfrac{3}{a}$

$x,\ y$를 서로 바꾸면 $y=\dfrac{1}{a}x+\dfrac{3}{a}$

즉 $f^{-1}(x)=\dfrac{1}{a}x+\dfrac{3}{a}$이고 $f^{-1}=g$이므로

$\dfrac{1}{a}x+\dfrac{3}{a}=\dfrac{1}{2}x+b$

따라서 $a=2,\ b=\dfrac{3}{2}$

10 $y=\dfrac{1}{4}x+a$라 하고 x에 대하여 풀면

$\dfrac{1}{4}x=y-a,\ x=4y-4a$

$x,\ y$를 서로 바꾸면 $y=4x-4a$

즉 $f^{-1}(x)=4x-4a$이고 $f^{-1}=g$이므로

$4x-4a=bx-2$

따라서 $a=\dfrac{1}{2},\ b=4$

11 $y=ax-9$라 하고 x에 대하여 풀면

$ax=y+9,\ x=\dfrac{1}{a}y+\dfrac{9}{a}$

$x,\ y$를 서로 바꾸면 $y=\dfrac{1}{a}x+\dfrac{9}{a}$

즉 $f^{-1}(x)=\dfrac{1}{a}x+\dfrac{9}{a}$이고 $f(x)=f^{-1}(x)$이므로

$ax-9=\dfrac{1}{a}x+\dfrac{9}{a}$

따라서 $a=-1$

13 $h\circ f=g$이므로 $(h\circ f)\circ f^{-1}=g\circ f^{-1}$에서

$h=g\circ f^{-1}$

$y=-x+5$라 하고 x에 대하여 풀면

$x=-y+5$

$x,\ y$를 서로 바꾸면 $y=-x+5$

따라서 $f^{-1}(x)=-x+5$이므로

$h(x)=(g\circ f^{-1})(x)=g(f^{-1}(x))$
$\qquad=g(-x+5)=4(-x+5)-1$
$\qquad=-4x+19$

14 $h\circ f=g$이므로 $(h\circ f)\circ f^{-1}=g\circ f^{-1}$에서

$h=g\circ f^{-1}$

$y=-3x+1$이라 하고 x에 대하여 풀면

$3x=-y+1,\ x=-\dfrac{1}{3}y+\dfrac{1}{3}$

$x,\ y$를 서로 바꾸면 $y=-\dfrac{1}{3}x+\dfrac{1}{3}$

따라서 $f^{-1}(x)=-\dfrac{1}{3}x+\dfrac{1}{3}$이므로

$h(x)=(g\circ f^{-1})(x)=g(f^{-1}(x))$
$\qquad=g\left(-\dfrac{1}{3}x+\dfrac{1}{3}\right)=-2\left(-\dfrac{1}{3}x+\dfrac{1}{3}\right)+1$
$\qquad=\dfrac{2}{3}x+\dfrac{1}{3}$

15 $h\circ f=g$이므로 $(h\circ f)\circ f^{-1}=g\circ f^{-1}$에서

$h=g\circ f^{-1}$

$y=\dfrac{1}{2}x+3$이라 하고 x에 대하여 풀면

$$\frac{1}{2}x=y-3, \ x=2y-6$$

x, y를 서로 바꾸면 $y=2x-6$

따라서 $f^{-1}(x)=2x-6$이므로

$$h(x)=(g\circ f^{-1})(x)=g(f^{-1}(x))$$
$$=g(2x-6)=6(2x-6)+4$$
$$=12x-32$$

16 $h\circ f=g$이므로 $(h\circ f)\circ f^{-1}=g\circ f^{-1}$에서

$h=g\circ f^{-1}$

$y=-\dfrac{1}{3}x+4$라 하고 x에 대하여 풀면

$$\frac{1}{3}x=-y+4, \ x=-3y+12$$

x, y를 서로 바꾸면 $y=-3x+12$

따라서 $f^{-1}(x)=-3x+12$이므로

$$h(x)=(g\circ f^{-1})(x)=g(f^{-1}(x))$$
$$=g(-3x+12)=-2(-3x+12)-7$$
$$=6x-31$$

09

본문 346쪽

역함수의 그래프

1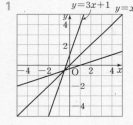

2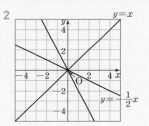

3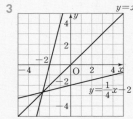

4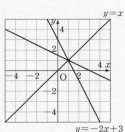

5 (1) 0 (2) a (3) b (4) a (5) b (6) c

6 (1) b (2) c (3) d (4) e (5) a (6) b

7 (✏ b, c, c)   **8** d **9** b

10 d **11** c ☺ b, a

12 (✏ $2, 1, -2, -4, -4, 2$)

13 $a=\dfrac{3}{7}, \ b=-\dfrac{5}{7}$ **14** $a=-1, \ b=-3$

15 $a=\dfrac{1}{2}, \ b=5$ **16** $a=-3, \ b=4$

17 (✏ $4, 2, 4, 1, 3, 1, -1$)

18 $a=-\dfrac{2}{3}, \ b=\dfrac{10}{3}$ **19** $a=-\dfrac{1}{2}, \ b=2$

20 $a=3, \ b=-6$ **21** $a=\dfrac{1}{5}, \ b=10$

22 (✏ $x, 3, 3, 3$)   **23** $\left(-\dfrac{5}{3}, \ -\dfrac{5}{3}\right)$

24 $(-8, \ -8)$ **25** $(9, \ 9)$

26 (✏ $x, 3, 3, 3, 3$)   **27** $(5, \ 5)$ **28** $(0, \ 0)$

29 $(2, \ 2)$ **30** $(5, \ 5)$ **31** ①

8 $f^{-1}(c)=k$라 하면 $f(k)=c$이므로 $k=d$

따라서 $f^{-1}(c)=d$

9 $f(b)=a$이므로 $(f^{-1}\circ f)(b)=f^{-1}(f(b))=f^{-1}(a)$

이때 $f^{-1}(a)=k$라 하면 $f(k)=a$이므로 $k=b$

따라서 $(f^{-1}\circ f)(b)=f^{-1}(a)=b$

[다른 풀이]

$f^{-1}\circ f=I$ (I는 항등함수)이므로 $(f^{-1}\circ f)(b)=b$

10 $f^{-1}(d)=k$라 하면 $f(k)=d$이므로 $k=e$

따라서 $(f\circ f^{-1})(d)=f(f^{-1}(d))=f(e)=d$

[다른 풀이]

$f\circ f^{-1}=I$ (I는 항등함수)이므로 $(f\circ f^{-1})(d)=d$

11 $f^{-1}(a)=k$라 하면 $f(k)=a$이므로 $k=b$

따라서 $(f^{-1}\circ f^{-1})(a)=f^{-1}(f^{-1}(a))=f^{-1}(b)=c$

13 함수 $y=f(x)$의 그래프가 점 $\mathrm{P}(-3, \ -2)$를 지나므로

$f(-3)=-2$에서 $-3a+b=-2$ …… ㉠

함수 $y=f^{-1}(x)$의 그래프가 점 $\mathrm{Q}(1, \ 4)$를 지나므로

$f^{-1}(1)=4$에서 $f(4)=1$

즉 $4a+b=1$ …… ㉡

㉠, ㉡을 연립하여 풀면 $a=\dfrac{3}{7}, \ b=-\dfrac{5}{7}$

14 함수 $y=f(x)$의 그래프가 점 $\mathrm{P}(6, \ -9)$를 지나므로

$f(6)=-9$에서 $6a+b=-9$ …… ㉠

함수 $y=f^{-1}(x)$의 그래프가 점 $\mathrm{Q}(-3, \ 0)$을 지나므로

$f^{-1}(-3)=0$에서 $f(0)=-3$

즉 $b=-3$ …… ㉡

㉡을 ㉠에 대입하여 풀면 $a=-1$

따라서 $a=-1, \ b=-3$

15 함수 $y=f(x)$의 그래프가 점 $\mathrm{P}(10, \ 10)$을 지나므로

$f(10)=10$에서 $10a+b=10$ …… ㉠

함수 $y=f^{-1}(x)$의 그래프가 점 $\mathrm{Q}(2, \ -6)$을 지나므로

$f^{-1}(2)=-6$에서 $f(-6)=2$

즉 $-6a+b=2$ …… ㉡

㉠, ㉡을 연립하여 풀면 $a=\dfrac{1}{2}, \ b=5$

16 함수 $y=f(x)$의 그래프가 점 $P(-6, 22)$를 지나므로
$f(-6)=22$에서 $-6a+b=22$ ...... ㉠
함수 $y=f^{-1}(x)$의 그래프가 점 $Q(-2, 2)$를 지나므로
$f^{-1}(-2)=2$에서 $f(2)=-2$
즉 $2a+b=-2$ ...... ㉡
㉠, ㉡을 연립하여 풀면 $a=-3$, $b=4$

18 함수 $y=f^{-1}(x)$의 그래프가 두 점 $P(-2, 8)$, $Q(4, -1)$을 지나므로
$f^{-1}(-2)=8$, $f^{-1}(4)=-1$
즉 $f(8)=-2$, $f(-1)=4$이므로
$8a+b=-2$, $-a+b=4$
위의 두 식을 연립하여 풀면 $a=-\dfrac{2}{3}$, $b=\dfrac{10}{3}$

19 함수 $y=f^{-1}(x)$의 그래프가 두 점 $P(0, 4)$, $Q(5, -6)$을 지나므로
$f^{-1}(0)=4$, $f^{-1}(5)=-6$
즉 $f(4)=0$, $f(-6)=5$이므로
$4a+b=0$, $-6a+b=5$
위의 두 식을 연립하여 풀면 $a=-\dfrac{1}{2}$, $b=2$

20 함수 $y=f^{-1}(x)$의 그래프가 두 점 $P(-3, 1)$, $Q(3, 3)$을 지나므로
$f^{-1}(-3)=1$, $f^{-1}(3)=3$
즉 $f(1)=-3$, $f(3)=3$이므로
$a+b=-3$, $3a+b=3$
위의 두 식을 연립하여 풀면 $a=3$, $b=-6$

21 함수 $y=f^{-1}(x)$의 그래프가 두 점 $P(11, 5)$, $Q(14, 20)$을 지나므로
$f^{-1}(11)=5$, $f^{-1}(14)=20$
즉 $f(5)=11$, $f(20)=14$이므로
$5a+b=11$, $20a+b=14$
위의 두 식을 연립하여 풀면 $a=\dfrac{1}{5}$, $b=10$

23 함수 $y=f(x)$의 그래프와 직선 $y=x$의 교점은 함수 $y=f(x)$의 그래프와 그 역함수 $y=f^{-1}(x)$의 그래프의 교점과 같으므로
$-5x-10=x$, $x=-\dfrac{5}{3}$
따라서 구하는 교점의 좌표는 $\left(-\dfrac{5}{3}, -\dfrac{5}{3}\right)$이다.

24 함수 $y=f(x)$의 그래프와 직선 $y=x$의 교점은 함수 $y=f(x)$의 그래프와 그 역함수 $y=f^{-1}(x)$의 그래프의 교점과 같으므로
$\dfrac{1}{2}x-4=x$, $x=-8$
따라서 구하는 교점의 좌표는 $(-8, -8)$이다.

25 함수 $y=f(x)$의 그래프와 직선 $y=x$의 교점은 함수 $y=f(x)$의 그래프와 그 역함수 $y=f^{-1}(x)$의 그래프의 교점과 같으므로

$-\dfrac{1}{3}x+12=x$, $x=9$
따라서 구하는 교점의 좌표는 $(9, 9)$이다.

27 함수 $y=f(x)$의 그래프와 직선 $y=x$의 교점은 함수 $y=f(x)$의 그래프와 그 역함수 $y=f^{-1}(x)$의 그래프의 교점과 같으므로
$x^2-4x=x$, $x^2-5x=0$, $x(x-5)=0$
이때 $x\geq2$이므로 $x=5$
따라서 구하는 교점의 좌표는 $(5, 5)$이다.

28 함수 $y=f(x)$의 그래프와 직선 $y=x$의 교점은 함수 $y=f(x)$의 그래프와 그 역함수 $y=f^{-1}(x)$의 그래프의 교점과 같으므로
$x^2+6x=x$, $x^2+5x=0$
이때 $x\geq-3$이므로 $x=0$
따라서 구하는 교점의 좌표는 $(0, 0)$이다.

29 함수 $y=f(x)$의 그래프와 직선 $y=x$의 교점은 함수 $y=f(x)$의 그래프와 그 역함수 $y=f^{-1}(x)$의 그래프의 교점과 같으므로
$x^2+3x-8=x$, $x^2+2x-8=0$
$(x+4)(x-2)=0$
이때 $x\geq-\dfrac{3}{2}$이므로 $x=2$
따라서 구하는 교점의 좌표는 $(2, 2)$이다.

30 함수 $y=f(x)$의 그래프와 직선 $y=x$의 교점은 함수 $y=f(x)$의 그래프와 그 역함수 $y=f^{-1}(x)$의 그래프의 교점과 같으므로
$\dfrac{1}{2}x^2-x-\dfrac{5}{2}=x$, $\dfrac{1}{2}x^2-2x-\dfrac{5}{2}=0$
$x^2-4x-5=0$, $(x+1)(x-5)=0$
이때 $x\geq1$이므로 $x=5$
따라서 구하는 교점의 좌표는 $(5, 5)$이다.

31 함수 $y=f(x)$의 그래프와 직선 $y=x$의 교점은 함수 $y=f(x)$의 그래프와 그 역함수 $y=f^{-1}(x)$의 그래프의 교점과 같으므로
$-\dfrac{1}{3}x^2+2x+\dfrac{4}{3}=x$, $-\dfrac{1}{3}x^2+x+\dfrac{4}{3}=0$
$x^2-3x-4=0$, $(x+1)(x-4)=0$
이때 $x\geq3$이므로 $x=4$
즉 구하는 교점의 좌표는 $(4, 4)$이므로
$a=4$, $b=4$
따라서 $a+b=8$

TEST 개념 확인 본문 350쪽

1 ⑤	2 ①	3 18	4 ③
5 ②	6 $h^{-1}(x)=2x-16$		7 ③
8 ②	9 ①	10 ⑤	11 -26
12 ④			

1 $(g \circ f^{-1})(3)+f^{-1}(2)=g(f^{-1}(3))+f^{-1}(2)$
$$=g(2)+3$$
$$=4+3=7$$

2 $f^{-1}(10)=3$에서 $f(3)=10$이므로
$7 \times 3+a=10$, $a=-11$
따라서 $f(x)=7x-11$이므로
$f(-2)=-14-11=-25$

3 $(g \circ f^{-1})(a)=3$에서 $g(f^{-1}(a))=3$
$f^{-1}(a)=g^{-1}(3)$ $\qquad\cdots\cdots$ ㉠
$g^{-1}(3)=k$라 하면 $g(k)=3$이므로
$4k-5=3$, $4k=8$, $k=2$
즉 $g^{-1}(3)=2$이므로 ㉠에서 $f^{-1}(a)=2$
따라서 $a=f(2)=-2 \times 2+3=-1$
$(g \circ f^{-1})(-9)=g(f^{-1}(-9))$ $\qquad\cdots\cdots$ ㉡
$f^{-1}(-9)=m$이라 하면 $f(m)=-9$이므로
$-2m+3=-9$, $-2m=-12$, $m=6$
즉 $f^{-1}(-9)=6$이므로 ㉡에서
$(g \circ f^{-1})(-9)=g(6)=4 \times 6-5=19$
따라서 $b=19$이므로 $a+b=(-1)+19=18$

4 함수 $f(x)$의 역함수가 존재하려면 $f(x)$는 일대일대응이어야
하므로 치역과 공역이 같아야 한다.
즉 함수 $f(x)$가 증가하는 함수이므로
$f(-2)=a$, $f(3)=b$이어야 한다.
$f(-2)=a$에서 $a=4 \times(-2)+1=-7$
$f(3)=b$에서 $b=4 \times 3+1=13$
따라서 $a+b=(-7)+13=6$

5 $(f \circ (g \circ f)^{-1} \circ f)(x)=(f \circ f^{-1} \circ g^{-1} \circ f)(x)$
$$=(g^{-1} \circ f)(x)$$
$$=g^{-1}(f(x))$$
$g^{-1}(f(x))=x+3$에서 역함수의 정의에 의하여
$f(x)=g(x+3)$
따라서 위의 식의 양변에 $x=1$을 대입하면
$g(4)=f(1)=-2$

6 $h^{-1}(x)=(g \circ f)^{-1}(x)=(f^{-1} \circ g^{-1})(x)$
$$=f^{-1}(g^{-1}(x))=f^{-1}(x-6)$$
$$=2(x-6)-4=2x-16$$

7 $(g \circ (g \circ f^{-1})^{-1})(a)=(g \circ f \circ g^{-1})(a)$
$$=g(f(g^{-1}(a)))$$
$g(f(g^{-1}(a)))=11$에서 $f(g^{-1}(a))=b$라 하면
$g(b)=11$이므로

$-5b+1=11$, $-5b=10$, $b=-2$
즉 $f(g^{-1}(a))=-2$
이때 $g^{-1}(a)=c$라 하면 $f(c)=-2$이므로
$4c-2=-2$, $4c=0$, $c=0$
즉 $g^{-1}(a)=0$
따라서 $g(0)=a$에서 $a=1$

8 $y=-5x+a$라 하고 x에 대하여 풀면
$5x=-y+a$, $x=-\dfrac{1}{5}y+\dfrac{a}{5}$
x와 y를 서로 바꾸면 $y=-\dfrac{1}{5}x+\dfrac{a}{5}$
즉 $f^{-1}(x)=-\dfrac{1}{5}x+\dfrac{a}{5}$이므로
$-\dfrac{1}{5}x+\dfrac{a}{5}=bx+6$
따라서 $a=30$, $b=-\dfrac{1}{5}$이므로
$ab=30 \times \left(-\dfrac{1}{5}\right)=-6$

9 $(f^{-1})^{-1}=f$이므로 $y=f^{-1}(x)$의 역함수가 $y=f(x)$
$y=4x-8$이라 하고 x에 대하여 풀면
$4x=y+8$, $x=\dfrac{1}{4}y+2$
x와 y를 서로 바꾸면 $y=\dfrac{1}{4}x+2$
즉 $f(x)=(f^{-1})^{-1}(x)=\dfrac{1}{4}x+2$이므로
$\dfrac{1}{4}x+2=ax+b$에서 $a=\dfrac{1}{4}$, $b=2$
따라서 $4a+b=4 \times \dfrac{1}{4}+2=3$

[다른 풀이]
$y=ax+b$라 하고 x에 대하여 풀면
$ax=y-b$, $x=\dfrac{1}{a}y-\dfrac{b}{a}$
x와 y를 서로 바꾸면 $y=\dfrac{1}{a}x-\dfrac{b}{a}$
이때 $f^{-1}(x)=4x-8$이므로
$\dfrac{1}{a}x-\dfrac{b}{a}=4x-8$에서 $a=\dfrac{1}{4}$, $b=2$
따라서 $4a+b=4 \times \dfrac{1}{4}+2=3$

10 직선 $y=x$를 이용하여 y축과 점선이
만나는 점의 y좌표를 구하면 오른쪽 그
림과 같다.
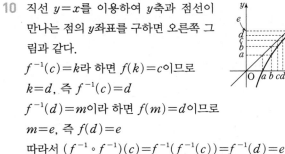
$f^{-1}(c)=k$라 하면 $f(k)=c$이므로
$k=d$, 즉 $f^{-1}(c)=d$
$f^{-1}(d)=m$이라 하면 $f(m)=d$이므로
$m=e$, 즉 $f(d)=e$
따라서 $(f^{-1} \circ f^{-1})(c)=f^{-1}(f^{-1}(c))=f^{-1}(d)=e$

11 함수 $y=f^{-1}(x)$의 그래프가 두 점 $P(-2, 1)$, $Q(b, 8)$을 지나므로
$f^{-1}(-2)=1$, $f^{-1}(b)=8$
즉 $f(1)=-2$, $f(8)=b$이므로
$a+1=-2$, $8a+1=b$
위의 두 식을 연립하여 풀면
$a=-3$, $b=-23$
따라서 $a+b=(-3)+(-23)=-26$

12 함수 $y=f(x)$의 그래프와 직선 $y=x$의 교점은 함수 $y=f(x)$의 그래프와 그 역함수 $y=f^{-1}(x)$의 그래프의 교점과 같으므로 교점의 좌표는 $(-4, -4)$이다.
즉 $f(-4)=-4$이므로
$-12+a=-4$, $a=8$
따라서 $f(x)=3x+8$이므로
$f(1)=3+8=11$

본문 352쪽

TEST 개념 발전   10. 합성함수와 역함수

1 ①	2 ②	3 ③	4 ④
5 ⑤	6 ②	7 ④	8 ③
9 ③	10 ④	11 ②	12 5

1 $(f \circ g)(x)=f(g(x))=f(ax-3)$
$\qquad =5(ax-3)+1$
$\qquad =5ax-14$
$(g \circ f)(x)=g(f(x))=g(5x+1)$
$\qquad =a(5x+1)-3$
$\qquad =5ax+a-3$
$f \circ g=g \circ f$이므로
$5ax-14=5ax+a-3$에서 $-14=a-3$
따라서 $a=-11$

2 $f(4)=4$에서 $4a+b=4$ $\qquad$ ⋯⋯ ㉠
$f^{-1}(-5)=1$에서 $f(1)=-5$이므로
$a+b=-5$ $\qquad$ ⋯⋯ ㉡
㉠, ㉡을 연립하여 풀면 $a=3$, $b=-8$
따라서 $2a+3b=6-24=-18$

3 $y=\dfrac{1}{4}x+a$라 하고 x에 대하여 풀면
$\dfrac{1}{4}x=y-a$, $x=4y-4a$
x와 y를 서로 바꾸면 $y=4x-4a$
즉 $f^{-1}(x)=4x-4a$이므로
$4x-4a=bx-12$
따라서 $a=3$, $b=4$이므로

$a-b=3-4=-1$

[다른 풀이]
$f(x)=\dfrac{1}{4}x+a$, $f^{-1}(x)=bx-12$이고
$(f \circ f^{-1})(x)=x$이므로
$(f \circ f^{-1})(x)=f(f^{-1}(x))=f(bx-12)$
$\qquad\qquad =\dfrac{1}{4}(bx-12)+a$
$\qquad\qquad =\dfrac{1}{4}bx-3+a$
즉 $\dfrac{1}{4}bx-3+a=x$에서
$\dfrac{1}{4}b=1$, $-3+a=0$
따라서 $a=3$, $b=4$이므로
$a-b=3-4=-1$

4 함수 $f(x)$의 역함수의 그래프가 점 $(11, -3)$을 지나므로
$f^{-1}(11)=-3$, 즉 $f(-3)=11$에서
$6+a=11$
따라서 $a=5$

5 역함수가 존재하려면 주어진 함수가 일대일대응이어야 한다. 즉 x의 값이 증가할 때, y의 값도 증가하거나 감소하는 그래프이므로 역함수가 존재하는 함수의 그래프는 ⑤이다.

6 $(h \circ f)(x)=h(f(x))=h(-2x+5)$
이때 $(h \circ f)(x)=g(x)$이므로
$h(-2x+5)=8x+4$
$-2x+5=t$로 놓으면 $x=-\dfrac{1}{2}t+\dfrac{5}{2}$이므로
$h(t)=8\left(-\dfrac{1}{2}t+\dfrac{5}{2}\right)+4=-4t+24$
따라서 $h(x)=-4x+24$

7 $(g \circ f)(1)=g(f(1))=5$에서
$f(1)=10$이므로 $g(10)=5$
$(g \circ f)(-1)=g(f(-1))=8$에서
$g(2)=8$이므로 $f(-1)=2$
따라서 $f(-1)+g(10)=2+5=7$

8 $(f \circ g)^{-1}(5)=(g^{-1} \circ f^{-1})(5)=g^{-1}(f^{-1}(5))$
$\qquad\qquad\qquad =g^{-1}(4)=5$
$(g \circ f)^{-1}(6)=(f^{-1} \circ g^{-1})(6)=f^{-1}(g^{-1}(6))$
$\qquad\qquad\qquad =f^{-1}(1)=2$
따라서 $(f \circ g)^{-1}(5)+(g \circ f)^{-1}(6)=5+2=7$

9 $(f \circ (g \circ f)^{-1} \circ f)(3)=(f \circ f^{-1} \circ g^{-1} \circ f)(3)$
$\qquad\qquad\qquad =(g^{-1} \circ f)(3)$
$\qquad\qquad\qquad =g^{-1}(f(3))$
$\qquad\qquad\qquad =g^{-1}(2)$

$g^{-1}(2)=k$라 하면 $g(k)=2$이므로

$-2k+8=2$, $-2k=-6$, $k=3$

따라서 $g^{-1}(2)=3$이므로

$(f\circ(g\circ f)^{-1}\circ f)(3)=g^{-1}(2)=3$

10 $(f^{-1}\circ g\circ f)(-4)=f^{-1}(g(f(-4)))$

$\qquad\qquad\qquad\quad =f^{-1}(g(1))$

$\qquad\qquad\qquad\quad =f^{-1}(4)$

이때 $f^{-1}(4)=k$라 하면 $f(k)=4$

$k<0$, $k\geq0$인 경우로 나누어 생각하면

(i) $k<0$일 때

$\quad f(k)=\dfrac{1}{2}k+3=4$이므로 $k=2$

$\quad$이때 $k<0$이므로 k의 값은 존재하지 않는다.

(ii) $k\geq0$일 때

$\quad f(k)=k^2+3=4$에서 $k^2=1$

$\quad$이때 $k\geq0$이므로 $k=1$

(i), (ii)에서 $k=1$이므로 $f^{-1}(4)=1$

따라서 $(f^{-1}\circ g\circ f)(-4)=f^{-1}(4)=1$

11 직선 $y=x$를 이용하여 x축과 점선이 만나는 점의 x좌표를 구하면 오른쪽 그림과 같다.

이때 $k=7$이므로

$(g\circ g)(k)=(g\circ g)(7)$

$\qquad\qquad\quad =g(g(7))$

함수 $f(x)$의 역함수가 $g(x)$이므로

$g(7)=a$라 하면 $f(a)=7$

위의 그래프에서 $f(5)=7$이므로 $a=5$

즉 $g(7)=5$

따라서 $(g\circ g)(k)=g(g(7))=g(5)$

$g(5)=b$라 하면 $f(b)=5$

위의 그래프에서 $f(3)=5$이므로 $b=3$

따라서 $(g\circ g)(k)=(g\circ g)(7)=g(g(7))=g(5)=3$

12 주어진 함수를 대응 관계를 나타내면 다음과 같다.

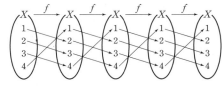

따라서 $f^4(x)=x$이므로

$f^{100}(x)=f^{4\times25}(x)=x$

따라서 $f^{100}(1)+f^{100}(4)=1+4=5$

---

11 유리식과 유리함수

본문 356쪽

01

유리식의 뜻과 성질

1 ×	**2** ○	**3** ×	**4** ○
5 ○	**6** ×	**7** ×	

8 ($\mathscr{\ell}$ $x-1$, $x-1$, $x+1$, $x+1$)

9 $\dfrac{(x-1)(x-2)}{(x+1)(x-2)}$, $\dfrac{3x(x+1)}{(x+1)(x-2)}$

10 $\dfrac{x-1}{x(x-1)(x-4)}$, $\dfrac{2x}{x(x-1)(x-4)}$

11 $\dfrac{(x-1)(x+1)}{(x+1)^2(x+2)}$, $\dfrac{x(x+2)}{(x+1)^2(x+2)}$

12 $\dfrac{(x+1)(x-1)}{(x+1)(x+2)(x-2)}$, $\dfrac{(x+3)(x+2)}{(x+1)(x+2)(x-2)}$

13 ($\mathscr{\ell}$ $x-5$, $x+1$, $x+1$)

14 $\dfrac{x}{x+2}$　　**15** $\dfrac{x-4}{x+2}$　　**16** $\dfrac{1}{x+4}$　　**17** $\dfrac{x-7}{x^2+x+1}$

9 두 분수의 공통분모가 $(x+1)(x-2)$가 되도록 통분하면

$\dfrac{x-1}{x+1}=\dfrac{(x-1)(x-2)}{(x+1)(x-2)}$, $\dfrac{3x}{x-2}=\dfrac{3x(x+1)}{(x+1)(x-2)}$

10 두 분수의 공통분모가 $x(x-1)(x-4)$가 되도록 통분하면

$\dfrac{1}{x(x-4)}=\dfrac{x-1}{x(x-1)(x-4)}$,

$\dfrac{2}{(x-1)(x-4)}=\dfrac{2x}{x(x-1)(x-4)}$

11 $\dfrac{x}{x^2+2x+1}=\dfrac{x}{(x+1)^2}$이므로

두 분수의 공통분모가 $(x+1)^2(x+2)$가 되도록 통분하면

$\dfrac{x-1}{(x+1)(x+2)}=\dfrac{(x-1)(x+1)}{(x+1)^2(x+2)}$,

$\dfrac{x}{x^2+2x+1}=\dfrac{x(x+2)}{(x+1)^2(x+2)}$

12 $\dfrac{x-1}{x^2-4}=\dfrac{x-1}{(x+2)(x-2)}$,

$\dfrac{x+3}{x^2-x-2}=\dfrac{x+3}{(x+1)(x-2)}$이므로

두 분수의 공통분모가 $(x+1)(x+2)(x-2)$가 되도록 통분하면

$\dfrac{x-1}{x^2-4}=\dfrac{(x+1)(x-1)}{(x+1)(x+2)(x-2)}$,

$\dfrac{x+3}{x^2-x-2}=\dfrac{(x+3)(x+2)}{(x+1)(x+2)(x-2)}$

14 $\dfrac{x^2-2x}{x^2-4}=\dfrac{x(x-2)}{(x+2)(x-2)}=\dfrac{x}{x+2}$

15 $\dfrac{x^2-x-12}{x^2+5x+6}=\dfrac{(x+3)(x-4)}{(x+3)(x+2)}=\dfrac{x-4}{x+2}$

16 $\dfrac{x^2-x}{x^3+3x^2-4x}=\dfrac{x(x-1)}{x(x^2+3x-4)}=\dfrac{x(x-1)}{x(x+4)(x-1)}=\dfrac{1}{x+4}$

17 $\dfrac{x^2-8x+7}{x^3-1}=\dfrac{(x-1)(x-7)}{(x-1)(x^2+x+1)}=\dfrac{x-7}{x^2+x+1}$

02

유리식의 사칙연산

원리확인

❶ 1, 3, 4　　　　**❷** 3, 2, 1

❸ $x+3$, $\dfrac{1}{2(x+3)}$　　**❹** $x-1$, $x+1$, $\dfrac{x(x-1)}{x+4}$

---

1 ($\mathscr{l}$ $x-1$, $3x+1$)　　**2** $\dfrac{3x-6}{(x+2)(x-4)}$

3 $\dfrac{4x-9}{x(x-3)}$　　**4** $\dfrac{2x^2+5x+4}{(x+1)(x+2)}$

5 $\dfrac{4x+6}{2x+1}$　　**6** $\dfrac{3x^2+8x+1}{(x+1)(x+3)(x-1)}$

7 ($\mathscr{l}$ $x-2$, $x+3$, $x-7$)　　**8** $\dfrac{-2x+13}{(x-4)(x+1)}$

9 $\dfrac{2x-3}{x(x+1)}$　　**10** $\dfrac{-2x^2-27x+3}{(x+5)(x-3)}$

11 $\dfrac{-2x^2+11x+6}{(x-2)(x-3)(x+3)}$　　**12** ④

13 ($\mathscr{l}$ x, $x+3$, x^2)　　**14** $\dfrac{1}{(x-2)(x+3)}$

15 $\dfrac{x}{3(x+1)}$　　**16** $\dfrac{x+1}{x^2}$

17 $\dfrac{6}{(x+2)(3x+2)}$　　**18** $\dfrac{x-1}{(x+1)^2}$

19 ($\mathscr{l}$ x^2-16, x^2+x-2, $x-4$, $x+2$, $x+4$, $x-1$)

20 $\dfrac{(x+2)(x-1)}{x+5}$　　**21** $\dfrac{x}{2(x^2+x+1)}$

22 $\dfrac{x-1}{x+2}$　　**23** $\dfrac{x+3}{(x-7)(x-1)}$

24 ①　　**25** ($\mathscr{l}$ $x-1$, 5, 4, 5, 4, 5, 4, 5, 4)

26 $a=3$, $b=-1$　　**27** $a=4$, $b=-9$

28 $a=-1$, $b=-9$　　**29** $a=-2$, $b=9$

30 $a=-7$, $b=-1$　　**31** $a=3$, $b=-1$

32 $a=-1$, $b=-3$　　**33** $a=2$, $b=1$

34 $a=-2$, $b=-3$　　**35** $a=1$, $b=-1$

36 $a=2$, $b=2$　　**37** ⑤

---

2 $\dfrac{2}{x+2}+\dfrac{1}{x-4}=\dfrac{2(x-4)+x+2}{(x+2)(x-4)}$
$$=\dfrac{3x-6}{(x+2)(x-4)}$$

3 $\dfrac{4}{x}+\dfrac{3}{x(x-3)}=\dfrac{4(x-3)+3}{x(x-3)}=\dfrac{4x-9}{x(x-3)}$

4 $\dfrac{x+2}{x+1}+\dfrac{x}{x+2}=\dfrac{(x+2)^2+x(x+1)}{(x+1)(x+2)}$
$$=\dfrac{2x^2+5x+4}{(x+1)(x+2)}$$

5 $\dfrac{4}{2x+1}+2=\dfrac{4+2(2x+1)}{2x+1}=\dfrac{4x+6}{2x+1}$

6 $\dfrac{2x}{x^2-1}+\dfrac{x+1}{x^2+2x-3}$
$$=\dfrac{2x}{(x+1)(x-1)}+\dfrac{x+1}{(x-1)(x+3)}$$
$$=\dfrac{2x(x+3)+(x+1)^2}{(x+1)(x+3)(x-1)}$$
$$=\dfrac{3x^2+8x+1}{(x+1)(x+3)(x-1)}$$

8 $\dfrac{1}{x-4}-\dfrac{3}{x+1}=\dfrac{x+1-3(x-4)}{(x-4)(x+1)}$
$$=\dfrac{-2x+13}{(x-4)(x+1)}$$

9 $\dfrac{2}{x+1}-\dfrac{3}{x(x+1)}=\dfrac{2x-3}{x(x+1)}$

10 $\dfrac{2x-1}{x+5}-\dfrac{4x}{x-3}=\dfrac{(2x-1)(x-3)-4x(x+5)}{(x+5)(x-3)}$
$$=\dfrac{-2x^2-27x+3}{(x+5)(x-3)}$$

11 $\dfrac{x+2}{x^2-5x+6}-\dfrac{3x}{x^2-9}$
$$=\dfrac{x+2}{(x-2)(x-3)}-\dfrac{3x}{(x+3)(x-3)}$$
$$=\dfrac{(x+2)(x+3)-3x(x-2)}{(x-2)(x-3)(x+3)}$$
$$=\dfrac{-2x^2+11x+6}{(x-2)(x-3)(x+3)}$$

12 $\dfrac{2}{x-1}+\dfrac{3}{x^3-1}-\dfrac{x-1}{x^2+x+1}$
$$=\dfrac{2}{x-1}+\dfrac{3}{(x-1)(x^2+x+1)}-\dfrac{x-1}{x^2+x+1}$$
$$=\dfrac{2(x^2+x+1)+3-(x-1)^2}{(x-1)(x^2+x+1)}$$
$$=\dfrac{x^2+4x+4}{x^3-1}$$

14 $\dfrac{x}{x^2-4}\times\dfrac{x+2}{x^2+3x}=\dfrac{x}{(x+2)(x-2)}\times\dfrac{x+2}{x(x+3)}$
$$=\dfrac{1}{(x-2)(x+3)}$$

15 $\dfrac{x^2-x}{3x-6}\times\dfrac{x-2}{x^2-1}=\dfrac{x(x-1)}{3(x-2)}\times\dfrac{x-2}{(x+1)(x-1)}$

$\qquad\qquad\qquad =\dfrac{x}{3(x+1)}$

16 $\dfrac{x^2+3x+2}{x^3}\times\dfrac{x}{x+2}=\dfrac{(x+1)(x+2)}{x^3}\times\dfrac{x}{x+2}$

$\qquad\qquad\qquad =\dfrac{x+1}{x^2}$

17 $\dfrac{3x}{x^2+4x+4}\times\dfrac{2x+4}{3x^2+2x}=\dfrac{3x}{(x+2)^2}\times\dfrac{2(x+2)}{x(3x+2)}$

$\qquad\qquad\qquad\qquad =\dfrac{6}{(x+2)(3x+2)}$

18 $\dfrac{x-2}{x^2+4x+3}\times\dfrac{x^2+2x-3}{x^2-x-2}$

$\quad =\dfrac{x-2}{(x+1)(x+3)}\times\dfrac{(x+3)(x-1)}{(x+1)(x-2)}$

$\quad =\dfrac{x-1}{(x+1)^2}$

20 $\dfrac{x+2}{x-3}\div\dfrac{x+5}{x^2-4x+3}=\dfrac{x+2}{x-3}\times\dfrac{x^2-4x+3}{x+5}$

$\qquad\qquad\qquad\qquad =\dfrac{x+2}{x-3}\times\dfrac{(x-1)(x-3)}{x+5}$

$\qquad\qquad\qquad\qquad =\dfrac{(x+2)(x-1)}{x+5}$

21 $\dfrac{x-3}{x^3-1}\div\dfrac{2x-6}{x^2-x}=\dfrac{x-3}{x^3-1}\times\dfrac{x^2-x}{2x-6}$

$\qquad\qquad\qquad\qquad =\dfrac{x-3}{(x-1)(x^2+x+1)}\times\dfrac{x(x-1)}{2(x-3)}$

$\qquad\qquad\qquad\qquad =\dfrac{x}{2(x^2+x+1)}$

22 $\dfrac{x-5}{x+1}\div\dfrac{x^2-3x-10}{x^2-1}=\dfrac{x-5}{x+1}\times\dfrac{x^2-1}{x^2-3x-10}$

$\qquad\qquad\qquad\qquad\quad =\dfrac{x-5}{x+1}\times\dfrac{(x+1)(x-1)}{(x+2)(x-5)}$

$\qquad\qquad\qquad\qquad\quad =\dfrac{x-1}{x+2}$

23 $\dfrac{x-4}{x^2-6x-7}\div\dfrac{x^2-5x+4}{x^2+4x+3}$

$\quad =\dfrac{x-4}{x^2-6x-7}\times\dfrac{x^2+4x+3}{x^2-5x+4}$

$\quad =\dfrac{x-4}{(x+1)(x-7)}\times\dfrac{(x+1)(x+3)}{(x-1)(x-4)}$

$\quad =\dfrac{x+3}{(x-7)(x-1)}$

24 $\dfrac{2x+4}{x^2-3x}\times\dfrac{x^2-9}{x^2+3x+2}\div\dfrac{x+3}{x^2-x}$

$\quad =\dfrac{2x+4}{x^2-3x}\times\dfrac{x^2-9}{x^2+3x+2}\times\dfrac{x^2-x}{x+3}$

$\quad =\dfrac{2(x+2)}{x(x-3)}\times\dfrac{(x+3)(x-3)}{(x+1)(x+2)}\times\dfrac{x(x-1)}{x+3}$

$\quad =\dfrac{2x-2}{x+1}$

26 주어진 등식의 좌변을 계산하면

$\quad\dfrac{2}{x+3}+\dfrac{1}{x-2}=\dfrac{2(x-2)+x+3}{(x+3)(x-2)}=\dfrac{3x-1}{x^2+x-6}$

따라서 주어진 등식은

$\quad\dfrac{3x-1}{x^2+x-6}=\dfrac{ax+b}{x^2+x-6}$이므로

$\quad 3x-1=ax+b$

이 식이 x에 대한 항등식이므로 $a=3$, $b=-1$

27 주어진 등식의 좌변을 계산하면

$\quad\dfrac{1}{x-2}+\dfrac{2}{2x-5}=\dfrac{2x-5+2(x-2)}{(x-2)(2x-5)}=\dfrac{4x-9}{2x^2-9x+10}$

따라서 주어진 등식은

$\quad\dfrac{4x-9}{2x^2-9x+10}=\dfrac{ax+b}{2x^2-9x+10}$이므로

$\quad 4x-9=ax+b$

이 식이 x에 대한 항등식이므로 $a=4$, $b=-9$

28 주어진 등식의 좌변을 계산하면

$\quad\dfrac{1}{x+6}-\dfrac{2}{x+3}=\dfrac{x+3-2(x+6)}{(x+6)(x+3)}=\dfrac{-x-9}{x^2+9x+18}$

따라서 주어진 등식은

$\quad\dfrac{-x-9}{x^2+9x+18}=\dfrac{ax+b}{x^2+9x+18}$이므로

$\quad -x-9=ax+b$

이 식이 x에 대한 항등식이므로 $a=-1$, $b=-9$

29 주어진 등식의 좌변을 계산하면

$\quad\dfrac{1}{2x-3}-\dfrac{2}{2x+3}=\dfrac{2x+3-2(2x-3)}{(2x-3)(2x+3)}=\dfrac{-2x+9}{4x^2-9}$

따라서 주어진 등식은

$\quad\dfrac{-2x+9}{4x^2-9}=\dfrac{ax+b}{4x^2-9}$이므로

$\quad -2x+9=ax+b$

이 식이 x에 대한 항등식이므로 $a=-2$, $b=9$

30 주어진 등식의 좌변을 계산하면

$\quad\dfrac{2}{3x+1}-\dfrac{3}{x+1}=\dfrac{2(x+1)-3(3x+1)}{(3x+1)(x+1)}=\dfrac{-7x-1}{3x^2+4x+1}$

따라서 주어진 등식은

$\quad\dfrac{-7x-1}{3x^2+4x+1}=\dfrac{ax+b}{3x^2+4x+1}$이므로

$\quad -7x-1=ax+b$

이 식이 x에 대한 항등식이므로 $a=-7$, $b=-1$

31 주어진 등식의 좌변을 계산하면

$\quad\dfrac{a}{x-3}+\dfrac{b}{x+2}=\dfrac{a(x+2)+b(x-3)}{(x-3)(x+2)}$

$\qquad\qquad\qquad\quad =\dfrac{(a+b)x+2a-3b}{x^2-x-6}$

따라서 주어진 등식은

$\quad\dfrac{(a+b)x+2a-3b}{x^2-x-6}=\dfrac{2x+9}{x^2-x-6}$이므로

$\quad (a+b)x+2a-3b=2x+9$

이 식이 x에 대한 항등식이므로

$a+b=2$, $2a-3b=9$

위의 두 식을 연립하여 풀면

$a=3$, $b=-1$

32 주어진 등식의 좌변을 계산하면

$$\frac{a}{x+2}-\frac{b}{x-1}=\frac{a(x-1)-b(x+2)}{(x+2)(x-1)}$$
$$=\frac{(a-b)x-a-2b}{x^2+x-2}$$

따라서 주어진 등식은

$\dfrac{(a-b)x-a-2b}{x^2+x-2}=\dfrac{2x+7}{x^2+x-2}$이므로

$(a-b)x-a-2b=2x+7$

이 식이 x에 대한 항등식이므로

$a-b=2$, $-a-2b=7$

위의 두 식을 연립하여 풀면

$a=-1$, $b=-3$

33 주어진 등식의 좌변을 계산하면

$$\frac{a}{x-1}+\frac{bx-3}{x^2-1}=\frac{a(x+1)+bx-3}{(x-1)(x+1)}$$
$$=\frac{(a+b)x+a-3}{x^2-1}$$

따라서 주어진 등식은

$\dfrac{(a+b)x+a-3}{x^2-1}=\dfrac{3x-1}{x^2-1}$이므로

$(a+b)x+a-3=3x-1$

이 식이 x에 대한 항등식이므로

$a+b=3$, $a-3=-1$

위의 두 식을 연립하여 풀면

$a=2$, $b=1$

34 주어진 등식의 좌변을 계산하면

$$\frac{ax+1}{(x+3)^2}-\frac{b}{x+3}=\frac{ax+1-b(x+3)}{(x+3)^2}=\frac{(a-b)x+1-3b}{(x+3)^2}$$

따라서 주어진 등식은

$\dfrac{(a-b)x+1-3b}{(x+3)^2}=\dfrac{x+10}{(x+3)^2}$이므로

$(a-b)x+1-3b=x+10$

이 식이 x에 대한 항등식이므로

$a-b=1$, $1-3b=10$

위의 두 식을 연립하여 풀면

$a=-2$, $b=-3$

35 주어진 등식의 좌변을 계산하면

$$\frac{a}{x-2}-\frac{ax+b}{x^2+2x+4}=\frac{a(x^2+2x+4)-(ax+b)(x-2)}{(x-2)(x^2+2x+4)}$$
$$=\frac{(4a-b)x+4a+2b}{x^3-8}$$

따라서 주어진 등식은

$\dfrac{(4a-b)x+4a+2b}{x^3-8}=\dfrac{5x+2}{x^3-8}$이므로

$(4a-b)x+4a+2b=5x+2$

이 식이 x에 대한 항등식이므로

$4a-b=5$, $4a+2b=2$

위의 두 식을 연립하여 풀면

$a=1$, $b=-1$

36 주어진 등식의 좌변을 계산하면

$$\frac{a}{x^2-2x}+\frac{2x+1}{x^2-x-2}=\frac{a}{x(x-2)}+\frac{2x+1}{(x+1)(x-2)}$$
$$=\frac{a(x+1)+x(2x+1)}{x(x+1)(x-2)}$$
$$=\frac{2x^2+(a+1)x+a}{x^3-x^2-2x}$$

따라서 주어진 등식은

$\dfrac{2x^2+(a+1)x+a}{x^3-x^2-2x}=\dfrac{bx^2+3x+a}{x^3-x^2-2x}$이므로

$2x^2+(a+1)x+a=bx^2+3x+a$

이 식이 x에 대한 항등식이므로

$2=b$, $a+1=3$

즉 $a=2$, $b=2$

37 주어진 등식의 좌변을 계산하면

$$\frac{a}{x+1}+\frac{b}{x-2}=\frac{a(x-2)+b(x+1)}{(x+1)(x-2)}$$
$$=\frac{(a+b)x-2a+b}{x^2-x-2}$$

따라서 주어진 등식은

$\dfrac{(a+b)x-2a+b}{x^2-x-2}=\dfrac{5x+2}{x^2-x-2}$이므로

$(a+b)x-2a+b=5x+2$

이 식이 x에 대한 항등식이므로

$a+b=5$, $-2a+b=2$

위의 두 식을 연립하여 풀면

$a=1$, $b=4$

즉 $ab=4$

03
본문 362쪽

유리식의 계산: 특수한 형태(1)

1 (✐ 2, x, 2, x, 2, 2, $x-3$)

2 $-\dfrac{1}{(x+2)(x+3)}$

3 $\dfrac{12(3x-5)}{x(x+1)(x-3)(x-5)}$

4 2, $x+2$

5 3, $x-2$ ☺ A, B

6 (✐ 3, 3, 3, 3, 3, 3)

7 $a=7$, $b=5$

8 $a=1$, $b=5$

9 $a=1$, $b=4$

10 $a=1$, $b=-1$

11 (✐ $x+1$, $x+1$, $x+1$, $x+1$, $x+1$)

12 $\dfrac{1-x}{2}$

13 $\dfrac{5x+3}{2x+1}$

14 $-x$

15 $\dfrac{3}{2x-1}$

2

$$\frac{x^2+2x-1}{x+2}-\frac{x^2+3x-1}{x+3}$$

$$=\frac{x(x+2)-1}{x+2}-\frac{x(x+3)-1}{x+3}$$

$$=x-\frac{1}{x+2}-x+\frac{1}{x+3}$$

$$=-\frac{1}{x+2}+\frac{1}{x+3}$$

$$=\frac{-(x+3)+(x+2)}{(x+2)(x+3)}$$

$$=-\frac{1}{(x+2)(x+3)}$$

3

$$\frac{x-4}{x}-\frac{x-3}{x+1}+\frac{x-5}{x-3}-\frac{x-7}{x-5}$$

$$=1-\frac{4}{x}-\frac{(x+1)-4}{x+1}+\frac{(x-3)-2}{x-3}-\frac{(x-5)-2}{x-5}$$

$$=\left(1-\frac{4}{x}\right)-\left(1-\frac{4}{x+1}\right)+\left(1-\frac{2}{x-3}\right)-\left(1-\frac{2}{x-5}\right)$$

$$=-\frac{4}{x}+\frac{4}{x+1}+\frac{2}{x-3}-\frac{2}{x-5}$$

$$=\frac{-4}{x(x+1)}+\frac{4}{(x-3)(x-5)}$$

$$=\frac{-4(x-3)(x-5)+4x(x+1)}{x(x+1)(x-3)(x-5)}$$

$$=\frac{12(3x-5)}{x(x+1)(x-3)(x-5)}$$

4

$$\frac{1}{x(x+2)}=\frac{1}{(x+2)-x}\left(\frac{1}{x}-\frac{1}{x+2}\right)$$

$$=\frac{1}{2}\left(\frac{1}{x}-\frac{1}{x+2}\right)$$

5

$$\frac{2}{(x-2)(x+1)}=\frac{2}{(x+1)-(x-2)}\left(\frac{1}{x-2}-\frac{1}{x+1}\right)$$

$$=\frac{2}{3}\left(\frac{1}{x-2}-\frac{1}{x+1}\right)$$

7 주어진 등식의 좌변을 변형하면

$$\frac{1}{(x-2)(x+5)}=\frac{1}{(x+5)-(x-2)}\left(\frac{1}{x-2}-\frac{1}{x+5}\right)$$

$$=\frac{1}{7}\left(\frac{1}{x-2}-\frac{1}{x+5}\right)$$

따라서 $\frac{1}{7}\left(\frac{1}{x-2}-\frac{1}{x+5}\right)=\frac{1}{a}\left(\frac{1}{x-2}-\frac{1}{x+b}\right)$이고

이 식이 x에 대한 항등식이므로 $a=7$, $b=5$

8 주어진 등식의 좌변을 변형하면

$$\frac{2}{(2x+3)(2x+5)}$$

$$=\frac{2}{(2x+5)-(2x+3)}\left(\frac{1}{2x+3}-\frac{1}{2x+5}\right)$$

$$=\frac{1}{2x+3}-\frac{1}{2x+5}$$

따라서 $\frac{1}{2x+3}-\frac{1}{2x+5}=\frac{a}{2x+3}-\frac{1}{2x+b}$이고

이 식이 x에 대한 항등식이므로 $a=1$, $b=5$

9 주어진 등식의 좌변을 변형하면

$$\frac{2}{(x-3)(x-1)}-\frac{3}{(x-4)(x-1)}$$

$$=\frac{2}{(x-1)-(x-3)}\left(\frac{1}{x-3}-\frac{1}{x-1}\right)$$

$$\qquad-\frac{3}{(x-1)-(x-4)}\left(\frac{1}{x-4}-\frac{1}{x-1}\right)$$

$$=\left(\frac{1}{x-3}-\frac{1}{x-1}\right)-\left(\frac{1}{x-4}-\frac{1}{x-1}\right)$$

$$=\frac{1}{x-3}-\frac{1}{x-4}$$

따라서 $\frac{1}{x-3}-\frac{1}{x-4}=\frac{1}{x-3}-\frac{a}{x-b}$이고

이 식이 x에 대한 항등식이므로 $a=1$, $b=4$

10 주어진 등식의 좌변을 변형하면

$$\frac{1}{x(x-1)}+\frac{1}{x(x+1)}+\frac{1}{(x+1)(x+2)}$$

$$=\frac{1}{x-(x-1)}\left(\frac{1}{x-1}-\frac{1}{x}\right)+\frac{1}{(x+1)-x}\left(\frac{1}{x}-\frac{1}{x+1}\right)$$

$$\qquad+\frac{1}{(x+2)-(x+1)}\left(\frac{1}{x+1}-\frac{1}{x+2}\right)$$

$$=\left(\frac{1}{x-1}-\frac{1}{x}\right)+\left(\frac{1}{x}-\frac{1}{x+1}\right)+\left(\frac{1}{x+1}-\frac{1}{x+2}\right)$$

$$=\frac{1}{x-1}-\frac{1}{x+2}$$

따라서 $\frac{1}{x-1}-\frac{1}{x+2}=\frac{a}{x-1}+\frac{b}{x+2}$이고

이 식이 x에 대한 항등식이므로 $a=1$, $b=-1$

12

$$\frac{1}{2-\dfrac{2}{1-\frac{1}{x}}}=\frac{1}{2-\dfrac{2}{\frac{x-1}{x}}}=\frac{1}{2-\dfrac{2x}{x-1}}$$

$$=\frac{1}{\dfrac{2(x-1)-2x}{x-1}}=\frac{1}{\dfrac{-2}{x-1}}$$

$$=\frac{1-x}{2}$$

13

$$2+\frac{1}{1+\dfrac{1}{1+\frac{1}{x}}}=2+\frac{1}{1+\dfrac{1}{\frac{x+1}{x}}}=2+\frac{1}{1+\dfrac{x}{x+1}}$$

$$=2+\frac{1}{\dfrac{2x+1}{x+1}}=2+\frac{x+1}{2x+1}$$

$$=\frac{2(2x+1)+x+1}{2x+1}=\frac{5x+3}{2x+1}$$

14

$$\frac{\dfrac{1}{x+1}+\dfrac{1}{x-1}}{\dfrac{1}{x+1}-\dfrac{1}{x-1}}=\frac{\dfrac{(x-1)+(x+1)}{(x+1)(x-1)}}{\dfrac{(x-1)-(x+1)}{(x+1)(x-1)}}=\frac{\dfrac{2x}{(x+1)(x-1)}}{\dfrac{-2}{(x+1)(x-1)}}$$

$$=-x$$

15

$$\frac{1-\dfrac{x-1}{x+2}}{\dfrac{x-3}{x+2}+1}=\frac{\dfrac{x+2-(x-1)}{x+2}}{\dfrac{(x-3)+(x+2)}{x+2}}$$

$$=\frac{\dfrac{3}{x+2}}{\dfrac{2x-1}{x+2}}=\frac{3}{2x-1}$$

유리식의 계산: 특수한 형태(2)

1 (1) (✎ 6, 6, 3, 2, 5) (2) 2 (3) $\dfrac{13}{24}$

2 (1) 1 (2) $\dfrac{29}{9}$ (3) $\dfrac{26}{29}$

3 (1) (✎ 6, 6, 3, 2, 1) (2) $-\dfrac{1}{5}$ (3) $\dfrac{13}{6}$

4 (1) $\dfrac{32}{3}$ (2) 2 (3) $\dfrac{1}{6}$

5 (1) (✎ 2, 2, 11) (2) (✎ 3, 3, 36)

6 (1) 2 (2) 2 **7** (1) 4 (2) 52

1 (2) $\dfrac{2x+5y}{2x+y}=\dfrac{6k+10k}{6k+2k}=\dfrac{16k}{8k}=2$

(3) $\dfrac{x^2+y^2}{4xy}=\dfrac{9k^2+4k^2}{24k^2}=\dfrac{13k^2}{24k^2}=\dfrac{13}{24}$

2 $x:y:z=2:3:4$이므로

(1) $x=2k,\ y=3k,\ z=4k\ (k\neq0)$로 놓으면

$\dfrac{3x+y}{3z-y}=\dfrac{6k+3k}{12k-3k}=\dfrac{9k}{9k}=1$

(2) $\dfrac{2x+3y+4z}{x+y+z}=\dfrac{4k+9k+16k}{2k+3k+4k}=\dfrac{29k}{9k}=\dfrac{29}{9}$

(3) $\dfrac{xy+yz+zx}{x^2+y^2+z^2}=\dfrac{6k^2+12k^2+8k^2}{4k^2+9k^2+16k^2}=\dfrac{26k^2}{29k^2}=\dfrac{26}{29}$

3 (2) $\dfrac{4x-3y}{x+y}=\dfrac{8k-9k}{2k+3k}=\dfrac{-k}{5k}=-\dfrac{1}{5}$

(3) $\dfrac{x^2+y^2}{xy}=\dfrac{4k^2+9k^2}{6k^2}=\dfrac{13k^2}{6k^2}=\dfrac{13}{6}$

4 (1) $x=\dfrac{y}{3}=\dfrac{z}{4}=k\ (k\neq0)$로 놓으면

$x=k,\ y=3k,\ z=4k$이므로

$\dfrac{3y}{x}+\dfrac{2z}{y}-\dfrac{4x}{z}=\dfrac{9k}{k}+\dfrac{8k}{3k}-\dfrac{4k}{4k}=9+\dfrac{8}{3}-1=\dfrac{32}{3}$

(2) $\dfrac{4x-2y+2z}{2x-y+z}=\dfrac{4k-6k+8k}{2k-3k+4k}=\dfrac{6k}{3k}=2$

(3) $\dfrac{xy-yz+2zx}{x^2+y^2-z^2}=\dfrac{3k^2-12k^2+8k^2}{k^2+9k^2-16k^2}=\dfrac{-k^2}{-6k^2}=\dfrac{1}{6}$

6 (1) $x\neq0$이므로 $x^2-2x+1=0$의 양변을 x로 나누면

$x-2+\dfrac{1}{x}=0$에서 $x+\dfrac{1}{x}=2$

$x^2+\dfrac{1}{x^2}=\left(x+\dfrac{1}{x}\right)^2-2=2^2-2=2$

(2) $x^3+\dfrac{1}{x^3}=\left(x+\dfrac{1}{x}\right)^3-3\left(x+\dfrac{1}{x}\right)$

$=2^3-3\times2=2$

7 (1) $x^2+\dfrac{1}{x^2}=\left(x+\dfrac{1}{x}\right)^2-2$이므로

$\left(x+\dfrac{1}{x}\right)^2=14+2=16$

이때 $x>0$이므로 $x+\dfrac{1}{x}=4$

(2) $x^3+\dfrac{1}{x^3}=\left(x+\dfrac{1}{x}\right)^3-3\left(x+\dfrac{1}{x}\right)$

$=4^3-3\times4=52$

TEST 개념 확인

1 ㄱ, ㄹ

2 $\dfrac{2(x+3)}{(x-1)(x+1)(x+3)}$, $\dfrac{5(x-1)}{(x-1)(x+1)(x+3)}$

3 ③ **4** ③ **5** ④ **6** ②

7 ② **8** ④ **9** ③ **10** ③

11 ⑤ **12** ⑤

1 다항식이 아닌 유리식은 분수식이므로 **보기** 중 분수식인 것을 모두 고르면 ㄱ, ㄹ이다.

2 $\dfrac{2}{x^2-1}=\dfrac{2}{(x-1)(x+1)}$

$\dfrac{5}{x^2+4x+3}=\dfrac{5}{(x+1)(x+3)}$이므로 두 분수의 공통분모가

$(x-1)(x+1)(x+3)$이 되도록 통분하면

$\dfrac{2}{x^2-1}=\dfrac{2(x+3)}{(x-1)(x+1)(x+3)}$,

$\dfrac{5}{x^2+4x+3}=\dfrac{5(x-1)}{(x-1)(x+1)(x+3)}$

3 $\dfrac{x^2-y^2}{(x+y)(x^3-y^3)}=\dfrac{(x+y)(x-y)}{(x+y)(x-y)(x^2+xy+y^2)}$

$=\dfrac{1}{x^2+xy+y^2}$

4 $\dfrac{y}{x-y}+\dfrac{x}{x+y}-\dfrac{2xy}{x^2-y^2}$

$=\dfrac{y(x+y)+x(x-y)-2xy}{(x+y)(x-y)}$

$=\dfrac{x^2+y^2-2xy}{(x+y)(x-y)}$

$=\dfrac{(x-y)^2}{(x+y)(x-y)}$

$=\dfrac{x-y}{x+y}$

5 $\dfrac{x+1}{x-3}\times\dfrac{x^2-3x}{x^2-x-2}\div\dfrac{x}{x+1}$

$=\dfrac{x+1}{x-3}\times\dfrac{x(x-3)}{(x+1)(x-2)}\times\dfrac{x+1}{x}$

$=\dfrac{x+1}{x-2}$

6 주어진 등식의 좌변을 계산하면

$$\frac{a}{x-3}+\frac{b}{x+2}=\frac{a(x+2)+b(x-3)}{(x-3)(x+2)}$$
$$=\frac{(a+b)x+2a-3b}{x^2-x-6}$$

따라서 주어진 등식은

$$\frac{(a+b)x+2a-3b}{x^2-x-6}=\frac{3x+11}{x^2-x-6}$$이므로

$(a+b)x+2a-3b=3x+11$

이 식이 x에 대한 항등식이므로

$a+b=3$, $2a-3b=11$

위의 두 식을 연립하여 풀면 $a=4$, $b=-1$

즉 $2ab=-8$

7
$$\frac{x^2-x+2}{x^2-x}-\frac{x^2-2x+1}{x^2-2x}$$
$$=1+\frac{2}{x^2-x}-1-\frac{1}{x^2-2x}$$
$$=\frac{2}{x(x-1)}-\frac{1}{x(x-2)}$$
$$=\frac{2(x-2)-(x-1)}{x(x-1)(x-2)}$$
$$=\frac{x-3}{x(x-1)(x-2)}$$

따라서 □ 안에 알맞은 식은 $x-3$이다.

8 $f(x)=x^2+x$에서

$$\frac{1}{f(x)}=\frac{1}{x^2+x}=\frac{1}{x(x+1)}=\frac{1}{x}-\frac{1}{x+1}$$이므로

$$\frac{1}{f(1)}+\frac{1}{f(2)}+\cdots+\frac{1}{f(10)}$$
$$=\left(\frac{1}{1}-\frac{1}{2}\right)+\left(\frac{1}{2}-\frac{1}{3}\right)+\cdots+\left(\frac{1}{10}-\frac{1}{11}\right)$$
$$=1-\frac{1}{11}=\frac{10}{11}$$

9
$$\frac{9}{11}=\frac{1}{\frac{11}{9}}=\frac{1}{1+\frac{2}{9}}=\frac{1}{1+\frac{1}{\frac{9}{2}}}=\frac{1}{1+\frac{1}{4+\frac{1}{2}}}$$

이므로 $a=1$, $b=4$, $c=2$

따라서 $abc=8$

10 $x:y=3:1$이므로

$x=3k$, $y=k\ (k\neq 0)$로 놓으면

$$\frac{x^2+y^2}{4xy}=\frac{9k^2+k^2}{12k^2}=\frac{10k^2}{12k^2}=\frac{5}{6}$$

11 $\dfrac{x+y}{3}=\dfrac{y+z}{4}=\dfrac{z+x}{5}=k\ (k\neq 0)$로 놓으면

$x+y=3k\ \cdots\ \text{㉠}$, $y+z=4k\ \cdots\ \text{㉡}$, $z+x=5k\ \cdots\ \text{㉢}$

㉠+㉡+㉢을 하면 $2(x+y+z)=12k$

$x+y+z=6k\ \cdots\ \text{㉣}$

㉡을 ㉣에 대입하여 정리하면 $x=2k$

㉢을 ㉣에 대입하여 정리하면 $y=k$

㉠을 ㉣에 대입하여 정리하면 $z=3k$

$$\frac{xy-yz+zx}{x^2+y^2+z^2}=\frac{2k^2-3k^2+6k^2}{4k^2+k^2+9k^2}=\frac{5k^2}{14k^2}=\frac{5}{14}$$

12 $x^2-\dfrac{1}{x^2}=\left(x+\dfrac{1}{x}\right)\left(x-\dfrac{1}{x}\right)$이므로

$\dfrac{15}{4}=\dfrac{5}{2}\left(x-\dfrac{1}{x}\right)$에서 $x-\dfrac{1}{x}=\dfrac{3}{2}$

$$x^3-\frac{1}{x^3}=\left(x-\frac{1}{x}\right)^3+3\left(x-\frac{1}{x}\right)$$
$$=\left(\frac{3}{2}\right)^3+3\times\frac{3}{2}$$
$$=\frac{63}{8}$$

본문 368쪽

05

유리함수

1 ×	2 ○	3 ○	4 ×
5 ×	6 ○	7 1 (✎ 1, 1)	
8 −2	9 $-\dfrac{1}{2}$	10 $\dfrac{2}{3}$	11 실수
12 실수		13 $\{x\,|\,x\neq 4$인 실수$\}$	
14 $\{x\,|\,x\neq 0$인 실수$\}$		15 $\{x\,|\,x\neq -1$인 실수$\}$	
16 $\left\{x\,\middle|\,x\neq \dfrac{3}{2}$인 실수$\right\}$		17 $\{x\,|\,x\neq 0$인 실수$\}$	
18 $\{x\,|\,x$는 실수$\}$		19 $\{x\,|\,x\neq -3,\ x\neq 3$인 실수$\}$	

8 $x+2=0$, 즉 $x=-2$일 때 함숫값을 가질 수 없다.

따라서 함수 $y=\dfrac{2}{x+2}$의 정의역은 $\{x\,|\,x\neq -2$인 실수$\}$이다.

9 $2x+1=0$, 즉 $x=-\dfrac{1}{2}$일 때 함숫값을 가질 수 없다.

따라서 함수 $y=\dfrac{3}{2x+1}$의 정의역은 $\left\{x\,\middle|\,x\neq -\dfrac{1}{2}$인 실수$\right\}$이다.

10 $3x-2=0$, 즉 $x=\dfrac{2}{3}$일 때 함숫값을 가질 수 없다.

따라서 함수 $y=\dfrac{x}{3x-2}$의 정의역은 $\left\{x\,\middle|\,x\neq \dfrac{2}{3}$인 실수$\right\}$이다.

11 함수 $y=\dfrac{x}{3}$는 다항함수이므로 정의역은 $\{x\,|\,x$는 실수$\}$이다.

12 함수 $y=\dfrac{5-3x}{2}$는 다항함수이므로 정의역은 $\{x\,|\,x$는 실수$\}$이다.

13 $x-4=0$, 즉 $x=4$일 때 함숫값을 가질 수 없다.

따라서 함수 $y=\dfrac{5}{x-4}$의 정의역은 $\{x\,|\,x\neq 4$인 실수$\}$이다.

14 $x=0$일 때, 함숫값을 가질 수 없다.

따라서 함수 $y=-\dfrac{1}{x}$의 정의역은 $\{x\,|\,x\neq 0$인 실수$\}$이다.

15 $x+1=0$, 즉 $x=-1$일 때 함숫값을 가질 수 없다.

따라서 함수 $y=\dfrac{3x+1}{x+1}$의 정의역은 $\{x\,|\,x\neq-1$인 실수$\}$이다.

16 $2x-3=0$, 즉 $x=\dfrac{3}{2}$일 때 함숫값을 가질 수 없다.

따라서 함수 $y=\dfrac{1}{2x-3}$의 정의역은 $\Big\{x\,\Big|\,x\neq\dfrac{3}{2}$인 실수$\Big\}$이다.

17 $x^2=0$, 즉 $x=0$일 때 함숫값을 가질 수 없다.

따라서 함수 $y=\dfrac{1}{x^2}$의 정의역은 $\{x\,|\,x\neq0$인 실수$\}$이다.

18 모든 실수 x에 대하여 $x^2+1>0$이므로 주어진 함수의 분모가 0이 되도록 하는 실수 x의 값이 존재하지 않는다.

따라서 함수 $y=\dfrac{5x}{x^2+1}$의 정의역은 $\{x\,|\,x$는 실수$\}$이다.

19 $x^2-9=0$에서 $(x+3)(x-3)=0$

즉 $x=\pm3$일 때 함숫값을 가질 수 없다.

따라서 함수 $y=\dfrac{1}{x^2-9}$의 정의역은 $\{x\,|\,x\neq-3,\ x\neq3$인 실수$\}$이다.

---

06 본문 370쪽

유리함수 $y=\dfrac{k}{x}\ (k\neq0)$의 그래프

원리확인

❶ $1,\ 2,\ 4,\ 8,\ -8,\ -4,\ -2,\ -1$

❷
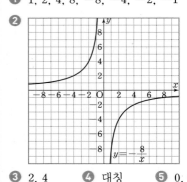

❸ $2,\ 4$ ❹ 대칭   ❺ $0,\ 0$

1~4 풀이 참조   5 ○ ($\diagup$ 1, 3, 2, 4)

6 ×   7 ×   8 ○   9 ○

10 ×

1
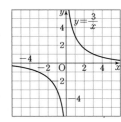

2
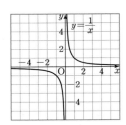

3
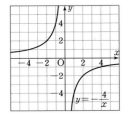

4
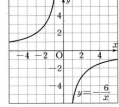

6 정의역은 $\{x\,|\,x\neq0$인 실수$\}$이다.

7 치역은 $\{y\,|\,y\neq0$인 실수$\}$이다.

10 $|-3|>|-1|$이므로 $y=-\dfrac{3}{x}$의 그래프가 $y=-\dfrac{1}{x}$의 그래프보다 원점으로부터 더 멀리 떨어져 있다.

---

07 본문 372쪽

유리함수 $y=\dfrac{k}{x-p}+q\ (k\neq0)$의 그래프

원리확인

❶ $1,\ 2$ ❷ $1,\ 2$

❸ $1,\ 2$ ❹ $1,\ 2$

---

1 ($\diagup$ 2, 1, 1, 2)   2 $y=-\dfrac{1}{x+1}+3$

3 $y=\dfrac{6}{x-4}-3$ 4 $y=-\dfrac{4}{x+5}+\dfrac{1}{2}$

5 $y=\dfrac{5}{x+3}-5$ 6 $y=\dfrac{7}{2x-4}+1$

7 (1) ($\diagup$ $p,\ q,\ p,\ q,\ 2,\ 4$)   (2) $p=4,\ q=3$

(3) $p=6,\ q=-1$

8 (1) $p=-2,\ q=5$ (2) $p=6,\ q=-4$ (3) $p=-5,\ q=-7$

---

9 (✎1, 2)

(1) 풀이 참조 (2) $x=1$, $y=2$ (3) $\{x\,|\,x\neq 1$인 실수$\}$

(4) $\{y\,|\,y\neq 2$인 실수$\}$

10 (1) 풀이 참조 (2) $x=-2$, $y=3$ (3) $\{x\,|\,x\neq -2$인 실수$\}$

(4) $\{y\,|\,y\neq 3$인 실수$\}$

11 (1) 풀이 참조 (2) $x=3$, $y=-1$ (3) $\{x\,|\,x\neq 3$인 실수$\}$

(4) $\{y\,|\,y\neq -1$인 실수$\}$

12 (1) 풀이 참조 (2) $x=-1$, $y=2$ (3) $\{x\,|\,x\neq -1$인 실수$\}$

(4) $\{y\,|\,y\neq 2$인 실수$\}$

13 (1) × (2) × (3) ○ (4) ○ (5) ×

14 (1) ○ (2) ○ (3) × (4) × (5) ○

15 ②

2 $y-3=-\dfrac{1}{x+1}$에서 $y=-\dfrac{1}{x+1}+3$

3 $y+3=\dfrac{6}{x-4}$에서 $y=\dfrac{6}{x-4}-3$

4 $y-\dfrac{1}{2}=-\dfrac{4}{x+5}$에서 $y=-\dfrac{4}{x+5}+\dfrac{1}{2}$

5 $y+5=\dfrac{5}{x+3}$에서 $y=\dfrac{5}{x+3}-5$

6 $y-1=\dfrac{7}{2(x-2)}$에서 $y=\dfrac{7}{2x-4}+1$

9 (1) $y=\dfrac{1}{x-1}+2$의 그래프는 $y=\dfrac{1}{x}$의

그래프를 x축의 방향으로 1만큼,
y축의 방향으로 2만큼 평행이동한
것이다.
따라서 함수의 그래프는 오른쪽 그
림과 같다.

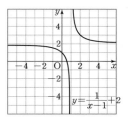

10 (1) $y=\dfrac{1}{x+2}+3$의 그래프는 $y=\dfrac{1}{x}$의

그래프를 x축의 방향으로 -2만큼,
y축의 방향으로 3만큼 평행이동한
것이다.
따라서 함수의 그래프는 오른쪽 그
림과 같다.

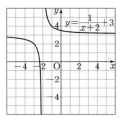

11 (1) $y=\dfrac{2}{x-3}-1$의 그래프는 $y=\dfrac{2}{x}$의

그래프를 x축의 방향으로 3만큼,
y축의 방향으로 -1만큼 평행이동
한 것이다.
따라서 함수의 그래프는 오른쪽 그
림과 같다.

12 (1) $y=-\dfrac{1}{x+1}+2$의 그래프는

$y=-\dfrac{1}{x}$의 그래프를 x축의 방
향으로 -1만큼, y축의 방향으
로 2만큼 평행이동한 것이다.
따라서 함수의 그래프는 오른쪽
그림과 같다.

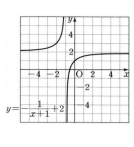

13 $y=\dfrac{1}{x-4}+5$의 그래프는 $y=\dfrac{1}{x}$의 그래프를 x축의 방향으로

4만큼, y축의 방향으로 5만큼 평행이동한 것이다.

(1) 점근선의 방정식은 $x=4$, $y=5$이다.

(2) 함수 $y=\dfrac{1}{x}$의 그래프를 평행이동한 것이다.

(4) 그래프는 오른쪽 그림과 같으므로
제1, 2, 4사분면을 지난다.

(5) $y=\dfrac{1}{x-4}+5$에 $x=0$을 대입하면

$y=-\dfrac{1}{4}+5=\dfrac{19}{4}$

따라서 y축과의 교점의 좌표는 $\left(0,\ \dfrac{19}{4}\right)$

이다.

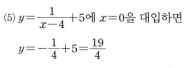

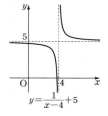

14 $y=-\dfrac{2}{x+2}-6$의 그래프는 $y=-\dfrac{2}{x}$의 그래프를 x축의 방향으

로 -2만큼, y축의 방향으로 -6만큼 평행이동한 것이다.

(3) 치역은 $\{y\,|\,y\neq -6$인 실수$\}$이다.

(4) 그래프는 오른쪽 그림과 같으므로
제2, 3, 4사분면을 지난다.

(5) $y=-\dfrac{2}{x+2}-6$에 $x=0$을 대입하

면 $y=-1-6=-7$이므로 y축과
의 교점의 좌표는 $(0,\ -7)$이다.

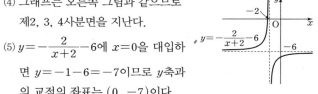

15 $y=\dfrac{2}{x-3}-1$의 그래프는 $y=\dfrac{2}{x}$의 그래프를 x축의 방향으로

3만큼, y축의 방향으로 -1만큼 평행이동한 것이다.

ㄱ. $y=\dfrac{2}{x-3}-1$에 $x=1$을 대입하면 $y=-1-1=-2$이므로

그래프는 점 $(1,\ -2)$를 지난다. (참)

ㄴ. 정의역은 $\{x\,|\,x\neq 3$인 실수$\}$이다. (거짓)

ㄷ. $y=\dfrac{2}{x-3}-1$에 $x=0$을 대입하면 $y=-\dfrac{2}{3}-1=-\dfrac{5}{3}$이므

로 y축과의 교점의 좌표는 $\left(0,\ -\dfrac{5}{3}\right)$이다. (참)

ㄹ. 그래프는 오른쪽 그림과 같으므로
제1사분면을 지난다. (거짓)

따라서 보기 중 옳은 것은 ㄱ, ㄷ이다.

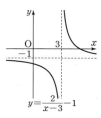

유리함수 $y=\dfrac{k}{x-p}+q\ (k\neq0)$의 그래프의 대칭성

원리확인

❶ 2, 1 ❷ 2, 1

❸ 2, 1, 1, 2, 1, 2, 1, 3

---

1 $a=-2$, $b=0$　　　　2 $a=3$, $b=5$

3 $a=0$, $b=4$　　　　4 $a=2$, $b=6$

5 $a=-2$, $b=-7$　　　☺ p, q

6 (✏ 1, 2, 1, 2, 2, 1, -1)

7 -8　　　8 4　　　9 -11　　　10 -5

11 (✏ 3, 3, 2, 3, 2, 1, 5, 1, 5)

12 $y=x-2$, $y=-x-16$

13 $y=x+12$, $y=-x+2$　　14 $y=x$, $y=-x+8$

15 $y=x-6$, $y=-x-12$　　☺ p, q, 1

4　$y=\dfrac{3}{2x-4}+6$, 즉 $y=\dfrac{3}{2(x-2)}+6$

5　$y=-\dfrac{4}{3x+6}-7$, 즉 $y=-\dfrac{4}{3(x+2)}-7$

7　함수 $y=\dfrac{2}{x-3}-5$의 그래프의 점근선의 방정식은

　$x=3$, $y=-5$

　즉 직선 $y=x+a$는 점 $(3, -5)$를 지나야 하므로

　$-5=3+a$에서 $a=-8$

8　함수 $y=-\dfrac{3}{x-4}+8$의 그래프의 점근선의 방정식은

　$x=4$, $y=8$

　즉 직선 $y=x+a$는 점 $(4, 8)$을 지나야 하므로

　$8=4+a$에서 $a=4$

9　함수 $y=-\dfrac{2}{x+5}-6$의 그래프의 점근선의 방정식은

　$x=-5$, $y=-6$

　즉 직선 $y=-x+a$는 점 $(-5, -6)$을 지나야 하므로

　$-6=5+a$에서 $a=-11$

10　함수 $y=\dfrac{5}{3x+9}-2$, 즉 $y=\dfrac{5}{3(x+3)}-2$의 그래프의

　점근선의 방정식은 $x=-3$, $y=-2$

　즉 직선 $y=-x+a$는 점 $(-3, -2)$를 지나야 하므로

　$-2=3+a$에서 $a=-5$

12　함수 $y=\dfrac{4}{x+7}-9$의 그래프의 점근선의 교점의 좌표는

　$(-7, -9)$이므로 주어진 함수의 그래프는 두 직선

　$y+9=x+7$, $y+9=-(x+7)$, 즉 $y=x-2$, $y=-x-16$에

　대하여 대칭이다.

　따라서 두 직선 l, m의 방정식은

　$y=x-2$, $y=-x-16$

13　함수 $y=-\dfrac{3}{x+5}+7$의 그래프의 점근선의 교점의 좌표는

　$(-5, 7)$이므로 주어진 함수의 그래프는 두 직선

　$y-7=x+5$, $y-7=-(x+5)$, 즉 $y=x+12$, $y=-x+2$에

　대하여 대칭이다.

　따라서 두 직선 l, m의 방정식은

　$y=x+12$, $y=-x+2$

14　함수 $y=\dfrac{4}{3x-12}+4$, 즉 $y=\dfrac{4}{3(x-4)}+4$의 그래프의 점근선

　의 교점의 좌표는 $(4, 4)$이므로 주어진 함수의 그래프는 두 직선

　$y-4=x-4$, $y-4=-(x-4)$, 즉 $y=x$, $y=-x+8$에 대하

　여 대칭이다.

　따라서 두 직선 l, m의 방정식은

　$y=x$, $y=-x+8$

15　함수 $y=-\dfrac{3}{2x+6}-9$, 즉 $y=-\dfrac{3}{2(x+3)}-9$의 그래프의 점

　근선의 교점의 좌표는 $(-3, -9)$이므로 주어진 함수의 그래프

　는 두 직선

　$y+9=x+3$, $y+9=-(x+3)$, 즉 $y=x-6$, $y=-x-12$에

　대하여 대칭이다.

　따라서 두 직선 l, m의 방정식은

　$y=x-6$, $y=-x-12$

유리함수 $y=\dfrac{ax+b}{cx+d}$의 그래프

1 (1) (✏ 6, 1)　(2) $x=4$, $y=1$　(3) 풀이 참조

2 (1) $y=\dfrac{1}{x+2}+2$　(2) $x=-2$, $y=2$　(3) 풀이 참조

3 (1) $y=-\dfrac{5}{x+1}+4$　(2) $x=-1$, $y=4$　(3) 풀이 참조

4 (✏ 3, 3, 3, 6)　　　　　5 -3

6 7　　　　7 2　　　　8 7

9 (✏ 1, 1, 1, 2, 2, 1, 2, -1, 1)

10 $a=3$, $b=1$　　　　11 $a=4$, $b=-6$

12 $a=-2$, $b=2$　　　　13 ⑤

1 (3)

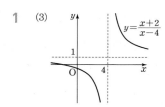

2 (1) $y=\dfrac{2x+5}{x+2}=\dfrac{2(x+2)+1}{x+2}=\dfrac{1}{x+2}+2$

(3)

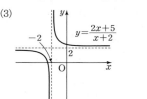

3 (1) $y=\dfrac{4x-1}{x+1}=\dfrac{4(x+1)-5}{x+1}=-\dfrac{5}{x+1}+4$

(3)

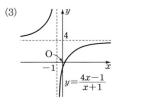

5 $y=\dfrac{3x+k}{x-2}=\dfrac{3(x-2)+k+6}{x-2}=\dfrac{k+6}{x-2}+3$

이때 함수 $y=\dfrac{3}{x}$ 의 그래프를 평행이동하여 주어진 함수의 그래프와 겹쳐지려면 $k+6=3$ 이어야 하므로

$k=-3$

6 $y=\dfrac{-2x+k}{x-2}=\dfrac{-2(x-2)+k-4}{x-2}=\dfrac{k-4}{x-2}-2$

이때 함수 $y=\dfrac{3}{x}$ 의 그래프를 평행이동하여 주어진 함수의 그래프와 겹쳐지려면 $k-4=3$ 이어야 하므로

$k=7$

7 $y=\dfrac{x+k}{x-1}=\dfrac{(x-1)+k+1}{x-1}=\dfrac{k+1}{x-1}+1$

이때 함수 $y=\dfrac{3}{x}$ 의 그래프를 평행이동하여 주어진 함수의 그래프와 겹쳐지려면 $k+1=3$ 이어야 하므로

$k=2$

8 $y=\dfrac{x-k}{4-x}=\dfrac{-x+k}{x-4}=\dfrac{-(x-4)+k-4}{x-4}=\dfrac{k-4}{x-4}-1$

이때 함수 $y=\dfrac{3}{x}$ 의 그래프를 평행이동하여 주어진 함수의 그래프와 겹쳐지려면 $k-4=3$ 이어야 하므로

$k=7$

10 $y=\dfrac{2x-4}{x-1}=\dfrac{2(x-1)-2}{x-1}=-\dfrac{2}{x-1}+2$ 의 그래프가

$y=-\dfrac{2}{x+2-a}+1+b$ 의 그래프와 일치하므로

$2-a=-1,\ 1+b=2$

따라서 $a=3,\ b=1$

11 $y=\dfrac{-5x+8}{x-2}=\dfrac{-5(x-2)-2}{x-2}=-\dfrac{2}{x-2}-5$ 의 그래프가

$y=-\dfrac{2}{x+2-a}+1+b$ 의 그래프와 일치하므로

$2-a=-2,\ 1+b=-5$

따라서 $a=4,\ b=-6$

12 $y=\dfrac{3x+10}{x+4}=\dfrac{3(x+4)-2}{x+4}=-\dfrac{2}{x+4}+3$ 의 그래프가

$y=-\dfrac{2}{x+2-a}+1+b$ 의 그래프와 일치하므로

$2-a=4,\ 1+b=3$

따라서 $a=-2,\ b=2$

13 $y=\dfrac{ax-5}{x+b}=\dfrac{a(x+b)-5-ab}{x+b}=\dfrac{-5-ab}{x+b}+a$

위의 그래프를 x축의 방향으로 -1만큼, y축의 방향으로 -7만큼 평행이동한 그래프의 식은

$y=\dfrac{-5-ab}{x+b+1}+a-7$

이 식은 $y=\dfrac{2}{x}$ 와 같아야 하므로

$b+1=0,\ a-7=0,\ -5-ab=2$

따라서 $a=7,\ b=-1$이므로 $a+b=6$

[다른 풀이]

함수 $y=\dfrac{2}{x}$ 의 그래프를 x축의 방향으로 1만큼, y축의 방향으로 7만큼 평행이동한 그래프의 식은

$y=\dfrac{2}{x-1}+7=\dfrac{7x-5}{x-1}$

이 식은 $y=\dfrac{ax-5}{x+b}$ 와 같아야 하므로

$a=7,\ b=-1$

따라서 $a+b=6$

10

본문 380쪽

유리함수의 미정계수

1 (✐ 1, 1, 3, 1, 1, 3)　　**2** $k=-2,\ p=2,\ q=1$

3 $k=2,\ p=1,\ q=-2$　　**4** $k=-4,\ p=-1,\ q=-1$

5 (✐ 1, 1, 1, 1, 1, 1, $\dfrac{x-2}{x-3}$, 1, -2, 3)

6 $a=2,\ b=-3,\ c=-1$

7 $a=-1,\ b=0,\ c=2$

8 $a=-3,\ b=-9,\ c=-5$

9 (✐ 8, 8, 3, $\dfrac{-3x+20}{x-4}$, -3, 20, -4)

10 $a=3,\ b=1,\ c=1$　　**11** $a=-2,\ b=-11,\ c=3$

12 $a=1,\ b=-5,\ c=-3$

2 점근선의 방정식이 $x=2$, $y=1$이므로

구하는 함수의 식을

$y=\dfrac{k}{x-2}+1\,(k<0)$로 놓으면 $p=2$, $q=1$

이때 그래프가 점 $(0, 2)$를 지나므로

$2=\dfrac{k}{0-2}+1$에서 $k=-2$

3 점근선의 방정식이 $x=1$, $y=-2$이므로

구하는 함수의 식을

$y=\dfrac{k}{x-1}-2\,(k>0)$로 놓으면 $p=1$, $q=-2$

이때 그래프가 점 $(2, 0)$을 지나므로

$0=\dfrac{k}{2-1}-2$에서 $k=2$

4 점근선의 방정식이 $x=-1$, $y=-1$이므로

구하는 함수의 식을

$y=\dfrac{k}{x+1}-1\,(k<0)$로 놓으면 $p=-1$, $q=-1$

이때 그래프가 점 $(-2, 3)$을 지나므로

$3=\dfrac{k}{-2+1}-1$에서 $k=-4$

6 점근선의 방정식이 $x=-1$, $y=2$이므로

구하는 함수의 식을

$y=\dfrac{k}{x+1}+2\,(k<0)$로 놓자.

이때 그래프가 점 $(0, -3)$을 지나므로

$-3=\dfrac{k}{0+1}+2$에서 $k=-5$

따라서 $y=\dfrac{-5}{x+1}+2=\dfrac{2x-3}{x+1}$이므로

$a=2$, $b=-3$, $c=-1$

7 점근선의 방정식이 $x=2$, $y=-1$이므로

구하는 함수의 식을

$y=\dfrac{k}{x-2}-1\,(k<0)$로 놓자.

이때 그래프가 점 $(0, 0)$을 지나므로

$0=\dfrac{k}{0-2}-1$에서 $k=-2$

따라서 $y=\dfrac{-2}{x-2}-1=\dfrac{-x}{x-2}$이므로

$a=-1$, $b=0$, $c=2$

8 점근선의 방정식이 $x=-5$, $y=-3$이므로

구하는 함수의 식을

$y=\dfrac{k}{x+5}-3\,(k>0)$로 놓자.

이때 그래프가 점 $(-3, 0)$을 지나므로

$0=\dfrac{k}{-3+5}-3$에서 $k=6$

따라서 $y=\dfrac{6}{x+5}-3=\dfrac{-3x-9}{x+5}$이므로

$a=-3$, $b=-9$, $c=-5$

10 점근선의 방정식이 $x=-1$, $y=3$이므로

구하는 함수의 식을

$y=\dfrac{k}{x+1}+3\,(k\neq0)$으로 놓자.

이때 그래프가 점 $(1, 2)$를 지나므로

$2=\dfrac{k}{1+1}+3$에서 $k=-2$

따라서 $y=\dfrac{-2}{x+1}+3=\dfrac{3x+1}{x+1}$이므로

$a=3$, $b=1$, $c=1$

11 점근선의 방정식이 $x=-3$, $y=-2$이므로

구하는 함수의 식을

$y=\dfrac{k}{x+3}-2\,(k\neq0)$로 놓자.

이때 그래프가 점 $(2, -3)$을 지나므로

$-3=\dfrac{k}{2+3}-2$에서 $k=-5$

따라서 $y=\dfrac{-5}{x+3}-2=\dfrac{-2x-11}{x+3}$이므로

$a=-2$, $b=-11$, $c=3$

12 점근선의 방정식이 $x=3$, $y=1$이므로

구하는 함수의 식을

$y=\dfrac{k}{x-3}+1\,(k\neq0)$로 놓자.

이때 그래프가 점 $(4, -1)$을 지나므로

$-1=\dfrac{k}{4-3}+1$에서 $k=-2$

따라서 $y=\dfrac{-2}{x-3}+1=\dfrac{x-5}{x-3}$이므로

$a=1$, $b=-5$, $c=-3$

TEST **개념 확인**

본문 382쪽

1 ②	2 ③	3 ⑤	4 ③
5 ②	6 ⑤	7 ④	8 -6
9 ④	10 ④	11 16	12 ②

1 $y=\dfrac{k}{x}$에서 $k<0$이면 그 그래프가 제2사분면, 제4사분면을 지나므로 ㄱ, ㄹ이다.

2 ③ 정의역은 $\{x\,|\,x\neq0$인 실수$\}$이다.

3 함수 $y=\dfrac{a}{x}$, $y=\dfrac{b}{x}$의 그래프는 제1사분면을 지나고 함수

$y=\dfrac{c}{x}$의 그래프는 제2사분면을 지나므로 $a>0$, $b>0$, $c<0$

$y=\dfrac{a}{x}$의 그래프가 $y=\dfrac{b}{x}$의 그래프보다 원점으로부터 멀리 떨어

져 있으므로 $|a|>|b|$

이때 $a>0$, $b>0$이므로 $a>b$

따라서 $c<b<a$

4 함수 $y=\dfrac{3}{x-a}+4$의 정의역은 $\{x|x\neq a$인 실수$\}$,

치역은 $\{y|y\neq 4$인 실수$\}$이므로

$a=2$, $b=4$

따라서 $a+b=6$

5 ㄱ. 점근선의 방정식은 $x=-4$, $y=-3$이다. (거짓)

ㄴ. $y=\dfrac{2}{x+4}-3$에 $x=-2$, $y=3$을 대입하면

$3\neq\dfrac{2}{-2+4}-3$이므로 점 $(-2, 3)$을 지나지 않는다. (거짓)

ㄷ. 두 점근선의 교점의 좌표는 $(-4, -3)$이므로 그래프는 점
$(-4, -3)$에 대하여 대칭이다. (참)

따라서 보기 중 옳은 것은 ㄷ뿐이다.

6 $y=\dfrac{2}{x}$의 그래프를 x축의 방향으로 -3만큼, y축의 방향으로

-5만큼 평행이동한 그래프의 식은

$y=\dfrac{2}{x+3}-5$이므로 $a=2$, $b=3$, $c=-5$

따라서 $a+b-c=10$

7 $y=\dfrac{4x-8}{x-3}=\dfrac{4(x-3)+4}{x-3}=\dfrac{4}{x-3}+4$

ㄱ. 함수 $y=\dfrac{4}{x}$의 그래프를 x축의 방향으로 3만큼, y축의 방향

으로 4만큼 평행이동한 것이다. (참)

ㄴ. 점근선의 방정식이 $x=3$, $y=4$이므로 그래프는 점 $(3, 4)$에

대하여 대칭이다. (참)

ㄷ. 그래프는 오른쪽 그림과 같으므로
제 1, 2, 4사분면을 지난다. (거짓)

ㄹ. $y=\dfrac{4x-8}{x-3}$에 $x=0$을 대입하면

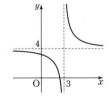

$y=\dfrac{8}{3}$이므로 y축과의 교점의 좌표는

$\left(0, \dfrac{8}{3}\right)$이다. (참)

따라서 보기 중 옳은 것은 ㄱ, ㄴ, ㄹ이다.

8 $y=\dfrac{ax+5}{x-b}=\dfrac{a(x-b)+5+ab}{x-b}=\dfrac{5+ab}{x-b}+a$의 점근선의 방정

식이 $x=-1$, $y=6$이므로

$a=6$, $b=-1$

따라서 $ab=-6$

9 $y=\dfrac{-3x+5}{x-2}=\dfrac{-3(x-2)-1}{x-2}=-\dfrac{1}{x-2}-3$이므로 주어진

함수의 그래프는 함수 $y=-\dfrac{1}{x}$의 그래프를 x축의 방향으로

2만큼, y축의 방향으로 -3만큼 평행이동한 것이다.

따라서 $k=-1$, $a=2$, $b=-3$이므로

$k+a+b=-2$

10 점근선의 방정식이 $x=3$, $y=-1$이므로

구하는 함수의 식을

$y=\dfrac{k}{x-3}-1$ $(k>0)$로 놓으면

$p=3$, $q=-1$

이때 그래프가 점 $(2, -3)$을 지나므로

$-3=\dfrac{k}{2-3}-1$에서 $k=2$

따라서 $k+p+q=4$

11 점근선의 방정식이 $x=-2$, $y=-1$이므로

구하는 함수의 식을

$y=\dfrac{k}{x+2}-1$ $(k<0)$로 놓자.

이때 그래프가 점 $(0, -4)$를 지나므로

$-4=\dfrac{k}{0+2}-1$에서 $k=-6$

따라서 $y=\dfrac{-6}{x+2}-1=\dfrac{-x-8}{x+2}$이므로

$a=-1$, $b=-8$, $c=2$

즉 $abc=16$

12 점근선의 방정식이 $x=-1$, $y=3$이므로

구하는 함수의 식을

$y=\dfrac{k}{x+1}+3$ $(k\neq 0)$으로 놓자.

이때 그래프가 점 $(2, 0)$을 지나므로

$0=\dfrac{k}{2+1}+3$에서 $k=-9$

따라서 $y=-\dfrac{9}{x+1}+3=\dfrac{3x-6}{x+1}$이므로

$a=3$, $b=-6$, $c=-1$

즉 $a+b+c=-4$

11

본문 384쪽

유리함수의 최대, 최소

1 $\left(\begin{array}{l}\text{✏}\ 1, \dfrac{1}{2}, 0\ /\ 1, \dfrac{1}{2}\end{array}\right)$ **2** 최댓값: $\dfrac{7}{4}$, 최솟값: 1

3 최댓값: $\dfrac{11}{4}$, 최솟값: 2 **4** 최댓값: 2, 최솟값: $-\dfrac{2}{3}$

5 최댓값: 2, 최솟값: -3 **6** 최댓값: 0, 최솟값: $-\dfrac{1}{2}$

7 최댓값: 2, 최솟값: 0 **8** 최댓값: $-\dfrac{3}{2}$, 최솟값: -2

9 최댓값: 3, 최솟값: $-\dfrac{3}{4}$ **10** 최댓값: 3, 최솟값: 0

11 ③

2 $y=\dfrac{2x+1}{x+1}=\dfrac{2(x+1)-1}{x+1}=-\dfrac{1}{x+1}+2$이므로

$0\le x\le3$에서의 그래프는 오른쪽 그림과 같다.

따라서 $x=3$일 때 최댓값은 $\dfrac{7}{4}$,

$x=0$일 때 최솟값은 1이다.

3 $y=\dfrac{3x-2}{x-1}=\dfrac{3(x-1)+1}{x-1}=\dfrac{1}{x-1}+3$이므로

$-3\le x\le0$에서의 그래프는 오른쪽 그림과 같다.

따라서 $x=-3$일 때 최댓값은 $\dfrac{11}{4}$,

$x=0$일 때 최솟값은 2이다.

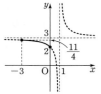

4 $y=\dfrac{-2x}{x-2}=\dfrac{-2(x-2)-4}{x-2}=-\dfrac{4}{x-2}-2$이므로

$-1\le x\le1$에서의 그래프는 오른쪽 그림과 같다.

따라서 $x=1$일 때 최댓값은 2,

$x=-1$일 때 최솟값은 $-\dfrac{2}{3}$이다.

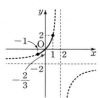

5 $y=\dfrac{3x}{x+2}=\dfrac{3(x+2)-6}{x+2}=-\dfrac{6}{x+2}+3$이므로

$-1\le x\le4$에서의 그래프는 오른쪽 그림과 같다.

따라서 $x=4$일 때 최댓값은 2,

$x=-1$일 때 최솟값은 -3이다.

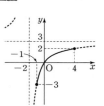

6 $y=\dfrac{-x+1}{x-3}=\dfrac{-(x-3)-2}{x-3}=-\dfrac{2}{x-3}-1$이므로

$-1\le x\le1$에서의 그래프는 오른쪽 그림과 같다.

따라서 $x=1$일 때 최댓값은 0,

$x=-1$일 때 최솟값은 $-\dfrac{1}{2}$이다.

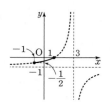

7 $y=\dfrac{-x+7}{x-4}=\dfrac{-(x-4)+3}{x-4}=\dfrac{3}{x-4}-1$이므로

$5\le x\le7$에서의 그래프는 오른쪽 그림과 같다.

따라서 $x=5$일 때 최댓값은 2,

$x=7$일 때 최솟값은 0이다.

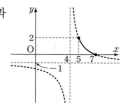

8 $y=\dfrac{-6-x}{x+3}=\dfrac{-(x+3)-3}{x+3}=-\dfrac{3}{x+3}-1$이므로

$0\le x\le3$에서의 그래프는 오른쪽 그림과 같다.

따라서 $x=3$일 때 최댓값은 $-\dfrac{3}{2}$,

$x=0$일 때 최솟값은 -2이다.

9 $y=\dfrac{-2x-3}{x+4}=\dfrac{-2(x+4)+5}{x+4}=\dfrac{5}{x+4}-2$이므로

$-3\le x\le0$에서의 그래프는 오른쪽 그림과 같다.

따라서 $x=-3$일 때 최댓값은 3,

$x=0$일 때 최솟값은 $-\dfrac{3}{4}$이다.

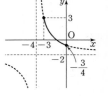

10 $y=\dfrac{x+3}{-x+1}=\dfrac{(x-1)+4}{-(x-1)}=-\dfrac{4}{x-1}-1$이므로

$-3\le x\le0$에서의 그래프는 오른쪽 그림과 같다.

따라서 $x=0$일 때 최댓값은 3,

$x=-3$일 때 최솟값은 0이다.

11 $y=\dfrac{x+1}{x-2}=\dfrac{(x-2)+3}{x-2}=\dfrac{3}{x-2}+1$이므로

$-3\le x\le1$에서의 그래프는 오른쪽 그림과 같다.

따라서 $x=-3$일 때 최댓값은 $\dfrac{2}{5}$,

$x=1$일 때 최솟값은 -2이므로

$M=\dfrac{2}{5}$, $m=-2$

즉 $Mm=-\dfrac{4}{5}$

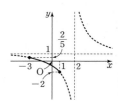

12

본문 386쪽

유리함수의 그래프와 직선의 위치 관계

1 (✎ mx, $2mx$, m, m^2, -1, 0)

2 $1<m<9$ **3** $-4<m<-1$

4 $2<m<8$ **5** $\dfrac{9}{25}<m<1$

6 (✎ 2, 1, 3, 3, 1, 2, 2, $\dfrac{1}{2}$, $\dfrac{1}{2}$, $1/3$, 2)

7 $-2\le m\le-1$ **8** $\dfrac{1}{2}\le m\le\dfrac{3}{2}$

9 $-\dfrac{1}{6}\le m\le\dfrac{2}{3}$ **10** $-\dfrac{3}{2}\le m\le-\dfrac{1}{2}$

11 $\dfrac{1}{6}\le m\le1$ **12** $-\dfrac{5}{3}\le m\le-\dfrac{3}{5}$

13 $\dfrac{7}{12}\le m\le\dfrac{5}{3}$

2 함수 $y=\dfrac{3x-1}{x+1}$의 그래프와 직선 $y=mx$가 만나지 않으므로

$\dfrac{3x-1}{x+1}=mx$에서 $mx^2+(m-3)x+1=0$

이 이차방정식의 판별식을 D라 하면

$D=(m-3)^2-4\times m\times 1<0$이어야 한다.

즉 $m^2-10m+9<0$이므로 $(m-1)(m-9)<0$에서

$1<m<9$

3 함수 $y=\dfrac{4x+1}{x-2}$의 그래프와 직선 $y=mx$가 만나지 않으므로

$\dfrac{4x+1}{x-2}=mx$에서 $mx^2-2(m+2)x-1=0$

이 이차방정식의 판별식을 D라 하면

$\dfrac{D}{4}=\{-(m+2)\}^2-m\times(-1)<0$이어야 한다.

즉 $m^2+5m+4<0$이므로 $(m+1)(m+4)<0$에서

$-4<m<-1$

4 함수 $y=\dfrac{8x-2}{x+2}$의 그래프와 직선 $y=mx$가 만나지 않으므로

$\dfrac{8x-2}{x+2}=mx$에서 $mx^2+2(m-4)x+2=0$

이 이차방정식의 판별식을 D라 하면

$\dfrac{D}{4}=(m-4)^2-m\times 2<0$이어야 한다.

즉 $m^2-10m+16<0$이므로 $(m-2)(m-8)<0$에서

$2<m<8$

5 함수 $y=\dfrac{3x-16}{x-5}$의 그래프와 직선 $y=mx$가 만나지 않으므로

$\dfrac{3x-16}{x-5}=mx$에서 $mx^2-(5m+3)x+16=0$

이 이차방정식의 판별식을 D라 하면

$D=\{-(5m+3)\}^2-4\times m\times 16<0$이어야 한다.

즉 $25m^2-34m+9<0$이므로 $(m-1)(25m-9)<0$에서

$\dfrac{9}{25}<m<1$

7 직선 $y=mx$는 m의 값에 관계없이 원점을 지난다.

또 $y=\dfrac{2x}{x+1}=\dfrac{2(x+1)-2}{x+1}=-\dfrac{2}{x+1}+2$이므로

$-3\leq x\leq -2$에서의 그래프는 오른쪽 그림과 같다.

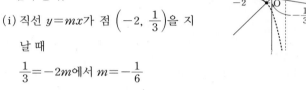

(i) 직선 $y=mx$가 점 $(-3, 3)$을 지날 때

$3=-3m$에서 $m=-1$

(ii) 직선 $y=mx$가 점 $(-2, 4)$를 지날 때

$4=-2m$에서 $m=-2$

(i), (ii)에서 구하는 m의 값의 범위는 $-2\leq m\leq -1$

8 직선 $y=mx$는 m의 값에 관계없이 원점을 지난다.

또 $y=\dfrac{-2x-5}{x+3}=\dfrac{-2(x+3)+1}{x+3}=\dfrac{1}{x+3}-2$이므로

$-2\leq x\leq -1$에서의 그래프는 오른쪽 그림과 같다.

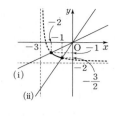

(i) 직선 $y=mx$가 점 $(-2, -1)$을 지날 때

$-1=-2m$에서 $m=\dfrac{1}{2}$

(ii) 직선 $y=mx$가 점 $\left(-1, -\dfrac{3}{2}\right)$을 지날 때

$-\dfrac{3}{2}=-m$에서 $m=\dfrac{3}{2}$

(i), (ii)에서 구하는 m의 값의 범위는 $\dfrac{1}{2}\leq m\leq\dfrac{3}{2}$

9 직선 $y=mx$는 m의 값에 관계없이 원점을 지난다.

또 $y=\dfrac{x+1}{x-1}=\dfrac{(x-1)+2}{x-1}=\dfrac{2}{x-1}+1$이므로

$-2\leq x\leq -\dfrac{1}{2}$에서의 그래프는 오른쪽 그림과 같다.

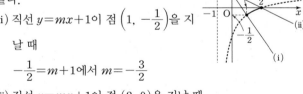

(i) 직선 $y=mx$가 점 $\left(-2, \dfrac{1}{3}\right)$을 지날 때

$\dfrac{1}{3}=-2m$에서 $m=-\dfrac{1}{6}$

(ii) 직선 $y=mx$가 점 $\left(-\dfrac{1}{2}, -\dfrac{1}{3}\right)$을 지날 때

$-\dfrac{1}{3}=-\dfrac{1}{2}m$에서 $m=\dfrac{2}{3}$

(i), (ii)에서 구하는 m의 값의 범위는 $-\dfrac{1}{6}\leq m\leq\dfrac{2}{3}$

10 직선 $y=mx+1$은 m의 값에 관계없이 점 $(0, 1)$을 지난다.

또 $y=\dfrac{x-2}{x+1}=\dfrac{(x+1)-3}{x+1}=-\dfrac{3}{x+1}+1$이므로

$1\leq x\leq 2$에서의 그래프는 오른쪽 그림과 같다.

(i) 직선 $y=mx+1$이 점 $\left(1, -\dfrac{1}{2}\right)$을 지날 때

$-\dfrac{1}{2}=m+1$에서 $m=-\dfrac{3}{2}$

(ii) 직선 $y=mx+1$이 점 $(2, 0)$을 지날 때

$0=2m+1$에서 $m=-\dfrac{1}{2}$

(i), (ii)에서 구하는 m의 값의 범위는 $-\dfrac{3}{2}\leq m\leq-\dfrac{1}{2}$

11 직선 $y=mx+2$는 m의 값에 관계없이 점 $(0, 2)$를 지난다.

또 $y=\dfrac{2x+4}{x+1}=\dfrac{2(x+1)+2}{x+1}=\dfrac{2}{x+1}+2$이므로

$1\leq x\leq 3$에서의 그래프는 오른쪽 그림과 같다.

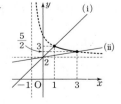

(i) 직선 $y=mx+2$가 점 $(1, 3)$을 지날 때

$3=m+2$에서 $m=1$

(ii) 직선 $y=mx+2$가 점 $\left(3, \dfrac{5}{2}\right)$를 지날 때

$\dfrac{5}{2}=3m+2$에서 $m=\dfrac{1}{6}$

(i), (ii)에서 구하는 m의 값의 범위는 $\dfrac{1}{6} \leq m \leq 1$

12 직선 $y=mx-m=m(x-1)$은 m의 값에 관계없이 점 $(1, 0)$을 지난다.

또 $y=\dfrac{2x-1}{x+1}=\dfrac{2(x+1)-3}{x+1}=-\dfrac{3}{x+1}+2$이므로

$-4 \leq x \leq -2$에서의 그래프는 오른쪽 그림과 같다.

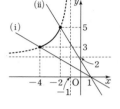

(i) 직선 $y=mx-m$이 점 $(-4, 3)$을 지날 때

$3=-4m-m$에서 $m=-\dfrac{3}{5}$

(ii) 직선 $y=mx-m$이 점 $(-2, 5)$를 지날 때

$5=-2m-m$에서 $m=-\dfrac{5}{3}$

(i), (ii)에서 구하는 m의 값의 범위는 $-\dfrac{5}{3} \leq m \leq -\dfrac{3}{5}$

13 직선 $y=mx+m=m(x+1)$은 m의 값에 관계없이 점 $(-1, 0)$을 지난다.

또 $y=\dfrac{3x-1}{x-1}=\dfrac{3(x-1)+2}{x-1}=\dfrac{2}{x-1}+3$이므로

$2 \leq x \leq 5$에서의 그래프는 오른쪽 그림과 같다.

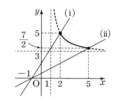

(i) 직선 $y=mx+m$이 점 $(2, 5)$를 지날 때

$5=2m+m$에서 $m=\dfrac{5}{3}$

(ii) 직선 $y=mx+m$이 점 $\left(5, \dfrac{7}{2}\right)$을 지날 때

$\dfrac{7}{2}=5m+m$에서 $m=\dfrac{7}{12}$

(i), (ii)에서 구하는 m의 값의 범위는 $\dfrac{7}{12} \leq m \leq \dfrac{5}{3}$

13

본문 388쪽

유리함수의 역함수

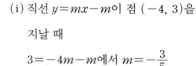

1 (✏ y, $y-2$, $y-2$, $x-2$) **2** $y=\dfrac{x+1}{x-3}$

3 $y=\dfrac{x-1}{2x-4}$ **4** $y=\dfrac{2x+1}{x+3}$

---

5 $y=\dfrac{3x-1}{x+1}$ **6** $y=\dfrac{2x-1}{x-5}$

7 $y=\dfrac{-x-5}{2x+1}$ **8** $y=\dfrac{5x-8}{2x+3}$

9 $y=\dfrac{7x+5}{3x-4}$ **10** $y=\dfrac{8x-1}{2x-6}$

11 (✏ $y-3$, $y-3$, $x-3$, $x-3$, $x-3$, 5, 1, -3)

12 $a=3$, $b=1$, $c=-5$ **13** $a=-1$, $b=1$, $c=3$

14 $a=4$, $b=1$, $c=2$ **15** ⑤

2 함수 $y=\dfrac{3x+1}{x-1}$을 x에 대하여 풀면

$xy-y=3x+1$, $xy-3x=y+1$

$(y-3)x=y+1$

즉 $x=\dfrac{y+1}{y-3}$

이때 x와 y를 서로 바꾸면 구하는 역함수는

$y=\dfrac{x+1}{x-3}$

3 함수 $y=\dfrac{4x-1}{2x-1}$을 x에 대하여 풀면

$2xy-y=4x-1$, $2xy-4x=y-1$

$(2y-4)x=y-1$

즉 $x=\dfrac{y-1}{2y-4}$

이때 x와 y를 서로 바꾸면 구하는 역함수는

$y=\dfrac{x-1}{2x-4}$

4 함수 $y=\dfrac{-3x+1}{x-2}$을 x에 대하여 풀면

$xy-2y=-3x+1$, $xy+3x=2y+1$

$(y+3)x=2y+1$

즉 $x=\dfrac{2y+1}{y+3}$

이때 x와 y를 서로 바꾸면 구하는 역함수는

$y=\dfrac{2x+1}{x+3}$

5 함수 $y=\dfrac{x+1}{-x+3}$을 x에 대하여 풀면

$-xy+3y=x+1$, $-xy-x=-3y+1$

$(-y-1)x=-3y+1$

즉 $x=\dfrac{-3y+1}{-y-1}=\dfrac{3y-1}{y+1}$

이때 x와 y를 서로 바꾸면 구하는 역함수는

$y=\dfrac{3x-1}{x+1}$

6 함수 $y=\dfrac{5x-1}{x-2}$을 x에 대하여 풀면

$xy-2y=5x-1$, $xy-5x=2y-1$

$(y-5)x=2y-1$

즉 $x=\dfrac{2y-1}{y-5}$

이때 x와 y를 서로 바꾸면 구하는 역함수는

$$y=\frac{2x-1}{x-5}$$

7 함수 $y=-\dfrac{x+5}{2x+1}$ 를 x에 대하여 풀면

$2xy+y=-x-5$, $2xy+x=-y-5$

$(2y+1)x=-y-5$

즉 $x=\dfrac{-y-5}{2y+1}$

이때 x와 y를 서로 바꾸면 구하는 역함수는

$$y=\frac{-x-5}{2x+1}$$

8 함수 $y=-\dfrac{3x+8}{2x-5}$ 을 x에 대하여 풀면

$2xy-5y=-3x-8$, $2xy+3x=5y-8$

$(2y+3)x=5y-8$

즉 $x=\dfrac{5y-8}{2y+3}$

이때 x와 y를 서로 바꾸면 구하는 역함수는

$$y=\frac{5x-8}{2x+3}$$

9 함수 $y=\dfrac{4x+5}{3x-7}$ 를 x에 대하여 풀면

$3xy-7y=4x+5$, $3xy-4x=7y+5$

$(3y-4)x=7y+5$

즉 $x=\dfrac{7y+5}{3y-4}$

이때 x와 y를 서로 바꾸면 구하는 역함수는

$$y=\frac{7x+5}{3x-4}$$

10 함수 $y=\dfrac{6x-1}{2x-8}$ 을 x에 대하여 풀면

$2xy-8y=6x-1$, $2xy-6x=8y-1$

$(2y-6)x=8y-1$

즉 $x=\dfrac{8y-1}{2y-6}$

이때 x와 y를 서로 바꾸면 구하는 역함수는

$$y=\frac{8x-1}{2x-6}$$

12 $f(x)=\dfrac{5x+a}{x-2}$ 에서 $y=\dfrac{5x+a}{x-2}$ 로 놓고 x에 대하여 풀면

$xy-2y=5x+a$, $xy-5x=2y+a$

$(y-5)x=2y+a$, 즉 $x=\dfrac{2y+a}{y-5}$

이때 x와 y를 서로 바꾸면 $y=\dfrac{2x+a}{x-5}$, 즉 $f^{-1}(x)=\dfrac{2x+a}{x-5}$

따라서 $\dfrac{2x+a}{x-5}=\dfrac{2x+3}{bx+c}$ 이므로

$a=3$, $b=1$, $c=-5$

13 $f(x)=\dfrac{5x+a}{bx-c}$ 에서 $y=\dfrac{5x+a}{bx-c}$ 로 놓고 x에 대하여 풀면

$bxy-cy=5x+a$, $bxy-5x=cy+a$

$(by-5)x=cy+a$, 즉 $x=\dfrac{cy+a}{by-5}$

이때 x와 y를 서로 바꾸면 $y=\dfrac{cx+a}{bx-5}$, 즉 $f^{-1}(x)=\dfrac{cx+a}{bx-5}$

따라서 $\dfrac{cx+a}{bx-5}=\dfrac{3x-1}{x-5}$ 이므로

$a=-1$, $b=1$, $c=3$

[다른 풀이]

$(f^{-1})^{-1}=f$ 이므로 $y=f^{-1}(x)$ 의 역함수가 $y=f(x)$임을 이용할 수 있다.

$f^{-1}(x)=\dfrac{3x-1}{x-5}$ 에서 $y=\dfrac{3x-1}{x-5}$ 로 놓고 x에 대하여 풀면

$xy-5y=3x-1$, $xy-3x=5y-1$

$(y-3)x=5y-1$, 즉 $x=\dfrac{5y-1}{y-3}$

이때 x와 y를 서로 바꾸면 $y=\dfrac{5x-1}{x-3}$, 즉 $f(x)=\dfrac{5x-1}{x-3}$

따라서 $\dfrac{5x-1}{x-3}=\dfrac{5x+a}{bx-c}$ 이므로 $a=-1$, $b=1$, $c=3$

14 $f(x)=\dfrac{ax+3}{cx-1}$ 에서 $y=\dfrac{ax+3}{cx-1}$ 으로 놓고 x에 대하여 풀면

$cxy-y=ax+3$, $cxy-ax=y+3$

$(cy-a)x=y+3$, 즉 $x=\dfrac{y+3}{cy-a}$

이때 x와 y를 서로 바꾸면 $y=\dfrac{x+3}{cx-a}$, 즉 $f^{-1}(x)=\dfrac{x+3}{cx-a}$

따라서 $\dfrac{x+3}{cx-a}=\dfrac{bx+3}{2x-4}$ 이므로

$a=4$, $b=1$, $c=2$

15 $f(x)=-\dfrac{2}{x}+1$ 에서 $y=-\dfrac{2}{x}+1=\dfrac{x-2}{x}$ 로 놓고

x에 대하여 풀면

$xy=x-2$, $xy-x=-2$

$(y-1)x=-2$, 즉 $x=\dfrac{-2}{y-1}$

이때 x와 y를 서로 바꾸면 $y=\dfrac{-2}{x-1}$, 즉 $f^{-1}(x)=\dfrac{-2}{x-1}$

따라서 $\dfrac{-2}{x-1}=\dfrac{m}{x+n}$ 이므로

$m=-2$, $n=-1$

즉 $mn=2$

---

14 본문 390쪽

유리함수의 합성

1 (✎ $5x$, x, 항등, x, 1)　　2 2　　　　3 -1

4 $\dfrac{6}{5}$　　　5 $\dfrac{1}{30}$　　　6 (✎ 3, 3, 3, 3, 4, 4)

$2 \quad f(x)=\dfrac{x+1}{x-1}$ 에서

$$f^{2}(x)=(f \circ f)(x)=f(f(x))=f\left(\dfrac{x+1}{x-1}\right)$$

$$=\dfrac{\dfrac{x+1}{x-1}+1}{\dfrac{x+1}{x-1}-1}=\dfrac{(x+1)+(x-1)}{(x+1)-(x-1)}=\dfrac{2x}{2}=x$$

즉 $f^{2}(x)=f^{4}(x)=\cdots=f^{2n}(x)$ (n은 자연수)는

항등함수이므로

$$f^{51}(x)=f^{2\times25+1}(x)=f(x)$$

따라서 $f^{51}(3)=f(3)=\dfrac{3+1}{3-1}=2$

$3 \quad f(x)=\dfrac{-x+1}{2x+1}$ 에서

$$f^{2}(x)=(f \circ f)(x)=f(f(x))=f\left(\dfrac{-x+1}{2x+1}\right)$$

$$=\dfrac{-\left(\dfrac{-x+1}{2x+1}\right)+1}{2\times\dfrac{-x+1}{2x+1}+1}$$

$$=\dfrac{-(-x+1)+(2x+1)}{2(-x+1)+(2x+1)}=\dfrac{3x}{3}=x$$

즉 $f^{2}(x)=f^{4}(x)=\cdots=f^{2n}(x)$ (n은 자연수)는

항등함수이므로

$$f^{1000}(x)=f^{2\times500}(x)=x$$

따라서 $f^{1000}(-1)=-1$

$4 \quad f(x)=\dfrac{x-1}{x}$ 에서

$$f^{2}(x)=(f \circ f)(x)=f(f(x))=f\left(\dfrac{x-1}{x}\right)$$

$$=\dfrac{\dfrac{x-1}{x}-1}{\dfrac{x-1}{x}}=\dfrac{x-1-x}{x-1}=\dfrac{-1}{x-1}$$

$$f^{3}(x)=(f \circ f^{2})(x)=f(f^{2}(x))=f\left(\dfrac{-1}{x-1}\right)$$

$$=\dfrac{\dfrac{-1}{x-1}-1}{\dfrac{-1}{x-1}}=\dfrac{-1-(x-1)}{-1}=\dfrac{-x}{-1}=x$$

즉 $f^{3}(x)=f^{6}(x)=\cdots=f^{3n}(x)$ (n은 자연수)는

항등함수이므로

$$f^{100}(x)=f^{3\times33+1}(x)=f(x)$$

따라서 $f^{100}(-5)=f(-5)=\dfrac{-5-1}{-5}=\dfrac{6}{5}$

$5 \quad f(x)=\dfrac{x}{2x+1}$ 에서

$$f^{2}(x)=(f \circ f)(x)=f(f(x))=f\left(\dfrac{x}{2x+1}\right)$$

$$=\dfrac{\dfrac{x}{2x+1}}{2\times\dfrac{x}{2x+1}+1}=\dfrac{x}{2x+(2x+1)}=\dfrac{x}{4x+1}$$

$$f^{3}(x)=(f \circ f^{2})(x)=f(f^{2}(x))=f\left(\dfrac{x}{4x+1}\right)$$

$$=\dfrac{\dfrac{x}{4x+1}}{2\times\dfrac{x}{4x+1}+1}=\dfrac{x}{2x+(4x+1)}=\dfrac{x}{6x+1}$$

같은 방법으로 하면 $f^{10}(x)=\dfrac{x}{20x+1}$

따라서 $f^{10}\left(\dfrac{1}{10}\right)=\dfrac{\dfrac{1}{10}}{20\times\dfrac{1}{10}+1}=\dfrac{1}{30}$

$7 \quad f^{-1}(2)=k$ 라 하면 $f(k)=2$이므로

$$\dfrac{-k+1}{k+3}=2, \ -k+1=2k+6$$

즉 $k=-\dfrac{5}{3}$

따라서 $f^{-1}(2)=-\dfrac{5}{3}$

$8 \quad (f^{-1} \circ f \circ f^{-1})(x)=(f^{-1} \circ I)(x)=f^{-1}(x)$이므로

$(f^{-1} \circ f \circ f^{-1})(1)=f^{-1}(1)$

$f^{-1}(1)=k$ 라 하면 $f(k)=1$이므로

$$\dfrac{3k+1}{k+2}=1, \ 3k+1=k+2$$

즉 $k=\dfrac{1}{2}$

따라서 $(f^{-1} \circ f \circ f^{-1})(1)=f^{-1}(1)=\dfrac{1}{2}$

$9 \quad (f^{-1} \circ f \circ f^{-1})(x)=(f^{-1} \circ I)(x)=f^{-1}(x)$이므로

$(f^{-1} \circ f \circ f^{-1})(-2)=f^{-1}(-2)$

$f^{-1}(-2)=k$ 라 하면 $f(k)=-2$이므로

$$\dfrac{k+1}{2k-3}=-2, \ k+1=-4k+6$$

즉 $k=1$

따라서 $(f^{-1} \circ f \circ f^{-1})(-2)=f^{-1}(-2)=1$

$10 \quad (f^{-1} \circ f^{-1} \circ f)(x)=(f^{-1} \circ I)(x)=f^{-1}(x)$이므로

$(f^{-1} \circ f^{-1} \circ f)(5)=f^{-1}(5)$

$f^{-1}(5)=k$ 라 하면 $f(k)=5$이므로

$$\dfrac{-4k+1}{k+2}=5, \ -4k+1=5k+10$$

즉 $k=-1$

따라서 $(f^{-1} \circ f^{-1} \circ f)(5)=f^{-1}(5)=-1$

12 $f(3)=4$이면 $f^{-1}(4)=3$이므로

$\dfrac{4a+b}{2\times 4-3}=3$에서

$4a+b=15$ ······ ㉠

$(f^{-1}\circ f^{-1})(4)=f^{-1}(f^{-1}(4))=f^{-1}(3)=1$이므로

$\dfrac{3a+b}{2\times 3-3}=1$에서

$3a+b=3$ ······ ㉡

㉠, ㉡을 연립하여 풀면 $a=12$, $b=-33$

13 $f(-2)=1$이면 $f^{-1}(1)=-2$이므로

$\dfrac{a+b}{2\times 1-3}=-2$에서

$a+b=2$ ······ ㉠

$(f^{-1}\circ f^{-1})(1)=f^{-1}(f^{-1}(1))=f^{-1}(-2)=4$이므로

$\dfrac{-2a+b}{2\times(-2)-3}=4$에서

$-2a+b=-28$ ······ ㉡

㉠, ㉡을 연립하여 풀면 $a=10$, $b=-8$

14 $f(-2)=0$이면 $f^{-1}(0)=-2$이므로

$\dfrac{b}{-3}=-2$에서 $b=6$

$(f\circ f)(x)=x$이므로 $f(x)=f^{-1}(x)=\dfrac{ax+b}{2x-3}$

즉 $f^{-1}(-2)=0$이므로

$\dfrac{-2a+b}{2\times(-2)-3}=0$에서 $-2a+b=0$

이때 $b=6$이므로 $-2a+6=0$, $a=3$

15 $f(4)=0$이면 $f^{-1}(0)=4$이므로

$\dfrac{b}{-3}=4$에서 $b=-12$

$(f\circ f)(x)=x$이므로 $f(x)=f^{-1}(x)=\dfrac{ax+b}{2x-3}$

즉 $f^{-1}(4)=0$이므로

$\dfrac{4a+b}{2\times 4-3}=0$에서 $4a+b=0$

이때 $b=-12$이므로 $4a-12=0$, $a=3$

---

1 $y=\dfrac{2x+1}{x-2}=\dfrac{2(x-2)+5}{x-2}=\dfrac{5}{x-2}+2$이므로

$-3\le x\le 1$에서의 그래프는 오른쪽 그림과 같다.

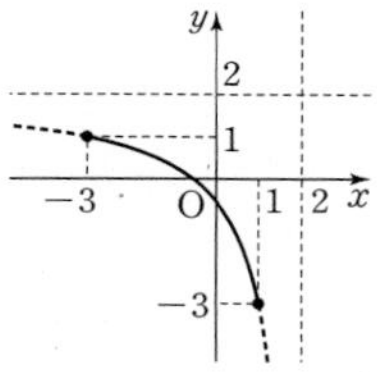

따라서 $x=-3$일 때 최댓값 $M=1$,

$x=1$일 때 최솟값 $m=-3$이므로

$Mm=-3$

2 $y=\dfrac{-x+1}{x+3}=\dfrac{-(x+3)+4}{x+3}=\dfrac{4}{x+3}-1$이므로

$0\le x\le 5$에서의 그래프는 오른쪽 그림과 같다.

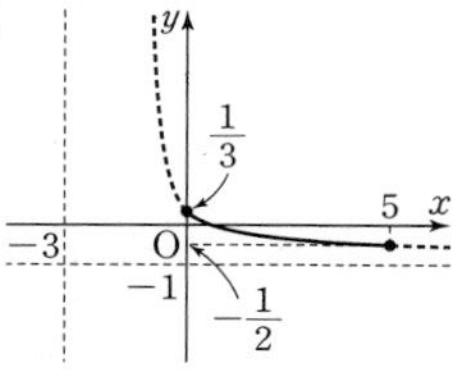

따라서 $x=0$일 때 최댓값은 $\dfrac{1}{3}$,

$x=5$일 때 최솟값은 $-\dfrac{1}{2}$이므로

최댓값과 최솟값의 합은 $\dfrac{1}{3}+\left(-\dfrac{1}{2}\right)=-\dfrac{1}{6}$

3 $y=\dfrac{-x+1}{x-2}=\dfrac{-(x-2)-1}{x-2}=-\dfrac{1}{x-2}-1$이므로

$a\le x\le 5$에서의 그래프는 오른쪽 그림과 같다.

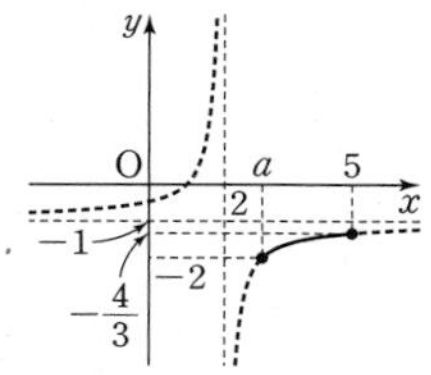

즉 $x=5$일 때 최댓값은 $-\dfrac{4}{3}$이고,

$x=a$일 때 최솟값은 -2이다.

따라서 $\dfrac{-a+1}{a-2}=-2$에서 $-a+1=-2a+4$, $a=3$

4 함수 $y=\dfrac{-x-4}{x+3}$의 그래프와 직선 $y=mx$가 만나지 않으므

로 $\dfrac{-x-4}{x+3}=mx$에서 $mx^2+(3m+1)x+4=0$

이 이차방정식의 판별식을 D라 하면

$D=(3m+1)^2-4\times m\times 4<0$이어야 한다.

즉 $9m^2-10m+1<0$이므로 $(m-1)(9m-1)<0$에서

$\dfrac{1}{9}<m<1$

5 직선 $y=mx+1$은 m의 값에 관계없이 점 $(0,\,1)$을 지난다.

또 $y=\dfrac{x-6}{x-1}=\dfrac{(x-1)-5}{x-1}=-\dfrac{5}{x-1}+1$이므로

$2\le x\le 6$에서의 그래프는 오른쪽 그림과 같다.

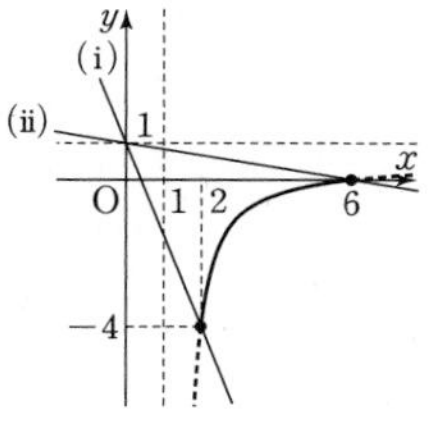

(i) 직선 $y=mx+1$이 점 $(2,\,-4)$를

지날 때

$-4=2m+1$에서 $m=-\dfrac{5}{2}$

(ii) 직선 $y=mx+1$이 점 $(6,\,0)$을 지날 때

$0=6m+1$에서 $m=-\dfrac{1}{6}$

(i), (ii)에서 $-\dfrac{5}{2}\le m\le-\dfrac{1}{6}$

따라서 정수 m의 개수는 -2, -1의 2이다.

TEST 개념 확인

본문 392쪽

1 ②	**2** $-\dfrac{1}{6}$	**3** ③	**4** ④
5 ③	**6** ④	**7** ①	**8** -8
9 ②	**10** ②	**11** $\dfrac{12}{5}$	**12** ①

6 함수 $y=\dfrac{5}{x+2}$의 그래프와 직선 $y=mx-m$이 만나지 않으므로

$\dfrac{5}{x+2}=mx-m$에서 $mx^2+mx-2m-5=0$

이 이차방정식의 판별식을 D라 하면

$D=m^2-4\times m\times(-2m-5)<0$이어야 한다.

즉 $9m^2+20m<0$이므로 $m(9m+20)<0$에서

$-\dfrac{20}{9}<m<0$

따라서 정수 m의 최댓값은 -1이다.

7 $f(x)=\dfrac{2x+3}{x-4}$에서 $y=\dfrac{2x+3}{x-4}$으로 놓고 x에 대하여 풀면

$xy-4y=2x+3$, $xy-2x=4y+3$

$(y-2)x=4y+3$, 즉 $x=\dfrac{4y+3}{y-2}$

이때 x와 y를 서로 바꾸면 구하는 역함수는

$y=\dfrac{4x+3}{x-2}$

따라서 $\dfrac{4x+3}{x-2}=\dfrac{ax+b}{x-2}$이므로 $a=4$, $b=3$

즉 $a+b=7$

8 $f(x)=\dfrac{2x-1}{x+4}$에서 $y=\dfrac{2x-1}{x+4}$로 놓고 x에 대하여 풀면

$xy+4y=2x-1$, $xy-2x=-4y-1$

$(y-2)x=-4y-1$, 즉 $x=\dfrac{-4y-1}{y-2}$

이때 x와 y를 서로 바꾸면 구하는 역함수는

$y=\dfrac{-4x-1}{x-2}=\dfrac{-4(x-2)-9}{x-2}=-\dfrac{9}{x-2}-4$

따라서 $y=f^{-1}(x)$의 점근선의 방정식은

$x=2$, $y=-4$이므로

$p=2$, $q=-4$

즉 $pq=-8$

9 $f(x)=\dfrac{ax}{3x+2}$에서 $y=\dfrac{ax}{3x+2}$로 놓고 x에 대하여 풀면

$3xy+2y=ax$, $3xy-ax=-2y$

$(3y-a)x=-2y$, 즉 $x=\dfrac{-2y}{3y-a}$

이때 x와 y를 서로 바꾸면 구하는 역함수는

$y=\dfrac{-2x}{3x-a}$

따라서 $f(x)=f^{-1}(x)$이므로 $\dfrac{ax}{3x+2}=\dfrac{-2x}{3x-a}$

즉 $a=-2$

10 $f(x)=\dfrac{3x+1}{x-3}$에서

$f^2(x)=(f\circ f)(x)=f(f(x))=f\left(\dfrac{3x+1}{x-3}\right)$

$=\dfrac{3\times\dfrac{3x+1}{x-3}+1}{\dfrac{3x+1}{x-3}-3}=\dfrac{3(3x+1)+(x-3)}{3x+1-3(x-3)}=\dfrac{10x}{10}=x$

즉 $f^2(x)=f^4(x)=\cdots=f^{2n}(x)$ (n은 자연수)는

항등함수이므로 $f^{50}(x)=f^{2\times25}(x)=x$

따라서 $f^{50}(5)=5$

11 $(f^{-1}\circ f\circ f^{-1})(x)=(f^{-1}\circ I)(x)=f^{-1}(x)$이므로

$(f^{-1}\circ f\circ f^{-1})(7)=f^{-1}(7)$

$f^{-1}(7)=k$라 하면 $f(k)=7$이므로

$\dfrac{2k+5}{k-1}=7$, $2k+5=7k-7$

즉 $k=\dfrac{12}{5}$

따라서 $(f^{-1}\circ f\circ f^{-1})(7)=f^{-1}(7)=\dfrac{12}{5}$

12 $(f^{-1}\circ g)^{-1}(2)=(g^{-1}\circ f)(2)=g^{-1}(f(2))$

이때 $f(2)=\dfrac{2}{2\times2-1}=\dfrac{2}{3}$이고

$g^{-1}\left(\dfrac{2}{3}\right)=k$라 하면 $g(k)=\dfrac{2}{3}$이므로

$\dfrac{k+1}{k}=\dfrac{2}{3}$, $2k=3k+3$

즉 $k=-3$

따라서 $(f^{-1}\circ g)^{-1}(2)=g^{-1}(f(2))=g^{-1}\left(\dfrac{2}{3}\right)=-3$

TEST 개념 발전

1 ②	**2** $\dfrac{2a}{a^3+1}$	**3** ①	**4** 16
5 ⑤	**6** ④	**7** ③	**8** ④
9 ⑤	**10** ②	**11** $\dfrac{18}{5}$	**12** ④
13 ③	**14** ①		

1 분수식은 분모에 x에 대한 식이 있는 경우이므로 분수식인 것은 ㄴ, ㄷ이다.

2 $\dfrac{a+2}{a^3+1}-\dfrac{1}{a+1}+\dfrac{a-1}{a^2-a+1}$

$=\dfrac{a+2-(a^2-a+1)+(a-1)(a+1)}{(a+1)(a^2-a+1)}$

$=\dfrac{2a}{(a+1)(a^2-a+1)}=\dfrac{2a}{a^3+1}$

3 $\dfrac{a^2-4a}{a^2+a-6}\times\dfrac{a^2-7a+10}{a+1}\div\dfrac{a^2-9a+20}{a+3}$

$=\dfrac{a(a-4)}{(a+3)(a-2)}\times\dfrac{(a-2)(a-5)}{a+1}\div\dfrac{(a-4)(a-5)}{a+3}$

$=\dfrac{a(a-4)}{(a+3)(a-2)}\times\dfrac{(a-2)(a-5)}{a+1}\times\dfrac{(a+3)}{(a-4)(a-5)}$

$=\dfrac{a}{a+1}$

4

$$\frac{1}{x-1}-\frac{1}{x+1}-\frac{2}{x^2+1}-\frac{4}{x^4+1}$$

$$=\frac{2}{x^2-1}-\frac{2}{x^2+1}-\frac{4}{x^4+1}$$

$$=\frac{4}{x^4-1}-\frac{4}{x^4+1}$$

$$=\frac{8}{x^8-1}$$

따라서 $\dfrac{8}{x^8-1}=\dfrac{a}{x^b-1}$ 이고 이 식이 x에 대한 항등식이므로

$a=8,\ b=8$

즉 $a+b=16$

5

$$\frac{1}{x(x+1)}+\frac{3}{(x+1)(x+4)}+\frac{4}{(x+4)(x+8)}$$

$$=\left(\frac{1}{x}-\frac{1}{x+1}\right)+\left(\frac{1}{x+1}-\frac{1}{x+4}\right)+\left(\frac{1}{x+4}-\frac{1}{x+8}\right)$$

$$=\frac{1}{x}-\frac{1}{x+8}=\frac{8}{x(x+8)}=\frac{8}{x^2+8x}$$

따라서 $\dfrac{8}{x^2+8x}=\dfrac{a}{x^2+bx}$ 이고 이 식이 x에 대한 항등식이므로

$a=8,\ b=8$

즉 $ab=64$

6 $y=\dfrac{3x+1}{x-1}=\dfrac{3(x-1)+4}{x-1}=\dfrac{4}{x-1}+3$ 이므로

$3<y\le7$에서의 그래프는 오른쪽 그림과
같다.

이때 $\dfrac{4}{x-1}+3=7$에서 $\dfrac{4}{x-1}=4,\ x=2$

따라서 정의역은 $\{x\,|\,x\ge2$인 실수$\}$

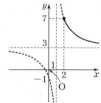

7 $y=\dfrac{3x-4}{x-1}=\dfrac{3(x-1)-1}{x-1}=-\dfrac{1}{x-1}+3$

① 정의역은 $\{x\,|\,x\ne1$인 실수$\}$이다.

②, ③ 점근선의 방정식은 $x=1,\ y=3$이고, 그래프는 두 점근선
　　의 교점 $(1,\ 3)$에 대하여 대칭이다.

④, ⑤ 주어진 함수의 그래프는 $y=-\dfrac{1}{x}$

　　의 그래프를 x축의 방향으로 1만
　　큼, y축의 방향으로 3만큼 평행이
　　동한 것이므로 오른쪽 그림과 같다.
　　따라서 제3사분면은 지나지 않는다.

그러므로 옳지 않은 것은 ③이다.

8 점근선의 방정식이 $x=1,\ y=2$이므로 구하는 함수의 식을

$y=\dfrac{k}{x-1}+2\ (k\ne0)$로 놓자.

이때 그래프가 점 $(3,\ 1)$을 지나므로

$1=\dfrac{k}{3-1}+2$에서 $k=-2$

따라서 $y=\dfrac{-2}{x-1}+2=\dfrac{-2+2(x-1)}{x-1}=\dfrac{2x-4}{x-1}$이므로

$a=2,\ b=-4,\ c=-1$

즉 $abc=8$

9 $y=\dfrac{ax+5}{x+b}$의 그래프를 x축의 방향으로 2만큼, y축의 방향으로

　-3만큼 평행이동한 그래프의 식은

$$y=\frac{a(x-2)+5}{(x-2)+b}-3=\frac{a(x-2+b)+5-ab}{x-2+b}-3$$

$$=\frac{5-ab}{x-2+b}+a-3$$

이때 이 식의 그래프가 $y=-\dfrac{1}{x}$의 그래프와 일치하므로

$-2+b=0,\ a-3=0,\ 5-ab=-1$

따라서 $a=3,\ b=2$이므로 $a^2+b^2=13$

[다른 풀이]

함수 $y=-\dfrac{1}{x}$의 그래프를 x축의 방향으로 -2만큼, y축의 방

향으로 3만큼 평행이동한 그래프의 식은

$$y=-\frac{1}{x+2}+3=\frac{3x+5}{x+2}$$

이 식의 그래프가 $y=\dfrac{ax+5}{x+b}$의 그래프와 일치하므로

$a=3,\ b=2$

따라서 $a^2+b^2=13$

10 $y=\dfrac{ax-4}{x+b}=\dfrac{a(x+b)-ab-4}{x+b}=\dfrac{-ab-4}{x+b}+a$이므로 점근선

　의 방정식은 $x=-b,\ y=a$

이때 두 직선 $y=x+1,\ y=-x-3$은 모두 점 $(-b,\ a)$를 지나

므로

$a=-b+1,\ a=b-3$

위의 두 식을 연립하여 풀면 $a=-1,\ b=2$

따라서 $3a-b=-5$

11 $f(x)=\dfrac{-2x+3}{x-5}$에서 $f^{-1}(3)=k$라 하면 $f(k)=3$이므로

$$\frac{-2k+3}{k-5}=3,\ 3k-15=-2k+3$$

$5k=18$, 즉 $k=\dfrac{18}{5}$

따라서 $f^{-1}(3)=\dfrac{18}{5}$

12 $y=\dfrac{-x+1}{x+2}=\dfrac{-(x+2)+3}{x+2}=\dfrac{3}{x+2}-1$이므로

$-1\le x\le1$에서의 그래프는 오른쪽 그림과
같다.

따라서 $x=-1$일 때 최댓값은 2,

$x=1$일 때 최솟값은 0이므로

최댓값과 최솟값의 합은 2이다.

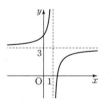

13 $f(x)=\dfrac{ax-1}{-2x+3}$에서 $y=\dfrac{ax-1}{-2x+3}$로 놓고 x에 대하여 풀면

$-2xy+3y=ax-1,\ -2xy-ax=-3y-1$

$(2y+a)x=3y+1$, 즉 $x=\dfrac{3y+1}{2y+a}$

이때 x와 y를 서로 바꾸면 구하는 역함수는 $y=\dfrac{3x+1}{2x+a}$

따라서 $f(x)=f^{-1}(x)$이므로

$$\frac{ax-1}{-2x+3}=\frac{3x+1}{2x+a}=\frac{-3x-1}{-2x-a}$$

즉 $a=-3$

14 $f(x)=\dfrac{x}{x+1}$에서

$$f^2(x)=(f\circ f)(x)=f(f(x))=f\left(\frac{x}{x+1}\right)$$

$$=\frac{\dfrac{x}{x+1}}{\dfrac{x}{x+1}+1}=\frac{x}{x+(x+1)}=\frac{x}{2x+1}$$

$$f^3(x)=(f\circ f^2)(x)=f(f^2(x))=f\left(\frac{x}{2x+1}\right)$$

$$=\frac{\dfrac{x}{2x+1}}{\dfrac{x}{2x+1}+1}=\frac{x}{x+(2x+1)}=\frac{x}{3x+1}$$

같은 방법으로 하면 $f^{100}(x)=\dfrac{x}{100x+1}$

따라서 $f^{100}(10)=\dfrac{10}{100\times10+1}=\dfrac{10}{1001}$

12 무리식과 무리함수

01

본문 398쪽

무리식

1 ○	2 ○	3 ○	4 ×
5 ○	6 ×	7 ○	

8 (✏ $0, -1$)   9 $x\geq3$ 10 $x\leq\dfrac{3}{2}$

11 $x\geq-\dfrac{1}{6}$ 12 $-3\leq x\leq1$ 13 $-\dfrac{1}{2}\leq x\leq5$

14 $x>-4$ 15 $x>\dfrac{8}{5}$ 16 $x>2$ 17 $x>1$

☺ $\geq,\ >$ 18 ⑤

9 주어진 무리식의 값이 실수가 되려면

$5x-15\geq0$

따라서 $x\geq3$

10 주어진 무리식의 값이 실수가 되려면

$3-2x\geq0$

따라서 $x\leq\dfrac{3}{2}$

11 주어진 무리식의 값이 실수가 되려면

$6x+1\geq0$

따라서 $x\geq-\dfrac{1}{6}$

12 주어진 무리식의 값이 실수가 되려면

$-2x+2\geq0,\ 3+x\geq0$

$x\leq1,\ x\geq-3$

따라서 $-3\leq x\leq1$

13 주어진 무리식의 값이 실수가 되려면

$2x+1\geq0,\ 5-x\geq0$

$x\geq-\dfrac{1}{2},\ x\leq5$

따라서 $-\dfrac{1}{2}\leq x\leq5$

14 주어진 무리식의 값이 실수가 되려면

$x+4>0$

따라서 $x>-4$

15 주어진 무리식의 값이 실수가 되려면

$5x-8>0$

따라서 $x>\dfrac{8}{5}$

16 주어진 무리식의 값이 실수가 되려면
$x-2>0$, $x+3>0$
$x>2$, $x>-3$
따라서 $x>2$

17 주어진 무리식의 값이 실수가 되려면
$2x+4>0$, $x-1>0$
$x>-2$, $x>1$
따라서 $x>1$

18 주어진 무리식의 값이 실수가 되려면
$6+3x\geq0$, $4-x\geq0$
즉 $x\geq-2$, $x\leq4$이므로
$-2\leq x\leq4$
따라서 정수 x의 개수는 -2, -1, 0, 1, 2, 3, 4의 7이다.

02

제곱근의 계산

원리확인

❶ 양   ❷ 양

❸ 음   ❹ 양

1 (✐ $-x$, $2x$)   **2** $2x+2$ **3** $-2x+3$

4 -4 **5** 1 **6** 5

7 (✐ $>$, $<$, $-x+2$, $-x+2$, 3)   **8** 1

9 4 **10** 2 **11** $x+4$

☺ a, $-a$, $|a-b|$ **12** (✐ 0, -1)

13 $x\leq-1$ **14** $x\leq3$ **15** (✐ $\geq$, $<$, -4, -2)

16 $-7\leq x<0$ **17** $-\dfrac{3}{2}\leq x<\dfrac{1}{2}$

2 $x>0$에서 $x+2>0$이므로
$\sqrt{x^2}+\sqrt{(x+2)^2}=|x|+|x+2|=x+(x+2)=2x+2$

3 $x<0$에서 $3-x>0$이므로
$\sqrt{x^2}+\sqrt{(3-x)^2}=|x|+|3-x|=-x+(3-x)=-2x+3$

4 $x<0$에서 $x-1<0$, $-x+5>0$이므로
$\sqrt{(x-1)^2}-\sqrt{(-x+5)^2}=|x-1|-|-x+5|$
$\qquad\qquad\qquad\qquad=-(x-1)-(-x+5)=-4$

5 $0<x<1$에서 $x>0$, $x-1<0$이므로
$\sqrt{x^2}+\sqrt{(x-1)^2}=|x|+|x-1|=x-(x-1)=1$

6 $-2<x<2$에서 $x+2>0$, $x-3<0$이므로
$\sqrt{(x+2)^2}+\sqrt{(x-3)^2}=|x+2|+|x-3|$
$\qquad\qquad\qquad\qquad=(x+2)-(x-3)=5$

8 $2<x<3$에서 $x-2>0$, $x-3<0$이므로
$\sqrt{x^2-4x+4}=\sqrt{(x-2)^2}=|x-2|=x-2$
$\sqrt{x^2-6x+9}=\sqrt{(x-3)^2}=|x-3|=-x+3$
따라서 $\sqrt{x^2-4x+4}+\sqrt{x^2-6x+9}=x-2+(-x+3)=1$

9 $-3<x<1$에서 $x+3>0$, $x-1<0$이므로
$\sqrt{x^2+6x+9}=\sqrt{(x+3)^2}=|x+3|=x+3$
$\sqrt{x^2-2x+1}=\sqrt{(x-1)^2}=|x-1|=-x+1$
따라서 $\sqrt{x^2+6x+9}+\sqrt{x^2-2x+1}=x+3+(-x+1)=4$

10 $-6<x<-4$에서 $x+6>0$, $x+4<0$이므로
$\sqrt{x^2+12x+36}=\sqrt{(x+6)^2}=|x+6|=x+6$
$\sqrt{x^2+8x+16}=\sqrt{(x+4)^2}=|x+4|=-x-4$
따라서 $\sqrt{x^2+12x+36}+\sqrt{x^2+8x+16}=x+6+(-x-4)=2$

11 $\dfrac{1}{2}<x<5$에서 $2x-1>0$, $x-5<0$이므로
$\sqrt{4x^2-4x+1}=\sqrt{(2x-1)^2}=|2x-1|=2x-1$
$\sqrt{x^2-10x+25}=\sqrt{(x-5)^2}=|x-5|=-x+5$
따라서
$\sqrt{4x^2-4x+1}+\sqrt{x^2-10x+25}=2x-1+(-x+5)=x+4$

13 $\sqrt{x-2}\sqrt{x+1}=-\sqrt{x^2-x-2}=-\sqrt{(x-2)(x+1)}$에서
$x-2\leq0$, $x+1\leq0$이므로
$x\leq2$, $x\leq-1$
따라서 $x\leq-1$

14 $\sqrt{x-3}\sqrt{x-5}=-\sqrt{x^2-8x+15}=-\sqrt{(x-3)(x-5)}$에서
$x-3\leq0$, $x-5\leq0$이므로
$x\leq3$, $x\leq5$
따라서 $x\leq3$

16 $\dfrac{\sqrt{x+7}}{\sqrt{x}}=-\sqrt{\dfrac{x+7}{x}}$에서
$x+7\geq0$, $x<0$이므로 $x\geq-7$, $x<0$
따라서 $-7\leq x<0$

17 $\dfrac{\sqrt{2x+3}}{\sqrt{2x-1}}=-\sqrt{\dfrac{2x+3}{2x-1}}$에서
$2x+3\geq0$, $2x-1<0$이므로 $x\geq-\dfrac{3}{2}$, $x<\dfrac{1}{2}$
따라서 $-\dfrac{3}{2}\leq x<\dfrac{1}{2}$

03

분모의 유리화를 이용한 무리식의 계산

1 ($\mathscr{Q}\sqrt{x}$, $\sqrt{x}$, $2\sqrt{x}$) 　　　2 $\dfrac{\sqrt{5}(x-2)}{x-2}$

3 $\dfrac{\sqrt{x}-3}{x-9}$ 　　　4 $\dfrac{x-2\sqrt{7x}+7}{x-7}$

5 $\sqrt{x+1}-\sqrt{x}$ 　　　6 $\sqrt{x+2}+1$

7 ($\mathscr{Q}\sqrt{x}+\sqrt{3}$, $x-3$) 　　　8 $-\dfrac{4}{x}$ 　　9 $\dfrac{4}{1-x}$

10 $-x\sqrt{x}$ 　　　11 x

12 ($\mathscr{Q}1-\sqrt{x}$, $1-x$, $1-\sqrt{3}$, $-1-\sqrt{3}$)

13 $\sqrt{5}-2$ 　　14 $\sqrt{2}+1$ 　　15 $2\sqrt{3}$ 　　16 ③

2 　$\dfrac{\sqrt{5}}{\sqrt{x-2}}=\dfrac{\sqrt{5}\times\sqrt{x-2}}{\sqrt{x-2}\times\sqrt{x-2}}=\dfrac{\sqrt{5}\times\sqrt{x-2}}{x-2}=\dfrac{\sqrt{5(x-2)}}{x-2}$

3 　$\dfrac{1}{\sqrt{x}+3}=\dfrac{\sqrt{x}-3}{(\sqrt{x}+3)(\sqrt{x}-3)}=\dfrac{\sqrt{x}-3}{x-9}$

4 　$\dfrac{\sqrt{x}-\sqrt{7}}{\sqrt{x}+\sqrt{7}}=\dfrac{(\sqrt{x}-\sqrt{7})^2}{(\sqrt{x}+\sqrt{7})(\sqrt{x}-\sqrt{7})}=\dfrac{x-2\sqrt{7x}+7}{x-7}$

5 　$\dfrac{1}{\sqrt{x+1}+\sqrt{x}}=\dfrac{\sqrt{x+1}-\sqrt{x}}{(\sqrt{x+1}+\sqrt{x})(\sqrt{x+1}-\sqrt{x})}=\sqrt{x+1}-\sqrt{x}$

6 　$\dfrac{x+1}{\sqrt{x+2}-1}=\dfrac{(x+1)(\sqrt{x+2}+1)}{(\sqrt{x+2}-1)(\sqrt{x+2}+1)}$

$=\dfrac{(x+1)(\sqrt{x+2}+1)}{x+1}=\sqrt{x+2}+1$

8 　$\dfrac{2}{\sqrt{x+1}+1}-\dfrac{2}{\sqrt{x+1}-1}=\dfrac{2(\sqrt{x+1}-1)-2(\sqrt{x+1}+1)}{(\sqrt{x+1}+1)(\sqrt{x+1}-1)}$

$=-\dfrac{4}{x}$

9 　$\dfrac{1}{2-\sqrt{x+3}}+\dfrac{1}{2+\sqrt{x+3}}=\dfrac{(2+\sqrt{x+3})+(2-\sqrt{x+3})}{(2-\sqrt{x+3})(2+\sqrt{x+3})}$

$=\dfrac{4}{4-(x+3)}=\dfrac{4}{1-x}$

10 　$\dfrac{x}{\sqrt{x+2}+\sqrt{x}}-\dfrac{x}{\sqrt{x+2}-\sqrt{x}}$

$=\dfrac{x(\sqrt{x+2}-\sqrt{x})-x(\sqrt{x+2}+\sqrt{x})}{(\sqrt{x+2}+\sqrt{x})(\sqrt{x+2}-\sqrt{x})}$

$=\dfrac{-2x\sqrt{x}}{2}=-x\sqrt{x}$

11 　$\dfrac{1}{\sqrt{x^2+1}-x}-\sqrt{x^2+1}$

$=\dfrac{\sqrt{x^2+1}+x}{(\sqrt{x^2+1}-x)(\sqrt{x^2+1}+x)}-\sqrt{x^2+1}$

$=(\sqrt{x^2+1}+x)-\sqrt{x^2+1}=x$

13 　$\dfrac{\sqrt{x-2}}{\sqrt{x+2}}=\dfrac{\sqrt{x-2}\sqrt{x+2}}{\sqrt{x+2}\sqrt{x+2}}=\dfrac{\sqrt{x^2-4}}{x+2}$

이 식에 $x=\sqrt{5}$를 대입하면

$\dfrac{\sqrt{(\sqrt{5})^2-4}}{\sqrt{5}+2}=\dfrac{1}{\sqrt{5}+2}=\dfrac{\sqrt{5}-2}{(\sqrt{5}+2)(\sqrt{5}-2)}=\sqrt{5}-2$

14 　$\dfrac{\sqrt{x+1}+\sqrt{x-1}}{\sqrt{x+1}-\sqrt{x-1}}=\dfrac{(\sqrt{x+1}+\sqrt{x-1})^2}{(\sqrt{x+1}-\sqrt{x-1})(\sqrt{x+1}+\sqrt{x-1})}$

$=\dfrac{x+1+2\sqrt{(x+1)(x-1)}+x-1}{(x+1)-(x-1)}$

$=\dfrac{2x+2\sqrt{x^2-1}}{2}=x+\sqrt{x^2-1}$

이 식에 $x=\sqrt{2}$를 대입하면

$\sqrt{2}+\sqrt{(\sqrt{2})^2-1}=\sqrt{2}+1$

15 　$\dfrac{\sqrt{x}-1}{\sqrt{x}+1}+\dfrac{\sqrt{x}+1}{\sqrt{x}-1}=\dfrac{(\sqrt{x}-1)^2+(\sqrt{x}+1)^2}{(\sqrt{x}+1)(\sqrt{x}-1)}$

$=\dfrac{(x-2\sqrt{x}+1)+(x+2\sqrt{x}+1)}{x-1}$

$=\dfrac{2(x+1)}{x-1}$

이 식에 $x=2+\sqrt{3}$을 대입하면

$\dfrac{2\{(2+\sqrt{3})+1\}}{(2+\sqrt{3})-1}=\dfrac{2(3+\sqrt{3})}{1+\sqrt{3}}=\dfrac{2\sqrt{3}(\sqrt{3}+1)}{1+\sqrt{3}}=2\sqrt{3}$

16 　$\dfrac{2x}{3+\sqrt{x+9}}+\dfrac{2x}{3-\sqrt{x+9}}=\dfrac{2x(3-\sqrt{x+9})+2x(3+\sqrt{x+9})}{(3+\sqrt{x+9})(3-\sqrt{x+9})}$

$=\dfrac{12x}{9-(x+9)}=-12$

따라서 $a=0$, $b=-12$이므로 $ab=0$

TEST 개념 확인

1 3	2 ③	3 ③	4 x
5 ③	6 ④	7 ②	8 ③
9 ②	10 ①	11 ④	12 4

1 　무리식은 $\sqrt{3x+8}$, $4\sqrt{x}-1$, $\dfrac{x+1}{\sqrt{x}}$이므로 그 개수는 3이다.

2 　$x-2>0$이어야 하므로 $x>2$

$4-x>0$이어야 하므로 $x<4$

즉 $2<x<4$

따라서 $\alpha=2$, $\beta=4$이므로 $\alpha+\beta=6$

3 　$3-x\ge0$이어야 하므로 $x\le3$

$x-1>0$이어야 하므로 $x>1$

즉 $1<x\le3$

따라서 정수 x의 개수는 2, 3의 2이다.

4 $\dfrac{1}{2}<x<1$에서 $x-1<0$, $2x-1>0$이므로

$$\sqrt{x^2-2x+1}+\sqrt{4x^2-4x+1}=\sqrt{(x-1)^2}+\sqrt{(2x-1)^2}$$
$$=|x-1|+|2x-1|$$
$$=-(x-1)+(2x-1)=x$$

5 $\sqrt{x-7}\sqrt{2-x}=-\sqrt{-x^2+9x-14}=-\sqrt{(x-7)(2-x)}$ 에서

$x-7\leq0$, $2-x\leq0$이므로

$x\leq7$, $x\geq2$

즉 $2\leq x\leq7$

따라서 실수 x의 최솟값은 2이다.

6 $\dfrac{\sqrt{x+1}}{\sqrt{x-1}}=-\sqrt{\dfrac{x+1}{x-1}}$ 이므로 $x+1\geq0$, $x-1<0$

즉 $-1\leq x<1$

따라서 $x+2>0$, $x-2<0$이므로

$$\sqrt{(x+2)^2}-\sqrt{(x-2)^2}=|x+2|-|x-2|$$
$$=x+2+(x-2)$$
$$=2x$$

7 주어진 무리식의 값이 실수가 되려면

$x+1\geq0$, $1-x\geq0$

$x\geq-1$, $x\leq1$

즉 $-1\leq x\leq1$

따라서 $x-2<0$이므로

$$\sqrt{x^2-4x+4}=\sqrt{(x-2)^2}=|x-2|$$
$$=-(x-2)=-x+2$$

8 ① $(\sqrt{x+y}+\sqrt{x})(\sqrt{x+y}-\sqrt{x})=(x+y)-x=y$

② $(\sqrt{x+2}-\sqrt{x-2})(\sqrt{x+2}+\sqrt{x-2})$
$=(x+2)-(x-2)=4$

③ $\dfrac{\sqrt{x}+\sqrt{y}}{\sqrt{x}-\sqrt{y}}=\dfrac{(\sqrt{x}+\sqrt{y})^2}{(\sqrt{x}-\sqrt{y})(\sqrt{x}+\sqrt{y})}=\dfrac{x+2\sqrt{xy}+y}{x-y}$

④ $\dfrac{4x}{\sqrt{x+2}-\sqrt{x}}=\dfrac{4x(\sqrt{x+2}+\sqrt{x})}{(\sqrt{x+2}-\sqrt{x})(\sqrt{x+2}+\sqrt{x})}$
$=\dfrac{4x(\sqrt{x+2}+\sqrt{x})}{2}$
$=2x(\sqrt{x+2}+\sqrt{x})$

⑤ $\dfrac{\sqrt{x+1}-\sqrt{x}}{\sqrt{x+1}+\sqrt{x}}=\dfrac{(\sqrt{x+1}-\sqrt{x})^2}{(\sqrt{x+1}+\sqrt{x})(\sqrt{x+1}-\sqrt{x})}$
$=(x+1)-2\sqrt{x+1}\sqrt{x}+x$
$=2x+1-2\sqrt{x(x+1)}$

따라서 옳지 않은 것은 ③이다.

9 $\dfrac{1}{\sqrt{x}+\sqrt{x-1}}+\dfrac{1}{\sqrt{x-1}+\sqrt{x-2}}+\dfrac{1}{\sqrt{x-2}+\sqrt{x-3}}$

$=\dfrac{\sqrt{x}-\sqrt{x-1}}{(\sqrt{x}+\sqrt{x-1})(\sqrt{x}-\sqrt{x-1})}$
$\quad+\dfrac{\sqrt{x-1}-\sqrt{x-2}}{(\sqrt{x-1}+\sqrt{x-2})(\sqrt{x-1}-\sqrt{x-2})}$
$\quad+\dfrac{\sqrt{x-2}-\sqrt{x-3}}{(\sqrt{x-2}+\sqrt{x-3})(\sqrt{x-2}-\sqrt{x-3})}$
$=(\sqrt{x}-\sqrt{x-1})+(\sqrt{x-1}-\sqrt{x-2})+(\sqrt{x-2}-\sqrt{x-3})$
$=\sqrt{x}-\sqrt{x-3}$

10 $\dfrac{1}{x+\sqrt{x^2+1}}+\dfrac{1}{x-\sqrt{x^2+1}}$

$=\dfrac{(x-\sqrt{x^2+1})+(x+\sqrt{x^2+1})}{(x+\sqrt{x^2+1})(x-\sqrt{x^2+1})}$
$=\dfrac{2x}{x^2-(\sqrt{x^2+1})^2}=\dfrac{2x}{x^2-(x^2+1)}$
$=\dfrac{2x}{-1}=-2x$

11 $\dfrac{\sqrt{x}+\sqrt{y}}{\sqrt{x}-\sqrt{y}}=\dfrac{(\sqrt{x}+\sqrt{y})^2}{(\sqrt{x}-\sqrt{y})(\sqrt{x}+\sqrt{y})}$

$\quad\quad\quad\quad=\dfrac{x+y+2\sqrt{xy}}{x-y}$ ······ ㉠

이때 $x=\dfrac{1}{\sqrt{2}-1}=\dfrac{\sqrt{2}+1}{(\sqrt{2}-1)(\sqrt{2}+1)}=\sqrt{2}+1$,

$y=\dfrac{1}{\sqrt{2}+1}=\dfrac{\sqrt{2}-1}{(\sqrt{2}+1)(\sqrt{2}-1)}=\sqrt{2}-1$이므로

$x+y=2\sqrt{2}$, $x-y=2$, $xy=1$ ······ ㉡

㉡을 ㉠에 대입하면

$\dfrac{\sqrt{x}+\sqrt{y}}{\sqrt{x}-\sqrt{y}}=\dfrac{x+y+2\sqrt{xy}}{x-y}=\dfrac{2\sqrt{2}+2\times1}{2}$
$\quad\quad\quad\quad=\sqrt{2}+1$

12 $f(x)=\dfrac{\sqrt{x}-\sqrt{x+1}}{(\sqrt{x}+\sqrt{x+1})(\sqrt{x}-\sqrt{x+1})}$

$\quad\quad=\dfrac{\sqrt{x}-\sqrt{x+1}}{x-(x+1)}$
$\quad\quad=\sqrt{x+1}-\sqrt{x}$

$f(1)+f(2)+f(3)+\cdots+f(24)$
$=(\sqrt{2}-\sqrt{1})+(\sqrt{3}-\sqrt{2})+(\sqrt{4}-\sqrt{3})+\cdots+(\sqrt{25}-\sqrt{24})$
$=-\sqrt{1}+\sqrt{25}$
$=4$

04 무리함수

본문 406쪽

1 ○	2 ×	3 ○	4 ×
5 ○	6 ○	7 ○	8 0, 0
9 0, -6	10 0, 7	11 $0, \dfrac{3}{2}$	12 $0, \dfrac{5}{4}$
13 0, 3	14 $\{x \mid x\geq7\}$	15 $\left\{x \mid x\geq\dfrac{5}{2}\right\}$	16 $\{x \mid x\geq-3\}$
17 $\{x \mid x\leq2\}$	18 $\{x \mid x\leq4\}$	19 $\left\{x \mid x\leq\dfrac{8}{5}\right\}$	

14 $x-7\geq0$이어야 하므로 정의역은 $\{x \mid x\geq7\}$

15 $2x-5\geq0$이어야 하므로 정의역은 $\left\{x \mid x\geq\dfrac{5}{2}\right\}$

16 $12+4x\geq0$이어야 하므로 정의역은 $\{x \mid x\geq-3\}$

17 $6-3x\geq0$이어야 하므로 정의역은 $\{x \mid x\leq2\}$

18 $-x+4\geq0$이어야 하므로 정의역은 $\{x|x\leq4\}$

19 $8-5x\geq0$이어야 하므로 정의역은 $\left\{x\Big|x\leq\dfrac{8}{5}\right\}$

05
본문 408쪽

무리함수 $y=\pm\sqrt{ax}\ (a\neq0)$의 그래프

1

2

3

(1) ($\mathscr{O}$ 0)

(2) ($\mathscr{O}$ 0)

4

(1) $\{x|x\geq0\}$

(2) $\{y|y\geq0\}$

5 $y=\sqrt{-3x}$

(1) $\{x|x\leq0\}$

(2) $\{y|y\geq0\}$

6 $y=-2\sqrt{x}$

(1) $\{x|x\geq0\}$

(2) $\{y|y\leq0\}$

7 ○   **8** ○   **9** ×   **10** ×

11 ○

1 (1) $y=-\sqrt{x}$의 그래프는 $y=\sqrt{x}$의 그래프를 x축에 대하여 대칭이동한 것이다.

(2) $y=\sqrt{-x}$의 그래프는 $y=\sqrt{x}$의 그래프를 y축에 대하여 대칭이동한 것이다.

(3) $y=-\sqrt{-x}$의 그래프는 $y=\sqrt{x}$의 그래프를 원점에 대하여 대칭이동한 것이다.

2 (1) $y=-\sqrt{2x}$의 그래프는 $y=\sqrt{2x}$의 그래프를 x축에 대하여 대칭이동한 것이다.

(2) $y=\sqrt{-2x}$의 그래프는 $y=\sqrt{2x}$의 그래프를 y축에 대하여 대칭이동한 것이다.

(3) $y=-\sqrt{-2x}$의 그래프는 $y=\sqrt{2x}$의 그래프를 원점에 대하여 대칭이동한 것이다.

9 $a>0$일 때의 그래프와 $a<0$일 때의 그래프는 서로 y축에 대하여 대칭이다.

10 $a>0$일 때의 치역은 $\{y|y\geq0\}$이다.

11 함수 $y=\sqrt{ax}$의 그래프를 원점에 대하여 대칭이동하면 x 대신 $-x$, y 대신 $-y$를 대입하면 되므로
$$-y=\sqrt{a\times(-x)}$$
따라서 $y=-\sqrt{-ax}$

06
본문 410쪽

무리함수 $y=\sqrt{a(x-p)}+q\ (a\neq0)$의 그래프

원리확인

❶ (1) $-2,\ 1$ (2) $-2,\ 1$ (3) $1,\ 2$

❷ (1) $3,\ 3,\ -2$ (2) $3,\ -2$ (3) 1

1 ($\mathscr{O}$ $3,\ 2,\ 2,\ 3,\ 3,\ 2$)   **2** $y=\sqrt{3(x-1)}-5$

3 $y=4\sqrt{x+3}-7$ **4** $y=-\sqrt{7(x-4)}-1$

5 $y=-5\sqrt{x+1}+4$ **6** $y=\sqrt{-6(x+4)}+3$

7 (1) $p=3,\ q=5$ (2) $p=-2,\ q=7$ (3) $p=-4,\ q=-2$

8 (1) $p=4,\ q=9$ (2) $p=-3,\ q=3$ (3) $p=-1,\ q=-7$

9 ($\mathscr{O}$ $1,\ -2\ /\ 1,\ -2$)   (1) ($\mathscr{O}$ 1)   (2) ($\mathscr{O}$ -2)

10

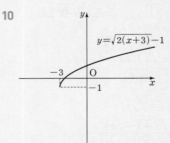

$y=\sqrt{2(x+3)}-1$

(1) $\{x|x\geq-3\}$

(2) $\{y|y\geq-1\}$

11

$y=-\sqrt{3(x+1)}+2$

(1) $\{x|x\geq-1\}$

(2) $\{y|y\leq2\}$

12

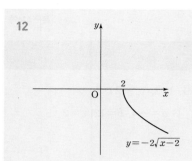

(1) $\{x \mid x \geq 2\}$

(2) $\{y \mid y \leq 0\}$

13

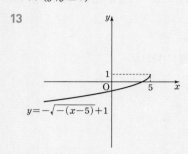

(1) $\{x \mid x \leq 5\}$

(2) $\{y \mid y \leq 1\}$

14

$y = 2\sqrt{3(x-1)} - 4$

(1) $\{x \mid x \geq 1\}$

(2) $\{y \mid y \geq -4\}$

15 (1) ◯ (2) ✕ (3) ✕ (4) ◯

16 (1) ✕ (2) ◯ (3) ◯ (4) ✕

17 (1) ◯ (2) ◯ (3) ◯ (4) ✕

18 ②

---

10 $y=\sqrt{2(x+3)}-1$의 그래프는 $y=\sqrt{2x}$의 그래프를 x축의 방향으로 -3만큼, y축의 방향으로 -1만큼 평행이동한 것이다.

11 $y=-\sqrt{3(x+1)}+2$의 그래프는 $y=-\sqrt{3x}$의 그래프를 x축의 방향으로 -1만큼, y축의 방향으로 2만큼 평행이동한 것이다.

12 $y=-2\sqrt{x-2}$의 그래프는 $y=-2\sqrt{x}$의 그래프를 x축의 방향으로 2만큼 평행이동한 것이다.

13 $y=-\sqrt{-(x-5)}+1$의 그래프는 $y=-\sqrt{-x}$의 그래프를 x축의 방향으로 5만큼, y축의 방향으로 1만큼 평행이동한 것이다.

14 $y=2\sqrt{3(x-1)}-4$의 그래프는 $y=2\sqrt{3x}$의 그래프를 x축의 방향으로 1만큼, y축의 방향으로 -4만큼 평행이동한 것이다.

---

15 $y=\sqrt{2(x-1)}+3$의 그래프는 $y=\sqrt{2x}$의 그래프를 x축의 방향으로 1만큼, y축의 방향으로 3만큼 평행이동한 것이므로 오른쪽 그림과 같다.

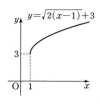

16 $y=\sqrt{-(x+5)}-1$의 그래프는 $y=\sqrt{-x}$의 그래프를 x축의 방향으로 -5만큼, y축의 방향으로 -1만큼 평행이동한 것이므로 오른쪽 그림과 같다.

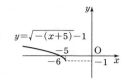

17 $y=-\sqrt{-4(x-3)}+2$의 그래프는 $y=-\sqrt{-4x}$의 그래프를 x축의 방향으로 3만큼, y축의 방향으로 2만큼 평행이동한 것이므로 오른쪽 그림과 같다.

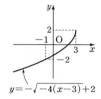

18 $y=\sqrt{-(x-2)}+4$의 그래프는 $y=\sqrt{-x}$의 그래프를 x축의 방향으로 2만큼, y축의 방향으로 4만큼 평행이동한 것이므로 오른쪽 그림과 같다.

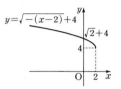

① 정의역은 $\{x \mid x \leq 2\}$이다.

② 치역은 $\{y \mid y \geq 4\}$이다.

③ $y=\sqrt{-(x-2)}+4$에 $x=-2$를 대입하면 $y=6$이므로 그래프는 점 $(-2, 6)$을 지난다.

④ 그래프는 제1사분면과 제2사분면을 지난다.

⑤ 그래프는 $y=\sqrt{-x}$의 그래프를 평행이동한 것이다.

따라서 옳지 않은 것은 ②이다.

07

본문 414쪽

무리함수 $y=\sqrt{ax+b}+c\ (a \neq 0)$의 그래프

1 $y=\sqrt{5(x+2)}-3$　　**2** $y=\sqrt{3(x-3)}+2$

3 $y=\sqrt{-(x-1)}+4$　　**4** $y=\sqrt{-2(x-1)}-7$

5 $y=-\sqrt{-4(x+1)}+1$　　**6** $y=-\sqrt{-3(x-2)}+5$

7 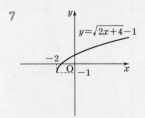　　**8**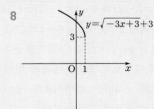

(1) $\{x \mid x \geq -2\}$　　(1) $\{x \mid x \leq 1\}$

(2) $\{y \mid y \geq -1\}$　　(2) $\{y \mid y \geq 3\}$

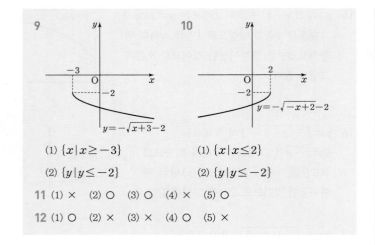

9
10

$y=-\sqrt{x+3}-2$

$y=-\sqrt{-x+2}-2$

(1) $\{x\,|\,x\geq-3\}$ (1) $\{x\,|\,x\leq2\}$

(2) $\{y\,|\,y\leq-2\}$ (2) $\{y\,|\,y\leq-2\}$

11 (1) × (2) ○ (3) ○ (4) × (5) ○

12 (1) ○ (2) × (3) × (4) ○ (5) ×

---

7 $y=\sqrt{2x+4}-1=\sqrt{2(x+2)}-1$

따라서 $y=\sqrt{2x+4}-1$의 그래프는 $y=\sqrt{2x}$의 그래프를 x축의 방향으로 -2만큼, y축의 방향으로 -1만큼 평행이동한 것이다.

8 $y=\sqrt{-3x+3}+3=\sqrt{-3(x-1)}+3$

따라서 $y=\sqrt{-3x+3}+3$의 그래프는 $y=\sqrt{-3x}$의 그래프를 x축의 방향으로 1만큼, y축의 방향으로 3만큼 평행이동한 것이다.

9 $y=-\sqrt{x+3}-2=-\sqrt{x-(-3)}-2$

따라서 $y=-\sqrt{x+3}-2$의 그래프는 $y=-\sqrt{x}$의 그래프를 x축의 방향으로 -3만큼, y축의 방향으로 -2만큼 평행이동한 것이다.

10 $y=-\sqrt{-x+2}-2=-\sqrt{-(x-2)}-2$

따라서 $y=-\sqrt{-x+2}-2$의 그래프는 $y=-\sqrt{-x}$의 그래프를 x축의 방향으로 2만큼, y축의 방향으로 -2만큼 평행이동한 것이다.

11 $y=\sqrt{2x+2}+2=\sqrt{2(x+1)}+2$

따라서 $y=\sqrt{2x+2}+2$의 그래프는 $y=\sqrt{2x}$의 그래프를 x축의 방향으로 -1만큼, y축의 방향으로 2만큼 평행이동한 것이므로 오른쪽 그림과 같다.

$y=\sqrt{2x+2}+2$

(1) 정의역은 $\{x\,|\,x\geq-1\}$이다.

(4) $y=\sqrt{2x+2}+2$에 $x=0$을 대입하면 $y=2+\sqrt{2}$

따라서 y축과의 교점의 y좌표는 $2+\sqrt{2}$이다.

12 $y=\sqrt{-2x+6}-4=\sqrt{-2(x-3)}-4$

따라서 $y=\sqrt{-2x+6}-4$의 그래프는 $y=\sqrt{-2x}$의 그래프를 x축의 방향으로 3만큼, y축의 방향으로 -4만큼 평행이동한 것이므로 오른쪽 그림과 같다.

$y=\sqrt{-2x+6}-4$

(2) 치역은 $\{y\,|\,y\geq-4\}$이다.

(4) $y=\sqrt{-2x+6}-4$에 $y=0$을 대입하면 $x=-5$

따라서 x축과의 교점의 x좌표는 -5이다.

08

무리함수의 미정계수

1 (✎ 1, -2, 1, 2, -1, -1, 1, 2, 1, -2)

2 $a=3$, $b=9$, $c=-1$ **3** $a=-4$, $b=12$, $c=2$

4 $a=4$, $b=4$, $c=3$

2 주어진 그래프는 함수 $y=\sqrt{ax}$ $(a>0)$의 그래프를 x축의 방향으로 -3만큼, y축의 방향으로 -1만큼 평행이동한 것이므로 함수의 식은

$y=\sqrt{a(x+3)}-1$ ······ ㉠

㉠의 그래프가 점 $(0, 2)$를 지나므로

$2=\sqrt{3a}-1$

$\sqrt{3a}=3$

$3a=9$

즉 $a=3$

$a=3$을 ㉠에 대입하면

$y=\sqrt{3(x+3)}-1=\sqrt{3x+9}-1$

따라서 $a=3$, $b=9$, $c=-1$

3 주어진 그래프는 함수 $y=-\sqrt{ax}$ $(a<0)$의 그래프를 x축의 방향으로 3만큼, y축의 방향으로 2만큼 평행이동한 것이므로 함수의 식은

$y=-\sqrt{a(x-3)}+2$ ······ ㉠

㉠의 그래프가 점 $(2, 0)$을 지나므로

$0=-\sqrt{-a}+2$

$\sqrt{-a}=2$

$-a=4$

즉 $a=-4$

$a=-4$를 ㉠에 대입하면

$y=-\sqrt{-4(x-3)}+2=-\sqrt{-4x+12}+2$

따라서 $a=-4$, $b=12$, $c=2$

4 주어진 그래프는 함수 $y=-\sqrt{ax}$ $(a>0)$의 그래프를 x축의 방향으로 -1만큼, y축의 방향으로 3만큼 평행이동한 것이므로 함수의 식은

$y=-\sqrt{a(x+1)}+3$ ······ ㉠

㉠의 그래프가 점 $(0, 1)$을 지나므로

$1=-\sqrt{a}+3$

$\sqrt{a}=2$

즉 $a=4$

$a=4$를 ㉠에 대입하면

$y=-\sqrt{4(x+1)}+3=-\sqrt{4x+4}+3$

따라서 $a=4$, $b=4$, $c=3$

1 ④	2 ④	3 ②	4 ③
5 ①	6 $y=-\sqrt{5x}$	7 ①	8 ②
9 ③	10 3	11 ③	12 ⑤
13 ⑤	14 $\{y|y\geq 1\}$	15 ②	16 ③
17 36	18 ②		

1 무리함수는 ㄱ, ㄴ, ㄷ이므로 그 개수는 3이다.

2 $3-2x\geq 0$에서 $x\leq \dfrac{3}{2}$

따라서 정의역은 $\left\{x\middle|x\leq \dfrac{3}{2}\right\}$이므로 가장 큰 정수는 1이다.

3 $1-ax\geq 0$에서 $ax\leq 1$이므로 $x\leq \dfrac{1}{a}$

이때 주어진 무리함수의 정의역이 $\left\{x\middle|x\leq \dfrac{1}{2}\right\}$이므로

$\dfrac{1}{a}=\dfrac{1}{2}$

따라서 $a=2$

4 ㄱ. $a<0$이면 정의역은 $\{x|x\leq 0\}$, 치역은 $\{y|y\leq 0\}$이므로 그 래프는 제3사분면을 지난다.

ㄴ. $a>0$이면 정의역은 $\{x|x\geq 0\}$이다.

ㄷ. $y=\sqrt{ax}$의 그래프와 x축에 대하여 대칭이다.

따라서 옳은 것은 ㄱ, ㄴ이다.

5 무리함수 $y=-\sqrt{-2x}$의

정의역은 $\{x|x\leq 0\}$, 치역은 $\{y|y\leq 0\}$

따라서 $a=0$, $b=0$이므로 $a+b=0$

6 원점에 대하여 대칭이동했으므로 x 대신 $-x$, y 대신 $-y$를 대 입하면

$-y=\sqrt{-5\times(-x)}$

따라서 $y=-\sqrt{5x}$

7 $x-1\geq 0$에서 $x\geq 1$이므로 함수 $y=\sqrt{3(x-1)}+a$의 정의역은 $\{x|x\geq 1\}$이고, 치역은 $\{y|y\geq a\}$이다.

따라서 $a=-2$, $b=1$이므로

$\dfrac{a}{b}=-2$

8 함수 $y=\sqrt{-3(x+1)}-2$의 그래프는 함수 $y=\sqrt{-3x}$의 그래프를 x축의 방향 으로 -1만큼, y축의 방향으로 -2만큼 평행이동한 것이므로 오른쪽 그림과 같 다.

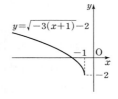

따라서 제2사분면, 제3사분면을 지난다.

9 $y=\sqrt{2(x+a)}+3$에 $x=2$, $y=5$를 대입하면

$5=\sqrt{2(2+a)}+3$, $\sqrt{2(2+a)}=2$

$2(2+a)=4$, $2+a=2$

따라서 $a=0$

10 함수 $y=\sqrt{ax}$의 그래프를 x축의 방향으로 b만큼, y축의 방향으 로 -2만큼 평행이동하면

$y=\sqrt{a(x-b)}-2$

이 식이 $y=2\sqrt{x-1}+c=\sqrt{4(x-1)}+c$와 일치해야 하므로

$a=4$, $b=1$, $c=-2$

따라서 $a+b+c=3$

11 ㄱ. 함수 $y=\sqrt{5x}$의 그래프를 y축의 방향으로 8만큼 평행이동하 면 함수 $y=\sqrt{5x}+8$의 그래프와 겹쳐진다.

ㄴ. $y=\sqrt{-5x+3}=\sqrt{-5\left(x-\dfrac{3}{5}\right)}$

함수 $y=\sqrt{5x}$의 그래프를 y축에 대하여 대칭이동한 후 x축 의 방향으로 $\dfrac{3}{5}$만큼 평행이동하면 함수 $y=\sqrt{-5\left(x-\dfrac{3}{5}\right)}$ 의 그래프와 겹쳐진다.

ㄷ. $y=\dfrac{1}{5}x^2$에서 $x^2=5y$

이때 $x\geq 0$이므로 $x=\sqrt{5y}$

즉 $y=\sqrt{5x}$의 그래프를 직선 $y=x$에 대하여 대칭이동하면 $x=\sqrt{5y}$, 즉 $y=\dfrac{1}{5}x^2\ (x\geq 0)$의 그래프와 겹쳐진다.

ㄹ. $y=-\sqrt{-3x+1}=-\sqrt{-3\left(x-\dfrac{1}{3}\right)}$

$y=\sqrt{3x}$의 그래프를 원점에 대하여 대칭이동한 후, x축의 방향으로 $\dfrac{1}{3}$만큼 평행이동하면 $y=-\sqrt{-3\left(x-\dfrac{1}{3}\right)}$의 그래 프와 겹쳐진다.

이때 $y=\sqrt{3x}$의 그래프와 $y=\sqrt{5x}$의 그래프는 겹쳐질 수 없 으므로 $y=\sqrt{5x}$의 그래프는 평행이동 또는 대칭이동하여 $y=-\sqrt{-3x+1}$의 그래프와 겹쳐질 수 없다.

따라서 $y=\sqrt{5x}$의 그래프와 겹쳐질 수 있는 것은 ㄱ, ㄴ, ㄷ이다.

12 $y=\sqrt{3-2x}+4=\sqrt{-2\left(x-\dfrac{3}{2}\right)}+4$의 그래프는 함수 $y=\sqrt{-2x}$의 그래프를 x 축의 방향으로 $\dfrac{3}{2}$만큼, y축의 방향으로 4만큼 평행이동한 것이므로 오른쪽 그림 과 같다.

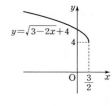

① 정의역은 $\left\{x\middle|x\leq \dfrac{3}{2}\right\}$이다.

② 치역은 $\{y|y\geq 4\}$이다.

③ $y=\sqrt{3-2x}+4$에 $x=-3$을 대입하면 $y=7$이므로 그래프는 점 $(-3, 7)$을 지난다.

④ 그래프는 제1사분면과 제2사분면을 지난다.

⑤ 그래프는 $y=\sqrt{-2x}$의 그래프를 평행이동한 것이므로 함수 $y=\sqrt{-x}$의 그래프와 겹쳐질 수 없다.

따라서 옳지 않은 것은 ⑤이다.

13 함수 $y=3\sqrt{-x}$의 그래프를 x축의 방향으로 m만큼, y축의 방향으로 n만큼 평행이동한 그래프의 식은

$y-n=3\sqrt{-(x-m)}$, 즉 $y=3\sqrt{-x+m}+n$ ...... ㉠

한편 $y=\sqrt{-9x+3}-1=3\sqrt{-x+\dfrac{1}{3}}-1$ ...... ㉡

㉠의 그래프가 ㉡의 그래프와 완전히 겹쳐지므로

$m=\dfrac{1}{3}$, $n=-1$

따라서 $3m-n=2$

14 조건 ㈎에서 점근선의 방정식은 $x=2$, $y=-5$이므로

$a=2$, $b=-5$

조건 ㈏에서 함수 $y=\sqrt{2x-5}+c$의 그래프가 점 $(7, 4)$를 지나므로

$4=\sqrt{2\times7-5}+c$, $4=3+c$, 즉 $c=1$

따라서 $f(x)=\sqrt{2x-5}+1$이므로 함수 $y=f(x)$의 치역은

$\{y\,|\,y\geq1\}$

15 $y=\sqrt{-2x+6}+a=\sqrt{-2(x-3)}+a$의 그래프는 함수 $y=\sqrt{-2x}$의 그래프를 x축의 방향으로 3만큼, y축의 방향으로 a만큼 평행이동한 것이다.

이때 함수 $y=\sqrt{-2x+6}-2x+a$의 그래프가 제1, 2, 4사분면을 지나려면 오른쪽 그림과 같이 $a<0$이고, $x=0$일 때 $y>0$이어야 하므로

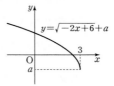

$a<0$, $\sqrt{6}+a>0$

즉 $-\sqrt{6}<a<0$

따라서 정수 a의 개수는 -2, -1의 2이다.

16 주어진 그래프의 함수의 식은

$y=a\sqrt{x+4}+3\,(a<0)$ ...... ㉠

㉠의 그래프가 점 $(0, -1)$을 지나므로 $x=0$, $y=-1$을 대입하면

$-1=a\sqrt{4}+3$, $2a+3=-1$, 즉 $a=-2$

$a=-2$를 ㉠에 대입하면

$y=-2\sqrt{x+4}+3$

따라서 $a=-2$, $b=4$, $c=3$이므로

$a+b+c=5$

17 주어진 그래프는 함수 $y=a\sqrt{-x}\,(a>0)$의 그래프를 x축의 방향으로 -2만큼, y축의 방향으로 -4만큼 평행이동한 것이므로 함수의 식은

$y=a\sqrt{-(x+2)}-4$ ...... ㉠

㉠의 그래프가 점 $(-3, 0)$을 지나므로

$0=a\sqrt{-(-3+2)}-4$, 즉 $a=4$

$a=4$를 ㉠에 대입하면

$y=4\sqrt{-(x+2)}-4=4\sqrt{-x-2}-4$

따라서 $a=4$, $b=-2$, $c=-4$이므로

$a^2+b^2+c^2=16+4+16=36$

18 주어진 그래프는 함수 $y=-\sqrt{ax}\,(a<0)$의 그래프를 x축의 방향으로 4만큼, y축의 방향으로 2만큼 평행이동한 것이므로 함수의 식은

$f(x)=-\sqrt{a(x-4)}+2\,(a<0)$

이때 함수 $y=f(x)$의 그래프가 점 $(0, -2)$를 지나므로

$-2=-\sqrt{a(0-4)}+2$, $\sqrt{-4a}=4$

$-4a=16$, 즉 $a=-4$

$a=-4$를 대입하면

$f(x)=-\sqrt{-4(x-4)}+2$

따라서 $f(-5)=-\sqrt{-4\times(-5-4)}+2$

$\qquad\qquad\quad=-6+2=-4$

---

09 본문 420쪽

무리함수의 최대, 최소

1 $\left(\dfrac{2}{3},\ -5,\ 2,\ -3,\ 2,\ -3\right)$

2 최댓값: -3, 최솟값: -5 **3** 최댓값: 8, 최솟값: 4

4 최댓값: 5, 최솟값: 3 **5** 최댓값: 8, 최솟값: 7

6 최댓값: 3, 최솟값: 1 **7** 최댓값: 5, 최솟값: 1

8 최댓값: 6, 최솟값: 3 **9** 최댓값: 4, 최솟값: 3

10 최댓값: $-3\sqrt{17}+1$, 최솟값: -14 **11** ②

2 주어진 함수의 그래프는 함수 $y=\sqrt{x}$의 그래프를 x축의 방향으로 -4만큼, y축의 방향으로 -7만큼 평행이동한 것이다.

$0\leq x\leq12$에서 함수 $y=\sqrt{x+4}-7$의 그래프는 오른쪽 그림과 같으므로

$x=12$일 때 최댓값 -3,

$x=0$일 때 최솟값 -5

를 갖는다.

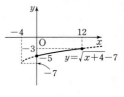

3 $y=\sqrt{4x+1}+3=\sqrt{4\left(x+\dfrac{1}{4}\right)}+3$

이므로 주어진 함수의 그래프는 함수 $y=\sqrt{4x}$의 그래프를 x축의 방향으로 $-\dfrac{1}{4}$만큼, y축의 방향으로 3만큼 평행이동한 것이다.

$0\leq x\leq6$에서 함수 $y=\sqrt{4x+1}+3$의 그래프는 오른쪽 그림과 같으므로

$x=6$일 때 최댓값 8,

$x=0$일 때 최솟값 4

를 갖는다.

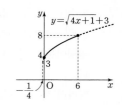

4 $y=\sqrt{-2x+6}+1=\sqrt{-2(x-3)}+1$

이므로 주어진 함수의 그래프는 함수 $y=\sqrt{-2x}$의 그래프를 x축
의 방향으로 3만큼, y축의 방향으로 1만큼 평행이동한 것이다.

$-5\le x\le1$에서 함수

$y=\sqrt{-2x+6}+1$의 그래프는 오른쪽

그림과 같으므로

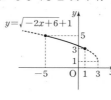

$x=-5$일 때 최댓값 5,

$x=1$일 때 최솟값 3

을 갖는다.

5 주어진 함수의 그래프는 함수 $y=-\sqrt{x}$의 그래프를 x축의 방향
으로 3만큼, y축의 방향으로 9만큼 평행이동한 것이다.

$4\le x\le7$에서 함수 $y=-\sqrt{x-3}+9$의

그래프는 오른쪽 그림과 같으므로

$x=4$일 때 최댓값 8,

$x=7$일 때 최솟값 7

을 갖는다.

6 $y=-\sqrt{2x+3}+4=-\sqrt{2\left(x+\dfrac{3}{2}\right)}+4$

이므로 주어진 함수의 그래프는 함수 $y=-\sqrt{2x}$의 그래프를 x
축의 방향으로 $-\dfrac{3}{2}$만큼, y축의 방향으로 4만큼 평행이동한 것
이다.

$-1\le x\le3$에서 함수

$y=-\sqrt{2x+3}+4$의 그래프는 오른

쪽 그림과 같으므로

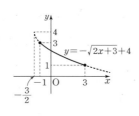

$x=-1$일 때 최댓값 3,

$x=3$일 때 최솟값 1

을 갖는다.

7 $y=\sqrt{1-3x}=\sqrt{-3\left(x-\dfrac{1}{3}\right)}$

이므로 주어진 함수의 그래프는 함수 $y=\sqrt{-3x}$의 그래프를 x
축의 방향으로 $\dfrac{1}{3}$만큼 평행이동한 것이다.

$-8\le x\le0$에서 함수 $y=\sqrt{1-3x}$의 그

래프는 오른쪽 그림과 같으므로

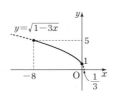

$x=-8$일 때 최댓값 5,

$x=0$일 때 최솟값 1

을 갖는다.

8 $y=2+\sqrt{3x+4}=\sqrt{3\left(x+\dfrac{4}{3}\right)}+2$

이므로 주어진 함수의 그래프는 함수 $y=\sqrt{3x}$의 그래프를 x축의
방향으로 $-\dfrac{4}{3}$만큼, y축의 방향으로 2만큼 평행이동한 것이다.

$-1\le x\le4$에서 함수 $y=2+\sqrt{3x+4}$의

그래프는 오른쪽 그림과 같으므로

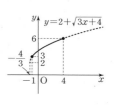

$x=4$일 때 최댓값 6,

$x=-1$일 때 최솟값 3

을 갖는다.

9 $y=5-\sqrt{2-x}=-\sqrt{-(x-2)}+5$

이므로 주어진 함수의 그래프는 함수 $y=-\sqrt{-x}$의 그래프를 x
축의 방향으로 2만큼, y축의 방향으로 5만큼 평행이동한 것이다.

$-2\le x\le1$에서 함수 $y=5-\sqrt{2-x}$의

그래프는 오른쪽 그림과 같으므로

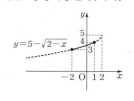

$x=1$일 때 최댓값 4,

$x=-2$일 때 최솟값 3

을 갖는다.

10 $y=-3\sqrt{-2x+9}+1=-3\sqrt{-2\left(x-\dfrac{9}{2}\right)}+1$

이므로 주어진 함수의 그래프는 함수 $y=-3\sqrt{-2x}$의 그래프를

x축의 방향으로 $\dfrac{9}{2}$만큼, y축의 방향으로 1만큼 평행이동한 것
이다.

$-8\le x\le-4$에서 함수

$y=-3\sqrt{-2x+9}+1$의 그래프는 오른

쪽 그림과 같으므로

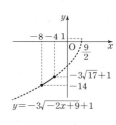

$x=-4$일 때 최댓값 $-3\sqrt{17}+1$,

$x=-8$일 때 최솟값 -14

를 갖는다.

11 $y=\sqrt{-2x+2}-1=\sqrt{-2(x-1)}-1$

이므로 주어진 함수의 그래프는 함수 $y=\sqrt{-2x}$의 그래프를 x
축의 방향으로 1만큼, y축의 방향으로 -1만큼 평행이동한 것
이다.

$-7\le x\le-1$에서 함수

$y=\sqrt{-2x+2}-1$의 그래프는 오른쪽 그

림과 같다.

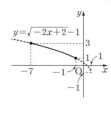

즉 $x=-7$일 때 최댓값 3, $x=-1$일 때

최솟값 1을 가지므로

$M=3$, $m=1$

따라서 $M-m=2$

10

본문 422쪽

무리함수의 그래프와 직선의 위치 관계

1 $\left(\mathscr{\emptyset} -1,\ 1,\ 2k-1,\ k^2-1,\ 2k-1,\ k^2-1,\ 5,\ \dfrac{5}{4} \right)$

  (1) $\left(\mathscr{\emptyset} 1,\ \dfrac{5}{4} \right)$ (2) $\left(\mathscr{\emptyset} 1,\ \dfrac{5}{4} \right)$ (3) $\left(\mathscr{\emptyset} \dfrac{5}{4} \right)$

2 (1) $-1 \le k < -\dfrac{3}{4}$ (2) $k < -1$ 또는 $k = -\dfrac{3}{4}$ (3) $k > -\dfrac{3}{4}$

3 (1) $\dfrac{3}{2} \le k < 2$ (2) $k < \dfrac{3}{2}$ 또는 $k = 2$ (3) $k > 2$

4 (1) $5 \le k < \dfrac{21}{4}$ (2) $k < 5$ 또는 $k = \dfrac{21}{4}$ (3) $k > \dfrac{21}{4}$

5 (1) $-\dfrac{1}{12} < k \le \dfrac{2}{3}$ (2) $k > \dfrac{2}{3}$ 또는 $k = -\dfrac{1}{12}$

  (3) $k < -\dfrac{1}{12}$

6 (1) $\dfrac{3}{2} \le k < 2$ (2) $k < \dfrac{3}{2}$ 또는 $k = 2$ (3) $k > 2$

7 ⑤

2   함수 $y = \sqrt{x-1}$의 그래프는 함수 $y = \sqrt{x}$의 그래프를 x축의 방향으로 1만큼 평행이동한 것이고, 직선 $y = x + k$는 기울기가 1이고 y절편이 k인 직선이다.

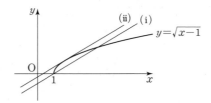

  (i) 직선 $y = x + k$가 점 $(1,\ 0)$을 지날 때,

     $0 = 1 + k$, 즉 $k = -1$

  (ii) 함수 $y = \sqrt{x-1}$의 그래프와 직선 $y = x + k$가 접할 때,

     $\sqrt{x-1} = x + k$에서 양변을 제곱하면

     $x - 1 = x^2 + 2kx + k^2$이므로

     $x^2 + (2k-1)x + k^2 + 1 = 0$

     이 이차방정식의 판별식을 D라 하면

     $D = (2k-1)^2 - 4(k^2+1) = 0$

     $-4k - 3 = 0$, 즉 $k = -\dfrac{3}{4}$

  (i), (ii)에서 무리함수 $y = \sqrt{x-1}$의 그래프와 직선 $y = x + k$가

  (1) 서로 다른 두 점에서 만난다. $\rightarrow$ $-1 \le k < -\dfrac{3}{4}$

  (2) 한 점에서 만난다. $\rightarrow$ $k < -1$ 또는 $k = -\dfrac{3}{4}$

  (3) 만나지 않는다. $\rightarrow$ $k > -\dfrac{3}{4}$

3   $y = \sqrt{2x+3} = \sqrt{2 \left(x + \dfrac{3}{2} \right)}$의 그래프는 $y = \sqrt{2x}$의 그래프를 x축의 방향으로 $-\dfrac{3}{2}$만큼 평행이동한 것이고, 직선 $y = x + k$는 기울기가 1이고 y절편이 k인 직선이다.

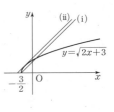

  (i) 직선 $y = x + k$가 점 $\left(-\dfrac{3}{2},\ 0 \right)$을 지날 때,

     $0 = -\dfrac{3}{2} + k$, 즉 $k = \dfrac{3}{2}$

  (ii) 함수 $y = \sqrt{2x+3}$의 그래프와 직선 $y = x + k$가 접할 때,

     $\sqrt{2x+3} = x + k$에서 양변을 제곱하면

     $2x + 3 = x^2 + 2kx + k^2$

     $x^2 + 2(k-1)x + k^2 - 3 = 0$

     이 이차방정식의 판별식을 D라 하면

     $\dfrac{D}{4} = (k-1)^2 - (k^2-3) = 0$

     $-2k + 4 = 0$, 즉 $k = 2$

  (i), (ii)에서 무리함수 $y = \sqrt{2x+3}$의 그래프와 직선 $y = x + k$가

  (1) 서로 다른 두 점에서 만난다. $\rightarrow$ $\dfrac{3}{2} \le k < 2$

  (2) 한 점에서 만난다. $\rightarrow$ $k < \dfrac{3}{2}$ 또는 $k = 2$

  (3) 만나지 않는다. $\rightarrow$ $k > 2$

4   $y = \sqrt{5-x} = \sqrt{-(x-5)}$의 그래프는 $y = \sqrt{-x}$의 그래프를 x축의 방향으로 5만큼 평행이동한 것이고, 직선 $y = -x + k$는 기울기가 -1이고 y절편이 k인 직선이다.

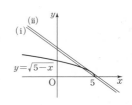

  (i) 직선 $y = -x + k$가 점 $(5,\ 0)$을 지날 때,

     $0 = -5 + k$, 즉 $k = 5$

  (ii) 함수 $y = \sqrt{5-x}$의 그래프와 직선 $y = -x + k$가 접할 때,

     $\sqrt{5-x} = -x + k$에서 양변을 제곱하면

     $5 - x = x^2 - 2kx + k^2$

     $x^2 - (2k-1)x + k^2 - 5 = 0$

     이 이차방정식의 판별식을 D라 하면

     $D = (2k-1)^2 - 4(k^2-5) = 0$

     $-4k + 21 = 0$, 즉 $k = \dfrac{21}{4}$

  (i), (ii)에서 무리함수 $y = \sqrt{5-x}$의 그래프와 직선 $y = -x + k$가

  (1) 서로 다른 두 점에서 만난다. $\rightarrow$ $5 \le k < \dfrac{21}{4}$

  (2) 한 점에서 만난다. $\rightarrow$ $k < 5$ 또는 $k = \dfrac{21}{4}$

  (3) 만나지 않는다. $\rightarrow$ $k > \dfrac{21}{4}$

5 $y=-\sqrt{3x-2}=-\sqrt{3\left(x-\frac{2}{3}\right)}$의 그래

프는 함수 $y=-\sqrt{3x}$의 그래프를 x축의

방향으로 $\frac{2}{3}$만큼 평행이동한 것이고,

직선 $y=-x+k$는 기울기가 -1이고

y절편이 k인 직선이다.

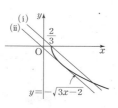

(i) 직선 $y=-x+k$가 점 $\left(\frac{2}{3},\ 0\right)$을 지날 때,

$0=-\frac{2}{3}+k$, 즉 $k=\frac{2}{3}$

(ii) 함수 $y=-\sqrt{3x-2}$의 그래프와 직선 $y=-x+k$가 접할 때,

$-\sqrt{3x-2}=-x+k$에서 양변을 제곱하면

$3x-2=x^2-2kx+k^2$

$x^2-(2k+3)x+k^2+2=0$

이 이차방정식의 판별식을 D라 하면

$D=\{-(2k+3)\}^2-4(k^2+2)=0$

$12k+1=0$, 즉 $k=-\frac{1}{12}$

(i), (ii)에서 무리함수 $y=-\sqrt{3x-2}$의 그래프와

직선 $y=-x+k$가

(1) 서로 다른 두 점에서 만난다. → $-\frac{1}{12}<k\le\frac{2}{3}$

(2) 한 점에서 만난다. → $k>\frac{2}{3}$ 또는 $k=-\frac{1}{12}$

(3) 만나지 않는다. → $k<-\frac{1}{12}$

6 $y=\sqrt{1-x}+1=\sqrt{-(x-1)}+1$의 그래

프는 $y=\sqrt{-x}$의 그래프를 x축의 방향

으로 1만큼, y축의 방향으로 1만큼 평

행이동한 것이고, 직선 $y=-\frac{1}{2}x+k$

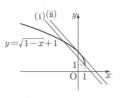

는 기울기가 $-\frac{1}{2}$이고 y절편이 k인 직선이다.

(i) 직선 $y=-\frac{1}{2}x+k$가 점 $(1,\ 1)$을 지날 때,

$1=-\frac{1}{2}+k$, 즉 $k=\frac{3}{2}$

(ii) 함수 $y=\sqrt{1-x}+1$의 그래프와 직선 $y=-\frac{1}{2}x+k$가 접할 때,

$\sqrt{1-x}+1=-\frac{1}{2}x+k$에서

$\sqrt{1-x}=-\frac{1}{2}x+k-1$

양변을 제곱하면

$1-x=\frac{1}{4}x^2-(k-1)x+(k-1)^2$

$\frac{1}{4}x^2-(k-2)x+k^2-2k=0$

$x^2-4(k-2)x+4k^2-8k=0$

이 이차방정식의 판별식을 D라 하면

$\frac{D}{4}=\{2(k-2)\}^2-(4k^2-8k)=0$

$8k=16$, 즉 $k=2$

(i), (ii)에서 무리함수 $y=\sqrt{1-x}+1$의 그래프와

직선 $y=-\frac{1}{2}x+k$가

(1) 서로 다른 두 점에서 만난다. → $\frac{3}{2}\le k<2$

(2) 한 점에서 만난다. → $k<\frac{3}{2}$ 또는 $k=2$

(3) 만나지 않는다. → $k>2$

7 $y=\sqrt{-2x+4}=\sqrt{-2(x-2)}$의 그래프는

$y=\sqrt{-2x}$의 그래프를 x축의 방향으로

2만큼 평행이동한 것이고, 직선

$y=-x+k$는 기울기가 -1, y절편이

k인 직선이다.

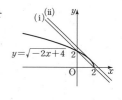

(i) 직선 $y=-x+k$가 점 $(2,\ 0)$을 지날 때,

$0=-2+k$, 즉 $k=2$

(ii) 함수 $y=\sqrt{-2x+4}$의 그래프와 직선 $y=-x+k$가 접할 때,

$\sqrt{-2x+4}=-x+k$에서 양변을 제곱하면

$-2x+4=x^2-2kx+k^2$

$x^2-2(k-1)x+k^2-4=0$

이 이차방정식의 판별식을 D라 하면

$\frac{D}{4}=(k-1)^2-(k^2-4)=0$

$-2k+5=0$, 즉 $k=\frac{5}{2}$

(i), (ii)에서 함수 $y=\sqrt{-2x+4}$의 그래프와 직선 $y=-x+k$가

서로 다른 두 점에서 만나려면

$2\le k<\frac{5}{2}$

따라서 $\alpha=2$, $\beta=\frac{5}{2}$이므로 $\alpha\beta=5$

11
본문 424쪽

무리함수의 역함수

1 ($\diagup$ $1,\ 1,\ y-1,\ y-1,\ y^2-2y+1,\ x^2-2x+1,\ x^2-2x+1,\ 1$)

2 $y=(x-1)^2+1\ (x\ge 1)$

3 $y=-x^2+3\ (x\ge 0)$　　　**4** $y=\frac{1}{2}x^2-2\ (x\ge 0)$

5 $y=(x+5)^2-1\ (x\le -5)$　**6** $y=-(x-1)^2+2\ (x\le 1)$

7 ($\diagup$ $1,\ 2,\ 2,\ 4,\ 1$)　　**8** -5　　　**9** $a=-3,\ b=7$

10 $a=3,\ b=4$　　　　　　**11** ①

12 ($\diagup$ $x,\ x,\ x-1,\ 1$)　**13** $(2,\ 2)$　　**14** $(-3,\ -3)$

15 $(1,\ 1),\ (2,\ 2)$　　　　**16** $(2,\ 2),\ (4,\ 4)$

2 함수 $y=\sqrt{x-1}+1$의 치역이 $\{y\,|\,y\geq 1\}$이므로 역함수의 정의역은 $\{x\,|\,x\geq 1\}$이다.

$y=\sqrt{x-1}+1$에서 $y-1=\sqrt{x-1}$의 양변을 제곱하면

$(y-1)^2=x-1$

$x=(y-1)^2+1$

x와 y를 서로 바꾸면 $y=(x-1)^2+1$

따라서 구하는 역함수는

$y=(x-1)^2+1\ (x\geq 1)$

3 함수 $y=\sqrt{3-x}$의 치역이 $\{y\,|\,y\geq 0\}$이므로 역함수의 정의역은 $\{x\,|\,x\geq 0\}$이다.

$y=\sqrt{3-x}$의 양변을 제곱하면

$y^2=3-x$

$x=-y^2+3$

x와 y를 서로 바꾸면 $y=-x^2+3$

따라서 구하는 역함수는

$y=-x^2+3\ (x\geq 0)$

4 함수 $y=\sqrt{4+2x}$의 치역이 $\{y\,|\,y\geq 0\}$이므로 역함수의 정의역은 $\{x\,|\,x\geq 0\}$이다.

$y=\sqrt{4+2x}$의 양변을 제곱하면

$y^2=4+2x,\ 2x=y^2-4$

$x=\dfrac{1}{2}y^2-2$

x와 y를 서로 바꾸면 $y=\dfrac{1}{2}x^2-2$

따라서 구하는 역함수는

$y=\dfrac{1}{2}x^2-2\ (x\geq 0)$

5 함수 $y=-\sqrt{x+1}-5$의 치역이 $\{y\,|\,y\leq -5\}$이므로 역함수의 정의역은 $\{x\,|\,x\leq -5\}$이다.

$y=-\sqrt{x+1}-5$에서 $\sqrt{x+1}=-y-5$의 양변을 제곱하면

$x+1=(y+5)^2$

$x=(y+5)^2-1$

x와 y를 서로 바꾸면 $y=(x+5)^2-1$

따라서 구하는 역함수는

$y=(x+5)^2-1\ (x\leq -5)$

6 함수 $y=-\sqrt{2-x}+1$의 치역이 $\{y\,|\,y\leq 1\}$이므로 역함수의 정의역은 $\{x\,|\,x\leq 1\}$이다.

$y=-\sqrt{2-x}+1$에서 $\sqrt{2-x}=-y+1$의 양변을 제곱하면

$2-x=(y-1)^2$

$x=-(y-1)^2+2$

x와 y를 서로 바꾸면 $y=-(x-1)^2+2$

따라서 구하는 역함수는

$y=-(x-1)^2+2\ (x\leq 1)$

8 역함수의 그래프가 점 $(3,\,7)$을 지나므로 $y=\sqrt{2x+a}$의 그래프는 점 $(7,\,3)$을 지난다.

즉 $3=\sqrt{2\times 7+a}$에서

$3=\sqrt{14+a}$

양변을 제곱하면 $9=14+a$

따라서 $a=-5$

9 역함수의 그래프가 두 점 $(1,\,2),\ (2,\,1)$을 지나므로 $y=\sqrt{ax+b}$의 그래프는 두 점 $(2,\,1),\ (1,\,2)$를 지난다.

즉 $2=\sqrt{a+b},\ 1=\sqrt{2a+b}$의 양변을 각각 제곱하면

$a+b=4,\ 2a+b=1$

위의 두 식을 연립하여 풀면

$a=-3,\ b=7$

10 함수 $y=\sqrt{ax+b}$의 역함수의 그래프가 두 점 $(2,\,0),\ (5,\,7)$을 지나므로 함수 $y=\sqrt{ax+b}$의 그래프는 두 점 $(0,\,2),\ (7,\,5)$를 지난다.

즉 $2=\sqrt{b},\ 5=\sqrt{7a+b}$의 양변을 각각 제곱하면

$4=b,\ 25=7a+b$

위의 두 식을 연립하여 풀면

$a=3,\ b=4$

11 함수 $y=\sqrt{3x+1}-2$의 치역은 $\{y\,|\,y\geq -2\}$이므로 역함수의 정의역은 $\{x\,|\,x\geq -2\}$이다.

$y=\sqrt{3x+1}-2$에서 $y+2=\sqrt{3x+1}$의 양변을 제곱하면

$(y+2)^2=3x+1$

$3x=(y+2)^2-1$

$x=\dfrac{1}{3}(y+2)^2-\dfrac{1}{3}=\dfrac{1}{3}y^2+\dfrac{4}{3}y+1$

x와 y를 서로 바꾸면 역함수는

$y=\dfrac{1}{3}x^2+\dfrac{4}{3}x+1\ (x\geq -2)$

따라서 $a=\dfrac{4}{3},\ b=1,\ c=-2$이므로 $a+b+c=\dfrac{1}{3}$

13 함수 $y=\sqrt{x+2}$의 그래프와 직선 $y=x$의 교점은 함수 $y=\sqrt{x+2}$의 그래프와 그 역함수의 그래프의 교점과 같으므로

$\sqrt{x+2}=x$

양변을 제곱하면 $x+2=x^2$

$x^2-x-2=0,\ (x+1)(x-2)=0$

즉 $x=-1$ 또는 $x=2$

이때 점 $(-1,\,-1)$은 함수 $y=\sqrt{x+2}$의 그래프 위의 점이 아니다.

따라서 구하는 교점의 좌표는 $(2,\,2)$이다.

14 함수 $y=-\sqrt{-6x-9}$의 그래프와 직선 $y=x$의 교점은 함수 $y=-\sqrt{-6x-9}$의 그래프와 그 역함수의 그래프의 교점과 같으므로

$-\sqrt{-6x-9}=x$

양변을 제곱하면 $-6x-9=x^2$

$x^2+6x+9=0$, $(x+3)^2=0$

즉 $x=-3$

따라서 교점의 좌표는 $(-3, -3)$이다.

15 함수 $y=\sqrt{x-1}+1$의 그래프와 직선 $y=x$의 교점은

함수 $y=\sqrt{x-1}+1$의 그래프와 그 역함수의 그래프의 교점과 같으므로

$\sqrt{x-1}+1=x$에서 $\sqrt{x-1}=x-1$

양변을 제곱하면 $x-1=x^2-2x+1$

$x^2-3x+2=0$, $(x-1)(x-2)=0$

즉 $x=1$ 또는 $x=2$

따라서 교점의 좌표는 $(1, 1)$, $(2, 2)$이다.

16 함수 $y=\sqrt{2x-4}+2$의 그래프와 직선 $y=x$의 교점은

함수 $y=\sqrt{2x-4}+2$의 그래프와 그 역함수의 그래프의 교점과 같으므로

$\sqrt{2x-4}+2=x$에서 $\sqrt{2x-4}=x-2$

양변을 제곱하면 $2x-4=x^2-4x+4$

$x^2-6x+8=0$, $(x-2)(x-4)=0$

즉 $x=2$ 또는 $x=4$

따라서 교점의 좌표는 $(2, 2)$, $(4, 4)$이다.

12

본문 426쪽

무리함수의 합성

1 ($\mathscr{\ell}$ 1, 2, 2, 2, 5, 5)	2 10	3 0
4 -2	5 $2+\sqrt{5}$	6 9
7 ($\mathscr{\ell}$ 9, 9, 4, 16, 17, 17)	8 3	9 5
10 4	11 ($\mathscr{\ell}$ 3, 3, 2, 2, 2, 2, 4, 6, 2, 2)	
12 -1	13 -15	14 5

2 $f(4)=\sqrt{2\times4+1}+5=8$이므로

$(g\circ f)(4)=g(f(4))=g(8)$

$\qquad\qquad\quad=8+2=10$

3 $g\left(\dfrac{1}{6}\right)=-6\times\dfrac{1}{6}+1=0$이므로

$(f\circ g)\left(\dfrac{1}{6}\right)=f\left(g\left(\dfrac{1}{6}\right)\right)$

$\qquad\qquad\quad=f(0)=-\sqrt{4}+2=0$

4 $g(-1)=2\times(-1)+3=1$이므로

$(f\circ g)(-1)=f(g(-1))$

$\qquad\qquad\quad=f(1)$

$\qquad\qquad\quad=-\sqrt{3-2}-1$

$\qquad\qquad\quad=-2$

5 $f(5)=\sqrt{9-5}+2=4$이므로

$(f\circ f)(5)=f(f(5))=f(4)$

$\qquad\qquad\quad=\sqrt{9-4}+2$

$\qquad\qquad\quad=2+\sqrt{5}$

6 $f(3)=\sqrt{3+1}+6=8$이므로

$(f\circ f)(3)=f(f(3))=f(8)$

$\qquad\qquad\quad=\sqrt{8+1}+6$

$\qquad\qquad\quad=9$

8 $(f^{-1}\circ f\circ f^{-1})(0)=(I\circ f^{-1})(0)=f^{-1}(0)$

$\hfill$ (단, I는 항등함수)

$f^{-1}(0)=a$라 하면 $f(a)=0$이므로

$\sqrt{a-2}-1=0$, $\sqrt{a-2}=1$

양변을 제곱하면 $a-2=1$

따라서 $a=3$

9 $(f\circ f\circ f^{-1})(1)=(f\circ I)(1)$ (단, I는 항등함수)

$\qquad\qquad\qquad\quad=f(1)$

$\qquad\qquad\qquad\quad=\sqrt{-1+5}+3=5$

10 $(f^{-1}\circ f^{-1}\circ f)(-3)=(f^{-1}\circ I)(-3)=f^{-1}(-3)$

$\hfill$ (단, I는 항등함수)

$f^{-1}(-3)=a$라 하면 $f(a)=-3$이므로

$-\sqrt{7a-3}+2=-3$, $\sqrt{7a-3}=5$

양변을 제곱하면 $7a-3=25$

따라서 $a=4$

12 $(f\circ g^{-1})(5)=f(g^{-1}(5))$

$g^{-1}(5)=a$라 하면 $g(a)=5$이므로

$2\sqrt{a+1}+3=5$, $2\sqrt{a+1}=2$

$\sqrt{a+1}=1$

양변을 제곱하면 $a+1=1$, 즉 $a=0$

따라서 $(f\circ g^{-1})(5)=f(g^{-1}(5))=f(0)=\dfrac{0-1}{0+1}=-1$

13 $(f^{-1}\circ g)^{-1}(2)=(g^{-1}\circ f)(2)=g^{-1}(f(2))$

$f(2)=\dfrac{4-1}{2+1}=1$이므로

$g^{-1}(f(2))=g^{-1}(1)$

$g^{-1}(1)=a$라 하면 $g(a)=1$이므로

$\sqrt{-a+1}-3=1$, $\sqrt{-a+1}=4$

양변을 제곱하면 $-a+1=16$

따라서 $a=-15$

14 $(g\circ f^{-1})^{-1}(7)=(f\circ g^{-1})(7)=f(g^{-1}(7))$

$g^{-1}(7)=a$라 하면 $g(a)=7$이므로

$\sqrt{-5a-4}+1=7$, $\sqrt{-5a-4}=6$

양변을 제곱하면 $-5a-4=36$

$5a=-40$, 즉 $a=-8$

따라서 $(g\circ f^{-1})^{-1}(7)=f(g^{-1}(7))=f(-8)=\dfrac{-24-1}{-8+3}=5$

1 -4	2 ④	3 ②	4 ①
5 ⑤	6 2	7 ③	8 ④
9 $5\sqrt{2}$	10 6	11 ③	12 ③

1 $y=\sqrt{-2x+a}+b$의 그래프는
$y=\sqrt{-2x}$의 그래프를 평행이동한 것이
고 정의역이 $\{x|x\le -2\}$, 최솟값이 1이
므로 오른쪽 그림과 같다.
함수의 식은 $y=\sqrt{-2(x+2)}+1$
즉 $y=\sqrt{-2x-4}+1$
이 식이 $y=\sqrt{-2x+a}+b$와 같으므로 $a=-4$, $b=1$
따라서 $ab=-4$

2 $y=\sqrt{4(x+2)}+1$의 그래프는 $y=\sqrt{4x}$의 그래프를 x축의 방향
으로 -2만큼, y축의 방향으로 1만큼 평행이동한 것이다.
$-2\le x\le 7$에서 $y=\sqrt{4(x+2)}+1$의
그래프는 오른쪽 그림과 같으므로
$x=7$일 때 최댓값 7,
$x=-2$일 때 최솟값 1
을 갖는다.
따라서 최댓값과 최솟값의 합은 $7+1=8$

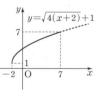

3 $y=\sqrt{7-2x}+a=\sqrt{-2\left(x-\dfrac{7}{2}\right)}+a$의 그래프는 $y=\sqrt{-2x}$의

그래프를 x축의 방향으로 $\dfrac{7}{2}$만큼, y축의 방향으로 a만큼 평행

이동한 것이다.
$x=\dfrac{7}{2}$일 때 최솟값 a를 가지므로 $a=-2$

즉 함수 $y=\sqrt{7-2x}-2$의 그래프가 점 $(-1, b)$를 지나므로
$b=\sqrt{7+2}-2=1$
따라서 $a+b=-1$

4 (ⅰ) 직선 $y=x+k$가 점 $(0, 0)$을 지날 때,
　　 $0=0+k$, 즉 $k=0$
(ⅱ) 함수 $y=\sqrt{2x}$의 그래프와 직선
　　 $y=x+k$가 접할 때, $\sqrt{2x}=x+k$에서
　　 양변을 제곱하면
　　 $2x=x^2+2kx+k^2$
　　 $x^2+2(k-1)x+k^2=0$
　　 이 이차방정식의 판별식을 D라 하면
　　 $\dfrac{D}{4}=(k-1)^2-k^2=0$
　　 $-2k+1=0$, 즉 $k=\dfrac{1}{2}$

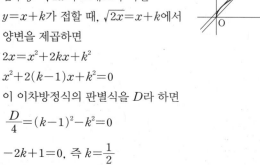

따라서 함수 $y=\sqrt{2x}$의 그래프와 직선 $y=x+k$가 서로 다른 두
점에서 만나려면
$0\le k<\dfrac{1}{2}$

즉 $\alpha=0$, $\beta=\dfrac{1}{2}$이므로 $\beta-\alpha=\dfrac{1}{2}$

5 $y=-\sqrt{x-1}$의 그래프는 $y=-\sqrt{x}$의 그래
프를 x축의 방향으로 1만큼 평행이동한 것
이고, 직선 $y=x+k$는 기울기가 1이고 y절
편이 k인 직선이다.
직선 $y=x+k$가 점 $(1, 0)$을 지날 때,
$0=1+k$, 즉 $k=-1$
따라서 함수 $y=-\sqrt{x-1}$의 그래프와 직선 $y=x+k$가 한 점에
서 만나려면 $k\le -1$이어야 하므로 실수 k의 값이 아닌 것은 ⑤
이다.

6 $y=\sqrt{2x+1}=\sqrt{2\left(x+\dfrac{1}{2}\right)}$의 그래
프는 함수 $y=\sqrt{2x}$의 그래프를 x축
의 방향으로 $-\dfrac{1}{2}$만큼 평행이동
한 것이고, 직선 $y=x+k$는 기울
기가 1이고 y절편이 k인 직선이다.
두 그래프가 만나지 않으려면 직선 $y=x+k$가 함수 $y=\sqrt{2x+1}$
의 그래프와 접할 때보다 위쪽에 있어야 한다.
$\sqrt{2x+1}=x+k$에서 양변을 제곱하면
$2x+1=x^2+2kx+k^2$
$x^2+2(k-1)x+k^2-1=0$
이 이차방정식의 판별식을 D라 하면
$\dfrac{D}{4}=(k-1)^2-(k^2-1)=0$
$-2k+2=0$, 즉 $k=1$
따라서 함수 $y=\sqrt{2x+1}$의 그래프와 직선 $y=x+k$가 만나지
않으려면 $k>1$이어야 하므로 정수 k의 최솟값은 2이다.

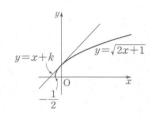

7 $y=\sqrt{4x}$의 치역이 $\{y|y\ge 0\}$이므로 역함수의 정의역은
$\{x|x\ge 0\}$이다.
$y=\sqrt{4x}$의 양변을 제곱하면 $y^2=4x$
$x=\dfrac{1}{4}y^2$

x와 y를 서로 바꾸면 $y=\dfrac{1}{4}x^2$

따라서 구하는 역함수는 $y=\dfrac{1}{4}x^2$ $(x\ge 0)$

8 $y=-\sqrt{2x-4}+3$의 치역이 $\{y|y\le 3\}$이므로 역함수의 정의역
은 $\{x|x\le 3\}$이다.
$y=-\sqrt{2x-4}+3$에서 $y-3=-\sqrt{2x-4}$
양변을 제곱하면 $y^2-6y+9=2x-4$
$x=\dfrac{1}{2}y^2-3y+\dfrac{13}{2}$

x와 y를 바꾸면 역함수는 $y=\dfrac{1}{2}x^2-3x+\dfrac{13}{2}$ $(x\leq 3)$

이 식이 $y=\dfrac{1}{2}x^2+ax+b$ $(x\leq c)$와 같으므로

$a=-3$, $b=\dfrac{13}{2}$, $c=3$

따라서 $a+b+c=\dfrac{13}{2}$

9 $y=\sqrt{5x}$의 그래프와 직선 $y=x$의 교점은 $y=\sqrt{5x}$의 그래프와 그 역함수의 그래프의 교점과 같으므로

$\sqrt{5x}=x$

양변을 제곱하면

$5x=x^2$, $x^2-5x=0$, $x(x-5)=0$

즉 $x=0$ 또는 $x=5$

따라서 교점의 좌표는 $(0,\,0)$, $(5,\,5)$이므로 두 점 A, B 사이의 거리는

$\overline{\mathrm{AB}}=\sqrt{5^2+5^2}=5\sqrt{2}$

10 $(f\circ f^{-1}\circ f)(-1)=(I\circ f)(-1)$ (단, I는 항등함수)

$\qquad\qquad\qquad\quad =f(-1)$

즉 $f(-1)=8$이므로

$\sqrt{3-(-1)}+a=8$, $a+2=8$

따라서 $a=6$

11 $(g\circ f^{-1})(1)=g(f^{-1}(1))$

$f^{-1}(1)=a$라 하면 $f(a)=1$이므로

$\dfrac{2a-1}{a+3}=1$, $2a-1=a+3$, 즉 $a=4$

따라서

$(g\circ f^{-1})(1)=g(f^{-1}(1))=g(4)$

$\qquad\qquad\qquad\quad =\sqrt{2\times 4-5}=\sqrt{3}$

12 $(f^{-1}\circ g)^{-1}(2)=(g^{-1}\circ f)(2)=g^{-1}(f(2))=g^{-1}(3)$

$g^{-1}(3)=a$라 하면 $g(a)=3$이므로

$\sqrt{2a-1}=3$

양변을 제곱하면

$2a-1=9$, $2a=10$, 즉 $a=5$

따라서 $(f^{-1}\circ g)^{-1}(2)=g^{-1}(3)=5$

본문 430쪽

TEST 개념 발전

12. 무리식과 무리함수

1 ④	**2** ④	**3** $x+4$	**4** ③
5 ④	**6** ②	**7** ⑤	**8** ⑤
9 ③	**10** 1	**11** ⑤	**12** $(3,\,3)$
13 ①	**14** ②	**15** ②	

1 $x+1\geq 0$, $x-1\geq 0$이므로

$x\geq -1$, $x\geq 1$

즉 $x\geq 1$

따라서 실수 x의 최솟값은 1이다.

2 모든 실수 x에 대하여 $x^2-(k+2)x+2k+4\geq 0$이어야 하므로

이차방정식 $x^2-(k+2)x+2k+4=0$의 판별식을 D라 하면

$D=(k+2)^2-4(2k+4)\leq 0$

$k^2-4k-12\leq 0$, $(k+2)(k-6)\leq 0$

즉 $-2\leq k\leq 6$

따라서 $\alpha=-2$, $\beta=6$이므로 $\beta-\alpha=8$

3 $-1<x<1$에서 $x-1<0$, $2x+3>0$이므로

$\sqrt{x^2-2x+1}+\sqrt{4x^2+12x+9}=|x-1|+|2x+3|$

$\qquad\qquad\qquad\qquad\qquad\quad =-(x-1)+(2x+3)=x+4$

4 $\dfrac{\sqrt{x+2}}{\sqrt{x-1}}=-\sqrt{\dfrac{x+2}{x-1}}$에서 $x+2\geq 0$, $x-1<0$이므로

$x\geq -2$, $x<1$

즉 $-2\leq x<1$

따라서 정수 x의 개수는 -2, -1, 0의 3이다.

5 $\dfrac{1}{\sqrt{x+1}+\sqrt{x}}=\dfrac{\sqrt{x+1}-\sqrt{x}}{(\sqrt{x+1}+\sqrt{x})(\sqrt{x+1}-\sqrt{x})}=\sqrt{x+1}-\sqrt{x}$

$\dfrac{1}{\sqrt{x+2}+\sqrt{x+1}}=\dfrac{\sqrt{x+2}-\sqrt{x+1}}{(\sqrt{x+2}+\sqrt{x+1})(\sqrt{x+2}-\sqrt{x+1})}$

$\qquad\qquad\qquad\qquad =\sqrt{x+2}-\sqrt{x+1}$

따라서

$\dfrac{1}{\sqrt{x+1}+\sqrt{x}}+\dfrac{1}{\sqrt{x+2}+\sqrt{x+1}}$

$=\sqrt{x+1}-\sqrt{x}+(\sqrt{x+2}-\sqrt{x+1})$

$=\sqrt{x+2}-\sqrt{x}$

6 $x=\dfrac{\sqrt{3}+\sqrt{2}}{\sqrt{3}-\sqrt{2}}=\dfrac{(\sqrt{3}+\sqrt{2})^2}{(\sqrt{3}-\sqrt{2})(\sqrt{3}+\sqrt{2})}=\dfrac{3+2\sqrt{6}+2}{3-2}=5+2\sqrt{6}$

$y=\dfrac{\sqrt{3}-\sqrt{2}}{\sqrt{3}+\sqrt{2}}=\dfrac{(\sqrt{3}-\sqrt{2})^2}{(\sqrt{3}+\sqrt{2})(\sqrt{3}-\sqrt{2})}=\dfrac{3-2\sqrt{6}+2}{3-2}=5-2\sqrt{6}$

이므로

$x+y=(5+2\sqrt{6})+(5-2\sqrt{6})=10$

$xy=(5+2\sqrt{6})(5-2\sqrt{6})=25-24=1$

따라서 $x^2+y^2=(x+y)^2-2xy=10^2-2\times 1=98$

7 ⑤ 두 함수 $y=\sqrt{-x}$, $y=\sqrt{-2x}$에서 $-2<-1$이지만 함수 $y=\sqrt{-2x}$의 그래프보다 함수 $y=\sqrt{-x}$의 그래프가 x축에 가깝다.

따라서 옳지 않은 것은 ⑤이다.

8 함수 $y=\sqrt{x+2}+a$에서 $x+2\geq 0$, 즉 $x\geq -2$이므로

정의역은 $\{x\,|\,x\geq -2\}$, 치역은 $\{y\,|\,y\geq a\}$

따라서 $a=-3$, $b=-2$이므로

$ab=6$

9 $y=-\sqrt{3x+9}+1=-\sqrt{3(x+3)}+1$의 그래프는 함수
$y=-\sqrt{3x}$의 그래프를 x축의 방향으로 -3만큼, y축의 방향으로 1만큼 평행이동한 것이다.

따라서 함수 $y=-\sqrt{3x+9}+1$의 그래프를 x축의 방향으로 3만큼, y축의 방향으로 -1만큼 평행이동하면 함수 $y=-\sqrt{3x}$의 그래프와 겹쳐진다.

즉 $m=3$, $n=-1$이므로 $m+n=2$

10 함수 $y=\sqrt{x-2}$의 그래프는 함수 $y=\sqrt{x}$의 그래프를 x축의 방향으로 2만큼 평행이동한 것이므로 오른쪽 그림과 같다.

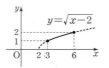

즉 함수 $y=\sqrt{x-2}$는 $x=6$일 때 최댓값 2, $x=3$일 때 최솟값 1을 가지므로
$M=2$, $m=1$
따라서 $M-m=1$

11 주어진 함수의 그래프는 함수 $y=\sqrt{ax}$의 그래프를 x축의 방향으로 -12만큼, y축의 방향으로 -6만큼 평행이동한 것이므로 함수의 식을
$y=\sqrt{a(x+12)}-6\ (a>0)$
으로 놓을 수 있다. 이 함수의 그래프가 원점을 지나므로
$0=\sqrt{12a}-6$, $\sqrt{12a}=6$
양변을 제곱하면 $12a=36$, 즉 $a=3$
따라서 함수의 식은
$y=\sqrt{3(x+12)}-6=\sqrt{3x+36}-6$

12 함수 $y=\sqrt{3x+7}-1$에서 x와 y를 서로 바꾸면 두 함수는 역함수이다.

함수 $y=\sqrt{3x+7}-1$의 그래프와 직선 $y=x$의 교점은 함수 $y=\sqrt{3x+7}-1$의 그래프와 그 역함수의 그래프의 교점과 같다.
$\sqrt{3x+7}-1=x$에서 $\sqrt{3x+7}=x+1$
양변을 제곱하면
$3x+7=x^2+2x+1$, $x^2-x-6=0$
즉 $x=3$ 또는 $x=-2$
이때 $x\geq-1$이므로 $x=3$
따라서 구하는 교점의 좌표는 $(3, 3)$이다.

13 함수 $y=\sqrt{x-3}+1$의 치역이 $\{y|y\geq1\}$이므로 역함수의 정의역은 $\{x|x\geq1\}$이다.
$y=\sqrt{x-3}+1$에서 $\sqrt{x-3}=y-1$
양변을 제곱하면 $x-3=(y-1)^2$
$x=(y-1)^2+3=y^2-2y+4$
x와 y를 서로 바꾸면
$y=x^2-2x+4$
즉 역함수는 $y=x^2-2x+4\ (x\geq1)$이므로
$a=-2$, $b=4$, $c=1$
따라서 $abc=-8$

14 두 집합 A, B에 대하여 $n(A\cap B)=2$이려면 함수 $y=\sqrt{-4x+4}$의 그래프와 직선 $y=-x+k$가 서로 다른 두 점에서 만나야 한다.

$y=\sqrt{-4x+4}=\sqrt{-4(x-1)}$의 그래프는 함수 $y=\sqrt{-4x}$의 그래프를 x축의 방향으로 1만큼 평행이동한 것이고, 직선 $y=-x+k$는 기울기가 -1이고 y절편이 k인 직선이다.

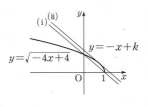

(i) 직선 $y=-x+k$가 점 $(1, 0)$을 지날 때,
$0=-1+k$, 즉 $k=1$
(ii) 함수 $y=\sqrt{-4x+4}$의 그래프와 직선 $y=-x+k$가 접할 때,
$\sqrt{-4x+4}=-x+k$에서 양변을 제곱하면
$-4x+4=(-x+k)^2$
$x^2-2(k-2)x+k^2-4=0$
이 이차방정식의 판별식을 D라 하면
$\dfrac{D}{4}=(k-2)^2-(k^2-4)=0$
$-4k+8=0$, 즉 $k=2$
(i), (ii)에서 함수 $y=\sqrt{-4x+4}$의 그래프와 직선 $y=-x+k$가 서로 다른 두 점에서 만나려면
$1\leq k<2$
따라서 정수 k의 개수는 1의 1이다.

15 $(f\circ(f\circ g)^{-1}\circ f)(3)=(f\circ g^{-1}\circ f^{-1}\circ f)(3)$
$\qquad\qquad\qquad\qquad\quad=(f\circ g^{-1}\circ I)(3)$ (단, I는 항등함수)
$\qquad\qquad\qquad\qquad\quad=(f\circ g^{-1})(3)$
$\qquad\qquad\qquad\qquad\quad=f(g^{-1}(3))$
$g^{-1}(3)=a$라 하면 $g(a)=3$이므로
$\sqrt{2a+3}=3$
양변을 제곱하면
$2a+3=9$, $2a=6$, 즉 $a=3$
$(f\circ(f\circ g)^{-1}\circ f)(3)=f(g^{-1}(3))=f(3)$
$\qquad\qquad\qquad\qquad\qquad\quad=\dfrac{3+5}{3-1}=4$

문제를 보다!

도형의 방정식

본문 156쪽

[기출 변형] ④   **0** ④

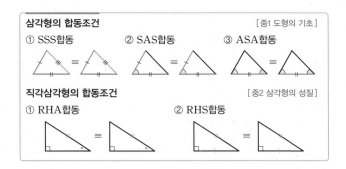

기출 변형

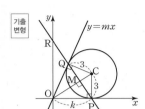

반지름의 길이가 3인 원이 x축과 접하므로 원의 중심을 C, 점 C의 좌표를 $(k, 3)$이라 하자.

이 원이 직선 l에도 접하므로

$\overline{CP} = \overline{CQ} = 3$

$\overline{PQ}$와 $\overline{OC}$가 만나는 점을 M이라 하면

삼각형 OCQ와 삼각형 OCP는 RHS합동이므로

삼각형 CQM과 삼각형 CPM은 SAS합동이다.

따라서 $\angle CMQ = \angle CMP = 90°$이므로

$\overline{OC} \perp \overline{PQ}$

즉 $(\overline{OC}$의 기울기$) \times (\overline{PQ}$의 기울기$) = -1$

$\dfrac{3}{k} \times \left(-\dfrac{\overline{OR}}{k} \right) = -1$에서

$\overline{OR} = \dfrac{k^2}{3}$

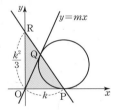

이때 삼각형 ROP의 넓이가 36이므로

$k \times \dfrac{k^2}{3} \times \dfrac{1}{2} = \dfrac{k^3}{6} = 36$

$k^3 = 36 \times 6 = 6^3$이므로 $k = 6$

따라서 원의 중심 C의 좌표는 $(6, 3)$

점 $C(6, 3)$과 직선 $y = mx$, 즉 $mx - y = 0$ 사이의 거리는 원의 반지름의 길이인 3과 같으므로

$\dfrac{|6m - 3|}{\sqrt{m^2 + 1}} = 3$

$(6m - 3)^2 = 9(m^2 + 1)$

$36m^2 - 36m + 9 = 9m^2 + 9,\ 27m^2 - 36m = 0$

$9m(3m - 4) = 0$에서 $m = 0$ 또는 $m = \dfrac{4}{3}$

이때 $m > 0$이므로 $m = \dfrac{4}{3}$

따라서 $30m = 40$

0

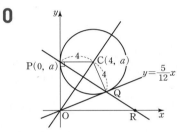

원의 중심을 C, 점 P의 좌표를 $(0, a)$라 하자.

원은 반지름의 길이가 4이고 y축에 접하므로

점 C의 좌표는 $(4, a)$

원과 직선 $y = \dfrac{5}{12}x$가 접하므로 점 C와 직선 $15x - 12y = 0$ 사이의 거리는 4이다.

$\dfrac{|5 \times 4 - 12a|}{\sqrt{5^2 + (-12)^2}} = 4$에서

$|12a - 20| = 52$

$a = -\dfrac{8}{3}$ 또는 $a = 6$

원의 중심이 제 1사분면 위에 있으므로 $a = 6$

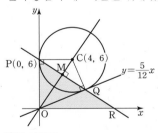

$\overline{PR}$과 $\overline{OC}$가 만나는 점을 M이라 하면

삼각형 OCP와 삼각형 OCQ는 RHS합동이므로

삼각형 CPM과 삼각형 CQM은 SAS합동이다.

따라서 $\angle CMP = \angle CMQ = 90°$이므로

$\overline{OC} \perp \overline{PQ}$

즉 $(\overline{OC}$의 기울기$) \times (\overline{PQ}$의 기울기$) = -1$

$\dfrac{6}{4} \times \left(-\dfrac{6}{\overline{OR}} \right) = -1$에서

$\overline{OR} = 9$

따라서 삼각형 ROP의 넓이는

$\dfrac{1}{2} \times \overline{OP} \times \overline{OR} = \dfrac{1}{2} \times 6 \times 9 = 27$

[기출 변형] ③　　　　　　**0** ②

 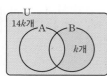

$A \cup B^c = (A^c \cap B)^c = (B-A)^c$이므로
$(A \cup B^c) \cup (B-A) = (B-A)^c \cup (B-A) = U$
집합 $B-A$의 모든 원소의 합을 k라 하면
조건 ㈎에서 집합 $A \cup B^c$의 모든 원소의 합은 $14k$이므로 전체
집합 U의 모든 원소의 합은 $15k$이다.
$15k = 1+2+4+8+16+32+64+128 = 255$
즉 $k=17$
집합 $B-A$의 모든 원소의 합이 17이므로
$B-A = \{1, 16\}$　　……㉠
$A \cap (B-A) = \varnothing$이므로
$A \subset (B-A)^c = \{2, 4, 8, 32, 64, 128\}$
$A \cup B = A \cup (B-A)$에서
$n(A \cup B) = n(A) + n(B-A)$
조건 ㈏에서 $n(A \cup B) = 6$이고
㉠에서 $n(B-A) = 2$이므로
$6 = n(A) + 2$에서
$n(A) = 4$

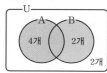

따라서 집합 A의 모든 원소의 합의 최솟값은
$A = \{2, 4, 8, 32\}$일 때 $2+4+8+32 = 46$

0 $U = \{x \mid x$는 24의 양의 약수$\} = \{1, 2, 3, 4, 6, 8, 12, 24\}$
$n(A) = k$라 하면 조건 ㈎에서 $n(B) = 2k$
조건 ㈏에서 $n(A \cap B) = 1$
$n(A \cup B) = n(A) + n(B) - n(A \cap B)$
$\qquad\qquad = k + 2k - 1$
$\qquad\qquad = 3k - 1$
조건 ㈏에서 $A^c \cap B^c = (A \cup B)^c \neq \varnothing$이므로
$A \cup B$는 집합 U의 진부분집합이다.
$n(U) = 8$이므로
$3k-1 < 8$, 즉 $k < 3$
$n(A) = 1$ 또는 $n(A) = 2$
조건 ㈏에서 $A \cap B = \{2\}$이므로 $2 \in A$
이때 집합 A의 모든 원소의 합이 최대인 경우는
$A = \{2, 24\}$일 때이다.
따라서 $2+24 = 26$

[기출 변형] ①　　　　　　**0** ③

함수 $f(x) = x^2 - 2x + 2 = (x-1)^2 + 1$이
집합 $X = \{x \mid x \geq a\}$에서 일대일대응이 되기 위해서는 $a \geq 1$이
어야 한다.
$a \geq 1$일 때, 함수 $f(x)$의 치역은 $\{y \mid y \geq f(a)\}$이고,
치역이 집합 $Y = \{y \mid y \geq b\}$와 같아야 하므로 $b = f(a)$
$a - b = a - f(a)$
$\qquad = a - (a^2 - 2a + 2)$
$\qquad = -a^2 + 3a - 2$
$\qquad = -\left(a - \dfrac{3}{2}\right)^2 + \dfrac{1}{4}$
$a \geq 1$에서 $a - b$의 최댓값은 $a = \dfrac{3}{2}$일 때 $\dfrac{1}{4}$이다.
따라서 $p = 4$, $q = 1$이므로 $pq = 4$

0 $b > 0$이므로
함수 $y = f(x)$의 그래프는 두 점근선 $x = a$, $y = a$ $(a \leq 3)$에 대
하여 다음과 같이 그려진다.

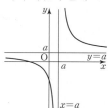

따라서 함수 $f(x)$가 집합 $X = \{x \mid 3 \leq x \leq 5\}$에서
$Y = \{y \mid 4 \leq y \leq 8\}$로의 일대일대응이 되기 위해서는 함수 $f(x)$
의 치역 $\{y \mid f(5) \leq y \leq f(3)\}$이 집합 $Y = \{y \mid 4 \leq y \leq 8\}$과 같아
야 하므로
$f(5) = \dfrac{b}{5-a} + a = 4$　　……㉠
$f(3) = \dfrac{b}{3-a} + a = 8$　　……㉡
㉠에서
$\dfrac{b}{5-a} = 4-a$, $b = (4-a)(5-a) = a^2 - 9a + 20$　　……㉢
㉡에서
$\dfrac{b}{3-a} = 8-a$, $b = (8-a)(3-a) = a^2 - 11a + 24$　　……㉣
㉢ $=$ ㉣이므로
$a^2 - 9a + 20 = a^2 - 11a + 24$에서 $2a = 4$, $a = 2$
$a = 2$를 ㉠에 대입하면
$\dfrac{b}{5-2} + 2 = 4$, $\dfrac{b}{3} = 2$에서 $b = 6$
따라서 $a + b = 8$